化学工业出版社“十四五”普通高等教育规划教材
高　等　学　校　教　材

Physical Chemistry
物理化学教程

（第二版）

张培青　主编
李文佐　孙　逊　孙学勤　副主编

化学工业出版社
·北京·

内容简介

《物理化学教程》（第二版）按绪论、热力学第一定律、热力学第二定律、多组分系统热力学、化学平衡体系热力学、相平衡系统热力学、化学反应动力学、电化学、表面物理化学、胶体分散系统安排内容，既系统完整又注重基础和应用，例题和习题与工程应用和生产生活结合紧密，有助于对物理化学理论的理解和接受。书后附有习题参考答案，方便学习。

《物理化学教程》（第二版）可作为化学类、化工类、环境类、材料类、生物类、食品类、药学类等专业本科生的教材，也可供考研人员和相关专业科技人员参考。

图书在版编目（CIP）数据

物理化学教程 / 张培青主编 ；李文佐，孙逊，孙学勤副主编. — 2 版. — 北京 ：化学工业出版社，2022.12（2024.7重印）
高等学校教材
ISBN 978-7-122-42316-0

Ⅰ. ①物… Ⅱ. ①张… ②李… ③孙… ④孙… Ⅲ. ①物理化学-高等学校-教材 Ⅳ. ①O64

中国版本图书馆 CIP 数据核字（2022）第 183622 号

责任编辑：宋林青　　文字编辑：汪　靓
责任校对：宋　玮　　装帧设计：史利平

出版发行：化学工业出版社（北京市东城区青年湖南街 13 号　邮政编码 100011）
印　　装：河北鑫兆源印刷有限公司
787mm×1092mm　1/16　印张 33¾　字数 866 千字　2024 年 7 月北京第 2 版第 2 次印刷

购书咨询：010-64518888　　售后服务：010-64518899
网　　址：http://www.cip.com.cn
凡购买本书，如有缺损质量问题，本社销售中心负责调换。

定　　价：78.00 元

前 言

《物理化学教程》（第一版）自 2018 年 9 月出版以来，得到了高校师生的认可和支持，选用的院校也不断增加。随着教学改革的进一步深入，为促进人才培养模式和教学方法的创新，进一步激发学生的主动性、积极性和创新性，提高学生的创新、创业能力，需要对第一版进行修订，以努力满足各层次学生的需要，使学生更有效地掌握物理化学的基本原理，自主学习、学以致用。考虑到教材使用的连续性，本书保持了第一版的内容结构和框架，主要修订内容如下：

1. 考虑到气体部分已在《普通物理》中进行了讲授，修订时删去了原第 1 章气体。

2. 按照培养计划，考虑到有关专业的后续课程设置，为避免重复，在化学动力学中精简了催化反应动力学的内容，在表面物理化学中删减了凝胶部分的内容。

3. 章节思考题和基本概念保持不变，适当增加应用类习题。

4. 更重视物理化学的实际应用，章节中尽可能多列举应用实例，以拓宽应用思路，提高学生的创新能力。

由于编者水平所限，书中若有疏漏和不当之处，恳请读者批评指正。

编　者

2022 年 5 月于烟台

联系人：张培青 zhangpqytu@126.com

第一版前言

物理化学是化学、化工及其相关专业如环境、材料、生物、药学、能源等专业的主要基础课，历来受到广大师生的重视。物理化学也称为理论化学，既是化学的重要分支学科之一，又是其他化学分支学科的理论基础，在人才培养方面具有重要作用。物理化学是用数学和物理学的方法研究化学中最具有普遍性的一般规律。随着科学技术的迅速发展，对高等学校的教与学提出了更高的要求。现在的大学教学既要求在校学生掌握越来越多的基础知识，学习越来越多的课程；同时又要求给学生更多的自主学习时间，以提高学生的综合素质及创新能力。因此，在有限的时间内必须缩短课程授课的学时，但学时减少，课程的基本内容不能减少。目前，物理化学教材版本很多，教材内容丰富，水平很高。对于非理论化学专业的学生，由于学时有限，物理化学不是他们的主攻方向，他们只需要掌握物理化学的一些基本原理为他们的专业服务。鉴于此，编者在保证物理化学学科的系统性、完整性和科学性的前提下，认真总结多年教学的经验，同时参考大量优秀物理化学教材，借鉴这些教材的长处，本着系统基本原理和方法、注重基础和应用、培养学生能力、叙述简明扼要的原则，为大学本科非理论化学专业的学生编写了这本物理化学教材。

在内容安排上，我们的原则是既要系统完整、科学先进，又要注重基础和应用。因此，在编写时，适当精简了经典热力学的内容，避免繁杂公式的推导和数学计算，尽量多地将理论与实际相结合，体现在讲述过程及例题与习题中，多引用工程技术、生产生活中的实例，使理论性很强的物理化学知识变得具体而易接受。同时适当引入一些学科前沿和最新成果应用的内容，如超临界萃取、臭氧层保护、燃料电池、纳米材料的制备和应用、电化学合成、催化技术的进步与发展等，使物理化学教材紧密联系学科的发展，拓宽学生的知识面。

在章节安排上，将化学平衡热力学一章放在多组分系统热力学之后，使得多组分系统热力学中学到的化学势概念及时用在标准平衡常数的定义和化学反应等温式的导出上。将电化学热力学和动力学章节置于化学动力学之后，以便在电化学内容中讲述涉及动力学有关的问题。

教材采用章节主要知识点提示的形式，即在每节开始提纲性地列出该节的主要知识点，使章节主要知识点一目了然，便于学生了解要讲的内容和之后的复习。

为便于学生掌握物理化学的基本概念和原理，每章后有思考题、基本概念练习题和习题，并附有基本概念练习题和习题的答案。

本书可作为高等院校化学类、化工类、环境类、材料类、制药类、生物食品类等有关专业的教材，也可供相关专业研究生及科研和工程技术人员参考使用。

在编写本书时，参阅了许多优秀的物理化学教材，在此谨向这些教材的作者表示衷心的感谢。

本书由张培青任主编，姜付义、李文佐和孙学勤任副主编，第6章和第9章由姜付义和孙学勤编写，其他章节由张培青和李文佐编写，全书由张培青统稿、定稿。物理化学教研室程建波、李庆忠、金明善、徐秀峰等教授对书稿进行了多次审阅，提出了宝贵的意见和建议；孙逊、肖波、刘杰等副教授在习题、基本概念练习题的编辑中付出了辛勤的劳动；焉炳飞老师在公式和插图编辑中做了大量细致的工作。本书在编写过程中，得到了烟台大学化学化工学院和环境与材料工程学院领导的大力支持，化学工业出版社的编辑为本书的出版付出了艰辛的劳动，在此一并表示衷心感谢！

限于编者的水平，书中疏漏和不当之处在所难免，恳望读者不吝指正，以便再版时修改和提高。

编　者

2018年3月于烟台

目 录

绪　论

0.1　物理化学课程的内容和作用

物理化学是化学学科的一个分支。“物理化学”这一术语最早是在18世纪中叶由俄国科学家罗蒙诺索夫（М. В. ЛОМОНОСОВ，1711—1765）提出的。1887年，由德国科学家奥斯特瓦尔德（W. Ostwald，1853—1932）和荷兰科学家范特霍夫（J. H. van't Hoff，1852—1911）合办的德文《物理化学杂志》创刊，从此“物理化学”这一学科逐步形成并迅速发展，至今已形成许多分支，如化学热力学、化学动力学、结构化学、量子化学、电化学、催化化学、光化学、表面化学、胶体化学和统计热力学等。

自然界中物质的运动形式从低级到高级可分为：物理运动（包括机械运动、声、光、电、磁等）、化学运动和生物运动。在这些运动形式中，往往是高级运动中包含低级运动。以化学运动为例，化学是研究物质性质与变化的科学。自然界的所有物质都是由大量的原子和分子构成的，化学变化表面上千变万化，但本质上都是原子、分子或原子团之间的组合或分离。在这些微观粒子相互运动、相互作用的过程中，必定伴随着热、功、电、光和磁等物理现象，引起温变、压力和体积等的变化。而温度、压力、电能、光能和磁场等物理因素也有可能引发化学变化或影响化学变化的进行，所以化学与物理学之间是密不可分的。物理化学就是从化学现象与物理现象之间的联系着手，用物理学的理论和实验方法来研究化学变化、相变化及其 p、V、T 物理变化的规律与本质，了解物质的性质与其结构之间的关系，以便人们能更好地驾驭化学，使之造福于人类。例如，煤气燃烧时会放出大量的热；当接通电池正、负极时，电池中电极和电解质之间进行化学反应时伴随有电流通过；照相底片感光所引起的化学反应可使图像显现出来；等等。在日常生活、生产和科研中，诸如此类的例子举不胜举。人们在长期的生产实践中注意到这些物质的化学运动和物理运动之间的相互关系，并加以归纳总结，逐渐形成一门独立的学科分支——物理化学。

物理化学虽然是化学领域中的一门独立的学科，但是，它并非完全独立于其他化学学科（如无机化学、分析化学、有机化学等）之外。它有别于化学中其他学科，又与其他学科有着密切的联系。无机化学、分析化学、有机化学等有着各自关注的问题和研究对象。而物理化学更侧重于研究化学运动中具有普遍性的、更本质的内在规律。正因为如此，物理化学又称为理论化学。

物理化学是数学、物理学与化学的交叉所产生的学科，是化学学科的理论基础，研究化学体系行为最一般的宏观和微观规律及理论。如不论是无机化学还是有机化学，都经常涉及物质的稳定性或者活性；不论是无机化学反应还是有机化学反应，在反应过程中都涉及能量的变化、发生反应的可能性大小、反应进行的快慢等。因此物理化学为无机化学、分析化学和有机化学等提供了最一般的原理，并由此形成了它们各自的理论和研究方法。同时，由于物理化学与化学学科其他分支学科的结合，极大地扩充了化学研究的领域，以致近几十年中出现了许多新的研究方向，如现代分析化学、激光化学、表面科学等。可以说，化学各分支学科间、化学与相邻学科间的交叉与渗透，主要是通过物理化学学科进行的。

纵观物理化学的发展史，其对社会发展、科学技术进步的推动作用可见一斑。物理化学从它被建立起就在工业生产和科学研究中发挥了巨大的理论指导作用，反过来工业技术和其他学科的发展，特别是电子技术及各种物理测试手段的出现，又都极大地促进了物理化学的发展。

20 世纪初，热力学第一定律和热力学第二定律在溶液体系、多相平衡体系以及化学平衡中的应用，完善了溶液中反应的有关理论，使分析化学由一门技术发展为一门学科；阿伦尼乌斯（S. A. Arrhenius，1859—1927）关于化学反应活化能的概念，以及博登斯坦（M. M. Bodenstein，1871—1942）和能斯特（W. H. Nernst，1864—1941）关于链反应的概念，对化学动力学的发展做出了重要贡献，使人们可以在理论上控制一个反应进行的速率。

20 世纪 20～40 年代物理化学研究已深入到微观的原子和分子世界，尤其是在 1927 年，海特勒（W. Heitler，1904—1981）和伦敦（F. London，1900—1954）对氢分子的量子力学处理，为 1916 年路易斯（G. N. Lewis，1875—1946）提出的共享电子对的共价键概念提供了理论基础。1931 年鲍林（L. Pauling，1901—1994）和斯莱特（J. C. Slater，1900—1976）把这种处理方法推广到其他双原子分子和多原子分子，形成了化学键的价键理论。1932 年，马利肯（R. S. Mulliken，1896—1986）和洪特（F. Hund，1896—1997）在处理氢分子的问题时根据不同的物理模型，采用不同的试探波函数，从而发展了分子轨道理论，改变了人们对分子内部结构的复杂性茫然无知的状况。

第二次世界大战后到 20 世纪 60 年代，物理化学在实验研究手段和测量技术，特别是各种谱学技术方面得到了飞速发展。电子学、高真空（甚至是超高真空）和计算机技术的突飞猛进，不但使物理化学的传统实验方法和测量技术的准确度、精密度和时间分辨率有很大提高，而且还出现了许多新的谱学技术。光谱学和其他谱学的时间分辨率和自控、记录手段的不断提高，使物理化学的研究对象超出了基态稳定分子而开始进入各种激发态的研究领域。光谱的研究弄清楚了光化学初步过程的本质，因为这些快速灵敏的检测手段能够发现反应过程中出现的暂态中间产物，使反应机理不再只是凭借反应速率方程的猜测而得出的结论，促进了对各种化学反应机理的研究，对化学动力学的发展也有很大的推动作用。先进的仪器设备和检测手段也大大缩短了测定结构的时间，使结晶化学在测定复杂的生物大分子晶体结构方面有了重大突破，青霉素、维生素 B_{12}、蛋白质、胰岛素的结构测定和脱氧核糖核酸的螺旋体构型的测定都获得了成功。

20 世纪 70 年代以来，分子反应动力学、激光化学和表面结构化学的兴起使物理化学的研究对象从一般键合分子扩展到准键合分子、范德华分子、原子簇、分子簇和非化学计量化合物。在实验中不但能控制化学反应的温度和压力等条件，还可以对反应物分子的内部量子态、能量和空间取向实行控制。普里戈金（I. Prigogine，1917—2003）等吸收物理和数学的研究成果，提出了耗散结构理论，使非平衡态理论研究获得了可喜进展，加深了人们对远离平衡的体系稳定性的理解。

物理化学发展之快、作用之大也可以通过以下数据看出。据统计，20 世纪诺贝尔化学奖获得者中，约 60 %是从事物理化学领域研究的科学家，在中国科学院化学学部和中国工程院化工、冶金与材料工程等学部的院士中，近 35 %的两院院士是从事物理化学研究或者是物理化学理论和应用某一个领域的科学家。在化学已渗透到几乎所有物质学科领域的今天，物理化学已成为一门极富生命力的化学基础学科，是一门无处不在的学科，是新的交叉学科形成和发展的重要基础。物理化学将在人类寻找新工艺、新材料、新能源以及提高效率、减少消耗、防止污染、提高生活质量等诸多方面提供越来越多的支持。

物理化学所包含的内容十分丰富，大致可以分为三大部分，即化学热力学、化学动力学和结构化学。

（1）化学变化的方向和限度问题

一个化学变化在指定的条件下能否朝着预定的方向进行？如果能够进行，则它将达到什么限度？外界条件如温度、压力和浓度等对反应有什么影响？在变化过程中伴随有什么能量变化？这些无疑是化学工作者十分关心的问题。研究这一类问题属于化学热力学的范畴。本书首先介绍热力学的基本概念和两个热力学的主要定律，即热力学第一定律和第二定律，引出或定义五个重要的热力学函数，即热力学能（U）、焓（H）、熵（S）、亥姆霍兹（Helmholtz）自由能（A）和吉布斯（Gibbs）自由能（G），得出几个重要判据，如熵判据、亥姆霍兹自由能判据和吉布斯自由能判据，再介绍热力学基本原理和判据在多组分系统、化学平衡和相平衡等方面的实际应用。这些基本上完成了用化学热力学判断化学变化的方向和限度的任务。

（2）化学反应的速率和机理问题

一个化学反应的速率究竟有多大？从反应物到生成物的具体历程如何？外界的温度、压力、浓度和催化剂等因素对反应速率有何影响？怎样才能抑制副反应，使反应按人们需要的方向进行？研究这一类问题属于化学动力学的范畴。本书在化学动力学中先介绍宏观反应动力学的一些基本概念，各类反应的特点及温度、压力、浓度、催化剂等因素对反应速率的影响等，了解反应机理，使人们能更好地掌握化学反应的规律和本质。然后简单介绍化学动力学的主要理论，了解动力学理论的作用和存在的缺点，以便今后进一步加以完善。

（3）物质的宏观性质和微观结构之间的关系

物质的宏观性质本质上是由物质的微观结构所决定的。要想从根本上理解物质宏观所具有的性质、化学变化的原因以及反应机理，就必须深入物质的微观世界了解物质的内部结构。不仅如此，研究物质的宏观性质和微观结构之间的关系，还可以为制备各种具有特殊性能（如耐高温、耐低温、耐高压、耐腐蚀、抗老化、抗辐射、吸收特定波长的电磁波等）的材料提供方向和线索。关于物质宏观性质和微观结构之间关系的研究是物理化学又一分支——结构化学的研究范畴。

本书不包括结构化学等微观方面的内容，主要学习和探讨属于化学热力学和化学动力学范畴的宏观方面的问题。在掌握化学热力学和化学动力学基本原理的基础上，再介绍它们在电化学、表面物理化学和胶体化学等方面的应用，拓展物理化学的研究和应用领域，了解物理化学与人们的生产和生活的密切关系。

0.2 物理化学的研究方法

物理化学的研究方法主要分为热力学法、动力学法和量子力学法。

（1）热力学法

热力学法可以分为经典热力学、统计热力学和非平衡态热力学三种方法。

经典热力学方法是以大量质点所构成的宏观系统为研究对象，直接以宏观实验和观察为基础，处理问题时只注重宏观系统的起始和终了状态，不考虑宏观物体个别分子的行为，不研究系统内部粒子的结构以及变化的具体细节。通过温度、压力、体积及热效应等宏观物理量的变化来总结出共同规律，然后进行逻辑推理，推知系统性质的变化和解释相关伴随的问题。经典热力学只研究系统的平衡态，这时系统的宏观性质不再随时间而改变。所以经典热力学也称为平衡态热力学。经典热力学只考虑化学变化的可能性。例如，根据化学热力学判据知道，氢与氧反应是很容易生成水的，但是如何生成水？反应速率有多大？是通过什么机理进行的？这些问题经典热力学都无法回答，经典热力学中没有时间这个变量。本书主要介绍经典热力学的研究方法。

统计热力学方法是根据组成宏观物体的大量粒子的知识，应用统计力学的原理，用概率统计的方法解释与推算物体的宏观性质和规律。利用粒子的配分函数计算宏观热力学函数的变化，这是一个从微观的、个例粒子的行为，经过统计平均得到宏观的性质，所以常把统计热力学说成是联系微观与宏观的桥梁。这部分内容请参阅相关的物理化学教材。

非平衡态热力学也称为不可逆过程热力学。非平衡态热力学方法是把平衡态热力学方法进一步推广到非平衡态系统和敞开系统，描述系统的状态参数时要考虑时间和空间的坐标，它的研究方法属于微观的范畴，用来揭示实际过程的热力学本质。非平衡态热力学研究方法本书不做介绍。

（2）动力学法

动力学法大致可分为宏观化学动力学方法和微观化学动力学（或现代化学动力学）方法。宏观化学动力学方法主要研究化学反应速率的表示和测量、各种不同级数反应的特点、外界因素（如温度、压力和催化剂等）对反应速率的影响和反应的机理等。微观反应动力学也称为分子反应动态学，主要是从分子水平上研究基元反应的特征，利用交叉分子束反应等实验手段和质谱、红外光谱、磁共振等现代谱仪进行监测，获得反应前后分子的能态，从而揭示化学反应中的能量变化和本质，进一步完善化学反应动力学的理论。

（3）量子力学法

量子力学法是以量子力学为基础，以原子和分子为研究对象，利用现代计算机技术求解量子力学方程，获得描述分子中电子运动的波函数和能量信息，进一步得到分子结构、化学键、电子能级和电荷分布等有关的物理量，揭示物质的性质与其结构的内在关系，这是化学研究的理论基础。

0.3 近代化学的发展趋势

在学习物理化学的同时也要关注近代化学的发展趋势，目前比较突出的有以下几个特点。

（1）介观化学发展迅速

介观是介于宏观凝聚态与微观分子和原子之间的领域。由于介观材料的尺寸介于宏观与微观之间，它既保留一些宏观材料的性质，又因为粒径很小，具有巨大的表面积，显示出一些独特的表面效应和小尺寸效应等特殊性质，所以介观领域已成为化学及其他学科的研究热点。介观化学就是希望能研究出一系列制备各种小尺寸结构单元的方法，并根据物理化学原理将结构单元组装成各种一维、二维和三维的介观材料，测试它们的性能和形成机理，开发它们在新材料、医药和生命科学中的各种用途。

（2）表面化学越来越引起重视

多相催化反应总是在固相的表面上进行，内部体相组分所起作用很小，如果将贵重的有效组分（如贵金属催化剂）加以分散并均匀地负载在载体上，就可以节省资源并降低成本。在制备催化剂时应注意扩大固体催化剂的表面积，改变表面层的结构与性质，提高催化剂的活性与选择性。现在有的现代谱仪可以测定几个分子厚度的表面层结构。与表面吸附、表面催化、表面膜和表面活性剂等有关的表面化学已渗透到科研、生活和生命的各个领域，引起了多个领域学者的关注。

（3）学科的交叉与渗透更加普遍

化学的几个二级学科如无机化学、分析化学、有机化学、高分子化学与物理和物理化学之间经常发生相互交叉、渗透，有的研究课题已无法分清是属于无机化学的还是有机化学的。化学学科还与其他学科如生命科学、材料科学、环境科学、地球科学、天文学、医学、药学、气象学、农学和林学等学科之间相互交叉，出现了许多新的学科增长点。要在某个学科做出显著的成绩，必须具备相关学科的一些基本知识。

（4）理论联系实际、拓宽知识的应用更受关注

随着科学技术的迅猛发展，人们渴望摆脱对化石燃料的依赖，开发出对环境友好、能重复利用的廉价新能源；急需研究出治理污染空气、水资源和土壤的方法；合成出比自然资源性能更优越的新型功能材料；制造出高效、廉价、低毒的药物来挽救被各种病痛折磨的病人；开发出各种高效、低毒的化肥和农药，保障人类的健康等；这些都是目前人类十分关注的实际问题。希望从事化学研究的人们能联系实际，解决迫在眉睫的具体问题。

0.4　物理化学的学习方法

现代社会，知识以几何级数的方式加速增长。知识体系的更新周期越来越快。如果以一个知识体系中 20 %的知识被刷新为一个更新周期的话，知识体系的更新周期由 19 世纪每 50 年更新一次，60 年前每 15 年更新一次，到 20 世纪 90 年代后则缩短到 3～4 年更新一次。不仅如此，知识综合化的趋势也在加强。传统界限分明的数学、经济、计算机、化学、物理、生物等学科相互渗透、交叉，产生了诸如数学物理、生物物理、生物化学、材料物理、材料化学、数量经济学、航天生物学等由原来两门乃至几门传统学科综合、交叉在一起的新学科。所有这些表明大学乃至硕士、博士期间的学习不可能储备日后工作所需要的全部知识。因此，不论是从事教育事业的老师还是以学习为主的学生都必须重视这一问题，即不仅要通过每门课程获取一定的知识，更重要的是培养获取知识的能力。而大学期间的四五年时间正是培养这种能力的绝佳时机。通过各门课程和各个教学环节逐步提高认识、分析、条理、归纳水平，培养获取新知识的综合能力。作为化学、化工相关专业的学生，物理化学课程的学习正是培养获取新知识能力的最好途径。物理化学是一门逻辑很强的学科，其中的许多定律（如热力学第一、二、三定律等）、定理、公式等就是通过对日常生活、生产中的现象和科学实验结果进行分析、条理和归纳得到的。因此，物理化学是一门很好的提高分析、条理、归纳水平和获取新知识能力的课程。更具体地讲，就是在物理化学的学习过程中，应当培养一种理论思维的能力，即用物理化学的观点和方法来观察、分析化学中涉及问题的能力；也即“要用热力学方法分析其有无可能，用动力学的方法分析其能否实现，用分子和原子内部结构的观点分析其内在的原因”。这种能力的培养和获得，非物理化学课程的学习不可，是其他课程所不能取代的。

物理化学是研究物质性质及其变化规律的基础理论课程，通过物理化学课程的学习，培养一种能用物理化学的观点和方法来看待和分析化学反应和日常生活中一切与化学有关问题的能力。例如，当合成一种新材料或制备新药物时，要会用化学热力学的方法评估一下，这个反应能否进行？如果能够进行，则可能达到的最大限度是多少？用化学动力学的方法分析一下，反应的速率有多大？用什么方法可以加快反应速率以提高产量，并减少副反应的发生？要养成一种习惯，学会用物理化学的眼光去看待日常生活中与化学有关的所有现象。例如，当生病需要使用抗生素时，想一想为什么服药或注射要有一定的时间间隔？盐碱地上的庄稼为何长势不良？剧烈运动后为何不能大量饮用白开水？天旱时在什么情况下可以进行人工增雨以及如何实现人工增雨？有的衣服水洗后为什么会缩水？干洗为什么就不缩水？如何去除衣服上的油渍？怎样使海水淡化？如何进行污水处理？为什么生活在海水中的鱼的肉是淡的？为什么冬天在建筑工地上要在混凝土中加盐？如何制备防水材料？为什么所有石化厂都有许多高高的“塔”？为什么管理不善的煤矿经常发生爆炸事故？为什么石化厂、纺织厂、面粉厂等地要严禁火种？为什么铁制品容易生锈？如何防止金属被腐蚀？为什么植物的茎叶具有防水和自洁功能？这些问题在学习了物理化学的基本原理后应该能迎刃而解，并能给出改进的方法。

因此，要学好物理化学这门课程，除了一般课程学习中行之有效的方法之外，针对物理化学课程的特点，有下几点可供参考。

① 物理化学是一门逻辑性很强的学科，在整个物理化学的学习过程中，要注意逻辑推理的思维方法。在进行逻辑推理过程中，时刻都不要忘记了前提（在物理化学中就是假设和条件），逻辑推理的前提与逻辑推理的过程和结果是“皮”与“毛”的关系。

② 做到课前预习、课后复习，培养自学能力。通过课前预习，知道哪里不懂、哪里是难点，有利于抓住老师讲课的重点，提高课堂听课效率；课后复习，温故而知新。在课后复习、整理笔记的过程中，温习老师课堂的讲解，能进一步加深对物理化学定律、概念、公式等的理解。

③ 自己动手推导公式。在课后的复习过程中，要注意自己动手推导公式。物理化学不但公式多，而且每个公式都有其特定的使用范围和条件，这些条件往往不止一条，有的多达三四条，甚至五六条，仅凭听课和课后复习，不亲自推导，要记住物理化学中许多公式及其使用范围和条件是很困难的。这也是物理化学难学的原因之一。解决这一问题最有效的方法就是自己亲自动手推导公式。在推导公式过程中，每一步所需要的假设、条件就自然产生了，最终所得的公式的使用范围和限制条件就自然而然明确了。因为引进的条件就是该公式使用的限制条件，如果不注意公式的适用条件可能会导致错误的结论。此外，通过推导公

式，还能有效培养自己的逻辑思维能力。在学习物理化学时，数学只是一种工具，在推导公式时主要记住公式的物理意义和适用条件，而没有必要记住整个推导过程。

④ 每学完一章，要进行归纳、总结，列出本章所学的内容、定理、定律、公式及其使用条件。通过归纳，使本章所学的内容条理分明，重点、难点一目了然。养成对所学的内容进行梳理、归纳的习惯定会使你受益终生。

⑤ 多做习题。学习物理化学的目的在于运用它，而做习题是将所学的物理化学知识联系实际的第一步。物理化学中的许多定理、定律、公式及其使用范围和条件，只有通过解题才能加以领会。做习题是培养独立思考和解决问题能力的重要环节之一。通过对每章后面的思考题和概念题的练习，可以帮助掌握和加深基本概念的理解，通过做习题可以掌握学到的知识并会加以运用。做习题前应该先复习课本内容，在理解的基础上再做习题。做完后再想一想这道习题用了什么概念，解决了什么问题。所以习题并不是做得越多越好，而是要做一道题有一道题的收获，通过做一道题掌握一类题的解题方法，起到举一反三的作用。

⑥ 学习中要熟悉和掌握物理化学处理问题的方法——热力学方法，也称状态函数法。

⑦ 勤于观察、思考。其实只要你用心去观察、思考日常见到的自然现象和周围生活中所接触到的事物，并试着用物理化学的观点、方法去理解、分析它，你就会发现物理化学并不是那么抽象，只有公式和定律，而会体会到物理化学无处不在。当你用物理化学的方法探明了一些现象和事物的深层原因时，那种内心的愉悦和成就感一定会使你喜欢上物理化学。

另外，要逐步建立一套适合自己的学习方法，要在教师讲授的基础上学会自己去获取和扩展知识，学会看参考书。因为一本教材的内容是有限的，课堂上讲授的内容也是有限的，甚至在课堂上掌握课堂讲授内容也是有限的，在知识快速更新的时代，只有学会自己获取知识，提高自学能力，学会拓宽和延伸在学校所学的知识，才能永远跟上时代的发展。正如古代伟大的思想家、哲学家、文学家和史学家老子的名言“合抱之木，生于毫末；九层之台，起于累土；千里之行，始于足下”那样，只有踏踏实实、勤奋认真学习，一点一滴积累才能够学好物理化学课程，学到探索问题的思路和方法，培养解决问题的能力，为将来的科学研究和解决实际化学问题奠定良好的基础。

0.5　物理量的表示与运算

物理化学中经常用定量公式来描述各物理量之间的关系，因此正确理解物理量，掌握各种物理量的单位和进行规范的运算就显得十分重要。

0.5.1　物理量的表示

1960 年，第十一届国际计量大会通过了国际单位制单位（International System of Units，简称 SI 单位）。在这个基础上，1984 年国务院发布了“关于在我国统一实行法定计量单位的命令”。国家技术监督局于 1982 年、1986 年和 1992 年先后颁布了“中华人民共和国国家标准”GB 3100～3102《量和单位》。本书采用 GB 3100～3102—1993 的量和单位。

物理量简称为量，凡是可以定量描述的物理现象都是物理量，如温度、压力和体积等都是物理量。物理量一般都是可测量且具有可以进行数学运算的特性，可以用数学公式表示。同一类物理量可以相加减，不同类物理量可以相乘除。

物理量既可以用符号表示，也可以用数值与单位之积表示。例如

$$A=\{A\}[A]$$

式中，A 是某个物理量的符号；$[A]$ 是该物理量单位的符号；$\{A\}$ 是用 $[A]$ 表示单位时该物理量的数值。例如，$p=100\text{kPa}$，p 是代表物理量压力的符号，kPa 是压力单位的符号，100 是当单位符号用 kPa 表示时压力的数值。

国家标准规定，物理量符号用斜体的单个拉丁字母或希腊字母（大、小写均有）表示，有时带有下标或其他说明性标记。例如，T 是代表热力学温度的符号，V 是代表体积的符号，V_{m} 是代表摩尔体积的符号，η 是代表热机效率或黏度的符号等。

物理量的单位符号一般用小写、正体的拉丁字母表示，如 m 表示米，s 表示秒等。如果单位符号来源于人名，则用人名的第一个大写字母表示单位符号，如 K（来自 Kelvin）表示热力学温标的单位符号，J（来自 Joule）表示能量的单位符号等，不可能出现没有单位符号的物理量。如果单位符号是 1 时，可以不表示出来。例如，转化率 $\alpha=0.28$，说明物理量 α 的单位符号为 1，数值为 0.28。

在列表时，为了使表格简洁、明了，在表中只列出物理量的纯数，在表头中用物理量与其单位的比值表示。例如，在等温条件下有一组实验数据如表 0.1 所示。

表 0.1　等温时压力和体积的实验测定值

实验次数	p/kPa	V/dm^3
1	100	22.7
2	500	45.4

显然，在实验 1 中，$p/\text{kPa}=100$，则 $p=100\text{kPa}$，$V/\text{dm}^3=22.7$，则 $V=22.7\text{dm}^3$。在作图时，坐标轴是数轴，上面标明的数字是纯数，所以坐标轴也要用物理量与其单位的比值（或括号）表示。例如，将上面的实验数据作图，如图 0.1 所示。

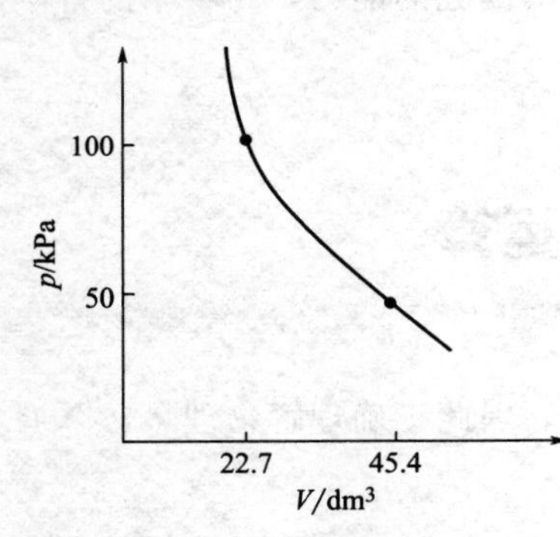

图 0.1　等温时体积与压力的关系示意图

图 0.1 中的纵坐标代表压力，$p/\text{kPa}=100$，表示 $p=100\text{kPa}$；横坐标代表体积，$V/\text{dm}^3=22.7$，表示 $V=22.7\text{dm}^3$。

在数学中，只能对纯数取对数，而不能直接对物理量取对数，因为物理量有单位。但一些早期的经验式却没有加以区分。例如，阿伦尼乌斯（Arrhenius）关于反应速率受温度影响的经验式为

$$\ln k=\ln A-\frac{E_{\mathrm{a}}}{RT}$$

这个公式现在看来是不够严格的，因为速率系数 k 和指前因子 A 都是物理量，它们都有单位符号，不能直接取对数。现在用以下两种方法进行弥补：①直接对物理量的数值取对数；②对物理量与单位符号的比值取对数，则阿伦尼乌斯经验式可表示为

$$\ln\{k\}=\ln\{A\}-\frac{E_{\mathrm{a}}}{RT}$$

$$\ln\frac{k}{[k]}=\ln\frac{A}{[A]}-\frac{E_{\mathrm{a}}}{RT}$$

0.5.2 量纲的概念

量纲（dimension）只是用来表示量的属性，不能表示量的大小，它只能定性地给出导出量与基本量之间的关系。在 SI 单位中，有 7 个基本量，它们的名称、物理量的符号、基本单位符号和量纲符号分别如表 0.2 所示。

表 0.2 7 个基本量的名称、物理量的符号、基本单位符号和量纲符号

量的名称	长度	质量	时间	电流强度	热力学温度	物质的量	发光强度
量的符号	l	m	t	I	T	n	I_V
单位符号	m	kg	s	A	K	mol	cd
量纲符号	L	M	T	I	Θ	N	J

任何一个物理量 Q 的量纲等于 7 个基本量的幂的乘积，写成一般式为

$$\dim Q = \mathrm{L}^{\alpha}\mathrm{M}^{\beta}\mathrm{T}^{\gamma}\mathrm{I}^{\delta}\Theta^{\varepsilon}\mathrm{N}^{\zeta}\mathrm{J}^{\eta}$$

例如，物理量体积 V 的计算式是长度的三次方，即 $V=l^3$，它的基本单位是 m^3，其量纲 $\dim V=\mathrm{L}^3\mathrm{M}^0\mathrm{T}^0\mathrm{I}^0\Theta^0\mathrm{N}^0\mathrm{J}^0=\mathrm{L}^3$；又如，密度 $\rho=m/V$，单位是 $\mathrm{kg\cdot m^{-3}}$，其量纲 $\dim\rho=\mathrm{L}^{-3}\mathrm{M}^1\mathrm{T}^0\mathrm{I}^0\Theta^0\mathrm{N}^0\mathrm{J}^0=\mathrm{M\cdot L^{-3}}$。如果物理量 Q 的所有量纲指数都等于零，即 $\dim Q=\mathrm{L}^0\mathrm{M}^0\mathrm{T}^0\mathrm{I}^0\Theta^0\mathrm{N}^0\mathrm{J}^0$，国家标准（GB 3100～3102—1993）规定称这样的物理量 Q 为“量纲一的量”，其单位符号是阿拉伯数字 1，通常略去不写。这类物理量有分子量 M、化学计量系数 ν_B、标准平衡常数 $K^{\ominus}$、活度因子 γ 和转化率 α 等，它们都是量纲一的量，以前称之为“无量纲的量”是不合适的。

不要将物理量的量纲与量的单位混为一谈，量纲只表示量的属性，不表示量的大小；而单位是用来确定量的大小的。例如，压力的单位为 Pa：

$$1\mathrm{Pa}=1\mathrm{N\cdot m^{-2}}=1\mathrm{kg\cdot m\cdot s^{-2}\cdot m^{-2}}=1\mathrm{kg\cdot m^{-1}\cdot s^{-2}}$$

压力的量纲是

$$\mathrm{M\cdot L^{-1}\cdot T^{-2}}$$

压力的量纲仅表示压力这个物理量与基本量（质量 M、长度 L 和时间 T）之间的关系。

0.5.3 物理量的运算

物理化学中给出的一般都是量的方程式，即表示物理量之间的关系。例如，理想气体的状态方程为

$$pV=nRT$$

这个方程式表示理想气体的物质的量、温度、体积和压力之间的关系，至于各个物理量选择什么单位，都不会影响这几个量之间的关系。

在运算物理量的方程时，必须代入完整的物理量，即包括物理量的数值和单位，一起进行运算，这样才能得到正确的结果。例如，已知 1mol 理想气体，在 298K 和 100kPa 时，要计算气体所占有的体积。已知摩尔气体常量 $R=8.314\mathrm{J\cdot mol^{-1}\cdot K^{-1}}$。

计算有两种方法，一种方法是用物理量方程进行运算，即数字和单位一起运算

$$V=\frac{nRT}{p}=\frac{1\mathrm{mol}\times 8.314\mathrm{J\cdot mol^{-1}\cdot K^{-1}}\times 298\mathrm{K}}{100\mathrm{kPa}}=0.0248\mathrm{m}^3 \quad (0.1)$$

$$V=\frac{nRT}{p}=\left(\frac{1\times 8.314\times 298}{100\times 10^3}\right)\mathrm{m}^3=0.0248\mathrm{m}^3 \quad (0.2)$$

计算式(0.2) 比较简洁，但需要注意的是每个物理量都必须正确使用 SI 单位。

另一种方法是用数值方程式计算，即

$$V/\mathrm{m}^3=\frac{n/\mathrm{mol}\times R/(\mathrm{J\cdot mol^{-1}\cdot K^{-1}})\times T/\mathrm{K}}{p/\mathrm{Pa}}=\frac{1\times 8.314\times 298}{100\times 10^3}=0.0248$$

$$V=0.0248\mathrm{m}^3$$

这两种计算结果完全等效，采取任何一种都可以。但是要注意，不能将 m^3 与 dm^3 搞错，也不能将 kPa 与 Pa 混淆。若在计算过程中都不写单位，也不完全采用 SI 单位，在最后的答案中又出现单位，这样的计算方法是不正确的。

0.5.4 几个常用术语

(1) 系数与因子

在一定条件下，如果物理量 A 与 B 成正比关系，写成量的方程为

$$A=kB$$

如果物理量 A 与 B 的量纲相同，则 k 称为因子，如多组分系统中要学到的活度因子等。如果物理量 A 与 B 的量纲不同，则 k 称为系数，如多组分系统中要学到的亨利系数、凝固点下降系数、沸点升高系数和动力学中的反应速率系数等。

(2) 常量与常数

一个物理量在任何情况下都等于同一个量值，称为常量，如摩尔气体常量 R、阿伏伽德罗常量 L（或 N_A）、普朗克常量 h、玻耳兹曼常量 k（或 k_B）和法拉第常量 F 等。仅在特定条件下，能保持量值不变的物理量称为常数，如化学反应的标准平衡常数，需要温度保持不变的条件下才是常数。在目前的物理化学教材中常量与常数尚未严格区分。

(3) 摩尔量的含义

在具有广延性质的物理量之前加摩尔，表示广延性质除以物质的量所得的商。例如，摩尔体积 $V_\mathrm{m}=\dfrac{V}{n}$，物理量 V_m 的定义是：单位物质的量物质的体积。如果说成是 1mol 物质的体积，那是不确切的，因为在定义物理量时不能指定或暗含单位。

化学反应的摩尔量是指热力学函数的变量除以反应进度所得的商，如反应的摩尔焓变 $\Delta_\mathrm{r}H_\mathrm{m}=\dfrac{\Delta_\mathrm{r}H}{\Delta\xi}$。

0.6 关于标准压力

自 20 世纪 80 年代以来，根据 IUPAC（the International Union of Pure and Applied Chemistry，国际纯粹与应用化学联合会）推荐，压力的标准态作了两次变动。在 1986 年以前，标准压力定为 $p^\ominus=1\mathrm{atm}$。1986 年，GB 3100～3102—86 中规定，标准压力 $p^\ominus=101.325\mathrm{kPa}$，不再使用 atm 这个压力单位。这个改变对热力学数据表并没有影响，因为 1atm 与 101.325kPa 完全等同。1993 年，GB3100～3102—1993 规定标准压力 $p^\ominus=100\mathrm{kPa}$（或 $10^5\mathrm{Pa}$，或 1bar），这给运算带来了方便，但对与体积有关的一些热力学函数如气体的标准摩尔熵和标准摩尔生成吉布斯自由能的数值等有一些影响，但影响不大。本书附录所列的

热力学函数值是在标准压力为 100kPa 时的数值。

通常所说的正常沸点或凝固点都是指在大气压力下可逆相变的温度，即压力为 101.325kPa 时，水的正常凝固点是 0℃，正常沸点是 100℃。现在有的物理化学教材将在压力为 100kPa 下的水的沸点或凝固点称为标准沸点或标准凝固点。由于现在用的是 100kPa 压力下的标准热力学数据表，所以本书并没有将正常沸点和标准沸点严格加以区分。

第1章 热力学第一定律

热力学（thermodynamics）是研究热现象与其他形式能量相互转换过程中所遵循的规律的科学。其研究对象是具有大量质点的宏观系统，研究范围包括机械能、热力学能、电能、化学能等各种形式的能量，以及热和功这两种能量相互转换的方式。其研究主要采用归纳法和演绎法，即通过总结大量经验事实、实验和数据，从中归纳出具有普遍意义的经验定律，并以其为理论依据，经过严密的数理逻辑推理，得到与热现象有关的各种状态变化和能量转化过程中的宏观规律。

热力学的理论体系主要是建立在两个经验定律的基础之上的，即热力学第一定律和热力学第二定律。这两个定律是通过大量实验事实总结归纳出来的，不能从逻辑上或用其他理论方法加以证明，但其正确性却已被无数次实验事实所证实。热力学第一定律主要用于计算变化过程中的能量效应。

热力学第一定律是解决实际问题的一种非常有效的重要工具，在人们的生活、生产实践和科学研究中发挥着巨大作用。化学反应涉及分子中旧化学键的断裂和新化学键的形成，常伴有放热和吸热现象。对这些热效应进行精密的测量和讨论，成为物理化学一个重要的分支——热化学。实际上，热化学就是热力学第一定律在化学过程中的应用，研究化学反应过程中系统与环境之间以热的形式所交换的能量。热化学对化工生产有很重要的意义。例如，确定化工设备的设计和生产程序，常常需要有关热化学数据；至于判断反应方向，计算平衡常数，热化学的数据更是不可或缺。

热力学第一定律主要研究众多质点组成的宏观体系的各种物理和化学变化过程中的能量变化和转换，采用状态函数 U、H 及可测量的变量 T、p、V 来描述从始态到终态系统宏观性质的变化以及计算在系统与环境之间交换的能量。

1.1 热力学概论

主要知识点

1. 热力学的研究对象

化学热力学主要研究：①化学过程及与化学密切相关的物理过程中的能量转换关

系；②判断在环境条件下，指定的热力学过程进行的方向以及可能达到的最大限度。

2. 热力学的研究方法和局限性

热力学的研究对象是大量质点的集合体，研究其可以用实验测定的宏观性质，以及在某种条件下指定的变化是否能够发生，如能发生，其变化所能达到的最大限度。只计算变化前后的净结果，不考虑变化过程的细节和物质的微观结构。热力学不考虑时间的因素，不研究反应的速率和变化的历程。

热力学方法的局限性：只能判断变化的可能性，而无法预知变化何时发生以及如何才能发生；不了解变化的具体途径，也无法解释变化的本质。

1.1.1 热力学的研究对象

19 世纪中叶，随着蒸汽机的发明和使用，人们开始关注热和功的转换关系。热力学在发展初期，主要是研究热与机械功之间的相互转换，以求提高热机效率，后来才把电能、化学能、表面能等都纳入热力学的研究范围。焦耳（Joule）自 1840 年起，用各种不同的方法研究了热和功之间转换的定量关系，历经 40 余年，得出了 1cal＝4.15J 的转换关系，在当时的实验条件下得到这样的结果是很不容易的。后来经人们进一步精确测定，得到了热与功转换的准确数值为

$$1\text{cal}=4.184\text{J}$$

这就是著名的热功当量，为能量守恒定律奠定了基础。有了这个热与功的能量转换关系式，就可以用同一能量单位 J（焦）来度量所有的能量，所以在国际单位制中已废除了 cal（卡）这个只表示热量的单位。能量守恒定律可表述为：自然界中所有物质都具有能量，能量有各种不同的形式，能够从一种形式转化为另一种形式，但能量的总值保持不变。将能量守恒定律用于热现象领域，就是热力学第一定律。在 1850 年左右，开尔文（Kelvin）和克劳修斯（Clausius）等又建立了热力学第二定律，这两个定律成为热力学的主要基础。

热力学第一定律和第二定律是人类经验的总结，是建立在牢固的实验基础上的，它们不能用逻辑推理或其他方法来推导、证明，但其正确性已被无数实验事实所证实。自两个定律创立以来，还从未发现有任何实验事实能违背这两个定律，而企图违背这两个定律的实验都以失败而告终，这足以证明这两个定律的正确性。随着科学技术的发展，新的研究成果不断出现，但正如爱因斯坦指出的那样，“在目前的科学理论中，热力学的普适性使我相信，它是唯一永远不会被抛弃的理论框架”。

将热力学的基本定律用于化学过程或与化学有关的物理过程，就形成了化学热力学。化学热力学主要研究：①化学过程及与化学密切相关的物理过程中的能量转换关系；②判断在环境条件下，指定的热力学过程（如化学反应、相变化等）进行的方向以及可能达到的最大限度。

1.1.2 热力学的研究方法和局限性

热力学研究的是大量质点的集合体，测定研究对象的宏观性质，所得结论不代表个别质点的行为，是所有质点的平均行为，具有统计意义。热力学方法的特点是：只研究在环境条件下，变化是否能够发生以及能进行到什么程度，而无法告知变化所需的时间、发生变化的

根本原因以及变化所经历的具体途径；只计算变化前后的净结果，而不考虑变化过程的细节，也无须知道物质的微观结构。

例如，在常温、常压下，对 $H_2(g)+\frac{1}{2}O_2(g)=H_2O(l)$ 这个反应，热力学研究认为：正向反应的趋势很大，反应一旦发生基本可以进行到底，逆反应的趋势极小；可以计算反应发生所放出的热量和达到平衡时的平衡常数值；可以指出如果增加压强、降低温度会对正反应有利等。但是，关于反应何时能发生以及如何使反应发生、反应进行的速率、反应进行的历程以及反应的本质等问题，化学热力学无法给出有用的提示。

所以，从热力学的研究方法上就可以看出它的局限性：只能判断变化的方向，而无法说明变化的本质，知其然而不知其所以然；能判断变化发生的趋势，而无法说明如何才能使可能变为现实，只讲可能性，不讲实现性；热力学中没有时间这个变量，不考虑变化的速率和进行的细节；热力学只能对现象之间的联系作宏观了解，而不能从微观上计算宏观性质的数值等。

虽然热力学方法有这些局限性，但它仍不失为一种非常有用的理论工具，它可以对反应的方向和限度做出理论上的判断。当合成一个新产品时，首先要用热力学方法判断在所处的 T、p 条件下该反应能否自发进行，若热力学认为不能进行的反应，就不必浪费精力去研究它（除非环境对它做功）。热力学给出的反应限度是在所处的 T，p 条件下理论上的最高值，只能设法尽量去接近它，而绝不可能逾越它。热力学可以提示如何调整温度、压力和浓度等因素使反应向人们所期望的方向进行，为提高效率、降低生产成本提供理论指导，这些对科学研究和生产实践无疑是有重要意义的。

1.2 热力学的一些基本概念

主要知识点

1. 系统和环境

被选定的研究对象称为系统，与系统密切相关、影响所及的部分称为环境。通常将系统分为敞开、封闭和隔离三类。

2. 系统的宏观性质

系统的宏观可测量的性质称为系统的宏观性质，用来描述系统的状态。系统的性质分为两类：一类是与系统所含物质数量有关的广延性质；另一类是与系统所含物质数量无关的强度性质，它们只取决于系统自身的特性。将两个广延性质相除或将广延性质除以系统的数量，就得到强度性质。

3. 热力学平衡态

热力学平衡态是指系统的各种性质不再随时间而改变的状态。处于平衡态的系统应同时具有热平衡、力平衡、相平衡和化学平衡。通常用易于测定的几个性质，再加上必要的广延性质来描述系统所处的热力学状态。

4. 状态函数

系统的性质只取决于系统目前的状态，与其历史无关。状态发生变化时，系统的性质也发生相应的变化，其变化值仅与系统的始、终态有关，而与变化的途径无关。无论经历多少变化，当系统回到始态时，这些性质都恢复原状。具有这种性质的物理量称为状态函数。

5. 过程和途径

在一定的环境条件下，系统发生了由一个平衡态到达另一个平衡态的变化，称为发生了一个过程。完成这个变化过程所经历的具体步骤称为途径。常见的过程有等温、等压、等容、绝热以及环状过程等。以后还会学到相变化和化学变化过程。

1.2.1 系统和环境

进行热力学研究时，必须首先确定研究对象，把要研究的对象与其发生密切接触的其余部分隔开，这种分隔的界面可以是实际的，也可以是虚拟想象的。这种被选定的研究对象或者是被研究的物质和空间就称为系统（system），也称为体系。与系统密切相关、影响所及的部分则称为环境（surroundings）。环境通常是以大气、海洋等实体为背景抽象出来的庞大物体，具有恒定的温度和压力，不因与系统发生有限的能量交换而改变。环境能够为系统的等温、等压过程提供客观条件。

根据系统与环境之间在物质与能量方面的交换情况，可将系统分为三类：

① 敞开系统（open system） 系统与环境之间既有物质交换，又有能量交换。由于这种系统比较复杂，物质的数量在不断地改变，能量也不守恒，所以经典热力学基本不研究这类系统（敞开系统的稳流过程例外）。

② 封闭系统（closed system） 系统与环境之间没有物质交换，但有能量交换。封闭系统是热力学中研究得最多的系统，今后若不特别说明，一般都是指封闭系统。

③ 隔离系统（isolated system） 也称为孤立系统。系统与环境之间既没有物质交换，也没有能量交换，隔离系统保持物质和能量守恒。事实上，真正的隔离系统是不存在的，因为还没有一种材料可以将系统与重力场和磁场等外力场完全隔离，只是在热力学研究中不考虑重力场和磁场等外力场的影响。另外，也没有理想的绝热材料可以将系统与环境之间的热量传递完全隔绝，所谓的绝热也只是近似的。

选择系统时，划分的方式不同，所得到系统的类型也不同。例如，在一个全封闭、具有绝热外墙的房间内，有电源和一台正在工作的冰箱。①如果选择冰箱为系统，则电源和房间即为环境，电源对冰箱做电功，冰箱向房间释放热量，冰箱与环境之间有热和功的交换，但没有物质的交换，则冰箱是封闭系统；②如果选择冰箱和电源为系统，房间作为环境，冰箱与电源之间电功的交换是不计的，这是系统内部的事，但系统向房间放出热量，与环境有热的交换，所以冰箱和电源这个系统还是封闭系统；③如果选择冰箱、电源和房间一起都作为系统，那就是一个隔离系统，因为系统内部的能量交换是不计的。选择的系统不同，系统与环境之间传递的功和热的正、负取号也不同，最后的计算结果当然也不会相同。因此，在热力学研究中明确所选的系统是非常重要的。

1.2.2 系统的宏观性质

热力学研究的是大量微观粒子组成的宏观集合体，通常用系统的一些宏观可测量性质，如压力、体积、温度、密度、黏度、表面张力及以后要学到的一些热力学函数（如热力学能、焓和熵等）来描述系统的热力学状态，这些宏观可测量的性质称为系统的宏观性质，简称为系统的性质或热力学变量。这些性质可分为以下两类。

① 广延性质（extensive properties） 也称为广度性质、容量性质或广延量。例如，体积、质量、热力学能和熵等，其数值大小与系统的物质的量成正比，是系统物质的量 n 的一次齐函数。在相同状态下，物质的数量增加一倍，广延性质的数值也增加一倍。广延性质有加和性，在相同条件下，整个系统的某个广延性质等于系统中各部分该种广延性质的加和。

② 强度性质（intensive properties） 如温度、压力、密度和黏度等，其数值取决于系统自身的特性，与系统所含的物质数量无关，不具有加和性，是系统物质的量 n 的零次齐函数。

两个广延性质相除，或将某个广延性质除以系统的物质的量或质量，就得到强度性质。例如，将质量除以体积，就得到体积质量（密度）ρ 这个强度性质，$\rho=m/V$。将体积除以系统的物质的量，就得到摩尔体积 V_m 这个强度性质，$V_m=V/n$，摩尔量规定了系统的物质数量是 1mol，所以与系统的物质的量多少无关，这种强度性质与温度、压力等强度性质还是不完全等同的。

1.2.3 热力学平衡态

当系统的各种性质不再随时间而改变，也没有任何系统与环境之间或系统内部的物质交换、能量交换和化学反应存在，这种系统就认为是处于热力学平衡状态（thermodynamic equilibrium state）。实际上，热力学平衡态也是一种统计的热动平衡状态，因为每个微粒仍在不停地运动之中，只是宏观性质不再随时间而改变。热动平衡状态必须同时具有以下几个平衡：

① 热平衡 系统内各部分的温度均相同，没有因为温度不等而引起的能量传递。如果是一个非绝热系统，则系统的温度应该等于环境的温度。如果是一个绝热系统，则系统的温度可以不同于环境温度。

② 力平衡 系统内各部分的力处处相等，没有因为力的不平衡而引起坐标的变化。这种力是广义力，包括压力、表面张力和电势等，广义坐标包括体积、表面积和电量等。如果系统与环境之间没有刚性壁相隔，则系统与环境的压力应该相等，系统的体积不再改变。如果系统与环境之间存在刚性壁，则系统与环境的压力可以不等。

③ 相平衡 一个多相系统达平衡后，在相与相之间无物质的净转移，各相的组成和数量不再随时间而改变。

④ 化学平衡 化学反应系统达平衡后，宏观上反应物和生成物的数量及组成不再随时间而改变。

以后所讲的热力学平衡态就必须满足这几个条件，只有在这种状态下，系统的广延性质和强度性质才具有一定的数值，即系统的状态一定，系统的性质也一定。反之，系统的性质都确定了，则系统的状态也就确定了。这样，就可以用系统的性质来描述系统所处的状态。

1.2.4 状态函数

热力学中将用以描述系统状态的变量称为状态变量，也称为状态的性质。系统性质与状态之间是一一对应的关系，系统的状态定了，所有的宏观性质也就都有定值。若各个状态性质都有确定值时，系统的状态也就定了。只要有一个状态性质发生改变，则系统的状态也随之发生相应的改变。系统的状态性质只取决于系统目前所处的状态，而与环境和系统是如何到达目前状态的历史无关。当系统的状态发生变化时，它的一系列性质也随之改变，改变的量只取决于系统的始态和终态，而与变化所经历的途径无关。无论经历多么复杂的变化，只要系统回到始态，则所有的性质也都复原。热力学中，把具有这种性质的物理量称为状态函数（state function）。状态函数的特性可用以下两句话来描述：**异途同归，值变相等；周而复始，数值还原**。

状态变量的和、差、积、商等也具有状态变量的性质，所以一个系统可以有许多状态变量。但是，系统的变量之间是相互关联的，只需要确定少数几个变量，就可以将系统的状态确定下来，但是热力学不能说明需要指明哪几个状态性质系统才能处于定态。将描述系统状态所需要的最少变量数称为独立变量，如对于只做体积功的单组分均相封闭系统，人们根据大量的实践经验得出，只需要选定两个独立状态变量，系统的状态也就确定了。最常用的状态变量是可以用实验测量的宏观性质，如压力 p、体积 V 和温度 T，根据需要可以任意选择。例如，对于理想气体，在物质的量 n 有定值时，可以选择 p、V 或 p、T，或 T、V 作为独立状态变量，因为它们之间有 $pV=nRT$ 这个状态方程联系着。状态变量和状态函数都是系统的宏观性质，只是在不同的场合扮演不同的角色，是相对而言的。例如，对于理想气体，在选择 p、T 为独立变量时，V 就是 p、T 的函数，$V=f(T,p)=\dfrac{nRT}{p}$。因此，通常对于状态变量和状态函数不加区分。

状态函数是状态的单值、连续的函数，在数学上具有全微分的性质。当系统发生了一个无限小的状态变化时，状态函数 Z 的变化量可以用 $\mathrm{d}Z$ 表示。例如，

$$Z=f(T,\ p),\quad \text{则 } \mathrm{d}Z=\left(\frac{\partial Z}{\partial T}\right)_p \mathrm{d}T+\left(\frac{\partial Z}{\partial p}\right)_T \mathrm{d}p$$

当系统从状态1变到状态 2 时，状态函数的变量 ΔZ 可以用积分计算，与具体的变化途径无关，即

$$\Delta Z=\int_{Z_1}^{Z_2}\mathrm{d}Z=Z_2-Z_1$$

如果系统经历了一个循环过程，则所有状态函数的变化量都等于零，即

$$\oint \mathrm{d}Z=0$$

反之亦然，如果某一物理量的环程积分等于零，则该物理量就是状态函数。

除 p、V、T 以外，今后要学到的热力学能 U、焓 H、熵 S、亥姆霍兹自由能 A 和吉布斯自由能 G 等，也都是状态函数。

1.2.5 过程和途径

在一定的环境条件下，系统发生了从一个平衡态到达另一个平衡态的变化，称之为系统发生了一个热力学过程，简称为过程（process），每个热力学过程可以经历若干个步骤来完成，这具体的步骤则称为途径（path）。例如，系统在等温条件下，由 p_1、V_1 变到 p_2、V_2 进行了一个等温膨胀（或压缩）过程。但这个过程可以用一步或几步完成，也可以用可逆或不可逆的方式完成，这些具体的步骤就是变化所经历的途径。当系统的状态发生变化时，状态函数也会随之而改变，但不一定所有的状态函数都改变。例如，常见的等温、等压和等容过程就是保留某个状态函数不变的过程。

① 等温过程（isothermal process） 指系统的始态与终态的温度相等并等于恒定的环境温度的过程。在过程进行中，系统的温度可以发生波动或保持不变，而环境温度始终保持恒定。

② 等压过程（isobaric process） 指系统的始态与终态的压力相等并等于恒定的环境压力的过程。在过程进行中，系统的压力可以发生波动或保持不变，但环境压力始终保持恒定。在大气压力下进行的凝聚相变化过程可看作等压过程。

③ 等容过程（isochoric process） 指系统的体积保持不变的过程。在过程进行中，系统对环境不发生相对位移，即 $dV=0$，因而没有体积功。在刚性容器中发生的变化可看作等容过程。

④ 绝热过程（adiabatic process） 指系统与环境之间隔绝热量传递的过程。或者是因为有绝热壁存在，或者是由于变化太快，系统与环境之间来不及发生热交换，或者是因为热交换量太少而可以忽略，这些都可以近似看作绝热过程。

⑤ 环状过程（cyclic process） 指系统从始态出发，经过一系列变化，最终回至始态的过程。环状过程又称为循环过程，在环状过程中，所有状态函数的变化量都等于零。

阐明过程和途径，主要是用来区分状态函数和非状态函数变化值的计算方法。状态函数的变化值仅取决于系统的始、终态，与变化的途径无关。而非状态函数（如功和热）的变化值与变化的途径有关。例如，在相同的始、终态条件下，由于变化途径的不同，功和热的数值有可能不同。这里说的过程主要是指系统的聚集状态不发生改变（相态不改变）的 p、V、T 变化过程，今后还要学到相变化过程和化学变化过程。

1.3 热力学第一定律的表述

主要知识点

1. 热

系统与环境之间由于温差而交换的能量称为热，用符号 Q 表示，单位是J。系统吸热，$Q>0$；系统放热，$Q<0$。Q 不是状态函数，其微小变化用 δQ 表示。

2. 功

除热以外，系统与环境之间传递的其他能量都称为功，用符号 W 表示，单位是J。系统从环境得到功，$W>0$；系统对环境做功，$W<0$。体积功的计算式为 $\delta W_e=-p_e dV$。除体积功以外的其他功称为非体积功，用 W_f 表示。功也不是状态函数。

3. 热力学能

热力学能是指系统内部所有微观粒子无序运动的动能以及相互作用的势能等能量的总和，其绝对值无法测定，只能测定其变化值。热力学能是状态函数，用符号 U 表示，单位是J。在绝热过程中，热力学能的改变量等于绝热过程中的功。

4. 热力学第一定律的数学表达式

热力学第一定律是能量转换和守恒定律在热现象领域内所具有的特殊形式，它的数学表达式为 $\Delta U=Q+W$。该定律也可表述为“第一类永动机是不可能造成的”。

5. 可逆过程

某系统从始态变到终态时，变化的速率极其缓慢，每一步都接近于平衡态，若循其逆过程使系统由终态回到始态，系统和环境都能恢复原状，没有留下任何影响，这种过程称为可逆过程。可逆过程实际上并不存在，只能使实际过程无限趋近于它。

1.3.1 热

热（heat）的本质是大量粒子（分子、原子等）无规则运动的体现，表征其运动强度的物理量是温度，粒子运动得越激烈，温度就越高。热力学不考虑热的本质，对于只有 p、V、T 变化的系统，可以给热定义如下：系统与环境之间由于温度不同而交换的能量称为热。对于纯物质，在一定温度下发生聚集状态的变化时，与环境交换的能量也是热的一种，称为相变热（如熔化热、凝聚热、蒸发热、升华热等）。在等温条件下发生化学反应时，系统与环境之间交换的能量称为化学反应热。

热用符号 Q 表示，其单位是 J（焦耳）。Q 的取号通常规定为：系统从环境得到热，即系统吸热，$Q>0$；系统将热释放给环境，$Q<0$。

热是一种被传递的能量，不是系统自身的性质，不具备状态函数的特征。因此，不能说系统的某个状态有多少热，系统内部转换的能量也不能称为热。在始、终态相同时，由于变化途径不同，系统与环境之间传递的热也可能不同，因此在计算热的数值时一定要与具体的变化途径相联系。微量的热交换用 δQ 表示，而不用 dQ 表示，因为热不具备全微分的性质。热的宏观交换量用 Q 表示，而不用 ΔQ 表示，因为符号“Δ”是表示两个状态的函数之间固有的差值。

1.3.2 功

功（work）是大量质点作有序运动时传递的能量。除热以外，系统与环境之间传递或交换的其他各种能量都称为功，用符号 W 表示，单位也是 J。功的取号与热的取号一致：系统从环境得到功，$W>0$；系统对环境做功，$W<0$。功也不是状态函数，它的数值与变化的途径有关，所以计算功时，同样一定要与具体的途径相联系。有微量的功传递时，用 δW 表示，而不能用 dW 表示，因为功也不具备全微分的性质。

各种形式的功都可以看作是由强度因素和广延因素组成。强度因素也称为广义力，它决定能量传递的方向。广延因素也称为广义位移，是在力的作用下发生变化的大小。如果在过程中保持强度因素不变，则功的数值就等于广义力与广义位移变化量的乘积。在物理化学中，常见的功有：体积功（也称为膨胀功，expansion work）、电功和表面功（也称为非体积功）等。

热力学中讨论得最多的是体积功，用 W_e 表示。通过图 1.1 的装置来了解体积功的计算。

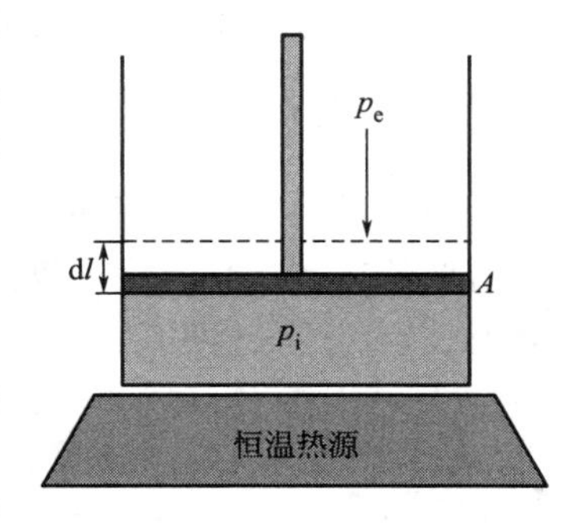

图 1.1　体积功示意图

如图 1.1 所示，一个带活塞的气缸与恒温的大热源相接触，以保持系统的温度不变。将置于活塞下的气体选为系统，其压力为 p_i（internal pressure），在活塞上方的压力为环境压力 p_e（external pressure），忽略活塞的质量和与气缸壁的摩擦。当系统压力大于环境压力时，即 $p_i > p_e$，气体克服外压 p_e 将活塞向上移动 dl 的距离。根据广义功的定义，广义功等于广义力 F 乘以在力作用下的广义位移 dl，则广义功的计算式为

$$\delta W = F\,dl$$

系统所做体积功是指系统对抗外压做功，外压的作用方向与活塞位移的方向相反，所以体积功的计算式为

$$\delta W_e = -F_e\,dl$$

设活塞的面积为 A，单位面积上所受的压力为 p_e，则

$$\delta W_e = -F_e\,dl = -\left(\frac{F_e}{A}\right)(A\,dl) = -p_e dV \tag{1.1}$$

式(1.1) 可以看作是以系统为主的体积功的定义式。如果 $dV > 0$，系统对抗外压做膨胀功，$\delta W_e < 0$。如果 $dV < 0$，表示 $p_i < p_e$，实际是环境对系统做功（压缩功），系统得到功，$\delta W_e > 0$。膨胀功和压缩功都属于体积功。

为了区别于体积功，将除体积功以外的其他形式的功（如电功、表面功等）称为非体积功，用符号 W_f 表示。因此，系统与环境之间传递的总功 W 应该等于这两部分功的加和，即

$$W = W_e + W_f$$

体积功的数值与变化途径有关，常见的膨胀体积功的计算公式有以下几种。

① 自由膨胀（free expansion） 也称为向真空膨胀，外压 $p_e = 0$，系统对环境不做功。

$$W_e(1) = -p_e dV = 0$$

② 一次等外压膨胀 外压 p_e 保持恒定，系统的体积从 V_1 膨胀到 V_2，对环境做功为

$$W_e(2) = -p_e(V_2 - V_1) = -p_e \Delta V = -p_2 \Delta V$$

③ 多次等外压膨胀 系统从始态膨胀到终态分两步进行，第一步在外压恒定为 p'_e 时，体积从 V_1 膨胀到中间态体积 V'。第二步在外压恒定为 p_2 时，从 V' 膨胀到终态 V_2。总的体积功等于两部分功的加和。

$$W_e(3) = -p'_e(V' - V_1) - p_2(V_2 - V')$$

④ 可逆膨胀 外压 p_e 是比内压 p_i 小一个无限小的膨胀，即 $p_e = p_i - dp$，总的功等于无数个微小功的加和。

$$W_e(4) = -\sum p_e dV = -\sum (p_i - dp) dV$$

引入两个近似：①略去了二级无穷小 $dp\,dV$，这不会引入太大的误差；②因为这个变化可近似看作连续变化，将加和号改为积分号。再假定系统是理想气体，引入理想气体的状态方程 $p = nRT/V$，则功的计算式为

$$W_e(4) = -\int_{V_1}^{V_2} p_i dV = -\int_{V_1}^{V_2} \frac{nRT}{V} dV = -nRT \ln \frac{V_2}{V_1}$$

对于相同数量的同一种理想气体，从相同的始态出发，经这 4 种不同的途径到达相同的终态，所做的体积功显然是不等的。过程④可近似看作可逆膨胀，对环境做的功最多。用功的绝对值表示，这 4 种功的大小顺序为

$$|W_e(4)| > |W_e(3)| > |W_e(2)| > |W_e(1)|$$

同理，常见的压缩体积功的计算公式也有以下几种。

① 一次等外压压缩 在外压为 p_1 下，系统的体积一次从 V_2 压缩到 V_1，环境对体系所做的功（即体系得到的功）为

$$W_e(1) = -p_1(V_1 - V_2)$$

② 多次等外压压缩　系统从终态压缩到始态分三步进行：第一步，用 p''的压力将体系从 V_2 压缩到 V''；第二步，用 p'的压力将体系从 V''压缩到 V'；第三步，用 p_1 的压力将体系从 V'压缩到 V_1。环境对体系所做的功为

$$W_e(2) = -p''(V'' - V_2) - p'(V' - V'') - p_1(V_1 - V')$$

③ 可逆压缩　外压 p_e 是比 p_2 大一个无限小的压缩，即 $p_e = p_2 + dp$，总的功等于无数个微小功的加和。

$$W_e(3) = -\sum p_e dV = -\sum (p_2 + dp) dV$$

同理引入两个近似：①略去了二级无穷小 $dp dV$，这不会引入太大的误差；②因为这个变化可近似看作连续变化，将加和号改为积分号。若系统是理想气体，引入理想气体的状态方程 $p = nRT/V$，则压缩功的计算式为

$$W_e(3) = -\int_{V_2}^{V_1} p_2 dV = -\int_{V_2}^{V_1} \frac{nRT}{V} dV = -nRT\ln\frac{V_1}{V_2} = nRT\ln\frac{V_2}{V_1}$$

用功的绝对值表示，显然，这 3 种功的大小顺序为

$$|W_e(3)| < |W_e(2)| < |W_e(1)|$$

不同膨胀和压缩过程的功小结如图 1.2 所示。

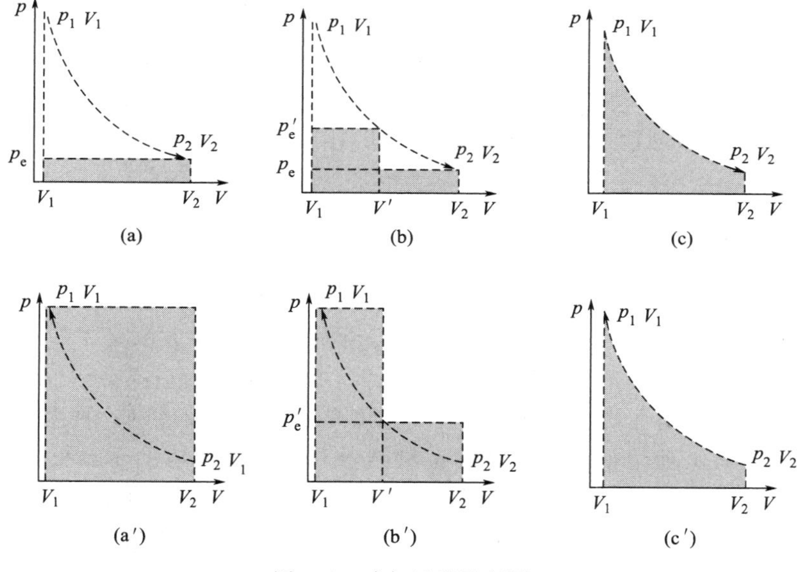

图 1.2　功与过程示意图

图 1.2 表明，功与变化的途径有关。虽然始、终态相同，但途径不同，所做的功也大不相同。显然，可逆膨胀，体系对环境做最大功；可逆压缩，环境对体系做最小功。

1.3.3　热力学能

焦耳自 1840 年起，用各种方法进行了四百多次实验，历经几十年，证明了这样一个事实：在绝热条件下，一定量物质从相同的始态出发，升高相同的温度，达到相同的终态，所耗的各种形式的功（如机械功、电功等）在数量上完全相等。从而得到了著名的热功当量，也表明了系统具有一个物理量，其变化值只取决于系统的始态和终态，而与具体的变化途径

无关，是系统内部能量的象征。这个物理量称为热力学能（thermodynamic energy），用符号 U 表示，其单位为 J。设在始态时系统的热力学能为 U_1，终态时为 U_2，则在绝热条件下，热力学能的改变量就等于绝热过程中的功，用公式表示为

$$\Delta U = U_2 - U_1 = W_{Q=0} \tag{1.2}$$

式(1.2) 可作为热力学能的定义式。

一个封闭系统的总能量包括系统整体运动的动能、系统在外力场中的势能和系统内部的能量。经典热力学研究的是宏观静止的平衡系统，不考虑系统的整体运动，也不考虑重力场、电磁场、离心力场等外力场的影响，只考虑系统内部的能量。系统内部的能量就称为热力学能（以前称内能），它等于系统内部所有微观粒子（如分子、原子、电子等）的微观无序运动的动能（如平动能、转动能、振动能、电子和核运动的能量）以及所有相互作用的势能等能量的总和。热力学能的绝对值是无法测定的，只能测定其变化值。热力学能是系统的广延性质，与物质的数量成正比。而摩尔热力学能 U_m $\left(U_m = \dfrac{U}{n}\right)$是强度性质，其单位为 $J \cdot mol^{-1}$。

热力学能是状态函数，是系统状态的单值函数，系统的状态确定了，热力学能也就有了定值。热力学能在数学上符合全微分的条件，通常将热力学能看作是 T、V、n 的函数。对于封闭系统，物质的量 n 有定值，所以 $U=U(T, V)$，它的全微分为

$$dU = \left(\frac{\partial U}{\partial T}\right)_V dT + \left(\frac{\partial U}{\partial V}\right)_T dV$$

在隔离系统中，系统与环境之间没有任何物质和能量的交换，则系统的热力学能具有定值。例如，在一个绝热钢瓶中，无论系统发生什么变化，系统热力学能的变化值都等于零。

1.3.4 热力学第一定律的数学表达式

首先介绍一下第零定律。当都为均相系统的 A 和 B 通过导热壁分别与 C 达成热平衡时，则系统 A 和 B 也彼此互为热平衡，这就是热力学第零定律。因为该定律的提出在热力学第一定律建立之后，但它的含义应该在第一定律之前，所以称之为第零定律。第零定律揭示了均相系统都存在一种平衡性质，这就是温度，温度是系统冷热程度的一种度量。有了第零定律，则温度的测量有了理论依据。温度的定量测量和表示需要借助于温标，温标的类型较多，使用较普遍的是摄氏温标和热力学温标。有了温标，就可以对温度计进行刻度，以使用数值来表示温度。摄氏温标用符号 t 表示，单位是℃。最初选用纯水作为介质，在压力 $p=101.325kPa$ 时，以纯水的凝固点作为 0℃，沸点作为 100℃，在两个温度之间等分 100 份，这就是最早的使用摄氏温标的温度计。

在国际单位制中采用的是热力学温标，用符号 T 表示，单位是 K（开尔文，简称“开”）。这两种温标的换算关系为

$$T/K = 273.15 + t/℃$$

19 世纪中叶，焦耳、迈耶（Mayer）和亥姆霍兹等分别独立进行研究，却得出了几乎相同的结论：能量可以从一种形式转变为另一种形式，但在转变过程中能量的总值保持不变。他们为能量转换和守恒定律的建立奠定了基础。热力学第一定律（the first law of thermodynamics）是能量转换和守恒定律在热现象领域内所具有的特殊形式。

实验证明，在绝热过程中系统从始态变到终态，热力学能的变化值就等于绝热过程的

功，即 $\Delta U=U_2-U_1=W_{Q=0}$；在没有功交换的过程中，热力学能的变化值就等于过程中的热交换量，即 $\Delta U=U_2-U_1=Q_{W=0}$。如果系统与环境之间既有热的交换，又有功的传递，则系统热力学能的变化值可表示为

$$\Delta U=Q+W \tag{1.3}$$

式(1.3)可作为热力学第一定律的数学表达式。说明系统与环境之间可以发生热和功的交换，但能量的总值保持不变。对于发生的微小变化，式(1.3)可以表示为

$$\mathrm{d}U=\delta Q+\delta W \tag{1.4}$$

式(1.3)中的功指的是总功，$W=W_e+W_f$，由于在讨论热力学基本定律时一般不考虑非体积功 W_f，因此通常将体积功的下标 e 略去，就用 W 来表示体积功。

热力学第一定律是人们在实践中总结出来的客观规律，尽管目前尚不能从理论上加以证明，也无法用数学方法来推导，但无数事实证明了这个定律的正确性。历史上曾有人想制造一种机器，它既不消耗燃料和动力，本身也不减少能量，却可以源源不断地对外做有用功，人们把这种机器称为第一类永动机。由于该机器违背了能量转换和守恒定律，尝试无数次，都以失败告终。因此，热力学第一定律也可以表述为："第一类永动机是不可能造成的"。

1.3.5 可逆过程

可逆过程（reversible process）是热力学中一种极其重要的过程。若某系统从始态变到终态，变化的速率极其缓慢，每一步都接近于平衡态，每一点都有可能向正、逆两个方向变动；循其逆过程使系统由终态回到始态，如果系统和环境都能恢复原状，没有留下任何影响，则这种过程就称为热力学可逆过程。否则，就是不可逆过程。

可逆过程是一种理想的过程，客观世界中并不存在真正的可逆过程，自然界中发生的实际过程都是不可逆过程，实际过程只能无限趋近于它。但是可逆过程的概念非常重要，因为它是在系统接近于平衡的状态下进行的，它与平衡态密切相关，熵函数（见第 2 章）的变量只有通过可逆过程才能求算。可逆过程的效率是最高的，在等温可逆膨胀过程中，系统对环境做最大功（指绝对值），而在等温可逆压缩过程中，环境对系统做最小功。可逆电池的电动势是其电动势的最大值，电解池的可逆分解电压是分解电压的最小值，这些在对能源充分利用的研究中显然是有参考价值的。

实际变化中接近于可逆过程的例子也很多，如液体在其饱和蒸气压下的蒸发，固体在其熔点温度时的熔化，可逆电池在其电动势与外加电压相差无限小时的充电或放电过程，系统在压力与外压相差无限小时的压缩或膨胀等，都可以近似作为可逆过程来处理。

【例 1.1】 273K 时，有 10mol 理想气体，从始态 $p_1=100\text{kPa}$，$V_1=0.227\text{m}^3$，经下列 4 种不同途径膨胀到终态 $p_2=10\text{kPa}$，$V_2=2.27\text{m}^3$。分别计算每个途径所做的体积功，并比较功与变化途径的关系。

（1）在设定的容器中，经真空膨胀至终态。

（2）在外压为 10kPa 的条件下，一次膨胀至终态。

（3）两次连续等外压膨胀，先在 $p'=50\text{kPa}$ 的外压下膨胀至 V'，然后在 $p_2=10\text{kPa}$ 的外压下膨胀至终态。

（4）外压始终比内压小一个无穷小 $\mathrm{d}p$，在近似可逆的条件下膨胀至终态。

解 (1) 向真空膨胀，外压 $p_e=0$

$$\delta W_1=-p_e\mathrm{d}V=0$$

(2) 一次等外压膨胀

$$W_2=-p_e\Delta V=-10\text{kPa}\times(2.27-0.227)\text{m}^3=-20.43\text{kJ}$$

(3) 首先要计算中间体积 V'。因为是理想气体的等温过程，根据波义耳定律，$pV=C$，所以

$$V'=\frac{p_1V_1}{p'}=\frac{100\text{kPa}\times0.227\text{m}^3}{50\text{kPa}}=0.454\text{m}^3$$

$$W_3=-p'(V'-V_1)-p_2(V_2-V')$$

$$=-50\text{kPa}\times(0.454-0.227)\text{m}^3-10\text{kPa}\times(2.27-0.454)\text{m}^3$$
$$=-11.35\text{kJ}-18.16\text{kJ}=-29.51\text{kJ}$$

(4) 对于近似的可逆膨胀

$$W_4=-nRT\ln\frac{V_2}{V_1}=-(10\times8.314\times273)\text{J}\times\ln\frac{2.27\text{m}^3}{0.227\text{m}^3}=-52.26\text{kJ}$$

从计算结果可以看出，虽然始、终态相同，但是由于具体的变化途径不同，所做的体积功也是不同的（当然所吸的热也不同）。膨胀次数越多，所做的功也越多（绝对值），可逆膨胀时系统做的功最多。

1.4 焓和热容

主要知识点

1. 等容热

在等容过程中系统与环境交换的热称为等容热，用符号 Q_V 表示。在不做非体积功的等容过程中，$\Delta U=Q_V$。

2. 等压热和焓

在等压过程中系统与环境交换的热称为等压热，用符号 Q_p 表示。

根据需要，人们定义了焓，$H\overset{\text{def}}{=\!=}U+pV$。焓是状态函数，是系统的广延性质。焓的绝对值无法测定，只能计算它的变化值。焓具有能量的单位。在等压、不做非体积功的过程中，$\Delta H=Q_p$。

3. 热容

对于稳定的热力学均相封闭系统，升高单位热力学温度所吸收的热称为系统的热容。热容与系统所含物质的数量及升温的条件有关，于是有相应的等压热容、等容热容、摩尔热容、等压摩尔热容和等容摩尔热容等不同的热容。热容是温度的函数，在温度区间不大时可近似认为是与温度无关的常数。

1.4.1 等容热

在等容过程中系统与环境交换的热称为等容热，用符号 Q_V 表示。根据热力学第一定律有

$$dU = \delta Q_V$$

对于等容过程，$\delta W_e = 0$。假定不做非体积功，则 $\delta W_f = 0$，于是得到

$$dU = \delta Q_V \text{ 或 } \Delta U = Q_V \quad (dV = 0, W_f = 0) \tag{1.5}$$

式(1.5)表示，在等容、不做非体积功的过程中，系统热力学能的变化值与等容热相等。

在用氧弹法测定燃烧热的实验中，因为氧弹的容积是固定的，所以测定得到的是可燃物质在燃烧时放出的等容热。

1.4.2 等压热和焓

等压过程中系统与环境交换的热称为等压热，用符号 Q_p 表示。根据热力学第一定律有

$$dU = \delta Q + \delta W = \delta Q + \delta W_e + \delta W_f$$

其中，体积功 $\delta W_e = -p dV$，假定不做非体积功，$\delta W_f = 0$，因为是等压过程，$dp = 0$，$\delta Q = \delta Q_p$，则上式变为

$$dU = \delta Q_p - p dV \quad (dp = 0, W_f = 0)$$

在 $dp = 0$，$W_f = 0$ 的条件下，移项并整理得

$$\delta Q_p = dU + p dV = d(U + pV) \tag{1.6}$$

从式(1.6)可以看出，等压热 Q_p 与3个状态函数关联。为使用方便起见，将括号中的3个物理量用一个符号来表示，所以定义了焓（enthalpy），用符号 H 表示，焓的数学定义式为

$$H \xlongequal{\text{def}} U + pV \tag{1.7}$$

将式(1.7)代入式(1.6)，得

$$\delta Q_p = dH \text{ 或 } Q_p = \Delta H \quad (dp = 0, W_f = 0) \tag{1.8}$$

式(1.8)说明，对于不做非体积功的等压过程，等压热与系统的焓变在数值上相等。因为大部分化学实验都是在恒定的大气压力下进行的，测定等压热比较容易，所以式(1.8)的实用性很强。在所有文献和物理化学数据表中，几乎都用焓变来表示相变化和化学变化的热效应。但使用 $\Delta H = Q_p$ 的前提是：必须符合 $dp = 0$，$W_f = 0$ 的条件。

焓是为了使用方便而定义的热力学函数。从焓的定义［式(1.7)］可知，焓是由系统的3个状态函数组成，所以焓也是状态函数，是系统的广延性质。因为热力学能的绝对值无法测定，所以焓的绝对值也无法测定，而只能计算焓的变化值。式(1.7)中的 pV 项不是体积功的计算式，但它具有能量的单位。因为组成焓的函数 U 和 pV 都具有能量的单位，所以焓 H 也具有能量单位，用 J 或 kJ 表示。

当系统发生微小变化时有

$$dH = dU + p dV + V dp$$

在隔离系统中，$dU = 0$，$p dV = 0$，但 $V dp$ 不一定等于零。例如，在一个绝热、定容的钢瓶中，发生氢气与氯气化合生成氯化氢气体的反应，这是个放热反应。由于反应前后气体的分子数没变，钢瓶内的温度和压力会升高，即 $V dp > 0$，所以 $dH > 0$。因为焓是定义的状态函数，它虽然具有能量的单位，但它不是能量，不遵守能量守恒定律。在运用式(1.5)和式(1.8)时，都必须满足非体积功等于零的前提。如果过程中做了非体积功（如电功），则式(1.5)和式(1.8)就不成立。如果系统的状态在非等压过程中发生了变化，其焓的变化值可

以用焓的定义式进行计算，如

$$\Delta H = \Delta U + \Delta(pV) = \Delta U + (p_2V_2 - p_1V_1)$$

如果系统是理想气体，则

$$\Delta H = \Delta U + \Delta(nRT) \tag{1.9}$$

如果系统物质是固相或液相等凝聚态，因 $\Delta(pV)$ 值较小，则近似有 $\Delta H_{凝聚态} \approx \Delta U_{凝聚态}$。所以，在等压、不做非体积功的过程中，测定了 Q_p，就可以得到 ΔH 的值，从而可以计算 ΔU 的值，这就是定义焓的最初目的。

通常将焓看作是温度、压力和物质的量的函数，即 $H = H(T, p, n)$，对于 $dn = 0$ 的均相封闭系统，$H = H(T, p)$，焓的全微分为

$$dH = \left(\frac{\partial H}{\partial T}\right)_p dT + \left(\frac{\partial H}{\partial p}\right)_T dp$$

【例 1.2】 在恒定的 100kPa 压力下，一定量理想气体受热后从 $V_1 = 10\text{dm}^3$ 膨胀到 $V_2 = 16\text{dm}^3$，同时吸热 1.26kJ。计算系统在该过程中的 ΔU 和 ΔH。

解 这是一个不做非体积功的等压过程，所以

$$\Delta H = Q_p = 1.26\text{kJ}$$

$$\Delta U = \Delta H - \Delta(pV) = \Delta H - p(\Delta V) = 1.26\text{kJ} - 100\text{kPa} \times (16 - 10)\text{dm}^3 = 0.66\text{kJ}$$

1.4.3 热容

对于没有相变和化学变化且不做非体积功的均相封闭系统，系统升高单位热力学温度时所吸收的热称为该系统的热容，用符号 C 表示。由于热容的数值与系统的质量（或物质的量）和升温的条件有关，因此就有各种各样的热容，它们的单位也不完全相同。例如，物质为单位质量的热容称为比热容；物质为单位物质的量的热容称为摩尔热容；在等容条件下测的热容称为等容热容；在等压条件下测的热容称为等压热容等。物质热容的数值主要取决于物质的本性，是由物质原子的各种微观运动贡献的，如单原子理想气体的摩尔等容热容 $C_{V,\text{m}} = \frac{3}{2}R$（参阅 1.5.3 小节）。

热容的数值与温度有关，如同一个系统在 300K 时升高 1K 与在 1000K 时升高 1K 所需的热量显然是不一样的，因此热容是温度的函数，通常用 $C_p(T)$ 或 $C_V(T)$ 表示。下面介绍几种常见的热容。

① 等压热容　在等压条件下，某系统的温度从 T_1 升到 T_2 时所吸收的热为 Q_p，则平均等压热容 $\langle C_p \rangle(T)$ 的计算式为

$$\langle C_p \rangle(T) = \frac{Q_p}{T_2 - T_1} \tag{1.10}$$

$\langle C_p \rangle(T)$ 实际是等压热容在温度区间 $T_1 \sim T_2$ 的一个平均值。当升温的区间趋于零时，即 $(T_2 - T_1) \to 0$，这时等压热容的定义式为

$$C_p(T) \xlongequal{\text{def}} \frac{\delta Q_p}{dT} \tag{1.11}$$

根据热容的计算式，显然其单位是 $\text{J} \cdot \text{K}^{-1}$。因为热容还与系统物质的量有关，所以单位物质的量的等压热容称为摩尔等压热容，可表示为

$$C_{p,\mathrm{m}}(T) \xlongequal{\mathrm{def}} \frac{1}{n} \times \frac{\delta Q_p}{\mathrm{d}T} \tag{1.12}$$

摩尔等压热容的单位是 $\mathrm{J \cdot K^{-1} \cdot mol^{-1}}$。如果所处的压力为标准压力，则称为标准摩尔等压热容，可表示为 $C_{p,\mathrm{m}}^{\ominus}(T)$。

热容是热力学的基本数据之一，实验可测量，是温度的函数。常见物质的标准摩尔等压热容 $C_{p,\mathrm{m}}^{\ominus}(T)$ 与温度的关系式通常可表示为

$$C_{p,\mathrm{m}}^{\ominus}(T) = a + bT + cT^2 + \cdots \tag{1.13a}$$

或

$$C_{p,\mathrm{m}}^{\ominus}(T) = a' + b'T^{-1} + c'T^{-2} + \cdots \tag{1.13b}$$

式中，a、b、c…和 a'、b'、c'…都是经验常数。常见物质的这些经验常数或在不同温度下的标准摩尔等压热容的数值可以从热力学数据表上查阅。

② 等容热容　与等压热容类似，相应的平均等容热容 $\langle C_V \rangle (T)$ 的计算式为

$$\langle C_V \rangle (T) = \frac{Q_V}{T_2 - T_1} \tag{1.14}$$

等容热容的定义式为

$$C_V(T) \xlongequal{\mathrm{def}} \frac{\delta Q_V}{\mathrm{d}T} \tag{1.15}$$

摩尔等容热容为

$$C_{V,\mathrm{m}}(T) \xlongequal{\mathrm{def}} \frac{1}{n} \times \frac{\delta Q_V}{\mathrm{d}T} \tag{1.16}$$

对于不做非体积功的均相封闭系统，分别在等容或等压的过程中，有 $\mathrm{d}U = \delta Q_V$，$\mathrm{d}H = \delta Q_p$，则可用以下关系式计算热力学能和焓的变化值：

$$C_V(T) = \frac{\delta Q_V}{\mathrm{d}T} = \left(\frac{\partial U}{\partial T}\right)_V \qquad \Delta U = Q_V = n\int_{T_1}^{T_2} C_{V,\mathrm{m}}(T)\mathrm{d}T \tag{1.17}$$

$$C_p(T) = \frac{\delta Q_p}{\mathrm{d}T} = \left(\frac{\partial H}{\partial T}\right)_p \qquad \Delta H = Q_p = n\int_{T_1}^{T_2} C_{p,\mathrm{m}}(T)\mathrm{d}T \tag{1.18}$$

热容是温度的函数，在温度区间不大时，可以近似认为热容是与温度无关的常数。

【例 1.3】　保持 $p = 100\mathrm{kPa}$，在一个合适的容器中将 2mol $H_2O(\mathrm{l})$ 从 50℃ 加热到 110℃，变成过热 $H_2O(\mathrm{g})$。计算该过程总的焓变。已知 $H_2O(\mathrm{l})$ 和 $H_2O(\mathrm{g})$ 的摩尔等压热容分别为：$C_{p,\mathrm{m}}(H_2O, \mathrm{l}) = 75.3\mathrm{J \cdot K^{-1} \cdot mol^{-1}}$，$C_{p,\mathrm{m}}(H_2O, \mathrm{g}) = 33.6\mathrm{J \cdot K^{-1} \cdot mol^{-1}}$，$H_2O(\mathrm{l})$ 在沸点时的摩尔汽化热等于 $40.67\mathrm{kJ \cdot mol^{-1}}$。设 $C_{p,\mathrm{m}}$ 为与温度无关的常数。

解　因为整个过程是等压过程，所以总的焓变等于总的等压热。由于在这个温度区间内水发生了相变，因此总的焓变等于以下三种焓变之和：① $H_2O(\mathrm{l})$ 升温至沸点的焓变；②在沸点时的汽化焓；③ $H_2O(\mathrm{g})$ 从沸点升温至 110℃ 的焓变。

$\Delta H_1 = nC_{p,\mathrm{m}}(H_2O,\mathrm{l})(T_2 - T_1) = 2\mathrm{mol} \times 75.3\mathrm{J \cdot K^{-1} \cdot mol^{-1}} \times (373 - 323)\mathrm{K} = 7.53\mathrm{kJ}$

$\Delta H_2 = 2\mathrm{mol} \times 40.67\mathrm{kJ \cdot mol^{-1}} = 81.34\mathrm{kJ}$

$\Delta H_3 = nC_{p,\mathrm{m}}(H_2O,\mathrm{g})(T_2 - T_1) = 2\mathrm{mol} \times 33.6\mathrm{J \cdot K^{-1} \cdot mol^{-1}} \times (383 - 373)\mathrm{K} = 0.67\mathrm{kJ}$

$\Delta H = \Delta H_1 + \Delta H_2 + \Delta H_3 = (7.53 + 81.34 + 0.67)\mathrm{kJ} = 89.54\mathrm{kJ}$

【例 1.4】 在 $p=100\text{kPa}$，$T=1170\text{K}$ 的条件下，1mol $CaCO_3(s)$ 达到以下分解平衡：

$$CaCO_3(s) \rightleftharpoons CaO(s) + CO_2(g)$$

吸热 178.0kJ，计算该过程的 Q、W、ΔU 和 ΔH。

解 这是一个不做非体积功的等压过程，所以

$$\Delta H = Q_p = 178.0\text{kJ}$$

反应有气体产生，所以会做体积功。一般忽略固体的体积，则系统对环境所做的体积功为

$$W = -p_e \Delta V = -p_e(V_g - V_s) \approx -p_e V_g = -nRT$$
$$= -1\text{mol} \times 8.314\text{J}\cdot\text{K}^{-1}\cdot\text{mol}^{-1} \times 1170\text{K} = -9.73\text{kJ}$$
$$\Delta U = \Delta H - p_e \Delta V = (178.0 - 9.73)\text{kJ} = 168.3\text{kJ}$$

或
$$\Delta U = Q_p + W = (178.0 - 9.73)\text{kJ} = 168.3\text{kJ}$$

在等压过程中，系统需要对环境做体积功，所以吸的热要比等容过程的多，故 $\Delta H > \Delta U$。

1.5 理想气体的热力学能和焓

主要知识点

1. 焦耳实验

焦耳从实验得到：理想气体的热力学能和焓仅是温度的函数，与体积和压力的变化无关，即在等温的 p、V 变化过程中，理想气体的 ΔU 和 ΔH 都等于零。

2. 理想气体 ΔU 和 ΔH 的计算

因为理想气体的热力学能和焓仅是温度的函数，所以 ΔU 和 ΔH 的计算式为

$$\Delta U = \int_{T_1}^{T_2} nC_{V,\text{m}} \text{d}T \qquad \Delta H = \int_{T_1}^{T_2} nC_{p,\text{m}} \text{d}T$$

如果摩尔热容与温度无关，则

$$\Delta U = nC_{V,\text{m}}(T_2 - T_1) \qquad \Delta H = nC_{p,\text{m}}(T_2 - T_1)$$

3. 理想气体的 C_p 与 C_V 的关系和 $C_{V,\text{m}}$ 的估算

理想气体的 C_p 与 C_V 的关系为

$$C_p = C_V + nR \qquad C_{p,\text{m}} = C_{V,\text{m}} + R$$

4. 理想气体的绝热可逆过程

在不做非体积功的绝热可逆过程中，理想气体的过程方程为

$$TV^{\gamma-1} = C_1 \qquad pV^{\gamma} = C_2 \qquad p^{1-\gamma}T^{\gamma} = C_3$$

绝热过程的功和热力学能变化值的计算式为

$$\Delta U = W_{Q=0} = nC_{V,\text{m}}(T_2 - T_1)$$

这个计算式适用于所有绝热过程，只是绝热可逆和绝热不可逆的终态温度是不同的。

5. 焦耳-汤姆逊实验

节流过程是等焓过程。J-T 系数 $\mu_{J\text{-}T}$ 可以用来判断气体经节流过程后温度的变化。气体经节流过程后，若 $\mu_{J\text{-}T}>0$，温度下降；若 $\mu_{J\text{-}T}<0$，温度升高；若 $\mu_{J\text{-}T}=0$，温度不变，这个温度称为转化温度。节流过程在获得低温、气体液化等方面用途很广。

1.5.1 焦耳实验

盖•吕萨克于 1807 年和焦耳于 1843 年做了以下实验：在一个四壁绝热的水浴中，放有中间用活塞连接的两个球状容器，其器壁是导热的。在左边的球中装满气体，将右边的球抽成真空。打开活塞，气体迅速向真空球扩散，达成平衡。如图 1.3 所示。

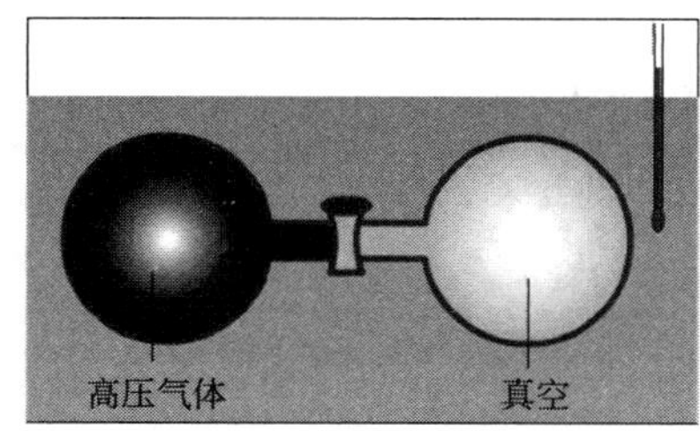

盖·吕萨克-焦耳实验(1)　　盖·吕萨克-焦耳实验(2)

图 1.3　焦耳实验示意图

观测放在水浴中的温度计在气体膨胀前后的温度变化，发现温度没有变化，这表明作为系统的气体与作为环境的水浴之间没有热交换，所以 $Q=0$。气体是向真空膨胀的，$W=0$，根据热力学第一定律，得到 $\Delta U=0$。当时这个实验是比较粗糙的，因为水浴和容器的热容量很大，气体就是有一点热量变化也未必能在水浴中的温度计上反映出来。后来，焦耳和汤姆逊（Thomson）对实验进行了改进（后面要介绍焦耳-汤姆逊节流实验），所得到的结论相同。放在左边的气体压力越低，结论就越正确。也就是说，低压下的气体无论改变体积还是压力，只要温度保持不变，它的热力学能也就不变，即低压下气体的热力学能仅是温度的函数。低压下的气体可看作是理想气体，于是焦耳实验的结论可表述为：在封闭系统中，理想气体的热力学能仅是温度的函数，可用数学式表示为

$$U=U(T) \qquad \left(\frac{\partial U}{\partial V}\right)_T=0 \qquad \left(\frac{\partial U}{\partial p}\right)_T=0 \tag{1.19}$$

焦耳实验的结论也称为焦耳定律。

对于理想气体，在等温条件下，pV 的乘积是个常数（$pV=nRT$）。因为 U 和 pV 都仅是温度的函数，则根据焓的定义式，焓也仅是温度的函数，可用数学式表示为

$$H=H(T) \qquad \left(\frac{\partial H}{\partial V}\right)_T=0 \qquad \left(\frac{\partial H}{\partial p}\right)_T=0 \tag{1.20}$$

根据以上的结论，今后在处理理想气体的 p、V、T 变化时就比较方便，只要在等温条件下，理想气体无论是发生体积或压力的变化，它的 ΔU 和 ΔH 都等于零。

从理想气体的微观模型，很容易理解焦耳实验所得到的结论。因为气体的热力学能的变化是由分子的动能和分子间的势能变化造成的，分子的动能与温度有关，所以热力学能应该是温度的函数。而势能与分子间的距离有关，即与体积有关，因为理想气体分子之间的相互

作用力很弱，是忽略不计的，所以体积和压力的改变不会影响气体的热力学能数值。

1.5.2 理想气体 ΔU 和 ΔH 的计算

设理想气体的热力学能是温度、体积和物质的量的函数，即 $U=U(T, V, n)$。对于物质的量恒定的封闭系统，可以表示为 $U=U(T, V)$，对 U 全微分，得

$$\mathrm{d}U=\left(\frac{\partial U}{\partial T}\right)_V \mathrm{d}T+\left(\frac{\partial U}{\partial V}\right)_T \mathrm{d}V$$

因为理想气体的 $\left(\frac{\partial U}{\partial V}\right)_T=0$，所以

$$\mathrm{d}U=\left(\frac{\partial U}{\partial T}\right)_V \mathrm{d}T=C_V \mathrm{d}T \tag{1.21}$$

同理，设 $H=H(T, p)$，可得

$$\mathrm{d}H=\left(\frac{\partial H}{\partial T}\right)_p \mathrm{d}T=C_p \mathrm{d}T \tag{1.22}$$

对于不做非体积功的理想气体的 p、V、T 过程，积分式(1.21) 和式(1.22)，分别得

$$\Delta U=\int_{T_1}^{T_2} C_V \mathrm{d}T=n\int_{T_1}^{T_2} C_{V,\mathrm{m}} \mathrm{d}T \qquad \Delta H=\int_{T_1}^{T_2} C_p \mathrm{d}T=n\int_{T_1}^{T_2} C_{p,\mathrm{m}} \mathrm{d}T$$

若设 $C_{V,\mathrm{m}}$ 和 $C_{p,\mathrm{m}}$ 都是与温度无关的常数，积分得

$$\Delta U=nC_{V,\mathrm{m}}(T_2-T_1) \tag{1.23}$$

$$\Delta H=nC_{p,\mathrm{m}}(T_2-T_1) \tag{1.24}$$

1.5.3 理想气体的 C_p 与 C_V 的关系和 $C_{V,\mathrm{m}}$ 的估算

根据焓的定义式，当系统发生一个微小变化时，有

$$\mathrm{d}H=\mathrm{d}U+\mathrm{d}(pV)$$

对于一定量的理想气体，$\mathrm{d}(pV)=nR\mathrm{d}T$，将式(1.21) 和式(1.22) 代入上式，得

$$C_p \mathrm{d}T=C_V \mathrm{d}T+nR\mathrm{d}T \text{ 或 } \quad nC_{p,\mathrm{m}} \mathrm{d}T=nC_{V,\mathrm{m}} \mathrm{d}T+nR\mathrm{d}T$$

消去等式两边的相同项，得

$$C_p=C_V+nR \quad \text{或} \quad C_{p,\mathrm{m}}=C_{V,\mathrm{m}}+R \tag{1.25}$$

式(1.25) 表明了理想气体 C_p 与 C_V 之间的关系。利用下面介绍的能量均分原理，可以得到结构简单的理想气体的 $C_{V,\mathrm{m}}$ 值，从而可以计算气体的 $C_{p,\mathrm{m}}$ 值。

气体分子一直处于不停的运动之中，每个分子都有 3 个平动自由度。单原子分子呈球形，没有转动和振动自由度。双原子分子和线形多原子分子还有 2 个转动自由度，非线性多原子分子有 3 个转动自由度。因为振动能级的间隔比较大，在常温下气体一般处于基态，故不考虑振动自由度。根据气体分子运动理论和经典的能量均分原理，每个自由度对热力学能的贡献都是 $\frac{1}{2}kT$，若是 1mol 分子，其贡献为 $\frac{1}{2}RT$，对摩尔等容热容的贡献为 $\frac{1}{2}R$。因此，结构简单的理想气体在常温下，其摩尔等容热容和摩尔等压热容的值分别为

单原子分子 $\qquad C_{V,\mathrm{m}}=\frac{3}{2}R \qquad C_{p,\mathrm{m}}=\frac{5}{2}R$

双原子和线形多原子分子 $\qquad C_{V,\mathrm{m}}=\frac{5}{2}R \qquad C_{p,\mathrm{m}}=\frac{7}{2}R$

于是，对结构简单的理想气体，在 p、V、T 的变化过程中，ΔU 和 ΔH 的计算就比较方

便了。

1.5.4 理想气体的绝热可逆过程

在绝热过程中，$Q=0$，假定不做非体积功，则第一定律可表示为

$$dU=\delta Q+\delta W_e+\delta W_f=\delta W_e=-p_e dV \tag{1.26}$$

如果系统做绝热膨胀，$dV>0$，则系统的热力学能降低，表现为气体的温度下降。反之，如果环境对系统做绝热压缩 $dV<0$，则系统的热力学能增加，表现为温度升高。

如果进行的是绝热可逆过程，则环境压力 p_e 与系统压力 p 相差一个无穷小，近似看作两者相等，$p_e\approx p$，代入式(1.26)，得

$$dU=-p_e dV=-p dV$$

对于理想气体，$dU=C_V dT$，$p=\frac{nRT}{V}$，代入上式，整理得

$$C_V dT+\frac{nRT}{V}dV=0$$

将上式除以 $C_V T$，得

$$\frac{dT}{T}+\frac{nR}{C_V}\times\frac{dV}{V}=0 \tag{1.27}$$

前已证明，对于理想气体有 $C_p-C_V=nR$，令

$$\frac{C_p}{C_V}=\gamma \tag{1.28}$$

γ 称为热容比，则

$$\frac{nR}{C_V}=\frac{C_p-C_V}{C_V}=\gamma-1$$

代入式(1.27)，得

$$\frac{dT}{T}+(\gamma-1)\frac{dV}{V}=0 \tag{1.29}$$

直到这里，并没有引入其他限制条件，无论 C_V（或 C_p）是否与温度 T 有关，式(1.29) 均能成立。若 C_V 是与温度无关的常数（对于理想气体，C_V 确实是常数），对式(1.29) 进行不定积分，得

$$\ln T+(\gamma-1)\ln V=\text{常数} \tag{1.30}$$

将式(1.30) 写成指数形式为

$$TV^{\gamma-1}=C_1 \tag{1.31}$$

若以 $T=\frac{pV}{nR}$ 代入式(1.31)，就得到

$$pV^{\gamma}=C_2 \tag{1.32}$$

若以 $V=\frac{nRT}{p}$ 代入式(1.32)，就得到

$$p^{1-\gamma}T^{\gamma}=C_3 \tag{1.33}$$

式(1.31)～式(1.33) 都称为理想气体的绝热可逆过程方程。式中，C_1、C_2、C_3 都是数值不等的常数。在计算终态温度 T_2（或 p_2、V_2）时，通常用两式相比的方法，可以将常数消

去，不必计算其具体的数值。

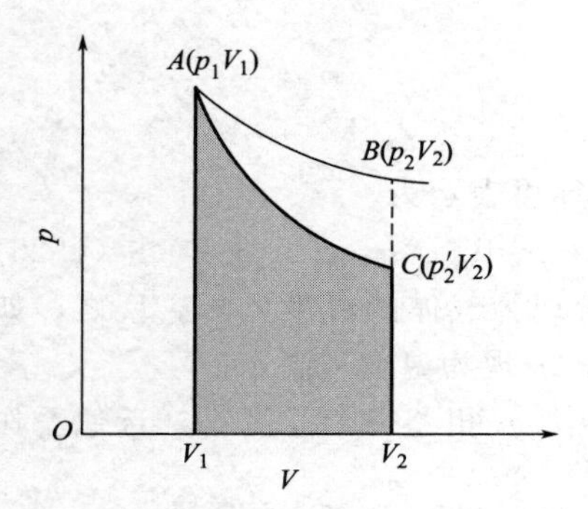

图 1.4　绝热可逆过程（AC）和等温可逆过程（AB）功的示意图

图 1.4 是一定量的理想气体从同一始态出发，分别经过等温可逆膨胀和绝热可逆膨胀，达到相同终态体积的两种途径所做功的示意图。

AB 曲线下的面积代表等温可逆膨胀过程所做的功，AC 线下的阴影面积代表绝热可逆膨胀过程所做的功。同样，体积从 V_1 变化到 V_2，等温可逆膨胀所做的功比绝热可逆膨胀做的功大。在绝热膨胀过程中，气体压力比在等温膨胀过程中降得更低，绝热可逆过程的 AC 线的坡度比等温可逆过程 AB 线的坡度更陡一些。这可以从它们遵循的状态方程中找到答案。

对于等温可逆膨胀，理想气体服从的状态方程是 $pV=nRT=C$，将其全微分并重排得

$$p\,\mathrm{d}V+V\,\mathrm{d}p=0 \qquad \left(\frac{\partial p}{\partial V}\right)_T=-\frac{p}{V} \tag{1.34}$$

这就是等温可逆膨胀 AB 曲线的斜率。理想气体绝热可逆膨胀服从的状态方程是式(1.32)，将其微分，得 $V^{\gamma}\mathrm{d}p+p\gamma V^{\gamma-1}\mathrm{d}V=0$，重排得

$$\left(\frac{\partial p}{\partial V}\right)_S=-\gamma\,\frac{p}{V} \tag{1.35}$$

这就是绝热可逆膨胀 AC 曲线的斜率。因为 $\gamma>1$，所以 AC 曲线比 AB 曲线下降的坡度大（绝对值）。在绝热可逆膨胀过程中，理想气体一方面要对外做膨胀功，体积变大，另一方面因得不到热量的补充，气体的温度下降，这两个因素都使气体的压力降低。而在等温膨胀过程中只有第一个因素使压力下降。因为绝热可逆过程是等熵过程（见热力学第二定律），所以偏微分的下标用 S 表示。

根据绝热可逆过程中体积（或压力）的变化，用绝热可逆过程方程，就可以得到温度的变化，从而可以计算气体所做的绝热功，也就等于绝热过程中热力学能的变化，即

$$\Delta U=nC_{V,\mathrm{m}}(T_2-T_1)=W_{Q=0} \tag{1.36}$$

式(1.36) 对绝热不可逆过程也适用，因为热力学能是状态函数，只要知道始态和终态的温度就可以计算，只是从同一始态开始，经绝热可逆与绝热不可逆的终态温度是不同的，所以做的功和热力学能的变化也都不相同，要根据具体的途径进行计算。

【例 1.5】 有 1mol $N_2(g)$，从始态 $T_1=273\mathrm{K}$，$p_1=100\mathrm{kPa}$，经下列四种不同的过程到达指定的终态，分别计算各个过程的 Q、W、ΔU 和 ΔH。设 $N_2(g)$ 为理想气体，它的 $C_{V,\mathrm{m}}=\frac{5}{2}R$，假设是与温度无关的常数。

① 保持体积不变，升温至压力增加一倍。

② 保持压力不变，升温至体积增加一倍。

③ 保持温度不变，可逆膨胀至体积增加一倍。

④ 绝热可逆条件下，膨胀至体积增加一倍。

解　该题有助于熟悉不同过程中 4 个基本物理量的计算。首先要抓住过程的特点，将变量等于零的函数先找出来

① 因是等容过程，$dV=0$，所以体积功等于零，即 $W_1=0$，$Q_1=\Delta U_1$。利用理想气体状态方程，首先计算终态的温度。

$$V_1=V_2 \quad \frac{nRT_1}{p_1}=\frac{nRT_2}{2p_1} \quad T_2=2T_1=2\times 273\mathrm{K}=546\mathrm{K}$$

$$\Delta U_1=nC_{V,\mathrm{m}}(T_2-T_1)=\left[1\times\frac{5}{2}\times 8.314\times(546-273)\times 10^{-3}\right]\mathrm{kJ}=5.67\mathrm{kJ}$$

$$\Delta H_1=nC_{p,\mathrm{m}}(T_2-T_1)=\left[1\times\frac{7}{2}\times 8.314\times(546-273)\times 10^{-3}\right]\mathrm{kJ}=7.94\mathrm{kJ}$$

$$Q_1=\Delta U_1=5.67\mathrm{kJ}$$

② 因是等压过程，根据低压气体的查理-盖·吕萨克定律，气体体积与热力学温度成正比，所以体积加倍，温度也加倍，即

$$T_2=2T_1=2\times 273\mathrm{K}=546\mathrm{K}$$

$$W_2=-p_e\Delta V=-p_eV_1=-nRT_1=-(1\times 8.314\times 273\times 10^{-3})\mathrm{kJ}=-2.27\mathrm{kJ}$$

$$\Delta U_2=nC_{V,\mathrm{m}}(T_2-T_1)=5.67\mathrm{kJ} \quad \Delta H_2=nC_{p,\mathrm{m}}(T_2-T_1)=7.94\mathrm{kJ}$$

$$Q_2=\Delta H_2=7.94\mathrm{kJ}$$

③ 因是等温过程，理想气体的热力学能和焓在 p、V、T 变化中仅是温度的函数，故

$$\Delta U_3=\Delta H_3=0$$

$$W_3=-nRT\ln\frac{V_2}{V_1}=-nRT\ln 2=-(1\times 8.314\times 273\times\ln 2\times 10^{-3})\mathrm{kJ}=-1.57\mathrm{kJ}$$

$$Q_3=-W_3=1.57\mathrm{kJ}$$

④ 因是绝热可逆过程，$Q_4=0$。利用理想气体的绝热可逆过程方程，计算终态温度。

$$\gamma=C_{p,\mathrm{m}}/C_{V,\mathrm{m}}=3.5R/2.5R=1.4 \quad \gamma-1=1.4-1=0.4$$

$$T_1V_1^{\gamma-1}=T_2V_2^{\gamma-1}=T_2(2V_1)^{\gamma-1} \quad \frac{273\mathrm{K}}{T_2}=2^{0.4} \quad T_2=207\mathrm{K}$$

$$\Delta U_4=nC_{V,\mathrm{m}}(T_2-T_1)=\left[1\times\frac{5}{2}\times 8.314\times(207-273)\times 10^{-3}\right]\mathrm{kJ}=-1.37\mathrm{kJ}$$

$$\Delta H_4=nC_{p,\mathrm{m}}(T_2-T_1)=\left[1\times\frac{7}{2}\times 8.314\times(207-273)\times 10^{-3}\right]\mathrm{kJ}=-1.92\mathrm{kJ}$$

$$W_4=\Delta U_4=-1.37\mathrm{kJ}$$

1.5.5 焦耳-汤姆逊实验

焦耳在 1843 年所做的气体自由膨胀实验是不够精确的，因为将水浴作为环境，其热容量比气体的大得多，气体在膨胀前后的温度如果发生微小的变化，与水浴发生热交换后，水浴温度的变化也是很小的，不一定能从温度计上准确地观察到。1852 年，焦耳和汤姆逊（后改名为 Lord Kelvin）进行了另外一个实验，直接测量气体本身在膨胀前后的温度改变。这个实验称为焦耳-汤姆逊实验（简称 J-T 实验），它在获得低温及气体液化等方面有着重要的应用。通过 J-T 实验，还可以对实际气体的热力学能和焓的

性质有所了解。

图 1.5 是 J-T 实验装置示意图。图 1.5(a) 是始态，在一个圆形绝热筒的中部，有个固定的多孔塞，它的作用是使气体不能很快地通过，从始态压力 p_i 降低到终态压力 p_f 的过程基本上发生在多孔塞内，以维持多孔塞两边恒定的压差，所以这个过程称为节流过程(throttling process)。开始时，在多孔塞左边的某气体的状态为 p_i、V_i、T_i，用活塞在恒定的压力 p_i 下，将气体全部压过多孔塞，气体体积从 V_i 降为零。通过多孔塞气体的压力为 p_f，因为 $p_f < p_i$，气体在右边膨胀，体积从零膨胀到 V_f ($V_f > V_i$)，并推动右边活塞对环境做功。图 1.5(b) 是过程的终态，气体的状态为 p_f、V_f、T_f。

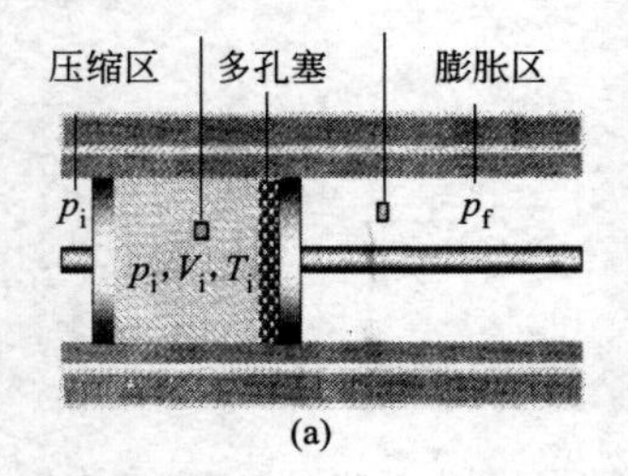

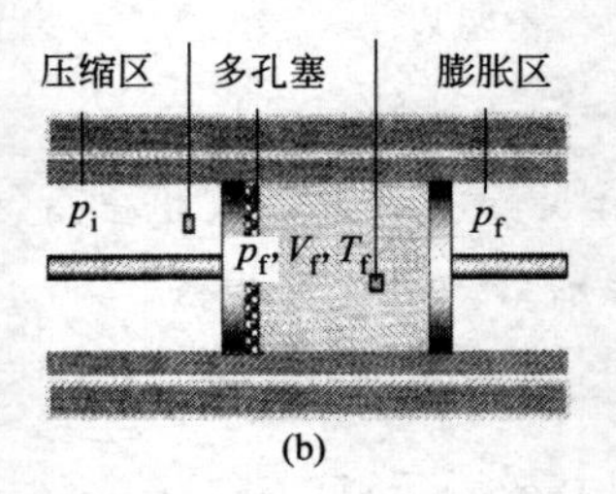

图 1.5　焦耳-汤姆逊实验装置示意图

在实验刚开始时，右方温度计的读数是不稳定的。尽管所用的实验装置是绝热的，但是由于绝热筒本身有一定的热容量，开始膨胀所产生的热效应一部分要用来与器壁进行热交换。但是，当气流连续地通过，并一直维持进气的压力和温度为 p_i 和 T_i，出气的压力为 p_f，则经过一定的时间，当热交换达到平衡后，右边的温度就稳定在 T_f，此时就可以比较准确地观察到某一定量气体在节流膨胀前后所发生的变化。

首先计算节流过程的做功情况。当系统稳定后，设在 p_i 和 T_i 时，某一定量气体所占的体积为 V_i，经过节流膨胀，压力降为 p_f，体积膨胀为 V_f。在多孔塞的左边，环境对气体所做的压缩功为

$$W_i = -p_i \Delta V = -p_i(0 - V_i) = p_i V_i$$

这部分气体在多孔塞的右边膨胀时，对环境所做的功为

$$W_f = -p_f \Delta V = -p_f(V_f - 0) = -p_f V_f$$

气体所做的净功等于两种功的代数和，即

$$W_e = W_i + W_f = p_i V_i - p_f V_f$$

由于节流装置是绝热的，$Q=0$。根据热力学第一定律，得

$$U_f - U_i = \Delta U = W_e = p_i V_i - p_f V_f$$

移项重排后得

$$U_f + p_f V_f = U_i + p_i V_i$$

根据焓的定义，得

$$H_f = H_i \quad 或 \quad \Delta H = 0$$

即在节流过程前后，气体的焓保持不变。因此，节流过程是一个等焓过程。

现在来讨论气体经过节流过程后的温度变化情况。这里需要定义一个可以显示温度随压力变化的函数，这就是焦耳-汤姆逊系数（简称 J-T 系数），用 $\mu_{J\text{-}T}$ 表示，其定义式为

$$\mu_{J\text{-}T} \xlongequal{\text{def}} \left(\frac{\partial T}{\partial p}\right)_H \tag{1.37}$$

因为节流过程是一个等焓过程，所以下标用 H 表示。μ_{J-T} 表示气体经过 J-T 实验后温度随压力的变化率。μ_{J-T} 是系统的强度性质，是 T、p 的函数。由于在实验过程中，压力是降低的，因此 dp 是负值。若 μ_{J-T} 为正值，则表示 dT 也是负值，即经节流膨胀后气体的温度随着压力的降低而下降。反之，若 μ_{J-T} 为负值，即经节流膨胀后，气体的温度随着压力的降低反而升高。在常温下，一般气体的 μ_{J-T} 均为正值，但 $H_2(g)$ 和 $He(g)$ 是例外，它们的 μ_{J-T} 在常温下为负值，经过节流实验后，温度不但不降低，反而升高。实验证明，在很低的温度时，$H_2(g)$ 和 $He(g)$ 的 μ_{J-T} 也可以转变为正值。

$\mu_{J-T}=0$ 时的温度称为转化温度。在转化温度时，气体经 J-T 节流过程温度不变。每种气体都有自己的转化温度。例如，氢气的转化温度是 195K，在 195K 以上，$\mu_{J-T}<0$；在 195K 以下，$\mu_{J-T}>0$；在 195K 时，$\mu_{J-T}=0$。

要使气体通过节流膨胀后温度降低或变为液态，必须选择在该气体的制冷区内进行，也就是 $\mu_{J-T}>0$ 的温度范围内进行。在常温下空气的 μ_{J-T} 为正值，所以通过节流过程后，温度会降低，甚至变为液态。将液态空气分离后，得到液氮和液氧，液氮可以用于低温实验，液氧在炼钢、燃料电池和航天事业等方面有广泛的用途。

理想气体的 $\mu_{J-T}=0$，因此经 J-T 实验后温度不变，理想气体不可能被液化（因为理想气体分子间的相互作用能可以忽略不计，所以不可能被液化）。这也证明了焦耳实验对低压气体是正确的，气体压力越低，实验越正确。因此，理想气体做真空膨胀，其温度保持不变。

1.6 几种热效应

主要知识点

1. 相变热

同一物质在不同相态之间的转变称为相变，伴随相变所产生的热效应称为相变热。在等温、等压下进行的相变热就等于相变焓。

2. 化学反应热

对于不做非体积功的化学反应系统，在反应物与产物的温度相等的条件下，系统吸收或放出的热称为化学反应热。在等压过程中测定的热效应称为等压热，用 Q_p 表示。在等容过程中测定的热效应称为等容热，用 Q_V 表示。若反应前后气态物质的数量变化为 Δn，则两者的关系为 $Q_p=Q_V+\Delta nRT$。

3. 溶解热和稀释热

在一定的温度和压力下，将一定量溶质溶于溶剂中的热效应称为溶解热，将一定量纯溶剂加入溶液中的热效应称为稀释热，这两种热都有积分和微分两种形式。将两种不同物质混合时的热效应称为混合热。同一固体在不同晶态之间转变的热效应称为转变热。这些热效应都是在等压条件下测定的，因此它们分别等于相应的焓变，用符号表示为 $\Delta_{sol}H$、$\Delta_{dil}H$、$\Delta_{mix}H$ 和 $\Delta_{trs}H$。

1.6.1 相变热

在系统内，强度性质都相同的均匀部分称为相，所谓均匀指要达到分子的分散程度。“相”是一个宏观概念，几个分子不可能成为相。相与相之间有界面存在，在界面上，有的物理性质（如密度等）可能发生突变。系统中的同一物质在不同相态之间的转变称为相变。如果相变是在无限接近于两相的平衡温度和平衡压力下进行的，则称为可逆相变，否则为不可逆相变。例如，在100℃和101kPa时，水的饱和蒸气压也接近101kPa，液态的蒸发速率与气态的凝聚速率相等，因此气相与液相之间的相变是可逆的。如果在25℃和101kPa时，水的饱和蒸气压远远小于101kPa，水不断蒸发直至液相消失，因此这种相变是不可逆的。相变也可看作是同一物质从一个平衡态转变成另一个平衡态的过程。由于在不同的相态中，分子彼此之间的距离不等，相互作用能不等，因此相变过程一般都伴随有热效应。例如，由于 $H_2O(l)$ 与 $H_2O(g)$ 的密度不同，分子间的距离不等，因此 $H_2O(l)$ 变成 $H_2O(g)$ 时要吸热，用来增加分子间的势能和破坏氢键。而相反过程，$H_2O(g)$ 凝聚成 $H_2O(l)$ 就要放热。同理，固态物质的熔化、升华等过程要吸热，而相反的液体的凝固和气体的凝结等过程会放热。

纯物质的相变是在等温、等压条件下进行的，因此相变热就等于该系统的焓变，即

$$\Delta H(\text{相变}) = Q_p(\text{相变})$$

通常所说的熔点和沸点都是指在大气压力下，纯物质的固-液或液-气两相达到平衡时的温度。液态变成气态所吸的热称为蒸发焓，用 $\Delta_{vap}H$ 表示；固态变成液态所吸的热称为熔化焓，用 $\Delta_{fus}H$ 表示；固态变成气态所吸的热称为升华焓，用 $\Delta_{sub}H$ 表示。它们的相反过程的焓变值显然就等于这些焓变的负值。

如果在相变过程中包含气相，则除了考虑热效应以外，还要考虑体积功，由于凝聚相（固相、液相）的体积与气相体积相比一般可忽略不计，因此相变焓和相变热力学能之间的关系为

$$\Delta U_{\text{相变}} = \Delta H_{\text{相变}} - p\Delta V \approx \Delta H_{\text{相变}} - pV_g$$

如果气体为理想气体，则有

$$\Delta U_{\text{相变}} = \Delta H_{\text{相变}} - \Delta nRT$$

Δn 是指相变前后气体物质的量的变化值。同一固体在不同晶态之间的转变也是相变的一种，也伴有热效应，其焓变称为转化焓，用符号 $\Delta_{trs}H$ 表示。

【例 1.6】 将一个带活塞的节筒放在373K的恒温槽中，筒内开始放有1mol $H_2O(l)$。随着水的蒸发，活塞克服101.325kPa的大气压力不断上升，最后 $H_2O(l)$ 全部变成同温、同压的 $H_2O(g)$。求这个过程的 Q、W、ΔU 和 ΔH。已知，在101.325kPa，373K时，水的摩尔汽化焓为 $40.7\text{kJ}\cdot\text{mol}^{-1}$。

解

$$\Delta H = Q_p = n\Delta_{vap}H_m = 1\text{mol} \times 40.7\text{kJ}\cdot\text{mol}^{-1} = 40.7\text{kJ}$$

$$W = -p_e\Delta V \approx -p_eV_g = -\Delta nRT = -(1 \times 8.314 \times 373 \times 10^{-3})\text{kJ} = -3.1\text{kJ}$$

$$\Delta U = \Delta H - p\Delta V \approx \Delta H - pV_g = (40.7 - 3.1)\text{kJ} = 37.6\text{kJ}$$

或

$$\Delta U = Q + W = (40.7 - 3.1)\text{kJ} = 37.6\text{kJ}$$

如果将 1mol $H_2O(l)$ 封在小瓶内，放入一个传热真空容器中，将容器浸入 373K 的恒温槽中。控制好真空容器的体积，设法打破小瓶，使水全变为蒸汽，恰好使容器内的压力也是 101.325kPa，这时的 Q、W、ΔU 和 ΔH 又将如何？

这时 ΔU 和 ΔH 的值与上面相同，因为 U 和 H 是状态函数，变化的始态、终态未变，U 和 H 的变化值也不会改变。但是 Q 和 W 的值不同，因为是真空蒸发，外压为零，所以

$$W=0 \qquad Q=\Delta U=37.6\text{kJ}$$

从例 1.6 的计算可以看出，当始、终态相同时，等压过程吸的热要比等容过程的多。原因是等压过程吸的热，一部分用来增加热力学能，另一部分用来对环境做功。而等容过程吸的热只需要用来增加热力学能。

1.6.2 化学反应热

对于不做非体积功的化学反应系统，在等压或等容的条件下，反应物与产物的温度相等时，反应系统吸收或放出的热称为化学反应热。在反应过程中，系统的温度可能有变化，但一定要在产物与反应物的温度相等时，这样得到的热效应才能作为化学反应热。

在等压过程中测定的热效应称为等压热，用 Q_p 表示，大多数化学反应热是在等压条件下测定的。在等容过程中测定的热效应称为等容热，用 Q_V 表示。在弹式热量计中测定的是等容热。由于今后学到的燃烧热一般都是在弹式热量计中测定的，而热力学数据表一般列出的都是等压热（用反应焓变来表示），因此必须了解两者之间的换算关系。

在等温条件下，某化学反应不做非体积功，由同样的反应物分别经①等压或②等容两个途径，生成相同的生成物，生成物的温度相同，但压力和体积可能不同。

图 1.6 所示：途径①为等压过程，$Q_p=\Delta H_1$；途径②为等容过程，$Q_V=\Delta U_2$；途径③是仅 p、V 发生变化的物理过程。如果产物是理想气体，虽然两个生成物的压力和体积不同，但温度是相同的，因为理想气体的热力学能和焓都只是温度的函数，所以两者的热力学能和焓相等，则 $\Delta U_3=0$。如果产物不是理想气体，而是液体或固体等凝聚态，由于体积和压力的变化对凝聚态的热力学能影响不大，与反应热相比仍可忽略不计。因此 $\Delta U_3=0$ 总是成立。

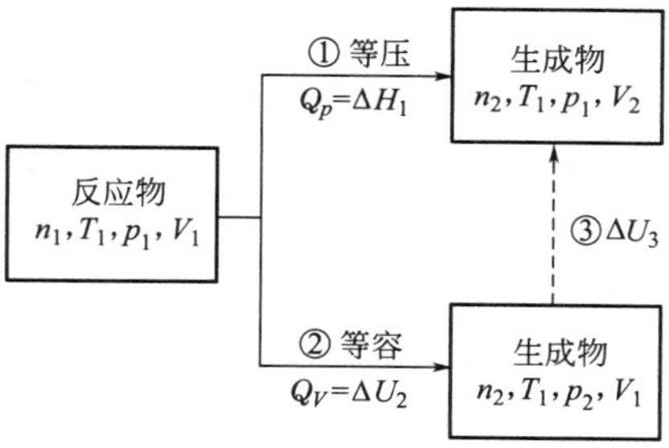

反应物 n_1, T_1, p_1, V_1 —— ① 等压 $Q_p=\Delta H_1$ → 生成物 n_2, T_1, p_1, V_2

反应物 n_1, T_1, p_1, V_1 —— ② 等容 $Q_V=\Delta U_2$ → 生成物 n_2, T_1, p_2, V_1 —— ③ ΔU_3 → 生成物 n_2, T_1, p_1, V_2

图 1.6　Q_p 与 Q_V 的关系图

根据状态函数的性质，有

$$\Delta U_1=\Delta U_2$$

根据焓的定义式 $H=U+pV$，在等压条件下有 $\Delta H=\Delta U+p\Delta V$，对途径①有

$$\Delta H_1=\Delta U_1+p\Delta V=\Delta U_2+p\Delta V$$

用相应的热效应表示有

$$Q_p=Q_V+p\Delta V$$

如果气体都是理想气体，忽略凝聚态的体积变化，则

$$Q_p=Q_V+\Delta nRT \tag{1.38}$$

或

$$\Delta_r H = \Delta_r U + \Delta nRT \tag{1.39}$$

式中，Δn 表示反应前后理想气体的物质的量变化，即 $\Delta n = n_{g,生成物} - n_{g,反应物}$；下标 r 表示反应 reaction。

【例 1.7】 在弹式热量计中测定液态苯的燃烧热。设反应前后温度为 298K，将 1mol 液态苯完全燃烧放出的热为 3264.1kJ。试计算液态苯的等压反应热 Q_p 和焓变。设气体为理想气体。

解 在弹式热量计中，测定得到的是等容热，要转换成等压热，需要知道反应过程中气体物质的量的变化。液态苯燃烧的反应方程式为

$$C_6H_6(l) + 7.5O_2(g) \xlongequal{} 6CO_2(g) + 3H_2O(l)$$

反应前后，气态物质的变化量为 $\Delta n = -1.5\text{mol}$，所以

$$Q_p = Q_V + \Delta nRT = -3264.1\text{kJ} + (-1.5 \times 8.314 \times 298 \times 10^{-3})\text{kJ} = -3267.7\text{kJ}$$

等压热在不做非体积功时等于系统的焓变，则

$$\Delta_r H = Q_p = -3267.7\text{kJ}$$

注意：燃烧都是放热反应，计算时要在放出的热的数量前面加“－”。

1.6.3 溶解热和稀释热

将溶质溶于溶剂时，一般是有热效应的。例如，当硫酸溶于水中时，会放出大量的热，而硝酸钾溶于水中时，会吸收热量。此种热效应除了与溶剂及溶质的性质和数量有关外，还与系统所处的温度及压力有关（如不注明，则均指 298.15K 和 100kPa）。溶解热通常又可分为积分溶解热和微分溶解热。

积分溶解热是指将一定量的溶质溶于一定量的溶剂中所产生的热效应的总和。在溶解过程中，溶液的浓度不断改变。积分溶解热可以由实验直接测定。若是等压过程，这热效应就等于该过程的焓变，用符号 $\Delta_{sol}H$ 表示。

微分溶解热是指在给定浓度的溶液中加入 dn_B 的溶质时所产生的微量热效应，由于加入溶质的量很少，溶液浓度可视为不变，用公式可表示为

$$\left[\frac{\partial(\Delta_{sol}H)}{\partial n_B}\right]_{T,p,n_A} \tag{1.40}$$

微分溶解热是一个偏微分量，也可以理解为是在大量给定浓度的溶液中加 1mol 溶质时所产生的热效应。因为溶液的量很大，所以尽管加入 1mol 溶质，浓度仍可视为不变。微分溶解热的单位是 $J \cdot mol^{-1}$。

积分稀释热是指把一定量的溶剂加到定量的溶液中，使之稀释所产生的热效应的总和，显然这与开始和终了的浓度有关。微分稀释热是指在一定浓度的溶液中加入 dn_A 溶剂时所产生的微量热效应，也近似将溶液的浓度视作不变。微分稀释热不是用实验直接测定的，而是从积分溶解热得到的。若是等压过程，此热效应就等于该过程的焓变，用符号 $\Delta_{dil}H$ 表示。

两种或两种以上的相同聚集态的纯物质，相互混合形成均匀的系统所产生的热效应称为混合热。同一固体在不同晶态之间转变的热效应称为转变热。若都是等压过程，这种热效应就分别等于相应过程的焓变，用 $\Delta_{mix}H$ 或 $\Delta_{trs}H$ 表示。

1.7 化学反应的焓变

主要知识点

1. 反应进度

对于任意配平的化学计量方程 $0=\sum_{B}\nu_B B$，反应进度的定义为

$$\Delta\xi=\frac{\Delta n_B}{\nu_B}\quad \text{或}\quad d\xi=\frac{dn_B}{\nu_B}$$

ξ 代表反应进度，单位是 mol。引入反应进度的优点是，在反应进行到任意时刻，用反应中任一物质 B 来表示反应进行的程度，都能得到相同的结果。

2. 化学反应焓变的计算

把化学反应计量方程和其热效应同时标出的方程称为热化学方程式。当反应进度为 1mol 时的焓变称为摩尔反应焓，用符号 $\Delta_r H_m(T)$ 表示。在反应温度 T 和参与反应的物质都处于标准态时的摩尔反应焓变称为标准摩尔反应焓变，用符号 $\Delta_r H_m^{\ominus}(T)$ 表示。

反应焓变是温度的函数，热力学数据表上列出的是在 298.15K 时的数值。标准摩尔反应焓与标准摩尔反应热力学能的关系为

$$\Delta_r U_m^{\ominus}=\Delta_r H_m^{\ominus}-RT\sum_{B}\nu_B(g)$$

3. 赫斯定律

在相同的反应条件下，一个化学反应无论是一步完成，还是分几步完成，反应的热效应是相同的。应用这个定律，可以求算那些不易用实验测定的反应的焓变。这种方法适用于以后所有热力学状态函数变量的计算。

4. 标准摩尔生成焓

标准摩尔生成焓是指在反应温度 T 和所有物质都处于标准态时，由稳定单质生成单位物质的量的产物 B 时的摩尔反应焓变，用符号 $\Delta_f H_m^{\ominus}(B,\Phi,T)$ 表示，其单位是 $kJ\cdot mol^{-1}$。假设稳定单质的标准摩尔生成焓都等于零。利用参与反应的各物质的标准摩尔生成焓可以计算标准摩尔反应焓变，即

$$\Delta_r H_m^{\ominus}(T)=\sum_{B}\nu_B\Delta_f H_m^{\ominus}(B,\Phi,T)$$

5. 标准摩尔燃烧焓

标准摩尔燃烧焓是指在反应温度 T 和所有物质都处于标准态时，单位物质的量的可燃物 B 完全氧化为指定产物时的摩尔反应焓变，用符号 $\Delta_c H_m^{\ominus}(B,\Phi,T)$ 表示，单位是 $kJ\cdot mol^{-1}$。可以用标准摩尔燃烧焓计算反应的标准摩尔反应焓变，即

$$\Delta_r H_m^{\ominus}(T)=-\sum_{B}\nu_B\Delta_c H_m^{\ominus}(B,\Phi,T)$$

6. 反应焓变与温度的关系——基尔霍夫定律

反应焓变会随着反应温度的改变而改变。基尔霍夫定律是一些从一个温度下的反应焓变去计算另一温度下的反应焓变的计算公式。即

$$\Delta_r H_m(T_2) = \Delta_r H_m(T_1) + \int_{T_1}^{T_2} \sum_B \nu_B C_{p,m}(B) dT$$

其中较简单的一种是，假定参与反应各物质的等压摩尔热容与温度无关，且参与反应的物质都处于标准态，则得到

$$\Delta_r H_m^{\ominus}(T_2) = \Delta_r H_m^{\ominus}(T_1) + \sum_B \nu_B C_{p,m}(B)(T_2 - T_1)$$

式中，T_1 通常等于 298.15K。

1.7.1 反应进度

在讨论化学反应的焓变时，需要引入反应进度（extent of reaction）这个重要的物理量。这个量最早是由比利时热化学家德康德（de Donder）引入的，后来经 IUPAC 推荐，从而在有关化学反应热力学函数变化值的计算中、判断化学反应方向的判据中和反应速率的定义式中均包含反应进度这个物理量。今后，凡是与化学反应有关的计算，都会用到反应进度的概念。

对于一个完整的化学计量方程，都应该满足物料平衡（质量守恒）。例如，有反应

$$H_2(g) + Cl_2(g) = 2HCl(g) \qquad 0 = 2HCl - H_2 - Cl_2$$

将所有化学计量方程写成一般的通式为

$$0 = \sum_B \nu_B B \tag{1.41}$$

式(1.41) 中的 B 代表反应式中的任一组分，ν_B 代表反应式中任一组分物质 B 的计量系数。ν_B 是量纲一的量，单位为 1。对反应物的 ν_B 取负值，生成物的 ν_B 取正值。

对于任意化学计量方程，写出在不同反应时刻的反应进度和任意物质 B 的物质的量

反应时间	反应进度	B 的物质的量
$t=0$	$\xi=0$	$n_{B,0}$
$t=t$	$\xi=\xi$	$n_{B,t}$

其中，$n_{B,0}$ 表示参与反应的任一组分 B 在反应开始（$t=0$）时刻的物质的量，$n_{B,t}$ 表示 B 在反应进行到 t 时刻的物质的量。则反应进度 ξ 的定义为

$$\Delta\xi \xlongequal{\text{def}} \frac{n_{B,t} - n_{B,0}}{\nu_B} = \frac{\Delta n_B}{\nu_B} \tag{1.42}$$

或

$$d\xi \xlongequal{\text{def}} \frac{dn_B}{\nu_B} \tag{1.43}$$

式(1.42) 和式(1.43) 中的 ξ 代表反应进度，其单位是 mol，引入反应进度的优点是，在反应进行到任意时刻，用参与反应的任一反应物或任一物质来表示反应进行的程度，都能得到相同的结果。

应用反应进度的概念时，必须与指明的化学计量方程对应。也就是说，只有先有化学计量方程，才能应用反应进度的概念。当反应按所给的化学方程进行一个单位的化学反应时（$\Delta n_B = \nu_B$mol），反应进度等于 1mol。今后，在任何化学反应中，所有热力学函数变量的下标 m 都是指反应进度为 1mol 时的变化量。

【例 1.8】 将含有 10mol $N_2(g)$ 和 20mol $H_2(g)$ 的混合气体通入合成氨塔，经一定时间后有 5.0mol $NH_3(g)$ 生成，试按以下两个计量方程，分别用不同的物质计算反应进度。

① $N_2(g)+3H_2(g) \rightleftharpoons 2NH_3(g)$ ② $\frac{1}{2}N_2(g)+\frac{3}{2}H_2(g) \rightleftharpoons NH_3(g)$

解 先写出不同时刻各物质的物质的量

	$n(N_2)$/mol	$n(H_2)$/mol	$n(NH_3)$/mol
$t=0, \xi=0$	10	20	0
$t=t, \xi=\xi$	7.5	12.5	5.0

根据方程式①，分别用不同物质计算反应进度

$$\Delta\xi(N_2)=\frac{n(N_2,t)-n(N_2,0)}{\nu(N_2)}=\frac{(7.5-10)\text{mol}}{-1}=2.5\text{mol}$$

$$\Delta\xi(H_2)=\frac{n(H_2,t)-n(H_2,0)}{\nu(H_2)}=\frac{(12.5-20)\text{mol}}{-3}=2.5\text{mol}$$

$$\Delta\xi(NH_3)=\frac{n(NH_3,t)-n(NH_3,0)}{\nu(NH_3)}=\frac{(5-0)\text{mol}}{2}=2.5\text{mol}$$

从计算结果看出，选用参与反应的任一物质，计算所得的反应进度都是等同的。
同理，对于方程式②，所得的计算结果为

$$\Delta\xi=\frac{(7.5-10)\text{mol}}{-0.5}=\frac{(12.5-20)\text{mol}}{-1.5}=\frac{(5-0)\text{mol}}{1}=5\text{mol}$$

从计算结果看出，无论选用哪个物质，计算所得的反应进度都是等同的，但是与用方程式①计算的结果不同。当反应进度都等于 1mol 时，反应按方程式①和②计算，所得到产物 $NH_3(g)$ 的量显然是不一样的。因此，今后用到反应进度的概念时，务必给出对应的化学计量方程。

1.7.2 化学反应焓变的计算

将化学计量方程和其热效应同时标出的方程称为热化学方程式。在等温、等压且不做非体积功的条件下，测定化学反应的等压热效应 Q_p，这个值就等于反应的焓变，即 $\Delta_r H=Q_p$。例如，热化学方程：

$$\frac{1}{2}H_2(g)+\frac{1}{2}Cl_2(g) = HCl(g) \quad Q_p=-92.3\text{kJ} \quad \Delta_r H=Q_p=-92.3\text{kJ}$$

这个 $\Delta_r H$ 没有明显地反映出反应进行的程度。另外，焓是状态函数，与各物质所处的相态、温度、压力和反应进行的程度（ξ）等因素有关，因此在计量方程和焓的表示式中都要一一注明。

如果上述反应是在 298K 时进行的，根据化学计量方程，当反应进度等于 1mol 时，反应的摩尔焓变 $\Delta_r H_m(298\text{K})$ 为

$$\Delta_r H_m(298\text{K})=\frac{\Delta_r H}{\Delta\xi}=\frac{-92.3\text{kJ}}{1\text{mol}}=-92.3\text{kJ}\cdot\text{mol}^{-1}$$

下标 m 表示按化学计量方程，反应进度为 1mol 时的焓变。

由于热力学能的绝对值无法计算，故焓的绝对值也是不知道的，只能计算它的变化值，这就需要选定一个共同的标准态。目前采用的压力标准态是 $p^{\ominus}=100\text{kPa}$，各物态的标准态分别是：

气体的标准态：标准压力下仍具有理想气体性质的纯气态物质；

固体的标准态：标准压力下稳定的纯固体；

液体的标准态：标准压力下稳定的纯液体。

如果参与反应的所有物质都处于标准态，其热化学方程式为

$$\frac{1}{2}\text{H}_2(\text{g},p^{\ominus})+\frac{1}{2}\text{Cl}_2(\text{g},p^{\ominus})=\!=\!=\text{HCl}(\text{g},p^{\ominus}) \qquad \Delta_r H_m^{\ominus}(T)=-92.3\text{kJ}\cdot\text{mol}^{-1}$$

在参与反应的物质都处于标准态时，反应进度为 1mol 时的焓变称为该反应的标准摩尔反应焓变，用符号 $\Delta_r H_m^{\ominus}(T)$ 表示。标准摩尔反应焓变是温度的函数，根据具体的实验温度而定，通常在热力学数据表上列出的是在 298.15K 时的数据。上标 $\ominus$ 是标准态的符号。单位中的 mol^{-1} 是指反应进度为 1mol 时的焓变，而不能认为是生成 1mol HCl(g) 时的焓变。如果将化学反应方程写为

$$\text{H}_2(\text{g},p^{\ominus})+\text{Cl}_2(\text{g},p^{\ominus})=\!=\!=2\text{HCl}(\text{g},p^{\ominus})$$

当反应进度也等于 1mol 时，其标准摩尔反应焓为 $\Delta_r H_m^{\ominus}(T)=-184.6\text{kJ}\cdot\text{mol}^{-1}$。下标 m 和单位中的 mol^{-1} 的含义都是表示反应进度为 1mol。显然，方程式的计量系数不同，其焓变的值也不同。以后，关于反应的热力学函数变化值的下标 m，都表示指定的计量方程在反应进度为 1mol 时的变化值。正因为如此，在用到摩尔反应热力学函数变量时，一定要与化学计量方程对应。对于平衡转化率较低的反应（如合成氨反应），实验测定的 Q_p 值小于 $\Delta_r H_m^{\ominus}(T)$ 的值，原因是该反应不能进行到底，反应进度达不到 1mol。如果设法使反应物过量，保证有反应式所示的那么多产物生成，使反应进度达到 1mol，这样实验测定的 Q_p 与 $\Delta_r H_m^{\ominus}(T)$ 在数值上应该相等。

有了标准摩尔反应焓变，则反应的标准摩尔热力学能变化值也就容易计算了。根据焓的定义式，得 $\Delta U=\Delta H-\Delta(pV)$。对于凝聚相反应，压力的影响较小，$\Delta(pV)$ 项可以忽略不计，则 $\Delta_r U_m(T)\approx\Delta_r H_m^{\ominus}(T)$。对于有气体参与的反应，并设气体是理想气体，则

$$\frac{\Delta_r U^{\ominus}}{\Delta\xi}=\frac{\Delta_r H^{\ominus}}{\Delta\xi}-\frac{\Delta(nRT)}{\Delta\xi}$$

$$\Delta_r U_m^{\ominus}(T)=\Delta_r H_m^{\ominus}(T)-RT\sum_B \nu_B(\text{g}) \tag{1.44}$$

1.7.3 赫斯定律

1840 年，赫斯（Hess，俄文为 Г*ess*，故又名盖斯）根据大量的实验事实提出，在相同的反应条件下（不做非体积功，都是等温、等压，或都是等温、等容），一个化学反应无论是一步完成，还是分几步完成，反应的热效应是相同的，这就是赫斯定律，也称为热效应总值一定定律。这在当时起了一定的积极作用，可以利用这个定律从实验容易测定的数值去计算那些用实验不易测定的反应的热效应。当热力学第一定律建立以后，赫斯定律也就成为必然结果了。因为焓（或热力学能）是状态函数，其变化值仅与反应的始态和终态有关，而与反应的具体途径无关。

例如，将 C(s) 氧化成 CO(g) 的焓的变化值不容易测定，但是 C(s) 氧化成 CO_2(g) 和

将 CO(g) 氧化成 CO_2(g) 的焓的变化值是容易测定的，可以从实验容易测定的值去计算实验不容易测定的值。

① $C(s)+O_2(g) \longrightarrow CO_2(g)$ $\Delta_r H_m^\ominus(1)$ 易测定

② $CO(g)+\frac{1}{2}O_2(g) \longrightarrow CO_2(g)$ $\Delta_r H_m^\ominus(2)$ 易测定

③ $C(s)+\frac{1}{2}O_2(g) \longrightarrow CO(g)$ $\Delta_r H_m^\ominus(3)$ 不易测定

因为反应③＝①－②，所以根据赫斯定律，有

$$\Delta_r H_m^\ominus(3)=\Delta_r H_m^\ominus(1)-\Delta_r H_m^\ominus(2)$$

有的化学反应的速率太小，或有的反应不能进行完全，用实验直接测定其热效应有困难，则利用赫斯定律就可以进行间接计算。以后，可以利用赫斯定律计算其他热力学状态函数的变化值，如 $\Delta_r G_m^\ominus$、$\Delta_r S_m^\ominus$、$\Delta_r A_m^\ominus$ 等。

1.7.4 标准摩尔生成焓

在等温、等压的条件下，化学反应的摩尔焓变应该等于生成物的焓之和减去反应物的焓之和。对于 $0=\sum_B \nu_B B$ 的任意反应，如果参与反应的所有物质都处于标准状态，则该反应的标准摩尔反应焓变的计算式应该为

$$\Delta_r H_m^\ominus(T)=\sum_B \nu_B H_m^\ominus(B,\Phi,T) \tag{1.45}$$

式中，ν_B 是化学方程式中物质 B 的计量系数，$H_m^\ominus(B,\ \Phi,\ T)$ 表示物质 B 在标准状态下、相态为 Φ（Φ 可以是 g、l、s 中的任一种状态）、温度为 T 时的标准摩尔焓。要是知道所有物质的标准摩尔焓，则化学反应的焓变就很容易计算了。但遗憾的是，物质的标准摩尔焓的绝对值是无法测定的，于是人们就采用了一些相对标准。例如，物质的标准摩尔生成焓和标准摩尔燃烧焓就是常用的相对标准，利用它们再结合赫斯定律，就可以计算标准摩尔反应焓变。

物质的标准摩尔生成焓（standard molar enthalpy of formation）是指：在反应温度 T 和各物质都处于标准态时，由稳定单质生成单位物质的量的产物 B 时的摩尔反应焓变，作为物质 B 的标准摩尔生成焓，用符号 $\Delta_f H_m^\ominus(B,\ \Phi,\ T)$ 表示，其单位是 $kJ \cdot mol^{-1}$。下标 f 表示生成（formation），Φ 表示物质所处的相态（phase），T 表示反应温度。通常在热力学数据表上列出的是在 $T=298.15K$ 时的数值。

根据标准摩尔生成焓的定义，所有稳定单质的标准摩尔生成焓都等于零。实际上，它们不可能等于零，因此标准摩尔生成焓只是个相对值而已。常用的稳定单质有 H_2(g)、N_2(g)、O_2(g)、Cl_2(g)、C(s，石墨)、S(s，正交)、Sn(s，白锡)、P(s，白磷) 等。显然，所取的稳定单质未必就是该单质最稳定的状态。例如，在 298K 时，有反应

$$H_2(g,p^\ominus)+\frac{1}{2}O_2(g,p^\ominus) \longrightarrow H_2O(l,p^\ominus)$$

实验测得该反应的标准摩尔焓变 $\Delta_r H_m^\ominus(298K)=-285.8kJ \cdot mol^{-1}$。因为该反应也就是 $H_2O(l,\ p^\ominus)$ 的生成反应，所以

$$\Delta_f H_m^\ominus(H_2O,l,298K)=\Delta_r H_m^\ominus(298K)=-285.8kJ \cdot mol^{-1}$$

又如，在 298K 时，有反应

$$H_2(g,p^{\ominus})+\frac{1}{2}O_2(g,p^{\ominus}) = H_2O(g,p^{\ominus})$$

实验测得该反应的 $\Delta_r H_m^{\ominus}(298K)=-241.8kJ\cdot mol^{-1}$，则

$$\Delta_f H_m^{\ominus}(H_2O,g,298K)=\Delta_r H_m^{\ominus}(298K)=-241.8kJ\cdot mol^{-1}$$

由此可见，标出物质的相态是多么重要，$H_2O(l)$ 和 $H_2O(g)$ 的标准摩尔生成焓之所以不同，是因为两者相差一个摩尔汽化焓。

在同一温度（通常是 $T=298.15K$）下，将所有物质的标准摩尔生成焓列于热力学数据表中，人们就可以利用这些标准摩尔生成焓来计算化学反应的标准摩尔反应焓变。例如，对 $0=\sum_B \nu_B B$ 的任意反应，在温度为 T 时的标准摩尔反应焓变的计算式为

$$\Delta_r H_m^{\ominus}(T)=\sum_B \nu_B \Delta_f H_m^{\ominus}(B,\Phi,T) \tag{1.46}$$

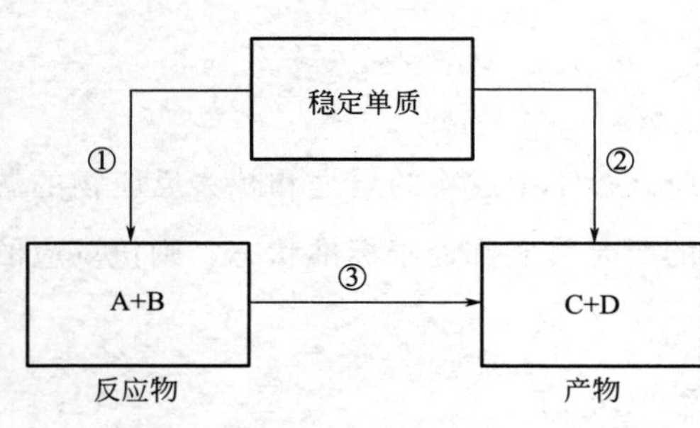

图 1.7　从生成焓计算化学反应焓变

从图 1.7 可以更好地理解，为什么计算标准摩尔反应焓变要用产物的生成焓之和减去反应物的生成焓之和。

路线①是由稳定单质生成反应物 A 和 B，故①的焓变是 A 和 B 的生成焓之和；路线②是由稳定单质生成产物 C 和 D，故②的焓变是 C 和 D 的生成焓之和；路线③是所要求的摩尔反应焓变。根据状态函数“异途同归，值变相等”的特性，它们的焓变关系为③＝②－①，因此化学反应的摩尔反应焓变等于产物的生成焓之和减去反应物的生成焓之和（根据 ν_B 的取号，决定它们之间的加、减关系）。

【例 1.9】 试计算在 298.15K 时，下列反应的标准摩尔反应焓变。所需的各物质的标准摩尔生成焓可以从书末的热力学数据表中查阅。

$$CH_4(g)+2O_2(g) = CO_2(g)+2H_2O(l)$$

解 从热力学数据表中查得。在 298.15K 时各物质的标准摩尔生成焓分别为

物质	$H_2O(l)$	$CO_2(g)$	$CH_4(g)$	$O_2(g)$
$\Delta_f H_m^{\ominus}/(kJ\cdot mol^{-1})$	−285.8	−393.5	−74.8	0

$$\begin{aligned}\Delta_r H_m^{\ominus}(298.15K)&=\sum_B \nu_B \Delta_f H_m^{\ominus}(B,\Phi,298.15K)\\&=[-393.5+2\times(-285.8)-(-74.8)]kJ\cdot mol^{-1}\\&=-890.3kJ\cdot mol^{-1}\end{aligned}$$

1.7.5 标准摩尔燃烧焓

可燃物质 B 的标准摩尔燃烧焓（standard molar enthalpy of combustion）的定义是：在反应温度为 T 时（通常是 $T=298.15K$），处于标准状态的单位物质的量的可燃物质 B，完全氧化生成指定产物时的标准摩尔反应焓变，作为物质 B 在该温度下的标准摩尔燃烧焓，用符号 $\Delta_c H_m^{\ominus}(B,\Phi,T)$ 表示，单位是 $kJ\cdot mol^{-1}$，下标 c 表示燃烧（combustion）。一些常见

有机物在 298.15K 时的标准摩尔燃烧焓可以从热力学数据表中查阅。

例如，在 298.15K 和标准压力 $p^{\ominus}$时，有热化学反应方程式为

$$H_2(g,p^{\ominus})+\frac{1}{2}O_2(g,p^{\ominus}) = H_2O(l,p^{\ominus}) \qquad \Delta_r H_m^{\ominus}(298.15K)=-285.8kJ\cdot mol^{-1}$$

这就是 $H_2(g,p^{\ominus})$ 的燃烧反应，所以 $H_2(g)$ 的标准摩尔燃烧焓为

$$\Delta_c H_m^{\ominus}(H_2,g,298.15K)=-285.8kJ\cdot mol^{-1}$$

$H_2(g,p^{\ominus})$ 的标准摩尔燃烧焓也就是 $H_2O(l,p^{\ominus})$ 的标准摩尔生成焓。

指定的燃烧产物通常是：$C \longrightarrow CO_2(g)$，$H \longrightarrow H_2O(l)$，$N \longrightarrow N_2(g)$，$S \longrightarrow SO_2(g)$，$Cl \longrightarrow HCl(aq)$，金属变成游离态单质。显然，指定的产物不同，标准摩尔燃烧焓的值也不同，在使用热力学数据表时要注意。

用标准摩尔燃烧焓可以计算标准摩尔反应焓变，即用反应物的燃烧焓之和减去产物的燃烧焓之和。对 $0=\sum_B \nu_B B$ 的任意反应，其标准摩尔反应焓变的计算式为

$$\Delta_r H_m^{\ominus}(T)=-\sum_B \nu_B \Delta_c H_m^{\ominus}(B,\Phi,T) \tag{1.47}$$

为什么用燃烧焓来计算标准摩尔反应焓变时用的相减次序与用标准摩尔生成焓计算时不同?是用反应物的燃烧焓之和减去生成物的燃烧焓之和，这可用图 1.8 来说明。

路线①的焓变是反应物 A 和 B 的燃烧焓的加和。路线②的焓变是生成物 C 和 D 的燃烧焓的加和。路线③的焓变是反应的焓变。根据状态函数的性质，③=①－②，因此反应的焓变等于反应物的燃烧焓之和减去生成物的燃烧焓之和。

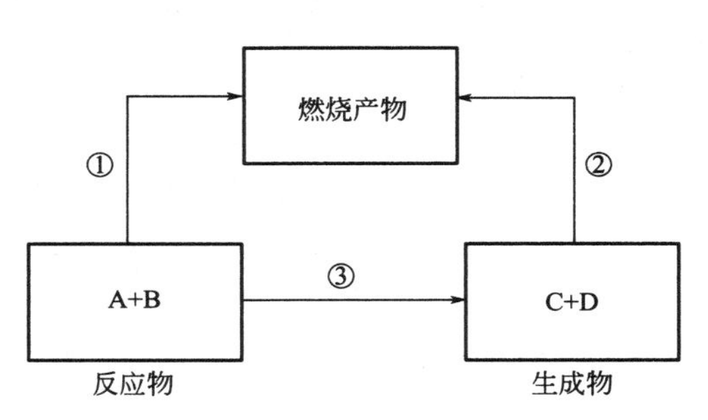

图 1.8 从燃烧焓计算化学反应焓变

除 $H_2(g)$ 外，燃烧焓一般适用于有机反应的摩尔反应焓变的计算。$O_2(g)$ 是助燃剂，规定它的燃烧焓等于零。当然，指定的燃烧产物。如 $CO_2(g)$、$H_2O(l)$、$N_2(g)$、$SO_2(g)$ 等，它们的燃烧焓也等于零。

【例 1.10】 在 298.15K 和 100kPa 时，用标准摩尔燃烧焓计算以下反应的标准摩尔焓变。所需的各物质的标准摩尔燃烧焓可以从书末的热力学数据表中查阅。

$$C_2H_4(g)+H_2(g) = C_2H_6(g)$$

解 从热力学数据表中查得，在 298.15K 时各物质的标准摩尔燃烧焓分别为

物质	$C_2H_4(g)$	$H_2(g)$	$C_2H_6(g)$
$\Delta_c H_m^{\ominus}/(kJ\cdot mol^{-1})$	-1411	-286	-1560

$$\Delta_r H_m^{\ominus}(298.15K)=-\sum_B \nu_B \Delta_c H_m^{\ominus}(B,\Phi,298.15K)$$

$$=-[-1560-(-1411)-(-286)]kJ\cdot mol^{-1}=-137kJ\cdot mol^{-1}$$

用燃烧焓还可以计算某些不能由单质直接合成的有机物的标准摩尔生成焓。例如，在 298.15K 和标准压力下，有反应

$$C(s) + 2H_2(g) + \frac{1}{2}O_2(g) = CH_3OH(l)$$

这个反应很难直接进行，转化率很低。但是，这个反应的标准摩尔反应焓变恰好是 $CH_3OH(l)$ 的标准摩尔生成焓，可以利用标准摩尔燃烧焓来计算 $CH_3OH(l)$ 的标准摩尔生成焓。因此，在 298.15K 时

$$\Delta_f H_m^\ominus(CH_3OH,l) = \Delta_r H_m^\ominus = -\sum_B \nu_B \Delta_c H_m^\ominus(B,\Phi)$$

从附录中的热力学数据表查得参与反应各物质的标准摩尔燃烧焓分别为 $\Delta_c H_m^\ominus$(C,s,石墨) $= -393.5\text{kJ}\cdot\text{mol}^{-1}$，其实这就是 $CO_2(g)$ 的标准摩尔生成焓；$\Delta_c H_m^\ominus(H_2,g) = -285.8\text{kJ}\cdot\text{mol}^{-1}$，其实这就是 $H_2O(l)$ 的标准摩尔生成焓；$\Delta_c H_m^\ominus(CH_3OH,l) = -726\text{kJ}\cdot\text{mol}^{-1}$，所以

$$\Delta_r H_m^\ominus(CH_3OH,l) = [-393.5 + 2\times(-285.8) - (-726)]\text{kJ}\cdot\text{mol}^{-1} = -239.1\text{kJ}\cdot\text{mol}^{-1}$$

用标准摩尔燃烧焓来计算物质的标准摩尔生成焓有时会产生较大的误差，因为燃烧焓的数值一般都很大，导致测量误差也比较大。

1.7.6 反应焓变与温度的关系——基尔霍夫定律

热力学数据表上列出的通常都是在 298.15K 时的数据。如果反应温度与 298.15K 差距不大，近似认为反应焓变与温度无关，还是可以利用热力学数据表来计算反应的焓变。如果反应温度与 298.15K 差距较大，则必须考虑温度对反应焓变的影响。

基尔霍夫（Kirchhoff，1824—1887，德国化学家）导出了一些从一个温度下的反应焓变计算另一温度下的反应焓变的公式，人们称之为基尔霍夫定律。现以如下简单情况为例，设等压下某反应的 $\Delta_r H_m(T_1 = 298.15\text{K})$ 为已知，导出 T_2 时的反应焓 $\Delta_r H_m(T_2)$ 的最简单的计算公式。

$$\begin{array}{cccc} T_1 & dD + eE & \xrightarrow{\Delta_r H_m(T_1)} & fF + gG \\ & \downarrow \Delta H_1 & & \uparrow \Delta H_2 \\ T_2 & dD + eE & \xrightarrow{\Delta_r H_m(T_2)} & fF + gG \end{array}$$

① 将所有反应物的温度分别从 T_1 改变到 T_2，其焓变为 ΔH_1。

② 在 T_2 时使反应物发生化学反应，其焓变为 $\Delta_r H_m(T_2)$。

③ 将所有生成物的温度从 T_2 改变到 T_1，其焓变为 ΔH_2。

根据状态函数的性质

$$\Delta_r H_m(T_1) = \Delta H_1 + \Delta_r H_m(T_2) + \Delta H_2$$

或

$$\Delta_r H_m(T_2) = \Delta_r H_m(T_1) - (\Delta H_1 + \Delta H_2) \tag{1.48}$$

已知

$$\Delta H_1 = \int_{T_1}^{T_2} dC_{p,m}(D)\mathrm{d}T + \int_{T_1}^{T_2} eC_{p,m}(E)\mathrm{d}T$$

$$\Delta H_2 = \int_{T_2}^{T_1} fC_{p,m}(F)\mathrm{d}T + \int_{T_2}^{T_1} gC_{p,m}(G)\mathrm{d}T$$

代入式(1.48)，使用的积分区间统一为 $T_1 \sim T_2$，整理得

$$\Delta_r H_m(T_2) = \Delta_r H_m(T_1) + \int_{T_1}^{T_2} \sum_B \nu_B C_{p,m}(B)\mathrm{d}T \tag{1.49}$$

假设所有的 $C_{p,m}$ 都是与温度无关的常数，则式(1.49) 可以改写为

$$\Delta_r H_m(T_2)=\Delta_r H_m(T_1)+\sum_B \nu_B C_{p,m}(B)(T_2-T_1) \tag{1.50}$$

查热力学数据表，可以求得 298.15K 时的 $\Delta_r H_m(T_1=298.15K)$，再查得各物质的 $C_{p,m}$，代入式(1.50)，即可求得 $\Delta_r H_m(T_2)$ 的值。如果 $C_{p,m}$ 与温度有关，或在 $T_1 \sim T_2$ 的温度区间内，反应物或生成物有聚集状态的变化，则要考虑相变时的焓值，并进行分步积分，计算就比较麻烦。

【例 1.11】 设合成氨反应的计量方程为 $N_2(g)+3H_2(g) \rightleftharpoons 2NH_3(g)$，已知 $T_1=$ 298K 时的摩尔反应焓 $\Delta_r H_m(T_1)=-92.22kJ\cdot mol^{-1}$，试计算反应在 $T_2=398K$ 时的摩尔反应焓 $\Delta_r H_m(T_2)$，设 $C_{p,m}$ 都与温度无关，已知 $C_{p,m}(N_2,g)=29.1J\cdot K^{-1}\cdot mol^{-1}$，$C_{p,m}(H_2,g)=28.8J\cdot K^{-1}\cdot mol^{-1}$，$C_{p,m}(NH_3,g)=35.1J\cdot K^{-1}\cdot mol^{-1}$。

解 $\Delta_r H_m(T_2)=\Delta_r H_m(T_1)+\sum_B \nu_B C_{p,m}(B)(T_2-T_1)$

$$\sum_B \nu_B C_{p,m}(B)=(2\times 35.1-29.1-3\times 28.8)J\cdot K^{-1}\cdot mol^{-1}=-45.3J\cdot K^{-1}\cdot mol^{-1}$$

$$\Delta_r H_m(398K)=[-92.22+(-45.3\times 100\times 10^{-3})]kJ\cdot mol^{-1}=-96.75kJ\cdot mol^{-1}$$

思考题

1. 判断下列说法是否正确，并简述判断的依据。

（1）状态给定后，状态函数就有定值；状态函数固定后，状态也就固定了。

（2）状态改变后，状态函数一定都改变。

（3）根据热力学第一定律，因为能量不能无中生有，所以一个系统若要对外做功，必须从外界吸收热量。

（4）某化学反应在烧杯中进行，热效应为 Q_1，焓变为 ΔH_1。若将化学反应设计成可逆电池，使化学反应和电池反应的始态和终态都相同，这时热效应为 Q_2，焓变为 ΔH_2，则 $\Delta H_1=\Delta H_2$。

（5）在等压下，用机械搅拌某绝热容器中的液体，使液体的温度上升，这时 $\Delta H=Q_p=0$。

2. 回答下列问题，并简单说明原因。

（1）Zn 与盐酸分别在敞口和密闭的容器中进行反应。哪一种情况放的热更多？

（2）在一个用导热材料制成的圆筒中装有压缩空气，圆筒中的温度与环境达成平衡。如果突然打开筒盖，使气体冲出，当压力与外界相等时，立即盖上筒盖过一会儿，筒中气体的压力有何变化？

（3）在装有催化剂的合成氨反应室中，$N_2(g)$ 与 $H_2(g)$ 的物质的量之比为 1∶3，反应方程式为 $N_2(g)+3H_2(g) \rightleftharpoons 2NH_3(g)$，分别在温度为 T_1 和 T_2 的条件下，实验测定放出的热能分别为 $Q_p(T_1)$ 和 $Q_p(T_2)$。但是用基尔霍夫定律计算所得的结果与实验值不符，试解释原因。

3. 理想气体的绝热可逆和绝热不可逆过程的功都可用公式 $W=C_V\Delta T$ 计算，则两种过程所做的功是否一样？

4. 指出以下 3 个公式的适用条件：

(1) $\Delta H=Q_p$；(2) $\Delta U=Q_V$；(3) $W=nRT\ln\frac{V_1}{V_2}$。

5. 判断下列各过程中 W 、Q 、ΔU 和 ΔH 的符号，用>0，<0 或$=0$ 表示。

(1) 理想气体的自由膨胀。

(2) 反应 $Zn(s)+2HCl(aq) \longrightarrow ZnCl_2(aq)+H_2(g)$ 在非绝热、等压条件下进行。

(3) 反应 $H_2(g)+Cl_2(g) \longrightarrow 2HCl(g)$ 在绝热钢瓶中进行。

(4) 在 273.15K、101.325kPa 下，水结成冰。

6. 在相同的温度和压力下一定量氢气和氧气从四种不同的途径生成水：(1) 氢气在氧气中燃烧；(2) 爆鸣反应；(3) 氢氧热爆炸；(4) 氢氧燃料电池。在所有反应过程中，保持反应方程式的始态和终态都相同，这四种变化途径的热力学能和焓的变化值是否相同？

7. 一定量的水，从海洋蒸发变为云，云在高山上变为雨、雪，并凝结成冰。冰、雪融化变成水流入江河，最后一定量的水又流入大海。历经整个循环，这一定量水的热力学能和焓的变化是多少？

8. 在 298K、101.3kPa 压力下，一杯水蒸发为同温、同压的水蒸气是一个不可逆过程，试将它设计成可逆过程。

9. 从同一始态 A 出发，经历三种不同途径到达不同的终态：(1) 经等温可逆过程从 A ⟶ B；(2) 经绝热可逆过程从 A ⟶ C；(3) 经绝热不可逆过程从 A ⟶ D。试问：

(a) 若使终态体积相同，D 点应位于 BC 虚线的什么位置，为什么？

(b) 若使终态压力相同，D 点应位于 BC 虚线的什么位置，为什么？参见下图。

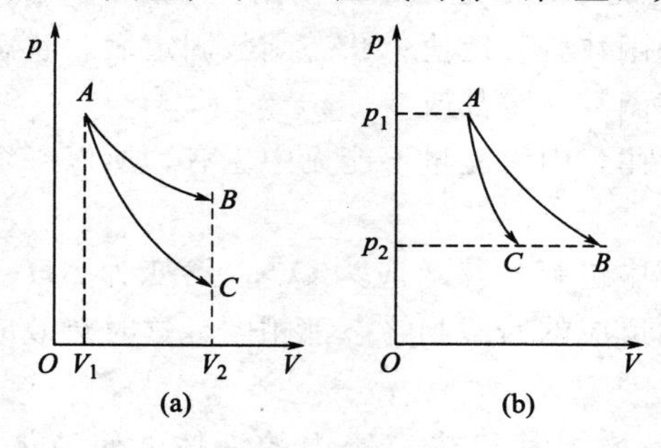

基本概念练习题

1. 有一高压气体钢筒，打开阀门后气体喷出筒外，当筒内压力与筒外压力相等时关闭阀门，此时筒内温度将（　　）。

(A) 不变　　(B) 升高　　(C) 降低　　(D) 无法判定

2. 对于理想气体的热力学能，有下列四种理解：

(1) 状态一定，热力学能也一定。

(2) 对应于某一状态的热力学能是可以直接测定的。

(3) 对应于某一状态，热力学能只有一个数值，不可能有两个或两个以上的数值。

(4) 状态改变时，热力学能一定跟着改变。

其中都正确的是（　　）。

(A) (1)、(2)　　(B) (3)、(4)　　(C) (2)、(4)　　(D) (1)、(3)

3. 有一真空钢筒，将阀门打开时，大气（视为理想气体）冲入瓶内，此时瓶内气体的温度将（　　）。

(A) 不变　　(B) 升高　　(C) 降低　　(D) 无法判定

4. 将 1mol 373K、标准压力下的水分别经历：(1) 等温、等压可逆蒸发；(2) 真空蒸发，变成 373K、标准压力下的水蒸气。这两种过程的功和热的关系为（　　）。

(A) $W_1 < W_2$　$Q_1 > Q_2$　　(B) $W_1 < W_2$　$Q_1 < Q_2$

(C) $W_1 = W_2$　$Q_1 = Q_2$　　(D) $W_1 > W_2$　$Q_1 < Q_2$

5. 在一个密闭绝热的房间里放置一台冰箱，将冰箱门打开，并接通电源使冰箱工作。过一段时间之后，室内的平均气温将（　　）。

(A) 升高　　(B) 降低　　(C) 不变　　(D) 不一定

6. 理想气体向真空做绝热膨胀后，它的温度将（　　）。

(A) 升高　　(B) 降低　　(C) 不变　　(D) 不一定

7. 某气体的状态方程为 $pV_m = RT + bp$（b 是大于零的常数），此气体向真空做绝热膨胀，它的温度将（　　）。

(A) 升高　　(B) 降低　　(C) 不变　　(D) 不一定

8. 公式 $\Delta H = Q_p$ 适用于下列哪个过程（　　）。

(A) 理想气体做绝热等外压膨胀　　(B) $H_2O(s) \xrightarrow{273K,\ 100kPa} H_2O(l)$

(C) $Cu^{2+}(aq) + 2e^- \longrightarrow Cu(s)$　　(D) 理想气体做等温可逆膨胀

9. 某理想气体的 $\gamma = \dfrac{C_p}{C_V} = 1.40$，则该气体分子中的原子数为（　　）。

(A) 1个　　(B) 2个　　(C) 3个　　(D) 4个

10. 反应的计量方程为 $H_2(g) + Cl_2(g) = 2HCl(g)$，将 5mol $H_2(g)$ 与 4mol $Cl_2(g)$ 混合发生反应，最后生成 2mol HCl(g)，则该反应进度 ξ 等于（　　）。

(A) 1mol　　(B) 2mol　　(C) 4mol　　(D) 5mol

11. 欲测定某有机物的燃烧热 Q_p，一般使反应在氧弹中进行，实验测得的热效应为 Q_V。已知两种热效应之间的关系为 $Q_p = Q_V + \Delta nRT$，式中的 Δn 是指（　　）。

(A) 生成物与反应物总物质的量之差

(B) 生成物与反应物中，气相物质的物质的量之差

(C) 生成物与反应物中，凝聚相物质的物质的量之差

(D) 生成物与反应物的总的热容差

12. 下列等式中正确的是（　　）。

(A) $\Delta_f H_m^\ominus(H_2O,l) = \Delta_c H_m^\ominus(O_2,g)$　　(B) $\Delta_f H_m^\ominus(H_2O,g) = \Delta_c H_m^\ominus(O_2,g)$

(C) $\Delta_f H_m^\ominus(H_2O,l) = \Delta_c H_m^\ominus(H_2,g)$　　(D) $\Delta_f H_m^\ominus(H_2O,g) = \Delta_c H_m^\ominus(H_2,g)$

13. 石墨(C)和金刚石(C)在 298K、标准压力下的标准摩尔燃烧焓分别为 $-393.4kJ \cdot mol^{-1}$ 和 $-395.3kJ \cdot mol^{-1}$，则金刚石的标准摩尔生成焓 $\Delta_f H_m^\ominus$（金刚石，298K）为（　　）。

(A) $-393.4kJ \cdot mol^{-1}$　　(B) $-395.3kJ \cdot mol^{-1}$

(C) $-1.9kJ \cdot mol^{-1}$　　(D) $1.9kJ \cdot mol^{-1}$

14. 凡是在孤立系统中进行的变化，其 ΔU 和 ΔH 的值一定是（　　）。

(A) $\Delta U>0$，$\Delta H>0$ (B) $\Delta U=0$，$\Delta H=0$

(C) $\Delta U<0$，$\Delta H<0$ (D) $\Delta U=0$，ΔH 不确定

15. 某气体的状态方程 $pV_m=RT+bp$（b 是大于零的常数），则下列结论正确的是（ ）。

(A) 其焓 H 只是温度 T 的函数

(B) 其热力学能 U 只是温度 T 的函数

(C) 其热力学能和焓都只是温度 T 的函数

(D) 其热力学能和焓不仅与温度 T 有关，还与气体的体积 V_m 或压力 p 有关

16. 在无限稀释溶液中，1mol HCl 与 1mol NaOH 在恒温恒压下完全反应，$\Delta_r H_m^\ominus=-55.9\text{kJ}\cdot\text{mol}^{-1}$，则在同样条件下，1mol HNO_3 与 1mol KOH 完全反应的摩尔焓变（ ）。

(A) $>-55.9\text{kJ}\cdot\text{mol}^{-1}$ (B) $<-55.9\text{kJ}\cdot\text{mol}^{-1}$

(C) $=-55.9\text{kJ}\cdot\text{mol}^{-1}$ (D) 不能确定

17. $Cl_2(g)$ 的标准摩尔燃烧焓等于（ ）。

(A) HCl(g) 的标准摩尔生成焓

(B) $HClO_3$ 的标准摩尔生成焓

(C) $HClO_4$ 的标准摩尔生成焓

(D) $Cl_2(g)$ 最终生成盐酸水溶液的标准摩尔焓变

18. 非理想气体进行绝热自由膨胀时，下述结果中错误的是（ ）。

(A) $Q=0$ (B) $W=0$

(C) $\Delta U=0$ (D) $\Delta H=0$

19. 高温下臭氧的摩尔等压热容 $C_{p,m}$ 为（ ）。

(A) $6R$ (B) $6.5R$ (C) $7R$ (D) $7.5R$

20. 完全燃烧 8dm^3 乙炔，需空气的体积约为（ ）。

(A) 20dm^3 (B) 120dm^3

(C) 100dm^3 (D) 16dm^3

习 题

1. 在一刚性、绝热且其中装有冷却盘管的装置中，一边是温度为 T_1 的水，另一边是温度为 T_1 的浓硫酸，中间以薄膜分开。现将薄膜捅破，两边的温度均由 T_1 升到 T_2，如果以水和浓硫酸为体系，问此体系的 Q、W、ΔU 是正、负，还是零。如果在薄膜破了以后，且从冷却盘管中通入冷却水使浓硫酸和水的温度仍为 T_1，仍以原来的水和浓硫酸为体系，问 Q、W、ΔU 是正、负，还是零。

2. 在一个外有绝热层的橡皮球内充 100kPa 的理想气体，突然将球投入真空中，球的体积增加了一倍。忽略橡皮球对气体的弹性压力，以球内理想气体为系统，指出该过程中 Q、W、ΔU 和 ΔH 的值（用正、负号表示）。

3. (1) 一个系统的热力学能增加 100kJ，从环境吸收了 40kJ 的热，计算系统与环境功的交换量；(2) 如果该系统在膨胀过程中对环境做了 20kJ 的功，同时吸收了 20kJ 的热，计算系统的热力学能变化值。

4. 300K 时，有 10mol 理想气体，始态的压力为 1000kPa。计算在等温下，下列三个过程所做的膨胀功：(1) 在 100kPa 压力下体积胀大 $1dm^3$；(2) 在 100kPa 压力下，气体膨胀到终态压力也等于 100kPa；(3) 等温可逆膨胀到气体的压力等于 100kPa。

5. 在 373K 等温条件下，1mol 理想气体从始态体积 $25dm^3$，分别按下列四个过程膨胀到终态体积为 $100dm^3$：(1) 向真空膨胀；(2) 等温可逆膨胀；(3) 在外压恒定为气体终态压力下膨胀；(4) 先在外压恒定为体积等于 $50dm^3$ 时气体的平衡压力下膨胀，当膨胀到 $50dm^3$ 以后，再在外压等于 $100dm^3$ 时气体的平衡压力下膨胀。分别计算各个过程中所做的膨胀功。计算结果说明了什么问题？

6. 在一个绝热的保温瓶中，将 100g 处于 0℃的冰与 100g 处于 50℃的水混合。试计算：(1) 系统达平衡时的温度；(2) 混合物中含水的质量。已知冰的熔化热 $Q_p = 333.46J \cdot g^{-1}$，水的平均等压比热容 $\overline{C}_p = 4.184J \cdot K^{-1} \cdot g^{-1}$。

7. 一辆汽车的轮胎在开始行驶时胎内气体的温度为 298K、压力为 280kPa。经过 3h 高速行驶以后，轮胎压力达到 320kPa，计算轮胎的内能变化是多少？已知空气的 $C_{V,m} = 20.88J \cdot K^{-1} \cdot mol^{-1}$，轮胎内体积保持不变，为 $57.0dm^3$。(视空气为理想气体)

8. 一个人每天通过新陈代谢作用放出 10460kJ 热量。(人体的正常体温为 37℃)

(1) 如果人是绝热体系，且其热容相当于 70kg 水，那么一天内体温可上升到多少度？

(2) 实际上人是开放体系。为保持体温的恒定，其热量散失主要靠水分的挥发。假设 37℃时水的汽化热为 $2405.8J \cdot g^{-1}$，那么为保持体温恒定，一天之内一个人要蒸发掉多少水分？(设水的热容为 $4.184J \cdot g^{-1} \cdot K^{-1}$)

9. 在一个有活塞的装置中，盛有 298K、100g 的氮，活塞上压力为 $3.0 \times 10^6 Pa$，突然将压力降至 $1.0 \times 10^6 Pa$，让气体绝热膨胀，若氮的 $C_{V,m} = 20.71J \cdot K^{-1} \cdot mol^{-1}$，计算气体的最终温度。此氮气的 ΔU 和 ΔH 为多少？(设此气体为理想气体)

10. 某高压容器中含有未知气体，可能是氮气或氩气。今在 298K 时取出一些样品，从 $5dm^3$ 绝热膨胀到 $6dm^3$，温度降低了 21K，问能否判断容器中是何种气体？假设单原子分子气体的 $C_{V,m} = \frac{3}{2}R$，双原子分子气体的 $C_{V,m} = \frac{5}{2}R$。

11. 1mol 理想气体在 122K 等温的情况下，反抗恒定外压 10.15kPa，从 $10dm^3$ 膨胀到终态体积 $100.0dm^3$，试计算 Q、W、ΔU 和 ΔH。

12. 1mol 单原子分子的理想气体，初始状态为 298K、100kPa，经历了 $\Delta U = 0$ 的可逆变化过程后，体积为初始状态的 2 倍。请计算 Q、W 和 ΔH。

13. 判断下列过程中 Q、W、ΔU 和 ΔH 是大于零、小于零还是等于零：(1) 理想气体等温可逆膨胀；(2) 理想气体节流膨胀；(3) 理想气体绝热、反抗等外压膨胀。

14. 300K 时，1mol 理想气体做等温可逆膨胀，起始压力为 1500kPa，终态体积为 $10dm^3$。试计算该过程的 Q、W、ΔU 和 ΔH。

15. 300K 时，有 4.0g Ar(g) (可视为理想气体，$M_{Ar} = 39.95g \cdot mol^{-1}$)，压力为 506.6kPa。今在等温下分别按以下两种过程：(1) 等温可逆膨胀；(2) 等温、等外压膨胀，膨胀至终态压力为 202.6kPa。分别计算这两种过程的 Q、W、ΔU 和 ΔH。

16. 2mol 100kPa、373K 的液态水放入一小球中，小球放入 373K 恒温真空箱中。打破小球，刚好使 $H_2O(l)$ 蒸发为 100kPa、373K 的 $H_2O(g)$[视 $H_2O(g)$ 为理想气体]，求此过程的 Q、W、ΔU、ΔH；若此蒸发过程在常压下进行，则 Q、W、ΔU、ΔH 的值各为多

少？已知水的蒸发热在 373K、100kPa 时为 40.66kJ·mol^{-1}。

17. 100kPa 下冰（H_2O，s）的熔点为 0℃，在此条件下冰的摩尔熔化焓 $\Delta_{fus}H_m$ = 6.012kJ·mol^{-1}。已知在 −10～0℃ 范围内过冷水（H_2O，l）和冰的摩尔恒压热容分别为 $C_{p,m}(H_2O, l) = 76.28J·mol^{-1}·K^{-1}$ 和 $C_{p,m}(H_2O, s) = 37.20J·mol^{-1}·K^{-1}$。求在常压及 −10℃ 下过冷水结冰的摩尔凝固焓。

18. 573K 时，将 1mol Ne（可视为理想气体）从 1000kPa 经绝热可逆膨胀到 100kPa。求 Q、W、ΔU 和 ΔH。

19. 有 1.0m^3 单原子分子的理想气体，始态为 273K、1000kPa。现分别经：(1) 等温可逆膨胀；(2) 绝热可逆膨胀，到达相同的终态压力 100kPa，请分别计算终态温度 T_2、终态体积 V_2 和所做的功。

20. 在 373K 和 101.325kPa 时，1mol $H_2O(l)$ 可逆蒸发成同温、同压的 $H_2O(g)$，已知 $H_2O(l)$ 的摩尔汽化焓 $\Delta_{vap}H_m = 40.66kJ·mol^{-1}$。

(1) 试计算该过程的 Q、W 和 $\Delta_{vap}U_m$，可以忽略液态水的体积。

(2) 比较 $\Delta_{vap}H_m$ 与 $\Delta_{vap}U_m$ 的大小，并说明原因。

21. 300K 时，将 1.0mol Zn(s) 溶于过量的稀盐酸中。若反应分别在开口的烧杯和密封的容器中进行，哪种情况放热较多?计算两个热效应的差值。

22. 在 373K 和 101.325kPa 的条件下，将 1g $H_2O(l)$ 经：(1) 等温、等压可逆汽化；(2) 在恒温 373K 的真空箱中突然汽化，都变为同温、同压的 $H_2O(g)$。分别计算这两种过程的 Q、W、ΔU 和 ΔH 的值。已知水的汽化热为 2259J·g^{-1}，可以忽略液态水的体积。

23. 298K 时，有酯化反应 $(COOH)_2(s) + 2CH_3OH(l) \longrightarrow (COOCH_3)_2(s) + 2H_2O(l)$，计算酯化反应的标准摩尔反应焓变 $\Delta_r H_m^{\ominus}$。已知 $\Delta_c H_m^{\ominus}[(COOH)_2, s] = -120.2kJ·mol^{-1}$，$\Delta_c H_m^{\ominus}(CH_3OH, l) = -726.5kJ·mol^{-1}$，$\Delta_c H_m^{\ominus}[(COOCH_3)_2, s] = -1678kJ·mol^{-1}$。

24. 298K 时，计算反应 $2C(s) + 2H_2(g) + O_2(g) \longrightarrow CH_3COOH(l)$ 的标准摩尔反应焓变 $\Delta_r H_m^{\ominus}$。已知下列反应在 298K 时的标准摩尔反应焓变分别为

① $CH_3COOH(l) + 2O_2(g) \longrightarrow 2CO_2(g) + 2H_2O(l)$　　$\Delta_r H_m^{\ominus}(1) = -870.3kJ·mol^{-1}$

② $C(s) + O_2(g) \longrightarrow CO_2(g)$　　$\Delta_r H_m^{\ominus}(2) = -393.5kJ·mol^{-1}$

③ $H_2(g) + \frac{1}{2}O_2(g) \longrightarrow H_2O(l)$　　$\Delta_r H_m^{\ominus}(3) = -285.8kJ·mol^{-1}$

25. 298K 时，$C_2H_5OH(l)$ 的标准摩尔燃烧焓为 −1367kJ·mol^{-1}，$CO_2(g)$ 和 $H_2O(l)$ 的标准摩尔生成焓分别为 −393.5kJ·mol^{-1} 和 −285.8kJ·mol^{-1}，求 298K 时 $C_2H_5OH(l)$ 的标准摩尔生成焓。

26. 已知 298K 时，$CH_4(g)$、$CO_2(g)$ 和 $H_2O(l)$ 的标准摩生成焓分别为 −74.8kJ·mol^{-1}、−393.5kJ·mol^{-1} 和 −285.8kJ·mol^{-1}，请计算 298K 时 $CH_4(g)$ 的标准摩尔燃烧焓。

27. 使用弹式热量计，测定正庚烷的标准摩尔燃烧焓。准确称取正庚烷样品 0.50g，放入平均温度为 298K 的弹式热量计中，充入氧气，并用电阻丝引燃。由于正庚烷的燃烧，温度上升 2.94K，已知弹式热量计本身及附件的平均热容 $\overline{C}_V = 8.177kJ·K^{-1}$。试计算 298K 时正庚烷的标准摩尔燃烧焓。已知正庚烷的摩尔质量为 100.2g·mol^{-1}。

28. 在标准压力和 298K 时，$H_2(g)$ 与 $O_2(g)$ 的反应为 $H_2(g) + \frac{1}{2}O_2(g) \longrightarrow H_2O(l)$。

设参与反应的物质均可作为理想气体处理，已知 $\Delta_f H_m^{\ominus}(H_2O, g) = -241.82kJ \cdot mol^{-1}$，它们的标准等压摩尔热容（设与温度无关）分别为：$C_{p,m}^{\ominus}(H_2, g) = 28.82J \cdot K^{-1} \cdot mol^{-1}$，$C_{p,m}^{\ominus}(O_2, g) = 29.36J \cdot K^{-1} \cdot mol^{-1}$，$C_{p,m}^{\ominus}(H_2O, g) = 33.58J \cdot K^{-1} \cdot mol^{-1}$。试计算：（1）298K时的标准摩尔反应焓变 $\Delta_r H_m^{\ominus}$（298K）和热力学能变化 $\Delta_r U_m^{\ominus}$（298K）；（2）498K时的标准摩尔反应焓变 $\Delta_r H_m^{\ominus}$（498K）。

29. 为解决能源危机，有人提出用 $CaCO_3$ 制取 C_2H_2 作燃料。具体反应为

① $CaCO_3(s) \xrightarrow{\triangle} CaO(s) + CO_2(g)$

② $CaO(s) + 3C(s) \xrightarrow{\triangle} CaC_2(s) + CO(g)$

③ $CaC_2(s) + H_2O(l) \xrightarrow{298K} CaO(s) + C_2H_2(g)$

问：（1）1mol C_2H_2 完全燃烧可放出多少热量？

（2）制备 1mol C_2H_2 需多少 C(s)，这些碳燃烧可放热多少？

（3）为使反应①和②正常进行，需消耗多少热量？

评价 C_2H_2 是否适合作燃料？已知有关物质的 $\Delta_f H_m^{\ominus}(298K)/(kJ \cdot mol^{-1})$ 为

$CaC_2(s)$ -60，$CO_2(g)$ -393，$H_2O(l)$ -285，$C_2H_2(g)$ 227，
$CaO(s)$ -635，$CaCO_3(s)$ -1207，$CO(g)$ -111

第2章

热力学第二定律

热力学第一定律给出了能量守恒与转化以及在转化过程中各种能量之间的相互定量关系。在一定条件下，一个系统若发生了从始态到终态的变化，根据热力学第一定律可以计算变化过程中系统与环境之间所交换的能量，由此算出 ΔU（或 ΔH）。但是，对于一个给定的变化，在一定的条件下能否自发进行？进行到什么程度？热力学第一定律则无法回答。即热力学第一定律不能给出变化的方向和变化进行的限度。换句话说，自然界中所发生的一切过程一定符合热力学第一定律，但是，符合热力学第一定律的过程不一定能自发进行。即热力学第一定律只解决了能量转化的数量关系，但能量转换的方向和限度必须由热力学第二定律来回答。例如，热可以自动地从高温物体流向低温物体，而它的逆过程即热从低温物体自动地流向高温物体则是不能发生的。对于所研究系统，在指定条件下，判断其物理变化或化学变化过程的方向和限度问题是一个极为重要的问题，该问题的解决有赖于热力学第二定律。例如，在研制新的化工产品时，怎样控制条件才能使变化向所希望的方向进行，最大产率是多少，如何改变条件能使产率提高。这些都需要热力学第二定律的基本原理才能解决。另外，在其他工业生产和一些热门研究领域，如人工合成金刚石、人工模拟固氮、以煤作为原料进行合成的C1化学、汽车尾气中NO的净化、超临界萃取和反应以及许多功能新材料的合成等，也都需要热力学第二定律的原理来指导研究方向和目标。近年来，在热力学理论的指导下，通过改变反应条件，利用等离子体耦合反应，研究低压高温下金刚石的气相合成也已取得一些进展。本章主要讨论热力学第二定律及其基本应用。

2.1 热力学第二定律的表述

主要知识点

1. 自发过程的共同特征

在所处的条件下，不需要环境做功或输入其他能量，系统有可能自动发生的过程称为自发过程。自发过程有固定的方向，它的逆过程不可能自动发生。自发过程的单向性都可以归结为热与功转换的不可逆性，即热不可能全部变为功而不留下任何影响。

2. 热力学第二定律

典型的对热力学第二定律的表述有：①克劳修斯说法，“不可能把热从低温物体传到高温物体，而不引起其他变化”；②开尔文说法，“不可能从单一热源取出热使之完全变为功，而不发生其他变化”，或“第二类永动机是不可能造成的”。热力学第二定律是建立在无数事实的基础上，虽不能用其他定律来推导、证明它，但凡是违反该定律的试验都只能以失败而告终，证明了该定律的正确性。

2.1.1 自发过程的共同特征

热力学第一定律指出了在一个封闭系统中能量的守恒和转化，以及在转化过程中各种能量之间的定量关系，但它不能指出变化的方向和限度，这个任务由热力学第二定律来完成。

自然界中有这样一类变化，在所处的条件下，不需要环境做功或输入辐射能，系统有可能自动发生的过程称为自发过程（spontaneous process）。自发过程一般具有对环境做功的能力。列举以下一些例子，用来说明自发过程的特征，揭示自发过程有确定变化方向的根本原因，从大量的实验事实概括出热力学第二定律的经典表述。

（1）理想气体的真空膨胀

经验告诉我们这是一个自发过程，在这个过程中，$\Delta T=0$，$W=0$，$Q=0$，$\Delta U=0$。如焦耳实验所示，当活塞打开，气体自动向真空膨胀并占领所有空间，达到压力处处相等的均匀分布状态后，就到达了变化的极限，即平衡分布的状态。要将膨胀了的气体压缩至原来状态，这个过程是不可能自动发生的。如果环境将气体进行等温压缩，使气体恢复原状，环境必须对气体做压缩功 W，被压缩的气体会释放出热 Q 给环境。虽然在数值上 W 与 Q 相等，但环境付出了功，却得到了热。要使环境也恢复原状，必须将这些热全部变为功而不留下其他影响，事实证明这是不可能的。

（2）热由高温物体传入低温物体

当两个温度不同的物体直接接触，或置于导热壁的两边，热就会由高温物体自动地传入低温物体，直至两个物体的温度相等。但它的逆过程，即热从低温物体传向高温物体是绝不会自动发生的。如果用一个冷冻机，对其中一个物体做电功，将一部分热从该物体中取出使其温度下降，而将取出的热传给另一个物体，使其温度升高，两个物体都回到始态。结果是环境做了电功却得到了冷冻机放出的热。要将这些热全部变为功而不留下其他影响，事实证明也是不可能的。

（3）摩擦生热的方向性

图 2.1 是焦耳在 1840 年做的热功当量实验的示意图。根据重物下降的高度可以计算出重力对涡轮所做的功。涡轮转动时叶片与液体摩擦生热，使液体的温度升高，从而计算出 1cal=4.184J 这个著名的为能量守恒定律奠定了基础的热功当量。重物下降，势能降低，对外做功，这是一个自发过程。如果将液体温度降低，用取出的相同数量的热使之完全变为功，将重物举到原来高度，实践证明也是办不到的。

（4）化学反应的方向性

许多化学反应在一定条件下可以自发进行，但是其逆反应却不会自动发生。例如，

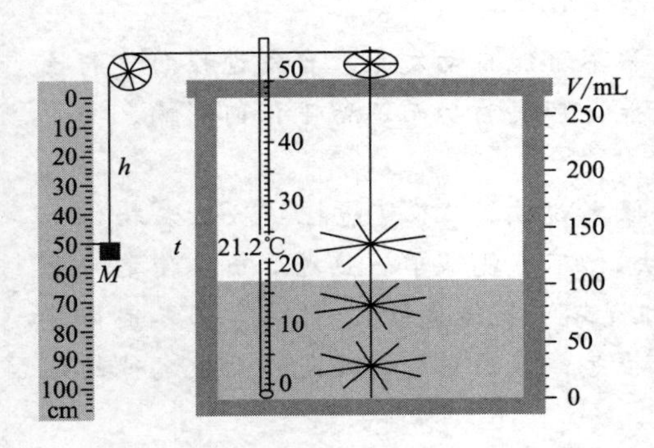

图 2.1 焦耳热功当量实验示意图

$H_2(g)+\frac{1}{2}O_2(g) \longrightarrow H_2O(l)$，氢气与氧气有自动反应生成水的强烈趋势，反应一旦发生，可以自动地正向进行，并放出热或做出电功。但是，使水分解成氢气和氧气，这个逆过程是不可能自动发生的，除非环境对它做电功或输入伴有催化剂的光能。

这类自然界中的自发过程的例子还可以列举很多，从上面所举的几个例子可以看出，自发过程的共同特点如下。

① 自发过程有确定的变化方向，它的逆过程虽然不违反能量守恒定律，但却不会自动发生。当然，这些逆过程不是不能发生，要环境对系统做功或输入光能等电磁能，是可以使系统恢复原状的，但会给环境留下不可逆转的影响，即自发过程的后果系统自己无法消除，而必须由环境付出代价，最后都可以归结为环境做出了功而得到了热。

② 自发过程有一定的限度，这个限度就是达到了在所处条件下的平衡态，这时系统的宏观性质不再随时间而改变。如果是热传导，达到两个物体的温度相等就是热传导的极限，即温度相等的热平衡态；如果是气体膨胀，达到压力处处相等的力平衡状态；如果是化学反应，达到化学平衡就是化学反应的最大限度。

③ 自发过程都有一定的做功能力，系统自身的能量品位会随着对外做功而下降，且无法自动恢复。

2.1.2 热力学第二定律

人们之所以对自发变化感兴趣，是因为自发过程有潜在做功的能力，能为人们提供各种形式的能量，如热能、电能等，还可以为人们提供各种有用的化学产品，这无疑对化学研究和人类生产、生活是十分重要的。在日常的生活和生产中遇到的许多自发过程都有确定的变化方向，它们的逆过程都不可能自动发生。而这些自发过程之间是相互联系的，可以从一个自发过程的单向性推断出另一个自发过程的单向性，最后都可以归结为热与功转换的不可逆性，即一定量的功可以完全转化为热而不留下任何影响，但是一定量的热要完全转化为功而不留下影响是不可能的。因为功是大量分子有序运动的能量，而热是大量分子无序运动的能量，纵然两者数值相等，但是能量的品位不同。用这个热与功转换的方向性与限度来概括所有自发过程的方向性与限度，这个普遍规律就是热力学第二定律（the second law of thermodynamics）。热力学第二定律有多种表述方式，比较典型的有以下几种：

克劳修斯（Clausius）于 1850 年发表的说法是："不可能把热从低温物体传到高温物体，而不引起其他变化。"

开尔文（Kelvin）于 1851 年发表的说法是："不可能从单一热源取出热使之完全变为功而不发生其他变化。"

后来，奥斯瓦尔德（Friedrich Wilhelm Ostwald）将开尔文的说法表述为："第二类永动机是不可能造成的"。所谓第二类永动机是一种能够从单一热源吸热，并将所吸收的热全部变为功而无其他影响的机器。它并不违反能量守恒定律，但却永远造不成。

克劳修斯和开尔文两位热力学大师的说法虽略有不同，但本质上是一样的。克劳修斯的说法是指热传导的不可逆性，开尔文的说法是指功转变为热的不可逆性，都是指某一件事情是“不可能”的，一旦发生就会留下影响。需要特别指出的是，他们并不是说不能将热从低温物体传到高温物体（事实上冰箱和制冷的空调的作用就是将热从低温物体传到高温物体），也并不是说热不能全部变成功（事实上理想气体的等温可逆膨胀就是将所吸的热全部变成了功），而是强调：要实现这两个过程不留下影响是不可能的，这是大师们说法的精髓。

热力学第二定律的克劳修斯表述和开尔文表述是等价的。即克劳修斯的表述成立，开尔文的表述也一定成立。反之，若克劳修斯表述不成立，则开尔文的表述亦不成立。二者的等价证明如下：假设克劳修斯表述不成立，即热可自动从低温物体传给高温物体而不引起其他任何变化。令热机在高温热源 T_h 和低温热源 T_c 之间工作，从高温热源吸热 Q_h，对外做功 W，向低温热源放热 Q_c。同时，由于假定热可以自动从低温热源传回高温热源，这样就会很容易做到使低温热源得失热量相等，低温热源没有变化，整个结果是热机从高温热源吸热 Q_h-Q_c，且全部用来做功。这一结果刚好也说明了开尔文的说法也不成立。同理，若开尔文的表述不成立，则克劳修斯的表述也不成立（读者自证之）。

如何将热转化为功的问题在实际生活中有着非常重要的意义。19 世纪初，蒸汽机的发明在工业上产生了巨大的影响。最初的蒸汽机对热的利用率很低，人们总是努力改善蒸汽机的性能，期望消耗最少的燃料，得到最大的机械功，当时不知道热机的效率是有一定限度的。直到 1824 年，年轻的法国工程师卡诺（Carnot）精心设计了一个循环，作为一个理想化的热机，从理论上解决了提高热机效率的途径，证明了热与功的转换是有一定极限值的，即热机不可能将所吸的热全部转化为机械功，热机的效率永远小于 1。

热力学第二定律与第一定律一样，是建立在无数事实的基础上，是人类长期以来积累的经验总结，它不能从其他更普遍的定律来推导。整个热力学的发展过程也令人信服地证明，热力学的基本定律真实地反映了客观事实，凡是违背热力学第二定律的尝试都只能以失败而告终。

到此为止，判断一个指定过程进行的方向问题似乎已经解决，原则上讲确是如此。因为一切自发过程的方向问题最终均可归结为“热不能百分之百变为功而不引起其他任何变化”的问题，亦即可归结为“第二类永动机不可能造成”的问题。由此，就可根据“第二类永动机不可能造成”这一结论来判断一指定过程的方向。但是，要想用“第二类永动机不可能造成”这一结论来判断一指定过程（$A \to B$）的方向，则首先要看这一指定过程的逆过程（$B \to A$）是否能构成第二类永动机，若能，则可断言原指定过程（$A \to B$）是自发的。不过，这样判断一指定过程的方向性未免太抽象了，再说，在考虑是否构成第二类永动机时往往需要繁杂的手续和特别的技巧，即便是好不容易构成了第二类永动机，这一方法也不能指出过程将自发进行到什么程度为止。为此，能否设想像热力学第一定律一样，找到一个状态函数——热力学能 U（或 H），只要计算出 ΔU（或 ΔH）就知道在某一过程中体系与环境之间所交换的能量。在热力学第二定律中是否也存在这样一个状态函数，只需计算出某一指定过程发生后，该状态函数的改变值就可判断该指定过程的方向和限度，答案是肯定的。而且，由于一切自发过程的方向性最终都可归结为热功转换问题，所以，我们可以从下面热功转换的讨论中找到这个函数。

2.2 卡诺循环和卡诺定理

主要知识点

1. 卡诺循环

卡诺设想的循环是以物质的量为 n 的理想气体作为工作物质，用两个等温可逆过程和两个绝热可逆过程构成一个理想的循环，所做的功等于循环所包含的面积，其计算式为

$$W = nR(T_h - T_c)\ln\frac{V_1}{V_2}$$

2. 热机效率

将热机对环境所做的功与从高温热源所吸的热之比称为热机效率，用符号 η 表示。对于可逆的卡诺热机，其效率是最大的，但也总是小于 1，即

$$\eta = \frac{-W}{Q_h} \qquad \eta = 1 - \frac{T_c}{T_h} = 1 + \frac{Q_c}{Q_h} \quad (Q_c < 0, \eta < 1)$$

3. 卡诺定理及其推论

工作于相同温度的高温与低温热源之间的所有热机，可逆热机的效率最大，这称为卡诺定理。用公式表示为 $\eta_I \leqslant \eta_R$，这个不等号具有重要的意义，原则上解决了热机效率的极值问题，从而也解决了判断变化的方向和限度的问题。

卡诺定理推论：所有工作于相同温度的高温与低温热源之间的可逆热机，其效率都相等，与工作物质无关。

4. 制冷机的效率

制冷机的效率是指从低温热源所吸的热 Q_c' 与环境对系统所做的功 W' 之比，也称为冷冻系数，用符号 β 表示，即

$$\beta = \frac{Q_c'}{W'} = \frac{T_c}{T_h - T_c}$$

2.2.1 卡诺循环

蒸汽机的发明及其后来在各生产领域中的广泛应用，对当时欧洲的工业革命以及后来人类社会的进步与文明具有划时代的意义，但 19 世纪初，蒸汽机的效率很低，热的利用率不到 5%，人们希望从理论上找出提高热机效率的办法。1824 年，年轻的法国工程师卡诺设计了一个循环，设想以物质的量为 n 的理想气体作为工作物质，放在一个气缸内，以两个等温可逆过程和两个绝热可逆过程构成一个理想的循环，即卡诺循环。从这个循环的热与功的转换情况，得出可逆热机的效率，为人们提供了提高热机效率的方向和可能达到的限度，对热力学理论的发展起到了非常重要的推动作用。图 2.2(a) 是卡诺循环的 p-V 图，物质的量为 n 的理想气体从始态 A 出发，历经四步，最后又回到始态。图 2.2(b) 是卡诺循环的示意图，热机从高温热源吸热 Q_h，将一部分热转化为对外做的功 W，其余的热 Q_c 传给低温热

源。每一步的热力学能变化、功和热分别计算如下：

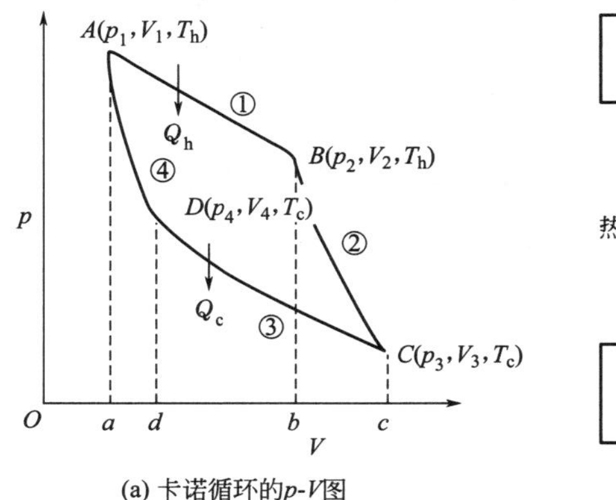

(a) 卡诺循环的p-V图

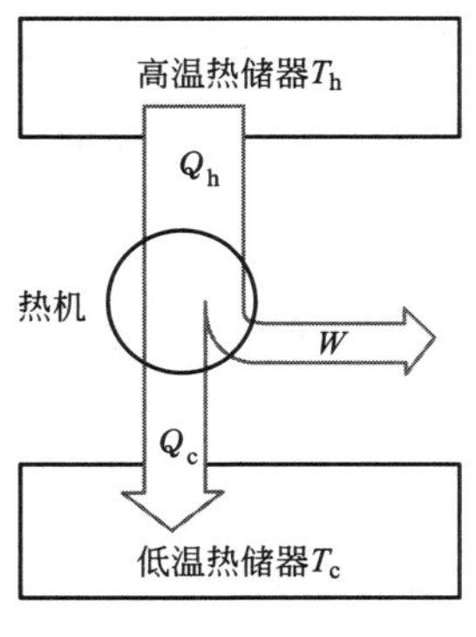

(b) 热机工作示意图

图 2.2　卡诺循环

① 等温可逆膨胀　系统与温度为 T_h（那时热力学温标尚未建立，但为方便起见，这里就采用符号 T 代表温度）的高温热源接触，从状态 $A(p_1, V_1, T_h)$ 做等温可逆膨胀到状态 $B(p_2, V_2, T_h)$。理想气体的等温过程，热力学能不变，从高温热源所吸的热全部转化为对环境做的膨胀功。在 p-V 图上，功的绝对值等于曲线 AB 下的面积，用公式表示为

$$\Delta U_1 = 0 \qquad Q_h = -W_1 \qquad W_1 = -\int_{V_1}^{V_2} p\,\mathrm{d}V = nRT_h \ln\frac{V_1}{V_2}$$

② 绝热可逆膨胀　系统与热源隔绝，从状态 $B(p_2, V_2, T_h)$ 经绝热可逆膨胀到状态 $C(p_3, V_3, T_c)$。因为是绝热膨胀过程，系统消耗热力学能对环境做功，温度由 T_h 降到 T_c，所做功的绝对值等于曲线 BC 下的面积。

$$Q_2 = 0 \qquad W_2 = \Delta U_2 = \int_{T_h}^{T_c} nC_{V,\mathrm{m}}\,\mathrm{d}T$$

③ 等温可逆压缩　系统与温度为 T_c 的低温热源接触，由状态 $C(p_3, V_3, T_c)$ 经等温可逆压缩到状态 $D(p_4, V_4, T_c)$。系统放出热 Q_c 给低温热源，环境对系统所做功的数值等于曲线 CD 下的面积，抵消了一部分系统对环境所做的功，即

$$\Delta U_3 = 0 \qquad Q_c = -W_3 \qquad W_3 = -\int_{V_3}^{V_4} p\,\mathrm{d}V = nRT_c \ln\frac{V_3}{V_4}$$

在等温压缩过程中，是环境对系统做功，所以 $W_3 > 0$。Q_c 是系统被压缩时放给低温热源的热，所以 $Q_c < 0$。

④ 绝热可逆压缩　系统再次与热源隔绝，由状态 $D(p_4, V_4, T_c)$ 经绝热可逆压缩至状态 $A(p_1, V_1, T_h)$。温度由 T_c 升高到 T_h，系统又回到始态。环境对系统做功的数值等于曲线 DA 下的面积，又抵消了一部分系统对环境所做的功。

$$Q_4 = 0 \qquad W_4 = \Delta U_4 = \int_{T_c}^{T_h} nC_{V,\mathrm{m}}\,\mathrm{d}T$$

以上四个过程构成了一个可逆循环。图形 $ABCD$ 中的面积等于系统对环境所做的总功。整个循环的热力学能变化等于四步变化的加和。

$$\Delta U = \Delta U_1 + \Delta U_2 + \Delta U_3 + \Delta U_4 = 0 + \int_{T_h}^{T_c} nC_{V,\mathrm{m}}\,\mathrm{d}T + 0 + \int_{T_c}^{T_h} nC_{V,\mathrm{m}}\,\mathrm{d}T = 0$$

这个结论是必然结果，因为热力学能是状态函数，经历一个循环其变化值等于零。所以热机与环境所交换的总的热与功的关系为 $Q=-W$。总的热交换的计算式为

$$Q=Q_h+Q_c \quad (Q_c<0)$$

因为 W_2 与 W_4 刚好抵消，所以总的功的计算式为

$$W=W_1+W_3=nRT_h\ln\frac{V_1}{V_2}+nRT_c\ln\frac{V_3}{V_4} \tag{2.1}$$

由于第②和第④步都是理想气体的绝热可逆过程，其过程方程式分别为

$$T_hV_2^{\gamma-1}=T_cV_3^{\gamma-1} \qquad T_hV_1^{\gamma-1}=T_cV_4^{\gamma-1}$$

将两式相除、重排得

$$\frac{V_1}{V_2}=\frac{V_4}{V_3}$$

代入式(2.1)，整理得总功的计算式为

$$W=nR(T_h-T_c)\ln\frac{V_1}{V_2} \tag{2.2}$$

2.2.2 热机效率

如图 2.2(b) 所示，热机从高温热源所吸的热 Q_h，仅将其中一部分转变为对环境做的功 W，而另一部分热 Q_c 传给了低温热源。将热机对环境所做的功与从高温热源所吸的热之比称为热机效率（efficiency of the heat engine），用符号 η 表示，则

$$\eta=\frac{-W}{Q_h}=\frac{-nR(T_h-T_c)\ln\frac{V_1}{V_2}}{-nRT_h\ln\frac{V_1}{V_2}}=\frac{T_h-T_c}{T_h}=1-\frac{T_c}{T_h} \tag{2.3}$$

根据热和功的关系，热机效率也可以表示为

$$\eta=\frac{-W}{Q_h}=\frac{Q_h+Q_c}{Q_h}=1+\frac{Q_c}{Q_h} \quad (Q_c<0) \tag{2.4}$$

因为 Q_c 是个负值，所以从式(2.3) 或式(2.4) 都可以得到可逆热机的效率总是小于 1 的结论，即 $\eta<1$。从式(2.3) 还可以看出，可逆热机的效率只与两个热源的温度有关，两个热源的温差越大，热机的效率就越高，对所吸热的利用率也越高。在热机的实际设计中，低温热源通常就是大气（若用温度低于大气的低温热源则成本太高），常用的高温热源就是过热水蒸气。由于蒸汽的温度很难提得太高，因此普通蒸汽机的效率是不高的。

例如，设一个可逆热机的高温热源是 550℃的高压蒸汽，低温热源是 25℃的空气，则该可逆热机的效率为

$$\eta=1-\frac{T_c}{T_h}=1-\frac{(25+273)\text{K}}{(550+273)\text{K}}=0.64$$

这是可逆热机的效率，它预示了热功转换的最高效率。实际的热机都是不可逆的，其效率远远低于可逆热机。一些小型的热电厂，由于没有耐高压的锅炉，高温热源的温度不够高，对热的利用一般在 15 %以下，释放出大量的废热对环境也是一种污染，再加上没有脱硫和除尘装置，热电厂释放出的废烟、废气是形成酸雨和 $PM_{2.5}$ 的主要因素之一。我国已关停小的热电厂，改建现代化的、有脱硫和除尘装置的大型热电厂，一方面可以提供温度更高的过热蒸汽，另一方面综合利用释放的废热（废热用于城市供暖），以降低煤耗，达到节能、减

排的目的。

卡诺循环是热力学中一个最基本的理想循环，虽然实际上不可能实现，但这个循环对热力学来说意义非凡，可以从中找出有关热功转换的重要关系式。根据式(2.3) 和式(2.4)，得到

$$1+\frac{Q_c}{Q_h}=1-\frac{T_c}{T_h} \text{ 或 } \frac{Q_c}{T_c}+\frac{Q_h}{T_h}=0 \tag{2.5}$$

式(2.5) 显示了一个可逆循环的热与温度之商的加和等于零，意味着这个可逆热温商具有状态函数的性质，为以后熵函数的引出奠定了基础。

2.2.3 卡诺定理及其推论

在卡诺循环中，每一步都是可逆的。等温可逆膨胀，系统对环境做最大功；等温可逆压缩，环境对系统做最小功。因此，可逆的卡诺热机在热机中对环境所做的功是最大的。故卡诺认为：“所有工作于相同温度的高温与低温热源之间的热机，其效率都不可能超过可逆热机”(可逆热机的效率最大)，这就是卡诺定理。如果在相同温度的高温和低温热源之间，有可逆热机（用 R 表示），也有不可逆热机（用 I 表示），则不可逆热机的效率一定不可能超过可逆热机的效率。因此，卡诺定理也可以用公式表示为

$$\eta_I \leqslant \eta_R \tag{2.6}$$

如果两者的效率相等，则两个都是可逆热机。卡诺定理在原则上解决了热机效率的极限值问题。

根据卡诺定理，还可以得到以下推论：“所有工作于相同温度的高温与低温热源之间的可逆热机，其效率都相等”。这里只强调了热机是否可逆，而并没有指明热机中必须用什么工作物质。因此，人们将理想气体进行卡诺循环所得到的结论推广到其他工作物质。

尽管卡诺定理诞生在热力学第二定律之前，但是，要证明卡诺定理需要用到热力学第二定律，所采用的是逻辑推理反证法。证明如下：

设在两个热源 T_h、T_c 之间工作着两个热机，一个为卡诺热机，即可逆热机 R，另外有一任意热机 I，如图 2.3 所示。

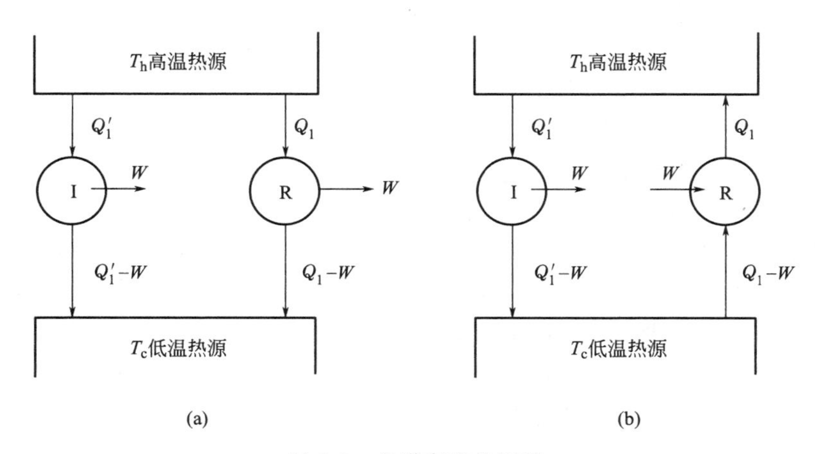

图 2.3 卡诺定理的证明

调节两个热机使所做的功相等。可逆热机 R 从高温热源吸热 Q_1，做功 W，放热（Q_1-W）到低温热源［图 2.3(a)］，其热机效率 $\eta_R=-W/Q_1$。另一任意热机 I，从高温热源吸

热 Q_1'，做功 W，放热 $(Q_1'-W)$ 到低温热源，其热机效率 $\eta_I=-W/Q_1'$。假定任意热机 I 的效率比卡诺热机 R 的效率大，即（W 取绝对值）

$$\eta_R<\eta_I, \quad 或 \quad \frac{W}{Q_1'}>\frac{W}{Q_1}$$

因此得

$$Q_1>Q_1'$$

若以任意热机 I 带动卡诺可逆热机 R，使可逆热机 R 逆向转动，此时卡诺可逆热机 R 成为制冷机，所需的功 W 由任意热机 I 供给，如图 2.3(b) 所示；可逆热机 R 接受 W 的功，同时从低温热源吸热 (Q_1-W)，并放热 Q_1 到高温热源。两个热机连接，整个复合机循环一周后，在两机中工作物质均恢复原态，最后除热源之间有热量交换外，无其他变化。

从低温热源吸热 $(Q_1-W)-(Q_1'-W)=Q_1-Q_1'>0$

高温热源得到的热为 Q_1-Q_1'

净的结果是热从低温热源传到高温热源而没有发生其他变化，这违反了热力学第二定律的克劳修斯说法，所以最初的假设 $\eta_R<\eta_I$ 不能成立。因此有

$$\eta_I\leqslant\eta_R$$

这就证明了卡诺定理。

根据卡诺定理，还可以得到如下推论："所有工作于同温热源与同温冷源之间的可逆热机，其热机效率都相等"。可以证明如下：假设两个可逆热机 R_1 和 R_2 在同温热源与同温冷源之间工作，若以 R_1 带动 R_2，使其逆转，则由卡诺定理（$\eta_I\leqslant\eta_R$）得

$$\eta_{R_1}\leqslant\eta_{R_2}$$

反之，若以 R_2 带动 R_1，使 R_1 逆转，则有

$$\eta_{R_2}\leqslant\eta_{R_1}$$

因此，若要同时满足 $\eta_{R_1}\leqslant\eta_{R_2}$ 和 $\eta_{R_2}\leqslant\eta_{R_1}$，则只应有

$$\eta_{R_1}=\eta_{R_2}$$

由此可知，不论参与卡诺循环的工作物质是什么，只要是可逆热机，在两个温度相同的高温热源和低温热源之间工作时，热机效率都相等，即当任意热机 I 是可逆热机时，$\eta_I=\eta_R$；任意热机 I 是不可逆热机时，$\eta_I<\eta_R$。在上面的证明中，并不涉及参加卡诺循环工作物质的本性，因而与工作物质的本性无关。在明确了热机效率 η_R 与工作物质的本性无关后，我们就可以引用理想气体卡诺循环的结果了。

卡诺的工作是在热力学基本定律创立之前，对提高热机的效率做出了重大贡献。但是，式(2.6) 中的不等号对热力学具有非常深远的影响，因为所有不可逆过程都是相互关联的，可以由一个过程的不可逆性推断另一过程的不可逆性，所以对所有的不可逆过程就可以找到一个共同的判别准则。这样，卡诺在比较热机效率大小的公式中引入不等号，在热力学第二定律创立之后，人们将这个不等号用来判断各种变化过程的可逆性，以及扩展到用来判断相变和化学变化等过程的变化方向和限度的问题，这远远超出了卡诺研究工作的预期，但卡诺及卡诺循环所得到的"卡诺定理和推论"对化学热力学乃至物理化学学科的贡献是永久不会磨灭的。

2.2.4 制冷机的效率

如果把可逆的卡诺热机倒开，即沿 $ADCBA$ 路径循环，热机就变成了制冷机。制冷机

的工作原理是环境对系统做功 W'，系统从温度为 T_c 的低温热源吸取 Q'_c 的热，放给温度为 T_h 的高温热源。制冷机的效率是指：从低温热源所吸的热 Q'_c 与环境对系统所做的功 W' 之比，这也称为冷冻系数（coefficient of refrigeration），用符号 β 表示。由于可逆制冷机就是可逆卡诺机的倒开，因此两者在系统与环境之间传递的热和功的数值相等，但符号相反。代入从卡诺循环所得到的结论，则制冷机的效率可以表示为

$$\beta=\frac{Q'_c}{W'}=\frac{nRT_c\ln\frac{V_3}{V_4}}{nR(T_h-T_c)\ln\frac{V_2}{V_1}}=\frac{T_c}{T_h-T_c} \tag{2.7}$$

冷冻系数 β 相当于环境对系统每做 W' 的功，制冷机就从低温热源带走 Q'_c 的热。从式(2.7) 可知，若低温热源的温度 T_c 越高，则计算式中的分子越大，分母越小，冷冻系数 β 的数值就越大，也就是制冷的效率越高。

随着人们生活水平的提高，冰箱、空调等制冷技术的使用越来越普及，在盛夏季节需要消耗大量的电能，而将废热排放到大气中，成为大城市中引起“热岛效应”的因素之一。因此，提高制冷机的效率也就是对节能减排做出了贡献。

【例 2.1】 在室温为 25℃时，要将 1.0kg 0℃的 H_2O(l) 在制冰机中变成 0℃的 H_2O(s)。试计算：①至少需要消耗的电功；②制冰机对环境排放的热。已知 H_2O(s) 的熔化热为 334.7kJ·kg^{-1}。

解 ① 在0℃时，当 $H_2O(l) \longrightarrow H_2O(s)$ 时，要释放凝固热，所以制冰机至少取走的热 $Q'_c=-334.7\text{kJ}$。根据制冷机效率的定义，至少需要消耗的电功为

$$W'=Q'_c\times\frac{T_h-T_c}{T_c}=334.7\text{kJ}\times\frac{(298-273)\text{K}}{273\text{K}}=30.6\text{kJ}$$

即环境对制冰机至少输入的电能为 30.6kJ。事实上，实际运行的制冷机都是不可逆的，其效率比理论值小得多，所以实际消耗的电能将远大于 30.6kJ。

② 放给高温热源（房间）的热 Q'_h 是 H_2O(l) 凝固时放出的热与消耗电能转化成的热两者的加和，即

$$Q'_h=-(334.7+30.6)\text{kJ}=-365.3\text{kJ}$$

2.3 熵的概念

主要知识点

1. 熵的引出

从卡诺循环得到了一个重要关系式 $\frac{Q_c}{T_c}+\frac{Q_h}{T_h}=0$，将卡诺循环的结论推广到任意可逆循环，得到 $\sum_i\left(\frac{\delta Q_i}{T_i}\right)_R=0$，并证明了可逆过程的热温商具有状态函数的性质。据

此，克劳修斯定义了熵函数：

$$\Delta S=\sum_i\left(\frac{\delta Q_i}{T_i}\right)_{\mathrm{R}}\ 或\ \mathrm{d}S=\left(\frac{\delta Q}{T}\right)_{\mathrm{R}}。$$

熵是系统自身的性质，是状态函数，容量性质。熵的单位是$\mathrm{J\cdot K^{-1}}$。

2. 克劳修斯不等式

从卡诺定理引出的不等式$\eta_{\mathrm{I}}\leqslant\eta_{\mathrm{R}}$，导出了在设定的始、终态之间，系统的熵变$\Delta S$总是大于不可逆过程的热温商。用更普遍的形式表示为

$$\Delta S_{\mathrm{A\to B}}-\sum_i\left(\frac{\delta Q}{T}\right)_{\mathrm{A\to B}}\geqslant 0\qquad 对微小变化有\ \mathrm{d}S-\frac{\delta Q}{T}\geqslant 0$$

式中，“$>$”表示实际过程是不可逆过程，“$=$”表示实际过程是可逆过程。这就是克劳修斯不等式，可以作为热力学第二定律的数学表达式，用来判断过程的可逆性。

3. 熵增加原理和熵判据

熵增加原理可以表述为：在绝热条件下，发生不可逆过程系统的熵增加，发生可逆过程系统的熵不变，而不可能发生熵减小的过程。隔离系统可以看作是绝热的一种，熵增加原理也适用。两者用数学式表示为

$$\mathrm{d}S_{Q=0}\geqslant 0\ 或\quad \mathrm{d}S_{U,V,W_{\mathrm{f}}=0}\geqslant 0$$

在隔离系统中，发生可逆过程时系统的熵不变，发生不可逆过程系统的熵增加。在隔离系统中发生的不可逆过程也是自发过程，系统向着熵增加的方向自发进行。当系统的熵达到所处条件下的极大值时，系统处于稳定的平衡态，也就是变化所能达到的最大限度。

2.3.1 熵的引出

从卡诺循环得到了一个重要关系式［式(2.5)］，即$\dfrac{Q_{\mathrm{c}}}{T_{\mathrm{c}}}+\dfrac{Q_{\mathrm{h}}}{T_{\mathrm{h}}}=0$，一个可逆循环的热效应与温度之商的加和等于零，这意味着这个加和具备状态函数“周而复始，数值还原”的特征。现在将这个结果推广到任意可逆循环，看是否可以得到相同的结论，如图2.4所示。

图2.4(a)是任意可逆循环的p-V图，环形曲线上取弧线PQ，在P与Q之间作等温可逆膨胀线VW，使曲线PQ和VW之下的面积相等，则VPO和OWQ所包含的面积相等。同理，在弧线MN之间画一条等温可逆压缩线YX，使曲线MN和YX之下的面积相等，则XMO'和$O'YN$所包含的面积相等。WY是绝热可逆膨胀线，XV是绝热可逆压缩线，这样$VWYX$就组成了一个卡诺循环。从图2.4(a)中可以看出，弧线PQ和MN之间所围的面积与卡诺循环$VWYX$的面积相等，这就相当于它们所做的功相等。

图2.4(b)是将任意可逆循环分割成无数个小卡诺循环，使相邻两个循环的绝热膨胀线与绝热压缩线重合，这样可以将系统对环境做的绝热膨胀功与环境对系统做的绝热压缩功刚好抵消。另外，还要使所有小卡诺循环做的功的加和刚好等于该可逆循环做的功，在p-V图上表现为所有小卡诺循环所包围的总面积与该可逆循环包围的面积相等。这样，该任意可逆循环与i个小卡诺循环的加和等效，就可以将从卡诺循环得出的关系式用到这个任意的可

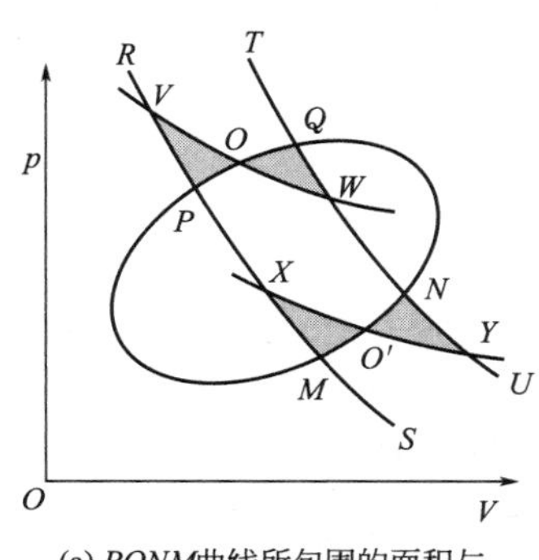

(a) $PQNM$曲线所包围的面积与卡诺循环$VWYX$的面积相等

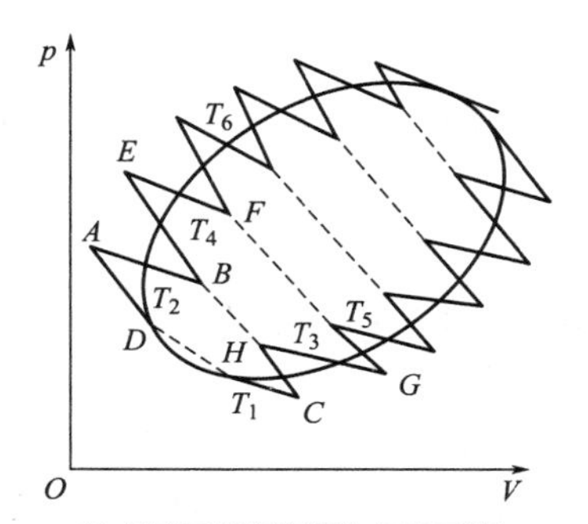

(b) 任意可逆循环所包围的面积等于所有小卡诺循环的面积之和

图 2.4　任意可逆循环与卡诺循环的关系

逆循环上。这样，对任意的可逆循环，也应该有

$$\sum_i \left(\frac{\delta Q_i}{T_i}\right)_{\mathrm{R}} = 0 \quad \text{或} \quad \oint\left(\frac{\delta Q}{T}\right)_{\mathrm{R}} = 0 \tag{2.8}$$

式(2.8) 的下标 R 代表循环是可逆的。T_i 是热源的温度，在可逆过程中也是系统的温度。如果每个卡诺循环都取得非常小，在极限情况下这些众多的小卡诺循环的热温商之和可以用积分来表示，即在任意的可逆循环过程中，工作物质在各温度与热源交换的热（δQ）与热源温度之比的加和等于零，说明可逆过程中的热温商之和具有状态函数“周而复始，数值还原”的特征。

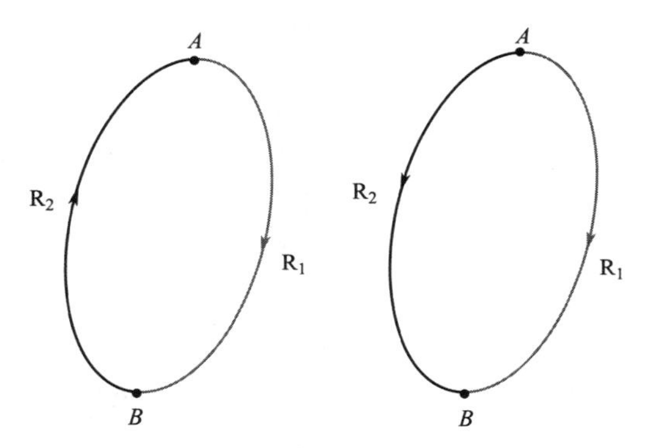

图 2.5　任意可逆循环

再讨论可逆过程中的热温商。如图 2.5 所示，用一个闭合曲线代表任意的可逆循环。在曲线上任意取两点 A 和 B，这样就可以将任意可逆循环分成两个可逆过程，$A \to B$ (R_1) 和 $B \to A$ (R_2)。将式(2.8) 分成两项，即

$$\int_A^B \left(\frac{\delta Q}{T}\right)_{\mathrm{R}_1} + \int_B^A \left(\frac{\delta Q}{T}\right)_{\mathrm{R}_2} = 0$$

移项得

$$\int_A^B \left(\frac{\delta Q}{T}\right)_{\mathrm{R}_1} = \int_A^B \left(\frac{\delta Q}{T}\right)_{\mathrm{R}_2}$$

这表明，从 A 到 B 虽然通过两个不同的可逆过程，但两者的热温商是相等的。由于所选用的始、终态 A 和 B 是任意的，因此可以得到这样的结论：可逆过程热温商的值只与始、终态 A 和 B 的状态有关，而与经过具体的可逆途径无关。这说明，可逆过程的热温商具有状态函数“异途同归，值变相等”的另一个特点。

据此，克劳修斯定义了一个热力学状态函数 entropy，用符号 S 表示。是热与温之商的意思，用熵表示。如令 S_B 和 S_A 分别代表终态 B 和始态 A 的熵，则

$$S_B - S_A = \Delta S = \sum_i \left(\frac{\delta Q_i}{T_i}\right)_{\mathrm{R}} = \int_A^B \left(\frac{\delta Q}{T}\right)_{\mathrm{R}} \tag{2.9}$$

或

$$\Delta S-\sum_i\left(\frac{\delta Q_i}{T_i}\right)_{\mathrm{R}}=0 \tag{2.10}$$

若 A 和 B 两个平衡状态非常接近，则可写成微分的形式

$$\mathrm{d}S=\frac{\delta Q_{\mathrm{R}}}{T} \tag{2.11}$$

式(2.9)～式(2.11) 都可以作为熵（或熵变）的定义式。根据其定义式可知，熵的单位是 $\mathrm{J\cdot K^{-1}}$。

与热力学能（U）和焓（H）一样，熵也是系统自身的性质，是状态函数，容量性质。当系统发生状态变化时，熵的变化值等于可逆过程的热与温度的商。如果发生的是不可逆过程，则要设计一个始、终态相同的可逆过程来计算熵变。系统的状态固定了，熵就有定值，但是熵的绝对值是不知道的。于是，人们规定了一些相对标准，用以计算熵的变化值。所用的计算方法不同，熵的数值也有差异。例如，今后在学习热力学第三定律时，提出了一个相对标准，由此计算得到的是规定熵；如果用热化学的方法，计算得到的是量热熵；用统计热力学的方法，计算得到的是统计熵等，这些熵的数值之间会有微小的差别。

2.3.2 克劳修斯不等式

克劳修斯不等式在热力学中占有重要地位，人们将它作为热力学第二定律的数学表达式。

利用这个不等式中的不等号，可以判断化学变化和相变化的可逆性、变化的方向和限度，这在化工生产和科学研究中无疑是十分重要的。为了引出这个不等式，找到这个不等号是从哪里引入的，这需要回忆一下可逆热机与不可逆热机效率的计算式和两者大小的比较。不可逆热机效率 η_{I} 的计算式为

$$\eta_{\mathrm{I}}=\frac{-W_{\mathrm{I}}}{Q_{\mathrm{h}}}=\frac{Q_{\mathrm{c}}+Q_{\mathrm{h}}}{Q_{\mathrm{h}}}=1+\frac{Q_{\mathrm{c}}}{Q_{\mathrm{h}}} \tag{2.12}$$

式(2.12) 中的 $-W_{\mathrm{I}}$ 是不可逆热机做的净功，它没有固定的计算公式，但因为也是循环过程，$\Delta U=0$，所以 $Q_{\mathrm{c}}+Q_{\mathrm{h}}=-W_{\mathrm{I}}$，代入后得到了式(2.12)。对于可逆热机，其效率 η_{R} 的计算式为

$$\eta_{\mathrm{R}}=\frac{-W_{\mathrm{R}}}{Q_{\mathrm{h}}}=\frac{T_{\mathrm{h}}+T_{\mathrm{c}}}{T_{\mathrm{h}}}=1-\frac{T_{\mathrm{c}}}{T_{\mathrm{h}}}$$

这就是以前得到的式(2.3)。

卡诺定理指出：工作在相同的低温和高温热源之间，不可逆热机的效率不可能大于可逆热机的效率 η_{R}，即 $\eta_{\mathrm{I}}\leqslant\eta_{\mathrm{R}}$。如果相等，则两个都是可逆热机。为简单起见，现在先考虑 $\eta_{\mathrm{I}}<\eta_{\mathrm{R}}$ 的情况，将两个热机效率的计算式代入这个不等式，并整理得

$$1+\frac{Q_{\mathrm{c}}}{Q_{\mathrm{h}}}<1-\frac{T_{\mathrm{c}}}{T_{\mathrm{h}}}\qquad \frac{Q_{\mathrm{c}}}{T_{\mathrm{c}}}+\frac{Q_{\mathrm{h}}}{T_{\mathrm{h}}}<0 \tag{2.13}$$

对于任意不可逆循环，设热机在循环过程中与许多个热源接触，吸收（或放出）的热量分别为 Q_1、Q_2、…，则可以将式(2.13) 写成一般式，即

$$\sum_i\left(\frac{\delta Q_i}{T_i}\right)_{\mathrm{I}}<0 \tag{2.14}$$

至此，得到了任意不可逆循环的热温商的加和必定小于零。再来证明在相同的始、终态之间，可逆过程的热温商一定大于不可逆过程的热温商。设有一个不可逆循环，如图 2.6 所示。

系统经不可逆过程 I 由 $A \to B$（不可逆过程只能用虚线表示），然后经可逆过程 R 由 $B \to A$。因为第一步是不可逆的，所以整个循环也是不可逆的。根据式(2.14) 的结论，应该有

$$\sum_i \left(\frac{\delta Q_i}{T_i}\right)_{A \to B, \mathrm{I}} + \sum_i \left(\frac{\delta Q_i}{T_i}\right)_{B \to A, \mathrm{R}} < 0 \qquad (2.15)$$

式(2.15) 的第二项就等于 $B \to A$ 的熵变，即

$$\sum_i \left(\frac{\delta Q_i}{T_i}\right)_{B \to A, \mathrm{R}} = \Delta S_{B \to A} = -\Delta S_{A \to B}$$

代入式(2.15)，移项整理得

$$\Delta S_{A \to B} - \sum_i \left(\frac{\delta Q_i}{T_i}\right)_{A \to B, \mathrm{I}} > 0 \qquad (2.16)$$

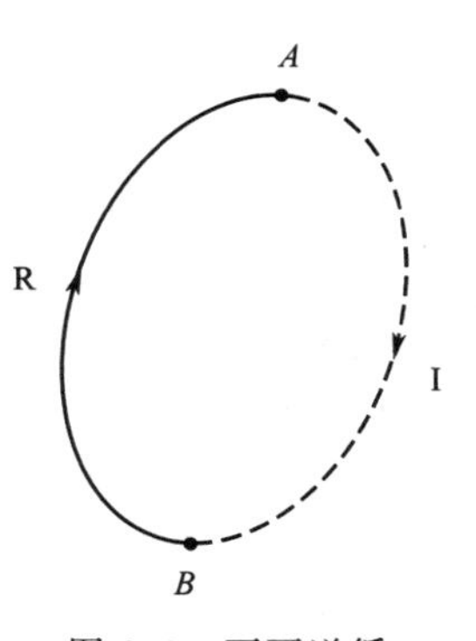

图 2.6 不可逆循环示意图

从式(2.16) 可知，系统的状态从 A 变到 B，其熵变 ΔS 总是大于不可逆过程的热温商。系统的状态从 A 变到 B 可以经历可逆过程，也可以经历不可逆过程，将式(2.16) 写成更普遍的形式为

$$\Delta S_{A \to B} - \sum_i \left(\frac{\delta Q}{T}\right)_{A \to B} \geqslant 0 \qquad (2.17)$$

式(2.17) 中的"＝"表示可逆过程。对于微小的变化，式(2.17) 可以表示为

$$\mathrm{d}S - \frac{\delta Q}{T} \geqslant 0 \quad \text{或} \quad \mathrm{d}S \geqslant \frac{\delta Q}{T} \qquad (2.18)$$

式中，第二项是实际过程的热温商；δQ 是实际过程中的热效应；T 是环境温度。

式(2.17) 和式(2.18) 都称为克劳修斯不等式(Clausius inequality)，也作为热力学第二定律的数学表达式。克劳修斯不等式可以用来判别过程的可逆性，式中的"＞"表示实际过程是不可逆过程，"＝"表示实际过程也是可逆过程，此时环境温度就等于系统温度，δQ 就是可逆过程中的热效应。"＜"的过程是不可能发生的，它是违背热力学第二定律的。

由此看出，克劳修斯不等式中的不等号来自于卡诺定理。在当时卡诺研究的是如何提高热机的效率，而克劳修斯借用卡诺的研究结果来判断变化的可逆性、方向和限度，远远超出了卡诺当时的预期，这就是科学的传承和提高。

2.3.3 熵增加原理和熵判据

对于绝热过程，$Q=0$，因此克劳修斯不等式可以写成

$$\mathrm{d}S_{Q=0} \geqslant 0 \quad \text{或} \quad \Delta S_{Q=0} \geqslant 0 \qquad (2.19)$$

式(2.19) 中的"＞"表示实际进行的是绝热不可逆过程，使系统的熵增加；"＝"表示进行的是绝热可逆过程，系统的熵保持不变。这个结论是热力学第二定律的一个重要结果：在绝热条件下，不可能发生熵减小的过程。这是熵增加原理 (principle of entropy increasing) 的一种表述方式。人们可以利用在绝热条件下系统熵值的变化来判断过程的可逆性。但是，对于绝热系统，环境还可以对系统做功，因此不能利用绝热系统的熵变来判断过程是否自发。例如，环境对系统进行绝热不可逆压缩，系统的熵值增加，这显然不可能是自发过程。

隔离系统当然也是绝热的，因此将绝热系统中得到的结论推广到隔离系统。将式(2.19) 改写为

$$dS_{U,V,W_f=0} \geqslant 0 \tag{2.20}$$

dS 的下标表示系统是一个隔离系统，与环境既无热交换，也无任何功的交换，热力学能保持不变。式(2.20) 中的“=”表示在隔离系统中发生的是可逆过程，系统的熵保持不变；“>”表示在隔离系统中发生了一个不可逆过程，系统的熵值增加。因为是隔离系统，与环境之间没有任何能量交换，环境不能对系统做任何干预，在这种情况下，如果系统发生了一个不可逆变化，这变化必定是自发的。或者说在隔离系统中，自发变化总是向着熵增加的方向进行。在系统所处的条件下，当熵达到极大值时，系统处于稳定的平衡状态，这时所有的变化都是可逆的，这也就是变化所能达到的最大限度。在隔离系统中不可能发生熵减小的过程，这是熵增加原理的另一表示形式。式(2.20) 的意义在于，指明了在隔离系统中自发过程进行的方向和可能达到的最大限度，这就是熵判据，也是克劳修斯对热力学做出的重要贡献之一。

用熵判据判断过程是否自发和能达到的最大限度，一定要用隔离系统。但真正的隔离系统是不存在的，一种权宜的方法是将系统和与系统密切相关的环境结合在一起作为一个大的隔离系统来处理，其熵变等于系统的熵变和与系统密切相关的环境熵变的加和，即

$$dS_{iso} = (dS_{sys} + dS_{sur}) \geqslant 0 \tag{2.21}$$

如果要判断原来系统中发生过程的自发性，则环境只能是作为系统的恒温热源，用以维持系统的温度恒定，而不能对系统做任何功，否则用来判断过程的自发性就失去了意义。

2.4 熵的物理意义和规定熵

主要知识点

1. 熵的物理意义

热力学第二定律指出，一切不可逆过程都可以归结为热与功交换的不可逆。熵函数可以作为系统的微观状态数的一种量度，玻耳兹曼公式将宏观物理量熵与微观状态数 Ω 联系在一起，揭示了熵的本质，奠定了统计热力学的基础。

$$S = k_B \ln\Omega$$

2. 规定熵

熵的绝对值是不可知的。设在绝对 0K 时，任何完美有序晶体的熵值等于零，以此为起点，计算某物质在温度 T 时所得的熵值称为规定熵。常见物质在 298.15K 时的标准摩尔规定熵值列于热力学数据表中，供计算化学反应的熵变时参考。

3. 熵变的计算

熵是状态函数，其变化值只与系统的始、终态有关。熵的变化值等于可逆过程的热温商。对于不可逆过程，一定要设计始、终态相同的可逆过程才能进行计算。对于系统的 p、V、T 都改变的过程，一定要分成两个可逆过程进行计算。相变熵等于可逆相变热（或焓）除以相变温度。计算在 298.15K 时进行的化学反应的熵变，可以根据热力学数据表中的规定熵值，用以下公式计算：

$$\Delta_r S_m^{\ominus}(298.15\text{K}) = \sum_B \nu_B S_m^{\ominus}(\text{B}, 298.15\text{K})$$

如果反应在温度 T 下进行，则要加上由于温度改变带来的各物质的熵变之和，即

$$\Delta_r S_m^\ominus(T)=\Delta_r S_m^\ominus(298.15\text{K})+\int_{298.15\text{K}}^{T}\frac{\sum_B \nu_B C_{p,m}(B)}{T}dT$$

2.4.1 熵的物理意义

热力学研究由大量质点组成的宏观系统，热力学函数如热力学能、焓和熵等都是宏观物理量。热力学理论以实验事实为依据，其结论具有广泛的普适性和高度的可靠性。熵的导出在热力学上是比较严格的，但它的本质究竟是什么?为什么在隔离系统中，自发过程的熵总是单调增加的?系统从非平衡态向平衡态的变化为什么具有自发倾向?这些问题经典热力学是无法从宏观上给予回答的，只有从微观的角度，采用统计的方法才能更深刻地认识熵的本质，使热力学第二定律的应用领域更广。首先看以下几个实验事实。

① 热力学第二定律指出，凡是自发过程都是有确定变化方向的，这种变化的单向性都可以归结为热与功之间转变的不可逆性，即功可以完全变成热而不留下任何影响，但是热全部转变为功不留下影响是不可能的。从宏观角度看，热全部转变为功不违背热力学第一定律，但是从微观角度看，功是分子有序运动的能量，而热是分子无序运动的能量，两者纵然数量相等，但是能量的品位不同。功是品位高的有序能量，可以自发地转化为品位低的无序能量而不留下影响，反之则不行。从这里得到的结论是分子的有序运动会自发地转化为无序运动，即向微观状态数增加的方向进行的变化是自发的。

② 在一个盒子内，用隔板将 N_2 和 O_2 两种气体隔开。将隔板抽去之后，气体迅速自动混合，最后成为均匀分布的平衡状态，无论再等多久，系统也不会自动恢复原状。气体在混合前后是排列的微观状态数增加的过程，自发过程向着微观状态数增加的方向进行。

③ 热会从高温物体自发地传给低温物体。从微观角度看，系统处于低温时，分子相对集中在低能级上，能级排列的方式较少。当得到从高温物体传递来的热以后，低温物体中部分分子将从低能级转移到较高能级，分子在各能级上的分布趋于均匀，即从相对有序变为相对无序，排列的微观状态数增多。对高温物体来说，随着温度的下降，分子将从高能级跃迁到较低能级上，排列的状态数也会增多，当温度达到平衡时，出现的微观状态数最多，即自发变化是向着微观状态数增多的方向进行的，直到达成平衡。

④ H_2O 在加热过程中，其状态变化为 $H_2O(s)\longrightarrow H_2O(l)\longrightarrow H_2O(g)$，这是一个吸热过程，水分子的活动空间不断增大，微观状态数不断增加，即分子的无序程度不断增加，这也是系统的熵不断增加的过程。

从上述几个例子可以看出，自发过程都是分子排列从有序到无序的变化过程，都是微观状态数增加的过程，也是熵增加的过程。由此可见，熵函数可以作为系统的微观状态数的一种量度，这就是热力学第二定律所阐明的自发变化方向性的本质。熵函数的微观物理意义，可参阅统计热力学的详细介绍。

熵是具有广延性质的状态函数，与物质的数量成正比，整体的熵等于各部分熵的加和。而系统总的微观状态数（用 Ω 表示）是各部分微观状态数的乘积，因此玻耳兹曼提出了一个重要关系式将熵与微观状态数联系起来。

$$S=k_B\ln\Omega \tag{2.22}$$

式(2.22) 中的 k_B 是玻耳兹曼常量。热力学研究的是宏观系统，由大量的质点组成，熵是宏观的热力学函数，而微观状态数 Ω 虽然是一个庞大的数值，但它是一个代表微观状态的量，所以玻耳兹曼提出的公式将宏观物理量熵与微观物理量排列状态数联系起来，为热力学与统计力学架起了一座桥梁，揭示了熵的本质，奠定了统计热力学的基础。后来人们将式(2.22) 称为玻耳兹曼公式，并将它刻在玻耳兹曼的墓碑上，以此来纪念他的杰出贡献。

2.4.2 规定熵

熵的绝对值是不可知的。热力学第二定律只告诉我们如何计算熵的变化值，而没有告诉我们常见物质的熵的绝对值。在统计热力学中用玻耳兹曼公式计算的熵称为统计熵，也不是熵的绝对值。所以人为规定一些参考点作为熵的零点，以此来计算熵的相对值。显然，计算方法不同，所得到的熵值也会有差异。

1906 年，能斯特（H. W. Nernst，1864—1941，德国人）在系统地研究低温下凝聚系统的基础上提出：“在温度趋于热力学温度 $T=0\text{K}$ 时的等温过程中，凝聚态系统的熵值不变”，这称为能斯特热定理。但是能斯特并没有明确提出，在 0K 时纯物质熵的绝对值是多少。后来普朗克（M. Planck，1858—1947，德国人）和路易斯（Lewis）等又将热定理推进了一步，在 1912 年提出：在 0K 时，任何完美晶体的熵值等于零，即

$$\lim_{T\to 0\text{K}} S=0 \tag{2.23}$$

通常将普朗克等人的这个说法和能斯特热定理都称为热力学第三定律。所谓完美晶体是指晶体中的原子或分子只有一种有序排列形式。例如，对于 CO 等化合物，可以有 CO 和 OC 两种排列形式，它的微观状态数不等于 1，熵值不等于零，所以不能认为是完美晶体。

1912 年，能斯特在他的热定理的基础上提出了绝对零度（0K）不能达到原理，即不能用有限的手段使一个物体冷却到热力学温度的零度，这个原理也被认为是热力学第三定律的一种表述方式。

根据在 0K 时，任何完美晶体的熵值等于零，以此为起点，计算某物质在温度 T 时所得的熵值称为规定熵，计算的通式为：

$$S_T=S_{0\text{K}}+\int_{0\text{K}}^{T}\frac{C_p\,\mathrm{d}T}{T} \tag{2.24}$$

式(2.24) 中，$S_{0\text{K}}$ 是物质在 0K 时的熵值，通常将其近似等于零，后面的积分项一般用图解积分的方法处理。例如，要计算某物质在 40K 时的熵值，先测定各温度时的 C_p 值，以 C_p/T 为纵坐标，T 为横坐标作图，如图 2.7 所示，阴影区的面积就是某物质在 40K 时的熵值，这样求出的熵值就称为该物质的规定熵。

在 0K～T，如果物质有相态变化，不同相态的 C_p 值也不同，则积分就不连续，要进行分段积分，还要加上相变时的熵值。例如，要计算 1mol 纯 H_2O 从 0 ～ 400K 的规定熵，在此温度区间内，水要经历 $H_2O(s)\longrightarrow H_2O(l)\longrightarrow H_2O(g)$ 的变化。设 H_2O 的熔点和摩尔熔化焓分别为 T_f 和 $\Delta_{mel}H_m$，沸点和摩尔汽化焓分别为 T_b 和 $\Delta_{vap}H_m$，则其规定熵的计算式为

$$H_2O(s,0\text{K})\rightarrow H_2O(s,T_f)\xrightleftharpoons{T_f}H_2O(l,T_f)\rightarrow H_2O(l,T_b)\xrightleftharpoons{T_b}H_2O(g,T_b)\rightarrow H_2O(g,400\text{K})$$

$$S_m(H_2O,400\text{K})=S_m(0\text{K})+\int_{0\text{K}}^{T_f}\frac{C_p(s)}{T}\mathrm{d}T+\frac{\Delta_{fus}H_m}{T_f}+\int_{T_f}^{T_b}\frac{C_p(l)}{T}\mathrm{d}T+\frac{\Delta_{vap}H_m}{T_b}+\int_{T_b}^{400\text{K}}\frac{C_p(g)}{T}\mathrm{d}T$$

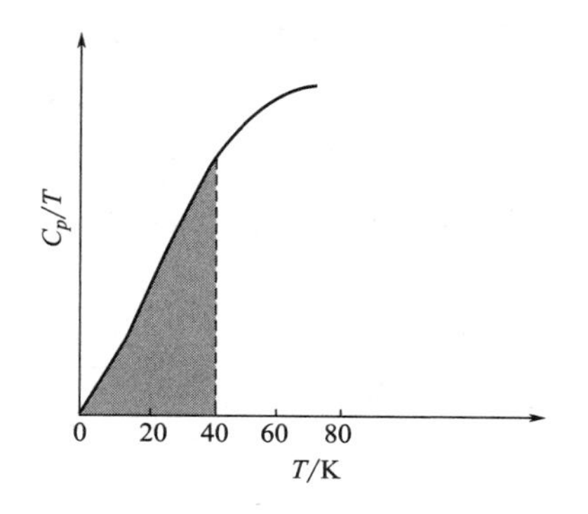

图 2.7　从图解积分求熵值

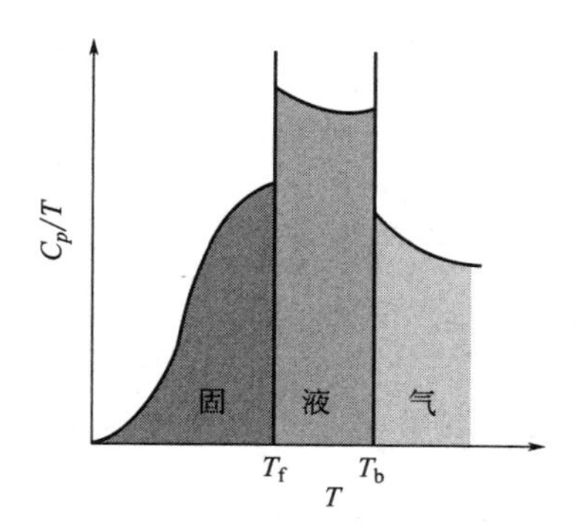

图 2.8　从图解积分求水的规定熵

图 2.8 是用图解积分求水的规定熵的示意图。

常见化合物在 298.15K 时的标准摩尔规定熵值列于附录。

2.4.3　熵变的计算

熵是状态函数，只要系统的始、终态确定，熵变就有定值。熵的变化值一定要用可逆过程的热效应与温度的商值来计算，如果实际为不可逆过程，则应该设计与不可逆过程的始、终态相同的可逆过程，再进行计算。

（1）理想气体等温可逆物理变化的熵变

系统的熵变等于可逆过程的热温商，即 $\Delta S=\dfrac{Q_R}{T}$，这个公式适用于任何物质的等温可逆过程。对于理想气体，运用理想气体的性质和状态方程，可以得到它在等温可逆物理变化中熵变的计算公式。

由于理想气体的热力学能仅是温度的函数。因此在等温可逆物理变化中，$\Delta U=0$。根据热力学第一定律，$Q_R=-W_{max}$，所以

$$\Delta S=\frac{Q_R}{T}=-\frac{W_{max}}{T}=\frac{\int_{V_1}^{V_2}p\,dV}{T}=nR\ln\frac{V_2}{V_1}=nR\ln\frac{p_1}{p_2} \tag{2.25}$$

【例 2.2】 1mol 理想气体在等温条件下，通过①可逆膨胀；②真空膨胀，体积扩大为始态体积的 10 倍。分别计算在两种过程中系统和环境的熵变；并讨论熵变与过程可逆性之间的关系。

解　① 可逆膨胀。根据式(2.25)，系统的熵变为

$$\Delta S_{sys}(1)=\frac{Q_R}{T}=nR\ln\frac{V_2}{V_1}=1mol\times8.314J\cdot K^{-1}\cdot mol^{-1}\times\ln10=19.14J\cdot K^{-1}$$

环境供的热等于系统所吸热的负值，所以

$$\Delta S_{sur}(1)=-\frac{Q_R}{T}=-19.14J\cdot K^{-1}$$

总的熵变等于系统和环境的熵变之和，对于可逆过程，它应该等于零，即

$$\Delta S_{iso}(1)=\Delta S_{sys}(1)+\Delta S_{sur}(1)=0$$

② 真空膨胀。这是不可逆过程，要设计一个始、终态与①相同的可逆过程。因为熵是状态函数，所以

$$\Delta S_{sys}(2)=\Delta S_{sys}(1)=19.14\text{J}\cdot\text{K}^{-1}$$

理想气体在真空膨胀时，对环境不做功，也不吸热，所以环境没有熵变，$\Delta S_{sur}(2)=0$，则

$$\Delta S_{iso}(2)=\Delta S_{sys}(2)+\Delta S_{sur}(2)=19.14\text{J}\cdot\text{K}^{-1}>0$$

从总的熵变可以看出，理想气体真空膨胀是个自发的不可逆过程。

(2) 理想气体的等温、等压混合熵变

有A(g)和B(g)两种纯的单组分理想气体，其物质的量分别为n_A和n_B，它们所处的状态为$A(T,p,V_A)$和$B(T,p,V_B)$。在等温、等压的条件下，将n_A的A(g)和n_B的B(g)混合，得到终了状态为T、p、V的理想气体混合物，这个过程的熵变等于A(g)和B(g)的熵变之和，即

$$\Delta_{mix}S=\Delta S_A+\Delta S_B=n_A R\ln\frac{V_A+V_B}{V_A}+n_B R\ln\frac{V_A+V_B}{V_B}$$

根据阿马格分体积定律可知，$x_A=\dfrac{V_A}{V_A+V_B}$，$x_B=\dfrac{V_B}{V_A+V_B}$，代入上式，得

$$\Delta_{mix}S=-R(n_A\ln x_A+n_B\ln x_B)$$

如有若干种纯的单组分理想气体进行等温、等压混合，则计算混合熵变的一般式为

$$\Delta_{mix}S=-R\sum_B n_B\ln x_B \tag{2.26}$$

【例2.3】 室温下，将一个容积恒定的盒子一分为二，一边放1mol O_2(g)，另一边放1mol N_2(g)，两边的压力相等。抽去隔板，两种气体混合均匀，试计算该过程的熵变。设气体可以作为理想气体处理。

解 这是一个理想气体的等温、等压混合过程，混合后每种气体的分子的活动空间增加一倍，所以总的熵变等于两者的熵变之和

$$\Delta_{mix}S=\Delta S_{O_2}+\Delta S_{N_2}=n_{O_2}R\ln\frac{2}{1}+n_{N_2}R\ln\frac{2}{1}$$

$$=2\times(1.0\times8.314\times\ln2)\text{J}\cdot\text{K}^{-1}=11.53\text{J}\cdot\text{K}^{-1}$$

如果直接代入式(2.26)，可以得到相同结果，读者可以试着计算一下。

(3) 理想气体变温可逆过程的熵变

在p、V、T三个变量中，一般要保持一个变量恒定的可逆过程，计算熵变就比较容易。上面讲的是等温可逆过程，现在要改变温度，必定伴随有热的传递，要计算这种可逆过程的熵变，则在p、V两个变量中保持其中的一个不变，也能一步就计算出熵的变化值。

① 变温、等容可逆过程　因为是等容可逆过程，所以

$$\delta Q_V=C_V\text{d}T\qquad \text{d}S=\frac{\delta Q_R}{T}=\frac{C_V\text{d}T}{T}$$

$$\Delta S=\int_{T_1}^{T_2}\frac{nC_{V,m}}{T}\text{d}T \tag{2.27}$$

② 变温、等压可逆过程　因为是等压可逆过程，所以

$$\delta Q_p = C_p \mathrm{d}T \qquad \mathrm{d}S = \frac{\delta Q_{\mathrm{R}}}{T} = \frac{C_p \mathrm{d}T}{T}$$

$$\Delta S = \int_{T_1}^{T_2} \frac{nC_{p,\mathrm{m}}}{T} \mathrm{d}T \tag{2.28}$$

（4）理想气体的 p、V、T 都改变的熵变

一定量理想气体从状态 $A(p_1, V_1, T_1)$ 改变到状态 $B(p_2, V_2, T_2)$，由于 p、V、T 三个变量都在变化，因此仅用一步无法计算过程的熵变，必须分两步，用两步可逆过程熵变的加和求得。分步的方法有多种，根据已知条件选择容易计算的一种。不同的分步方法所得的计算结果一定是相同的，如图 2.9 所示。

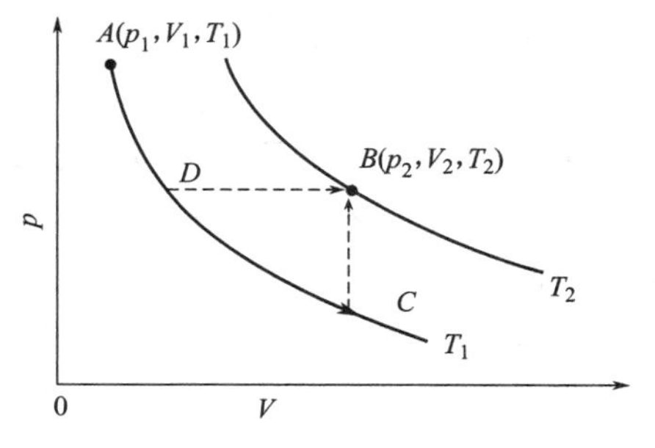

图 2.9　分步计算熵变

由状态 A 至状态 B，可以通过以下几种可逆途径：

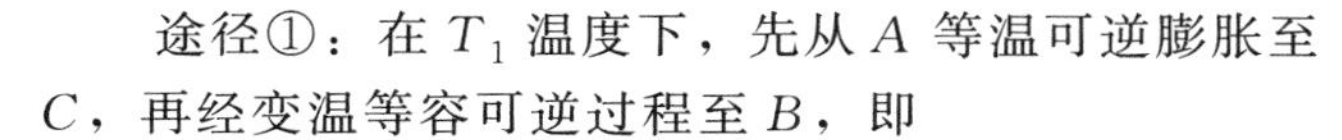

途径①：在 T_1 温度下，先从 A 等温可逆膨胀至 C，再经变温等容可逆过程至 B，即

$$A \xrightarrow[\text{等温可逆}]{\Delta S_1} C \xrightarrow[\text{变温等容可逆}]{\Delta S_2} B$$

$$\Delta S = \Delta S_1 + \Delta S_2 = nR\ln\frac{V_2}{V_1} + \int_{T_1}^{T_2} \frac{nC_{V,\mathrm{m}}}{T}\mathrm{d}T \tag{2.29}$$

途径②：在 T_1 温度下，先从 A 等温可逆膨胀至 D，再经变温等压可逆过程至 B，即

$$A \xrightarrow[\text{等温可逆}]{\Delta S'_1} D \xrightarrow[\text{变温等压可逆}]{\Delta S'_2} B$$

$$\Delta S = \Delta S'_1 + \Delta S'_2 = nR\ln\frac{p_1}{p_2} + \int_{T_1}^{T_2} \frac{nC_{p,\mathrm{m}}}{T}\mathrm{d}T \tag{2.30}$$

显然，式(2.29) 与式(2.30) 所得的结果是相同的。还有其他可逆途径，如先从 A 变温等压可逆至 B'（图中未标出，这时的体积为 V_2），再变温等容可逆至 B，即先等压后等容得到 $\Delta S = \Delta S''_1 + \Delta S''_2 = nC_{p,\mathrm{m}}\ln\left(\frac{V_2}{V_1}\right) + nC_{V,\mathrm{m}}\ln\left(\frac{p_1}{p_2}\right)$（读者试着自行推导相应的计算公式）。

【例 2.4】 将 2mol 理想气体从 300K 加热到 600K，体积由 $25\mathrm{dm}^3$ 膨胀到 $100\mathrm{dm}^3$。试计算该过程的熵变。已知该气体的 $C_{V,\mathrm{m}} = 19.5\mathrm{J \cdot K^{-1} \cdot mol^{-1}}$，且与温度无关。

解　这是个 p、V、T 都改变的过程，因为已知气体始、终态的温度和体积，所以设计的可逆途径是：先在 300K 时等温可逆膨胀至 V_2，再等容可逆升温至 T_2。

$$\Delta S = \Delta S_1 + \Delta S_2 = nR\ln\frac{V_2}{V_1} + nC_{V,\mathrm{m}}\ln\frac{T_2}{T_1}$$

$$= 2\times\left(8.314\times\ln\frac{100\mathrm{dm}^3}{25\mathrm{dm}^3} + 19.5\times\ln\frac{600\mathrm{K}}{300\mathrm{K}}\right)\mathrm{J \cdot K^{-1}} = 50.1\mathrm{J \cdot K^{-1}}$$

讨论：设计的可逆途径要根据题目的已知条件而定。如已知条件改为：从 300K 升温至 600K，压力由 200kPa 降为 100kPa，已知该气体的 $C_{p,m}=27.8\mathrm{J\cdot K^{-1}\cdot mol^{-1}}$。这时需要设计的可逆途径应该是：先等温可逆膨胀至 p_2，再等压可逆升温至 T_2，相应的计算式为

$$\Delta S=\Delta S_1+\Delta S_2=nR\ln\frac{p_1}{p_2}+nC_{p,m}\ln\frac{T_2}{T_1}$$

$$=2\times\left(8.314\times\ln\frac{200\mathrm{kPa}}{100\mathrm{kPa}}+27.8\times\ln\frac{600\mathrm{K}}{300\mathrm{K}}\right)\mathrm{J\cdot K^{-1}}=50.1\mathrm{J\cdot K^{-1}}$$

（5）等温、等压可逆相变的熵变

在相变时一般都伴有热效应，要计算等温、等压可逆相变时的熵变，需要知道对应的相变焓的值。对于 1mol 纯物质，在等温、等压的条件下，由液相变为气相所吸的热称为该物质的摩尔汽化热，也就是摩尔汽化焓。例如，当 1mol $H_2O(l)$ 在 298.15K 和标准压力下可逆地变为同温、同压的 $H_2O(g)$ 时，其相变焓（摩尔蒸发焓）就等于该物质在不同相态时的摩尔焓的差值，即

$$Q_R=\Delta_{vap}H_m^{\ominus}=H_m^{\ominus}(H_2O,g)-H_m^{\ominus}(H_2O,l)$$

由于物质的摩尔焓的数值是不知道的，因此只能用焓的相对值。利用热力学数据表，查出在 298.15K 和标准压力下该物质在不同相态时的标准摩尔生成焓，则相变焓就等于两种相态的标准摩尔生成焓的差值，即

$$Q_R=\Delta_{vap}H_m^{\ominus}(298.15\mathrm{K})=\Delta_f H_m^{\ominus}(H_2O,g)-\Delta_f H_m^{\ominus}(H_2O,l)$$

所以相变熵的计算通式可以表示为

$$\Delta S_{相变}=\frac{Q_{可逆相变}}{T_{相变}}=\frac{\Delta_{可逆相变}H(T)}{T_{相变}} \tag{2.31}$$

式(2.31) 中的 $\Delta_{可逆相变}H(T)$ 是在温度 $T_{相变}$ 时发生可逆相变的焓的变化值。最常见的可逆相变是（假定物质的量为 1mol，标准压力下）：在凝固点（熔点）时的液-固两相平衡，相应的热效应是标准摩尔熔化焓 $\Delta_{mel}H_m^{\ominus}$；在沸点时的气-液两相平衡，相应的热效应是标准摩尔汽化（或蒸发）焓 $\Delta_{vap}H_m^{\ominus}$。在一定温度下，液体在其饱和蒸气压下的气-液两相平衡也可以看作可逆过程，但它的摩尔汽化焓可能与沸点温度下的不同。在一定温度下，固体在其饱和蒸气压下的气-固两相平衡（升华）也可以看作可逆过程，相应的热效应是摩尔升华焓 $\Delta_{sub}H_m$，它等于摩尔熔化焓和摩尔汽化焓的加和。

对于不可逆相变，必须设计始、终态相同的可逆相变，才能计算其对应的熵变值。

【例 2.5】 有 1mol 过冷水 $H_2O(l)$，从始态 263K，101.3kPa 变成同温、同压的冰 $H_2O(s)$，求该过程的熵变。已知 $H_2O(l)$ 和 $H_2O(s)$ 在该温度范围内的平均摩尔等压热容分别为 $C_{p,m}(H_2O,l)=75.3\mathrm{J\cdot mol^{-1}\cdot K^{-1}}$，$C_{p,m}(H_2O,s)=37.7\mathrm{J\cdot mol^{-1}\cdot K^{-1}}$；在 273K 和 101.3kPa 时水的摩尔熔化焓为 $\Delta_{mel}H_m(H_2O)=5.90\mathrm{kJ\cdot mol^{-1}}$。

解 过冷水的凝固是一个不可逆过程，要计算这个过程的熵变，必须设计一个始、终态相同的可逆过程，过程如下：

$$H_2O(l,263K,101.3kPa) \xrightarrow{\Delta S} H_2O(s,263K,101.3kPa)$$

等压可逆升温 $\downarrow \Delta S_1$ $\Delta S_3 \uparrow$ 等压可逆降温

$$H_2O(l,273K,101.3kPa) \xrightleftharpoons{\Delta S_2} H_2O(s,273K,101.3kPa)$$

$$\Delta S_1 = \int_{T_1}^{T_2} \frac{C_p(H_2O,l)}{T} dT = nC_{p,m}(H_2O,l)\ln\frac{T_2}{T_1}$$

$$= 1mol \times 75.3J \cdot mol^{-1} \cdot K^{-1} \times \ln\frac{273K}{263K} = 2.81J \cdot K^{-1}$$

$$\Delta S_2 = -\frac{\Delta_{mel}H_m}{T} = \frac{1mol \times (-5.90kJ \cdot mol^{-1} \cdot K^{-1})}{273K} = -21.61J \cdot K^{-1}$$

$$\Delta S_3 = \int_{T_2}^{T_1} \frac{C_p(H_2O,s)}{T} dT = nC_{p,m}(H_2O,s)\ln\frac{T_1}{T_2}$$

$$= 1mol \times 37.7J \cdot mol^{-1} \cdot K^{-1} \times \ln\frac{263K}{273K} = -1.41J \cdot K^{-1}$$

$$\Delta S = \Delta S_1 + \Delta S_2 + \Delta S_3 = (2.81 - 21.61 - 1.41)J \cdot K^{-1} = -20.21J \cdot K^{-1}$$

（6）化学反应过程的熵变

化学反应通常是在等温、等压条件下进行的。如果反应在标准压力、298.15K 时进行，则利用热力学数据表上的标准摩尔规定熵值，就很容易计算化学反应的熵变。设在 100kPa、298.15K 时化学反应的通式为

$$0 = \sum_B \nu_B B$$

则该反应的摩尔熵变为

$$\Delta_r S_m^\ominus(298.15K) = \sum_B \nu_B S_m^\ominus(B, 298.15K) \tag{2.32}$$

如果反应是在标准压力下，但温度不是 298.15K，而是在温度为 T 时进行，则计算反应的摩尔熵时要分为两项，即先计算 298.15K 时反应进度为 1mol 时的熵变，再加上参与反应的各物质在 298.15K 与 T 温度区间内熵变值的加和，用公式表示为

$$\Delta_r S_m^\ominus(T) = \Delta_r S_m^\ominus(298.15K) + \int_{298.15K}^{T} \frac{\sum_B \nu_B C_{p,m}(B)}{T} dT \tag{2.33}$$

【例 2.6】 有反应 $C_2H_2(g,p^\ominus) + 2H_2(g,p^\ominus) = C_2H_6(g,p^\ominus)$，设反应进度为 1mol，分别计算在 298.15K（T_1）和 398.15K（T_2）时的熵变。设在这个温度区间内各物质的 $C_{p,m}$ 是与温度无关的常数。所需的标准摩尔熵和 $C_{p,m}$ 值从附录中查阅。

解 从附录中查得各物质的标准摩尔熵和 $C_{p,m}$ 值如下：

物质	$S_m^\ominus(298.15K)/(J \cdot mol^{-1} \cdot K^{-1})$	$C_{p,m}^\ominus/(J \cdot mol^{-1} \cdot K^{-1})$
H_2(g)	130.68	28.82
C_2H_2(g)	200.94	43.93
C_2H_6(g)	229.60	52.63

$$\Delta_r S_m^{\ominus}(298.15\text{K}) = \sum_B \nu_B S_m^{\ominus}(\text{B}, 298.15\text{K})$$

$$= (229.60 - 2 \times 130.68 - 200.94)\ \text{J}\cdot\text{mol}^{-1}\cdot\text{K}^{-1}$$

$$= -232.70\text{J}\cdot\text{mol}^{-1}\cdot\text{K}^{-1}$$

$$\Delta_r S_m^{\ominus}(T_2) = \Delta_r S_m^{\ominus}(T_1) + \int_{T_1}^{T_2} \frac{\sum_B \nu_B C_{p,m}(\text{B})}{T} \text{d}T$$

$$= \Delta_r S_m^{\ominus}(T_1) + \sum_B \nu_B C_{p,m}(\text{B}) \times \ln \frac{T_2}{T_1}$$

$$= \left[-232.70 + (52.63 - 2 \times 28.82 - 43.93) \times \ln \frac{398.15}{298.15}\right] \text{J}\cdot\text{mol}^{-1}\cdot\text{K}^{-1}$$

$$= -246.86\text{J}\cdot\text{mol}^{-1}\cdot\text{K}^{-1}$$

（7）环境的熵变

环境与系统不同，原则上它没有状态函数。可以将环境看作是一个大的恒温热储器，与系统发生有限量的热交换后，环境的温度可以保持不变。无论系统是可逆还是不可逆地与环境发生了热交换，对环境而言总是可以看作是可逆的，环境的可逆热效应就等于系统热效应的负值。计算环境熵变的公式与计算系统熵变的公式一样。

【例 2.7】 在 268.2K 和标准压力下，1mol 过冷液态苯凝固，放热 9.874kJ，求过冷苯凝固过程的熵变和环境的熵变，并根据熵变讨论变化的可逆性。已知苯的熔点为 278.7K，苯的标准摩尔熔化焓为 $9.916\text{kJ}\cdot\text{mol}^{-1}$，$C_{p,m}(C_6H_6,\ \text{l}) = 126.8\text{J}\cdot\text{K}^{-1}\cdot\text{mol}^{-1}$，$C_{p,m}(C_6H_6,\ \text{s}) = 122.6\text{J}\cdot\text{K}^{-1}\cdot\text{mol}^{-1}$。

解 过冷液体的凝固是不可逆过程，需要设计一个始、终态相同的可逆过程来计算系统的熵变。设计的可逆过程为

$$\begin{array}{ccc} C_6H_6(\text{l}, 268.2\text{K}) & \xrightarrow{\Delta S} & C_6H_6(\text{s}, 268.2\text{K}) \\ \text{等压可逆升温} \downarrow \Delta S_1 & & \Delta S_3 \uparrow \text{等压可逆降温} \\ C_6H_6(\text{l}, 278.7\text{K}) & \xrightarrow{\Delta S_2} & C_6H_6(\text{s}, 278.7\text{K}) \end{array}$$

$$\Delta S = \Delta S_1 + \Delta S_2 + \Delta S_3$$

$$= \int_{T_1}^{T_2} \frac{nC_{p,m}(\text{l})}{T} \text{d}T + \frac{\Delta H_{\text{相变}}}{T_{\text{相变}}} + \int_{T_2}^{T_1} \frac{nC_{p,m}(\text{s})}{T} \text{d}T$$

$$= \left[\left(1 \times 126.8 \times \ln \frac{278.7}{268.2}\right) + \left(\frac{-9916}{278.7}\right) + \left(1 \times 122.6 \times \ln \frac{268.2}{278.7}\right)\right] \text{J}\cdot\text{K}^{-1}$$

$$= -35.4\text{J}\cdot\text{K}^{-1}$$

为了计算环境的熵变，可令过冷苯液体与 268.2K 的大热储器接触，苯在 268.2K 凝固时，所放出的热全部由热储器吸收，由于热储器很大，其本身的温度不变，吸热过程均可看作是可逆的，所以

$$\Delta S_{\text{sur}} = \frac{-\Delta H(268.2\text{K})}{268.2\text{K}} = \frac{9874\text{J}}{268.2\text{K}} = 36.8\text{J}\cdot\text{K}^{-1}$$

系统与环境总的熵变为

$$\Delta S_{iso}=\Delta S_{sys}+\Delta S_{sur}=(-35.4+36.8)J \cdot K^{-1}=1.4J \cdot K^{-1}$$

$\Delta S_{iso}>0$。系统与环境总的熵变大于零，即隔离（孤立）系统的熵变大于零，说明过冷苯的凝固是个不可逆的相变过程。

从上面各种不同过程熵变的计算可以得出：熵变的计算和热力学第一定律中 ΔU 和 ΔH 的计算类似。热力学能（U）和焓（H）都是系统自身的性质，由于不知道其绝对值，因此，要认识它们，需凭借系统与环境间交换的能量（热和功），从外界变化来推断 U 和 H 的变化值（例如，在一定条件下，$\Delta U=Q_V$，$\Delta H=Q_p$）。熵也是一样，系统在一定的平衡状态下有一定的值，当系统发生变化时，要用可逆变化过程中的热温商来衡量它的变化值。注意，绝不可用不可逆过程的热温商来衡量它的变化值。即欲计算系统的 ΔS，要通过可逆过程的热温商来计算，如果实际过程是不可逆的，可根据熵是状态函数的特性，设计始、终态相同的可逆过程计算。

此外，要想利用熵判据判断过程进行的方向，除了绝热过程之外，还必须计算环境的熵变。

正确合理地设计可逆过程框图是成功计算不可逆过程熵变的第一步，也是最重要的一步。可以这么说，正确、合理地设计出可逆过程框图，就完成了整个计算熵变任务的一大半，因为剩下的工作就是简单的套公式计算。要想正确设计出可逆过程框图，最好遵循如下三原则：

① 正确描述系统的始、终态；

② 尽可能利用已知条件和数据设计可逆过程，所设计的可逆过程必须与实际发生的过程具有相同的始态和终态；

③ 所设计的可逆过程的每一步必须有与之相应的可逆的计算公式或者可以认为所要求算的量近似等于零。

2.5 亥姆霍兹自由能和吉布斯自由能

主要知识点

1. 亥姆霍兹自由能的定义和判据

亥姆霍兹自由能的定义式和判据分别为

$$A \stackrel{\text{def}}{=\!=} U-TS \qquad (\mathrm{d}A)_{T,V,W_f=0}\leqslant 0$$

A 是系统的状态函数，容量性质。判据中的“$<$”表示系统发生了一个不可逆过程，在等温、等容和不做非体积功的条件下，系统总是自发地朝着亥姆霍兹自由能减少的方向进行，直至达到该条件下的最小值，系统处于稳定平衡态，达到变化的最大限度。“$=$”表示系统发生了一个可逆过程。

2. 吉布斯自由能的定义和判据

吉布斯自由能的定义式和判据分别为

$$G \xlongequal{\text{def}} H - TS \qquad (\mathrm{d}G)_{T,p,W_f=0} \leqslant 0$$

G 是系统的状态函数，容量性质。判据中的"<"表示系统发生了一个不可逆过程，在等温、等压和不做非体积功的条件下，系统总是自发地朝着吉布斯自由能减少的方向进行，直至达到该条件下的最小值，系统处于稳定平衡态，达到变化的最大限度。"="表示系统发生了一个可逆过程。

3. ΔG 的计算

吉布斯自由能 G 是状态函数，可以利用它的定义式和微小变化 $\mathrm{d}G$ 的表达式进行计算。对于不可逆过程，可以设计始、终态相同的可逆过程进行计算。对于等温过程，根据定义式，$\Delta G = \Delta H - T\Delta S$。

① 等温、等压、可逆相变，$\Delta G = 0$。

② 等温、不做非体积功的可逆 p、V、T 变化，$\Delta G = \int_{p_1}^{p_2} V \mathrm{d}p$。

③ 等温、等压、可逆电池，$\Delta_r G_m = -zFE$。

通过热力学第一定律，我们分别引进了一个状态函数——热力学能（U），它的变化值在等容和不做非体积功的条件下等于过程的等容热，即 $(\Delta U)_{V,W_f=0} = Q_V$。由于等容的实验做得少，大部分做的是等压实验，为了处理问题方便，我们在讨论热力学第一定律时，又引进了一个新的状态函数——焓（$H = U + pV$），虽然 H 不是热力学第一定律直接引进的状态函数，只是一辅助函数，但在许多恒压、无非膨胀功的过程中，借助这个辅助函数处理热效应问题非常方便，如在等压和不做非体积功的条件下，焓的变化值等于过程的等压热，即 $(\Delta H)_{p,W_f=0} = Q_p$，实践证明，焓的实际应用比热力学能广得多。

从热力学第二定律引出了熵（S）这个状态函数，利用热力学能（U）和熵（S）这两个状态函数，再加上热力学上可测量的物质量 p、V、T、$C_{p,m}$ 和状态方程，原则上已能解决热力学上的一般问题——过程变化方向问题和系统与环境之间所交换的能量的计算问题。由于熵的本质是系统微观状态数的一种量度，自发变化都是从有序向无序状态变化。根据克劳修斯不等式和熵增加原理，人们可以根据隔离系统中熵的变化，判断自发变化进行的方向和可能达到的最大限度。可是，熵变的计算要用可逆过程的热温商，用熵增加原理来判断自发变化的方向和限度时，必须是在隔离系统内，而通常研究的系统都是封闭系统，一般的反应都是在等温、等压或等温、等容的条件下进行。因此，基于同样的道理，为了处理特定过程变化方向判断的问题，有必要再引入另外两个热力学第二定律的辅助函数，以便在系统所处的条件下，仅利用系统自身的状态函数的变化值，就可能判别自发变化的方向和可能达到的限度。为此，亥姆霍兹（Helmholtz，1821—1894，德国人）和吉布斯（J. W. Gibbs，1839—1903，美国人）分别定义了两个状态函数，这两个函数和焓一样，都不是热力学基本定律的直接结果，而是人为引进的辅助函数。但是在实践中，这两个状态函数特别是吉布斯引进的函数，在物理化学中发挥了举足轻重的作用。

2.5.1 亥姆霍兹自由能的定义和判据

根据热力学第一定律

$$\mathrm{d}U = \delta Q + \delta W \quad 即 \quad \delta Q = \mathrm{d}U - \delta W$$

设系统从温度为 T_{sur} 的热源吸取热量 δQ，根据热力学第二定律的数学表达式

$$dS \geqslant \frac{\delta Q}{T_{sur}}$$

将从第一定律得到的 δQ 的表达式代入上式，整理得

$$-(dU - T_{sur}dS) \geqslant -\delta W$$

在等温过程中，有 $T_1 = T_2 = T_{sur} = T$，$dT = 0$，则可将上式改写为

$$-d(U - TS)_T \geqslant -\delta W \tag{2.34}$$

亥姆霍兹定义的函数是

$$A \xlongequal{\text{def}} U - TS \tag{2.35}$$

人们将 A 称为亥姆霍兹自由能（Helmholtz free energy）或亥姆霍兹函数。由于 A 是由状态函数组成的，因此 A 也是系统的状态函数，容量性质。由此可得

$$(-dA)_T \geqslant -\delta W \quad 或 \quad (-\Delta A)_T \geqslant -W \tag{2.36}$$

式(2.36)表明，在等温过程中，一个封闭系统的亥姆霍兹自由能的减少值等于或大于系统对环境做的总功（包括体积功和非体积功）。因此，亥姆霍兹自由能可以理解为系统在等温条件下做功的本领，所以它也曾被称为功函，表示系统做功的能力。式(2.36)中的不等号是从第二定律的数学表达式引入的，因此式(2.36)也可以用来判断过程的可逆性，等号表示过程是可逆的，大于号表示过程是不可逆的，即对于可逆过程，亥姆霍兹自由能的减少值等于系统对环境所做的最大功。对于不可逆过程，则系统亥姆霍兹自由能的减少值大于对环境所做的功（都是指绝对值）。A 是系统自身的状态函数，故 ΔA 的值只取决于系统的始态和终态，而与变化的途径无关，同时与过程可逆与否也无关。但只有在等温的可逆过程中，系统的亥姆霍兹自由能减少值 $(-\Delta A)_T$ 才等于对环境所做的最大功 $-W_{max}$。

从式(2.36)还可以得到一个重要的结论，即亥姆霍兹自由能判据。将式(2.36)的功分成体积功和非体积功两项，即

$$(-dA)_T \geqslant -\delta W_e - \delta W_f$$

在导出式(2.36)时，已经引入了等温的条件。如果再引入等容条件（$dV = 0$），这样体积功 $\delta W_e = -p\,dV = 0$，得

$$(-dA)_{T,V} \geqslant -\delta W_f$$

这表明一个封闭系统在等温、等容的条件下，亥姆霍兹自由能的减少值在可逆过程中等于对外所做的最大非体积功，在不可逆过程中亥姆霍兹自由能的减少值大于对外所做的非体积功。如果在等温、等容和不做非体积功（$\delta W_f = 0$）的条件下，则有

$$(-dA)_{T,V,W_f=0} \geqslant 0$$

写成常用的形式为

$$(dA)_{T,V,W_f=0} \leqslant 0 \tag{2.37}$$

式(2.37)就是亥姆霍兹自由能判据的具体形式。“<0”表示在等温、等容和不做非体积功的条件下，当系统发生不可逆变化时，系统的亥姆霍兹自由能下降。因为亥姆霍兹自由能是系统自身的性质，是系统做功能力的体现，在与环境没有任何功传递的情况下，系统自身发生的不可逆变化也一定是自发的，所以在等温、等容和 $W_f = 0$ 的条件下，系统总是自发地向着亥姆霍兹自由能减少的方向进行。直至达到在该条件下的最小值，即系统的稳定平衡态。“$=0$”表示系统发生的是可逆变化，亥姆霍兹自由能保持不变，或表示系统已处于亥姆霍兹自由能最小值的稳定平衡态，达到了变化的最大限度，此时的过程都是可逆的。在等

温、等容和 $W_f=0$ 的条件下，系统不可能发生 $(dA)_{T,V,W_f=0}>0$ 的变化。

亥姆霍兹自由能判据用的不等号也是从克劳修斯不等式引入的，因此亥姆霍兹自由能判据也是热力学第二定律的一个具体应用。对于在等温、等容、不做非体积功条件下发生的变化，要判断变化的可逆性、方向性及其限度，显然用亥姆霍兹自由能判据较为方便。

2.5.2 吉布斯自由能的定义和判据

将式(2.34) 中的功 W 分为体积功（W_e）和非体积功（W_f）两部分，即

$$-d(U-TS)_T \geqslant -\delta W_e - \delta W_f \tag{2.38}$$

因为 $\delta W_e = -p dV$，代入式(2.38)，移项得

$$-d(U-TS)_T - p dV \geqslant -\delta W_f$$

在得到式(2.34) 时已经引入了等温的条件，现在再引入等压的条件，即 $p_1=p_2=p_{sur}=p$，$dp=0$。代入上式，整理得

$$-d(U+pV-TS)_{T,p} \geqslant -\delta W_f$$

代入焓的定义式 $H=U+pV$，得

$$-d(H-TS)_{T,p} \geqslant -\delta W_f \tag{2.39}$$

吉布斯定义的函数是

$$G \xlongequal{\text{def}} H-TS \tag{2.40}$$

人们将 G 称为吉布斯自由能（Gibbs free energy）或吉布斯函数。由于 G 是由系统的状态函数组成的，因此 G 也是状态函数，容量性质。由此可得

$$-(dG)_{T,p} \geqslant -\delta W_f \quad 或 \quad (-\Delta G)_{T,p} \geqslant -W_f \tag{2.41}$$

式(2.41) 表明，在等温、等压条件下，一个封闭系统的吉布斯自由能的减少值等于或大于系统对环境做的非体积功。式(2.41) 中的不等号也是从第二定律的数学表达式引入的，因此式(2.41) 也可以用来判断过程的可逆性，大于号表示过程是不可逆的，等号表示过程是可逆的，即对于可逆过程，吉布斯自由能的减少值等于系统对环境所做的最大非体积功。对于不可逆过程，则系统吉布斯自由能的减少值大于对环境所做的非体积功。吉布斯自由能是系统的状态函数，故 ΔG 的数值只取决于系统的始、终态，而与变化的途径无关。但只有在等温、等压的可逆过程中，系统吉布斯自由能的减少值 $(-\Delta G)_{T,p}$ 才等于系统对环境所做的最大非体积功（$-W_{f,max}$）。

从式(2.41) 还可以得到一个重要的结论，即吉布斯自由能判据。如果在等温、等压和不做非体积功（$\delta W_f=0$）的条件下，则有

$$(-dG)_{T,p,W_f=0} \geqslant 0$$

写成常用的形式为

$$(dG)_{T,p,W_f=0} \leqslant 0 \tag{2.42}$$

式(2.42) 就是吉布斯自由能判据的具体形式。“<0”表示在等温、等压和不做非体积功的条件下，当系统发生不可逆变化时，系统的吉布斯自由能是下降的。因为吉布斯自由能是系统自身的性质，在与环境没有任何功传递的情况下，系统自身发生的不可逆变化也一定是自发的，所以在等温、等压和 $W_f=0$ 的条件下，系统总是自发地向着吉布斯自由能减少的方向进行，直至达到在该条件下的最小值，即系统的稳定平衡态。“$=0$”表示系统发生的是可逆变化，吉布斯自由能保持不变，或系统已处于吉布斯自由能最小值的稳定平衡态，达到了变化的最大限度。同亥姆霍兹自由能一样，在等温、等压和 $W_f=0$ 的条件下，系统不可能

自发进行$(\mathrm{d}G)_{T,p,W_f=0}>0$的变化，也就没有必要再耗时、耗力地去进行研究。

吉布斯自由能判据用的不等号也是从克劳修斯不等式引入的，因此吉布斯自由能判据也是热力学第二定律的一个具体应用。由于大部分化学反应都是在等温、等压和不做非体积功的条件下进行的，因此这个判据用得最多。所有热力学数据表上都会列出常见化合物的标准摩尔生成吉布斯自由能数值，可以用来估算一下在298K和标准压力下，所研究的化学反应的吉布斯自由能的变化值的大小，以便确定反应是否有自发进行的可能。

值得注意的是，这里并没有说在等温、等压的条件下，$(\mathrm{d}G)_{T,p}>0$的反应不能进行，而是说它不能自发进行。例如，在常温、常压条件下，水分解成氢气和氧气的反应是不能自发进行的，因为该反应的$(\mathrm{d}G)_{T,p}>0$。但是，若环境对系统通入电功进行电解，或采用光敏剂使反应系统吸收合适的光能，或输入其他电磁辐射能，是可以将水分解成氢气和氧气的，但这时环境对系统输入了能量，做了非体积功，$W_f\neq0$，这种变化已不可能是自发变化了。

热力学判据不涉及反应的速率问题，它只是给我们一种启示，告诉我们一种可能性，而如何将可能性变为现实，还有待于结合实验条件的创造、外界因素的影响等进行综合考虑。例如，从热力学判据知道，在常温常压下，$H_2(g)+\frac{1}{2}O_2(g)=H_2O(l)$这个反应是可以自发进行的，但必须提供火种、加热或加催化剂等条件。否则，面对一试管氢气与氧气的混合物，无论等多久，都不会见到有水滴生成。在化学研究中，如果需要合成一个新物质，这时就需要利用热力学数据表，计算一下在反应的温度和压力条件下，反应的吉布斯自由能是否为负值，若不是负值或负值的绝对值很小，则有必要调换反应物或偶联一个吉布斯自由能负值的绝对值很大的反应，使整个偶联反应的吉布斯自由能变化值是一个绝对值很大的负值，以便反应能顺利进行。对于一个能自发进行的反应，也可以计算一下什么情况下反应达到平衡，达到反应的最大限度。如果已经达到平衡，就不可能再用延长反应时间的方法来提高产量。如果是一个非自发反应，则可以用外加电能或光能等方法来驱使反应进行，同时也应该核算下成本，在经济上是否合算，反应对环境是否友好，以便找到最合理的工艺途径。

2.5.3 ΔG 的计算

吉布斯自由能是状态函数，在指定的始态与终态之间ΔG有定值。因此，对于那些不可逆或难以用实验测定的过程，总是可以用设计始、终态相同的可逆过程来计算ΔG的值。

根据吉布斯自由能的定义

$$G=H-TS=U+pV-TS=A+pV$$

对于微小变化

$$\mathrm{d}G=\mathrm{d}H-T\mathrm{d}S-S\mathrm{d}T \tag{2.43}$$

或

$$\mathrm{d}G=\mathrm{d}A+p\mathrm{d}V+V\mathrm{d}p \tag{2.44}$$

对于等温过程

$$\Delta G=\Delta H-T\Delta S \tag{2.45}$$

式(2.43)和式(2.44)是从定义式来的，未引入任何限制条件，因此适用于任何过程。式(2.45)引入了等温的条件，但化学反应通常都是在等温条件下进行的，因此在ΔG、ΔH、ΔS三个变化值中，只要知道了其中两个，利用式(2.45)就能将第三个变化值计算出来。

（1）等温、等压可逆相变

在等温、等压可逆相变中，吉布斯自由能的变化值等于零，这可以用两种方法证明。

① 根据吉布斯自由能判据计算。因为相变过程的 $W_f=0$，又是等温、等压的可逆过程，所以

$$(\Delta G)_{T,p,W_f=0} \xlongequal{\text{可逆相变}} 0 \tag{2.46}$$

② 根据吉布斯自由能的定义式来计算。

$$G=A+pV \quad \mathrm{d}G=\mathrm{d}A+p\mathrm{d}V+V\mathrm{d}p$$

对于等温、不做非体积功的可逆过程

$$\mathrm{d}A=\delta W_{max}=\delta W_{e,max}=-p\mathrm{d}V$$

因为是等压过程，$\mathrm{d}p=0$，代入 $\mathrm{d}G$ 的表示式，得

$$\mathrm{d}G=-p\mathrm{d}V+p\mathrm{d}V+0=0$$

（2）等温、$W_f=0$ 的条件下，系统从 p_1、V_1 可逆变化到 p_2、V_2

对于等温可逆过程，当 $W_f=0$ 时

$$\mathrm{d}A=\delta W_{max}=\delta W_{e,max}=-p\mathrm{d}V$$

代入 $\mathrm{d}G$ 的表示式

$$\mathrm{d}G=\mathrm{d}A+p\mathrm{d}V+V\mathrm{d}p=-p\mathrm{d}V+p\mathrm{d}V+V\mathrm{d}p=V\mathrm{d}p$$

$$\Delta G=\int_{p_1}^{p_2}V\mathrm{d}p \tag{2.47}$$

式(2.47) 适用于任何纯物质的各种状态，但是在进行积分时，必须知道 V 与 p 之间的关系，即知道其相应的状态方程。对于理想气体，将其状态方程代入，得

$$\Delta G=\int_{p_1}^{p_2}V\mathrm{d}p=\int_{p_1}^{p_2}\frac{nRT}{p}\mathrm{d}p=nRT\ln\frac{p_2}{p_1}=nRT\ln\frac{V_1}{V_2} \tag{2.48}$$

对于液态或固态等凝聚态系统，体积随压力的变化可以忽略，将体积近似看作常数，于是得

$$\Delta G=V(p_2-p_1)$$

在导出热力学基本公式 $\mathrm{d}G=-S\mathrm{d}T+V\mathrm{d}p$ 之后（见 2.6 节），在等温过程中也可以得到 $\mathrm{d}G=V\mathrm{d}p$。

（3）等温、等压可逆电池

在等温、等压可逆电池反应中，非体积功就是电功（nFE），当反应进度为 1mol 时，系统吉布斯自由能的变化值等于

$$\Delta_r G=-nFE \quad \text{或} \quad \Delta_r G_m=-zFE \tag{2.49}$$

式中，n 是电池反应式中电子的物质的量（z 是电池反应中电子的计量系数）；F 是法拉第（Faraday）常量，近似等于 $96500\mathrm{C\cdot mol^{-1}}$；E 是可逆电池的电动势。电池克服外电压对环境做电功，因此电功取负值。式(2.49) 是电化学和热力学之间的桥梁，把电化学和热力学很好地联系在一起。

系统在某一过程中是否做非体积功，这与反应的安排及具体进行的过程有关。例如，化学反应 $Zn+Cu^{2+} \xlongequal{} Zn^{2+}+Cu$，若安排它在电池中进行反应，则可做出电功，若直接在烧杯中进行反应，则不做电功（显然这两个过程中的热效应是不同的）。吉布斯自由能是状态函数，只要给定始、终态，ΔG 为定值，至于是否能获得非体积功，则与具体实施的过程有关。

【例 2.8】 在 101.3kPa 和 298K 时，把 1mol $H_2O(l)$ 全部变为同温同压的 $H_2O(g)$。

① 计算该相变的吉布斯自由能变化值 ΔG_m，并判断该相变能否自发进行。

② 在 101.3kPa 和 298K 时，$H_2O(l)$ 和 $H_2O(g)$ 何种相态更稳定。

已知在该条件下 $H_2O(l)$ 的摩尔体积 $V_m = 0.0181\,dm^3 \cdot mol^{-1}$，$H_2O(l)$ 的饱和蒸气压 $p_s = 3.17kPa$。

解 该相变过程为

$$H_2O(l,298K,101.3kPa) \xrightarrow{\Delta G_m} H_2O(g,298K,101.3kPa)$$

这是一个等温、等压但不可逆的相变，计算 ΔG_m 没有现成的公式可以使用，要先设计一个可逆过程才能计算。设计的可逆过程如下：

$$\begin{array}{ccc} H_2O(l,298K,101.3kPa) & \xrightarrow{\Delta G_m} & H_2O(g,298K,101.3kPa) \\ \Delta G_m(1)\downarrow \text{等温可逆降压} & & \Delta G_m(3)\uparrow \text{等温可逆压缩} \\ H_2O(l,298K,3.17kPa) & \xrightleftharpoons{\Delta G_m(2)=0} & H_2O(g,298K,3.17kPa) \end{array}$$

$$\Delta G_m = \Delta G_m(1) + \Delta G_m(2) + \Delta G_m(3) = \Delta G_m(1) + \Delta G_m(3)$$

第一步是液体的等温可逆降压过程，在 101.3kPa 和 3.17kPa 之间可以将液体的体积近似看作常数，所以

$$\Delta G_m(l) = \int_{p_1}^{p_2} V_m(l)\mathrm{d}p = V_m(l)(p_2 - p_1)$$

$$= 0.0181dm^3 \cdot mol^{-1} \times (3.17 - 101.3)kPa = -1.78J \cdot mol^{-1}$$

第二步是在饱和蒸气压下的气-液两相平衡，是等温、等压可逆相变，因此 $\Delta G_m(2) = 0$

第三步将 $H_2O(g)$ 近似看作理想气体，因此是理想气体的等温升压过程，则

$$\Delta G_m(3) = \int_{p_1}^{p_2} V_m(g)\mathrm{d}p = RT\ln\frac{p_2}{p_1}$$

$$= \left(8.314 \times 298 \times \ln\frac{101.3kPa}{3.17kPa}\right) J \cdot mol^{-1} = 8583J \cdot mol^{-1}$$

这个过程的 $\Delta G_m > 0$，说明在 101.3kPa 和 298K 时，$H_2O(l)$ 比 $H_2O(g)$ 更稳定，这个相变是一个非自发过程。

【例 2.9】 300K 时，将 1mol 理想气体从 1000kPa 通过以下两个途径膨胀至 100kPa：①等温可逆膨胀；②真空膨胀。分别求两种过程的 Q、W、ΔU、ΔH、ΔA、ΔG 和 ΔS。

解 ① 因为理想气体的热力学能和焓仅是温度的函数，再根据两个自由能 A、G 的定义式，在等温可逆膨胀时有

$$\Delta U = 0 \quad \Delta H = 0 \quad Q = -W_{max} \quad \Delta A = W_{max} \quad \Delta G = \Delta A$$

$$Q = -W_{max} = 5.74kJ \qquad \Delta A = \Delta G = W_{max} = -5.74kJ$$

$$\Delta S = \frac{Q_R}{T} = \frac{-W_{max}}{T} = \frac{5.74kJ}{300kJ} = 19.13J \cdot K^{-1}$$

根据等温过程中 ΔG 的计算式计算，也可以得到相同结果。

$$\Delta G=\int_{p_1}^{p_2}V\mathrm{d}p=nRT\ln\frac{p_2}{p_1}=-5.74\mathrm{kJ}$$

② 因为始、终态与①相同，则所有状态函数变化值也与①相同，但与途径有关的 Q 和 W 的值不同。在真空膨胀中，$W_2=0$，$Q_2=-W_2=0$。

因为这不是可逆过程，所以 $\Delta A_2\neq W_2$，$\Delta S_2\neq\frac{-W_2}{T}$

$$\Delta A_2=\Delta G_2=\int_{p_1}^{p_2}V\mathrm{d}p=-5.74\mathrm{kJ}$$

ΔS_2 要设计一个可逆过程才能计算，即与①相同的过程，所以 $\Delta S_2=\Delta S_1$。

【例 2.10】 298K 和 100kPa 时，将以下反应安排成可逆电池，其电动势为 1.1362V。

$$\mathrm{Ag(s)}+\frac{1}{2}\mathrm{Cl_2(g)}=\!=\!=\mathrm{AgCl(s)}$$

试计算当反应进度为 1mol 时的 $\Delta_r G_m^\ominus$ 和 $\Delta_r S_m^\ominus$。已知 AgCl(s) 的标准摩尔生成焓 $\Delta_f H_m^\ominus(\mathrm{AgCl,s})=-127.07\mathrm{kJ\cdot mol^{-1}}$

解 因为是等温反应，利用 $\Delta_r H_m^\ominus$、$\Delta_r G_m^\ominus$、$\Delta_r S_m^\ominus$ 三个函数之间的关系，计算就比较方便。现在已知 AgCl(s) 的标准摩尔生成焓，这就等于该反应的标准摩尔反应焓变，反应的 $\Delta_r G_m^\ominus$ 可以从电池的可逆电动势计算，所以当反应进度为 1mol 时，有

$$\Delta_r G_m^\ominus=\frac{-nFE}{\Delta\xi}=-zFE=-1\times1.1362\mathrm{V}\times96500\ \mathrm{C\cdot mol^{-1}}=-109.64\ \mathrm{kJ\cdot mol^{-1}}$$

在等温条件下，有 $\Delta_r G_m^\ominus=\Delta_r H_m^\ominus-T\Delta_r S_m^\ominus$，所以

$$\Delta_r S_m^\ominus=\frac{\Delta_r H_m^\ominus-\Delta_r G_m^\ominus}{T}=\frac{(-127.07+109.64)\mathrm{kJ\cdot mol^{-1}}}{298\mathrm{K}}=-58.49\mathrm{J\cdot K^{-1}\cdot mol^{-1}}$$

还有一种解法是从热力学数据表查出参与反应物质的标准摩尔熵值，先计算出反应的 $\Delta_r S_m^\ominus$，再计算 $\Delta_r G_m^\ominus$。到教材第 4 章时，还可以通过查标准摩尔生成吉布斯自由能 $\Delta_f G_m^\ominus$ 的值，先求出 $\Delta_r G_m^\ominus$，再计算 $\Delta_r S_m^\ominus$。不同的计算方法，所得结果大致相同，但会有一点误差。

2.6 热力学函数间的关系

主要知识点

1. 四个热力学基本公式

① $\mathrm{d}U=T\mathrm{d}S-p\mathrm{d}V$ ② $\mathrm{d}H=T\mathrm{d}S+V\mathrm{d}p$

③ $\mathrm{d}A=-S\mathrm{d}T-p\mathrm{d}V$ ④ $\mathrm{d}G=-S\mathrm{d}T+V\mathrm{d}p$

①是热力学第一和第二定律的联系式，是最基本的公式。用式①和 H、A、G 的定义式，可以导出其余三个公式。它们适用的条件是 $W_f=0$，组成不变的均相封闭系统。从这些公式可以导出其他有用的热力学关系式。

2. 麦克斯韦（Maxwell）关系式

$$\left(\frac{\partial T}{\partial V}\right)_S=-\left(\frac{\partial p}{\partial S}\right)_V \qquad \left(\frac{\partial T}{\partial p}\right)_S=\left(\frac{\partial V}{\partial S}\right)_p$$

$$\left(\frac{\partial S}{\partial V}\right)_T=\left(\frac{\partial p}{\partial T}\right)_V \qquad -\left(\frac{\partial S}{\partial p}\right)_T=\left(\frac{\partial V}{\partial T}\right)_p$$

利用这些关系式可用实验可测的偏微商来代替那些不易直接测定的偏微商。

3. ΔG 和 ΔA 与温度（Gibbs-Helmholtz 方程）和压力的关系

ΔG 与温度的关系可用吉布斯-亥姆霍兹方程表示，已知 ΔH 和一个温度下的 $\Delta G(T_1)$，可以计算另一温度下的 $\Delta G(T_2)$。已知 ΔU 和一个温度下的 $\Delta A(T_1)$，可以计算另一温度下的 $\Delta A(T_2)$

$$\left(\frac{\partial \Delta G}{\partial T}\right)_p=\frac{\Delta G-\Delta H}{T} \qquad \left[\frac{\partial(\Delta G/T)}{\partial T}\right]_p=-\frac{\Delta H}{T^2}$$

或

$$\left(\frac{\partial \Delta A}{\partial T}\right)_p=\frac{\Delta A-\Delta U}{T} \qquad \left[\frac{\partial(\Delta A/T)}{\partial T}\right]_p=-\frac{\Delta U}{T^2}$$

ΔG 与压力的关系用以下公式计算：

$$\Delta G=\int_{p_1}^{p_2}V\mathrm{d}p \quad \text{或} \quad \int_{\Delta G(p_1,T)}^{\Delta G(p_2,T)}\mathrm{d}\Delta G=\int_{p_1}^{p_2}\Delta V\mathrm{d}p$$

式中的 p_1 通常是标准压力 $p^\ominus$，在标准压力下的 $\Delta_r G_m^\ominus$ 可以从热力学数据表得到。因此，在已知 ΔV 的情况下，可以求得在压力为 p_2 时的 $\Delta_r G_m(p_2,T)$。

2.6.1 四个热力学基本公式

（1）四个基本热力学关系式的导出

热力学第一定律的数学表达式和 H 的定义式分别为

$$\text{(a) } \mathrm{d}U=\delta Q+\delta W \quad \text{(b) } H=U+pV$$

热力学第二定律引出的熵的计算式和 A 以及 G 的定义式分别为

$$\text{(c) } \mathrm{d}S=\delta Q_R/T \quad \text{(d) } A=U-TS \quad \text{(e) } G=H-TS=A+pV$$

几个热力学函数之间的关系如图 2.10 所示。

(a)～(e) 5 个公式是以后导出所有热力学关系式的根本。式(a) 只适用于组成不变（$\mathrm{d}n=0$）的均相封闭系统，因为只有物质守恒，能量才能守恒。再引入不做非体积功（$W_f=0$）的条件，则式(a) 可以改写成

$$\mathrm{d}U=\delta Q+\delta W_e=\delta Q-p\mathrm{d}V \tag{2.50}$$

将第二定律引出的熵的计算式(c) 改写为 $\delta Q_R=T\mathrm{d}S$，代入式(2.50)，得

$$\mathrm{d}U=T\mathrm{d}S-p\mathrm{d}V \tag{2.51}$$

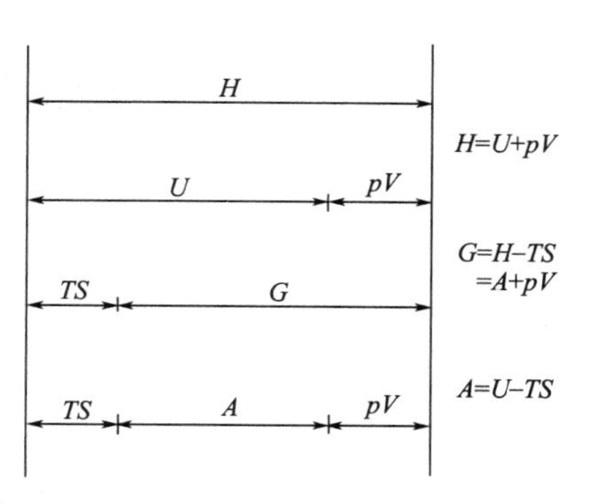

图 2.10 几个热力学函数之间的关系

式(2.51) 是热力学第一与第二定律的联合公式，是四个基本公式中最重要、最根本的公式。对于一般的热力学封闭系统，热力学能 U 的独立变量应该有 3 个，

即$U=U(S,V,n)$，如果假定系统的组成不变，$dn=0$，则$U=U(S,V)$。今后凡是从式(2.51)导出的公式都要服从$dn=0$、$W_f=0$的限制条件。这里用TdS来代替δQ，引入了可逆条件，但式(2.51)中的物理量（U、S、V、T、p）都是系统的状态函数，无论实际过程是否可逆，只要始、终态相同，U、S、V的变量均为定值。如果是不可逆过程，可以设计相应的可逆过程进行计算。当然，在不可逆过程中，δQ则不能用TdS来计算。

根据式(2.51)和H、A、G的定义式，可以导出另外三个基本公式。将焓的定义式(b) $H=U+pV$全微分，得$dH=dU+pdV+Vdp$。将式(2.51) dU的表达式代入，整理得

$$dH=TdS+Vdp \qquad H=H(S,p) \tag{2.52}$$

同理，将A的定义式(d)全微分，得$dA=dU-TdS-SdT$。将式(2.51) dU的表达式代入，整理得

$$dA=-SdT-pdV \qquad A=A(T,V) \tag{2.53}$$

将G的定义式$G=H-TS=A+pV$全微分，得$dG=dA+pdV+Vdp$。将式(2.53)代入，整理得

$$dG=-SdT+Vdp \qquad G=G(T,p) \tag{2.54}$$

式(2.51)～式(2.54)四个公式就是热力学的基本方程，它们的适用条件是组成不变、无相变、$W_f=0$的热力学均相封闭系统。因为上述方程中的U、H、S、A、G、T、p和V皆为状态函数，其改变值只与始、终态有关，与过程可逆与否无关，所以四个基本关系式也适用可逆和不可逆过程的热力学状态函数变化值的计算。其中式(2.51)是最基本的，它包含着热力学第一和第二定律的成果，其余三个公式是根据式(2.51)和函数的定义式衍生出来的。其中式(2.54)用得最多，因为大部分实验都是在等温、等压条件下进行的。

（2）四个热力学方程导出的重要关系式

从这四个基本公式可以导出很多有用的关系式。例如，从式(2.51)和式(2.52)可以导出

$$T=\left(\frac{\partial U}{\partial S}\right)_V=\left(\frac{\partial H}{\partial S}\right)_p \tag{2.55}$$

从式(2.51)和式(2.53)可以导出

$$p=-\left(\frac{\partial U}{\partial V}\right)_S=-\left(\frac{\partial A}{\partial V}\right)_T \tag{2.56}$$

从式(2.52)和式(2.54)可以导出

$$V=\left(\frac{\partial H}{\partial p}\right)_S=\left(\frac{\partial G}{\partial p}\right)_T \tag{2.57}$$

从式(2.53)和式(2.54)可以导出

$$S=-\left(\frac{\partial A}{\partial T}\right)_V=-\left(\frac{\partial G}{\partial T}\right)_p \tag{2.58}$$

式(2.55)～式(2.58)是T、p、V、S等变量的表达式，这些关系式在从一个已知的热力学函数去计算未知的热力学函数时是很有用的。

再整理可得：

$$\left(\frac{\partial U}{\partial S}\right)_V=T,\left(\frac{\partial U}{\partial V}\right)_S=-p$$

$$\left(\frac{\partial H}{\partial S}\right)_p=T,\left(\frac{\partial H}{\partial p}\right)_S=V$$

$$\left(\frac{\partial A}{\partial T}\right)_V=-S,\left(\frac{\partial A}{\partial V}\right)_T=-p$$

$$\left(\frac{\partial G}{\partial T}\right)_p=-S,\left(\frac{\partial G}{\partial p}\right)_T=V$$

在上述四组八个关系式中，每个方程等号左边皆为不易测量的微分，而等号右边或为易测量的物理量或为有明确物理意义的物理量，这样，等号右边的物理量给出了左边偏微分的物理意义，为理解等号左边的偏微分提供了极大的方便。此外，在以后的章节中将看到这些关系式在验证和推导其他热力学关系式时很有用处。

2.6.2 麦克斯韦（Maxwell）关系式

在数学中，如果 Z 是关于变量 x 和 y 的全微分函数，则有

$$dZ=\left(\frac{\partial Z}{\partial x}\right)_y dx+\left(\frac{\partial Z}{\partial y}\right)_x dy=M dx+N dy$$

式中，$M=\left(\frac{\partial Z}{\partial x}\right)_y$，$N=\left(\frac{\partial Z}{\partial y}\right)_x$，都是 Z 的一阶偏导数，如果对 Z 求二阶偏导数，应有

$$\frac{\partial^2 Z}{\partial y\partial x}=\left(\frac{\partial M}{\partial y}\right)_x \qquad \frac{\partial^2 Z}{\partial x\partial y}=\left(\frac{\partial N}{\partial x}\right)_y$$

由于 Z 是全微分函数，而全微分函数具有二阶偏导数与求导次序无关的性质，因此

$$\left(\frac{\partial M}{\partial y}\right)_x=\left(\frac{\partial N}{\partial x}\right)_y$$

又由于状态函数就是数学中的全微分函数，因此，可将上式的结果用于式(2.51)～式(2.54)四个热力学基本方程，由此可得

$$\left(\frac{\partial T}{\partial V}\right)_S=-\left(\frac{\partial p}{\partial S}\right)_V \qquad \left(\frac{\partial T}{\partial p}\right)_S=\left(\frac{\partial V}{\partial S}\right)_p$$

$$\left(\frac{\partial S}{\partial V}\right)_T=\left(\frac{\partial p}{\partial T}\right)_V \qquad -\left(\frac{\partial S}{\partial p}\right)_T=\left(\frac{\partial V}{\partial T}\right)_p \tag{2.59}$$

上述一组四个关系式称为 Maxwell 关系式。这组关系式的一个重要特点就是，它将一些热力学实验无法测量的量，即熵随压力或体积的变化率与可测量的量 p、V、T 的相关偏微分关联起来，这一点非常重要。因为，任何热力学公式其最终形式中的所有变量都必须是实验可测量的量，而在公式的推导过程中经常会出现一些不可测量的偏微分，为了使所推导的热力学公式具有实用价值，此时，Maxwell 关系式就起着重要作用。通过 Maxwell 关系式，可以得到许多有用的热力学公式，下面通过举例说明之。

【例 2.11】 试证明 $\left(\frac{\partial p}{\partial V}\right)_T\left(\frac{\partial V}{\partial T}\right)_p\left(\frac{\partial T}{\partial p}\right)_V=-1$

证明： 对一双变量系统而言，设 $T=f(p,V)$，则 T 的全微分为

$$dT=\left(\frac{\partial T}{\partial p}\right)_V dp+\left(\frac{\partial T}{\partial V}\right)_p dV$$

在恒温条件下，$dT=0$，上式变为

$$\left(\frac{\partial T}{\partial p}\right)_V dp+\left(\frac{\partial T}{\partial V}\right)_p dV=0$$

$$\left(\frac{\partial T}{\partial p}\right)_V\left(\frac{\partial p}{\partial V}\right)_T=-\left(\frac{\partial T}{\partial V}\right)_p$$

故

$$\left(\frac{\partial p}{\partial V}\right)_T\left(\frac{\partial V}{\partial T}\right)_p\left(\frac{\partial T}{\partial p}\right)_V=-1$$

式 $\left(\frac{\partial p}{\partial V}\right)_T\left(\frac{\partial V}{\partial T}\right)_p\left(\frac{\partial T}{\partial p}\right)_V=-1$ 称为循环关系式，对双变量系统来说，任意三个状态函数之间都存在这种关系。

【例 2.12】 求证：

① $\mathrm{d}U=nC_{V,\mathrm{m}}\mathrm{d}T+\left[T\left(\frac{\partial p}{\partial T}\right)_V-p\right]\mathrm{d}V$

② $\mathrm{d}S=\frac{nC_{V,\mathrm{m}}}{T}\mathrm{d}T+\left(\frac{\partial p}{\partial T}\right)_V\mathrm{d}V$

证明：① 设 $U=f(T,V)$，则其全微分为

$$\mathrm{d}U=\left(\frac{\partial U}{\partial T}\right)_V\mathrm{d}T+\left(\frac{\partial U}{\partial V}\right)_T\mathrm{d}V$$

$$=nC_{V,\mathrm{m}}\mathrm{d}T+\left(\frac{\partial U}{\partial V}\right)_T\mathrm{d}V$$

根据热力学基本方程 $\mathrm{d}U=T\mathrm{d}S-p\mathrm{d}V$ 和麦克斯韦关系式 $\left(\frac{\partial S}{\partial V}\right)_T=\left(\frac{\partial p}{\partial T}\right)_V$，有

$$\left(\frac{\partial U}{\partial V}\right)_T=T\left(\frac{\partial S}{\partial V}\right)_T-p=T\left(\frac{\partial p}{\partial T}\right)_V-p$$

$$\mathrm{d}U=nC_{V,\mathrm{m}}\mathrm{d}T+\left[T\left(\frac{\partial p}{\partial T}\right)_V-p\right]\mathrm{d}V$$

同理，可以证明

$$\mathrm{d}H=nC_{p,\mathrm{m}}\mathrm{d}T+\left[V-T\left(\frac{\partial V}{\partial T}\right)_p\right]\mathrm{d}p$$

② 设 $S=f(T,V)$，则其全微分为

$$\mathrm{d}S=\left(\frac{\partial S}{\partial T}\right)_V\mathrm{d}T+\left(\frac{\partial S}{\partial V}\right)_T\mathrm{d}V$$

根据热力学基本方程 $\mathrm{d}U=T\mathrm{d}S-p\mathrm{d}V$ 和 $\left(\frac{\partial U}{\partial T}\right)_V=nC_{V,\mathrm{m}}$，有

$$\left(\frac{\partial S}{\partial T}\right)_V=\frac{nC_{V,\mathrm{m}}}{T}$$

根据麦克斯韦关系式，$\left(\frac{\partial S}{\partial V}\right)_T=\left(\frac{\partial p}{\partial T}\right)_V$，由此得

$$\mathrm{d}S=\frac{nC_{V,\mathrm{m}}}{T}\mathrm{d}T+\left(\frac{\partial p}{\partial T}\right)_V\mathrm{d}V$$

同理，可以证明

$$\mathrm{d}S=\frac{nC_{p,\mathrm{m}}}{T}\mathrm{d}T-\left(\frac{\partial V}{\partial T}\right)_p\mathrm{d}p$$

从以上关系式可以看出，其共同的特点是关系式左边皆是不可测量的系统某一状态函数的全微分，而等号右边皆为可测量的量。这四个方程可作为计算系统单纯 p、V、T 变化过程 ΔU、ΔH 和 ΔS 的通式，适用于气体（理想气体或实际气体）或凝聚态系统。

【例 2.13】 求方程 $p=\frac{RT}{V_\mathrm{m}-b}\mathrm{e}^{-\frac{aRT}{V}}$ 的内压力 p_i $\left(式中 V_\mathrm{m}=\frac{V}{n}\right)$。

解 压力的定义为：$p_{\mathrm{i}}=\left(\frac{\partial U}{\partial V}\right)_T$

由于 $\mathrm{d}U=nC_{V,\mathrm{m}}\mathrm{d}T+\left[T\left(\frac{\partial p}{\partial T}\right)_V-p\right]\mathrm{d}V$，则

$$
\begin{aligned}
p_{\mathrm{i}}&=\left(\frac{\partial U}{\partial V}\right)_T=T\left(\frac{\partial p}{\partial T}\right)_V-p\\
&=\frac{RT}{V_{\mathrm{m}}-b}\mathrm{e}^{-\frac{aRT}{V}}-\frac{RT}{V_{\mathrm{m}}-b}\mathrm{e}^{-\frac{aRT}{V}}\times\frac{aRT}{V}-p\\
&=-\frac{RT}{V_{\mathrm{m}}-b}\mathrm{e}^{-\frac{aRT}{V}}\times\frac{aRT}{V}=-p\frac{aRT}{V}
\end{aligned}
$$

【例 2.14】 利用 $\left(\frac{\partial H}{\partial p}\right)_T$ 的关系式求 $\mu_{\mathrm{J\text{-}T}}$。

解 $\mu_{\mathrm{J\text{-}T}}=-\frac{1}{C_p}\left(\frac{\partial H}{\partial p}\right)_T=-\frac{1}{C_p}\left[V-T\left(\frac{\partial V}{\partial T}\right)_p\right]$

从气体状态方程求出 $\left(\frac{\partial V}{\partial T}\right)_p$ 值，从而得 $\mu_{\mathrm{J\text{-}T}}$ 值，并可解释为何 $\mu_{\mathrm{J\text{-}T}}$ 值有时为正，有时为负，有时为零。

【例 2.15】 解析 C_p 与 C_V 的关系。

根据热力学第一定律

$$
\begin{aligned}
C_p-C_V&=\left(\frac{\partial H}{\partial T}\right)_p-\left(\frac{\partial U}{\partial T}\right)_V=\left[\frac{\partial(U+pV)}{\partial T}\right]_p-\left(\frac{\partial U}{\partial T}\right)_V\\
&=\left(\frac{\partial U}{\partial T}\right)_p+p\left(\frac{\partial V}{\partial T}\right)_p-\left(\frac{\partial U}{\partial T}\right)_V \qquad (1)
\end{aligned}
$$

设 $U=U(T, V)$，则 $\mathrm{d}U=\left(\frac{\partial U}{\partial T}\right)_V\mathrm{d}T+\left(\frac{\partial U}{\partial V}\right)_T\mathrm{d}V$

保持 p 不变，两边各除以 $\mathrm{d}T$，得

$$\left(\frac{\partial U}{\partial T}\right)_p=\left(\frac{\partial U}{\partial T}\right)_V+\left(\frac{\partial U}{\partial V}\right)_T\left(\frac{\partial V}{\partial T}\right)_p \qquad (2)$$

将式（2）代入式（1）得

$$C_p-C_V=\left[p+\left(\frac{\partial U}{\partial V}\right)_T\right]\left(\frac{\partial V}{\partial T}\right)_p \qquad (3)$$

将 $\left(\frac{\partial U}{\partial V}\right)_T=T\left(\frac{\partial p}{\partial T}\right)_V-p$ 代入式(3)得

$$C_p-C_V=T\left(\frac{\partial p}{\partial T}\right)_V\left(\frac{\partial V}{\partial T}\right)_p \qquad (4)$$

只要知道气体的状态方程，代入可得 C_p-C_V 的值。若是理想气体，则 $C_p-C_V=nR$

运用偏微分的循环关系式 $\left(\frac{\partial p}{\partial T}\right)_V\left(\frac{\partial V}{\partial p}\right)_T\left(\frac{\partial T}{\partial V}\right)_p=-1$，则

$$\left(\frac{\partial p}{\partial T}\right)_V = -\left(\frac{\partial V}{\partial T}\right)_p \left(\frac{\partial p}{\partial V}\right)_T \tag{5}$$

将式（5）代入式（4）得

$$C_p - C_V = -T\left(\frac{\partial p}{\partial V}\right)_T \left(\frac{\partial V}{\partial T}\right)_p^2 \tag{6}$$

定义膨胀系数 α 和压缩系数 β 分别为

$$\alpha = \frac{1}{V}\left(\frac{\partial V}{\partial T}\right)_p \qquad \beta = -\frac{1}{V}\left(\frac{\partial V}{\partial p}\right)_T$$

代入式（6）得

$$C_p - C_V = \frac{\alpha^2 TV}{\beta} \tag{7}$$

由式（7）可见：

① T 趋近于零时，$C_p = C_V$；

② 因 β 总是正值，所以 $C_p \geqslant C_V$；

③ 液态水在 $p^\ominus$ 和 277.15K 时，V_m 有极小值，这时 $\left(\frac{\partial V}{\partial T}\right)_p = 0$，则 $\alpha = 0$，所以 $C_p = C_V$。

Maxwell 关系式的应用很多，在此就不一一列举了。

2.6.3 ΔG 和 ΔA 与温度和压力的关系

表示 ΔG 和 ΔA 与温度的关系式统称为吉布斯-亥姆霍兹（Gibbs-Helmholtz）方程。可用来从一个反应温度或相变温度下的 $\Delta G(T_1)$ 和 $\Delta A(T_1)$ 求另一反应温度或相变温度下的 $\Delta G(T_2)$ 和 $\Delta A(T_2)$。关于 ΔG 和 ΔA 的吉布斯-亥姆霍兹方程分别有两种表现形式。根据导出的热力学关系式(2.58)，得到

$$\left(\frac{\partial G}{\partial T}\right)_p = -S \qquad \left[\frac{\partial(\Delta G)}{\partial T}\right]_p = -\Delta S \tag{2.60}$$

式(2.60) 表示在等压条件下，ΔG 随温度的变化率。在温度 T 一定时，三个函数之间的关系为

$$\Delta G = \Delta H - T\Delta S \qquad -\Delta S = \frac{\Delta G - \Delta H}{T}$$

将式(2.60) 代入，得

$$\left(\frac{\partial \Delta G}{\partial T}\right)_p = \frac{\Delta G - \Delta H}{T} \tag{2.61}$$

将等式两边都除以 T，并移项得

$$\frac{1}{T}\left(\frac{\partial \Delta G}{\partial T}\right)_p - \frac{\Delta G}{T^2} = -\frac{\Delta H}{T^2}$$

这样，上式的左方刚好是在等压下（$\Delta G/T$）对 T 的微分结果，写成微分形式为

$$\left[\frac{\partial(\Delta G/T)}{\partial T}\right]_p = -\frac{\Delta H}{T^2} \tag{2.62}$$

式(2.61) 和式(2.62) 是表示 ΔG 与温度的关系式，称为吉布斯-亥姆霍兹方程。在已知 ΔH 和一个温度时的 $\Delta G(T_1)$ 的情况下，用式(2.62) 可以计算另一温度下的 $\Delta G(T_2)$。即

$$\int_{T_1}^{T_2} \mathrm{d}\left(\frac{\Delta G}{T}\right) = \int_{T_1}^{T_2} -\frac{\Delta H}{T^2}\mathrm{d}T$$

同理，由式(2.58) 得到

$$\left(\frac{\partial A}{\partial T}\right)_V = -S \qquad \left[\frac{\partial(\Delta A)}{\partial T}\right]_V = -\Delta S$$

根据定义式 $A = U - TS$，在温度 T 一定时，$\Delta A = \Delta U - T\Delta S$，则

$$-\Delta S = \frac{\Delta A - \Delta U}{T}$$

所以

$$\left(\frac{\partial \Delta A}{\partial T}\right)_p = \frac{\Delta A - \Delta U}{T} \tag{2.63}$$

将等式两边都除以 T，并移项得

$$\frac{1}{T}\left(\frac{\partial \Delta A}{\partial T}\right)_p - \frac{\Delta A}{T^2} = -\frac{\Delta U}{T^2}$$

这样，上式的左方刚好是在等压下（$\Delta A/T$）对 T 的微分结果，写成微分形式为

$$\left[\frac{\partial(\Delta A/T)}{\partial T}\right]_p = -\frac{\Delta U}{T^2} \tag{2.64}$$

式(2.63) 和式(2.64) 是表示 ΔA 与温度的关系式，也称为吉布斯-亥姆霍兹方程。在已知 ΔU 和一个温度下的 $\Delta A(T_1)$ 的情况下，用式(2.64) 可以计算另一温度下的 $\Delta A(T_2)$。即

$$\int_{T_1}^{T_2} \mathrm{d}\left(\frac{\Delta A}{T}\right) = \int_{T_1}^{T_2} -\frac{\Delta U}{T^2}\mathrm{d}T$$

ΔG 与压力的关系可以用以下方法求得。根据热力学关系式(2.57)，有

$$\left(\frac{\partial G}{\partial p}\right)_T = V \qquad \left[\frac{\partial(\Delta G)}{\partial p}\right]_T = \Delta V$$

在 $p_1 \sim p_2$ 压力变化范围内移项进行积分，得

$$\int_{\Delta G(p_1,T)}^{\Delta G(p_2,T)} \mathrm{d}\Delta G = \int_{p_1}^{p_2} \Delta V \mathrm{d}p \tag{2.65}$$

式中的 p_1 通常是标准压力 $p^{\ominus}$，在标准压力下的 $\Delta_r G_m^{\ominus}$ 可以从热力学数据表得到。因此，在已知 ΔV 的情况下，可以求得在压力为 p_2 时的 $\Delta_r G_m(p_2, T)$。

【例 2.16】 在 298K 和 100kPa 时，已知反应 C(s,石墨)⟶C(s,金刚石) 的标准摩尔吉布斯自由能的变化值 $\Delta_{trs} G_m^{\ominus} = 2.862 \mathrm{kJ \cdot mol^{-1}}$。试计算在 298K 时，要使这个反应能进行，至少需施加的压力。已知两者的密度分别为 ρ(金刚石)$=3513 \mathrm{kg \cdot m^{-3}}$，$\rho$(石墨)$=2260 \mathrm{kg \cdot m^{-3}}$，设密度基本为常数。

解 从已知的数据看出，在 298K 和 100kPa 时这个反应是不能进行的，石墨比金刚石更稳定。现在温度不变，要使反应能进行，需要改变压力，至少使反应的 $\Delta_{trs} G_m = 0$，这就要用到等温时 ΔG 与温度的关系式(2.65)

$$\int_{\Delta G(p_1,T)}^{\Delta G(p_2,T)} \mathrm{d}(\Delta G) = \int_{p_1}^{p_2} \Delta V \mathrm{d}p$$

积分上式，得

$$\Delta_{trs} G_m(p_2) = \Delta_{trs} G_m(p^{\ominus}) + \Delta V_m(p_2 - p_1)$$

要使石墨转变为金刚石成为可能，至少 $\Delta_{trs} G_m(p_2) = 0$。根据已知条件，体积的变化为

$$\Delta V_m=\left(\frac{0.01201}{3513}-\frac{0.01201}{2260}\right)\frac{kg\cdot mol^{-1}}{kg\cdot m^{-3}}=-1.896\times10^{-6}m^3\cdot mol^{-1}$$

已知 $\Delta_{trs}G_m^{\ominus}=2.862kg\cdot mol^{-1}$，$p_1=100kPa$，代入上式，计算得 $p_2=1.5\times10^6kPa$，需加压力至少要大于 $1.5\times10^{-6}kPa$，才有可能使石墨转变为金刚石。这么高的压力在通常的实验室里是办不到的，需要特殊设备或通过地质过程来实现。

思考题

1. 指出下列公式的适用范围

(1) $\Delta S_{mix}=-R\sum_B n_B \ln x_B$；

(2) $\Delta S=nR\ln\frac{p_1}{p_2}+C_p\ln\frac{T_2}{T_1}=nR\ln\frac{V_2}{V_1}+C_V\ln\frac{T_2}{T_1}$；

(3) $dU=TdS-pdV$；

(4) $\Delta G=\int Vdp$；

(5) ΔS、ΔA、ΔG 作为判据时必须满足的条件。

2. 判断下列说法是否正确，并说明原因。

(1) 不可逆过程一定是自发的，而自发过程一定是不可逆的；

(2) 凡是熵增加的过程都是自发过程；

(3) 不可逆过程的熵永不减少；

(4) 当某系统的热力学能和体积恒定时，$\Delta S<0$ 的过程不可能发生；

(5) 在一个绝热系统中，发生了一个不可逆过程，系统从状态1变到了状态2，不论用什么方法，系统再也回不到原来的状态了；

(6) 理想气体的等温膨胀过程，$\Delta U=0$，系统所吸的热全部变成了功，这与Kelvin的说法相矛盾；

(7) 冷冻机可以从低温热源吸热放给高温热源，这与Clausius的说法不符。

3. 自发过程有什么特点?为什么人们对自发过程感兴趣?

4. 空调、冰箱可以把热从低温热源吸出放给高温热源，这是否与热力学第二定律矛盾?

5. 能否说系统达平衡时熵值最大，吉布斯自由能最小?

6. 某系统从始态出发，经一个绝热不可逆过程到达终态。为了计算熵变，能否设计一个绝热可逆过程来计算?

7. 对处于绝热钢瓶中的气体进行不可逆压缩，该过程的熵变一定大于零，这种说法对吗?

8. 相变过程的熵变可以用公式 $\Delta S=\frac{\Delta H}{T}$ 来计算，这种说法对吗?

9. 气体的 $C_{p,m}$ 是否恒大 $C_{V,m}$?

10. 将压力为101.3kPa、温度为268.2K的过冷液态苯凝固成同温、同压的固态苯。已知苯的凝固点温度为278.7K，如何设计可逆过程?

11. Q、W、ΔU、ΔH、ΔS、ΔG 和 ΔA 的数值在下列过程中，哪些等于零？哪些变化值相等？（1）理想气体真空膨胀；（2）实际气体绝热可逆膨胀；（3）水在正常凝固点时结成冰；（4）理想气体等温可逆膨胀；（5）$H_2(g)$ 和 $O_2(g)$ 在绝热钢瓶中生成水；（6）在等温、等压且不做非体积功的条件下，反应 $H_2(g)+Cl_2(g) \rightleftharpoons 2HCl(g)$ 达成平衡。

12. 298K 时，箱子的一边是 1mol N_2(100kPa)，另一边是 2mol N_2(200kPa)，中间用导热隔板分开。抽去隔板后的熵变如何计算？

13. 将下列不可逆过程设计为可逆过程：

（1）理想气体从压力为 p_1 向真空膨胀为 p_2；

（2）将两块温度分别为 T_1、T_2 的铁板（$T_1>T_2$）相接触，最后终态温度为 T；

（3）水真空蒸发为同温、同压的气，设水在该温度时的饱和蒸气压为 p_s

$$H_2O(l,303K,100kPa) \longrightarrow H_2O(g,303K,100kPa)$$

（4）理想气体从 p_1、V_1、T_1 经不可逆过程达到 p_2、V_2、T_2，可设计几条可逆路线，画出示意图。

基本概念练习题

1. 理想气体等温、等外压膨胀，系统的熵变 ΔS_{sys} 及环境的熵变 ΔS_{sur} 应为（　　）。

(A) $\Delta S_{sys}>0$，$\Delta S_{sur}=0$　　(B) $\Delta S_{sys}<0$，$\Delta S_{sur}=0$

(C) $\Delta S_{sys}>0$，$\Delta S_{sur}<0$　　(D) $\Delta S_{sys}<0$，$\Delta S_{sur}>0$

2. 在绝热条件下，用大于气缸内的压力迅速推动活塞压缩气体，气体的熵变（　　）。

(A) 大于零　　(B) 小于零　　(C) 等于零　　(D) 不能确定

3. $H_2(g)$ 和 $O_2(g)$ 在绝热钢瓶中反应生成 $H_2O(l)$ 的过程（　　）。

(A) $\Delta H=0$　　(B) $\Delta U=0$　　(C) $\Delta S=0$　　(D) $\Delta G=0$

4. 273.15K 和 101325Pa 时，$H_2O(l)$ 凝结为 $H_2O(s)$，下列变量中等于零的是（　　）。

(A) ΔU　　(B) ΔH　　(C) ΔS　　(D) ΔG

5. 一定量理想气体向真空做绝热膨胀，体积从 V_1 变到 V_2，熵变的计算式为（　　）。

(A) $\Delta S=0$　　(B) $\Delta S=nR\ln\dfrac{V_2}{V_1}$

(C) $\Delta S=nR\ln\dfrac{p_2}{p_1}$　　(D) 无法计算

6. 对 $N_2(g)$ 和 $O_2(g)$ 的混合气进行绝热可逆压缩，热力学函数变化值正确的（　　）。

(A) $\Delta H=0$　　(B) $\Delta U=0$　　(C) $\Delta S=0$　　(D) $\Delta G=0$

7. 1mol 单原子分子理想气体，温度由 T_1 变到 T_2 时，等压可逆过程的熵变为 ΔS_p，等容可逆过程熵变为 ΔS_V，则 $\Delta S_p : \Delta S_V$ 等于（　　）。

(A) 1∶1　　(B) 2∶1　　(C) 3∶5　　(D) 5∶3

8. 对于熵变 ΔS 有如下 4 种说法，其中正确的是（　　）。

（1）等于不可逆过程热温商

（2）等于可逆过程热温商

（3）是与过程无关的状态函数

（4）是与过程有关的状态函数

(A)（1）、（4）　　(B)（2）、（3）　　(C)（2）　　(D)（4）

9. 理想气体绝热向真空膨胀，则（　）。

(A) $\Delta S=0$，$W=0$　　(B) $\Delta H=0$，$\Delta U=0$

(C) $\Delta G=0$，$\Delta H=0$　　(D) $\Delta U=0$，$\Delta G=0$

10. 水在100℃、标准压力下沸腾时，下列各量中增加的是（　）。

(A) 熵　　(B) 汽化焓

(C) 吉布斯自由能　　(D) 蒸气压

11. 一个由气相变为凝聚相的化学反应，在恒温恒容下自发进行，下列答案中正确的是（　）。

(A) $\Delta S_{sys}>0$，$\Delta S_{sur}<0$　　(B) $\Delta S_{sys}<0$，$\Delta S_{sur}>0$

(C) $\Delta S_{sys}<0$，$\Delta S_{sur}=0$　　(D) $\Delta S_{sys}>0$，$\Delta S_{sur}=0$

12. 有一个单组分、均相、各向同性的封闭系统，在恒压只做体积功的条件下，吉布斯自由能随温度的变化关系为（　）。

(A) $(\partial G/\partial T)_p>0$　　(B) $(\partial G/\partial T)_p<0$

(C) $(\partial G/\partial T)_p=0$　　(D) 无法判断

13. 1g 纯 $H_2O(l)$ 在 373K，101.3KPa 的条件下，可逆汽化为同温、同压的 $H_2O(g)$，热力学函数的变量为 ΔU_1、ΔH_1 和 ΔG_1；如果将这 1g 纯 $H_2O(l)$ 放在 373K 的恒温真空箱中，控制体积，使系统终态的蒸气压为 101.3kPa，这时热力学函数变量为 ΔU_2、ΔH_2 和 ΔG_2。这两组热力学函数的关系为（　）。

(A) $\Delta U_1>\Delta U_2$，$\Delta H_1>\Delta H_2$，$\Delta G_1>\Delta G_2$

(B) $\Delta U_1<\Delta U_2$，$\Delta H_1<\Delta H_2$，$\Delta G_1<\Delta G_2$

(C) $\Delta U_1=\Delta U_2$，$\Delta H_1=\Delta H_2$，$\Delta G_1=\Delta G_2$

(D) $\Delta U_1=\Delta U_2$，$\Delta H_1>\Delta H_2$，$\Delta G_1=\Delta G_2$

14. 298K 时，1mol 理想气体等温可逆膨胀，压力从 1000kPa 变到 100kPa，系统的吉布斯自由能的变化值为（　）。

(A) 0.04kJ　　(B) −12.4kJ　　(C) 5.70kJ　　(D) −5.70kJ

15. 对于不做非体积功的隔离系统，熵判据的表示式为（　）。

(A) $(dS)_{T,U}\geqslant 0$　　(B) $(dS)_{p,U}\geqslant 0$　　(C) $(dS)_{T,p}\geqslant 0$　　(D) $(dS)_{U,V}\geqslant 0$

16. 甲苯在 101.3kPa 时的正常沸点为 110℃，现在将 1mol 甲苯放入与 110℃的热源接触的真空容器中，控制容器的容积，使甲苯迅速气化为同温、同压的蒸气。下列描述该过程的热力学变量正确的是（　）。

(A) $\Delta_{vap}U=0$　　(B) $\Delta_{vap}H=0$　　(C) $\Delta_{vap}S=0$　　(D) $\Delta_{vap}G=0$

17. 在封闭系统中，若某过程的 $\Delta A=W_{max}$，应满足的条件是（　）。

(A) 等温、可逆过程　　(B) 等容、可逆过程

(C) 等温、等压、可逆过程　　(D) 等温、等容、可逆过程

18. 热力学第三定律也可以表述为（　）。

(A) 在 0K 时，任何晶体的熵等于零

(B) 在 0K 时，任何完美晶体的熵等于零

(C) 在 0℃时，任何晶体的熵等于零

(D) 在 0℃时，任何完美晶体的熵等于零

19. 纯 H_2O (l) 在正常沸点时，等温、等压可逆汽化，则（　）。

(A) $\Delta_{vap}U^{\ominus}=\Delta_{vap}H^{\ominus}$，$\Delta_{vap}A^{\ominus}=\Delta_{vap}G^{\ominus}$，$\Delta_{vap}S^{\ominus}>0$

(B) $\Delta_{vap}U^\ominus < \Delta_{vap}H^\ominus$，$\Delta_{vap}A^\ominus < \Delta_{vap}G^\ominus$，$\Delta_{vap}S^\ominus > 0$

(C) $\Delta_{vap}U^\ominus > \Delta_{vap}H^\ominus$，$\Delta_{vap}A^\ominus > \Delta_{vap}G^\ominus$，$\Delta_{vap}S^\ominus < 0$

(D) $\Delta_{vap}U^\ominus < \Delta_{vap}H^\ominus$，$\Delta_{vap}A^\ominus < \Delta_{vap}G^\ominus$，$\Delta_{vap}S^\ominus < 0$

20. 在−10℃、101.325kPa 下，1mol 水凝结成冰的过程中，下列公式仍可使用的是(　　)。

(A) $\Delta U = T\Delta S$　　　　(B) $\Delta S = \dfrac{\Delta H - \Delta G}{T}$

(C) $\Delta U = T\Delta S + V\Delta p$　　　　(D) $\Delta G_{T,p} = 0$

习　题

1. 某电冰箱内的温度为 0℃，室温为 25℃，今欲使 1000g 温度为 0℃的水变成冰，问最少需做功多少？制冷机对环境放热若干？已知 0℃时冰的熔化焓为 $334.7\text{J}\cdot\text{g}^{-1}$。

2. 热机的低温热源一般是空气或水，平均温度设为 293K。为了提高热机的效率，只有尽可能提高高温热源的温度。如果希望可逆热机的效率达到 60%，试计算这时高温热源的温度。高温热源一般是加压水蒸气，这时水蒸气将处于什么状态？已知水的临界温度为 647K。

3. 试计算下列过程的 ΔS：(1) 5mol 双原子分子理想气体，在等容的条件下由 448K 冷却到 298K；(2) 3mol 单原子分子理想气体，在等压条件下由 300K 加热到 600K。

4. 某蛋白质在 323K 时变性，并达到平衡状态，即天然蛋白质⇌变性蛋白质。已知该变性过程的摩尔焓变 $\Delta_r H_m = 29.288\text{kJ}\cdot\text{mol}^{-1}$，求该反应的摩尔熵变 $\Delta_r S_m$。

5. 1mol 理想气体在等温下分别经历以下两个过程：(1) 可逆膨胀；(2) 向真空膨胀，终态体积都是始态体积的 10 倍。分别计算在这两个过程中系统的熵变。

6. 有 2mol 单原子分子理想气体，由始态 500kPa、323K 加热到终态 1000kPa、373K，试计算此气体的熵变。

7. 1mol O_2 克服 100kPa 的恒定外压做绝热膨胀，直到达到平衡为止，初始温度为 200℃，初始体积为 20dm^3，假定氧气为理想气体，试计算该膨胀过程中氧气的熵变。

8. 1mol、0℃、0.2MPa 的理想气体沿着 p/V = 常数 的可逆途径到达压力为 0.4MPa 的终态。已知 $C_{V,m} = (5/2)R$，求过程的 W、Q、ΔU、ΔH、ΔS。

9. 1mol 273.15K，100kPa 的 O_2(g) 与 3mol 373.15K，100kPa 的 N_2(g) 在绝热条件下混合，终态压力为 100kPa，若 O_2(g) 和 N_2(g) 均视为理想气体，试计算孤立体系的熵变。

10. 在环境温度为 100℃的恒温水浴中，2mol、100℃、100kPa 的液体水向真空蒸发，全部变成为 100℃、100kPa 的水蒸气，求此过程的熵变 $\Delta_{vap}S$，判断过程是否自发。已知 100kPa、100℃时水的摩尔蒸发热为 $40.68\text{kJ}\cdot\text{mol}^{-1}$。水蒸气可视为理想气体。

11. 在 300K 时，有物质的量为 n 的单原子分子理想气体，从始态 100kPa、122dm^3 反抗 50kPa 的外压，等温膨胀到 50kPa。试计算：(1) 变化过程的 ΔU、ΔH、终态体积 V_2 以及如果过程是可逆过程的热 Q_R 和功 W_R；(2) 如果过程是不可逆过程的热 Q_1 和功 W_1；(3) ΔS_{sys}、ΔS_{sur} 和 ΔS_{iso}。

12. 有一个绝热的刚性容器，中间用隔板将容器分为两个部分，分别充以不同温度的

$N_2(g)$ 和 $O_2(g)$，如下所示。$N_2(g)$ 和 $O_2(g)$ 均可视为理想气体。

1mol $N_2(g)$ 293K	1mol $O_2(g)$ 283K

(1) 设中间隔板是导热的，并能滑动以保持两边的压力相等。计算整个系统达到热平衡时的 ΔS。

(2) 达到热平衡后，将隔板抽去，求混合熵变 $\Delta_{mix}S$。

13. 298.15K 时，液态乙醇的标准摩尔熵为 $160.7J\cdot K^{-1}\cdot mol^{-1}$，在此温度下乙醇的蒸气压是 7.866kPa，摩尔汽化热为 $42.635kJ\cdot mol^{-1}$。计算标准压力 $p^{\ominus}$ 下，298.15K 时乙醇蒸气的标准摩尔熵。假定乙醇蒸气为理想气体。

14. 4mol 理想气体从 300K，$p^{\ominus}$ 下等压加热到 600K，求此过程的 ΔU、ΔH、ΔS、ΔA、ΔG。已知此理想气体的 $S_m^{\ominus}(300K)=150.0J\cdot K^{-1}\cdot mol^{-1}$，$C_{p,m}=30.00J\cdot K^{-1}\cdot mol^{-1}$。

15. 人体活动和生理过程是在恒压下做广义电功的过程。在 298K 时，1mol 葡萄糖最多能提供多少能量来供给人体活动和维持生命？已知在 298K 时葡萄糖的标准摩尔燃烧焓为 $\Delta_c H_m^{\ominus}(C_6H_{12}O_6)=-2808kJ\cdot mol^{-1}$，各物质的标准摩尔熵分别为：

$$S_m^{\ominus}(C_6H_{12}O_6)=212.0\ J\cdot K^{-1}\cdot mol^{-1},\quad S_m^{\ominus}(CO_2)=213.74\ J\cdot K^{-1}\cdot mol^{-1}$$

$$S_m^{\ominus}(H_2O,l)=69.91\ J\cdot K^{-1}\cdot mol^{-1},\quad S_m^{\ominus}(O_2,g)=205.14\ J\cdot K^{-1}\cdot mol^{-1}。$$

*16. 某化学反应，若在 298K 和标准压力下进行，放热 40.00kJ；若使该反应通过可逆电池来完成，在与化学反应的始、终态相同时，则吸热 4.00kJ。试计算：(1) 该化学反应的 $\Delta_r S_m^{\ominus}$；(2) 当该反应自发进行，不做电功时的环境熵变及总的熵变；(3) 系统可能做的最大电功。

17. 1mol 理想气体，在 273K 等温可逆地从 1000kPa 膨胀到 100kPa，试计算此过程的 Q、W 以及气体的 ΔU、ΔH、ΔS、ΔA 和 ΔG。

18. 300K 时，将 1mol 理想气体从 100kPa 经等温可逆压缩到 1000kPa。计算 Q、W、ΔU、ΔH、ΔS、ΔA 和 ΔG。

19. 在 373K 及 101.325kPa 条件下，将 2mol 水可逆蒸发为同温、同压的水蒸气。计算此过程的 Q、W、ΔU、ΔH、ΔS。已知水的摩尔汽化焓 $\Delta_{vap}H_m=40.68kJ\cdot mol^{-1}$。假设水蒸气可作为理想气体，忽略液态水的体积。

20. 在一玻璃球中封入 1mol $H_2O(l)$，压力为 101.3kPa，温度为 373K。将玻璃球放入一个真空容器中，真空容器恰好能容纳 1mol 101.3kPa、373K 的 $H_2O(g)$。设法将小球击破，水全部汽化成 101.3kPa、373K 的水蒸气。计算 Q、W、ΔU、ΔH、ΔS、ΔA 和 ΔG。根据计算结果说明这一过程是否自发，可以用哪个热力学性质作为判据。已知水在 101.3kPa、373K 时的摩尔汽化焓 $\Delta_{vap}H_m^{\ominus}(H_2O,l)=40.68kJ\cdot mol^{-1}$。

21. 在 −5℃ 和标准压力下，1mol 过冷液态苯凝固为同温、同压的固态苯，计算该过程的 ΔS 和 ΔG。已知 −5℃ 时，固态苯和液态苯的饱和蒸气压分别为 225kPa 和 2.64kPa，在该条件下，苯的摩尔熔化焓 $\Delta_{mel}H_m^{\ominus}(C_6H_6,s)=9.86kJ\cdot mol^{-1}$。

22. 在 298K，101.3kPa 条件下，Zn(s) 与 $CuSO_4$ 溶液的置换反应在可逆电池中进行，做出最大电功 200kJ，放热 6kJ。求该反应的 $\Delta_r U$、$\Delta_r H$、$\Delta_r A$、$\Delta_r S$ 和 $\Delta_r G$（设反应前后的体积变化可忽略不计）。

23. 在温度为298K的恒温浴中，某2mol理想气体发生不可逆膨胀过程。过程中系统对环境做功3.5kJ，到达终态时系统的体积为始态的10倍。求此过程的Q、W及气体的ΔU、ΔH、ΔS、ΔA和ΔG。

24. 在101.3kPa和373K下，把1mol水蒸气可逆压缩为液体，计算Q、W、ΔU、ΔH、ΔS、ΔA和ΔG。已知在373K和101.3kPa下，水的摩尔汽化焓$\Delta_{vap}H_m=40.68kJ \cdot mol^{-1}$。气体可以作为理想气体处理，忽略液体的体积。

25. 计算下列反应在298K和标准压力下的熵变$\Delta_r S_m^{\ominus}$。

$$CH_3OH(l)+\frac{3}{2}O_2(l) \longrightarrow CO_2(l)+2H_2O(l)$$

已知在298K和标准压力下，各物质的标准摩尔熵分别为：

$S_m^{\ominus}(CH_3OH,l)=126.80\ J \cdot K^{-1} \cdot mol^{-1}$，$S_m^{\ominus}(O_2,g)=205.14\ J \cdot K^{-1} \cdot mol^{-1}$，

$S_m^{\ominus}(CO_2,g)=213.74\ J \cdot K^{-1} \cdot mol^{-1}$，$S_m^{\ominus}(H_2O,l)=69.91\ J \cdot K^{-1} \cdot mol^{-1}$。

26. 在600K，100kPa下，生石膏的脱水反应为

$$CaSO_4 \cdot 2H_2O(s) = CaSO_4(s)+2H_2O(g)$$

试计算该反应进度为1mol时的Q、W、$\Delta_r U_m^{\ominus}$、$\Delta_r H_m^{\ominus}$、$\Delta_r S_m^{\ominus}$、$\Delta_r A_m^{\ominus}$、$\Delta_r G_m^{\ominus}$。已知各物质在298.15K、100kPa时的热力学数据如下：

物　质	$\Delta_f H_m^{\ominus}/(kJ \cdot mol^{-1})$	$S_m^{\ominus}/(J \cdot K^{-1} \cdot mol^{-1})$	$C_{p,m}/(J \cdot K^{-1} \cdot mol^{-1})$
$CaSO_4 \cdot 2H_2O(s)$	−2021.12	193.97	186.20
$CaSO_4(s)$	−1432.68	106.70	99.60
$H_2O(g)$	−241.82	188.83	33.58

设$C_{p,m}$的值在298～600K的温度区间内是与温度无关的常数，气体可按理想气体处理，在气体与凝聚态共存时，凝聚态的体积可忽略不计。

27.（1）1mol甲苯通过以下两个过程：①在正常沸点可逆蒸发；②向真空蒸发，变为同温、同压（383K，101.325kPa）的蒸气，分别计算这两个过程的Q、W、ΔU、ΔH、ΔS、ΔA和ΔG。已知甲苯在正常沸点383K时的摩尔汽化焓$\Delta_{vap}H_m=13.343kJ \cdot mol^{-1}$，设气体为理想气体，凝聚态的体积与气体体积相比可忽略不计。

（2）用熵判据，通过计算说明真空蒸发的可逆性和自发性。

28. 若1000g斜方硫（S_8）转变为单斜硫（S_8）时，体积增加了$13.8 \times 10^{-3}dm^3$，斜方硫和单斜硫的标准摩尔燃烧热分别为$-296.7kJ \cdot mol^{-1}$和$-297.1kJ \cdot mol^{-1}$，在压力$p^{\ominus}$下两种晶型的正常转化温度为96.7℃，请判断在100℃、$5p^{\ominus}$下，硫的哪一种晶型稳定。设两种晶型的C_p相等（硫的原子量为32）。

第3章 多组分系统热力学

热力学第一定律和第二定律引入了状态函数 U 和 S，解决了系统与环境之间交换能量的计算和系统变化方向的判断问题。为了方便判断不同变化过程的方向并计算系统与环境之间交换的能量，又分别引进了状态函数 H、A 和 G，并详细介绍了如何计算简单系统发生单纯 p、V、T 变化、相变化和化学变化时，功、热及 U、H、S、A 和 G 五个状态函数改变值的计算，得出了许多重要的热力学结论和计算公式。

遗憾的是，迄今为止，还只是讨论了热力学定律、原理和许多热力学公式在单组分或组成不变的单相系统（简单系统）中的应用。对于简单系统，由于物质的量一定，系统的状态和状态函数只需用两个独立变量就可以描述，例如，$G=f(T, p)$。对于多组分系统，除了两个独立变量以外，还要知道各组分的物质的量，即 $G=f(T, p, n_1, n_2, \cdots, n_k)$。一般而言，在科研和生产中，常见的系统大多为组成变化的多组分封闭或敞开系统。即使是在无化学反应、无相变化的单相多组分封闭系统中，由于不同组分分子间的相互作用力不同于各纯组分分子间的相互作用力，系统中各组分广延（或称容量）性质的摩尔量并不等于其以纯组分存在时的摩尔量；同时，系统某一广延性质 Z 的值也不再简单地等于构成系统的各组分广延性质的摩尔量 $Z_{m,i}^*$ 与其物质的量 n 乘积之和，即除了物质的量以外，所有广度性质不再具有简单的加和性。

为此，在研究多组分系统时，首先要解决的问题是：①多组分系统的分类；②如何描述一个多组分系统；③如何表示多组分系统具有加和性的状态函数；④多组分系统各状态函数之间的关系，即如何将简单系统中的热力学公式用于多组分系统。

因此，本章主要内容是首先定义几个基本概念，在此基础上，将热力学第一定律和热力学第二定律介绍的热力学基本理论和公式应用于多组分系统。对于多相多组分系统，可以将其分成几个单相多组分系统处理。故研究多组分系统只需研究单相多组分系统即可。

3.1 多组分系统

主要知识点

1. 混合物和溶液

任一组分在热力学上都可以用相同方法处理的多组分均相系统称为混合物。混合物有气态、液态和固态之分。如果均相系统的各个组分在热力学上要用不同的方法处理，分别有自己的标准态或服从不同的经验定律，则称之为溶液。其中数量较少的组分称为溶质，数量较多的组分称为溶剂。溶液有液态和固态之分，但无气态溶液。

2. 多组分系统的组成表示法

用于气态混合物的组成表示法，如物质B的物质的量分数（或摩尔分数）和质量分数等，对液态或固态混合物也适用。溶液中溶质B的物质的量浓度 c_B 等于B的物质的量 n_B 除以溶液的体积，单位是 $mol \cdot m^{-3}$ 或 $mol \cdot dm^{-3}$。

质量摩尔浓度 m_B 等于溶质B的物质的量 n_B 除以溶剂A的质量 $m(A)$，单位是 $mol \cdot kg^{-1}$。由于 m_B 与温度无关，因此在电化学中用得较多。

3.1.1 混合物和溶液

由两种或两种以上的物质（组分）组成的系统称为多组分系统。多组分系统可以是单相的，也可以是多相的。对于多相系统，可以把它分为几个单相系统分别加以研究，因此这里主要讨论多组分单相封闭系统的热力学性质。

多组分单相封闭系统是由两种或两种以上物质以分子大小的微粒相互均匀混在一起所形成的均相系统，它们可以是气相、液相或固相。为了在热力学上讨论或处理问题方便起见，把多组分系统分为两大类：一类是混合物，另一类是溶液。

混合物（mixture）是指多组分均相系统中的任一组分在热力学上都可以用相同的方法进行处理，它们有相同的标准态，有相同的化学势表示式，服从相同的经验定律［拉乌尔（Raoult）定律］等。性质十分相似的不同组分，当纯组分分子之间的作用能与另外组分分子之间的作用能几乎相等时，它们可以按任意比例混合形成混合物。对任一个组分进行热力学处理所得到的结果也适用于其他组分。混合物按其聚集状态可以分为气态混合物（如氧气和氮气）、液态混合物（如对二甲苯和邻二甲苯等性质相近的其他两组分或多组分同分异构体）和固态混合物（如金和银的合金）。

混合物有理想和非理想之分，理想混合物中的任一组分都能完全服从相同的经验定律。当由两个或两个以上的组分在形成理想的混合物时，没有热效应，总体积等于各个纯组分体积的加和，没有因混合而发生体积变化。而非理想的混合物，其中的组分可能对所服从的经验定律发生偏差，这时需要对其浓度进行修正，用对应的相对活度来代替。

溶液是指在多组分均相系统中，不同的组分在热力学上需要用不同的处理方法，它们有不同的标准态，有不同的化学势表示式，分别服从不同的经验定律。对于气体或固体溶入液体所形成的均相系统，通常将气体或固体称为溶质（solute），将液体称为溶剂（solvent）。

对于一种或多种液体溶入另一液体中形成的均相系统，则将数量少的液体称为溶质，数量多的液体称为溶剂。溶液有液态溶液（如乙醇溶在水中）和固态溶液（如锌熔化在铜中形成的均匀的固态溶液，称为合金或固溶体）之分，但没有气态溶液，因为气体一般都能均匀混合，形成气态混合物。溶质以离子的形式与溶剂分子均匀混合形成的溶液，称为电解质溶液，这部分内容将在电化学中讨论。本章主要讨论溶质以分子大小的微粒与溶剂分子形成的均相非电解质溶液。

溶液有稀溶液和浓溶液之分，本章主要讨论稀溶液。稀溶液也有理想稀溶液和非理想稀溶液之分。理想稀溶液是指溶剂完全遵守拉乌尔定律，溶质完全遵守亨利（Henry）定律。而非理想稀溶液是指溶剂对拉乌尔定律发生偏差，溶质对亨利定律发生偏差，这时溶剂和溶质的浓度需要进行修正，用它们对应的相对活度来代替。

3.1.2 多组分系统的组成表示法

在前面相关章节中已介绍了几种气态混合物的组成表示法，如物质B的摩尔分数和质量分数等，这些当然也适用于液态和固态混合物。这里再介绍两种用得较多的多组分系统的组成表示法。

（1）混合物中任一组分B的物质的量浓度 c_B

将B的物质的量 n_B 除以混合物的体积 V，就得到B的物质的量浓度 c_B，用公式表示为

$$c_B \xlongequal{\text{def}} \frac{n_B}{V} \tag{3.1}$$

c_B 就是混合物中任一组分B的物质的量浓度，简称为B的浓度。c_B 的单位是 $mol \cdot m^{-3}$。式(3.1)中，分母是混合物的体积。如果系统的温度有定值，或系统的体积保持不变，或精确度要求不高时，混合物的体积可以用溶液的体积代替，则式(3.1)也可以作为溶液中溶质B的物质的量浓度的表示式。

溶质B的物质的量浓度的单位通常用 $mol \cdot m^{-3}$ 表示。在动力学中，也可用符号 [B] 来表示 c_B，这两种表示方法是等效的。

（2）溶质B的质量摩尔浓度 m_B

将溶质B的物质的量 n_B 除以溶剂A的质量 $m(A)$，就得到溶质B的质量摩尔浓度 m_B，用公式表示为

$$m_B \xlongequal{\text{def}} \frac{n_B}{m(A)} \tag{3.2}$$

质量摩尔浓度的单位是 $mol \cdot kg^{-1}$，其符号 m_B 也可以用 b_B 表示。由于这种组成表示法不受温度的影响，可以用精确的称量进行配制，在热力学处理中也比较方便，因此在电化学中主要采用它来表示电解质溶液的浓度。

【例 3.1】 在298K和100kPa时，有 $AgNO_3$(B) 的水溶液，该溶液的密度为 $1.108 \times 10^3 kg \cdot m^{-3}$，其中 $AgNO_3$ 的质量分数为0.12。试求 $AgNO_3$ 在该溶液中的摩尔分数、物质的量浓度和质量摩尔浓度。已知 $AgNO_3$ 的摩尔质量为 $169.9 \times 10^{-3} kg \cdot mol^{-1}$，$H_2O$ 的摩尔质量为 $18.0 \times 10^{-3} kg \cdot mol^{-1}$。

解 题中的物理量都是强度性质，与溶液的多少无关，为了计算方便，取溶液的质量为1.0kg进行计算。在1.0kg溶液中含 H_2O(A) 和 $AgNO_3$(B) 的物质的量分别为

$$n_B = \frac{m(B)}{M_B} = \frac{0.12 \times 1.0\text{kg}}{169.9 \times 10^{-3}\text{kg} \cdot \text{mol}^{-1}} = 0.71\text{mol}$$

$$n_A = \frac{m(A)}{M_A} = \frac{(1-0.12) \times 1.0\text{kg}}{18.0 \times 10^{-3}\text{kg} \cdot \text{mol}^{-1}} = 48.9\text{mol}$$

$$x_B = \frac{n_B}{\sum_A n_A} = \frac{0.71\text{mol}}{(0.71 + 48.9)\text{mol}} = 0.014$$

$$c_B = \frac{n_B}{V} = \frac{0.71\text{mol}}{1.0\text{kg}/(1.108 \times 10^3\text{kg} \cdot \text{m}^{-3})} = 0.79 \times 10^3 \text{mol} \cdot \text{m}^{-3}$$
$$= 0.79\text{mol} \cdot \text{dm}^{-3}$$

$$m_B = \frac{n_B}{m(A)} = \frac{0.71\text{mol}}{1.0\text{kg} \times (1-0.12)} = 0.81\text{mol} \cdot \text{kg}^{-1}$$

3.2 偏摩尔量

主要知识点

1. 单组分与多组分系统的区别

单组分封闭系统中将组成看作常数，四个热力学基本公式中各只有两个变量，系统中任一广延性质与物质的量成正比，有加和性。而多组分系统中，总的广延性质通常不等于混合前各纯物质所具有的对应广延性质的加和（形成理想混合物是例外），组成也成了确定系统状态的一个变量。

2. 偏摩尔量的定义

在等温、等压条件下，保持除B以外的其余组分不变，系统的广延性质 X 随组分B的物质的量 n_B 的变化率称为物质B的某种广延性质 X 的偏摩尔量，用 X_B 表示。也可以看作在一个等温、等压、保持组成不变的多组分系统中，当 $n_B=1\text{mol}$ 时，物质B所具有的广延性质 X_B，偏摩尔量的定义式为

$$X_B \overset{\text{def}}{=\!=\!=} \left(\frac{\partial X}{\partial n_B}\right)_{T,p,n_C(C \neq B)}$$

偏摩尔量是强度性质，当系统中只有一种组分时，偏摩尔量就等于摩尔量。

3. 偏摩尔量的加和公式

在多组分均相系统中，系统的各个广延性质的值等于各组分的偏摩尔量与其物质的量的乘积之和，说明偏摩尔量之间不是没有关系的。其加和公式为

$$X = \sum_B n_B X_B$$

3.2.1 单组分与多组分系统的区别

在热力学基本定律中，主要讨论的是单组分（或组成不变的）封闭系统，将组分B的

物质的量 n_B 看作常数，因此在四个热力学基本公式中只涉及两个变量，用两个变量就可以确定系统的状态。为了区别于今后的多组分系统，将代表纯组分广延性质符号的右上角标上“*”号。例如，用 $V_{m,B}^*$、$U_{m,B}^*$、$H_{m,B}^*$、$S_{m,B}^*$、$A_{m,B}^*$ 和 $G_{m,B}^*$ 分别表示纯组分 B 的摩尔体积、摩尔热力学能等摩尔热力学函数。

对于多组分系统，各组分的物质的量 n_B 也成为决定系统状态的一个变量，它直接影响广延性质的数值。以体积为例，对于单组分系统，1mol 物质 B 的体积为 $V_{m,B}^*$，则 2mol 物质 B 的体积为

$$V = 1\text{mol}\times V_{m,B}^* + 1\text{mol}\times V_{m,B}^* = 2\text{mol}\times V_{m,B}^*$$

这说明单组分系统的广延性质 V 具有加和性，其他广延性质也是如此。但是对于多组分系统，情况就要复杂一些。例如，将 n_E 的液体 E 和 n_F 的液体 F 混合，所得的二组分均相系统的体积与混合前纯组分体积的加和会出现两种情况，一种是相等，另一种是不等，用公式表示为

$$V = n_E V_{m,E}^* + n_F V_{m,F}^*$$

$$V \neq n_E V_{m,E}^* + n_F V_{m,F}^*$$

第一种情况说明物质 E 与 F 的性质近似，混合过程中分子与分子之间的作用力几乎不变，故体积也没有发生变化，它们形成了理想的液态混合物；第二种情况说明 E 和 F 的性质有差异，E 分子之间（或 F 分子之间）的作用力不同于 E 与 F 分子之间的作用力，混合过程中由于作用力发生变化，体积也发生变化，它们形成了溶液，溶液的体积不等于纯溶质和纯溶剂体积的加和。当然，其他的具有广延性质的热力学函数和体积一样均如此。本节要研究的是第二种情况。例如，在常温、常压下，将乙醇与水按不同比例混合，所得乙醇水溶液的体积总是小于混合前乙醇的体积与水的体积的加和（也有的物质在混合后会出现体积变大的情况），混合的比例不同，这个差值也不同。

因此，在讨论两种或两种以上物质形成均相的多组分系统时，必须引入新的概念来代替对于纯物质所用的广延性质的摩尔量的概念，也就是要把各组分的物质的量也作为变量。这个引入的新概念就是偏摩尔量。

3.2.2 偏摩尔量的定义

设有一个由 1，2，…，k 种组分组成的均相多组分系统，其任一广延性质 X（如 V、U、H、S、A 和 G 等）除了与温度和压力有关外，还与系统中所含各组分的物质的量 n_1，n_2，…，n_k 有关，写作函数的形式为

$$X = X(T, p, n_1, n_2, \cdots, n_k)$$

如果这些物质的量发生微小的变化，则任一广延性质 X 也有相应的变化，用公式表示为

$$\begin{aligned} dX = & \left(\frac{\partial X}{\partial T}\right)_{p,n_1,n_2,\cdots,n_k} dT + \left(\frac{\partial X}{\partial p}\right)_{T,n_1,n_2,\cdots,n_k} dp + \left(\frac{\partial X}{\partial n_1}\right)_{T,p,n_2,\cdots,n_k} dn_1 \\ & + \left(\frac{\partial X}{\partial n_2}\right)_{T,p,n_1,\cdots,n_k} dn_2 + \cdots + \left(\frac{\partial X}{\partial n_k}\right)_{T,p,n_1,n_2,\cdots,n_{k-1}} dn_k \end{aligned} \tag{3.3}$$

在等温、等压条件下，式(3.3) 可写为

$$dX = \sum_{B=1}^{k}\left(\frac{\partial X}{\partial n_B}\right)_{T,p,n_C(C\neq B)} dn_B \tag{3.4}$$

式(3.4) 表示在等温、等压下，保持除 B 以外的其余组分 $n_C(C\neq B)$ 不变，由于组分 B 的

物质的量 n_B 发生微小的变化所引起系统广延性质 X 随之产生的变化率。也相当于在等温、等压下，在一个具有一定组成、足够大的多组分系统中，加入单位物质的量的组分 B（仍可以认为系统的组成不变）时所引起系统广延性质 X 的增量。

偏摩尔量的定义

$$X_B \xlongequal{\text{def}} \left(\frac{\partial X}{\partial n_B}\right)_{T,p,n_C(C \neq B)} \tag{3.5}$$

X_B 称为物质 B 的某种广延性质 X 的偏摩尔量（partial molar quantity），即在等温、等压条件下保持除 B 以外的其余组分不变，系统的广延性质 X 随组分 B 的物质的量 n_B 的变化率称为物质 B 的偏摩尔量。也可以看作在一个等温、等压、保持组成不变的多组分系统中，当 $n_B=1\text{mol}$ 时物质 B 所具有的广延性质 X_B。由于用了偏微分的形式表示，故称 X_B 为偏摩尔量。

根据偏摩尔量的定义［式(3.5)］，多组分系统中物质 B 的偏摩尔量的具体形式有：偏摩尔体积 V_B，偏摩尔热力学能 U_B，偏摩尔焓 H_B，偏摩尔熵 S_B，偏摩尔亥姆霍兹自由能 A_B 和偏摩尔吉布斯自由能 G_B 等。它们相应的定义式为

$$V_B=\left(\frac{\partial V}{\partial n_B}\right)_{T,p,n_C(C \neq B)} \qquad U_B=\left(\frac{\partial U}{\partial n_B}\right)_{T,p,n_C(C \neq B)} \qquad H_B=\left(\frac{\partial H}{\partial n_B}\right)_{T,p,n_C(C \neq B)}$$

$$S_B=\left(\frac{\partial S}{\partial n_B}\right)_{T,p,n_C(C \neq B)} \qquad A_B=\left(\frac{\partial A}{\partial n_B}\right)_{T,p,n_C(C \neq B)} \qquad G_B=\left(\frac{\partial G}{\partial n_B}\right)_{T,p,n_C(C \neq B)}$$

如果系统中只有一种组分（纯组分系统），则偏摩尔量 X_B 就是摩尔量 $X^*_{m,B}$。使用偏摩尔量时必须注意：只有广延性质才有偏摩尔量，强度性质不存在偏摩尔量；只有在等温、等压、保持除 B 以外的其他组分的量不变时，某广延性质对组分 B 的物质的量的偏微分才是偏摩尔量。其他条件如在等温、等容或等压、等熵的条件下进行偏微分，都不可能得到偏摩尔量。偏摩尔量与摩尔量一样，都是系统的强度性质。

3.2.3 偏摩尔量的加和公式

将式(3.5) 代入式(3.3)，得

$$\mathrm{d}X=\left(\frac{\partial X}{\partial T}\right)_{p,n_1,n_2,\cdots,n_k}\mathrm{d}T+\left(\frac{\partial X}{\partial p}\right)_{T,n_1,n_2,\cdots,n_k}\mathrm{d}p+\sum_B X_B\mathrm{d}n_B \tag{3.6}$$

如果保持温度和压力不变，则式(3.6) 为

$$\mathrm{d}X=\sum_B X_B\mathrm{d}n_B \tag{3.7}$$

即在等温、等压条件下，任一广延性质与多组分系统的组成有关。由于偏摩尔量是强度性质，因此与系统的总量无关。如果保持系统中各种物质的量的比例不变，同时加入物质 1，2，…，k，直到各种物质加入的量分别为 n_1，n_2，…，n_k。因为是按比例加入的，所以系统的组成保持不变，则各组分的偏摩尔量 X 也没有改变。代入式(3.7) 进行积分，就可以得到加入 n_1，n_2，…，n_k 后系统的任一广延性质 X 的总的变化值，即

$$\begin{aligned} X&=\int_0^X \mathrm{d}X=\int_0^{n_1}X_1\mathrm{d}n_1+\int_0^{n_2}X_2\mathrm{d}n_2+\cdots+\int_0^{n_k}X_k\mathrm{d}n_k \\ &=n_1X_1+n_2X_2+\cdots+n_kX_k=\sum_B n_BX_B \end{aligned} \tag{3.8}$$

式(3.8) 称为偏摩尔量的加和公式(或集合公式)。这个公式说明了系统中各个广延性质的总值与各组分的偏摩尔量之间的关系。在本节开头时就指出，在多组分系统中，任一广延性质一般不等于混合前各个纯物质所具有的对应广延性质的加和。偏摩尔量的加和公式表明了系

统的各个广延性质的总值等于各组分的偏摩尔量与其物质的量的乘积之和。例如，一个系统只有两个组分1和2，以系统的体积为例，则系统的体积等于这两个组分的物质的量 n_1 和 n_2 分别乘以对应的偏摩尔体积 V_1 和 V_2 的加和，即

$$V = n_1 V_1 + n_2 V_2$$

依此类推，多组分系统的常见广延性质可以表示为

$$V=\sum_{B} n_B V_B \qquad U=\sum_{B} n_B U_B \qquad H=\sum_{B} n_B H_B$$

$$S=\sum_{B} n_B S_B \qquad A=\sum_{B} n_B A_B \qquad G=\sum_{B} n_B G_B$$

【例3.2】 在298K和100kPa下，在1.0kg H_2O(A)中加入NaBr(B)，所得溶液的体积与溶质B的质量摩尔浓度 m_B 之间的关系为

$$\frac{V}{\text{cm}^3}=1002.93+23.189\frac{m_B}{\text{mol·kg}^{-1}}+2.179\left(\frac{m_B}{\text{mol·kg}^{-1}}\right)^{3/2}-0.178\left(\frac{m_B}{\text{mol·kg}^{-1}}\right)^2$$

试求：当 $m_B=0.25\text{mol·kg}^{-1}$ 时，H_2O(A)和NaBr(B)的偏摩尔体积。

解

$$\frac{V_B}{\text{cm}^3\text{·mol}^{-1}}=\left(\frac{\partial V}{\partial m_B}\right)_{T,p,n_A}$$

$$=23.189+\frac{3}{2}\times 2.197\left(\frac{m_B}{\text{mol·kg}^{-1}}\right)^{1/2}-2\times 0.178\left(\frac{m_B}{\text{mol·kg}^{-1}}\right)$$

将 $m_B=0.25\text{mol·kg}^{-1}$ 代入，得到NaBr(B)的摩尔体积为

$$V_B=24.748\text{cm}^3\text{·mol}^{-1}$$

根据偏摩尔量的加和公式

$$V=n_A V_A+n_B V_B$$

则

$$V=(1002.93+23.189\times 0.25+2.197\times 0.25^{3/2}-0.178\times 0.25^2)\text{cm}^3$$

$$n_B=m_B m(\text{A})=0.25\text{mol·kg}^{-1}\times 1.0\text{kg}=0.25\text{mol}$$

$$n_A=\frac{m(\text{A})}{M_A}=\frac{1.0\text{kg}}{18.016\times 10^{-3}\text{kg·mol}^{-1}}=55.51\text{mol}$$

$$V_A=\frac{V-n_B V_B}{n_A}=\frac{(1009.01-0.25\times 24.748)\text{cm}^3}{55.51\text{mol}}=18.066\text{ cm}^3\text{·mol}^{-1}$$

3.3 化学势

主要知识点

1. 多组分系统的热力学公式

以热力学能为例，在多组分系统中，热力学能是两个特征变量和组成的函数，即

$U=U(S,V,n_1,n_2,\cdots,n_k)$，因此其热力学的基本公式要在单组分系统的公式后面再加上一项 $\sum_{\mathrm{B}}\left(\frac{\partial U}{\partial n_{\mathrm{B}}}\right)_{S,V,n_{\mathrm{B}}(\mathrm{C}\neq\mathrm{B})}\mathrm{d}n_{\mathrm{B}}$。其余热力学函数都是如此。

2. 化学势的定义

化学势的定义是

$$\mu_{\mathrm{B}}=\left(\frac{\partial U}{\partial n_{\mathrm{B}}}\right)_{S,V,n_{\mathrm{C}}(\mathrm{C}\neq\mathrm{B})}=\left(\frac{\partial H}{\partial n_{\mathrm{B}}}\right)_{S,p,n_{\mathrm{C}}(\mathrm{C}\neq\mathrm{B})}=\left(\frac{\partial A}{\partial n_{\mathrm{B}}}\right)_{T,V,n_{\mathrm{C}}(\mathrm{C}\neq\mathrm{B})}=\left(\frac{\partial G}{\partial n_{\mathrm{B}}}\right)_{T,p,n_{\mathrm{C}}(\mathrm{C}\neq\mathrm{B})}$$

由于大部分实验都是在等温、等压下进行，今后主要用以吉布斯自由能表示的化学势

$$\mu_{\mathrm{B}}=\left(\frac{\partial G}{\partial n_{\mathrm{B}}}\right)_{T,p,n_{\mathrm{C}}(\mathrm{C}\neq\mathrm{B})}$$

3. 化学势与温度、压力的关系

化学势与温度、压力的关系和纯组分的摩尔吉布斯自由能与温度、压力的关系相似，只是多组分系统用的是偏摩尔量，而纯组分用的是摩尔量。

$$\left(\frac{\partial G}{\partial T}\right)_{p,n_{\mathrm{B}}}=-S\ ,\left(\frac{\partial \mu_{\mathrm{B}}}{\partial T}\right)_{p,n_{\mathrm{B}}}=-S_{\mathrm{B}},\left(\frac{\partial G}{\partial p}\right)_{T,n_{\mathrm{B}}}=V\ ,\left(\frac{\partial \mu_{\mathrm{B}}}{\partial p}\right)_{T,n_{\mathrm{B}}}=V_{\mathrm{B}}$$

3.3.1 多组分系统的热力学公式

在多组分均相系统中，系统的任何热力学性质不但是 p、V、T、U、H 和 S 等热力学函数中任意两个独立变量的函数，同时也是各组成的物质的量的函数，在四个热力学基本公式中要增加含有变量 n_{B} 的相应项。如果将 U、H、A 和 G 表示成如下的函数形式：

$$U=U(S,V,n_1,n_2,\cdots,n_k) \qquad H=H(S,p,n_1,n_2,\cdots,n_k)$$

$$A=A(T,V,n_1,n_2,\cdots,n_k) \qquad G=G(T,p,n_1,n_2,\cdots,n_k)$$

与单组分系统相比，四个热力学基本公式的最后要增加含有变量 n_{B} 的相应项的加和，即

$$\begin{aligned}\mathrm{d}U&=T\mathrm{d}S-p\mathrm{d}V+\sum_{\mathrm{B}}\left(\frac{\partial U}{\partial n_{\mathrm{B}}}\right)_{S,V,n_{\mathrm{C}}(\mathrm{C}\neq\mathrm{B})}\mathrm{d}n_{\mathrm{B}}\\ \mathrm{d}H&=T\mathrm{d}S+V\mathrm{d}p+\sum_{\mathrm{B}}\left(\frac{\partial H}{\partial n_{\mathrm{B}}}\right)_{S,p,n_{\mathrm{C}}(\mathrm{C}\neq\mathrm{B})}\mathrm{d}n_{\mathrm{B}}\\ \mathrm{d}A&=-S\mathrm{d}T-p\mathrm{d}V+\sum_{\mathrm{B}}\left(\frac{\partial A}{\partial n_{\mathrm{B}}}\right)_{T,V,n_{\mathrm{C}}(\mathrm{C}\neq\mathrm{B})}\mathrm{d}n_{\mathrm{B}}\\ \mathrm{d}G&=-S\mathrm{d}T+V\mathrm{d}p+\sum_{\mathrm{B}}\left(\frac{\partial G}{\partial n_{\mathrm{B}}}\right)_{T,p,n_{\mathrm{C}}(\mathrm{C}\neq\mathrm{B})}\mathrm{d}n_{\mathrm{B}}\end{aligned} \tag{3.9}$$

多组分与单组分系统的热力学基本公式的不同之处就是多了最后一项，这最后一项都是在保持该热力学函数的两个特征变量不变和除 B 以外其他组分不变的情况下，对 n_{B} 求偏微分的加和。需要注意的是，热力学函数不同，偏微分的下标中相应的特征变量也不同。

3.3.2 化学势的定义

广义化学势的定义为

$$\mu_{\mathrm{B}}=\left(\frac{\partial U}{\partial n_{B}}\right)_{S,V,n_{\mathrm{C}}(\mathrm{C}\neq\mathrm{B})}=\left(\frac{\partial H}{\partial n_{B}}\right)_{S,p,n_{\mathrm{C}}(\mathrm{C}\neq\mathrm{B})}=\left(\frac{\partial A}{\partial n_{B}}\right)_{T,V,n_{\mathrm{C}}(\mathrm{C}\neq\mathrm{B})}=\left(\frac{\partial G}{\partial n_{B}}\right)_{T,p,n_{\mathrm{C}}(\mathrm{C}\neq\mathrm{B})} \tag{3.10}$$

即在保持某热力学函数相应的两个特征变量和除 B 以外的其他组分不变的情况下，该热力学函数对 n_B 求得偏微分都称为化学势（chemical potential)。将式(3.10) 分别代入式(3.9)，得到多组分系统的热力学基本公式为

$$\begin{aligned} dU &= TdS - pdV + \sum_B \mu_B dn_B \\ dH &= TdS + Vdp + \sum_B \mu_B dn_B \\ dA &= -SdT - pdV + \sum_B \mu_B dn_B \\ dG &= -SdT + Vdp + \sum_B \mu_B dn_B \end{aligned} \tag{3.11}$$

对于多组分系统的基本公式，这最后所增加的一项的含义是：保持 B 组分的化学势不变，改变 dn_B 对热力学函数贡献的加和。要保持 B 组分的化学势不变，只有在有限的系统中 n_B 的变化量极小，或是在很大的系统中，n_B 的改变量为 1mol。

狭义化学势——吉布斯自由能表示的化学势

$$\mu_B \overset{\text{def}}{=\!=} \left(\frac{\partial G}{\partial n_B}\right)_{T,p,n_C(C\neq B)} \tag{3.12}$$

因为等温、等压的条件在生产实际或科学研究中是用得最普遍的，所以常用吉布斯自由能的变化来判断反应自发进行的方向和限度。以后讲到化学势，若没有特别注明，都是指这个化学势。而这个定义式的下标恰好与偏摩尔量的下标相同，因此这个化学势也就是偏摩尔吉布斯自由能，即 $\mu_B = G_B$。对于只含 B 的单组分系统，化学势就等于摩尔吉布斯自由能，即 $\mu_B = G_m(B)$。

有了化学势的概念，今后在判断相变和化学变化的方向和限度时就方便多了。在相变过程中，自发变化的方向总是物质 B 从化学势较高的一相流向化学势较低的一相，直至物质 B 在两相中的化学势相等而达到平衡。在化学变化过程中，用偏摩尔量的加和公式从化学势推导出化学反应等温式，根据计算所得的摩尔吉布斯自由能变化量的正、负、还是等于零来判断自发变化的方向和可能达到的最大限度。

3.3.3 化学势与温度、压力的关系

(1) 化学势与温度的关系

根据热力学基本公式

$$dG = -SdT + Vdp + \sum_B \mu_B dn_B \qquad \left(\frac{\partial G}{\partial T}\right)_{p,n_B} = -S$$

已知化学势的定义

$$\mu_B = \left(\frac{\partial G}{\partial n_B}\right)_{T,p,n_C(C\neq B)}$$

首先写出保持压力和组成不变，将化学势对温度求偏微分，再按以下三步：代入化学势的定义式；改变偏微分的先后次序；代入从热力学基本公式得到的关系式，就能得到化学势随温度变化的关系式

$$\begin{aligned} \left(\frac{\partial \mu_B}{\partial T}\right)_{p,n_B} &= \left[\frac{\partial}{\partial T}\left(\frac{\partial G}{\partial n_B}\right)_{T,p,n_C(C\neq B)}\right]_{p,n_B} = \left[\frac{\partial}{\partial n_B}\left(\frac{\partial G}{\partial T}\right)_{p,n_B}\right]_{T,p,n_C(C\neq B)} \\ &= \left[\frac{\partial(-S)}{\partial n_B}\right]_{T,p,n_C(C\neq B)} = -S_B \end{aligned} \tag{3.13}$$

S_B 是物质 B 的偏摩尔熵。对于单组分系统，就等于 B 的摩尔熵的负值，即

$$\left[\frac{\partial G_m(B)}{\partial T}\right]=-S_m(B)$$

（2）化学势与压力的关系

根据热力学基本公式

$$dG=-SdT+Vdp+\sum_B \mu_B dn_B \qquad \left(\frac{\partial G}{\partial p}\right)_{T,n_B}=V$$

保持温度和组成不变，将化学势对压力求偏微分，代入化学势定义式，改变偏微分的次序，代入热力学基本公式得到的关系式，就能得到化学势随压力变化的关系式

$$\left(\frac{\partial \mu_B}{\partial p}\right)_{T,n_B}=\left[\frac{\partial}{\partial p}\left(\frac{\partial G}{\partial n_B}\right)_{T,P,n_C(C\neq B)}\right]_{T,n_B}=\left[\frac{\partial}{\partial n_B}\left(\frac{\partial G}{\partial p}\right)_{T,n_B}\right]_{T,p,n_C(C\neq B)}$$

$$=\left(\frac{\partial V}{\partial n_B}\right)_{T,p,n_C(C\neq B)}=V_B \qquad (3.14)$$

V_B 就是物质 B 的偏摩尔体积。对于单组分系统，就等于 B 的摩尔体积，即

$$\left[\frac{\partial G_m(B)}{\partial p}\right]_{T,n_B}=V_m(B)$$

由此可见，化学势与温度、压力的关系和纯组分的摩尔吉布斯自由能与温度、压力的关系是相似的，只是多组分系统用的是偏摩尔量，而纯组分用的是摩尔量。

3.4 稀溶液的两个定律

主要知识点

1. 拉乌尔定律

法国化学家拉乌尔发现，由于非挥发性溶质的加入，溶剂的蒸气压会下降，他归纳出的经验规律是：定温下，稀溶液中溶剂 A 的蒸气压 p_A 等于纯溶剂的蒸气压 p_A^* 乘以溶剂的量分数（或摩尔分数），这就是拉乌尔定律，用公式表示为

$$p_A=p_A^* x_A \quad 或 \quad \frac{p_A^*-p_A}{p_A^*}=x_B$$

2. 亨利定律

英国化学家亨利从实验总结出在稀溶液中适用于溶质的经验规律：在一定温度和平衡状态下，气体在液态溶剂中的溶解度与该气体的平衡分压成正比，用公式表示为

$$p_B=k_x x_B=k_m m_B=k_c c_B$$

式中，k_x、k_m 和 k_c 分别是溶质用不同浓度表示时的亨利系数。

3.4.1 拉乌尔定律

1887 年，法国化学家拉乌尔（Raoult）归纳了他多次的实验结果：非挥发性溶质的加入，会引起溶剂蒸气压的下降，在稀溶液中溶剂的蒸气压与溶剂摩尔分数之间的定量关系为

$$p_A = p_A^* x_A \tag{3.15}$$

式(3.15) 就是拉乌尔定律的数学表达式。式中，p_A^* 是纯溶剂A的蒸气压；x_A 是溶剂在溶液中的摩尔分数；p_A 是稀溶液中溶剂的蒸气压。拉乌尔定律用文字可以表述为：定温下，稀溶液中溶剂的蒸气压等于纯溶剂的蒸气压乘以溶剂的摩尔分数。如果稀溶液中只有一种溶质B，则 $x_A + x_B = 1$，式(4.15) 又可表示为

$$p_A = p_A^*(1 - x_B) \text{ 或 } \frac{p_A^* - p_A}{p_A^*} = x_B \tag{3.16}$$

即溶剂蒸气压的降低值 $p_A^* - p_A$ 与纯溶剂蒸气压之比等于溶质的摩尔分数 x_B，溶质的摩尔分数 x_B 越大，则溶剂蒸气压的降低值 $p_A^* - p_A$ 也越大，这可以看作是拉乌尔定律的另一种表示形式。

使用拉乌尔定律时必须注意，这个定律是用来计算稀溶液中溶剂的蒸气压的。若溶剂分子本身有缔合现象（如水分子通常会发生缔合），在计算溶剂的物质的量时，其摩尔质量仍用气态分子的摩尔质量，即水的摩尔质量仍用 $18.01\text{g}\cdot\text{mol}^{-1}$ 表示。拉乌尔定律最早是从不挥发的非电解质稀溶液中总结出来的经验定律，后来才推广到溶剂、溶质都是液态的系统。例如，由两种液态物质A和B构成的液态混合物，则分别有

$$p_A = p_A^* x_A \qquad p_B = p_B^* x_B$$

拉乌尔定律是稀溶液最基本的经验定律之一，稀溶液的其他依数性质，如凝固点下降、沸点升高和产生渗透压等，都是因为溶剂蒸气压的降低引起的。

3.4.2 亨利定律

1803年，英国化学家亨利（Henry，1775—1836）根据大量的实验结果总结出了稀溶液的另一重要经验规律，即“在一定温度和平衡状态下，气体在液态溶剂中的溶解度与该气体的平衡分压成正比”，后来被称为亨利定律。若溶质B的浓度用摩尔分数 x_B 表示，则亨利定律可用公式表示为

$$p_B = k_x x_B \tag{3.17}$$

式中，p_B 是气体B在溶液面上的平衡分压；k_x 是气体B的浓度用 x_B 表示时的一个比例系数，称为亨利系数，其数值取决于温度、压力以及溶质和溶剂的性质。

如果溶质的浓度用质量摩尔浓度 m_B 表示，或用物质的量浓度 c_B 表示，则相应的亨利定律可表示为

$$p_B = k_m m_B \tag{3.18}$$

$$p_B = k_c c_B \tag{3.19}$$

式中，k_m 和 k_c 是与浓度表示相对应的亨利系数。因为三种浓度的表示法不同，数值和单位都不同，所以这三种亨利系数的数值和单位也不相同。

使用亨利定律时应注意以下几点。

① 在式(3.17)～式(3.19) 中，p_B 是气体B在液面上的平衡分压。如果溶液中溶有多种气体，在总压不大时，亨利定律能分别适用于每一种气体，近似认为与其他气体无关。

② 溶质在气相和溶液中必须具有相同的分子状态。例如，HCl溶于液态苯中，在气相和液相中HCl都是呈相同的分子状态，亨利定律适用。但是，如果HCl溶于水中，则在气相中是HCl分子，而在液相中为 H^+ 和 Cl^-，这时亨利定律就不适用。同样，$NH_3(g)$ 在水中会形成水合分子 $NH_3\cdot H_2O$，少量的 NH_3 分子还会发生碱式解离。显然，$NH_3(g)$ 也

不适合使用亨利定律。

③ 升高温度或降低气体的分压，使气体在溶剂中的溶解度下降，溶液变稀，则能更好地符合亨利定律。

【例 3.3】 298K 时，假设两种纯液体 A 和 B 能形成理想的液态混合物，在液相中 A 的摩尔分数 $x_A=0.4$。试计算在与该液相达成平衡的气相中，组分 B 的摩尔分数 y_B 的值。已知在该温度下，液态 A 和 B 的饱和蒸气压分别为：$p_A^*=50\text{kPa}$，$p_B^*=60\text{kPa}$。

解 根据拉乌尔定律，B 组分在气相中的分压 p_B 为

$$p_B=p_B^* x_B=p_B(1-x_A)=60\text{kPa}\times(1-0.4)=36\text{kPa}$$

液面上气体的总压等于 A 和 B 的分压之和。

气相中，组分 B 的摩尔分数 y_B 为

$$y_B=\frac{p_B}{p}=\frac{36\text{kPa}}{56\text{kPa}}=0.64$$

由此可见，饱和蒸气压大的组分在气相中的含量较多。

【例 3.4】 298K 时，设 $H_2(g)$ 和 $O_2(g)$ 在水面上的平衡分压都等于 100kPa，试分别计算它们在水中达到溶解平衡时所占的摩尔分数。已知 $H_2(g)$ 和 $O_2(g)$ 在 $H_2O(l)$ 中的亨利系数分别为 $k_x(H_2)=7.12\times10^6\text{kPa}$，$k_x(O_2)=4.40\times10^6\text{kPa}$。

解 根据亨利定律，$p_B=k_x x_B$，$H_2(g)$ 和 $O_2(g)$ 在水中的溶解度分别为

$$x_{H_2}=\frac{p_{H_2}}{k_x(H_2,g)}=\frac{100\text{kPa}}{7.12\times10^6\text{kPa}}=1.40\times10^{-5}$$

$$x_{O_2}=\frac{p_{O_2}}{k_x(O_2,g)}=\frac{100\text{kPa}}{4.40\times10^6\text{kPa}}=2.27\times10^{-5}$$

由此可见，在相同的温度和压力下，物质的亨利系数越大，其溶解的量反而越少。

3.5 气体及其混合物中各组分的化学势

主要知识点

1. 单种理想气体的化学势

在 T、p 条件下，单种理想气体的化学势表示为

$$\mu(T,p)=\mu^{\ominus}(T)+RT\ln\frac{p}{p^{\ominus}}$$

$\mu(T,p)$ 是单种理想气体的化学势，它是 T、p 的函数。$\mu^{\ominus}(T)$ 是在标准压力 $p^{\ominus}$ 和温度为 T 时单种理想气体的标准化学势，它仅是温度的函数，这个状态就是气体的标准态。

2. 混合理想气体的化学势

混合理想气体中任一组分 B 的化学势的表达式为

$$\mu(T,p)=\mu^{\ominus}(T)+RT\ln\frac{p_B}{p^{\ominus}}=\mu^{*}(T,p)+RT\ln x_B$$

式中，p_B 是组分 B 的分压；$\mu^{*}(T,p)$ 是纯组分 B 在 T、p 时的化学势，它不是标准态。

3. 非理想气体的化学势

非理想气体的化学势与理想气体的化学势有相似的表达式，只是将气体中的压力用相应的逸度 $\tilde{p}$ 表示。逸度也称为校正压力，$\tilde{p}=fp$，f 称为逸度因子。当压力趋近于零时，$f=1$，$\tilde{p}=p$。

3.5.1 单种理想气体的化学势

从式(3.14) 可以看出在一定温度下化学势与压力的关系。如果只有一种理想气体，则偏摩尔体积 V_B 就等于 B 的摩尔体积 $V_m(B)$，得

$$\left(\frac{\partial\mu}{\partial p}\right)_T=V_m(B)$$

移项积分，在温度 T 时，压力从标准压力 $p^{\ominus}$积到系统的实际压力 p，并整理得

$$\int_{(T,p^{\ominus})}^{(T,p^{\ominus})}d\mu=\int_{p^{\ominus}}^{p}V_m(B)dp=\int_{p^{\ominus}}^{p}\frac{RT}{p}dp$$

$$\mu(T,p)-\mu(T,p^{\ominus})=RT\ln\frac{p}{p^{\ominus}}$$

$$\mu(T,p)=\mu^{\ominus}(T)+RT\ln\frac{p}{p^{\ominus}} \tag{3.20}$$

式(3.20) 中，$\mu(T,p)$ 是该理想气体的化学势，它是 T、p 的函数；$\mu^{\ominus}(T)$ 是在温度为 T、系统压力等于标准压力 $p^{\ominus}$时该理想气体的化学势。由于压力已指定为标准压强，因此 $\mu^{\ominus}(T)$ 仅是温度的函数 [由于压力已指定为标准压力 $p^{\ominus}=100\text{kPa}$，所以在 $\mu^{\ominus}(T)$ 中就不再显示 $p^{\ominus}$]，这个状态就是气体的标准态，它的数值与气体的种类及温度有关。因为热力学能的绝对值不知道，所以吉布斯自由能和化学势的绝对值都无法计算。选择标准态的目的就是要规定一个共同的标准态，可以计算吉布斯自由能和化学势的变化值，在计算过程中可以将标准态消掉。

3.5.2 混合理想气体的化学势

混合理想气体中的分子模型与单种理想气体相同，即分子自身的体积相对于容器体积而言可以忽略不计，分子之同的相互作用能也可以忽略，因此几种理想气体在形成混合物的过程中，既没有热效应，也没有体积的变化。在混合理想气体中，每种气体 B 的行为与该种气体单独占有相同体积时的行为相同，故可以套用单种理想气体化学势的表示式，仅将压力改用气体 B 的分压 p_B 表示，即

$$\mu_B(T,p)=\mu_B^{\ominus}(T)+RT\ln\frac{p_B}{p^{\ominus}} \tag{3.21}$$

式(3.21) 就是理想气体混合物中任一组分 B 的化学势表达式，这个公式也可以作为理想气体混合物的热力学定义式，即在气体混合物中任一组分 B 的化学势可以用这个公式表示，它就是理想气体混合物。

根据道尔顿分压定律，$p_B=px_B$，代入式(3.21)，得

$$\mu_B(T,p)=\mu_B^{\ominus}(T)+RT\ln\frac{p}{p^{\ominus}}+RT\ln x_B=\mu_B^*(T,p)+RT\ln x_B \tag{3.22}$$

式(3.22) 中，x_B 是理想气体混合物中 B 气体的摩尔分数；$\mu_B^*(T,p)$ 是在温度为 T、压力为 p 时，当某 B 气体单独处于纯态（$x_B=1$）时的化学势。这个状态不是标准态。

3.5.3 非理想气体的化学势

与理想气体化学势的表示式类似，非理想气体的化学势表示式中只是将气体的压力用逸度代替。例如，对单种非理想气体，其化学势的表示式为

$$\mu(T,p)=\mu^{\ominus}(T)+RT\ln\frac{\widetilde{p}}{p^{\ominus}} \tag{3.23}$$

式(3.23) 中，$\widetilde{p}$ 称为气体的逸度，也称为校正压力或有效压力，它与压力的关系相差一个校正因子，即

$$\widetilde{p}=fp \tag{3.24}$$

式(3.24) 中，f 是压力的校正因子，也称为逸度因子。当压力趋向于零时，非理想气体变为理想气体，$f=1$，$\widetilde{p}=p$。逸度因子也可以用图解法、近似法或对比状态法求算，请参阅有关专著。

对于非理想气体的混合物，其中任一组分 B 的化学势的表示式为

$$\mu(T,p)=\mu^{\ominus}(T)+RT\ln\frac{\widetilde{p}_B}{p^{\ominus}} \tag{3.25}$$

式(3.25) 中，$\widetilde{p}_B$ 是非理想气体混合物中组分 B 的逸度。

3.6 理想液态混合物及稀溶液的化学势

主要知识点

1. 理想液态混合物

在一定的 T、p 下，任一组分在全部浓度范围内都能符合拉乌尔定律的多组分液态系统统称为理想液态混合物。在形成理想液态混合物的过程中

$$\Delta_{mix}V=0 \qquad \Delta_{mix}H=0$$

$$\Delta_{mix}S=-R\sum_B n_B\ln x_B>0 \qquad \Delta_{mix}G=RT\sum_B n_B\ln x_B<0$$

2. 理想液态混合物中任一组分的化学势

在温度 T 时，理想液态混合物中任一组分 B 的化学势可表示为

$$\mu_{B(l)}(T,p)=\mu_{B(l)}^{*}(T,p)+RT\ln x_B\approx\mu_{B(l)}^{\ominus}(T)+RT\ln x_B$$

式中引进的近似是，忽略液体体积受压力的影响，认为 $\mu_{B(l)}^{*}(T,p)\approx\mu_{B(l)}^{\ominus}(T)$。

3. 稀溶液中各组分的化学势

稀溶液中溶剂服从拉乌尔定律，溶剂 A 的化学势表示式为 $\mu_A(T,p)=\mu_A^{\ominus}(T)+RT\ln x_A$。式中，$\mu_A^{\ominus}(T)$ 是纯溶剂 A 在 T、$p^{\ominus}$时的化学势，这是溶剂的标准态。

根据浓度表示方法的不同，溶质的化学势通常有三种不同的表达形式：

$$\mu_B(T,p)=\mu_B^{*}(T,p)+RT\ln x_B=\mu_B^{\square}(T,p)+RT\ln\frac{m_B}{m^{\ominus}}$$

$$=\mu_B^{\triangle}(T,p)+RT\ln\frac{c_B}{c^{\ominus}}$$

式中，$\mu_B^{*}(T,p)$、$\mu_B^{\square}(T,p)$ 和 $\mu_B^{\triangle}(T,p)$ 分别代表在一定的 T、p 条件下，当 $x_B=1.0$，$m_B=m^{\ominus}=1.0\text{mol}\cdot\text{kg}^{-1}$ 和 $c_B=c^{\ominus}=1.0\text{mol}\cdot\text{dm}^{-3}$ 时，仍能服从亨利定律的那个假想状态的化学势，用来作为相应浓度的标准态，它们的数值彼此不相等。

3.6.1 理想液态混合物

在一定的 T、p 条件下，任一组分在全部浓度范围内都能符合拉乌尔定律的多组分液态系统统称为理想液态混合物，理想液态混合物是研究液态混合性质的一种简化的理想模型。理想液态混合物的模型在液态混合物研究中的地位类似于理想气体模型在气体研究中的地位，是研究液态混合物及混合性质的基础。严格的理想液态混合物实际上并不存在，但由同位素组成的混合物如$^{12}CH_3I$和$^{13}CH_3I$、紧邻同系物组成的混合物如苯与甲苯、光学异构体组成的混合物如果糖与葡萄糖、结构异构体组成的混合物如邻二甲苯与对二甲苯等性质非常相似的物质，它们的混合物可近似地认为是理想液态混合物。

按照理想液态混合物的定义，对于二组分 A-B 系统显然有

$$p_A=p_A^{*}x_A,\ p_B=p_B^{*}x_B$$

从分子模型上看，理想液态混合物各组分的分子彼此相似，大小也基本相同，以致它们分子间的相互作用力 $F_{A\text{-}A}\approx F_{A\text{-}B}\approx F_{B\text{-}B}$。因此当 A 和 B 混合时，不会产生热效应和体积变化，并且混合物中各组分的挥发能力与相应的纯液体完全相同。遵循拉乌尔定律是这种微观分子特征的必然的宏观结果。当一种组分的分子被另一种组分的分子取代后，在空间结构和相互作用能方面没有发生变化，仅仅是由于其他分子的存在，使 A、B 组分在单位液面上所占的分数有所下降，因而 A、B 组分的蒸气压也随之下降。

3.6.2 理想液态混合物中任一组分的化学势

（1）理想液态混合物中任一组分的化学势

在一定的 T、p 时，由若干纯液体形成理想的混合物，其中任一组分 B 的摩尔分数为 x_B，在液态混合物或溶液系统中，当气-液两相达到平衡时，系统中任一组分 B 在气、液两相化学势相等，即

$$\mu_{B(l)}(T,p)=\mu_{B(g)}(T,p)$$

若与液态混合物或溶液呈平衡的蒸汽压力 p 不大，可以近似认为是理想气体混合物，即组分 B 在气相中的化学势可以用理想气体混合物中任一组分 B 的化学势表示，则按式(3.21) 有

$$\mu_{B(l)}(T,p)=\mu_{B(g)}(T,p)=\mu_{B}^{\ominus}(T)+RT\ln\frac{p_B}{p^{\ominus}}$$

将拉乌尔定律 $p_B=p_B^*x_B$ 代入上式得

$$\mu_{B(l)}(T,p)=\mu_{B(g)}^{\ominus}(T)+RT\ln\frac{p_B^*}{p_B}+RT\ln x_B \tag{3.26}$$

对于纯液体 B，$x_B=1$，则式(3.26) 变为

$$\mu_{B(l)}^*(T,p)=\mu_{B(g)}^{\ominus}(T)+RT\ln\frac{p_B^*}{p^{\ominus}} \tag{3.27}$$

将式(3.27) 代入式(3.26) 中，得

$$\mu_{B(l)}(T,p)=\mu_{B(l)}^*(T,p)+RT\ln x_B \tag{3.28}$$

式(3.28) 就是理想液态混合物中任一组分 B 的化学势的表示式，也作为理想液态混合物的定义式。

式中 $\mu_{B(l)}^*(T,p)$ 表示纯组分 B($x_B=1$) 的化学势，显然压力不是标准压力，即不是标准态化学势。

根据 GB 3102.8—1993 规定，液体 B 无论是纯态或在混合物中，都选择温度为 T 和标准压力时的纯液态 B 作为标准态，所以液态混合物中组分 B 在温度为 T、压力为 $p^{\ominus}$下，其标准化学势为 $\mu_{B(l)}^{\ominus}(T)$，故要利用热力学基本关系式寻求 $\mu_{B(l)}^*(T,p)$ 与 $\mu_{B(l)}^{\ominus}(T)$ 之间的关系。对于纯液体 B，根据热力学基本公式

$$dG=-SdT+Vdp$$

保持温度 T 不变，$dG=Vdp$ 。对于多组分系统，压力从 $p^{\ominus}$变化到 p 时，组分 B 的化学势随压力的变化值为

$$\mu_{B(l)}^*(T,p)=\mu_{B(l)}^{\ominus}(T)+\int_{p^{\ominus}}^{p}V_m^*(B,l)dp$$

式中，$V_m^*(B,l)$ 是纯液体 B 在该温度下的摩尔体积。由于液态体积受压力的影响不大，在 p 值不是很大时，积分项的数值常可以忽略不计，于是得

$$\mu_{B(l)}^*(T,p)\approx\mu_{B(l)}^{\ominus}(T)$$

代入式(3.28)，得

$$\mu_{B(l)}(T,p)=\mu_{B(l)}^{\ominus}(T)+RT\ln x_B \tag{3.29}$$

式(3.29) 就是理想液态混合物中任一组分 B 的化学势的近似表达式。$\mu_{B(l)}^{\ominus}(T)$ 仅是温度的函数，是 B 的标准态化学势。该公式表明了理想液态混合物中任一组分 B 的化学势 $\mu_{B(l)}(T,p)$ 是温度和组成的函数。式(3.29) 也可作为理想液态混合物的定义式。除特别需要，一般都忽略积分项，式(3.29) 比式(3.28) 用得更普遍。

（2）理想液态混合物混合过程的热力学特征

根据理想液态混合物的分子模型，即有大致基本相同的分子体积，分子间的相互作用力 $F_{A\text{-}A}\approx F_{A\text{-}B}\approx F_{B\text{-}B}$，因此，理想液态混合物在其混合过程中有其特有的热力学特征，具体

如下。

① $\Delta_{mix}V=0$。由几种纯液体混合形成理想液态混合物时，总体积等于各组分的体积之和，混合过程中体积没有额外的增加或减少。

② $\Delta_{mix}H=0$。由几种纯液体混合形成理想液态混合物时，没有热效应，各物质焓的数值在混合前后没有改变。

③ $\Delta_{mix}S>0$。混合过程是微观状态数增加的自发过程，混合熵大于零，其计算公式可以借用理想气体在等温、等压混合时的混合熵计算公式，即

$$\Delta_{mix}S=-R\sum_{B}n_B\ln x_B \tag{3.30}$$

式中，x_B 是物质B在理想液态混合物中的摩尔分数。

④ $\Delta_{mix}G<0$。$\Delta_{mix}G$ 的数值可以根据吉布斯自由能的定义式 $G=H-TS$ 进行计算。在等温、等压下，$\Delta_{mix}G=\Delta_{mix}H-T\Delta_{mix}S$。因为 $\Delta_{mix}H=0$，所以

$$\Delta_{mix}G=-T\Delta_{mix}S=RT\sum_{B}n_B\ln x_B \tag{3.31}$$

因为 $x_B<0$，所以 $\Delta_{mix}G<0$，说明混合过程是个自发过程。

（3）理想液态混合物混合过程的热力学特性的导出

① 混合吉布斯自由能 $\Delta_{mix}G$　设有如下混合过程

纯液体A $T,\ p^{\ominus}$ + 纯液体B $T,\ p^{\ominus}$ $\xrightarrow{\Delta_{mix}G=?}$ 理想液态混合物 $T,\ p^{\ominus}$

上述混合过程吉布斯自由能的改变值等于终态吉布斯自由能 G_f 减去始态吉布斯自由能 G_i。即

$$\begin{aligned}\Delta_{mix}G&=G_f-G_i\\&=(n_AG_{m,A}+n_BG_{m,B})-(n_AG^*_{m,A}+n_BG^*_{m,B})\\&=(n_A\mu_A+n_B\mu_B)-(n_A\mu_A^{\ominus}+n_B\mu_B^{\ominus})\end{aligned}$$

将理想液态混合物中任一组分化学势的表达式(3.29) 代入上式，得

$$\begin{aligned}\Delta_{mix}G&=(n_A\mu_A^{\ominus}+n_ART\ln x_A+n_B\mu_B^{\ominus}+n_BRT\ln x_B)-(n_A\mu_A^{\ominus}+n_B\mu_B^{\ominus})\\&=n_ART\ln x_A+n_BRT\ln x_B\end{aligned}$$

$$\Delta_{mix}G_m=\frac{\Delta_{mix}G}{n}=RT(x_A\ln x_A+x_B\ln x_B)$$

更一般地，对于由 n 种纯物质构成理想液态混合物的过程，其混合吉布斯自由能为

$$\Delta_{mix}G=RT\sum_{B}n_B\ln x_B \qquad \Delta_{mix}G_m=RT\sum_{B}x_B\ln x_B$$

这两式非常类似于恒温恒压下理想气体混合吉布斯自由能的计算公式。

② 混合熵 $\Delta_{mix}S$　由于 $\mu_{B(l)}(T,p)=\mu^*_{B(l)}(T,p)+RT\ln x_B$ 及化学势与温度的关系为 $\left(\frac{\partial\mu_B}{\partial T}\right)_{p,n_B}=-S_B$，将上述化学势表达式（或理想液态混合物定义式）对 T 进行微分，得

$$\begin{aligned}\left(\frac{\partial\mu_B}{\partial T}\right)_{p,x}&=\left\{\frac{\partial[\mu^*_B(T,p)+RT\ln x_B]}{\partial T}\right\}_{p,x}\\&=-S^*_{m,B}+R\ln x_B\end{aligned}$$

即

$$-S_B=-S^*_{m,B}+R\ln x_B$$

$$
\begin{aligned}
\Delta_{\mathrm{mix}}S &= S_{\mathrm{f}} - S_{\mathrm{i}} \\
&= (n_{\mathrm{B}}S_{\mathrm{m,B}} + n_{\mathrm{A}}S_{\mathrm{m,A}}) - (n_{\mathrm{B}}S^{*}_{\mathrm{m,B}} + n_{\mathrm{A}}S^{*}_{\mathrm{m,A}}) \\
&= -n_{\mathrm{A}}R\ln x_{\mathrm{A}} - n_{\mathrm{B}}R\ln x_{\mathrm{B}} \\
&= -nR(x_{\mathrm{A}}\ln x_{\mathrm{A}} + x_{\mathrm{B}}\ln x_{\mathrm{B}})
\end{aligned}
$$

或
$$\Delta_{\mathrm{mix}}S_{\mathrm{m}} = -R(x_{\mathrm{A}}\ln x_{\mathrm{A}} + x_{\mathrm{B}}\ln x_{\mathrm{B}})$$

更一般地，对于由 n 种组分构成理想液态混合物的过程，其混合熵变为

$$\Delta_{\mathrm{mix}}S = -R\sum_{\mathrm{B}} n_{\mathrm{B}}\ln x_{\mathrm{B}}$$

$$\Delta_{\mathrm{mix}}S_{\mathrm{m}} = -R\sum_{\mathrm{B}} x_{\mathrm{B}}\ln x_{\mathrm{B}}$$

③ 混合体积 $\Delta_{\mathrm{mix}}V$　由于 $\mu_{\mathrm{B(l)}}(T,p)=\mu^{*}_{\mathrm{B(l)}}(T,p)+RT\ln x_{\mathrm{B}}$ 及化学势与压力的关系为 $\left(\frac{\partial \mu_{\mathrm{B}}}{\partial p}\right)_{T,n_{\mathrm{B}}}=V_{\mathrm{B}}$，同理，将上述化学势表达式（或理想液态混合物定义式）对 T 进行微分，得

$$
\begin{aligned}
\left(\frac{\partial \mu_{\mathrm{B}}}{\partial p}\right)_{T,x} &= \left\{\frac{\partial[\mu^{*}_{\mathrm{B}}(T,p)+RT\ln x_{\mathrm{B}}]}{\partial p}\right\}_{T,x} \\
&= -V^{*}_{\mathrm{m,B}}
\end{aligned}
$$

即
$$-V_{\mathrm{B}} = -V^{*}_{\mathrm{m,B}}$$

$$\Delta_{\mathrm{mix}}V = V_{\mathrm{f}} - V_{\mathrm{i}} = (n_{\mathrm{A}}V_{\mathrm{m,A}} + n_{\mathrm{B}}V_{\mathrm{m,B}}) - (n_{\mathrm{A}}V^{*}_{\mathrm{m,A}} + n_{\mathrm{B}}V^{*}_{\mathrm{m,B}})$$

因为 $V_{\mathrm{m,A}}=V^{*}_{\mathrm{m,A}}$，$V_{\mathrm{m,B}}=V^{*}_{\mathrm{m,B}}$，所以 $\Delta_{\mathrm{mix}}V=0$。

④ 混合焓 $\Delta_{\mathrm{mix}}H$　根据多组分系统热力学关系式，在恒温条件下有

$$\Delta G_{\mathrm{mix}} = \Delta H_{\mathrm{mix}} - T\Delta S_{\mathrm{mix}}$$

$$\Delta_{\mathrm{mix}}H_{\mathrm{m}} = RT\sum x_{\mathrm{B}}\ln x_{\mathrm{B}} + T\left(-R\sum x_{\mathrm{B}}\ln x_{\mathrm{B}}\right) = 0$$

即
$$\Delta_{\mathrm{mix}}H_{\mathrm{m}} = 0$$

上述结果表明，由几种纯液体混合形成理想液态混合物时，没有热效应，混合前后总焓值不变。严格地讲，真正的理想液态混合物是不存在的。但是，某些性质相似物质的混合物，如二甲苯的三个异构体的混合物、苯和甲苯的混合物以及甲醇和乙醇的混合物等，可以近似认为混合时形成的是理想液态混合物，具有以上所说的四种性质。

【例 3.5】 在 300K 和大气压力下，将邻二甲苯和对二甲苯各 5mol 混合，假设得到的混合物是理想的，分别计算混合过程的焓、体积、熵和吉布斯自由能的变化值。

解　根据形成理想液态混合物的特点，有 $\Delta_{\mathrm{mix}}H=0$，$\Delta_{\mathrm{mix}}V=0$

$$\Delta_{\mathrm{mix}}S = -R\sum_{\mathrm{B}} n_{\mathrm{B}}\ln x_{\mathrm{B}} = \left[-8.314\times\left(5\times\ln\frac{1}{2}+5\times\ln\frac{1}{2}\right)\right]\mathrm{J\cdot K^{-1}} = 57.6\mathrm{J\cdot K^{-1}}$$

$$\Delta_{\mathrm{mix}}G = RT\sum_{\mathrm{B}} x_{\mathrm{B}}\ln x_{\mathrm{B}} = \left[8.314\times 300\times\left(5\times\ln\frac{1}{2}+5\times\ln\frac{1}{2}\right)\right] = -17.3\mathrm{kJ}$$

3.6.3 稀溶液中各组分的化学势

在一定的温度、压力和浓度范围内，若溶剂服从拉乌尔定律，溶质服从亨利定律，这种稀溶液称为理想稀溶液，以下简称为稀溶液。

稀溶液中溶剂A的化学势表示式的导出方法与理想液态混合物中任一组分化学势的导出方法相似，溶剂A的化学势可表示为

$$\mu_A(T,p)=\mu_A^*(T,p)+RT\ln x_A \tag{3.32}$$

式中，$\mu_A(T,p)$ 是在 T、p 时纯溶剂A的化学势。如果压力不是太高，忽略压力对溶剂体积的影响，近似为 $\mu_A^*(T,p)=\mu_A^{\ominus}(T)$，则式(3.32)为

$$\mu_A(T,p)=\mu_A^{\ominus}(T)+RT\ln x_B \tag{3.33}$$

稀溶液中溶剂A的标准态就是温度为 T、压力为 $p^{\ominus}$ 时纯溶剂（$x_A=1$）的化学势 $\mu_A^{\ominus}(T)$。

溶质化学势的表达式要复杂一些，因为当溶质的浓度用不同方法表示时，其标准态的选择也不同。先以浓度用摩尔分数表示为例。当溶液与气相达成平衡时，溶质B的化学势 μ_B 为

$$\mu_B(T,p)=\mu_{B(g)}(T,p)=\mu_B^{\ominus}(T)+RT\ln\frac{p_B}{p^{\ominus}} \tag{3.34}$$

在稀溶液中，溶质服从亨利定律，$p_B=k_x x_B$，代入式(3.34)得

$$\mu_B(T,p)=\mu_B^{\ominus}(T)+RT\ln\frac{k_x}{p^{\ominus}}+RT\ln x_B=\mu_B^*(T,p)+RT\ln x_B \tag{3.35}$$

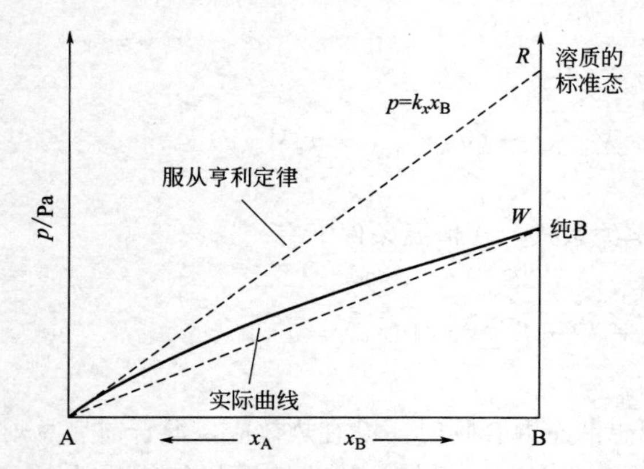

图3.1 溶液中溶质的标准态（浓度用 x_B 表示）

式(3.35)中，$\mu_B^*(T,p)$ 是 T、p 的函数，可看作在 $x_B=1$ 时仍服从亨利定律的那个假想状态的化学势，相当于图3.1中 R 点的化学势。这个状态实际上是不存在的，是将亨利定律的线性关系外推而得到的。因为 x_B 在0～1的整个区间内溶质不可能都服从亨利定律，纯B的实际状态是由图3.1中 W 点表示的。引进这样一个实际并不存在的假想状态作为溶质浓度用 x_B 表示时的标准状态（或称为参考状态），并不影响以后的 ΔG 或 $\Delta\mu$ 的计算，因为在求这些变化值时，有关标准态的项都被消去了。

同理，若溶质浓度用质量摩尔浓度 m_B 表示，亨利定律为 $p_B=k_m m_B$，用相似的处理方法得到的化学势的表达式为

$$\mu_B(T,p)=\mu_B^{\ominus}(T)+RT\ln\frac{k_m m^{\ominus}}{p}+RT\ln\frac{m_B}{m^{\ominus}}=\mu_B^{\square}(T,p)+RT\ln\frac{m_B}{m^{\ominus}} \tag{3.36}$$

式(3.36)中，$\mu_B^{\square}(T,p)$ 是 $m_B=1.0\text{mol}\cdot\text{kg}^{-1}$ 时且服从亨利定律的那个假想状态的化学势，如图3.2中的 S 点，看作是溶质浓度用 m_B 表示时的标准态。

当溶质浓度用物质的量浓度 c_B 表示时，则化学势的表示式为

$$\mu_B(T,p)=\mu_B^{\ominus}(T)+RT\ln\frac{k_c c^{\ominus}}{p^{\ominus}}+RT\ln\frac{c_B}{c^{\ominus}}=\mu_B^{\triangle}(T,P)+RT\ln\frac{c_B}{c^{\ominus}} \tag{3.37}$$

式(3.37)中，$\mu_B^{\triangle}(T,p)$ 是 $c_B=1.0\text{mol}\cdot\text{dm}^{-3}$ 时且服从亨利定律的那个假想态的化学势，如图3.3中的 S 点，看作是溶质用浓度 c_B 表示时的标准态。

显然，由于浓度表示方法不同，这三个假想的标准态 $\mu_B^*(T,p)$、$\mu_B^{\square}(T,p)$ 和 $\mu_B^{\triangle}(T,$

p）的数值彼此不可能相等。但对于同一个溶质 B，无论浓度用何种方法表示，其化学势 $\mu_{\mathrm{B}}(T,p)$ 只能是同一个数值。

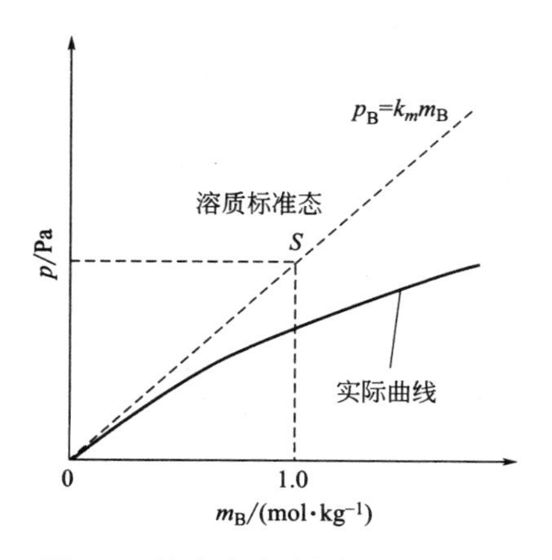

图 3.2　溶液中溶质的标准态（一）
（浓度用 m_{B} 表示）

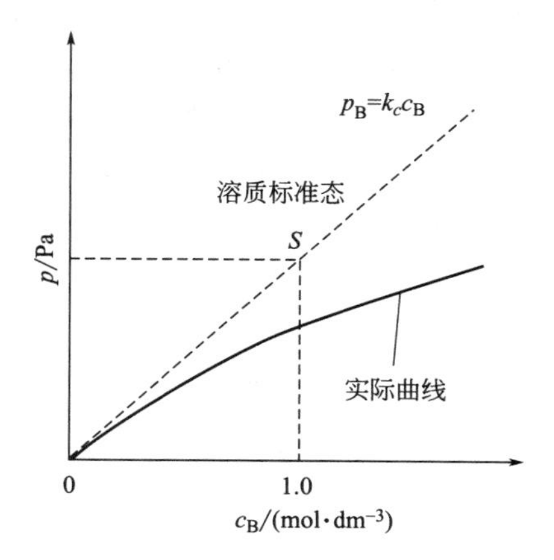

图 3.3　溶液中溶质的标准态（二）
（浓度用 c_{B} 表示）

3.7　相对活度的概念

主要知识点

1. 非理想液态混合物

液态混合物中，任一组分在整个浓度范围内对拉乌尔定律发生偏差，这种混合物称为非理想液态混合物。路易斯引进的相对活度概念为 $a_{x,\mathrm{B}}=\gamma_{x,\mathrm{B}}x_{\mathrm{B}}$，$\gamma_{x,\mathrm{B}}$ 称为活度因子。非理想液态混合物中任一组分的化学势表示为

$$\mu_{\mathrm{B(l)}}(T,p)=\mu_{\mathrm{B(l)}}^{\ominus}(T)+RT\ln a_{x,\mathrm{B}}$$

2. 非理想稀溶液中溶剂的活度

在非理想稀溶液中，溶剂的活度定义式为

$$a_{x,\mathrm{A}}=\gamma_{x,\mathrm{A}}x_{\mathrm{A}}$$

对应的化学势表示式为

$$\mu_{\mathrm{A}}(T,p)=\mu_{\mathrm{A}}^{\ominus}(T)+RT\ln a_{x,\mathrm{A}}$$

3. 非理想稀溶液中溶质的活度

非理想溶液的溶质浓度分别用 x_{B}、m_{B} 和 c_{B} 表示时，对应的活度和活度因子分别为

$$a_{x,\mathrm{B}}=\gamma_{x,\mathrm{B}}x_{\mathrm{B}}\qquad a_{m,\mathrm{B}}=\gamma_{m,\mathrm{B}}\frac{m_{\mathrm{B}}}{m^{\ominus}}\qquad a_{c,\mathrm{B}}=\gamma_{c,\mathrm{B}}\frac{c_{\mathrm{B}}}{c^{\ominus}}$$

对应的化学势表示式为

$$\begin{aligned}\mu_{\mathrm{B}}(T,p)&=\mu_{\mathrm{B}}^{*}(T,p)+RT\ln a_{x,\mathrm{B}}\\&=\mu_{\mathrm{B}}^{\square}(T,p)+RT\ln a_{m,\mathrm{B}}=\mu_{\mathrm{B}}^{\triangle}(T,p)+RT\ln a_{c,\mathrm{B}}\end{aligned}$$

3.7.1 非理想液态混合物

由于组成液态混合物的各组分的性质差异较大，导致有的组分在整个浓度范围内对拉乌尔定律发生偏差，这种偏差可以是正的，也可以是负的，这种混合物称为非理想液态混合物。为了处理非理想的系统，路易斯引进了相对活度的概念。

对于理想液态混合物，在忽略压力对液态体积影响的情况下，得到了理想液态混合物中任一组分 B 的化学势的表达式［式(3.29)］，即

$$\mu_{B(l)}(T,p)=\mu_{B(l)}^{\ominus}(T)+RT\ln x_B \qquad x_B=\frac{p_B}{p_B^*}\approx\frac{p_B}{p_B^{\ominus}}$$

由于液态混合物是非理想的，任一组分的实际蒸气压与用拉乌尔定律计算的结果发生偏差，需要进行适当的修正，在浓度项上乘以一个校正因子，即

$$\frac{p_B}{p_B^*}=\gamma_{x,B}x_B$$

活度的定义

$$a_{x,B}\xlongequal{\text{def}}\gamma_{x,B}x_B \tag{3.38}$$

$a_{x,B}$ 称为组成用摩尔分数表示的相对活度，简称活度。它是量纲一的量，是系统的强度性质，其数值与系统所处的标准态的选择有关，是温度、压力和组成的函数。$\gamma_{x,B}$ 称为物质 B 用摩尔分数表示时的活度因子，也是量纲一的量，它表示 B 组分的摩尔分数在理想的与非理想的液态混合物中数值的偏差，是对系统非理想程度的一种度量。如果 $\gamma_{x,B}>1$，则 $a_{x,B}>x_B$，$p_B>p_B^*x_B$，即对拉乌尔定律发生正偏差。反之，$\gamma_{x,B}<1$，则发生负偏差。

将式(3.38) 代入式(3.29)，得到非理想液态混合物中该组分的化学势表示式为

$$\mu_{B(l)}(T,p)=\mu_{B(l)}^{\ominus}(T)+RT\ln a_{x,B} \tag{3.39}$$

3.7.2 非理想稀溶液中溶剂的活度

在理想稀溶液中，溶剂服从拉乌尔定律，溶质服从亨利定律。但有的真实稀溶液对理想稀溶液所遵守的规律产生偏差，这种偏差可正可负，这种溶液称为非理想稀溶液。由于溶剂或溶质的蒸气压与理想情况产生了偏差，势必会影响它们相应化学势的表示式，为了保持与理想稀溶液相同的化学势表示形式，路易斯引进了相对活度的概念。

对于非理想稀溶液，将溶剂服从拉乌尔定律的蒸气压计算公式 $p_A=p_A^*x_A$ 修正为

$$\frac{p_A}{p_A^*}=\gamma_{x,A}x_A$$

溶剂相对活度的定义

$$a_{x,A}=\gamma_{x,A}x_A \quad 则 \quad \gamma_{x,A}=\frac{a_{x,A}}{x_A} \tag{3.40}$$

式(3.40) 中，$a_{x,A}$ 称为溶剂 A（浓度用摩尔分数表示时）的活度，$\gamma_{x,A}$ 称为（浓度用摩尔分数表示时）溶剂 A 的活度因子。则非理想稀溶液中溶剂化学势的表示式为

$$\mu_A(T,p)=\mu_A^{\ominus}(T)+RT\ln a_{x,A} \tag{3.41}$$

由于稀溶液中溶剂的摩尔分数很大，活度往往接近于 1，活度因子也接近于 1，因此很难用活度因子明显表示出溶剂的非理想程度。

3.7.3 非理想稀溶液中溶质的活度

由于稀溶液中溶质的浓度可以用不同的方法表示，因此对应的活度表示法也不相同。当溶质浓度用摩尔分数表示时，根据理想稀溶液中溶质服从亨利定律，有 $p_B = k_x x_B$ 。在非理想稀溶液中，则对应有

$$p_B = k_x \gamma_{x,B} x_B = k_x a_{x,B} \tag{3.42}$$

式(3.42) 中，$\gamma_{x,B} x_B = a_{x,B}$ ，$a_{x,B}$ 称为溶质 B（浓度用摩尔分数表示时）的活度，$\gamma_{x,B}$ 即为相应的活度因子。将溶质的活度代入相应的化学势的表示式，得

$$\mu_B(T,p) = \mu_B^*(T,p) + RT\ln a_{x,B} \tag{3.43}$$

当溶液极稀时，$\gamma_{x,B} \rightarrow 1$，$a_{x,B} \approx x_B$ 就是理想稀溶液中溶质化学势的表示式。
同理，当溶质浓度分别用质量摩尔浓度或物质的量浓度表示时，对应的活度为

$$a_{m,B} = \gamma_{m,B} \frac{m_B}{m^{\ominus}}$$

$$a_{c,B} = \gamma_{c,B} \frac{c_B}{c^{\ominus}} \tag{3.44}$$

对应的化学势表示式为

$$\mu_B(T,p) = \mu_B^{\square}(T,p) + RT\ln a_{m,B} \tag{3.45}$$

$$\mu_B(T,p) = \mu_B^{\triangle}(T,p) + RT\ln a_{c,B} \tag{3.46}$$

由于 $a_{x,B} \neq a_{m,B} \neq a_{c,B}$ ，因此 $\mu_B^*(T,p) \neq \mu_B^{\square}(T,p) \neq \mu_B^{\triangle}(T,p)$。但是，溶质 B 在同一稀溶液中的化学势 $\mu_B(T,p)$ 只有一个数值，不会因为浓度的表示方法不同而不同。

3.8 稀溶液的依数性

主要知识点

1. 溶剂蒸气压降低

由于非挥发性溶质的加入，溶剂的蒸气压降低。溶剂蒸气压的降低值 Δp_A 与溶质的摩尔分数 x_B 成正比。溶剂蒸气压的下降，导致溶液凝固点下降、沸点升高和具有渗透压等性质。这些性质只与溶质的质点数目有关，而与其性质无关，故称之为依数性。

2. 凝固点下降

在稀溶液中，溶剂的蒸气压低于纯溶剂的蒸气压，因此固体纯溶剂从溶液中析出的温度 T_f 比纯溶剂的凝固点 T_f^* 低。凝固点下降值 ΔT_f 与溶液组成的关系为

$$\Delta T_f = T_f^* - T_f = k_f m_B$$

凝固点下降系数 k_f 可以用实验测定，常见溶剂的 k_f 值有表可查。测定凝固点降低值 ΔT_f 就可以计算所用样品 B 的摩尔质量 M_B 。

3. 沸点升高

当溶剂中加入非挥发性溶质后，溶剂蒸气压下降，因此溶液的沸点 T_b 比纯溶剂的沸点 T_b^* 高，沸点升高值 ΔT_b 与溶液组成的关系为

$$\Delta T_b = k_b m_B$$

沸点升高系数 k_b 可以用实验测定，常用溶剂的 k_b 值有表可查，测定沸点升高值 ΔT_b 可以计算所用样品B的摩尔质量 M_B 。一般 ΔT_b 值小于 ΔT_f 值。

4. 渗透压

将纯溶剂与稀溶液分置于刚性、导热和只允许溶剂分子透过的半透膜两边，由于纯溶剂的化学势 μ_A^* 大于稀溶液中溶剂的化学势 μ_A ，因此溶剂分子有自发向溶液一方渗透的倾向。为了防止溶剂分子的渗透，在溶液上方必须额外施加压力 Π ，使水分子在膜两边的化学势相等，达成渗透平衡，这个外施压力称为在实验温度时该稀溶液的渗透压，它与溶质浓度间的定量关系为

$$\Pi = c_B RT$$

用实验测定渗透压，可以计算未知溶质的摩尔质量。

3.8.1 溶剂蒸气压降低

在纯溶剂中加入非挥发性溶质，使得溶剂的蒸气压下降，因而导致溶剂的凝固点降低、沸点升高及产生渗透压等。因为这些性质只取决于在一定量溶液中所含溶质质点（如离子、分子等）的数目，而与质点的性质和大小无关，所以称之为依数性。

在稀溶液中，溶剂服从拉乌尔定律，用公式表示为

$$p_A = p_A^* x_A \qquad \text{或} \qquad \frac{p_A^* - p_A}{p_A^*} = x_B$$

设 $\Delta p = p_A^* - p_A$ ，则 $\Delta p_A = p_A^* x_B$ ，即溶质B的加入使溶剂A的蒸气压下降，下降的数值 Δp_A 与溶液中溶质B的摩尔分数 x_B 成正比，而与溶质的种类和性质无关。

根据稀溶液中溶剂化学势的表示式

$$\mu_A(T,p) = \mu_A^*(T,p) + RT\ln x_A$$

由于溶液中溶剂的摩尔分数 $x_A < 1$，因此溶液中溶剂的化学势 $\mu_A(T,p)$ 总是小于同温、同压下纯溶剂的化学势 $\mu_A^*(T,p)$，从而导致了凝固点下降、沸点升高和具有渗透压等依数性质。

3.8.2 凝固点下降

在一定外压下，液体逐渐冷却开始析出固体时的平衡温度称为液体的凝固点，固体逐渐加热开始析出液体时的温度称为固体的熔点。对于纯物质在同样的外压下，凝固点和熔点是相同的，外压对于纯物质熔点的影响即为克拉贝龙方程式。从该式可知，在外压改变不大时，熔点的变化极小，故在大气压力下可以不必考虑压力对物质凝固点的影响。

对于溶液及混合物，溶液的凝固点不仅与溶液的组成有关，还与析出固相的组成有关。在B和A不形成固体溶液的条件下，当溶剂A中溶入溶质B形成理想稀溶液后，稀溶液的凝固点是指固态纯溶剂从稀溶液中开始析出的温度。如图3.4所示。

在一定的外压下，分别测定纯溶剂和稀溶液中溶剂的蒸气压随温度的变化曲线。图中 *BC* 线表示纯溶剂A的蒸气压曲线，*DF* 线是稀溶液中溶剂A的蒸气压曲线，*EFC* 线是固态纯溶剂A的蒸气压曲线。在一定的外压（如大气压力）下，当某液体的固态和液态的蒸气压相等时的温度称为该液体的凝固点。显然，在整个气、液平衡的温度区间内，由于非挥

发性溶质的加入，溶液中溶剂的蒸气压都低于纯溶剂的蒸气压，因此使固态纯溶剂从稀溶液中析出的温度 T_f 低于纯溶剂的凝固点 T_f^*。用 $\Delta T_f = T_f^* - T_f$ 表示两者的差值，称之为凝固点降低值。实验结果表明，凝固点降低值与理想稀溶液中所含溶质的数量成正比，即

$$\Delta T_f = k_f m_B \tag{3.47}$$

式(3.47) 中，m_B 是溶质的质量摩尔浓度；k_f 称为凝固点降低系数。k_f 的数学表达式为（在凝固点降低值计算公式的推导过程中得到）

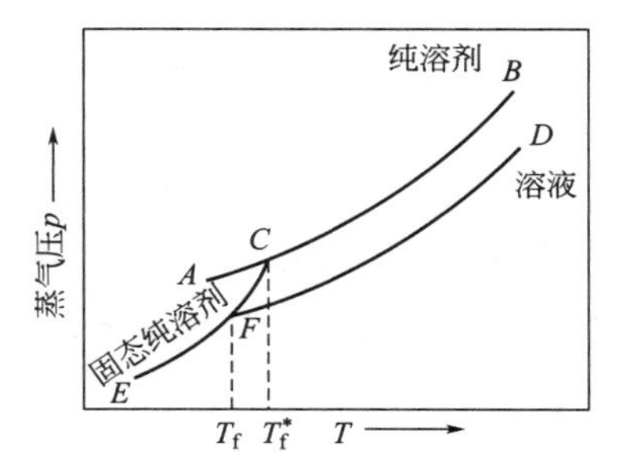

图 3.4　凝固点下降示意图

$$k_f = \frac{R(T_f^*)^2}{\Delta_{fus} H_m^*(A)} M_A \tag{3.48}$$

式(3.48) 中，$\Delta_{fus} H_m^*(A)$ 是纯溶剂 A 的摩尔熔化焓；M_A 是溶剂 A 的摩尔质量。k_f 的值可以用实验测定，其单位是 $K \cdot kg \cdot mol^{-1}$。常见溶剂的 k_f 值可以查阅物理化学手册。

用实验测定凝固点降低值，根据所用溶剂的 k_f 值就可以计算溶质的质量摩尔浓度 m_B。因为所使用溶质和溶剂的质量是已知的，所以可利用以下公式计算该溶质的摩尔质量。设溶质 B 和溶剂水的质量分别为 $m(B)$ 和 $m(H_2O)$，则溶质 B 的质量摩尔浓度 m_B 为

$$m_B = \frac{n_B}{m(H_2O)} = \frac{m(B)}{M_B} \times \frac{1}{m(H_2O)}$$

溶质 B 的摩尔质量 M_B 为

$$M_B = \frac{m(B)}{m_B} \times \frac{1}{m(H_2O)}$$

已知 $\Delta T_f = k_f m_B$，则 $m_B = \frac{\Delta T_f}{k_f}$，代入上式，得

$$M_B = \frac{k_f m(B)}{\Delta T_f} \times \frac{1}{m(H_2O)} \tag{3.49}$$

若已知样品 B 的质量 $m(B)$ 和溶剂水的质量 $m(H_2O)$，测定凝固点降低值 ΔT_f，就可以得到所用样品 B 的摩尔质量 M_B。在合成新产品和制备新药物的过程中，可以用凝固点降低法来测量所得产品的摩尔质量。

【例 3.6】 在大气压力下，将 0.245g 苯甲酸溶于 25.0g 纯的液态苯中。实验测得该溶液中液体苯凝固的温度比纯苯低 0.205K。试计算苯甲酸分子在苯溶液中存在的形态。已知苯的凝固点降低系数 $k_f = 5.12 K \cdot kg \cdot mol^{-1}$，苯甲酸的摩尔质量为 $0.122 kg \cdot mol^{-1}$。

解 根据凝固点降低值与溶液浓度的定量关系式 $\Delta T_f = k_f m_B$，所以

$$m_B = \frac{\Delta T_f}{k_f} = \frac{0.205K}{5.12K \cdot kg \cdot mol^{-1}} = 0.040 mol \cdot kg^{-1}$$

m_B 是溶解态苯甲酸的质量摩尔浓度，设溶解态苯甲酸 B 的摩尔质量为 M_B，则

$$m_B = \frac{n_B}{m(A)} = \frac{0.245g/M_B}{25.0g} = 0.040 mol \cdot kg^{-1}$$

$$M_B = \frac{0.245g}{25.0g \times 0.040 mol \cdot kg^{-1}} = 0.245 kg \cdot mol^{-1}$$

或直接用式(3.49) 计算，得

$$M_B=\frac{k_f m_B}{\Delta T_f}\times\frac{1}{m(H_2O)}=\left(\frac{5.12\times0.245\times10^{-3}}{0.205\times25.0\times10^{-3}}\right)\text{kg}\cdot\text{mol}^{-1}=0.245\text{kg}\cdot\text{mol}^{-1}$$

计算结果表明，溶解态苯甲酸的摩尔质量几乎是苯甲酸摩尔质量的2倍，表明苯甲酸在苯溶液中是以二聚分子的形态存在。

3.8.3 沸点升高

当溶剂中溶入不挥发溶质时，溶剂的蒸气压会下降，从而使溶液的沸点升高。如图3.5所示。AB 是纯溶剂A的蒸气压曲线，DC 是加入不挥发溶质后溶液中溶剂的蒸气压曲线。通常所说的沸点是指液体的饱和蒸气压等于外压时的温度，由于溶液中溶剂的蒸气压低于纯溶剂的蒸气压，因此溶液沸点 T_b 高于纯溶剂沸点 T_b^*。沸点升高值 $\Delta T_b=T_b-T_b^*$。ΔT_b 与溶液组成的定量关系也可以用热力学原理进行推导，所得结果为

$$\Delta T_b=k_b m_B \tag{3.50}$$

$$k_b=\frac{R(T_b^*)^2}{\Delta_{vap}H_m^*(A)}M_A \tag{3.51}$$

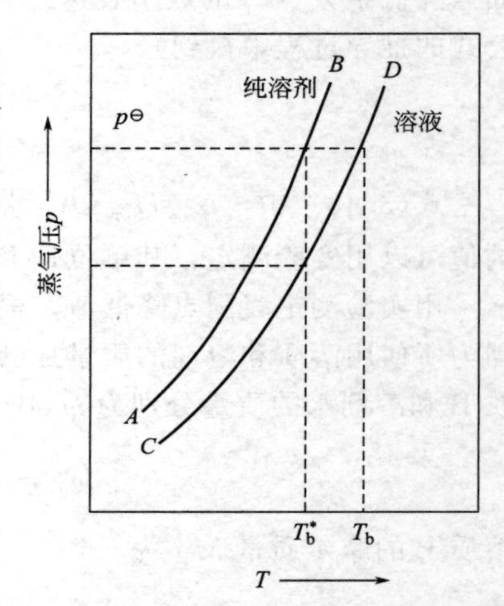

图3.5 沸点升高示意图

式中，k_b 为沸点升高系数，单位为 $\text{K}\cdot\text{kg}\cdot\text{mol}^{-1}$，它的数值与溶剂性质有关，可以用实验测定。$\Delta_{vap}H_m^*(A)$ 是纯溶剂的摩尔蒸发焓。测定沸点升高值 ΔT_b，在已知所用溶质和溶剂质量的情况下，同样可以计算未知溶质的摩尔质量。

表3.1中列出了几种常用溶剂的 k_f 和 k_b 值。

表3.1 几种常用溶剂的 k_f 和 k_b 值

溶剂	水	乙酸	苯	二硫化碳	萘	四氯化碳	苯酚
$k_f/(\text{K}\cdot\text{kg}\cdot\text{mol}^{-1})$	1.86	3.90	5.12	3.80	6.94	30	7.27
$k_b/(\text{K}\cdot\text{kg}\cdot\text{mol}^{-1})$	0.51	3.07	2.53	2.37	5.80	4.95	3.04

注：摘自 Atkins P W, Paula J D. 2002. Physical Chemistry. 7th ed. London: Oxford University Press. p1087。

3.8.4 渗透压

一定温度下，在如图3.6所示的容器中，中间用半透膜隔开（aa'），在半透膜的左侧放纯溶剂，右侧放相同溶剂的稀溶液。半透膜应该具有一定的刚性，可以承受两边的压差而不变形，并且有导热性，保持两边的温度相等。常用的半透膜有天然的（如动物膀胱和肠衣等），也有人工合成的（如火棉胶等），它们的共同特点是对透过的物质有选择性，有的只允许小分子、离子透过，而不允许大分子、胶粒透过；也有的只允许溶剂分子透过，不允许溶质分子或离子透过。本实验中，在半透膜左侧放纯溶剂水，右侧放蔗糖的稀水溶液，蔗糖分子不能透过半透膜，而水分子可以。

在纯溶剂中，$x_A=1$，其化学势为 μ_A^*。在溶液中，溶剂的 $x_A<1$，其化学势为 μ_A。根

据稀溶液中溶剂化学势的表示式 $\mu_A(T,p)=\mu_A^{\ominus}(T)+RT\ln x_A$，可以得到 $\mu_A^* > \mu_A$。因此，水分子会自发从化学势较高的左侧透过半透膜向右侧渗透，这种渗透现象使得右边的液面不断升高。由于化学势是随着外压的升高而变大的，为了阻止溶剂分子向右方渗透，在右边液面上方要额外增加一个压力 Π，使溶液中溶剂的化学势变大，当溶液中溶剂的化学势等于纯溶剂的化学势时，宏观上水分子在膜两边的渗透现象停止，达成渗透平衡。这个额外增加的压力 Π 就称为该蔗糖稀溶液的渗透压。

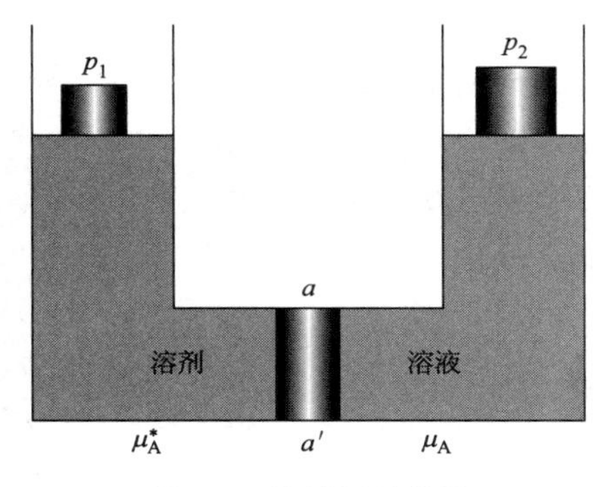

图 3.6　渗透压示意图

$$\Pi = p_2 - p_1$$

根据热力学推导并作适当近似，得到渗透压与稀溶液的浓度之间的定量关系式为

$$\Pi V = n_B RT \qquad \text{或} \qquad \Pi = c_B RT \tag{3.52}$$

这就是适用于稀溶液的范特霍夫（van't Hoff）渗透压公式，从式(3.52)可知，渗透压的大小只与溶液中溶质的数量有关，而与溶质的性质无关。通常用渗透压仪来测定渗透压值，再利用渗透压公式［式(3.52)］计算溶质 B 的浓度，从而可得到溶质的摩尔质量。在科学研究中常用渗透压法来测定大分子化合物的（数均）摩尔质量（第 9 章胶体分散系统）。

渗透现象在生命科学、医学、农学、林学以及日常生活中都有广泛的应用。因为动、植物的细胞膜就是天然的半透膜，可以根据需要选择性地让需要的分子或离子通过，维持正常的渗透压数值，一旦渗透压出现异常，会导致动、植物生病，甚至有生命危险。例如，打点滴用的生理盐水的浓度（质量分数）为 0.9%，渗透压 $\Pi=729\text{kPa}$，这与血液的渗透压相近，与血液互为等渗溶液。如果生理盐水的浓度过高，细胞中的水会往外渗透，细胞就会萎缩；如果生理盐水的浓度过低，水会往细胞中渗透，使细胞溶胀变大甚至破裂，出现溶血现象，这些都可能危及生命。夏天或剧烈运动以后，由于出汗太多，体内的电解质大量流失，这时应该补充稀的盐开水（或等渗营养液），而不能大量喝白开水，道理与输液是相同的。盐碱地上植物长势不良，施肥太浓会将植物“烧死”，用食盐可以杀死蚂蟥，用盐水可以消毒等，这些都与渗透压有关。

如果在右边液面上方施加的压力大于渗透压 Π，则会迫使溶液中的溶剂分子通过半透膜向左边纯溶剂一方渗透，这种现象称为反渗透。反渗透现象在海水淡化和废水处理等方面都有很大的用处。

【例 3.7】 1300K 时，测得某蔗糖水溶液的渗透压为 252kPa。设在该温度下水的密度近似为 $\rho_{H_2O}=1000\text{kg}\cdot\text{m}^{-3}$，试求：①溶液中蔗糖 B 的物质的量浓度 c_B；②该溶液的凝固点降低值 ΔT_f；③在大气压力下该溶液的沸点升高值 ΔT_b，计算时可作适当近似。已知 $H_2O(l)$ 的凝固点降低系数和沸点升高系数分别为：$k_f=1.86\text{K}\cdot\text{kg}\cdot\text{mol}^{-1}$，$k_b=0.51\text{K}\cdot\text{kg}\cdot\text{mol}^{-1}$。

解 ① 根据范特霍夫渗透压公式 $\Pi=c_B RT$，得

$$c_B=\frac{\Pi}{RT}=\frac{252\times10^3\text{Pa}}{(8.314\times300)\ \text{J}\cdot\text{mol}^{-1}}=101\text{mol}\cdot\text{m}^{-3}=0.101\text{mol}\cdot\text{dm}^{-3}$$

从实验的角度，测定了渗透压就可以计算溶质B的物质的量浓度，如果已知溶质和溶剂的质量，就可以计算溶质的摩尔质量，这也是渗透压测定的一种应用。

② 一般是根据所测定的ΔT_f来计算溶质B的质量摩尔浓度m_B，从而计算溶质的摩尔质量。这里仅是一种计算练习，先将浓度从c_B换算为m_B，再计算ΔT_f。由于是稀溶液，近似将溶液的体积当作溶剂的体积，即

$$\rho_{H_2O}=\frac{m(H_2O)}{V(H_2O)}\approx\frac{m(H_2O)}{V(\text{溶液})}\qquad c_B=\frac{n_B}{V(\text{溶液})}$$

$$m_B=\frac{n_B}{m(H_2O)}=\frac{c_B V(\text{溶液})}{m(H_2O)}\approx\frac{c_B V(H_2O)}{m(H_2O)}=\frac{c_B}{\rho_{H_2O}}=\frac{101\text{mol}\cdot\text{m}^{-3}}{1000\text{kg}\cdot\text{m}^{-3}}=0.101\text{mol}\cdot\text{kg}^{-1}$$

因此，在稀溶液中可以近似将物质的量浓度在数值上看作与质量摩尔浓度相等，即

$$\frac{c_B}{c^\ominus}\approx\frac{m_B}{m^\ominus}=0.101$$

根据凝固点降低公式

$$\Delta T_f=k_f m_B=1.86\text{K}\cdot\text{kg}\cdot\text{mol}^{-1}\times0.101\text{mol}\cdot\text{kg}^{-1}=0.186\text{K}$$

③ 同理，根据沸点升高公式

$$\Delta T_b=k_b m_B=0.51\text{K}\cdot\text{kg}\cdot\text{mol}^{-1}\times0.101\text{mol}\cdot\text{kg}^{-1}=0.051\text{K}$$

对于浓度相同的稀水溶液，因为凝固点降低系数远大于沸点升高系数，所以凝固点降低值比沸点升高值大，用凝固点降低法测定物质的摩尔质量误差会小一些。

【例3.8】 人的正常体温为37℃，人体血浆的凝固点为−0.56℃。试计算：①血浆的渗透压；②用于静脉注射的葡萄糖水溶液中葡萄糖的质量分数。已知$H_2O(l)$的凝固点降低系数$k_f=1.86\text{K}\cdot\text{kg}\cdot\text{mol}^{-1}$。

解 ① 根据凝固点降低公式$\Delta T_f=k_f m_B$，$\Delta T_f=T_f^*-T_f$，得

$$m_B=\frac{\Delta T_f}{k_f}=\frac{0.56\text{K}}{1.86\text{K}\cdot\text{kg}\cdot\text{mol}^{-1}}=0.301\text{mol}\cdot\text{kg}^{-1}$$

因为是稀溶液，可以作如下近似，即$\frac{c_B}{c^\ominus}\approx\frac{m_B}{m^\ominus}$，则

$$c_B=m_B\frac{c^\ominus}{m^\ominus}=0.301\text{mol}\cdot\text{kg}^{-1}\times\frac{1\text{mol}\cdot\text{dm}^{-3}}{1\text{mol}\cdot\text{kg}^{-1}}=0.301\text{mol}\cdot\text{dm}^{-3}$$

根据范特霍夫渗透压公式(已知体温为310.0K)

$$\Pi=c_B RT=(0.301\times10^3\times8.314\times310.0)\text{Pa}=775.8\text{kPa}$$

② 用于静脉注射的葡萄糖水溶液的渗透压必须与血浆的渗透压相等，形成等渗溶液，这样进行静脉注射才是安全的。葡萄糖水溶液的质量摩尔浓度也应该等于$0.301\text{mol}\cdot\text{kg}^{-1}$。葡萄糖（$C_6H_{12}O_6$）的摩尔质量为$180\text{g}\cdot\text{mol}^{-1}$，因此在1.0kg溶液中葡萄糖的质量为

$$m(\text{B})=0.301\text{mol}\times180\text{g}\cdot\text{mol}^{-1}=54.2\text{g}$$

设溶剂的质量为1.0kg，则水溶液中葡萄糖的质量分数为

$$w_B=\frac{m(B)}{m(A)+m(B)}=\frac{54.2g}{54.2g+1000.0g}=0.051$$

习惯上葡萄糖的含量还是用质量分数表示，即用于静脉注射的葡萄糖水溶液的质量分数近似为5%。

思考题

1. 偏摩尔量与摩尔量有什么异同？

2. 什么是化学势？它与偏摩尔量有什么区别？

3. 拉乌尔定律和亨利定律的表示式和适用条件分别是什么？

4. 什么是稀溶液的依数性？稀溶液有哪些依数性？

5. 以下几种说法是否正确？如果不正确，说明错在何处。

(1) 溶液的化学势等于溶液中各组分的化学势之和。

(2) 纯组分的化学势就等于其吉布斯自由能。

(3) 在同一稀溶液中，溶质B的浓度可分别用 x_B、m_B 和 c_B 表示，则其标准态的选择也就不同，那相应的化学势也不同。

(4) 二组分理想溶液的总蒸气压一定大于任一组分的蒸气分压。

(5) 稀溶液的沸点一定比纯溶剂高。

(6) 在KCl重结晶过程中，析出的KCl (s) 的化学势大于母液中KCl的化学势。

6. 想一想，这是为什么？

(1) 在寒冷的冬季，下雪后，在公路上喷洒盐；

(2) 口渴的时候喝海水，感觉渴得更厉害了；

(3) 吃冰棒时，边吃边吸，感觉甜味越来越淡；

(4) 北方冬天吃冻梨时，先将冻梨放入凉水浸泡一段时间，发现冻梨表面结了一层薄冰，而里边却已经解冻了。

7. 在室温下，物质的量浓度相同的蔗糖溶液与食盐水溶液的渗透压是否相等？

8. 农田中施肥太浓时植物会被“烧死”，盐碱地的农作物长势不良，试解释其原因。

9. 液态物质混合时，若形成理想液态混合物，则有哪些主要的混合性质？

10. 室温、大气压力下，气体A(g) 和B(g) 在某一溶剂中单独溶解时的亨利系数分别为 k_A 和 k_B，且已知 $k_A>k_B$，若A(g) 和B(g) 同时溶解在该溶剂中达到平衡，当气相中A(g) 和B(g) 的平衡分压相同时，则在溶液中哪种气体的浓度大？

基本概念练习题

1. 关于亨利定律，下面的表述中不正确的是（　　）。

(A) 若溶液中溶剂A在某浓度区间遵从拉乌尔定律，则在该浓度区间组分B必遵从亨利定律

(B) 温度越高、压力越低，亨利定律越正确

(C) 因为亨利定律是稀溶液定律，所以任何溶质在稀溶液范围内都遵守亨利定律

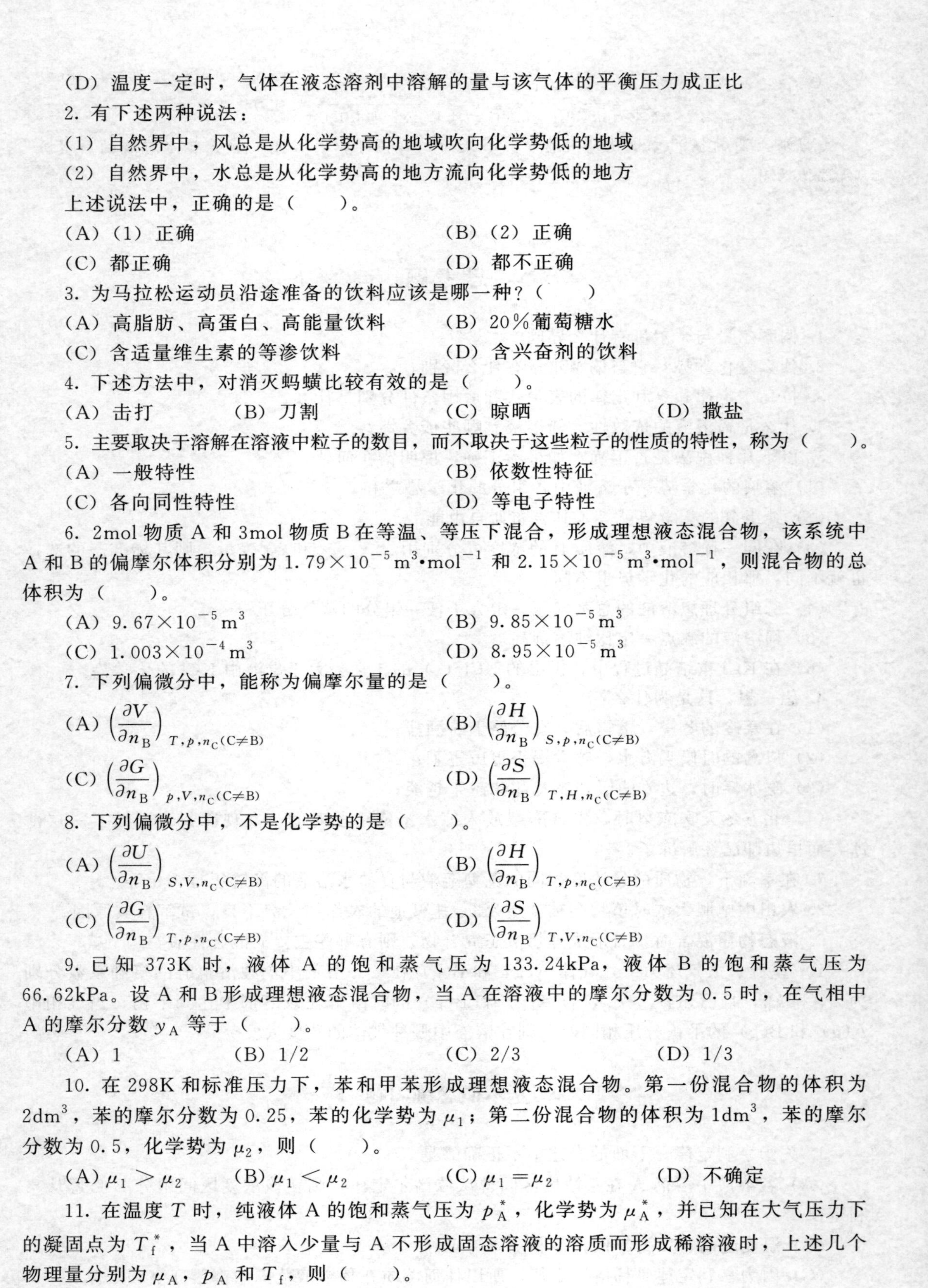

(D) 温度一定时，气体在液态溶剂中溶解的量与该气体的平衡压力成正比

2. 有下述两种说法：

(1) 自然界中，风总是从化学势高的地域吹向化学势低的地域

(2) 自然界中，水总是从化学势高的地方流向化学势低的地方

上述说法中，正确的是（　　）。

(A) (1) 正确　　(B) (2) 正确

(C) 都正确　　(D) 都不正确

3. 为马拉松运动员沿途准备的饮料应该是哪一种？（　　）

(A) 高脂肪、高蛋白、高能量饮料　　(B) 20%葡萄糖水

(C) 含适量维生素的等渗饮料　　(D) 含兴奋剂的饮料

4. 下述方法中，对消灭蚂蟥比较有效的是（　　）。

(A) 击打　　(B) 刀割　　(C) 晾晒　　(D) 撒盐

5. 主要取决于溶解在溶液中粒子的数目，而不取决于这些粒子的性质的特性，称为（　　）。

(A) 一般特性　　(B) 依数性特征

(C) 各向同性特性　　(D) 等电子特性

6. 2mol 物质 A 和 3mol 物质 B 在等温、等压下混合，形成理想液态混合物，该系统中 A 和 B 的偏摩尔体积分别为 $1.79\times10^{-5}\,m^3\cdot mol^{-1}$ 和 $2.15\times10^{-5}\,m^3\cdot mol^{-1}$，则混合物的总体积为（　　）。

(A) $9.67\times10^{-5}\,m^3$　　(B) $9.85\times10^{-5}\,m^3$

(C) $1.003\times10^{-4}\,m^3$　　(D) $8.95\times10^{-5}\,m^3$

7. 下列偏微分中，能称为偏摩尔量的是（　　）。

(A) $\left(\frac{\partial V}{\partial n_B}\right)_{T,p,n_C(C\neq B)}$　　(B) $\left(\frac{\partial H}{\partial n_B}\right)_{S,p,n_C(C\neq B)}$

(C) $\left(\frac{\partial G}{\partial n_B}\right)_{p,V,n_C(C\neq B)}$　　(D) $\left(\frac{\partial S}{\partial n_B}\right)_{T,H,n_C(C\neq B)}$

8. 下列偏微分中，不是化学势的是（　　）。

(A) $\left(\frac{\partial U}{\partial n_B}\right)_{S,V,n_C(C\neq B)}$　　(B) $\left(\frac{\partial H}{\partial n_B}\right)_{T,p,n_C(C\neq B)}$

(C) $\left(\frac{\partial G}{\partial n_B}\right)_{T,p,n_C(C\neq B)}$　　(D) $\left(\frac{\partial S}{\partial n_B}\right)_{T,V,n_C(C\neq B)}$

9. 已知 373K 时，液体 A 的饱和蒸气压为 133.24kPa，液体 B 的饱和蒸气压为 66.62kPa。设 A 和 B 形成理想液态混合物，当 A 在溶液中的摩尔分数为 0.5 时，在气相中 A 的摩尔分数 y_A 等于（　　）。

(A) 1　　(B) 1/2　　(C) 2/3　　(D) 1/3

10. 在 298K 和标准压力下，苯和甲苯形成理想液态混合物。第一份混合物的体积为 $2dm^3$，苯的摩尔分数为 0.25，苯的化学势为 μ_1；第二份混合物的体积为 $1dm^3$，苯的摩尔分数为 0.5，化学势为 μ_2，则（　　）。

(A) $\mu_1>\mu_2$　　(B) $\mu_1<\mu_2$　　(C) $\mu_1=\mu_2$　　(D) 不确定

11. 在温度 T 时，纯液体 A 的饱和蒸气压为 p_A^*，化学势为 μ_A^*，并已知在大气压力下的凝固点为 T_f^*，当 A 中溶入少量与 A 不形成固态溶液的溶质而形成稀溶液时，上述几个物理量分别为 μ_A，p_A 和 T_f，则（　　）。

(A) $\mu_A^* < \mu_A$，$p_A^* < p_A$，$T_f^* < T_f$

(B) $\mu_A^* < \mu_A$，$p_A^* > p_A$，$T_f^* < T_f$

(C) $\mu_A^* < \mu_A$，$p_A^* < p_A$，$T_f^* > T_f$

(D) $\mu_A^* > \mu_A$，$p_A^* > p_A$，$T_f^* > T_f$

12. 298K时，A和B两种气体单独在某溶剂中溶解，遵守亨利定律，亨利数分别为k_A和k_B，且$k_A > k_B$，则当A和B（平衡时）的压力相同时，在一定量的该溶剂中所溶解的A和B的量的关系为（　　）。

(A) A的量大于B的量　　(B) A的量小于B的量

(C) A的量等于B的量　　(D) A的量与B的量无法比较

13. 400K时，液体A的蒸气压为4×10^4Pa，液体B的蒸气压为6×10^4Pa，两者组成理想液态混合物。在达平衡的溶液中，A的摩尔分数为0.6，则气相中B的摩尔分数y_B等于（　　）。

(A) 0.60　　(B) 0.50　　(C) 0.40　　(D) 0.30

14. 50℃时，液体A的饱和蒸气压是液体B的饱和蒸气压的3倍，A和B两液体形成理想液态混合物。达气-液平衡时，液相中A的摩尔分数为0.5，则气相中B的摩尔分数y_B为（　　）。

(A) 0.15　　(B) 0.25　　(C) 0.5　　(D) 0.65

15. 在298K和标准压力下，有两瓶含萘的苯溶液。第一瓶中有2dm^{3}溶液，溶有0.5mol萘，化学势为μ_1。第二瓶中有1dm^{3}溶液，溶有0.25mol萘，化学势为μ_2。两个化学势的大小关系为（　　）。

(A) $\mu_1 = 10\mu_2$　　(B) $\mu_1 = 2\mu_2$　　(C) $\mu_1 = 2\mu_2$　　(D) $\mu_1 = \mu_2$

16. 273K、200kPa时，$H_2O(l)$的化学势为$\mu(H_2O,l)$，$H_2O(s)$的化学势为$\mu(H_2O,s)$，两者的大小关系为（　　）。

(A) $\mu(H_2O,l) > \mu(H_2O,s)$　　(B) $\mu(H_2O,l) = \mu(H_2O,s)$

(C) $\mu(H_2O,l) < \mu(H_2O,s)$　　(D) 无法比较

17. 在两个烧杯中，各盛有1kg$H_2O(l)$。向A杯中加入0.01mol蔗糖，向B杯中加入0.01mol NaCl，溶解完毕后，两个烧杯按同样的速度冷却降温，则（　　）。

(A) A杯先结冰　　(B) B杯先结冰

(C) 两杯同时结冰　　(D) 不能预测其结冰的次序

18. 在恒温的玻璃罩中，封入一杯糖水（A杯）和一杯纯水（B杯），使两杯的液面相同，将玻璃罩抽成真空。经历若干时间后，两杯液面的高度将是（　　）。

(A) A杯高于B杯　　(B) A杯等于B杯

(C) A杯低于B杯　　(D) 视温度而定

19. 冬季建筑施工中为了保证施工质量，常在浇注混凝土时加入少量盐类，其主要作用是（　　）。

(A) 增加混凝土的强度　　(B) 防止建筑物被腐蚀

(C) 降低混凝土的固化温度　　(D) 吸收混凝土中的水分

20. 盐碱地的农作物长势不良，甚至枯萎，其主要原因是（　　）。

(A) 天气太热　　(B) 很少下雨

(C) 肥料不足　　(D) 水分从植物细胞向土壤倒流

习题

1. 已知 25℃、100kPa 下，n_B mol 的 NaCl(B) 溶于 55.5mol H_2O(C) 中形成溶液，其体积 $V(cm^3)$ 与 n_B 的关系为

$$V=1001.38+16.6253n_B+1.7738n_B^{1.5}+0.1194n_B^2$$

当 $n_B=0.4$ 时，求 H_2O 和 NaCl 的偏摩尔体积 $V_{m,B}$ 和 $V_{m,C}$。

2. 298K 时，有 H_2SO_4(B) 的稀水溶液，其密度为 $1.0603\times10^3 kg\cdot m^{-3}$，$H_2SO_4$ 的质量分数 $w_B=0.0947$，已知在该温度下，纯水的密度为 $997.1kg\cdot m^{-3}$。试计算 H_2SO_4 的质量摩尔浓度 m_B、物质的量浓度 c_B 和摩尔分数 x_B。

3. 将 0.6mol 乙醇（B）和 0.4mol 水（A）混合得乙醇的水溶液，溶液的密度为 $849.4kg\cdot m^{-3}$。已知溶液中乙醇的偏摩尔体积 $V_B=57.5\times10^{-6} m^3\cdot mol^{-1}$，试求溶液中水的偏摩尔体积 V_A。已知水和乙醇的摩尔质量分别为 $M_A=18g\cdot mol^{-1}$，$M_B=46g\cdot mol^{-1}$。

4. 298K 时，有大量的甲苯（A）和苯（B）的理想液态混合物，其中苯的摩尔分数 $x_B=0.20$，如果将 1mol 纯苯加入此混合物中，计算这个过程的 ΔG。

5. 在 263K 和 100kPa 下，有 1mol 过冷水凝固成同温、同压下的冰。请用化学势计算此过程的 ΔG。已知在 263K 时，$H_2O(l)$ 的饱和蒸气压 $p^*(H_2O,l)=287Pa$，$H_2O(s)$ 的饱和蒸气压 $p^*(H_2O,s)=259Pa$。

6. 平衡压力为 100kPa 时，20℃、1kg 水中可溶解 CO_2 0.0017kg。1kg、40℃水中可溶解 CO_2 0.001kg。如果用只能承受 200kPa 的瓶子装 CO_2 饮料，则在 20℃条件下充装饮料时，CO_2 的最大压力应为多少才能保证这种饮料可以在 40℃条件下安全存放？

7. 20℃下 HCl 溶于苯中达平衡，气相中 HCl 的分压为 100kPa 时，溶液中 HCl 的摩尔分数为 0.0419。已知 20℃时苯的饱和蒸气压为 10.0kPa，20℃时 HCl 和苯蒸气总压为 100kPa，求 100g 苯中溶解多少克 HCl。

8. 液体 A 与液体 B 可以形成理想液态混合物。343K 时，1mol A 和 2mol B 所形成的混合物的蒸气压为 50.663kPa，若在溶液中再加入 3mol A，则溶液的蒸气压增加到 70.928kPa。试求：(1) A 和 B 在 343K 时的饱和蒸气压 p_A^* 和 p_B^*；(2) 对于第一种混合物，在气相中 A 和 B 的摩尔分数 y_A 和 y_B。

9. 293K 时，苯（A）的蒸气压为 13.332kPa，辛烷（B）的蒸气压为 2.6664kPa，现将 1mol 辛烷溶于 4mol 苯中，形成理想液态混合物。试计算：(1) 系统的总蒸气压；(2) 系统的气相组成；(3) 将 (2) 中的气相完全冷凝至液相，再达到气-液平衡时，气相的组成。

10. A、B 两液体能形成理想液态混合物。已知在温度 t 时，纯 A 和纯 B 的饱和蒸气压分别为 40kPa 和 120kPa。

(1) 在温度 t 下，于气缸中将组成为 $y_A=0.4$ 的 A、B 混合气体恒温缓慢压缩，求凝结出第一滴液滴时体系的总压以及该液滴的组成（以摩尔分数表示）。

(2) 若将 A、B 两液体混合，并使其在 100kPa、温度 t 下开始沸腾，求该液体混合物的组成及沸腾时饱和蒸气压的组成（摩尔分数）。

11. 在一定温度下，液体 A 和 B 可形成理想液态混合物。已知在该温度时，$p_A^*=40.530kPa$，$p_B^*=121.590kPa$，把组成为 $y_B=0.40$ 的二元气态混合物放入一带有活塞的气缸中进行恒温压缩。试计算：(1) 刚开始出现液相时蒸气的总压；(2) 在该温度和

101.325kPa 压力下，A 和 B 的液态混合物沸腾时液相的组成。

12. 333K 时，设液体 A 和 B 能形成理想液态混合物。已知在该温度时，液体 A 和 B 的饱和蒸气压分别为 $p_A^* = 93.30\text{kPa}$，$p_B^* = 40.00\text{kPa}$，当组成为 x_A 的混合物在 333K 气化时，收集该蒸气并将其冷凝液化，测得该冷凝液的蒸气压 $p = 66.70\text{kPa}$，求 x_A 的值。

13. 在 298K 和标准压力下，将 2mol 苯与 3mol 甲苯混合，形成理想液态混合物。求该过程的 Q、W、$\Delta_{mix}U$、$\Delta_{mix}H$、$\Delta_{mix}S$、$\Delta_{mix}A$ 和 $\Delta_{mix}G$。

14. 液体 A 和 B 可以形成理想液态混合物。320K 时，将 3mol A 和 1mol B 混合形成理想液态混合物Ⅰ，总蒸气压为 $5.33\times10^4\text{Pa}$；再加入 2mol B 形成理想液态混合物Ⅱ，总蒸气压为 $6.13\times10^4\text{Pa}$。试计算：(1) 未混合前纯液体 A 和 B 的饱和蒸气压 p_A^* 和 p_B^*；(2) 与理想液态混合物Ⅰ达平衡的气相组成 y_B；(3) 在形成理想液态混合物Ⅰ的过程中，吉布斯自由能的变化值 $\Delta_{mix}G$；(4) 在理想液态混合物Ⅱ中再加入 3mol B 形成理想液态混合物Ⅲ的蒸气压。

15. 298K 时，蔗糖稀水溶液的蒸气压为 3.094kPa，纯水的蒸气压为 3.168kPa。试计算：(1) 溶液中蔗糖的摩尔分数 x_B；(2) 溶液的渗透压。已知水的密度约为 $1000\text{kg}\cdot\text{m}^{-3}$。

16. 29.2℃时，实验测得 CS_2 (A) 与 CH_3COCH_3 (B) 的混合物 $x_B = 0.540$，$p = 69.79\text{kPa}$，$y_B = 0.400$，已知 $p_A^* = 56.66\text{kPa}$，$p_B^* = 34.93\text{kPa}$，试求 a_B 和 γ_B。

17. 血液是大分子的水溶液，人体血液的凝固点为 272.59K。(1) 求体温 37℃时人体血液的渗透压；(2) 在同温度下，1dm^3 葡萄糖 ($C_6H_{12}O_6$) 水溶液中需要含有多少克葡萄糖才能有与血液相同的渗透压。已知水的凝固点降低系数为 $1.86\text{K}\cdot\text{kg}\cdot\text{mol}^{-1}$。

18. 海水中含有大量盐，所以在 298K 时海水的蒸气压为 0.306kPa，同温度下纯水的饱和蒸气压是 0.3167kPa，计算从海水中取出 1mol H_2O 过程所需最小非体积功。

19. 293K 时，乙醚的蒸气压为 58.95kPa。今在 0.10kg 乙醚中溶入某非挥发性的有机物 0.01kg，乙醚的蒸气压降低到 56.79kPa，试求该有机物的摩尔质量。已知乙醚的摩尔质量为 $0.07411\text{kg}\cdot\text{mol}^{-1}$。

20. 苯在 101325Pa 下的沸点为 353.35K，沸点升高系数 $k_b = 2.53\text{K}\cdot\text{kg}\cdot\text{mol}^{-1}$，求苯的摩尔汽化焓。已知苯的摩尔质量 $M_A = 0.078\text{kg}\cdot\text{mol}^{-1}$。

21. 将 7.900mg 酚酞溶在 129.2mg 樟脑中，测得该溶液的凝固点为 164.0℃，计算酚酞的摩尔质量。已知纯樟脑的熔点是 172.0℃，凝固点降低系数 $k_f = 40\text{K}\cdot\text{kg}\cdot\text{mol}^{-1}$。

22. 298K 时，将 22.2g 非挥发、不解离的溶质 B 溶解于 1.0kg 纯水中，测得该稀溶液的密度 $\rho = 1.01\times10^3\text{kg}\cdot\text{m}^{-3}$。已知溶质 B 的摩尔质量 $M_B = 0.111\text{kg}\cdot\text{mol}^{-1}$，水的沸点升高系数 $k_b = 0.51\text{K}\cdot\text{kg}\cdot\text{mol}^{-1}$。试计算：(1) 该稀溶液的沸点升高值 ΔT_b；(2) 该稀溶液的渗透压。

23. 在大气压力下，将 13.76g 联苯 (B) 溶入 100g 纯苯 (A) 中，所得溶液的沸点为 82.4℃，已知纯苯的沸点为 80.1℃。试求：(1) 溶剂苯的沸点升高系数 k_b，已知联苯的摩尔质量为 $154.2\text{g}\cdot\text{mol}^{-1}$；(2) 苯的摩尔汽化焓 $\Delta_{vap}H_m(\text{A})$，已知苯的摩尔质量 $M = 0.078\text{kg}\cdot\text{mol}^{-1}$。

24. 310K 时，测得人血浆的渗透压为 729.54kPa，试计算配制输液用的葡萄糖溶液中葡萄糖的质量分数。设血浆的密度近似等于水的密度 $\rho = 1.0\times10^3\text{kg}\cdot\text{m}^{-3}$，已知葡萄糖的摩尔质量为 $M_B = 0.174\text{kg}\cdot\text{mol}^{-1}$，如果配制的葡萄糖溶液太浓或太稀，输液后会造成什么严重后果？

25. 在0.1kg乙醇和0.1kg苯中，分别溶入6.1×10^{-3}kg苯甲酸。测得乙醇和苯溶液的沸点分别升高了0.54K和0.60K。试用计算说明苯甲酸在乙醇和苯中的存在状态（解离、缔合还是单分子状态）。已知苯和乙醇的沸点升高系数分别为$k_b(C_6H_6)=2.53K\cdot kg\cdot mol^{-1}$和$k_b(C_2H_5OH)=1.19K\cdot kg\cdot mol^{-1}$，苯甲酸的摩尔质量$M_B=0.134kg\cdot mol^{-1}$。

26. 15℃时，1mol氢氧化钠和4.559mol水混合形成的溶液的蒸气压为596Pa，而纯水的蒸气压为1705Pa。求：(1) 该溶液中水的活度；(2) 该溶液的沸点；(3) 该溶液和纯水的化学势相差多少？已知$\Delta_{vap}H_m^{\ominus}[H_2O(l)]=40.68kJ\cdot mol^{-1}$。

*27. 300K时，液体A和B形成非理想液态混合物。已知液态A的蒸气压$p_A^*=37.338kPa$，液态B的蒸气压$p_B^*=22.656kPa$。当2mol A和2mol B混合后，液面上的总蒸气压$p=50.663kPa$。在蒸气中A的摩尔分数$y_A=0.60$，假定蒸气为理想气体。试计算：(1) 溶液中A和B以摩尔分数表示的活度$a_{x,A}$和$a_{x,B}$；(2) 溶液中A和B相应的活度因子$\gamma_{x,A}$和$\gamma_{x,B}$；(3) A和B在混合时的吉布斯自由能变化值$\Delta_{mix}G$。

第4章 化学平衡体系热力学

一般情况下，化学反应能够向正逆两个方向进行。例如高温下 CO 和 H_2O 作用可以得到 H_2 和 CO_2，同时 H_2 和 CO_2 也能反应生成 CO 和 H_2O。

$$CO(g)+H_2O(g) \rightleftharpoons H_2(g)+CO_2(g)$$

对于一个正、逆向反应程度相当的化学反应，在它进行到一定时间后都会达到平衡状态，此时若温度、压力等外界条件保持不变，平衡组成将不随时间而变化。化学反应达到平衡时，从宏观来看表现为静态，反应好像已经停止，但实际上是一种动态平衡，反应仍在进行，只不过正向与逆向的反应速率相等。如果维持平衡态的外界条件发生改变，平衡就会移动，从而影响平衡组成。

当达到化学平衡时，有些可逆反应正反应进行的程度很大，例如，在常温、常压下将分子数比为 2∶1 的氢气和氧气混合，用电火花引燃或加入少许铂黑进行催化，即可迅速转化成水。平衡后，用一般的实验方法已检测不出剩余的氢气和氧气；而有些可逆反应达到平衡时，正向反应进行的程度很小，如用苯蒸气与甲烷合成甲苯，则反应在 500℃ 及常压下只能有约千分之一的反应物转化成甲苯。

可见，在一定条件下，不同的化学反应所能进行的程度即反应的限度是很不相同的，甚至同一个化学反应在不同的反应条件下，反应限度也往往存在很大差别。那么，究竟是什么因素在决定着反应的限度呢?一个反应究竟能完成到什么样的程度，能否从理论上加以预测呢?温度、压力等外界条件对反应的限度有什么影响?无疑，这些问题的解决，将使人们有可能利用这些理论知识，通过调变外界条件来控制反应限度，以解决如何提高化工产品产量以及如何选择新的合成路线等问题。这对化学工业、冶金工业及其他工业都有着十分重要的意义。

研究化学平衡的目的就是要了解反应达到平衡时体系的组成，算出平衡转化率，预计反应能够进行的程度，并通过改变外界条件来调节或控制反应所能进行的程度，指导工业生产。因为化学反应常在恒温恒压下进行，且体系本身是一个多组分系统，因此本章的重点就是从多组分系统热力学所讲的化学势概念出发，导出各种反应体系的化学反应等温式和标准平衡常数的表达式，讨论化学反应方向和限度以及温度、压力等外界因素对反应方向和平衡的影响。

4.1 化学反应等温式

主要知识点

1. 化学反应概述

本章主要研究化学反应的方向、限度及各种条件对平衡的影响。所有反应方程式需符合物料平衡，反应条件为等温、等压、不做非体积功。所谓化学平衡都是动态平衡。原则上所有反应都不能进行到底。

2. 化学反应的方向与限度

根据多组分系统的热力学基本公式和反应进度，得关系式

$$\left(\frac{\partial G}{\partial \xi}\right)_{T,p}=\sum_{\mathrm{B}}\nu_{\mathrm{B}}\mu_{\mathrm{B}}$$

以系统的吉布斯自由能为纵坐标，反应进度为横坐标作图，得一曲线，从曲线的斜率可以判断反应自发进行的方向和限度。

$\left(\frac{\partial G}{\partial \xi}\right)_{T,p}=0$，达到平衡；$\left(\frac{\partial G}{\partial \xi}\right)_{T,p}<0$，自发正向进行；

$\left(\frac{\partial G}{\partial \xi}\right)_{T,p}>0$，自发逆向进行。

3. 化学反应等温式

将各物质化学势的表示式代入式 $\left(\frac{\partial G}{\partial \xi}\right)_{T,p}=\sum_{\mathrm{B}}\nu_{\mathrm{B}}\mu_{\mathrm{B}}$ 中，就得到化学反应等温式。理想气体系统的化学反应等温式为

$$(\Delta_{\mathrm{r}}G_{\mathrm{m}})_{T,p}=\Delta_{\mathrm{r}}G_{\mathrm{m}}^{\ominus}(T)+RT\ln Q_p$$

式中，Q_p 称为压力商。如果是非理想气体，用逸度商 $Q_{\tilde{p}}$ 代替。对于液相反应系统，用相应的浓度商（或活度商）代替。只要求得 $\Delta_{\mathrm{r}}G_{\mathrm{m}}^{\ominus}(T)$ 和实际反应的压力商，就可以用反应系统的 $(\Delta_{\mathrm{r}}G_{\mathrm{m}})_{T,p}$ 判断反应的方向和限度。

4.1.1 化学反应概述

一个化学反应在一定的条件下能否进行?如果能进行，何时反应达到平衡?理论上最大产率是多少?怎样改变反应条件来提高产率? 这些无疑是科学实验和工业生产十分关心的问题。热力学第二定律中的几个判据，可以用来判断给定条件下化学反应变化的方向和限度。对于一个正、逆向反应程度相当的化学反应，在它进行到一定时间后都会达到平衡状态，此时若温度、压力等外界条件保持不变，平衡组成将不随时间而变化。反应达到平衡时，从宏观来看表现为静态，反应好像已停止，但实际上是一种动态平衡，反应仍在进行，只不过正向与逆向的反应速率相等。如果维持平衡态的外界条件发生改变，平衡就会移动，从而影响平衡组成。研究化学平衡的目的就是要了解反应达到平衡时体系的组成，算出平衡转化率，预计反应能够进行的程度，并通过改变外界条件来调节或控制反应所能进行的程度，指导工业生

产。因为化学反应常在恒温、等压下进行，且体系本身是一个多组分系统，因此从化学势概念出发，推导出反应体系标准平衡常数的表达式，研究在一定的条件下化学反应究竟向哪个方向进行，什么时候达到平衡状态，怎样改变温度、压力等反应条件（或外界因素），使反应按人们所需要的方向进行并达到所期望的限度等。

本章所提到的化学反应系统，都是指等温、等压、不做非体积功的封闭系统。所有化学反应方程式都已经配平，符合如下定量关系：

$$0=\sum_{B}\nu_{B}B$$

式中，B是任一参与反应的物质；ν_B是参与反应物质B的计量系数，对反应物ν_B取负值，对生成物ν_B取正值。

所有的化学反应都是既可以正向进行，也可以逆向进行的。但是，有的反应的逆反应程度极小，与正反应相比可以忽略不计，通常称这种反应是能进行到底的，或称为单向反应。例如，$H_2(g)$和$O_2(g)$的反应，按物质的量之比为2∶1的混合物经爆鸣反应后，几乎检测不到有剩余的$H_2(g)$与$O_2(g)$存在，就认为反应进行到底了。但肯定仍有极少量的$H_2(g)$与$O_2(g)$存在，只是少到用常规方法检测不到而已。若将系统加热到1500℃以上，可以明显测出$H_2(g)$和$O_2(g)$的存在，这时水的分解这个逆反应已不能忽略。

也有的化学反应其正向和逆向反应都比较明显。例如，将物质的量之比为3∶1的$H_2(g)$与$N_2(g)$作原料合成$NH_3(g)$的反应，到达平衡时还有相当多的$H_2(g)$与$N_2(g)$没有作用，这类反应可称为对峙反应或双向反应，但习惯上称为可逆反应，反应物与生成物之间用符号"$\rightleftharpoons$"连接。本章主要讨论这类反应。

4.1.2 化学反应的方向与限度

因为大部分化学反应都是在等温、等压和$W_f=0$的条件下进行的，所以主要采用多组分系统的热力学基本公式中吉布斯自由能的表示式$dG=-SdT+Vdp+\sum_{B}\mu_B dn_B$，在等温、等压条件下有

$$(dG)_{T,p}=\sum_{B}\mu_B dn_B \tag{4.1}$$

根据第1章中介绍的反应进度的定义$d\xi=\dfrac{dn_B}{\nu_B}$，则$dn_B=\nu_B d\xi$，代入式(4.1)，得

$$(dG)_{T,p}=\sum_{B}\nu_B\mu_B d\xi \tag{4.2}$$

移项得吉布斯自由能随反应进度的变化率

$$\left(\frac{\partial G}{\partial \xi}\right)_{T,p}=\sum_{B}\nu_B\mu_B \tag{4.3}$$

若以系统的吉布斯自由能为纵坐标，反应进度为横坐标作图，所得曲线如图4.1所示。整个曲线表示在反应过程中系统的吉布斯自由能随反应进度的变化情况。R点代表在混合的反应系统中反应物的吉布斯自由能，P点代表生成物的吉布斯自由能，E点是反应物的吉布斯自由能降低到最低值时所处的状态，也就是反应进行的最大限度，这时系统处于平衡状态，对应的反应进度为ξ_e。

在图4.1中，从曲线的斜率可以判断反应进行的情况。

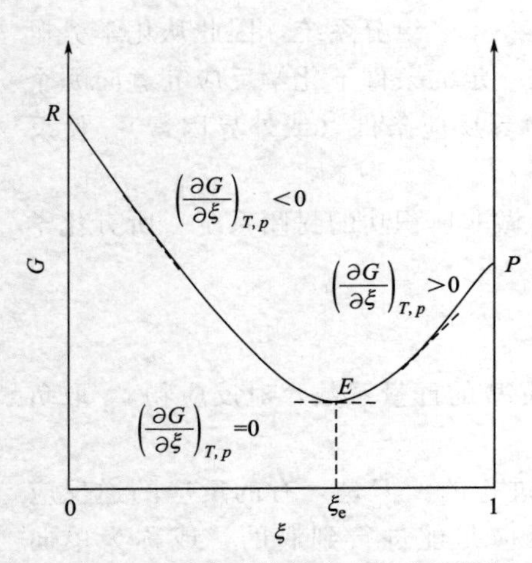

图 4.1　反应系统的吉布斯自由能随反应进度变化示意图

RE 线段：$\left(\frac{\partial G}{\partial \xi}\right)_{T,p}<0$，反应自发正向进行，直至吉布斯自由能达到极小值。

E 点：$\left(\frac{\partial G}{\partial \xi}\right)_{T,p}=0$，吉布斯自由能达极小值，即平衡态，是反应的最大限度。

EP 线段：$\left(\frac{\partial G}{\partial \xi}\right)_{T,p}>0$，反应自发逆向进行，直至达到系统的平衡态。

对于图中 RE 线段，$\left(\frac{\partial G}{\partial \xi}\right)_{T,p}<0$，由于 $\left(\frac{\partial G}{\partial \xi}\right)_{T,p}=\sum_{B}\nu_B\mu_B$，即 $\left(\frac{\partial G}{\partial \xi}\right)_{T,p}=\sum_{B}\nu_B\mu_B<0$，说明在等温等压下，当反应物化学势的总和大于产物化学势的总和时，反应自发向右进行。

初学者常会提出这样的问题，既然产物的化学势较低，为什么反应通常不能进行到底，而且进行到一定程度达到平衡后就不再进行。为了解答这一问题，以理想气体混合物的反应 $D+E \rightleftharpoons 2F$ 为例加以说明。在起始时，D、E、F 的物质的量分别为 n_D^0、n_E^0 和 n_F^0，而在反应过程中 D、E、F 的物质的量分别为 n_D、n_E 和 n_F，此时系统的吉布斯自由能为

$$\begin{aligned}G&=\sum_{B}n_B\mu_B\\&=n_D\mu_D+n_E\mu_E+n_F\mu_F\\&=n_D\left(\mu_D^{\ominus}+RT\ln\frac{p_D}{p^{\ominus}}\right)+n_E\left(\mu_E^{\ominus}+RT\ln\frac{p_E}{p^{\ominus}}\right)+n_F\left(\mu_F^{\ominus}+RT\ln\frac{p_F}{p^{\ominus}}\right)\\&=\left[(n_D\mu_D^{\ominus}+n_E\mu_E^{\ominus}+n_F\mu_F^{\ominus})+(n_D+n_E+n_F)RT\ln\frac{p}{p^{\ominus}}\right]\\&\quad+RT(n_D\ln x_D+n_E\ln x_E+n_F\ln x_F)\end{aligned}\tag{4.4}$$

式中，p 是总压；x_B 代表各气体的摩尔分数（$p_B=px_B$）；等式右方方括号中的数值相当于反应前各气体单独存在且各自压力均为总压 p 时的 Gibbs 自由能；最后一项则相当于混合 Gibbs 自由能，由于 $x_B<1$，所以该项数值小于零。

设反应从 D、E 开始，各为 1mol，则在任何时刻

$$n_D=n_E$$

$$n_F=2\ (1\mathrm{mol}-n_D)$$

所以

$$n_D+n_E+n_F=2\mathrm{mol}$$

代入式(4.4)，从式中消去 n_E、n_F，得

$$G=\left[n_D(\mu_D^{\ominus}+\mu_E^{\ominus})+2(1\mathrm{mol}-n_D)\mu_F^{\ominus}+2RT\ln\frac{p}{p^{\ominus}}\right]+$$
$$2RT\left[n_D\ln\left(\frac{n_D}{2\mathrm{mol}}\right)+(1\mathrm{mol}-n_D)\ln\frac{(1\mathrm{mol}-n_D)}{1\mathrm{mol}}\right]$$

若 $p=p^{\ominus}$，重排后得

$$G=[n_{\mathrm{D}}(\mu_{\mathrm{D}}^{\ominus}+\mu_{\mathrm{E}}^{\ominus}-2\mu_{\mathrm{F}}^{\ominus})+2\mu_{\mathrm{F}}^{\ominus}]+2RT\left[n_{\mathrm{D}}\ln\left(\frac{n_{\mathrm{D}}}{2\mathrm{mol}}\right)+(1\mathrm{mol}-n_{\mathrm{D}})\ln\frac{(1\mathrm{mol}-n_{\mathrm{D}})}{1\mathrm{mol}}\right] \tag{4.5}$$

式中，$\mu_{\mathrm{B}}^{\ominus}$ 均为纯气体的标准态化学势，它只是温度的函数，故在恒温恒压下，上式中的 G 只是 n_{D} 的函数。从起始到终了，n_{D} 的值可以在 1～0mol 之间变动。

如以 n_{D} 为横坐标，以 G 为纵坐标，根据式(4.5)绘图，得示意图 4.2。

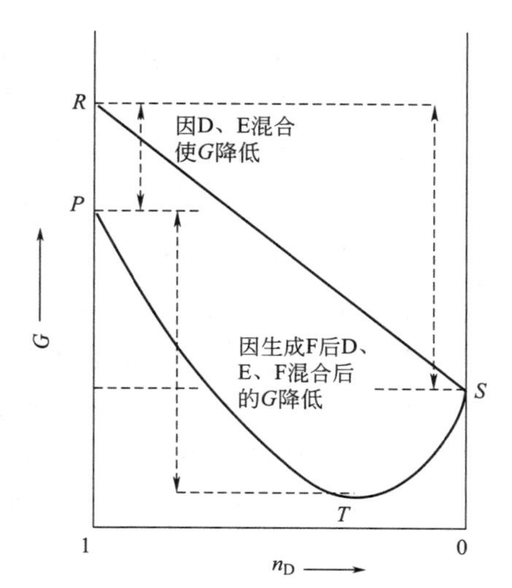

图 4.2　系统的 Gibbs 自由能在反应过程中的变化示意图

系统起始时，$n_{\mathrm{D}}=1\mathrm{mol}$，$G=1\mathrm{mol}\times(\mu_{\mathrm{D}}^{\ominus}+\mu_{\mathrm{E}}^{\ominus})+2RT\ln\frac{1}{2}$，图中用 P 点表示，它相当于 1mol D 和 1mol E 刚刚混合但尚未进行反应时系统的 Gibbs 自由能，而纯 D 和纯 E 未混合前 Gibbs 自由能的总和则相当于 R 点。把 1mol D 和 1mol E 混合后，尚未开始反应，系统的 Gibbs 自由能就由 R 点降到了 P 点，式中的 $2RT\ln\frac{1}{2}$ 则相当于 D 和 E 的混合 Gibbs 自由能。

假如 D、E 能全部进行反应而生成 F，即 $n_{\mathrm{D}}=0$ 时，则根据式(4.5)

$$G=2\mathrm{mol}\times\mu_{\mathrm{F}}^{\ominus}$$

这相当于图中的 S 点。而当 n_{D} 在 1～0mol 之间，根据式(4.5) 绘制得到曲线 PTS。这个曲线有一最低点。其之所以有最低点，主要是由于式(4.5) 中的第二项（即混合 Gibbs 自由能项)。反应一经开始，一旦有产物生成，它就参与混合，产生了具有负值的混合 Gibbs 自由能，根据等温等压下 Gibbs 自由能有最低值的原则，最低的 T 点就是平衡点。反之，如果反应从纯 F 开始，反应左向进行后系统的 Gibbs 自由能也将从 S 点降低到 T 点（混合 Gibbs 自由能一项，从本质上来说，来源于混合熵，于此也可见熵函数对讨论化学平衡的重要性)。

要使一个化学反应能够进行到底，即避免逆反应的发生，可采用在热力学第二定律曾介绍过 van't Hoff 平衡箱所设想的过程，系统的状态是由纯 D、纯 E 变为纯 F，此时系统的 Gibbs 自由能将沿 RS 直线变化，活塞中的 D 和 E 在反应前并未混合，反应后生成的 F 也没有和 D、E 混合。

4.1.3　化学反应等温式

在等温、等压和 $W_{\mathrm{f}}=0$ 的条件下，当反应进度从 $\xi=0\mathrm{mol}$ 变到 $\xi=1.0\mathrm{mol}$ 时，将式(4.2) 的等式两边积分

$$\int_{\Delta G(\xi=0\mathrm{mol})}^{\Delta G(\xi=1\mathrm{mol})}(\mathrm{d}G)_{T,p}=\sum_{\mathrm{B}}\nu_{\mathrm{B}}\mu_{\mathrm{B}}\int_{0\mathrm{mol}}^{1\mathrm{mol}}\mathrm{d}\xi$$

$$(\Delta_{\mathrm{r}}G)_{T,p}=\sum_{\mathrm{B}}\nu_{\mathrm{B}}\mu_{\mathrm{B}}\times(1-0)\mathrm{mol}$$

$\frac{(\Delta_r G)_{T,p}}{(1-0)\ \text{mol}} = (\Delta_r G_m)_{T,p}$，代入上式得

$$(\Delta_r G_m)_{T,p} = \sum_B \nu_B \mu_B \tag{4.6}$$

在导出式(4.6) 时，引进了化学反应是在等温、等压、不做体积功的条件下进行，在积分时将各种物质 B 的化学势 μ_B 作为常数处理，这就要求在反应过程中各物质的浓度（或压力）保持不变，要满足这一点，或者是在有限的系统中发生了一个微小的变化［如式(4.2) 所示］，或者是在大量的系统中发生了反应进度为 1mol 的变化［如式(4.6) 所示］。$(\Delta_r G_m)_{T,p}$ 和 $\sum_B \nu_B \mu_B$ 这两个公式在判断反应进行的方向和限度时是完全等效的，因为化学势是偏摩尔吉布斯自由能，等式(4.6) 相当于偏摩尔量的加和公式。今后为了简便，常把表示等温、等压的下标略去，也不再重复“不做非体积功”这一限制条件。$(\Delta_r G_m)_{T,p}$ 中的下标 r 表示 reaction，m 表示反应进度 $\xi=1.0\text{mol}$。

在等温、等压和不做非体积功的条件下：

$(\Delta_r G_m)_{T,p} < 0$　反应自发正向进行

$(\Delta_r G_m)_{T,p} = 0$　反应达到平衡，即达到反应的最大限度

$(\Delta_r G_m)_{T,p} > 0$　逆向反应是自发的

根据式(4.6)，将所有参与反应的物质 B 的化学势表示式代入，就获得对应的化学反应等温式。

(1) 理想气体混合物反应系统

已知理想气体混合物中任一组分 B 的化学势表示式为

$$\mu_B(T,p) = \mu_B^{\ominus}(T) + RT\ln\frac{p_B}{p^{\ominus}}$$

分别将 B 的化学势表示式代入式(4.6) 得

$$\begin{aligned}(\Delta_r G_m)_{T,p} &= \sum_B \nu_B \mu_B = \sum_B \nu_B \mu_B^{\ominus}(T) + \sum_B \nu_B RT\ln\frac{p_B}{p^{\ominus}} \\ &= \sum_B \nu_B \mu_B^{\ominus}(T) + RT\ln\prod_B\left(\frac{p_B}{p^{\ominus}}\right)^{\nu_B}\end{aligned} \tag{4.7}$$

令
$$\sum_B \nu_B \mu_B^{\ominus}(T) = \Delta_r G_m^{\ominus}(T) \qquad \prod_B\left(\frac{p_B}{p^{\ominus}}\right)^{\nu_B} = Q_p \tag{4.8}$$

将式(4.8) 代入式(4.7)，得

$$(\Delta_r G_m)_{T,p} = \Delta_r G_m^{\ominus}(T) + RT\ln Q_p \tag{4.9}$$

式(4.7) 和式(4.9) 就是理想气体混合物系统的化学反应等温式的两种不同表达形式。式中，$\Delta_r G_m^{\ominus}(T)$ 称为化学反应的标准摩尔吉布斯自由能变化值，因为 $\mu_B^{\ominus}$(T) 仅是温度的函数，所以 $\Delta_r G_m^{\ominus}(T)$ 也仅是温度的函数。即对于指定的理想气体反应系统，在一定温度时，$\Delta_r G_m^{\ominus}(T)$ 有定值；Q_p 称为反应系统中气体的压力商。只要求得 $\Delta_r G_m^{\ominus}(T)$ 值，并将反应系统中各物质的压力商代入式(4.9)，就能得到 $(\Delta_r G_m)_{T,p} = \Delta_r G_m^{\ominus}(T) + RT\ln\prod_B x_B^{\nu_B}$ 值，根据其数值的正负，就可以判断化学反应的方向和限度。对于指定的反应系统，在一定温度下，$\Delta_r G_m^{\ominus}(T)$ 有定值，但是 Q_p 的数值是可以人为改变的。例如，增加反应物的压力

或移去生成物以降低生成物的压力，都可以使 Q_p 变小，从而降低 $(\Delta_r G_m)_{T,p}$ 的数值，增加正向反应的趋势。

要判断反应的方向和限度，原则上只能用 $(\Delta_r G_m)_{T,p}$ 来判断，而不能用 $\Delta_r G_m^{\ominus}(T)$ 判断，除非系统中的所有物质都处于标准态。但是，当 $\Delta_r G_m^{\ominus}(T)$ 是一个绝对值较大的负数时［如 $\Delta_r G_m^{\ominus}(T) < -40\text{kJ}\cdot\text{mol}^{-1}$］，因为 Q_p 处于对数项中，很难使用改变压力的方法来改变 $(\Delta_r G_m)_{T,p}$ 的正、负号，绝对值较大负数的 $\Delta_r G_m^{\ominus}(T)$ 基本上决定 $(\Delta_r G_m)_{T,p}$ 也是负值，这时才能用 $\Delta_r G_m^{\ominus}(T)$ 来估计反应可能自发进行的方向，评估反应是否有利用价值。

如果反应系统是非理想气体的混合物，则只要将 Q_p 用逸度商 $Q_{\tilde{p}}$ 代替，就可以得到相应的化学反应等温式，即

$$Q_{\tilde{p}} = \prod_B \left(\frac{\tilde{p}_B}{p}\right)^{\nu_B} \qquad (\Delta_r G_m)_{T,p} = \Delta_r G_m^{\ominus}(T) + RT\ln Q_{\tilde{p}} \tag{4.10}$$

（2）理想液态混合物反应系统

对于理想液态混合物，忽略压力对液体体积的影响，任一组分的化学势可近似表示为

$$\mu_{B(l)}(T,p) = \mu_{B(l)}^{\ominus}(T) + RT\ln x_B$$

代入 $(\Delta_r G_m)_{T,p}$ 的计算式，得

$$(\Delta_r G_m)_{T,p} = \sum_B \nu_B \mu_B = \sum_B \nu_B \mu_{B(l)}^{\ominus}(T) + \sum_B \nu_B RT\ln x_B$$
$$= \sum_B \nu_B \mu_{B(l)}^{\ominus}(T) + RT\ln\prod_B x_B^{\nu_B}$$

采用与理想气体混合物相同的处理方法，令 $\sum_B \nu_B \mu_{B(l)}^{\ominus}(T) = \Delta_r G_m^{\ominus}(T)$，得

$$(\Delta_r G_m)_{T,p} = \Delta_r G_m^{\ominus}(T) + RT\ln\prod_B x_B^{\nu_B} \tag{4.11}$$

式(4.11)是理想液态混合物反应系统的化学反应等温式。对于非理想的液态混合物反应系统，化学反应等温式有类似的表达式，只是要用相对活度来代替浓度，即

$$(\Delta_r G_m)_{T,p} = \Delta_r G_m^{\ominus}(T) + RT\ln\prod_B a_x^{\nu_B} \tag{4.12}$$

（3）溶剂不参与反应的理想或非理想的稀溶液反应系统

对于溶剂不参与反应的理想或非理想的稀溶液，化学反应等温式会因为浓度的表示式不同而不同，但形式相仿。例如

$$(\Delta_r G_m)_{T,p} = \Delta_r G_m^{\ominus}(T) + RT\ln\prod_B x_B^{\nu_B} \tag{4.13a}$$

$$(\Delta_r G_m)_{T,p} = \Delta_r G_m^{\ominus}(T) + RT\ln\prod_B \left(\frac{m_B}{m^{\ominus}}\right)^{\nu_B} \tag{4.13b}$$

$$(\Delta_r G_m)_{T,p} = \Delta_r G_m^{\ominus}(T) + RT\ln\prod_B \left(\frac{c_B}{c^{\ominus}}\right)^{\nu_B} \tag{4.13c}$$

对于溶剂不参与反应的非理想的稀溶液，只要将原来的浓度商用对应的活度商表示即可。其对应的活度商分别为 $\prod_B a_x^{\nu_B}$、$\prod_B a_m^{\nu_B}$、$\prod_B a_c^{\nu_B}$。

4.2 标准平衡常数

主要知识点

1. 标准平衡常数的定义

对于 $0=\sum_{B}\nu_{B}B$ 的任意化学反应，标准平衡常数的定义为

$$K^{\ominus}\stackrel{\text{def}}{=}\exp\left[-\frac{\sum_{B}\nu_{B}\mu_{B}^{\ominus}(T)}{RT}\right]$$

$K^{\ominus}$是量纲一的量，单位为1，它仅是温度的函数，其数值与化学势标准态的选择有关。

2. 气相反应的标准平衡常数

对于理想气体混合物的反应系统，标准平衡常数的表示式、标准平衡常数与标准摩尔吉布斯自由能变化值的关系以及化学反应等温式分别为

$$K_{p}^{\ominus}=\prod_{B}\left(\frac{p_{B}}{p^{\ominus}}\right)_{e}^{\nu_{B}}$$

$$\Delta_{r}G_{m}^{\ominus}(T)=-RT\ln K_{p}^{\ominus}\qquad(\Delta_{r}G_{m})_{T,p}=-RT\ln K_{p}^{\ominus}+RT\ln Q_{p}$$

$K_{p}^{\ominus}$ 仅是温度的函数。$K_{p}^{\ominus}$ 与 Q_{p} 的相对大小决定了 $(\Delta_{r}G_{m})_{T,p}$ 数值的正负，可以用来判断反应的方向与限度。

3. 液相反应的标准平衡常数

对于液态混合物系统，理想的和非理想的液态混合物所对应的标准平衡常数分别为

$$K_{x}^{\ominus}=\prod_{B}(x_{B})_{e}^{\nu_{B}}\qquad K_{a}^{\ominus}=\prod_{B}(a_{x})_{e}^{\nu_{B}}$$

对于溶剂不参与反应的稀溶液，忽略压力对溶液体积的影响，理想稀溶液的溶质浓度用 m_{B} 或 c_{B} 表示，非理想稀溶液的溶质浓度用 a_{m} 或 a_{c} 表示，相应的平衡常数表示式为

$$K_{m}^{\ominus}=\prod_{B}\left(\frac{m_{B}}{m^{\ominus}}\right)_{e}^{\nu_{B}}\qquad K_{c}^{\ominus}=\prod_{B}\left(\frac{c_{B}}{c^{\ominus}}\right)_{e}^{\nu_{B}}$$

$$K_{a}^{\ominus}=\prod_{B}(a_{m})_{e}^{\nu_{B}}\qquad K_{a}^{\ominus}=\prod_{B}(a_{c})_{e}^{\nu_{B}}$$

4. 有凝聚态参与的气体反应的标准平衡常数

在标准压力下，凝聚相（固相或液相）的纯态就是其标准态，它的化学势就等于其标准态化学势，这种反应的标准平衡常数只与气相物质的压力有关。

5. 平衡常数值与化学反应式的关系

$K^{\ominus}$的值与 $\Delta_{r}G_{m}^{\ominus}(T)$ 的值一样，都与计量方程的表示法有关。当反应进度都等于1mol时，反应式的计量系数呈倍数关系，$\Delta_{r}G_{m}^{\ominus}(T)$ 的值也呈倍数关系，而 $K^{\ominus}$的值则呈指数关系。

4.2.1 标准平衡常数的定义

对于 $0=\sum_{B}\nu_{B}B$ 的任意化学反应，标准平衡常数的定义为

$$K^{\ominus} \stackrel{\text{def}}{=\!=\!=} \exp\left[-\frac{\sum_{B}\nu_B\mu_B^{\ominus}(T)}{RT}\right] \tag{4.14}$$

式中，$K^{\ominus}$称为化学反应的标准平衡常数（standard equilibrium constant），也称为热力学平衡常数。根据定义式可知，$K^{\ominus}$是量纲一的量，单位为 1，它的数值与温度和各物质 B 的标准态化学势有关，因此也与物质 B 的性质和标准态的选择有关。因为 $\mu_B^{\ominus}(T)$ 仅是温度的函数，所以 $K^{\ominus}$也仅是温度的函数。对于指定的反应，只要温度定了，$K^{\ominus}$就有定值，而与反应物的压力或浓度无关，因此称之为“平衡常数”。平衡常数的定义式适用面很广，对于理想的或非理想的气相反应、有纯固体或纯液体参与的气相反应、液相反应以及电解质溶液反应系统等都能适用。

4.2.2 气相反应的标准平衡常数

如果反应系统是理想气体的混合物，在等温、等压和不做非体积功的条件下，反应达到平衡时，$(\Delta_r G_m)_{T,p}=0$，用达到平衡时的压力商代入式(4.7)，得

$$(\Delta_r G_m)_{T,\,p} = \sum_{B}\nu_B\mu_B^{\ominus}(T) + RT\ln\prod_{B}\left(\frac{p_B}{p^{\ominus}}\right)_e^{\nu_B} = 0$$

$$-\sum_{B}\nu_B\mu_B^{\ominus}(T) = RT\ln\prod_{B}\left(\frac{p_B}{p^{\ominus}}\right)_e^{\nu_B} \tag{4.15}$$

根据标准平衡常数的定义式，得

$$K_p^{\ominus} = \prod_{B}\left(\frac{p_B}{p^{\ominus}}\right)_e^{\nu_B} \tag{4.16}$$

式(4.16) 就是理想气体混合物反应系统的标准平衡常数 $K_p^{\ominus}$ 的计算式，它仅是温度的函数，是量纲一的量，单位为 1。下标 p 表示是用压力表示的平衡常数，即 $K_p^{\ominus}$ 等于平衡时的“压力商”，以区别于其他标准平衡常数。“压力商”括号外的下标“e”表示计算所用的压力是达到平衡时各气相物质的平衡压力。将式(4.16) 和关系式 $\sum_{B}\nu_B\mu_B^{\ominus}(T)=\Delta_r G_m^{\ominus}(T)$ 代入式(4.15)，得

$$\Delta_r G_m^{\ominus}(T) = -RT\ln K_p^{\ominus} \tag{4.17}$$

式(4.17) 将两个很重要的物理量 $\Delta_r G_m^{\ominus}(T)$ 和 $K_p^{\ominus}$ 联系在一起。今后，只要求得 $\Delta_r G_m^{\ominus}(T)$ 的值，就可以得到该温度下的标准平衡常数 $K_p^{\ominus}$ 的值。虽然这两个物理量出现在等式两边，但是它们所处的状态是不同的。因为 $\sum_{B}\nu_B\mu_B^{\ominus}(T)=\Delta_r G_m^{\ominus}(T)$，所以 $\Delta_r G_m^{\ominus}(T)$ 是处于标准态时的数值，它与参与反应物质化学势标准态的选择有关。根据式(4.17)，$K_p^{\ominus}$ 等于系统达到平衡时的压力商（或其他平衡时的浓度商等），显然它是处于平衡态时的物理量。如果误认为 $K_p^{\ominus}$ 是处于标准态时的压力商，就会得到 $K_p^{\ominus}$ 永远等于 1 的错误结论。

将式(4.17) 代入理想气体混合物的化学反应等温式 [式(4.9)]，得化学反应等温式的另一种表示形式

$$(\Delta_r G_m)_{T,\,p} = -RT\ln K_p^{\ominus} + RT\ln Q_p \tag{4.18}$$

这样，又得到了一个判断反应自发进行的方向和限度的方法，即

若 $K_p^{\ominus}>Q_p$，则$(\Delta_r G_m)_{T,p}<0$，反应自发正向进行

若 $K_p^{\ominus}=Q_p$，则$(\Delta_r G_m)_{T,p}=0$，反应处于平衡状态

若 $K_p^{\ominus}<Q_p$，则$(\Delta_r G_m)_{T,p}>0$，反应自发逆向进行

如果是非理想气体混合物，只要用物质 B 的逸度$\tilde{p}_B$ 代替分压 p_B，就可以得到类似的等温式，如

$$K_{\tilde{p}}^{\ominus}=\prod_B\left(\frac{\tilde{p}_B}{p^{\ominus}}\right)_e^{\nu_B} \tag{4.19}$$

$$(\Delta_r G_m)_{T,\ p}=-RT\ln K_{\tilde{p}}^{\ominus}+RT\ln Q_{\tilde{p}} \tag{4.20}$$

4.2.3 液相反应的标准平衡常数

如果反应系统是理想液态混合物，当反应达到平衡时，根据理想液态混合物的化学反应等温式，有

$$(\Delta_r G_m)_{T,p}=\sum_B \nu_B \mu_{B(l)}^{\ominus}(T)+RT\ln\prod_B x_B^{\nu_B}=0$$

根据标准平衡常数的定义式，得

$$K_x^{\ominus}=\prod_B (x_B)_e^{\nu_B} \tag{4.21}$$

式(4.21) 中，$K_x^{\ominus}$ 是理想液态混合物反应系统的标准平衡常数，下标 x 表示混合物组成用物质的量分数表示，该平衡常数等于平衡时的物质的量分数商，其余分析与上面气体反应相同。

如果反应系统是非理想液态混合物，任一组分 B 对拉乌尔定律发生偏差，则物质的量分数用其对应的活度 a_x 代替，可以得到用活度表示的标准平衡常数的表示式

$$K_a^{\ominus}=\prod_B (a_x)_e^{\nu_B} \tag{4.22}$$

式(4.22) 中，$a_x=\gamma_x x_B$，γ_x 是浓度用摩尔分数表示时的活度因子，其数值根据对拉乌尔定律偏差的情况可正可负。

如果反应是在理想的稀溶液中进行，并假定溶剂不参与反应，也忽略压力对凝聚系统体积的影响，则当溶质用质量摩尔浓度 m_B 或物质的量浓度 c_B 表示时，其相应的标准平衡常数的表示式为

$$K_m^{\ominus}=\prod_B\left(\frac{m_B}{m^{\ominus}}\right)_e^{\nu_B} \qquad K_c^{\ominus}=\prod_B\left(\frac{c_B}{c^{\ominus}}\right)_e^{\nu_B} \tag{4.23}$$

如果溶质 B 的行为对理想状况发生偏差则用相应的活度 a_m 或 a_c 代替浓度，可以得到对应的平衡常数表示式

$$K_a^{\ominus}=\prod_B (a_m)_e^{\nu_B} \qquad K_a^{\ominus}=\prod_B (a_c)_e^{\nu_B} \tag{4.24}$$

式中，$a_m=\gamma_m \dfrac{m_B}{m^{\ominus}}$，$a_c=\gamma_c \dfrac{c_B}{c^{\ominus}}$，今后在电解质溶液中使用活度表示的机会较多。

4.2.4 有凝聚态参与的气体反应的标准平衡常数

如果在一个反应系统中，既有液态或固态物质又有气态物质参与，则称这种反应为复相化学反应。为了简便起见，设凝聚态（指固态或液态）物质处于纯态，并忽略压力对凝聚态物质体积的影响，近似认为所有纯凝聚态物质的化学势等于其标准态化学势，即 $\mu_B^*(T,p)\approx\mu_B^{\ominus}(T)$，又设气相是单种理想气体，或是理想气体混合物，则这种复相反应的标准平衡常数只与气态物质的压力有关，而与凝聚态物质无关。例如，有下列反应：

$$CaCO_3(s) \rightleftharpoons CaO(s)+CO_2(g)$$

$$(\Delta_r G_m)_{T,p}=\sum_B \nu_B \mu_B=\mu(CaO,s)+\mu(CO_2,g)-\mu(CaCO_3,s)$$

设固态为纯固态，气体为理想气体，则

$$(\Delta_r G_m)_{T,p}=\mu^{\ominus}(CaO,s)+\mu^{\ominus}(CO_2,g)+RT\ln\frac{p_{CO_2}}{p^{\ominus}}-\mu^{\ominus}(CaCO_3,s)$$

$$=\sum_B \nu_B \mu_B^{\ominus}+RT\ln\frac{p_{CO_2}}{p^{\ominus}}$$

当达到平衡时，$(\Delta_r G_m)_{T,p}=0$，则

$$-\sum_B \nu_B \mu_B^{\ominus}=RT\ln\left(\frac{p_{CO_2}}{p^{\ominus}}\right)_e$$

根据标准平衡常数的定义［式(4.14)］得

$$K_p^{\ominus}=\left(\frac{p_{CO_2}}{p^{\ominus}}\right)$$

从而可知，这种复相系统的化学反应，其标准平衡常数与纯的凝聚态物质无关，而只与气相物质的平衡压力有关。通常将平衡时的二氧化碳压力（p_{CO_2}）$_e$ 称为 $CaCO_3$(s) 在该温度下的解离压。

如果分解产物不止一种气体，则气体产物的总的平衡压力称为解离压。当然假定气体形成的是理想气体混合物。例如，有下列反应

$$NH_4Cl(s) \rightleftharpoons NH_3(g)+HCl(g)$$

平衡总压 $p_e=(p_{NH_3})_e+(p_{HCl})_e$，又因为 $(p_{NH_3})_e=(p_{HCl})_e$，则标准平衡常数的计算式为

$$K_p^{\ominus}=\prod_B\left(\frac{p_B}{p^{\ominus}}\right)_e^{\nu_B}=\frac{(p_{NH_3})_e}{p^{\ominus}}\times\frac{(p_{HCl})_e}{p^{\ominus}}=\left(\frac{1}{2}\times\frac{p_e}{p^{\ominus}}\right)\times\left(\frac{1}{2}\times\frac{p_e}{p^{\ominus}}\right)=\frac{1}{4}\times\left(\frac{p_e}{p^{\ominus}}\right)^2$$

【例 4.1】 ① 在一个刚性的真空容器内放入足量的 NH_4Cl(s) 纯固体，恒温在 520K。当达到分解平衡时，测得总压 p_e=5066Pa，试计算该反应的标准平衡常数。

② 在容积 $V=42.7dm^3$ 的真空容器内放入一定量的 NH_4Cl(s) 和 0.02mol NH_3(g)，恒温在 520K 达到分解平衡时，试计算各气相物质的分压。

解 ① NH_4Cl(s) 的分解反应为

$$NH_4Cl(s) \rightleftharpoons NH_3(g)+HCl(g)$$

这是有纯固体参加的复相反应，其标准平衡常数只与气态物质有关。气态产物的分压为

$$(p_{NH_3})_e=(p_{HCl})_e=\frac{1}{2}p_e$$

$$K_p^{\ominus}=\frac{(p_{NH_3})_e}{p^{\ominus}}\times\frac{(p_{HCl})_e}{p^{\ominus}}=\left(\frac{1}{2}\times\frac{p_e}{p^{\ominus}}\right)^2=\frac{1}{4}\times\left(\frac{5066Pa}{100kPa}\right)^2=6.42\times10^{-4}$$

② 首先计算在该条件下引入的 NH_3(g) 的分压

$$p_{NH_3}=\frac{nRT}{V}=\left(\frac{0.02\times8.314\times520}{42.7\times10^{-3}}\right)Pa=2025Pa$$

因温度相同，所以 $K_p^{\ominus}$ 值与①相同，达分解平衡时，两种气体压力之间的关系为

$$(p_{NH_3})_e=(p_{HCl})_e+2025Pa$$

代入 $K_p^{\ominus}$ 的计算式，可以解出各气态物质的平衡分压

$$K_p^{\ominus}=\frac{(p_{NH_3})_e}{p^{\ominus}}\times\frac{(p_{HCl})_e}{p^{\ominus}}=\frac{(p_{HCl})_e+2025Pa}{100kPa}\times\frac{(p_{HCl})_e}{100kPa}=6.42\times10^{-4}$$

得

$$(p_{HCl})_e=1714Pa$$

$$(p_{NH_3})_e=(1714+2025)Pa=3739Pa$$

4.2.5 平衡常数值与化学反应式的关系

标准摩尔吉布斯自由能与标准平衡常数的关系式为

$$\Delta_r G_m^{\ominus}(T)=-RT\ln K_p^{\ominus}$$

式中，$\Delta_r G_m^{\ominus}(T)$ 是指在标准状态下反应进度 $\xi=1.0mol$ 时的吉布斯自由能变化值，$\Delta_r G_m^{\ominus}(T)$ 既然与反应进度有关，必然与化学反应的计量方程的写法有关，因此 $K_p^{\ominus}$ 的值也与化学反应的计量方程的写法有关。如氢气和氧气发生反应生成水的化学方程式可用下面两种方法书写：

(1) $2H_2(g)+O_2(g)\rightleftharpoons 2H_2O(g)$ $\qquad \Delta_r G_m^{\ominus}(1)=-RT\ln K_1^{\ominus}$

(2) $H_2(g)+\frac{1}{2}O_2(g)\rightleftharpoons H_2O(g)$ $\qquad \Delta_r G_m^{\ominus}(2)=-RT\ln K_2^{\ominus}$

由于上述方程式之间存在 (1) = (2)×2，所以 $\Delta G_m^{\ominus}(1)=2\Delta G_m^{\ominus}(2)$，根据 $\Delta_r G_m^{\ominus}=-RT\ln K^{\ominus}$可以推导出 $K_1^{\ominus}=(K_2^{\ominus})^2$。

如果几个化学方程式是相关联的，也可根据 $\Delta_r G_m^{\ominus}=-RT\ln K^{\ominus}$来推导出这几个化学方程的标准平衡常数之间的关系。如下列三个反应：

(1) $C(s)+O_2(g)\rightleftharpoons CO_2(g)$ $\qquad \Delta_r G_m^{\ominus}(1)=-RT\ln K_1^{\ominus}$

(2) $CO(g)+\frac{1}{2}O_2(g)\rightleftharpoons CO_2(g)$ $\qquad \Delta_r G_m^{\ominus}(2)=-RT\ln K_2^{\ominus}$

(3) $C(s)+CO_2(g)\rightleftharpoons 2CO(g)$ $\qquad \Delta_r G_m^{\ominus}(3)=-RT\ln K_3^{\ominus}$

由于方程式之间存在 (3) = (1) − 2×(2)，所以 $\Delta_r G_m^{\ominus}(3)=\Delta_r G_m^{\ominus}(1)-2\Delta_r G_m^{\ominus}(2)$，根据 $\Delta_r G_m^{\ominus}=-RT\ln K^{\ominus}$，可推导出 $K_3^{\ominus}=K_1^{\ominus}/(K_2^{\ominus})^2$。

因此，在计算 $\Delta_r G_m^{\ominus}(T)$ 或 $K_p^{\ominus}$ 时，必须与所写的化学反应的计量方程对应。

4.3 标准平衡常数的测定与计算

主要知识点

1. 标准平衡常数的测定

确认反应系统达到平衡后，用物理方法或化学方法测定平衡的组成或气态物质的平衡分压，代入标准平衡常数的计算式，就可得到标准平衡常数。

2. 用热力学方法计算标准平衡常数

用热力学方法求出 $\Delta_r G_m^\ominus$，代入公式 $\Delta_r G_m^\ominus = -RT\ln K^\ominus$，可得到 $K^\ominus$的值。$\Delta_r G_m^\ominus$的求法主要如下。

① 从吉布斯自由能的定义式求，$\Delta_r G_m^\ominus = \Delta_r H_m^\ominus - T\Delta_r S_m^\ominus$。

② 从标准摩尔生成吉布斯自由能求，$\Delta_r G_m^\ominus = \sum_B \nu_B \Delta_f G_m^\ominus(B)$。

③ 从容易测定的 $\Delta_r G_m^\ominus$，利用赫斯定律求不易测定的 $\Delta_r G_m^\ominus$ 值。

④ 从可逆电池的标准电动势 $E^\ominus$来计算，$\Delta_r G_m^\ominus = -zFE^\ominus$。

3. 平衡转化率及平衡组成的计算

平衡转化率是指反应达平衡后，反应物的已转化的物质的量与投入的物质的量之比。这是理论的最高转化率，用延长反应时间或加入催化剂等方法都不能超越这个极限。平衡转化率 α 的计算式为

$$\alpha = \frac{\text{某反应物转化的物质的量}}{\text{该反应物投入的物质的量}}$$

在反应温度 T 时，已知标准平衡常数 $K^\ominus$或 $\Delta_r G_m^\ominus$，就可以由反应起始时的组成或压力，计算系统达平衡时各物质的组成或压力，从而可以求出在该条件下的最高转化率或产量。

4. 经验平衡常数

经验平衡常数是在大量实验的基础上得到的。经验平衡常数等于系统达平衡时，生成物浓度（或压力）的幂乘积除以反应物浓度（或压力）的幂乘积。例如，用物质的量浓度表示的经验平衡常数为

$$K_c = \frac{[G]_e^g [H]_e^h}{[A]_e^a [B]_e^b} = \prod_B (c_B)_e^{\nu_B}$$

经验平衡常数与标准平衡常数不同，它与 $\Delta_r G_m^\ominus$ 之间没有任何联系，与标准态的选择无关。在化学计量方程中，如果 $\sum_B \nu_B \neq 0$，则经验平衡常数的单位不等于 1（K_x 例外），它的数值除了与温度有关外，还可能与系统的总压有关。

4.3.1 标准平衡常数的测定

标准平衡常数 $K^\ominus$除了可以运用热力学数据求算外，也可以通过实验测定平衡体系混合物的组成得到。因此，测定标准平衡常数，实际上是测定反应系统达到平衡后各物质的平衡分压或平衡浓度，代入标准平衡常数的公式进行计算。常用的方法有物理法和化学法。

物理法是通过物理性质的测定，如体系折射率、电导率、颜色、吸光度、密度、定量色谱及定量的磁共振谱等，求出平衡组成。用物理方法可以不干扰系统的平衡状态，进行原位（in situ）测定，但物理方法必须找出被测量的物理量与平衡组成（浓度或压力）之间的关系。

化学法采用化学分析的方法得到平衡组成，但加入试剂常会扰乱体系的平衡状态，使所测浓度并非平衡浓度，故分析前必须设法使平衡“冻结”，如骤冷或有催化剂存在时采取暂

时除去催化剂的方法，使反应“停止”在原来的平衡状态，不能因为分析试剂的加入而使平衡发生移动。化学分析方法虽然速度较慢，但它是一种最基本的方法。在物理方法中用到的浓度与物理量之间呈线性关系的标准曲线，还是要用化学分析的方法进行绘制。

不论采用何种方法，测定前必须首先明确体系是否已达平衡。一个已达到平衡的反应系统应具有以下特点。

① 在保持反应条件不变的情况下，系统的组成不再随时间而改变。

② 在一定温度下反应无论从正向或是从逆向趋于平衡态，所得的平衡组成相同。

③ 在同样的反应条件下，改变原料的配比，得到的平衡常数值都应该相同。

【例 4.2】 在 523K 和 100kPa 条件下，有分解反应 $PCl_5(g) \rightleftharpoons PCl_3(g)+Cl_2(g)$，当达到平衡时，测得平衡混合物的密度 $\rho=2.695\text{kg}\cdot\text{m}^{-3}$，已知 $PCl_5(g)$ 的摩尔质量为 $208.2\times10^{-3}\text{kg}\cdot\text{mol}^{-1}$。试计算：①$PCl_5(g)$ 的解离度；②该反应的 $K_p^\ominus$ 和 $\Delta_r G_m^\ominus$。

解 ① 设 $PCl_5(g)$ 的解离度为 α，反应开始前 $PCl_5(g)$ 的物质的量为 n，产物的量为零。达平衡时系统中各物质的量之间的关系为

$$\begin{array}{lccc} & PCl_5(g) \rightleftharpoons & PCl_3(g) & +Cl_2(g) \\ t=0 & n & 0 & 0 \\ t=t_e & n(1-\alpha) & n\alpha & n\alpha \end{array}$$

平衡时总的物质的量为 $n(1+\alpha)$，总压为 p，各气体的平衡分压分别为

$$(p_{PCl_3})_e=(p_{Cl_2})_e=p\,\frac{n\alpha}{n(1+\alpha)}=p\,\frac{\alpha}{1+\alpha}$$

$$(p_{PCl_5})_e=p\,\frac{n(1-\alpha)}{n(1+\alpha)}=p\,\frac{(1-\alpha)}{(1+\alpha)}$$

设气体为理想气体混合物，则有 $pV=n(1+\alpha)RT$。在反应过程中，系统的质量不会改变，所以有

$$n=\frac{m(PCl_5)}{M_{PCl_5}}=\frac{m(\text{混})}{M_{PCl_5}}$$

式中，$m(PCl_5)$ 和 $m(\text{混})$ 分别表示反应开始时 PCl_5 的质量和混合气体的质量。代入理想气体状态方程，得

$$p=\frac{m(\text{混})}{V}\times\frac{1}{M_{PCl_5}}\times(1+\alpha)RT=\rho\,\frac{(1+\alpha)}{M_{PCl_5}}RT$$

整理后得

$$\alpha=\frac{pM_{PCl_5}}{\rho RT}-1=\frac{100\times10^3\text{Pa}\times208.2\times10^{-3}\text{kg}\cdot\text{mol}^{-1}}{2.695\text{kg}\cdot\text{m}^{-3}\times8.314\text{J}\cdot\text{K}^{-1}\cdot\text{mol}^{-1}\times523\text{K}}-1=0.777$$

② 根据 $K_p^\ominus$ 的计算式，理想气体混合物的标准平衡常数等于平衡时的压力商，即

$$K_p^\ominus=\frac{(p_{PCl_3}/p^\ominus)_e(p_{Cl_2}/p^\ominus)_e}{(p_{PCl_5}/p^\ominus)_e}=\frac{p\left(\dfrac{\alpha}{1+\alpha}\right)^2}{p^\ominus\left(\dfrac{1-\alpha}{1+\alpha}\right)}$$

将解离度 $\alpha=0.777$ 和总压 $p_e=100\text{kPa}$ 代入上式，计算得

$$K_p^{\ominus}=\frac{p\left(\frac{\alpha}{1+\alpha}\right)^2}{p^{\ominus}\left(\frac{1-\alpha}{1+\alpha}\right)}=\frac{\alpha^2}{1-\alpha^2}=\frac{0.777^2}{1-0.777^2}=1.52$$

$$\Delta_r G_m^{\ominus}=-RT\ln K_p^{\ominus}=(8.314\times523\times10^{-3})\text{kJ}\cdot\text{mol}^{-1}\times\ln 1.52=-1.82\text{kJ}\cdot\text{mol}^{-1}$$

4.3.2 用热力学方法计算标准平衡常数

根据关系式 $\Delta_r G_m^{\ominus}=-RT\ln K_p^{\ominus}$，只要用热力学方法求出 $\Delta_r G_m^{\ominus}$ 就可以计算 $K_p^{\ominus}$ 的值。$\Delta_r G_m^{\ominus}$ 值的计算通常有下列几种方法。

（1）从吉布斯自由能的定义式求 $\Delta_r G_m^{\ominus}$

在等温条件下，$\Delta G=\Delta H-T\Delta S$。对于在等温和标准压力下进行的化学反应，当反应进度为 1mol 时，应有

$$\Delta_r G_m^{\ominus}=\Delta_r H_m^{\ominus}-T\Delta_r S_m^{\ominus}$$

如果反应温度为 298.15K，利用热力学数据表中的标准摩尔生成焓 $\Delta_f H_m^{\ominus}$ 或燃烧焓 $\Delta_c H_m^{\ominus}$，可以计算标准摩尔反应焓 $\Delta_r H_m^{\ominus}$；利用表中各化合物的标准摩尔规定熵 $S_m^{\ominus}$，计算标准摩尔反应熵 $\Delta_r S_m^{\ominus}$，从而可以计算 $\Delta_r G_m^{\ominus}$ 的值。

（2）从标准摩尔生成吉布斯自由能求 $\Delta_r G_m^{\ominus}$

标准摩尔生成吉布斯自由能的定义是：在温度 T 和标准压力下，由稳定单质生成单位物质的量（$\nu_B=1$）的 B 时，吉布斯自由能的变化值就称为该生成物 B 的标准摩尔生成吉布斯自由能，用符号 $\Delta_f G_m^{\ominus}(B,\Phi,T)$ 表示。这里的 Φ 代表生成物 B 的相态，T 为反应的温度，通常在 298.15K 时的数据在热力学数据表中可以查到。所取的相对标准是，在这样的反应条件下，稳定单质的 $\Delta_f G_m^{\ominus}(B,\Phi,T)=0$。例如，在 298.15K 时有下列反应：

$$\frac{1}{2}N_2(g,p^{\ominus})+\frac{3}{2}H_2(g,p^{\ominus})\longrightarrow NH_3(g,p^{\ominus})$$

反应的 $\Delta_r G_m^{\ominus}=-16.635\text{kJ}\cdot\text{mol}^{-1}$，因为反应物都是稳定单质，它们的

$$\Delta_f G_m^{\ominus}(B,\Phi,T)=0$$

则
$$\Delta_f G_m^{\ominus}(NH_3,g,298.15\text{K})=-16.635\text{kJ}\cdot\text{mol}^{-1}$$

对于化学反应，只要在热力学数据表上查得参与反应各物质的 $\Delta_f G_m^{\ominus}(B,\Phi,T)$，就可以计算 $\Delta_r G_m^{\ominus}(T)$，即

$$\Delta_r G_m^{\ominus}(T)=\sum_B \nu_B\Delta_f G_m^{\ominus}(B,\Phi,T) \tag{4.25}$$

（3）从容易测定反应的 $\Delta_r G_m^{\ominus}$ 求不易测定反应的 $\Delta_r G_m^{\ominus}$

吉布斯自由能是状态函数，反应式的加减关系，相应的状态函数的变化值也是加减关系。利用容易测定的反应的 $\Delta_r G_m^{\ominus}$ 值，根据反应式的加减关系，就能得到难以用实验测定的化学反应的 $\Delta_r G_m^{\ominus}$ 值。例如，在 298.15K 和标准压力下，计算反应（1）的 $\Delta_r G_m^{\ominus}$：

$$(1)C(s,p^{\ominus})+\frac{1}{2}O_2(g,p^{\ominus})\longrightarrow CO(g,p^{\ominus})\quad \Delta_r G_m^{\ominus} \tag{1}$$

$\Delta_r G_m^{\ominus}(1)$ 的值难以用实验测定。而下列两个反应的 $\Delta_r G_m^{\ominus}$ 是比较容易测定的：

$$(2)C(s,p^{\ominus})+O_2(g,p^{\ominus})\longrightarrow CO_2(g,p^{\ominus})\quad \Delta_r G_m^{\ominus} \tag{2}$$

$$(3)CO(g,p^{\ominus})+\frac{1}{2}O_2(g,p^{\ominus})\longrightarrow CO_2(g,p^{\ominus})\quad \Delta_r G_m^{\ominus} \tag{3}$$

因为 (1)=(2)-(3)，所以

$$\Delta_r G_m^{\ominus}(1)=\Delta_r G_m^{\ominus}(2)-\Delta_r G_m^{\ominus}(3)$$

(4) 从可逆电池的标准电动势 $E^{\ominus}$ 求 $\Delta_r G_m^{\ominus}$

在等温、等压和可逆过程中，$\Delta_r G_m^{\ominus}$ 的减小值等于对外所做的最大非体积功。对于可逆电池，就是对外所做的最大电功，因为 $W_{f,max}=-zFE^{\ominus}$，所以

$$\Delta_r G_m^{\ominus}=-zFE^{\ominus} \tag{4.26}$$

用电化学的方法求得可逆电池的标准电动势 $E^{\ominus}$，就可以计算相应的 $\Delta_r G_m^{\ominus}$ 的值。

【例 4.3】 在 298K 和标准压力下，有反应 $SO_2(g)+\frac{1}{2}O_2(g) \rightleftharpoons SO_3(g)$，试计算当反应达成平衡时的标准平衡常数 $K_p^{\ominus}$ 的值。已知相关的热力学数据如下：

参与反应的物质	$SO_3(g)$	$SO_2(g)$	$O_2(g)$
$\Delta_f H_m^{\ominus}(B)/(kJ \cdot mol^{-1})$	-395.72	-296.83	0
$S_m^{\ominus}(B)/(J \cdot K^{-1} \cdot mol^{-1})$	256.76	248.22	205.14

解 因为 $\Delta_r G_m^{\ominus}=\Delta_r H_m^{\ominus}-T\Delta_r S_m^{\ominus}$ $\Delta_r G_m^{\ominus}=-RT\ln K_p^{\ominus}$

$$\Delta_r H_m^{\ominus}(T)=\sum_B \nu_B \Delta_f H_m^{\ominus}(B,\Phi,T)=(-395.72+296.83-0)kJ \cdot mol^{-1}$$

$$=-98.89kJ \cdot mol^{-1}$$

$$\Delta_r S_m^{\ominus}=\sum_B \nu_B S_m^{\ominus}(B,\Phi,T)=(256.76-248.22-205.14/2)J \cdot K^{-1} \cdot mol^{-1}$$

$$=-94.03J \cdot K^{-1} \cdot mol^{-1}$$

$$\Delta_r G_m^{\ominus}=\Delta_r H_m^{\ominus}-T\Delta_r S_m^{\ominus}=[-98.89-298\times(-94.03\times10^{-3})]kJ \cdot mol^{-1}$$

$$=-70.87kJ \cdot mol^{-1}$$

$$K_p^{\ominus}=\exp\left(-\frac{\Delta_r G_m^{\ominus}}{RT}\right)=\left(\frac{70870}{8.314\times298}\right)=2.65\times10^{12}$$

如果已知的是 $\Delta_f G_m^{\ominus}(B)$ 的数值，显然计算将更简单。

4.3.3 平衡转化率及平衡组成的计算

在反应温度 T 时，已知标准平衡常数 $K^{\ominus}$ 或 $\Delta_r G_m^{\ominus}$，就可以由反应起始时的组成计算系统达平衡时的组成，从而可以求出在该条件下的最高产量。实际产量不可能超越平衡常数许可的范围，但在这允许的范围内应尽可能挖掘潜力，使实际产量向理论允许的极大值靠拢。

平衡转化率的定义是：反应系统达到平衡后，反应物转化为产物的物质的量与投入的反应物的物质的量之比。平衡转化率通常用希腊字母 α 表示，即

$$\alpha=\frac{\text{某反应物转化的物质的量}}{\text{该反应物投入的物质的量}} \tag{4.27}$$

显然，平衡转化率是一个小数（在工业生产上习惯用百分数表示）。如果反应物不止一种，一般选择较贵或来源稀缺的原料的平衡转化率来代表整个反应的平衡转化率。例如，有反应

$$\begin{array}{llll} & A \ + & B \rightleftharpoons & P \\ t=0 & n_{A,0} & n_{B,0} & 0 \\ t=t_e & n_{A,e} & n_{B,e} & n_{P,e} \end{array}$$

反应物A的平衡转化率α_A可表示为

$$\alpha_A=\frac{n_{A,0}-n_{A,e}}{n_{A,0}}$$

物质B的平衡转化率有类似的表示形式。达到平衡时，$\Delta_r G_m=0$，各物质的物质的量由平衡常数决定，反应物和生成物的量在宏观上不再随时间而改变。平衡转化率是理论最高转化率，采取任何措施都不可能超越这个极限。加入催化剂只能加快反应速率，缩短到达平衡的时间，而不可能改变平衡的组成。

反应系统在接近平衡时，反应的速率会越来越慢。工业上为了提高单位时间内的产量，往往在反应尚未达到平衡时，就让反应系统离开反应室，再加入新的原料进行反应。将未达平衡的反应系统进行分离，没有反应的原料可以重复使用。因此，工业上用的转化率仅指离开反应室的系统中已转化的反应物与投入的反应物之比。因为系统还没有达到平衡状态，所以这种实际转化率总是小于平衡转化率。

工业上还习惯用产率（或收率）来表示得到目标产物的数量。平衡产率是指反应系统达到平衡后，实际得到的目标产物的物质的量与按化学反应计量式计算应得的理论值之比。由于副反应的存在和反应不可能真正达到平衡，因此工业上用的实际产率会比平衡产率低得多。

【例4.4】 有人希望用甲烷和苯为原料来制备甲苯，其反应方程式为

$$CH_4(g)+C_6H_6(g)\longrightarrow C_6H_5CH_3(g)+H_2(g)$$

但是，经过许多次采用不同的催化剂和不同的反应温度的试验，都以失败而告终。而用甲苯加氢来制苯已在石化工业中投产。试用热力学的方法，通过计算以下两种情况的平衡常数和转化率，说明为什么用甲烷加苯制甲苯是行不通的，而其逆反应却可行。

① 在500K和100kPa的条件下，甲烷和苯的物质的量之比为1∶1，用热力学数据估算反应的平衡常数和苯的平衡转化率。

② 反应条件同上，使甲苯和氢气的物质的量之比为1∶1，再计算反应的平衡常数和甲苯的平衡转化率。已知500K时这些物质的标准摩尔生成吉布斯自由能分别为：

$\Delta_f G_m^\ominus(CH_4,g)=-33.08kJ\cdot mol^{-1}$　　$\Delta_f G_m^\ominus(C_6H_6,g)=162.0kJ\cdot mol^{-1}$

$\Delta_f G_m^\ominus(C_6H_5CH_3,g)=172.4kJ\cdot mol^{-1}$　　$\Delta_f G_m^\ominus(H_2,g)=0$

解 ① 设苯的转化率为α，总的物质的量为2mol。写出不同反应时刻各物质之间的数量关系：

$$\begin{array}{lllll} & CH_4(g) & +C_6H_6(g) & \longrightarrow C_6H_5CH_3(g) & +H_2(g) \\ t=0 & 1 & 1 & 0 & 0 \\ t=t_e & 1-\alpha & 1-\alpha & \alpha & \alpha \end{array}$$

$$\Delta_r G_m^\ominus(500K)=\sum_B \nu_B \Delta_f G_m^\ominus(B,\Phi,500K)$$

$$=(172.4+0+33.08-162.0)kJ\cdot mol^{-1}=43.48kJ\cdot mol^{-1}$$

从$\Delta_r G_m^\ominus(500K)$的数值来看，它是一个大于$40kJ\cdot mol^{-1}$的正数，从热力学的角度就可以判断，该反应基本不能正向进行，它的平衡常数和转化率一定很小。

$$K_p^{\ominus}(1)=\exp\left[-\frac{\Delta_r G_m^{\ominus}(T)}{RT}\right]=\left(-\frac{43480}{8.314\times500}\right)=2.87\times10^{-5}$$

$$K_p^{\ominus}(1)=\frac{\alpha^2}{(1-\alpha)^2}=2.87\times10^{-5} \quad 解得 \alpha=5.36\times10^{-3}$$

所得平衡常数和平衡转化率的数值是如此之小，反应几乎不能正向进行，没有生产价值。

② 设甲苯的转化率为β，不同时刻物质之间的数量关系为

$$C_6H_5CH_3(g)+H_2(g)\longrightarrow CH_4(g)+C_6H_6(g)$$

	$C_6H_5CH_3(g)$	$H_2(g)$	$CH_4(g)$	$C_6H_6(g)$
$t=0$	1	1	0	0
$t=t_e$	$1-\beta$	$1-\beta$	β	β

这个反应的平衡常数就是反应①的平衡常数的倒数

$$K_p^{\ominus}(2)=\frac{1}{K_p^{\ominus}(1)}=\frac{1}{2.87\times10^{-5}}=3.48\times10^4$$

$$K_p^{\ominus}(2)=\frac{\beta^2}{(1-\beta)^2}=3.48\times10^4 \quad 解得 \beta=0.99$$

显而易见，甲苯加氢制苯是切实可行的。

4.3.4 经验平衡常数

(1) 经验平衡常数的定义

顾名思义，经验平衡常数就是在大量实验基础上得到的。最早对于简单反应，科学家发现，反应的速率与反应物的浓度或压力成正比关系，后来被称为质量作用定律，可以用来写出基元反应（反应只经过一步就变成产物的反应）的速率方程。例如，有一个正、逆都是基元反应的对峙反应

$$a\text{A}+b\text{B}\underset{k_b}{\overset{k_f}{\rightleftharpoons}}g\text{G}+h\text{H}$$

根据质量作用定律，正向和逆向反应的速率分别为

$$r_f=k_f[\text{A}]^a[\text{B}]^b \qquad r_b=k_b[\text{G}]^g[\text{H}]^h$$

达到平衡时，正、逆反应的速率相等，即$r_f=r_b$，各物质的浓度都用平衡浓度表示，可得

$$\frac{[\text{G}]_e^g[\text{H}]_e^h}{[\text{A}]_e^a[\text{B}]_e^b}=\frac{k_f}{k_b}=K \tag{4.28}$$

对于某一指定反应，在一定温度时，k_f和k_b有定值，因此K也有定值，后来就称K为反应的经验平衡常数。由于反应系统可以是气相反应也可以是液相反应，反应物或生成物的含量可以用不同的浓度表示，因此就有一些对应的经验平衡常数表示法。例如，用物质的量浓度表示的经验平衡常数为

$$K_c=\frac{[\text{G}]_e^g[\text{H}]_e^h}{[\text{A}]_e^a[\text{B}]_e^b}=\prod_{\text{B}}(c_{\text{B}})_e^{\nu_{\text{B}}} \tag{4.29}$$

用压力表示的经验平衡常数为

$$K_p=\prod_{\text{B}}(p_{\text{B}})_e^{\nu_{\text{B}}} \tag{4.30}$$

同理，用质量摩尔浓度、摩尔分数和物质的量表示的经验平衡常数分别为

$$K_m=\prod_B (m_B)_e^{\nu_B} \qquad K_x=\prod_B (x_B)_e^{\nu_B} \qquad K_n=\prod_B (n_B)_e^{\nu_B} \tag{4.31}$$

对于非理想系统，只要用对应的逸度或活度代替，就可得到类似的经验平衡常数表示式。

经验平衡常数与标准平衡常数不同，它与 $\Delta_r G_m^{\ominus}$ 之间没有任何联系，与标准态的选择无关。在化学计量方程中，如果 $\sum_B \nu_B \neq 0$，则经验平衡常数的单位不等于1（K_x 例外）。经验平衡常数的数值除与温度有关外，还可能与系统的总压有关，因此与标准平衡常数的数值一般不等。如果将经验平衡常数计算式中的各浓度项（或压力项）都与其对应的标准态相比，则所得的数值与标准平衡常数的值相同，仅仅是数值相同而已。经验平衡常数只能从实验数据得到而不能利用热力学数据表进行计算。经验平衡常数的概念主要用在第6章“化学反应动力学”中。

（2）经验平衡常数和标准平衡常数的关系

① 用分压表示的平衡常数 K_p 和 $K_p^{\ominus}$ 的关系

$$K_p^{\ominus}=K_p(p^{\ominus})^{-\sum\nu_B}$$

② 用体积摩尔浓度表示的平衡常数 K_c 和 $K_c^{\ominus}$ 的关系

$$K_c^{\ominus}=K_c(c^{\ominus})^{-\sum\nu_B}$$

③ 用质量摩尔浓度表示的平衡常数 K_m 和 $K_m^{\ominus}$ 的关系

$$K_m^{\ominus}=K_m(m^{\ominus})^{-\sum\nu_B}$$

④ $K^{\ominus}$与 K_x 的关系

$$K^{\ominus}=(p/p^{\ominus})^{\sum\nu_B}K_x$$

⑤ $K^{\ominus}$与 K_c、$K_c^{\ominus}$ 的关系

$$K^{\ominus}=(RT/p^{\ominus})^{\sum\nu_B}K_c \qquad K^{\ominus}=(c^{\ominus}RT/p^{\ominus})^{\sum\nu_B}K_c^{\ominus}$$

⑥ $K^{\ominus}$与 K_n 的关系

$$K^{\ominus}=[p/(p^{\ominus}\sum n_B)]^{\sum\nu_B}K_n$$

综上所述，还可以得到

$$K_p=K^{\ominus}(p^{\ominus})^{\sum\nu_B}=K_x(p)^{\sum\nu_B}=K_c(RT)^{\sum\nu_B}=K_n\left(p/\sum n_B\right)^{\sum\nu_B}$$

读者可自行根据各自的定义推导之。

4.4 各种因素对化学平衡的影响

主要知识点

1. 温度对化学平衡的影响

温度对标准平衡常数的影响来自于温度对标准化学势或标准摩尔吉布斯自由能的影响。具体的关系可用范特霍夫公式表示。范特霍夫公式的微分式和定积分式分别为

$$\left(\frac{\partial \ln K^{\ominus}}{\partial T}\right)=\frac{\Delta_r H_m^{\ominus}}{RT^2} \qquad \ln\frac{K^{\ominus}(T_2)}{K^{\ominus}(T_1)}=\frac{\Delta_r H_m^{\ominus}}{RT}\left(\frac{1}{T_1}-\frac{1}{T_2}\right)$$

在得到定积分式时引入了 $\Delta_r H_m^{\ominus}$ 与反应温度无关的假定。从范特霍夫公式可知，升高温度对吸热反应有利，而对放热反应不利。用范特霍夫公式可以从不同温度下的标准平衡常数计算反应的标准摩尔焓变，或已知 $\Delta_r H_m^{\ominus}$ 和 T_1 时的平衡常数，计算 T_2 时的平衡常数。

2. 压力对化学平衡的影响

压力只影响平衡的组成，一般不影响平衡常数的数值。增加总压，对气体分子数减少的反应有利，而对气体分子数增加的反应不利。

3. 惰性气体对化学平衡的影响

惰性气体不影响平衡常数的数值，只影响平衡的组成。加入惰性气体对气体分子数增加的反应有利。相当于起了稀释、降压作用，而对气体分子数减少的反应不利。

4.4.1 温度对化学平衡的影响

影响化学平衡的因素较多，如改变温度、压力及添加惰性气体等，都有可能使已经达到平衡的反应系统发生移动，在新的条件下达成新的平衡。但各种因素对平衡影响的程度是不同的，其中温度的影响最显著，温度的改变会引起平衡常数值的改变，而压力的改变和惰性气体的加入一般不改变平衡常数的数值，只影响平衡的组成。

温度对平衡常数的影响来自于温度对标准化学势或对标准摩尔吉布斯自由能的影响。从热力学基本公式知

$$\mathrm{d}G=-S\mathrm{d}T+V\mathrm{d}p \qquad \Delta G=\Delta H-T\Delta S$$

$$\left(\frac{\partial G}{\partial T}\right)_p=-S \qquad \left(\frac{\partial \Delta G}{\partial T}\right)_p=-\Delta S=\frac{\Delta G-\Delta H}{T}$$

将两边都除以 T，重排得

$$\frac{1}{T}\left(\frac{\partial \Delta G}{\partial T}\right)_p-\frac{\Delta G}{T^2}=-\frac{\Delta H}{T^2}$$

因为 $\frac{1}{T}\left(\frac{\partial \Delta G}{\partial T}\right)_p-\frac{\Delta G}{T^2}=\left[\frac{\partial(\Delta G/T)}{\partial T}\right]_p$（参考对复合函数求偏微分的公式），代入上式，在标准状态下和反应进度为1mol时，有

$$\left[\frac{\partial(\Delta_r G_m^{\ominus}/T)}{\partial T}\right]_p=-\frac{\Delta_r H_m^{\ominus}}{T^2}$$

在等压条件下，$\Delta_r G_m^{\ominus}=-RT\ln K_p^{\ominus}$ 代入上式整理得

$$\left(\frac{\partial \ln K_p^{\ominus}}{\partial T}\right)_p=\frac{\Delta_r H_m^{\ominus}}{RT^2} \tag{4.32}$$

式(4.32)称为化学平衡中的范特霍夫公式的（等压）微分式，可以用来定性地判断温度对反应的影响。

对于吸热反应，$\Delta_r H_m^{\ominus}>0$，式(4.32)左边的微分是正值，即 $K_p^{\ominus}$ 的数值随温度的升高而增大。因此，升高温度对吸热反应有利，平衡位置向生成物一方移动。

对于放热反应，$\Delta_r H_m^{\ominus}<0$，式(4.32)左边的微分是负值，即 $K_p^{\ominus}$ 的数值随温度的升高而下降。因此，升高温度对放热反应不利，平衡位置向反应物一方移动。

假设在 $T_1 \sim T_2$ 的温度区间内，$\Delta_r H_m^{\ominus}$ 可以近似看作不随温度而改变的常数，对式(4.32) 进行积分时，将 $\Delta_r H_m^{\ominus}$ 提到积分号外面，积分结果为

$$\int_{K_p^{\ominus}(T_1)}^{K_p^{\ominus}(T_2)} \mathrm{dln}K_p^{\ominus} = \frac{\Delta_r H_m^{\ominus}}{R}\int_{T_1}^{T_2} \frac{1}{T^2}\mathrm{d}T$$

$$\ln\frac{K_p^{\ominus}(T_2)}{K_p^{\ominus}(T_1)} = \frac{\Delta_r H_m^{\ominus}}{R}\left(\frac{1}{T_1}-\frac{1}{T_2}\right) \tag{4.33}$$

式(4.33) 是范特霍夫公式的定积分式。如果已知两个不同温度下的平衡常数，可用式(4.33) 计算 $\Delta_r H_m^{\ominus}$。如果已知 $\Delta_r H_m^{\ominus}$ 的值和某一温度下的平衡常数，则可计算另一温度下的平衡常数。若对式(4.32) 进行不定积分，得

$$\ln K_p^{\ominus}(T) = -\frac{\Delta_r H_m^{\ominus}}{RT} + B \tag{4.34}$$

式(4.34) 中的 B 为积分常数。若在一系列温度下测定相应的标准平衡常数值，以 $\ln K_p^{\ominus}(T)$ 对 $\frac{1}{T}$ 作图，得一直线，可以从直线的斜率 $(-\Delta_r H_m^{\ominus}/R)$ 计算 $\Delta_r H_m^{\ominus}$ 的值。

在等容条件下，参与反应物质的数量用物质的量浓度表示，对应的范特霍夫公式可以表示为

$$\frac{\mathrm{dln}K_c^{\ominus}}{\mathrm{d}T} = \frac{\Delta_r U_m^{\ominus}}{RT^2} \tag{4.35}$$

式(4.35) 在第 6 章中讨论活化能时会用到。

【例 4.5】 在 250～400K 的温度区间内，反应 $NH_4Cl(s) \rightleftharpoons NH_3(g) + HCl(g)$ 的标准平衡常数与温度的关系式为 $\ln K_p^{\ominus} = 37.32 - \frac{21020\mathrm{K}}{T}$。试计算在 300K 时反应的 $\Delta_r G_m^{\ominus}$、$\Delta_r H_m^{\ominus}$ 和 $\Delta_r S_m^{\ominus}$ 的值。

解 根据已知关系式，计算 300K 时的 $\ln K_p^{\ominus}$ 的值

$$\ln K_p^{\ominus} = 37.32 - \frac{21020\mathrm{K}}{T} = 37.32 - \frac{21020\mathrm{K}}{300\mathrm{K}} = -32.75$$

$$\Delta_r G_m^{\ominus} = -RT\ln K_p^{\ominus} = -[8.314\times300\times(-32.75)\times10^{-3}]\mathrm{kJ\cdot mol^{-1}} = 81.68\mathrm{kJ\cdot mol^{-1}}$$

$$-\frac{\Delta_r H_m^{\ominus}}{R} = -21020\mathrm{K}$$

$$\Delta_r H_m^{\ominus} = R\times21020\mathrm{K} = (8.314\times21020\times10^{-3})\mathrm{kJ\cdot mol^{-1}} = 174.76\mathrm{kJ\cdot mol^{-1}}$$

因为 $\Delta_r G_m^{\ominus} = \Delta_r H_m^{\ominus} - T\Delta_r S_m^{\ominus}$，所以

$$\Delta_r S_m^{\ominus} = \frac{\Delta_r H_m^{\ominus} - \Delta_r G_m^{\ominus}}{T} = \frac{(174.76-81.68)\mathrm{kJ\cdot mol^{-1}}}{300\mathrm{K}} = 310.3\mathrm{J\cdot K^{-1}\cdot mol^{-1}}$$

【例 4.6】 高温下，制备水煤气的反应为 $C(s) + H_2O(g) \rightleftharpoons H_2(g) + CO(g)$。已知 $T_1 = 1000\mathrm{K}$ 时，$K_p^{\ominus}(T_1) = 2.472$；$T_2 = 1200\mathrm{K}$ 时，$K_p^{\ominus}(T_2) = 37.58$。试计算：①在该温度区间内的 $\Delta_r H_m^{\ominus}$，设它在该温度区间内为与温度无关的常数；②$T_3 = 1100\mathrm{K}$ 时的标准平衡常数 $K_p^{\ominus}(T_3)$ 的值。

解 利用式(4.33)，代入相应的实验数据，就能得到所需的值。已知

$$\ln\frac{K_p^{\ominus}(T_2)}{K_p^{\ominus}(T_1)}=\frac{\Delta_r H_m^{\ominus}}{R}\left(\frac{1}{T_1}-\frac{1}{T_2}\right)$$

①

$$\ln\frac{37.58}{2.472}=\frac{\Delta_r H_m^{\ominus}}{8.314\text{J}\cdot\text{K}^{-1}\cdot\text{mol}^{-1}}\left(\frac{1}{1000\text{K}}-\frac{1}{1200\text{K}}\right)$$

$$\Delta_r H_m^{\ominus}=135.8\text{kJ}\cdot\text{mol}^{-1}$$

② $T_3=1100\text{K}$，与 $T_1=1000\text{K}$ 组合（与 $T_2=1200\text{K}$ 组合是等同的）

$$\ln\frac{K_p^{\ominus}(T_3)}{2.472}=\frac{135.8\text{kJ}\cdot\text{mol}^{-1}}{8.314\text{J}\cdot\text{K}^{-1}\cdot\text{mol}^{-1}}\left(\frac{1}{1000\text{K}}-\frac{1}{1100\text{K}}\right)$$

$$K_p^{\ominus}(T_3)=10.91$$

因为 $\Delta_r H_m^{\ominus}$ 是个正数，反应是吸热的，温度升高，标准平衡常数的值也变大。

4.4.2 压力对化学平衡的影响

在温度保持不变的情况下，标准平衡常数 $K^{\ominus}$ 为定值。对理想气体反应，改变反应条件如压力，虽然不能改变标准平衡常数 $K^{\ominus}$（也不能改变 K_p 和 K_c），但是，只要 $\sum\nu_B\neq 0$，压力的改变会影响 K_x 与 K_n，从而使平衡发生移动，进而影响平衡转化率，从而会改变平衡的组成。由于凝聚相的体积受压力影响极小，通常忽略压力对固相或液相反应的平衡组成的影响。这里只讨论压力对有理想气体参与反应的平衡组成的影响。

已知理想气体混合物反应的标准平衡常数的表示式为

$$K_p^{\ominus}=\prod_B\left(\frac{p_B}{p^{\ominus}}\right)_e^{\nu_B} \qquad \text{（将 } p_B=px_B \text{ 代入，} p \text{ 为总压）}$$

$$=\prod_B (x_B)_e^{\nu_B}\times\left(\frac{p}{p^{\ominus}}\right)_e^{\sum\nu_B}=(\text{Ⅰ})\times(\text{Ⅱ}) \tag{4.36}$$

对于反应后气体分子数增加的反应，$\sum\nu_B>0$，增加总压，（Ⅱ）项增大，而 $K_p^{\ominus}$ 值不变，则（Ⅰ）项要变小，则产物在反应混合物中占的比例下降，因此增加总压对气体分子数增加的反应是不利的。

对于反应后气体分子数减少的反应，$\sum\nu_B<0$，增加总压，（Ⅱ）项减小，保持 $K_p^{\ominus}$ 值不变，则（Ⅰ）项要增大，即产物所占比例会上升，因此增加总压对气体分子数减少的反应有利。如果 $\sum\nu_B=0$，反应前后气体分子数不变，（Ⅱ）=1，压力对平衡组成没有影响。这也从理论上解释了勒夏特列（Le Chatelier）的经验规律。

【例 4.7】 在温度为 T、压力 $p_1=100\text{kPa}$ 的条件下，反应 $N_2O_4(g) \rightleftharpoons 2NO_2(g)$ 的解离度 $\alpha_1=0.50$。保持温度不变，压力增加到 $p_2=1000\text{kPa}$，试计算这时的解离度 α_2。

解 首先利用已知条件，计算反应的标准平衡常数。设解离度为 α，系统总压为 p，列出不同时刻各物质之间的数量关系

$$N_2O_4(g) \rightleftharpoons 2NO_2(g)$$

$t=0$ 1 0

$t=t_e$ $1-\alpha$ 2α 总量为 $1+\alpha$

$$K_p^\ominus = \prod_B \left(\frac{p_B}{p^\ominus}\right)_e^{\nu_B} = \frac{\left(\frac{2\alpha}{1+\alpha}\times\frac{p}{p^\ominus}\right)^2}{\frac{1-\alpha}{1+\alpha}\times\frac{p}{p^\ominus}} = \frac{4\alpha^2}{1-\alpha^2}\times\frac{p}{p^\ominus}$$

将 $p_1=100\text{kPa}$、$\alpha_1=0.5$ 代入 $K_p^\ominus$ 的计算式，则

$$K_p^\ominus = \frac{4\times(0.05)^2}{1-(0.05)^2}\times\frac{100\text{kPa}}{100\text{kPa}} = 1.33$$

因为温度保持不变，所以 $K_p^\ominus$ 值也不变。将 $p_2=1000\text{kPa}$ 代入 $K_p^\ominus$ 的计算式，即

$$K_p^\ominus = \frac{4\times\alpha_2^2}{1-\alpha_2^2}\times\frac{100\text{kPa}}{100\text{kPa}} = 1.33$$

解得 $\alpha_2=0.18$。

这是一个气体分子数增加的反应，保持温度不变，增加压力会使解离度下降。

4.4.3 惰性气体对化学平衡的影响

这里的惰性气体是指不参与反应的气体。惰性气体的加入不会影响平衡常数的值，而只影响平衡的组成。在实际的化工生产中，原料气中常混有不参加反应的气体。例如，在将 $SO_2(g)$ 转化为 $SO_3(g)$ 的反应中，需要的是 $O_2(g)$，而通入的是空气，则 $N_2(g)$ 就成了惰性气体。有时惰性气体的存在还会提高产物的比例，不但不必去除，有时还需要人为加入。如果惰性气体的存在会降低产物的比例，则必须定时去除。

将气体分压定律的表示式代入标准平衡常数的计算式，式中 p 是系统的总压。

$$p_B = px_B = p\frac{n_B}{\sum_B n_B}$$

$$K_p^\ominus = \prod_B \left(\frac{p_B}{p^\ominus}\right)_e^{\nu_B} = \prod_B (n_B)_e^{\nu_B} \times \left(\frac{p}{\sum_B n_B p^\ominus}\right)_e^{\sum \nu_B}$$

$$= K_n\left[\frac{p}{p^\ominus \sum n_B}\right]_e^{\sum \nu_B} = (\text{Ⅰ})\times(\text{Ⅱ}) \tag{4.37}$$

（1）在温度和体积均保持不变的情况下（即恒温恒容反应），**通入惰性气体**

加入惰性气体即总的气体摩尔数 $\sum n_B$ 增加，在体积保持不变的情况下，总压 p 也应相应增加。根据理想气体状态方程 $pV=RT\sum n_B$，可得 $p/\sum n_B = RT/V$。在恒温恒容下，T 和 V 不变，因此总压 p 与总的气体摩尔数 $\sum n_B$ 之比保持不变。根据标准平衡常数 $K_p^\ominus$ 与 K_n 的关系可知，K_n 的大小与惰性气体加入无关。因此，在恒温恒容反应条件下，加入惰性气体，对平衡没影响。

（2）在温度和压力均保持不变的情况下（即恒温恒压反应），**通入惰性气体**

保持总压 p 不变，往平衡体系中充入惰性气体时，根据标准平衡常数 $K_p^\ominus$ 与 K_n 的关系

[式(4.35)] 可得出以下结论。

在温度不变时，$K_p^{\ominus}$ 有定值。如果保持总压不变，增加惰性气体，只会影响 $\sum_{B} n_B$ 的值，从而影响（Ⅰ）项的平衡组成。

对于气体分子数增加的反应，$\sum_{B} \nu_B > 0$，加入惰性气体后，$\sum_{B} n_B$ 变大，（Ⅱ）项的值变小。在 $K_p^{\ominus}$ 值不变的情况下，（Ⅰ）项的值应变大，则产物的比例增多，有利于正向反应。这个平衡移动的真正原因是，在温度和总压不变的情况下加入惰性气体，会使系统的总体积增加，从而导致各物质的分压下降，相当于起了稀释作用，这与降压的效果相同。

对于气体分子数减少的反应，$\sum_{B} \nu_B < 0$，加入惰性气体后，$\sum_{B} n_B$ 变大，（Ⅱ）项的值也变大。在 $K_p^{\ominus}$ 值不变的情况下，（Ⅰ）项的值必然下降，则产物的比例下降，不利于正向反应。因此，在合成氨工业中，原料气带入的 Ar(g) 和 CH_4(g) 等惰性气体要定期清除，以免影响产物氨的比例。

对于 $\sum_{B} \nu_B = 0$ 的反应，惰性气体加入与否不会影响平衡的组成。

【例 4.8】 在 873K 和 100kPa 的条件下，测得乙苯脱氢制苯乙烯反应的标准平衡常数 $K_p^{\ominus} = 0.178$。

① 试计算乙苯的转化率 α。

② 如果在反应系统中加入水蒸气，使乙苯与 H_2O(g) 的物质的量之比为 1∶9，保持其他条件不变，再计算乙苯的转化率 α_1。分析一下两个转化率为什么有差异。

解 ① 设乙苯的转化率为 α，列出不同时刻各物质的数量关系

$$C_6H_5C_2H_5(g) \rightleftharpoons C_6H_5CH{=}CH_2(g) + H_2(g)$$

$t=0$	1	0	0	
$t=t_e$	$1-\alpha$	α	α	总量为 $1+\alpha$

$$K_p^{\ominus} = \prod_B \left(\frac{p_B}{p^{\ominus}}\right)_e^{\nu_B} = \prod_B (x_B)_e^{\nu_B} \times \left(\frac{p}{p^{\ominus}}\right)_e^{\sum \nu_B} = \frac{\left(\frac{\alpha}{1+\alpha}\right)^2}{\frac{1-\alpha}{1+\alpha}} \times \frac{p}{p^{\ominus}}$$

$$0.178 = \frac{\alpha^2}{1-\alpha^2} \times \frac{100\text{kPa}}{100\text{kPa}} \qquad \alpha = 0.389$$

② 加入水蒸气后，设乙苯的转化率为 α_1，总量为 $1+\alpha_1+9=10+\alpha_1$，其他条件都没有变，则

$$0.178 = \frac{\left(\frac{\alpha_1}{10+\alpha_1}\right)^2}{\frac{1-\alpha_1}{10+\alpha_1}} \times \frac{100\text{kPa}}{100\text{kPa}} = \frac{\alpha_1^{\ 2}}{(1-\alpha_1)(10+\alpha_1)}$$

解得 $\alpha_1 = 0.725$

乙苯的转化率几乎增加了 1 倍。可见，对于气体分子数增加的反应，加入惰性气体相当于降低了气体的分压，对正反应是有利的。

4.4.4 同时平衡、反应的偶合、近似计算

（1）同时平衡

在有些化学反应中，特别是在有机化学反应中，除了主反应外，还伴有或多或少的副反应，即几个反应同时发生（如石油的裂解反应，可以有几十个甚至更多的反应同时发生）。这些反应既处于同一个体系之中，它们之间必然要互相影响。在指定的条件下，一个反应系统中的一种或几种物质同时参加两个以上的化学反应所达到的化学平衡叫同时平衡。

在处理同时平衡的问题时，要考虑每个物质的数量在各个反应中的变化，并且在各个平衡方程式中同一物质的数量应保持一致。

【例 4.9】 600K 时，$CH_3Cl(g)$ 与 $H_2O(g)$ 发生反应生成 CH_3OH，继而又生成 $(CH_3)_2O$，同时存在两个平衡：

$$① \ CH_3Cl(g)+H_2O(g) \rightleftharpoons CH_3OH(g)+HCl(g)$$

$$② \ 2CH_3OH(g) \rightleftharpoons (CH_3)_2O(g)+H_2O(g)$$

已知在该温度下，$K_{p,1}^{\ominus}=0.00154$，$K_{p,2}^{\ominus}=10.6$。今以等量的 $CH_3Cl(g)$ 和 $H_2O(g)$ 开始，求 CH_3Cl 的平衡转化率。

解 设开始时 $CH_3Cl(g)$ 和 $H_2O(g)$ 的摩尔分数为 1.0，到达平衡时，生成 HCl 的摩尔分数为 x，生成 $(CH_3)_2O$ 为 y，则在平衡时各物的量为：

$$\begin{array}{lcccc} ① & CH_3Cl(g) & +H_2O(g) & \rightleftharpoons CH_3OH(g) & +HCl(g) \\ & 1-x & 1-x+y & x-2y & x \end{array}$$

$$\begin{array}{lccc} ② & 2CH_3OH(g) & \rightleftharpoons (CH_3)_2O(g) & +H_2O(g) \\ & x-2y & y & 1-x+y \end{array}$$

因为两个反应的 $\sum_B \nu_B$ 都等于零，所以 $K_p^{\ominus}=K_x$，即

$$K_{p,1}^{\ominus}=\frac{(x-2y)x}{(1-x)(1-x+y)}=0.00154$$

$$K_{p,2}^{\ominus}=\frac{y(1-x+y)}{(x-2y)^2}=10.6$$

将两个方程联立，解得 $x=0.048$，$y=0.009$。$CH_3Cl(g)$ 的转化率为 0.048 或 4.8%。

（2）反应的偶合

系统中同时发生两个化学反应，其中一个反应的某产物是另一个反应的一种反应物，这两个反应的关系称为反应偶合。

反应偶合时，可影响反应的平衡点，甚至可由一个反应带动另一个单独存在时不能发生反应的反应进行。

利用 $\Delta_r G_m^{\ominus}$ 值很负的反应，可将 $\Delta_r G_m^{\ominus}$ 值负值绝对值较小甚至略大于零的反应带动起来。

如在 298.15K 时：

① $TiO_2(s)+2Cl_2(g) = TiCl_4(l)+O_2(g)$ $\quad \Delta_r G_{m,1}^{\ominus}=161.94kJ\cdot mol^{-1}$

② $C(s)+O_2(g) = CO_2(g)$ $\quad \Delta_r G_{m,2}^{\ominus}=-394.38kJ\cdot mol^{-1}$

显然反应①单独发生是不可能的，所以不会得到产物 $TiCl_4(l)$，如把反应①和反应②放在同一系统中进行偶合，则

③ $TiO_2(s) + C(s) + 2Cl_2(g) \rightleftharpoons TiCl_4(l) + CO_2(g) \quad \Delta_r G^{\ominus}_{m,3} = -232.44kJ \cdot mol^{-1}$

可见，反应①、②偶合，使反应③得以顺利进行，从而较容易地得到产物 $TiCl_4(l)$。

（3）近似计算

当数据不够齐全或不需要做精确计算时，可以采取近似计算的方法。

① $\Delta_r G^{\ominus}_m(T)$ 的估算　当 ΔC_p 不大，或者不需要做精确计算时，可认为 $\Delta_r H^{\ominus}_m(T)$ 及 $\Delta_r S^{\ominus}_m(T)$ 与温度 T 无关，则可根据公式 $\Delta_r G^{\ominus}_m(T) = \Delta_r H^{\ominus}_m(T) - T\Delta_r S^{\ominus}_m(T)$，查表知 298.15K 时的值，估算任意温度下的 $\Delta_r G^{\ominus}_m(T)$。

这里实际上设焓和熵变化值与温度无关，从表中 298.15K 时的值求出任意温度时的 $\Delta_r G^{\ominus}_m(T)$ 值。

② 估计有利的反应温度

$$\Delta_r G^{\ominus}_m(T) = \Delta_r H^{\ominus}_m(T) - T\Delta_r S^{\ominus}_m(T)$$

通常焓变与熵变在化学反应中的符号是相同的。要使反应顺利进行，则 $\Delta_r G^{\ominus}_m(T)$ 越小越好。

a. $\Delta_r H^{\ominus}_m(T) > 0$，$\Delta_r S^{\ominus}_m(T) > 0$，提高温度对反应有利。

b. $\Delta_r H^{\ominus}_m(T) < 0$，$\Delta_r S^{\ominus}_m(T) < 0$，降低温度对反应有利。

③ 转折温度　其他条件不变时，只通过改变温度使一个化学反应由非自发性转为自发性的过程中，化学反应的 $\Delta_r G^{\ominus}_m(T) = 0$。通常将 $\Delta_r G^{\ominus}_m(T) = 0$ 时的温度称为转折温度，意味着反应方向的变化。这个温度可以用 298.15K 时的 $\Delta_r H^{\ominus}_m(T)$ 和 $\Delta_r S^{\ominus}_m(T)$ 值进行近似估算。根据 $\Delta_r G^{\ominus}_m(T) = \Delta_r H^{\ominus}_m(T) - T\Delta_r S^{\ominus}_m(T)$，当 $\Delta_r G^{\ominus}_m(T) = 0$ 时，

$$\Delta_r H^{\ominus}_m(T) = T\,\Delta_r S^{\ominus}_m(T)，则$$

$$T(转折) = \frac{\Delta_r H^{\ominus}_m(T_r)}{\Delta_r S^{\ominus}_m(T_r)}$$

思考题

1. 请判断下列说法是否正确。

（1）某一反应的平衡常数是一个不变的常数；

（2）平衡常数值改变了，平衡一定会移动，反之，平衡移动了，平衡常数值也一定改变；

（3）某反应的 $\Delta_r G^{\ominus}_m < 0$，所以该反应一定能正向进行；

（4）对于反应 $CO(g) + H_2O(g) \rightleftharpoons CO_2(g) + H_2(g)$，因为反应前后气体分子数相等，所以无论压力如何变化，对平衡均无影响。

2. 若选取不同的标准态，则 $\mu^{\ominus}(T)$ 不同，所以反应的 $\Delta_r G^{\ominus}_m$ 也会不同，那么用化学反应等温式 $(\Delta_r G_m)_{T,p} = \Delta_r G^{\ominus}_m(T) + RT\ln Q_p$ 计算出来的 $\Delta_r G_m$ 值是否会改变？为什么？

3. 反应达到平衡时，宏观和微观特征有何区别？

4. 为什么化学反应通常不能进行到底？

5. 什么是复相化学反应？其平衡常数有何特征？

6. 什么是固体物质的解离压？

7. 什么是标准摩尔生成吉布斯自由能？

8. 反应 $MgO(s)+Cl_2(g) \rightleftharpoons MgCl_2(s)+\frac{1}{2}O_2(g)$ 达平衡后，保持温度不变，增加总压，$K_p^{\ominus}$ 和 K_x 分别有何变化？设气体为理想气体。

9. 设某分解反应为 $A(s) \rightleftharpoons B(g)+2C(g)$，若其平衡常数和解离压力分别为 $K_p^{\ominus}$ 和 p，写出平衡常数与解离压力的关系式。

10. 由于公式 $\Delta_r G_m^{\ominus}=-RT\ln K^{\ominus}$，所以说 $\Delta_r G_m^{\ominus}$ 是在平衡状态时吉布斯自由能的变化值，这种说法是否正确？

11. 在一定的温度、压力且不做非体积功的条件下，若某反应的 $\Delta_r G_m>0$，能否研制出一种催化剂使反应正向进行？

12. 合成氨反应的化学计量方程式可以分别用以下两个方程来表示，两者的 $\Delta_r G_m^{\ominus}$ 和 $K^{\ominus}$的关系如何？

(1) $3H_2(g)+N_2(g) \longrightarrow 2NH_3(g)$　　　　(2) $\frac{3}{2}H_2(g)+\frac{1}{2}N_2(g) \longrightarrow NH_3(g)$

13. 工业上，制水煤气的热化学方程式可表示为

$$C(s)+H_2O(g) \longrightarrow CO(g)+H_2(g) \qquad \Delta_r H_m=133.5\text{kJ}\cdot\text{mol}^{-1}$$

设反应在 673K 时达到平衡，试讨论下列因素对平衡的影响：(1) 增加碳的含量；(2) 提高反应温度；(3) 增加系统的总压；(4) 增加水蒸气分压；(5) 增加氮气分压。

14. 五氯化磷的分解反应为 $PCl_5(g) \longrightarrow Cl_2(g)+PCl_3(g)$，在一定温度和压力下，反应达平衡后，改变以下条件：(1) 降低系统的总压；(2) 通入氮气，保持压力不变，使体积增加一倍；(3) 通入氮气，保持体积不变，使压力增加一倍；(4) 通入氯气，保持体积不变，使压力增加一倍。五氯化磷的解离度将如何变化？为什么？设所有气体均为理想气体。

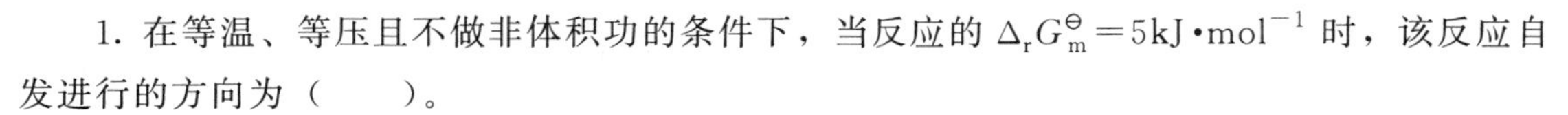

基本概念练习题

1. 在等温、等压且不做非体积功的条件下，当反应的 $\Delta_r G_m^{\ominus}=5\text{kJ}\cdot\text{mol}^{-1}$ 时，该反应自发进行的方向为（　　）。

(A) 正向自发进行　　　　(B) 逆向自发进行

(C) 无法判断　　　　(D) 反应不能进行

2. 理想气体混合物在化学反应达平衡时，应该使用下列哪个关系式(　　)。

(A) $\Delta_r G_m=-RT\ln K_p^{\ominus}$　　　　(B) $\Delta_r G_m^{\ominus}=-RT\ln K_p^{\ominus}$

(C) $\Delta_r G_m^{\ominus}=-RT\ln K_x^{\ominus}$　　　　(D) $\Delta_r G_m^{\ominus}=-RT\ln K_c^{\ominus}$

3. 某温度时，$NH_4Cl(s)$ 分解压是 $p^{\ominus}$，则分解反应的标准平衡常数 $K^{\ominus}$为（　　）。

(A) 1　　(B) 1/2　　(C) 1/4　　(D) 1/8

4. 有化学反应 $CO(g)+H_2O(g) \longrightarrow CO_2(g)+H_2(g)$，下列平衡常数之间关系正确的是（　　）。

(A) $K_p^{\ominus}=1$　　　　(B) $K_p^{\ominus}=K_c^{\ominus}$

(C) $K_p^{\ominus}>K_c^{\ominus}$　　　　(D) $K_p^{\ominus}<K_c^{\ominus}$

5. 在一定温度和压力下，对于一个化学反应，能用以判断其反应方向的是（　　）。

(A) $\Delta_r G_m^{\ominus}$　　(B) K_p　　(C) $\Delta_r G_m$　　(D) $\Delta_r H_m$

6. 对一个理想气体化学反应的平衡常数与其标准吉布斯自由能变化值 $\Delta_r G_m^{\ominus}$ 的关系有：

(1) $K_p^\ominus = \exp(-\Delta_r G_m^\ominus / RT)$

(2) $K_c^\ominus = \exp(-\Delta_r G_m^\ominus / RT)$

(3) $K_x = \exp(-\Delta_r G_m^\ominus / RT)$

其中关系正确的是（　　）。

(A)（1）、（2）和（3）式均正确　　(B)（1）式正确

(C)（2）式正确　　(D)（3）式正确

7. 在刚性密闭容器中，下列理想气体的反应达到平衡

$$A(g) + B(g) \longrightarrow C(g)$$

若在恒温下加入一定量的惰性气体，则平衡将（　　）。

(A) 向右移动　　(B) 向左移动

(C) 不移动　　(D) 无法确定

8. 已知定温反应 (i) $CH_4(g) \longrightarrow C(s) + 2H_2(g)$，(ii) $CO(g) + 2H_2(g) \longrightarrow CH_3OH(g)$，若提高系统总压，则平衡移动方向为（　　）。

(A) (i) 向左，(ii) 向右　　(B) (i) 向右，(ii) 向左

(C) 都向右　　(D) 都向左

9. 理想气体反应 $CO(g) + 2H_2(g) \longrightarrow CH_3OH(g)$ 的 $\Delta_r G_m^\ominus$ 与温度 T 的关系为 $\Delta_r G_m^\ominus / (J \cdot mol^{-1}) = -21660 + 52.92T/K$。若要使反应的平衡常数大于 1，则应控制的反应温度为（　　）。

(A) 必须低于 409.3℃　　(B) 必须高于 409.3K

(C) 必须低于 409.3K　　(D) 必须等于 409.3K

10. 973K 时，反应 $CO(g) + H_2O(g) \rightleftharpoons CO_2(g) + H_2(g)$ 的标准平衡常数 $K_p^\ominus = 0.71$。若将以下各分压的理想气体混合在一起，$p_{CO} = 100kPa$，$p_{H_2O} = 50kPa$，$p_{CO_2} = 10kPa$，$p_{H_2} = 10kPa$，在相同温度下，反应将（　　）。

(A) 向右进行　　(B) 向左进行

(C) 处于平衡状态　　(D) 无法判断

11. 350K 时，$NH_4HCO_3(s)$ 发生分解反应的计量方程为

$$NH_4HCO_3(s) \rightleftharpoons NH_3(g) + CO_2(g) + H_2O(g)$$

设在两个容积都等于 $10dm^3$ 的密闭容器 A 和 B 中，分别加入纯的 $NH_4HCO_3(s)$ 1.0kg 和 20.0kg，保持温度不变，达到平衡后，下列说法正确的是（　　）。

(A) 两容器中压力相等　　(B) A 内压力大于 B 内压力

(C) B 内压力大于 A 内压力　　(D) 必须经实际测定方能判别

12. 根据某一反应的 $\Delta_r G_m^\ominus$ 值，下列不能确定的是（　　）。

(A) 标准状态下自发变化的方向

(B) 在 $\Delta_r G_m^\ominus$ 对应温度下的平衡位置

(C) 在标准状态下系统所能做的最大非体积功

(D) 升高温度对平衡的影响情况

13. 某实际气体反应，用逸度表示的标准平衡常数随下列哪个因素而变（　　）。

(A) 系统的总压　(B) 催化剂　　(C) 温度　　(D) 惰性气体的量

14. 在某一反应温度下，已知反应 (1) $2NH_3(g) \rightleftharpoons 3H_2(g) + N_2(g)$ 的标准平衡常数为 $K_p^\ominus(1) = 0.25$。那么，在相同的反应条件下，反应 (2) $\frac{3}{2}H_2(g) + \frac{1}{2}N_2(g) \rightleftharpoons NH_3(g)$

的标准平衡常数 $K_p^\ominus(2)$ 为（　　）。

(A) 4　　(B) 0.5　　(C) 2　　(D) 1

15. 298K 时，某化学反应的标准吉布斯自由能的变化值 $\Delta_r G_m^\ominus < 0$，则反应对应的标准平衡常数 $K^\ominus$ 为（　　）。

(A) $K^\ominus = 0$　　(B) $K^\ominus > 1$　　(C) $K^\ominus < 0$　　(D) $0 < K^\ominus < 1$

16. 在以下几个反应中，增加系统的总压，能使产物的比例增加的是（　　）。

(A) $CaCO_3(s) \rightleftharpoons CaO(s) + CO_2(g)$

(B) $CO(g) + H_2O(g) \rightleftharpoons CO_2(g) + H_2(g)$

(C) $\frac{3}{2}H_2(g) + \frac{1}{2}N_2(g) \rightleftharpoons NH_3(g)$

(D) $PCl_5(g) = Cl_2(g) + PCl_3(g)$

17. 在等温、等压的条件下，反应 $C(s) + H_2O(g) = CO(g) + H_2(g)$ 的平衡常数和转化率分别为 $K_p^\ominus(1)$ 和 α_1。充入一定量的 $N_2(g)$ 后，再次达平衡时的平衡常数和转化率分别为 $K_p^\ominus(2)$ 和 α_2，两者的关系为（　　）。

(A) $K_p^\ominus(1) = K_p^\ominus(2)$，$\alpha_1 > \alpha_2$　　(B) $K_p^\ominus(1) > K_p^\ominus(2)$，$\alpha_1 > \alpha_2$

(C) $K_p^\ominus(1) < K_p^\ominus(2)$，$\alpha_1 < \alpha_2$　　(D) $K_p^\ominus(1) = K_p^\ominus(2)$，$\alpha_1 < \alpha_2$

18. 在一定的温度下，一定量的 $PCl_5(g)$ 在一密闭刚性容器中达到分解平衡。若往容器中充入氮气，使系统的压力增加一倍，则 $PCl_5(g)$ 的解离度将（　　）。

(A) 增加　　(B) 减少　　(C) 不变　　(D) 不确定

19. $PCl_5(g)$ 分解反应的计量方程为 $PCl_5(g) = Cl_2(g) + PCl_3(g)$，在 473K 达到平衡时，$PCl_5(g)$ 的解离度 $\alpha = 0.485$，温度升至 573K 达到平衡时，解离度 $\alpha = 0.97$，则此反应是（　　）。

(A) 放热反应　　(B) 吸热反应

(C) 既不放热也不吸热　　(D) 两个温度下的平衡常数相等

20. 在 298K 和标准压力下，反应 $H_2(g) + \frac{1}{2}O_2(g) \rightleftharpoons H_2O(l)$ 的 $\Delta_r G_m^\ominus = -237.13\ kJ \cdot mol^{-1}$，$\Delta_r S_m^\ominus = -163.3 J \cdot K^{-1} \cdot mol^{-1}$。假定 $\Delta C_{p,m} = 0$，则在 398K 时，反应的 $\Delta_r G_m^\ominus(398K)$ 的值为（　　）。

(A) $-237.13 kJ \cdot mol^{-1}$　　(B) $237.13 kJ \cdot mol^{-1}$

(C) $-220.80 kJ \cdot mol^{-1}$　　(D) $-253.51 kJ \cdot mol^{-1}$

习　题

1. 是否凡是 $\Delta_r G_m^\ominus > 0$ 的反应，在任何条件下均不能自发进行，而凡是 $\Delta_r G_m^\ominus < 0$ 的反应，在任何条件下均能自发进行？比较 $\Delta_r G_m$ 和 $\Delta_r G_m^\ominus$ 两个物理量的异同。

2. 有理想气体反应 $2H_2(g) + O_2(g) \rightleftharpoons 2H_2O(g)$，在 2000K 时，已知反应的 $K^\ominus = 1.55 \times 10^7$。

(1) 计算 $H_2(g)$ 和 $O_2(g)$ 分压各为 $1.00 \times 10^4 Pa$，水蒸气分压为 $1.00 \times 10^5 Pa$ 的混合气中，进行上述反应的 $\Delta_r G_m$，并判断反应自发进行的方向；

(2) 当 $H_2(g)$ 和 $O_2(g)$ 的分压仍然分别为 $1.00 \times 10^4 Pa$ 时，欲使反应不能正向自发进行，水蒸气的分压最少需要多大？

3. 将固体 $NH_4HS(s)$ 放在25℃的抽空容器中，求 $NH_4HS(s)$ 分解达到平衡时，容器内的压力为多少？如果容器中原来已盛有 H_2S 气体，其压力为 4.00×10^4 Pa，则达到平衡时容器内的总压力又将是多少？已知25℃时，该分解反应的 $\Delta_r G_m^{\ominus}=5.51\text{kJ}\cdot\text{mol}^{-1}$。

4. 反应 $4HCl(g)+O_2(g)\longrightarrow 2Cl_2(g)+2H_2O(g)$ 在适当的催化剂下达到平衡。一个原先含 HCl(g) 和 $O_2(g)$ 摩尔比为1∶1的混合物，温度为480℃，平衡时有75% HCl(g) 转变为 $Cl_2(g)$，若总压为 $0.947p^{\ominus}$，计算反应的 $K^{\ominus}$。

5. 某气体混合物含 $H_2S(g)$ 的体积分数为51.3%，其余是 $CO_2(g)$，在25℃和 10^5 Pa下，将1750cm^3 此混合气体通入350℃的管式高温炉中发生反应并达到平衡，然后迅速冷却。当反应后流出的气体通过盛有氯化钙的干燥器时（吸收水气用），该管的质量增加了34.7mg。试求反应 $H_2S(g)+CO_2(g)\longrightarrow COS(g)+H_2O(g)$ 的平衡常数 K_p。假设所有气体可视为理想气体。

6. 在标准压力和250℃时，用物质的量之比为1∶2的CO及 H_2 合成甲醇，反应为

$$CO(g)+2H_2(g)\rightleftharpoons CH_3OH(g)$$

试求算平衡混合物中甲醇的摩尔分数（设反应热不随温度而变，且气体均视为理想气体）。已知298K时：

物质	CO(g)	$CH_3OH(g)$
$\Delta_f H_m^{\ominus}/(\text{kJ}\cdot\text{mol}^{-1})$	−110.52	−201.17
$\Delta_f G_m^{\ominus}/(\text{kJ}\cdot\text{mol}^{-1})$	−137.27	−161.88

7. 合成氨反应 $1/2\ N_2(g)+3/2\ H_2(g)\rightleftharpoons NH_3(g)$。500K时 $K_p=0.30076$，若反应物 $N_2(g)$ 与 $H_2(g)$ 符合化学计量配比，求此温度时，$1p^{\ominus}\sim10p^{\ominus}$下的转化率 α。可近似地按理想气体计算。

8. 已知合成氨反应 $1/2\ N_2(g)+3/2\ H_2(g)\rightleftharpoons NH_3(g)$。在748K、$p=300p^{\ominus}$时 $K_p=6.63\times10^{-3}$，当原料气不含惰性气体时，氨的产率为31%，现若以含氮18%、含氢72%和含惰性气体10%的原料气进行合成，问其平衡产率为多少？可近似地按理想气体计算。

9. 在973K和标准压力下，反应 $CO(g)+H_2O(g)\rightleftharpoons CO_2(g)+H_2(g)$ 的 $K_p^{\ominus}=0.71$。试根据以下两种情况，分别判断反应的方向：(1) 反应系统中各组分的分压都是 1.52×10^5 Pa；(2) 反应系统中，$p_{CO}=1.013\times10^6$ Pa，$p_{H_2O}=5.065\times10^5$ Pa，$p_{CO_2}=p_{H_2}=1.52\times10^5$ Pa。

10. 反应 $CO(g)+H_2O(g)\rightleftharpoons CO_2(g)+H_2(g)$ 的标准平衡常数与温度的关系为 $\ln K_p^{\ominus}=\dfrac{4951.5}{T/\text{K}}-5.103$，当CO(g)、$H_2O(g)$、$CO_2(g)$ 和 $H_2(g)$ 的起初组成的摩尔分数分别为0.30、0.30、0.20和0.20，总压为101.3kPa时，在什么温度以下（或以上），反应才能自发地向生成产物的方向进行？

11. 313K时，反应 $LiCl\cdot3NH_3(s)\rightleftharpoons LiCl\cdot NH_3(s)+2NH_3(g)$ 的 $K_p^{\ominus}=9\times10^{10}$。在一个5dm^3 的容器内含有0.1mol $LiCl\cdot NH_3(s)$，如果要使 $LiCl\cdot NH_3(s)$ 变成 $LiCl\cdot3NH_3(s)$，试计算至少通入 $NH_3(g)$ 的物质的量。设气体为理想气体。

12. Ag(s) 受到 $H_2S(g)$ 的腐蚀可能发生的反应为 $2Ag(s)+H_2S(g)\rightleftharpoons Ag_2S(s)+H_2(g)$。在298K和标准压力下，在 $H_2S(g)$ 和 $H_2(g)$ 的混合气体中，试计算 $H_2S(g)$ 的

摩尔分数低于多少时，便不致使 Ag(s) 发生腐蚀。已知在 298K 时，$Ag_2S(s)$ 和 $H_2S(g)$ 的标准摩尔生成吉布斯自由能为：$\Delta_f G_m^{\ominus}(Ag_2S, s) = -40.25 kJ \cdot mol^{-1}$，$\Delta_f G_m^{\ominus}(H_2S, g) = -33.56 kJ \cdot mol^{-1}$。

13. 通常在钢瓶里的压缩氢气中含有少量 $O_2(g)$，实验中常将氢气通过高温下的铜粉，以除去少量 $O_2(g)$，其反应为：$2Cu(s) + \frac{1}{2}O_2(g) \rightleftharpoons Cu_2O(s)$。若在 873K 时，使反应达到平衡，试计算经处理后，在氢气中剩余 $O_2(g)$ 的分压。已知反应的摩尔吉布斯自由能的变化值与温度的关系为：$\Delta_r G_m^{\ominus}/(J \cdot mol^{-1}) = -166732 + 63.01T/K$。

14. 在合成甲醇的过程中，有一个水煤气变换工段，即把 $H_2(g)$ 变换成原料气 CO(g)

$$H_2(g) + CO_2(g) = CO(g) + H_2O(g)$$

现有一混合气体，各气体的分压分别为 $p_{H_2} = p_{CO_2} = 20kPa$，$p_{CO} = 50.7kPa$，$p_{H_2O} = 10kPa$。已知在 1093K 时，反应的 $K_p^{\ominus} = 1$，所有气体可视作理想气体。试回答下列问题：

(1) 1093K 时，该反应能否发生？

(2) 如果把 p_{CO_2} 提高到 405kPa，而 p_{CO} 提高到 304kPa，其余气体的分压不变，情况又怎样？

15. 1373K 时，有下列反应发生：

(1) $C(s) + 2S(s) = CS_2(g)$ $K_1^{\ominus} = 0.258$

(2) $Cu_2S(s) + H_2(g) = 2Cu(s) + H_2S(g)$ $K_2^{\ominus} = 3.9 \times 10^{-3}$

(3) $2H_2S(g) = 2H_2(g) + 2S(g)$ $K_3^{\ominus} = 2.29 \times 10^{-2}$

试计算在 1373K 时，用碳还原 $Cu_2S(s)$ 反应的平衡常数 $K_4^{\ominus}$。

16. 在 994K 和 100kPa 下，使纯 $H_2(g)$ 慢慢地通过过量的 CoO(s)，则氧化物部分地被还原为 Co(s)。在流出的已达平衡的气体中，$H_2(g)$ 的体积分数为 0.025。在同一温度下，若用 CO(g) 还原 CoO(s)，平衡后气体中 CO(g) 的体积分数为 0.0192。如果将物质的量相等的 CO(g) 和 $H_2O(g)$ 的混合物在 994K 下通过适当催化剂进行反应，试计算其平衡转化率。

17. 在 298K 和标准压力下，水合硫酸铜脱水反应的计量方程为

$$CuSO_4 \cdot 3H_2O(s) \rightleftharpoons CuSO_4(s) + 3H_2O(g)$$

已知其标准平衡常数 $K_p^{\ominus} = 1.0 \times 10^{-6}$。为了使 0.01mol$CuSO_4(s)$ 在 $2dm^3$ 的容器中完全转化为 $CuSO_4 \cdot 3H_2O(s)$，试计算至少应加入 $H_2O(g)$ 的物质的量。设气体为理想气体。

18. 在 250～400K 的温度范围内，反应 $NH_4Cl(s) \rightleftharpoons NH_3(g) + HCl(g)$ 的平衡常数与温度的关系式为 $\ln K_p^{\ominus} = 37.32 - \frac{21020K}{T}$。设在这个温度范围内 $\Delta C_p = 0$。试计算在 300K 时：(1) $NH_4Cl(s)$ 在真空容器中分解时的解离压以及 $NH_3(g)$ 和 HCl(g) 的分压；(2) 反应的 $\Delta_r G_m^{\ominus}$、$\Delta_r H_m^{\ominus}$ 和 $\Delta_r S_m^{\ominus}$。

19. 在 300K 和标准压力下，反应 $A(g) + B(g) \rightleftharpoons AB(g)$ 的标准摩尔吉布斯自由能的变化值 $\Delta_r G_m^{\ominus} = -8.368 kJ \cdot mol^{-1}$。在同样条件下，以 2mol A 和 2mol B 按上述方程式进行反应，试计算：(1) 反应的平衡转化率；(2) 达平衡时，混合物中各气体的摩尔分数。

20. 在 400～500K，反应 $PCl_5(g) = PCl_3(g) + Cl_2(g)$ 的标准吉布斯自由能变化可由下式给出：$\Delta_r G_m^{\ominus}/(J \cdot mol^{-1}) = 83.68 \times 10^3 - 14.52T/K \times \ln(T/K) - 72.26T/K$。试计算此反应在 450K 时的 $\Delta_r G_m^{\ominus}$、$\Delta_r H_m^{\ominus}$、$\Delta_r S_m^{\ominus}$ 及 $K_p^{\ominus}$。

21. 323K 时，反应 $2NaHCO_3(s) \longrightarrow Na_2CO_3(s) + H_2O(g) + CO_2(g)$ 的解离压为 3.998kPa，求算 323K 时，反应的标准摩尔吉布斯自由能的变化值 $\Delta_r G_m^{\ominus}$，设气体为理想气体。

22. 298K 时，有反应 $SO_2(g) + \frac{1}{2}O_2(g) \rightleftharpoons SO_3(g)$，试计算反应在该温度下的标准平衡常数 $K_p^{\ominus}$。设气体为理想气体，298K 时的热力学数据如下：

物质	$SO_2(g)$	$SO_3(g)$	$O_2(g)$
$\Delta_f H_m^{\ominus}/(kJ \cdot mol^{-1})$	−296.83	−395.72	0
$S_m^{\ominus}/(J \cdot K^{-1} \cdot mol^{-1})$	248.22	256.76	205.14

23. 630K 时，反应 $2HgO(s) \rightleftharpoons 2Hg(g) + O_2(g)$ 的 $\Delta_r G_m^{\ominus} = 44.3kJ \cdot mol^{-1}$。试计算：(1) 反应的标准平衡常数 $K_p^{\ominus}$；(2) 在 630K 时 HgO(s) 的解离压；(3) 若将 HgO(s) 投入 630K、$O_2(g)$ 的压力为 100kPa 的定体积容器中，在 630K 时达到平衡，求与 HgO(s) 呈平衡的气相中 Hg(g) 的分压。

24. 在高温和标准压力下，将水蒸气通过灼热的煤层，按下式生成水煤气：

$$C(石墨) + H_2O(g) \longrightarrow H_2(g) + CO(g)$$

若在 1000K 和 1200K 时的 $K_p^{\ominus}$ 分别为 2.472 和 37.58，试计算在此温度范围内的摩尔反应焓 $\Delta_r H_m^{\ominus}$（设反应焓在该温度区间内为常数），以及在 1100K 时反应的平衡常数 $K_p^{\ominus}(1100K)$。

25. 已知 $N_2O_4(g)$ 解离反应的标准平衡常数在 298K 时为 0.143，在 338K 时为 2.64。试计算：(1) $N_2O_4(g)$ 的标准摩尔解离焓；(2) 在 318K 和 100kPa 下，$N_2O_4(g)$ 的解离度。

26. 乙烯水合反应 $C_2H_4(g) + H_2O(l) \rightleftharpoons C_2H_5OH(l)$ 的标准摩尔反应吉布斯自由能 $\Delta_r G_m^{\ominus}$ 与温度的关系为 $\Delta_r G_m^{\ominus}/(J \cdot mol^{-1}) = -34585 + 26.4T/K \times \ln(T/K) + 45.19T/K$，计算 573K 时的标准平衡常数 $K_p^{\ominus}$。

*27. 298K 时，丁烯脱氢制取丁二烯的反应为 $C_4H_8(g) \longrightarrow C_4H_6(g) + H_2(g)$，根据热力学数据表，试计算：(1) 298K 时反应的 $\Delta_r H_m^{\ominus}$、$\Delta_r S_m^{\ominus}$、$\Delta_r G_m^{\ominus}$ 和标准平衡常数 $K_p^{\ominus}$ 的值；(2) 830K 时标准平衡常数 $K_p^{\ominus}$ 的值，设 $\Delta_r H_m^{\ominus}$ 与温度无关；(3) 若在反应气中加入水蒸气，加入量与丁烯的物质的量之比为 $C_4H_8(g):H_2O(g) = 1:15$，试计算反应在 830K、200kPa 条件下丁烯的平衡转化率。已知 298K 时参与反应物质的热力学数据如下：

物质	$C_4H_8(g)$	$C_4H_6(g)$	$H_2(g)$
$\Delta_f H_m^{\ominus}/(kJ \cdot mol^{-1})$	−0.13	110.16	0
$S_m^{\ominus}/(J \cdot K^{-1} \cdot mol^{-1})$	305.71	278.85	130.68

*28. 设在某一温度和标准压力下，一定量 $PCl_5(g)$ 的体积为 $1.0dm^3$，其解离度设为 0.50，通过计算说明，下列几种情况下，$PCl_5(g)$ 的解离度是增大还是减小。设气体都是理想气体。

(1) 降低气体的总压，直到体积增加到 $2.0dm^3$。

(2) 通入 $N_2(g)$，使体积增加到 $2.0dm^3$，而压力仍为 100kPa。

(3) 通入 $N_2(g)$，使压力增加到 200kPa，而体积维持为 $1.0dm^3$。

(4) 通入 $Cl_2(g)$，使压力增加到 200kPa，而体积维持为 $1.0dm^3$。

第5章 相平衡体系热力学

相平衡在化工生产中具有举足轻重的地位。在一个高塔林立的石油化工厂中，大多数高塔都是用来分离、提纯的。在化学、化工的生产和科研中，为了从反应或天然的混合物中通过分离、提纯得到合格的产品，经常会遇到蒸（精）馏、冷凝、升华、溶解、结晶等相变化过程；类似地，如何从盐湖或海水中提取各种有用的无机盐；在钢铁生产和各种合金冶炼中，怎样控制条件和成分以得到具有特殊性能的钢材和合金等，都涉及相变化过程。另外，在地质学中研究天然的或人工合成的熔盐系统时，也常常需要利用相图来研究组成与结构之间的关系。要了解这些相变化过程所遵循的规律，并用这些规律解决上述实际问题，都需要用到相平衡知识。

本章主要介绍三个方面内容：首先介绍相平衡系统普遍遵循的规律——相律；然后介绍单组分系统相平衡之相图和相图中两相平衡边界线上温度与压力的关系——克拉贝龙（Clapeyron）方程和克劳修斯（Clausius）-克拉贝龙方程；最后介绍几种典型的单组分系统和二组分系统相图。除此之外，对三组分系统的相平衡亦作初步介绍。

5.1 相　　律

主要知识点

1. 研究相平衡的意义

利用热力学基本原理研究相平衡，在科学研究和工业生产中都有重要意义。例如，在金属的冶炼、天然盐类的提纯以及化工生产中用到的重结晶、蒸馏、精馏、萃取等方法，都要用到相图来研究系统的组成、结构与性能之间的关系。

2. 几个重要概念

① 相　系统内部物理和化学性质完全均匀的部分称为相。相与相之间有明显的物

理界面，在界面上系统的宏观性质（如密度、黏度等）会发生突变。

气态混合物只有一个相，液体根据其互溶程度，可以是单相、两相甚至三相共存。固态一般是有一个纯固体便有一个相。

② 相图　用来表示多相系统的状态随温度、压力和组成等改变而改变的图形称为相图。相图有平面的、立体的和三角形的等多种形状。

③ 自由度　能够维持现有系统的相态不变，可以独立改变的温度、压力及组成等变量的数目称为自由度数，简称自由度。

④ 组分数　系统的组分数 C 等于系统中所有物种的数目 S 减去独立的化学平衡数 R，再减去独立的限制条件 R'，即 $C=S-R-R'$。

⑤ 相律　吉布斯根据热力学基本原理，导出了自由度与组分数、相数、温度和压力之间的相互关系，称为相律，用公式表示为（式中“2”代表温度和压力）

$$f=C-\Phi+2$$

5.1.1 研究相平衡的意义

相平衡是化学热力学的主要研究对象之一。热力学基本定律所研究的状态函数及其判据，以及在多组分系统中定义的化学势概念，为研究相平衡提供了基本工具。

相平衡的研究无论在科学研究还是在工业生产方面都有重要的意义。例如，在冶金工业上根据冶炼过程中的相变情况，可以监测金属的冶炼过程以及研究金属的成分、结构与性能之间的关系；我国东部沿海和西部地区有丰高的天然盐类资源，但这些海盐、湖盐、岩盐以及井盐等都是混合物，工业价值很低，只有利用相平衡的原理，经过溶解和重结晶等处理，将混合物分离、提纯后，才能作为重要的化工原料；在石化工业及有机合成中，主产物与副产物总是相互混杂的，只有用蒸馏、精馏和萃取等方法提取、纯化后，才能得到价值较高的化工产品和药物，这些都要用到相平衡的知识。另外，在地质中研究天然的或人工合成的熔盐系统时，也常需要利用相图来研究组成与结构之间的关系。

5.1.2 重要概念

(1) 相

相（phase）是指系统内部物理性质和化学性质完全均匀的部分。指定的条件下，相与相之间有明显的物理界面，在界面上系统的宏观性质（如密度、黏度等）会发生飞跃式的改变。例如，在大气压力下和0℃时，有一个冰与水的混合系统，$H_2O(s)$ 内部的物理和化学性质是均一的，是固相；而 $H_2O(l)$ 内部的物理和化学性质也是均一的，是液相。$H_2O(s)$ 与 $H_2O(l)$ 之间有明显的界面，在界面上密度、黏度等宏观性质会发生突变。只有一个相的研究系统称为均相系统（homogeneous system），有若干个相平衡共存的系统则称为多相系统（heterogeneous system）。在多相系统中，若发生相变过程，同一物质总是从化学势较高的相向化学势较低的相转移，当在两相中的化学势相等时，就达到了相平衡状态，各相的组成在宏观上不再随时间而改变。

在多相系统中，平衡共存的相的数目称为相数，用符号 Φ 表示。对于气态混合物，无论包含多少种气体，它们都是均匀混合的，因此只有一个相，$\Phi=1$。

对于液态系统，根据液体之间相互溶解的程度，可以形成不同相数的系统。例如，水与乙醇彼此是完全互溶的，可以形成单相系统，$\Phi=1$；水与苯彼此互溶的量都很小，它们混合时可以形成两相平衡系统，$\Phi=2$。此体系中，在底部是密度较大的溶有少量苯的水层，在上部是密度较小的溶有少量水的苯层，两层之间有明显的物理界面。不同的液体甚至还可以形成 $\Phi=3$ 的三个液相平衡共存的系统。

对于固态系统，一般是有一种固体便有一个相。例如，$CaCO_3(s)$ 与 $CaO(s)$ 两种粉末，无论粉碎（宏观上）得多么细，混合得多么均匀，还是两个相，因为每粒粉末从肉眼看来是非常小，但是用显微镜看，它还是由成千上万个分子组成，仍保留原有物质的物理和化学性质。当大块的 $CaCO_3(s)$ 与其粉末混在一起时，视觉上是不均匀的，但它们是同一固相，因为它们的物理与化学性质是相同的。即使是同一种单质，如果形成具有不同晶体结构的固体，则一种晶体结构就是一个相。例如，碳单质可以形成焦炭、石墨、金刚石、C_{60} 和 C_{70} 等不同晶态的固相。$H_2O(s)$ 在高压下也会形成多种不同结晶状态的固相。如果两种金属是以原子的形式均匀混合形成固态溶液，则是单相系统，简称为固溶体。例如，在一定条件下，金与银、铜与锌能形成单相的固溶体，通常称为合金。

（2）相图

研究多相系统的状态如何随温度、压力和组成等改变而改变，并用图形来表示这种变化，这种图形就称为相图（phase diagram）。根据变量的数目，相图有不同的形状。例如，有两个变量，相图用平面图表示；有三个变量，则用立体图表示。根据需要还有三角形相图及直角相图等不同形状的相图。一个处于稳定状态的系统在相图中可以用一个“点”来表示，称为状态点或物系点，它具有与坐标对应的稳定的温度、压力或浓度等状态函数的值。总之，相图上的点与系统实际状态之间存在一一对应关系。正因为如此，有了相图，就可以知道在一定的 T、p 和组成的条件下，一个相平衡系统存在着哪几个相。同时还知道当 T、p 或组成发生变化时，系统的状态如何随之变化。

（3）相平衡

系统中任何一种物质 i 的化学势在任何一相中皆相等，则该系统达到相平衡，即

$$\mu_i(\alpha)=\mu_i(\beta)=\cdots=\mu_i(\delta)$$

（4）自由度

当系统的温度、压力或组成发生变化时，会引起系统状态的变化。确定平衡系统的状态所必需的独立强度变量的数目称为自由度数（degrees of freedom），简称为自由度，用符号 f 表示。当然，也可以将自由度理解为在不引起旧的相消失、新的相产生的前提下，可以在一定范围内独立变化的强度变量的数目。这些强度变量通常为温度、压力和浓度等。如果指定某个强度变量为定值，则除该变量以外的其他强度变量数目称为条件自由度，用 f^* 表示。对于单组分纯水系统，在液态单相区，要维持 $H_2O(l)$ 这个相不变，则温度和压力都可以在一定范围内做适当的改变，这时有两个自由度，即温度和压力，$f=2$。如果要维持气、液两相平衡，即 $H_2O(g)\rightleftharpoons H_2O(l)$，则只有一个自由度，$f=1$。因为压力与温度之间存在函数关系，即在一定温度下，$H_2O(l)$ 有固定的饱和蒸气压，压力和温度两者之中只要改变一个，另一个就有对应的定值，所以自由度等于 1。

（5）物种数和组分数

相平衡系统中所含物质种类的数目称为物种数，用字母 S 表示。而相平衡系统中，能够确定各相组成所需要的最少独立物种数称为独立组分数，简称为组分数（number of component），用字母 C 表示。应该注意，组分数和物种数是两个不同的概念，在同一多相平衡系统中，物种数可随着考虑问题的角度不同而不同，但组分数是一个确定值。

组分数在数值上等于系统中所有物种数 S 减去系统中独立的化学平衡数目 R，再减去独立的浓度限制条件 R'，即

$$C=S-R-R' \tag{5.1}$$

用以下例子来说明独立的化学平衡数 R 和独立的限制条件数 R' 的含义。

【例 5.1】 在一定温度下，$NH_4Cl(s)$ 分解达成平衡

$$NH_4Cl(s) \rightleftharpoons HCl(g)+NH_3(g)$$

求在下列不同条件下系统的独立组分数 C。

① 开始时只有 $NH_4Cl(s)$ 存在；

② 反应前有等量的 $HCl(g)$ 和 $NH_3(g)$ 存在；

③ 开始时已有任意量的 $HCl(g)$ 和 $NH_3(g)$ 存在。

解 ① 这时系统中共有 $NH_4Cl(s)$、$HCl(g)$ 和 $NH_3(g)$ 3 个物种，即物种数 $S=3$，存在一个独立的化学平衡条件，$R=1$。有一个独立的化学平衡，就有一个平衡常数，参与反应的物质之间就有一个量之间的相互制约。因为开始时只有 $NH_4Cl(s)$ 存在，两个产物在同一气相中，根据化学计量方程可知两个产物的物质的量或物质的量分数之间具有定量的关系，它们物质的量分数的加和等于1，知道了 $HCl(g)$ 的物质的量分数，就可以计算出 $NH_3(g)$ 的物质的量分数，或者 $p_{NH_3}=p_{HCl}=\frac{1}{2}p$，所以存在一个独立的浓度限制条件，即 $R'=1$。因此，该系统的组分数 $C=3-1-1=1$。即只要有一种物质 $NH_4Cl(s)$ 存在，平衡时，系统中一定有 $NH_4Cl(s)$、$HCl(g)$ 和 $NH_3(g)$ 存在。

② $S=3$，存在一个独立的化学平衡，$R=1$，反应前尽管已存在 $HCl(g)$ 和 $NH_3(g)$，但二者是等量的，故平衡时，等式 $p_{NH_3}=p_{HCl}=\frac{1}{2}p$ 仍然成立，$R'=1$。所以

$$C=S-R-R'=3-1-1=1$$

③ $S=3$，存在一个独立的化学平衡，$R=1$，此时，由于开始时已有任意量的 $HCl(g)$ 和 $NH_3(g)$ 存在，p_{NH_3} 和 p_{HCl} 之间的定量关系已不存在，故 $R'=0$，所以

$$C=S-R-R'=3-1-0=2$$

即在③的条件下，至少要有两种物质才能保证上述反应平衡存在。

【例 5.2】 $C(s)$ 在 $O_2(g)$ 中燃烧，可能发生 3 种反应，其反应方程如下：

$$① \; C(s)+O_2(g) \rightleftharpoons CO_2(g)$$

$$② \; C(s)+\frac{1}{2}O_2(g) \rightleftharpoons CO(g)$$

$$③ \; CO(g)+\frac{1}{2}O_2(g) \rightleftharpoons CO_2(g)$$

该系统中总的物种数 $S=4$，三个反应方程中只有两个是独立的，因为③＝①－②，所以 $R=2$。物种之间没有其他独立的限制条件，$R'=0$。因此，$C=4-2-0=2$。应当注意的是，在考虑系统中存在的化学平衡数目时，所考虑的平衡必须是“独立”的化学平衡。

【例 5.3】 在一定温度下，碳酸钙在真空容器中分解达成平衡

$$CaCO_3(s) \rightleftharpoons CaO(s) + CO_2(g)$$

系统中总的物种数 $S=3$，有一个独立的化学平衡，$R=1$。虽然产物在计量系数上是相等的，但是两者处于不同的相态，彼此之间不存在物质的量分数加和等于 1 等相互限制的条件，则 $R'=0$。因此，$C=3-1-0=2$。

【例 5.4】 求下列情况下系统的组分数：

① 固体 NaCl、KCl、$NaNO_3$、KNO_3 的混合物与水振荡达到平衡；

② 固体 NaCl、KNO_3 与水振荡达到平衡。

解 ① 根据题意，系统中存在 NaCl(s)、KCl(s)、$NaNO_3(s)$、$KNO_3(s)$、Na^+、K^+、Cl^-、NO_3^- 和 H_2O，共 9 种物质，$S=9$。

同时存在 $NaCl(s) \rightleftharpoons Na^+ + Cl^-$ 等四个独立的溶解平衡方程，$R=4$，以及 $[Na^+]+[K^+]=[Cl^-]+[NO_3^-]$ 浓度（或称电荷平衡）限制条件，$R'=1$，所以 $C=S-R-R'=9-4-1=4$。

即系统中只要有 H_2O 和 4 种固体 NaCl(s)、KCl(s)、$NaNO_3(s)$、$KNO_3(s)$ 中的任意 3 种，共计 4 种物质存在就能构成①所述的系统。

② 根据题意，系统中存在 NaCl(s)、$KNO_3(s)$、Na^+、K^+、Cl^-、NO_3^- 和 H_2O，$S=7$，同时存在 $NaCl(s) \rightleftharpoons Na^+ + Cl^-$ 等两个独立溶解平衡方程，$R=2$，以及 $[Na^+]=[Cl^-]$ 和 $[K^+]=[NO_3^-]$ 两个浓度限制条件，$R'=2$，所以 $C=S-R-R'=7-2-2=3$。

在上题①和②中，物种数分别是 9 和 7，也可分别是 11 和 9，当物种数分别按 11 和 9 计算时，即认为系统中还有 H^+ 和 OH^-，此时必定同时存在独立的化学平衡 $H_2O \rightleftharpoons H^+ + OH^-$ 的限制条件和 $[OH^-]=[H^+]$ 的浓度限制条件。此时，对于①，$R=5$，$R'=2$，$C=S-R-R'=11-5-2=4$；对于②，$R=3$，$R'=3$，$C=S-R-R'=9-3-3=3$。组分数的计算结果与物种数分别按 9 和 7 的计算结果完全相同。

在计算组分数 C 时，为什么要从物种数 S 中减去独立的化学平衡数？这是因为，根据化学平衡条件，当系统存在一个独立的化学平衡时，必定存在一个独立的方程 $\sum \nu_B \mu_B = 0$。根据数学中的代数定律可知，存在一个独立的等式，就减少了系统一个独立的（物质）变量，所以，计算独立组分数 C 时，要从物种数 S 中减去独立的化学平衡数目 R。对于电解质溶液，因为正、负离子的荷电量是相等的，溶液呈电中性，所以这个电中性条件常作为电解质溶液的浓度限制条件。

（6）相律

在一个多相平衡系统中，相数、组分数、自由度与温度和压力之间必定存在一定的相互关系，自由度应该等于确定系统状态的总的变量数目减去变量之间关系式的数目。根据热力学基本原理，吉布斯于 1875 年推导出了其间的关系，即在不考虑其他力场的情况下，只受温度和压力影响的多相平衡系统中，自由度等于组分数减去相数再加上 2，用公式表示为

$$f=C-\Phi+2 \tag{5.2}$$

这就是吉布斯相律，以后简称为相律（phase rule）。式中，“2”代表温度和压力。对于有刚

性半透膜存在的渗透平衡系统，在膜的两边虽然压力不等，但是可以平衡共存，这时有一个温度和两个压力，则在相律中的 2 应该改为 3 表示。如果还要考虑其他力场的存在，则相律写成更一般的形式为

$$f = C - \Phi + n \tag{5.3}$$

本书不考虑其他力场的影响，所以相率如式(5.2) 表示。

如果指定了一个变量，无论是温度还是压力，都会使自由度减少 1，这时的自由度就称为条件自由度，在自由度的符号右上角加一个 * 号。若指定了一个变量，对应的相律表示式为

$$f^{*} = C - \Phi + 1$$

如果温度和压力都被指定了，自由度减少了 2，对应的相律表示式为

$$f^{**} = C - \Phi + 0$$

相律在相平衡研究中是十分有用的，今后将会反复使用。例如，在组分数 C 已经确定的情况下，根据现存的相数，可以用相律来计算自由度。在单组分的纯水相图中，$C=1$，所以在 $\Phi=1$ 的 3 个单相区，$f=2$，即在单相区系统的温度和压力都可以适当改变而不会影响相态的变化；在 $\Phi=2$ 的两相平衡线上，$f=1$，温度和压力之中只有一个可以改变；在 $\Phi=3$ 的相点上，$f=0$，温度和压力都不能改变，三相点的温度和压力由系统自身的性质确定。另外，根据相律可以判断，在组分数 C 有定值的多组分系统中，最多可以有几个相平衡共存。因为当自由度 $f=0$ 时，相数 Φ 具有最大值。

在式(5.2) 中的 2 是系统温度和压力两个变量，这时整个系统具有相同的温度和压力。若系统中存在隔热板，导致整个系统温度不一样；或系统中存在半透膜或刚性隔板，导致整个系统的压力不一样时，则要根据具体情况对式(5.2) 进行修正。

【例 5.5】 碳酸钠与水可形成下列几种化合物：

$$Na_2CO_3 \cdot H_2O;\ Na_2CO_3 \cdot 7H_2O;\ Na_2CO_3 \cdot 10H_2O$$

① 试说明标准压力下，与碳酸钠水溶液和冰共存的含水盐最多有几种？

② 试说明在 30℃时，可与水蒸气平衡共存的含水盐最多可以有几种？

解 分析：根据题意，很明显，题目要求的是系统最多有几个相，即 Φ_{max}。根据相律式(5.2) 可知，$f=0$ 时，Φ 有最大值 Φ_{max}。如果知道了 C，就可以根据式(5.2) 求得 Φ_{max}。由此可见，例 5.5 的关键是求 C。此系统是由 Na_2CO_3 和 H_2O 构成的。虽然可有多种含水盐存在，但每形成一种含水盐，在物种数增加 1 的同时，独立的化学方程式也增加 1，故最终 $C=2$。

① 在指定的压力下，相律变为

$$f^{*} = C - \Phi + 1 = 2 - \Phi + 1$$

当 $f^{*}=0$ 时，$\Phi_{max}=3$，已知系统已存在 Na_2CO_3 水溶液和冰两相，因此，与 Na_2CO_3 水溶液和冰平衡共存的含水盐最多只有一种。

② 同理，指定 30℃时，相律变为

$$f^{*} = C - \Phi + 1 = 2 - \Phi + 1$$

当 $f^{*}=0$ 时，$\Phi_{max}=3$，已知系统只有水蒸气一相，故与水蒸气平衡共存的含水盐可有两种。

上题的计算结果表明，相律只能告诉我们在一定的条件下，一个系统最多有几个相，但不能指明具体是哪几个相。

【例 5.6】 试说明下列平衡系统中的自由度数：

① 25℃及标准压力下，NaCl(s) 与水溶液平衡共存；

② $I_2(s)$ 与 $I_2(g)$ 呈平衡；

③开始时系统中有任意量的 HCl(g) 和 $NH_3(g)$，当反应 $HCl(g)+NH_3(g) \rightleftharpoons NH_4Cl(s)$ 达平衡时。

解 ① 已知 $C=2$，$\Phi=2$，且温度、压力恒定不变，因此

$$f^{**}=C-\Phi=2-2=0$$

即恒定温度、压力条件下，饱和食盐水的浓度为定值，系统已无独立变量可变。

② $C=1$，$\Phi=2$

$$f=C-\Phi+2=1-2+2=1$$

即当 $I_2(s)$ 与 $I_2(g)$ 呈平衡时，系统压力即为所处温度下 $I_2(g)$ 的饱和蒸气压。对纯物质而言，系统的饱和蒸气压 p 与 T 之间有函数关系，二者之中只有一个独立变量可变。

③ 已知 $\Phi=2$，$S=3$，$R=1$，$R'=0$，由此得 $C=3-1=2$

$$f=2-2+2=2$$

温度及总压或温度及任一气体分压可独立变动。

【例 5.7】 一系统如图 5.1 所示，其中半透膜 aa 只允许 O_2 通过，半透膜左边三种物质 $O_2(g)$、$Ag_2O(s)$、Ag(s) 已达化学平衡，求系统的组分数、相数和自由度数。

解 已知 $S=4$，$R=1$，$\left[2Ag(s)+\frac{1}{2}O_2(g) \longrightarrow Ag_2O(s)\right]$

所以 $C=S-R-R'=4-1-0=3$

由于存在半透膜，气体不能完全混合成一相，而是在膜两侧各有一相，所以 $\Phi=4$。此外，由于膜两边的压力不相等，故式(5.2) 不再适用，要修正为 $f=C-\Phi+3$，因此

$$f=C-\Phi+3=3-4+3=2$$

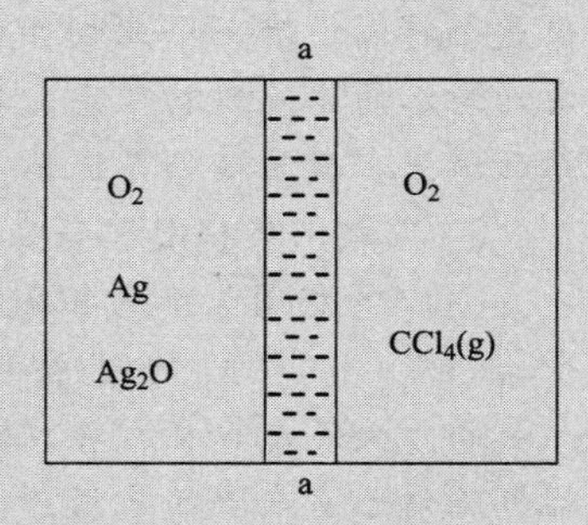

图 5.1 平衡系统示意图

需再一次提醒注意的是：相律所描述的是相平衡系统，且是“定性”地描述，它只讨论系统中相的“数目”，而不关注系统中具体是哪几个相（对象）和每个相有多少量（数值）。要解决系统中具体是哪几个相以及每个相有多少量的问题，要用到下面介绍的相图。

5.2 单组分系统的相图

主要知识点

1. 相律在单组分系统中的应用

单组分系统。$C=1$，$f=3-\Phi$。当 $\Phi=1$ 时，$f=2$，为双变量系统，在 p-T 平面图

上，单相区是一个面。当 $\Phi=2$ 时，$f=1$，p 与 T 之间只有一个可以独立改变，两相平衡系统在 p-T 图上是一条线。当 $\Phi=3$ 时，$f=0$，单组分系统在三相平衡时是无变量系统，在 p-T 图上是一个点。

2. 单组分系统的两相平衡——克拉贝龙方程

克拉贝龙方程揭示了压力随温度的变化率与相变焓和相变体积之间的关系，可以用来确定单组分系统任意两相平衡线的斜率。克拉贝龙方程可表示为

$$\frac{\mathrm{d}p}{\mathrm{d}T}=\frac{\Delta H}{T\Delta V}$$

3. 克劳修斯-克拉贝龙方程

在克拉贝龙方程的基础上，克劳修斯对于液-气、固-气的两相平衡，忽略凝聚相的体积，并假定气体是理想气体，得到了压力随温度变化的微分和积分两种公式，称为克劳修斯-克拉贝龙方程：

$$\frac{\mathrm{d}\ln p}{\mathrm{d}T}=\frac{\Delta_{\mathrm{vap}}H_{\mathrm{m}}}{RT^2} \qquad \ln\frac{p(T_2)}{p(T_1)}=\frac{\Delta_{\mathrm{vap}}H_{\mathrm{m}}}{R}\left(\frac{1}{T_1}-\frac{1}{T_2}\right)$$

该方程常用来计算液-气或固-气两相平衡线的斜率，或在已知两个温度下的饱和蒸气压时来计算摩尔蒸发焓（或升华焓）。也可以在已知摩尔焓变和一个温度下的蒸气压时，计算另一温度下的蒸气压。

4. 水的相图

根据实验数据绘制的水的相图上，有三个面分别表示 $H_2O(g)$、$H_2O(l)$ 和 $H_2O(s)$ 的单相区，这时 $f=2$。有三条两相平衡线，这时 $f=1$。水的固-液平衡线的斜率为负值是个特例。有一个三相共存点，这时 $f=0$。三相点的温度和压力由系统自身性质决定，与水的冰点的物理意义不同。有一个临界温度，高于临界温度时液态与气态之间的界面消失，成为超临界流体，单用加压的方法无法使这种气体液化。

5. 二氧化碳相图及超临界流体萃取

CO_2 的相图与水的相图有许多相似之处，也有三个单相区、三条两相平衡线和一个三相点。但 CO_2 的固-液两相平衡线的斜率是正值。CO_2 三相点的温度很低，但压力却远高于大气压，在常温、常压下，$CO_2(s)$ 会直接升华，所以被称为干冰。CO_2 的超临界流体已有广泛的应用。

5.2.1 相律在单组分系统中的应用

单组分系统的组分数 $C=1$，根据相律

$$f=C-\Phi+2=1-\Phi+2=3-\Phi$$

当相数 $\Phi=1$ 时为单相系统，则 $f=2$，有两个变量，称为双变量系统。这两个变量就是温度和压力，分别将压力和温度作为两个坐标轴，可以绘制出单组分系统的相态随温度和压力变化的平面相图。在 p-T 平面相图上，单相区表现为一个区域，在这个区域中，温度和压力都可以在一定范围内变化而不会引起相态的改变。

当 $\Phi=2$ 时为两相平衡系统，这两相可以是气-液、气-固或液-固，这时 $f=1$，称为单变量系统。这时压力与温度之间有一定的依赖关系，两者之中只有一个是独立变量，如果改变了温度，则压力也会随之而改变为对应的值，反之亦然。在 p-T 图上，两相平衡的单变

量系统呈现为一条线。

当$\Phi=3$时为气、液、固相平衡的系统，这时$f=0$，称为无变量系统，即压力与温度均由系统自身决定，外界无法加以改变。无变量系统在p-T图上表现为一个点，气、液、固相的平衡点就称为三相点。

当$f=0$时，相数Φ具有最大值，这时$\Phi=3$。单组分系统不可能出现四相平衡共存的状态。

5.2.2 单组分系统的相平衡

当系统两相平衡时，$f=1$，说明两相平衡时，系统的温度和压力中，两者只有一个变量可独立变化，由此推测两者之间一定存在某种函数关系。为此，在讲单组分相图之前，先找出这一函数关系，以便解释单组分相图中相线斜率的大小和变化趋势。

（1）克拉贝龙方程（任意两相平衡）

设在一定的温度和压力下，单组分系统α、β两相平衡，根据等温、等压下相平衡条件有$\Delta G_m=0$，即$G_m(\alpha)=G_m(\beta)$［或$\mu(\alpha)=\mu(\beta)$］。若温度改变dT，相应的压力改变dp后，α、β两相达到新的平衡。

系统的温度和压力		B(α)	B(β)
T	p	$G_m(\alpha)$	$G_m(\beta)$
		$G_m(\alpha)=G_m(\beta)$	
$T+dT$	$p+dp$	$G_m(\alpha)+dG_m(\alpha)$	$G_m(\beta)+dG_m(\beta)$
		$G_m(\alpha)+dG_m(\alpha)=G_m(\beta)+dG_m(\beta)$	
		$dG_m(\alpha)=dG_m(\beta)$	

在新的平衡下，应有

$$G_m(\alpha)+dG_m(\alpha)=G_m(\beta)+dG_m(\beta)$$

即

$$dG_m(\alpha)=dG_m(\beta)$$

根据热力学基本方程$dG=-SdT+Vdp$

于是有

$$-S_m(\alpha)dT+V_m(\alpha)dp=-S_m(\beta)dT+V_m(\beta)dp$$

或

$$[V_m(\beta)-V_m(\alpha)]dp=[S_m(\beta)-S_m(\alpha)]dT$$

整理得

$$\frac{dp}{dT}=\frac{S_m(\beta)-S_m(\alpha)}{V_m(\beta)-V_m(\alpha)}=\frac{\Delta_\alpha^\beta S_m}{\Delta_\alpha^\beta V_m} \tag{5.4}$$

式中，$\Delta_\alpha^\beta S_m$和$\Delta_\alpha^\beta V_m$分别为1mol物质由α相到β相的摩尔熵变和体积变化。对可逆相变而言，有

$$\Delta_\alpha^\beta S_m=\frac{\Delta_\alpha^\beta H_m}{T}$$

式中，$\Delta_\alpha^\beta H_m$为相变焓，将上式代入式(5.4) 中，可得

$$\frac{dp}{dT}=\frac{\Delta_\alpha^\beta H_m}{T\Delta_\alpha^\beta V_m} \tag{5.5}$$

上式即为著名的克拉贝龙（Clapeyron，1799—1864）方程。它描述了相平衡条件下，平衡压力随平衡温度的变化，以及该变化与该物质相变焓和相变体积的定量关系。由于α相

和β相可以是任意两相，因此式(5.5)可用于任何纯物质的任意两相平衡。

(2)克劳修斯-克拉贝龙方程（液-气或固-气两相平衡）

克劳修斯在克拉贝龙方程的基础上，对于有气相参加的两相平衡引进了两个近似：①物质的固态和液态的体积与气态体积相比可以忽略不计；②气态可作为理想气体处理，于是得到了克劳修斯-克拉贝龙方程。

以液-气两相平衡为例，式(5.5)可简化为

$$\frac{\mathrm{d}p}{\mathrm{d}T}=\frac{\Delta_{\mathrm{vap}}H_{\mathrm{m}}}{TV_{\mathrm{m,g}}}$$

若再假设气体可视为理想气体，则

$$\frac{\mathrm{d}p}{\mathrm{d}T}=\frac{\Delta_{\mathrm{vap}}H_{\mathrm{m}}}{T\left(\frac{RT}{p}\right)}$$

整理后得

$$\frac{\mathrm{dln}p}{\mathrm{d}T}=\frac{\Delta_{\mathrm{vap}}H_{\mathrm{m}}}{RT^2} \tag{5.6}$$

式(5.6)称为克劳修斯-克拉贝龙方程（简称克-克方程）。当温度变化范围不大时，$\Delta_{\mathrm{vap}}H_{\mathrm{m}}$可近似看作一常数。将上式积分，可得

$$\ln p=-\frac{\Delta_{\mathrm{vap}}H_{\mathrm{m}}}{RT}+C \tag{5.7}$$

式(5.7)是克劳修斯-克拉贝龙方程的不定积分形式，也就是某物质液体饱和蒸气压与其对应的沸点关系式。式中C为积分常数。由此式可知，将$\ln p$对$1/T$作图应为一直线，其斜率为$(-\Delta_{\mathrm{vap}}H_{\mathrm{m}}/R)$，由此斜率即可求得液体的$\Delta_{\mathrm{vap}}H_{\mathrm{m}}$。

如果对式(5.6)在温度T_1和T_2间求定积分，且设$\Delta_{\mathrm{vap}}H_{\mathrm{m}}$近似为与$T$无关的常数，则

$$\ln\frac{p(T_2)}{p(T_1)}=\frac{\Delta_{\mathrm{vap}}H_{\mathrm{m}}}{R}\left(\frac{1}{T_1}-\frac{1}{T_2}\right) \tag{5.8}$$

上式表明，只要知道了$\Delta_{\mathrm{vap}}H_{\mathrm{m}}$，就可以根据某一温度$T_1$下的饱和蒸气压$p_1$求算其他温度$T_2$下的饱和蒸气压$p_2$，反之亦然。

当缺乏液体的汽化热数据时，有一近似规则称为楚顿（Trouton）规则，即

$$\frac{\Delta_{\mathrm{vap}}H_{\mathrm{m}}}{T_{\mathrm{b}}}\approx 88\ \mathrm{J\cdot K^{-1}\cdot mol^{-1}} \tag{5.9}$$

可供近似估算$\Delta_{\mathrm{vap}}H_{\mathrm{m}}$。式中$T_{\mathrm{b}}$为正常沸点。应该注意的是此规则不能用于极性大的液体，也不适用于在液态时存在分子缔合现象和$T_{\mathrm{b}}<150\mathrm{K}$的液体。

关于液体的饱和蒸气压和其沸点的关系，在工程上还有一个应用非常广泛的经验方程

$$\lg p=-\frac{A}{t+C}+B \tag{5.10}$$

式(5.10)称为安托宁（Antoine）方程，式中A、B、C为常数，可从相关的手册中查到，t为摄氏温度，此式适用的温度范围较宽。

对于固-气平衡，只需分别将式(5.6)、式(5.7)和式(5.8)中的$\Delta_{\mathrm{vap}}H_{\mathrm{m}}$换成（升华热）$\Delta_{\mathrm{sub}}H_{\mathrm{m}}$即可得到与式(5.6)、式(5.7)和式(5.8)相同形式的公式。

【例 5.8】 计算水的凝固温度 T_f 随压力 p 的变化率 $\frac{dT_f}{dp}$。已知在 273.15K 和 101.325kPa 时，$H_2O(s)$ 和 $H_2O(l)$ 的密度分别为 $\rho(s)=916.8kg\cdot m^{-3}$，$\rho(l)=999.9kg\cdot m^{-3}$，冰的融化焓 $\Delta_{fus}H=333.5kJ\cdot kg^{-1}$。

解 设系统的质量为 1000g，从 $H_2O(s)$ 融化成 $H_2O(l)$ 时的体积变化为

$$\Delta_{fus}V=V(l)-V(s)=\frac{1}{\rho(l)}-\frac{1}{\rho(s)}=\frac{1}{999.9kg\cdot m^{-3}}-\frac{1}{916.8kg\cdot m^{-3}}=-9.07\times10^{-5}m^3\cdot kg^{-1}$$

$$\frac{dT_f}{dp}=\frac{T\Delta_{fus}V}{\Delta_{fus}H}=\frac{273.15K\times(-9.07\times10^{-5}m^3\cdot kg^{-1})}{333.5kJ\cdot kg^{-1}}=-7.43\times10^{-5}K\cdot kPa^{-1}$$

即压力增加 1.0kPa，水的凝固温度要下降 7.43×10^{-5}K。

【例 5.9】 已知水在 100℃时饱和蒸气压为 1.00×10^5Pa，汽化热为 $2260J\cdot g^{-1}$，试计算：

① 水在 95℃时的饱和蒸气压；

② 水在高压锅（2.5×10^5Pa）中的沸点。

解 ① $\ln\frac{p_2}{p_1}=\frac{\Delta_{vap}H_m(T_2-T_1)}{RT_2T_1}=\frac{2260\times18\times(368.15-373.15)}{8.314\times373.15\times368.15}=-0.1781$

$p_2=(1.00\times10^5\times e^{-0.1781})\ Pa=8.37\times10^4Pa$

② $\ln\frac{2.5\times10^5}{1.00\times10^5}=\frac{2260\times18\times(T_2-373.15)}{8.314\times373.15\times T_2}$

得 $T_2=401.2K$（128.05℃）

（3）固-液或固（s_1）-固（s_2）平衡

对于固-液或固（s_1）-固（s_2）两相平衡，以固-液平衡为例，可将式(5.5) 改写为

$$dp=\frac{\Delta_{fus}H_m}{\Delta_{fus}V_m}\times\frac{dT}{T} \tag{5.11}$$

式中，$\Delta_{fus}H_m$ 和 $\Delta_{fus}V_m$ 分别为摩尔熔化焓和固、液摩尔体积之差。当温度变化不大时，$\Delta_{fus}H_m$ 和 $\Delta_{fus}V_m$ 均可视为常数，于是式(5.11) 可积分为

$$p_2-p_1=\frac{\Delta_{fus}H_m}{\Delta_{fus}V_m}\ln\frac{T_2}{T_1} \tag{5.12}$$

当 T_1 和 T_2 相差不是很大、$x=1-(T_2-T_1)/T_1<1$ 时，根据 $\ln(1+x)$ 的幂级数展开式，并取其一级近似，可得

$$\ln\frac{T_2}{T_1}=\ln\left(1+\frac{T_2-T_1}{T_1}\right)\approx\frac{T_2-T_1}{T_1}$$

将上式代入式(5.12) 中，得

$$p_2=p_1+\frac{\Delta_{fus}H_m}{\Delta_{fus}V_m}\times\frac{T_2-T_1}{T_1} \tag{5.13}$$

【例 5.10】 在 273.2K 和标准压力下，已知冰的融化热为 $333.5kJ\cdot kg^{-1}$，冰和水的密度分别为 $916.8kg\cdot m^{-3}$ 和 $999.9kg\cdot m^{-3}$，试解释为什么下雪的冬天（0℃），公路上的

雪总是先于草坪上的雪融化。(假设 $\Delta_{fus}V_m$ 和 $\Delta_{fus}H_m$ 不随压力变化，公路上来往车辆施加给路面的压力为 5.0×10^6Pa)

解　已知 $p_1=p^\ominus$，$T_1=273.2\text{K}$，$\Delta_{fus}H_m=\dfrac{333.5\times10^3}{1000}\times18=6.003\times10^3\text{J}\cdot\text{mol}^{-1}$

$$\Delta_{fus}V_m=V_m(\text{l})-V_m(\text{s})=\left[18\times10^{-3}\times\left(\frac{1}{999.9}-\frac{1}{916.8}\right)\right]\text{m}^3=-1.632\times10^{-6}\text{m}^3$$

根据式(5.13)，可得

$$\begin{aligned}T_2&=\frac{T_1\Delta_{fus}V_m}{\Delta_{fus}H_m}(p_2-p_1)+T_1\\&=\left[\frac{273.2\times(-1.632\times10^{-6})}{6.003\times10^3}\times(5.0\times10^6-1.0\times10^5)+273.2\right]\text{K}\\&=(-0.36+273.2)\text{K}=272.84\text{K}\end{aligned}$$

即随着压力的增大，冰的熔点下降，低于273.2K，因此公路上的雪先于草坪上的融化。

(4) 外压对蒸气压的影响

前面我们通过克劳修斯-克拉贝龙方程讨论了温度对液体饱和蒸气压的影响。现在要问，外加压力对液体饱和蒸气压有影响吗？如果有，影响如何？

蒸气压是液体自身的性质。在一定温度下把液体放入真空容器中，液体开始挥发成气态，同时，处在气相中的分子又可撞击液面而重新回到液相，久而久之，液-气两相达到平衡。此时，液面上除了液体的蒸气外别无他物，液相的压力就等于其饱和蒸气压。但是，如果将液体放在惰性气体中，例如空气中（并假设空气不溶于液体），则外压就是大气压，此时，液体的蒸气压将有所改变。

设在一定温度 T 和一定外压 p_e 时，液体与其蒸气呈平衡，设蒸气压力为 p_g（倘若没有其他物质存在，则 $p_e=p_g$）。因为两相平衡，所以 $G_l=G_g$。今若在液面上增加惰性气体，使外压由 p_e 改变到 p_e+dp_e，则液体的蒸气压相应地由 p_g 改变到 p_g+dp_g，且重新达到平衡，即

外压	液体	$\rightleftharpoons$	气体	蒸气压
T，p_e	$G_{l,m}$	$=$	$G_{g,m}$	T，p_g
T，p_e+dp_e	$G_{l,m}+dG_{l,m}$	$=$	$G_{g,m}+dG_{g,m}$	T，p_g+dp_g

因为 $G_l=G_g$，所以 $dG_{l,m}=dG_{g,m}$，且恒温下有 $dG=Vdp$，由此得

$$V_m(\text{l})dp_e=V_m(\text{g})dp_e\text{ 或 }\frac{dp_g}{dp_e}=\frac{V_m(\text{l})}{V_m(\text{g})}>0\tag{5.14}$$

上式表明，蒸气压 p_g 随着外压 p_e 的增大而增大。不过，由于 $V_m(\text{g})>V_m(\text{l})$，所以 p_e 对 p_g 影响很小。一般（常压）情况下，外压对 p_g 的影响可忽略不计。不过，在接近临界状态时，由于 $V_m(\text{g})\approx V_m(\text{l})$，此时，外压对蒸气压的影响就不可忽略。

若将气相视为理想气体，$V_m(\text{g})=RT/p_g$，代入式(5.14)中，整理后得

$$d\ln p_g=\frac{V_m(\text{l})}{RT}dp_e\tag{5.15}$$

$V_m(l)$ 可看作不受压力的影响，上式积分后得

$$\ln\frac{p_g}{p_g^*}=\frac{V_m(l)}{RT}(p_e-p_g^*) \tag{5.16}$$

式中，p_g^* 是没有惰性气体存在时液体的饱和蒸气压；p_g 是在有惰性气体存在即总压为 p_e 时的饱和蒸气压。

5.2.3 水的相图

（1）水的相图

在通常情况下，纯水有 $H_2O(g)$、$H_2O(l)$ 和 $H_2O(s)$ 三种单相状态，水的相图是根据实验数据画出的。在不同温度下测定 $H_2O(l)$ 的饱和蒸气压，可以画出 $H_2O(l) \rightleftharpoons H_2O(g)$ 两相平衡线。在较低温度下，测定不同温度时 $H_2O(s)$ 的饱和蒸气压，可以画出 $H_2O(s) \rightleftharpoons H_2O(g)$ 两相平衡线；在不同压力时测定 $H_2O(l)$ 与 $H_2O(s)$ 达成平衡时的温度，可以画出 $H_2O(l) \rightleftharpoons H_2O(s)$ 两相平衡线。水自身固有的三相平衡点的压力为 610Pa，温度为 273.16K。根据这些实验数据画出的水的相图的示意图（温度、压力没有严格按照实验数据来画）如图 5.2 所示。

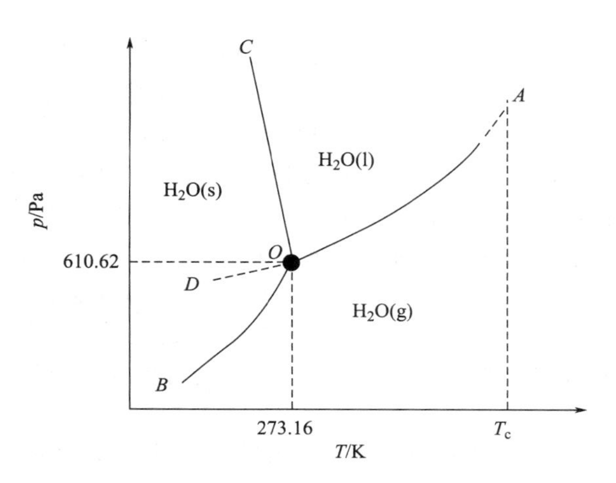

图 5.2 水的相图（示意图）

图 5.2 中有三个单相区。在 OA 与 OC 线之间的面是 $H_2O(l)$ 的单相区，OA 与 OB 线以下的面是 $H_2O(g)$ 的单相区，OB 与 OC 线以左的面是 $H_2O(s)$ 的单相区。在单相区内，$f=2$，为双变量系统，温度和压力都可以在适当范围内变动而仍能维持该相态不发生改变。两个单相区的交界线就是两相平衡线。

有三条两相平衡线。在两相平衡线上，$f=1$，温度与压力之中只能有一个是独立变量。OA 线是 $H_2O(l) \rightleftharpoons H_2O(g)$ 两相平衡线，即 $H_2O(l)$ 的饱和蒸气压曲线。OA 线是不能任意延长的，它终止于 A 点，称为临界点。因为随着温度的升高，$H_2O(g)$ 的压力也不断变大，它的密度也随之增加。而 $H_2O(l)$ 由于温度升高，其密度却不断下降。当 $H_2O(l)$ 的密度与 $H_2O(g)$ 的密度相等时，液态与气态之间的界面消失，成为一种单相的特殊流体，这就是 A 点的情况。水的临界点温度为 647.4K，压力为 2.2×10^7Pa，高于临界温度就不能用加压的方法使 $H_2O(g)$ 液化，在临界温度以上的流体称为超临界流体，它既具有类似液体的密度，有很强的溶解能力，又具有类似气体的黏度和扩散能力，在超临界流体萃取和反应方面有特殊用途。

OB 线是 $H_2O(s) \rightleftharpoons H_2O(g)$ 两相平衡线，即 $H_2O(s)$ 的饱和蒸气压曲线，也称为 $H_2O(s)$ 的升华（或凝华）曲线。

OC 线是 $H_2O(l) \rightleftharpoons H_2O(s)$ 两相平衡线，即 $H_2O(s)$ 的熔点曲线［或 $H_2O(l)$ 的凝固曲线］。OC 线也不能任意延长，在压力高于 2.0×10^8Pa 时，相图变得比较复杂，有不同晶体结构的 $H_2O(s)$ 平衡共存。这里要注意的是，OC 线的斜率是负值，$H_2O(s)$ 的

凝固温度会随着压力的上升而变小。这是因为 $H_2O(s)$ 的密度小于 $H_2O(l)$ 的密度，所以 $H_2O(l) \rightleftharpoons H_2O(s)$ 平衡线的斜率为负值，这是一个特例。

OD 线是水的过冷曲线。当 $H_2O(l)$ 很纯净、在没有任何扰动的情况下，$H_2O(l)$ 在低于凝固点温度时可以不凝固，成为过冷水。过冷水处于介稳状态，一旦有冰晶加入或被搅动，过冷水会瞬间凝结成冰。

有一个三相点。*O* 点是水的三相平衡点，$T=273.16\text{K}$，$p=610.62\text{Pa}$。处于三相点时，$f=0$，是无变量系统，三相点的压力和温度由水自身的性质决定，不受外部条件变化的影响。三相点也可以看作是三条两相平衡线的交点，这时气、液、固相达成平衡，$H_2O(l)$ 和 $H_2O(s)$ 的饱和蒸气压相等。

水的三相点与冰点是有严格区别的。通常所说的水的冰点是指在 101.325kPa 的大气压力下，$H_2O(l) \rightleftharpoons H_2O(s)$ 平衡共存时的温度，为 273.15K(0℃)。冰点比三相点的温度低 0.01K 是由两种因素造成的，一个因素是压力的改变，三相点时 $H_2O(g)$ 的压力只有 610.62Pa，而冰点时所受的大气压力为 101.325kPa，压力的增加会使凝固点下降，根据计算，压力的增加使凝固点下降了 0.00749K。另一个因素是冰点时水是暴露在空气中的，水中溶有空气，这时水不再是纯水，而是一个二组分系统。根据稀溶液的依数性，空气的溶入使凝固点下降 0.00242K。两个因素加起来使冰点比三相点的温度低了 0.01K。虽然仅相差 0.01K，但三相点与冰点的物理意义是完全不同的。水的冰点会随着外压的增加而下降，随着溶质的加入而下降；而三相点的温度和压力是物质自身的特性，不会因外界条件的改变而改变。

（2）克拉贝龙及克劳修斯-克拉贝龙方程对单组分相图的应用

克拉贝龙方程 $\frac{\mathrm{d}p}{\mathrm{d}T}=\frac{\Delta H}{T\Delta V}$ 揭示了任意两相平衡时压力随温度的变化率与相变焓和相变体积之间的关系，利用克拉贝龙方程可以在单组分系统的相图上求出任意两相平衡曲线的斜率。例如，在水的相图上，气-液两相的平衡线 *OA* 线的斜率为

$$\frac{\mathrm{d}p}{\mathrm{d}T}=\frac{\Delta_{\text{vap}}H}{T\Delta_{\text{vap}}V}$$

因为液体汽化要吸热，体积是增加的，即 $\Delta_{\text{vap}}H>0$，$\Delta_{\text{vap}}V>0$，所以 $\frac{\mathrm{d}p}{\mathrm{d}T}>0$，*OA* 线的斜率为正值，$H_2O(l)$ 的蒸气压随着温度的上升而增加。同理，*OB* 线的斜率为

$$\frac{\mathrm{d}p}{\mathrm{d}T}=\frac{\Delta_{\text{sub}}H}{T\Delta_{\text{sub}}V}$$

因为固体升华也是吸热的，体积也增加，所以$\frac{\mathrm{d}p}{\mathrm{d}T}>0$，*OB* 线的斜率也为正值，$H_2O(s)$ 升华时蒸气压也随着温度的上升而增加。而 *OC* 线的斜率比较特殊，其克拉贝龙方程为

$$\frac{\mathrm{d}p}{\mathrm{d}T}=\frac{\Delta_{\text{fus}}H}{T\Delta_{\text{fus}}V}$$

$H_2O(s)$ 融化成 $H_2O(l)$ 时吸热，$\Delta_{\text{fus}}H>0$。但是，由于 $H_2O(s)$ 的密度小于 $H_2O(l)$ 的密度，所以融化时 $\Delta_{\text{fus}}V<0$，因此$\frac{\mathrm{d}p}{\mathrm{d}T}<0$，即 $H_2O(s)$ 与 $H_2O(l)$ 两相平衡的 *OC* 线的斜率为负值，说明 $H_2O(l)$ 的凝固温度会随着压力的上升而下降，这是一个特例。

（3）独立变量的改变对系统状态的影响

上面从相平衡的角度详细考察了构成相图的点、线、面的物理意义，这是认识相图的第

一步，当然也是很重要的一步，这一步是进一步读懂相图、掌握相图其他知识的基础。读懂相图的第二个知识点就是通过相图了解系统的状态是如何随着系统某一强度性质变化而发生变化。图 5.3(a) 和 (b) 分别给出了系统状态随压力和温度的变化。

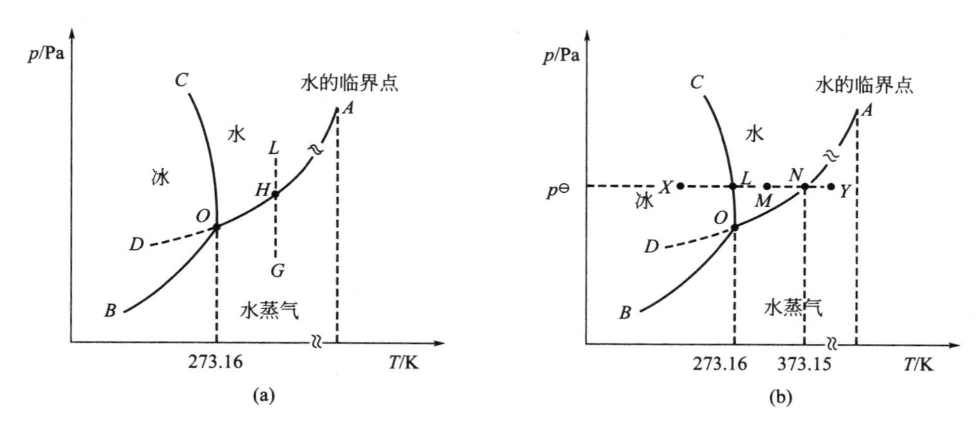

图 5.3　系统状态随 p 或 T 变化示意图

在图 5.3(a) 中，系统在恒温下降压，随着压力从 L 点经 H 点降至 G 点，相应的系统状（相）态、相数和自由度变化如下：

$$
\begin{array}{ccccc}
L & \longrightarrow & H & \longrightarrow & G \\
\mathrm{l} & & \mathrm{l} \rightleftharpoons \mathrm{g} & & \mathrm{g} \\
\Phi=1,\ f=2 & & \Phi=2,\ f=1 & & \Phi=1,\ f=2
\end{array}
$$

在图 5.3(b) 中，系统在压力 $p^{\ominus}$ 下升温，随着温度从 X 点所处的温度经 L、M、N 点升到 Y 点所处的温度，相应的系统状（相）态、相数和自由度变化如下：

$$
\begin{array}{ccccccccc}
X & \longrightarrow & L & \longrightarrow & M & \longrightarrow & N & \longrightarrow & Y \\
\mathrm{s} & & \mathrm{s} \rightleftharpoons \mathrm{l} & & \mathrm{l} & & \mathrm{l} \rightleftharpoons \mathrm{g} & & \mathrm{g} \\
\Phi=1,\ f=2 & & \Phi=2,\ f=1 & & \Phi=1,\ f=2 & & \Phi=2,\ f=1 & & \Phi=1,\ f=2
\end{array}
$$

从上述相图变化可以看出，随着温度升高，系统中最稳定的相态从固相→液相→气相。为什么会出现这种现象？这是因为对于同一物质有

$$\left(\frac{\partial \mu^{*}}{\partial T}\right)_{p}=-S_{\mathrm{m}}^{*}<0$$

且
$$\left|\left(\frac{\partial \mu(\mathrm{g})}{\partial T}\right)_{p}\right|>\left|\left(\frac{\partial \mu(\mathrm{l})}{\partial T}\right)_{p}\right|>\left|\left(\frac{\partial \mu(\mathrm{s})}{\partial T}\right)_{p}\right|$$

5.2.4　二氧化碳相图及超临界流体萃取

二氧化碳的相图示意图如图 5.4 所示。

与水的相图相同的是，有 CO_2(g)、CO_2(l) 和 CO_2(s) 三个单相区。图中也有三条两相平衡线，OA 线是 $CO_2(g) \rightleftharpoons CO_2(l)$ 两相平衡线，OB 线是 $CO_2(g) \rightleftharpoons CO_2(s)$ 两相平衡线，OC 线是 $CO_2(s) \rightleftharpoons CO_2(l)$ 两相平衡线。与水的相图不同的是，二氧化碳的 OC 线的斜率是正的，这是因为 CO_2(s) 的密度大于 CO_2(l) 的密度。

O 点是二氧化碳的气、液、固三相平衡点，它固有的温度为 216.7K，压力为 518kPa (0.518MPa)。由于该三相点的温度远低于常温，而压力又远高于大气压力，因此在常温、常压下我们只能看到二氧化碳的气体，在低温下只能看到它的固态，很难看到它的液态，除

非加压到518kPa以上。在常温、常压下，CO_2(s) 总是直接升华为 CO_2(g)，而不经过熔化为 CO_2(l) 的过程，因此人们将 CO_2(s) 称为干冰。

A 点是二氧化碳的临界点，温度为304.2K，压力为7.38MPa。这个温度和压力在工业上还是比较容易达到的，因此二氧化碳的超临界流体较易制备，它在超临界流体萃取和特殊反应中有广泛的应用。

以超临界二氧化碳流体作为萃取剂为例，简述超临界流体萃取（supercritical fluid extraction，SFE）的热力学循环过程。SFE的一次循环的程序如图5.5所示。

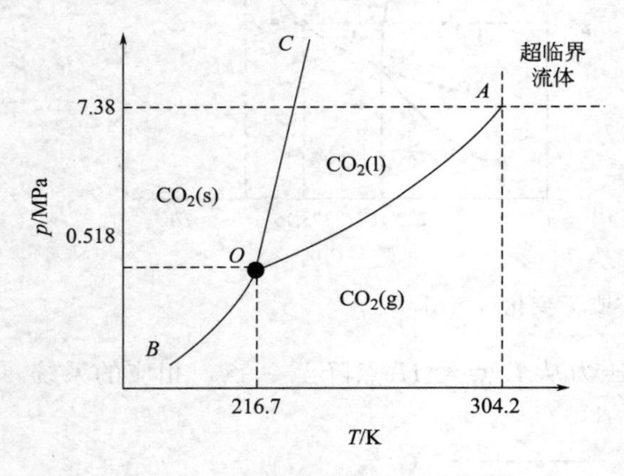

图5.4　二氧化碳的相图（示意图）

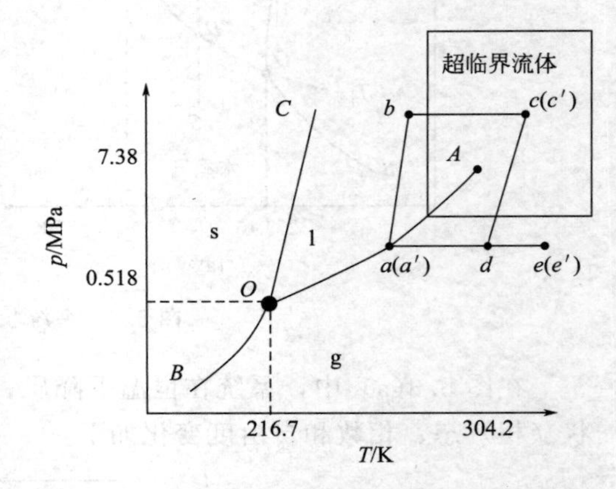

图5.5　SFE的热力学循环过程（示意图）

从始态 a 出发，共经历8个状态变化过程，最后回到始态。具体路径为

$$a \rightarrow b \rightarrow c \rightarrow c' \rightarrow d \rightarrow e \rightarrow e' \rightarrow a' \rightarrow a$$

现将每个过程简述如下：

过程1，$a \rightarrow b$。OA 线是气-液两相平衡线，a 点处在平衡线上侧的液相区，取一定量的 CO_2(l) 作为萃取剂，置于柱塞泵（或隔膜泵）中，绝热加压至临界压力以上，设到达 b 点，系统呈单一液态。

过程2，$b \rightarrow c$。将处于 b 点的 CO_2(l) 等压升温，到达 c 点，成为超临界流体，这是一个不经过相变的连续变化过程，系统吸收的热量较少。

过程3，$c \rightarrow c'$。将处于 c 点的超临界流体与被萃取物混合，在萃取器内进行等温、等压的萃取过程，得到处于 c' 状态的萃取剂与萃取物的混合物，c、c' 在相图上处于同一个点。

过程4，$c' \rightarrow d$。利用节流效应，使处于 c' 状态的混合物从萃取器中流出，压力和温度都降到临界点以下，到达 d 点，有被萃取的物质开始从超临界流体中析出。

过程5，$d \rightarrow e$。将处于 d 点的混合物等压升温，目的是减小被萃取物在超临界流体中的溶解量。到达 e 点时，有更多的被萃取物与萃取剂分离。

过程6，$e \rightarrow e'$。将该混合物置于分离器中，将萃取剂与被萃取物彻底分离干净后，分离后的 CO_2(g) 处于 e' 状态。

过程7，$e' \rightarrow a'$。将处于 e' 状态的 CO_2(g) 等压降温，回到到处于 a' 的气体状态。

过程8，$a' \rightarrow a$。使处于 a' 的 CO_2(g) 在等温、等压的状态下发生相变，冷凝变成 CO_2(l)。这样，就完成了SFE的一次循环。

在工业生产上是按上述步骤连续进行多次循环的，直到萃取完成为止。目前，工业上用得最多的萃取剂是超临界二氧化碳流体，因为它有以下优点：

① 密度大，类似于液体的密度，故溶解能力强，能溶解的溶质多。从天然产物中萃取中药、饮料和保健品等的有效成分时，可以保持萃取物纯天然的营养、香味和口味。

② 黏度小，扩散速率快，扩散系数是一般液体的10倍，它类似于气体，可以迅速深入各种天然产物的微孔中进行萃取。

③ 毒性低，是一种绿色环保型的萃取剂。萃取与分离两个工序可以合二为一，操作简单，一旦减压就可以使超临界二氧化碳流体迅速汽化，与被萃取物分离，$CO_2(g)$ 还可以循环使用。

④ 萃取速率快，生产周期短，同时可以进行高压灭菌。

⑤ 萃取过程几乎无“三废”排放，不污染环境，这种萃取被誉为分离科学中有划时代意义的科学进步。

对SFE的研究已有近百年的历史，但是真正用到工业生产上则始于1978年，德国成功地在工业上实现了用超临界 CO_2 流体从咖啡豆中提取咖啡因。此后，这项技术的作用和意义被越来越多的人所认识并不断拓宽使用领域。目前，超临界二氧化碳流体的主要用途有：

① 从植物及其种子中萃取油脂等有用成分。例如，从芝麻、花生、葵花籽、玉米、大豆、茶籽等油类作物中萃取油脂，所得的产量比用压榨法高5%以上，比用有机溶剂萃取分离简便，不影响所得油脂的口味，无有机溶剂残留。同样，还可以从咖啡中萃取咖啡因，从啤酒花中萃取软性树脂类物质等。

② 从海洋鱼类的鱼油和海豹油中提取20个碳的五烯酸（EPA）和22个碳的六烯酸（DHA），用于治疗心血管病。

③ 可以代替喷漆和涂料中的有机溶剂，使喷雾均匀，干燥快，且可以阻燃，减少有机溶剂的用量，有效防止环境污染，保障工人的身体健康。

④ 代替发泡剂做泡沫塑料，减少作为发泡剂的二氟二氯甲烷和二氟一氯甲烷等氟氯烃的排放，保护臭氧层。

⑤ 代替清洗剂用于精密仪器和衣服的干洗，减少合成洗涤剂的用量，减少作为干洗剂的全氯乙烯的使用和排放，减少对空气和地表水的污染。

⑥ 因为超临界二氧化碳流体是惰性的，在其中发生化学反应可以增加反应物的溶解度，提高反应速率，减少副反应的发生，延长催化剂寿命等，所以常用于高分子的聚合反应。

超临界流体技术还有其他方面的应用，如超临界精馏、超临界色谱、超临界喷涂、超临界印染、超临界清洗等。

5.3 二组分理想液态混合物的相图

主要知识点

1. p-x 图和 T-x 图

当 $C=2$，保持 T 不变，得 p-x 图。保持 p 不变，得 T-x 图。在 p-x 图上有两个纯组分的饱和蒸气压、蒸气压随组分变化的曲线及总蒸气压曲线。在 p-x-y 图上，既有液相组成线，在液相线之上的高压区是液相单相区；又有气相组成线，在气相线之下的低压区是气相单相区。在气、液两相组成线之间是气-液两相区，落在两相区的任一物系都分为两相，其组成分别在对应的液相线或气相线上读取。

在 T-x 图上有两个纯组分在指定压力下的沸点，组分的饱和蒸气压越低，其沸点越高，反之亦然。在 T-x 图上还有混合物的气相和液相组成线。在气相线之上的高温区是气相单相区，在液相线之下的低温区是液相单相区，在气相线与液相线之间是气-液两相区。

2. 杠杆规则

利用杠杆原理，计算二组分系统在任何两相区各相的含量或组成的方法称为杠杆规则。在 T-x 或 T-w 图上，将二组分混合物加热到两相平衡区，以物系组成点为支点，从支点到气相或液相组成点之间的距离为力矩，根据杠杆原理列出等式，可以得到两相的物质的量（或质量）的比例关系。如果已知混合物总的物质的量（或总质量），可以求出各相所含的物质的量（或质量）及其组成。

3. 蒸馏（或精馏）原理

一次简单蒸馏只能将沸点不同的组分粗略地分开，但不能完全分开。精馏是多次简单蒸馏的组合，每一块塔板上都同时发生着由上一层塔板下来的液相的部分汽化和由下一层塔板上来的蒸气的部分冷凝过程，相当于一次简单蒸馏。若有足够的塔板，在塔顶可以得到纯的低沸点组分，在塔底可获得纯的高沸点组分。

5.3.1 p-x 图和 T-x 图

对于二组分系统，$C=2$，根据相律

$$f=C-\Phi+2=4-\Phi$$

二组分系统至少有一个相，当 $\Phi=1$ 时，$f=3$，即有三个变量，它们是温度、压力和组成（用物质的量分数或质量分数表示）。有三个变量的图形是三维立体图，使用很不方便，通常指定其中一个变量为定值，则条件自由度 f^* 可表示为

$$f^*=C-\Phi+1=3-\Phi$$

当 $\Phi=1$，$f^*=2$ 时，就可以用平面图表示了。如果指定温度不变，则两个变量为压力和组成，可以绘制 p-x 图，图上曲线就是等温线。如果指定压力不变，则两个变量为温度和组成，可以绘制 T-x 图，图上的曲线就是等压线。在二组分的 p-x 图和 T-x 图中，所有的自由度都是保持温度或者压力不变的条件自由度，为方便起见，除非有特别的说明，一般就直接用 f 表示条件自由度。

（1）压力-液相组成图（p-x 图）

在介绍二组分理想液态混合物的气-液平衡相图之前，有必要先了解理想液态混合物的气相总压与组成的关系，即 p-x 图。理想液态混合物气相总压与组成的关系曲线就是其相图的液相线。设有二组分 A（甲苯）和 B（苯）可以任意比例互溶，形成理想液态混合物，其中的任一组分都服从拉乌尔定律，所以各组分分压及气相总压可通过拉乌尔定律计算如下：

A 组分分压：$p_A=p_A^*x_A=p_A^*(1-x_B)$ (5.17)

B 组分分压：$p_B=p_B^*x_B$ (5.18)

气相总压：$p=p_A+p_B=p_A^*(1-x_B)+p_B^*x_B$

$$=p_A^* + (p_B^* - p_A^*)x_B \tag{5.19}$$

在恒定温度条件下，以系统的气相总压 p 对组分 B 的液相组成 x_B 作图得一直线，称为蒸气压-组成图，如图 5.6 所示。

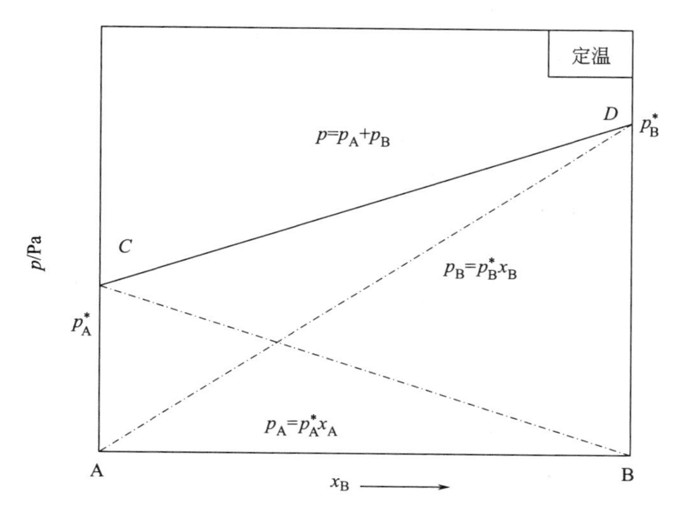

图 5.6 理想液态混合物蒸气压-液相组成图（p-x 图）

从图 5.6 可以看出，无论是组分 A、组分 B 的蒸气分压，还是系统的蒸气总压 p，它们与 x_B 皆为直线关系，且一般而言，对理想液态混合系统，蒸气总压与纯 A（或纯 B）蒸气压的关系为 p_A^*（或 p_B^*）$<p<p_B^*$（或 p_A^*）。其实，上面两点在式(5.17)～式(5.19) 已揭示得非常清楚，只不过公式的结论不如图形更直观。

在图 5.6 中蒸气总压 p 对液相组成 x_B 的关系曲线又叫液相线，因为它表示的是系统的气相总压与液相组成的关系。由液相线可以找出不同气相总压时系统的液相组成，反之亦然。

（2）压力-气、液相组成图（p-x-y 相图）

图 5.6 是理想液态混合物的蒸气压（即系统压力）-组成图，但不是相图，因为作为相图，在恒温条件下必须要能反映一定压力和液相组成时系统的状态。即不但要知道系统的压力与液相组成的关系，还必须要知道系统的压力与气相组成的关系，也就是说，作为相图，图 5.6 中还差一条压力-气相组成线，即 p-y_B 线。

对于二组分系统，在恒温条件下两相平衡的自由度 $f=2-2+1=1$，由此可知，若选定液相组成为独立变量，则不仅系统的压力为液相组成的函数（如图 5.6 所示），而且气相组成也应为液相组成的函数。若以 y_A、y_B 分别表示气相中组分 A 和 B 的物质的量分数，且蒸气为理想气体混合物，根据道尔顿分压定律，有

$$y_A=\frac{p_A}{p}=\frac{p_A^*(1-x_B)}{p_A^*+(p_B^*-p_A^*)x_B} \tag{5.20}$$

$$y_B=\frac{p_B}{p}=\frac{p_B^*x_B}{p_A^*+(p_B^*-p_A^*)x_B} \tag{5.21}$$

即 T 一定时，有一个液相组成 x_B，一定有一个与之平衡的气相组成 y_B，而且可以根据式(5.21) 算出一定 x_B 时相对应的 y_B，此时若将由式(5.21) 计算得到的气相组成也表示在同一张压力-组成（p-x 图）图上，得到 p-y_B 关系曲线，该曲线称为气相线。如图 5.7 所

示，由此可得到一完整的 p-x-y ［或写为 p-$x(y)$］相图，通常简写为 p-x 相图。

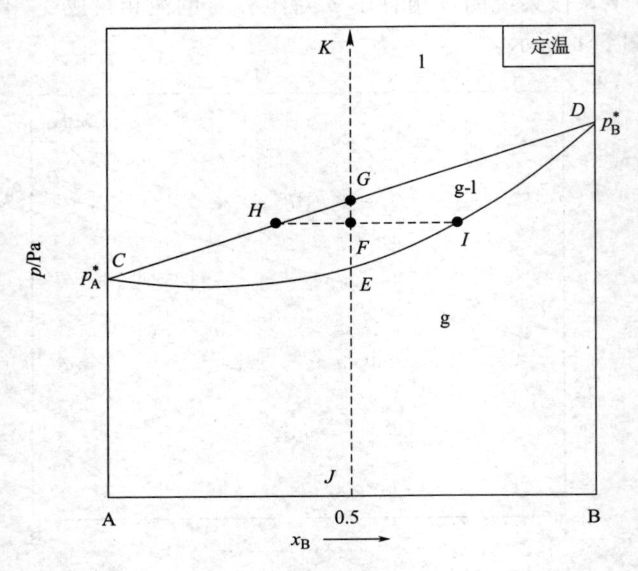

图 5.7　理想液态混合物 A（甲苯）-B（苯）系统的 p-x（y）相图

在图 5.7 中，由于液相组成 x_B 和气相组成 y_B 共用一横坐标轴，所以在相图中只需标出 x_B 即可。

对于 A(甲苯)-B(苯) 系统，因为 $p_A^* < p < p_B^*$，即易挥发组分在气相中物质的量分数 y_B 大于其液相中的物质的量分数 x_B，而难挥发的组分恰好相反。这就是科诺瓦洛夫第二规则，此结论具有普遍性。因此，在以 B（苯）的物质的量分数作变量的图 5.7 中，气相线在液相线的下方，相同压力时的气相组成在液相组成右边。

理想液态混合物的 p-$x(y)$ 相图，即 p-x 相图（图 5.7）是由两个点、两条线和三个面构成的，它们的物理意义如下。

点：p_A^* 和 p_B^* 分别表示纯 A(甲苯) 和纯 B(苯) 在实验温度下的饱和蒸气压，$\Phi=2$，$f=1$。

线：图 5.7 中上方的直线 CD 线是液态混合物的组成线（$p=p_A+p_B$），即液相线，它给出了系统压力与液相组成的关系，$f=1$，对于理想液态混合物，在整个浓度范围内都符合拉乌尔定律，因此 CD 线是一条直线。下面的 $CEID$ 曲线是气相组成线，它是有关系统的压力与气相组成的关系曲线，$f=1$。

面：液相线上方压力较高区是液态单相区，$\Phi=1$，$f=2$；气相线下方压力较低区是气相单相区，$\Phi=1$，$f=2$。在单相区，系统可以同时改变压力和组成而不会导致旧相消失，新相生成。在液相线和气相线之间梭形区为气-液两相平衡区，$\Phi=2$，$f=1$。在该区域内，一旦压力确定，则气、液相的组成皆有定值，反之亦然。

如果对组成为 $x_B=0.5$ 的混合理想气体系统加压，物系点将沿着 JK 线上升。到达 E 点时，液相开始出现，进入气-液两相区。当压力处于 F 点时，气-液两相平衡共存，其液相组成由液相线上的 H 点表示，气相组成由气相线上的 I 点表示。显然，由于 B 的饱和蒸气压较高，因此在气相中含 B 的量 y_B 会大于液相中含 B 的量 x_B。继续加压至 G 点，气相开始消失，继而进入液相区。

(3) 温度-组成图（T-x 相图）

通常蒸馏或精馏是在恒压下进行的，所以表示二组分沸点和组成关系的图形（T-x 相图）对讨论蒸馏更为有用。

T-x 图可以直接根据实验数据绘制，如图 5.8 所示。仍用可以形成理想液态混合物的纯液体 A 和纯液体 B 为例，首先在大气压力（$p=101.325\text{kPa}$）下分别测定 A 和 B 的沸点（当液态的蒸气压等于外压时，溶液沸腾，这时的温度称为沸点），分别标在以组成为横坐标、温度为纵坐标的 T-x 图上，然后，同样在大气压力下，测定一系列不同组成的二组分理想液态混合物的沸点，如 T_1-x_1、T_2-x_2、…、T_i-x_i，最后把一系列不同组成对应的沸点温度连接成光滑的曲线就得到了沸点与液相组成 x 的关系图，即 T-x 图。

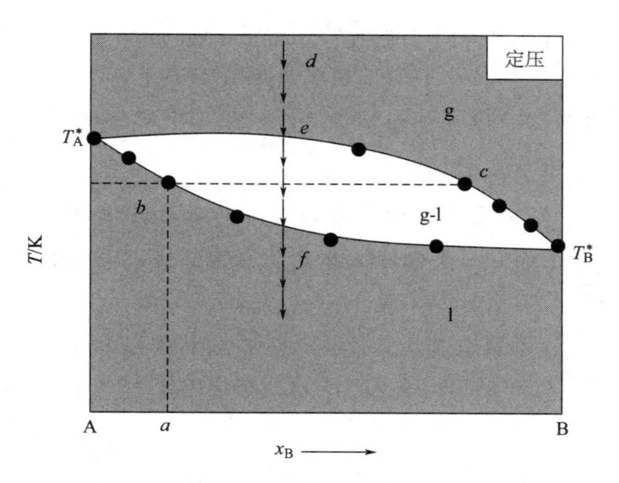

图 5.8　二组分理想液态混合物的 T-x 图

如将组成为 a 的混合物加热至 b 点温度，这时开始出现气泡而沸腾，b 点称为泡点，分析对应的气相组成如 c 点所示。由于 B 的饱和蒸气压高，沸点低，因此在气相中 B 的含量高于液相中的含量。如此配制不同比例的混合物，测定其相应的沸点，分析对应的气相组成，分别标在 T-x 图上。分别连接表示液相和气相组成的点，就得到了图 5.8 中的两条线。或者先测定不同温度下、不同组成的 A 和 B 组分混合物的饱和蒸气压，计算出 x_1、x_2、…、x_i，利用道尔顿分压定律计算出总压为 101.325kPa 下的 y_1、y_2、…、y_i，也标注在 T-x 图上，然后把气相组成也连接成光滑的曲线就得到了 T-x-y 图，简称 T-x 图。

图中，T_A^* 是纯 A 的沸点，T_B^* 是纯 B 的沸点。显然，纯物质的饱和蒸气压越低，它的沸点越高，反之亦然。A 和 B 形成的混合物的沸点介于 T_A^* 与 T_B^* 之间。

T-x 相图 5.8 中点、线、面的物理意义、相数和自由度如下。

点：T_A^* 和 T_B^* 分别为纯 A 和纯 B 的沸点，$A(l) \rightleftharpoons A(g)$ 和 $B(l) \rightleftharpoons B(g)$，$\Phi=2$，$f=0$。

线：图 5.8 中上方的线是气相线，又称为露点线，它给出了系统的沸点与气相组成的关系，$f=1$；下面的曲线是液相线，又称为泡点线，它是有关系统的压力与液相组成的关系曲线，$f=1$。

面：气相线上方是气态单相区，$\Phi=1$，$f=2$；液相线下方是液态单相区，$\Phi=1$，$f=2$。在单相区，系统可以同时改变温度和组成而不会导致旧相消失，新相生成。在液相线和气相线之间的面为气-液两相平衡区，$\Phi=2$，$f=1$。在该区域内，一旦温度确定，则气、液相的组成皆有定值，反之亦然。

从物系点画水平线，在该温度下，物系点所对应的液态和气态的组成分别由水平线与液相线和气相线上的交点（即相点）表示。

如果有一个物系组成为 d 的 A 与 B 的气态混合物逐步冷却，到达 e 点温度时，开始有液相出现，e 点称为露点。在 e 到 f 的温度区间内，保持两相平衡，只是气、液两相的组成会随温度的不同而不同。冷却到 f 点，气相消失，继而进入液相单相区。

【例 5.11】 设甲苯（A）和苯（B）能形成理想液态混合物。在 101.325kPa 的大气压力下，将一个甲苯与苯的混合物加热到 363K，处于气-液两相平衡区，试分别计算气、液两相的组成。已知在 363K 时，甲苯的饱和蒸气压 $p_A^* = 54.22\text{kPa}$，苯的饱和蒸气压 $p_B^* = 136.12\text{kPa}$。

解 设甲苯和苯的物质的量分数在液相中用 x_A、x_B 表示，在气相中用 y_A、y_B 表示。因为是理想的液态或气态混合物，甲苯和苯都分别遵循拉乌尔定律和道尔顿分压定律，所以

$$p_A = p_A^* x_A = p_A^*(1-x_B) \qquad p_B = p_B^* x_B$$

$$p = p_A + p_B = p_A^* + (p_B^* - p_A^*)x_B$$

$$x_B = \frac{p - p_A^*}{p_B^* - p_A^*} = \frac{(101.325-54.22)\text{kPa}}{(136.12-54.22)\text{kPa}} = 0.58$$

$$x_A = 1 - x_B = 1 - 0.58 = 0.42$$

对应的气相组成为

$$y_B = \frac{p_B}{p} = \frac{p_B^* x_B}{p} = \frac{136.12\text{kPa} \times 0.58}{101.325\text{kPa}} = 0.78$$

$$y_A = 1 - y_B = 1 - 0.78 = 0.22$$

从计算可知，饱和蒸气压高的物质苯（B）在气相中的含量大于在液相中的含量，即 $y_B > x_B$，而甲苯（A）的 $y_A < x_A$。

5.3.2 杠杆规则

利用杠杆原理，可以在任何两相平衡区计算两相的物质的量或质量的比例，或在已知总的物质的量或总的质量时，求由两相的物质的量或质量，这种方法称为杠杆规则，杠杆规则可用于任何气-液、液-液、液-固、固-固和气-固两相平衡。值得注意的是，在相平衡杠杆规则中的臂长不是用长度单位表示的，而是通过某一组分的物质的量分数的差值或质量分数的差值表示的。

如图 5.9 所示，纵坐标表示温度，横坐标表示物质的量分数。将一个组成为 a 的混合物加热到温度 T 时，物系点到达 b 点，这时系统分为两相。在 b 点作温度等于 T 的水平线，分别与气相组成线交于 d 点，与液相组成线交于 c 点。设液态和气态混合物的物质的量分别为 n(l) 和 n(g)，以 b 点为支点，$\overline{cb}$ 和 $\overline{bd}$ 分别为力矩，根据杠杆原理，可以得到液态和气态两相物质的量之间的关系，即

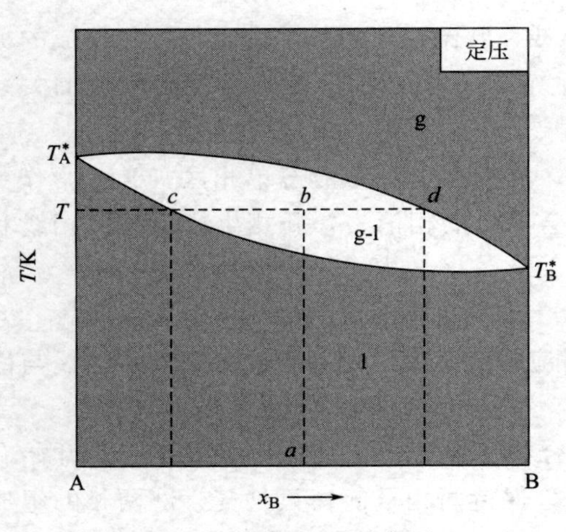

图 5.9 杠杆规则示意图

$$n(\text{l})\overline{cb} = n(\text{g})\overline{bd} \qquad \frac{n(\text{g})}{n(\text{l})} = \frac{\overline{cb}}{\overline{bd}} \tag{5.22a}$$

如果横坐标用质量分数表示，同理可得

$$m(\mathrm{l})\overline{cb}=m(\mathrm{g})\overline{bd} \qquad \frac{m(\mathrm{g})}{m(\mathrm{l})}=\frac{\overline{cb}}{\overline{bd}} \tag{5.22b}$$

这样就可以分别求出液态和气态的物质的量 $n(\mathrm{l})$ 和 $n(\mathrm{g})$（或质量）以及各相的组成。

【例 5.12】 有两种纯液体 A 和 B 各 5mol，组成理想液态混合物。在大气压力下，将混合物加热至温度 T，达到气-液两相平衡。在 T-x 图上，表示液相组成点对应的横坐标为 $x_B(\mathrm{l})=0.2$，表示气相组成点对应的横坐标为 $x_B(\mathrm{g})=0.7$。试计算液相和气相所含物质的量 $n(\mathrm{l})$ 和 $n(\mathrm{g})$ 及其组成。

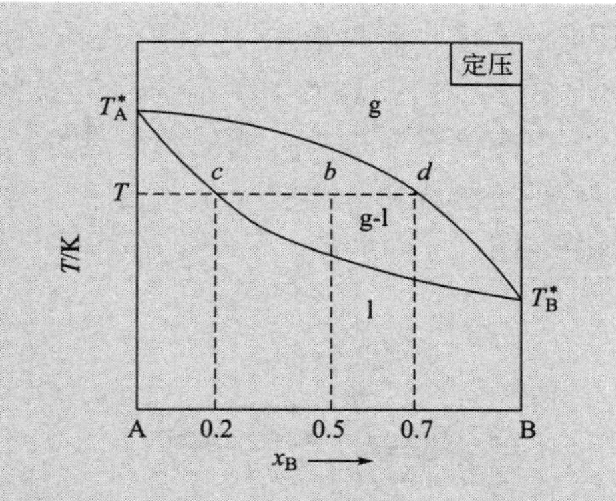

解 根据已知条件，可以画出对应的相图示意图。

以物系点 $b(x_A=x_B=0.5)$ 为支点，液相一边的力矩 $\overline{cb}=0.5-0.2=0.3$，气相一边的力矩 $\overline{bd}=0.7-0.5=0.2$，已知总的物质的量为 10mol，解以下方程组：

$$\frac{n(\mathrm{g})}{n(\mathrm{l})}=\frac{0.3}{0.2}$$

$$n(总)=n(\mathrm{l})+n(\mathrm{g})=10\mathrm{mol}$$

解得

$n(\mathrm{l})=4\mathrm{mol}$ $\quad n_B(\mathrm{l})=4\mathrm{mol}\times0.2=0.8\mathrm{mol}$ $\quad n_A(\mathrm{l})=3.2\mathrm{mol}$

$n(\mathrm{g})=6\mathrm{mol}$ $\quad n_B(\mathrm{g})=6\mathrm{mol}\times0.7=4.2\mathrm{mol}$ $\quad n_A(\mathrm{g})=1.8\mathrm{mol}$

5.3.3 蒸馏（或精馏）原理

气-液平衡相图的重要应用之一就是指导蒸馏（精馏）操作，以对液相可无限混溶体系进行分离和提纯。在有机化学实验及化工生产中，都要用到蒸馏或精馏的设备以分离或提纯所需的产品。图 5.10 是简单蒸馏的 T-x-y 示意图。

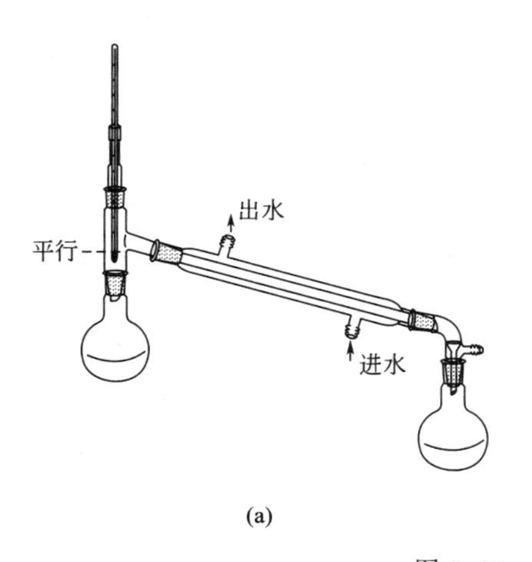

(a)

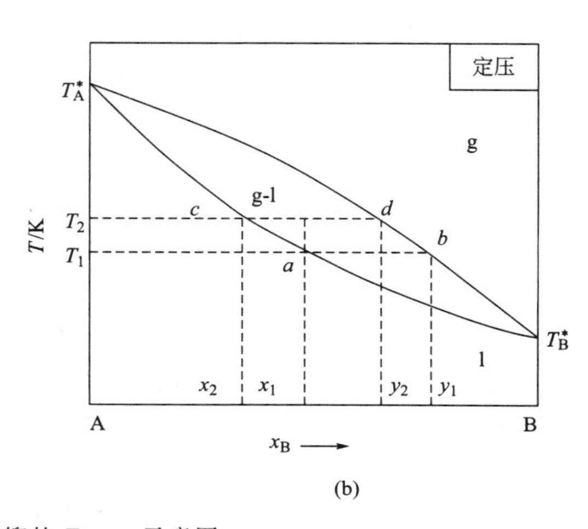

(b)

图 5.10 简单蒸馏的 T-x-y 示意图

若起始混合物的组成为 x_1，加热到 T_1 温度时开始沸腾，此时共存的气相组成为 y_1，收集气相并冷凝。由于气相中含沸点较低的 B 组分较多，则液相中含 B 的量逐步减少，于是混合物的沸点由 T_1 渐升至 T_2，液相中含高沸点的 A 成分增多，其组成沿 ac 线上升。当液相组成由 x_1 变到 x_2 时，对应的气相点从 b 点变到 d 点，气相组成由 y_1 变到 y_2。如果用同一个接收器收集在 $T_1 \sim T_2$ 区间的馏出物，其组成为 $y_1 \sim y_2$，显然馏出物中含低沸点的 B 较多。留在烧瓶中剩余物的组成为 $x_1 \sim x_2$，含高沸点的 A 较多。A 与 B 的沸点差得越大，用简单蒸馏进行分馏的效果越好，但用一次简单蒸馏是无法把混合物完全分开的。

要使混合物分离较完全，需采用精馏的方法。精馏实际上是多次简单蒸馏的组合，其示意图如图 5.11 所示。

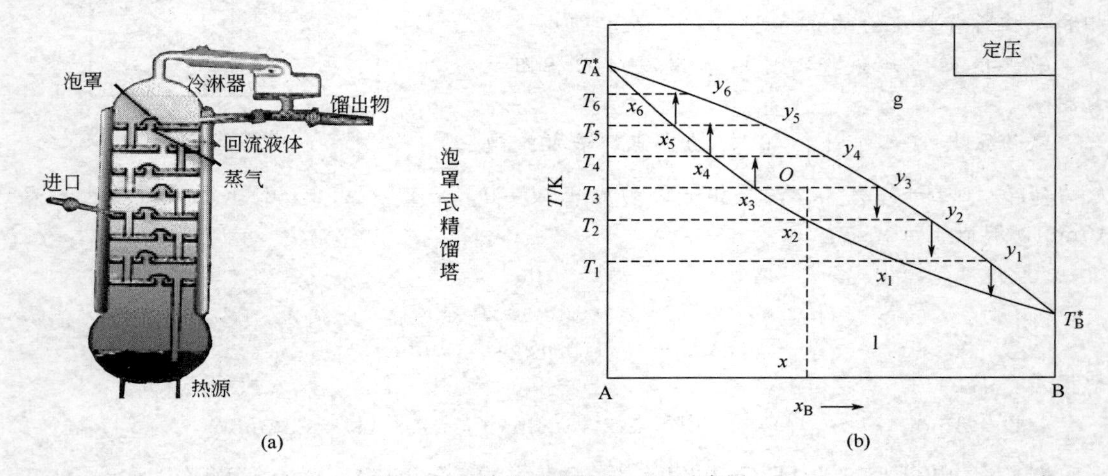

图 5.11　精馏过程的 T-x-y 示意图

精馏一般在精馏塔中进行，塔底是加热区，温度最高，随着塔板的上升，温度逐渐降低，塔顶温度最低。如果将加热到一定温度、组成为 x 的需进行精馏的原料从塔中部 T_3 温度处的加料口加入，相当于相图的 O 点处，这时原料分为两相，气相和液相的组成分别用 y_3 和 x_3 表示。组成为 y_3 的气相上升到上一层塔板，温度由 T_3 下降为 T_2，部分高沸点的组成冷凝为液体，并放出相应的凝聚热，气相中含低沸点物质增多，在 T_2 温度时气、液两相的组成分别用 y_2 和 x_2 表示。如此继续，气相不断上升，含低沸点组成越来越多，温度也越来越低，直至塔顶（在相图上就是沿着气相线下降，直至与代表纯 B 的纵坐标相交），气相几乎由纯 B 组成，冷凝收集，可获得较纯的组分 B。

处于 x_3 处的液相经塔板的孔隙下降到下一层塔板，温度由 T_3 上升为 T_4，部分低沸点组分吸收热量后汽化，液相中含高沸点的组分 A 增多，组成由 x_3 变为 x_4。如此继续，液相不断下降，温度越来越高（在相图上就是沿着液相线不断上升，直至与代表纯 A 的纵坐标相交），含高沸点的组分越来越多，最后在塔底可获得较纯的 A。

精馏的结果是塔顶上出来的是低沸点的纯物质 B，而塔釜中出来的是高沸点的纯 A，从而实现将混合物中 A、B 分离提纯的目的。在精馏过程中，在每一层塔板上都存在着气-液平衡，经历一个热交换过程，蒸气中高沸点组分在塔板上冷凝，放出凝聚热后经塔板上的孔隙下降至下一层塔板，液体中的低沸点组分得到热量后挥发，上升到上一层塔板，即每一块塔板上都同时发生着由上一层塔板流下来的液相的部分汽化和由下一层塔板升上来的蒸气的部分冷凝的过程和热交换过程。精馏塔中有若干层塔板，每层塔板相当于一次简单蒸馏。为了完全分离 A、B 两组分，精馏塔中必须要有足够的塔板层数，对应不同的系统，其理论塔板数的计算有赖于该系统的 T-x 相图，若精馏塔中有 n 层塔板，相当于发生 n 次简单蒸馏，最终达到将混合物分离的目的。

5.4 二组分实际液体混合物的气-液平衡相图

主要知识点

1. 最低恒沸混合物

若非理想液态混合物的实际蒸气压对拉乌尔定律发生正偏差，当正偏差很大时，并在 p-x 图上出现最高点，则在对应的 T-x 图上出现最低点，气-液两相区被分为两个分支。处于 T-x 图上最低点的系统称为最低恒沸混合物，它的沸点低于任一纯组分的沸点，这时气、液两相的组成相同，无法用蒸馏或精馏的方法将两个组分分离。最低恒沸混合物的沸点和组成均可随外压的改变而改变。

2. 最高恒沸混合物

若非理想液态混合物的实际蒸气压对拉乌尔定律发生负偏差，当负偏差很大时，并在 p-x 图上出现最低点，则在对应的 T-x 图上出现最高点，T-x-y 图也被分为两个分支。处于 T-x 图上最高点的系统称为最高恒沸混合物，它的沸点高于任一纯组分的沸点，这时气、液两相的组成相同，无法用蒸馏或精馏的方法将两个组分分离。最高恒沸混合物的沸点和组成均可随外压的改变而改变。

相比较而言，理想液态混合物的数量远少于实际液态混合物。所谓实际液态混合物，就是在大部分浓度范围偏离拉乌尔定律的液态混合物。在实际液态混合物系统中，组分 i 的蒸气压大于按拉乌尔定律的计算值，称之为对拉乌尔定律产生正偏差，反之，称为负偏差。在大多数情况下，构成实际液态混合物的两个组分，要么都对拉乌尔定律产生正偏差，要么都对拉乌尔定律产生负偏差。但也有的系统一个组分对拉乌尔定律产生正偏差，而另一组分对拉乌尔定律产生负偏差，这种情况较少，讨论也很复杂。

产生偏差的原因主要是分子间作用力或分子在气、液相存在状态的差异。若混合后分子间作用力小于混合前分子间作用力，即 $F_{\mathrm{A-B}}<F_{\mathrm{A-A}}(F_{\mathrm{B-B}})$，或纯物质间发生缔合，当加入另一组分后发生解离，则产生正偏差，且有混合热，$\Delta_{\mathrm{mix}}H>0$，混合体积$\Delta_{\mathrm{mix}}V>0$；反之，若 $F_{\mathrm{A-B}}>F_{\mathrm{A-A}}(F_{\mathrm{B-B}})$，或混合后两组分分子间发生缔合，即 $\mathrm{A+B \longrightarrow A \cdot B}$，则产生负偏差，且有$\Delta_{\mathrm{mix}}H<0$，$\Delta_{\mathrm{mix}}V<0$。

本节主要介绍不同类型实际液体混合物的蒸气压-组成（p-x）相图、p-$x(y)$ 和 T-$x(y)$ 相图。这些相图都是根据实验数据绘出的，无法通过计算得到。根据对拉乌尔定律的偏差程度不同，我们将其分为对拉乌尔定律发生一般正偏差、一般负偏差、较大正偏差和较大负偏差四种类型。

5.4.1 一般正（负）偏差

若在全部组成范围内皆有 $p_{\text{实际}}>p_{\text{理想}}$（或 $p_{\text{实际}}<p_{\text{理想}}$），且 $p^*_{\text{易挥发}}>p_{\text{实际}}>p^*_{\text{难挥发}}$，

这样的系统即为对拉乌尔定律发生一般正（或负）偏差的系统。其 p-x-y 相图和 T-x-y 相图如图 5.12（正偏差）所示。

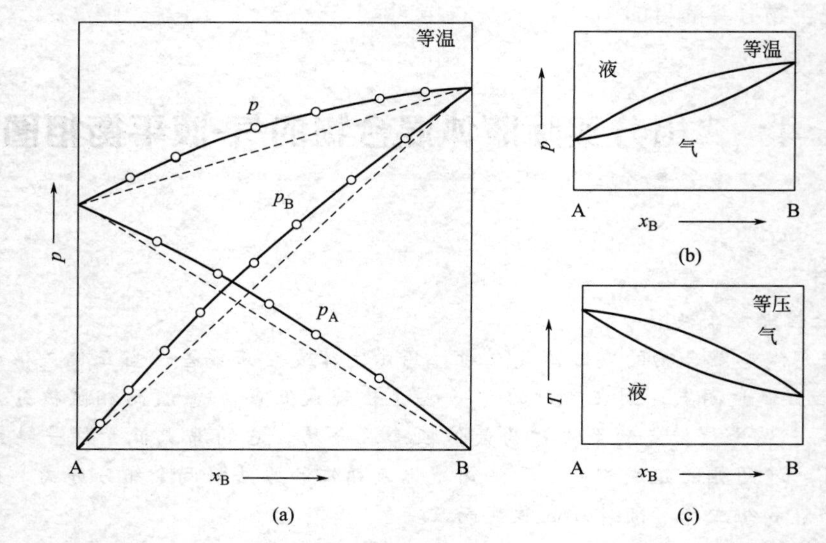

图 5.12 实际二组分液态混合物（正偏差）系统的 p-x(a)、p-x-y(b) 和 T-x-y(c) 相图（示意图）

图 5.12(a) 中，虚（直）线为符合拉乌尔定律的情况，实线代表实际的压力-组成关系。图 5.12(b) 同时画出了气相线和液相线，从图中可以看出，$p^*_{易挥发} > p_{实际} > p^*_{难挥发}$，图 5.12(c) 则是相应的 T-x-y 相图，对应有 $T^*_{难挥发} > T_{实际} > T^*_{易挥发}$。

对于负偏差系统，其情况与上述类似，只不过两个组分在恒温下所测的蒸气压均小于按拉乌尔定律计算的蒸气压数值，但实际所遇到的情况以正偏差类型居多，在此就不再赘述。

5.4.2 较大正偏差-最低恒沸混合物

如果液态物质 A 和 B 的结构有差异，或在形成混合物的过程中产生了某种作用，虽然都仍能使用拉乌尔定律，但计算结果与实验结果产生偏差，实际蒸气压的数值大于或小于理论计算值。若实际蒸气压大于理论计算值，称为发生了正偏差，其 p-x 图正如图 5.12(a) 所示。

如果两个组分的偏差都很大，则在 p-x 图上会出现最高点，如图 5.13(a) 所示。一旦在 p-x 相图中出现了最高点，在最高点处，系统实际总压 p 大于 p_A^* 和 p_B^*，气相和液相的组成相同，对应的 p-x-y 相图上，液相线和气相线有一个共同点，这时气相线分为两个分支，就出现了两个气-液共存区，如图 5.13(b) 所示。在最高点的左侧，在气相中物质 B 的含量大于在液相中的含量，而在最高点的右侧，在气相中物质 B 的含量小于在液相中的含量，在最高点处，气相和液相中的组成相等。

蒸气压有极大值，则对应的沸点就有极小值，因此在对应的 T-x-y 相图上就出现了最低点，如图 5.13(c) 所示。这个最低点就称为最低恒沸点，该温度所对应的混合物就称为最低恒沸混合物。之所以称之为最低恒沸混合物是因为组成为 C(x_1) 的混合物的沸点既低于纯 A 的沸点 T_A^*，又低于纯 B 的沸点 T_B^*，更主要的是 C(x_1) 是混合物而不是化合物，在某个压力下，C(x_1) 有一定的沸点和组成，但改变外压，C(x_1) 的沸点会随之而改变，而且 C(x_1) 的组成也会随之而改变，因此 C 只能是混合物。

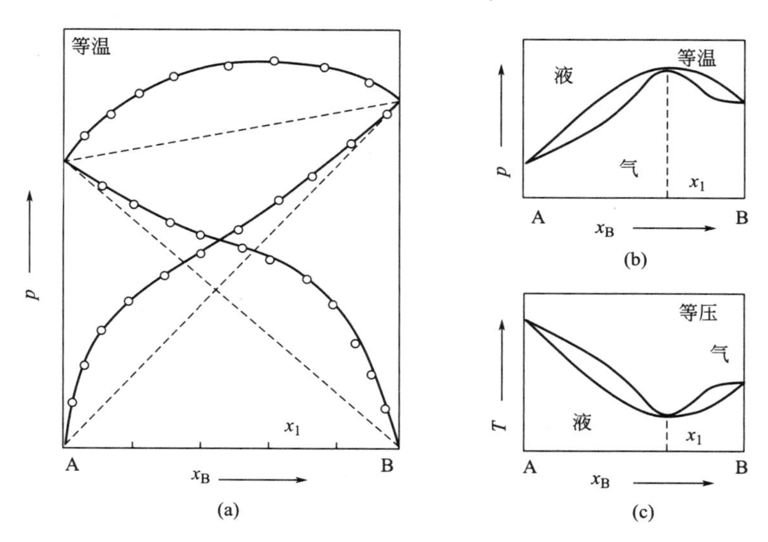

图 5.13　p-x 图上具有最高点的系统（示意图）

因为在最低恒沸点时气相和液相的组成相同，所以不能用简单蒸馏或精馏的方法将混合物分成纯 A 和纯 B。如果混合物的组成处于 C(x_1) 点以左，则精馏的结果可以得到纯 A 和组成为 C(x_1) 的混合物。同理，若混合物的组成处于 C(x_1) 点以右，则精馏的结果可以得到纯 B 和混合物 C(x_1)。这类相图类似于两个理想混合物 A 与 C(x_1) 和 C(x_1) 与 B 的 T-x-y 图的组合。

属于此类相图的系统有 H_2O-C_2H_5OH、CH_3OH-C_6H_6、C_2H_5OH-C_6H_6 等。例如，在 101.325kPa 时，H_2O-C_2H_5OH 的最低恒沸点为 351.3K，混合物中含乙醇的质量分数约为 0.96。精馏乙醇质量分数小于 0.96 的水溶液，通常可得到纯水和质量分数约为 0.96 的乙醇与水的恒沸混合物。要获得无水乙醇，必须加入惰性吸水剂，使乙醇的质量分数大于 0.96，在相图上越过恒沸点，再将这个浓缩后的乙醇水溶液精馏，这样才能得到纯的乙醇。

5.4.3　较大负偏差-最高恒沸混合物

如果实际液态混合物的蒸气压小于用拉乌尔定律计算所得的值，则称为发生了负偏差。若负偏差很大，在 p-x 图上出现最低点，如图 5.14(a) 所示，这时 p-x-y 图也被分成两个分支，如图 5.14(b) 所示，并在对应的 T-x-y 图上出现最高点，如图 5.14(c) 所示。在 T-x-y 图上处于最高点的混合物称为最高恒沸混合物，这类系统与前面所说的最低恒沸混合物类似，在最高点时气相与液相的组成相同，不能通过精馏的方法将两个组分分开。若原始混合物的组成处于最高点以左，则精馏可获得纯 A 和最高恒沸混合物 C。同理，原始混合物组成处于最高点以右，则精馏可获得纯 B 和最高恒沸混合物 C。最高恒沸混合物是混合物而不是化合物，它的沸点和组成均会随着外压的改变而改变。

属于这一类系统的有 H_2O-HNO_3、HCl-$(CH_3)_2O$ 和 H_2O-HCl 等。例如，H_2O-HCl 二组分系统在外压为 101.325kPa 时，最高恒沸点为 381.65K，恒沸混合物中含 HCl 的质量分数为 0.2024，这个混合物的组成比较稳定，分析化学上常用它作为酸碱滴定的基准物。

这里需要特别强调的是，尽管在一定的压力条件下，恒沸物的组成有定值，但是无论是最高恒沸点还是最低恒沸点，其所对应的恒沸物皆是混合物，不是化合物，因为恒沸点和恒沸物的组成在一定的范围内随外压的变化而改变。

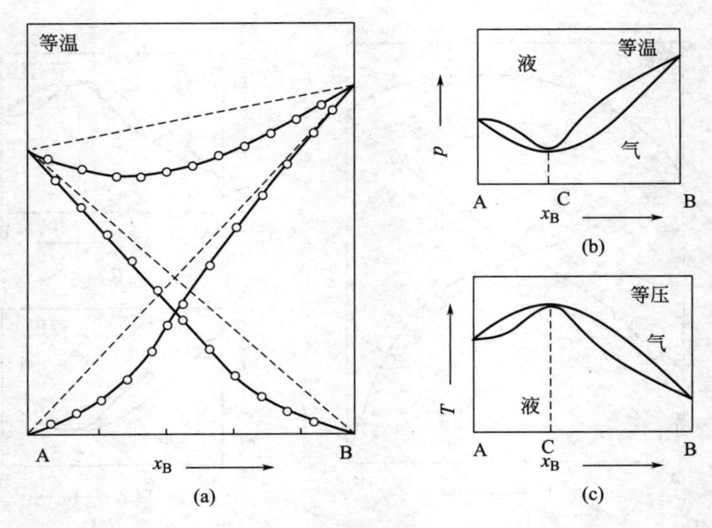

图 5.14　p-x 图上具有最低点的系统（示意图）

5.4.4 科诺瓦洛夫（Konovalov）规则

由前面的内容可知，无论是二组分理想液态混合物，还是实际液态混合物，平衡共存的气相和液相的组成并不相同。1881 年，科诺瓦洛夫在大量实验工作的基础上，总结出有关平衡共存气相和液相组成之间关系的两条经验规则。

① 在二组分液态混合物系统中，如果加入某一组分而使系统的总蒸气压增加（或说在一定压力下使系统的沸点下降）的话，那么该组分在平衡气相中的浓度将大于其在液相中的浓度。

② 在液态混合物的 p-x-y 相图（或 T-x-y 相图）中，如果存在极大值点或极小值点，则在极大值点或极小值点气相组成等于液相组成（即 $y_B = x_B$）。

根据科诺瓦洛夫规则可以确定，在液态混合物的 p-x-y 相图中，①各种类型液态混合物的气相线在液相线下方；②在极大值点或极小值点，液态混合物的气相线和液相线应合二为一。

5.4.5 常见二组分完全互溶系统各种类型的气-液平衡相图总结

对于二组分气-液平衡相图，除了上述的 p-x-y 相图和 T-x-y 相图以外，还有 x-y 相图。几种常见类型的二组分完全互溶系统气-液平衡相图如图 5.15 所示。

在图 5.15 中，第一、二、三列分别为 p-x-y 相图、T-x-y 相图和 y-x 相图。按行来看，类型Ⅰ为理想液态混合物的 p-x-y、T-x-y 以及 y-x 相图。在 p-x-y 和 y-x 相图中，液相线为一直线；类型Ⅱ和Ⅲ分别为对拉乌尔定律发生一般正偏差和一般负偏差的液态混合物的 p-x-y、T-x-y 以及 y-x 相图；类型Ⅳ和Ⅴ分别为对拉乌尔定律发生较大正偏差和较大负偏差的液态混合物的 p-x-y、T-x-y 以及 y-x 相图。各种类型的 p-x-y 和 T-x-y 相图在前面几节中已详细讨论，而第三列 y-x 相图并未涉及。

在 y-x 相图中，纵坐标为气相组成 y_B，横坐标为液相组成 x_B，均从 0～1。图中左下至右上的对角线上表示气相和液相有相同的组成。如果 y-x 线位于对角线上方，表示组分 B 在气相中的含量大于其在液相中的含量；如果 y-x 线位于对角线下方，表明组分 B 在气相

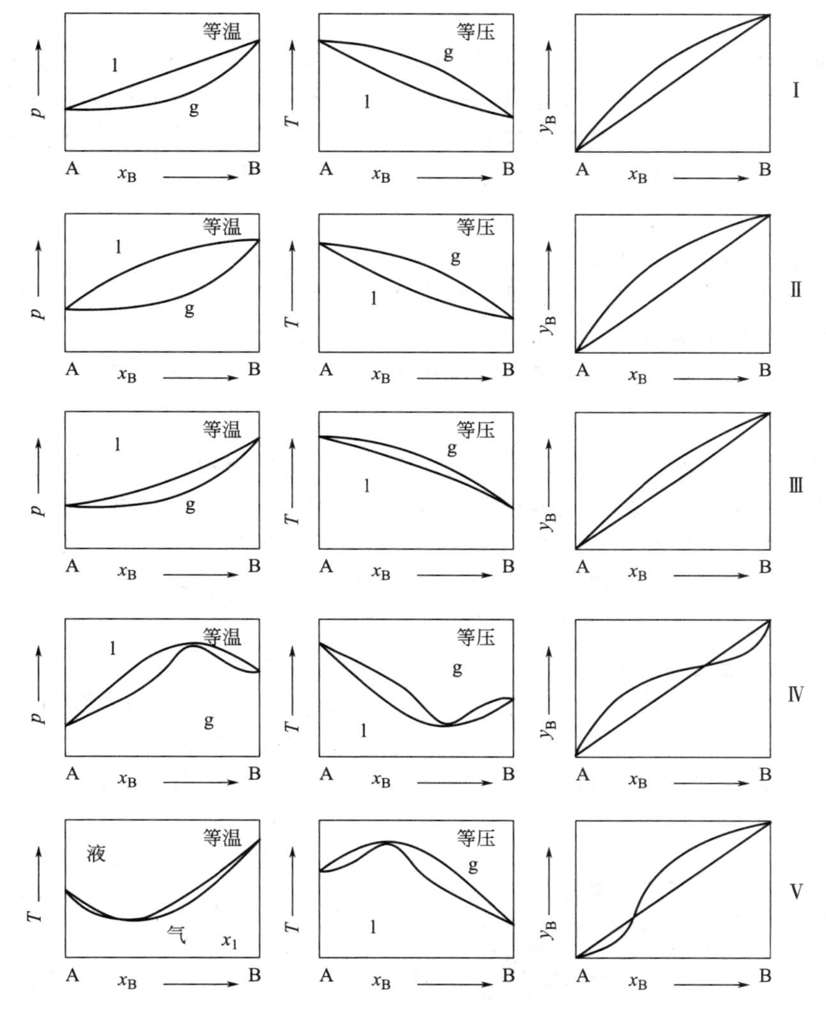

图 5.15　几种常见类型的二组分气-液平衡相图（示意图）

中的含量小于其在液相中的含量。对拉乌尔定律具有较大正（负）偏差系统的最高（最低）点，因气相组成等于液相组成而位于对角线上，以这一点为界，y-x 线一部分位于对角线上方，一部分位于对角线下方。上述不同系统的 p-x-y、T-x-y 以及 y-x 相图在后续化工原理课程的分离和提纯部分有重要的应用。

5.5　部分互溶双液系的相图

主要知识点

1. 具有最高会溶温度的相图

两种液态物质的互溶程度随着温度的增加而增加，到达一定温度时可以完全互溶，这个温度称为最高会溶温度，水与苯胺就属于这种类型。在其相图中，T_B 就是最高会溶温度。溶解度曲线包围的帽形区内是两液相平衡共存区，两液相的组成由共轭配对点来表示，其相对量可利用杠杆规则计算。在溶解度曲线之外是溶液单相区。

两种液态物质的会溶温度越低，表示两液相互溶性越好，可据此来选择优良的萃取剂。

2. 具有最低会溶温度的相图

两种液态物质的互溶程度随着温度的降低而增加，到达一定低温时可以完全互溶，这个温度称为最低会溶温度。例如，水与三乙基胺就属于这种类型，在其相图中，T_B 就是最低会溶温度，高于这个温度，出现两液体部分互溶的两相区。

在不发生化学反应的情况下，两种液态物质相互混合，根据其相互溶解程度，大致可分为：以任意比例完全互溶、部分互溶和完全不互溶三种情况。当然，绝对完全不互溶是不存在的。通常在其相互溶解程度可忽略不计时，可近似将其视为完全不溶。关于二组分液态完全互溶体系的气-液平衡及其相图在本章前几节已进行了详细讨论。接下来，主要介绍液态部分互溶二组分系统的液-液平衡及其相图。

（1）具有最高会溶温度的相图

两种液态物质有的在低温下互溶程度较小，随着温度的增加，互溶程度也随之增加，到达一定温度时，可以完全互溶，这个温度就称为最高会溶温度。水（A）与苯胺（B）就属于这种类型，它们的相图如图 5.16 所示。纵坐标是温度，横坐标以苯胺的质量分数表示。

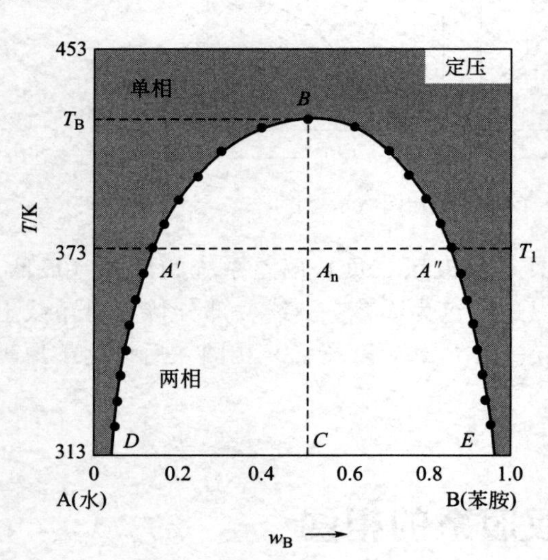

图 5.16　水-苯胺的溶解度示意图

在一定的外压和 313K 时，往一定量的纯水中滴加苯胺。开始时，二组分系统为透明的液态单相，物系组成沿温度为 313K 时的水平线（横坐标）向右移动。到达 D 点时，溶液出现浑浊，苯胺在水中的溶解达到了饱和，D 点可看作是在该温度下苯胺在水中的饱和溶液的浓度。继续滴加苯胺，溶液越来越浑浊，静置后会分层，饱和了苯胺的水相与饱和了水的苯胺相平衡共存。随着苯胺的不断加入，苯胺相的量逐渐增多，水相逐渐减少，当到达 E 点时，水相消失，溶液又变为透明，成为饱和了水的苯胺的单一液相，E 点可看作是在该温度下水在苯胺中的饱和溶液的浓度。当系统的组成落在 D 点和 E 点之间时，是饱和了苯胺的水相与饱和了水的苯胺相两相平衡共存，这一对平衡共存的两相，称为共轭溶液。D 点表示饱和了苯胺的水相组成，E 点表示饱和了水的苯胺相组成，两相的相对量可以用杠杆规则计算。

升高温度，重复上述实验，情况基本相同，只是苯胺在水中的溶解度和水在苯胺中的溶解度都随着温度的升高而增大，两个表示饱和溶液浓度的点之间的距离逐渐缩小。分别以

T-$w_{苯胺}$和T-$w_{水}$作图，如果压力足够大，使得在所讨论的温度范围内不产生气相（压力对两种液体的相互溶解度影响不大，通常不予考虑），到达T_B温度时，T-$w_{苯胺}$和T-$w_{水}$两条线重合于B点，两种饱和溶液的浓度相同。则得到了水-苯胺系统的T-x相图即图5.17。在T_B温度以上，水和苯胺可以无限互溶成均匀的液相，因此T_B称为水与苯胺的最高会溶温度。

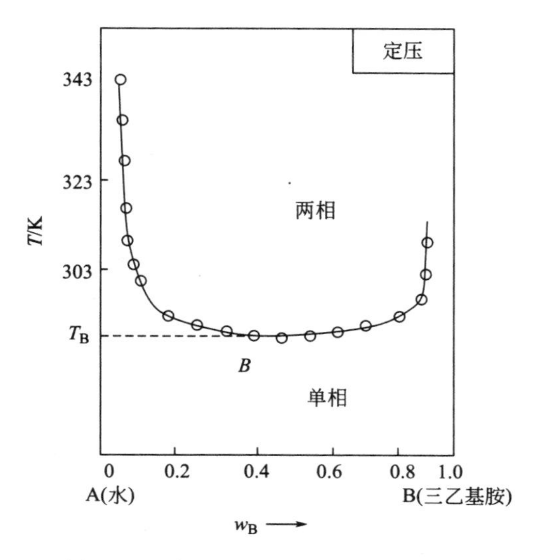

图 5.17　水-三乙基胺的溶解度示意图

图中B点所在的温度称为最高临界会溶温度，当温度高于T_B时，系统不再分层，苯胺和水可无限互溶，以单相形式存在。曲线DBE以外的区域是溶液单相区，当然液相的组成会随着物系所处的位置不同而不同，在DB线的左边是苯胺的水溶液，在EB线的右边是水的苯胺溶液，但是从相态讲它们都是溶液单相。曲线DBE所围的帽形区内是两种液相平衡共存的两相区，曲线左半支DB曲线可以看作是苯胺在水中的饱和溶液浓度随温度升高而变化的溶解度曲线，右半支EB线可看作是水在苯胺中饱和溶液浓度的变化曲线。在任何一个温度下，两层平衡共存溶液的组成点称为共轭配对点，系统为共轭溶液。例如，在373K时，A'和A''是共轭配对点。A_n是两个共轭层组成的平均值，实验证明，两共轭层组成的平均值与温度近似呈线性关系。所有平均值的连线CA_nB线不一定是垂直的，因此不同的部分互溶双液系相图中的帽形区也会呈现各种不同的形状。平均值的连线与溶解度曲线的交点（B点）所对应的温度就是会溶温度。

帽形区内是两液相的平衡共存区，根据物系点的位置，利用杠杆规则，可以计算两相的相对含量。

会溶温度的高低反映了一对液体间相互溶解能力的强弱。会溶温度越低，两液体间的互溶性越好，因此可以利用会溶温度的数据来选择优良的萃取剂。

（2）具有最低会溶温度的相图

有的两种液态物质，在低温下互溶程度较好，甚至可以在某一温度以下完全互溶，而随着温度升高，互溶程度反而减小，出现浑浊、分层。水与三乙基胺的系统就属于这种类型，它们的相图如图5.17所示。

在图5.17中，在T_B温度以下，水和三乙基胺可以按任意比例互溶，T_B称为该系统的最低会溶温度，升高温度，水与三乙基胺只能部分互溶，出现两相共存的（倒置）帽形区。

（3）同时具有最低、最高会溶温度和不具有会溶温度的相图

有的部分互溶双液系既具有最高会溶温度，又具有最低会溶温度，两相区在一个封闭的溶解度曲线之内。例如，水与烟碱就属于这种类型。

也有的部分互溶双液系不具有会溶温度，在它们以液态形式存在的温度范围内一直是彼此部分互溶的。例如，水与乙醚就属于这种类型。

这两类体系的相图如图5.18所示。

在上面的讨论中，曾假设压力足够大，在所讨论的温度范围内不出现气相，由此得到部

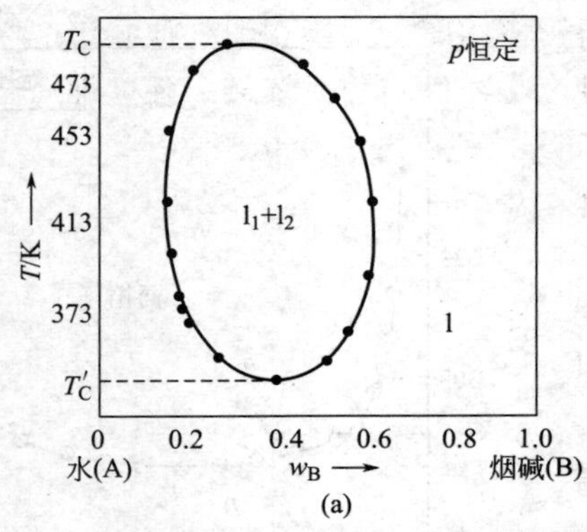

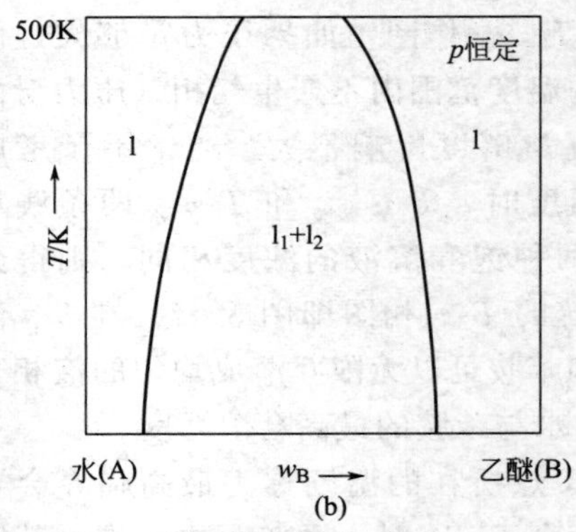

图 5.18　水-烟碱的溶解度图（a）和水-乙醚的溶解度图（b）

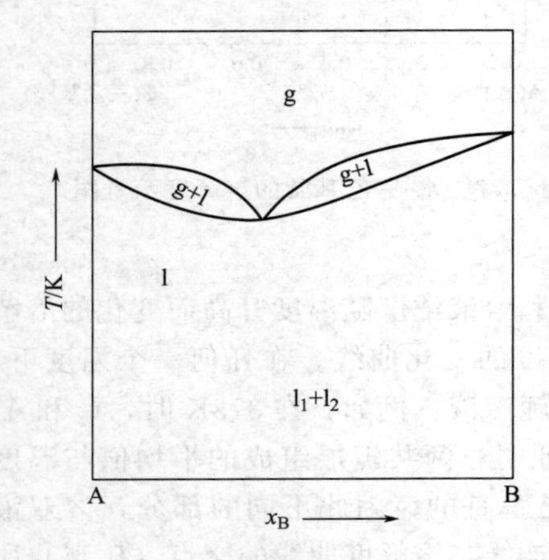

图 5.19　水（A）-正丁醇（B）类型系统的泡点高于会溶温度时的 T-x 相图

分互溶的液-液平衡 T-x 相图。对于有最高会溶温度的系统，若压力足够大（即保证在温度略高于会溶温度 T_B 时，体系不出现气相），在逐渐升高系统温度的过程中，当温度低于最高会溶温度 T_B 时，系统只有液-液平衡，当温度略高于最会溶温度 T_B 时，系统变为液态单相，继续升高温度至沸点，系统将产生气相，并达到气-液平衡。若配制一系列的组成不同的二组分系统，分别测定其在不同温度下不同相态的组成，可得到图 5.19 所示的 T-x 相图。

图 5.19 可以看作是具有最低恒沸点气-液平衡 T-x 相图和液-液平衡相图组合而成的，图中各点、线、面的物理意义及相应相数和自由度请见前面相应部分所述。

5.6　完全不互溶双液系的相图

主要知识点

1. 完全不互溶双液系的蒸气压和沸点

在完全不互溶的双液系中，各组分的蒸气压与单独存在时一样，与另一组分无关。在液面上的总蒸气压等于相同温度时两纯组分的饱和蒸气压之和。在这种双液系中，只要有两种液体共存，无论相对数量如何，系统的总蒸气压恒高于任一纯组分的蒸气压，沸点恒低于任一纯组分的沸点。

2. 水蒸气蒸馏

在蒸馏与水不互溶的有机物时通入水蒸气，使不互溶双液系的沸点既低于水的沸点，又低于有机物的沸点。收集冷凝产物，因它们不互溶，明显分层，很容易将有机物与水分开。水蒸气蒸馏可以在低于水的正常沸点下进行，防止有机物在较高温度时可能发生的分解，因此目前仍较多地用于有机物的提纯分离。

5.6.1 完全不互溶双液系的蒸气压和 T-x 图

两种液体完全不互溶，严格来说是没有的。但是有时两种液体间的互溶程度如此之小，以至于实际上可忽略不计，这种系统可近似地看作完全不互溶系统。例如，汞-水、二硫化碳-水、氯苯-水、溴苯-水等均属于这种系统。这种系统以下简称为不互溶双液系。

当两种完全不互溶的液体 A 和 B 共存时，各组分的饱和蒸气压与单独存在时一样，与另一组分无关，液面上的总蒸气压等于相同温度时，两纯组分的饱和蒸气压之和，即

$$p=p_A^*+p_B^*$$

在这种系统中，只要有两种液体共存，无论其相对数量如何，系统的总蒸气压恒高于任一纯组分的蒸气压。沸点通常是指液体的蒸气压等于外压时，液体开始沸腾时的温度。由于不互溶双液系的总蒸气压恒大于任一种纯液体的蒸气压，因此这种双液系的沸点会恒低于任一纯组分的沸点，人们就利用这一点，用水蒸气蒸馏来降低有机蒸馏的温度。该系统的 T-x 图如图 5.20 所示。

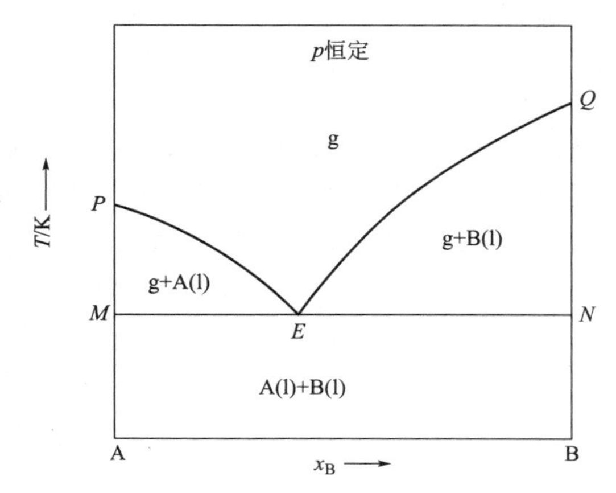

图 5.20 液相完全不互溶系统的 T-x 相图（示意图）

完全不互溶 T-x 相图由三个点、三条线和四个面构成。

点：P 和 Q 点分别为纯 A 和纯 B 的沸点，$\Phi=2$，$f=0$。

E 点为三相点，此时，液（纯 A）$\rightleftharpoons$气（E）$\rightleftharpoons$液（纯 B），

$$g(E)\underset{加热}{\overset{冷却}{\rightleftharpoons}}l(A)+l(B)$$

即组成为 E 的气相同时与纯 A 液体和纯 B 液体平衡，$\Phi=3$，$f=0$。E 点所处的温度为共沸温度 T，从图上可以算出，$T<T_B^*$（或 T_A^*）。

线：PE 线，液（纯 A）$\rightleftharpoons$气，气相线（A 的沸点下降曲线），$f=1$。

QE 线，液（纯 B）$\rightleftharpoons$气，气相线（B 的沸点下降曲线），$f=1$。

MEN，三相线，液（纯 A）$\rightleftharpoons$气(E)$\rightleftharpoons$液（纯 B），$\Phi=3$，$f=0$。

面，如图 5.20 所示。

PEQ 之上为气体单相区，$\Phi=1$，$f=2$。

$PEMP$ 面，液（纯 A）$\rightleftharpoons$气，（气相中 B 是不饱和的），$\Phi=2$，$f=1$。

$QENQ$ 面，液（纯 B）$\rightleftharpoons$气，（气相中 A 是不饱和气体），$\Phi=2$，$f=1$。

MEN 之下，完全不互溶液（纯 A）-液（纯 B）两相区，$\Phi=2$，$f=1$。

对液-液完全不互溶系统加热，在共沸点，两液相按下式发生相转变

$$l(A)+l(B)\rightleftharpoons g(E)$$

其气相组成（即 E 点所对应的组成）可由分压定律计算得知

$$y_B=\frac{p_B^*}{p}=\frac{p_B^*}{p_A^*+p_B^*}$$

即气相组成完全取决于纯 A 和纯 B 的饱和蒸气压。如物系点的组成刚好是 E 点所对应组成，则在加热过程中，随着纯 A 和纯 B 两液相不断汽化，最终液相全部汽化，系统由液(A)-

液(B) 完全不互溶的两相进入气相单相区；若物系点处在 E 点之左，随着不断加热和汽化，最终B物质全部变为气体，且系统由液(A)-液(B)完全不互溶两相进入液 (A)$\rightleftharpoons$气两相区。此时，气相中只有A物质与液相中A物质呈两相平衡，而气相中B物质是不饱和的蒸气；当物系点处在 E 的右方时，分析方法类似于物系点处在 E 的左方，读者可自己尝试之。

5.6.2 水蒸气蒸馏

液-液完全不互溶系统相图的重要应用之一是水蒸气蒸馏。有不少有机物或因沸点太高，或因高温时不稳定，在温度升到沸点之前就会分解，因此不用或不能用普通的蒸馏方法进行提纯。对于这类有机化合物，只要是能与水构成一液相完全不互溶系统，就可以利用完全不互溶系统的特点（$p=p_A^*+p_B^*$ 或说共沸温度 $T<T_A^*$ 和 T_B^*）进行水蒸气蒸馏提纯，此时，共沸温度 $T<100℃$，避免了不稳定的有机化合物因高温而分解。

通常用“蒸汽消耗系数”m_{H_2O}/m_B，即用单位质量纯有机物质B所需水蒸气的质量来衡量水蒸气蒸馏效率，显然，该系数越小，水蒸气蒸馏的效率越高。假设水蒸气为理想气体，则“水蒸气消耗系数”可根据道尔顿分压定律推导如下：

$$\frac{p_{H_2O}^*}{p_B^*}=\frac{n_{H_2O}}{n_B}=\frac{m_{H_2O}/M_{H_2O}}{m_B/M_B}=\frac{m_{H_2O}}{m_B}\times\frac{M_B}{M_{H_2O}}$$

$$\frac{m_{H_2O}}{m_B}=\frac{p_{H_2O}^*}{p_B^*}\times\frac{M_{H_2O}}{M_B} \tag{5.23}$$

很明显，被水蒸气蒸馏的有机物B的摩尔质量和100℃时的饱和蒸气压越大，越有利于用水蒸气蒸馏。

根据上式，水蒸气蒸馏的方法还可以用来测定与水完全不互溶的有机物的摩尔质量：

$$M_B=M_{H_2O}\frac{p_{H_2O}^* m_B}{p_B^* m_{H_2O}} \tag{5.24}$$

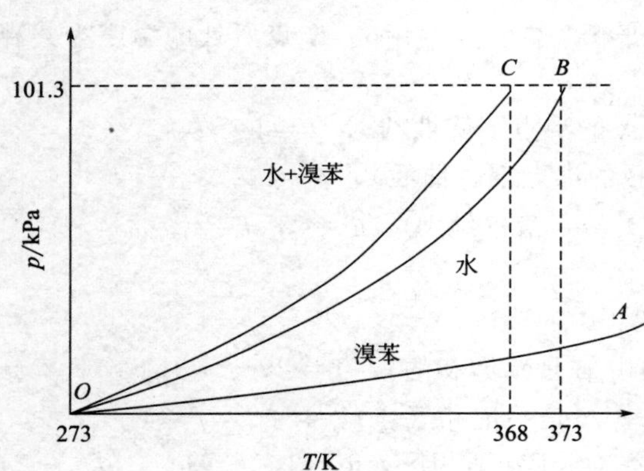

图 5.21 水和溴苯的蒸气压与温度的关系图

以水和溴苯为例，因溴苯在水中的溶解度极小，可近似认为水与溴苯是完全不互溶的。分别画出水和溴苯的饱和蒸气压随温度的变化曲线，如图5.21所示。

在图5.21中，OA 线是溴苯的蒸气压随温度的变化曲线。若将 OA 线延长，当蒸气压等于大气压101.325kPa时溴苯沸腾，沸点为429K（图中未画出)。OB 线是水的蒸气压曲线，当水的蒸气压等于101.325kPa时，水就沸腾，这时水的正常沸点为373K。OC 线是水和溴苯系统的总的蒸压曲线，是将每个温度下溴苯和水的蒸气压相加而得，它的数值既比水的蒸气压高，又比溴苯的蒸气压高。当 OC 线与压力为101.325kPa的水平线相交于 C 点时，这个不互溶双液系开始沸腾，沸点为368K。这个沸点既低于水的沸点，又低于溴苯的沸点。这时水蒸气和溴苯蒸气同时馏出，冷凝接收，两种液相混合在一起。由于它们不互溶，静置后明显分层，因此很容易将溴苯分离出来。

加入水蒸气后可以使蒸馏的温度下降，在低于水的正常沸点温度下蒸馏，有效地防止了有机物在较高温度时可能发生的分解。而且这种操作的成本低，设备简单，因此水蒸气蒸馏的方法仍较多地用于实验室及生产中来提纯有机物质。

水与汞混合在一起，也近似可看作是完全不互溶的双液系，平衡时其液面上的饱和蒸气压等于同温下水和汞的饱和蒸气压之和。有人想在汞面上盖一层水，以减少汞的蒸发，降低汞蒸气对人们的危害，显然是徒劳的。

【例 5.13】 硝基苯和水组成完全不互溶的二组分系统，在标准压力下，其沸点为 99.0℃，该温度下水的饱和蒸气压为 9.77×10^4 Pa，若将此混合物进行水蒸气蒸馏，试求馏出物中硝基苯所占质量分数。

解　设馏出物有 100g，硝基苯的质量为 m_B，水的质量为 $100g-m_B$，根据式(5.23)

$$m_B=\frac{p_B^* M_B}{p_{H_2O}^* M_{H_2O}} m_{H_2O}=\frac{(p^{\ominus}/Pa-9.77\times10^4)\times123}{18.0\times9.77\times10^4}\times(100g-m_B)$$

$$=0.161\times(100g-m_B)=13.9g$$

$$\frac{m_B}{m_B+m_{H_2O}}=\frac{13.9g}{100g}=0.139$$

5.7 二组分固态互不相溶系统（有低共熔点）的固-液平衡相图

主要知识点

1. 溶解度法绘制水-盐系统相图

在定压下，测定不同温度下某固体盐在水中的溶解度，然后绘制在温度-组成图上，得水-盐系统的相图。图中也有四个相区，一个单相区和三个两相区；有三条曲线，一条是水的冰点下降曲线，一条是盐的溶解度曲线，一条是冰、盐固体和饱和溶液的三相平衡线。

水中加入盐后会使水的冰点下降，选择不同的盐类可以获得需要的低温盐水浴。各种水-盐相图对于用重结晶法提纯盐类具有指导意义。

2. 热分析法绘制相图

在定压下，记录熔融液态的温度随时间的变化曲线称为步冷曲线，以此来绘制二组分相图并研究两相平衡系统的性质，这种方法称为热分析法，在这种相图中的自由度都是条件自由度。在缓慢冷却过程中，如果无相变，则温度的下降是均匀的，这时 $f\geqslant1$。如果有相变，在步冷曲线上会出现转折点（这时 $f=1$）或水平线段（这时 $f=0$），这是由于释放的相变热使降温速率改变，甚至在一定时间内温度保持不变。以铋和镉的二元金属系统为例，先画出纯铋、纯镉和不同组成的 Bi-Cd 二元系统的步冷曲线，将发生转折或出现水平线段所对应的组成和温度分别标在 T-x 或 T-w 图上，分别连接这些点，就得到了 Bi-Cd 二元系统的相图。

3. Bi-Cd 二元相图分析

图中有四个相区，即一个溶液单相区和三个两相区，在两相区中可使用杠杆规则；有三条平衡曲线，分别是 Bi(s) 和 Cd(s) 在溶液中的溶解度曲线和 Bi(s)、Cd(s) 与组成为 E 的溶液的三相平衡线；有三个特殊点，即 Bi(s) 和 Cd(s) 的熔点及低共熔点 E。

在研究固液两相平衡时，如果外压大于平衡蒸气压，实际上系统的蒸气相是不存在的。将只有固体和液体存在的系统称为凝聚态系统。因此，固-液平衡相图有时又称为凝聚系统平衡相图。固-液平衡相图通常在大气压下测定，值得提醒的是这时的压力并不是系统的平衡压力，只不过是由于压力对凝聚态系统的影响很小，在大气压下测的结果与平衡压力下测的结果几乎没有区别。因此，研究凝聚态系统相图时通常在标准压力下讨论其温度与组成（T-x）的关系，此时相律公式为 $f=C-\Phi+1$。

相比较而言，二组分凝聚系统相图较二组分气-液平衡相图类型更多，更复杂。这是因为二组分凝聚系统不仅有液态或固态部分互溶、完全不溶和完全互溶等情况，有时还会出现同一物质不同晶型间的晶型转换以及生成新的化合物等情况。

对于二组分凝聚系统相图绘制，通常根据绘制相图的方法可将二组分凝聚系统分为两类：一类是通过测量不同温度下固相溶解度方法绘制相图的水-盐系统；另一类通过热分析法绘制相图的所有其他的二组分凝聚相系统。例如，合金系统、金属非金属氧化物系统以及由不同盐构成的二组分凝聚相系统等。

尽管二组分凝聚系统的相图类型多，但不论如何复杂，都是由若干基本类型的相图构成的，只要掌握基本相图的知识，就能看懂复杂相图的含义。正所谓“入门并不难，深造也是可以做得到的”。因此，在本书中，除了介绍绘制凝聚系统相图的方法（溶解度法和热分析法）外，还要介绍液相完全互溶，而固相或完全互溶，或部分互溶，或完全不互溶几种类型的相图，这其中又包括生成一种或多种化合物系统的相图。

5.7.1 溶解度法绘制水-盐系统相图

水-盐系统相图通常是通过测定含不同浓度盐溶液中溶剂水的冰点下降曲线和盐在水中溶解度随温度变化曲线绘制而成。以水-硫酸铵系统为例，通过测定下列二组数据作图。

① 不同浓度 $(NH_4)_2SO_4$ 水溶液中溶剂水的冰点 T_f

$w_{(NH_4)_2SO_4}$ /%	w_1	w_2	w_3	…
T_f/K	T_1	T_2	T_3	…

② 不同温度下 $(NH_4)_2SO_4(s)$ 在水中的溶解度

T/K	T'_1	T'_2	T'_3	…
$w_{(NH_4)_2SO_4}$ /%	w'_1	w'_2	w'_3	…

以上述二组数据作图，并将各实验点连成光滑曲线，即得到水-盐相图。

溶解度是指在 100g 溶剂（通常是指水）中能溶解的盐的质量。在定压下，测定不同温度时 $(NH_4)_2SO_4(s)$ 在 100g 水中溶解的质量，然后将实验结果标在以温度为纵坐标、盐的质量分数为横坐标的 T-w 图上。图 5.22 是 H_2O-$(NH_4)_2SO_4$ 系统的 T-w 相图。

图 5.22 中点、线、面的物理意义如下。

点：N 点的温度为能形成 $(NH_4)_2SO_4$ 饱和溶液所允许的最高温度，$f=1$。

D 点，水的冰点，$H_2O(l) \rightleftharpoons H_2O(s)$，$\Phi=2$，$f=0$。

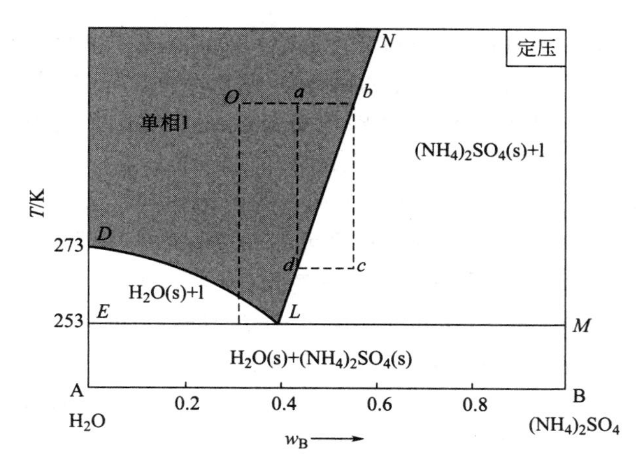

图 5.22　H_2O-$(NH_4)_2SO_4$ 相图

L 点，液相所能存在的最低温度，亦是冰和 $(NH_4)_2SO_4(s)$ 能够同时熔化的温度（253K），故 L 点称为“最低共熔点”，所对应的温度称为最低共熔温度。在 L 点：

$$\mathrm{l}(w_B = w_L) \underset{\text{加热}}{\overset{\text{冷却}}{\rightleftharpoons}} H_2O(s) + (NH_4)_2SO_4(s)$$

$\Phi=3$，$f=0$。人们常利用这种盐水系统的特点来降低水的冰点或用来制备冰冻水浴以获得低温。在冬天的混凝土系统中加入一定量的工业盐类，可以防止混凝土冻结，以免影响建筑物的强度。在冬天的道路上撒防冻盐，可以防止路面冰冻，减少因道路结冰而引发的交通事故。

科学研究或化工生产中常利用水-盐系统来获得低温。常用的系统及其最低共熔点温度分别为：H_2O-NaCl 系统，-21℃；H_2O-KCl 系统，-11℃；H_2O-$CaCl_2$ 系统，可低达 -55℃。

线：DL 线为冰点下降曲线，同样也是冰和溶液中的水呈平衡的曲线，由于盐的加入，水的冰点不断下降，从纯水的冰点 273K 一直降到饱和溶液中 $H_2O(s)$ 的析出温度 253K，$f=1$。

LN 线是 $(NH_4)_2SO_4(s)$ 在水中的溶解度随温度变化曲线，$(NH_4)_2SO_4(s)$ 的溶解度随着温度的升高略有增加。该曲线终止于溶液的沸腾温度，不能任意延长，$f=1$。

ELM 线是 $H_2O(s)$、$(NH_4)_2SO_4(s)$ 和组成为 L 的溶液三相平衡共存线。在三相线上任意一点皆有

$$H_2O(s) \rightleftharpoons \mathrm{l}(w_L) \rightleftharpoons (NH_4)_2SO_4(s)$$

三相平衡，$\Phi=3$，$f=0$。也就是说，两固体同时与溶液呈平衡的温度以及溶液和两固相的组成皆为定值。其中，在 L 点所析出的固体称为“最低共熔物”。此外，常见水-盐系统的最低共熔温度和组成可在一般的物理化学手册中查到。

面：在图 5.22 中存在四个面，各个面上相互平衡的相如图所示。

DLN 曲线以上是盐的不饱和溶液的单相区，$\Phi=1$，$f=2$，组成和温度有适当的改变，不会造成相态的变化。

DLE 之内是 $H_2O(s)$ 与溶液的两相平衡区，物系点落在这个区域内则都分为两相，$\Phi=2$，$f=1$。从物系点所处温度画水平线，与代表纯水的纵坐标和代表溶液组成的 DL 线

分别相交，从与 DL 线的交点可以读出溶液的组成。

NLM 线以上是 $(NH_4)_2SO_4(s)$ 与其饱和水溶液的两相平衡区，物系点落在这个区域内也都分为两相，$\Phi=2$，$f=1$。从物系点所处温度画水平线，与代表纯 $(NH_4)_2SO_4(s)$ 的纵坐标和代表饱和溶液组成的 LN 线分别相交，从与 LN 线的交点可以读出该温度下饱和溶液的组成。

ELM 线以下是 $H_2O(s)$ 和 $(NH_4)_2SO_4(s)$ 两固相的共存区。

当物系点落在两相区内，每相中物质的量可以利用杠杆规则进行定量计算。

水-盐相图在重结晶法提纯盐类方面有指导意义。

就以 H_2O-$(NH_4)_2SO_4$ 系统为例，若一物系处在图 5.22 中的 O 点，单纯用冷却的方法得不到纯的 $(NH_4)_2SO_4(s)$。当物系点与 DL 线相交时，先析出 $H_2O(s)$，继续冷到与 ELM 线相交时，$H_2O(s)$ 与 $(NH_4)_2SO_4(s)$ 同时析出。因此，通常的做法是，先将处于 O 点的物系等温蒸发浓缩，物系从 O 点水平向右移动。当与 LN 线相交于 b 点时，就有 $(NH_4)_2SO_4(s)$ 开始析出，但数量不多。再将物系冷却，物系点下移，到达 c 点［尽可能靠近 ELM 线，但不能与之相交，防止有 $H_2O(s)$ 同时析出影响盐的纯度］时，进行过滤，所得固体就是纯的 $(NH_4)_2SO_4(s)$，此时母液的组成处于 d 点处。要知道能获得固体盐的数量可以利用杠杆规则计算。

将处于 d 点的母液加热至 a 点温度，加入适量粗盐，搅拌溶解，趁热过滤以除去不溶性的杂质。再适当加热浓缩，使物系点从 a 点移至 b 点，再冷却、过滤，又可得到一些纯的 $(NH_4)_2SO_4(s)$。因此，顺着 $a \rightarrow b \rightarrow c \rightarrow d \rightarrow a$ 的路径进行循环操作，可以将粗盐不断精制为纯盐。若母液中积聚的杂质太多，过一段时期应适当处理或丢弃。

与二组分气-液平衡相图一样，在用二组分凝聚（水-盐）系统 T-x 相图指导生产时，应掌握两条重要的规则：①改变系统的温度，物系点的移动轨迹应在通过系统物系点且垂直于横坐标的直线上；②恒温下改变系统的含水量，物系点的移动轨迹应在通过物系点所画一条平行于横坐标的直线上。即增加系统含水量，物系点向代表纯水的方向移动；如果是蒸发脱水，或往系统中加盐，则物系点向代表纯 $(NH_4)_2SO_4$ 的方向移动。

5.7.2 热分析法绘制相图

热分析法较多地用于绘制具有低共熔点的二元金属相图。

当一个均相系统在缓慢而均匀地冷却（或加热）时，如果系统内不发生相的变化，则温度将随时间均匀（或线性）地改变。当系统内发生相的变化时，相变时伴随的放热或吸热现象会使温度随时间的变化曲线发生转折，甚至在一段时间内温度不发生变化。如果以温度为纵坐标，时间为横坐标，记录温度随时间的变化曲线，用以分析其发生的相变化，这种曲线称为步冷曲线（cooling curve），以此来绘制相图，并研究二组分系统固-液两相平衡的情况，这种方法称为热分析法。

现以金属铋（Bi）和镉（Cd）组成的二元系统为例。该系统的特点是，在高温区熔融状态的 Bi(l) 和 Cd(l) 可以完全互溶形成溶液单相，在低温区 Bi(s) 和 Cd(s) 完全不互溶，形成独立的两个机械混合的固相。以下是用热分析法绘制相图的各个步骤。

（1）纯 Bi 的步冷曲线

在一硬质试管中放若干粒纯金属铋，加热直至 Bi(s) 完全熔化，然后使溶液自然冷却，每隔一定时间记录一次温度，直至溶液全部凝固，将所得结果绘制成步冷曲线，如图 5.23 中的 a 线所示。从步冷曲线上可以看到，开始时溶液的冷却是均匀的，但到达 A 点时出现了水平线段，继而温度又均匀下降。这是因为纯 Bi 是单组分系统，$C=1$，在等压情况下，Bi 处于溶液单相时，条件自由度为

$$f=C-\Phi+1=1-1+1=1$$

所以开始冷却时温度可以变化。当到达 A 点（546K）时，有 Bi(s) 开始析出，这时达到 Bi(s)$\rightleftharpoons$Bi(l) 两相平衡，$f=0$，温度不能改变，所以出现了水平线段。从热量得失的角度考虑，由于 Bi(s) 的析出，会释放凝固热，抵消了系统的自然散热，因此温度能在短时间内保持不变。这个固-液平衡时的温度就是纯铋的熔点。待 Bi(l) 全部变成 Bi(s) 后，系统又呈单相，这时 $f=1$，系统温度又均匀下降。将 A 点的温度 546K 标在图 5.24 Bi-Cd 系统的相图中 $w_{Bi}=1.0$ 的纵坐标上，这就是金属铋的熔点。

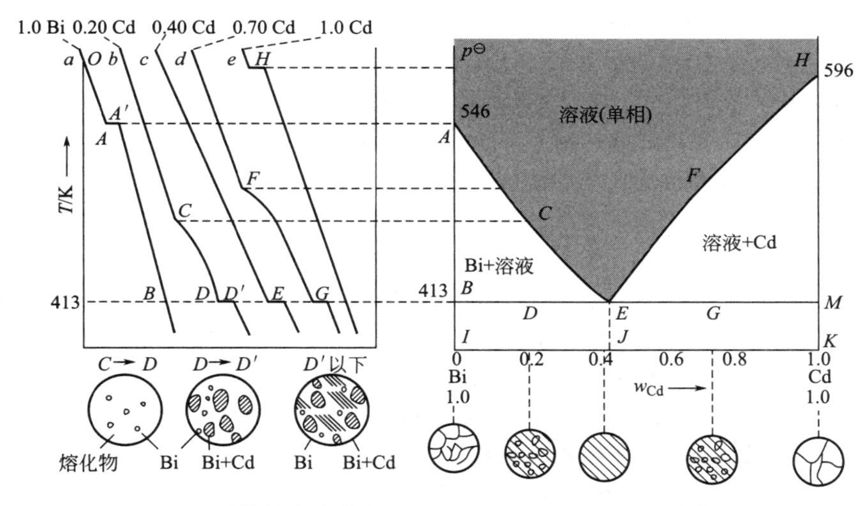

图 5.23 Bi-Cd 系统的步冷曲线　　　　图 5.24 Bi-Cd 系统的相图

（2）纯 Cd 的步冷曲线

测试的方法及所得步冷曲线的变化状况与纯 Bi 相似，只是出现水平线段时的温度不同，在步冷曲线 e 线上出现水平线段 H 点的温度为 596K，这是纯镉的熔点，标在图 5.24 中 $w_{Cd}=1.0$ 的纵坐标上。

（3） $w_{Cd}=0.2$ 的步冷曲线

将质量分数 $w_{Bi}=0.8$、$w_{Cd}=0.2$ 的 Bi(s) 和 Cd(s) 的混合固体加热熔化，所记录的步冷曲线如图 5.23 中 b 线所示。从步冷曲线上看出，开始时溶液温度均匀下降，但到达 C 点时，曲线出现转折点，降温速率有所变慢，到达 D 点时出现水平线段，继而温度又均匀下降。对于二组分系统，当只有溶液单相时，条件自由度为

$$f=C-\Phi+1=2-1+1=2$$

有两个条件自由度，温度和组成都可以适当发生变化，所以温度能均匀下降。

到达 C 点时，Bi(s) 开始析出，Bi(s) 与溶液呈两相平衡，$f=1$，温度仍可继续变化。但是，由于 Bi(s) 的析出，放出的凝固热弥补了部分自然散热，使系统的冷却速率变缓，故步冷曲线中温度下降的梯度变小，在 C 点出现了转折。C 点就是 Bi(s) 开始析出时对应溶液的组成点，将它标在图 5.24 上，温度与出现转折点的温度相同。对应的组成为 $w_{Cd}=0.2$ 处。适当改变 Bi(s) 和 Cd(s) 的质量分数，所得的步冷曲线与 b 线类似，只是 Bi(s) 开始析出

的温度（转折点的温度）和溶液的组成稍有差异，Bi(s) 的质量分数 w_{Bi} 越大，出现转折点的温度就越高。

继续冷却至 D 点，Cd(s) 也开始析出，而溶液尚未完全凝固，这时 Bi(s)、Cd(s) 和溶液三相共存，$f=0$，温度不能改变。这时两种固体凝聚时放出的热刚好抵消了系统的自然散热，可以保持系统的温度在短时间内不变。将 D 点对应的温度标在图 5.24 上，组成对准 $w_{Cd}=0.2$ 处。当溶液完全凝固，液相消失，只有 Bi(s) 和 Cd(s) 两相共存，$f=1$，温度又可以继续下降。

(4) $w_{Cd}=0.7$ 的步冷曲线

这种情况与 b 线类似，只是在 d 线上出现转折的 F 点处首先析出的是 Cd(s)，与之对应的溶液组成处于 F 点。冷却到 G 点时，Cd(s)、Bi(s)和溶液呈三相平衡。分别将 F 点和 G 点的温度平移至图 5.24 上，组成对准 $w_{Cd}=0.7$ 处。

(5) $w_{Cd}=0.4$ 的步冷曲线

步冷曲线 c 从溶液开始，温度随时间均匀下降，直至降到 413K 时，在 E 点（特殊点）处出现水平线段，温度在短时间内维持不变，然后又均匀下降。这是因为 $w_{Cd}=0.4$ 的系统就等于金属铋和镉的低共熔混合物的组成，开始呈溶液单相，两种金属的固体都不析出，这时系统的条件自由度为

$$f=C-\Phi+1=2-1+1=2$$

所以溶液温度能均匀下降。当到达 E 点温度时，Cd(s) 和 Bi(s) 同时析出，而溶液尚未完全凝固，两固相与一液相三相同时共存，条件自由度 $f=0$，因此温度不能改变。在这个温度时，两种金属固体析出所放出的凝固热弥补了系统的自然散热，能维持温度在短时间内不变。当溶液完全凝固后，Cd(s) 和 Bi(s) 两固相平衡共存，$f=1$，系统温度又能继续下降。将 E 点的温度和组成 $w_{Cd}=0.4$ 的物系点标在图 5.24 上。

在图 5.24 上，将从上述五条步冷曲线中移过来的点分别连成平滑的曲线。A、C、E 三点的连接线表示 Bi(s) 与溶液两相共存的平衡线，H、F、E 三点的连接线表示 Cd(s) 与溶液两相共存的平衡线，D、E、G 三点的连接线表示 Bi(s)、Cd(s) 和溶液三相共存的平衡线。将这直线的两头延长，分别与代表温度（也代表 $w_{Bi}=1.0$）的纵坐标交于 B 点，与代表温度（也代表 $w_{Cd}=1.0$）的纵坐标交于 M 点。这样得到的图 5.24 便是 Bi-Cd 二元系统在指定压力下的 T-w 相图。

5.7.3 Bi-Cd 二元相图分析

分析相图首先要看相图是在什么条件下绘制的，是等温图还是等压图，两个坐标代表什么含义，相图中有哪几个相区，分别表示什么相态，有几条两相平衡区的交线，有几个特殊点，以及相应的条件自由度，在改变温度或压力的情况下相态会发生哪些变化等。图 5.24 是在等压情况下绘制的相图，因此自由度都用条件自由度 f 表示。纵坐标表示温度，横坐标是用质量分数表示的系统的组成。Bi-Cd 二元系统相图的分析如下。

(1) 四个相区

在曲线 $ACEFH$ 线之上的高温区是溶液单相区，这时 $f=2$。在定压下，温度和组成在适当范围内改变都能维持溶液的相态不变。

在 AEB 范围内是 Bi(s) 与溶液两相平衡区，物系点落在这个区域内都分为两相。从物系点画所处温度的水平线，与 $w_{Bi}=1.0$ 的纵坐标和代表溶液组成的 ACE 线分别相交，从与 ACE 线的交点可以读出溶液的组成。

在 HEM 范围内是 Cd(s) 与溶液两相平衡区，分析的方法与 AEB 两相平衡区类似。

在 BEM 线以下是 Bi(s) 与 Cd(s) 两固相共存区。因为 Bi(s) 与 Cd(s) 在固态完全不互溶，不会形成固溶体，用金相显微镜观察分析，发现随着含 Cd(s) 的质量分数不同，两固体共存的形貌图也不相同。在 B 点所处的温度以下是纯 Bi(s) 的结晶状态，从 B 点向右，随着 Cd(s) 的析出，Cd(s) 的微晶夹杂在 Bi(s) 的结晶之中。在 M 点所处温度以下是纯 Cd(s) 的结晶状态，从 M 点向左，是 Bi(s) 的微晶夹杂在 Cd(s) 的结晶之中。在 E 点所处温度以下是 Bi(s) 和 Cd(s) 的微晶非常均匀地混合在一起，但是双方仍都保留着原有的物理和化学性质。

在所有的两相共存区，都可以使用杠杆规则。

（2）三条曲线

ACE 线是 Bi(s) 与溶液两相共存线，也称为 Bi(s) 在溶液中的溶解度曲线。在一定温度下，溶液有一定的组成，$f=1$，温度和组成之间只有一个可以适当改变。随着温度的降低，由于 Bi(s) 的析出量增加，溶液中铋的含量下降，因此 ACE 线向右下方延伸。同理，HFE 线是 Cd(s) 与溶液两相共存线，只是随着温度的降低，Cd(s) 的析出量增加，溶液中镉的含量下降，因此 HFE 线向左下方延伸。BEM 线是 Bi(s)、Cd(s) 和组成为 E 的溶液三相共存线，简称为三相线。物系点落在这条线上的任何系统 [B 点表示纯 Bi(s)，M 点表示纯 Cd(s) 除外] 都由 Bi(s)、Cd(s) 和组成为 E 的溶液三相共存。在三相线上，$f=0$，三相共存的低共熔温度在定压下有定值，这个温度由系统自身决定。在二元平面相图中的水平线一般都是三相线。在三相线上不能使用杠杆规则。

（3）三个特殊点

A 点是纯铋的熔点，H 点是纯镉的熔点。因为纯铋和纯镉都是单组分系统，在定压条件下，固-液两相平衡时，$f=0$，在定压下纯物质的熔点有定值。

E 点是 Bi(s) 和 Cd(s) 的低共熔点，$f=0$。因为 E 点的温度既低于纯铋的熔点，又低于纯镉的熔点，所以称之为“低”。当溶液冷却到该点温度时，Bi(s) 和 Cd(s) 两种固体同时析出，如果将组成与 E 点相同的 Bi(s) 和 Cd(s) 的固体混合加热，在这个温度两种固体会同时熔化，所以称之为“共熔点”。在冶金工业上常利用这种低共熔现象来降低冶炼的温度。

在 E 点析出的 Bi(s) 和 Cd(s) 的两种固体微小结晶混合得非常均匀，因此俗称为低共熔混合物，但它们分别保持原有的物理和化学性质，所以仍是两相共存。

图 5.24 是在定压下画的相图，如果压力可以改变，则自由度相应增加 1，平面图变为立体图，这时 E 点的自由度 $f=1$，温度或组成两者之中有一个可以发生改变。因此，E 点实际上是三相平衡系统的低共熔线在某压力下的一个截点，这是与单组分系统的三相点不同的地方。除了低共熔温度可以随着外压的改变而改变外，低共熔混合物的组成也可以随着外压的改变而改变，因此低共熔混合物不是化合物，是两相共存的机械混合物。

系统的低共熔性质常被用于合金冶炼中。例如，一些常见的氧化物熔点远高于其纯金属的熔点（如 CaO 的熔点为 2570℃），但当加入助熔剂 CaF(萤石) 后，由于两者能形成低共熔混合物，其共熔温度（低于 1400℃）远低于各自纯氧化物的熔点，因而可使高熔点氧化物在炼钢温度下熔化，同时亦改善了炉渣的流动性。

除此之外，用作焊接、保险丝等的易熔合金等，也都是利用合金的低共熔性质。

5.8 形成化合物的二组分凝聚系统相图

主要知识点

1. 形成稳定化合物的系统

在定压下，稳定化合物具有固定的熔点。在熔点温度时，化学组成相同的液相与固相平衡共存。这类相图可以看作是由简单的两个二组分低共熔相图拼合而成，所有相图的分析也相似。有稳定水合物生成的相图也属于这种类型。

如果要从这类系统中分离出所需要的某个纯组分，则必定要选取组成合适的原始溶液，使它在冷却过程中只经过该组分与溶液共存的两相区，并在高于低共熔温度时就进行过滤，就可得到所需的纯组分固体。

2. 形成不稳定化合物的系统

不稳定化合物没有化学组成相同的固、液两相平衡的熔点，在熔点温度以下就会分解成与它组成不同的另一固相和与这两个固相组成均不同的另一液相，通常称这个分解温度为不稳定化合物的不相合熔点。这时两个固体与一个液相三相共存，但与以前的三相线不同的是，两个固相组成的点在同一边，代表液相组成的点在三相线的另一端点，故将这三相共存线称为不稳定化合物的转熔线。

在二组分系统中，若两纯组分之间能发生化学反应生成新的化合物，例如 CuCl 和 $FeCl_3$ 能形成一化合物 $CuCl \cdot FeCl_3$，根据组分数的概念 $C=S-R-R'=3-1=2$，仍为二组分系统。尽管如此，由于新的化合物的形成，其相图还是有别于无化合物形成时的二组分凝聚系相图。根据所生成化合物的稳定性，下面我们将分两种情况加以讨论。

5.8.1 形成稳定化合物的系统

如果组分 A 和 B 能形成一种稳定化合物 C，而且 C 与 A 或 C 与 B 在液态时完全互溶，而在固态时却完全不互溶，则可用热分析法绘制这类相图。图 5.25 是有稳定化合物生成的示意图，此图可以看作是 A 与 C 和 C 与 B 两个简单的二组分低共熔相图的拼图，相区、平衡线和特殊点的分析与以前的分析相似。

在图 5.25(a) 中，F 是化合物 C 的熔点。因为在 F 点的相应温度时，溶液相和固相的化学组成相同，并且能平衡共存，这是稳定化合物的特征，所以 C 是由一定量的 A 和 B 形成的稳定化合物。属于这类相图的二组分系统有 $CuCl$-$FeCl_3$、Au-Fe、$CuCl_2$-KCl 和酚-苯胺等。

有些盐类或无机酸与水可以形成含不同结晶水的水合物。例如，$FeCl_3$ 和 H_2O 可以形成 $FeCl_3 \cdot 2H_2O(s)$、$FeCl_3 \cdot 2.5H_2O(s)$、$FeCl_3 \cdot 3.5H_2O(s)$ 和 $FeCl_3 \cdot 6H_2O(s)$ 等不同的水合物，将这些水合物与纯的 $FeCl_3$ 和 H_2O 画在同一张相图上，就相当于若干张二组分低共熔相图的拼合。

图 5.25(b) 是 H_2O 与 H_2SO_4 的二元相图，两者可以形成 $H_2SO_4 \cdot 4H_2O(C_1)$、$H_2SO_4 \cdot$

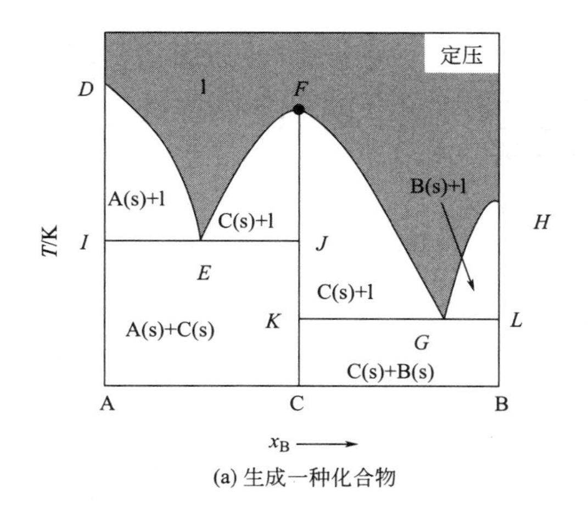

(a) 生成一种化合物

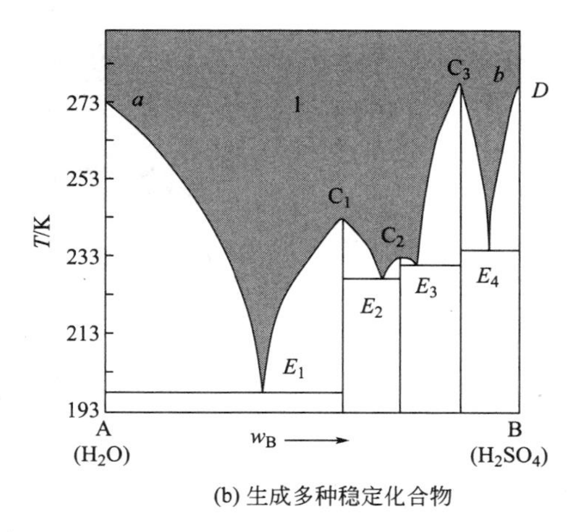

(b) 生成多种稳定化合物

图 5.25　有稳定化合物生成的二组分固-液相图

$2H_2O(C_2)$ 和 $H_2SO_4 \cdot H_2O(C_3)$ 三种稳定的水合物，这样的相图相当于 A-C_1、C_1-C_2、C_2-C_3 和 C_3-B 四张二组分低共熔相图的拼合，图中共有 E_1、E_2、E_3 和 E_4 四个低共熔点。如果要获得某一个纯的水合物，必须将原始溶液的组成调控在一定的范围之内。例如，若要获得 $H_2SO_4 \cdot H_2O(s)$，则组成必须控制在 E_3 和 E_4 对应的组成之间，而且温度不能低于对应的低共熔点的温度。

纯硫酸的凝固点如图 5.25(b) 中 D 点所示，约为 283K，因此在冬天纯硫酸很容易凝结成固体。而纯的 $H_2SO_4(s)$ 与 $H_2SO_4 \cdot H_2O(s)$ 的低共熔点 E_4 的温度等于 235K，远低于纯硫酸的凝固点。因此，在冬天，为了防止纯硫酸在管道中凝结而堵塞管道，以致引发生产事故，生产或使用硫酸的工厂中常将硫酸适当稀释以降低它的凝固点，$H_2SO_4 \cdot H_2O(l)$ 在冬天一般的低温下都能顺利地用管道输送。

5.8.2　形成不稳定化合物的系统

所谓不稳定化合物，就是将此化合物加热时，在其熔点以下就会分解为一个新固相和一个组成与化合物不同的溶液。因为所形成的溶液其组成与化合物的组成不同，故称此化合物为具有不相合熔点的化合物。这种在其熔点之下的分解反应称为转熔反应。发生转熔反应所对应的温度称为转熔温度。转熔反应的通式可表示如下：

$$s_2 \underset{\text{冷却}}{\overset{\text{加热}}{\rightleftharpoons}} s_1 + l(x_N)$$

式中，s_2 为所形成的不稳定化合物；s_1 是分解反应所生成的新固相，它可以是一纯组分，也可以是一化合物；$l(x_N)$ 为分解反应所生成的、组成为 x_N 的液相。上式所表示的转熔反应是可逆的，加热时，反应自左向右，冷却时则逆向进行。在转熔温度，系统三相平衡，$\Phi=3$，$f=0$，即发生转熔反应时系统自由度为零。系统的温度和各自组成皆有定值，在步冷曲线上此时出现一水平段。

形成不稳定化合物系统的示意图如图 5.26(a) 所示。

图 5.26(a) 是 CaF_2(A)、$CaCl_2$(B) 和由 CaF_2、$CaCl_2$ 生成的不稳定化合物 C 构成的二元凝聚系统相图。图中点、线、面的物理意义及所代表的相平衡如下。

点：D 点和 F 点分别为 CaF_2 和 $CaCl_2$ 的熔点，$\Phi=2$，$f=0$；

　　G 点是不稳定化合物 $C(CaF_2 \cdot CaCl_2)$ 的不相合熔点，在该点，存在

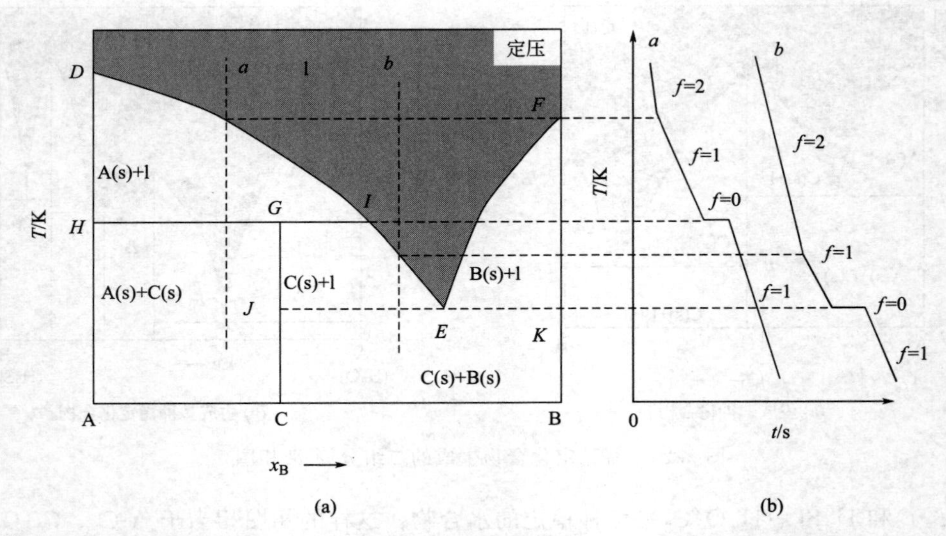

图 5.26　形成不稳定化合物的二组分固-液相图（a）及相应物系点的步冷曲线（b）

$$CaF_2 \cdot CaCl_2(s) \underset{冷却}{\overset{加热}{\rightleftharpoons}} CaF_2(s) + l(x_N)$$

三相平衡，$\Phi=3$，$f=0$；

E 点是不稳定化合物 $CaF_2 \cdot CaCl_2$ 和 $CaCl_2$ 的最低共熔点，在该点，存在

$$CaF_2 \cdot CaCl_2(s) + CaF_2(s) \underset{冷却}{\overset{加热}{\rightleftharpoons}} l(x_E)$$

溶液三相平衡，$\Phi=3$，$f=0$。

线：HGI 线，三相线，在该三相线上的任一物系点皆有

$CaF_2(s) \rightleftharpoons CaF_2 \cdot CaCl_2(s) \rightleftharpoons l(x_I)$ 三相平衡，$\Phi=3$，$f=0$。

JEK 线：三相线，在该三相线上的任一物系点皆有

$CaF_2 \cdot CaCl_2(s) \rightleftharpoons CaCl_2(s) \rightleftharpoons l(x_E)$ 三相平衡，$\Phi=3$，$f=0$。

面：$DIEF$ 以上，单相区，$\Phi=1$，$f=2$。

$DIGH$ 区：两相平衡，$CaF_2(s) \rightleftharpoons l$（熔化物），$\Phi=2$，$f=1$。

$GIEJ$ 区：两相平衡区，$CaF_2 \cdot CaCl_2(s) \rightleftharpoons l$（熔化物），$\Phi=2$，$f=1$。

EKF 区：两相平衡区，$CaCl_2(s) \rightleftharpoons l$（熔化物），$\Phi=2$，$f=1$。

$HGCA$ 区：两相区，$CaF_2(s) + CaF_2 \cdot CaCl_2(s)$，$\Phi=2$，$f=1$。

$JKBC$ 区：两相区，$CaF_2 \cdot CaCl_2(s) + CaCl_2(s)$，$\Phi=2$，$f=1$。

由此可见，一般的相区、平衡线和特殊点的分析与前述相似，所不同的是，组分 A 和 B 形成的不稳定化合物 C 在加热过程中，尚未熔融，在到达 G 点温度时就开始分解，生成固态物质 A 和组成为 I 的溶液。分解所得的固体 A(s) 与 C(s) 的组成不同，所得溶液 I 的组成既不同于 C(s)，也不同于 A(s)。G 点所对应的温度就是不稳定化合物 C(s) 的不相合熔点（因为固体与液体的组成不同）。

图 5.26(a) 中，水平线 HGI 也是三相平衡线，即由 A(s)、C(s) 和组成为 I 的溶液三相共存。与以前的三相线不同的是，代表两个固相组成的点在水平线的一边，而代表液相组成的点在三相线的另一端点。HGI 线就是不稳定化合物 C 的转熔线，在这个温度时，C(s) 将转化为组成与它不同的固体 A(s) 和组成为 I 的溶液。

在图 5.26(a) 中，如果将处在 a 点的溶液冷却，同时画出相应的步冷曲线标在图 5.26(b) 中。开始时温度均匀下降，当与 DI 曲线相交时，有 A(s) 析出，同时放出凝固热，使系统的降温速率变慢，在步冷曲线上出现转折点。继续冷却，当与 HGI 三相平衡线相交时，C(s) 也开始析出，这时 A(s)、C(s) 与组成为 I 的液相三相共存，$f=0$，步冷曲线上出现温度不变的水平线段，直至组成为 I 的液相消失。继续冷却，A(s) 和 C(s) 两相共存，温度又均匀下降。

如果将处在 b 点的溶液冷却，步冷曲线的形状与从 a 点冷却的相似，只是在与 IE 线相交时析出的是 C(s)，与 JEK 三相线相交时，是 C(s)、组成为 E 的液相和 B(s) 三相共存。当组成为 E 的溶液干涸后，继续冷却，是 C(s) 与 B(s) 两相共存。如想获得纯的 C(s)，最好将溶液的物系组成控制在 I 点与 E 点所对应的组成之间，且冷却温度要高于 JEK 线所对应的温度。虽然物系落在 G 与 I 点所对应的组成之间，当冷却进入 $GIEJ$ 相区时也能得到 C(s)，但是因为冷却过程中要经过 $DIGH$ 的两相区，先有 A(s) 析出，要 A(s) 消失所需平衡时间较长，所以这样获得的 C(s) 中难免会有剩余的 A(s) 存在，使 C(s) 的纯度降低。

属于这类相图的系统有 I-$C_{10}H_{14}$ ═ NOH、Au-Sb_2、2KCl-$CuCl_2$ 和 K-Na 等。

两个纯组分之间有可能生成不止一种化合物，有的二组分系统可能既生成稳定化合物又生成不稳定化合物，或生成多种不稳定化合物。无论哪种情况，有了前述的简单相图和生成一种稳定或不稳定化合物相图的基础知识，就不难进行一一分析。

5.9 二组分固态互溶系统的固-液平衡相图

主要知识点

1. 固态完全互溶系统

两个组分在高温熔融时能形成液态混合物，在较低温度时又能形成固态混合物，这样的二组分系统的液-固相图与完全互溶的液态混合物的气-液相图十分相似，仅在高温区是溶液单相区，在低温区是固溶体单相区，在梭形区内是溶液和固溶体的两相区。梭形区上面的曲线是溶液的凝固温度与组成的关系曲线，下面的曲线是固溶体的熔化温度与组成的关系曲线。固态完全互溶的系统有时也可能出现最低恒熔温度或最高恒熔温度的情况。

2. 固态部分互溶系统

两个组分在液态完全互溶，而在固态只是部分互溶，形成两个固溶体共轭的帽形区。有时两种固溶体具有一个低共熔点，有时具有一个转熔温度。在转熔温度时，热稳定性较差的固溶体转化为另一种热稳定性较好的固溶体和组成不同的溶液。高于转熔温度，热稳定性较差的固溶体随之消失。

两种物质形成的液态完全互溶的混合物在冷却过程中，若在分子或原子尺度水平上形成混合均匀的固相，不生成化合物，也没有最低共熔点，则称该固相为固体溶液，简称为固溶体。根据其中两个组分的互溶程度，可形成完全互溶（无限互溶度）固溶体和部分互溶固溶体；而按照两个组分的互溶方式，固溶体又可分为置换型固溶体和间隙型固溶体两种。以金属固溶体为例，间隙型固溶体是一些原子半径比较小的非金属元素，如 H、B、C、N 等（它们的电负性与金属的电负性相差不是很悬殊）溶入过渡金属中所形成的固溶体。这些非金属元素不置换作为溶剂的金属原子，而是统计地填充在溶剂金属晶格的空隙中。若 A、B 两种金属形成的固溶体仍保持 A 或 B 的结构形式，但其中一部分金属原子 A（或 B）的位置被另一种金属原子 B（或 A）统计性地取代，像溶液一样均匀，这样的固溶体称为置换型固溶体。

两种物质（金属或金属氧化物）能否形成置换型固溶体及固溶体存在的浓度范围取决于这两种物质是否性质相似，“相似者相溶”的规则在这里也是适用的。仍以金属为例，对于构成无限互溶度（完全互溶）所必要的（但显然不是充分的）条件如下。

① 两种组分具有相同的结构类型。假如组分金属是多晶型的，则只有它们的同晶型变体之间出现无限互溶度。例如 TiO_2 和 SnO_2（金红石型），TiO_2 有金红石型、锐钛矿型和板钛矿型三种结构，这样，当 TiO_2 和 SnO_2（金红石型）形成固溶体时，只能形成具有金红石型结构的固溶体。

② 组分金属的原子半径相近，两者相差不能超过 10%～15%。

③ 组分金属的电正性不能相差太多，否则倾向于生成金属化合物。显然，为了满足这个条件，组分金属应当属于周期表的同一族，或者相邻的族。

当两种物质形成固溶体时，一种物质晶体中的粒子（原子或离子）可以被另一种物质的相应粒子（原子或离子）以任意比例取代时，即能构成固态完全互溶系统。若两种物质 A 和 B 在液态时完全互溶，而固态时 A 在 B 中溶解形成一种固态溶液 α，B 在 A 中溶解形成另一种固态溶液 β，两种固溶体在同一温度下有各自的溶解度，则这两个固态饱和溶液（即共轭固溶体）平衡共存时为两种固相，这样的系统属于固态部分互溶系统。

5.9.1 固态完全互溶系统

如果组分 A 与 B 在较高温度处于熔融状态时，两溶液相可以完全互溶形成液态混合物，在冷却过程中既不形成化合物，也不存在低共熔点，最后形成完全互溶的固态混合物，即固溶体，这类相图的外貌与以前完全互溶的液态混合物的气-液平衡相图十分相似。图 5.27 是液、固态都完全互溶的二组分系统的液-固平衡相图。

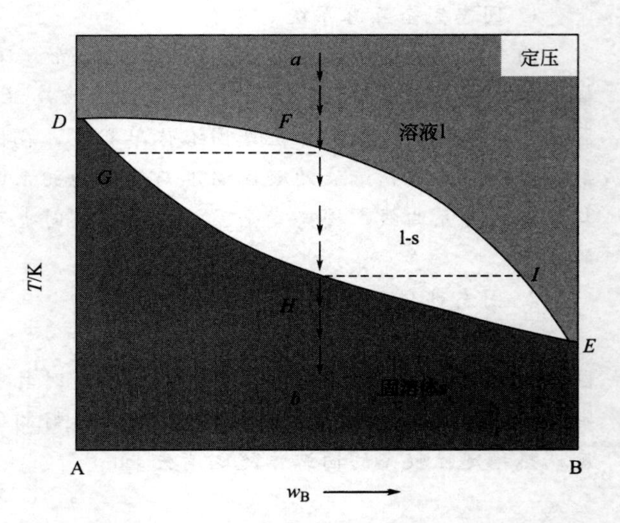

图 5.27 液、固态完全互溶的二组分液-固相图

在图 5.27 中，上部高温区是两组分液态混合物的单相区，$\Phi=1$，$f=2$。下部低温区是两组分固态混合物的单相区，$\Phi=1$，$f=2$，此固态混合物习惯上称为固态溶液，简称固溶体。在中间的梭形区之内是液态混合物与固溶体的两相平衡区，$\Phi=2$，$f=1$。D 点和 E 点分别表示纯 A 和纯 B 的熔点，$\Phi=2$，$f=0$。

当物系组成处于 a 点的溶液，冷却到 F 点与液相组成线相交时，有 A 和 B 组成的固溶体析出，对应的固溶体的组成由在固相组成线上的 G 点表示。由于固溶体中含高熔点的 A 组分较多，因此随着固溶体的析出，液相中含 A 的量下降，液相组成沿 FI 方向移动。曲线 $DFIE$ 代表液态混合物的凝固温度与其组成的关系。当物系继续冷却至 H 点，在最后一滴溶液消失以后，进入固溶体单相区。如果将处于 b 点的物系加热，到达 H 点时固溶体开始熔化，对应溶液的组成由 I 点表示。由于溶液中含低熔点的 B 组分较多，剩余固溶体的组成将沿 HG 方向变化，因此 $DGHE$ 曲线是固溶体的组成随熔化温度改变的关系曲线。梭形区是固溶体与溶液平衡共存的两相区，落在梭形区内的任何物系都分成两相，通过物系点的温度画水平线，与梭形区两条线上的交点分别表示两相的组成。在两相区内，固溶体和溶液的质量或物质的量可以利用杠杆规则计算。

由于固-液平衡的速率较慢，如果冷却太快，固相表面组成与液相平衡，但固相内部的组成来不及变化，会出现滞后现象，实际组成与曲线上表示的组成可能会有出入，所以，在制备合金材料时，为了克服枝晶偏析造成的性能方面的缺陷，使固相合金内部组成更均一，常把合金加热到接近熔点的温度，保持一定时间，使内部组分充分扩散，趋于均一，然后缓慢冷却，这种过程称为退火（annealing）。退火是金属工件制造工艺中的重要工序。

属于这类相图的系统有 Au-Ag、Sb-Bi、Cu-Ni 和 Co-Ni 等。

固态完全互溶的系统有时也会偏离理想的状态，在固-液相图上出现最低恒熔点或最高恒熔点（这类情况较少），这与二组分液态混合物的气-液相图上出现最低（或最高）恒沸点的情况类似。图 5.28 是具有最低和最高恒熔温度的二组分液-固相图。上部温度较高区是溶液单相区，下部温度较低区是固溶体单相区，中间的固-液两相区分成了两个分支，E 点是固溶体的最低或最高恒熔点，这时溶液与固溶体的组成相同。

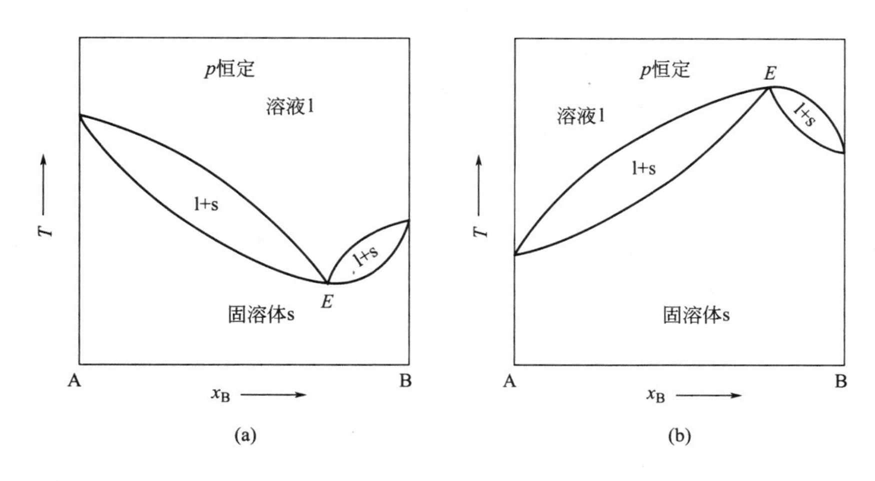

图 5.28　具有最低（a）和最高（b）恒熔温度的二组分液-固相图

属于这类相图的系统有 Na_2CO_3-K_2CO_3、KCl-KBr、Ag-Sb、Cu-Au 等。

5.9.2　固态部分互溶系统

两个组分在液态可以完全混溶，而在固态只能部分互溶的体系为固相部分互溶的固-液系统。与部分互溶双液系相图相似，由 A、B 两个组分组成的固相部分互溶的固-液系统，其固态仅在一定的浓度范围内形成单相的固溶体，而其余部分形成了B溶于A的固溶体和A溶于B的固溶体两种互不相溶的固溶体的帽形区。在帽形区外是固溶体单相，在帽形区内是两种固溶体两相共存。现介绍两个这种类型的相图。

（1）系统有一低共熔点

图5.29是系统有一低共熔点的固相部分互溶的固-液系统相图，各个相区的相态如图中标注所示，其中α代表B溶于A中的固溶体，β代表A溶于B中的固溶体。

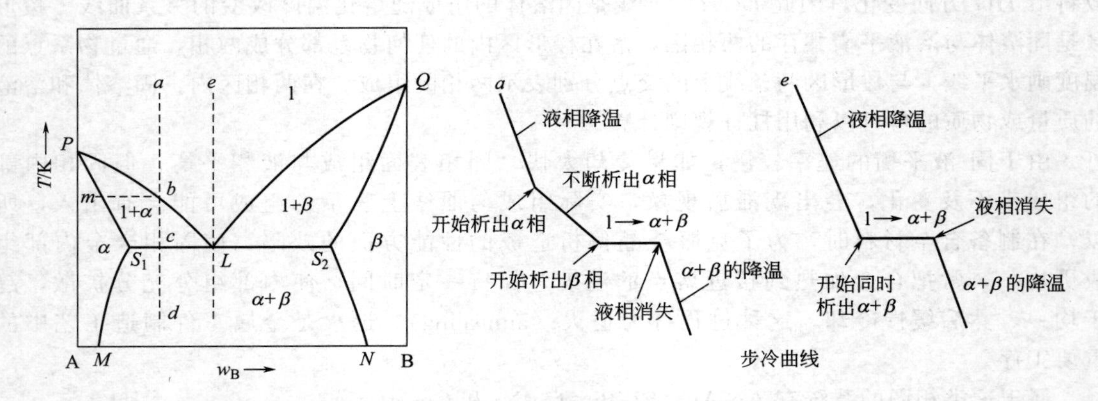

图5.29 具有低共熔点的固态部分互溶固-液系统相图及步冷曲线

PL、QL是液相组成线；PS_1、QS_2是固溶体组成线；S_1LS_2为三相共存线，即α、β和组成为L的溶液三相共存，L点为固溶体α和固溶体β的低共熔点。在高温区，组分A和B在熔融状态时可以完全互溶，形成单一的液相。而在较低温度时，形成的两种固溶体只能部分互溶。当系统处在横坐标所对应的温度时，M表示B组分溶于A中形成α固溶体（单相）的饱和溶液的浓度，N表示A组分溶于B中形成β固溶体（单相）的饱和溶液的浓度。升高温度，彼此的互溶程度增加，故MS_1曲线是B在A中形成固溶体α的溶解度曲线，NS_2曲线是A在B中形成固溶体β的溶解度曲线。MS_1S_2N帽形区内是固溶体α与β两固相的平衡共存区。PS_1L范围内是固溶体α与溶液的两相平衡共存区，QS_2L范围内是固溶体β与溶液的两相平衡共存区。

S_1LS_2线是三相线，由组成为S_1的固溶体α、组成为L的溶液和组成为S_2的β固溶体三相共存。L点所处的温度既低于固溶体α的熔点P，又低于固溶体β的熔点Q，因此称之为固溶体α与β的低共熔点。

若系统总组成介于S_1和S_2点所对应的组成之间，则样品冷却时通过三相线。如果将一个温度和组成处于a点的物系冷却，当与PL线交于b点时，有组成为m的固溶体α析出。继续冷却，液相组成和固溶体α的组成分别沿bL线和mS_1线变化。当温度降至c点时，与S_1LS_2三相线相交，这时固溶体β也开始析出，出现固溶体α、β和组成为L的溶液三相共存，即

$$\mathrm{l} \underset{\text{加热}}{\overset{\text{冷却}}{\rightleftharpoons}} \alpha+\beta$$

此时温度不变。直至溶液全部消失后，系统点离开c点，温度又可以继续下降，体系进入α固溶体和β固溶体的两相共存区，cd段是两共轭固溶体的降温过程。由于固体A和固体B的相互溶解度与温度有关，在降温过程中两固溶体的浓度及两相的量均要发生相应的变化。

若系统原始组成为低共熔点所对应的组成，如图中的系统点 e，在冷却到低共熔点之前，系统一直以单一的液相存在，直到冷却到低共熔点时，系统由一个液相变为液相、固溶体 α 和固溶体 β 三相共存，液相消失后，温度才可以继续下降。上述两个系统的步冷曲线如图 5.29 所示。

属于这类相图的系统有 KNO_3-$TiNO_3$、KNO_3-$NaNO_3$、AgCl-CuCl 和 Ag-Cu 等。

（2）系统有一转熔温度

图 5.30 是系统具有一转熔温度的两组分固相部分互溶的固-液相图。

相图分析与以前类似，所不同的是三相平衡线 LS_1S_2 线上，处在右端的 S_2 点代表固溶体 β 的组成，处在中间的 S_1 点代表固溶体 α 的组成，而代表溶液组成的 L 点却不在中间，而是处在线的左端。高于三相共存温度，固溶体 α 消失，只有固溶体 β 和溶液两相共存。系统点的步冷曲线如图中所示。当温度降至 c 点时，液相点为 L，β 固溶体相点为 S_2。继续冷却，组成为 L 的液相和组成为 S_2 的 β 固溶体逐渐转变为组成为 S_1 的 α 固溶体，即发生了一个转熔反应

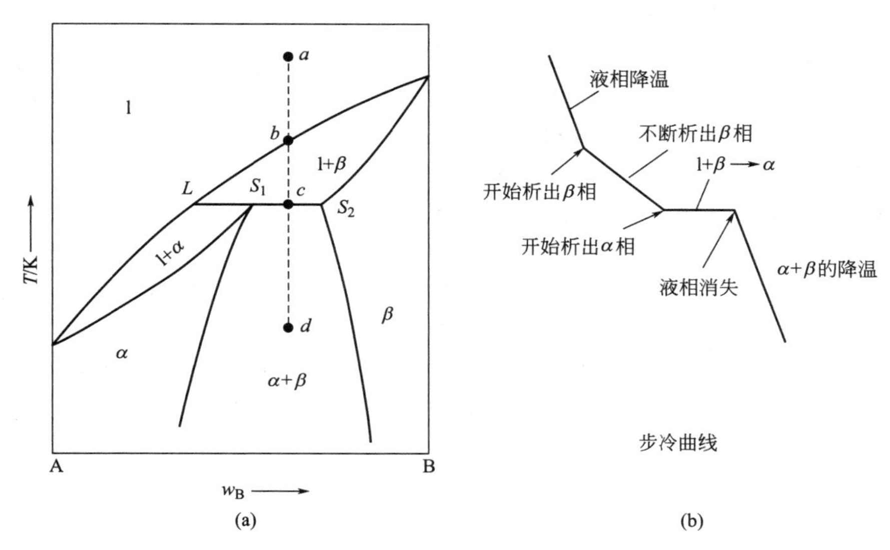

图 5.30　具有转熔温度的二组分固相部分互溶系统固-液相图（a）及步冷曲线（b）

一个转熔反应

$$l+\beta \underset{\text{加热}}{\overset{\text{冷却}}{\rightleftharpoons}} \alpha$$

此时系统成三相平衡，温度不再改变，此温度称为转熔温度。液相消失后，剩余的 β 固溶体与转变成的 α 固溶体成两相平衡。

若样品的组成介于 L 和 S_1 点所对应的组成之间，在转熔温度时也成三相平衡，但温度低于转熔温度时，组成为 S_2 的 β 固溶体消失，系统进入液相和 α 固溶体两相共存区。

在图 5.30 中，在 α 和 β 两固溶体共存的帽形区内，因为两个固相达到平衡的时间较长，共轭层的平衡组成较难用实验进行精确测定。

属于这类相图的系统有 Cd-Hg、Pt-W 和 AgCl-LiCl 等。

（3）区域熔炼

20 世纪 50 年代以来，尖端技术的发展需要有高纯度的金属和非金属材料，例如，作为

半导体原料的锗和硅，其纯度要求达到 8 个 9（99.999999%）。将金属或非金属材料提纯到这样高的纯度，显然是任何化学处理方法所办不到的。1952 年以后，根据相平衡及相图原理发展起来的一种叫作“区域熔炼”的方法，对于提纯、制备高纯度材料既有效又易行。该方法的原理及操作如图 5.31 及图 5.32 所示。

图 5.31 是二组分固相完全互溶系统的相图（固相部分互溶也可以类似地讨论）。组分 A 是所需要的金属，组分 B 是杂质。图中上方是熔融液相区，中间是固-液两相平衡区，下方是固相区。两相区上界为液相线，下界是固相线。一般用来进行区域熔炼提纯的金属已经具有很高的纯度，其中杂质的含量很低。表示在相图上，物系点 x_B 非常靠近 A（纵）轴，这里为了看图方便，将其中的杂质含量放大了很多很多倍。如果将含有杂质的物系点为 a 的熔融液冷却，当温度达到上界液相线 a_1 点时，最先析出的固体相点为 b_1，其中杂质 B 的含量已比 a 中减少。继续冷却［相当于图 5.32(a) 中的加热环缓慢向右移动］，固-液两相平衡为 $b_2 \rightleftharpoons a'_2$，从图中可以看出，$a'_2$中 B 的含量高于 a_1 中 B 的含量。随着加热环不断地缓慢向右移动，反映在 T-x_B 图上就是液相中 B 的含量逐渐增加，液相点不断向 B（纵轴）移动，即杂质在液相中富集，如图 5.32(b) 所示。当加热环移到最右端后取下，重新放回最左端，开始下一遍从左到右的熔化、凝固的过程，如此这般。利用上述原理发展起来的区域熔炼法的具体生产操作为：把待提纯的金属做成长的、圆形金属棒，放在圆环式高温炉中（图 5.32）。加热环可以移动，加热环移到哪里，哪里的一小段金属就被加热熔融。当加热环离开后，又重新凝固。操作中，先将加热环放在金属棒的最左端加热，使最左端的金属棒加热熔融，由相图可知，这时有更多的杂质 B 进入液相中，将加热环向右慢慢移动，左端金属凝固，析出的固相中，杂质含量比原来减少，而液相中杂质含量有所提高。随着加热环慢慢地右移，液相中杂质不断富集、右移。当加热环移到最右端后取下，重新放回最左端，开始下一遍从左到右的熔化、凝固的过程。每进行一遍，固相中杂质含量比前次凝固后杂质含量又有所减少。将加热环从左至右移动，一遍又一遍，如此这般，加热环就像一把“扫帚”一样，把杂质 B 一次又一次“扫”到了金属棒的右端，在左端可得到高纯度的金属 A。

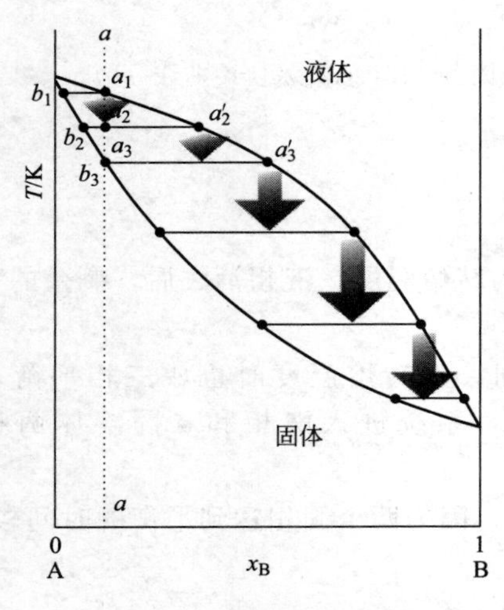

图 5.31　区域熔炼原理图

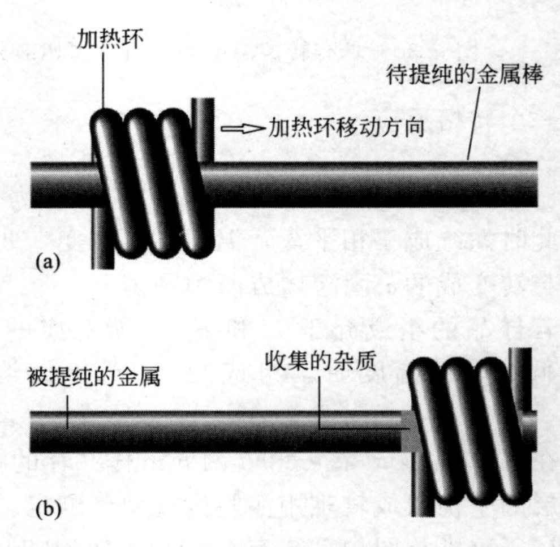

图 5.32　区域熔炼提纯操作示意图

*5.10 三组分系统的相图

主要知识点

1. 三组分系统相图的表示法

三组分系统的 $C=3$，保持 T、p 不变，则 $f=3-\Phi$，当 $\Phi=1$ 时，$f=2$，这两个变量就是组成。可以用物质的量分数或质量分数表示这两个组成变量。常用平面等边三角形坐标法来表示三组分系统的相图，每条边表示一个二组分系统的组成，其对应顶点组分的含量为零。在三角形中的任何点都表示一个三组分系统，它的组成由该点作平行于各边的平行线，从与相应边的交点而得。

等边三角形表示法的特点是：①在平行于某一边的直线上，对应顶点的组分的含量相同；②在通过任一顶点的直线上，越靠近顶点，含顶点组分越多，越远离顶点，则顶点组分的含量越少，而其余两组分的比例不变；③两个三组分系统 D 和 E 所构成新系统的物系点 O 一定落在 D 和 E 的连线上，两者在新物系中的含量可以用杠杆规则计算。

2. 三角形相图在萃取中的应用

用蒸馏方法不易分离的二组分液态有机混合物，可以选择合适的萃取剂，根据萃取剂对两种有机物溶解能力不同而将其分离。从三角形相图上可以利用杠杆规则计算需用萃取剂的量及两种不互溶液相的相对量。

3. 三角形相图在盐类提纯中的应用

水与两种具有一个共同离子的盐类的系统用三角形相图表示，可以清楚地看出，在加水提纯过程中首先获得哪种盐的纯固体，并可以用杠杆规则计算应加入的水量及获得纯盐的数量。

5.10.1 三组分系统相图的表示法

三组分系统的组分数 $C=3$，根据相律，自由度 $f=C-\Phi+2=5-\Phi$。如果三组分处于同一相态，则 $f^*=4$，即温度、压力和两个组成变量，4 个变量难以用相图来表示。为了用比较直观的平面图表示，通常保持温度和压力不变，即 $f^{**}=3-\Phi$，当只有一个相时，$f^{**}=2$，这两个变量就是组成。在三组分的相图中，所有的自由度都是保持温度、压力保持不变的条件自由度，为了方便起见，一般就直接用 f 表示，除非有特别的说明。

组成变量可以用物质的量分数或质量分数表示。在 A、B 和 C 三个组分组成的单一液相系统中，若选 x_A 和 x_B 为独立变量，因为物质的量分数（或质量分数）的加和等于 1，所以 $x_C=1-x_A-x_B$。同理，若选用质量分数 w_A 和 w_B 为独立变量，则 $w_C=1-w_A-w_B$。

用平面等边三角形坐标法表示的三组分系统相图如图 5.33 所示。分别表示 A、B 和 C 三个纯组分的字母沿着逆时针方向（但也有用顺时针方向）标注在等边三角形的顶点上。每条边用来表示一个二组分系统的组成，其对应顶点组分的含量为零。例如，在 BC 线上的任何一点都表示是由 B 和 C 组成的二组分系统，而 A 的含量为零。在三角形中的任何点都表示一个三组分系统，它的组成由该点作平行于各边的平行线，从与相应边的交点而得。例如，O 点代表一个三组分的物系，从 O 点作 AB 的平行线，与 BC 线相交于 D 点，BD 线段的长度即表示组分 C 在 O 点所表示的物系中的含量 w_{C}；从 O 点作 AC 的平行线，与 BC 线交于 E 点，EC 线段的长度表示组分 B 的含量 w_{B}。因为 $w_{\mathrm{A}}+w_{\mathrm{B}}+w_{\mathrm{C}}=1$，等于任何一条边的长度，所以 DE 线段表示组分 A 在物系 O 中的含量 w_{A}。因为三条边是等长的，所以根据平面几何的知识，在任意一条边上都可以表示出这三组分物系的组成。

等边三角形表示法还具有以下特点。

① 在平行于某一边的直线上，对应顶点的组分的含量相同。例如，图 5.33 中，在平行于 BC 边的 FG 线上的任何一点，含 A 组分的量都相同。

② 在通过任一顶点的直线上，越靠近顶点，含顶点组分越多，越远离顶点，则顶点组分的含量越少，而其余两组分的比例不变。例如，在图 5.34 的 AS 线上，越靠近 A 点的物系中含 A 的量越多，反之，则含 A 越少，而 B 与 C 的含量的比例不变。因此，如果有一个组成为 H 的 B 和 C 的二组分系统，在其中加入第三组分 A，则物系组成沿 HSA 线向 A 点移动。如果在组成为 S 点的物系中将 A 蒸发掉，则物系组成沿 SH 线向下移动，到达 H 点时组分 A 被全部蒸发掉，而在 ASH 线上，B 与 C 两者组成的比例保持不变。

③ 如果有两个三组分系统如图 5.34 中的 D 和 E 所示，两者以任何比例混合，所构成新系统的物系点 O 一定落在 D 和 E 的连线上。哪个组成含量多，O 点就靠近哪个物系点。D 和 E 两者在新物系中的含量可以用杠杆规则计算，即 $m_{\mathrm{D}}\times\overline{OD}=m_{\mathrm{E}}\times\overline{OE}$。

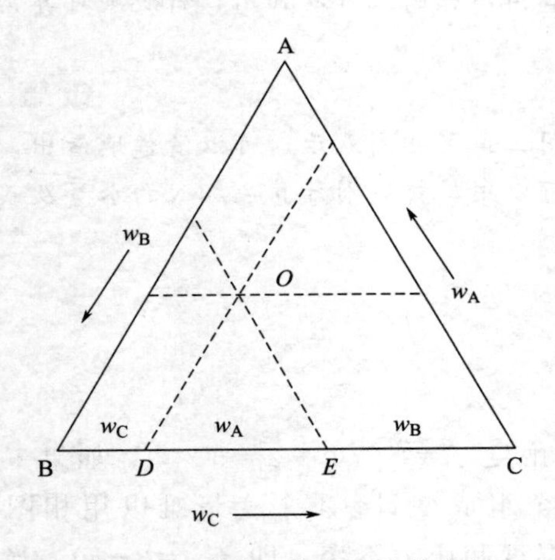

图 5.33　等边三角形坐标表示法

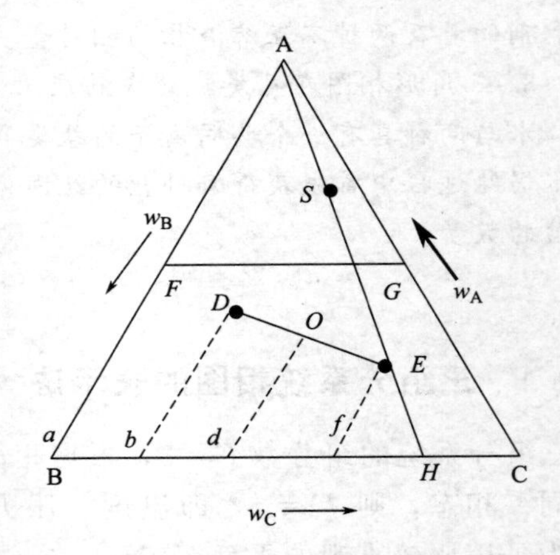

图 5.34　三组分系统的特点和杠杆规则

5.10.2　三角形相图在萃取中的应用

如果两个有机物的沸点差别不大或两者有共沸现象，用精馏的方法很难将它们分开，则可以选择合适的萃取剂，用萃取的方法将其分离。例如，在石油炼制过程中，会得到芳烃和烷烃的混合物，两者完全互溶，通常可以采用二乙二醇醚作为萃取剂，利用萃取剂对两者溶解能力不同而将其分离。

图 5.35 是萃取过程示意图，A 代表芳烃，B 代表烷烃，S 代表萃取剂二乙二醇醚。A 与 B、A 与 S 能完全互溶，而 B 与萃取剂 S 只能部分互溶，在形成的帽形区内两液相平衡共

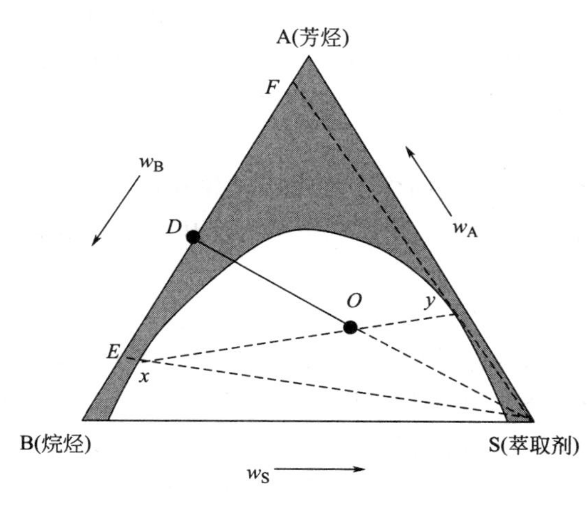

图 5.35　萃取过程示意图

存，帽形区的左边是饱和了萃取剂的烷烃相，右边是饱和了烷烃的萃取剂相。

设有一个芳烃与烷烃的混合物组成为 D，在 D 物系中加入萃取剂 S，物系点沿 DS 方向移动，到达 O 点时停止加萃取剂，充分搅拌后再静置，系统分为两相。通过 O 点作共轭层的连接线，与帽形区的边线分别交于 x 和 y 两点，这两点表示共轭层的组成。x 点表示饱和了萃取剂的烷烃相组成，y 点表示饱和了烷烃的萃取剂相组成。将这两个液相分离，并分别蒸去萃取剂。组成为 x 的液相称为萃余相，蒸去萃取剂后，物系沿 Sx 方向移动，当萃取剂全部蒸发后，与 AB 线交于 E 点。组成为 y 的液相（称为萃取相）蒸去萃取剂后，物系沿 Sy 线移动，当萃取剂全部蒸发后，与 AB 线交于 F 点。原来组成为 D 的物系经一次萃取后，分成了 E 和 F 两个物系，E 中含烷烃比 D 多，F 中含芳烃比 D 多。如果要将烷烃和芳烃进一步分离，需要进行二次或多次萃取。工业上一般在萃取塔中进行，经过多次连续萃取以达到预期的提纯或分离的目标。需要加入萃取剂的量及两种互不相溶的液相的相对量都可以用杠杆规则进行计算。

5.10.3　三角形相图在盐类提纯中的应用

水-盐系统的相图类型很多，这里只介绍水与两种具有一个共同离子的盐的相图，如 H_2O 与 KCl 和 NaCl 的相图。如果两种盐没有一个共同离子，则固体盐析出时可能就不止两种，形成盐的交互系统，情况就比较复杂。

图 5.36 是 A(H_2O)与两种具有一个共同离子的盐 B 和 C 的相图。图中有四个相区：$ADFE$ 区是两种盐的不饱和水溶液的单相区，DFB 区是 B(s) 与其饱和溶液的两相区，EFC 区是 C(s) 与其饱和溶液的两相区，FBC 区是 B(s) 和 C(s) 和组成为 F 饱和了两种盐类的溶液的三相区。

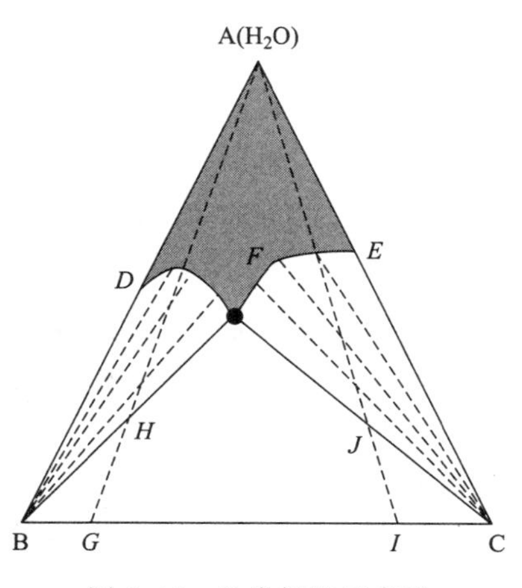

图 5.36　盐类提纯示意图

图中有两条溶解度曲线，DF 是 B(s) 在含有 C 的水溶液中的溶解度曲线，EF 线是 C(s) 在含有 B 的水溶液中的溶解度曲线。F 点是三相点，B(s)、C(s) 和组成为 F 的饱和了两种盐类的溶液三相共存。根据相律，$f=C+0-\Phi=3-\Phi$，在单相区，$f=2$，两个组成可以改变。在两相平衡区，$f=1$，一个组成可以改变。在三相区，$f=0$，在等温、等压的条件下，组成都不能改变，F 点有定值。除非改变温度（或压力），才能改变 F 点的位置。

如果有一个组成处于 G 点的 B(s) 与 C(s) 的混合盐系统，要想获得纯 B(s)，则应先在混合物中加水，使物系点向 GA 方向移动，当进入 DFB 两相区后，停止加水。设物系处于

H 点，这时 C(s) 全部溶解，剩下的是纯的 B(s)。过滤、洗涤、烘干，即可获得纯 B(s)。要使 H 点尽可能靠近 FB 线，但不能与之相交，这样既可以尽可能增加 B(s) 的数量，又可防止有 C(s) 的存在，影响 B(s) 的纯度。加入水的量以及得到 B(s) 的量在两相区内都可以用杠杆规则求算。

如果起始的混合盐系统处于 F 点以右的 I 位置，则用同样方法可以首先获得纯的 C(s)。

我国各种盐的储量十分丰富，用相图指导盐类的提纯可以使几乎没有应用价值的混合粗盐变成具有实际应用价值的化工原料。

以 NH_4Cl-NH_4NO_3-H_2O 的相图为例，进一步说明盐的提纯原理。

相图 5.37 可用来指导对两种盐的混合物通过加水稀释进行分离提纯，或将含有两种盐的稀溶液通过等温蒸发以获得某一种纯盐的操作。以前一种情况为例，设有一 NH_4Cl 和 NH_4NO_3 的混合物，其组成在 BS 边的 P 点，当往此系统加水时，物系点将沿着 PA 线向 A 方向移动。当加入的水不多，物系点还未移动到 b 以前时，系统一直处在 B、S 和组成为 N 的液相三相平衡区，其三相中各相的相对量可按重心规则求算。当物系点到达 b 点时，液相的组成还在 N 点，但固相中只有 B 而无 S 了，此时 N 和 B 的量之比为 $w_N : w_B = \overline{Bb} : \overline{bN}$。过滤即可得 B 的固体。

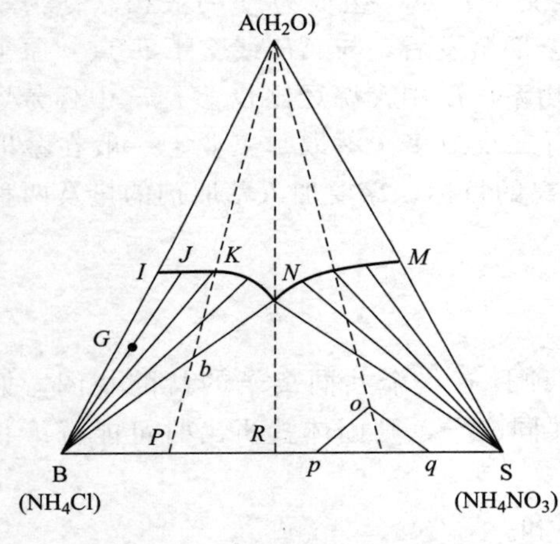

图 5.37　NH_4Cl-NH_4NO_3-H_2O 系统相图

对于二盐一水系统，物系点为何种相态？处在何处时，通过何种操作，最终的产物是什么？相图 5.37 给出了一目了然的答案。例如，当物系点为 B 和 S 混合物，组成在 BR 之间或 SR 之间时，向系统中加水，可得到的纯物质为 B 或 S；当混合物组成在 R 点，则往系统加水得不到纯盐，因 B 和 S 同时溶尽。若系统是稀溶液，当物系点在 AN 线的左边，则等温蒸发时可得纯 B；当物系点在 AN 线的右边，则等温蒸发时可得纯 S；若物系点落在 AN 线上，则不能得到纯盐，因为等温蒸发时 B 和 S 将同时析出。

思考题

1. 判断下列说法是否正确，为什么？

(1) 在一个密闭的容器中，装满了 373.2K 的水，一点空隙也不留，这时水的蒸气压等于零；

(2) 在室温和大气压力下，纯水的蒸气压为 p^*，若在水面上充入 $N_2(g)$ 以增加外压，则纯水的蒸气压下降；

(3) 小水滴和水汽混在一起呈雾状，因为它们有相同的化学组成和性质，所以是一相；

(4) 面粉和米粉混合得十分均匀，肉眼已无法分清彼此，所以它们已成为一相；

(5) 将金粉和银粉混合加热至熔融，再冷却至固态，它们已成为一相；

(6) 纯水在三相点和冰点时，都是三相共存，根据相律，这两点的自由度都应该等于零。

2. 回答下列问题。

(1) 在同一温度下，某研究系统中有两相共存，但它们压力不等，能否达成平衡？

(2) 为什么把 $CO_2(s)$ 叫作干冰？什么时候能见到 $CO_2(l)$ ？

(3) 能否用市售的 60 °的烈性白酒经多次蒸馏后，得到无水乙醇？

(4) 在相图上，哪些区域能使用杠杆规则，在三相共存的平衡线上能否使用杠杆规则？

(5) 在下列物质共存的平衡系统中，请写出可能发生的化学反应，并指出有几个独立反应：

(a) $C(s)$，$CO(g)$，$CO_2(g)$，$H_2(g)$，$H_2O(l)$，$O_2(g)$；

(b) $C(s)$，$CO(g)$，$CO_2(g)$，$Fe(s)$，$FeO(s)$，$Fe_2O_3(s)$，$Fe_3O_4(s)$。

(6) 在两组分固-液平衡系统相图上，稳定化合物和不稳定化合物有何本质区别？

(7) 在室温和大气压力下，用 $CCl_4(l)$ 萃取碘的水溶液，I_2 在 $CCl_4(l)$ 和 $H_2O(l)$ 中达成分配平衡，无固体碘存在，这时的独立组分数和自由度为多少？

(8) 在相图上，请分析如下特殊点的相数和自由度：熔点、低共熔点、恒沸点和临界点。

3. 硫氢化铵的分解反应：(1) 在真空容器中分解；(2) 在充有一定氨气的容器中分解。两种情况的组分数是否一样？

4. 纯的碳酸钙固体在真空容器中分解，这时组分数为多少？

5. 制水煤气时有以下三个平衡反应，求系统的组分数。

(1) $H_2O(g)+C(s) \rightleftharpoons H_2(g)+CO(g)$

(2) $CO_2(g)+H_2(g) \rightleftharpoons H_2O(g)+CO(g)$

(3) $CO_2(g)+C(s) \rightleftharpoons 2CO(g)$

6. 氯化铵在抽真空容器中的分解平衡，$NH_4Cl(s) \rightleftharpoons NH_3(g)+HCl(g)$。指出该系统的组分数、相数和自由度。

7. 氯化铵固体在含有氨的容器中分解达平衡，$NH_4Cl(s) \rightleftharpoons NH_3(g)+HCl(g)$。指出该系统的组分数、相数和自由度。

8. 碳和氧在一定条件下达成两种平衡，指出该系统的组分数、相数和自由度。

$$C(s)+\frac{1}{2}O_2(g) \rightleftharpoons CO(g) \quad CO(g)+\frac{1}{2}O_2(g) \rightleftharpoons CO_2(g)$$

9. $NH_4HCO_3(s)$ 在真空容器中分解成 $NH_3(g)$、$CO(g)$ 和 $H_2O(g)$，达平衡，指出该系统的物种数、组分数、相数和自由度。

10. NaCl 水溶液与纯水分置于半透膜两边达渗透平衡，指出该系统的物种数、组分数、相数和自由度。

11. 水的三相点与冰点有什么不同？

12. 沸点和恒沸点有什么不同？恒沸混合物是不是化合物？

13. 单组分系统的三相点与低共熔点有什么异同？低共熔混合物能不能看作是化合物？

14. 将食盐放入 0℃的冰-水混合物中，能使系统温度降到 −20℃左右。试用 H_2O-NaCl 二元相图说明。

基本概念练习题

1. $NH_4HS(s)$ 与任意量的 $NH_3(g)$ 及 $H_2S(g)$ 达平衡时，有（　　）。

(A) $C=2$，$\Phi=2$，$f=2$　　(B) $C=1$，$\Phi=2$，$f=1$

(C) $C=2$，$\Phi=3$，$f=2$　　(D) $C=3$，$\Phi=2$，$f=3$

2. 在大气压力下，$FeCl_3(s)$ 与 $H_2O(l)$ 可以生成 $FeCl_3(s)\cdot 2H_2O(s)$、$FeCl_3(s)\cdot 5H_2O(s)$、$FeCl_3(s)\cdot 6H_2O(s)$ 和 $FeCl_3(s)\cdot 7H_2O(s)$ 四种固体水合物，则该平衡系统的组

分数 C 和能够平衡共存的最大相数 Φ 为（　　）。

(A) $C=3$，$\Phi=3$　　(B) $C=3$，$\Phi=4$

(C) $C=2$，$\Phi=3$　　(D) $C=3$，$\Phi=5$

3. 二元合金处于低共熔温度时物系的自由度 f 为（　　）。

(A) 0　　(B) 1　　(C) 2　　(D) 3

4. 对三相点描述准确的是（　　）。

(A) 某一温度，超过此温度液相就不能存在

(B) 在很靠近正常沸点的某一温度

(C) 液体蒸气压等于 25℃时蒸气压三倍数值时的温度

(D) 固态、液态和气态可以平衡共存的温度和压力

5. 对于与本身的蒸气处于平衡状态的液体，下列作图法中可获得直线的是（　　）。

(A) p 对 T　　(B) $\ln(p/\mathrm{Pa})$ 对 T

(C) $\ln(p/\mathrm{Pa})$ 对 $1/T$　　(D) $1/p$ 对 $\ln(T/\mathrm{K})$

6. 在标准压力下，用水蒸气蒸馏法提纯某不溶于水的有机物时，系统的沸点（　　）。

(A) 必低于 373.15K　　(B) 必高于 373.15K

(C) 取决于水与有机物的相对数量　　(D) 取决于有机物摩尔质量的大小

7. 硫酸与水可形成 $H_2SO_4 \cdot H_2O(s)$、$H_2SO_4 \cdot 2H_2O(s)$ 和 $H_2SO_4 \cdot 4H_2O(s)$ 三种水合物。问在标准压力下能与硫酸水溶液和冰平衡共存的硫酸水合物最多可有（　　）。

(A) 3 种　　(B) 2 种

(C) 1 种　　(D) 不可能有硫酸水合物与之平衡共存

8. 碘的三相点温度和压力分别为 115℃和 12kPa，这意味着（　　）。

(A) 液态碘的密度比固态碘的大

(B) 液态碘在 115℃以上不能存在

(C) 液态碘在标准压力下不能存在

(D) 液态碘的蒸气压高于 12kPa

9. 下列相变过程可以利用来提纯化学药品的是（　　）。

(A) 凝固　　(B) 沸腾

(C) 升华　　(D) 前面三种方法均可

10. 二元金属系统在熔融状态下能完全互溶，而在固态时完全不互溶，则在低共熔温度时系统的自由度 f 为（　　）。

(A) $f=0$　　(B) $f=1$　　(C) $f=3$　　(D) $f=2$

11. 苯与乙醇能形成恒沸混合物，恒沸温度 341.2K，含乙醇摩尔分数为 0.475。已知苯的沸点是 353.3K，乙醇的沸点是 351.6K。今将含乙醇为 0.775 的苯溶液加热达气-液平衡，设乙醇在气相和液相中的摩尔分数分别为 y 和 x，则下列结论正确的是（　　）。

(A) $y>x$　　(B) $y=x$　　(C) $y<x$　　(D) 无法确定

12. 在 100kPa 的压力下，$I_2(s)$ 在 $H_2O(l)$ 和 $CCl_4(l)$ 两个完全不互溶的液相系统中溶解。设平衡前 $I_2(s)$ 已不存在，则该系统的组分数和自由度分别为（　　）。

(A) $C=2$，$f=1$　　(B) $C=2$，$f=2$

(C) $C=3$，$f=2$　　(D) $C=3$，$f=3$

13. $CuSO_4(s)$ 与 $H_2O(l)$ 可生成 $CuSO_4 \cdot H_2O(s)$、$CuSO_4 \cdot 3H_2O(s)$ 和 $CuSO_4 \cdot 5H_2O(s)$ 三种水合物，则在一定温度下与水蒸气达平衡的含水盐最多为（　　）。

(A) 3 种　　(B) 2 种

(C) 1 种　　(D) 不可能有共存的含水盐

14. 某一物质 X，在三相点时的温度是 20℃，压力是 200kPa。下列说法不正确的是（　　）。

(A) 在 20℃以上，X 能以液体存在

(B) 在 20℃以下，X 能以固体存在

(C) 在 25℃和 100kPa 下，液体 X 是稳定的

(D) 在 20℃时，液体 X 和固体 X 具有相同的蒸气压

15. $N_2(g)$ 的临界温度是 124K，如果想要液化 $N_2(g)$，就必须（　　）。

(A) 在恒温下增加压力　　(B) 在恒温下降低压力

(C) 在恒压下升高温度　　(D) 在恒压下降低温度

16. 当克劳修斯-克拉贝龙方程应用于凝聚相转变为蒸气时，则（　　）。

(A) p 必随 T 的升高而降低　　(B) p 必不随 T 而变

(C) p 必随 T 的升高而增大　　(D) p 随 T 的升高可增大也可降低

17. 对于恒沸混合物的描述，下列叙述不正确的是（　　）。

(A) 与化合物一样，具有确定的组成　　(B) 不具有确定的组成

(C) 平衡时，气相和液相的组成相同　　(D) 恒沸点随外压的改变而改变

18. 对于二组分气-液平衡系统，可以用蒸馏或精馏的方法将两个组分分离成纯组分的是（　　）。

(A) 接近于理想的液体混合物

(B) 对拉乌尔定律产生最大正偏差的双液系

(C) 对拉乌尔定律产生最大负偏差的双液系

(D) 部分互溶的双液系

19. 某一固体在 25℃和大气压下升华，这意味着（　　）。

(A) 固体比液体密度大　　(B) 三相点的压力大于大气压

(C) 固体比液体密度小　　(D) 三相点的压力小于大气压

20. 在相图上，当系统处于下列哪一点时，只存在一个相？（　　）

(A) 恒沸点　　(B) 熔点　　(C) 临界点　　(D) 低共熔点

21. 在水的三相点附近，其摩尔汽化焓和摩尔熔化焓分别为 $44.82\text{kJ}\cdot\text{mol}^{-1}$ 和 $5.99\text{kJ}\cdot\text{mol}^{-1}$，则在三相点附近，冰的摩尔升华焓为（　　）。

(A) $38.83\text{kJ}\cdot\text{mol}^{-1}$　　(B) $50.81\text{kJ}\cdot\text{mol}^{-1}$

(C) $-38.83\text{kJ}\cdot\text{mol}^{-1}$　　(D) $-50.81\text{kJ}\cdot\text{mol}^{-1}$

22. 某反应系统中共有的物种为 Ni(s)、NiO(s)、$H_2O(l)$、$H_2(g)$、CO(g) 和 $CO_2(g)$，它们之间可以达成以下三个化学平衡：

(1) $NiO(s)+CO(g) \xrightleftharpoons{K_{p,1}^{\ominus}} Ni(s)+CO_2(g)$

(2) $H_2O(l)+CO(g) \xrightleftharpoons{K_{p,2}^{\ominus}} H_2(l)+CO_2(g)$

(3) $NiO(s)+H_2(g) \xrightleftharpoons{K_{p,3}^{\ominus}} Ni(s)+H_2O(l)$

该反应的组分数 C 和平衡常数之间的关系为（　　）。

(A) $C=3$，$K_{p,1}^{\ominus}=K_{p,2}^{\ominus}K_{p,3}^{\ominus}$　　(B) $C=4$，$K_{p,3}^{\ominus}=K_{p,1}^{\ominus}/K_{p,2}^{\ominus}$

(C) $C=3$，$K_{p,3}^{\ominus}=K_{p,1}^{\ominus}/K_{p,2}^{\ominus}$　　(D) $C=4$，$K_{p,3}^{\ominus}=K_{p,2}^{\ominus}/K_{p,1}^{\ominus}$

23. 将纯的 $H_2O(l)$ 放入抽真空、密闭的石英容器中，不断加热容器，可以观察到的现象是（　　）。

(A) 沸腾现象　　(B) 三相共存现象

(C) 升华现象　　(D) 临界现象

24. $Na_2CO_3(s)$ 和水可形成三种水合盐：$Na_2CO_3 \cdot H_2O(s)$、$Na_2CO_3 \cdot 7H_2O(s)$、$Na_2CO_3 \cdot 10H_2O(s)$。在常压下，将 $Na_2CO_3(s)$ 投入冰水混合物中达三相平衡时，若一相是 $Na_2CO_3(s)$ 水溶液，则另一相是（　　）。

(A) $Na_2CO_3(s)$　　(B) $Na_2CO_3 \cdot H_2O(s)$

(C) $Na_2CO_3 \cdot 7H_2O(s)$　　(D) $Na_2CO_3 \cdot 10H_2O(s)$

习　题

1. 将 $N_2(g)$、$H_2(g)$ 和 $NH_3(g)$ 三种气体输入 773K、3.2×10^7kPa 的放有催化剂的合成塔中。指出下列三种情况系统的组分数：(1) $N_2(g)$、$H_2(g)$ 和 $NH_3(g)$ 三种气体在输入合成塔之前；(2) 三种气体在塔内反应达平衡时；(3) 开始只输入 $NH_3(g)$，合成塔中无其他气体，待其反应达平衡后。

2. 指出下列平衡系统中的物种数、组分数、相数和自由度：(1) $CaSO_4$ 的饱和水溶液；(2) 将 5g $NH_3(g)$ 通入 $1dm^3$ 水中，在常温下与蒸气平衡共存。

3. $CaCO_3(s)$ 在高温下分解为 $CaO(s)$ 和 $CO_2(g)$，根据相律解释下列实验事实：

(1) 在一定压力的 $CO_2(g)$ 中，将 $CaCO_3(s)$ 加热，实验证明在加热过程中，在一定的温度范围内 $CaCO_3(s)$ 不会分解。

(2) 在 $CaCO_3(s)$ 的分解过程中，若保持 $CO_2(g)$ 的压力恒定，实验证明达分解平衡时，温度有定值。

4. 已知水在100℃时饱和蒸气压为 1.00×10^5Pa，汽化热为 $2260J \cdot g^{-1}$，试计算：

(1) 水在95℃时的饱和蒸气压；

(2) 水在高压锅（2.5×10^5Pa）中的沸点。

5. 在 273.2K 和标准压力下，已知冰的熔化热为 $333.5kJ \cdot kg^{-1}$，冰和水的密度分别为 $916.8kg \cdot m^{-3}$ 和 $999.9kg \cdot m^{-3}$，试解释为什么下雪的冬天（0℃），公路上的雪总是先于草坪上的雪融化。（假设 $\Delta_{fus}V_m$ 和 $\Delta_{fus}H_m$ 不随压力变化，公路上来往车辆施加给路面的压力为 5.0×10^6Pa）

6. 已知固体苯的蒸气压在 273K 时为 3.27kPa，293K 时为 12.30kPa；液体苯的蒸气压在 293K 时为 10.02kPa。液体苯的摩尔汽化焓 $\Delta_{vap}H_m=34.17kJ \cdot mol^{-1}$。试计算：(1) 在 303K 时液体苯的蒸气压，设摩尔汽化焓在此温度区间内是常数；(2) 苯的摩尔升华焓；(3) 苯的摩尔熔化焓。

7. 结霜后的早晨冷而干燥，在−5℃，当大气中的水蒸气分压降至 266.6Pa 时，霜会升华变为水蒸气吗？若要使霜不升华，空气中水蒸气的分压要有多大？已知水的三相点的温度和压力分别为 273.16K 和 611Pa，水的摩尔汽化焓 $\Delta_{vap}H_m=45.05kJ \cdot mol^{-1}$，冰的摩尔熔化焓 $\Delta_{fus}H_m=6.01kJ \cdot mol^{-1}$。设相变时的摩尔焓变在此温度区间内是常数。

8. 在平均海拔为 4500m 的高原上，大气压力只有 57.3kPa。已知压力与温度的关系式为 $\ln(p/Pa)=25.567-\dfrac{5216K}{T}$。试计算在此高原上水的沸点。

9. 将 $NH_3(g)$ 加压，然后在冷凝器中用水冷却，即可得液氨 [$NH_3(l)$]。已知某地区一年中最低水温为2℃，最高水温为37℃，若要保证该地区的氮肥厂终年都能生产液氨，则所选氨气压缩机的最低压力是多少？已知氨的正常沸点为−33℃，蒸发焓为 $1368J \cdot g^{-1}$，设蒸发焓是与温度无关的常数。

10. CO_2 的固态和液态的蒸气压与温度的关系式分别由以下两个方程给出：

$$\lg(p_s/Pa) = 11.986 - \frac{1360K}{T}$$

$$\lg(p_l/Pa) = 9.729 - \frac{874K}{T}$$

试计算：(1) 二氧化碳三相点的温度和压力；(2) 二氧化碳在三相点时的摩尔熔化焓和摩尔熔化熵。

11. 根据 CO_2 的相图（图5.38），回答下列问题：

(1) 说出 OA、OB 和 OC 三条曲线以及特殊点 O 点和 A 点的含义。

(2) 在常温、常压下，将 CO_2 高压钢瓶的阀门慢慢打开一点，喷出的 CO_2 呈什么相态？为什么？

(3) 在常温、常压下，将 CO_2 高压钢瓶的阀门迅速开大，喷出的 CO_2 呈什么相态？为什么？

(4) 为什么将 $CO_2(s)$ 称为"干冰"？$CO_2(l)$ 在怎样的温度和压力范围内能存在？

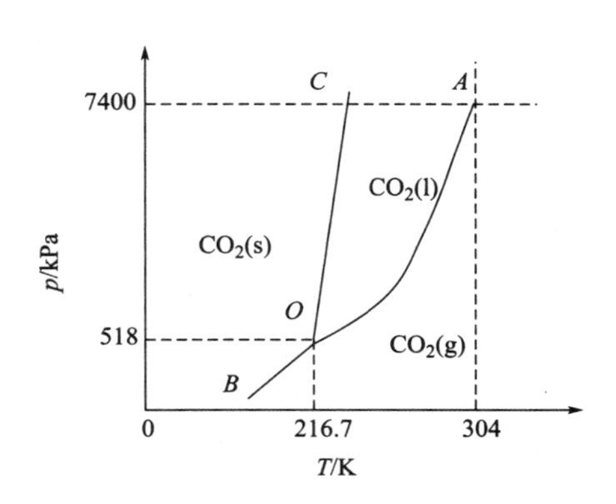

图5.38 CO_2 的相图

12. A和B完全互溶，已知B(l)在353K时的蒸气压为100kPa，A(l)的正常沸点比B(l)高10K，在100kPa下，将8mol A(l)与2mol B(l)混合加热至333K时产生第一个气泡，其组成为0.4，继续在100kPa下恒压封闭加热至343K时剩下最后一滴液体，其组成为0.1；将7mol B(g)与3mol A(g)混合气体，在100kPa下冷却到338K，产生第一滴液体，其组成为0.9，继续恒压封闭冷却到328K时，剩下最后一个气泡，其组成为0.6。已知恒沸物的组成是0.54，沸点为323K。（组成均以B的物质的量分数表示）

(1) 画出此二元物系在100kPa下的沸点-组成图。

(2) 8mol B与2mol A的混合物在100kPa、338K时，(a) 求平衡气相物质的量 n_g；(b) 此混合物能否用简单的精馏方法分离A、B两个纯组分?为什么?

13. 某有机物B与水(A)完全不互溶，在101.325kPa的压力下用水蒸气蒸馏时，于90℃时沸腾，馏出物中水的质量分数 $w_A = 0.24$。已知90℃时水的蒸气压 $p_A^* = 70.13kPa$，请估算该有机物的摩尔质量。

14. 在标准压力下，已知 $H_2O(l)$(A)的沸点为373K，$C_6H_5Cl(l)$(B)的沸点为403K。水和氯苯在液态时完全不互溶，它们的共沸点为364K。设一个氯苯的质量分数 $w_B = 0.20$ 的水和氯苯的双液系统，在加热达到共沸时，完成下列问题：

(1) 画出 $H_2O(l)$(A)和 $C_6H_5Cl(l)$(B)的 T-w_B 相图的示意图。

(2) 指出在各相图中，平衡共存的相态及三相线上有哪些相平衡共存。

(3) 这种相图有什么实际用途？

15. 在大气压力下，液体A与液体B部分互溶，互溶程度随温度的升高而增大。液体A和B对拉乌尔定律发生很大的正偏差，在它们的 T-w_B 的气-液相图上，在363K出现最低恒沸点，恒沸混合物的组成为 $w_B=0.70$。液体 A 与液体 B 的 T-w_B 的气-液相图与液体 A 与 B 部分互溶形成的帽形区在 363K 时重叠，在 363K 的水平线上有三相共存：液体 A 中溶解了 B 的溶液 l_1，其 $w_B=0.10$；液体 B 中溶解了 A 的溶液 l_2，其 $w_B=0.85$；组成为 $w_B=0.70$ 的气-液组成相同的恒沸混合物。根据这些数据：

(1) 画出液体 A 与液体 B 在等压下的 T-w_B 的相图示意图。设液体 A 的沸点为 373K，液体 B 的沸点为 390K。

(2) 在各相区中，标明平衡共存的相图和自由度。

(3) 在大气压力下，将由 350g 液体 A 和 150g 液体 B 组成的物系缓慢加热，在加热到接近 363K（而没有到达 363K）时，分别计算 l_1 和 l_2 两个液体的质量。

16. 乙酸(A)与苯(B)的相图如图 5.39 所示。已知其低共熔温度为 265K，低共熔混合物中含苯的质量分数 $w_B=0.64$。

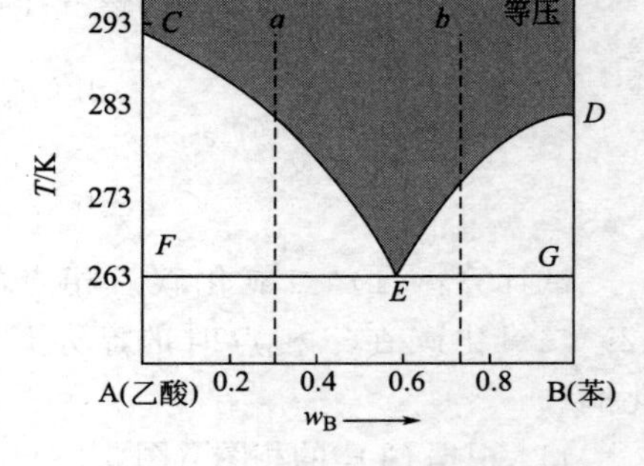

图 5.39　乙酸(A) 和苯(B) 的相图

(1) 指出各相区所存在的相和自由度。

(2) 说明 CE、DE、FEG 三条线的含义和自由度。

(3) 当 $w_B=0.25$(a 点) 和 $w_B=0.75$(b 点) 的溶液自 298K 冷却至 250K，指出冷却过程中的相变化，并画出相应的步冷曲线。

17. 水(A) 与 NaCl(B) 的相图如图 5.40 所示。C 点表示不稳定化合物 $NaCl \cdot 2H_2O(s)$，在 264K 时，不稳定化合物分解为 NaCl(s) 和组成为 F 的水溶液。

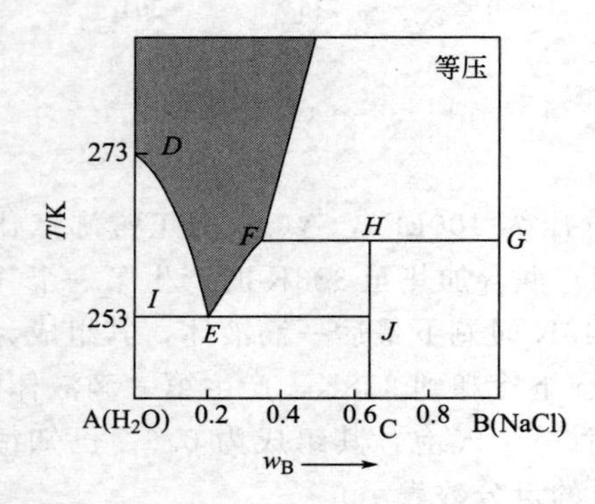

图 5.40　水(A) 和 NaCl(B) 的相图

(1) 指出各相区所存在的相和自由度。

(2) 指出 FG 线上平衡共存的相和自由度。

(3) 如果要用冷却的方法得到纯的 $NaCl \cdot 2H_2O$(s)，溶液组成应落在哪个浓度范围之内？

(4) 为什么在冰-水平衡系统中，加入 NaCl(s) 后可以获得低温？

18. (1) 简要说出在相图 5.41 中，组成各相区的相。

(2) 根据化合物的稳定性，说出这三个化合物属于什么类型的化合物。

(3) 图 5.41 中有几条三相平衡线？分别由哪些相组成？

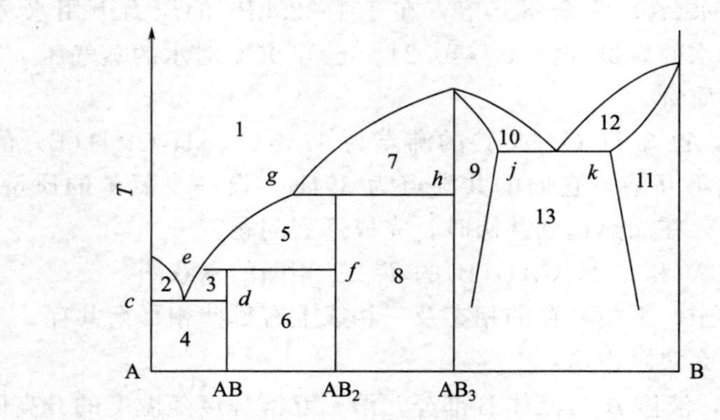

图 5.41　几种物质所组成的体系的相图

19. 在大气压力下，有以下热分析数据：

(A) LiCl(s) 与 KCl(s) 在高温熔融时能完全互溶，但是在低温时两固体完全不互溶。

(B) LiCl(s) 的熔点为 878K，KCl(s) 的熔点为 1049K。两者形成的低共熔点的温度为 629K，低共熔混合物中，KCl(s) 的质量分数 $w_B=0.50$。

(C) 用 $w_B=0.43$ 的熔化物作步冷曲线，在 723K 时曲率斜率变小，有 LiCl(s) 析出。

(D) 用 $w_B=0.63$ 的熔化物作步冷曲线，在 723K 时曲率斜率变小，有 KCl(s) 析出。

根据这些热分析数据，回答下列问题：

(1) 画出以温度为纵坐标，质量分数为横坐标的 LiCl(s) (A) 与 KCl(s) (B) 的二组分低共熔的 T-w_B 相图的草图。

(2) 说出在各相区中，相的组成和条件自由度。

(3) 分析图中各相线的组成和条件自由度。

(4) 说出工业上用电解的方法，从 LiCl(s) 制备金属 Li(s) 时要加入 KCl(s) 的原因。

20. 根据以下热分析数据，画出以温度为纵坐标，质量分数为横坐标的 Ni(s)(A) 与 Mo(s)(B) 的二组分低共熔的 T-w_B 相图的草图。已知：

(1) 金属 Ni(s) 的原子量为 58.69，熔点为 1728K；金属 Mo(s) 的原子量为 95.94，熔点为 2898K。

(2) Ni(s) 和 Mo(s) 可以形成化合物 NiMo(s)，该化合物在 1620K 时分解成 Mo(s) 和 $w_B=0.53$ 的溶液。

(3) 在 1573K 时有唯一的最低共熔点，这时 NiMo(s)、$w_B=0.48$ 的溶液和 $w_B=0.32$ 的固溶体三相平衡共存，固溶体中的 Mo 含量随温度的下降而下降。

21. 在大气压力下，H_2O(A) 与 NaCl(B) 组成的二组分系统在 252K 时有一个低共熔点，此时 H_2O(s)、$NaCl\cdot 2H_2O$(s) 和 $w_B=0.223$ 的 NaCl 水溶液三相共存。264K 时，不稳定化合物 $NaCl\cdot 2H_2O$(s) (C) 分解为 NaCl(s) 和 $w_B=0.27$ 的 NaCl 水溶液。已知：Cl 的原子量为 35.5，Na 的原子量为 23.0；NaCl(s) 在水中的溶解度受温度的影响不大，温度升高，溶解度略有增加。

(1) 试画出 H_2O(A) 和 NaCl(B) 组成的二组分系统的 T-w_B 相图的草图，并分析各相图的相态。

(2) 若有 1.0kg 的 $w_B=0.28$ 的 NaCl 水溶液，由 433K 冷却到 265K，试计算能分离出纯的 NaCl(s) 的质量。

(3) 若用 $w_B=0.025$ 的海水，用冷却的方法制备淡水，冷却到什么温度可以得到最多的淡水？

第6章 化学反应动力学

化学热力学的有关原理，虽然能解决化学反应能否发生及反应能进行的最大程度为多少的问题，但化学热力学中没有涉及与时间有关的速率问题。在给定条件下，对一个特定的化学反应，化学热力学不能回答该反应在多长时间内可以达到所能进行的最大限度，反应是如何进行的等问题，只讲可能性，不讲现实性。要回答上述这些问题，则需要化学动力学的理论来加以解决。

化学动力学（chemical kinetics）是研究化学反应速率和反应机理的理论。它的基本任务是研究浓度、压力、温度以及催化剂等各种因素对反应速率的影响，揭示反应进行时所经历的具体反应步骤，即反应机理（reaction mechanism），研究物质的结构与反应能力的关系（即构效关系）。在实际生产实践中，有的反应人们希望反应速率快些，如合成氨反应；而有的反应人们则希望进行得慢些，如核裂变产生电能的过程。研究化学动力学的目的就是为了深入了解并最终驾驭化学反应，使其按人们所希望的反应速率进行并得到所期望的结果。例如，对于相同反应物同时发生几个反应（主反应和副反应）的化学过程，人们希望通过加快主反应速率，减慢或抑制副反应速率来降低原料的消耗，提高目标产物的含量，一方面节约了原料，另一方面也减轻少了后续分离提纯的困难和消耗，从而降低产品的成本。由此可见，化学动力学的研究具有十分重要的理论意义和应用价值。

化学动力学出现于 19 世纪后半叶。初始阶段由于实验方法和检测手段有限，对化学动力学的研究仅处于宏观阶段。1867 年古德贝格和瓦格提出了质量作用定律。1889 年，瑞典物理化学家阿伦尼乌斯（Arrhenius，1859—1927）提出了活化分子和活化能的概念，并导出了化学反应速率公式即阿伦尼乌斯方程。随着对化学动力学研究的深入，人们相继提出了碰撞理论和过渡状态理论，并借助量子力学知识从理论上对反应速率进行了探讨，从而将反应动力学的研究从宏观阶段扩展到微观阶段。

化学动力学的研究比热力学要复杂得多，到目前为止其研究还不能像热力学的研究一样成熟，没有形成热力学那样较完整的体系。近几十年来，由于相关学科理论和技术的进步，化学动力学的研究得到了长足的发展。如随着分子束和激光技术在化学中的应用，分子反应动力学的研究已进入到态-态反应的层次。而在化学动力学的发展过程中，其研究对象也从早期的研究气相反应中的基元化学反应，逐步发展到了对凝聚态和界面等领域中的分子相互作用和化学动态过程的研究。化学动力学已成为十分活跃的研究领域之一。

6.1 化学动力学的基本概念

主要知识点

1. 化学动力学的研究对象

研究化学反应的速率和机理以及影响速率的各种因素，如温度、浓度、压力、催化剂、介质和分子结构等，以便掌握反应的本质，更好地驾驭化学反应使之为人类服务。

2. 动力学曲线

动力学曲线就是反应物或生成物的浓度随时间的变化曲线，从该曲线上可以获得有关反应速率、反应级数等信息。用化学方法或物理方法测定不同反应时刻反应物和生成物的浓度，然后绘制动力学曲线。目前物理方法用得较多。

3. 转化速率

对应指明的化学计量方程，反应进度在 t 时刻的变化率称为该反应的转化速率，用 $d\xi/dt$ 表示，单位为 $mol\cdot s^{-1}$。

4. 化学反应速率

单位体积内的转化速率称为反应速率。对于体积恒定的反应，反应速率相当于单位时间内参与反应的物质B的浓度的变化率。反应速率的定义式为：$r \xlongequal{\text{def}} \frac{1}{V}\times\frac{d\xi}{dt}=\frac{1}{\nu_B}\times\frac{dc_B(t)}{dt}$。

在动力学曲线上，作 t 时刻的切线，切线的斜率即是 t 时刻的反应速率。

5. 基元反应和非基元反应

在化学反应中，如果反应物分子通过一次碰撞即刻作用，并转化为生成物分子，则该反应称为基元反应。否则，就是非基元反应。

用组成宏观总反应的所有基元反应来表明从反应物到生成物所经历的过程，称为反应机理或反应历程。

6. 反应的速率方程和速率系数

表示反应速率与浓度等参数之间的关系，或表示浓度等参数与时间之间关系的方程称为反应的速率方程，速率方程可以表示成微分形式或积分形式。速率方程中的比例系数称为速率系数，数值上相当于反应物浓度都等于单位浓度时的反应速率。对一定反应，在定温下，速率系数有定值，与反应物浓度无关。速率系数的单位随反应级数的不同而不同。

7. 反应分子数和质量作用定律

反应分子数是一个微观的概念，在基元反应中，反应物分子数之和称为反应分子数，其数值一般为1、2或3。

基元反应的速率与各反应物浓度的幂的乘积成正比，各浓度项的指数就是反应方程中各物质的计量系数，这就是质量作用定律，它只适用于基元反应。

8. 反应级数和准级数反应

在反应速率方程中，所有浓度项指数的代数和称为该反应的级数，用 n 表示。n 可以是正数、负数、整数、分数或零，也有的反应级数无法用简单的数字表示。在速率方程中，如果某一反应物过量很多，其浓度在反应过程中几乎不变，可近似作为常数处理，将其并入速率系数项中，则反应级数相应下降，称为准级数反应。这也是常用的一种简化处理的方法。

6.1.1 化学动力学的任务和目的

化学热力学已经解决了在给定条件下判断反应进行的方向以及可能达到的最大限度等问题。但是，由于在经典热力学的研究方法中没有考虑时间这个因素，因此只能判断反应的可能性，至于如何将反应变成现实、一旦发生反应其速率如何等问题，热力学均无法解决。化学热力学只考虑始态与终态之间的差别，而不考虑变化过程的细节，也不考虑各种因素对反应的影响，这些问题将由化学动力学来研究解决。

例如，对于氢气与氧气化合生成水的反应，从热力学数据表可以得到反应的 $\Delta_r G_m^{\ominus}$ 值。

$$H_2(g)+\frac{1}{2}O_2(g) = H_2O(l) \qquad \Delta_r G_m^{\ominus}=-237.13\text{kJ}\cdot\text{mol}^{-1}$$

从热力学判据可以断定，在标准状态下，该反应自发向正方向反应的趋势很大，标准平衡常数的数值也很大，几乎可以使反应进行完全。但热力学却无法给出反应完成需要多长时间，有几种可以进行反应的途径等。实际上，在常温、常压下，把氢气和氧气放在一起，无论经历多长时间，都是不可能看到有水生成的。而动力学研究表明：用一个小火星就能使一定比例的氢气和氧气的混合物以支链爆炸的形式瞬间完成反应；用升高温度的方法，当温度升至 1000K 以上，氢气和氧气会以热爆炸的形式瞬间完成反应；如果选用合适的催化剂，可以使氢气和氧气在比较温和的条件下化合成水，并能将其化学能转变成电能等。显然，这些动力学的研究有非常重要的现实意义。

化学动力学主要研究化学反应的速率以及影响速率的各种因素，如温度、浓度、压力、催化剂、介质和分子结构等。另外，还研究化学反应的机理，了解从反应物到生成物所经过的具体历程，以便掌握反应的本质，更好地驾驭反应使之为人类服务。例如，在石油炼制和有机合成等化工生产中常伴有副反应发生，通过动力学研究可以知道如何提高主反应的速率、抑制副反应的速率，这样既可以提高主产物的产量，又可以减少原材料的浪费和主、副产物分离时的操作困难。也有的反应因为速率太快，以至于有发生爆炸的危险，应设法控制温度和浓度，使反应处于安全区在安全条件下进行。如果一个反应由若干个步骤组成，若想提高该反应的速率，只要设法找出其中最慢的关键步骤加以改进，就有可能使整个反应加快。若有的反应是对人类不利的，如金属腐蚀、塑料老化和臭氧层的破坏等，要设法使这种反应的速率变小，则要抑制关键步骤的速率，使整个反应变慢。

化学动力学理论主要是根据物质中分子的微观运动和结构数据来解析化学反应的本质，从理论上计算速率系数。由此可见，化学动力学的研究无论在理论上还是在生产实践中都具有重要的意义。

化学动力学的研究与化学热力学是不可分割的。如果热力学研究认为反应是可以发生的，但在通常情况下速率太小，动力学则可以采用升高温度、增加压力和添加合适的催化剂等手段使反应能顺利进行并有工业生产价值。如果热力学认为某反应在所处的反应条件下是不可能发生的，则动力学的种种研究也是徒劳的，不可能违背热力学的研究结论，除非对系统输入电能或光能等，用环境对系统做功的方式促使反应发生。

6.1.2 动力学曲线

动力学曲线是指在反应过程中，反应物和生成物的浓度随时间的变化曲线。反应开始后，反应物的浓度随着反应的进行不断降低，而生成物的浓度则不断增加。在反应过程中，选取不同的时刻，取样测定反应物和生成物的浓度，然后以浓度为纵坐标，时间为横坐标，绘制浓度随时间的变化曲线，这种曲线通常称为动力学曲线。

图 6.1 是一个简单反应的动力学曲线的示意图。对于大多数反应，反应物（或产物）的浓度随时间的变化关系往往不是线性的，开始时变化得快一些，然后越来越慢。有的反应到某个时刻之后，反应物和生成物的浓度基本上保持不变，这时反应已达到平衡。也有的反应开始时需要一定的诱导期，在短时间内浓度几乎保持不变，然后变化不断加快。因此，从动力学曲线上可以看出一些有关反应的信息。

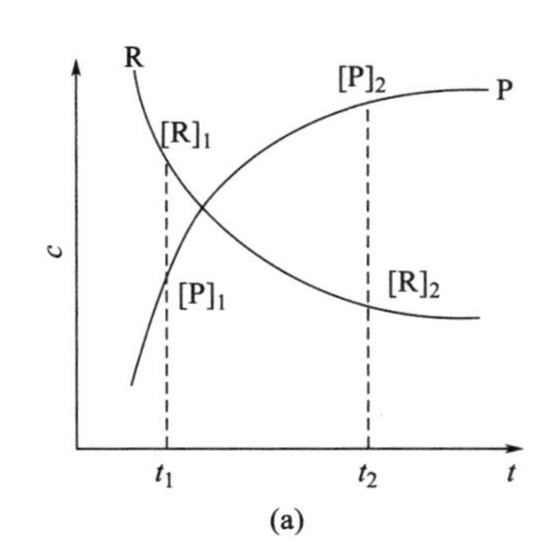

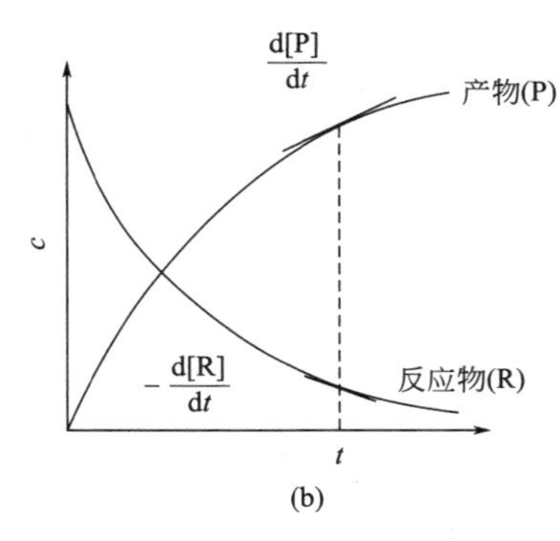

图 6.1 动力学曲线示意图

测定反应物和生成物在不同反应时刻的浓度一般可用化学和物理两种方法。化学方法是在不同的反应时刻，取出少量反应混合物的样品，立即采用骤冷、加入阻化剂或冲稀等方法，设法使反应停留在取样的时刻，然后进行化学分析，而且要确保在分析过程中反应不会继续进行，这样才能得到相应时刻的浓度。化学分析的方法较繁杂而且速度较慢。物理方法是在反应过程中，用仪器监测某一种与物质浓度呈线性关系的物理量的变化，从对应物理量的变化获得在反应过程中某物质的浓度变化的数据。通常监测的物理量有压力、体积、旋光度、折射率、电导率、电动势、介电常数、黏度和热导率等，也有的通过比色的方法来测定浓度的变化。对于不同的反应可以选用不同的方法和仪器，如各种光谱仪、色谱仪、质谱仪、色谱-质谱联用仪、电导率仪、折光仪、红外光谱仪和核磁共振谱仪等，用来定量或半定量地监测一些特定组分的浓度随时间的变化情况。物理方法的优点是可以用原位的方法，在反应过程中进行实时监测，不干扰反应的进行，并能自动记录所监测的物理量（有的已经转换成浓度）的变化情况。

对于一些快速反应（如酸碱中和反应、自由基反应等），必须采取特殊的方法（如弛豫法）或特殊的技术（如闪光光解和阻流技术等）才能进行测量，否则在反应物尚未完全混合均匀之前，已混合部分的反应已经开始甚至已经完成，这给准确记录反应时间和分析对应的浓度带来困难，根本无法绘制动力学曲线。

6.1.3 转化速率

设某个化学反应的计量方程和不同时刻参与反应的各物质的量可表示为

$$\alpha R \longrightarrow \beta P$$

$$\begin{array}{lll} t=0 & n_R(0) & n_P(0) \\ t=t & n_R(t) & n_P(t) \end{array}$$

反应开始时（$t=0$），反应物 R 和生成物 P 的物质的量分别为 $n_R(0)$ 和 $n_P(0)$。当反应进行到 t 时刻（$t=t$），两者的物质的量分别是 $n_R(t)$ 和 $n_P(t)$，则反应进度 ξ 可表示为

$$\xi=\frac{n_R(t)-n_R(0)}{-\alpha}=\frac{n_P(t)-n_P(0)}{\beta} \tag{6.1}$$

与热力学中所采取的惯例一样，反应物的计量系数取负值，生成物的计量系数取正值。根据式(6.1)，将反应进度 ξ 对反应时间 t 进行微分，就得到了在反应时刻 t 的反应进度的变化率，称为转化速率（conversionrate），即

$$\frac{d\xi}{dt}=-\frac{1}{\alpha}\times\frac{dn_R(t)}{dt}=\frac{1}{\beta}\times\frac{dn_P(t)}{dt} \tag{6.2}$$

因为 $n_R(0)$ 和 $n_P(0)$ 是起始时的量，与时间 t 无关，对 t 的微分等于零。

如果将化学反应方程式写成更一般的计量方程形式

$$0=\sum_B \nu_B B$$

则式(6.2) 可表示为

$$\frac{d\xi}{dt}=\frac{1}{\nu_B}\times\frac{dn_B(t)}{dt} \tag{6.3}$$

式(6.3) 可作为转化速率的定义式，即转化速率就是指在 t 时刻，反应进度随时间的变化率。转化速率的单位是 $mol \cdot s^{-1}$。使用转化速率时，一定要与所写的化学计量方程对应，因为虽然转化速率的数值与所选的物质 B 无关，选用任一反应物或任一生成物表示均可，但与物质的计量系数有关，若两个方程的计量系数成倍数的关系，则转化速率也成相应的倍数关系。因此，通常要先写出化学计量方程，然后计算与之对应的转化速率。

6.1.4 化学反应速率

化学反应速率的定义式为

$$r \xlongequal{\text{def}} \frac{1}{V}\times\frac{d\xi}{dt} \tag{6.4}$$

式中，V 是反应系统的体积。反应速率即等于单位体积内的转化速率。若反应系统的体积是恒定的，则将式(6.3) 代入式(6.4)，整理得

$$r=\frac{1}{\nu_B}\times\frac{dn_B(t)/V}{dt}=\frac{1}{\nu_B}\times\frac{dc_B(t)}{dt} \tag{6.5}$$

式中，$c_B(t)$ 是指参与反应的物质 B 在 t 时刻的物质的量浓度，书写时常将 c_B 后面的 (t) 省略。物质的量浓度 c_B 的单位为 $mol \cdot dm^{-3}$，则速率 r 的单位为 $mol \cdot dm^{-3} \cdot s^{-1}$。$c_B$ 也可以用符号 [B] 表示。例如，对于合成氨反应，若反应的计量方程表示为

$$N_2(g)+3H_2(g) \xlongequal{} 2NH_3(g)$$

则其反应速率可以表示为

$$r=-\frac{dc_{N_2}}{dt}=-\frac{1}{3}\times\frac{dc_{H_2}}{dt}=\frac{1}{2}\times\frac{dc_{NH_3}}{dt}$$

或

$$r=-\frac{d[N_2]}{dt}=-\frac{1}{3}\times\frac{d[H_2]}{dt}=\frac{1}{2}\times\frac{d[NH_3]}{dt}$$

反应速率的表示式，无论是用任一反应物来表示，还是用任一生成物来表示，都可以得到同一个数值。对于理想气体的反应，有时也用压力随时间的变化率来表示速率。例如，对于合成氨反应，用压力表示的速率为

$$r_p=-\frac{dp_{N_2}}{dt}=-\frac{1}{3}\times\frac{dp_{H_2}}{dt}=\frac{1}{2}\times\frac{dp_{NH_3}}{dt}$$

r_p 的单位是 $Pa\cdot s^{-1}$。显然，速率 r 和 r_p 的单位是不同的，其数值也不相等。根据理想气体的状态方程，$p_B=c_BRT$，$dp_B=RTdc_B$，r 和 r_p 两者差一个 RT 因子。

平均速率 平均速率是指某一时间段反应物或生成物的浓度随反应时间的变化均值，如图 6.1(a) 所示，可表示为

$$\bar{r}_R=\frac{-([R]_2-[R]_1)}{t_2-t_1} \text{ 和 } \bar{r}_P=\frac{([P]_2-[P]_1)}{t_2-t_1}$$

它不能确切反映速率的变化情况，只提供了一个平均值，用处不大。

瞬时速率 在浓度（或压力）随时间的变化曲线图上，在时间 t 时，作交点的切线，就得到 t 时刻的瞬时速率，如图 6.1(b) 所示，可表示为

$$r_R=\frac{-d[R]}{dt} \text{ 和 } r_P=\frac{d[P]}{dt}$$

显然，反应刚开始速率大，然后不断减小，体现了反应速率变化的实际情况。通常所说的反应速率如没有特殊说明就是瞬时速率。

要测定反应的速率，首先要绘制浓度（或压力）随时间的变化曲线［如图 6.1(b)所示］，然后在某 t 时刻作相应的切线，切线的斜率就是该时刻的反应速率。反应开始时的速率称为反应的初始速率，它的数值比较大，而且受干扰少，能反映该化学反应的特点，因此反应的初始速率是动力学研究中的一个重要参数。

6.1.5 基元反应和非基元反应

如果一个化学反应的反应物分子在碰撞过程中直接作用，并即刻转化为生成物分子，这种通过一步就完成的化学反应称为基元反应（或称为元反应）(elementary reaction)。否则，就是非基元反应。例如，氢气与氯气化合生成氯化氢的反应，其计量方程为

$$H_2(g)+Cl_2(g)=2HCl(g)$$

经研究证明，该反应不是一步完成的，而是要经历以下几个主要步骤：

$$Cl_2+M\longrightarrow 2Cl+M \quad (1)$$

$$Cl+H_2\longrightarrow HCl+H \quad (2)$$

$$H+Cl_2\longrightarrow HCl+Cl \quad (3)$$

……

$$Cl+Cl+M\longrightarrow Cl_2+M \quad (4)$$

反应（1）～反应（4）都是一步完成的，它们都是基元反应。从微观角度讲，基元反应相当于组成化学反应的基本单元，将所有这些基元反应加在一起，表明了从反应物到生成物所经历的过程，称为反应机理，也称为反应历程。$H_2(g)$ 与 $Cl_2(g)$ 化合生成 $HCl(g)$ 的计量方

程只表示反应物与生成物之间的数量关系，而反应不是一步完成的，是由反应（1）～反应（4）的许多基元反应组合成的，因此是非基元反应。

通常将只含一个基元反应的化学反应称为简单反应，由两个和两个以上的基元反应组成的化学反应称为复杂反应，也称为总包反应（overall reaction）或总反应。

6.1.6 反应的速率方程和速率系数

表示反应速率与浓度等参数之间的关系，或表示浓度等参数与时间之间关系的方程称为反应的速率方程，也称为动力学方程。速率方程可以表示成微分形式，也可以表示成积分形式，其具体形式随反应的不同而不同，必须由实验来确定。例如，有以下反应：

$$\mathrm{R} \longrightarrow \mathrm{P}$$

经实验确定，反应的速率与反应物 R 的浓度的一次方成正比，则它的速率方程的微分式和积分式可以分别表示为

$$r=-\frac{\mathrm{d}[\mathrm{R}]}{\mathrm{d}t}=\frac{\mathrm{d}[\mathrm{P}]}{\mathrm{d}t}=k[\mathrm{R}]$$

$$\ln\frac{c_{\mathrm{R}}(0)}{c_{\mathrm{R}}(t)}=kt \qquad 或 \qquad \ln\frac{[\mathrm{R}]_0}{[\mathrm{R}]_t}=kt$$

式中，$c_{\mathrm{R}}(0)$ 或 $[\mathrm{R}]_0$ 和 $c_{\mathrm{R}}(t)$ 或 $[\mathrm{R}]_t$ 分别表示反应在开始时刻和进行到 t 时刻时反应物 R 的浓度；k 称为速率系数（rate coefficient），它在数值上相当于反应物的浓度等于单位浓度时的反应速率。在一定温度下，k 有定值，与反应物的浓度无关，所以又称为速率常数。速率系数的单位随速率方程中浓度项的指数值（即反应级数）的不同而不同。

6.1.7 反应分子数和质量作用定律

反应分子数和质量作用定律这两个概念只适用于基元反应。反应分子数是一个微观的概念，在基元反应中，反应物分子的总数称为反应分子数，其数值一般只有 1、2 或 3 三种可能。因为不可能有零分子反应，到目前为止还没有见过四分子反应，3 个分子碰在一起反应已经是很少见的了。基元反应的速率与各反应物浓度的幂的乘积成正比，其中各浓度项的指数即为反应方程中反应物的计量系数，这就是质量作用定律（law of mass action）。

基元反应的计量方程大致有以下三类：

① $\mathrm{A} \longrightarrow \mathrm{P}$

② $\mathrm{A}+\mathrm{B} \longrightarrow \mathrm{P}$ 或 $2\mathrm{A} \longrightarrow \mathrm{P}$

③ $\mathrm{A}+\mathrm{B}+\mathrm{C} \longrightarrow \mathrm{P}$ 或 $2\mathrm{A}+\mathrm{B} \longrightarrow \mathrm{P}$

① 类反应是单分子反应，如单分子分解反应或异构化反应等。根据质量作用定律，其对应的速率方程为 $r_1=k_1[\mathrm{A}]$

② 类反应是双分子反应，这类反应比较多，其速率方程分别为

$$r_2=k_2[\mathrm{A}][\mathrm{B}] \qquad 或 \qquad r_2=k_2[\mathrm{A}]^2$$

③ 类反应是三分子反应，这类反应极少，其速率方程分别为

$$r_3=k_3[\mathrm{A}][\mathrm{B}][\mathrm{C}] \qquad 或 \qquad r_3=k_3[\mathrm{A}]^2[\mathrm{B}]$$

速率是指单位时间内参加反应的物质的浓度变化，因此速率的单位都是相同的，均等于 $\mathrm{mol\cdot dm^{-3}\cdot s^{-1}}$。由于动力学方程中浓度项的指数（级数）不同，因此速率系数 k_1、k_2 和 k_3 的单位就不可能相同。

对于基元反应，只要有了反应的计量方程，就可以根据质量作用定律写出对应的速率方

程。对于非基元反应，其速率方程只有通过实验测定，或根据反应机理来推导。

6.1.8 反应级数和准级数反应

在反应的速率方程中，物质 B 的浓度项的指数称为反应对 B 的级数，所有浓度项指数的代数和称为该反应的总级数，简称为反应级数（order of reaction），用字母 n 表示。通常所说的反应级数，是指反应的总级数。例如，有一化学反应：

$$a\mathrm{A}+b\mathrm{B}\longrightarrow \mathrm{P}$$

经实验测定，其速率方程为 $r=k[\mathrm{A}][\mathrm{B}]^2$，则该反应的总级数 $n=3$，是一个三级反应，分别对反应物 A 为一级，对 B 为二级。

反应级数的大小表示物质的浓度对反应速率影响的程度，级数的绝对值越大，表示该物质的浓度对反应速率的影响越大。因为反应级数是速率方程中所有浓度项指数的代数和，所以它的数值可能是正数，也可能是负数，可以是整数，也可以是分数，甚至有时会等于零。有的反应，其浓度项的指数无法简单地进行加和，则就无法确定其反应级数的值，或称该反应的总级数 n 无简单的数值。例如

$r=k[\mathrm{A}]$	一级反应
$r=k[\mathrm{A}][\mathrm{B}]$ 或 $r=k[\mathrm{A}]^2$	二级反应
$r=k[\mathrm{A}][\mathrm{B}][\mathrm{C}]$	三级反应
$r=k[\mathrm{A}][\mathrm{B}]^{1/2}$	1.5 级反应
$r=k[\mathrm{A}][\mathrm{B}]^{-2}$	负一级反应
$r=\dfrac{k[\mathrm{H_2}][\mathrm{Br_2}]^{1/2}}{1+k'[\mathrm{HBr}]/[\mathrm{Br_2}]}$	n 无简单数值

如果在某化学反应中，一个反应物的浓度远大于另一个反应物的浓度，且在反应过程中其浓度几乎不变，则可将其浓度项近似作为常数处理，并入速率系数项中，从而使反应级数下降，这种下降了的级数称为准级数。例如，某反应的速率方程为

$$r=k[\mathrm{A}][\mathrm{B}]$$

如果 $[\mathrm{A}]\gg[\mathrm{B}]$，则

$$r=k'[\mathrm{B}]$$

式中，$k'=k[\mathrm{A}]$。该反应原来是二级反应，现在变成了一级反应，就称该反应为准一级反应，可以用一级反应的方法进行处理和计算，这也是常用的一种简化方法。在化学反应中，如果催化剂的浓度也出现在速率方程中，由于催化剂的浓度在反应过程中保持不变，因此常将催化剂的浓度项并入速率系数项，可以简化计算。在准级数反应中，$k'=k[\mathrm{A}]$，显然 k' 的单位与原来的速率系数 k 的单位是不同的。

6.2 具有简单级数反应的特点

主要知识点

1. 零级反应

反应速率与反应物浓度的零次方成正比，即与反应物的浓度无关。光化学反应和表

面催化反应有时会呈现零级反应的特点。零级反应的特点如下。

① 速率方程的微分式为 $r=\dfrac{dx}{dt}=k_0$，定积分式为 $x=k_0t$。

② 浓度与时间的线性关系为 x-t，半衰期 $t_{1/2}=\dfrac{a}{2k_0}$。

③ 速率系数 k_0 的单位为 $mol \cdot dm^{-3} \cdot s^{-1}$，即 [浓度]·[时间]$^{-1}$。

2. 一级反应

反应速率与反应物浓度的一次方成正比。放射性元素的蜕变和分子重排反应等都是一级反应。一级反应的特点如下。

① 速率方程的微分式为 $r=\dfrac{dx}{dt}=k_1(a-x)$，定积分式为 $\ln\dfrac{a}{a-x}=k_1t$ 或 $\ln\dfrac{1}{1-y}=k_1t$（y 为反应物的转化分数）。

② 浓度与时间的线性关系为 $\ln(a-x)$-t，半衰期 $t_{1/2}=\dfrac{\ln 2}{k_1}$。

③ 速率系数 k_1 的单位为 s^{-1}，即 [时间]$^{-1}$。

3. 二级反应

反应速率与反应物浓度的二次方成正比。二级反应（$a=b$）的特点如下。

① 速率方程的微分式为 $r=\dfrac{dx}{dt}=k_2(a-x)(b-x)$ 或 $r=\dfrac{dx}{dt}=k_2(a-x)^2$，定积分式为 $\dfrac{1}{a-x}-\dfrac{1}{a}=k_2t$ 或 $k_2=\dfrac{1}{ta}\times\dfrac{y}{1-y}$。

② 浓度与时间的线性关系为 $\dfrac{1}{a-x}$-t，半衰期 $t_{1/2}=\dfrac{1}{k_2a}$。

③ 速率系数 k_2 的单位为 $(mol \cdot dm^{-3})^{-1} \cdot s^{-1}$，即 [浓度]$^{-1}$·[时间]$^{-1}$。

*4. n 级反应

反应速率与反应物浓度的 n 次方成正比，可以导出适用于不同级数反应（一级反应除外）的一些普遍表示式。n 级反应的特点如下。

① 微分式 $r=\dfrac{dx}{dt}=k(a-x)^n$，定积分式为 $\dfrac{1}{n-1}\left[\dfrac{1}{(a-x)^{n-1}}-\dfrac{1}{a^{n-1}}\right]=kt$。

② 浓度与时间的线性关系为 $\dfrac{1}{(a-x)^{n-1}}$-t，半衰期通式为 $t_{1/2}=A\dfrac{1}{a^{n-1}}$。

③ 速率系数 k 的单位为 $(mol \cdot dm^{-3})^{1-n} \cdot s^{-1}$，即 [浓度]$^{1-n}$·[时间]$^{-1}$。

5. 根据特点确定反应级数

主要有三种方法。

① 积分法，又称为尝试法。先假设反应为某级数反应，将不同时间 t 和对应的浓度代入相应的定积分式，看速率系数 k 是否基本为一常数，或代入浓度与时间的线性关系式进行作图，看是否得到一直线。若是，则假设正确；若不是，则要重新假设。该方法只适用于整级数反应。

② 微分法。将速率方程微分式的等式两边取对数，得

$$\ln\frac{dx}{dt}=\ln k+n\ln(a-x)$$

以 $\ln\frac{dx}{dt}$ 对 $\ln(a-x)$ 作图，得到一直线，直线的斜率就是反应的总级数 n 的值。该方法适用于任何级数的反应。微分法适用性广，但需作图三次，误差较大。作图技术的好坏直接影响结果的准确性。

③ 半衰期法。对反应物 A 取两个不同的起始浓度 a_1 和 a_2，在相同反应条件下分别测定对应的半衰期 $t_{1/2,1}$ 和 $t_{1/2,2}$。如果两个半衰期相同，则对 A 是一级反应。如果两个半衰期不同，代入以下公式：$\frac{t_{1/2,1}}{t_{1/2,2}}=\left(\frac{a_2}{a_1}\right)^{n-1}$，就可得到对 A 的反应级数 n 的值。

凡是反应的速率只与反应物的浓度有关，而且反应级数是零、一、二或三的反应统称为具有简单级数的反应。基元反应都具有简单的反应级数，如一级、二级或三级，但具有简单级数的反应不一定是基元反应。例如，零级反应就不可能是基元反应，因为没有零分子反应。$H_2(g)$ 和 $I_2(g)$ 反应生成 HI(g)，这是一个复杂反应，但它总的反应级数等于 2，具有二级反应的特点。下面分别讨论具有简单级数的反应的一些特点，如速率方程的微分式、积分式，浓度与时间的线性关系，速率系数的单位和半衰期与反应物浓度的关系等。

6.2.1 零级反应

有反应 $A \longrightarrow P$，经实验测定，反应的速率与反应物浓度的零次方成正比，即反应速率与反应物的浓度无关，则该反应称为零级反应（zeroth order reaction）。动力学的处理方法一般分为以下几步：先写出化学反应的计量方程，分别标出反应开始时（$t=0$）和反应进行到 t 时刻（$t=t$）反应物和生成物的浓度变化情况；然后写出速率方程的微分式，从速率方程的微分式可以确定速率系数的单位；对微分式进行不定积分，得出反应物（或生成物）的浓度与时间的线性关系；再对微分式进行定积分，导出浓度、时间和速率系数之间的定量关系；再引入反应物转化分数的概念，导出半衰期的表达式。

设有某零级反应为

$$\begin{array}{lcc} & A & \xrightarrow{k_0} P \\ t=0 & a & 0 \\ t=t & a-x & x \end{array}$$

根据实验测定，该反应的速率与反应物 A 的浓度无关，即与 A 的浓度呈零级的关系，则反应速率的微分式为

$$r=\frac{dx}{dt}=k_0[A]^0=k_0 \tag{6.6}$$

零级反应速率系数 k_0 的单位与速率的单位相同。对式(6.6) 进行不定积分

$$\int dx=k_0\int dt \qquad 得\ x=k_0t+常数$$

从不定积分式可以看出，生成物浓度 x 与反应时间 t 呈线性关系。

对式(6.6) 进行定积分

$$\int_0^x dx=k_0\int_0^t dt \qquad 得\ x=k_0t \tag{6.7}$$

根据式(6.7)，可以看出生成物浓度 x、反应时间 t 和速率系数 k_0 之间的定量关系，若有两个已知量，就可以计算第三个未知量。

令 y 为在反应时间 t 时刻已发生作用的反应物的分数，即

$$y=\frac{x}{a} \tag{6.8}$$

将 y 称为反应物 A 的转化分数。将式(6.8) 改写为 $x=ya$ ，代入式(6.7)，得

$$ya=k_0 t$$

将反应物转化了一半所需的时间称为半衰期（half life)，用 $t_{1/2}$ 表示，则 $t_{1/2}$ 就是 $y=\frac{1}{2}$ 时的时间，将 $y=\frac{1}{2}$ 代入上式，整理得

$$t_{1/2}=\frac{a}{2k_0} \tag{6.9}$$

综上所述，零级反应的特点是：速率系数的单位与速率的单位相同，为 $mol \cdot dm^{-3} \cdot s^{-1}$，即［浓度］·［时间］$^{-1}$；生成物（或反应物）的浓度与时间 t 的线性关系为 x-t；半衰期与反应物的起始浓度成正比。

一些光化学反应的初级反应的速率往往只与吸收光的强度有关，而与反应物的浓度无关，与反应物的浓度呈零级的关系，这是因为在光化学反应中反应物的用量总是过量的。也有一些表面催化反应，如氨气在催化剂金属钨表面上的分解，反应速率仅取决于在催化剂上钨的表面状态，取决于催化剂表面上活性中心的数量和对氨分子吸附的强度，取决于被吸附的氨分子的分解，表面反应是速率的决定步骤，增加氨浓度无助于速率的增加，因此速率与反应物氨气的浓度无关，对氨气的浓度呈零级。显然，零级反应不是一个简单反应，只是反应速率的决定步骤与反应物的浓度无关而已。

6.2.2 一级反应

反应速率与反应物浓度的一次方成正比的反应称为一级反应（first order reaction)。例如，放射性元素的蜕变、丁二烯的重排和五氧化二氮在惰性溶剂中的分解等都是一级反应。对于一级反应处理的步骤与零级反应中介绍的相同。

设有某一级反应

$$\begin{array}{ccc} & A \xrightarrow{k_1} & P \\ t=0 & a & 0 \\ t=t & a-x & x \end{array}$$

反应速率的微分式为

$$r=\frac{dx}{dt}=k_1[A]=k_1(a-x) \tag{6.10}$$

速率系数的下标表示反应的级数。对反应速率的微分式进行不定积分

$$\int \frac{dx}{a-x}=k_1\int dt \qquad \text{得} \ln(a-x)=-k_1 t+\text{常数} \tag{6.11}$$

从所得的不定积分式可以清楚地看出，与时间 t 呈线性关系的是反应物浓度的对数形式，即 $\ln(a-x)$-t。

对反应速率的微分式进行定积分

$$\int_0^x \frac{dx}{a-x}=k_1\int_0^t dt \qquad \text{得} \ln\frac{a}{a-x}=k_1 t \tag{6.12}$$

或

$$k_1=\frac{1}{t}\ln\frac{a}{a-x} \tag{6.13}$$

反应速率的定积分式清楚地表明了反应物（或生成物）的浓度与时间 t 和速率系数 k_1 之间的定量关系。利用定积分式，可以用实验可测的量来计算实验不可测的量，在计算练习题时，可以利用已知的数值来计算未知的数值。

从式(6.10) 或式(6.12) 都可以清楚地看出，一级反应速率系数 k_1 的单位是 s^{-1}，即 $[时间]^{-1}$。对于速率较小的反应，速率系数的单位也可以用 a^{-1}(年$^{-1}$)、d^{-1}(天$^{-1}$)、h^{-1}(小时$^{-1}$) 或 min^{-1}(分钟$^{-1}$) 等表示。

同样，令 y 为时间 t 时反应物的转化分数，即 $y=\frac{x}{a}$，代入式(6.13)，整理得

$$t=\frac{1}{k_1}\ln\frac{1}{1-y} \tag{6.14}$$

式(6.14) 是一级反应的又一个定积分式。当 $y=\frac{1}{2}$(即反应物反应掉一半) 的时间就是半衰期 $t_{1/2}$，代入式(6.14) 得

$$t_{1/2}=\frac{\ln 2}{k_1} \tag{6.15}$$

综上所述，一级反应的特点是：浓度与时间的线性关系为 $\ln(a-x)$-t；半衰期 $t_{1/2}=\frac{\ln 2}{k_1}$，与反应物的浓度无关；速率系数的单位是 s^{-1}，即 $[时间]^{-1}$。如果发现某反应有一个特点与一级反应的特点相符，就可以判断该反应为一级反应。因此，记住具有简单级数反应的特点及其定积分式是十分重要的。

一级反应除上述特点外，还具有如下引申特点。

① 所有分数衰期都是与起始物浓度无关的常数；

② $t_{1/2} : t_{3/4} : t_{7/8}=1:2:3$；

③ $\frac{a-x}{a}=\exp(-k_1t)$ 即反应间隔 t 相同，$\frac{a-x}{a}$ 有定值。

【例 6.1】 某放射性元素 A 经 14.0d（天）后，活性降低了 6.85%。试计算该放射性元素的半衰期。若该元素要分解掉 90%，需经多长时间？

解 放射性元素的蜕变是一级反应，反应式及各时刻 A 的浓度为

$$\mathrm{A} \xrightarrow{k_1} \mathrm{P}$$

	A	P
$t=0$	$a=100$	0
$t=14.0\mathrm{d}$	100－6.85	6.85

根据一级反应的定积分式，计算速率系数

$$k_1=\frac{1}{t}\ln\frac{a}{a-x}=\frac{1}{14.0\mathrm{d}}\ln\frac{100}{100-6.85}=5.07\times10^{-3}\mathrm{d}^{-1}$$

$$t_{1/2}=\frac{\ln 2}{k_1}=\frac{\ln 2}{5.07\times10^{-3}\mathrm{d}^{-1}}=136.7\mathrm{d}$$

$$t=\frac{1}{k_1}\ln\frac{1}{1-y}=\frac{1}{5.07\times10^{-3}\mathrm{d}^{-1}}\ln\frac{1}{1-0.90}=454.2\mathrm{d}$$

【例 6.2】 用旋光度法可以测定蔗糖在酸催化下水解成果糖和葡萄糖反应的速率系数和半衰期。在一定温度和一定的酸浓度下，实验测定某蔗糖溶液在酸催化下水解过程的总的旋光度（旋光度具有加和性）值，所得的数据为：开始时，测得反应系统的旋光度为 6.60°，80min 之后为 3.71°，到蔗糖水解基本完毕的时间为 t_∞，这时的旋光度为 −1.98°。已知蔗糖和葡萄糖是右旋的，果糖是左旋的，果糖的左旋大于葡萄糖的右旋，因此整个溶液的旋光度是从右旋变到左旋。试计算该反应的速率系数和半衰期。

解 由于水的量远大于蔗糖的量，因此水的浓度可近似看作常数，该反应是准一级反应，可以用一级反应的方法来处理。由于溶液的浓度与旋光度呈线性关系，因此不同时刻旋光度的变化，就相当于浓度的变化。

$$\underset{\text{蔗糖(右)}}{C_{12}H_{22}O_{11}} + H_2O \xrightarrow{H_3O^+} \underset{\text{葡萄糖(右)}}{C_6H_{12}O_6} + \underset{\text{果糖(左)}}{C_6H_{12}O_6}$$

$$t=0 \qquad \alpha_0 = 6.60°$$

$$t=80\text{min} \qquad \alpha_t = 3.71°$$

$$t=\infty \qquad \alpha_\infty = -1.98°$$

用（$\alpha_0 - \alpha_\infty$）代表反应开始时（$t=0$）的浓度，用（$\alpha_t - \alpha_\infty$）代表反应在 t 时刻的浓度，浓度之比与旋光度之比的数值是相等的，所以有

$$k_1 = \frac{1}{t}\ln\frac{a}{a-x} = \frac{1}{t}\ln\frac{\alpha_0 - \alpha_\infty}{\alpha_t - \alpha_\infty} = \frac{1}{80\text{min}}\ln\frac{6.60+1.98}{3.71+1.98} = 5.13\times10^{-3}\text{min}^{-1}$$

$$t_{1/2} = \frac{\ln 2}{k_1} = \frac{\ln 2}{5.13\times10^{-3}\text{min}^{-1}} = 135\text{min}$$

6.2.3 二级反应

反应速率与反应物浓度的二次方成正比的反应称为二级反应（second order reaction），如乙酸乙酯的皂化、烯烃的二聚反应和甲醛的热分解反应等都是二级反应。

设有某二级反应为

$$\begin{array}{cccc} & A & + \quad B \xrightarrow{k_2} & P \\ t=0 & a & b & 0 \\ t=t & a-x & b-x & x \end{array}$$

反应速率的微分式为

$$r = \frac{dx}{dt} = k_2(a-x)(b-x) \tag{6.16}$$

反应物 A 和 B 的起始浓度可以相同，也可以不同。为数学处理方便起见，设 A 和 B 的起始浓度相同，即 $a=b$，则式(6.16) 可以简化为

$$r = \frac{dx}{dt} = k_2(a-x)^2$$

对上述微分式进行不定积分

$$\int\frac{dx}{(a-x)^2} = k_2\int dt \qquad 得 \ \frac{1}{a-x} = k_2 t + 常数 \tag{6.17}$$

从式(6.17) 可以看出，浓度与反应时间的线性关系为 $\frac{1}{a-x}$ -t。若以 $\frac{1}{a-x}$ 对反应时间 t 作图，应该得到一条直线，直线的斜率即为 k_2，这就是利用作图求二级反应速率系数的一种方法。

若对微分式进行定积分

$$\int_0^x \frac{dx}{(a-x)^2}=k_2\int_0^t dt \quad 得 \frac{1}{a-x}-\frac{1}{a}=k_2 t \tag{6.18}$$

将式(6.18) 重排后得

$$k_2=\frac{1}{t}\times\frac{x}{a(a-x)} \tag{6.19}$$

再令反应物的转化分数为 $y=\frac{x}{a}$，代入式(6.19)，得另一个定积分式为

$$k_2 ta=\frac{y}{1-y} \tag{6.20}$$

式(6.18) ～式(6.20) 这三个定积分式是等同的。当 $y=\frac{1}{2}$ 时所需的时间就是半衰期 $t_{1/2}$，则

$$t_{1/2}=\frac{1}{k_2 a} \tag{6.21}$$

由此可见，二级反应 ($a=b$) 的半衰期与反应物的起始浓度成反比。从式(6.16) 和式(6.19) 可以清楚地看出，二级反应的速率系数 k_2 的单位是 $(mol\cdot dm^{-3})^{-1}\cdot s^{-1}$，即 [浓度]$^{-1}$·[时间]$^{-1}$。

综上所述，$a=b$ 的二级反应的特点是：浓度与时间的线性关系为 $\frac{1}{a-x}$ -t；半衰期与反应物的起始浓度成反比；速率系数 k_2 的单位为 [浓度]$^{-1}$·[时间]$^{-1}$。另外对于 $a=b$ 的二级反应，也具有 $t_{1/2}:t_{3/4}:t_{7/8}=1:3:7$ 的引申特点。

对于 $a\neq b$ 的二级反应，对微分式 [式(6.16)] 进行不定积分和定积分，求得浓度与时间的线性关系和对应的定积分式分别为

$$\frac{1}{a-b}\ln\frac{a-x}{b-x}=k_2 t+常数 \tag{6.22}$$

$$k_2=\frac{1}{t(a-b)}\ln\frac{b(a-x)}{a(b-x)} \tag{6.23}$$

因为 A 和 B 的起始浓度不同，所以半衰期也不同，也不可能有统一的半衰期计算公式。

如果反应物的浓度 [A] ≫ [B]，就可以用准一级反应的方法处理，即

$$r=k_2[A][B]\approx k'[B] \qquad k'=k_2[A]$$

其后处理方法都与一级反应相似，只是 k' 的单位是一级反应的单位 s^{-1}，而 k_2 的单位仍是 $(mol\cdot dm^{-3})^{-1}\cdot s^{-1}$，所得到的半衰期是起始浓度较小的 B 的半衰期。

【例 6.3】 已知某 A+B 的反应，起始浓度都等于 a。在一定温度下，经实验测定，该反应是二级反应。1h 后，两个反应物的浓度都下降了 75%。

① 试求反应的速率系数的表示式。

② 2h 后，反应物还剩余多少没有作用？

解 ① 该反应是个起始浓度 $a=b$ 的二级反应，测定的是反应物浓度的下降分数，所以用式(6.20) 计算较方便。

$$k_2=\frac{1}{ta}\times\frac{y}{1-y}=\frac{1}{a\times 1\text{h}}\times\frac{0.75}{1-0.75}=\frac{3}{a}\text{h}^{-1}$$

②
$$\frac{y}{1-y}=k_2ta=\frac{3}{a}\text{h}^{-1}\times 2\text{h}\times a=6$$

$$y=\frac{6}{7}\qquad 1-y=1-\frac{6}{7}=\frac{1}{7}=0.143$$

反应物还剩余 14.3%没有作用。

【例 6.4】 在 800K 的定容容器中，乙醛气体分解为甲烷和一氧化碳是一个二级反应。在反应开始时，$CH_3CHO(g)$ 的压力为 48.0kPa，反应进行 240s 后，测得系统的总压力为 66.0kPa。求该反应的速率系数和半衰期。

解 实验测定的是压力。因此速率方程用压力表示要比用浓度表示方便，但是速率系数数值和单位显然会与用浓度表示时不同。先写出不同时刻的压力

$$\begin{array}{llll} & CH_3CHO(g) \xrightarrow{k_p} & CH_4(g) + & CO(g) \\ t=0 & p_0 & 0 & 0 \\ t=t & p_0-p & p & p \end{array}$$

$$p_{总}=p_0-p+p+p=p_0+p \qquad p=p_{总}-p_0$$

根据二级反应的定积分式［式(6.19)］，用压力代替浓度，得

$$k_p=\frac{1}{t}\times\frac{p}{p_0(p_0-p)}=\frac{1}{t}\times\frac{p_{总}-p_0}{p_0(2p_0-p_{总})}$$

$$=\frac{1}{240\text{s}}\times\frac{(66.0-48.0)\text{kPa}}{48.0\text{kPa}\times(2\times 48.0-66.0)\text{kPa}}=5.21\times 10^{-5}(\text{kPa})^{-1}\cdot\text{s}^{-1}$$

$$t_{1/2}=\frac{1}{k_pp_0}=\frac{1}{5.21\times 10^{-5}(\text{kPa})^{-1}\cdot\text{s}^{-1}\times 48.0\text{kPa}}=400\text{s}$$

6.2.4 三级反应

凡是反应速率与反应物浓度的三次方成正比的反应就称为三级反应（third order reaction)，有下列三种形式：

$$A+B+C \longrightarrow P \qquad r=k_3[A][B][C]$$

$$2A+B \longrightarrow P \qquad r=k_3[A]^2[B]$$

$$3A \longrightarrow P \qquad r=k_3[A]^3$$

设有某三级反应为

$$\begin{array}{lcccc} & A\ + & B\ + & C \xrightarrow{k_3} & P \\ t=0 & a & b & c & 0 \\ t=t & (a-x) & (b-x) & (c-x) & x \end{array}$$

反应速率的微分式为

$$r=\frac{dx}{dt}=k_3(a-x)(b-x)(c-x) \tag{6.24}$$

反应物 A、B 和 C 的起始浓度可以相同，也可以不同。为数学处理方便起见，设 A、B 和 C 的起始浓度相同，即 $a=b=c$，则式(6.24) 可以简化为

$$r=\frac{dx}{dt}=k_3(a-x)^3 \qquad (a=b=c) \tag{6.25}$$

对上述微分式进行不定积分

$$\int\frac{dx}{(a-x)^3}=\int k_3 dt \quad 得 \quad \frac{1}{2(a-x)^2}=k_3 t+常数 \tag{6.26}$$

从式(6.26) 可以看出，浓度与反应时间的线性关系为 $\frac{1}{(a-x)^2}$-t。若以 $\frac{1}{2(a-x)^2}$ 对反应时间 t 作图，应该得到一条直线，直线的斜率即为 k_3，这也是利用作图法求三级反应速率系数的一种方法。

若对微分式进行定积分

$$\int_0^x\frac{dx}{(a-x)^3}=\int_0^t k_3 dt \quad 得 \quad \frac{1}{2}\left[\frac{1}{(a-x)^2}-\frac{1}{a^2}\right]=k_3 t \tag{6.27}$$

再令反应物的转化分数为 $y=\frac{x}{a}$，代入式(6.27)，得另一个定积分式为

$$\frac{y(2-y)}{(1-y)^2}=2k_3a^2t \tag{6.28}$$

当 $y=\frac{1}{2}$ 时所需的时间就是半衰期 $t_{1/2}$，则

$$t_{1/2}=\frac{3}{2k_3a^2} \tag{6.29}$$

由此可见，三级反应（$a=b=c$）的半衰期与反应物的起始浓度的平方成反比。从式(6.27) 和式(6.29) 可以清楚地看出，三级反应的速率系数 k_3 的单位是 $(mol\cdot dm^{-3})^{-2}\cdot s^{-1}$，即 [浓度]$^{-2}$·[时间]$^{-1}$。

综上所述，$a=b=c$ 的三级反应的特点是：浓度与时间的线性关系为 $\frac{1}{(a-x)^2}$-t；半衰期与反应物的起始浓度的平方成反比；速率系数 k_3 的单位为 [浓度]$^{-2}$·[时间]$^{-1}$。另外对于 $a=b=c$ 的三级反应，也具有 $t_{1/2}:t_{3/4}:t_{7/8}=1:5:21$ 的引申特点。

对于反应物起始浓度 $a\neq b\neq c$ 的情况，数学上处理非常复杂，这里就不再详述。

*6.2.5 n 级反应

反应速率与反应物浓度的 n 次方成正比的反应称为 n 级反应，n 的数值可以是 0、1、2、3 等正整数，也可以是$\frac{1}{2}$、$\frac{3}{2}$等分数。利用 n 级反应来导出各种级数反应的速率系数单位和半衰期等的普遍表示式。

设反应为

	αA	$\longrightarrow$ P
$t=0$	a	0
$t=t$	$a-x$	x

设反应为 n 级，即速率方程的微分式

$$\frac{\mathrm{d}x}{\mathrm{d}t}=k[\mathrm{A}]^n=k(a-x)^n \tag{6.30}$$

对微分式进行定积分

$$\int_0^x \frac{\mathrm{d}x}{(a-x)^n}=k\int_0^t \mathrm{d}t \quad 得 \quad \frac{1}{n-1}\left[\frac{1}{(a-x)^{n-1}}-\frac{1}{a^{n-1}}\right]=kt \tag{6.31}$$

这个定积分式对一级反应不适用，因为 $n=1$ 时，代入定积分式在数学上会得到不合理的结果。当 n 分别等于 0、2、3 等数值时，可以得到以下几个普遍的表示式。

浓度与时间的线性关系 $\frac{1}{(a-x)^{n-1}}$-t

速率系数 k 的单位$(\mathrm{mol\cdot dm^{-3}})^{1-n}\cdot \mathrm{s^{-1}}$ 或 $[浓度]^{1-n}\cdot[时间]^{-1}$

半衰期的通式

$$t_{1/2}=A\frac{1}{a^{n-1}} \tag{6.32}$$

当 $x=\frac{a}{2}$ 时，所需的时间就是 $t_{1/2}$。将 $x=\frac{a}{2}$ 代入式(6.31)，式中一些常数合并用 A 表示，整理得到式(6.32) 作为半衰期的通式。

为了便于查阅，将上述几种具有简单级数反应的速率公式和特征列于表 6.1 中，学习者常用这些特征来判别反应的级数。

表 6.1 具有简单级数反应的速率公式和特征

级数	反应类型	速率公式的定积分式	浓度与时间的线性关系	半衰期 $t_{1/2}$	速率系数 k 的单位
零级	$\mathrm{A}\longrightarrow\mathrm{P}$ 表面催化、酶催化反应	$x=k_0t$	x-t	$\frac{a}{2k_0}$	$[浓度]\cdot[时间]^{-1}$
一级	$\mathrm{A}\longrightarrow\mathrm{P}$	$\ln\frac{a}{a-x}=k_1t$	$\ln(a-x)$-t	$\frac{\ln 2}{k_1}$	$[时间]^{-1}$
二级	$\mathrm{A+B}\longrightarrow\mathrm{P}$ $(a=b)$	$\frac{1}{a-x}-\frac{1}{a}=k_2t$	$\frac{1}{a-x}$-t	$\frac{1}{k_2a}$	$[浓度]^{-1}\cdot[时间]^{-1}$
	$\mathrm{A+B}\longrightarrow\mathrm{P}$ $(a\neq b)$	$k_2=\frac{1}{t(a-b)}\ln\frac{b(a-x)}{a(b-x)}$	$\ln\frac{b(a-x)}{a(b-x)}$-t	$t_{1/2}(\mathrm{A})\neq t_{1/2}(\mathrm{B})$	
三级	$\mathrm{A+B+C}\longrightarrow\mathrm{P}$ $(a=b=c)$	$\frac{1}{2}\left[\frac{1}{(a-x)^2}-\frac{1}{a^2}\right]=k_3t$	$\frac{1}{(a-x)^2}$-t	$\frac{3}{2k_3a^2}$	$[浓度]^{-2}\cdot[时间]^{-1}$
n 级 $n\neq1$	$\alpha\mathrm{A}\longrightarrow\mathrm{P}$	$\frac{1}{n-1}\left[\frac{1}{(a-x)^{n-1}}-\frac{1}{a^{n-1}}\right]=kt$	$\frac{1}{(a-x)^{n-1}}$-t	$A\frac{1}{a^{n-1}}$ (A 为常数)	$[浓度]^{1-n}\cdot[时间]^{-1}$

6.2.6 根据特点确定反应级数

为了测定反应的级数，首先要有一系列可靠的实验数据，如不同反应时间测定的反应物（或生成物）的浓度或压力，在不同的反应物起始浓度条件下测定的对应的半衰期等。然后

利用上面讲的一些具有简单级数反应的特点，从下列方法中选择一种最合适的方法来确定反应的级数。

（1）积分法

积分法又称为尝试法。首先假设它是某个整级数反应，如假定它是一个二级反应（因二级反应较多，一般是设为 $a=b$ 的二级反应），然后可用两种方法进行尝试。一是将不同时刻 t 和在 t 时刻所测定的浓度代入二级反应的定积分式，看速率系数是否基本为一常数，若是，则该反应就是二级反应；若不是，则要重新进行假设。二是将实验数据代入二级反应的浓度与时间的线性关系式，进行作图，看是否得到一直线，若得到的基本是一直线，则就是二级反应；若不是，则也要重新进行假设。若用上述方法分别对整级数反应的尝试都不成功，则说明该反应不具有整数级数，可能是一个分数级数的反应，用这种方法无法尝试成功。因此，积分法只适用于简单的整数级数反应。

（2）微分法

对 n 级反应的微分式［式(6.30)］的等式两边取对数，得

$$\ln\frac{\mathrm{d}x}{\mathrm{d}t}=\ln k+n\ln(a-x) \tag{6.33}$$

这是一个直线方程。$\frac{\mathrm{d}x}{\mathrm{d}t}$ 就是在生成物的浓度随时间的变化曲线上某 t 时刻切线的斜率，即生成物浓度随时间的变化率（用反应物浓度随时间的变化率也可以）。以 $\ln\frac{\mathrm{d}x}{\mathrm{d}t}$ 对 $\ln(a-x)$ 作图，能得到一直线，直线的斜率就是反应总级数 n 的值。该方法适用于任何级数（特别是分数级数）的反应，但需要进行三次作图：①作浓度随时间变化的动力学曲线；②在动力学曲线上，选定若干反应时刻，分别作对应的切线，得到一系列 $\frac{\mathrm{d}x}{\mathrm{d}t}$ 的值；③以 $\ln\frac{\mathrm{d}x}{\mathrm{d}t}$ 对 $\ln(a-x)$ 作直线。三次作图既花费时间，引入的总的误差也比较大，特别是第②步作切线时可能引入的误差最大。

（3）半衰期法

在保持实验条件（如温度）相同的情况下，取反应物的两个不同起始浓度 a_1 和 a_2，分别测定对应的半衰期 $t_{1/2,1}$ 和 $t_{1/2,2}$。如果两个半衰期相同，就是一级反应。如果两个半衰期不同，将两个不同的起始浓度和所得对应的半衰期分别代入 n 级反应的半衰期的通式［式(6.32)］中。然后将两式相除，对于实验条件相同的同一反应，常数 A 应该是相同的，可以消去，整理得

$$\frac{t_{1/2,1}}{t_{1/2,2}}=\left(\frac{a_2}{a_1}\right)^{n-1} \tag{6.34}$$

式(6.34) 中，反应的总级数 n 是唯一的未知数，利用两次实验的结果，就可以计算反应的总级数 n 的值，这种方法称为半衰期法。该方法不限于半衰期，也可以推广到其他分数衰期，如反应进行到反应物消耗 $\frac{1}{4}$ 或 $\frac{1}{8}$ 时，只要两次反应的程度相同，代入相应的分数衰期的通式，同样可以用来求反应的总级数。

由于上面所说的方法只利用了两次实验的结果，如果其中有一次实验的偶然误差较大，则会导致整个结果的误差也大。有时为了使结果更准确，可以利用多个实验数据进行作图，

因为作图得到的反应级数值相当于多个实验的平均值。将式(6.32)的等式两边取对数，得

$$\ln t_{1/2}=\ln A+(1-n)\ln a$$

以 $\ln t_{1/2}$ 对 $\ln a$ 作图，得一直线。从直线的斜率就可以计算反应级数 n 的值。

从做习题的角度讲，如果要判断反应的级数，首先应分析已知条件。如果已知条件中已给了速率系数的值，则一看其单位就可确定反应的级数。如果已知条件中已说了半衰期与反应物的起始浓度无关，则就是一级反应。或已知类似的半衰期与反应物浓度的关系，根据半衰期的特点，也可以判断相应的反应级数。因此，掌握各种具有简单级数反应的特点对判断反应级数是十分重要的。

有时为了使复杂的问题便于解决，可以采用分别处理的方法。例如，要确定下列反应中分别对反应物 A 和 B 的级数 α 和 β 的值

$$A+B \longrightarrow P$$

其速率方程可以表示为

$$r=[A]^{\alpha}[B]^{\beta}$$

要同时确定 α 和 β 的值是困难的。采用改变反应物浓度比例的方法，首先使 $[A]\gg[B]$，则速率方程可降为准级数方程

$$r=k'[B]^{\beta}$$

然后用上述的积分法、半衰期法等方法先确定 β 的值，再用类似的方法确定 α 的值。

【例 6.5】 已知乙胺加热分解成氨和乙烯的化学计量方程为

$$C_2H_5NH_2(g) = NH_3(g)+C_2H_4(g)$$

在 773K 和定容条件下，在不同时刻测得压力的增加值 Δp 如下：

t/min	8	10	20	30	40
Δp/kPa	3.89	4.53	6.27	6.93	7.18

反应开始时，容器中只有乙胺，其压力为 7.33kPa。求该反应的级数和速率系数。

解 用尝试法，设反应为一级反应，写出不同时刻压力的变化。

	$C_2H_5NH_2(g)$	$NH_3(g)$	$C_2H_4(g)$
$t=0$	p_0	0	0
$t=t$	$p_0-\Delta p$	Δp	Δp

将实验数据分别代入一级反应的定积分式，看速率系数是否基本为一常数。

$$k=\frac{1}{t}\ln\frac{p_0}{p_0-\Delta p}$$

计算所得的速率系数 k 值分别

t/min	8	10	20	30	40
Δp /kPa	3.89	4.53	6.27	6.93	7.18
k/min^{-1}	0.095	0.096	0.097	0.097	0.097

k 值基本为常数，证明开始的假设是正确的，反应为一级反应，速率系数的平均值为 0.097min^{-1}。

若得到的速率系数基本不是常数，则需要假设是其他级数反应，再进行尝试。

【例 6.6】 氰酸铵在水中转化为尿素的计量方程为

$$NH_4OCN \xlongequal{} CO(NH_2)_2$$

在相同的反应条件下，对氰酸铵取 3 个不同起始浓度，分别测其半衰期如下，试确定其反应级数。

$a/(\mathrm{mol \cdot dm^{-3}})$	0.05	0.10	0.20
$t_{1/2}/\mathrm{h}$	37.03	19.15	9.45

解 从实验数据看，该反应不可能是零级反应（零级反应的半衰期与反应物的起始浓度成正比），也不可能是一级反应（一级反应的半衰期与反应物的起始浓度无关），而很像二级反应（二级反应的半衰期与反应物的起始浓度成反比）。用以下两种方法来证实是否是二级反应。

方法 1 将实验数据代入用半衰期法测定反应级数的公式。

$$\frac{t_{1/2,1}}{t_{1/2,2}}=\left(\frac{a_2}{a_1}\right)^{n-1} \quad \text{改写为} \quad n=1+\frac{\ln(t_{1/2,1}/t_{1/2,2})}{\ln(a_2/a_1)}$$

$$n_1=1+\frac{\ln(37.03/19.15)}{\ln(0.10/0.05)}=1.95\approx 2 \qquad n_2=1+\frac{\ln(19.15/9.45)}{\ln(0.20/0.10)}=2.02\approx 2$$

两次实验的结果均证实该反应为二级反应。

方法 2 看半衰期是否正好与反应物的浓度成反比。

$$t_{1/2} \qquad 37.03:19.15:9.45=4:2:1$$

$$\frac{1}{a} \qquad \frac{1}{0.05}:\frac{1}{0.10}:\frac{1}{0.20}=4:2:1$$

半衰期正好与反应物的浓度成反比，符合二级反应的特点，证实该反应为二级反应。

6.3 温度对反应速率的影响

主要知识点

1. 范特霍夫近似规律

范特霍夫总结了大量的实验数据，提出了反应速率与温度之间的粗略定量关系，即温度每升高 10K，反应速率将增至原速率的 2～4 倍。

2. 阿伦尼乌斯经验式

阿伦尼乌斯根据大量的实验数据，对于速率与温度呈指数关系的一类反应总结出了温度影响速率系数的经验公式，主要有以下四种表示形式：

微分式 $\dfrac{\mathrm{d}\ln k}{\mathrm{d}T}=\dfrac{E_a}{RT^2}$ 不定积分式 $\ln k=\ln A-\dfrac{E_a}{RT}$

定积分式 $\ln\dfrac{k(T_2)}{k(T_1)}=\dfrac{E_a}{R}\left(\dfrac{1}{T_1}-\dfrac{1}{T_2}\right)$ 指数式 $k=A\mathrm{e}^{-\frac{E_a}{RT}}$

阿伦尼乌斯假定 A 和 E_a 均是与温度无关的常数。从经验式可以看出 E_a 和 T 对速率系数影响的程度。利用积分式可以求算实验活化能。

3. 活化能

基元反应的活化能有明确的物理意义，是指活化分子的平均能量与反应物分子平均能量的差值。非基元反应的活化能是构成反应历程的各个基元反应活化能的数学组合，无明确的物理意义。活化能的数值主要通过实验测定，利用阿伦尼乌斯的定积分式或不定积分式，用代入法或作图法进行计算。

4. 温度对速率影响的热力学分析

从温度对平衡常数影响的范特霍夫公式可知，对吸热反应，升高温度使平衡常数增大，有利于提高正向反应的速率，这与动力学分析温度对速率的影响是一致的。但是对放热反应，升高温度使平衡常数下降，不利于正向反应，这与动力学分析产生矛盾。在工业上首先要保证反应速率，可适当损失一点平衡转化率，采取适宜的反应温度。

6.3.1 范特霍夫近似规律

温度可以影响反应速率，这是根据经验早已知道的事实。但温度与速率之间的半定量关系最早是由范特霍夫提出来的。他总结了大量的实验数据，提出：在通常的反应温度范围内，温度每升高 10K，反应速率将增至原速率的 2～4 倍，用公式表示为

$$\frac{k_{T+10\mathrm{K}}}{k_T}=2 \sim 4 \tag{6.35}$$

式(6.35) 称为范特霍夫近似规律，也称为反应速率的温度系数。该近似规律虽略显粗糙，但在设计反应器做估算时还是很有用的。

【例 6.7】 有一反应，保持反应物浓度和其余反应条件不变，只改变温度。反应在 390K 进行时，达到某一转化率时需要 10min。当反应在 290K 进行时，计算达到相同转化率所需的时间。

解 因为除温度外其他条件都相同，所以无论其反应级数如何，相应的两个定积分式之比都可得到以下形式。

$$\frac{k(T_1)t_1}{k(T_2)t_2}=1 \qquad 或 \qquad \frac{k(T_1)}{k(T_2)}=\frac{t_2}{t_1}$$

达到相同转化率时，速率系数之比等于所需时间的反比。若取范特霍夫近似规律的下限，每升高 10K，反应速率将增至原速率的 2 倍，则从 390K 降到 290K，降低了 100K，速率要下降为原来的 $\frac{1}{2^{10}}$，即

$$\frac{t(290\mathrm{K})}{t(390\mathrm{K})}=\frac{k(390\mathrm{K})}{k(290\mathrm{K})}=2^{10}=1024$$

$$t(290\mathrm{K})=t(390\mathrm{K})\times 1024=10\mathrm{min}\times 1024=10240\mathrm{min}\approx 171\mathrm{h}\approx 7\mathrm{d}$$

由此可见，温度对速率的影响是很明显的。但在工业生产中，要对产量、能耗、设备的耐热能力和生产安全等因素进行综合考虑，所以也不能随意提高温度。

6.3.2 阿伦尼乌斯经验式

温度对反应速率的影响是比较复杂的。如果用速率对温度作图，可以得到如图 6.2 所示的五种类型的关系曲线。

图 6.2(a)，反应速率随着温度的升高呈指数式上升，大部分反应属于这一类型。阿伦尼乌斯经验式主要讨论这种类型的反应。

图 6.2(b)，反应开始时，速率随温度的升高变化不大，当达到某一温度极限时，反应速率几乎呈直线上升，这时反应以爆炸的方式极快地进行。一些热爆炸反应属于这种类型。

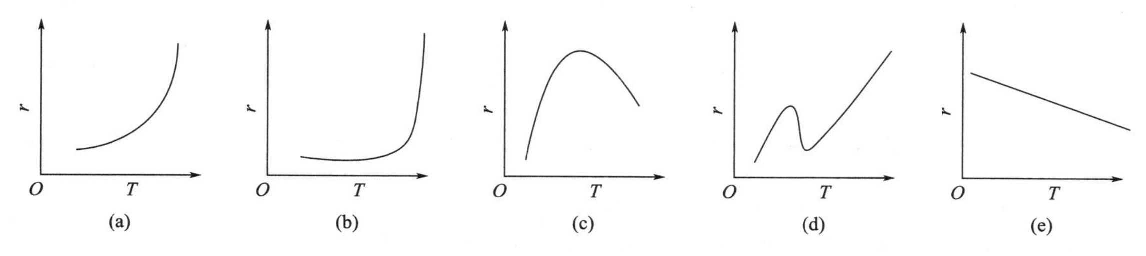

图 6.2　反应速率与反应温度关系图

图 6.2(c)，开始时反应速率随温度的增加呈指数式上升，但到达一定温度时，速率反而下降。酶催化和多相催化反应较多地出现这种情况，这可能是高温导致酶催化剂被破坏，或催化剂被烧结而失去活性。

图 6.2(d)，曲线的前半段与图 6.2(c) 相似，继续升高温度，速率又开始增加，这可能是在高温下发生了一个与开始反应不同的副反应。在有机化合物的加氢、脱氢反应中可以观察到这种情况。

图 6.2(e)，随着温度的升高，反应速率线性下降，这种情况有点反常。这主要发生在一氧化氮氧化成二氧化氮的反应中。这种出现负温度系数的反应类型极少。

前面在讨论速率方程时，总是在保持温度不变的情况下考虑浓度对速率的影响，将速率系数看作常数。本节中讨论温度对速率的影响时，一般使浓度保持不变，只考虑温度对速率的影响。在温度改变时，速率系数不再是一个常数。

在第 4 章中曾提到，经验平衡常数等于正向速率系数与逆向速率系数的比值。范特霍夫导出的平衡常数与温度的关系式表明了平衡常数随温度的变化率与反应的摩尔焓变有关。19 世纪末，阿伦尼乌斯根据大量的实验数据，在范特霍夫近似规律的基础上总结出了温度对速率系数影响的经验公式，称为阿伦尼乌斯经验式。经验式有多种不同的表达形式，可以根据需要选用合适的方程。阿伦尼乌斯认为，速率系数与温度的关系可能和平衡常数与温度的关系式类似，可以表示为

$$\frac{\mathrm{d}\ln k}{\mathrm{d}T}=\frac{E_{\mathrm{a}}}{RT^{2}} \tag{6.36}$$

式(6.36) 称为阿伦尼乌斯经验式的微分式，式中的 E_{a} 称为实验活化能（activation energy）或阿伦尼乌斯活化能，E_{a} 的单位通常用 $\mathrm{kJ\cdot mol^{-1}}$ 表示，表示反应进度为 1mol 时反应所需的活化能。阿伦尼乌斯认为 E_{a} 是与温度无关的常数。式(6.36) 表明了速率系数随温度的变化率主要取决于活化能 E_{a} 的大小，活化能越高，反应速率随温度的升高增加得越快，对温度越敏感。如果相同的反应物可以同时进行几个平行反应，则升高温度对活化能高的反应有

利，降低温度对活化能低的反应有利。在工业生产上，利用这个原理来选择合适的反应温度，以加速主反应，抑制副反应。人们也把式(6.36) 书写成如下形式，以此作为活化能的定义式，即

$$E_a = RT^2 \frac{\mathrm{d}\ln k}{\mathrm{d}T} \tag{6.37}$$

在今后处理复杂反应时，要从表观速率系数与基元反应速率系数之间的关系导出表观活化能与基元反应活化能之间的关系时，常利用式(6.37) 来推导。

假定活化能 E_a 是与温度无关的常数，对式(6.36) 作不定积分，得到阿伦尼乌斯经验式的不定积分式为

$$\ln k = \ln A - \frac{E_a}{RT} \tag{6.38}$$

根据式(6.38)，如果用 $\ln k$ 对 $\frac{1}{T}$ 作图，可以得到一条直线。从直线的斜率可以得到阿伦尼乌斯活化能 E_a，从直线的截距可以计算积分常数 A 的值。

将式(6.38) 写成指数的形式，可得阿伦尼乌斯经验式的指数式，即

$$k = A\mathrm{e}^{-\frac{E_a}{RT}} \tag{6.39}$$

式中，A 称为指（数）前因子，与速率系数具有相同的单位。在当时，A 仅作为一种经验常数，后来建立的反应速率理论才对 A 的物理意义作了理论上的解释。在碰撞理论中，将 A 称为频率因子（见 6.5 节）。阿伦尼乌斯经验式的指数式表明了活化能和温度对速率系数影响的程度。因此，也有人将式(6.39) 称为阿伦尼乌斯指数定律。

如果温度变化的范围不大，假定在 $T_1 \sim T_2$ 的温度区间内，阿伦尼乌斯活化能 E_a 可以认为是与温度无关的常数，对式(6.36) 进行定积分，得阿伦尼乌斯经验式的定积分式为

$$\ln \frac{k(T_2)}{k(T_1)} = \frac{E_a}{R}\left(\frac{1}{T_1} - \frac{1}{T_2}\right) \tag{6.40}$$

式(6.40) 表明，如果测定了两个不同温度下的速率系数值，利用该公式就可以得到反应活化能的值。或者在已知活化能和一个温度下的速率系数时，就可以计算另一温度下速率系数的值。该定积分式在用实验测定活化能或解题时经常会用到。

阿伦尼乌斯经验式最初是从气相反应中总结出来的，后来发现对液相反应也适用。这些公式不但适用于基元反应，也适用于非基元反应。但是，在温度区间很大时，根据式(6.38) 所做的直线有时会发生弯折，说明 E_a 也是与温度有关的。因此，后来人们对阿伦尼乌斯经验式略作修改，提出了下列公式：

$$k = AT^m \mathrm{e}^{-\frac{E}{RT}} \tag{6.41}$$

式(6.41) 中，E 是与温度无关的活化能，A、E、m 这三个数值都要由实验测定。由于大多数反应的 m 值较小，因此在温度不太高的情况下使用阿伦尼乌斯经验式就足够了。

【例 6.8】 300K 时，已知反应①的活化能 $E_{a,1} = 100\mathrm{kJ \cdot mol^{-1}}$，速率系数为 k_1；反应②的活化能 $E_{a,2} = 150\mathrm{kJ \cdot mol^{-1}}$，速率系数为 k_2。将反应温度都升高至 310K，这两个反应的速率系数分别为 k_1' 和 k_2'。试分别计算这两个反应的不同温度下的速率系数的比值 k_1'/k_1 和 k_2'/k_2。设它们的指前因子与温度无关。

解 在已知活化能的前提下，利用阿伦尼乌斯的定积分式，就可以计算不同温度下速率系数的比值。

$$\ln\frac{k'_1}{k_1}=\frac{E_{a,1}}{R}\times\left(\frac{1}{T_1}-\frac{1}{T_2}\right)=\frac{100\text{kJ}\cdot\text{mol}^{-1}}{8.314\text{J}\cdot\text{K}^{-1}\cdot\text{mol}^{-1}}\times\left(\frac{1}{300\text{K}}-\frac{1}{310\text{K}}\right)=1.29$$

解得

$$k'_1/k_1=3.63$$

同理，将 $E_{a,2}=150\text{kJ}\cdot\text{mol}^{-1}$ 代入，计算得 $k'_2/k_2=6.96$。

也可以用指数式相比，消去指前因子，可以得到相同的结果。由计算结果可见，在温度变化幅度相同时，活化能大的反应，对温度变化更敏感，速率系数的变化也更大。

【例 6.9】 某一反应，在 340K 时反应物转化 20%耗时 2.20min；而在 300K 时转化相同的量，耗时 62.2min。试计算反应的实验活化能。

解 这题的关键是抓住速率系数与反应时间之间的关系，因为是同一反应，当转化率相同时，速率系数之比就等于反应所需时间的反比，代入阿伦尼乌斯的定积分式，就可以计算出活化能。

$$\frac{k(T_2)}{k(T_1)}=\frac{t(T_1)}{t(T_2)}=\frac{2.20\text{min}}{62.2\text{min}}=0.0354$$

$$\ln\frac{k(T_2)}{k(T_1)}=\frac{E_a}{R}\times\left(\frac{1}{T_1}-\frac{1}{T_2}\right)=\frac{E_a}{8.314\text{J}\cdot\text{K}^{-1}\cdot\text{mol}^{-1}}\times\left(\frac{1}{340\text{K}}-\frac{1}{300\text{K}}\right)=\ln 0.0354$$

解得 $$E_a=70.83\text{kJ}\cdot\text{mol}^{-1}$$

6.3.3 活化能

基元反应的活化能有明确的物理意义，目前比较统一的是采用托尔曼（Tolman）的统计说法，即基元反应的活化能等于活化分子的平均能量与反应物分子平均能量的差值，如图 6.3 所示。

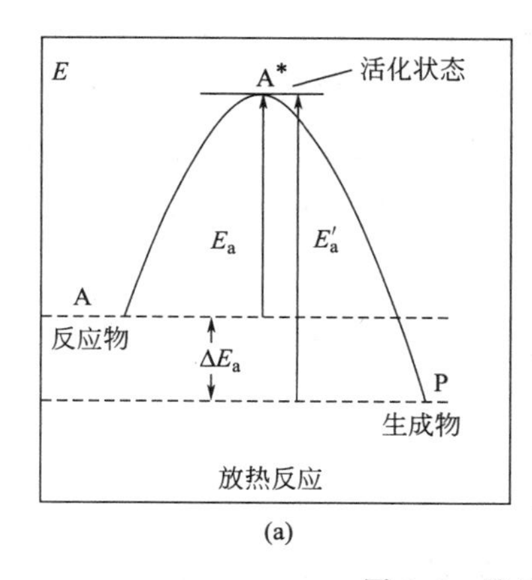

(a)

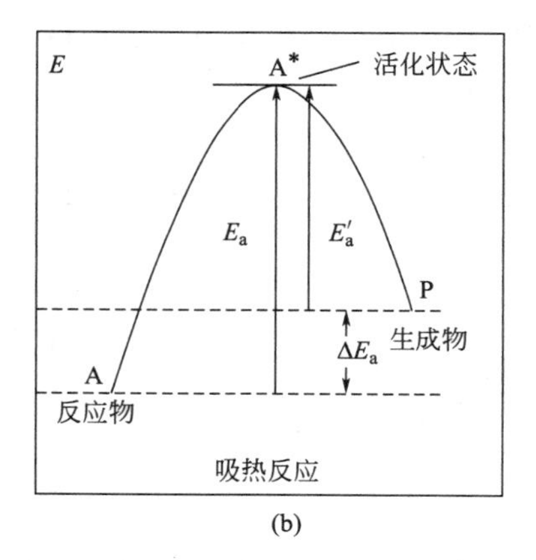

(b)

图 6.3 基元反应活化能示意图

从反应物 A 到生成物 P，必须经过一个活化状态 A^*。A^* 与 A 的平均能量之差称为正

反应的活化能 E_a。A^* 与生成物 P 的平均能量之差称为逆反应的活化能 E'_a。显然，如果生成物分子的平均能量低于反应物分子的平均能量，则是放热反应。反之，则是吸热反应。

对于非基元反应，实验只能测定总包反应的表观活化能，该表观活化能没有明确的物理意义，它仅是反应历程中各个基元反应活化能的特定组合，组合的方式由表观速率系数与基元反应的速率系数之间的关系决定（见 6.4 节）。

目前，活化能主要根据实验数据，通过阿伦尼乌斯公式计算。一是利用不定积分式［式(6.38)］，以 $\ln k$ 对 $\frac{1}{T}$ 作图，从所得直线的斜率求 E_a 的值。作图法的优点是所得结果比较准确，作图画直线的过程相当于对若干个实验数据取了平均值。二是将两个温度下的速率系数值代入定积分式［式(6.40)］，就可以计算得到 E_a 的值。这样计算非常简便，但可能引入的误差较大。还有一种方法是用参与反应的物质的键能进行估算（见 6.4.5），这种方法得到的结果是很粗略的。

6.3.4 温度对速率影响的热力学分析

从动力学的角度，随着温度的升高，速率系数的数值肯定是增加的，范特霍夫的近似规律和阿伦尼乌斯经验式的微分式均说明了这一点，因为活化能 E_a 通常是一个大于零的正数。对于一般的化学反应，活化能的值通常为 $40\sim400\text{kJ}\cdot\text{mol}^{-1}$。活化能小于 $40\text{kJ}\cdot\text{mol}^{-1}$ 的反应，其速率快到无法用常规的方法进行测量。正因为活化能 E_a 是一个正值，所以 $\mathrm{d}\ln k/\mathrm{d}T$ 也是正值，说明速率系数 k 随温度 T 的升高而增大。阿伦尼乌斯的指数式更说明了这一点，温度升高，速率系数 k 以指数形式增大。

但是，从热力学的角度分析却有两种情况。在第 4 章中讨论温度对平衡的影响时曾介绍过范特霍夫公式，对于理想气体反应，有

$$\frac{\mathrm{d}\ln K_p^\ominus}{\mathrm{d}T}=\frac{\Delta_r H_m^\ominus}{RT^2}$$

若参与反应的物质的浓度用物质的量浓度表示，可以得到相应的公式为

$$\frac{\mathrm{d}\ln K_c^\ominus}{\mathrm{d}T}=\frac{\Delta_r U_m^\ominus}{RT^2} \tag{6.42}$$

式(6.42)中，$K_c^\ominus$ 是用物质的量浓度表示的标准平衡常数；$\Delta_r U_m^\ominus$ 是反应的标准摩尔热力学能的变化值。对于一个由基元反应组成的对峙反应，当各物质的浓度用物质的量浓度表示时，它的经验平衡常数为 K_c，其反应的热效应就等于反应的等容热，在数值上等于反应进度为 1mol 时热力学能的变化值 $\Delta_r U_m^\ominus$，也等于正、逆反应的活化能之差，用公式表示为

$$\frac{\mathrm{d}\ln K_c}{\mathrm{d}T}=\frac{\Delta_r U_m}{RT^2} \tag{6.43}$$

设某个对峙反应为

$$\mathrm{R}\underset{k_b}{\overset{k_f}{\rightleftharpoons}}\mathrm{P}$$

正、逆反应的速率系数与其活化能的关系分别用阿伦尼乌斯的微分式表示为

$$\frac{\mathrm{d}\ln k_f}{\mathrm{d}T}=\frac{E_{a,f}}{RT^2} \qquad \frac{\mathrm{d}\ln k_b}{\mathrm{d}T}=\frac{E_{a,b}}{RT^2}$$

下标 f 表示正向（forward）反应，b 表示逆向（backward）反应。将这两式相减，得

$$\frac{\mathrm{d}\ln(k_{\mathrm{f}}/k_{\mathrm{b}})}{\mathrm{d}T}=\frac{E_{\mathrm{a,f}}-E_{\mathrm{a,b}}}{RT^2} \tag{6.44}$$

对于等容反应，对照式(6.43)，得

$$\frac{k_{\mathrm{f}}}{k_{\mathrm{b}}}=K_c \qquad\qquad E_{\mathrm{a,f}}-E_{\mathrm{a,b}}=\Delta_{\mathrm{r}}U_{\mathrm{m}}$$

对于吸热反应，正反应的活化能大于逆反应的活化能，即 $E_{\mathrm{a,f}}>E_{\mathrm{a,b}}$，$\Delta_{\mathrm{r}}U_{\mathrm{m}}>0$，则升高温度，平衡常数 K_c 增大，$k_{\mathrm{f}}/k_{\mathrm{b}}$ 也增大，说明升高温度有利于正向反应。但对于放热反应，情况刚好相反，$E_{\mathrm{a,f}}<E_{\mathrm{a,b}}$，$\Delta_{\mathrm{r}}U_{\mathrm{m}}<0$，温度升高，$k_{\mathrm{f}}/k_{\mathrm{b}}$ 下降，平衡常数 K_c 变小，说明升温对正向反应不利。

在工业生产上，要从热力学和动力学两个方面进行综合考虑，既要保证高的反应速率，又不能使平衡转化率太低。例如，合成氨反应是放热反应，升高温度会使平衡常数变小，但是在常温下反应速率又太慢，目前工业上还是采取适当升高温度，以保证单位时间的产量。虽然升温会使平衡转化率有所下降，但工业上采取在反应还没有到达平衡时，就将反应混合物移出反应区，将未反应的原料气与产物分离后循环使用。这样，由于升高温度所造成的平衡转化率下降对实际的产量影响不大。

6.4 典型的复杂反应

主要知识点

1. 对峙反应

在正、逆两个方向都能同时进行的反应称为对峙反应。对峙反应的净速率等于正向与逆向速率之差。到达平衡时，净速率等于零。正、逆反应速率系数之比等于经验平衡常数。在浓度与反应时间的关系图上，达到平衡后，反应物和生成物的浓度将不再随时间而改变。

2. 平行反应

相同的反应物能同时进行几种不同反应的反应称为平行反应。其主要特点是：总速率等于各平行反应的速率之和；对于级数相同的平行反应，速率方程的微分式和积分式与同级的具有简单级数反应的速率方程相似，只是速率系数等于各个平行反应速率系数的加和；当各产物的起始浓度都为零时，在任一瞬间，各产物的浓度之比就等于速率系数之比；用合适的催化剂可以改变主反应的速率，提高主产物的比例；用温度调节法可以改变产物的相对含量，升高温度对活化能高的反应有利，反之亦然。

3. 连续反应

前一个反应产物中的一部分或全部作为后一个反应的反应物，如此连续进行的反应称为连续反应。连续反应中，只有第一个基元反应的速率表示式与简单反应一样，比较容易求算，而中间产物和最终产物浓度的数学计算较为复杂。在化学上，通常采取速控步、稳态近似等近似方法进行处理。

4. 复杂反应速率的近似处理法

① 选取速控步法　将连续反应中最慢的一步选作速控步，用这一步的反应速率近似代表整个反应的速率。

② 稳态近似法　自由基、自由原子等活泼的中间产物的浓度很难测定，假设在反应达到某稳态时，中间产物的浓度近似看作不再随时间而改变。这样，将中间产物的浓度用可以测定的反应物（或生成物）浓度表示，从而得出有效的速率方程。

③ 平衡假设法　如果一个快速的对峙反应与一个慢反应构成连续反应，则慢反应是速控步。利用第一个快平衡反应的平衡关系，将中间产物的浓度转换成用反应物的浓度表示，从而得出有效的速率方程。

在复杂反应最终的速率表示式中，将一些基元反应速率系数的特定组合称为表观速率系数。将各个基元反应的阿伦尼乌斯表示式代入表观速率系数的组合公式中，消去相同项可以分别得到表观指前因子和表观活化能的表示式。

5. 链反应

由大量的连续反应按一定的规律反复循环进行的反应称为链反应。链反应有三个基本步骤：①链的引发；②链的传递；③链的终止。$H_2(g)$ 和 $Cl_2(g)$ 反应生成 $HCl(g)$ 是典型的直链反应。处理的方法是：首先用实验测定反应的级数和实验（表观）活化能，利用各种谱仪捕捉中间产物的信息，提出反应的机理。然后根据反应机理用稳态近似、平衡假设或速控步等近似方法推导速率方程，计算表观活化能。如果所得结果与实验值基本一致，说明该反应机理是基本正确的。

链反应中的支链反应有可能引起支链爆炸，反应过快或放热过高的反应也会引起热爆炸，因此务必要了解一些常用可燃气体在空气中的爆炸极限，以防止事故的发生。

6.4.1　对峙反应

如果一个化学反应是由两个或两个以上的基元反应组成，这种反应就称为复杂反应。组成复杂反应的基元反应的组合方式不同，就会具有不同的特点。复杂反应的速率方程不像基元反应那么简单，至少具有两个速率系数，因此用一个定积分式是无法同时算出两个速率系数的。复杂反应的速率方程要从实验测定，或者根据组成复杂反应的基元反应的组合方式或反应机理进行推导。

在正、逆两个方向都能同时进行的反应称为对峙反应（opposing reaction），也有的称之为可逆反应。原则上，所有的化学反应都是对峙反应，但如果逆反应的速率系数与正反应的速率系数相比小到可以忽略不计，则可以将这种反应认为是单向的。正、逆反应可以为相同级数，也可以为具有不同级数的反应；可以是基元反应，也可以是非基元反应。下面以正、逆反应都是一级的基元反应为例，导出对峙反应的速率方程表示式，并阐明其特点。

设正、逆反应都是一级反应组成的对峙反应，其计量方程及其在不同时刻的浓度变化为

$$\mathrm{A} \underset{k_{1,b}}{\overset{k_{1,f}}{\rightleftharpoons}} \mathrm{B}$$

$$\begin{array}{lll} t=0 & a & 0 \\ t=t & a-x & x \\ t=t_e & a-x_e & x_e \end{array}$$

式中，a 是反应物的初始浓度；$k_{1,f}$、$k_{1,b}$ 分别表示正、逆向都是一级反应的速率系数；t_e 表示达到平衡所需的时间，下标 e 表示平衡；x_e 是平衡时产物的浓度。

对峙反应的特点之一是反应的净速率等于正向速率减去逆向速率，即

$$r=\frac{\mathrm{d}x}{\mathrm{d}t}=r_f-r_b=k_{1,f}(a-x)-k_{1,b}x \tag{6.45}$$

在该速率方程的微分式中，含有两个速率系数，即使对它进行积分，也只能得到一个定积分式，无法同时求出两个速率系数。因此，必须找出两个速率系数之间的关系，这样在解出一个速率系数之后就可以得到另一个速率系数的值。两个速率系数之间通常有两个纽带，一个是经验平衡常数，即

$$K_c=\frac{k_{1,f}}{k_{1,b}} \tag{6.46}$$

但是，在不知道经验平衡常数值时这个关系就用不上。对峙反应的另一个特点是在达到平衡时，正、逆反应的速率相等，净速率等于零，则有

$$k_{1,f}(a-x_e)=k_{1,b}x_e \tag{6.47}$$

平衡浓度 x_e 是可以测定的，这个平衡浓度的关系总是可用的。根据式(6.47) 就能得到两个速率系数之间的关系式，即

$$k_{1,b}=k_{1,f}\frac{a-x_e}{x_e} \tag{6.48}$$

将式(6.48) 代入式(6.45)，得

$$\frac{\mathrm{d}x}{\mathrm{d}t}=k_{1,f}(a-x)-k_{1,f}\frac{a-x_e}{x_e}x=k_{1,f}\frac{a(x_e-x)}{x_e} \tag{6.49}$$

将式(6.49) 作定积分，得

$$k_{1,f}=\frac{x_e}{ta}\ln\frac{x_e}{x_e-x} \tag{6.50}$$

将式(6.50) 代入式(6.48)，得

$$k_{1,b}=\frac{a-x_e}{ta}\ln\frac{x_e}{x_e-x} \tag{6.51}$$

因为 a 和 x_e 都是已知的，测定了 t 时刻的浓度 x，代入式(6.50) 和式(6.51)，就可以分别得到正、逆两个方向的速率系数的值。

对峙反应还有一个特点是，当反应达到平衡后，在浓度随时间变化的动力学曲线上，反应物和产物的浓度不再随时间而改变，如图 6.4 所示。

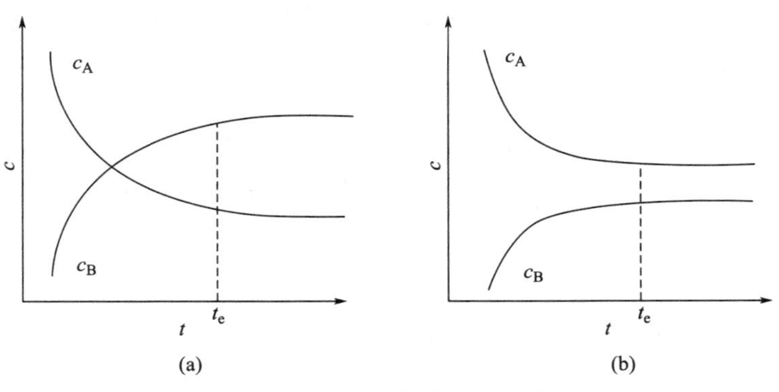

图 6.4 对峙反应的动力学曲线图

对峙反应特点总结如下：

① 净速率等于正、逆反应速率之差；

② 达到平衡时，反应净速率等于零；

③ 正、逆速率系数之比等于经验平衡常数 $K_c = k_f / k_b$；

④ 在 c-t 图上，达到平衡后，反应物和产物的浓度不再随时间而改变。

根据这些特点，就可以从动力学曲线的形状来判断反应是否为对峙反应。

6.4.2 平行反应

相同的反应物能同时进行几种不同的反应，这类反应称为平行反应（parallel reaction）。平行反应在有机合成和化工生产中很常见。例如，将甲苯进行硝化时，可以同时得到邻、间和对位三种硝基甲苯的混合物。人们通常把生成需要产物的反应称为主反应，其余的反应称为副反应。在同时发生的若干个平行反应中，反应级数有的相同，有的不一定相同。级数相同的平行反应，数学处理比较简单；级数不相同的平行反应，其数学处理就比较复杂。本节中只考虑两个都是一级反应的平行反应。

设两个都是一级反应的平行反应，并设反应在某 t 时刻物质 A、B、C 的浓度分别为 [A]、[B]、[C]，其计量方程及其在不同时刻的浓度变化为

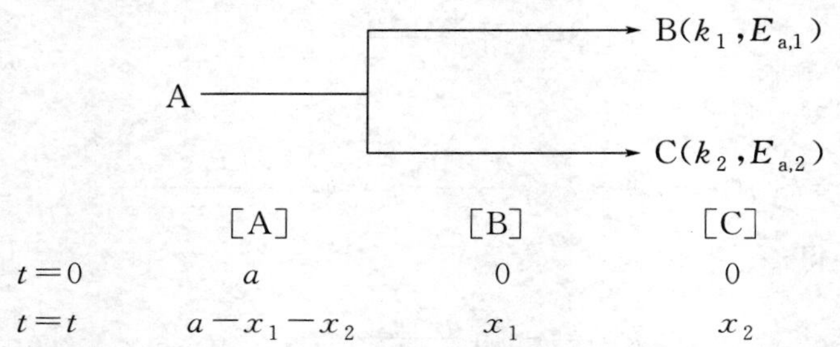

平行反应的一个特点是反应的总速率等于各个平行反应的速率之和。若令 $x = x_1 + x_2$，则反应的总速率可以表示为

$$r = \frac{\mathrm{d}x}{\mathrm{d}t} = \frac{\mathrm{d}x_1}{\mathrm{d}t} + \frac{\mathrm{d}x_2}{\mathrm{d}t} = k_1(a-x) + k_2(a-x) = (k_1 + k_2)(a-x) \tag{6.52}$$

式(6.52) 是速率反应的微分式，将它进行定积分

$$\int_0^x \frac{\mathrm{d}x}{a-x} = (k_1 + k_2)\int_0^t \mathrm{d}t \quad 得 \ln\frac{a}{a-x} = (k_1 + k_2)t \tag{6.53}$$

从微分式和定积分式可知，级数相同的平行反应，其速率方程的微分式和积分式与同级的具有简单级数反应的速率方程相似，只是速率系数是各个平行反应速率系数之和。这是级数相同平行反应的另一个特点。

在式(6.53) 的定积分式中，总的速率系数是两个速率系数之和，测定不同时刻的产物浓度 x，只能得到（$k_1 + k_2$）的值，而无法分别把两个速率系数求出来，因此还要设法找到两者之间的关系。对于上面所说的平行反应，两个反应的速率可以分别表示为

$$r_1 = \frac{\mathrm{d}x_1}{\mathrm{d}t} = k_1(a-x) \qquad r_2 = \frac{\mathrm{d}x_2}{\mathrm{d}t} = k_2(a-x)$$

将两式相除，得

$$\frac{\mathrm{d}x_1/\mathrm{d}t}{\mathrm{d}x_2/\mathrm{d}t} = \frac{k_1}{k_2}$$

因为平行反应进行的时间是相同的，对于反应开始时产物浓度都等于零的平行反应，将等式左边分别在 0～t 积分，得

$$\frac{x_1}{x_2}=\frac{k_1}{k_2} \tag{6.54}$$

这样，测定任何 t 时刻的产物浓度 x_1 和 x_2，将式(6.53) 和式(6.54) 两个方程联立，就可以分别求得 k_1 和 k_2 的值。这是级数相同的平行反应的又一个特点，即两个级数相同的平行反应，当各产物的起始浓度为零时，在任一反应 t 时刻，各产物浓度之比等于速率系数之比。如果两个平行反应的级数不同，或者级数虽然相同但反应开始时产物浓度都不等于零，则无此特点，式(6.54) 不适用。

平行反应特点总结如下：

① 平行反应的总速率等于各平行反应速率之和；

② 速率方程的微分式和积分式与同级的简单反应的速率方程相似，只是速率系数为各个反应速率系数的和；

③ 当各产物的起始浓度均为零时，在任一瞬间，各产物浓度之比等于速率系数之比，即

$$\frac{k_1}{k_2}=\frac{x_1}{x_2}$$

若各平行反应的级数不同，则无此特点；

④ 用合适的催化剂可以改变某一反应的速率，从而提高主反应产物的产量；

⑤ 用改变温度的办法，可以改变产物的相对含量。活化能高的反应，速率系数随温度的变化率也大。

由于副反应的存在不但浪费原料，还会造成产物分离困难，因此要设法尽量抑制副反应的进行。常用的有两种方法：①提高所用催化剂的选择性，使催化剂只加速主反应的速率，或者可以抑制副反应的速率（负催化剂）；②调节反应的温度，根据阿伦尼乌斯经验式的微分式［式(6.36)］，活化能 E_a 越大，速率系数对温度的变化越敏感，速率系数随温度上升而增加的幅度也越大。因此，如果主反应的活化能比副反应的大，则适当提高反应的温度，使主反应的速率系数比副反应的增长得快，这样，在反应的产物中，主产物的比例就会提高。反之，如果主反应的活化能比副反应的小，则应当适当降低温度，可以获得同样的效果。如果有三个平行反应同时存在，而主反应的活化能又处在中间，则不能简单地采用升温或是降温的办法，而要用数学处理，找出最适宜的反应温度。

6.4.3 连续反应

有很多化学反应是经过连续几步才完成的，前一个反应产物中的一部分或全部作为下一步反应的部分或全部反应物，依次连续进行，如此连续进行的反应称为连续反应和连串反应（consecutive reaction）。这里只讨论只有两个一级基元反应组成的最简单的单向连续反应。

设两个都是一级基元反应的连续反应，其计量方程及其在不同时刻的浓度变化为

$$\begin{array}{llll} & \mathrm{A} & \xrightarrow{k_1} \mathrm{B} & \xrightarrow{k_2} \mathrm{C} \\ t=0 & a & \quad 0 & \quad 0 \\ t=t & x & \quad y & \quad z \end{array}$$

下面进行数学处理。

① 对于第一个基元反应，动力学处理比较简单，其速率方程的微分式和定积分式分别为

$$-\frac{\mathrm{d}x}{\mathrm{d}t}=k_1x \qquad -\int_a^x\frac{\mathrm{d}x}{x}=k_1\int_0^t\mathrm{d}t$$

定积分的结果为

$$\ln\frac{a}{x}=k_1t \quad 或 \quad x=a\mathrm{e}^{-k_1t} \tag{6.55}$$

② 对于中间产物B，它既是第一个反应的产物，又是第二个反应的反应物，因此计算B的浓度比较复杂。

$$\frac{\mathrm{d}y}{\mathrm{d}t}=k_1x-k_2y=k_1a\mathrm{e}^{-k_1t}-k_2y$$

解线性微分方程得：$y=\frac{k_1a}{k_2-k_1}(\mathrm{e}^{-k_1t}-\mathrm{e}^{-k_2t})$

③ 对于最终产物C，有

$$\frac{\mathrm{d}z}{\mathrm{d}t}=k_2y \qquad z=a-x-y$$

$$z=a\left[1-\frac{k_2}{k_2-k_1}\mathrm{e}^{-k_1t}+\frac{k_1}{k_2-k_1}\mathrm{e}^{-k_2t}\right]$$

现在在浓度随时间变化的动力学曲线上，定性地看一下在不同的反应中，中间产物B的浓度变化的情况，如图6.5所示。

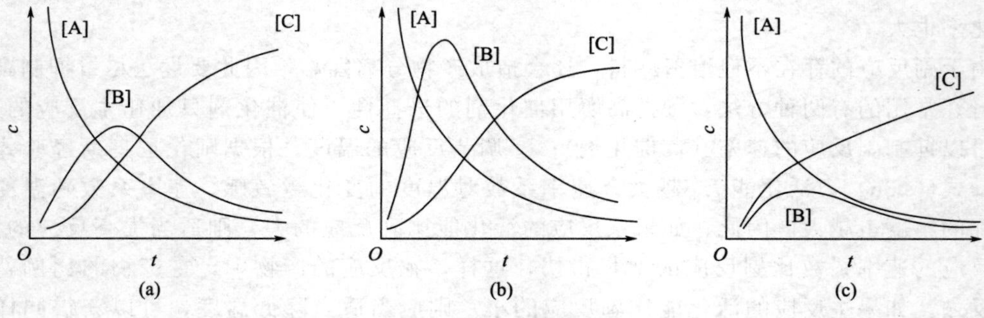

图 6.5 连续反应中浓度随时间的变化曲线

在图6.5(a)中，反应开始时，中间产物B的浓度随着反应的进行逐渐上升，说明B的生成速率大于消耗速率。当到达一个极大值后，由于反应物浓度不断下降，B的生成速率开始小于消耗速率，其浓度也慢慢下降。这种情况说明两个连续反应的速率系数的值相差不大，即$k_1\approx k_2$。中间产物B（浓度为y）达到极大值时的浓度和需要的时间可以通过求极值的方法得到。

在中间产物浓度y出现极大值时，它的一阶导数为零。

由于 $y=\frac{k_1a}{k_2-k_1}(\mathrm{e}^{-k_1t}-\mathrm{e}^{-k_2t})$ $\qquad \frac{\mathrm{d}y}{\mathrm{d}t}=\frac{k_1a}{k_2-k_1}(k_2\mathrm{e}^{-k_2t}-k_1\mathrm{e}^{-k_1t})=0$

因为$a\neq0$，$k_1\neq0$，这时$t=t_{\mathrm{m}}$，所以$k_2\mathrm{e}^{-k_2t_{\mathrm{m}}}-k_1\mathrm{e}^{-k_1t_{\mathrm{m}}}=0$

$$t_{\mathrm{m}}=\frac{\ln k_2-\ln k_1}{k_2-k_1}$$

$$y_m = \frac{k_1 a}{k_2 - k_1}(e^{-k_1 t_m} - e^{-k_2 t_m}) = a\left(\frac{k_1}{k_2}\right)\exp\left(\frac{k_2}{k_2 - k_1}\right)$$

在图 6.5(b) 中，开始时 B 的浓度上升很快，说明 B 的生成速率远大于消耗速率，使 B 的浓度有一定的积累，当 A 消耗得差不多时，B 的浓度再慢慢下降，这种反应一般是 $k_1 \gg k_2$ 的情况。

图 6.5(c) 是 $k_1 \ll k_2$ 的情况，B 的生成速率远小于消耗速率，A 一旦生成 B，B 立即变成 C，因此 B 的浓度一直处于很低的状态。对于这类连续反应，数学处理比较复杂，为了得到比较简明的速率表示式，在化学上一般都采用合理的近似的方法来处理，通常采用速控步近似法，即当其中某一步反应的速率很慢，就将它的速率近似作为整个反应的速率，这个慢步骤称为连续反应的速率控制步骤（rate determining step）。

① 当 $k_1 \gg k_2$，第二步为速控步［图 6.5(b) 中的情况］，$z = a(1 - e^{-k_2 t})$。

② 当 $k_2 \gg k_1$，第一步为速控步［图 6.5(c) 中的情况］，$z = a(1 - e^{-k_1 t})$。

6.4.4 复杂反应速率的近似处理法

在化学动力学的数学处理过程中，常用的近似处理法有以下三种。

（1）选取速控步法

将连续反应中的慢步骤看作是整个反应的速率控制步骤（简称速控步）。用这一步的速率近似作为整个反应的速率。如上述图 6.5(b) 和图 6.5(c) 所示的情况。在图 6.5(c) 中，因为 $k_1 \ll k_2$，显然，第一步是慢步骤，将它选作速控步，则整个反应的速率可以近似用第一步的速率来代替，即

$$r \approx \frac{-dx}{dt} = k_1 x = k_1 a e^{-k_1 t} \tag{6.56}$$

如果用最后产物 C 的生成速率来表示，则有

$$r = \frac{dz}{dt} = k_2 y$$

由于速率方程中，出现了中间产物 B 的浓度。而 B 的浓度一般是无法用实验测定的，因此这样的速率方程就没有实际意义。如何将中间产物的浓度用反应物的浓度来代替，要用到下面的稳态近似法。

如果 k_1 与 k_2 相差不大，用速控步法处理当然会导致较大的误差，必要时应进行较繁杂的数学计算。

（2）稳态近似法

活泼的中间产物（如自由基、自由原子）等的活性很高，而寿命都很短，一旦生成立即就会转变为生成物。它的浓度通常都很低，无法用常规的方法进行测量。设有这样一个稳定状态，中间产物的生成速率与消耗速率近似相等，反应到达这种稳定状态时，中间产物的生成净速率等于零，其浓度不再随时间而改变。有了这样的近似假设，就可以将不易测定的中间产物浓度用可以测定的反应物（或生成物）的浓度代替，使速率表达式有实际意义。仍以图 6.5(c) 为例，因为 $k_1 \ll k_2$，说明中间产物 B 很活泼，可以进行稳态近似。刚才已经得到其速率表示式为

$$r = \frac{dz}{dt} = k_2 y$$

因为中间产物 B 的浓度无法测定，所以该速率方程没有实际意义。现在采用稳态近似

法，将B的浓度用反应物的浓度表示。设到达某个稳态时，中间产物B的生成净速率等于零，即

$$\frac{dy}{dt}=k_1x-k_2y=0 \quad 得 \quad y=\frac{k_1}{k_2}x$$

将B的浓度表示式代入速率方程，得

$$r=\frac{dz}{dt}=k_2y=k_2\frac{k_1}{k_2}x=k_1x$$

这与速控步法所得的结果相同。因为反应物A在任何反应t时刻的浓度都是可以测定的，所以这样的速率表示式是有实际意义的。稳态近似法在处理直链反应时很有用。

（3）平衡假设法

设一个复杂反应的计量方程为$A+B \longrightarrow D$，如果该反应的历程是由以下三个基元反应组成，其中C是中间产物：

$$A+B \underset{k_b}{\overset{k_f}{\rightleftharpoons}} C \quad 快速平衡 \tag{1}$$

$$C \xrightarrow{k_2} D \quad 慢反应 \tag{2}$$

因为反应（1）是快速平衡，反应开始时很快达成平衡。而反应（2）为慢反应，它是整个反应的速控步，则整个反应的速率方程可近似表示为

$$r=\frac{d[D]}{dt}=k_2[C]$$

但是，这个速率方程显然是没有意义的，因为中间产物C的浓度无法测定，如何将C的浓度用可以测定的反应物的浓度代替?根据已知条件，最后一步是慢反应，即中间产物C的消耗速率很慢，而反应（1）的对峙反应又能很快达到平衡，因此可以假设该对峙反应可以维持一个近似的平衡状态（真正的平衡是不可能的）当达到平衡时，正逆反应的速率相等，有

$$k_f[A][B]=k_b[C] \quad 得 \quad [C]=\frac{k_f}{k_b}[A][B]$$

代入速率表示式，得到有实际意义的速率方程为

$$r=k_2[C]=k_2\frac{k_f}{k_b}[A][B]=k[A][B]$$

$$k=k_2\frac{k_f}{k_b} \tag{6.57}$$

k称为表观速率系数。如果将式(6.57)中的基元反应的速率系数都分别用对应的阿伦尼乌斯指数式代入，并进行整理，可以分别得到表观指前因子和表观活化能与基元反应的指前因子和活化能之间的关系式

$$k=A\mathrm{e}^{-E_a/RT} \qquad k_2=A_2\mathrm{e}^{-E_{a,2}/RT}$$

$$k_f=A_f\mathrm{e}^{-E_{a,f}/RT} \qquad k_b=A_b\mathrm{e}^{-E_{a,b}/RT}$$

整理得

$$A=A_2\frac{A_f}{A_b} \qquad E_a=E_{a,2}+E_{a,f}-E_{a,b}$$

从这里可以看出，连续反应的表观活化能E_a与其基元反应活化能之间的关系完全取决于表观速率系数与基元反应速率系数之间的关系，因此，表观活化能E_a没有明确的物理意

义。但 E_a 的大小，也反映了这个反应进行的难易程度，通常化学反应进行的途径都是选择能量较低的通道，沿着需要活化能最低的路线进行。

总而言之，稳态近似法通过稳态概念的提出，把复杂反应动力学解微分方程组的工作变成解代数方程组的工作，大大简化了计算，是近似处理复杂反应动力学的一种十分有效的方法；速控步法的结果表明，当复杂反应动力学存在速控步时，动力学方程只与速控步及速控步之前的平衡有关，与速控步之后的反应无关，大大地简化了连续反应的动力学处理；而平衡态近似法，通过可测量的反应物或产物浓度表示中间物浓度的方法，为复杂反应动力学的处理提供了十分简洁的、有效的措施。值得注意的是，选用何种方法，取决于复杂反应机理所满足的条件。

【例 6.10】 $H_2(g)$ 与 $I_2(g)$ 反应生成 HI(g) 的计量方程为 $H_2(g)+I_2(g)=\!=\!=2HI(g)$，经长期的实验研究，证明它是一个复杂反应，比较统一的看法认为它的反应机理为

$$I_2+M \underset{k_{-1}}{\overset{k_1}{\rightleftharpoons}} 2I+M \qquad \text{快平衡} \qquad (1)$$

$$H_2+2I \xrightarrow{k_2} 2HI \qquad \text{慢反应} \qquad (2)$$

试写出反应的速率方程、表观活化能和表观指前因子的表示式。

解 在快平衡后面是慢反应，符合用平衡假设近似法处理的条件。先根据质量作用定律写出用最后生成物表示的速率方程

$$r=\frac{1}{2}\times\frac{d[HI]}{dt}=k_2[H_2][I]^2$$

因为中间产物 [I] 的浓度无法用实验测量，所以采用平衡假设近似法，将 [I] 用反应物的浓度代替。设反应近似达到平衡时，有

$$k_1[I_2][M]=k_{-1}[M][I]^2 \qquad [I]^2=\frac{k_1}{k_{-1}}[I_2]$$

代入速率方程，得

$$r=\frac{1}{2}\times\frac{d[HI]}{dt}=\frac{k_1k_2}{k_{-1}}[H_2][I_2]=k[H_2][I_2]$$

表观速率系数 $k=k_1k_2/k_{-1}$，利用阿伦尼乌斯指数式，可以得到相应的表观指前因子和表观活化能的表示式为

$$A=A_1A_2/A_{-1} \qquad E_a=E_{a,1}+E_{a,2}-E_{a,-1}$$

【例 6.11】 某化学反应的计量方程为 $A+B=\!=\!=P$，经实验研究，认为它的反应机理为

$$A+B \underset{k_{-1}}{\overset{k_1}{\rightleftharpoons}} C \qquad \text{快平衡} \qquad (1)$$

$$C \xrightarrow{k_2} D \qquad \text{慢反应} \qquad (2)$$

$$D \xrightarrow{k_3} P \qquad \text{快反应} \qquad (3)$$

试写出该反应的速率方程和表观活化能的表示式。

解 因为（1）是快平衡；（2）是慢反应，符合用平衡假设近似法的条件；（3）是慢反应（速控步）后面的快反应，对总的反应速率影响极小，可以不予考虑。所以

$$r=\frac{\mathrm{d}[\mathrm{D}]}{\mathrm{d}t}=k_2[\mathrm{C}]$$

$$k_1[\mathrm{A}][\mathrm{B}]=k_{-1}[\mathrm{C}] \qquad [\mathrm{C}]=\frac{k_1}{k_{-1}}[\mathrm{A}][\mathrm{B}]$$

$$r=\frac{\mathrm{d}[\mathrm{D}]}{\mathrm{d}t}=k_2[\mathrm{C}]=\frac{k_1k_2}{k_{-1}}[\mathrm{A}][\mathrm{B}]=k[\mathrm{A}][\mathrm{B}]$$

表观速率系数 $k=k_1k_2/k_{-1}$，利用阿伦尼乌斯指数式，得表观活化能的表示式为

$$E_{\mathrm{a}}=E_{\mathrm{a},1}+E_{\mathrm{a},2}-E_{\mathrm{a},-1}$$

6.4.5 链反应

链反应又称为连锁反应，它表示大量的连续反应按一定的规律反复循环地进行。例如，高聚物的制备、石油的裂解、碳氢化合物的氧化和卤化等都与链反应有关。因此，链反应在化工生产中具有重要意义。链反应通常按以下三个基本步骤进行：

① 链的引发（chain initiation） 用光、热或辐射等多种方法，将某一处于稳定态的反应物分子裂解为自由基或自由原子，这步的活化能较高，与反应分子化学键的键能同一个数量级。

② 链的传递（chain propagation） 链引发生成的自由基或自由原子与稳定的反应物分子作用，在生成产物的同时，又生成一个新的自由基或自由原子，使反应一环接一环地连续进行下去。若不受阻，可直至反应物耗尽。由于自由基（或自由原子）的能量较高，这一步反应的活化能约等于稳定反应物分子键能的 5.5%，一般在 $40\mathrm{kJ\cdot mol^{-1}}$ 以下，因此链的传递在瞬间即可完成。

③ 链的终止（chain termination） 自由基或自由原子相互结合成稳定分子，或与器壁及第三物种（M）碰撞而失去活性，使由链引发的链反应终止。因此，链反应的速率与器壁的形状或加入的惰性粉末等都有关系，这是链反应的特征之一。因为自由基有可能自行销毁，所以链一旦引发并不是反应一定能进行到底的。在下面所讲的 HCl(g) 的生成反应中，一个 Cl 原子可以导致生成 $10^4\sim10^6$ 个 HCl(g) 分子，这已是非常可观的了。

链传递可以用直链的形式，也可以用支链的形式，因此链反应可分为直链反应和支链反应两种。H_2 和 Cl_2 生成 HCl(g) 的反应是直链反应的典型例子。下面就以此为例，说明如何从反应机理导出速率方程，如何从表观速率系数导出表观活化能的表示式，以及如何检验反应机理的正确性。

已知 H_2 和 Cl_2 反应生成 HCl（g）的化学计量方程为

$$\mathrm{H_2(g)+Cl_2(g)=\!=\!=2HCl(g)}$$

经实验测定表明，该反应总的级数是 1.5 级，对 $H_2(g)$ 为 1 级，对 $Cl_2(g)$ 为 0.5 级，实验测定得到的速率方程为

$$r=\frac{1}{2}\times\frac{\mathrm{d}[\mathrm{HCl}]}{\mathrm{d}t}=k[\mathrm{Cl_2}]^{\frac{1}{2}}[\mathrm{H_2}]$$

这显然不是一个简单反应。实验测定的活化能约为 150kJ·mol^{-1}。另据反应过程中用顺磁共振谱监测所摄的谱图证实，反应过程中有 H 和 Cl 等自由原子生成。目前对于该反应的机理已达到共识，认为主要由 4 步组成（省略相同的链传递项），并列出用键能估算的相应的反应活化能，拟定的反应机理如下：

反应		$E_a/(\mathrm{kJ \cdot mol^{-1}})$
(1) $Cl_2 + M \xrightarrow{k_1} 2Cl + M$	链的引发	242
(2) $Cl + H_2 \xrightarrow{k_2} HCl + H$	链的传递	24
(3) $H + Cl_2 \xrightarrow{k_3} HCl + Cl$		13
……		
(4) $2Cl + M \xrightarrow{k_4} Cl_2 + M$	链的终止	0

反应（1）是链的引发，式中 M 是用于载能的第三物种，它本身不参加反应。该反应所需的活化能相当于 $Cl_2(g)$ 分子的键能。

反应（2）和反应（3）是链的传递，可以写出很多类似的循环式，这里只选择两个作为代表。因为自由基很活泼，链传递所需活化能分别是 $H_2(g)$ 或 $Cl_2(g)$ 分子键能的 5.5%。

反应（4）是链的终止，自由基结合不需要活化能，M 是第三物种或器壁，借以传递多余的能量。处于激发态的自由基结合成稳定分子回到基态时，还会放出能量，使表观活化能出现负值。

以下是从反应机理导出速率方程的过程。如果反应速率用 HCl 的生成速率表示，则有

$$\frac{\mathrm{d}[HCl]}{\mathrm{d}t} = k_2[Cl][H_2] + k_3[H][Cl_2] \tag{a}$$

在这个速率方程中，含有不可测定浓度的中间产物[Cl]和 [H]，因此这样的速率方程没有实际意义。而 Cl 和 H 是活泼的自由原子，可以近似地认为在反应达到稳定状态后，它们的浓度基本上不随时间而变化，可以采用稳态近似法来导出它们的浓度与反应物浓度之间的关系式。推导过程如下：

$$\frac{\mathrm{d}[Cl]}{\mathrm{d}t} = 2k_1[Cl_2][M] - k_2[Cl][H_2] + k_3[H][Cl_2] - 2k_4[Cl]^2[M] = 0 \tag{b}$$

$$\frac{\mathrm{d}[H]}{\mathrm{d}t} = k_2[Cl][H_2] - k_3[H][Cl_2] = 0 \tag{c}$$

从式（c）可以得到

$$k_2[Cl][H_2] = k_3[H][Cl_2] \tag{d}$$

将式（d）代入式（b），可得

$$[Cl] = \left(\frac{k_1}{k_4}[Cl_2]\right)^{\frac{1}{2}} \tag{e}$$

将式（d）和式（e）代入式（a），可得

$$\frac{\mathrm{d}[HCl]}{\mathrm{d}t} = 2k_2[Cl][H_2] = 2k_2\left(\frac{k_1}{k_4}\right)^{\frac{1}{2}}[H_2][Cl_2]^{\frac{1}{2}}$$

根据化学反应计量方程

$$r=\frac{1}{2}\frac{\mathrm{d}[\mathrm{HCl}]}{\mathrm{d}t}=k_2\left(\frac{k_1}{k_4}\right)^{\frac{1}{2}}[\mathrm{H_2}][\mathrm{Cl_2}]^{\frac{1}{2}}=k[\mathrm{H_2}][\mathrm{Cl_2}]^{\frac{1}{2}}$$

得到的速率方程中显示的反应级数与实验测定的一致。式中，k 是表观速率系数

$$k=k_2\left(\frac{k_1}{k_4}\right)^{\frac{1}{2}}$$

根据表观速率系数导出的表观活化能表示式为

$$E_{\mathrm{a}}=E_{\mathrm{a},2}+\frac{1}{2}(E_{\mathrm{a},1}-E_{\mathrm{a},4})=\left[24+\frac{1}{2}\times(242-0)\right]\mathrm{kJ\cdot mol^{-1}}=145\mathrm{kJ\cdot mol^{-1}}$$

所得的表观活化能也与实验值基本一致，说明这个反应机理是基本正确的。如果从反应机理推导出的速率方程和所得的表观活化能与实验值相差太大，则要考虑对反应机理加以修正。这个直链反应的传递方式走的是一条能量最低通道，如果链从 $H_2(g)$ 开始引发，由于 $H_2(g)$ 的键能为 $435\mathrm{kJ\cdot mol^{-1}}$，比 $Cl_2(g)$ 的键能高，则表观活化能也要高得多，不符合能量最低原理。

直链反应的传递方式是消耗一个自由基（或自由原子），再产生一个自由基（或自由原子），这样稳步前进，如图 6.6(a) 所示。

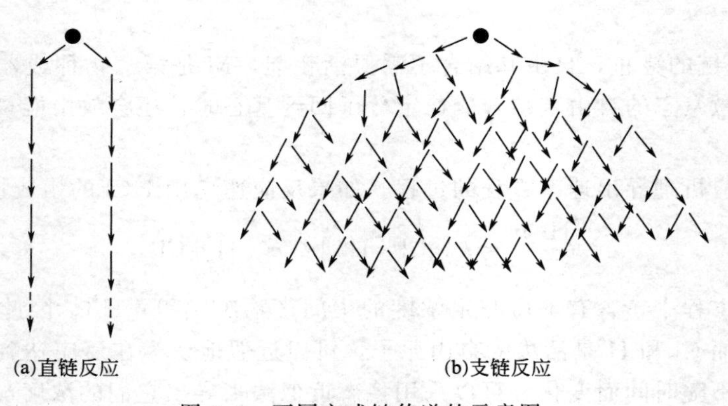

图 6.6　不同方式链传递的示意图

如果消耗一个自由基，可以产生两个自由基，如图 6.6(b)所示，如此 1 变 2，2 变 4，4 变 8，……很快就达到爆炸的程度，这种反应称为支链反应（branched reaction），支链反应引起的爆炸称为支链爆炸。例如，氢气和氧气的爆鸣反应就属于支链爆炸。

还有一种反应称为热爆炸，它与支链爆炸的起因不同。热爆炸是因为某放热反应进行太快，热不容易及时散发而使系统温度升高，从而导致反应速率按指数定律上升，放出的热就更多，速率则更快，如此恶性循环而引发爆炸。发生热爆炸有三个必要条件：①粉尘和纤维尘大大超标，已经达到爆炸极限；②有火星引燃；③有氧气等助燃气体存在。因为粉尘和纤维尘的微粒小，表面积很大，表面能很高，与空气的接触面大，氧化反应进行得太快，温度很快升高有可能导致爆炸。例如，煤矿中发生矿震后，空气中有大量的煤尘，纺织厂中有大量的纤维尘，面粉厂和木材厂有大量的可燃性粉尘，在这种环境中一定要严禁火种（如火柴、吸烟、手机、没有加消火装置的汽车、摩托车、电器开关、化纤衣服和带铁钉的皮鞋等），因为一旦遇到明火，就会发生爆炸。2015 年 6 月在中国台湾某游乐园发生的彩色粉末热爆炸（或热爆燃），造成数人死亡和近 500 人严重烧伤的惨

痛结果，这种血的教训必须得牢记。在常温、常压下一些可燃性气体在空气中的爆炸范围列于表 6.2 中，在使用这些气体时要十分小心。例如，在煤矿中要注意监测甲烷和一氧化碳（混合物为瓦斯气）的含量，改善通风设备，防止达到爆炸极限。氢气和一氧化碳等危险气体不能存放在室内，使用时要严禁火种，最好在室内装上带有化学传感器的报警装置，一旦监测到可燃气体达到发生爆炸的危险边缘时，报警器能及时发出警报，以便采取通风、隔离火种等补救措施。

表 6.2 在常温、常压的空气中，一些可燃性气体的爆炸极限（体积分数）

可燃气体	爆炸下限	爆炸上限	可燃气体	爆炸下限	爆炸上限
H_2	0.040	0.740	C_2H_2	0.025	0.800
NH_3	0.160	0.270	C_2H_4	0.030	0.290
CO	0.120	0.740	C_3H_6	0.020	0.110
CH_4	0.050	0.140	C_6H_6	0.014	0.067
C_2H_6	0.030	0.130	$(CH_3)_2O$	0.025	0.130
C_3H_8	0.024	0.095	$(C_2H_5)_2O$	0.020	0.480
C_4H_{10}	0.020	0.084	CH_3OH	0.070	0.360
CS_2	0.013	0.440	C_2H_5OH	0.040	0.190

6.4.6 拟定反应历程（或机理）的一般方法

化学反应的反应机理并不是凭空想象出来的，也不是先有一套设想再逐步验证的，而是要首先掌握足够的实验数据，从实验找出反应速率与浓度的关系——反应速率方程，活化能，以及判定在反应过程中是否有自由原子的存在，然后根据这些事实来考虑其历程（或机理）。

拟定反应历程一般包括以下几个步骤：

① 写出反应的计量方程；

② 实验测定速率方程，确定反应级数；

③ 测定反应的活化能；

④ 用顺磁共振（EPR）、核磁共振（NMR）和质谱等手段测定中间产物的化学组成；

⑤ 拟定反应历程；

⑥ 从反应历程用稳态近似、平衡假设等近似方法推导动力学方程，验证是否与实验测定的一致；

⑦ 从动力学方程计算活化能，验证是否与实验值相近；

⑧ 如果⑥⑦的结果与实验一致，则所拟的反应历程基本准确，如果不一致则应作相应的修正，再进行尝试，直到与实验测定结果一致为止。

如果发现有新的实验事实，则所提出的反应机理必须能够说明新的实验事实，否则反应机理必须修正或者重新考虑。

以上只是拟定反应历程的一般过程，并不是对任何一个反应所有的研究步骤都必须用到，也可能还有其他研究步骤需要补充，这完全要对具体问题进行具体分析。

例如：臭氧层空洞的产生与防止。

在离地面 10～50km 的区域是寒冷、干燥的同温层区，其中的臭氧层可防止宇宙射线和紫外光对地球生物的伤害。当臭氧含量降低到一定程度，称之为空洞。

造成臭氧空洞主要是在同温层中发生了以下两类反应：

(1) $N_2O + h\nu \longrightarrow N + NO$

$O_3 + NO \longrightarrow NO_2 + O_2$

$O + NO_2 \longrightarrow NO + O_2$

净反应为：$O + O_3 \longrightarrow O_2 + O_2$

(2) $CF_2Cl_2 + h\nu \longrightarrow Cl + CF_2Cl$

$O_3 + Cl \longrightarrow ClO + O_2$

$O + ClO \longrightarrow Cl + O_2$

净反应为：$O + O_3 \longrightarrow O_2 + O_2$

氟利昂和汽车尾气中的氮氧化物类化合物进入同温层后，在紫外线的作用下，产生 NO 和 Cl，作为催化剂将持续不断地破坏奇数氧，造成臭氧含量的下降。所以地球上必须控制氮氧化物和氯氟烃的排放。

6.5 反应速率理论简介

主要知识点

1. 简单碰撞理论

以硬球作为分子模型，计算它们的碰撞频率，再乘上有效碰撞分数，经过统计平均就得到计算宏观反应速率系数的公式

$$k = \pi d_{AB}^2 L \sqrt{\frac{8RT}{\pi\mu}} \exp(-\frac{E_c}{RT})$$

式中，E_c 称为反应的阈能，碰撞分子的相对动能在连心线上的分量必须超过该阈能值，碰撞才是有效的。E_c 与实验活化能 E_a 的关系为 $E_c = E_a - \frac{1}{2}RT$ 。碰撞理论解释了阿伦尼乌斯指数式中指前因子 A 和实验活化能 E_a 的物理意义，理论的计算值能符合简单分子反应的实验值。但因为模型过于简单，有时计算值与实验值相差太大，虽引入方位因子进行校正，但终因校正因子变化幅度太大而又无合理的解释，使碰撞理论的应用受到限制。

2. 过渡态理论

从反应物到生成物必须经过一个过渡态。分子间的势能是核间距的函数，随着核间距的不同，许多势能点在三维坐标上构成高低不平的势能面。以此为模型，反应物分子沿着反应途径，逐渐攀升到达马鞍点（能量最低点，符合能量最低原理），形成活化络合物。然后逐渐分解为产物，势能不断降低，直至到达稳定的产物状态。假设活化络合物与反应物能快速达到平衡、活化络合物分解为产物是整个反应的速控步，从而得到过

渡态理论用热力学方法计算速率系数的公式

$$k=\frac{k_{\mathrm{B}}T}{h}(c^{\ominus})^{1-n}\exp\left(\frac{\Delta_{\mathrm{r}}^{\neq}S_{\mathrm{m}}^{\ominus}}{R}\right)\exp\left(-\frac{\Delta_{\mathrm{r}}^{\neq}H_{\mathrm{m}}^{\ominus}}{RT}\right)$$

由于对复杂分子势能变化的计算尚有困难，引进的假设也未必完全合理，因此过渡态理论还有待进一步完善。

3. 单分子反应理论

单分子反应并非一步过程，在发生真正的单分子反应之前，发生反应的分子一定经历了一步通过碰撞而获得活化能的步骤。基于单分子反应并非一步历程的观点，林德曼(Lindmann) 在 1922 年提出了第一个单分子反应理论，对上述提出的问题在定性的层次上给出了很好的解释。在林德曼的单分子反应机理中，他特别强调：单分子反应系统仍然是因为分子间的频繁碰撞并交换能量而使一部分反应物分子获得了活化能。

与热力学基本定律的严密性、完整性不同，动力学的速率理论尚处在不断发展和逐步完善之中。一是由于动力学基本理论比热力学发展得迟；二是由于化学反应实际过程十分复杂，温度、浓度、催化剂等影响速率的因素太多，很难归纳出一个普适的理论。目前，比较有代表性的是碰撞理论、过渡态理论和单分子反应理论。这些理论一般只适用于基元反应，提出的过程一般是首先设定一个模型，引进一些假定，再进行统计平均，导出一个用理论计算宏观反应速率系数的公式。如果反应分子的结构与设定的模型类似，则计算结果能比较好地符合实验的测定值。如果反应分子的结构与设定的模型不符，要比模型复杂得多，或者反应的实际过程与理论推导时所引进的假定不符，显然这样的计算结果不可能与实验事实相符，则在理论计算时必须引入一些校正因子，如此反复，使理论不断发展、完善。另外，动力学理论的发展在很大程度上还要依赖于数字处理技术、谱学技术和微观反应动力学实验仪器的发展。本节介绍简单碰撞理论、过渡态理论和单分子反应理论最基本的原理和计算速率系数的公式。

6.5.1 简单碰撞理论

有一个双分子基元反应

$$\mathrm{A+B\longrightarrow P}$$

设 A 分子和 B 分子都是一个没有自身性质的硬球，将硬球作为简单碰撞理论的分子模型，因此简单碰撞理论也称为硬球碰撞理论。A 和 B 要发生反应，一定首先发生碰撞。若 A 分子和 B 分子的直径分别为 d_{A} 和 d_{B}，令碰撞直径 d_{AB} 等于 A 和 B 分子的半径之和，即

$$d_{\mathrm{AB}}=\frac{1}{2}(d_{\mathrm{A}}+d_{\mathrm{B}}) \qquad (6.58)$$

则碰撞截面 σ 就等于以 d_{AB} 为直径的圆的面积，如图 6.7 所示，即

$$\sigma=\pi d_{\mathrm{AB}}^{2} \qquad (6.59)$$

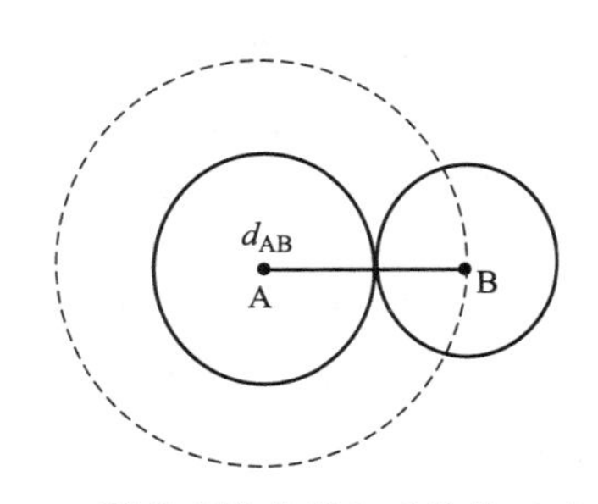

图 6.7 硬球碰撞直径和碰撞截面示意图

凡是运动着的 A 和 B 分子的质心落在以 d_{AB} 为半径的碰撞截面之内，都有可能发生碰撞。设 A 和 B 分子可能发生碰撞的频率为 Z_{AB}，Z_{AB} 一定与 πd_{AB}^{2}（碰撞截面）、u_{r}（A 和 B 分子的相对运动速度）、N_{A}/V 和 N_{B}/V（单位体积中 A 和 B 的分子数）成正比，用公

式表示为

$$Z_{AB}=\pi d_{AB}^2 u_r \frac{N_A}{V}\times\frac{N_B}{V} \tag{6.60}$$

将单位体积中的分子数换算成物质的量浓度 [A] 和 [B]，即

$$[A]=\frac{N_A}{V}\times\frac{1}{L} \qquad [B]=\frac{N_B}{V}\times\frac{1}{L}$$

根据气体分子运动理论，两个分子的相对运动速度可表示为

$$u_r=\sqrt{\frac{8RT}{\pi\mu}} \tag{6.61}$$

式(6.61) 中，R 是摩尔气体常数；μ 是 A 和 B 分子的摩尔折合质量

$$\mu=\frac{M_A M_B}{M_A+M_B} \tag{6.62}$$

将 μ_r 和 [A]、[B] 的表示式代入式 (6.60)，得

$$Z_{AB}=\pi d_{AB}^2 L^2\sqrt{\frac{8RT}{\pi\mu}}[A][B] \tag{6.63}$$

式(6.63) 就是双分子硬球碰撞频率 Z_{AB} 的计算式。Z_{AB} 在常温下约等于 $10^{35}\,m^{-3}\cdot s^{-1}$。若 A 和 B 分子的每次碰撞都能发生反应，则反应 $A+B\longrightarrow P$ 的速率可以表示为

$$r=-\frac{d(N_A/V)}{dt}=-\frac{d(N_B/V)}{dt}=Z_{AB}$$

改用物质的量浓度表示为

$$r=-\frac{d[A]L}{dt}=-\frac{d[B]L}{dt}=Z_{AB}$$

即

$$r=-\frac{d[A]}{dt}=-\frac{d[B]}{dt}=\frac{Z_{AB}}{L}$$

因此，A 和 B 分子的反应速率可表示为

$$r=\pi d_{AB}^2 L\sqrt{\frac{8RT}{\pi\mu}}[A][B] \tag{6.64}$$

因为这是基元反应，根据质量作用定律，反应速率与反应物的浓度成正比，有

$$r=k[A][B]$$

与式(6.64) 对比，得速率系数的表示式为

$$k=\pi d_{AB}^2 L\sqrt{\frac{8RT}{\pi\mu}} \tag{6.65}$$

如果每次碰撞都能发生反应，则速率系数 k 的计算式如式 (6.65) 所示。而根据这个公式计算得到的速率系数 k 值却远远大于实验值，显然并不是每次碰撞都能发生反应。那么，怎样的碰撞才是有效的呢？根据微观能量分析和实验证实，A 和 B 分子的相对平动能 $E_r\left(E_r=\frac{1}{2}\mu u_r^2\right)$ 在连心线（d_{AB}）上的分量必须大于某个临界值 E_c，这样的碰撞才是有效的，才能引发化学反应，因此将 E_c 称为临界能或阈能（threshold energy）。对于 1mol 物质，经过统计平均后，其阈能为 E_c，阈能是与温度无关的数值。

令有效碰撞分数 q 为

$$q=e^{-E_c/RT} \tag{6.66}$$

将式(6.65)乘上有效碰撞分数 q，就得到用硬球碰撞理论计算宏观反应速率系数的公式为

$$k=\pi d_{AB}^{2}L\sqrt{\frac{8RT}{\pi\mu}}\exp\left(\frac{-E_c}{RT}\right) \tag{6.67}$$

原则上，只要知道反应分子的直径、摩尔质量和阈能 E_c，利用式(6.67)就可以计算反应的速率系数。遗憾的是阈能的 E_c 值至今还无法用计算得到，而要用实验测定的活化能 E_a 来求得，E_c 与实验活化能 E_a 之间的关系为

$$E_c=E_a-\frac{1}{2}RT \tag{6.68}$$

在一般温度下，RT 的值不大，可以近似将两者看作相等，即 $E_c\approx E_a$，也不至于引入太大的误差。但由此可见，碰撞理论是不够完善的，还是半经验的。

为了将式(6.67)与阿伦尼乌斯经验式的指数式相比，需将式(6.67)指数项中的 E_c 替换成 E_a。将式(6.68)代入式(6.67)，并加以整理得

$$k=\pi d_{AB}^{2}L\sqrt{\frac{8RT}{\pi\mu}}\exp\left(-\frac{E_a-\frac{1}{2}RT}{RT}\right)=\pi d_{AB}^{2}L\sqrt{\frac{8RT\mathrm{e}}{\pi\mu}}\exp\left(-\frac{E_a}{RT}\right) \tag{6.69}$$

与阿伦尼乌斯经验式的指数式 $k=A\exp\left(-\frac{E_a}{RT}\right)$ 相比

得

$$A=\pi d_{AB}^{2}L\sqrt{\frac{8RT\mathrm{e}}{\pi\mu}} \tag{6.70}$$

阿伦尼乌斯指数式中的指前因子，当时仅仅是作为一个与温度无关的常数来处理的，并没有说明它的物理意义。而碰撞理论指出，指前因子就相当于碰撞频率，因此后来将指前因子又称为频率因子，从理论上解释了阿伦尼乌斯经验常数的物理意义，这是碰撞理论的成功之处。

用式(6.67)计算的速率系数 k 的值，对于简单的气相分子反应，与实验值比较吻合；但是对复杂分子反应或有溶剂存在的反应，则计算值与实验值相去甚远，有时计算值甚至比实验值大 10^6 倍。为了解决这一矛盾，后来在公式中又引入了一个校正因子 P，在 P 中包含了降低分子有效碰撞的各种因素。将式(6.69)改写成指数式，再乘上校正因子 P 后，得

$$k=PA\exp\left(\frac{-E_a}{RT}\right) \tag{6.71}$$

校正因子 P 在数值上就等于实验值与理论值的比值，即

$$P=\frac{A(\text{实验值})}{A(\text{理论值})} \tag{6.72}$$

校正因子 P 又称为方位因子（或概率因子、位阻因子等），因为有的碰撞能量已超过阈能，但由于分子复杂，因位阻效应而未能反应。也有的分子碰撞后已达到可反应的能量，但在分子内传递能量的过程中，尚未到达要断裂的键又与其他分子相撞而失去能量等。虽然校正因子 P 的引入能解释一些实验事实，但它的数值变化范围如此之大（$1\sim10^{-6}$，甚至更大）而又无法作出令人信服的解释，因此简单碰撞理论的推广受到了限制。但碰撞理论描绘了简明而清晰的反应过程，对阿伦尼乌斯的经验常数 E_a 和指前因子 A 作了理论解释，速率系数的计算值也能适用于一些简单分子反应，因此在动力学发展过程中，碰撞理论还是功不

可没的。

6.5.2 过渡态理论

20 世纪 30 年代，艾林（Eyring）和波兰尼（Polanyi）等提出了过渡态理论（transition state theory）。他们采用势能面作为理论的计算模型，并设从反应物到生成物必须经过一个过渡态，形成这个过渡态需要一定的活化能，处于活化状态的过渡态又称为活化络合物（因此该理论又称为活化络合物理论）。设活化络合物与反应物分子之间可以建立化学平衡，而活化络合物转化为产物这一步是整个反应的速控步，这一步的速率将代表整个反应的速率。在这样的模型和假设的基础上，他们利用统计力学和热力学的方法，导出了计算宏观反应速率系数的公式，这就是过渡态理论的基本内容。

以基元反应为例（A 为单原子分子，B－C 为双原子分子）：

$$\mathrm{A + B - C \longrightarrow A - B + C}$$

由于原子间存在相互作用，因此原子之间有势能存在，该势能是原子核间距 r 的函数。反应物 B－C 分子是稳定分子，应处于势能曲线的最低点，这时 B 和 C 之间的核间距 $r_{\mathrm{B-C}}$ 就等于 B－C 分子的键长。随着 A 分子的靠近，B－C 分子键长增加，势能也逐渐升高。当形成 $[\mathrm{A \cdots B \cdots C}]^{\neq}$ 等核间距的活化分子时，势能达到一定高度，这时处于活化状态。随着 C 分子的慢慢远去，势能逐渐下降，直到 C 完全脱离。当 A－B 分子的核间距等于其键长时，产物 A－B 分子又处于另一个低势能的稳定状态，这就是生成物状态。这个过程用方程式表示为

$$\mathrm{A + B - C} \underset{}{\overset{K_c^{\neq}}{\rightleftharpoons}} [\mathrm{A \cdots B \cdots C}]^{\neq} \xrightarrow{k_2} \mathrm{A - B + C}$$

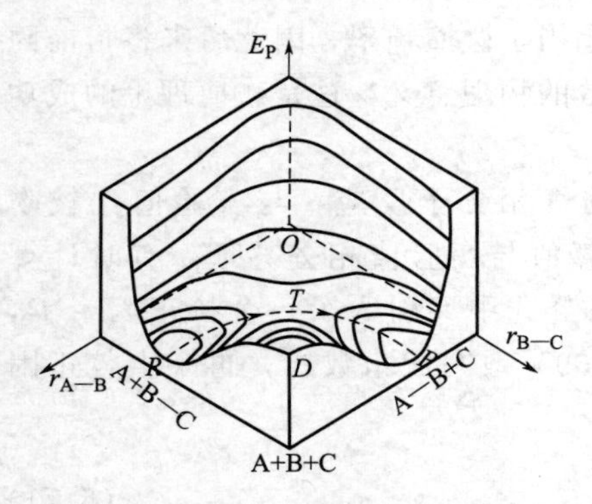

图 6.8 势能面示意图

如果将势能随着核间距的变化进行一系列的计算，将势能相同的点画在同一条势能曲线上，再将势能随着三个原子之间距离的不同按高低顺序在三维坐标上画出势能面，就得到如图 6.8 所示的势能面示意图。

图 6.8 中，纵坐标表示势能，两个横坐标分别代表 B－C 分子和 A－B 分子的核间距。R 点是反应物 B－C 分子与相隔无穷远的 A 分子处在稳定状态时的势能，因此势能很低。P 点是产物 A－B 分子与相隔无穷远的 C 分子处在稳定状态时的势能，势能也很低。在 D 点一侧，表示 A、B、C 都处于独立的原子状态，彼此的核间距都很大，无相互作用，相应的势能比稳定分子的势能高。在原点 O 一侧，是几个原子的核间距彼此处在小于键长的状态，相互之间存在着斥力，因此势能比 D 点一侧更高、势能面更陡。所画的势能面犹如一幅山峦起伏的山区地图，如果将 D 点一侧比作比较平坦的高原，则 O 点一侧就是陡峭的山峰，而 R 点和 P 点则处于低洼的山谷，图 6.8 中的等势能线相当于地图中的等高线。

要从反应物所处的稳定态 R 点转化到产物所处的稳定态 P 点，必须翻越一个有一定高度的势能垒，此能垒所处的位置就是形成活化络合物的地方，如图 6.8 中的 T 点位置。人们通常将 T 点称为马鞍点，因为 T 点的势能比稳定的反应物或产物所处的 R 点和 P 点的势能要高，但是比 D 点一侧或 O 点一侧的势能要低得多，如果将该势能面比作一个马鞍的话，则 T 点相当于马鞍的中心位置。从反应物到产物必须翻越一个势能垒，翻越马鞍点处的势

能垒是耗能最低的通道。

从反应物到产物所经历的具体途径称为反应坐标。处在 R 点的 B—C 分子由于 A 分子的靠近，反应物势能由 R 点沿着图 6.8 中的虚线逐步升高，能量通常来源于对反应系统的升温或反应物分子间的相互碰撞。当到达 T 点时，处在马鞍点上的分子就是活化络合物分子 $[\mathrm{A\cdots B\cdots C}]^{\neq}$，这时 B 与 C 之间的键尚未完全断裂，A 与 B 之间的键尚未完全形成，活化络合物处于一种介稳的状态。然后，随着 C 分子的逐渐离去，势能沿着虚线下降，直到 B—C 键完全断裂，A—B 键正式形成，这就是势能处于 P 点的情况，是产物处于低势能的稳定状态。

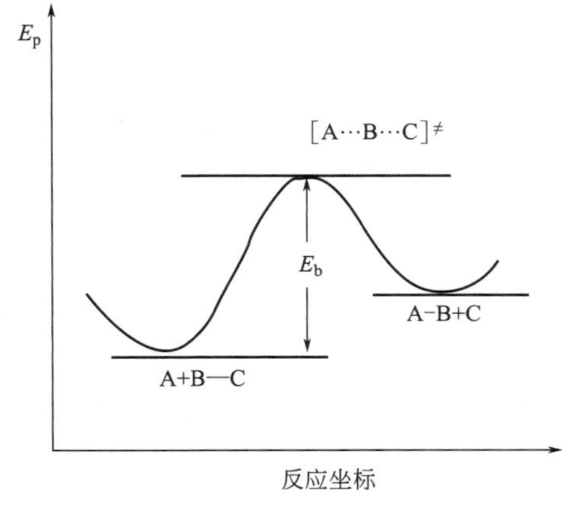

图 6.9　势能面的剖面图

沿着反应途径截取势能面的剖面图，如图 6.9 所示。纵坐标代表能量，横坐标表示反应进行的途径，即反应坐标。从 A+B—C 到 A—B+C，必须获得一定的能量，使反应物处于势能垒的顶端，形成活化络合物 $[\mathrm{A\cdots B\cdots C}]^{\neq}$，这样才能越过势能垒 E_b，转化为产物。图 6.9 与基元反应活化能的示意图（图 6.3）何其相似，实际上过渡态理论中的势能垒的概念解释了实验活化能的本质。

为了计算宏观反应的速率系数，过渡态理论还引入一些假定，即反应物与活化络合物能快速达成平衡，活化络合物的分解是反应的速控步。用方程式表示为

$$\mathrm{A+B-C} \underset{\text{快平衡}}{\overset{K_c^{\neq}}{\rightleftharpoons}} [\mathrm{A\cdots B\cdots C}]^{\neq} \underset{\text{慢}}{\overset{k_2}{\longrightarrow}} \mathrm{A-B+C}$$

根据速控步近似法，该反应速率为

$$r=k_2[\mathrm{A\cdots B\cdots C}]^{\neq} \tag{6.73}$$

因为假设反应物与活化络合物能快速达成平衡，在速控步前面是一个快速平衡，则中间产物 $[\mathrm{A\cdots B\cdots C}]^{\neq}$ 的浓度可以用平衡假设的方法求算，即

$$[\mathrm{A\cdots B\cdots C}]^{\neq}=K_c^{\neq}[\mathrm{A}][\mathrm{B-C}]$$

代入式(6.73)，得

$$r=k_2K_c^{\neq}[\mathrm{A}][\mathrm{B-C}]=k[\mathrm{A}][\mathrm{B-C}]$$

式中，k 是表观速率系数

$$k=k_2K_c^{\neq} \tag{6.74}$$

为了得到表观速率系数的计算式，必须分别求出 k_2 和 $K_c^{\neq}$ 的值或它们的计算式。

先求 k_2 的表示式。设 $[\mathrm{A\cdots B\cdots C}]^{\neq}$ 是线形分子，其平动和转动的能量较低，不足以导致活化络合物的分解，只有振动可能会使它分解。线形三原子分子有四个振动自由度、两个弯曲振动和一个对称伸缩振动不会使活化络合物分解，只有一个不对称伸缩振动，振动一次就会造成一个不牢固的 B···C 键断裂，则在单位时间内该不对称伸缩振动的频率 v 就可以造成 v 个活化络合物分子分解，也就等于速率系数 k_2 的值，即 $k_2=v$。根据统计力学原理，不对称伸缩振动 v 值的近似计算式为

$$v=\frac{k_BT}{h} \tag{6.75}$$

式中，k_B 是玻耳兹曼常量；h 是普朗克常量。通常称 $\frac{k_B T}{h}$ 为普适常量，在一般温度下，普适常量的数值约为 $10^{13}\,s^{-1}$。将 $k_2=\frac{k_B T}{h}$ 的关系式代入式(6.74)，得

$$k=\frac{k_B T}{h}K_c^{\neq} \tag{6.76}$$

现在再来求 $K_c^{\neq}$ 的值，因为假设第一步是快速平衡反应，则

$$K_c^{\neq}=\frac{[A\cdots B\cdots C]}{[A][B-C]}$$

将每个浓度都与浓度的标准态相比，将经验平衡常数 $K_c^{\neq}$ 转变成标准平衡常数 $K_c^{\ominus}$，则

$$K_c^{\ominus}=\frac{[A\cdots B\cdots C]^{\neq}/c^{\ominus}}{\frac{[A]}{c^{\ominus}}\times\frac{[B-C]}{c^{\ominus}}}=K_c^{\neq}(c^{\ominus})^{2-1}$$

假定不是双分子反应，而是 n 分子的反应，则可写成更一般的形式，即

$$K_c^{\ominus}=K_c^{\neq}(c^{\ominus})^{n-1} \qquad K_c^{\neq}=K_c^{\ominus}(c^{\ominus})^{1-n} \tag{6.77}$$

将式(6.77) 代入式(6.76)，得

$$k=\frac{k_B T}{h}(c^{\ominus})^{1-n}K_c^{\ominus} \tag{6.78}$$

根据反应方程式，第一步生成活化络合物的标准摩尔反应吉布斯自由能的变化值 $\Delta_r^{\neq}G_m^{\ominus}$ 与标准平衡常数 $K_c^{\ominus}$ 之间的关系为

$$\Delta_r^{\neq}G_m^{\ominus}=-RT\ln K_c^{\ominus}$$

根据热力学函数之间的关系，在等温条件下有

$$\Delta_r^{\neq}G_m^{\ominus}=\Delta_r^{\neq}H_m^{\ominus}-T\Delta_r^{\neq}S_m^{\ominus}$$

则

$$K_c^{\ominus}=\exp\left(-\frac{\Delta_r^{\neq}G_m^{\ominus}}{RT}\right)=\exp\left(\frac{\Delta_r^{\neq}S_m^{\ominus}}{R}\right)\exp\left(-\frac{\Delta_r^{\neq}H_m^{\ominus}}{RT}\right)$$

代入式(6.78)，得

$$k=\frac{k_B T}{h}(c^{\ominus})^{1-n}\exp\left(-\frac{\Delta_r^{\neq}G_m^{\ominus}}{RT}\right)=\frac{k_B T}{h}(c^{\ominus})^{1-n}\exp\left(\frac{\Delta_r^{\neq}S_m^{\ominus}}{R}\right)\exp\left(-\frac{\Delta_r^{\neq}H_m^{\ominus}}{RT}\right) \tag{7.79}$$

式(6.79) 就是过渡态理论用热力学方法计算速率系数的公式。式中，$\Delta_r^{\neq}G_m^{\ominus}$、$\Delta_r^{\neq}H_m^{\ominus}$ 和 $\Delta_r^{\neq}S_m^{\ominus}$ 分别是反应物生成活化络合物时的标准摩尔吉布斯自由能、焓和熵的变化值，这些数值可以用热力学方法得到，这样就可以利用热力学数据表，用计算的方法得到宏观反应的速率系数值，这就是过渡态理论的成功之处。式中 $(c^{\ominus})^{1-n}$ 一项提供了速率系数 k 的浓度单位，因为普适常量的单位是 s^{-1}，后面两个指数项的单位都等于 1，所以对于单分子反应(因为速率理论中用的是基元反应，所以也是一级反应)，$n=1$，$(c^{\ominus})^{1-1}=1$，对于一级反应，速率系数 k 的单位是 s^{-1}；对于双分子反应（二级反应），$n=2$，$(c^{\ominus})^{1-2}=(c^{\ominus})^{-1}=(mol\cdot dm^{-3})^{-1}$，则速率系数 k 的单位是 $(mol\cdot dm^{-3})^{-1}\cdot s^{-1}$。

由反应物生成活化络合物的标准摩尔焓变 $\Delta_r^{\neq}H_m^{\ominus}$ 与实验活化能 E_a 在物理意义上是不同的，$\Delta_r^{\neq}H_m^{\ominus}$ 是指由反应物生成活化络合物的标准摩尔焓变，可以用热力学的方法计算；E_a 是实验活化能，由实验测定。但两者在数值上差异不大。对于凝聚相（固相或液相）反应，两者差一个 RT 的数值，即 $E_a=\Delta_r^{\neq}H_m^{\ominus}+RT$。对于理想气体反应，$E_a=\Delta_r^{\neq}H_m^{\ominus}+nRT$，式

中，n 是气相反应中反应物气体的分子数。如果温度不太高，可以近似认为 $E_a \approx \Delta_r^{\neq} H_m^{\ominus}$，则将式(6.79) 与阿伦尼乌斯经验式的指数式相比，就得到阿伦尼乌斯的指前因子 A 的表示式，即

$$A = \frac{k_B T}{h}(c^{\ominus})^{1-n} \exp\left(\frac{\Delta_r^{\neq} S_m^{\ominus}}{R}\right) \tag{6.80}$$

从式(6.80) 可以看出，阿伦尼乌斯的指前因子 A 原来与活化熵的变化值有关，这就是说过渡态理论解释了阿伦尼乌斯的指前因子的物理意义，同时也可以用来说明，为什么对于不同级数的反应，指前因子 A 会具有不同的单位，这是阿伦尼乌斯没有做到的。

过渡态理论提供了较为完整的计算速率系数的公式，理论中提出的势能面、活化络合物、活化焓、活化熵和势能垒等概念已广泛应用于气相反应、溶液反应和多相催化反应，对阿伦尼乌斯公式中的经验常数也作了一定的理论说明，这是过渡态理论的成功之处。但是，由于微观世界的复杂性，对较为复杂的分子，其势能的变化情况目前尚无法计算，活化络合物的构型也无法确定，引进的反应物与活化络合物快速达成平衡和络合物分解是速控步的假设并不能符合所有反应。因此，过渡态理论还需要进一步完善，还需要做更多艰苦、细致的研究工作。

【例 6.12】 某偶氮烷烃在乙醇溶液中分解放出 $N_2(g)$，分别在 248K 和 298K 时测得速率系数为 $1.22 \times 10^{-4} s^{-1}$ 和 $0.11 s^{-1}$。求反应在 298K 时的 $\Delta_r^{\neq} H_m^{\ominus}$、$\Delta_r^{\neq} S_m^{\ominus}$ 和 $\Delta_r^{\neq} G_m^{\ominus}$ 的值。设 $E_a \approx \Delta_r^{\neq} H_m^{\ominus}$，普适常量 $\frac{k_B T}{h} = 10^{13} s^{-1}$。

解 利用阿伦尼乌斯定积分式计算实验活化能 E_a

$$\ln \frac{k(T_2)}{k(T_1)} = \frac{E_a}{R} \times \left(\frac{1}{T_1} - \frac{1}{T_2}\right)$$

$$\ln \frac{0.11 s^{-1}}{1.22 \times 10^{-4} s^{-1}} = \frac{E_a}{8.314 J \cdot mol^{-1} \cdot K^{-1}} \times \left(\frac{1}{248K} - \frac{1}{298K}\right)$$

计算得 $E_a = 83.6 kJ \cdot mol^{-1}$，所以 $\Delta_r^{\neq} H_m^{\ominus} \approx E_a = 83.6 kJ \cdot mol^{-1}$。

$\Delta_r^{\neq} G_m^{\ominus}$ 和 $\Delta_r^{\neq} S_m^{\ominus}$ 的值可以用两种方法计算。

方法 1　用过渡态理论计算速率系数的公式先计算 $\Delta_r^{\neq} S_m^{\ominus}$

$$k = \frac{k_B T}{h}(c^{\ominus})^{1-n} \exp\left(\frac{\Delta_r^{\neq} S_m^{\ominus}}{R}\right) \exp\left(-\frac{\Delta_r^{\neq} H_m^{\ominus}}{RT}\right)$$

$$0.11 s^{-1} = 10^{13} s^{-1} (c^{\ominus})^{1-1} \exp\left(\frac{\Delta_r^{\neq} S_m^{\ominus}}{8.314 J \cdot mol^{-1} \cdot K^{-1}}\right) \exp\left(-\frac{83.6 \times 10^3}{8.314 \times 298}\right)$$

解得　　$\Delta_r^{\neq} S_m^{\ominus} = 13.3 J \cdot K^{-1} \cdot mol^{-1}$

$$\Delta_r^{\neq} G_m^{\ominus} = \Delta_r^{\neq} H_m^{\ominus} - T\Delta_r^{\neq} S_m^{\ominus} = (83.6 - 298 \times 13.3 \times 10^{-3}) kJ \cdot mol^{-1} = 79.6 kJ \cdot mol^{-1}$$

方法 2　用过渡态理论计算速率系数的公式先计算 $\Delta_r^{\neq} G_m^{\ominus}$

$$k = \frac{k_B T}{h}(c^{\ominus})^{1-n} \exp\left(-\frac{\Delta_r^{\neq} G_m^{\ominus}}{RT}\right)$$

$$0.11\mathrm{s}^{-1}=10^{13}\mathrm{s}^{-1}(c^{\ominus})^{1-1}\exp\left(\frac{\Delta_r^{\neq}S_m^{\ominus}}{8.314\mathrm{J\cdot mol^{-1}\cdot K^{-1}}\times 298\mathrm{K}}\right)$$

解得 $\Delta_r^{\neq}G_m^{\ominus}=79.6\mathrm{kJ\cdot mol^{-1}}$

$$\Delta_r^{\neq}S_m^{\ominus}=\frac{\Delta_r^{\neq}H_m^{\ominus}-\Delta_r^{\neq}G_m^{\ominus}}{T}=\frac{(83.6-79.6)\times 10^3\mathrm{J\cdot mol^{-1}}}{298\mathrm{K}}=13.3\mathrm{J\cdot K^{-1}\cdot mol^{-1}}$$

6.5.3 单分子反应理论

单分子反应（unimolecular reaction），顾名思义应该是由一个分子实现的基元反应。典型的例子包括一些分解反应，如 $Br_2 \longrightarrow 2Br$，$SO_2Cl_2 \longrightarrow SO_2+Cl_2$，以及异构化反应，如

$$\text{环丙烷}(CH_2)_3 \longrightarrow CH_3-CH=CH_2$$

关于单分子反应机理，探讨的焦点主要集中在如下问题上：既然单分子反应是由单一分子参与而实现的，似乎就应该排除分子是通过碰撞交换能量而获得活化能的可能性。而实验表明，在没有碰撞的分子束中，单分子反应不会发生。那么，反应物分子是如何获得活化能的呢？为什么单分子反应在压力较高时表现为一级反应，而压力足够低时又表现为二级反应呢？

曾有人提出，单分子反应的反应物分子是因吸收容器壁的红外辐射而获得活化能，但这一观点很快就被否定了。无碰撞单分子束不会发生单分子反应的实验说明碰撞对于单分子反应的进行是必需的。由此，有人推测，单分子反应并非一步过程，在发生真正的单分子反应之前，发生反应的分子一定经历了一步通过碰撞而获得活化能的步骤。基于单分子反应并非一步历程的观点，林德曼（Lindemann）在 1922 年提出了第一个单分子反应理论，对上述提出的问题在定性的层次上给出了很好的解释。在林德曼的单分子反应机理中，他特别强调：单分子反应系统仍然是因为分子间的频繁碰撞并交换能量而使一部分反应物分子获得了活化能而达到活化状态。而获得足够能量的活化分子并不立即分解，它需要一个分子内部能量的传递过程，以便把能量集聚到要破裂的键上去。因此，在碰撞之后和进行反应之前出现一段停滞时间（time lag）。此时，活化分子可能进行反应，也可能去活化（deactivation）再变成普通分子。在浓度不是很稀的情况下，这种活化和去活化之间有一个平衡存在，如果活化分子分解或转化为产物的速率比去活化作用缓慢，则上述平衡基本上可认为不受影响。

林德曼单分子反应机理的要点如下。

反应物分子 A 可以通过分子间的碰撞而获得高于反应临界能 ε_c 的能量，变为活化分子 A^*：即

$$A+M \xrightarrow{k_1} A^*+M$$

式中，M 可以是另一个分子 A 或产物 P 分子，也可以是其他不参与反应的惰性分子。

虽然通过碰撞，A^* 获得了足够的能量，但是，由于发生单分子反应的反应物均为复杂分子，此活化分子并不会立即发生反应。A 在活化后需要一段时间将通过碰撞获得的动能转化为分子内部的振动能，并在分子内部重新分配与传递，这样才能将能量集中到需要断裂的键上引发反应。这样一段从碰撞活化到反应的时间滞后是林德曼单分子反应机理的关键，在

这一段时间内，活化分子 A^* 可进一步反应生成产物，也可能因与其他分子碰撞而失去能量，变回原反应物。即

$$A^* + M \xrightarrow{k_2} A + M$$

或
$$A^* \xrightarrow{k_3} P$$

可将上述机理简化表示为：

$$A + M \underset{k_{-1}}{\overset{k_1}{\rightleftharpoons}} A^* + M$$

$$A^* \xrightarrow{k_2} P$$

根据上述的讨论可知，活化分子 A^* 极其活泼，很不稳定，寿命很短，生成后很快就会消耗掉，所以 A^* 的浓度必然是极小的，且符合稳态近似法处理复杂反应的条件 $\frac{dc_{A^*}}{dt}=0$，即

$$\frac{dc_{A^*}}{dt}=k_1c_Ac_M-k_{-1}c_{A^*}c_M-k_2c_{A^*}=0$$

由此解得

$$c_{A^*}=\frac{k_1c_Ac_M}{k_{-1}c_M+k_2}$$

则单分子反应速率

$$r=\frac{dc_P}{dt}=k_2c_{A^*}=\frac{k_1k_2c_Ac_M}{k_{-1}c_M+k_2} \tag{6.81}$$

式(6.81) 表明，单分子反应既非一级反应，也非二级反应。在特定条件下存在下列两种情况。

① 高压下，$k_{-1}c_M \gg k_2$，式(6.81) 可简化为

$$r=\frac{k_1k_2}{k_{-1}}c_A=kc_A \qquad \text{（一级反应）}$$

这是因为在高压下，分子平均自由程很小，分子间碰撞频率大，活化分子 A^* 极易去活化，此时反应的速控步为 $A^* \xrightarrow{k_2} P$，故表现为一级反应。

② 低压下，$k_{-1}c_M \ll k_2$，则式(6.81) 简化为

$$r=k_1c_Ac_M \qquad \text{（二级反应）}$$

若系统中没有加入惰性气体，$c_M=c_A$，则 $r=k_1c_A^2$，此时反应表现为二级反应。这是因为在低压下，分子平均自由程大，分子两次碰撞间隔时间很长，如果这一平均时间超过活化分子内部传递能量所需要的时间，可以预期，绝大多数活化分子都会发生反应。此时 $A+M \xrightarrow{k_2} A^*+M$ 成为速控步，即活化分子 A^* 的生成决定了整个反应速率，因而反应表现为二级反应。

林德曼机理对单分子反应级数的描述得到了实验证实。

图 6.10 显示，单分子反应——偶氮甲烷在 603K 的热分解反应，在高压下表现为一级反应，低压下表现为二级反应，在中等压力下，反应级数处于一级和二级的转变区域。可以看出，林德曼机理与上述实验现象在定性方面吻合得很好，概括了单分子反应总的动力学

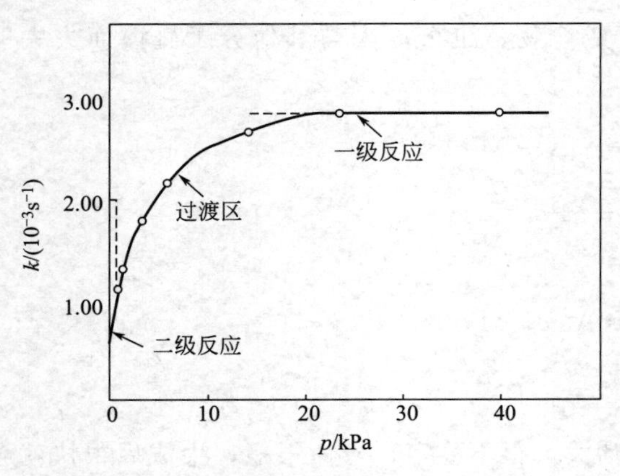

图 6.10　单分子反应速率常数与压力的关系

特征。

虽然林德曼机理对单分子反应总体来说是成功的，但根据该机理假设所求得的活化过程（即低压下）的速率常数 k_1 和高压下的速率常数 k（$k=k_1k_2/k_{-1}$）在数值上与实验结果有较大差距。随后的研究者对林德曼理论进行了修正，如欣谢伍德（Hinshewood）理论、斯来特（Slater）理论、RRK 理论和 RRKM 理论。但是，林德曼机理是这些理论的基石。有兴趣的读者可进一步查阅相关资料。

6.6　催化反应动力学

主要知识点

1. 催化反应中的基本概念

可以明显改变化学反应速率而本身在反应前后保持数量和化学性质不变的物质称为催化剂，这种作用称为催化作用。催化剂与反应系统处在同一个相的称为均相催化反应，处在不同相的称为多相催化反应。不同的催化剂其活性的表示方法也不同，通常用反应物转化为产物的百分数（转化率）和转化为目标产物的百分数（选择性）来衡量催化剂的优劣。

固体催化剂的表面活性中心被某些物质占领而失去活性，称为催化剂中毒，占领活性中心的物质称为毒物。催化剂能保持一定活性的使用时间，称为催化剂的寿命，这与催化剂的制备材料、制备条件和使用环境等因素有关。

2. 催化作用的基本特征

① 催化剂不能改变反应的方向和限度。

② 催化剂同时改变正、逆方向的反应速率，使平衡提前（或推后）到达。所以，一个对正反应很好的催化剂必定也是逆反应很好的催化剂。

③ 催化剂改变反应速率的本质是改变了反应机理，降低（或增加）了整个反应的表观活化能。

④ 催化剂有特殊的选择性。

3. 酶催化反应

酶绝大部分是大小为 3～100nm 的蛋白质分子，生物体内的化学反应几乎都与酶催化反应有关。米凯利斯、门顿等提出了酶催化反应的机理，导出了酶催化反应的速率表示式，解释了为什么酶催化反应对底物有时呈一级，而大部分呈零级。酶催化反应具有高选择性、高效率和反应条件温和等优点。目前化学模拟合成酶是一个活跃的研究领域。

4. 多相催化反应动力学

反应物与催化剂处在不同相的反应，叫多相或复相催化反应。催化剂为固体的复相催化反应，反应物可以是液相或气相。其中气-固相催化反应（气体物质在固相表面进行反应）在化学工业中占有特别重要的地位。

复相催化反应中，不论是液相反应物或是气相反应物，其吸附和反应都是在固体催化剂（内、外）表面进行的。由于催化剂颗粒多孔，所以催化剂的大量表面是微孔的内表面。反应后的产物是吸附在表面上的，要使反应连续不断地进行，则产物必须从表面上脱附，使后续的反应物再在表面吸附并反应。催化剂表面的吸附行为是气-固相催化反应的重要基础。

6.6.1 催化反应中的基本概念

所谓催化剂就是指加入反应系统能显著改变化学反应速率，而本身在反应前后数量和化学性质都不改变（物理性质有时可能会有变化）的物质。催化剂改变反应速率的作用称为催化作用。像温度、浓度一样，催化剂的催化作用是影响反应速率的一个重要因素。催化剂的概念是1836年由德国化学家贝齐里乌斯（Berzelius）提出的。根据催化剂对反应速率是加快还是减慢，可将催化剂分为正催化剂和负催化剂两类。如果催化剂的作用是明显加快正反应速率的，称为正催化剂，通常所说的催化剂都是指正催化剂，在工业生产上占有重要的地位。如果催化剂的作用是降低正反应速率的，则称为阻化剂（或负催化剂）。例如，塑料和橡胶中的防老（化）剂、金属防腐中的缓蚀剂和汽油燃烧中的防爆剂等都属于阻化剂。众所周知，催化作用与人类的生产活动乃至生命过程有着密切的关系。生命体中几乎所有的生化反应都涉及酶催化过程。在化工生产中，催化作用是现代化学工业的基础。据统计，现代化工生产中，90%以上的化学反应过程都使用催化剂。例如，无机化工合成硫酸、氨氧化制备硝酸、合成氨，石油化工中的催化裂解、重整等石油加工，高分子材料中聚乙烯、聚丙烯等高分子材料合成以及药物合成等都离不开催化剂。20世纪50年代，齐格勒-纳塔（Ziegler-Natta）催化剂的发现，使合成橡胶、合成塑料、树脂及合成纤维等工业突飞猛进。20世纪60年代研制成功的分子筛催化剂和金属重整催化剂，大大促进了石油炼制工业的发展。近几十年来，催化研究已深入到生命科学领域，酶催化过程、人工合成蛋白质、生物固氮和化学模拟光合作用的研究等日益显示出催化作用的重要性。催化剂及催化作用的研究已成为现代化学领域的一个重要分支。可以这么说，没有催化作用，就没有现代化学工业；没有催化作用，就没有生命。

催化剂是参与反应的，但在反应最后它又被如数释放出来，而且仍保持其化学性质不变。但是，它的物理性质有时会发生变化。例如，有的金属催化剂在反应前后，其光泽、粒度会有所改变。

按反应物与催化剂所处的相态来分，催化反应可以分为均相催化和多相催化两大类。如果反应物和催化剂都处在同一个相，同是气相或液相，则该催化反应称为均相催化反应。例如，用硫酸作催化剂，使乙醇和乙酸发生反应生成乙酸乙酯，就是均相催化反应。如果该反应不用硫酸作催化剂，而改用其他固体酸（如酸性树脂和固体超强酸等）作催化剂，催化剂与反应系统处在不同的相，则称为多相催化反应。在石油炼制工业上很多是多相催化反应。例如，将长链烃的油裂解为汽油和煤油等的反应，用的是具有一定粒度的固体分子筛催化剂，这就是典型的多相催化反应。目前研究的相转移催化反应中，催化剂通过一种反应物转移到另一种反应物所在的相中起作用。新近研究的温控相转移催化同时利用均相（反应效率高）和多相催化（催化剂和反应物、产物易分离）的优势，在一些特定的催化剂和催化反应中也得到了应用。限于教学课时和篇幅，关于均相催化和相转移催化反应，读者可阅读相关文献和书籍。

衡量催化剂的好坏，主要有活性和选择性两个指标，当然还有催化剂的成本和寿命等其他指标。对于不同的催化剂，其活性的表示方法也不同。转化率是指在相同反应条件下，一定量的催化剂将反应物转化为产物的百分数，常用转化率来表示催化剂的活性。选择性是指在反应过程中，将反应物转化成目标产物的百分数。研制一种催化剂，当然希望它既有高的转化率，又有高的选择性，而且还希望它具有制造成本低、使用寿命长以及操作方便等优点。对于固体催化剂，也常用在单位时间、单位质量（或单位表面积）的催化剂生成产物的数量来表示其活性。

固体催化剂的表面是不均匀的，它的活性主要来源于表面的活性中心。活性中心吸附反应物分子后，将被吸附的分子活化，使其转化为产物分子后脱离催化剂表面，又将活性中心释放出来，继续进行下一轮的反应。如果某种物质被活性中心吸附后，永久占领活性中心而不再离去，这样，催化剂的活性中心就不能再发挥作用，人们将这种现象称为催化剂中毒，占领活性中心的那个被吸附物质称为催化剂的毒物。催化剂的毒物往往是具有孤电子对的元素（如 S、N、P 等）的化合物，如 $H_2S(g)$、$HCN(g)$ 和 $PH_3(g)$ 等，也可能是 Pb、Hg 和 As 等元素。如果用升温、通入气体或液体冲洗等物理方法，可以使催化剂的活性恢复，则这种中毒称为暂时性中毒。如果这些物理方法都不起作用，则称为永久性中毒。永久性中毒后的催化剂必须用化学方法处理，如高温灼烧、用合适的化学试剂处理等，使催化剂恢复活性，有时候只能重新更换催化剂。催化剂的毒物通常是混在反应物中的杂质，数量虽少，却足以使催化剂中毒，因为活性中心只占催化剂表面的一小部分。因此，工业上通常要对原料进行净化处理，去除会使催化剂中毒的杂质。

固体催化剂的活性随时间的变化曲线（寿命曲线）通常可分为三个阶段：第一阶段是成熟期，催化剂的活性随着使用时间的延长而逐渐增大，直至达到最佳值；第二阶段是稳定期，在维持高活性的情况下运行较长时期；第三阶段是衰老期，活性随着使用时间的延长而逐渐下降，一直降到不再适合使用的程度。将三个阶段的时间累加，这样一个周期通常称为催化剂的单程寿命。如果将活性下降后的催化剂经过升温、通入气体或液体冲洗等物理方法处理，其活性又恢复了，则可以继续使用。如此反复，直到催化剂用物理方法已不能恢复其活性，将所有周期的时间累加起来，总的运行时间称为催化剂的总寿命。不同的催化剂其寿命的差距是很大的，当然人们希望研制出单程寿命和总寿命都很长的优质催化剂。催化剂的寿命一方面与制备催化剂的材料和制备条件有关，另一方面与运行的操作条件有关，要尽可能设法延长催化剂的寿命，这样既可以提高生产效率，又可以降低成本。

6.6.2 催化作用的基本特征

（1）催化剂不能改变反应的方向和限度

在指定条件下，经热力学判断认为不能发生的反应，则不必去寻找催化剂，因为这是徒劳的，催化剂不能使热力学认为不能发生的反应进行。催化剂不能改变反应的限度，即不能改变平衡的组成。例如，在一定反应条件下，合成氨反应达到平衡时，根据热力学计算，氨的平衡含量为 25%，则加入再好的催化剂，也不可能使氨的含量有丝毫改变。理由如下：

合成氨反应的计量方程为

$$3H_2(g)+N_2(g)\rightleftharpoons 2NH_3(g)$$

根据化学反应等温式，$\Delta_r G_m=\Delta_r G_m^{\ominus}+RT\ln Q_p$ 。加入催化剂后，催化剂虽然参与了反应，但是反应的始、终态未变，因此 $\Delta_r G_m$ 也不会改变，即判据没有改变。合成氨反应能否进行由 $\Delta_r G_m$ 判据决定，催化剂不可能影响 $\Delta_r G_m$ 的值，所以催化剂不能改变反应的方向。催化剂也不改变反应限度。又如下面的反应：

$$aA+bB\rightleftharpoons yY+zZ \qquad \Delta_r G_m^{\ominus}(1)$$

当加入催化剂后

$$aA+bB+nK\rightleftharpoons yY+zZ+nK \qquad \Delta_r G_m^{\ominus}(2)$$

当反应达到平衡时，$\Delta_r G_m=0$，则

$$\Delta_r G_m^{\ominus}=-RT\ln Q_e=-RT\ln K^{\ominus}$$

因为反应前后催化剂的数量和化学性质未变，因此有

$$\Delta_r G_m^{\ominus}(1)=\Delta_r G_m^{\ominus}(2)$$

也即

$$-RT\ln K^{\ominus}(1)=-RT\ln K^{\ominus}(2)$$

$$K^{\ominus}(1)=K^{\ominus}(2)$$

平衡组成由 $K_p^{\ominus}$ 决定，催化剂不能影响 $\Delta_r G_m^{\ominus}$ 的值，也不可能影响 $K_p^{\ominus}$ 的值，因此催化剂不能改变反应的方向和限度。

（2）催化剂同时改变正、逆反应的速率，使平衡提前到达

由于催化剂不能改变反应的平衡常数 $K^{\ominus}$，对于一个对峙反应，其平衡常数 $K=k_1/k_{-1}$，且 $K^{\ominus}/K=$常数，所以，催化剂也不改变平衡常数 K。既然催化剂不改变 K，当然在其加速正向反应速率的同时，必然同时加速逆向反应速率。所以，对正向反应是优良的催化剂必然也是逆向反应的优良催化剂。例如，Pd、Ni 是良好的加氢催化剂，同时 Pd、Ni 也是良好的脱氢催化剂。催化剂的这一特征为寻找高温高压苛刻条件下反应的催化剂提供了方便。因为，正向条件苛刻的反应，其逆向反应条件往往比较温和。合成氨催化剂既加速 $H_2(g)$ 和 $N_2(g)$ 生成 $NH_3(g)$ 的反应，同时也加速了 $NH_3(g)$ 的分解反应。

当然，催化剂也不改变化学反应的恒压、恒容热效应（读者自行证明）。

（3）催化剂加快反应速率的本质

催化剂虽然在反应前后没有化学性质和数量上的变化，但这绝不意味着催化剂在化学反应过程中是一个无所作为的旁观者。事实上，催化剂在动力学历程中是一个积极参与者。例如，在均相催化反应中，催化剂的浓度往往出现在速率方程中，催化剂浓度越大，反应速率越快；在多相催化反应中，固体催化剂的表面积越大，反应速率越快。催化剂加快反应速率的本质是改变了反应机理，降低了整个反应的表观活化能。例如，有一基元反应 $A+B\longrightarrow AB$，在未加催化剂时，反应活化能如图 6.11 中的 E_0 所示。

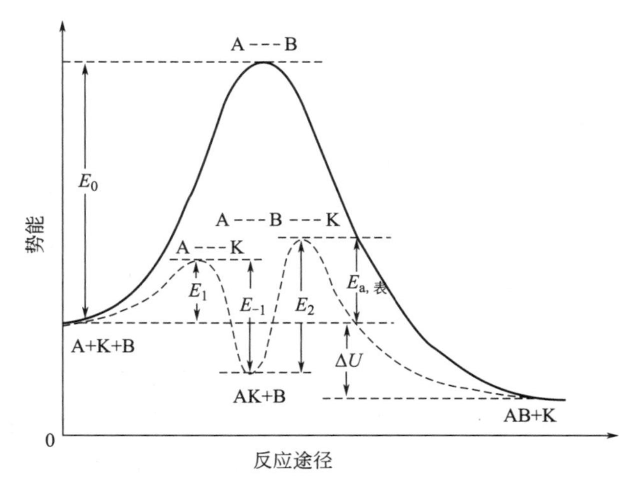

图 6.11　催化反应和非催化反应的历程和活化能

加催化剂 K 以后，因催化剂参与了反应，设其反应机理为

$$A + K \underset{k_{-1}}{\overset{k_1}{\rightleftharpoons}} AK \qquad 快平衡$$

$$AK + B \xrightarrow{k_2} AB + K \qquad 慢反应$$

根据反应机理推导速率方程

$$r = \frac{d[AB]}{dt} = k_2[AK][B] \tag{a}$$

这个反应机理是快平衡后有一个慢反应，中间产物 AK 的浓度可以用平衡假设法求得

$$[AK] = \frac{k_1}{k_{-1}}[A][K] \tag{b}$$

将式（b）代入式（a），得

$$r = \frac{d[AB]}{dt} = \frac{k_1 k_2}{k_{-1}}[K][A][B] = k[A][B] \qquad k = \frac{k_1 k_2}{k_{-1}}[K]$$

式中，k 是表观速率系数。催化剂参与了反应，但反应前后其浓度保持不变，因此将催化剂浓度［K］归入表观速率系数项。根据表观速率系数与基元反应速率系数之间的关系，分别将阿伦尼乌斯公式代入，得到表观活化能 E_a 与基元反应活化能之间的关系为

$$E_a = E_1 + E_2 - E_{-1}$$

如图 6.11 所示，催化反应的表观活化能 E_a 的数值显然远小于不加催化剂时的活化能 E_0，因此催化反应的速率将远大于不加催化剂时的反应速率。

有催化剂参与的反应已不再是基元反应。由于催化反应的机理比较复杂，目前理论计算尚落后于生产实践。

因此，可以给出催化剂加快反应速率的根本原因为：催化剂改变了化学反应的历程，使得一个较难进行的过程变为若干容易进行的过程，从而降低了总包反应的活化能，使得反应速率得到明显加速。

表 6.3　非催化反应与催化反应活化能的比较

反应	活化能 $E_a/(kJ \cdot mol^{-1})$		催化剂
	非催化反应	催化反应	
$2HI \longrightarrow H_2 + I_2$	184	105	Au
		59	Pt
$2NH_3 \longrightarrow N_2 + 3H_2$	326	162	W
		159～176	$Fe\text{-}Al_2O_3\text{-}K_2O$
$H_2O_2 \longrightarrow H_2O + 1/2O_2$	75	4～8	过氧化氢分解酶
		42	Fe^{3+}
$2N_2O \longrightarrow 2N_2 + O_2$	245	134	Pt
蔗糖水解(H^+存在下)	107	36	转化酶

简而言之：催化剂改变了化学反应的历程，降低了反应活化能，从而加速了反应速率。表 6.3 给出了非催化与催化反应活化能的比较。

由表可知，催化反应的活化能确实比非催化反应的活化能明显降低，而且不同催化剂使

同一反应的活化能降低值也不同。

值得注意的是，曾发现有些反应在加入催化剂后活化能降低不多，但反应速率却改变很大。或者，同一反应使用不同催化剂时，其活化能基本相同，而反应速率相差却较大，这都是由于活化熵的改变所致。根据下式和阿伦尼乌斯方程

$$k=\frac{k_B T}{h}(c^{\ominus})^{1-n}e^n\exp\left(\frac{\Delta_r^{\neq}S_m^{\ominus}}{R}\right)\exp\left(-\frac{E_a}{RT}\right)$$
$$=A\exp\left(-\frac{E_a}{RT}\right)$$

可知，指前因子或活化熵的改变同样可以改变速率常数 k。例如，乙烯加氢反应，在 W 和 Pt 催化剂上，活化能相同，但在 Pt 上的活化熵增大，其相应的速率常数也更大。

（4）催化剂有特殊的选择性

当化学反应在理论上（热力学上）可能有几个反应方向时，通常一种催化剂在一定条件下，只对其中的一个反应方向起加速作用，这种专门对某一个化学反应起加速作用的性能，称为催化剂的选择性。

对于不同类型的反应，需要选择不同的催化剂，如用于氧化反应的催化剂显然与用于脱氢反应的催化剂不同。即使对于同一类型的反应，如果反应物不同，有时所用的催化剂也不同。例如，同样是氧化反应，将 $SO_2(g)$ 氧化成 $SO_3(g)$ 的反应，用的是 $V_2O_5(s)$ 催化剂；而将乙烯氧化成环氧乙烷的反应，却用的是 Ag(s) 催化剂。另外，对于同样的反应物，如果用的催化剂不同，则得到的产物也不同。乙烯氧化反应，如果用钯作催化剂，则产物就不再是环氧乙烷，而是乙醛。

例如，乙醇的催化转化是一个典型的例子。据统计，用各种适当的催化剂，在不同条件下，从乙醇可以制得多达 25 种产物，其中重要的如下：

$$C_2H_5OH \longrightarrow \begin{cases} \xrightarrow[200\sim250℃]{Cu} CH_3CHO+H_2 \\ \xrightarrow[350\sim360℃]{Al_2O_3\text{ 或 }ThO_2} C_2H_4+H_2O \\ \xrightarrow[250℃]{Al_2O_3} (C_2H_5)_2O+H_2O \\ \xrightarrow[400\sim450℃]{ZnO\cdot Cr_2O_3} CH_2=CH-CH=CH_2 \\ \xrightarrow{Cu\text{（活性的）}} CH_3COOC_2H_5+2H_2 \\ \xrightarrow{Na} C_4H_9OH+H_2O \\ \xrightarrow{Cu(COO)_2} CH_3COCH_3+3H_2+CO \end{cases}$$

催化剂的这种选择作用，在工业上具有特殊的重要意义。它像一把钥匙开一把锁一样，使人们可以根据需要合成各种各样的产品。

同样，对于连续反应，也可以通过催化剂的选择性，使反应停留在某一步，从而得到更多的所希望的中间产物。

工业生产中，对于指定的反应和催化剂，常用某一产物的量占某一反应物转化总量的百分数来表示催化剂的选择性，即

$$\text{选择性}=\frac{\text{转化成某产物的量}}{\text{某种反应物转化的总量}}\times100\%$$

评价催化剂时，希望其选择性越高越好。

有时催化剂的选择性可通过产品的单程产率和某种反应物的转化率来计算，其定义分别是

$$转化率=\frac{某反应物已转化了的量}{加入反应器中某反应物的总量}\times 100\%$$

$$单程产率=\frac{某种反应物转化成某种产物的量}{加入反应器中某种反应物的总量}\times 100\%$$

显然，

$$选择性=\frac{单程产率}{转化率}\times 100\%$$

由此可见，在研制催化剂时，务必要认定目标，既要使催化剂有高的活性，又要具有好的选择性，以便得到更多的目标产物，在此前提下，再来考虑制备成本和使用是否方便等其他因素。

6.6.3 酶催化反应

酶（enzyme）绝大部分是由氨基酸按一定顺序聚合起来的蛋白质分子，有的还含有金属离子。生物体内酶的种类繁多，目前已知有将近 2000 种不同的酶。酶的分子量范围从 10000U 到 1000000U 以上，其分子尺寸大小在 3～100nm 之间，属于胶体范畴，因此，酶催化反应就酶催化剂质点的大小而言，已介于均相催化和多相催化之间。其催化过程既可以看作是反应物（又叫底物或基质）与酶形成了中间化合物，也可以视为在酶的表面上首先吸附了底物，而后再进行反应。

酶催化作用普遍存在于生物体内的各种生化反应中，如氧化、还原、水解、脱水、脱氧、酯化、缩合等。每一种酶负责一种反应，例如，消化酶负责对食物的消化。生物体内所含消化酶的差异决定了其食物种类，例如，食肉动物与食草动物在食物选择上的差别源自它们体内所含的消化酶不同。食肉动物体内缺少一种能将植物纤维（二糖或多糖）转化成糖原供身体吸收的酶。可以说没有酶的催化作用就不可能有生命现象。酶催化在生活中和工业上也有广泛的应用。例如，用淀粉生产乙醇、丁醇、丙醇是利用酵母中酶的催化作用；微生物发酵法生产抗生素更是酶催化的一大进展，就连三废处理也离不开酶催化作用。酶催化反应在人的生命现象中占有重要地位，生物体内的化学反应几乎都与催化反应有关。酶催化反应的机理一般都比较复杂，这里仅介绍只有一种底物（substrate）的最简单的酶催化反应的动力学，以及一些酶催化反应的特点。

米凯利斯（Michaelis）、门顿（Menten）等对酶催化反应动力学做了大量的研究，对于只有一种底物（用 S 表示）参加的酶催化反应，他们提出的机理是：酶（用 E 表示）首先与底物形成中间络合物 ES，然后 ES 分解为产物，同时将酶释放出来。用方程式表示为

$$\mathrm{S+E}\underset{k_{-1}}{\overset{k_1}{\rightleftharpoons}}\mathrm{ES}$$

$$\mathrm{ES}\xrightarrow{k_2}\mathrm{E+P}$$

用稳态近似法，从反应机理推导速率方程和中间产物 ES 的浓度表示式

$$r=\frac{\mathrm{d[P]}}{\mathrm{d}t}=k_2[\mathrm{ES}] \tag{6.82}$$

$$\frac{d[ES]}{dt}=k_1[S][E]-k_{-1}[ES]-k_2[ES]=0$$

$$[ES]=\frac{k_1[E][S]}{k_{-1}+k_2}=\frac{[E][S]}{K_M} \tag{6.83}$$

式(6.83)表明了中间产物ES的浓度与底物和酶浓度之间的关系，式中，$K_M=\frac{k_{-1}+k_2}{k_1}$，$K_M$ 称为米凯利斯常数（或米氏常数）。将式(6.83)改写为

$$K_M=\frac{[E][S]}{[ES]} \tag{6.84}$$

从式(6.84)可以看出，米凯利斯常数相当于中间络合物ES的不稳定常数。将式(6.84)代入式(6.82)，得速率表示式为

$$r=k_2[ES]=\frac{k_2[E][S]}{K_M} \tag{6.85}$$

从式(6.85)可见，酶催化反应的速率与酶的浓度和底物的浓度成正比。但事实上，大部分酶催化反应与底物的浓度呈零级的关系，即与底物的浓度无关，其原因说明如下。

令酶的起始浓度为$[E]_0$，当反应达到稳态后，一部分酶转变为中间产物［ES］，余下的酶浓度为[E]，则$[E]=[E]_0-[ES]$，将它代入式(6.83)，得

$$[ES]=\frac{[E][S]}{K_M}=\frac{([E]_0-[ES])[S]}{K_M} \qquad [ES]=\frac{[E]_0[S]}{K_M+[S]}$$

将上述［ES］表示式代入速率方程［式(6.82)］，得

$$r=k_2[ES]=\frac{k_2[E]_0[S]}{K_M+[S]} \tag{6.86}$$

从式(6.86)可见，当$[S]\ll K_M$时，分母中将［S］忽略，反应的速率可表示为

$$r=k_2[ES]=\frac{k_2}{K_M}[E]_0[S] \tag{6.87}$$

也就是说，在底物浓度很低时，反应对底物浓度呈一级反应。当$[S]\gg K_M$时，分母中将K_M忽略，反应的速率为

$$r=k_2[E]_0 \tag{6.88}$$

也就是说，在底物浓度很高时，反应速率仅与酶的起始浓度有关，而与底物的浓度无关，反应对底物浓度呈零级反应。大部分酶催化反应的底物总是过量的，因此酶催化反应对底物一般都呈现零级反应的特征。这一结论与实验是一致的，这就是酶催化反应的速率一般都表现得十分稳定的道理。米凯利斯常数K_M和速率的极大值可以用下列作图方法得到。

当底物的浓度［S］趋于无穷大时，这时的速率用r_m表示，即

$$r_m=k_2[E]_0 \tag{6.89}$$

将式(6.86)除以式(6.89)，消去相同项，得

$$\frac{r}{r_m}=\frac{[S]}{K_M+[S]}$$

将上式重排，得

$$\frac{1}{r}=\frac{K_M}{r_m}\times\frac{1}{[S]}+\frac{1}{r_m} \tag{6.90}$$

这是一个直线方程，以 $\frac{1}{r}$ 对 $\frac{1}{[\mathrm{S}]}$ 作图，从所得直线的斜率 $\frac{K_{\mathrm{M}}}{r_{\mathrm{m}}}$ 和截距 $\frac{1}{r_{\mathrm{m}}}$，解联立方程就可以求出 K_{M} 和 r_{m} 的值。

（1）酶催化反应的特点

酶催化作用除具有一般催化剂的共性外，还具有其本身独有的特点。

① 高选择性　酶的催化功能非常专一，远超过目前人工合成的催化剂。一种酶只能催化一种特定的反应，而对其他反应无催化作用。例如，脲酶只对尿素水解为氨和二氧化碳的反应起作用，而对其取代物（如甲基尿素）就没有任何作用。这种异乎寻常的选择性称为酶的专一性，是其他催化剂所不可比拟的。原因在于酶和底物作用，有高度的立体定向匹配作用。酶催化反应的专一性已达到原子水平，只要底物的分子中有一个原子或基团、一个双键或空间取向不同，就可以表现出对该底物是否有催化作用。当然这种专一性也不是绝对的，有些酶的专一性稍低。例如胃蛋白酶能催化各种可溶性蛋白质中肽键的水解，酯化酶（一种水解酶）能酯化羧酸酯、磷酸酯和硫酸酯等的水解。

② 高效性　酶催化反应的效率高，天然的酶比人造催化剂的效率要高 $10^{9}\sim10^{15}$ 倍，几乎无副作用反应。许多酶催化反应的收率几乎达 100％。酶催化如此高效，是由于它能显著地降低反应活化能。例如，一个过氧化氢分解酶分子在 1s 内可以分解 10^{5} 个过氧化氢分子，是 Fe^{3+} 的 10^{6} 倍；脲酶催化尿素水解的能力是 H^{+} 的 10^{14} 倍；某些植物的根瘤菌能固定空气中的氮，这也是由于酶能大大地降低反应活化能。

③ 反应条件温和　酶催化反应一般在常温常压下接近中性的条件下进行，而一般催化剂则要在高温高压下进行。例如，工业上合成氨用氧化铁作催化剂，反应在高温（650K）、高压（15MPa）及特殊设备下进行，且合成效率低（7％～10％），而豆科植物根瘤菌中的固氮酶可以在常温常压下固定空气中的氮并将其还原成氨。

④ 酶催化反应的历程复杂　酶催化反应受 pH、温度及离子强度的影响较大。加之酶不稳定，易溶于水，分离和纯化都相当困难，难以反复使用，某些酶的使用还需要辅助因子，这都增加了酶催化反应的困难性。因此，如何模拟自然界中生物酶的催化作用，是当前催化科学中的一大课题。

（2）影响酶催化的因素

① pH 的影响　酶催化反应速率受 pH 影响很大。一种酶一般只能在某一 pH 下才能发挥最大的催化效率。其原因在于酶是一种蛋白质，其分子上有许多可解离的酸性或碱性的基团。对酶催化反应，适宜的 pH 值为 6～9。

② 温度的影响　酶催化速率常数随温度变化具有图 6.2 中介绍的温度对速率影响的（c）型 r-T 关系。即在较低的温度范围内，酶催化反应速率随温度升高而增大，遵从阿伦尼乌斯方程。超过某一温度后，反应速率反而随温度升高而下降，其间有一个极大值，其原因是当温度升高超过某一数值时，一方面加快了酶催化反应速率，但同时也加快了酶热失活速率即蛋白质变性速率，从而使催化活性下降或全部失去活性。

由于酶催化反应有如此突出的优良性能，因此化学模拟合成酶是一个活跃的研究领域，有的已应用于发酵、脱硫、常温固氮和“三废”处理等方面。由于酶的结构和催化反应机理是十分复杂的，因此对酶催化的研究有相当大的难度。

6.7 光化学反应

主要知识点

1. 光化学基本定律

光化学第一定律：只有被反应物分子吸收的光子，才有可能引发光化学反应。光化学第二定律：在光化学的初级过程中，一个被吸收的光子只活化一个分子。朗伯-比耳定律给出了透射光强度与入射光强度的定量关系。

量子产率是衡量一个光子引发化学过程的效率的，可以用实验测量，其值可能小于1、等于1或大于1。从量子产率可以了解光化学反应的机理。

2. 光化学反应动力学

光化学反应的初级过程，一般对反应物的浓度呈零级反应，反应速率就等于吸收光子的速率。次级反应与热化学反应类似，也可以使用稳态近似等方法推导速率方程。光化学反应的特点有：①光化学初级反应的速率取决于吸收光速率，一般与反应物的浓度无关；②在等温、等压条件下，可以进行 $\Delta_r G_m > 0$ 的反应；③光化学反应的平衡常数与吸收光的强度有关，不能用热化学中的 $\Delta_r G_m^{\ominus}$ 来计算；④温度对光化学反应的速率影响不大，有时温度升高，速率反而下降。

3. 化学发光

化学反应中产生的激发态分子回到基态时所放出的辐射称为化学发光。由于这些光的温度较低，故又称为化学冷光。研究红外化学发光在微观反应动力学中很有用。荧光是处于S激发态的分子跃迁到基态时发出的辐射，磷光是处于T激发态的分子跃迁到基态时发出的辐射。荧光比磷光的强度大而寿命短。研究这种吸收和发射光谱在化学分析中很有用。

4. 光敏反应

在某些不能直接吸收某种波长的光而要进行光化学反应的系统中，加入另一种能吸收这种辐射的物质，然后把光能传递给反应物，使反应物转变成生成物，而该物质本身在反应前后并未发生变化，这种加入的物质称为光敏剂，这样的反应称为光敏反应。叶绿素就是光合作用的光敏剂。研制开发光敏剂的工作，在“合成面包”和光解水制氢气等方面有重要意义。

6.7.1 光化学基本定律

光是一种电磁辐射，具有波动和微粒二重性。只有在光的作用下才能进行的化学反应称为光化学反应。光子的能量随着光的波长的增加而下降。

$$\varepsilon = h\nu \qquad \lambda = c/\nu \qquad \varepsilon = hc/\lambda \tag{6.91}$$

式中，ε 是1个光子的能量；λ 是光的波长；c 是光速；ν 是频率；h 是普朗克常量。1个光子的能量为 $h\nu$，单位是J。1mol光子的能量为 $Lh\nu$，单位是 $J \cdot mol^{-1}$。光子的波长越短，其能量越大，越易引发化学反应。能引发化学反应的光的波长范围一般为150～800nm。波长为150～400nm的是紫外光，这种光子的能量很大。波长为400～800nm的是可见光，波长大于800nm的是红外光。红光和红外光的波长较长，其光子的能量太低，一般不足以引发化学反应。

（1）光化学第一定律

只有被反应物分子吸收的光子，才有可能引发光化学反应。这是1818年由格罗图斯（Grotthuss）和德雷珀（Draper）提出的，故又称为格罗图斯-德雷珀定律。光子的能量必须与反应物分子从基态到激发态所需吸收的能量匹配，该光子才会被反应物分子吸收，吸收了光子的分子从基态被激发到激发态，处于激发态的受激分子才有可能发生化学反应。

（2）光化学第二定律

在光化学反应的初级过程中，一个被吸收的光子只活化一个反应物分子。该定律是在1908～1912年由爱因斯坦（Einstein）和斯塔克（Stark）分别提出的，故又称为爱因斯坦-斯塔克定律。这里说的是活化一个分子，而并未说能使一个分子发生反应。因为被活化的这个分子可能与其他分子碰撞而失去活性，也可能转变成一个产物分子，还有可能由它引发一个链反应，所以该定律只适用于反应的初级过程，而不适用于光化学反应的次级过程。

（3）朗伯-比耳定律

当一束平行的单色光通过物质的量浓度为c、厚度为l的均匀介质时，未被吸收的透射光强度I_t与入射光强度I_0之间的关系为

$$I_t = I_0 \exp(-\varepsilon l c) \tag{6.92}$$

式(6.92)为朗伯-比耳（Lambert-Beer）定律。式中，ε是摩尔吸光系数，其值与入射光的波长、温度和溶剂性质等有关，但与吸收介质的浓度无关。

光强度I一般用光子流的强度表示，即单位时间、单位面积上通过的光子数，其计算式为

$$I = nc \tag{6.93}$$

式中，n是光子密度，即单位体积中的光子数；c是光速（单位是$\mathrm{m \cdot s^{-1}}$）。因此光强度I的单位是$\mathrm{m^{-2} \cdot s^{-1}}$。光的吸收度（或称为吸光度、光密度）$A$为

$$A = \lg \frac{I_0}{I_t} = \varepsilon l c \tag{6.94}$$

自然对数与普通对数之间相差的一个2.303因子一般包含在摩尔吸光系数ε中。

吸收光谱中的透光率T是指

$$T = \frac{I_t}{I_0} \tag{6.95}$$

因此，光的吸收度A与透光率T的关系为

$$A = \lg \frac{1}{T} \tag{6.96}$$

（4）量子效率和量子产率

为了衡量一个光子引发化学过程的效率，定义了量子效率和量子产率。它们的定义式分别为

$$\Phi(\text{量子效率}) = \frac{\text{发生反应的反应物分子数}}{\text{被吸收的光子数}} = \frac{\text{发生反应的物质的量}}{\text{被吸收光子的物质的量}} \tag{6.97}$$

$$\Phi(\text{量子产率}) = \frac{\text{生成产物的分子数}}{\text{被吸收的光子数}} = \frac{\text{生成产物的物质的量}}{\text{被吸收光子的物质的量}} \tag{6.98}$$

或

$$\Phi(\text{量子产率})=\frac{\text{化学反应的速率}}{\text{吸收光子的速率}}=\frac{r}{I_a} \tag{6.99}$$

在通常情况下，Φ（量子效率）与 Φ（量子产率）应该是相等的。但也有例外，一般是有关双原子分子的反应。例如，HI 的光解反应，其反应机理为

初级过程（光化学反应）：$HI + h\nu \longrightarrow H\cdot + I\cdot$

次级过程（热化学反应）：$\begin{cases} H\cdot + HI \longrightarrow H_2 + I\cdot \\ I\cdot + I\cdot \longrightarrow I_2 \end{cases}$

总过程：$2HI \xrightarrow{h\nu} H_2 + I_2$

根据 Φ（量子效率）的定义，该反应的 Φ（量子效率）$=2$，因为吸收了 1 个光子，有 2 个 HI 分子发生了反应。但 Φ（量子产率）$=1$，因为吸收了 1 个光子，只生成了 1 个 H_2（或 1 个 I_2）分子。

在光化学反应动力学中，主要使用式(6.98)，Φ（量子产率）的数值可能小于 1（活化的分子未发生化学反应而由于碰撞等因素提前失活），可能等于 1（一个活化分子变成一个产物分子），也可能大于 1。如果初级过程生成的活化分子能引发一个链反应，则 Φ（量子产率）可能高达 10^6。量子产率的大小可以用实验测定，从量子产率可以了解光化学反应的机理。

6.7.2 光化学反应动力学

光化学反应速率方程的推导，只有第一步初级过程有其本身的特殊性，其余的与热化学反应的过程基本相同。设有一个光化学反应的计量方程为

$$A_2 \xrightarrow{h\nu} 2A$$

根据实验，拟定其反应机理为

$$A_2 + h\nu \xrightarrow{k_1,\ I_a} A_2^* \quad \text{初级过程，生成活化分子 } A_2^* \tag{1}$$

$$A_2^* \xrightarrow{k_2} 2A \quad \text{次级过程，活化分子解离} \tag{2}$$

$$A_2^* + A_2 \xrightarrow{k_3} 2A_2 \quad \text{次级过程，活化分子因能量转移而失活} \tag{3}$$

在光化学反应中，初级过程（1）一般对反应物的反应级数呈零级的特征，因为反应物总是过量的，反应（1）的速率主要取决于吸收光子的速率 I_a（单位时间、单位体积内吸收光子的数目或物质的量），所以初级过程（1）的速率 $r_1=I_a$，根据光化学反应的计量方程，其速率表示式为

$$r=\frac{1}{2}\frac{d[A]}{dt}=k_2[A_2^*]$$

设 A_2^* 是活泼中间体，可用稳态近似法从反应机理导出 $[A_2^*]$ 与反应物浓度 A_2 之间的关系

$$\frac{d[A_2^*]}{dt}=I_a-k_2[A_2^*]-k_3[A_2^*][A_2]=0 \qquad [A_2^*]=\frac{I_a}{k_2+k_3[A_2]}$$

则反应的速率方程为

$$r=\frac{1}{2}\frac{d[A]}{dt}=\frac{k_2 I_a}{k_2+k_3[A_2]}$$

该反应的量子产率为

$$\Phi（量子产率）=\frac{r}{I_a}=\frac{k_2}{k_2+k_3[A_2]}$$

【例 6.13】 氯仿的光氯化反应的计量方程和实验测定的速率方程为

$$CHCl_3+Cl_2+h\nu = CCl_4+HCl \qquad r=\frac{d[CCl_4]}{dt}=k[Cl_2]^{\frac{1}{2}}I_a^{\frac{1}{2}}$$

根据实验数据，初步拟定的反应机理为

$$Cl_2+h\nu \xrightarrow{I_a} 2Cl\cdot \tag{1}$$

$$Cl\cdot+CHCl_3 \xrightarrow{k_2} \cdot CCl_3+HCl \tag{2}$$

$$\cdot CCl_3+Cl_2 \xrightarrow{k_3} CCl_4+Cl\cdot \tag{3}$$

$$2\dot{C}Cl_3+Cl_2 \xrightarrow{k_4} 2CCl_4 \tag{4}$$

试根据反应机理推导速率方程，并与实验测定的速率方程进行比较。

解 用 CCl_4 的生成速率来代表反应速率，在（3）、（4）两步中都有 CCl_4 生成

$$r=\frac{d[CCl_4]}{dt}=k_3[\cdot CCl_3][Cl_2]+2k_4[\cdot CCl_3]^2[Cl_2] \tag{a}$$

反应过程中生成的自由原子 $Cl\cdot$ 和 $\cdot CCl_3$ 可以用稳态近似法处理，则

$$\frac{d[Cl\cdot]}{dt}=2I_a-k_2[Cl\cdot][\cdot CCl_3]+k_3[\cdot CCl_3][Cl_2]=0 \tag{b}$$

$$\frac{d[\cdot CCl_3]}{dt}=k_2[\cdot Cl][CHCl_3]-k_3[\cdot CCl_3][Cl_2]-2k_4[\cdot CCl_3]^2[Cl_2]=0 \tag{c}$$

将式(b) 和式(c) 相加，消去相同项，得

$$2I_a-2k_4[\cdot CCl_3]^2[Cl_2]=0 \qquad [\cdot CCl_3]=\left(\frac{I_a}{k_4[Cl_2]}\right)^{\frac{1}{2}} \tag{d}$$

将式(d) 代入式(a)，得速率方程为

$$r=\frac{d[CCl_4]}{dt}=k_3[\cdot CCl_3][Cl_2]+2I_a=k_3\left(\frac{I_a}{k_4[Cl_2]}\right)^{\frac{1}{2}}[Cl_2]+2I_a \tag{e}$$

在光化学反应中，反应物总是大大过量的，远大于吸收光速率，因此式（e）中的 $2I_a$ 项可以略去。将 $k_3k_4^{-\frac{1}{2}}=k$ 作为表观速率系数，这样得到最后的速率方程为

$$r=\frac{d[CCl_4]}{dt}=k[Cl_2]^{\frac{1}{2}}I_a^{\frac{1}{2}}$$

这与实验测定的结果一致，证明拟定的反应机理是基本正确的。在速率方程中出现 $[Cl_2]^{\frac{1}{2}}$ 项，通常可以推测反应机理中有 $Cl_2+h\nu \xrightarrow{I_a} 2Cl\cdot$ 的链引发步骤，这是链反应的特征之一。

光化学反应与热化学反应不同，归纳起来具有以下特点。

① 光化学初级反应的速率通常与反应物的浓度无关。因为光化学反应的初级过程是由光子引发的，通常反应物的浓度总是大大过量的，所以对反应物的浓度呈零级，反应速率主

要取决于吸收光的速率。而在热化学反应中，反应物的分子是依赖分子碰撞而活化的，因此速率与反应物的浓度有关。

② 在等温、等压条件下，可以进行 $(\Delta_r G_m)_{T,p} > 0$ 的反应。因为光子是有能量的。在光化学反应中，光子为反应系统输入能量。例如，在等温、等压条件下，当有合适的光敏剂存在时，太阳光可以将水分解为氢气和氧气，这与电解水是相同的道理。

③ 光化学反应的平衡常数通常与吸收光的速率有关，热化学反应中的 $\Delta_r G_m^{\ominus}$ 不能用来计算光化学反应的平衡常数。也就是说，公式 $\Delta_r G_m^{\ominus} = -RT\ln K^{\ominus}$ 只适用于热化学反应的平衡，而不适用于光化学反应的平衡。

④ 温度对光化学反应的速率影响不大，有时温度升高，速率反而下降，因为光化学反应不是依靠分子碰撞而活化分子的。光化学反应的初级反应速率取决于吸收光的速率，次级反应中又常涉及自由基参加的反应，这种反应的活化能很低，所以温度对速率系数的影响不大。如果次级反应中有一个是放热很多的反应，则有可能使表观活化能变为负值，这时升高温度，光化学反应的总速率反而会下降。

6.7.3 化学发光

大多数稳定分子处于基态时，分于中的电子总是成对的，并呈自旋反平行的状态，这种状态称为 S_0 态（或单线态）。在吸收光子后，由于获得了光子的能量，电子要向高能级的空轨道激发。这种激发有两种可能，一种是保持自旋反平行的状态不变，仅仅是一个电子激发到高一个能级的空轨道中，所处的状态为 S_1 态。若能量足够多，也有可能被激发到高两个能级的 S_2 态。因为这种激发电子自旋反平行的状态保持不变，这是自旋允许的，所以大部分受激分子的电子被激发到 S 激发态上，保持单线态不变，使得在吸收光谱中，这一部分的吸收光谱比较强，如图 6.12 中最左边的线条所示。

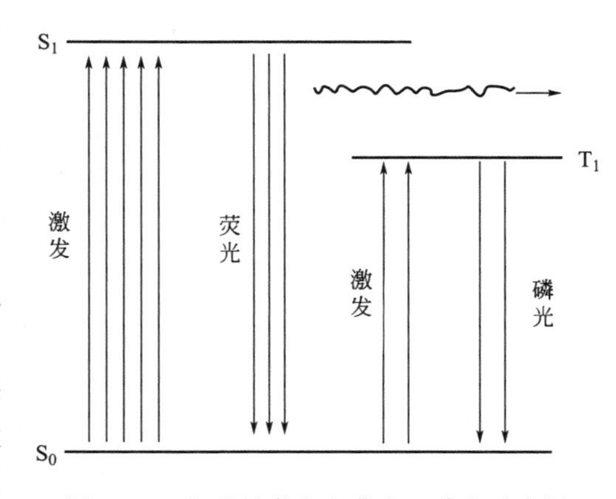

图 6.12 电子的激发和荧光、磷光示意图

另一种可能是改变自旋反平行的状态，当一个电子激发到高一个能级的空轨道中时，与基态电子呈自旋平行的状态，那就是 T_1 态，若能量足够多，可能被激发到高两个能级的 T_2 态。这种电子呈自旋平行的分子，其电子的总自旋角动量在磁场方向有三个不同的分量，因此 T 态是三重简并的状态，称为三线态。T 态的能量比同级 S 态的能量略低。因为这种激发是自旋禁阻的，所以受激分子的电子被激发到 T 态上的数量很少，在这一部分摄到的吸收光谱很弱，如图 6.12 中右边第二组线条所示。

在化学反应中产生的激发态分子，当跃迁到基态时所放出的辐射称为化学发光，这相当于光化学反应的逆过程。例如，CO 燃烧时能形成激发态的 CO_2^* 和 O_2^*，这些激发态分子跃迁到基态时，能放出一定波长的光。

$$CO_2^* \longrightarrow CO_2 + h\nu_1 \qquad O_2^* \longrightarrow O_2 + h\nu_2$$

另外，朽木在细菌作用下被氧化时发光、萤火虫的发光以及鱼中的含磷物质在腐败时都会发出一定波长的光，有的光较弱只有在夜间才能观察到，这些都是化学发光的表现。由于这种光的温度较低，一般都在 800K 以下，因此称为化学冷光。

处于激发态的分子有多种去激发的方式，有的是放出热能后回到基态，有的是与另外的分子碰撞失去能量后回到基态，这种去激发的方式在光谱图上是反映不出来的。如果是放出某种辐射后回到基态，就可以拍摄到光谱，这种光谱称为发射光谱。从 S_1 态跃迁到 S_0 态时所放出的辐射称为荧光，从 T_1 态跃迁到 S_0 态时所放出的辐射称为磷光，荧光和磷光在光物理过程中都可以观察到，如图 6.12 所示。处在 S_1 激发态的电子也可能在水平方向窜到 T_1 态（这个过程称为系间窜越），如图 6.12 中的波纹箭头所示，然后与 T_1 态上的激发电子一起跃迁到 S_0 态。因处于激发 S 态的电子多，显然荧光要比磷光强一点，但荧光的寿命比磷光的短，只要入射光一停，荧光也基本停止，而磷光尚可延续一定时间。在这种光物理过程中，激发时所吸收的光的波长和跃迁到基态时发射出辐射的波长都与物质的性质有关，因此研究这种吸收和发射光谱对了解物质的性能是很有用的。

也有一些化学反应放出的辐射不在可见光区域，有的波长较长，落在红外区，这种称为红外化学发光。人们利用红外光谱仪研究这种红外辐射，可以了解能量在初生态产物中的分配，对微观反应动力学的研究有一定的作用。

6.7.4 光敏反应

先举一个例子，将 1mol $H_2(g)$ 分解成 H(g) 原子需要的能量大于 $436\text{kJ}\cdot\text{mol}^{-1}$ [$H_2(g)$ 的键能]。1mol 波长为 253.7nm 的紫外光子的能量 E_m 为

$$E_m = L\frac{hc}{\lambda} = 6.02\times10^{23}\text{mol}^{-1}\times\frac{6.63\times10^{-34}\text{J}\cdot\text{s}\times3.0\times10^{8}\text{m}\cdot\text{s}^{-1}}{253.7\times10^{-9}\text{m}} = 472\text{kJ}\cdot\text{mol}^{-1}$$

这种紫外光子的能量从数值上应该可以使其解离。但事实上，用这样的紫外光照射 $H_2(g)$ 后反应并没有发生。如果这时在 $H_2(g)$ 中加入少量的 Hg(g)，则 $H_2(g)$ 立即解离为 H(g)。

某些反应物分子不能直接吸收某种波长的光，若要进行光化学反应，需在该系统中加入另一种能吸收这种辐射的物质，然后把光能传递给反应物分子，使反应物转变成产物，而加入的该物质本身在反应前后并未发生变化，这种加入的物质称为光敏剂（或感光剂），这样的反应称为光敏反应。显然，在上面的例子中，Hg(g) 是光敏剂。这个过程可定性表示为

$$\text{Hg(g)} + h\nu \longrightarrow \text{Hg}^*(\text{g})$$

$$\text{Hg}^*(\text{g}) + \text{H}_2(\text{g}) \longrightarrow \text{Hg(g)} + \text{H}_2^*(\text{g})$$

$$\text{H}_2^*(\text{g}) \longrightarrow 2\text{H(g)}$$

光敏剂有的是以碰撞的方式将其能量传递给反应物，也有的是与反应物首先生成某种活化络合物，当络合物分解成产物后，再将光敏剂释放出来。

光敏反应的另一个常见的例子是植物的光合作用。$CO_2(g)$ 和 $H_2O(l)$ 都不能直接吸收波长为 400～750nm 的阳光，而叶绿素可以。因此，植物依靠叶绿素吸收阳光，并使 $CO_2(g)$ 和 $H_2O(l)$ 转化为碳水化合物和氧气，反应的方程式可以表示为

$$\text{CO}_2(\text{g}) + \text{H}_2\text{O} \xrightarrow[h\nu]{\text{叶绿素}} \frac{1}{6n}(\text{C}_6\text{H}_{12}\text{O}_6)_n + \text{O}_2(\text{g})$$

研制开发合适的光敏剂，对充分利用太阳能有重要作用。例如，水分解成氢气和氧气，所需能量是 $286\text{kJ}\cdot\text{mol}^{-1}$，太阳光的能量足以将水分解。可是，水在阳光的照射下却看不到有丝毫氢气和氧气生成，这关键是缺乏光敏剂。目前，这类光敏剂的研制在实验室规模已有突破，若能大量生产，而且价格可以被接受的话，则人们将能利用太阳能，从大量的海水中得到取之不尽的 $H_2(g)$ 作为化工原料或清洁能源，用于合成有机物、发电、制成燃料电池

作为汽车甚至飞机的能源等，可以减少人类对化石燃料如石油、煤和天然气的依赖，降低温室气体 CO_2(g) 和汽车尾气 NO_x (g) 的排放，保护人类赖以生存的环境。

在海拔 20～40km 高空的平流层中，少量臭氧能吸收太阳的大部分（95%～99%）对人类有害的紫外辐射，因此人们力图保护高空大气层中的臭氧层不被破坏。已知臭氧（实际上是奇数氧）分解反应的计量方程为

$$O_3(g) + O(g) \xlongequal{} 2O_2(g)$$

经研究，目前认为 NO 和 Cl 对奇数氧的破坏起了催化作用。NO 破坏臭氧的机理为

$$O_3(g) + NO(g) \longrightarrow NO_2(g) + O_2(g)$$

$$O(g) + NO_2(g) \longrightarrow NO(g) + O_2(g)$$

总反应为

$$O_3(g) + O(g) \xlongequal{} 2O_2(g)$$

Cl 破坏臭氧的机理为

$$O_3(g) + Cl(g) \longrightarrow ClO(g) + O_2(g)$$

$$O(g) + ClO(g) \longrightarrow Cl(g) + O_2(g)$$

总反应为

$$O_3(g) + O(g) \xlongequal{} 2O_2(g)$$

NO 及 Cl 都是作为催化剂促使奇数氧变成偶数氧，因此它们不断地消耗平流层中的奇数氧。在南极上空的平流层中已出现很大的臭氧空洞（臭氧含量低于能对人类保护作用的浓度），而且这空洞还在不断扩大，已扩展到南美洲智利南部的上空，甚至在北极上空也出现了臭氧空洞，严重地威胁着人类和生物的生存。为了保护高空平流层中的臭氧不被继续分解，必须减少氯氟烃（俗称氟利昂）的使用，因为制冷剂 $CFCl_3$ 和雾化剂 CF_2Cl_2 等化合物都很稳定，排放后会长期滞留在大气的平流层中，在紫外线的作用下都会分解生成 Cl 原子。还要减少超音速飞机的飞行次数和对汽车的尾气加以控制，因为超音速飞机和汽车的尾中都含有 $NO_x(g)$，会分解放出 NO。应在汽车尾气的出口处装一个含有特种催化剂的尾气处理器，将 CO(g) 和 NO_x(g) 等有害气体转化为无害的 CO_2(g) 和 N_2(g)。更需要加大开发新能源汽车的力度，减少使用汽油、柴油作燃料，改用燃料电池、锂离子电池或直接使用太阳能等清洁能源作动力，既可以减少 NO_x(g) 的排放，也可以减少雾霾的形成，保护人类的生存环境。

思考题

1. 有以下几个化学反应计量方程，分别写出用参与反应的各种物质表示的速率表示式。如果反应都是基元反应，根据质量作用定律写出反应的速率方程。

(1) $A + B \xlongequal{} C$　(2) $2A + B \xlongequal{} 2C$　(3) $A + 2B \xlongequal{} C + 2D$

(4) $2Cl + M \xlongequal{} Cl_2 + M$

2. 某化学反应的计量方程为 $A + B \xlongequal{} C$，能认为这是二级反应吗？

3. 零级反应是否是基元反应？

4. 某一反应进行完全所需时间是有限的，且等于 $\frac{c_0}{k}$（c_0 是反应物起始浓度），则该反应是几级反应？

5. 具有简单级数的反应是否一定是基元反应？

6. 对一级和二级（$a=b$）反应，当反应物消耗 50%、75% 和 87.5%所需时间 $t_{1/2}$ ∶ $t_{3/4}$ ∶ $t_{7/8}$ 各为何值？

7. 已知平行反应 $A \xrightarrow{k_1, E_{a,1}} B$ 和 $A \xrightarrow{k_2, E_{a,2}} C$，且 $E_{a,1} > E_{a,2}$，为提高 B 的产量，应采取什么措施？

8. 在气相复合反应中，为什么有的仅仅是双分子反应，而有的却要第三物种 M 参加？例如，$2A \longrightarrow A_2$，$2Cl + M \longrightarrow Cl_2 + M$。

9. 试尽可能完全地总结一级反应的特点。

10. 请总结对峙反应、平行反应和连续反应各有哪些特征。

11. 在气相反应动力学中，往往可以用压力来代替浓度，若反应 $\alpha A \longrightarrow P$ 为 n 级反应，若 k_p 是以压力表示的反应速率系数，p_A 是 A 的分压，所有气体可看作理想气体，请证明：$k_p = k_c (RT)^{1-n}$。

12. 某恒容基元反应的热效应为 $100\text{kJ}\cdot\text{mol}^{-1}$，则该正反应的实验活化能 E_a 的数值将大于、等于还是小于 $100\text{kJ}\cdot\text{mol}^{-1}$，或是不能确定？如果反应热效应为 $-100\text{kJ}\cdot\text{mol}^{-1}$，则 E_a 的数值又将如何？

13. 某反应的 E_a 值为 $190\text{kJ}\cdot\text{mol}^{-1}$，加入催化剂后活化能降为 $136\text{kJ}\cdot\text{mol}^{-1}$。设加入催化剂后指前因子 A 值保持不变，则在 773K 时，加入催化剂后的反应速率系数是原来的多少倍？

14. 从反应机理推导速率方程时通常有哪几种近似方法？各有什么适用条件？

15. 简述碰撞理论和过渡态理论所用的模型、基本假设和优缺点。

16. 碰撞理论中的阈能 E_c 的物理意义是什么？与阿伦尼乌斯活化能 E_a 在数值上有什么关系？

17. 过渡态理论中的活化焓 $\Delta_r^{\neq} H_m^{\ominus}$ 与阿伦尼乌斯活化能 E_a 有什么不同？

18. 何谓量子产率？光化学反应与热化学反应相比有哪些不同之处？有一光化学初级反应为 $A + h\nu \longrightarrow P$，设单位时间、单位体积吸光的强度为 I_a，试写出该初级反应的速率表示式。若 A 的浓度增加一倍，速率表示式有何变化？

19. 溴和丙酮在水溶液中发生如下反应：

$$CH_3COCH_3(aq) + Br_2(aq) \longrightarrow CH_3COCH_2Br(aq) + HBr(aq)$$

实验得出的动力学方程对 Br_2 为零级，所以说反应中 Br_2 起了催化剂作用，这种说法对不对？为什么？如何解释这样的实验事实。

20. 催化反应与非催化反应相比，催化反应有哪些特点？某一反应在一定条件下的平衡转化率为 35.6%，当有某催化剂存在时，反应速率增加了 20 倍。若保持其他条件不变，问转化率又为多少？催化剂改变反应速率的本质是什么？

21. 简述酶催化反应的一般历程、动力学处理方法和特点。

基本概念练习题

1. 气相反应 $A(g) + 2B(g) \longrightarrow 2C(g)$，A 和 B 的始压分别为 p_A 和 p_B，反应开始时并无 C。若 p 为系统总压，当时间为 t 时，A 的分压为（　　）。

(A) $p_A - p_B$　　(B) $p - 2p_A$
(C) $p - p_B$　　(D) $2(p - p_A) - p_B$

2. 如果反应 2A + B ══ 2D 的速率可表示为 $r = -\frac{dc_A}{dt} = -\frac{dc_B}{dt} = \frac{dc_D}{dt}$，则其反应分子数为（　　）。

(A) 单分子　　(B) 双分子
(C) 三分子　　(D) 不能确定

3. 某反应进行完全所需时间是有限的，且等于 c_0/k，则该反应级数为（　　）。

(A) 一级　　(B) 二级
(C) 零级　　(D) 三级

4. 某反应 $A \longrightarrow B$，反应物消耗 3/4 所需时间是其半衰期的 5 倍，此反应级数为（　　）。

(A) 零级　　(B) 一级
(C) 二级　　(D) 三级

5. 已知某反应级数为一级，则可确定该反应一定是（　　）。

(A) 简单反应　　(B) 单分子反应
(C) 复杂反应　　(D) 上述都有可能

6. 某化学反应的方程式为 $2A \longrightarrow P$，则在动力学研究中表明该反应为（　　）。

(A) 二级反应　　(B) 基元反应
(C) 双分子反应　　(D) 无法确定

7. 某化学反应的计量方程为 $A + 2B \xrightarrow{k} C + D$，实验测定得到其速率系数 $k = 0.25 (mol \cdot dm^{-3})^{-1} \cdot s^{-1}$，则反应的级数为（　　）。

(A) 零级　　(B) 一级
(C) 二级　　(D) 三级

8. 有某化学反应，已知反应物的转化分数 $y = \frac{5}{9}$ 时所需的时间是 $y = \frac{1}{3}$ 所需时间的 2 倍，则该反应是（　　）。

(A) $\frac{3}{2}$ 级反应　　(B) 二级反应
(C) 一级反应　　(D) 零级反应

9. 当某反应物的初始浓度为 $0.04 mol \cdot dm^{-3}$ 时，反应的半衰期为 360s，初始浓度为 $0.024 mol \cdot dm^{-3}$ 时，半衰期为 600s，则此反应为（　　）。

(A) 零级反应　　(B) 1.5 级反应
(C) 二级反应　　(D) 一级反应

10. 有一个放射性元素，其质量等于 8g，已知它的半衰期 $t_{1/2} = 10d$，则经过 40d 后，其剩余质量等于（　　）。

(A) 4g　　(B) 2g　　(C) 1g　　(D) 0.5g

11. 对于反应 $A \xrightarrow{k} C + D$，如果 A 的起始浓度减小一半，其半衰期也缩短一半，则反应的级数为（　　）。

(A) 一级　　(B) 二级
(C) 零级　　(D) 1.5 级

12. 描述化学反应速率系数随温度变化的阿伦尼乌斯关系式能成立的范围是（　　）。

(A) 对任何反应在任何温度范围内

(B) 对某些反应在任何温度范围内

(C) 对任何反应在一定温度范围内

(D) 对某些反应在一定温度范围内

13. 物质 A 发生两个一级平行反应 $A \xrightarrow{k_1} B$，$A \xrightarrow{k_2} C$，设两反应的指前因子相近且与温度无关，若 $E_1 > E_2$，则有（　　）。

(A) $k_1 > k_2$　　(B) $k_1 < k_2$

(C) $k_1 = k_2$　　(D) 无法比较 k_1、k_2 的大小

14. 氢气和氧气的混合物在一定浓度范围内遇到火星会发生爆炸是因为（　　）。

(A) 有大量引发剂的引发　　(B) 直链传递的速度增加

(C) 自由基被消除　　(D) 生成双自由基形成支链反应

15. 在反应 $A \xrightarrow{k_1} B \xrightarrow{k_2} C$、$A \xrightarrow{k_3} D$ 中，活化能 $E_1 > E_2 > E_3$，C 是所需要的产物，从动力学角度考虑，为了提高 C 的产量，应选择的反应温度为（　　）。

(A) 较高反应温度　　(B) 较低反应温度

(C) 适中反应温度　　(D) 任意反应温度

16. 如果某反应的 $\Delta_r H_m = 100\text{kJ} \cdot \text{mol}^{-1}$，那么活化能 E_a 与反应摩尔焓变的关系为（　　）。

(A) $E_a = -100\text{kJ} \cdot \text{mol}^{-1}$　　(B) $E_a \geqslant 100\text{kJ} \cdot \text{mol}^{-1}$

(C) $E_a \leqslant 100\text{kJ} \cdot \text{mol}^{-1}$　　(D) 都可以

17. 某基元反应，在等容的条件下反应，当反应进度为 1mol 时，吸热 50kJ，则该反应的实验活化能 E_a 值的大小范围是（　　）。

(A) $E_a \geqslant 50\text{kJ} \cdot \text{mol}^{-1}$　　(B) $E_a \leqslant 50\text{kJ} \cdot \text{mol}^{-1}$

(C) $E_a = -50\text{kJ} \cdot \text{mol}^{-1}$　　(D) 无法确定

18. 对于一般的化学反应，当温度升高时，下列说法正确的是（　　）。

(A) 活化能明显降低　　(B) 平衡常数一定变大

(C) 正、逆反应的速率系数成比例变化　　(D) 反应到达平衡的时间变短

19. 某化学反应，温度升高 1K，反应的速率系数增加 1%。则该反应的活化能的数值约为（　　）。

(A) $100RT^2$　　(B) $10RT^2$　　(C) RT^2　　(D) $0.01RT^2$

20. 有一个平行反应，(1) $A \xrightarrow{k_1,\ E_{a,1}} B$；(2) $A \xrightarrow{k_2,\ E_{a,2}} D$。已知反应（1）的活化能大于反应（2）的活化能，即 $E_{a,1} > E_{a,2}$，以下措施中不能改变获得产物 B 和 D 的比例的是（　　）。

(A) 升高反应温度　　(B) 延长反应时间

(C) 加入适当催化剂　　(D) 降低反应温度

21. 有两个都是一级的平行反应，$A \xrightarrow{k_1,\ E_{a,1}} B$，$A \xrightarrow{k_2,\ E_{a,2}} C$。设反应开始时，生成物的浓度都等于零。下列结论不正确的是（　　）。

(A) $k_{总} = k_1 + k_2$　　(B) $k_1/k_2 = [B]/[C]$

(C) $E_{总} = E_{a,1} + E_{a,2}$　　(D) $t_{1/2} = \dfrac{\ln 2}{k_1 + k_2}$

22. 某总包反应的表观速率系数 $k=2k_2\left(\frac{k_1}{2k_4}\right)^{\frac{1}{2}}$，则表观活化能 E_a 与基元反应活化能之间的关系为（　　）。

(A) $E_a=2E_{a,2}+\frac{1}{2}(E_{a,1}-2E_{a,4})$　　(B) $E_a=E_{a,2}+\frac{1}{2}(E_{a,1}-E_{a,4})$

(C) $E_a=E_{a,2}+E_{a,1}-E_{a,4}$　　(D) $E_a=E_{a,2}(\frac{E_{a,1}}{2E_{a,4}})^{\frac{1}{2}}$

23. 在简单碰撞理论中，有效碰撞的定义是（　　）。

(A) 互撞分子的总的动能超过阈能 E_c

(B) 互撞分子的相对总的平动能超过阈能 E_c

(C) 互撞分子的相对平动能在连心线上的分量超过阈能 E_c

(D) 互撞分子的内部动能超过阈能 E_c

24. 300K 时，某基元反应的阈能 $E_c=83.68\text{kJ}\cdot\text{mol}^{-1}$，则有效碰撞的分数值等于（　　）。

(A) 3.72×10^{-14}　　(B) 6.17×10^{-15}

(C) 2.69×10^{-11}　　(D) 2.69×10^{-15}

25. 在碰撞理论中，校正因子 $P<1$ 的主要原因是（　　）。

(A) 反应系统是非理想的　　(B) 空间的位阻效应

(C) 分子碰撞的激烈程度不够　　(D) 分子间的作用力

26. 已知某液相双分子反应是基元反应，它的实验活化能为 E_a，根据过渡态理论，E_a 与该反应的活化焓 $\Delta_r^{\neq}H_m$ 之间的关系为（　　）。

(A) $E_a=\Delta_r^{\neq}H_m$　　(B) $E_a=\Delta_r^{\neq}H_m+RT$

(C) $E_a=\Delta_r^{\neq}H_m-RT$　　(D) $E_a=\Delta_r^{\neq}H_m+2RT$

27. 在过渡态理论的计算速率系数的公式中，k_BT/h 的值对所有反应几乎都是一样的，所以称为普适常量。在通常反应温度（设为 500K）时，其值约为（　　）。

(A) 10^3s^{-1}　　(B) 10^{13}s　　(C) 10^{13}s^{-1}　　(D) 10^3s

28. 汽车尾气中的氮氧化物在平流层中破坏奇数氧（O_3 和 O）的反应机理为

$$NO+O_3\longrightarrow NO_2+O_2$$
$$NO_2+O\longrightarrow NO+O_2$$

在此机理中，NO 起的作用是（　　）。

(A) 总反应的产物　　(B) 总反应的反应物

(C) 催化剂　　(D) 上述都不是

29. 某一反应在一定条件下的平衡转化率为 25.3%。保持反应的其他条件不变，加入某种高效催化剂，使反应速率明显加快，则平衡转化率的数值将（　　）。

(A) 大于 25.3%　　(B) 小于 25.3%

(C) 等于 25.3%　　(D) 上述都不是

30. 关于光化学反应，下列说法错误的是（　　）。

(A) 在等温等压下，可以进行 $\Delta_rG_m>0$ 的反应

(B) 反应的速率基本不受温度的影响，甚至有负温度系数的现象

(C) 反应初级过程的量子效率等于 1

(D) 光化学反应的平衡常数等于热化学反应的平衡常数

习题

1. 1100K 时，NH_3(g) 在金属钨丝上发生分解。实验测定 NH_3(g) 在不同的初始压力 p_0 下所对应的半衰期，获得下列数据

p_0/Pa	3.5×10^4	1.7×10^4	0.75×10^4
$t_{1/2}$/min	7.6	3.7	1.7

试用计算的方法，计算该反应的级数和速率系数。

2. 某人工放射性元素，能放出 α 粒子，其半衰期为 15min。若该试样有 80%被分解，计算所需的时间。

3. 已知物质 A 的分解反应是一级反应。在一定温度下，当 A 的起始浓度为 $0.1\text{mol}\cdot\text{dm}^{-3}$ 时，分解 20%的 A 需 50min。试计算：（1）该反应的速率系数 k；（2）该反应的半衰期 $t_{1/2}$；（3）当 A 的起始浓度为 $0.02\text{mol}\cdot\text{dm}^{-3}$ 时，分解 20%的 A 所需的时间。

4. 某抗生素 A 注入人体后，在血液中呈现简单的级数反应。如果在人体中注射 0.5g 该抗生素，然后在不同时刻 t 测定 A 在血液中的浓度 c_A [以 $\text{mg}\cdot(100\text{cm}^3)^{-1}$]表示，得到下列数据。

t/h	4	8	12	16
c_A/[$\text{mg}\cdot(100\text{cm}^3)^{-1}$]	0.480	0.326	0.222	0.151

（1）确定反应的级数。

（2）计算反应的速率系数。

（3）求 A 的半衰期。

（4）若要使血液中抗生素浓度不低于 $0.370\text{mg}\cdot(100\text{cm}^3)^{-1}$，计算需要注射第二针的时间。

5. 在大气中，CO_2 的含量较少，但可鉴定出放射性同位素 ^{14}C 的含量。一旦 CO_2 被光合作用"固定"，从大气中拿走 ^{14}C 作为植物的组成后，新的 ^{14}C 又不再加入，则植物中 ^{14}C 的放射量会以 5770 a 为半衰期的一级过程减少。现从一棵古代松树的木髓中取样，测定得到的 ^{14}C 含量是大气中 CO_2 的 ^{14}C 含量的 54.9 %，试计算该古松树的树龄。

6. 某有机化合物 A，在酸催化下发生水解反应，在 323K，pH=5 的溶液中进行时，其半衰期为 69.3min，在 pH=4 的溶液中进行时，其半衰期为 6.93min，且知在两个 pH 的各自条件下，半衰期 $t_{1/2}$ 均与 A 的初始浓度无关。设反应的速率方程为

$$-\frac{d[A]}{dt}=k[A]^{\alpha}[H^+]^{\beta}$$

试计算：（1）α 和 β 的值；（2）323K 时，反应的速率系数 k；（3）323K 时，A 水解 80%所需的时间。

7. 298K 时，乙酸乙酯与 NaOH 发生皂化作用，已加反应的速率系数为 $6.36(\text{mol}\cdot\text{dm}^{-3})^{-1}\cdot\text{min}^{-1}$。若起始时，乙酸乙酯与 NaOH 溶液的浓度均为 $0.02\text{mol}\cdot\text{dm}^{-3}$，试求 10min 后乙酸乙酯的水解分数。

8. 298K 时，用旋光仪测定蔗糖在酸催化剂的作用下的水解速率。溶液的旋光度与蔗糖

的浓度呈一定的线性关系，测定旋光度的变化就等于监测蔗糖浓度的变化。由于蔗糖的转化产物果糖和葡萄糖的旋光度不同，一个是左旋的，另一个是右旋的，因此蔗糖在水解过程中总的旋光度一直在改变。在不同时间所测得的旋光度 α_t 如下：

t/min	0	10	20	40	80	180	300	∞
α_t/(°)	6.60	6.17	5.79	5.00	3.71	1.40	−0.24	−1.98

试计算该反应的速率系数 k 的值。

9. 酯的皂化作用通常都是二级反应。298K 时，当碱和酯的浓度均相等时，NaOH 和乙酸甲酯皂化作用的速率系数为 k_2，NaOH 和乙酸乙酯皂化作用的速率系数为 k'_2，两者的关系为 $k_2=2.8k'_2$。假定实验条件都相同，当乙酸甲酯的转化分数为 0.90 时，计算乙酸乙酯的转化分数。

10. 乙酸乙酯皂化反应是一个二级反应。在一定温度下，当酯和 NaOH 的起始浓度都等于 $8.04\text{mol}\cdot\text{dm}^{-3}$ 时，测定结果如下：反应进行到 4min 时，碱的浓度为 $5.30\text{mol}\cdot\text{dm}^{-3}$，进行到 6min 时，碱的浓度为 $4.58\text{mol}\cdot\text{dm}^{-3}$。求反应的速率系数 k。

11. 298K 时，测定乙酸乙酯皂化反应的速率。反应开始时，溶液中乙酸乙酯与碱的浓度都为 $0.01\text{mol}\cdot\text{dm}^{-3}$，每隔一定时间，用标准酸溶液滴定其中的碱，实验所得结果如下：

t/min	3	5	7	10	15	21	25
$[OH^-]/(\times10^{-3}\text{mol}\cdot\text{dm}^{-3})$	7.40	6.34	5.50	4.64	3.63	2.88	2.54

(1) 证明该反应为二级反应，并求出速率系数 k 的值。

(2) 若乙酸乙酯与碱的浓度都为 $0.002\text{mol}\cdot\text{dm}^{-3}$，试计算该反应完成 95%时所需的时间及该反应的半衰期。

12. 298K 时，某有机物 A 发生水解反应，用酸作催化剂，其速率方程可表示为 $r=\dfrac{-\text{d}[A]}{\text{d}t}=k[H^+]^{\alpha}[A]^{\beta}$。保持 A 的起始浓度不变，改变酸浓度，分别测定了两组转化分数 $y=0.5$ 和 $y=0.75$ 所需的时间 $t_{1/2}$ 和 $t_{3/4}$，实验数据如下：

实验次数	$[A]/(\text{mol}\cdot\text{dm}^{-3})$	$[H^+]/(\text{mol}\cdot\text{dm}^{-3})$	$t_{1/2}$/h	$t_{3/4}$/h
1	0.1	0.01	1.0	2.0
2	0.1	0.02	0.5	1.0

试分别求对酸催化剂和对反应物 A 的反应级数 α 和 β 的值。

13. 某一级反应的半衰期，在 300K 和 310K 分别为 5000s 和 1000s，求该反应的活化能。

14. 某些农药的水解反应是一级反应。已知 293K 时，敌敌畏在酸性介质中的水解反应也是一级反应，它的半衰期为 61.5d，试求在此条件下敌敌畏的水解速率系数。若 343K 时的速率系数为 0.173h^{-1}，求在 343K 时的半衰期及该反应的活化能 E_a。

15. 药物阿司匹林的水解为一级反应，已知 100℃时的速率系数为 7.92d^{-1}，活化能为 $56.43\text{kJ}\cdot\text{mol}^{-1}$。求在 17℃时阿司匹林水解 30%所需的时间。

16. 已知乙烯的热分解反应 $C_2H_4(g) \rightleftharpoons C_2H_2(g)+H_2(g)$ 为一级反应，反应的活化能

$E_a=250.8\text{kJ}\cdot\text{mol}^{-1}$，1073K 时，反应经过 10 h 有 50%的乙烯分解，求反应在 1573K 时分解 50%的乙烯需要的时间。

17. 某药物如果有 30%被分解，就认为已失效。若将该药物放置在 3℃的冰箱中，其保质期为两年。某人购回刚出厂的这个药物，忘了放入冰箱，在室温（25℃）下搁置了两周。请通过计算说明该药物是否已经失效。已知药物的分解分数与浓度无关，且分解的活化能 $E_a=130.0\text{kJ}\cdot\text{mol}^{-1}$。

18. 某一级反应，在 40℃时，反应物转化 20%需 15min，已知其活化能为 $100\text{kJ}\cdot\text{mol}^{-1}$。若要使反应在 15min 内反应物转化 50%，则反应温度应控制在多少？

19. 对于酸催化反应 $\{Co(NH_3)_3F\}^{2+}+H_2O\xrightarrow{H^+}\{Co(NH_3)_3H_2O\}^{3+}+F^-$，反应的速率方程为 $r=k[\{Co(NH_3)_3F\}^{2+}]^{\alpha}[H^+]^{\beta}$。在指定温度和起始浓度的条件下，配合物转化 0.5 和 0.75 所用的时间分别用 $t_{1/2}$ 和 $t_{3/4}$ 表示，所测实验数据如下：

实验次数	$[Co(NH_3)_3F^{2+}]_0/(\text{mol}\cdot\text{dm}^{-3})$	$[H^+]_0/(\text{mol}\cdot\text{dm}^{-3})$	T/K	$t_{1/2}$ /h	$t_{3/4}$ /h
1	0.10	0.01	298	1.0	2.0
2	0.20	0.02	298	0.5	1.0
3	0.10	0.01	308	0.5	1.0

试根据实验数据计算：(1) 反应的级数 α 和 β 的值；(2) 分别在 298K 和 308K 时的反应速率系数 k；(3) 反应实验活化能 E_a 的值。

20. 已知 1-1 级对峙反应 $A\underset{k_b}{\overset{k_f}{\rightleftharpoons}}B$，$k_f=0.06\text{min}^{-1}$，$k_b=0.002\text{min}^{-1}$。若反应开始时，系统中只有反应物 A，其起始浓度为 $1\text{mol}\cdot\text{dm}^{-3}$。计算反应进行到 100min 时产物 B 的浓度。

21. 有两个都是一级的平行反应：(1) $A\xrightarrow{k_1,\ E_{a,1}}B$；(2) $A\xrightarrow{k_2,E_{a,2}}D$。设反应 (1) 和 (2) 的指前因子相同，但活化能不同，$E_{a,1}=120\text{kJ}\cdot\text{mol}^{-1}$，$E_{a,2}=80\text{kJ}\cdot\text{mol}^{-1}$。当反应在温度为 1000K 时进行，求两个反应速率的比值 k_1/k_2。

22. 某糖酸(A) 在酸性溶液中水解生成抗坏血酸(B) 的反应是一级反应：$A\xrightarrow{k_1}B\xrightarrow{k_2}C$。一定条件下，测得 50℃时的 $k_1=0.42\times10^{-2}\text{min}^{-1}$，$k_2=0.20\times10^{-4}\ \text{min}^{-1}$。(1) 试求生产抗坏血酸最佳的反应时间及相应的最大产率；(2) 若假设连串反应的频率因子 $A_1=A_2$，试讨论为提高抗坏血酸的产率，是应升温还是降温？

23. 某复杂反应的机理如下：

$$(1)\ A+B\overset{k_1}{\rightleftharpoons}C,\ (2)\ C+D\overset{k_2}{\rightleftharpoons}E$$

$$(3)\ E\xrightarrow{k_3}F,\ (4)\ F\xrightarrow{k_4}P$$

其中 (3) 是速率控制步骤，试导出以产物 P 表示的总包反应的速率方程。

24. 已知氧化还原反应：$Hg_2^{2+}+Tl^{3+}\longrightarrow 2Hg^{2+}+Tl^+$ 的反应速率方程为：

$$r=\frac{kc_{Hg_2^{2+}}c_{Tl^{3+}}}{c_{Hg^{2+}}}$$

提出反应机理如下：$Hg_2^{2+}\underset{k_{-1}}{\overset{k_1}{\rightleftharpoons}}Hg^{2+}+Hg$

$$Hg + Tl^{3+} \xrightarrow{k_2} Hg^{2+} + Tl^{+}$$

请分别根据稳态近似法以及平衡态近似法证明上述反应机理与实验速率方程是吻合的。

25. 设臭氧分解反应 $2O_3(g) \longrightarrow 3O_2(g)$ 的反应机理为

$$O_3 \underset{k_{-1}}{\overset{k_1}{\rightleftharpoons}} O_2 + O \qquad \text{快平衡} \tag{1}$$

$$O + O_3 \xrightarrow{k_2} 2O_2 \qquad \text{慢反应} \tag{2}$$

求反应速率 $-\dfrac{d[O_3]}{dt}$ 的表达式。

26. 673K 时，合成氨反应为 $3H_2(g) + N_2(g) \rightleftharpoons 2NH_3(g)$。动力学实验测定结果表明，没有加催化剂时，反应的活化能为 $334.9kJ \cdot mol^{-1}$，速率系数为 k_0。当加了 Fe 的复合催化剂后，活化能降至 $167.4kJ \cdot mol^{-1}$，速率系数为 k_{cat}。假定催化和非催化反应的指前因子相等，计算在这两种情况下速率系数之比 k_{cat}/k_0 的值。

27. 乙醛热分解反应的主要机理如下：

$$CH_3CHO \xrightarrow{k_1} CH_3 + CHO \tag{1}$$

$$CH_3 + CH_3CHO \xrightarrow{k_2} CH_4 + CH_3CO \tag{2}$$

$$CH_3CO \xrightarrow{k_3} CH_3 + CO \tag{3}$$

$$CH_3 + CH_3 \xrightarrow{k_4} C_2H_6 \tag{4}$$

试推导：(1) 用甲烷的生成速率表示的速率方程；(2) 表观活化能 E_a 的表达式。

28. 氯气催化臭氧分解的机理如下：

$$Cl_2 + O_3 \xrightarrow{k_1} ClO + ClO_2 \tag{1}$$

$$ClO_2 + O_3 \xrightarrow{k_2} ClO_3 + O_2 \tag{2}$$

$$ClO_3 + O_3 \xrightarrow{k_3} ClO_2 + 2O_2 \tag{3}$$

$$ClO_3 + ClO_3 \xrightarrow{k_4} Cl_2 + 3O_2 \tag{4}$$

由此推得速率方程 $r = k[Cl_2]^{\frac{1}{2}}[O_3]^{\frac{3}{2}}$，其中 $k = 2k_3\left(\dfrac{k_1}{2k_4}\right)^{\frac{1}{2}}$。求反应的表观活化能与各基元反应活化能之间的关系。

29. 实验测得气相反应 $C_2H_6(g) \longrightarrow 2CH_3(g)$ 的速率系数表示式为

$$k = 2.0 \times 10^{17} \exp\left(-\frac{363800}{RT}\right) s^{-1}$$

试计算在 1000K 时：(1) 反应的半衰期 $t_{1/2}$；(2) $C_2H_6(g)$ 分解反应的活化熵 $\Delta_r^{\neq} S_m^{\ominus}$，已知普适常量 $\dfrac{k_B T}{h} = 2.0 \times 10^{13} s^{-1}$。

30. 反应在催化剂作用下的 $\Delta_r^{\neq} H_m^{\ominus}$ (298.15K) 比非催化反应的降低了 $20kJ \cdot mol^{-1}$，$\Delta_r^{\neq} S_m^{\ominus}$ 降低了 $50J \cdot K^{-1} \cdot mol^{-1}$。计算在 298.15K 时，催化反应的速率系数 k_{cat} 与非催化反应的速率系数 k_0 的比值。

31. 363K 时，NH_2SO_2OH 水解反应的速率系数 $k = 1.16 \times 10^{-3} (mol \cdot m^{-3})^{-1} \cdot s^{-1}$，活化

能 $E_a=127.6\text{kJ}\cdot\text{mol}^{-1}$，试用过渡态理论计算该水解反应的 $\Delta_r^{\neq}G_m^{\ominus}$ 、$\Delta_r^{\neq}H_m^{\ominus}$ 和 $\Delta_r^{\neq}S_m^{\ominus}$ 。已知玻耳兹曼常量 $k_B=1.38\times10^{-23}\text{J}\cdot\text{K}^{-1}$，普朗克常量 $h=6.626\times10^{-34}\text{J}\cdot\text{s}$ 。

32. 有一均相酶催化反应，K_M 值为 $2\times10^{-3}\text{mol}\cdot\text{dm}^{-3}$，当底物的初始浓度 $c_{S,0}=1.0\times10^{-5}\text{mol}\cdot\text{dm}^{-3}$时，若反应进行 1min，则底物的转化率 x_S 为 2%，试计算：

(1) 当反应进行 3min 时，底物转化率为多少？此时底物和产物的浓度如何？

(2) 当 $c_{S,0}$ 为 $1.0\times10^{-6}\text{mol}\cdot\text{dm}^{-3}$ 时，也反应 3min，底物和产物的浓度又是多少？

(3) 最大反应速率 r_m 为多少？

第7章

电 化 学

电化学主要是研究电能和化学能之间的相互转化及转化过程中有关规律的科学。

电化学是一门历史悠久而又前沿的学科。但真正的电化学是1799年意大利物理学家伏特（A. Volta）发明的用不同金属片夹湿纸组成的“电堆”，即所谓的“伏特堆”，这是化学电源的雏形，标志着电化学研究的开始。法拉第、奥斯特瓦尔德等科学家提出：电堆供电必须伴随金属/溶液界面上的化学反应，否则不可能产生电，也就是说“化学作用产生了电，电就是化学作用”。1834年，法拉第电解定律的发现为电化学奠定了定量基础。而原电池真正被广泛应用还是在1836年英国化学家丹尼尔（J. F. Daniell，1790—1845）提出的丹尼尔电池之后。其基本原理与伏特电池基本相同，所不同的是每个金属分别插入它们自己的金属离子溶液中组成两个半电池（half cell），被称为两个电极（electrode），中间通过盐桥将两个半电池相连。19世纪下半叶，经过亥姆霍兹和吉布斯的工作，赋予电池的电动势以明确的热力学含义；1889年，能斯特用热力学导出了参与电极反应的物质活度与电极电势的关系，即著名的能斯特方程；1923年，德拜和休克尔提出了被人们普遍接受的强电解质稀溶液静电理论。这些研究大大地促进了电化学在理论探讨和实验方法方面的发展。20世纪40年代以后电化学暂态技术的应用和发展、电化学方法与光学和表面技术的联用，使人们可以研究快速和复杂的电极反应，可提供电极界面上反应中间物的信息。电化学的发展与固体物理、催化、生命科学等学科的互相渗透，使得电化学一直是物理化学中一支比较活跃的分支学科。

电化学应用非常广泛，在国民经济中占有重要的地位，化工、材料、能源、生命和环境等各个领域都离不开电化学。例如：①电解工业和电化学合成，氯碱工业是仅次于合成氨和硫酸的无机基础工业，尼龙66的单体己二腈是通过电解合成的；铝、钠等轻金属的冶炼，铜、锌等金属的精炼用的都是电解法；②金属表面处理，机械工业中用电镀、电抛光、电泳涂漆等来完成部件的表面精整；③电化学环保，可用电渗析的方法除去氰离子、铬离子等污染物，以达到环境保护的目的；④化学电源，如手机的可充电电池、宇宙飞船上使用的燃料电池；⑤金属防腐（大部分金属腐蚀是电化学腐蚀），大型桥梁和钢铁建筑通过外加电流的阴极保护、海洋中战舰进行牺牲阳极的防腐等都是利用电化学原理进行的金属防腐；⑥生理过程中的电化学现象，许多生命现象如人体横膈肌及其动作神经产生电，神经通过生物电流进行信息传递等，都涉及电化学机理；⑦电分析，利用电化学原理发展起来的各种电化学分析法已成为实验室和工业监控不可缺少的手段；⑧光电化学中对太阳能的利用、光敏剂的制备和光催化剂的研制显然也是离不开电化学的；⑨生物电化学中的细胞膜电势、心电图和脑电波等电势差的测定分析和控制都与生命直接关联；⑩电化学分析中的极谱分析、电导和电势滴定等也都属于电化学的具体应用。正如马克思所说“世界上几乎没有一件事物的发生、变化不伴随着电现象的产生”。因此，学好电化学的重要性是不言而喻的。

物理化学课程中的电化学主要介绍电化学的基础理论和部分应用，即用热力学的方法来研究化学能与电能之间相互转换的规律。其中主要包括电能与化学能相互转化的两方面内容：一方面是利用化学反应来产生电能——将能够自发进行的化学反应放在原电池装置中使化学能转化为电能；另一方面是利用电能来驱动化学反应——将不能自发进行的反应放在电解池装置中输入电流使反应得以进行。

无论是化学能转化为电能，还是电能转化为化学能，都离不开作为介质的电解液。因此本章在介绍原电池和电解池的电化学原理之前，先介绍一些电解质溶液的基本性质。

7.1 电化学的基本概念

主要知识点

1. 原电池和电解池

将化学能转变成电能的装置称为原电池，将电能转变成化学能的装置称为电解池。它们都具备两个电极、电解质溶液和组成回路等必需的设备。

2. 正极、负极，阴极、阳极

无论是原电池还是电解池，相对电势较高的极为正极，较低的极为负极。在电极界面上发生还原反应的极为阴极，发生氧化反应的极为阳极。

3. 法拉第定律

当电流通过原电池或电解池时，在电极界面上发生化学反应的物质的量与通入的电量成正比。在多个电池的串联线路中，每个电极上发生电子交换的物质的量都相同。法拉第常量近似等于 $96500\text{C}\cdot\text{mol}^{-1}$。

4. 离子的电迁移率和迁移数

离子在电场中迁移的速率正比于电场的梯度，其比例系数称为离子的电迁移率，也称为淌度，其单位是 $\text{m}^2\cdot\text{s}^{-1}\cdot\text{V}^{-1}$。

电解质溶液导电是由正、负离子向相反方向迁移来完成的。离子 B 迁移电流的分数称为 B 的迁移数，同一溶液中所有离子迁移数的加和等于 1。离子迁移数可以用实验测定，并可以用多种物理量的比例来表示，如正离子的迁移数 t_+ 可以表示为

$$t_+=\frac{I_+}{I}=\frac{Q_+}{Q}=\frac{r_+}{r_+ + r_-}=\frac{u_+}{u_+ + u_-}$$

7.1.1 原电池和电解池

电化学是研究化学现象与电现象之间的相互关系以及化学能与电能相互转化规律的学科。要完成这样的电化学研究，必须通过适当的电化学装置。人们将化学能转化为电能的装置称为原电池（galvanic cell），将电能转化为化学能的装置称为电解池（electrolytic cell）。

原电池和电解池都由两个半电池（由金属或其他导体与相应的电解质组合而成，也称为电极）组成。电极露于空气的一端通过金属导线和适当的设备使两个电极相互连接而组成外电路，插入溶液的部分电极和电解质溶液组成内电路，由溶液中的离子做定向移动使两个电极相互联系，电极是电子得失的场所，即发生氧化-还原的地方，这样外电路和内电路就组成了一个回路，可以进行电化学研究。在外电路中电流的传导是由金属导线中电子做定向移动来完成的，电流由电势高的正极流向电势低的负极，而电子是从电势低的负极向电势高的正极移动。通常将金属和石墨等由电子传导电流的导体称为电子导体（或第一类导体）。在内电路中，电流的传导是依靠正、负离子向相反电极迁移来实现的。阳离子迁向阴极，在阴极上得到电子而被还原；阴离子迁向阳极，在阳极上失去电子而被氧化。也有的电池是靠电极材料本身被氧化来实现电流的传导。电解质溶液（或熔融电解质）是依靠正、负离子向相反方向的迁移来导电的，这类导体称为离子导体（也称为第二类导体）。

7.1.2 正极、负极，阴极、阳极

无论在原电池还是在电解池中，比较两个电极的电势，电势较高的电极称为正极，电势较低的电极称为负极。研究电极在通电过程中发生的化学反应，将在电极界面上发生氧化反应的极称为阳极（anode），发生还原反应的极称为阴极（cathode）。

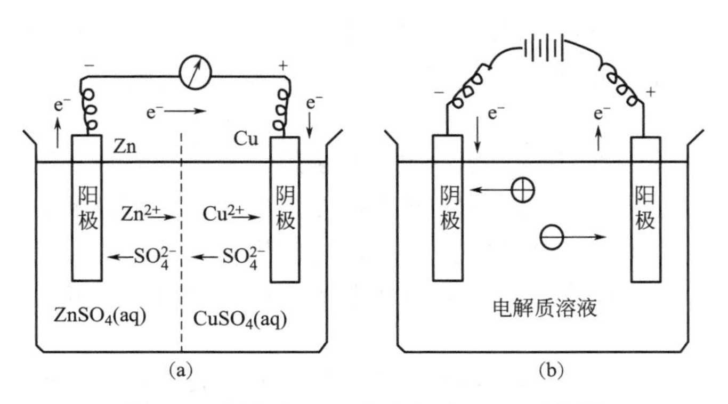

图 7.1 原电池（a）和电解池（b）示意图

图 7.1(a) 是原电池的示意图。一个电极由 Zn(s) 插在 $ZnSO_4$(aq) 溶液中组成，另一个电极由 Cu(s) 插在 $CuSO_4$(aq) 溶液中组成（括号中的 aq 表示水溶液）。外电路由导线和相应的电学器材连接，两个溶液之间用可以允许离子通过的半透膜隔开，这样组成了一个回路。由于金属 Zn(s) 比 Cu(s) 活泼，易失去电子，因此组成电池时，Zn(s) 电极发生氧化反应

$$Zn(s) \longrightarrow Zn^{2+}(aq) + 2e^-$$

产物 Zn^{2+} 扩散到溶液中，留在电极上的电子沿着外电路流向 Cu(s) 电极。因为 Zn(s) 电极本身发生氧化反应，所以它是阳极。Zn(s) 电极上有多余的电子，电势低，所以是负极。

相对于 Zn 而言，Cu 较易获得电子，在 Cu(s) 电极表面上，溶液中的 Cu^{2+} 与输入的电子结合，还原为 Cu(s)

$$Cu^{2+}(aq)+2e^- \longrightarrow Cu(s)$$

因为在 Cu(s) 电极表面发生了还原反应，所以它是阴极，其电势比 Zn(s) 电极的高，所以是正极。可见，在原电池中两个电极的极性是由两个电极材料的化学性质决定的，较活泼的电极表面发生氧化反应，作阳极，因电极有过量的电子，电势比较低，所以是负极；较不活泼的电极表面发生还原反应，作阴极，因电势比较高，所以是正级。

溶液中的 Zn^{2+} 和 Cu^{2+} 等阳离子一起向阴极（铜电极）迁移，趋向于发生还原反应。溶液中的 SO_4^{2-} 等阴离子一起向阳极（锌电极）迁移，趋向于发生氧化反应。总的结果是，自发化学反应 $Zn+Cu^{2+} \longrightarrow Zn^{2+}+Cu$ 发生的同时，对外做了电功，即化学能转化成了电能。

图 7.1(b) 是电解池的示意图。两个电极可以用相同材料（也可以用不同材料）的导体制成。与外电路工作电源负极相接的电极，工作电源的负极不断将电子输入，使得电极的电势比较低，所以也是负极。溶液中的阳离子源源不断地向负极迁移，在负极表面得到电子发生还原反应，所以该负极也就是阴极。相反，与工作电源正极相接的电极因电势较高，即为正极。溶液中的阴离子不断地向正极迁移，在正极界面上发生氧化反应（有时阳极材料本身也会发生氧化），所以该正极即是阳极。例如，将两个 Cu(s) 电极插入 $CuSO_4$(aq) 溶液中，与外电源正极相接的 Cu(s) 电极是正极，也是阳极，它本身不断氧化 [因为 Cu(s) 比 SO_4^{2-} 更容易氧化]，其反应式为

$$Cu(s) \longrightarrow Cu^{2+}(aq)+2e^-$$

使得阳极不断变薄、变小。与外电源负极相接的 Cu(s) 电极是负极，也是阴极，Cu^{2+} 在阴极表面上不断还原沉积，使得阴极不断变厚、变大，其反应式为

$$Cu^{2+}(aq)+2e^- \longrightarrow Cu(s)$$

溶液中的 Cu^{2+} 不断迁向阴极，而 SO_4^{2-} 不断迁向阳极。工业上就是用粗铜作为阳极，使其不断氧化，用精铜丝为阴极，使精铜不断在上面沉积，用这种方法来达到将粗铜精炼成精铜的目的，在阴极上获得的纯度很高的电解铜可以满足电子工业的需要。由此可见，在电解池中，电极的极性是由连接的外电源的电极极性决定的，与电极本身的性质无关。

无论是原电池还是电解池，其共同特性是：当外电路接通时，在电极与溶液的界面上有电子得失的化学反应发生，溶液内部有离子作定向迁移运动。这种在电极与溶液界面上进行的化学反应称为电极反应；两个电极反应之和为总的化学反应，对原电池而言，称为电池反应，对电解池而言，则称为电解反应。

无论是原电池还是电解池，其外部的电流都是由金属导线传导，而内部的电流则是由电解质溶液传导。电解质的导电机理与金属的导电机理是不同的。能导电的物质统称为导体，常见的导体分为两类：一类是电子导体，如金属、石墨、某些金属氧化物（如 PbO_2）、金属碳化物（如 WC）等。该类导体具有：①自由电子做定向移动而导电；②导电过程中导体本身不发生变化；③温度升高，导体内部质点的热运动加剧，阻碍自由电子的定向运动，电

阻增大，导电能力下降；④导电总量全部由电子承担等特点。第二类是离子导体，如电解质溶液、熔融盐及固体电解质。离子导体也具有：①正、负离子作反向移动而导电；②导电过程中有化学反应发生；③温度升高，电阻下降，当温度升高时，由于溶液的黏度降低和离子水化作用减弱等原因，离子的迁移速度加快，使电阻下降，因此导电能力会随着温度的升高而增强；④导电总量分别由正、负离子共同分担的特点。离子导体本身并不能构成回路，需要与电子导体一起构成回路。通常使用两个第一类导体作为电极，将其浸入电解质溶液中使极板与溶液直接接触。当电流通过时，在两个极板与溶液接触的界面上分别发生电子得失反应，同时溶液中阴离子向阳极运动，阳离子向阴极运动，保持整个回路中电流的连续性。如图 7.1(a)、(b) 所示，在回路中任一截面上，无论是金属导线、电解质溶液还是在极板与溶液的界面上，在相同时间内，必然有相同的电流通过。

7.1.3 法拉第定律

1833 年，英国化学家法拉第根据大量的实验结果，归纳出了对电解池和原电池都适用的一条定量的电化学基本定律，称为法拉第定律。该定律的基本内容是：当电流通过电解质溶液时，在电极界面上发生化学反应的物质的量与通过电极的电量成正比；通电于若干个电解池串联的电路中，当所取的基本粒子的荷电数相同时，在各个电极上发生反应的物质，其物质的量相同，析出物质的质量与其摩尔质量成正比。

后来，人们引入了反应进度的概念，将法拉第定律表示成更一般的形式。设在阳极和阴极上分别发生的氧化、还原反应的计量方程分别为

阳极上，还原态失去电子氧化成氧化态：$a_{\mathrm{Red}} \xrightarrow{\text{氧化}} a_{\mathrm{Ox}}^{z+} + z\mathrm{e}^-$

阴极上，氧化态获得电子还原成还原态：$a_{\mathrm{Ox}}^{z+} + z\mathrm{e}^- \xrightarrow{\text{还原}} a_{\mathrm{Red}}$

式中，e^- 代表电子；a 代表离子活度；Red 代表还原；Ox 代表氧化。按所示的电极反应式，当反应进度为 ξ 时，必须通入的电量为

$$Q = zeL\xi = zF\xi \tag{7.1a}$$

式中，z 是离子的电价，也是电极反应式中电子的计量系数；L 是阿伏伽德罗常数；F 是 1mol 元电荷的电量，称为法拉第常数，其值等于

$$F = Le = 6.022 \times 10^{23}\,\mathrm{mol}^{-1} \times 1.6022 \times 10^{-19}\,\mathrm{C} = 96484.6\,\mathrm{C\cdot mol}^{-1} \approx 96500\,\mathrm{C\cdot mol}^{-1}$$

对于串联线路中任意一个电极，当反应进度为 1mol 时，通过的电量为

$$Q = zF\xi = z \times 96500\,\mathrm{C\cdot mol}^{-1} \times 1\,\mathrm{mol} = z \times 96500\,\mathrm{C}$$

若电路中通过的电量为 Q 时，在任何一个电极上发生氧化（或还原）反应的物质 B 的物质的量和质量 m_{B} 分别为

$$n_{\mathrm{B}} = \frac{Q}{zF} \tag{7.1b}$$

$$m_{\mathrm{B}} = \frac{Q}{zF}M_{\mathrm{B}} \tag{7.1c}$$

式中，M_{B} 是物质 B 的摩尔质量。式(7.1a) ～式(7.1c) 都可以作为法拉第定律的数学表示式。根据法拉第定律，显然通入的电量越多，在电极上发生反应的物质的量也越多，摩尔质量越大的物质析出的质量也越多。当然，不同价态的物质发生反应的物质的量是不同的，因为通过的电量相同，所以价态越高（z 越大)，析出的物质的量越少。该定律在任何温度和压力下均适用，没有使用的限制条件。

【例 7.1】 用强度为 0.025A（$1A=1C\cdot s^{-1}$）的电流通过 $Au(NO_3)_3$（硝酸金）溶液，当阴极上析出 Au(s) 的质量为 1.20g 时，试计算：①需要通入的电量；②需要通电的时间；③阳极上放出氧气的质量。已知 Au(s) 和 $O_2(g)$ 的摩尔质量分别为 $197.0g\cdot mol^{-1}$ 和 $32.0g\cdot mol^{-1}$。

解 电解池的电极反应分别为

$$\text{阴极：}Au^{3+}(aq)+3e^- \longrightarrow Au(s)$$

$$\text{阳极：}\frac{3}{2}H_2O(l) \longrightarrow \frac{3}{4}O_2(g)+3H^+ + 3e^-$$

当阴极上析出 1.20gAu(s) 时的反应进度为

$$\xi=\frac{1.20g}{197.0g\cdot mol^{-1}}=6.09\times 10^{-3}mol$$

① $Q=zF\xi=3\times 96500C\cdot mol^{-1}\times 6.09\times 10^{-3}mol=1763C$

② $t=\dfrac{Q}{I}=\dfrac{1763C}{0.025C\cdot s^{-1}}=7.05\times 10^4 s$

③ $m_{O_2}=\xi\times\dfrac{3}{4}M_{O_2}=6.09\times 10^{-3}mol\times\dfrac{3}{4}\times 32.0g\cdot mol^{-1}=0.146g$

由此可见，虽然两个电极反应进度相同，电极反应中转移的电荷数也相同，但 Au(s) 的摩尔质量远大于 $O_2(g)$，故析出 Au(s) 的质量也比 $O_2(g)$ 多得多。

7.1.4 离子的电迁移率和迁移数

(1) 离子的电迁移现象

由电解质溶液导电机理可知，溶液中电流的传导是由离子的定向运动来完成的。电化学中把在电场作用下溶液中承担导电任务的阴、阳离子分别向阳、阴两极运动的现象称为电迁移，离子的电迁移现象如图 7.2 所示。

假设有一 1-1 价型的电解质盛于电解池中，设想在两个惰性电极之间有平面 AA 和 BB，将溶液分为阳极部、中部及阴极部三个部分。假定未通电前，每部分含有 5mol 电解质，即 5mol 阳离子和 5mol 阴离子，分别用＋、－号代替，如图 7.2(a) 所示。

当通入 4mol 电子的电量时，阳极上有 4mol 负离子氧化，阴极上有 4mol 正离子还原，两电极间正、负离子要共同承担 4mol 电子电量的运输任务。现在离子都是一价的，则离子运输电荷的数量只取决于离子迁移的速率。

① 设正、负离子迁移的速率相等，$r_+=r_-$，则导电任务各分担 2mol，在假想的 AA、BB 平面上各有 2mol 正、负离子逆向通过。当通电结束，阴、阳两极部溶液浓度相同，但比原溶液各少了 2mol，而中部溶液浓度不变，如图 7.2(b) 所示。

② 设正离子迁移速率是负离子的三倍，$r_+=3r_-$，则正离子传导 3mol 电量，负离子传导 1mol 电量。在假想的 AA、BB 平面上有 3mol 正离子和 1mol 负离子逆向通过。通电结束，阳极部正、负离子各少了 3mol，阴极部只各少了 1mol，而中部溶液浓度仍保持不变，如图 7.2(c) 所示。

由图 7.2 可以得出如下离子电迁移的规律。

① 向阴、阳两极迁移的正、负离子物质的量总和恰好等于通入溶液的总电量。

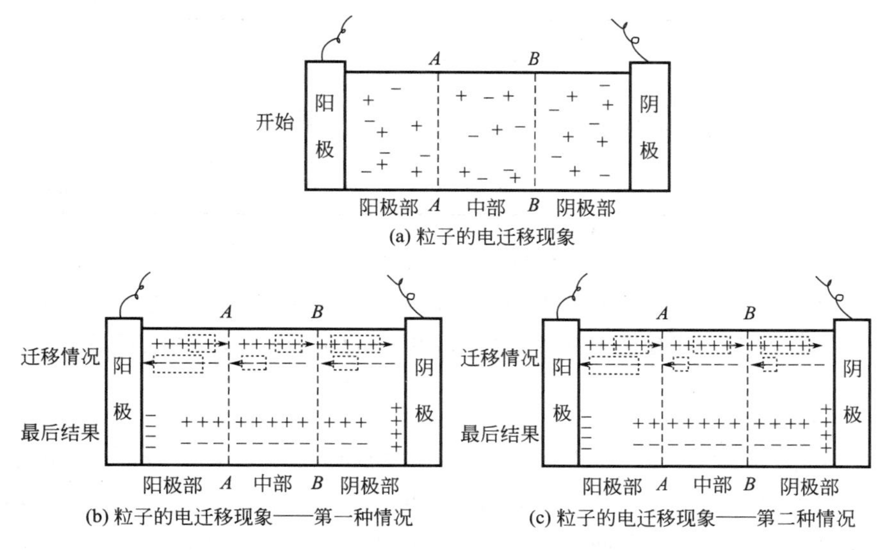

图 7.2　离子电迁移过程的示意图

② $\dfrac{\text{阳极部电解质物质的量的减少}}{\text{阴极部电解质物质的量的减少}}=\dfrac{\text{正离子所传导的电量}(Q_+)}{\text{负离子所传导的电量}(Q_-)}$

$$=\frac{\text{正离子的迁移速率}(r_+)}{\text{负离子的迁移速率}(r_-)}$$

如果正、负离子荷电量不等，如果电极本身也发生反应，情况就要复杂一些。

（2）离子的电迁移率

在一定的温度条件下离子在电场中迁移的速率除了与离子的本性（如离子半径、水化程度和所带电荷等）和溶剂的性质（如黏度）有关以外，还正比于电场的电位梯度。电位梯度越大，对离子迁移的驱动力也越大，因而离子迁移的速率也越大，即离子在电场中运动的速率与电位梯度有关。因此，正、负离子的迁移速率可分别表示为

$$r_+\propto \frac{\mathrm{d}E}{\mathrm{d}l},r_-\propto \frac{\mathrm{d}E}{\mathrm{d}l}$$

$$r_+=U_+\left(\frac{\mathrm{d}E}{\mathrm{d}l}\right),r_-=U_-\left(\frac{\mathrm{d}E}{\mathrm{d}l}\right) \tag{7.2}$$

式中，r_+、r_- 分别为正、负离子的迁移速率，单位是 $\mathrm{m\cdot s^{-1}}$；$\frac{\mathrm{d}E}{\mathrm{d}l}$ 为电位梯度，单位是 $\mathrm{V\cdot m^{-1}}$；比例系数 U_+、U_- 分别称为正、负离子的电迁移率，又称为离子淌度（ionic mobility），相当于单位电位梯度时离子的迁移速率，其单位是 $\mathrm{m^2\cdot s^{-1}\cdot V^{-1}}$。离子电迁移率的数值与离子的本性、溶剂、温度和浓度等多种因素有关，可以通过界面移动实验来测定。在温度为 298.15K 的无限稀释的溶液中，常见离子的电迁移率见表 7.1。

表 7.1　298.15K 时一些离子在无限稀释水溶液中的离子电迁移率

正离子	$U_+^\infty\times10^8/(\mathrm{m^2\cdot s^{-1}\cdot V^{-1}})$	负离子	$U_+^\infty\times10^8/(\mathrm{m^2\cdot s^{-1}\cdot V^{-1}})$
H^+	36.30	OH^-	20.52
K^+	7.62	SO_4^{2-}	8.27

续表

正离子	$U_+^\infty \times 10^8/(m^2 \cdot s^{-1} \cdot V^{-1})$	负离子	$U_+^\infty \times 10^8/(m^2 \cdot s^{-1} \cdot V^{-1})$
Ba^{2+}	6.59	Cl^-	7.91
Na^+	5.19	NO_3^-	7.40
Li^+	4.01	HCO_3^-	4.61

由表 7.1 可知，正离子中 H^+ 的电迁移率最大，负离子中 OH^- 的电迁移率最大。因为在水溶液中，这两种离子是依靠氢键来导电的，所以表现出来的导电能力特别强。如果是在有机溶剂中，它们就不一定有这种优势。另外，K^+ 和 Cl^- 及 NO_3^- 的电迁移率很接近，因此常用 KCl 或 KNO_3 来制备盐桥。

（3）离子迁移数

由法拉第定律可知，对每一个电极来说，一定时间内，流出的电量=流入的电量=电路中任意截面流过的总电荷量 Q。在金属导线中，电流完全是由电子传递的，而在溶液中却是由阳、阴离子共同来完成的。在同一个电场中，由于正、负离子所携带的电荷不等，迁移的速率也不一定相同，因此在有一定量的电流通过电解质溶液时，两种离子迁移电量时所分担的分数也不同。把任意离子 B 在迁移电量的定向移动中所产生的电流与通过的总电流之比称为离子 B 的迁移数（transfer number），用公式表示为

$$t_B \xlongequal{\text{def}} \frac{I_B}{I} \tag{7.3}$$

式中，t_B 是离子 B 迁移电流的分数，数值总是小于 1。迁移数的单位为 1。如果溶液中只有一种电解质，则

$$t_+ + t_- = 1 \tag{7.4}$$

如果溶液中有多种电解质，每种离子都承担一定的迁移电量任务，则有

$$\sum t_B = \sum t_+ + \sum t_- = 1 \tag{7.5}$$

因为在同一电解质溶液中，每种离子导电的时间是相同的，所以离子迁移电流的分数也就是迁移电量的分数，所以有

$$t_B = \frac{I_B}{I} = \frac{Q_B}{Q} \tag{7.6}$$

一种离子迁移电量的多少是与离子迁移的速率成正比的。如图 7.3 所示，在面积都等于 A 的两个电极之间是某个能完全解离的强电解质溶液，其正、负离子的浓度和电价分别为 c_+、z_+ 和 c_-、z_-。在实验所给的电位梯度下，正、负离子的迁移速率分别为 r_+、r_-。设溶液中有任一截面 $EFGH$，正、负离子在向相反方向迁移时，在单位时间内穿过此截面的离子的物质的量分别为 $c_+ r_+ A$、$c_- r_- A$，所传递的电量分别为 Q_+、Q_-，它们之间的关系为

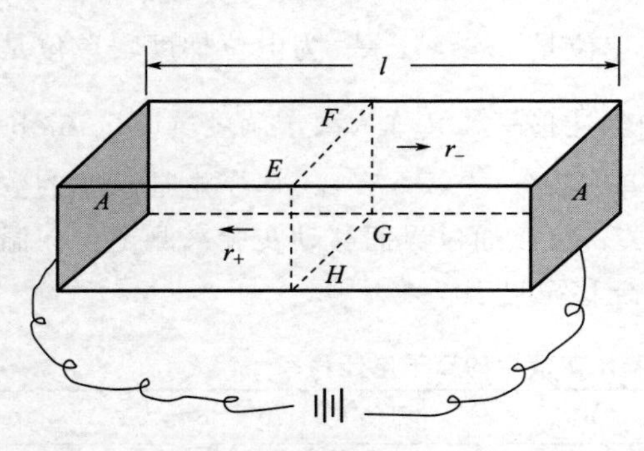

图 7.3　离子迁移速率与迁移电量的关系

$$Q_+ = z_+ (c_+ r_+ A) F$$
$$Q_- = z_- (c_- r_- A) F$$

则传递的总电量 $Q=Q_{+}+Q_{-}$。由于电解质溶液是电中性的，有 $z_{+}c_{+}=z_{-}c_{-}$，所以

$$Q=Q_{+}+Q_{-}=z_{+}(c_{+}r_{+}A)F+z_{-}(c_{-}r_{-}A)F=z_{+}c_{+}(r_{+}+r_{-})AF$$
$$=z_{-}c_{-}(r_{+}+r_{-})AF,$$

则

$$\frac{Q_{+}}{Q}=\frac{r_{+}}{r_{+}+r_{-}} \qquad \frac{Q_{-}}{Q}=\frac{r_{-}}{r_{+}+r_{-}}$$

由于两种离子所处的电位梯度是相同的，因此离子迁移的速率之比就等于它们的电迁移率之比，则迁移数就可以用多种物理量的比例来表示，如

$$t_{+}=\frac{I_{+}}{I}=\frac{Q_{+}}{Q}=\frac{r_{+}}{r_{+}+r_{-}}=\frac{U_{+}}{U_{+}+U_{-}} \tag{7.7}$$

对于负离子也有类似的表示式。离子的迁移数可以用希托夫（Hittorff）法、界面移动法和电动势法等实验进行测定（参阅相关物理化学实验教材），离子的迁移速率也可以用界面移动法测定。有了这些物理量之间的关系式，可以用实验可测的量来计算实验不可测的量，在解题时也可以用已知的物理量来计算未知的物理量。

7.2 电解质溶液的电导及其应用

主要知识点

1. 电导、电导率、摩尔电导率

电导是电阻的倒数，单位是 Ω^{-1} 或 S，电导正比于导体的截面积，反比于导体的长度。测定电导实际是测定电阻，然后取其倒数。电导率是电阻率的倒数，单位是 $S\cdot m^{-1}$，它相当于单位截面积、单位长度的电解质溶液的电导。摩尔电导率是指把含有 1mol 电解质的溶液置于相距单位距离的两个平行电极之间时溶液所具有的电导。利用摩尔电导率来比较不同电解质的导电能力，其计算式为

$$\Lambda_{m}=\frac{\kappa}{c} \qquad \text{单位 } S\cdot m^{2}\cdot mol^{-1}$$

2. 电导率、摩尔电导率与浓度的关系

项目	电导率与浓度的关系	摩尔电导率与浓度的关系
强电解质溶液	先是随着浓度的增加而增加，当溶液太浓时反而下降	先是随着浓度的下降而升高，稀释到一定程度，摩尔电导率与浓度之间呈线性关系，用外推法来求无限稀释摩尔电导率 Λ_{m}^{∞}
弱电解质溶液	随浓度的增加变化不大，一直都很小	开始时随着浓度的下降变化不大，后来会迅速增加，但不呈线性关系。Λ_{m}^{∞} 要用离子独立移动定律计算

3. 电导测定的应用

电导测定的应用很广，主要有：①快速测定水的纯度和海水中的含盐量；②计算弱电解质的解离度和解离平衡常数；③测定难溶盐的溶解度和溶度积；④进行电导滴定，且不需使用指示剂，可用于有色溶液的滴定和沉淀反应。

7.2.1 电导、电导率、摩尔电导率

电解质溶液作为离子导体其导电行为直接影响原电池或电解池的能量转换效率。因此，研究电解质的导电性质有着十分重要的意义。离子的种类、价态和浓度的不同而导致离子之间存在的强相互作用各异，以及相伴随的电极反应，使得离子导体的导电机理与电子导体不同，具有其特殊性和复杂性。本节将从电学中熟悉的电导和电导率的概念出发，引出描述电解质溶液导电行为的摩尔电导率等重要概念，讨论衡量电解质溶液导电能力的标准。

根据欧姆（Ohm）定律，电阻（resistance）R 等于端电压 U（单位为 V）除以电流强度 I（单位为 A），电阻的单位为 Ω。电阻正比于导体的长度 l，反比于导体的截面积 A，即

$$R=\frac{U}{I} \qquad R\propto\frac{l}{A} \qquad R=\rho\,\frac{l}{A} \tag{7.8}$$

式(7.8) 中，比例系数 ρ 是电阻率，即单位长度和单位截面积导体的电阻。

电导（electric conductance）G 是电阻的倒数，则电导 G 可表示为

$$G=\frac{1}{R}=\frac{I}{U} \qquad G\propto\frac{A}{l} \tag{7.9}$$

导体的电导等于电流强度除以端电压，电导正比于导体的截面积，反比于导体的长度，电导的单位为 Ω^{-1} 或 S（Siemens 的首字母，读音为“西”）。

电导率（electrolytic conductivity）κ 是电阻率的倒数，等于式(7.9) 中的比例系数，单位是 $S\cdot m^{-1}$ 或 $\Omega^{-1}\cdot m^{-1}$，即

$$G=\kappa\,\frac{A}{l} \qquad \kappa=\frac{1}{\rho} \tag{7.10}$$

式(7.10) 中，比例系数 κ 是电导率，相当于单位长度、单位截面积的电解质溶液的电导，其数值与电解质种类、溶液浓度和温度等因素有关。

如图 7.4(a) 所示，在两个平行的面积等于 A、相距为 l 的电导电极之间充满一定浓度的电解质溶液，长度为 l、截面积等于 A 的这个液柱的电导 $G=\kappa\,\dfrac{A}{l}$。图的下方，单位长度、单位截面积的单位立方体的液体具有的电导就是电导率 κ。

摩尔电导率（molar conductivity）Λ_m 是指把含有 1mol 电解质的溶液置于相距单位距离的两个平行电极之间时溶液所具有的电导，如图 7.4(b) 所示，在两个平行的相距单位距离的电导电极之间注入含有 1mol 电解质的溶液，这时溶液所具有的电导称为摩尔电导率。显然，摩尔电导率与该电解质的电导率成正比，还与电解质溶液的体积有关，溶液浓度越低，含有 1mol 电解质溶液的体积就越大，摩尔电导率也就越大，用公式表示为

$$\Lambda_m \xlongequal{\text{def}} \kappa V_m=\frac{\kappa}{c} \tag{7.11}$$

式(7.11) 中，V_m 是含有 1mol 电解质的溶液的体积，$m^3\cdot mol^{-1}$；c 是电解质溶液的浓度，$mol\cdot m^{-3}$，V_m 与浓度 c 成反比。根据式(7.11)，Λ_m 的单位是 $S\cdot m^2\cdot mol^{-1}$。

引入摩尔电导率的概念是很有用的，因为规定电解质的数量都是 1mol，限定了两个电极之间的距离，即限定溶液导体的长度都是单位长度，这样可以比较不同电解质的导电能力。在使用 Λ_m 这个物理量时要注意：摩尔电导率和浓度表示中所取荷电粒子的电价要相

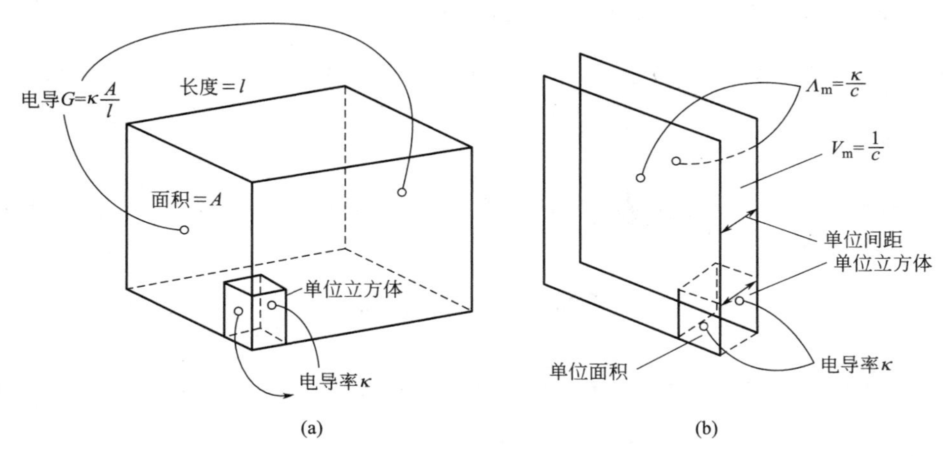

图 7.4 电导率和摩尔电导率的定义

同，对于非 1-1 价电解质，有必要在摩尔电导率的符号之后，用括号标明所取的离子的电价，以防混淆。例如，对于 $MgCl_2$，基本单元可以取 $MgCl_2$，也可以取 $\frac{1}{2}MgCl_2$，两者的摩尔电导率显然是不同的，即

$$\Lambda_m(MgCl_2)=\frac{\kappa}{c(MgCl_2)} \qquad \Lambda_m(\frac{1}{2}MgCl_2)=\frac{\kappa}{c(\frac{1}{2}MgCl_2)}$$

则
$$\Lambda_m(MgCl_2)=2\Lambda_m(\frac{1}{2}MgCl_2)$$

在电化学计算中，最好全部采用 SI 单位。如果浓度单位用 $mol \cdot dm^{-3}$ 表示，则代入公式后，单位也要进行运算，这样才能得到正确的摩尔电导率的单位。例如

$$\Lambda_m=\frac{\kappa}{c}=\frac{1S\cdot m^{-1}}{1mol\cdot dm^{-3}}=\frac{1S\cdot m^{-1}}{1000mol\cdot m^{-3}}=1\times10^{-3}S\cdot m^2\cdot mol^{-1}$$

表 7.2 给出了几种常见电解质溶液在 298.15K 不同浓度下的摩尔电导率。

表 7.2 几种常见电解质溶液在 298.15K 不同浓度下的摩尔电导率

电解质	$c/(mol\cdot dm^{-3})$							
	$c\to0$	0.0005	0.001	0.005	0.01	0.02	0.05	0.10
$AgNO_3$	133.29	131.20	130.45	127.14	124.70	121.35	115.18	109.09
KNO_3	144.89	142.70	141.77	138.41	132.75	132.34	126.25	120.34
LiCl	114.97	113.09	112.34	109.35	107.27	104.60	100.06	95.81
$LiClO_4$	105.93	104.13	103.39	100.50	98.56	96.13	92.15	88.52
NaCl	126.39	124.44	123.68	120.59	118.45	115.70	111.01	106.69
$NaClO_4$	117.42	115.80	114.82	111.70	109.54	106.91	102.35	98.38
$\frac{1}{2}MgCl_2$	129.34	125.55	124.15	118.25	114.49	109.99	103.03	97.05
$\frac{1}{2}ZnCl_2$	132.70	121.30	114.47	95.44	84.87	74.20	61.17	52.61

【例 7.2】 在室温下，有浓度为 $0.01\text{mol}\cdot\text{dm}^{-3}$ 的 $CuSO_4$ 溶液，已知其电导率为 $0.1434\ \text{S}\cdot\text{m}^{-1}$。试求 $CuSO_4$ 的摩尔电导率 $\Lambda_m(CuSO_4)$ 和 $\frac{1}{2}CuSO_4$ 的摩尔电导率 $\Lambda_m\left(\frac{1}{2}CuSO_4\right)$。

解 先换算 $CuSO_4$ 溶液浓度的单位，即 $0.01\text{mol}\cdot\text{dm}^{-3}=10.0\ \text{mol}\cdot\text{m}^{-3}$。两种基本单元之间浓度关系为

$$c\left(\frac{1}{2}CuSO_4\right)=2c(CuSO_4)$$

$$\Lambda_m(CuSO_4)=\frac{\kappa}{c(CuSO_4)}=\frac{0.1434\text{S}\cdot\text{m}^{-1}}{10.0\text{mol}\cdot\text{m}^{-3}}=14.34\times10^{-3}\text{S}\cdot\text{m}^2\cdot\text{mol}^{-1}$$

$$\Lambda_m(\frac{1}{2}CuSO_4)=\frac{\kappa}{c(\frac{1}{2}CuSO_4)}=\frac{0.1434\text{S}\cdot\text{m}^{-1}}{2\times10.0\text{mol}\cdot\text{m}^{-3}}=7.17\times10^{-3}\text{S}\cdot\text{m}^2\cdot\text{mol}^{-1}$$

显然
$$\Lambda_m(CuSO_4)=2\Lambda_m\left(\frac{1}{2}CuSO_4\right)$$

电导和电导率的值都可以用实验测定，实际是利用物理学中测定电阻的方法［如用惠斯顿（Wheatstone）电桥］测定溶液的电阻，取其倒数即为电导。要测定未知溶液的电导率，一般是先用已知电导率的溶液将所使用的电导池进行标定，通常采用已知电导率的 KCl 溶液，因为在 298K 时，不同浓度的 KCl 水溶液的电导率有表可查。测定的方法是：在同一电导池中，先加入已知电导率的 KCl 溶液，测得电阻为 R_{KCl}，将 KCl 溶液倒出，用未知电导率的溶液润洗电导池，然后将未知电导率的溶液注入电导池，测得电阻为 R，因为是同一电导池，电极面积和两极之间的距离都相等，所以得到以下关系式

$$G_{KCl}=\kappa_{KCl}\frac{A}{l}=\frac{1}{R_{KCl}}\qquad G_x=\kappa_x\frac{A}{l}=\frac{1}{R_x}$$

将两式相比，消去相同项，就可以计算未知溶液的电导率 κ_x 的值，即

$$\kappa_x=\kappa_{KCl}\frac{R_{KCl}}{R_x}$$

7.2.2 电导率、摩尔电导率与浓度的关系

电导率只指明了电解质溶液的体积，但没有标明电解质的数量，因此原则上讲，电解质浓度越高，导电离子越多，电导率也越高。但具体情况还要具体分析。如图 7.5 所示，强酸（如 H_2SO_4）、强碱（如 KOH）的电导率开始随着电解质浓度的增加而升高，继续增加浓度，由于正、负离子间的相互作用力增大，解离度下降，电导率反而下降，在曲线上出现一个最高点，然后开始下降。对于中性盐类（如 KCl）的强电解质，电导率随溶液浓度的增加而升高，但由于受到盐的溶解度的限制，只能到达饱和溶液浓度为止。弱电解质（如 CH_3COOH）溶液的电导率一般与溶液浓度的变化关系不大，因为在一定温度下，解离常数是一个定值，随着溶液浓度的增加，在单位体积中的分子数也有所增加，但是它的解离度有所下降，所以单位体积中的离子数量基本为一定值。

摩尔电导率虽然限定了电解质的量，但并没有限制溶液的浓度，因此原则上讲，溶液的

浓度越低，正、负离子间相互作用越弱，其摩尔电导率就越高。但不同电解质的摩尔电导率与浓度的关系也不一样。如图7.6所示，对一些强电解质，摩尔电导率会随着浓度的下降而不断增加，当溶液稀释到一定程度后［如 $0.01\text{mol}\cdot\text{dm}^{-3}$，这时 $\sqrt{c}=0.10(\text{mol}\cdot\text{dm}^{-3})^{1/2}$］，$\Lambda_{\text{m}}$ 与 $\sqrt{c}$ 之间有以下线性关系：

$$\Lambda_{\text{m}}=\Lambda_{\text{m}}^{\infty}(1-\beta\sqrt{c}) \tag{7.12}$$

式(7.12) 称为科尔劳奇（Kohlrausch）经验式。在一定温度下，对于一定的电解质和溶剂，β 是一个常数。将直线外推至 $c\rightarrow 0$，与纵坐标相交，即得到溶液在无限稀释时的摩尔电导率 $\Lambda_{\text{m}}^{\infty}$。强电解质的无限稀释摩尔电导率通常是用这种外推法获得的。

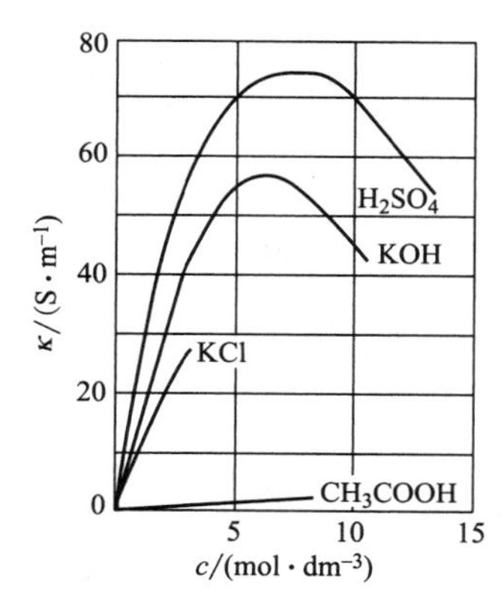

图 7.5 电导率与浓度关系示意图

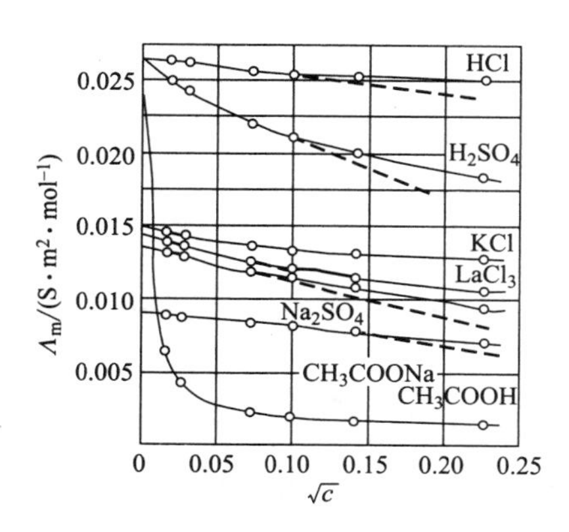

图 7.6 摩尔电导率与浓度关系示意图

但是，对于弱电解质的情况却不同。例如，对于乙酸（CH_3COOH），当浓度较大时，Λ_{m} 的值随浓度下降的变化不显著。当浓度降至 $0.005\text{mol}\cdot\text{dm}^{-3}$ 以下时，Λ_{m} 的值有所增加，但与浓度不呈线性关系。在溶液极稀的情况下，Λ_{m} 的值随浓度的下降而很快上升，但仍然不呈线性关系，因此弱电解质的 $\Lambda_{\text{m}}^{\infty}$ 不能用外推法得到。后来，科尔劳奇根据大量的实验数据发现了个规律，即在无限稀释的溶液中，每一种离子不再受其他离子的影响而独立移动，对电解质的 $\Lambda_{\text{m}}^{\infty}$ 有恒定的贡献。即电解质的 $\Lambda_{\text{m}}^{\infty}$ 可以用离子的无限稀释摩尔电导率的加和得到，这就是科尔劳奇的离子独立移动定律，用公式表示为

$$\Lambda_{\text{m}}^{\infty}=\Lambda_{\text{m},+}^{\infty}+\Lambda_{\text{m},-}^{\infty} \tag{7.13a}$$

对于多价离子的电解质，其更一般的形式为

$$\Lambda_{\text{m}}^{\infty}=\nu_{+}\Lambda_{\text{m},+}^{\infty}+\nu_{-}\Lambda_{\text{m},-}^{\infty} \tag{7.13b}$$

298K 时，一些常见离子的无限稀释摩尔电导率的值列于表7.3。

根据离子独立移动定律，迁移数又可表示为

$$t_{+}=\frac{\Lambda_{\text{m},+}^{\infty}}{\Lambda_{\text{m}}^{\infty}} \qquad t_{-}=\frac{\Lambda_{\text{m},-}^{\infty}}{\Lambda_{\text{m}}^{\infty}} \tag{7.14}$$

对于浓度不太高的强电解质溶液，设它能完全解离，略去无限稀释的符号，近似有

$$t_{+}=\frac{\Lambda_{\text{m},+}}{\Lambda_{\text{m}}} \qquad t_{-}=\frac{\Lambda_{\text{m},-}}{\Lambda_{\text{m}}} \tag{7.15}$$

t_{+}、t_{-} 和 Λ_{m} 的值都可以由实验测定，从而可以计算离子的摩尔电导率。

表 7.3 298K 时一些常见离子的无限稀释摩尔电导率

阳离子	$\Lambda_{m,+}^{\infty}/(10^{-3}S\cdot m^2\cdot mol^{-1})$	阴离子	$\Lambda_{m,-}^{\infty}/(10^{-3}S\cdot m^2\cdot mol^{-1})$
Ag^+	6.190	Br^-	7.810
Ba^{2+}	12.720	CH_3COO^-	4.090
Ca^{2+}	11.900	Cl^-	7.635
Cs^+	7.720	ClO_4^-	6.730
Cu^{2+}	10.720	CO_3^{2-}	13.860
H^+	34.960	F^-	5.540
K^+	7.350	$[Fe(CN)_6]^{3-}$	30.270
Li^+	3.870	$[Fe(CN)_6]^{4-}$	44.200
Mg^{2+}	10.600	HCO_3^-	5.460
Na^+	5.010	I^-	7.680
NH_4^+	7.350	NO_3^-	7.146
Sr^{2+}	11.890	OH^-	19.910
Zn^{2+}	10.560	SO_4^{2-}	16.000

注：摘自 Atkins P W，Paula I D. Physical Chemistry. 7th ed. London：Oxford University Press，2002.

【例 7.3】 用一电导池，电极的有效面积 $A=2\times10^{-4}m^2$，两极片间的距离为 0.10m，电极间充以 1-1 价型的强电解质 MN 的水溶液，浓度为 $30mol\cdot m^{-3}$。两电极间的电势差 $E=3.0V$，电流强度 $I=0.003A$。已知正离子 M^+ 的迁移数 $t_+=0.4$。试求：①电解质 MN 的摩尔电导率；②M^+ 和 N^- 的离子摩尔电导率。

解 ① $\Lambda_m=\frac{\kappa}{c}=\frac{1}{c}\times G\times\frac{l}{A}=\frac{1}{c}\times\frac{I}{E}\times\frac{l}{A}=\frac{1}{30mol\cdot m^{-3}}\times\frac{0.003A}{3.0V}\times\frac{0.10m}{2\times10^{-4}m^2}$

$=1.67\times10^{-2}S\cdot m^2\cdot mol^{-1}$

② $\Lambda_{m,+}=t_+\Lambda_m=0.4\times1.67\times10^{-2}S\cdot m^2\cdot mol^{-1}=6.68\times10^{-3}S\cdot m^2\cdot mol^{-1}$

$\Lambda_{m,-}=t_-\Lambda_m=(1-t_+)\Lambda_m=0.6\times1.67\times10^{-2}S\cdot m^2\cdot mol^{-1}=1.0\times10^{-2}S\cdot m^2\cdot mol^{-1}$

7.2.3 电导测定的应用

(1) 电导的测定

电导是电阻的倒数，因此测定电解质溶液的电导，实际上是测定电阻。测定溶液的电阻，可利用惠斯顿电桥。若在直流电的条件下，电解质溶液导电必然伴随着电极反应。为了尽可能避免发生电极反应和极化现象而影响所测定电导的可靠性，故测定电解质溶液的电导时，必须采用交流电源。图 7.7 是测定电导用的惠斯顿电桥示意图。

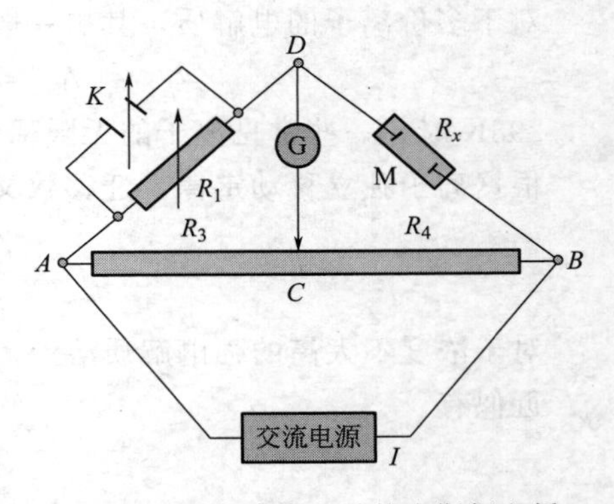

图 7.7 测定溶液电导的惠斯顿电桥

图中 AB 为均匀的滑线电阻；R_1 为可变电阻；R_x 为放有待测溶液电导池的电阻；I 是具有一定频率的交流电源，通常取其频率为 1000Hz，在可变电

阻 R_1 上并联了一个可变电容 K，这是为了用以抵消电导池电容以实现阻抗平衡；G 为检流器（耳机或阴极示波器）。测定时，接通电源，选择一定的电阻 R_1，移动接触点 C，直到 CD 间的电流为零。这时，电桥已达平衡，并有如下的关系：

$$R_1/R_x=R_3/R_4$$

$$G=\frac{1}{R_x}=\frac{R_3}{R_4R_1}=\frac{AC}{BC}\times\frac{1}{R_1}$$

式中，R_3、R_4 分别为 AC、BC 段的电阻；R_1 为可变电阻器的电阻。这些数据均可从实验中测得，从而可以求出电导池中电解质溶液的电导。

根据式 $\kappa=\frac{1}{\rho}=G\,\frac{l}{A}$，待测溶液的电导率为

$$\kappa=G_x\,\frac{l}{A}=\frac{1}{R_x}K_{\text{cell}}$$

对于一个固定的电导池，电导池常数 K_{cell}（单位为 m^{-1}）为定值。

因为电导池中两极之间的距离 l 和电极面积 A 是很难准确测量的，因此电导池常数 K_{cell} 的测定通常是把已知电导率的溶液（常用一定浓度的 KCl 溶液，不同浓度的 KCl 溶液的电导率前人已精确测出）注入电导池，测量其电阻，然后根据 $\kappa=G_x\,\frac{l}{A}=\frac{1}{R_x}K_{\text{cell}}$ 计算 K_{cell} 值。测知此电导池的电导池常数后，再将待测溶液置于同一电导池中，测其电阻，即可由 $\kappa=G_x\,\frac{l}{A}=\frac{1}{R_x}K_{\text{cell}}$ 求出待测溶液的电导率，再由式 $\Lambda_m=\kappa/c$ 计算其摩尔电导率。

（2）电导测定的应用

在一般浓度下，电导率是一个与离子浓度呈线性关系的物理量，利用电导率仪（一个由两片单位面积的镀有铂黑的铂片，相距单位距离组成的电导池和相应的显示电导率的装置）测定或监测系统的电导率，就可以知道系统的离子浓度（或活度）随时间的变化情况。例如，乙酸乙酯与氢氧化钠发生皂化反应的过程中，只要用电导率仪监测反应系统的电导率随时间的变化情况，就相当于监测反应系统的 OH^- 浓度随时间的变化情况，因此可以测定皂化反应的速率系数。电导率测定的应用很多。

① 检验水的纯度和海水中的含盐量　$H_2O(l)$ 本身有微弱的解离，用理论计算纯水的电导率，应得到 $5.5\times10^{-6}\,S\cdot m^{-1}$。实际上这样的纯水是很难找到的，通常只要水的电导率小于 $1\times10^{-4}\,S\cdot m^{-1}$，就认为是纯水了，这种水可用于电导测定的研究和电子工业中。普通蒸馏水的电导率约为 $1\times10^{-3}\,S\cdot m^{-1}$，这种水不能满足电子工业的需要，若在其中加入少量 $KMnO_4$（以去除残留的有机杂质），再加入少量 KOH［以除去溶入的 $CO_2(g)$ 等酸性氧化物］，然后全部采用石英器皿（玻璃器皿会有少量硅酸钠溶解，导致水的电导率升高）重新蒸馏一两次，才能得到电导率小于 $1\times10^{-4}\,S\cdot m^{-1}$ 的纯水（俗称电导水）。

在水质测定中，首先用电导率仪测定水样电导率的大小，初步获得含无机盐和酸性氧化物等杂质的大概情况，然后拟定分析和去除杂质的方法。在海洋考察中利用电导率仪可快速测定海水的电导率，电导率越大，说明海水中总的含盐量越高，以此获得海水的总含盐量的分布概况。根据含盐量的大小，可以供盐场开发（希望含盐量高）和埋设海底电缆（希望含盐量低，减少腐蚀）的工程作参考。

② 计算弱电解质的解离度和解离常数　弱电解质的解离度在一般浓度下都是很小的，因此摩尔电导率也很低。但在无限稀释的情况下，可以认为弱电解质全部解离，而且离子间的相互作用也可以忽略，如 1mol 乙酸在水溶液无限稀释时，解离度 α 趋近于 1，即有 1molH^+、1molCH_3COO^-同时参与导电，此时的摩尔电导率为 Λ_m^∞。当溶液的浓度为 c 时，解离度为 α，此时的摩尔电导率为 Λ_m。既然摩尔电导率仅取决于溶液离子数目，即由解离度不同造成的，则摩尔电导率 Λ_m 与无限稀释摩尔电导率 Λ_m^∞ 之间的差别可以近似地看成是弱电解质的部分解离与全部解离所产生的离子数目的不同所造成的，因此弱电解质的解离度 α 可表示为

$$\alpha=\frac{\Lambda_m}{\Lambda_m^\infty} \tag{7.16}$$

对于 AB 型结构（1-1 价型或 2-2 价型）的弱电解质，当电解质浓度为 c 时，其解离平衡可以表示为

	AB	$\rightleftharpoons$	A^+	+	B^-
起始时	c		0		0
平衡时	$c(1-\alpha)$		α		α

则其解离平衡常数为

$$K_c^\ominus=\frac{\frac{c}{c^\ominus}\alpha^2}{1-\alpha}$$

将解离度 α 的表示式［式(7.16)］代入，并整理得

$$K_c^\ominus=\frac{\frac{c}{c^\ominus}\left(\frac{\Lambda_m}{\Lambda_m^\infty}\right)^2}{1-\frac{\Lambda_m}{\Lambda_m^\infty}}=\frac{\frac{c}{c^\ominus}\Lambda_m^2}{\Lambda_m^\infty(\Lambda_m^\infty-\Lambda_m)} \tag{7.17}$$

式(7.17) 称为奥斯特瓦尔德稀释定律。根据稀释定律，有了 Λ_m 和 Λ_m^∞ 的数据，就可以计算弱电解质的解离度和解离平衡常数。此稀释定律只适用于弱电解质，因为强电解质在溶液中几乎是全部解离的，其解离度几乎都等于 1，也就不遵守奥斯特瓦尔德稀释定律了。

【例 7.4】 已知某电导池的电极间距离与电极表面积之比 $\frac{l}{A}=13.7\text{m}^{-1}$（$\frac{l}{A}=K_{cell}$，称为电导池常数），池内置浓度为 15.81mol·m^{-3} 的乙酸（CH_3COOH）溶液，测得电阻为 655Ω，试计算乙酸的 Λ_m^∞、解离度 α 和解离常数 $K_c^\ominus$。所需的离子的无限稀释摩尔电导率从表 7.3 中查阅。

解　从表 7.3 中查到的离子无限稀释摩尔电导率分别为

$\Lambda_m^\infty(H^+)=34.96\times10^{-3}\text{S·m}^2\text{·mol}^{-1}$　$\Lambda_m^\infty(CH_3COO^-)=4.09\times10^{-3}\text{S·m}^2\text{·mol}^{-1}$

乙酸的解离平衡为

$$CH_3COOH \rightleftharpoons H^+ + CH_3COO^-$$

$\Lambda_m^\infty(CH_3COOH)=\Lambda_m^\infty(H^+)+\Lambda_m^\infty(CH_3COO^-)$

$$=(34.96+4.09)\times10^{-3}\mathrm{S\cdot m^2\cdot mol^{-1}}=39.05\times10^{-3}\mathrm{S\cdot m^2\cdot mol^{-1}}$$

$$\kappa=G\frac{l}{A}=\frac{K_{\mathrm{cell}}}{R}=\frac{13.7\mathrm{m^{-1}}}{655\Omega}=2.09\times10^{-2}\mathrm{S\cdot m^{-1}}$$

$$\Lambda_{\mathrm{m}}(\mathrm{CH_3COOH})=\frac{\kappa}{c}=\frac{2.09\times10^{-2}\mathrm{S\cdot m^{-1}}}{15.81\mathrm{mol\cdot m^{-3}}}=1.32\times10^{-3}\mathrm{S\cdot m^2\cdot mol^{-1}}$$

$$\alpha=\frac{\Lambda_{\mathrm{m}}}{\Lambda_{\mathrm{m}}^{\infty}}=\frac{1.32\times10^{-3}\mathrm{S\cdot m^2\cdot mol^{-1}}}{39.05\times10^{-3}\mathrm{S\cdot m^2\cdot mol^{-1}}}=3.38\times10^{-2}$$

$$K_c^{\ominus}=\frac{\frac{c}{c^{\ominus}}\alpha^2}{1-\alpha}=\frac{\frac{15.81\mathrm{mol\cdot m^{-3}}}{1\mathrm{mol\cdot m^{-3}}}\times(3.38\times10^{-2})^2}{1-3.38\times10^{-2}}=1.87\times10^{-5}$$

当然，$K_c^{\ominus}$ 也可以用式(7.17) 计算，可以得到相同的结果。

③ 测定难溶盐的溶解度和溶度积　一些难溶盐如 $BaSO_4$(s)、AgCl(s) 等在水中的溶解度很小，其浓度无法用普通滴定方法测定，但可用测定电导率的方法求得。现以 AgCl(s) 为例说明如下：298K 时，测得 AgCl(s) 饱和溶液的电导率为 $3.41\times10^{-4}\mathrm{S\cdot m^{-1}}$。已知配制 AgCl 溶液的纯水的电导率为 $1.60\times10^{-4}\mathrm{S\cdot m^{-1}}$，现计算 AgCl(s) 在水中的溶解度和溶度积。

AgCl(s) 饱和溶液的电导率应等于 AgCl(s) 的电导率与 H_2O(l) 的电导率的加和。对于一定浓度的强电解质，H_2O(l) 解离的贡献可以忽略，但对于这样稀的 AgCl(s) 饱和溶液，水的解离对电导率的贡献已不能忽略。因此，溶解了的 AgCl 电导率应等于溶液的电导率减去纯水的电导率，即

$$\kappa(\mathrm{AgCl})=\kappa(\text{溶液})-\kappa(\mathrm{H_2O})=(3.41-1.60)\times10^{-4}\mathrm{S\cdot m^{-1}}=1.81\times10^{-4}\mathrm{S\cdot m^{-1}}$$

由于 AgCl(s) 的溶解度很小，其饱和溶液的浓度仍然是很低的，而溶解了的 AgCl 又是强电解质，一旦溶解即全部解离，因此可以认为 $\Lambda_{\mathrm{m}}(\mathrm{AgCl})\approx\Lambda_{\mathrm{m}}^{\infty}(\mathrm{AgCl})$，而 $\Lambda_{\mathrm{m}}^{\infty}$ 的值可由离子无限稀释摩尔电导率相加（离子独立移动定律）而得，即

$$\Lambda_{\mathrm{m}}(\mathrm{AgCl})\approx\Lambda_{\mathrm{m}}^{\infty}(\mathrm{AgCl})=\Lambda_{\mathrm{m}}^{\infty}(\mathrm{Ag^+})+\Lambda_{\mathrm{m}}^{\infty}(\mathrm{Cl^-})$$
$$=(6.19+7.64)\times10^{-3}\mathrm{S\cdot m^2\cdot mol^{-1}}=1.38\times10^{-2}\mathrm{S\cdot m^2\cdot mol^{-1}}$$

$$c(\mathrm{AgCl})=\frac{\kappa(\mathrm{AgCl})}{\Lambda_{\mathrm{m}}^{\infty}(\mathrm{AgCl})}=\frac{1.81\times10^{-4}\mathrm{S\cdot m^{-1}}}{1.38\times10^{-2}\mathrm{S\cdot m^2\cdot mol^{-1}}}$$
$$=1.31\times10^{-2}\mathrm{mol\cdot m^{-3}}=1.31\times10^{-5}\mathrm{mol\cdot dm^{-3}}$$

c(AgCl) 是 AgCl(s) 饱和溶液的浓度，习惯上有的称之为 AgCl(s) 的溶解度。AgCl(s) 的溶度积 K_{ap} 的值为

$$K_{\mathrm{ap}}=c_{\mathrm{Ag^+}}c_{\mathrm{Cl^-}}=(1.31\times10^{-5}\mathrm{mol\cdot dm^{-3}})^2=1.72\times10^{-10}\ (\mathrm{mol\cdot dm^{-3}})^2$$

K_{ap} 是经验平衡常数，一般带有单位。如果浓度用对应的活度来表示，并设活度因子都等于 1，则 AgCl(s) 饱和溶液的活度积 K_{ap} 的值为

$$K_{\mathrm{ap}}^{\ominus}=a_{\mathrm{Ag^+}}a_{\mathrm{Cl^-}}=\frac{c_{\mathrm{Ag^+}}}{c^{\ominus}}\times\frac{c_{\mathrm{Cl^-}}}{c^{\ominus}}=(1.31\times10^{-5})^2=1.72\times10^{-10}$$

$K_{\mathrm{ap}}^{\ominus}$ 称为难溶盐的活度积，它的单位为 1。

溶解度的定义是指在单位质量的溶剂中溶解溶质的质量，其单位为 1。由于难溶盐的溶解度比较小，因此通常的化学数据表中列出的是在 100g 溶剂中溶解溶质的质量。

④ 电导滴定　在分析化学的容量滴定中，常利用适当指示剂的变色来确定滴定终点。但是，有时可能找不到合适的指示剂，或者指示剂在终点附近变色不明显，这样就容易产生误差。若在滴定过程中使用电导率仪，将电导率仪中的电导电极（或称为电导池）插入被滴定的溶液中，然后滴入标准溶液，在滴定过程中随时读取电导率的数值。由于溶液的电导率与离子浓度之间呈线性关系，在终点附近离子浓度发生突变，电导率也会出现转折，从而可以确定滴定的终点，这种方法就称为电导滴定。电导滴定不需要指示剂，避免了指示剂在终点附近变色不明显，或有的深色溶液找不到合适的指示剂，或滴定中产生沉淀时指示剂无法指示沉淀是否完全等因素带来的误差与不便。电导滴定的适用面很广，可以用于各种强、弱酸碱的中和滴定、氧化还原反应滴定和生成沉淀的滴定等。如果在电导率仪上连接数据处理系统，可以进行自动记录、自动绘制滴定曲线和计算未知物的浓度等。

图 7.8 是三种不同类型的电导滴定曲线。

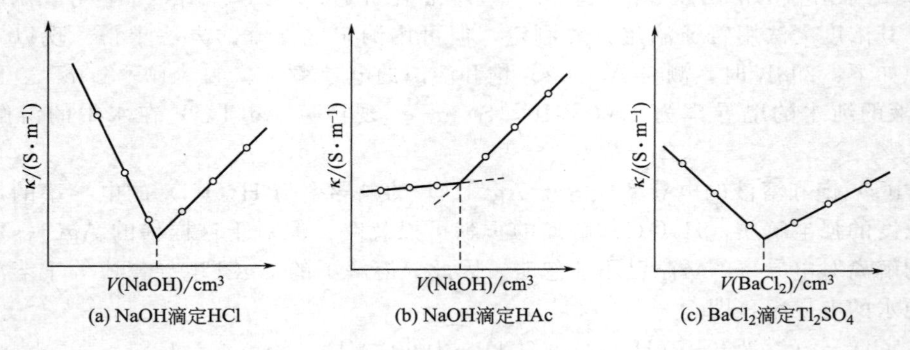

图 7.8　电导滴定曲线示意图

图 7.8(a) 是用 NaOH 标准溶液滴定 HCl 溶液的滴定曲线，以电导率为纵坐标，滴加的已知浓度的 NaOH 的体积为横坐标。在加入 NaOH 前，溶液中只有 HCl 一种电解质，因为 H^+ 的电导率很大，所以 HCl 溶液的电导率也很大。当逐渐滴入 NaOH 后，溶液中 H^+ 与加入的 OH^- 结合生成 $H_2O(l)$，这个过程可以看作是由电导率较小的 Na^+ 取代了电导率很大的 H^+，因此整个溶液的电导率逐渐变小，如图 7.8(a) 中曲线的前半段所示。当加入的 NaOH 恰好与 HCl 的物质的量相等时，溶液的电导率最小，这就是滴定终点。当加入的 NaOH 过量后，由于 OH^- 电导率也很大，因此溶液的电导率又增加了，如图 7.8(a) 中曲线的后半段所示。根据滴定曲线的最低点所对应的横坐标上所用 NaOH 溶液的体积，就可以计算未知 HCl 溶液的浓度。

图 7.8(b) 是用 NaOH 标准溶液滴定弱酸溶液（乙酸 HAc）的滴定曲线，开始乙酸的电导率很小，随着 NaOH 的加入，发生酸碱中和，生成了 Na^+ 和 Ac^-，电导率略有上升。当 NaOH 过量后，电导率很快升高，将前后两条曲线延长相交，交点就是滴定终点。图 7.8(c) 是生成沉淀的滴定曲线，Tl_2SO_4 和 $BaCl_2$ 都是可溶性的强电解质，但是生成的 TlCl 和 $BaSO_4$ 都是难溶盐，因此随着 $BaCl_2$ 溶液的滴入，溶液的电导率下降，当 $BaCl_2$ 过量后电导率又会上升，两段曲线的交点就是滴定终点。

7.3 强电解质溶液理论简介

主要知识点

1. 强电解质的离子平均活度和平均活度因子

在电解质溶液中，正、负离子总是共存的，尚无法测定单个离子的活度或活度因子。定义了离子平均活度 $a_\pm$、平均活度因子 $\gamma_\pm$ 和平均质量摩尔浓度 $m_\pm$，这些是可以用实验测量的，或者可以用强电解质溶液理论导出的公式进行计算。有了 $a_\pm$、$\gamma_\pm$ 和 $m_\pm$ 的概念，就可以描述在非理想的电解质溶液中，电解质 B 的活度 a_B 和化学势 μ_B。定义式和 μ_B 的计算式分别为

$$a_\pm \xlongequal{\text{def}} (a_+^{\nu_+} a_-^{\nu_-})^{\frac{1}{\nu}} \qquad \gamma_\pm \xlongequal{\text{def}} (\gamma_+^{\nu_+} \gamma_-^{\nu_-})^{\frac{1}{\nu}} \qquad m_\pm \xlongequal{\text{def}} (m_+^{\nu_+} m_-^{\nu_-})^{\frac{1}{\nu}}$$

$$\mu_B = \mu_B^{\ominus}(T) + RT\ln a_B \qquad a_B = a_\pm^{\nu} = \left(\gamma_\pm \frac{m_\pm}{m^{\ominus}}\right)^{\nu}$$

2. 离子强度

路易斯根据大量的实验结果发现，影响强电解质离子平均活度因子的主要因素是浓度和离子的电价数，而且离子电价数的影响更显著。于是定义了离子强度

$$I \xlongequal{\text{def}} \frac{1}{2}\sum_B m_B z_B^2$$

路易斯还总结了离子强度与离子平均活度因子之间的经验公式，即

$$\lg\gamma_\pm = -A'\sqrt{I}$$

3. 德拜-休克尔极限定律

德拜和休克尔认为，强电解质在稀溶液中完全解离，电解质溶液与非电解质溶液的偏差主要是离子之间的静电引力造成的，于是提出了“离子氛”的概念，并以此为模型，再引入若干假定，导出了在强电解质稀溶液中计算离子平均活度因子的公式，称为德拜-休克尔极限定律

$$\lg\gamma_\pm = -A\,|z_+ z_-|\sqrt{I}$$

电解质是指有能力解离出可以自由移动的离子的物质。溶解于水中能完全解离的电解质为强电解质，若只有部分解离，则为弱电解质。其实二者并无严格的区别，因为这与溶液的浓度有关，通常在无限稀释的溶液中，弱电解质也能全部解离。

在电解质溶液中，由于离子间存在相互作用，因而情况要比非电解质溶液复杂许多。特别是在强电解质的溶液中，溶质几乎全部解离成离子，分子已不复存在。在电解质溶液中，正、负离子共存并相互吸引，不能单独存在，故常需考虑正、负离子相互作用和相互影响的平均值。

在上一节计算强电解质解离度、求难溶盐饱和溶解度时，用的是浓度，这在稀溶液近似计算中是可以的，不会引起很大的误差。但是，凡是电解质溶液都是非理想的，在严格计算中，尤其在电解质浓度较大时，则应使用活度计算。

7.3.1 强电解质的离子平均活度和平均活度因子

对于非电解质真实溶液，在第 3 章中通过化学势表达式给出了活度和活度因子的定义。对于电解质溶液，同样可以从化学势表达式中引出相应的活度与活度因子的表示方法。

设任意一强电解质 B 的分子式可表示为 $M_{\nu_+}A_{\nu_-}$ ，在水溶液中几乎完全解离

$$M_{\nu_+}A_{\nu_-} \rightleftharpoons \nu_+ M^{z+} + \nu_- A^{z-}$$

式中，ν_+ 、ν_- 分别是解离出来的阳、阴离子的个数，令 $\nu=\nu_+ + \nu_-$ ；z_+、z_- 分别是阳、阴离子的电荷数，z_+ 为正值，z_- 为负值。因为溶液总是电中性的，所以 $\nu_+ z_+ + \nu_- z_- = 0$。在溶液中，正、负离子的化学势可以分别表示为

$$\mu_+ = \mu_+^\ominus(T) + RT\ln a_+ \qquad \mu_- = \mu_-^\ominus(T) + RT\ln a_- \tag{7.18}$$

在非理想溶液中，正、负离子的活度可以分别表示为

$$a_+ = \gamma_+ \frac{m_+}{m^\ominus} \qquad a_- = \gamma_- \frac{m_-}{m^\ominus} \tag{7.19}$$

电解质 B 的化学势与其离子的化学势之间的关系为

$$\mu_B = \nu_+ \mu_+ + \nu_- \mu_- \tag{7.20}$$

将式(7.18) 代入式(7.20)，并整理得

$$\mu_B = (\nu_+ \mu_+^\ominus + \nu_- \mu_-^\ominus) + RT\ln(a_+^{\nu_+} a_-^{\nu_-}) = \mu_B^\ominus(T) + RT\ln a_B \tag{7.21}$$

式(7.21) 揭示了电解质 B 的活度 a_B 与离子活度之间的关系，即

$$a_B = a_+^{\nu_+} a_-^{\nu_-} \tag{7.22}$$

将式(7.19) 代入式(7.21)，得

$$\mu_B = \mu_B^\ominus(T) + RT\ln\left[\left(\gamma_+ \frac{m_+}{m^\ominus}\right)^{\nu_+}\left(\gamma_- \frac{m_-}{m^\ominus}\right)^{\nu_-}\right] \tag{7.23}$$

定义离子平均活度（mean activity of ions）$a_\pm$ 为

$$a_\pm \xlongequal{\text{def}} (a_+^{\nu_+} a_-^{\nu_-})^{\frac{1}{\nu}} \tag{7.24}$$

定义离子平均活度因子（mean activity factor of ions）$\gamma_\pm$ 为

$$\gamma_\pm \xlongequal{\text{def}} (\gamma_+^{\nu_+} \gamma_-^{\nu_-})^{\frac{1}{\nu}} \tag{7.25}$$

定义离子平均质量摩尔浓度（mean molality of ions）$m_\pm$ 为

$$m_\pm \xlongequal{\text{def}} (m_+^{\nu_+} m_-^{\nu_-})^{\frac{1}{\nu}} \tag{7.26}$$

于是，式(7.23) 可写作

$$\mu_B = \mu_B^\ominus(T) + RT\ln\left[\left(\gamma_\pm \frac{m_\pm}{m^\ominus}\right)^{\nu}\right] = \mu_B^\ominus(T) + RT\ln a_\pm^{\nu} \tag{7.27}$$

式中，$a_\pm = \gamma_\pm \dfrac{m_\pm}{m^\ominus}$。对照式(7.21) 有

$$a_B = a_\pm^{\nu} = \left(\gamma_\pm \frac{m_\pm}{m^\ominus}\right)^{\nu} \tag{7.28}$$

引入离子平均活度和平均活度因子的概念是因为在电解质溶液中正、负离子总是共存的，目前还无法测定单个离子的活度或活度因子，而离子的平均活度和离子平均活度因子是可以用实验测量的（见电动势测定的应用）。强电解质溶液理论主要从理论上推导出离子平均活度因子的计算公式。离子平均质量摩尔浓度可用以下方法从电解质的质量摩尔浓度得

到。设电解质的质量摩尔浓度为 m_B，当全部解离时

$$m_+ = \nu_+ m_B \qquad m_- = \nu_- m_B$$

根据离子平均质量摩尔浓度的定义式，得

$$m_\pm = (m_+^{\nu_+} m_-^{\nu_-})^{\frac{1}{\nu}} = (\nu_+^{\nu_+} \nu_-^{\nu_-})^{\frac{1}{\nu}} m_B \tag{7.29}$$

对于 $\nu_+ = \nu_- = 1$ 的对称型电解质（如 HCl、$CuSO_4$ 等），$m_\pm = m_B$。

有了离子的平均活度和平均活度因子的概念，就可以描述电解质溶液中离子浓度偏离理想情况的程度，并可计算电解质在非理想溶液中的化学势。

7.3.2 离子强度

用蒸气压法、凝固点降低法以及电动势法测定的大量结果表明，在稀的电解质溶液中，影响强电解质离子平均活度因子的主要因素是浓度和离子的电价数，而且离子的电价数比浓度影响更加显著。1921 年，路易斯提出了离子强度（ionic strength）的概念，他将离子强度 I 定义为

$$I \xlongequal{\text{def}} \frac{1}{2}\sum_B m_B z_B^2 \tag{7.30}$$

式中，m_B 是任一离子 B 的质量摩尔浓度；z_B 是任一离子 B 的电价数。路易斯还总结出了在强电解质溶液中，离子平均活度因子与离子强度之间关系的经验式，即

$$\lg\gamma_\pm = -A'\sqrt{I} \tag{7.31}$$

式中，A' 是与温度和溶剂等因素有关的数值。该经验式与后来强电解质理论所导出的离子平均活度因子的计算公式基本一致。

【例 7.5】 分别计算溶液浓度均为 0.10mol·kg^{-1} 的 KCl、$CuSO_4$、$MgCl_2$、$FeCl_3$ 溶液的离子强度。

解 对于 KCl 溶液，$m_+ = m_- = m_B \quad z_+ = 1, z_- = -1$

$$I = \frac{1}{2}\sum_B m_B z_B^2 = \frac{1}{2}[m_B \times 1^2 + m_B \times (-1)^2] = m_B = 0.10\text{mol·kg}^{-1}$$

同理，对于其余电解质，其离子强度分别为

$$I(CuSO_4) = \frac{1}{2}[m_B \times 2^2 + m_B \times (-2)^2] = 4m_B = 0.40\text{mol·kg}^{-1}$$

$$I(MgCl_2) = \frac{1}{2}[m_B \times 2^2 + 2m_B \times (-1)^2] = 3m_B = 0.30\text{mol·kg}^{-1}$$

$$I(FeCl_3) = \frac{1}{2}[m_B \times 3^2 + 3m_B \times (-1)^2] = 6m_B = 0.60\text{mol·kg}^{-1}$$

从计算可以看出，离子的电价对离子强度的影响是很大的，通常是价数越高，离子强度越大。

离子强度的概念是从实验数据得到的一些感性认识中提出来的，它是溶液中由于离子电荷所形成的静电场强度的一种度量。以后在根据德拜-休克尔（Debye-Hückel）理论所导出的关系式中，很自然地出现了与离子强度有关的一项，并且德拜-休克尔的结果与 Lewis 所得到的经验式的关系是一致的。

7.3.3 德拜-休克尔极限定律

1878 年，阿伦尼乌斯提出了电解质部分电离学说，用电离度解释电解质溶液依数性与非电解质溶液的依数性相比所出现的偏差，但电离平衡的概念不适合于强电解质溶液。1923 年左右德拜（Debye）和休克尔（Hückel）把物理学中的静电学和化学联系起来，提出了强电解质离子互吸理论，即强电解质稀溶液的理论。他们认为，强电解质在稀溶液状态下完全解离，电解质溶液与非电解质溶液的偏差主要是离子之间的静电（库仑）引力造成的，并认为离子之间的库仑力是造成强电解质与理想溶液偏差的主要原因，于是提出了“离子氛”的模型（图 7.9）。他们认为在电解质溶液中，每一个离子都被电荷相反的离子所包围，离子间的相互作用使得离子的分布不均匀。在任意一个离子（将它作为中心离子）的周围，与之异号的离子平均密度恒大于同号离子的密度，这就形成了一个球形对称的离子电场，称为离子氛（ionic atmosphere）。在正离子的周围有一个负离子氛，在负离子的周围又有一个正离子氛，每一个离子既可作为中心离子，又是另一个离子氛中的一员。由于离子的热运动，离子在溶液中的位置不断改变，因而离子氛也是瞬息万变的。

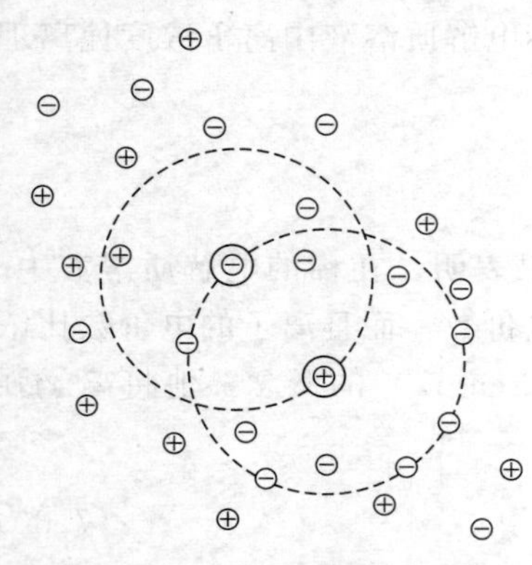

图 7.9　离子氛模型的示意图

虽然在中心离子的周围异号离子的分布是不均匀的，越靠近中心离子，异号离子的密度越大，但中心离子与离子氛的电荷数总是大小相等，符号相反，把它们作为一个整体则应该是电中性的，与溶液中的其余部分不再有静电作用。因此，可将溶液中错综复杂的离子之间的相互静电作用简化为中心离子与离子氛之间的作用，这样就简化了理论推导。同时，德拜-休克尔除了认为强电解质的稀溶液完全解离和离子间的相互作用力（主要是静电库仑引力）可归结为中心离子和离子氛间的作用外，再加上：①离子在静电引力场中的分布符合玻耳兹曼（Boltzmann）公式，并且电荷密度与电位之间的关系遵从静电学中的泊松（Poisson）公式；②离子是带电荷的圆球，离子电场是球形对称的，离子不极化，在极稀的溶液中可看成点电荷；③离子之间的作用力只存在库仑引力，其相互吸引而产生的吸引能小于它的热运动的能量；④溶液的介电常数与溶剂的介电常数相差不大，可忽略加入电解质后溶液介电常数的变化等几个假定，从而推导出了在强电解质稀溶液中，单个离子活度因子的计算公式为

$$\lg\gamma_{\mathrm{B}} = -Az_{\mathrm{B}}^{2}\sqrt{I}$$

由于单个离子的活度因子是无法用实验测定的，因此对它的计算就无实际意义。根据离子平均活度因子的定义式，又导出了离子平均活度因子的计算公式

$$\lg\gamma_{\pm} = -A\,|z_{+}z_{-}|\sqrt{I} \qquad (7.32a)$$

在式(7.32a) 中，因为负离子的电荷数 z_{-} 为负值，而公式中应取其绝对值，所以引入了绝对值的符号。式中的 A 在一定温度下，对一定溶剂有定值。最常用的是在 298K 和水溶液中，A 的取值为 $0.509(\mathrm{mol\cdot kg^{-1}})^{-\frac{1}{2}}$。如果式(7.32a) 中的对数用自然对数表示，则得到

$$\ln\gamma_{\pm} = -A\,|z_{+}z_{-}|\sqrt{I} \qquad (7.32b)$$

这时 A 的取值为 $1.172\,(\mathrm{mol\cdot kg^{-1}})^{-\frac{1}{2}}$ 。

式(7.32)称为德拜-休克尔极限定律(Debye-Hückel limiting law)。因为在推导过程中引进了一些假设，所以极限定律只适用于强电解质的稀溶液，这也就是称为极限定律的原因。该公式的正确性已被许多实验结果所证实。如表7.4所示，在很稀的溶液中，用该公式计算的平均活度因子与实验测定值符合得较好。

表7.4 不同类型电解质的离子平均活度因子的计算值和实验值(298K)

$m_B/(\mathrm{mol\cdot kg^{-1}})$		0.005	0.010	0.050	0.100	0.500	1.000
(1) A^+B^- 型盐类的离子强度		0.005	0.010	0.050	0.100	0.500	1.000
$\ln\gamma_\pm = -A\mid z_+z_-\mid\sqrt{I}$ 计算值		0.920	0.889	0.769	0.690	0.436	0.309
实验测定值	HCl	0.928	0.904	0.830	0.795	0.737	0.810
	KCl	0.926	0.899	0.815	0.764	0.644	0.597
	KOH	0.927	0.901	0.810	0.759	0.617	0.679
(2) $A_2^+B^{2-}$ 和 $A^{2+}B_2^-$ 型盐类的离子强度		0.015	0.030	0.150	0.300	1.500	3.000
$\ln\gamma_\pm = -A\mid z_+z_-\mid\sqrt{I}$ 计算值		0.750	0.666	0.403	0.277	0.057	0.017
实验测定值	K_2SO_4	0.781	0.715	0.529	0.441	0.262	0.210
	$BaCl_2$	0.781	0.725	0.556	0.496	0.396	0.399
(3) $A^{2+}B^{2-}$ 型盐类的离子强度		0.020	0.040	0.020	0.040	2.000	4.000
$\ln\gamma_\pm = -A\mid z_+z_-\mid\sqrt{I}$ 计算值		0.515	0.392	0.123	0.052	0.001	0.000
实验测定值	$MgSO_4$	0.572	0.471	0.262	0.195	0.091	0.067
	$CuSO_4$	0.560	0.444	0.230	0.164	0.066	0.044

【例7.6】 298K时，有三种盐KCl、$MgCl_2$ 和 $CuSO_4$ 的水溶液，其浓度均为 $0.005\mathrm{mol\cdot kg^{-1}}$。试用德拜-休克尔极限定律分别计算它们的平均活度因子，并分析离子的电价对平均活度因子的影响。

解 在用德拜-休克尔极限定律计算之前，首先要计算它们的离子强度，这可以参照例7.5的结果。

对于KCl溶液，$I(\mathrm{KCl})=m_B=0.005\mathrm{mol\cdot kg^{-1}}$

$$\lg\gamma_\pm(\mathrm{KCl})=-A\,|z_+z_-|\sqrt{I}=-0.509\times|1\times(-1)|\times\sqrt{0.005}$$

$$=-0.0360\quad \gamma_\pm(\mathrm{KCl})=0.920$$

同理，对于 $MgCl_2$，$I(\mathrm{MgCl_2})=3m_B=0.015\mathrm{mol\cdot kg^{-1}}$

$$\lg\gamma_\pm=-0.509\times|2\times(-1)|\times\sqrt{0.015}=-0.125\qquad \gamma_\pm=0.750$$

对于 $CuSO_4$，$I(\mathrm{CuSO_4})=4m_B=0.020\mathrm{mol\cdot kg^{-1}}$

$$\lg\gamma_\pm=-0.509\times|2\times(-2)|\times\sqrt{0.020}=-0.288\qquad \gamma_\pm=0.515$$

三个盐溶液的浓度相同，但是由于离子所带电荷不同，$\gamma_\pm$ 也不同。带电荷最小的KCl的 $\gamma_\pm$ 最大。带电荷最大的 $CuSO_4$ 的 $\gamma_\pm$ 最小。

德拜-休克尔极限公式对于不能用点电荷来处理的直径较大的离子进行了一些修正，使理论计算值能更好地与实验值相符合。较常用的修正公式为

$$\lg\gamma_{\pm}=-\frac{A\mid z_{+}z_{-}\mid\sqrt{I}}{1+\sqrt{I/m^{\ominus}}} \tag{7.32c}$$

1927 年，昂萨格（Onsager）将德拜-休克尔理论应用到有外加电场作用的电解质溶液，把科尔劳奇关于摩尔电导率与电解质溶液浓度的平方根呈线性关系的经验公式［见式(7.12)］提高到理性阶段，对公式中的常数 β 作了理论解释和计算，导出了理论计算 β 的公式

$$\Lambda_{\mathrm{m}}=\Lambda_{\mathrm{m}}^{\infty}-(p+q\Lambda_{\mathrm{m}}^{\infty})\sqrt{c} \tag{7.33}$$

这就是德拜-休克尔-昂萨格电导理论。式中，p 是由于电泳效应使摩尔电导率降低的值。因为离子周围有溶剂化层，在电场中，中心离子与反号离子带着溶剂化层向相反方向移动，阻滞了离子的运动速率，称为电泳效应。式中，q 是由于弛豫效应使摩尔电导率降低的值。因为中心离子在外加电场作用下作定向移动时，其离子氛的对称性被破坏，而在库仑引力的作用下又要建立新的离子氛。在离子氛破旧立新的过程中，有一个时间差，这就称为弛豫效应。而 p 和 q 的值都可以计算，在溶液较稀、溶剂的介电常数较大时，式(7.33) 的计算值与实验结果较接近。

7.4 可逆电池和可逆电极

主要知识点

1. 电池电动势产生的原因

电池电动势主要由电极和溶液之间的界面电势差、金属之间的接触电势差以及不同溶质的溶液界面上，或两种溶质相同但浓度不同的溶液界面上电势差组成。由于：①接触电势差的数值是稳定的，几乎不受外界因素的影响，在讨论电势的变化问题时可以忽略其影响；②盐桥使液体接界电势降到可以忽略不计的程度。所以通常所说的电动势主要是正负极界面电势差之和，即 $E\approx\Phi_{-}+\Phi_{+}$。

2. 组成可逆电池的必要条件及其研究意义

组成可逆电池的必要条件：①电池在充、放电时电池反应必须互为逆反应；②电池在充、放电时所通过的电流无限小，在接近平衡的条件下工作，使能量变化可逆。可逆电池揭示了化学能转变为电能的最高极限，只有可逆电池的电动势才能与吉布斯自由能的变化值相联系，为用电化学的方法研究热力学问题提供了可能性。

3. 可逆电极的类型

可逆电极的类型大致有四种：①金属电极，由金属浸在含有该金属离子的溶液中构成，氢电极、氧电极、卤素电极等也属于这类电极；②金属-难溶盐电极和金属-难溶氧化物电极；③氧化-还原电极；④离子选择性电极。

4. 可逆电池的书面表示法

书面表示可逆电池的惯例：①写在左边的电极为负极，起氧化作用，写在右边的电

极为正极，起还原作用；②用单竖线表示不同相态的物质之间的界面，界面上一般有电势差存在，也有的用单根竖直点划线来表示两液体之间的界面或半透膜；③用双竖线表示盐桥，使两液相之间的接界电势可以降低到可忽略不计；④要注明温度和压力，标明构成电池的各种物质的物态，溶液要注明活度，气体要注明压力和依附的惰性金属电极。书写电极反应和电池反应时，既要保持等式两边的物量平衡，又要使电量平衡。

5. 可逆电池电动势的测定

可逆电池的电动势不能用伏特计测量，因为测量时有电流通过，溶液浓度就会改变，电极上还会发生极化，电池就不再是可逆电池了。对消法就是在电池上加一个大小相等、方向相反的外电源，相当于使外电阻趋向于无穷大，使两电极的电势差近似等于电池的电动势，测定过程中几乎无电流通过。

6. 标准电池

标准电池的电池反应在充、放电时是可逆的，其电动势只与镉汞齐的活度 Cd(Hg)(a) 有关。在 Cd 的质量分数为 0.05～0.14 时，Cd(Hg)(a) 基本为定值，只随着温度略有变动，不同温度下的电动势值可根据 E-T 的函数关系式进行计算。

7.4.1 电动势产生的机理

在电池的正、负极之间，有电动势存在。现在急需知道的是，电池电动势是如何产生的？一个电池的电动势可能由下列几种电势差所构成，即电极与电解质溶液之间的电势差（界面电势差）、导线与电极之间的接触电势差以及由于不同的电解质溶液之间或同一电解质溶液但浓度不同而产生的液接电势差等所构成。

（1）电极与电解质溶液界面间电势差的形成

任何金属，例如 Zn，将其插入电解质 $ZnSO_4$ 水溶液中［图 7.10(a)］，由于极性很大的水分子与构成晶格的锌离子相吸而发生水合作用，结果削弱了表面晶格中锌离子与金属中其他锌离子之间的键力，甚至使部分金属锌以离子的形式进入与电极表面接近的溶液中。金属失去 Zn^{2+} 带负电荷，溶液中因 Zn^{2+} 的进入而带正电荷，这两种相反的电荷相互吸引，使得进入溶液中的 Zn^{2+} 沿着电极表面排列，如图 7.10(b) 所示。同时，溶液中的正电荷对随后进入溶液的 Zn^{2+} 有库仑阻碍作用，在金属表面负电荷的吸引下，已经溶解的 Zn^{2+} 可能再次沉积到金属表面，最终 Zn^{2+} 在电极和溶液间的溶解和沉积达到动态平衡，在溶液和金属（电极）的界面间形成一带异号电荷的双电层。同时，溶液中溶剂分子的热运动，又会使紧密排列在电极表面的 Zn^{2+} 向溶液本体扩散。最终，在金属与溶液的界面上，在正、负离子静电吸引和溶剂分子的热运动两种效应的共同作用下，溶液中的反离子只有一部分紧密地排在固体表面附近，相距约一两个离子厚度（图中 AB 面至金属界面），称为紧密层；另一部分离子按一定的浓度梯度扩散到本体溶液中，称为扩散层，扩散层的厚度与溶液的浓度、金属的电荷以及温度有关，其变动范围通常为 10^{-10}～10^{-6} m。这样在金属与溶液之间由于电荷不均等便产生了电势差，金属表面与溶液本体之间的电势差 Φ 即为界面电势差，紧密层 AB 面与无穷远处电势差叫 ζ 电势（ζ 电势的物理意义在后面胶体分散系统内容中有详细介绍），如图 7.10(b)所示。

同理，将金属 Cu 插入电解质 $CuSO_4$ 水溶液中［如图 7.10(a)所示］，其结果与 Zn 类似，也会产生金属 Cu 表面与溶液本体之间的电势差 Φ。

由于 Zn 比 Cu 更容易以正离子进入溶液中，这样在 Zn 极上积累的负电荷比 Cu 极上多，Zn 极的界面电势更负，所以在图 7.10(a) 所组成的电池中，Zn 作为负极，而 Cu 作为正极，这样在负极和正极产生的界面电势差分别表示为 Φ_{-}、Φ_{+}。

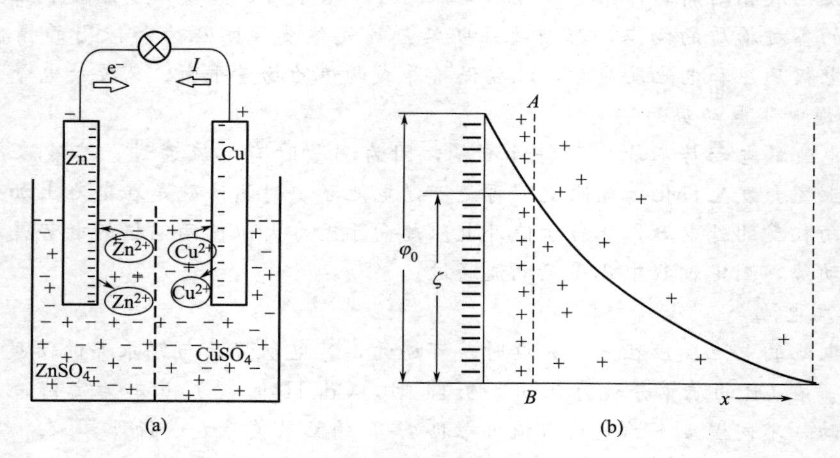

图 7.10　界面电势差产生机理示意图

（2）接触电势

在电池中，正极和负极之间通常用导线连接起来构成电池回路，由于不同金属的电子逸出功不同，当相互接触时，由于相互逸出的电子数目不相等，在接触界面上就形成双电层，产生了电势差，这个电势差就叫作接触电势，用符号 $\Phi_{接触}$ 表示。在测定电池的电动势 E 时要用导线（常用 Cu 丝）与两电极相连，因而必然会产生不同金属间的接触电势，它是构成整个电池电动势的一部分。

（3）液体接界电势

在两种含有不同溶质的溶液界面上，或两种溶质相同但浓度不同的溶液界面上，由于离子扩散速率或迁移速率不同，故在溶液界面上由于电荷密度的差异也会形成双电层，从而产生电势差，把这个电势差称为液体接界电势或扩散电势，用符号 $\Phi_{扩散}$ 表示。液体接界电势很小，一般在 0.03V 以下。

所以，电池的电动势主要由上述三个部分电势差组成，即图 7.10(a) 所示的电池的电池符号、电势差可表示如下：

$$(-)\mathrm{Cu}' \mid \mathrm{Zn} \mid \mathrm{ZnSO_4}(a_1) \mid \mathrm{CuSO_4}(a_2) \mid \mathrm{Cu}(+)$$

$$\Phi_{接触} \quad \Phi_{-} \qquad\qquad \Phi_{扩散} \qquad\qquad \Phi_{+}$$

所以，电池的电动势可表示为：$E=\Phi_{接触}+\Phi_{-}+\Phi_{扩散}+\Phi_{+}$。

由于扩散的不可逆性，因此液体接界电势的存在能使电池的可逆性遭到破坏。同时，液体接界电势目前既难于单独测量，又不便准确计算。人们总是设法尽可能消除电池中的液接电势，通常采用的方法是盐桥法，以两个液体接界代替一个液体接界，且这两个数值很小的接界电势又常常反号，因此这两个液体接界电势之和比原来的一个液体接界电势要降低很多。应该指出的是，盐桥中的电解质溶液不仅正、负离子的迁移速率很接近，诸如 KCl、NH_4NO_3 等，而且电解质的浓度很高。由于盐桥中电解质溶液正、负离子迁移速率相近但并不是相等，所以通过盐桥使液体接界电势降低到可以忽略不计的程度，但是盐桥不能完全消除液体接界电势。

接触电势在数值上近似等于相接触的两种金属的电子逸出功之差。根据所涉及金属的电子逸出功的大小，常见金属接触电势可以具有几毫伏至几十毫伏的可观数值，在电池电动势中不可忽略。但是，由于金属接触电势的数值是稳定的，几乎不受外界因素的影响，在讨论电势的变化问题时可以忽略其影响。所以电池的电动势通常可近似表示为：

$$E=\Phi_{接触}+\Phi_{扩散}+\Phi_{-}+\Phi_{+}\approx\Phi_{-}+\Phi_{+}$$

即正极和负极界面电势差之和。

7.4.2 组成可逆电池的必要条件及其研究意义

将化学能转变为电能的装置称为原电池或简称为电池。能把化学反应转变为一个能够产生电能的电池，则该化学反应必须是一个自发的氧化还原反应，或者在整个过程中经历了氧化还原作用。电池有各种类型，把两个电极插在同一个电解质溶液中的称为单液电池，两个电极插在不同电解质溶液中的称为双液电池。两个电解质溶液之间可以用盐桥相连，也可以用素烧瓷或半透膜将两个溶液分开。将化学能以热力学意义上的可逆方式转变为电能的电池称为可逆电池，它必须符合以下三个必要条件。

① 电池放电时的反应与充电时的反应必须互为逆反应，即化学反应可逆。图 7.1(a) 所示的电池基本上符合这个条件。该电池在放电时的反应为

Zn 极　　氧化 $Zn(s)\longrightarrow Zn^{2+}(aq)+2e^{-}$

Cu 极　　还原 $Cu^{2+}(aq)+2e^{-}\longrightarrow Cu(s)$

净反应　　$Zn(s)+Cu^{2+}(aq)\longrightarrow Cu(s)+Zn^{2+}(aq)$

该电池充电时的反应为

Zn 极　　还原 $Zn^{2+}(aq)+2e^{-}\longrightarrow Zn(s)$

Cu 极　　氧化 $Cu(s)\longrightarrow Cu^{2+}(aq)+2e^{-}$

净反应　　$Cu(s)+Zn^{2+}(aq)\longrightarrow Zn(s)+Cu^{2+}(aq)$

若充放电反应不可逆，则这样的电池就不可能成为可逆电池。

② 电池在充电和放电时能量必须可逆，即无论是充电或放电，所通过的电流必须为无限小，使电池在接近平衡态的条件下工作。当电池放电时对环境做最大电功，在充电时环境对电池做最小电功。如果把放电时的电能全部储存起来，再用来充电，可以使系统和环境全部恢复原状。

可见，要能量可逆是做不到的，这是一种理想情况。因为电池在充、放电的同时，必须克服电路中的电阻，这时有一部分电能会变成热能，而要将热能再全部变成电能而不留下影响是不可能的。因此，有电流通过的电池就是不可逆电池，实际使用的电池都是不可逆的。之所以要研究可逆电池是因为它揭示了化学能转变为电能的最高极限，指明了改善电池性能的方向，因为可逆电池可以做最大电功。另外，在等温、等压的条件下，只有可逆电池的电动势或可逆过程中做的电功才能与吉布斯自由能的变化值相联系，为用电化学的方法来研究热力学函数的变化问题提供了可能性。

③（在不同的电解质的界面上）不存在扩散现象。

凡严格符合上述三个条件的电池称为热力学上的可逆电池。然而在实际过程中，无论采取什么方法，不同电解质界面上的扩散现象只能减少到最小程度，不能完全消除。所以，实际过程中，在扩散过程减少到最小（例如利用盐桥）条件下，满足①和②两条就可以认为是可逆电池。

在等温、等压条件下，系统发生可逆变化时，吉布斯自由能的减少值等于对外所做的最

大非体积功。若非体积功只考虑电功，则有

$$(\mathrm{d_r}G)_{T,p,\mathrm{R}}=\delta W_{\mathrm{f,max}}=-zFE\mathrm{d}\xi$$

式中，z 是电池反应中电荷的计量系数；F 是法拉第常量；E 是可逆电池的电动势；$\mathrm{d}\xi$ 是反应进度。当反应进度为 1mol 时，吉布斯自由能的变化值与可逆电池电动势之间的关系为

$$(\Delta_\mathrm{r}G_\mathrm{m})_{T,p,\mathrm{R}}=-zFE \tag{7.34}$$

式(7.34) 是联系热力学和电化学的重要公式，从而可以利用测定可逆电池的实验数据来计算热力学函数的变化值。

7.4.3 可逆电极的类型

构成可逆电池的电极，其本身必须也是可逆的。电极按其结构和所发生的反应有不同的分类方法，这里将可逆电极分为四类。

(1) 第一类电极

第一类电极由金属浸在含有该金属离子的溶液中构成。其书面表示式和电极反应为：

作负极，发生氧化 $M(s)\mid M^{z+}(a_{M^{z+}})$　　$M(s)\longrightarrow M^{z+}(a_{M^{z+}})+ze^-$

作正极，发生还原 $M^{z+}(a_{M^{z+}})\mid M(s)$　　$M^{z+}(a_{M^{z+}})+ze^-\longrightarrow M(s)$

因为氢电极、氧电极和卤素电极的电极表示式和电极反应与金属电极十分相像，所以也归入第一类电极。因为今后主要使用还原电极电势，所以仅将这些电极在作为正极时的电极表示式和所发生的还原反应分别表示如下：

电极	电极反应（还原）
$H^+(a_{H^+})\mid H_2(p_{H_2})\mid Pt$	$2H^+(a_{H^+})+2e^-\longrightarrow H_2(p_{H_2})$
$OH^-(a_{OH^-})\mid H_2(p_{H_2})\mid Pt$	$2H_2O(l)+2e^-\longrightarrow H_2(p_{H_2})+2OH^-(a_{OH^-})$
$H^+(a_{H^+})\mid O_2(p_{O_2})\mid Pt$	$O_2(p_{O_2})+4H^+(a_{H^+})+4e^-\longrightarrow 2H_2O(l)$
$OH^-(a_{OH^-})\mid O_2(p_{O_2})\mid Pt$	$O_2(p_{O_2})+2H_2O(l)+4e^-\longrightarrow 4OH^-(a_{OH^-})$
$Cl^-(a_{Cl^-})\mid Cl_2(p_{Cl_2})\mid Pt$	$Cl_2(p_{Cl_2})+2e^-\longrightarrow 2Cl^-(a_{Cl^-})$

在上述电极反应中，要注意的问题是：①氢电极和氧电极分别在酸性和碱性溶液中的电极反应是不一样的，当然电极电势也不同；②在书面表示电极和电极反应时，对于所有的气体电极，必须标明气体的压力，又因为气体本身不能导电，还必须标明用于导电的金属，一般用镀了铂黑的金属铂作为导电电极；③对于参与反应的物质，要标明它的相态，对于溶液，要标明它的活度，因为这些是在计算电极电势时都要用到的。

(2) 第二类电极

第二类电极由金属及其表面上覆盖的一薄层该金属的难溶盐，再插入含有该难溶盐的负离子的溶液中构成，故称为金属-难溶盐电极。例如，银-氯化银电极和甘汞电极就属于这一类，它们作为正极的电极表示式和还原反应分别为：

$Cl^-(a_{Cl^-})\mid AgCl(s)\mid Ag(s)$　　$AgCl(s)+e^-\longrightarrow Ag(s)+Cl^-(a_{Cl^-})$

$Cl^-(a_{Cl^-})\mid Hg_2Cl_2(s)\mid Hg(l)$　　$Hg_2Cl_2(s)+2e^-\longrightarrow 2Hg(l)+2Cl^-(a_{Cl^-})$

属于第二类电极的还有金属-难溶氧化物电极，即在金属表面覆盖一薄层该金属的难溶

氧化物，然后浸在含有 H^+ 或 OH^- 的溶液中构成。例如，银-氧化银电极在酸性和碱性溶液中的电极表示式和还原电极反应分别为：

$H^+(a_{H^+})|Ag_2O(s)|Ag(s)$　　$Ag_2O(s)+2H^+(a_{H^+})+2e^- \longrightarrow 2Ag(s)+H_2O(l)$

$OH^-(a_{OH^-})|Ag_2O(s)|Ag(s)$　　$Ag_2O(s)+H_2O(l)+2e^- \longrightarrow 2Ag(s)+2OH^-(a_{OH^-})$

（3）第三类电极

第三类电极由惰性金属（如铂）插在含有某种离子的不同氧化态的溶液中构成，这里的惰性金属只起导电作用，同一离子的不同氧化态之间的氧化还原反应是在金属与溶液的界面上进行，因此该类电极称为氧化-还原电极。某种离子只要具有不同的氧化态，都有可能形成氧化还原电极。例如

$Fe^{3+}(a_1),Fe^{2+}(a_2)|Pt$　　$Fe^{3+}(a_1)+e^- \longrightarrow Fe^{2+}(a_2)$

$Sn^{4+}(a_1),Sn^{2+}(a_2)|Pt$　　$Sn^{4+}(a_1)+2e^- \longrightarrow Sn^{2+}(a_2)$

$Cu^{2+}(a_1),Cu^+(a_2)|Pt$　　$Cu^{2+}(a_1)+e^- \longrightarrow Cu^+(a_2)$

（4）第四类电极

第四类电极是离子选择性电极，也称为膜电极。在用 pH 计测定溶液的 pH 时，用到的玻璃电极就是离子选择性电极的一种，图 7.11(a) 是玻璃电极的结构示意图。在一支玻璃管的下端焊接一个由特殊原料制成的玻璃球形薄膜，为了降低膜的电阻，玻璃膜的厚度一般小于 0.005cm。膜内盛一定 pH 的缓冲溶液，或用 $0.1mol\cdot kg^{-1}$ 的 HCl 溶液，在溶液中浸入一根 Ag-AgCl 电极（称为内参比电极）。将玻璃电极插入未知 pH 的溶液中，玻璃膜对 H^+ 有特殊的选择性，由于在膜两边 H^+ 的浓度不同，会产生电势差。若将玻璃电极与另一个已知电极电势的电极（如甘汞电极）组成电池，测定电池的电动势，就可以计算未知溶液的 pH。改变玻璃球形薄膜的组成，可以制备出对 Li^+、Na^+、K^+、NH_4^+、Ag^+、Tl^+、Rb^+、Cs^+ 和 Cu^+ 等一系列一价阳离子有选择性的电极，可以在极稀的溶液中，精确测定相应离子的浓度。

玻璃膜也可以用某种不溶于水的晶体盐的薄片代替，这种盐晶薄片对某种离子有特殊的选择性。图 7.11(b) 是氟离子选择性电极，就是以 LaF_3 单晶片做成薄膜，内充溶液为 $0.1mol\cdot kg^{-1}$ KF 和 $0.1mol\cdot kg^{-1}$ NaCl，内参比电极通常也为 Ag-AgCl 电极。将该电极插入含 F^- 的未知溶液中，用上面所说的相同的方法，同样可以测定 F^- 的浓度。

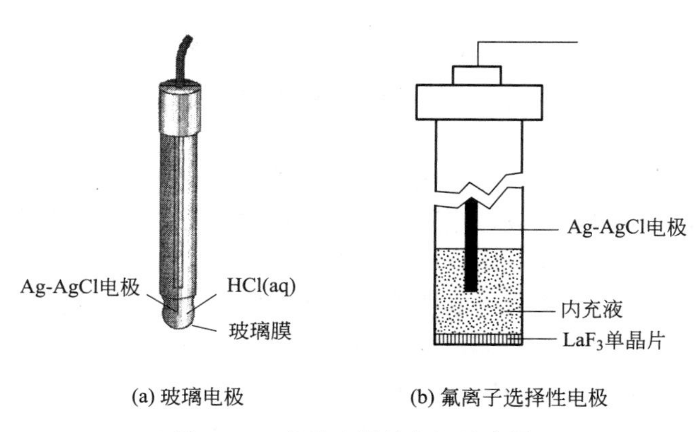

图 7.11　离子选择性电极示意图

7.4.4 可逆电池的书面表示法

在电化学中，可逆电池必须采取彼此都能理解的书面表示方法，国际纯粹与应用联合会(IUPAC) 对电池的书写和符号作出了如下规定。

① 写在左边的电极为负极，起氧化作用；写在右边的电极为正极，起还原作用。

② 用单竖线“|”表示不同相态的物质的界面，各种物质排列的顺序要真实反映物质的接触次序。界面有多种类型，如固体电极与溶液之间的界面，气体与导电金属电极之间的界面，气体与溶液之间的界面，两个不同溶液之间的界面，以及两个固体之间的界面（如金属与其难溶盐之间的界面）等。两个液体之间的界面既可用单竖线表示，也可用单根竖直的点划线“¦”(有时也用它表示半透膜) 表示。在界面上，通常有电势差存在。

③ 用双竖线“||”表示盐桥，也有的用双竖的点线“¦¦”表示。用了盐桥，则表示两个不同溶液之间，或同一溶液的两个不同浓度之间的液体接界电势已降低到可以忽略不计。

④ 要注明电池所处的温度和压力，若不注明即表示电池处在 298K 和标准压力下。构成电池的各种物质要标明相态，溶液要注明活度，气体要注明压力和依附的导电金属电极等，因为这些都会影响电动势的数值。例如，图 7.1(a) 的原电池，它的书面表达式应为

$$\mathrm{Zn(s)\,|\,ZnSO_4}(a_1)\ ¦\ \mathrm{CuSO_4}(a_2)\,|\,\mathrm{Cu(s)}$$

该电池对应的电极反应和电池反应为

左边，负极，氧化　　$\mathrm{Zn(s)} \longrightarrow \mathrm{Zn^{2+}}(a_{\mathrm{Zn^{2+}}}) + 2\mathrm{e^-}$

右边，正极，还原　　$\mathrm{Cu^{2+}}(a_{\mathrm{Cu^{2+}}}) + 2\mathrm{e^-} \longrightarrow \mathrm{Cu(s)}$

电池净反应　　$\mathrm{Zn(s)} + \mathrm{Cu^{2+}}(a_{\mathrm{Cu^{2+}}}) \longrightarrow \mathrm{Zn^{2+}}(a_{\mathrm{Zn^{2+}}}) + \mathrm{Cu(s)}$

书写电极和电池反应时，必须使两个电极上的电子得、失的数目相同，既要使参与反应的各种物质的数量达到平衡，又要使电量平衡。在等温、等压的条件下，这个电池的反应显然是个自发反应，$\Delta_r G_m < 0$，对于可逆电池，有 $\Delta_r G_m = -zFE$，因此 $E>0$，说明该电池是自发电池。

如果将两个电极的位置对调，使电池表示式变成以下形式：

$$\mathrm{Cu(s)\,|\,CuSO_4}(a_2)\ ¦\ \mathrm{ZnSO_4}(a_1)\,|\,\mathrm{Zn(s)}$$

左边的铜电极为负极，自身发生氧化，右边的锌电极为正极，发生还原反应，则电池的净反应为

$$\mathrm{Zn^{2+}}(a_{\mathrm{Zn^{2+}}}) + \mathrm{Cu(s)} \longrightarrow \mathrm{Zn(s)} + \mathrm{Cu^{2+}}(a_{\mathrm{Cu^{2+}}})$$

显然该反应的 $\Delta_r G_m > 0$，$E<0$，是非自发反应，该电池为非自发电池，通常说该电池被排反了。

根据以上的规则，可以将所给的化学反应设计成自发电池。把发生氧化作用的物质组成的电极放在电池的左边，作为负极；把发生还原作用的物质组成的电极放在电池的右边，作为正极。若两种电解质可以共存，则组成单液电池；若两种电解质会发生化学反应，则把两种电解质分开组成双液电池，在两个电解质溶液之间用盐桥连接。设计好电池后，务必要写出其电极反应和电池反应来进行验证，以确保电池反应与所给的化学反应完全相符。例如，将下列两个化学反应分别设计成对应的电池：

$$\mathrm{Zn(s)} + \mathrm{H_2SO_4(aq)} \xlongequal{} \mathrm{ZnSO_4(aq)} + \mathrm{H_2(g)} \tag{1}$$

$$\mathrm{AgCl(s)} = \mathrm{Ag^+}(a_{\mathrm{Ag^+}}) + \mathrm{Cl^-}(a_{\mathrm{Cl^-}}) \tag{2}$$

所设计的电池分别为

$$Zn(s)|ZnSO_4(aq)||H_2SO_4(aq)|H_2(p)|Pt \tag{1}$$

$$Ag(s)|AgNO_3(aq)||HCl(aq)|AgCl(s)|Ag(s) \tag{2}$$

电池（1）可以是双液电池，也可以是单液电池，但电池（2）必须是双液电池。读者可自行对所设计电池写出负极、正极的电极反应和电池反应（或净反应）来检验所设计电池的正确性。

7.4.5 可逆电池电动势的测定

对于一个电池，在任何情况下从电极两端测到的电压称为端电压 V。若外电路是断开的，则测得的端电压称为开路电压，即电池的电动势。由于在电池的内、外电路中存在电阻，当有一定的宏观电流 I 通过时，存在功热相互转换的不可逆过程。而可逆电池在放电过程中必须满足能量可逆的条件，不能有功热相互转换的过程存在，所以可逆电池的电动势不能直接用伏特计来测量。因为电池与伏特计相接后，电池中有电流通过，电极上会发生化学反应，溶液的浓度将不断改变，电动势也会随之下降，而且电极上还会发生极化作用（见电化学动力学及其应用章节），这时电池就不再是可逆电池了。另外，电池本身有内阻，伏特计上显示的只是两个电极之间的电势差，而不是电池的可逆电动势。要测定可逆电池的电动势，必须做到：①在测定时电池中几乎无电流通过；②两个电极之间的电势差能近似等于电池的可逆电动势。波根多夫（Poggendorff）提出的对消法（也称补偿法）基本满足了上述两个要求。

设 E 为待测电池的可逆电动势，U 为两电极间的电势差，即伏特计的读数，R_o 为导线上的电阻（外阻），R_i 为电池的内阻，I 为电流强度，则根据欧姆定律有

$$E=(R_o+R_i)I$$

若只考虑外电路时，有

$$E=R_oI$$

若 R_o 很大，R_i 值与之相比可忽略不计，则 $U \approx E$。

对消法是在原电池上加了一个方向相反、大小相等的工作电池，使线路中几乎无电流通过，相当于外电阻 R_o 趋于无限大，则

$$E=(R_o+R_i)I \approx R_oI=U$$

使得两个电极之间的电势差近似等于该可逆电池的电动势，说明用对消法测定可逆电池的电动势是可行的。

波根多夫对消法便是根据上述原理设计的。对消法测定电动势的示意图如图 7.12 所示。图 7.12 中，E_w 是有稳定电压的直流工作电源，$E_{s,c}$ 是标准电池，它在定温下有稳定的电动势值。E_x 是待测电池，D 是双臂电钥，G 是检流计，R 是一组滑线电阻，AB 是均匀的滑线电阻（在电位差计上，已将它用电势差值表示）。在图 7.12 中存在两个回路，一个是由工作电源 E_w、可变电阻 R、滑线电阻 AB 构成的工作回路，另一个是由双臂电钥 D、电键 K、检流计 G、滑线电阻 AB 和标准电池 $E_{s,c}$ 或待测电池 E_x 构成的测量回路，工作回路和测量回路中电流的方向是相反的。

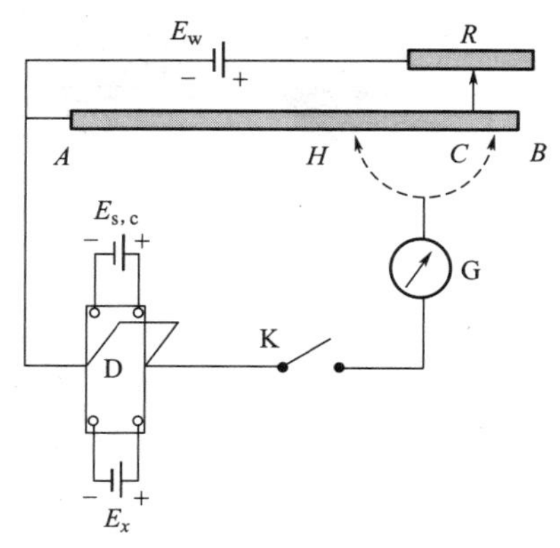

图 7.12 对消法测电动势示意图

工作回路的作用就是通过调节可变电阻 R，提供一个准确的工作电流 I_w，用来对消由测量回路中的标准电池 $E_{s,c}$ 或待测电池 E_x 产生的电流，从而达到通过电池的电流 $I=0$ 的目的。测定时的具体操作是：①校正工作电流 I_w，首先根据实验时的室温，算出标准电池电动势，根据 $E_{s,c}$ 的计算值将正极触点置于滑线电阻上 H 点位置。将双臂电钥 D 推向标准电池，合上电键 K，通过调节可变电阻 R，使得通过检流计 G 上的电流几乎为零（最好等于零），这时通过工作回路的电流 I_w 与通过测量回路的电流 I_m 恰好对消，$E_{s,c}=I_wR_{AH}$。这样，工作电流 I_w 就准确校正到了仪器规定的数值；②工作电流 I_w 校正好了之后（在整个测量过程中可变电阻 R 的数值不能改变，除非再一次校正工作电流 I_w），将双臂电钥 D 推向待测电池，合上电键 K，通过正极触点在滑线电阻上找到一点 C，使得通过检流计 G 的电流几乎为零（最好等于零），这时通过工作回路的电流 I_w 与通过测量回路的电流 I_m 又一次对消，$E_x=I_wR_{AC}$。由此求得

$$E_x=E_{s,c}\frac{R_{AH}}{R_{AC}}$$

7.4.6 标准电池

在对消法测定可逆电池电动势时，所使用的具有稳定电动势的标准电池通常是指韦斯顿（Weston）标准电池，它的电池结构如图 7.13 所示。

该电池的书面表示式和电池反应为

$$\text{Cd(Hg)}(a)\,|\,\text{CdSO}_4\cdot\frac{8}{3}\text{H}_2\text{O}\,(\text{饱和溶液})\,|\,\text{Hg}_2\text{SO}_4(\text{s})\,|\,\text{Hg(l)}$$

负极，氧化 $\quad \text{Cd(Hg)}(a)\longrightarrow \text{Cd}^{2+}(a_{\text{Cd}^{2+}})+2\text{e}^-+n\text{Hg(l)}$

正极，还原 $\quad \text{Hg}_2\text{SO}_4(\text{s})+2\text{e}^-\longrightarrow 2\text{Hg(l)}+\text{SO}_4^{2-}(a_{\text{SO}_4^{2-}})$

净反应 $\text{Cd(Hg)}(a)+\text{Hg}_2\text{SO}_4(\text{s})+\frac{8}{3}\text{H}_2\text{O(l)}\longrightarrow\text{CdSO}_4\cdot\frac{8}{3}\text{H}_2\text{O(s)}+n\text{Hg(l)}$

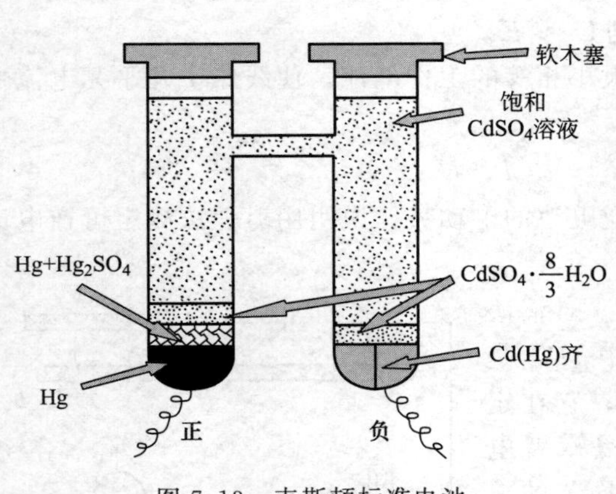

图 7.13 韦斯顿标准电池

从电池反应可知，标准电池的电动势只与镉汞齐（镉的汞溶液）的活度有关，其余物质的活度均为 1。镉汞齐的活度与温度和镉汞齐中 Cd 的含量有关，从镉和汞的二元相图可知，在室温时，镉汞齐中 Cd 的质量分数为 0.05～0.14 时，刚好落在镉汞齐液相与镉汞固溶体的两相平衡区，使得镉汞齐的活度有定值，因此在室温时标准电池有稳定的电动势。如果改变温度，镉汞齐的活度也会发生微小的变化，电动势也略有变动。例如，298K 时，标准电池的电动势为 1.01823V，而在 293K 时为 1.01845V，温度与电动势之间的函数关系可由式(7.35) 表示，可以用来计算不同温度下标准电池的电动势值。

$$E(T)/\text{V}=1.01845-4.05\times10^{-5}(T/\text{K}-293.15)-9.5\times10^{-7}(T/\text{K}-293.15)^2+1\times10^{-8}(T/\text{K}-293.15)^3 \tag{7.35}$$

7.5 可逆电池热力学

主要知识点

1. 可逆电池电动势与各组分活度的关系

将热力学与电化学的联系公式 $\Delta_r G_m = -zFE$ 代入化学反应等温式，就得到能斯特方程

$$E = E^\ominus - \frac{RT}{zF}\ln\prod_B a_B^{\nu_B}$$

该方程揭示了可逆电池电动势与参与反应的各组分的特性、活度和温度等因素之间的关系，可以方便地计算可逆电池的电动势。

2. 用可逆电池的测定值求热力学函数的变化值

测定可逆电池的电动势 E、标准电动势 $E^\ominus$和电动势的温度系数$\left(\frac{\partial E}{\partial T}\right)_p$，就可以计算热力学函数的变化值，其计算公式分别为

$$\Delta_r G_m = -zFE \qquad \Delta_r G_m^\ominus = -zFE^\ominus$$

$$\Delta_r S_m = zF\left(\frac{\partial E}{\partial T}\right)_p \qquad Q_R = zFT\left(\frac{\partial E}{\partial T}\right)_p$$

$$\Delta_r H_m = -zFE + zFT\left(\frac{\partial E}{\partial T}\right)_p \qquad K^\ominus = \exp\left(\frac{zFE^\ominus}{RT}\right)$$

这些热力学函数变化值的下标“m”表示按所写的电池反应方程式，反应进度为1mol 时的变化值，因此计算时一定要与所写的电池反应对应。

7.5.1 可逆电池电动势与各组分活度的关系

在等温、等压条件下，可逆电池的电动势与吉布斯自由能变化值之间的关系如式(7.34)所示，该式提供了用热力学方法研究电化学问题的可行性，也使得用电化学测定的数值来计算热力学函数的变化值成为可能。

在化学平衡章节内容中已介绍了化学反应等温式。对于一个任意的已达物料平衡的化学反应计量式 $0 = \sum_B \nu_B B$，其对应的化学反应等温式为

$$\Delta_r G_m = \Delta_r G_m^\ominus + RT\ln\prod_B a_B^{\nu_B}$$

该等温式适用于各类反应，当然也适用于电池反应。根据式(7.34) 可得到

$$\Delta_r G_m = -zFE \qquad \Delta_r G_m^\ominus = -zFE^\ominus$$

式中，$E^\ominus$是组成电池的各种物质都处于标准态时的电动势，称为可逆电池的标准电动势。将这两个关系式代入化学反应等温式，整理得

$$E = E^\ominus - \frac{RT}{zF}\ln\prod_B a_B^{\nu_B} \tag{7.36}$$

式(7.36) 显示出可逆电池电动势与参与反应的各组分的性质、浓度和温度等因素之间的关系。为了纪念德国科学家能斯特对热力学、电化学等的贡献，将式(7.36) 命名为能斯特方程（Nernst equation)。式中的标准电动势 $E^{\ominus}$可以从标准电极电势表计算得到，只要正确地写出电极反应，已知参与反应的各物质的活度，利用能斯特方程就可以计算可逆电池电动势 E 的数值。

【例 7.7】 293K 时，有电池 $Pt \mid H_2(p^{\ominus}) \mid HCl(0.1mol\cdot kg^{-1}) \mid Cl_2(p^{\ominus}) \mid Pt$ 。请写出其电极反应和电池反应，并计算在 298K 时的电动势。已知标准电动势 $E^{\ominus}=1.36V$，设所有的活度因子都等于 1。

解 方法 1 将生成物 HCl 写成离子形式

负极，氧化 $H_2(p^{\ominus}) \longrightarrow 2H^+(a_{H^+})+2e^-$

正极，还原 $Cl_2(p^{\ominus})+2e^- \longrightarrow 2Cl^-(a_{Cl^-})$

电池净反应 $H_2(p^{\ominus})+Cl_2(p^{\ominus}) = 2H^+(a_{H^+})+2Cl^-(a_{Cl^-})$

利用能斯特方程计算电动势

$$E=E^{\ominus}-\frac{RT}{zF}\ln\frac{a_{H^+}^2 a_{Cl^-}^2}{a_{H_2}a_{Cl_2}}$$

气体和离子的活度分别为

$$a_{H_2}=\gamma\frac{p_{H_2}}{p^{\ominus}}=1\text{，同理 } a_{Cl_2}=1 \qquad a_{H^+}=\gamma\frac{m_{H^+}}{m^{\ominus}}=0.1\text{，同理 } a_{Cl^-}=0.1$$

$$E=1.36V-\left(\frac{8.314\times 298}{2\times 96500}\right)V\times\ln\frac{(0.1)^2\times(0.1)^2}{1\times 1}=1.48V$$

方法 2 将生成物 HCl 写成分子形式

电池净反应 $H_2(p^{\ominus})+Cl_2(p^{\ominus}) = 2HCl(0.1mol\cdot kg^{-1})$

$$E=E^{\ominus}-\frac{RT}{zF}\ln\frac{a_{HCl}^2}{a_{H_2}a_{Cl_2}}$$

因为 $a_{HCl}=a_{H^+}a_{Cl^-}$，所以

$$a_{HCl}^2=(a_{H^+}a_{Cl^-})^2=(0.1)^4$$

代入能斯特方程，计算所得的结果与方法 1 是相同的。这里需要记住电解质活度与离子活度之间的关系，最容易出现的错误是将电解质 HCl 的活度看作 $a_{HCl}=0.1$，这样就不可能得到正确的结果。

7.5.2 用可逆电池的测定值求热力学函数的变化值

用对消法可以测定可逆电池的电动势 E，如果参与反应的物质都处于标准状态，则可测定处于标准状态时的电动势 $E^{\ominus}$(这也可以用已知的标准电极电势计算)。测定不同温度下的电动势值，可以得到电动势随温度的变化率 $\left(\frac{\partial E}{\partial T}\right)_p$，此微分式称为电池的温度系数。或者在已知电动势随温度变化的关系式 $E(T)$ -T 的情况下，用偏微分方法得到温度系数的值。

也就是说，电池的 E、$E^{\ominus}$ 和 $\left(\frac{\partial E}{\partial T}\right)_p$ 是可以用电化学的方法进行实验测定的，有了这一系列的实验数据，就可以计算电化学反应的热力学函数的变量。

（1）求电池反应的 $\Delta_r G_m$ 和 $\Delta_r G_m^{\ominus}$

用对消法测定电池的电动势 E 和标准电动势 $E^{\ominus}$（$E^{\ominus}$ 也可从标准电极电势表求得），正确写出电池反应，根据热力学与电化学的联系公式，写出反应进度为 1mol 时的相应计算式

$$\Delta_r G_m = -zFE \qquad \Delta_r G_m^{\ominus} = -zFE^{\ominus} \tag{7.37}$$

式中，z 是电子的计量系数，所取的数值要与方程式对应。同一个电池，由于书写电极反应时电子得失的数目不同，则计算所得的 $\Delta_r G_m$ 和 $\Delta_r G_m^{\ominus}$ 也不同。

（2）求电池反应的 $\Delta_r S_m$ 和可逆热效应 Q_R

根据热力学基本公式

$$dG = -SdT + Vdp$$

在等压条件下，得到偏微分的表达式为

$$\left(\frac{\partial G}{\partial T}\right)_p = -S \qquad \left[\frac{\partial(\Delta G)}{\partial T}\right]_p = -\Delta S$$

代入 $\Delta_r G_m = -zFE$ 关系式，得

$$\left[\frac{\partial(-zFE)}{\partial T}\right]_p = -\Delta_r S_m$$

电子的计量系数和法拉第常数都与温度无关，因此当反应进度为 1mol 时，有

$$\Delta_r S_m = zF\left(\frac{\partial E}{\partial T}\right)_p \tag{7.38}$$

在等温情况下，当反应进度为 1mol 时，电池的可逆反应热效应为

$$Q_R = T\Delta_r S_m = zFT\left(\frac{\partial E}{\partial T}\right)_p \tag{7.39}$$

从 $\left(\frac{\partial E}{\partial T}\right)_p$ 的数值是正值还是负值，可以确定可逆电池在工作时是吸热还是放热。

（3）求电池反应的 $\Delta_r H_m$

根据吉布斯自由能的定义式，在等温条件下有

$$G = H - TS \qquad \Delta G = \Delta H - T\Delta S$$

当反应进度为 1mol 时，有

$$\Delta_r H_m = \Delta_r G_m + T\Delta_r S_m$$

将式(7.37) 和式(7.38) 代入上式，得

$$\Delta_r H_m = -zFE + zFT\left(\frac{\partial E}{\partial T}\right)_p \tag{7.40}$$

式(7.40) 也可写成

$$\Delta_r H_m = -zFE + zFT\left(\frac{\partial E}{\partial T}\right)_p = W_{f,\max} + Q_R$$

由式(7.40) 可知，在恒温下电池可逆放电时：

若 $(\partial E/\partial T)_p = 0$，$Q_R = 0$，电池放电时既不吸热也不放热，由 $\Delta_r H_m = W_{f,\max} + Q_R$ 可知，此时电池反应焓变全部转化为系统对外所做的可逆电功，$\Delta_r H_m = \Delta_r G_m = W_{f,\max}$；

若 $(\partial E/\partial T)_p < 0$，则 $Q_R < 0$，电池放热给环境，在此情况下，电池反应焓变一部分转化为系统对外所做的可逆电功，剩余部分以热的形成放出，$\Delta_r H_m > \Delta_r G_m = W_{f,max}$。

若 $(\partial E/\partial T)_p > 0$，则 $Q_R > 0$，电池从环境吸热，即电池反应焓变小于系统对外所做的可逆电功，不足部分来自于从环境所吸的热，$\Delta_r H_m < \Delta_r G_m = W_{f,max}$。

由上述一系列关系式可知，若通过实验测出了电池电动势和电池的温度系数，就可以分别求出 $\Delta_r G_m$、$\Delta_r S_m$ 和 $\Delta_r H_m$，反之亦然。但事实上由于电池电动势的测量精度远高于量热精度，因而在热力学研究中，对于可安排成电池的化学反应，总是尽可能通过测量 E 和 $(\partial E/\partial T)_p$ 以求得 $\Delta_r G_m$、$\Delta_r S_m$ 和 $\Delta_r H_m$。

根据上述对电池反应可逆热效应的讨论，如果定义电池将化学能转化为电能的转化效率 η_e 为

$$\eta_e = \frac{\Delta G}{\Delta H}$$

则由上面讨论可知，η_e 可大于 1、小于 1 或等于 1。

例如反应 $H_2(g) + \frac{1}{2}O_2(g) \longrightarrow H_2O(l)$，这也是氢-氧燃料电池的电池反应式，在 25℃、100kPa 下反应的 $\Delta_r H_m^{\ominus} = -285.830 kJ \cdot mol^{-1}$，$\Delta_r G_m^{\ominus} = -237.129 kJ \cdot mol^{-1}$，则该氢-氧燃料电池的化学能-电能的转换效率 η_e 为

$$\eta_e = \frac{\Delta G}{\Delta H} = \frac{-237.129}{-285.830} = 82.96\%$$

由此可见电池是一种高效利用化学反应能量的装置，而且它不像热能转变为机械能受理想热机效率的限制（即受高、低温热源温度的限制）。不过恒温恒压下反应的 $\Delta_r G_m$ 是电池能将化学能转化为电能的理论最大值。由于电池内阻、电极的极化等因素的影响，电池效率往往达不到其理论最大值。正因为如此，研究电池的性质，改进电池的设计，不断制造出效率高、成本低、污染小的新型原电池，正是推动电化学研究不断深入的不竭动力之一。

（4）求标准平衡常数 $K^{\ominus}$

在化学平衡内容中已得到 $\Delta_r G_m^{\ominus}$ 与标准平衡常数的关系式为

$$\Delta_r G_m^{\ominus} = -RT\ln K^{\ominus}$$

根据式(7.37)，$\Delta_r G_m^{\ominus}$ 与标准电动势 $E^{\ominus}$ 的关系为 $\Delta_r G_m^{\ominus} = -zFE^{\ominus}$。因为吉布斯自由能是状态函数，无论反应是热化学反应还是电化学反应，只要反应方程式相同，吉布斯自由能的变化值也一定相同，所以对于同一个反应，有

$$-RT\ln K^{\ominus} = -zFE^{\ominus}$$

$$K^{\ominus} = \exp\left(\frac{zFE^{\ominus}}{RT}\right) \tag{7.41}$$

若从电化学实验得到了标准电动势 $E^{\ominus}$ 的值，就可以计算反应的标准平衡常数 $K^{\ominus}$。要注意的是，在书写电池的净反应时，由于电子得失的数目不同，所得的 $K^{\ominus}$ 值也不同，因此 $K^{\ominus}$ 的值也一定要与电池反应的计量方程相对应。

事实证明，用电动势法求得的热力学函数的变化值与热化学方法得到的基本一致，有时还更精确，因为电动势可以测定得很精确。但并不是所有的反应都可以用电化学方法来测定，只有那些可以排成可逆电池的反应，才可以用电化学方法求热力学函数

的变化值。

【例 7.8】 有电池 $Pt|H_2(p_{H_2})|HCl(0.1mol\cdot kg^{-1})|Cl_2(p_{Cl_2})|Pt$，它的电池反应可分别用以下两个方程表示：

$$\frac{1}{2}H_2(p^\ominus)+\frac{1}{2}Cl_2(p^\ominus)=H^+(a_{H^+})+Cl^-(a_{Cl^-}) \qquad (1)$$

$$H_2(p^\ominus)+Cl_2(p^\ominus)=2H^+(a_{H^+})+2Cl^-(a_{Cl^-}) \qquad (2)$$

试写出对应的 $\Delta_r G_m$、$K^\ominus$和 E 的计算式，并找出两组物理量之间的关系。

解 $E_1=E_1^\ominus-\frac{RT}{F}\ln\frac{a_{H^+}a_{Cl^-}}{a_{H_2}^{1/2}a_{Cl_2}^{1/2}} \qquad E_2=E_2^\ominus-\frac{RT}{2F}\ln\frac{a_{H^+}^2a_{Cl^-}^2}{a_{H_2}a_{Cl_2}}$

因为是同一个电池，故 $E_1^\ominus=E_2^\ominus$，$E_1=E_2$，即电池电动势的值是电池本身的性质，与电池反应的写法和电子得失的数目无关。

$$\Delta_r G_m(1)=-zFE_1=-FE_1 \qquad \Delta_r G_m(2)=-2FE_2$$

因为 $E_1=E_2$，所以 $\Delta_r G_m(1)=\frac{1}{2}\Delta_r G_m(2)$，虽然反应进度都是1mol，但电子得失的数目成倍数关系，所以 $\Delta_r G_m$ 的变化值也成倍数关系。

$$E_1^\ominus=\frac{RT}{F}\ln K_1^\ominus \qquad E_2^\ominus=\frac{RT}{2F}\ln K_2^\ominus$$

因为 $E_1^\ominus=E_2^\ominus$，所以 $K_1^\ominus=(K_2^\ominus)^{1/2}$。可见，$\Delta_r G_m$、$K^\ominus$的数值与电池的写法有关，电子得失成倍数关系，$\Delta_r G_m$ 也成倍数关系，$K^\ominus$则成指数关系。

【例 7.9】 设某电池的电池反应为 $Zn(s)+CuSO_4(aq)=\!=\!=Cu(s)+ZnSO_4(aq)$。在298K 和 313K 时分别测得电池的电动势为 1.1030V 和 1.0961V，并设在该温度范围内 E 随 T 的变化是均匀的。试求该电池在 298K 时反应的 $\Delta_r G_m$、$\Delta_r H_m$、$\Delta_r S_m$ 和可逆热效应 Q_R。

解 因为在该温度范围内 E 随 T 的变化是均匀的，所以

$$\left(\frac{\partial E}{\partial T}\right)_p\approx\left(\frac{\Delta E}{\Delta T}\right)_p=\frac{(1.0961-1.1030)V}{(313-298)K}=-4.6\times10^{-4}V\cdot K^{-1}$$

$$\Delta_r G_m=-zFE=-2\times96500C\cdot mol^{-1}\times1.1030V=-212.9kJ\cdot mol^{-1}$$

$$\Delta_r S_m=zF\left(\frac{\partial E}{\partial T}\right)_p=2\times96500C\cdot mol^{-1}\times(-4.6\times10^{-4}V\cdot K^{-1})$$

$$=-88.78J\cdot K^{-1}\cdot mol^{-1}$$

$$\Delta_r H_m=\Delta_r G_m+T\Delta_r S_m=-212.9kJ\cdot mol^{-1}+298K\times(-88.78\times10^{-3})kJ\cdot K^{-1}\cdot mol^{-1}$$

$$=-239.4kJ\cdot mol^{-1}$$

$$Q_R=T\Delta_r S_m=298K\times(-88.78\times10^{-3}kJ\cdot K^{-1}\cdot mol^{-1})=-26.46kJ\cdot mol^{-1}$$

7.6 电极电势和电池的电动势

主要知识点

1. 标准氢电极及二级标准电极

将镀有铂黑的铂片插入 $a_{H^+}=1$ 的溶液中，并不断用超纯的 $H_2(p^{\ominus})$ 冲击铂片，这样组成的电极称为标准氢电极。把待测电极（作为正极）与标准氢电极（作为负极）组成电池的电动势作为待测电极的电极电势。在任何温度下，规定标准氢电极的电极电势都等于零。

由于标准氢电极的制备复杂和使用不方便，因此将制作简单且具有稳定电极电势值的电极先与标准氢电极组成电池，获得其精确的电极电势值。然后用该电极去确定其他电极的电极电势，这种电极称为二级标准电极。常用的二级标准电极是饱和甘汞电极，298K 时，它的还原电极电势等于 0.2412V。

2. 标准电极电势

将各组分都处于标准态的给定电极与标准氢电极组成电池，氢电极为负极，发生氧化反应，给定电极为正极，发生还原反应，这个电池的电动势就作为给定电极的标准电极电势，即称为标准氢标还原电极电势。298K 时，一些常用的标准电极电势有表可查。目前大部分国家采用的是氢标还原电极电势，计算还原电极电势的能斯特方程为

$$a_{\mathrm{Ox}}(\text{氧化态})+z\mathrm{e}^- \longrightarrow a_{\mathrm{Red}}(\text{还原态}) \qquad E_{\mathrm{Ox|Red}}=E^{\ominus}_{\mathrm{Ox|Red}}-\frac{RT}{zF}\ln\prod_{\mathrm{B}} a_{\mathrm{B}}^{\nu_{\mathrm{B}}}$$

3. 电池的电动势

电池的电动势是组成电池的两个电极之间的电势差。计算电池的电动势有两种方法。

① 用正极的还原电极电势减去负极的还原电极电势。

$$E=E_{\mathrm{Ox|Red}}(\text{正})-E_{\mathrm{Ox|Red}}(\text{负})$$

② 根据电池反应，用计算电池电动势的能斯特方程进行计算。

$$E=E^{\ominus}-\frac{RT}{zF}\ln\prod_{\mathrm{B}} a_{\mathrm{B}}^{\nu_{\mathrm{B}}}$$

4. 浓差电池和盐桥

如果电池的净反应仅是同一种物质从高浓度（或高压力）向低浓度（或低压力）的转移，这类电池称为浓差电池。浓差电池有电极浓差电池和电解质溶液浓差电池两类，浓差电池的标准电动势等于零。盐桥是一个倒置的 U 形玻璃管，里面充满了正、负离子的迁移速率几乎相等的电解质浓溶液，并用琼胶将溶液固定。最常用的是 KCl 盐桥。在两个溶液之间插入盐桥后，可以将液体接界电势降低到忽略不计。

7.6.1 标准氢电极及二级标准电极

在 7.4.1 节电池电动势产生的机理中，得出电池电动势可表示为

$$E \approx \Phi_{-} + \Phi_{+}$$

即电池电动势等于正极和负极界面电势差之和。

原电池可看作是由两个相对独立的半电池组成，每个半电池相当于一个电极，分别进行氧化和还原作用。由不同的半电池可组成各式各样的电池。但是，到目前为止，还不能从实验上测定或从理论上计算单个电极的电极电势的绝对值。所以不能直接通过 $E \approx \Phi_{-} + \Phi_{+}$ 计算电池的电动势。只能通过实验测得由两个电极所组成的电池的电动势。然而，由不同的半电池（电极）可组成千千万万个电池，这样是不是意味着在实际使用中要测千千万万个电池的电动势呢？虽可行，但不实际，也无必要，而且所测的电池的电动势用起来不方便，因为各个电池的电动势之间无可比性。

为此，像热力学中为了解决标准摩尔生成焓和标准摩尔生成吉布斯函数一样，也为各个半电池选择了一个公共的基准电极，设定它的电极电势值，测出各个不同电极相对于基准电极的电动势，从而获得其他电极的相对电极电势。由于是相对于同一基准电极，这些电极电势之间具有可比性。而且利用这些被测电极的电极电势数值，可以计算由任意两个电极组成的电池的电动势。所选的电极就是标准氢电极，它的基本结构如图 7.14 所示。把镀有铂黑的铂片插入含有 H^+ 的溶液中，H^+ 的活度要严格等于 1，即

$$a_{H^+} = \gamma_{H^+} \frac{m_{H^+}}{m^\ominus} = 1 \qquad \gamma_{H^+} = 1 \qquad \frac{m_{H^+}}{m^\ominus} = 1$$

并用处于标准压力下的超纯氢气不断地冲击镀有铂黑的铂片。氢电极作为阳极的电极表示式和电极反应分别为

$$\mathrm{Pt}\,|\,H_2(p^\ominus)\,|\,H^+\ (a_{H^+}=1) \qquad H_2(p^\ominus) \longrightarrow 2H^+\ (a_{H^+}=1) + 2e^-$$

由 IUPAC 建议，目前已基本形成共识，即采用标准氢电极作为标准电极，将待测电极与标准氢电极组成电池，该电池的电动势就作为待测电极的电极电势。据此，标准氢电极在任何温度下的标准电极电势都等于零。

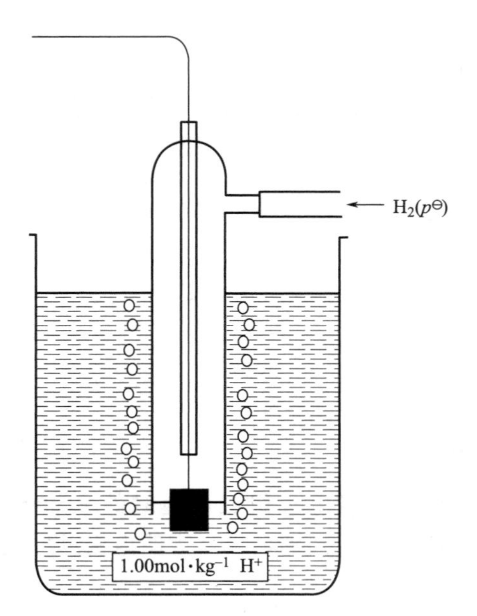

图 7.14 标准氢电极示意图

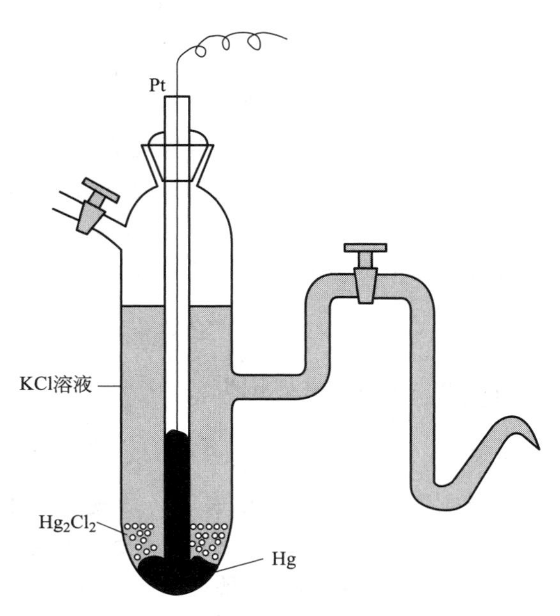

图 7.15 甘汞电极示意图

由于标准氢电极的制备和使用都比较复杂且不方便，因此在实际应用中，往往采用二级标准电极（也称为参比电极），即将二级标准电极与标准氢电极组成电池，精确测定电池的电动势，将该电动势作为二级标准电极的相对电极电势。然后将待测电极与该二级标准电极组成电池，根据所测定的电动势值就可以计算待测电极的相对电极电势。甘汞电极就是常用的二级标准电极，其结构如图 7.15 所示。

甘汞电极的基本结构是将少量金属汞放在底部，上面加少量由 Hg(l)、甘汞（Hg_2Cl_2,s）和 KCl(s) 组成的糊状物，再用饱和了甘汞的氯化钾溶液将上部充满。甘汞电极的制备简单，它在定温下具有稳定的电极电势值。甘汞电极作为阴极的电极表示式和电极的还原反应分别为

$$Cl^-(a_{Cl^-})|Hg_2Cl_2(s)|Hg(l) \quad Hg_2Cl_2(s)+2e^- \longrightarrow 2Hg(l)+2Cl^-(a_{Cl^-})$$

显然，甘汞电极的电极电势与 Cl^- 的活度有关，Cl^- 的活度不同，甘汞电极的电极电势也不同。最常用的是用 KCl 的饱和溶液制备的电极，称为饱和甘汞电极，在 298K 时，其还原电极电势为 0.2412V。根据 KCl 浓度不同，常用甘汞电极的电极电势如下：

电极类型	$E_{Cl^-\|Hg_2Cl_2\|Hg(l)}$(298K)/V
$KCl(0.1mol\cdot kg^{-1})\|Hg_2Cl_2(s)\|Hg(l)\|Pt$	0.3387
$KCl(1mol\cdot kg^{-1})\|Hg_2Cl_2(s)\|Hg(l)\|Pt$	0.2801
KCl(饱和)$\|Hg_2Cl_2(s)\|Hg(l)\|Pt$	0.2412

7.6.2 标准电极电势

目前国际上大多数国家所采用的标准电极电势都是氢标还原电极电势（以后简称为还原电极电势或电极电势），即在待测电极与标准氢电极组成电池时，将氢电极放在电池的左边作负极，发生氧化反应，将待测电极放在右边作正极，发生还原反应，电池的表示式为

标准氢电极||待测电极

测定这样构成的电池的电动势作为待测电极的氢标还原电极电势。如果待测电极的各组分都处于标准状态，则测定的电极电势就是标准氢标还原电极电势，简称标准电极电势。

作为正极的待测电极的电极反应可用以下通式表示：

$$a_{Ox}(\text{氧化态})+ze^- \longrightarrow a_{Red}(\text{还原态})$$

计算还原电极电势的能斯特方程为

$$E_{Ox|Red}=E^{\ominus}_{Ox|Red}-\frac{RT}{zF}\ln\frac{a_{Red}}{a_{Ox}} \tag{7.42}$$

写成更一般的通式，则为

$$E_{Ox|Red}=E^{\ominus}_{Ox|Red}-\frac{RT}{zF}\ln\prod_B a_B^{\nu_B} \tag{7.43}$$

电极电势的符号也用 E 表示，体现了它本身就是与标准氢电极组成电池时的电动势。电极电势 E 的下标（Ox | Red），一是表明与电池电动势 E 有所区别，二是表明电极反应是从氧化态到还原态，用的是还原电极电势。

以铜电极为例，与标准氢电极组成以下电池：

$$Pt|H_2(p^{\ominus})|H^+(a_{H^+}=1)||Cu^{2+}(a_{Cu^{2+}}=1)|Cu(s)$$

测得该电池在298K时的电动势$E=0.337V$，则处于标准状态时的铜电极的还原电极电势就等于0.337V，即

$$E^{\ominus}_{Cu^{2+}|Cu}=E=0.337V\approx 0.34V$$

对于锌电极，则有

$$Pt \mid H_2(p^{\ominus}) \mid H^+(a_{H^+}=1) \mid\mid Zn^{2+}(a_{Zn^{2+}}=1) \mid Zn(s)$$

$$E^{\ominus}_{Zn^{2+}|Zn}=E=-0.763V\approx -0.76V$$

锌电极的电极电势之所以为负值，是因为锌比氢活泼，实际上是Zn(s)被氧化，与标准氢电极排成的电池是非自发电池，所以锌电极的电极电势取的是实际测量所得电池电动势的负值。

一些常用的电极在298K时，以H_2O(l)为溶剂的标准还原电极电势值见表7.5。

表7.5 常用电极的标准还原电极电势（298K）

电极的还原反应	$E^{\ominus}_{Ox\mid Red}/V$	电极的还原反应	$E^{\ominus}_{Ox\mid Red}/V$
$F_2+2e^- \longrightarrow 2F^-$	+2.87	$ClO_4^-+2H^++2e^- \longrightarrow ClO_3^-+2H_2O$	+1.23
$S_2O_8^{2-}+2e^- \longrightarrow 2SO_4^{2-}$	+2.05	$MnO_2+4H^++2e^- \longrightarrow Mn^{2+}+2H_2O$	+1.23
$Co^{3+}+e^- \longrightarrow Co^{2+}$	+1.81	$Br_2+2e^- \longrightarrow 2Br^-$	+1.09
$H_2O_2+2H^++2e^- \longrightarrow 2H_2O$	+1.78	$Pu^{4+}+e^- \longrightarrow Pu^{3+}$	+0.97
$Au^++e^- \longrightarrow Au$	+1.69	$NO_3^-+4H^++3e^- \longrightarrow NO+2H_2O$	+0.96
$Pb^{4+}+2e^- \longrightarrow Pb^{2+}$	+1.67	$2Hg^{2+}+2e^- \longrightarrow Hg_2^{2+}$	+0.92
$2HClO+2H^++2e^- \longrightarrow Cl_2+2H_2O$	+1.63	$ClO^-+H_2O+2e^- \longrightarrow Cl^-+2OH^-$	+0.89
$2HBrO+2H^++2e^- \longrightarrow Br_2+2H_2O$	+1.60	$Hg^{2+}+2e^- \longrightarrow Hg$	+0.86
$MnO_4^-+8H^++5e^- \longrightarrow Mn^{2+}+4H_2O$	+1.51	$NO_3^-+2H^++e^- \longrightarrow NO_2+2H_2O$	+0.80
$Mn^{3+}+e^- \longrightarrow Mn^{2+}$	+1.51	$Ag^++e^- \longrightarrow Ag$	+0.80
$Au^{3+}+3e^- \longrightarrow Au$	+1.40	$Hg_2^{2+}+2e^- \longrightarrow 2Hg$	+0.79
$Cl_2+2e^- \longrightarrow 2Cl^-$	+1.36	$Fe^{3+}+e^- \longrightarrow Fe^{2+}$	+0.77
$CrO_7^{2-}+14H^++6e^- \longrightarrow 2Cr^{3+}+7H_2O$	+1.33	$BrO^-+H_2O+e^- \longrightarrow Br+2OH^-$	+0.76
$O_2+4H^++4e^- \longrightarrow 2H_2O$	+1.23	$Hg_2SO_4+2e^- \longrightarrow 2Hg+SO_4^{2-}$	+0.62
$MnO_4^{2-}+2H_2O+2e^- \longrightarrow MnO_2+4OH^-$	+0.60	$Ti^{3+}+e^- \longrightarrow Ti^{2+}$	−0.37
$MnO_4^-+e^- \longrightarrow MnO_4^{2-}$	+0.56	$Cd^{2+}+2e^- \longrightarrow Cd$	−0.40
$I_2+2e^- \longrightarrow 2I^-$	+0.54	$Cr^{3+}+e^- \longrightarrow Cr^{2+}$	−0.41
$I_3^-+2e^- \longrightarrow 3I^-$	+0.53	$Fe^{2+}+2e^- \longrightarrow Fe$	−0.44
$Cu^++e^- \longrightarrow Cu$	+0.52	$S+2e^- \longrightarrow S^{2-}$	−0.48
$NiOOH+H_2O+e^- \longrightarrow Ni(OH)_2+OH^-$	+0.49	$Cr^{3+}+3e^- \longrightarrow Cr$	−0.74
$Ag_2CrO_4+2e^- \longrightarrow 2Ag+CrO_4^{2-}$	+0.45	$Zn^{2+}+2e^- \longrightarrow Zn$	−0.76
$O_2+2H_2O+4e^- \longrightarrow 4OH^-$	+0.40	$Cd(OH)_2+2e^- \longrightarrow Cd+2OH^-$	−0.81
$ClO_4^-+H_2O+2e^- \longrightarrow ClO_3^-+2OH^-$	+0.36	$2H_2O+2e^- \longrightarrow H_2+2OH^-$	−0.83
$[Fe(CN)_6]^{3-}+e^- \longrightarrow [Fe(CN)_6]^{4-}$	+0.36	$Cr^{2+}+2e^- \longrightarrow Cr$	−0.91
$Cu^{2+}+2e^- \longrightarrow Cu$	+0.34	$Mn^{2+}+2e^- \longrightarrow Mn$	−1.18
$Hg_2Cl_2+2e^- \longrightarrow 2Hg+2Cl^-$	+0.27	$V^{2+}+2e^- \longrightarrow V$	−1.19
$AgCl+e^- \longrightarrow Ag+Cl^-$	+0.22	$Ti^{2+}+2e^- \longrightarrow Ti$	−1.63

续表

电极的还原反应	$E^{\ominus}_{\text{Ox}\mid\text{Red}}$/V	电极的还原反应	$E^{\ominus}_{\text{Ox}\mid\text{Red}}$/V
$Bi^{3+}+3e^- \longrightarrow Bi$	+0.20	$Al^{3+}+3e^- \longrightarrow Al$	−1.66
$Cu^{2+}+e^- \longrightarrow Cu^+$	+0.16	$U^{3+}+3e^- \longrightarrow U$	−1.79
$Sn^{4+}+2e^- \longrightarrow Sn^{2+}$	+0.15	$Sc^{3+}+3e^- \longrightarrow Sc$	−2.09
$AgBr+e^- \longrightarrow Ag+Br^-$	+0.07	$Mg^{2+}+2e^- \longrightarrow Mg$	−2.36
$Ti^{4+}+e^- \longrightarrow Ti^{3+}$	0.00	$Ce^{3+}+3e^- \longrightarrow Ce$	−2.48
$2H^++2e^- \longrightarrow H_2$(定义)	0	$La^{3+}+3e^- \longrightarrow La$	−2.52
$Fe^{3+}+3e^- \longrightarrow Fe$	−0.04	$Na^++e^- \longrightarrow Na$	−2.71
$O_2+H_2O+2e^- \longrightarrow HO_2^-+OH^-$	−0.08	$Ca^{2+}+2e^- \longrightarrow Ca$	−2.87
$Pb^{2+}+2e^- \longrightarrow Pb$	−0.13	$Sr^{2+}+2e^- \longrightarrow Sr$	−2.89
$Sn^{2+}+2e^- \longrightarrow Sn$	−0.14	$Ba^{2+}+2e^- \longrightarrow Ba$	−2.91
$AgI+e^- \longrightarrow Ag+I^-$	−0.15	$Ra^{2+}+2e^- \longrightarrow Ra$	−2.92
$Ni^{2+}+2e^- \longrightarrow Ni$	−0.23	$Cs^++e^- \longrightarrow Cs$	−2.92
$Co^{2+}+2e^- \longrightarrow Co$	−0.28	$Rb^++e^- \longrightarrow Rb$	−2.93
$Tl^++e^- \longrightarrow Tl$	−0.34	$K^++e^- \longrightarrow K$	−2.93
$PbSO_4+2e^- \longrightarrow Pb+SO_4^{2-}$	−0.36	$Li^++e^- \longrightarrow Li$	−3.05

非科研用电极电势值的有效数字一般取得较少。从标准电极电势表上可以看出，凡是比氢活泼的金属的电极电势都是负值，金属越活泼，其电极电势为负值的绝对值越大，因为与氢电极组成了非自发电池（实验当然只能测定自发电池的电动势，即实验时要把书面表示电池的正、负极对调）；而凡是没有氢气活泼的金属的电极电势都是正值，因为它们与氢电极按规定组成的电池是自发电池。

有了标准电极电势表，就可以根据式(7.43) 计算电极在不同浓度时的还原电极电势。

【例 7.10】 在 298K 时，分别计算以下电极的还原电极电势，所需的标准电极电势可从表 7.5 中查阅。

① Cu^{2+} ($a_{Cu^{2+}}=0.1$) | Cu(s)；② H^+ ($a_{H^+}=0.01$) | $H_2(p^{\ominus})$ | Pt

解 ① 铜电极的电极反应和标准电极电势为

$$Cu^{2+}(a_{Cu^{2+}}=0.1)+2e^- \longrightarrow Cu(s) \qquad E^{\ominus}_{Cu^{2+}\mid Cu}=0.34\text{V}$$

$$E_{Cu^{2+}\mid Cu}=E^{\ominus}_{Cu^{2+}\mid Cu}-\frac{RT}{zF}\ln\frac{a_{Cu}}{a_{Cu^{2+}}}=0.34\text{V}-\frac{RT}{zF}\ln\frac{1}{0.1}=0.31\text{V}$$

② 氢电极的电极反应和标准电极电势为

$$2H^+(a_{H^+}=0.01)+2e^- \longrightarrow H_2(p^{\ominus}) \qquad E^{\ominus}_{H^+\mid H_2}=0$$

$$E_{H^+\mid H_2}=E^{\ominus}_{H^+\mid H_2}-\frac{RT}{zF}\ln\frac{a_{H_2}}{a^2_{H^+}}=0\text{V}-\frac{RT}{2F}\ln\frac{1}{(0.01)^2}=-0.12\text{V}$$

7.6.3 电池的电动势

已经知道，电极通常由两部分构成：承担电子交换（氧化或还原反应）的金属和相应的电解质。电极电势不仅与电极材料以及在电极上发生电子交换（氧化或还原反应）的物质种类有关，还与相应的电解质浓度有关。电池是由不同的两个电极组成，所以电池的电动势同样与电极材料、电极上发生氧化或还原反应的物质种类以及电解质浓度（或压力）有关。

电池的电动势等于组成电池的两个电极之间的电势差。因为正极的电势高于负极的电势。所以电池的电动势 E 就等于正极的还原电极电势减去负极的还原电极电势。对应于电池的书面表示式，也就是将右边电极的还原电极电势减去左边电极的还原电极电势，即

$$E = E_{\mathrm{Ox|Red}}(\text{正,或右}) - E_{\mathrm{Ox|Red}}(\text{负,或左}) \tag{7.44}$$

在计算电池电动势时，首先要根据电池的书面表示式，正确写出电极反应和电池反应，方程式要保持物质和电量平衡，对于参与反应的各种物质要标明其物态和活度（或压力），注明电池所处温度（因为这些都与电动势的计算有关）。然后用以下两种方法中的任一种，计算电池的电动势。

方法 1　正确写出两个电极的电极反应，使电子的得失数相同。再分别写出两个电极的计算还原电极电势的能斯特方程，利用式(7.44) 就可以计算电池的电动势 E。

$$\begin{aligned} E &= E_{\mathrm{Ox|Red}}(\text{正}) - E_{\mathrm{Ox|Red}}(\text{负}) \\ &= \left(E^{\ominus}_{\mathrm{Ox|Red}} - \frac{RT}{zF}\ln\prod_{\mathrm{B}} a_{\mathrm{B}}^{\nu_{\mathrm{B}}}\right)_{\text{正极}} - \left(E^{\ominus}_{\mathrm{Ox|Red}} - \frac{RT}{zF}\ln\prod_{\mathrm{B}} a_{\mathrm{B}}^{\nu_{\mathrm{B}}}\right)_{\text{负极}} \end{aligned}$$

计算式中用的都是还原电极电势，不考虑电极实际发生的反应。

方法 2　正确写出整个电池的净反应，满足物量和电量平衡，使 $0 = \sum_{\mathrm{B}} \nu_{\mathrm{B}} \mathrm{B}$。将各物质的活度代入式(7.36)，利用计算电池电动势的能斯特方程，直接计算电池的电动势。

$$E = E^{\ominus} - \frac{RT}{zF}\ln\prod_{\mathrm{B}} a_{\mathrm{B}}^{\nu_{\mathrm{B}}}$$

$E^{\ominus}$的值可以从标准电极电势表获得，将正极的标准电极电势减去负极的标准电极电势。在 $\prod_{\mathrm{B}} a_{\mathrm{B}}^{\nu_{\mathrm{B}}}$ 一项中，分子是生成物一边物质（既有氧化态，也有还原态）的活度积，分母是反应物一边物质（既有氧化态，也有还原态）的活度积。如果计算所得的电动势值是正值，说明该电池为自发电池，否则为非自发电池。

电池的电动势是电池自身的特性，它并不因为书写电极反应时所取的电子得失数的不同而不同。从计算式中也可以看出，在 $\frac{RT}{zF}$ 项中的电子得失数 z 与 $\prod_{B} a_{\mathrm{B}}^{\nu_{\mathrm{B}}}$ 一项中指数 ν_{B} 之间的比例是一个定值。

【例 7.11】 写出下列电池的电极和电池反应，分别用两种方法计算 298K 时电池的电动势。设 $H_2(g)$ 为理想气体。

$$\mathrm{Pt} \mid \mathrm{H_2}(p_{\mathrm{H_2}} = 90.0\mathrm{kPa}) \mid \mathrm{H^+}(a_{\mathrm{H^+}} = 0.01) \,||\, \mathrm{Cu^{2+}}(a_{\mathrm{Cu^{2+}}} = 0.10) \mid \mathrm{Cu(s)}$$

解　负极，氧化　$\mathrm{H_2}(p_{\mathrm{H_2}} = 90.0\mathrm{kPa}) \longrightarrow 2\mathrm{H^+}(a_{\mathrm{H^+}} = 0.01) + 2\mathrm{e^-}$

正极，还原　$\mathrm{Cu^{2+}}(a_{\mathrm{Cu^{2+}}} = 0.10) + 2\mathrm{e^-} \longrightarrow \mathrm{Cu(s)}$

净反应　$\mathrm{H_2}(90.0\mathrm{kPa}) + \mathrm{Cu^{2+}}(a_{\mathrm{Cu^{2+}}} = 0.10) \longrightarrow \mathrm{Cu(s)} + 2\mathrm{H^+}(a_{\mathrm{H^+}} = 0.01)$

因为设 $H_2(g)$ 为理想气体，所以 $a_{\mathrm{H_2}} = \frac{p(\mathrm{H_2})}{p^{\ominus}} = \frac{90.0\mathrm{kPa}}{100\mathrm{kPa}} = 0.90$；Cu(s) 是纯固体，活度等于 1。从标准电极电势表查得 $E^{\ominus}_{\mathrm{Cu^{2+}|Cu}} = 0.34\mathrm{V}$。

方法 1

$$E=E_{\text{Ox|Red}}(\text{正})-E_{\text{Ox|Red}}(\text{负})=E_{Cu^{2+}|Cu}-E_{H^+|H_2}$$

$$=\left(E^{\ominus}_{Cu^{2+}|Cu}-\frac{RT}{zF}\ln\frac{a_{Cu}}{a_{Cu^{2+}}}\right)-\left(E^{\ominus}_{H^+|H_2}-\frac{RT}{zF}\ln\frac{a_{H_2}}{a^2_{H^+}}\right)$$

$$=\left(0.34-\frac{RT}{2F}\ln\frac{1}{0.10}\right)\text{V}-\left(0-\frac{RT}{2F}\ln\frac{0.90}{0.01^2}\right)\text{V}$$

$$=0.31\text{V}-(-0.117\text{V})=0.43\text{V}$$

方法 2

$$E=E^{\ominus}-\frac{RT}{zF}\ln\prod_B a_B^{\nu_B}=(E^{\ominus}_{Cu^{2+}|Cu}-E^{\ominus}_{H^+|H_2})-\frac{RT}{zF}\ln\frac{a^2_{H^+}a_{Cu}}{a_{H_2}a_{Cu^{2+}}}$$

$$=\left[(0.34-0)-\frac{RT}{zF}\ln\frac{(0.01)^2}{0.90\times0.10}\right]\text{V}=0.43\text{V}$$

显然，两种计算方法所得到的结果是相同的。采用何种方法，应根据已知条件和需要来决定。

【例 7.12】 金属铜有两种不同的氧化态 Cu^+ 和 Cu^{2+}，找出它们三个标准还原电极电势 $E^{\ominus}_{Cu^+|Cu}$、$E^{\ominus}_{Cu^{2+}|Cu}$ 与 $E^{\ominus}_{Cu^{2+}|Cu^+}$ 之间的关系。

解 两种氧化态 Cu^+ 和 Cu^{2+} 的电极还原反应和对应的电极电势分别为

① $Cu^{2+}+2e^-\longrightarrow Cu(s)$ $\quad E^{\ominus}_{Cu^{2+}|Cu}$ $\quad \Delta_r G^{\ominus}_m=-2FE^{\ominus}_{Cu^{2+}|Cu}$

② $Cu^{+}+e^-\longrightarrow Cu(s)$ $\quad E^{\ominus}_{Cu^{+}|Cu}$ $\quad \Delta_r G^{\ominus}_m=-FE^{\ominus}_{Cu^{+}|Cu}$

①－②＝③，得

③ $Cu^{2+}+e^-\longrightarrow Cu^+$ $\quad E^{\ominus}_{Cu^{+}|Cu}$ $\quad \Delta_r G^{\ominus}_m=-FE^{\ominus}_{Cu^{2+}|Cu^+}$

电极电势是电极在规定条件下的相对值，不是状态函数，不能直接将其相加减。而 $\Delta_r G^{\ominus}_m$ 是系统的状态函数，方程式相加减，$\Delta_r G^{\ominus}_m$ 之间也是相加减的关系，所以有

$$\Delta_r G^{\ominus}_m(3)=\Delta_r G^{\ominus}_m(1)-\Delta_r G^{\ominus}_m(2)$$

将各个 $\Delta_r G^{\ominus}_m$ 与 $E_{\text{Ox|Red}}$ 的关系式代入上式，整理得

$$E^{\ominus}_{Cu^{2+}|Cu^+}=2E^{\ominus}_{Cu^{2+}|Cu}-E^{\ominus}_{Cu^{+}|Cu}$$

7.6.4 浓差电池和盐桥

利用电极或电解质溶液间的浓度（或压力）差产生电动势的装置称为浓差电池。更具体地说，浓差电池是指电池内部物质变化仅是由物质从高浓度（或压力）变成低浓度（或压力）的物理过程中吉布斯函数改变值ΔG 转化为电能的一类电池。与自发扩散作用不同，在浓差电池中物质的转移是间接地通过电极反应实现的，故其吉布斯函数改变值ΔG 可转变为电功。虽然在整个过程中也经历了氧化还原过程，但在电池的净反应中没有反映出来。浓差电池又分为电极浓差电池和电解质溶液浓差电池两大类。

（1）电极浓差电池

电极浓差电池是由两个化学性质相同而活度（或压力）不同的电极浸在同一个电解质溶

液中组成的电池。例如

$$\mathrm{Pt}\mid \mathrm{H_2}(p_1)\mid \mathrm{HCl(aq)}\mid \mathrm{H_2}(p_2)\mid \mathrm{Pt}$$

阳极（负极）反应　　$H_2(p_1) \longrightarrow 2H^+(a_{H^+}) + 2e^-$

阴极（正极）反应　　$2H^+(a_{H^+}) + 2e^- \longrightarrow H_2(p_2)$

电池（净）反应　　$H_2(p_1) \longrightarrow H_2(p_2)$

电动势的计算式为

$$E = \frac{RT}{zF}\ln\frac{p_1}{p_2}$$

因为两个电极相同，标准电极电势相等，所以 $E^{\ominus}=0$，这是所有浓差电池的共同特征。显然，要使电池成为自发电池，必须 $p_1 > p_2$。也就是说，物质由高压（或高浓度）向低压（或低浓度）转移的浓差电池才是自发的。类似的还有：

$$\mathrm{Pt}\mid \mathrm{Cl_2}(p_1)\mid \mathrm{HCl(aq)}\mid \mathrm{Cl_2}(p_2)\mid \mathrm{Pt}$$

$$E = \frac{RT}{zF}\ln\frac{p_2}{p_1}$$

[请注意，同样形式的电极浓差电池（正极压力 p_2，负极压力 p_1），计算 H_2 电极浓差电池 E 的方程与计算 Cl_2 电极浓差电池 E 的方程不同]

两个浓度不同的金属铜汞齐材料插入一定浓度的 Cu^{2+} 溶液中也构成电极浓差电池：

$$\mathrm{Cu\text{-}Hg}(a_1)\mid \mathrm{CuSO_4}(a)\mid \mathrm{Cu\text{-}Hg}(a_2)$$

阳极（负极）反应　$Cu(a_1) \longrightarrow Cu^{2+}(a) + 2e^-$

阴极（正极）反应　$Cu^{2+}(a) + 2e^- \longrightarrow Cu(a_2)$

电池（净）反应　$Cu(a_1) \longrightarrow Cu(a_2)$

电池反应的结果是 Cu 从活度为 a_1 的负极中可逆地转移到活度为 a_2 的正极中，是一物理过程。其 $\Delta G = RT\ln(a_2/a_1)$，电池的电动势为

$$E = -\frac{RT}{2F}\ln\frac{a_2}{a_1} = \frac{RT}{2F}\ln\frac{a_1}{a_2}$$

对于自发进行的电池反应，其 $E>0$，即 $a_1>a_2$，表明在适当的电池装置中，高浓度铜汞齐转化为低浓度铜汞齐可产生电动势。

（2）电解质溶液浓差电池

电解质溶液浓差电池是由两个性质完全相同的电极浸到两个电解质相同而活度不同的溶液中组成的电池。电解质溶液浓差电池，又称为双液浓差电池。根据发生转移的离子不同，可分为阳离子转移浓差电池、阴离子转移浓差电池和双联浓差电池。

① 阳离子转移浓差电池

例如

$$\mathrm{Ag(s)}\mid \mathrm{AgNO_3}(a_1)\mid \mathrm{AgNO_3}(a_2)\mid \mathrm{Ag(s)}$$

阳极（负极）反应　$Ag(s) \longrightarrow Ag^+(a_1) + e^-$

阴极（正极）反应　$Ag^+(a_2) + e^- \longrightarrow Ag(s)$

电池（净）反应　$Ag^+(a_2) \longrightarrow Ag^+(a_1)$

电池反应的结果是 Ag^+ 从活度为 a_2 的溶液中可逆地转移到活度为 a_1 的溶液中，是一物理过程。其 $\Delta G = RT\ln(a_1/a_2)$，电池的电动势为

$$E=-\frac{RT}{F}\ln\frac{a_{Ag^+,1}}{a_{Ag^+,2}}=\frac{RT}{F}\ln\frac{a_{Ag^+,2}}{a_{Ag^+,1}}$$

对于自发进行的电池反应，其 $E>0$，即 $a_2>a_1$，表现为在高浓度电解质离子 $Ag^+(a_2)$ 转化为低浓度电解质离子 $Ag^+(a_1)$ 时，产生了电动势。

② 阴离子转移浓差电池

例如 $Ag(s)\mid AgCl(s)\mid HCl(a_1)\mid\mid HCl(a_2)\mid AgCl(s)\mid Ag(s)$

阳极（负极）反应 $Ag+Cl^-(a_1)\longrightarrow AgCl(s)+e^-$

阴极（正极）反应 $AgCl(s)+e^-\longrightarrow Ag+Cl^-(a_2)$

电池（净）反应 $Cl^-(a_1)\longrightarrow Cl^-(a_2)$

电池反应的结果是 Cl^- 从活度为 a_1 的溶液中可逆地转移到活度为 a_2 的溶液中，是一物理过程。其 $\Delta G=RT\ln(a_2/a_1)$，电池的电动势为

$$E=-\frac{RT}{F}\ln\frac{a_{Cl^-,2}}{a_{Cl^-,1}}=\frac{RT}{F}\ln\frac{a_{Cl^-,1}}{a_{Cl^-,2}}$$

当 $a_{Cl^-,1}>a_{Cl^-,2}$ 时，电池自发进行，$E>0$，称该浓差电池为阴离子可逆的浓差电池。

细心的读者不难发现，对于上述阳离子转移和阴离子转移的两种浓差电池，尽管其正、负极的活度都分别是 a_2 和 a_1，但是，阳离子转移和阴离子转移的电池反应式不同，对于阳离子转移，电池反应左边是 a_2，右边是 a_1，而阴离子转移则刚好相反。正因为如此，导致阳离子转移和阴离子转移的 ΔG 和 E 的方程式不同。

（3）液体接界电势及其计算公式

对于电池

$$Pt\mid H_2(p_{H_2})\mid HCl(a_1)\,\vdots\,HCl(a_2)\mid H_2(p_{H_2})\mid Pt$$

当电池可逆地输送元电荷电量 n（mol）时，

$$t_+ nH^+(a_1)\longrightarrow t_+ nH^+(a_2)$$

$$t_- nCl^-(a_2)\longrightarrow t_- nCl^-(a_1)$$

式中，t_+ 和 t_- 分别为正、负离子的迁移数。

在恒温恒压条件下，当 t_+n 的 H^+ 由活度为 a_1 迁入活度为 a_2 的系统时，其吉布斯函数的改变值为

$$\Delta G(H^+)=t_+ n[\mu_{H^+}(a_2)-\mu_{H^+}(a_1)]$$

$$=t_+ n[(\mu^{\ominus}_{H^+}+RT\ln a_2)-(\mu^{\ominus}_{H^+}+RT\ln a_1)]=t_+ nRT\ln\frac{a_2}{a_1}$$

同理，
$$\Delta G(Cl^-)=t_- nRT\ln\frac{a_1}{a_2}$$

总的吉布斯函数改变值为

$$\Delta G=\Delta G(H^+)+\Delta G(Cl^-)=t_+ nRT\ln\frac{a_2}{a_1}+t_- nRT\ln\frac{a_1}{a_2}$$

同时 $\Delta G=-nFE_J$（E_J 为液体接界电势）

所以
$$E_J=\frac{t_+RT}{F}\ln\frac{a_1}{a_2}+\frac{t_-RT}{F}\ln\frac{a_2}{a_1}$$

即 $$E_J=(t_+-t_-)\frac{RT}{F}\ln\frac{a_1}{a_2}=(2t_+-1)\frac{RT}{F}\ln\frac{a_1}{a_2}=(1-2t_-)\frac{RT}{F}\ln\frac{a_1}{a_2}$$

该式只适用于两接界溶液中电解质种类相同且为1-1价型电解质。若为其他类型电解质，或两接界溶液的电解质种类不同，也可用同样方法推导其计算公式。

对于两接界溶液为相同高价型电解质 $M^{z+}A^{z-}$

$$E_J=\left(\frac{t_+}{z_+}-\frac{t_-}{z_-}\right)\frac{RT}{F}\ln\frac{a_1}{a_2}$$

由上式可知：E_J 与 t_+ 和 t_- 有关，若 $t_+=t_-$，则 $E_J=0$。用盐桥消除 E_J 正是根据这一原理设计的。反过来，若测定了 E_J，通过上式可计算 t_+。

根据液体接界电势的计算公式还可知，液体接界电势的大小及符号和两电解质溶液的活度有关，也与电解质的本性有关。

（4）盐桥的特点和作用

由于液体接界电势测定的重复性较差，再加上在溶液界面上，离子的扩散是不可逆的，导致电池的可逆性遭到破坏，进而会产生极化现象，这样使得测定的电动势成为不是完全可逆的电动势，所以在实际过程中尽可能降低液体接界电势的影响。最常用的方法就是将两个溶液分置在不同的容器中，在两个容器之间插入一个盐桥，连通溶液之间的电路。

盐桥是一个倒置的U形玻璃管，里面充满了正、负离子迁移速率近似相等的电解质浓溶液，并用琼胶（一种冻胶）将溶液固定，离子在琼胶固定的溶液中的迁移速率与在溶液中基本相同。制备盐桥最常用的是KCl的浓溶液，因为 K^+ 和 Cl^- 的迁移速率几乎相等，导电能力相仿，迁移数基本相同。这样，在盐桥和两个溶液的接界处，由于KCl的浓度远大于两边溶液中电解质的浓度，在溶液界面上传输电流的任务主要由 K^+ 和 Cl^- 承担，因而能使液接电势降低到可以忽略不计（但液接电势不可能等于零，因为 K^+ 和 Cl^- 的迁移速率并不完全相等）。如果组成电池的电解质中，含有能与盐桥中的离子发生反应或生成沉淀的离子，如 Ag^+、Hg_2^{2+} 等，则不能用KCl盐桥，而要改用由 $KNO_3(s)$ 或 $NH_4NO_3(s)$ 等盐类的浓溶液制成的盐桥。

7.6.5 原电池的设计

前面讲的是从实际电池→电池书写式→电极反应→电池反应→能斯特方程→E、Δ_rG_m、Δ_rS_m、Δ_rH_m 和 Q_R 等。已经知道，电化学测量在许多方面具有应用，但是要想利用电化学方法，就必须把实际过程（需要）设计成电池，即实际过程（需要）→设计成电池（反应）。设计电池的要点如下。

① 写出实际反应过程（例如氧化、还原反应）。

② 找出哪些物质发生了氧化反应，哪些物质发生了还原反应，且分别是在什么介质（酸性或碱性）中进行的。

③ 将发生还原反应的物质及相应的介质（按还原反应）写成正极的电极反应，发生氧化反应的物质及相应的介质（按氧化反应）写成负极的电极反应，并将两电极反应相加得电池反应，与实际要求相比较，看是否相符。如相符，则进行第④步。

④ 按照电池书写式的要求，正极在右，负极在左，从左至右写出电池书写式。

下面以实例举例说明不同类型的电池设计。

(1) 氧化还原反应

【例 7.13】 按下列反应设计电池 $Cu(s)+Cu^{2+}(a_1)\longrightarrow 2\,Cu^{+}(a_2)$。

解 反应中，被氧化的物质为 Cu (s)，被还原的物质为 Cu^{2+}，氧化和还原反应的产物为 Cu^{+}。

$$电极反应\quad 正极：Cu^{2+}(a_1)+e^{-}\longrightarrow Cu^{+}(a_2)$$

$$负极：Cu(s)\longrightarrow Cu^{+}(a_2)+e^{-}$$

$$电池反应：Cu(s)+Cu^{2+}(a_1)\longrightarrow 2Cu^{+}(a_2)$$

与要求的反应相符。设计电池如下：

$$Cu(s)|Cu^{+}(a_2)||Cu^{2+}(a_1),\ Cu^{+}(a_2)|Cu(s)$$

注意：在上述电池中，正、负极中 Cu^{+} 的浓度应相同 (a_2)，这是因为在实际要求的体系中 Cu^{+} 的浓度只有一个数值。

【例 7.14】 将反应 $H_2[g,p(H_2)]+\frac{1}{2}O_2[g,p(O_2)]\longrightarrow H_2O(l)$ 设计成电池。

解 在该题中，被氧化的物质为 $H_2[g,\ p(H_2)]$，被还原的物质为 $O_2[g,\ p(O_2)]$，氧化还原反应的产物为 H_2O (l)。此外，在氢电极和氧电极中均涉及所用的介质，首先看看在酸性介质中：

$$正极：\frac{1}{2}O_2[g,p(O_2)]+2H^{+}+2e^{-}\longrightarrow H_2O(l)$$

$$负极：H_2[g,p(H_2)]\longrightarrow 2H^{+}+2e^{-}$$

电池反应：$\frac{1}{2}O_2[g,p(O_2)]+H_2[g,p(H_2)]\longrightarrow H_2O$ (l) 与实际过程相符，故设计电池如下：

$$Pt\mid H_2[g,p(H_2)]|H^{+}|O_2[g,p(O_2)]\mid Pt$$

上述电池也可设计在碱性介质中，读者不妨自己试一试。

(2) 扩散过程——浓差电池

【例 7.15】 将气体扩散过程 $H_2(g,p_1)\longrightarrow H_2(g,p_2)$ 设计成电池。

解 很显然，上述过程是一个电极浓差电池反应，无电子得失。方程两边物质的种类相同，仅状态不同而已。与前面讲的在电池反应中存在着氧化态以及与其对应的还原态不一样，如何设计呢？因为电极反应一定存在着电子得失，为了将上述过程构成电池，可将上述反应的一边物质 (H_2) 假想成发生了氧化反应，而另一边物质发生了还原反应。将哪一边物质设计成氧化或还原反应呢？这要视具体情况而定，在上例中，若 $p_1>p_2$，即左边的 H_2 扩散到右边，$H_2(g,\ p_1)\longrightarrow H_2(g,\ p_2)$，则将右边 $H_2(p_2)$ 设计成还原反应，即

$$正极：\quad 2H^{+}+2e^{-}\longrightarrow H_2(g,p_2)$$

$$负极：\quad H_2(g,p_1)\longrightarrow 2H^{+}+2e^{-}$$

$$电池反应：H_2(g,p_1)\longrightarrow H_2(g,p_2)$$

上述电池反应不涉及电子得失，仅发生状态变化，与实际过程相符。可设计电池如下：

$$\mathrm{Pt}|\mathrm{H_2}(\mathrm{g},p_1)|\mathrm{H^+}(a)|\mathrm{H_2}(\mathrm{g},p_2)|\mathrm{Pt}$$

$$E=\frac{RT}{2F}\ln\frac{p_1}{p_2}$$

上述电池也可以设计在碱性介质（OH^-）中进行，请读者自己练习。

离子扩散过程有阴离子扩散过程和阳离子扩散过程，上面所举例子是阴离子扩散过程，关于将阳离子扩散过程设计成电池读者可自己练习。

（3）中和反应

【例 7.16】 将中和反应 $\mathrm{H^+}(a_{\mathrm{H^+}})+\mathrm{OH^-}(a_{\mathrm{OH^-}})\longrightarrow \mathrm{H_2O(l)}$ 设计成电池。

解 该过程同样不涉及氧化还原物质和电子的得失，其分析同例 7.15。但要注意，该过程涉及 H^+ 和 OH^-，故在设计电池时，一定要设计成双液电池。电池设计可用氧电极，也可用氢电极。这里以氧电极为例（读者自己可用氢电极练习）。

正极： $\frac{1}{2}\mathrm{O_2}(\mathrm{g},\ p)+2\mathrm{H^+}(a_{\mathrm{H^+}})+\mathrm{e^-}\longrightarrow \mathrm{H_2O(l)}$ 在酸性介质中

负极： $2\mathrm{OH^-}(a_{\mathrm{OH^-}})\longrightarrow \frac{1}{2}\mathrm{O_2}(\mathrm{g},\ p)+\mathrm{H_2O(l)}+\mathrm{e^-}$ 在碱性介质中

电池反应：$\mathrm{H^+}(a_{\mathrm{H^+}})+\mathrm{OH^-}(a_{\mathrm{OH^-}})\longrightarrow \mathrm{H_2O(l)}$

电池：$\mathrm{Pt}\mid \mathrm{O_2}(\mathrm{g},\ p)\mid \mathrm{OH^-}(a_{\mathrm{OH^-}})\mid\mid \mathrm{H^+}(a_{\mathrm{H^+}})\mid \mathrm{O_2}(\mathrm{g},\ p)\mid \mathrm{Pt}$

$$E=E_+-E_-$$

$$=[E_+^{\ominus}(\mathrm{H_2O},\ \mathrm{H^+/O_2})-E_-^{\ominus}(\mathrm{H_2O},\ \mathrm{OH^-/O_2})]-\frac{RT}{F}\ln\frac{a_{\mathrm{H_2O}}}{a_{\mathrm{H^+}}a_{\mathrm{OH^-}}}$$

$$=E^{\ominus}-\frac{RT}{F}\ln\frac{1}{K_{\mathrm{w}}^{\ominus}}$$

上述中和反应达到平衡时，$E=0$，由此得

$$E^{\ominus}=-\frac{RT}{F}\ln K_{\mathrm{w}}^{\ominus}$$

该式也是求水的活度积的公式。$E^{\ominus}_{(\mathrm{H_2O},\ \mathrm{H^+/O_2})}=1.229\mathrm{V}$，$E^{\ominus}_{(\mathrm{H_2O},\ \mathrm{OH^-/O_2})}=0.401\mathrm{V}$，代入该式中得

$$K_{\mathrm{w}}^{\ominus}=\exp\left(-\frac{FE^{\ominus}}{RT}\right)=\exp\left(-\frac{96500\times0.828}{8.314\times298.15}\right)=1.0\times10^{-14}$$

（4）沉淀反应——求难溶盐的活度积

【例 7.17】 求反应 $\mathrm{AgCl(s)}\longrightarrow \mathrm{Ag^+}(a_{\mathrm{Ag^+}})+\mathrm{Cl^-}(a_{\mathrm{Cl^-}})$ 的活（浓）度积。

解 正极： $\mathrm{Ag(s)}+\mathrm{Cl^-}(a_{\mathrm{Cl^-}})\longrightarrow \mathrm{AgCl(s)}+\mathrm{e^-}$

负极： $\mathrm{Ag^+}(a_{\mathrm{Ag^+}})+\mathrm{e^-}\longrightarrow \mathrm{Ag(s)}$

电池反应：$\mathrm{AgCl(s)}\longrightarrow \mathrm{Ag^+}(a_{\mathrm{Ag^+}})+\mathrm{Cl^-}(a_{\mathrm{Cl^-}})$

与实际过程相符，其电池为

$$电池：Ag(s)\,|Ag^+\,(a_{Ag^+})\,||Cl^-\,(a_{Cl^-})\,|\,Ag\text{-}AgCl(s)$$

其电池电动势 $E=E^{\ominus}-\dfrac{RT}{F}\ln\dfrac{a_{Ag^+}\,a_{Cl^-}}{a_{AgCl}}=E^{\ominus}-\dfrac{RT}{F}\ln(a_{Ag^+}\,a_{Cl^-})=E^{\ominus}-\dfrac{RT}{F}\ln K_a$

当沉淀反应达到平衡时，$E=0$，$K^{\ominus}=K_a\approx K_{ap}=\exp(E^{\ominus}F/RT)$

$E^{\ominus}_{Cl^-|AgCl(s)|Ag}=0.2221V$，$E^{\ominus}_{Ag^+|Ag}=0.7994V$，代入上式中

当温度为 298.15K 时，

$$\ln K_{ap}=\frac{E^{\ominus}F}{RT}=\frac{(0.2221-0.7994)V\times96485C\cdot mol^{-1}}{8.314J\cdot mol^{-1}\cdot K^{-1}\times298.15K}=-22.4707$$

所以 $$K_{ap}=1.74\times10^{-10}$$

7.7 电动势测定的应用

主要知识点

1. 判断氧化还原反应的方向

将给定的化学反应设计成电池，使电池反应与之完全相同。然后计算（或测定）该电池的电动势，如果电动势为正值，则该反应的正向反应是自发的；若为负值，则正向反应不能自发进行。

2. 求化学反应的平衡常数

将给定的化学反应设计成电池，使电池反应与之完全相同。然后测定（或用标准电极电势计算）该电池的标准电动势，根据标准电动势 $E^{\ominus}$ 与 $K^{\ominus}$ 的联系公式，就可计算得到 $K^{\ominus}$ 的值。用这个方法可以计算难溶盐如 AgCl(s) 的活度积 $K^{\ominus}_{ap}$、水的解离平衡常数 $K^{\ominus}_{w}$ 和配合物的不稳定常数 $K^{\ominus}_{不稳}$ 等。

3. 求离子的平均活度因子

设计一个电池，使要计算其平均活度因子的电解质出现在电池反应式中。然后测定电池电动势，查阅标准电极电势，使 $\gamma_{\pm}$ 成为能斯特方程中唯一的未知数，就可以计算得到 $\gamma_{\pm}$ 的值。将测定的 $\gamma_{\pm}$ 值与理论计算值进行比较，检验理论的适用范围。

4. 测定溶液的 pH

将待测溶液与作为参比电极的甘汞电极组成下列电池，测定电池的电动势，因为 $E_{甘汞}$ 是已知的，就能计算未知溶液的 pH。

$$Pt\,|\,H_2(p^{\ominus})\,|\,待测溶液(pH=x)\,||\,甘汞电极 \qquad pH=\frac{E-E_{甘汞}}{0.0592V}$$

通常用对 H^+ 敏感的玻璃电极与甘汞电极组成下列电池，先用标准的 pH 缓冲溶液 pH_s 测定一个电动势 E_s，再换未知 pH 的溶液测电动势 E_x，就能计算未知溶液的 pH_x。

$$Ag(s)\,|\,AgCl(s)\,|\,HCl(0.1mol\cdot kg^{-1})\,¦\,溶液(pH=x)\,||\,甘汞电极$$

$$pH_x = pH_s + \frac{E_x - E_s}{0.0592V}$$

5. 电势滴定

在待测溶液中，插入一个对未知浓度离子可逆的电极，再与另一参比电极组成电池，记录电动势随标准溶液滴加体积的变化情况。在接近终点时离子的浓度变化很大，电动势也会发生突变时，发生突变时所对应的体积就是滴定终点。

6. 电势-pH 图

在指定温度和浓度（或压力）的情况下，若电极电势与溶液的 pH 成函数关系，在以电极电势为纵坐标、pH 为横坐标的图上可画出一系列等温、等浓度的电势-pH 曲线，这就是电势-pH 图。这类图在水溶液中的元素分离、湿法冶金和金属防腐等方面有广泛应用。

电动势测定的应用是非常广泛的，除了已介绍的在热力学函数变量（如 $\Delta_r G_m$ 、$\Delta_r G_m^\ominus$ 、$\Delta_r S_m$ 、$\Delta_r H_m$ 和 Q_R ）的计算等方面的应用以外，再介绍以下几种应用。

7.7.1 判断氧化还原反应的方向

要用电化学方法判断氧化还原反应的方向，首先要将该反应设计成相应的电池，使电池反应与之完全相同，然后计算（或测定）该电池的电动势。如果所设计电池的电动势 $E>0$，则该反应的 $\Delta_r G_m<0$，说明该氧化还原反应是自发的；反之，则其逆反应是自发的。

电极电势的大小反映了组成电极的物质在得、失电子方面的能力。电极电势越高，电极中处于氧化态的物质越容易得到电子而被还原；反之，电极电势越低，则电极中处于还原态的物质越容易失去电子而被氧化。如果两种物质的离子活度相同或相近，则从它们的标准电极电势的数值就可以判断反应的趋势，确定哪种物质被氧化、哪种物质被还原。例如，铜电极和锌电极，在离子活度都等于 1 时，铜电极的标准电极电势大于锌电极的标准电极电势，因此 Cu^{2+} 首先被还原为 Cu(s)，而 Zn (s) 被氧化成 Zn^{2+} 。电极电势是由标准电极电势和离子活度两个因素共同决定的，在两个标准电极电势相差很大时，也就基本上决定了反应的趋势。但是在标准电极电势没有明显差别的情况下，离子活度的因素可能会起很大的作用，这时必须用能斯特方程进行计算，根据所得的电极电势的数值再来判断。

【例 7.18】 用电动势 E 的数值判断，在 298K 时下列反应能否自发进行。

$$2Fe^{2+}\ (a_{Fe^{2+}}=1.0) + I_2(s) \longrightarrow 2I^-\ (a_{I^-}=1.0) + 2Fe^{3+}\ (a_{Fe^{3+}}=1.0)$$

解 将该反应设计成下列电池：

$$Pt\,|\,Fe^{2+}\ (a_{Fe^{2+}}=1.0),\ Fe^{3+}\ (a_{Fe^{3+}}=1.0)\ ||\ I^-\ (a_{I^-}=1.0)\,|\,I_2(s)\,|\,Pt$$

经检验，该电池反应与所给化学反应相同。因为所有物质都处于标准态，所以用标准电极电势表就能判断。查得 $E^\ominus_{I^-|I_2}=0.54V$，$E^\ominus_{Fe^{2+}|Fe^{3+}}=0.77V$，则

$$E=E^\ominus=E^\ominus_{Ox|Red}(\text{正})-E^\ominus_{Ox|Red}(\text{负})=E^\ominus_{I^-|I_2}-E^\ominus_{Fe^{2+}|Fe^{3+}}=(0.54-0.77)V=-0.23V$$

$E<0$，说明该电池是非自发电池，正向反应不能自发进行，说明在298K时，Fe^{2+}不能使I_2（s）还原成I^-。

用$\Delta_r G_m$的值也能得到相同的结论。

$$\Delta_r G_m = \Delta_r G_m^{\ominus} = -zFE^{\ominus} = -2\times(-0.23\text{V})\times 96500\text{C}\cdot\text{mol}^{-1} = 44.4\text{kJ}\cdot\text{mol}^{-1}$$

$\Delta_r G_m > 0$，上述反应为非自发反应。在该情况下，其逆反应是自发的，即Fe^{3+}能使I^-氧化成$I_2(s)$，自身还原成Fe^{2+}。

7.7.2 求化学反应的平衡常数

只要能安排成电池的化学反应，其平衡常数都可以用测定电动势的方法求算。这些反应包括难溶盐的解离平衡、$H_2O(l)$的解离平衡和配合物的解离平衡等。

在本章7.5节中，式(7.41)已得到了标准平衡常数与标准电动势的联系公式

$$K^{\ominus} = \exp\left(\frac{zFE^{\ominus}}{RT}\right)$$

只要得到化学反应对应电池的标准电动势的数值，就可以计算化学反应的标准平衡常数。

（1）计算难溶盐的活度积

例如，在298K时求难溶盐AgCl(s)的活度积K_{ap}（习惯上，将活度积称为溶度积，用K_{ap}表示）。AgCl(s)的溶解平衡为

$$\text{AgCl(s)} \rightleftharpoons \text{Ag}^+(a_{\text{Ag}^+}) + \text{Cl}^-(a_{\text{Cl}^-})$$

$$K_{ap} = \frac{a_{\text{Ag}^+}\, a_{\text{Cl}^-}}{a_{\text{AgCl}}} = a_{\text{Ag}^+}\, a_{\text{Cl}^-}$$

首先设计一个电池，使电池反应就是AgCl（s）的解离反应。所设计的电池为

$$\text{Ag(s)}\,|\,\text{Ag}^+(a_{\text{Ag}^+})\,||\,\text{Cl}^-(a_{\text{Cl}^-})\,|\,\text{AgCl(s)}\,|\,\text{Ag(s)}$$

负极，氧化　$\text{Ag(s)} \longrightarrow \text{Ag}^+(a_{\text{Ag}^+}) + e^-$

正极，还原　$\text{AgCl(s)} + e^- \longrightarrow \text{Ag(s)} + \text{Cl}^-(a_{\text{Cl}^-})$

电池反应　$\text{AgCl(s)} \longrightarrow \text{Ag}^+(a_{\text{Ag}^+}) + \text{Cl}^-(a_{\text{Cl}^-})$

查阅标准电极电势表，得$E^{\ominus}_{\text{Cl}^-|\text{AgCl}|\text{Ag}} = 0.22\text{V}$，$E^{\ominus}_{\text{Ag}^+|\text{Ag}} = 0.80\text{V}$，所以该电池的标准电动势为

$$E^{\ominus} = E^{\ominus}_{\text{Cl}^-|\text{AgCl}|\text{Ag}} - E^{\ominus}_{\text{Ag}^+|\text{Ag}} = (0.22-0.80)\text{V} = -0.58\text{V}$$

根据式(7.41)，在298K时

$$K_{ap} = K^{\ominus} = \exp\left(\frac{zFE^{\ominus}}{RT}\right) = \exp\left[\frac{1\times(-0.58\text{V})\times 96500\text{C}\cdot\text{mol}^{-1}}{8.314\text{J}\cdot\text{K}^{-1}\cdot\text{mol}^{-1}\times 298\text{K}}\right] = 1.55\times 10^{-10}$$

所设计电池的电动势为负值，说明是一个非自发电池，因为AgCl(s)的解离反应本身就是一个非自发反应，所以这样设计的电池对计算没有影响。若要测定所设计电池的电动势，则一定为自发电池，只要将电池中的两个电极对调一下即可。自发电池的电池反应是AgCl(s)解离反应的逆反应，它的平衡常数$K^{\ominus}$与K_{ap}的关系为$K_{ap} = 1/K^{\ominus}$。

（2）计算$H_2O(l)$的解离平衡常数$K_w^{\ominus}$

通常将$K_w^{\ominus}$（$K_w^{\ominus} = a_{\text{H}^+}\, a_{\text{OH}^-}$）称为$H_2O(l)$的离子积常数或水常数。$H_2O(l)$的解离反

应为

$$H_2O(l) \rightleftharpoons H^+(a_{H^+}) + OH^-(a_{OH^-})$$

将该反应设计成对应的电池，并写出电池反应加以验证。假定所设计的电池为

$$Pt \mid H_2(p_{H_2}) \mid H^+(a_{H^+}) \| OH^-(a_{OH^-}) \mid O_2(p_{O_2}) \mid Pt$$

负极，氧化 $\frac{1}{2}H_2(p_{H_2}) \longrightarrow H^+(a_{H^+}) + e^-$　　$E^{\ominus}_{H^+|H_2}=0$

正极，还原 $H_2O(l)+e^- \longrightarrow \frac{1}{2}H_2(p_{H_2})+OH^-(a_{OH^-})$　$E^{\ominus}_{H_2O,OH^-|H_2}=-0.828V$

电池净反应：$H_2O(l) \rightleftharpoons H^+(a_{H^+}) + OH^-(a_{OH^-})$

说明所设计的电池是正确的。电池的标准电极电势为

$$E^{\ominus}=E^{\ominus}_{H_2O,OH^-|H_2}-E^{\ominus}_{H^+|H_2}=-0.828V$$

$$K^{\ominus}_w=K^{\ominus}=\exp\left(\frac{zFE^{\ominus}}{RT}\right)=\exp\left[\frac{1\times(-0.828)V\times 96500C\cdot mol^{-1}}{8.314J\cdot K^{-1}\cdot mol^{-1}\times 298K}\right]=9.9\times 10^{-15}$$

能用来计算 $K^{\ominus}_w$ 的电池不是唯一的。例如，下列电池的净反应也是 $H_2O(l)$ 的解离反应，只要查阅对应的标准电极电势，同样可以用来计算 $K^{\ominus}_w$，读者可自行练习。

$$Pt \mid O_2(p_{O_2}) \mid H^+(a_{H^+}) \| OH^-(a_{OH^-}) \mid O_2(p_{O_2}) \mid Pt$$

7.7.3 求离子的平均活度因子

要计算某电解质的离子平均活度因子，首先要设计合适的电池，使该电解质出现在电池的反应式中。再用实验测定对应电池的电动势，由数据表查得对应的标准电极电势，这样就有可能获得 $\gamma_{\pm}$ 的值。将用电动势测定方法得到的 $\gamma_{\pm}$ 值与用德拜-休克尔极限公式的理论计算值对照，可以检验理论计算的适用范围。

例如，要计算 $HCl(0.1mol\cdot kg^{-1})$ 的平均活度因子 $\gamma_{\pm}$ 的值，需要设计下列电池：$Pt \mid H_2(p^{\ominus}) \mid HCl(0.1mol\cdot kg^{-1}) \mid AgCl(s) \mid Ag(s)$

负极，氧化　$\frac{1}{2}H_2(p^{\ominus}) \longrightarrow H^+(a_{H^+}) + e^-$　　$E^{\ominus}_{H^+|H_2}=0$

正极，还原　$AgCl(s)+e^- \longrightarrow Ag(s)+Cl^-(a_{Cl^-})$　　$E^{\ominus}_{Cl^-|AgCl|Ag}=0.22V$

电池净反应　$\frac{1}{2}H_2(p^{\ominus})+AgCl(s) \longrightarrow Ag(s)+H^+(a_{H^+})+Cl^-(a_{Cl^-})$

在 298K 时，实验测得该电池的电动势为 0.35V。利用计算电池电动势的能斯特方程

$$E=(E^{\ominus}_{Cl^-|AgCl|Ag}-E^{\ominus}_{H^+|H_2})-\frac{RT}{F}\ln\frac{a_{H^+}a_{Cl^-}}{a^{1/2}_{H_2}}$$

因为 $H_2(g)$ 处于标准状态，所以 $a^{1/2}_{H_2}=1$。$a_{H^+}a_{Cl^-}=a^2_{\pm}=\left(\gamma_{\pm}\frac{m_{\pm}}{m^{\ominus}}\right)^2$，所以

$$0.35V=0.22V-\frac{RT}{F}\ln(\gamma_{\pm}\times 0.1)^2$$

计算得　　$\gamma_{\pm}=0.795$

这样，也就得到了电解质的离子平均活度

$$a_{\pm}=\gamma_{\pm}\frac{m_{\pm}}{m^{\ominus}}=0.795\times 0.1=0.0795$$

7.7.4 测定溶液的 pH

目前，pH 的定义仍习惯地采用以下表示式：

$$pH=-\lg a_{H^+}$$

这样的定义是不够严格的，因为单个离子的活度因子无法用实验测定，所以单个离子的活度也无法用实验来验证，这样的 pH 只是一个近似值。原则上，要测定溶液的 pH 只需要设计下列电池：

$$Pt \mid H_2(p^\ominus) \mid 待测溶液(pH=x) \| Cl^-(a_{Cl^-}) \mid Hg_2Cl_2(s) \mid Hg(l)$$

在一定温度下，甘汞电极的电极电势是稳定的和已知的，只要测得该电池的电动势，就能计算待测溶液的 pH 。在 298K 时，电动势的计算式为

$$E=E_{甘汞}-E_{H^+|H_2}=E_{甘汞}-\frac{RT}{F}\ln a_{H^+}=E_{甘汞}+0.0592V\times pH$$

$$pH=\frac{E-E_{甘汞}}{0.0592V}$$

但是，该电池的实际操作是比较困难的，因为在氢电极中，要求所用的氢气很纯且维持恒定的标准压力，溶液中不能存在任何可能发生氧化或还原的杂质等。

实际上，溶液的 pH 多数采用玻璃电极来测量。玻璃电极是一种对 H^+ 特别敏感的选择性电极，测定 pH 的最大变化幅度为 1～14。测定时通常用甘汞电极作为参比电极，组成下列电池：

$$\underbrace{Ag(s) \mid AgCl(s) \mid HCl(0.1mol\cdot kg^{-1})}_{玻璃电极} \mid \underbrace{溶液(pH=x)}_{玻璃膜} \| 甘汞电极$$

测定电池的电动势，电动势的计算式为

$$E=E_{甘汞}-E_{玻}$$

在 298K 时，甘汞电极的电极电势 $E_{甘汞}$ 是已知的，玻璃电极的电极电势的计算式为

$$E_{玻}=E^\ominus_{玻}-\frac{RT}{F}\ln\frac{1}{(a_{H^+})_x}=E^\ominus_{玻}-\frac{RT}{F}\times 2.303\times pH=E^\ominus_{玻}-0.0592\times pH$$

则电动势的计算式为

$$E=E_{甘汞}-(E^\ominus_{玻}-0.0592V\times pH) \tag{7.45}$$

测定了电池的电动势 E ，查出玻璃电极的标准电极电势 $E^\ominus_{玻}$，就能得到未知溶液的 pH 。

$E^\ominus_{玻}$ 的数值与制备玻璃膜的条件有关，对不同批次的玻璃电极其值是不同的，就是同一个玻璃电极，在使用一段时间后，$E^\ominus_{玻}$ 的数值也会发生变化。另外，由于玻璃膜的内阻很大，因此测定时一般不能直接使用普通的电位差计，而要用带有放大器的专门用来测溶液 pH 的仪器，称为 pH 计。

在实际使用中，先将玻璃电极插入已知 pH（其值为 pH_s ）的缓冲溶液中，测定得到的电动势数值为 E_s 。然后将玻璃电极用待测溶液润洗后再浸入未知 pH（其值为 pH_x）的溶液中，测定得到的电动势数值为 E_x ，将两个电动势的计算公式联立

$$E_s=E_{甘汞}-E^\ominus_{玻}+0.0592V\times pH_s$$

$$E_x=E_{甘汞}-E^\ominus_{玻}+0.0592V\times pH_x$$

这样，就可以计算未知的 pH_x 的值

$$\mathrm{pH}_x = \mathrm{pH}_s + \frac{E_x - E_s}{0.0592\mathrm{V}} \tag{7.46}$$

玻璃电极不受溶液中存在的氧化剂、还原剂等杂质的影响，使用方便，因此得到了广泛的应用。但是在玻璃电极不用时，必须将它的玻璃膜浸泡在蒸馏水中，防止玻璃膜干燥或被损坏而影响测定结果。

7.7.5 电势滴定

在待测溶液中，插入一个对未知浓度离子可逆的电极，再与另一参比电极（常用的是饱和甘汞电极）组成电池。在加入滴定液（浓度已知）的过程中，记录与所加滴定液体积相对应的电动势值。在接近滴定终点时，少量滴定液的加入便可引起待测离子浓度改变很多倍，因此电动势也会发生突变。在电动势与滴定液体积的关系曲线上，对应电动势突变（曲线斜率最大处）的滴定液体积就是滴定终点，从而可计算待测离子的浓度。电势滴定可用于酸碱中和、沉淀反应和氧化还原反应等各类滴定分析中，它不需要指示剂，而且便于自动记录，滴定结果也非常精确。

7.7.6 电势-pH 图

电势-pH 图是在等温条件下，以电极电势为纵坐标、pH 为横坐标所画的电极电势随 pH 的变化曲线。电极电势的数值反映了物质的氧化还原能力，可以判断电化学反应进行的可能性。对于有 H^+ 或 OH^- 参加的电极反应，其电极电势还与溶液的 pH 有关，使电极电势与溶液的 pH 呈函数关系。在指定浓度（或压力）和温度的情况下，在电势 -pH 图上可画出一系列等温、等浓度的曲线。从各种物质的电势 -pH 图上可以直接判断，在一定的 pH 范围内何种电极反应将优先进行，反应中各组分生成的条件和稳定存在的范围等。因此，电势 -pH 图在水溶液中的元素分离、湿法冶金和金属防腐等方面有广泛的应用。

现以氢-氧燃料电池为例，描述电势 -pH 图上曲线的含义和组分稳定存在的范围。有一个氢-氧燃料电池，其书面表示式为（假定气体都可以作为理想气体处理）

$$\mathrm{Pt} \mid \mathrm{H_2}(p_{\mathrm{H_2}}) \mid \mathrm{H^+}(\mathrm{aq},\ \mathrm{pH}=1\sim14) \mid \mathrm{O_2}(p_{\mathrm{O_2}}) \mid \mathrm{Pt}$$

对于作为阴极的氧电极，其电极反应和电极电势的计算式为

$$\mathrm{O_2}(p_{\mathrm{O_2}}) + 4\mathrm{H^+}(a_{\mathrm{H^+}}) + 4\mathrm{e^-} \longrightarrow 2\mathrm{H_2O(l)}$$

$$E_{\mathrm{O_2|H^+,\ H_2O}} = E^{\ominus}_{\mathrm{O_2|H^+,\ H_2O}} - \frac{RT}{4F}\ln\frac{1}{a_{\mathrm{O_2}}a^4_{\mathrm{H^+}}} = 1.229\mathrm{V} + \frac{RT}{4F}\ln\frac{p_{\mathrm{O_2}}}{p^{\ominus}} - \frac{2.303RT}{F}\mathrm{pH}$$

298K 时

$$E_{\mathrm{O_2|H^+,\ H_2O}} = \underbrace{1.229\mathrm{V} + \frac{RT}{4F}\ln\frac{p_{\mathrm{O_2}}}{p^{\ominus}}}_{\text{截距}} \underbrace{- 0.0592\mathrm{V}}_{\text{斜率}} \times \mathrm{pH} \tag{7.47}$$

这是一个直线方程，截距为 $1.229\mathrm{V} + \frac{RT}{4F}\ln\frac{p_{\mathrm{O_2}}}{p^{\ominus}}$，它的大小取决于氧气的压力。当 $p_{\mathrm{O_2}} = p^{\ominus}$时，截距为 1.229V，斜率为$-0.0592V$。这样可以在电势 -pH 图上画出一条直线，如图 7.16 中的 b 线所示。从式(7.47) 可以看出，如果增加氧气的压力，截距会变大；反之，截距会变小，而斜率保持不变。由于氧气压力是在对数项中，因此压力的变化对截距的数值影响不大。但可以看出氧气压力越大，氧电极的电极电势越高，因此在图 7.16 中，在 b 线之上是 $O_2(g)$（氧化态）的稳定区，b 线之下是 $H_2O(l)$（还原态）的稳定区。

对于氢电极，虽然电极实际上发生的是氧化反应，但是它的电极电势还是用还原电极电势，因此其电极反应和电极电势的计算式为

$$H_2(p_{H_2}) \longrightarrow 2H^+(a_{H^+}) + 2e^-$$

$$E_{H^+|H_2} = E^{\ominus}_{H^+|H_2} - \frac{RT}{zF}\ln\frac{a_{H_2}}{a^2_{H^+}} = -\frac{RT}{2F}\ln\frac{p_{H_2}}{p^{\ominus}} - \frac{2.303RT}{F}\mathrm{pH}$$

298K 时

$$E_{H^+|H_2} = \underset{\text{截距}}{-\frac{RT}{2F}\ln\frac{p_{H_2}}{p^{\ominus}}} - \underset{\text{斜率}}{0.0592\mathrm{V}} \times \mathrm{pH} \tag{7.48}$$

这也是个直线方程，截距为$-\frac{RT}{2F}\ln\frac{p_{H_2}}{p^{\ominus}}$，当$p_{H_2}=p^{\ominus}$时，截距等于零。斜率与氧电极一样，也等于$-0.0592\mathrm{V}$。则在电势-pH 图上可以画出一条截距为零、斜率为$-0.0592\mathrm{V}$的直线，如图 7.16 中的 a 线所示。由于两条线的斜率相同，因此 a 线与 b 线平行。从式(7.48) 可知，氢气的压力越大，其电极电势反而越小，而斜率不变。因此，在 a 线之上是 H^+（氧化态）的稳定区，在 a 线之下是 $H_2(g)$（还原态）的稳定区。

从图 7.16 可知，表示氧电极的曲线在上，表示氢电极的曲线在下，说明氧电极的电极电势比氢电极的高，组成电池时氧电极为正极，氢电极为负极。$O_2(g)$ 的氧化能力（自身还原成 H_2O）远大于 H^+（自身还原成 H_2）的氧化能力。

氧电极和氢电极的电势-pH 图［也就是 $H_2O(l)$ 的电势-pH 图］是两条平行线，平行线之间的距离处处相等，因此在氢气和氧气的压力都为标准压力（或氢气、氧气的压力相等）时，在 pH 为 1～14 时，氢-氧燃料电池的电动势都等于 1.229V。

按照类似的方法，画出了 Fe(s) 的各种氧化态的电势-pH 简图，并且与 $H_2O(l)$ 的电势-pH 图叠加在一起，如图 7.17 所示。

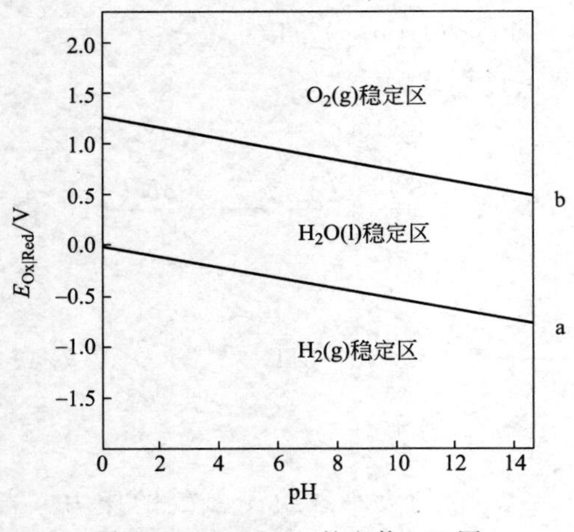

图 7.16　$H_2O(l)$ 的电势-pH 图

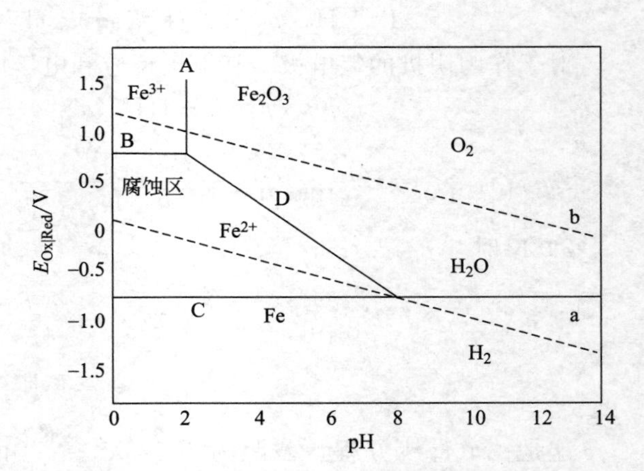

图 7.17　Fe-$H_2O(l)$ 系统的电势-pH 图

图 7.17 中的垂线（A）表示一个非氧化还原反应，即

$$Fe_2O_3(s) + 6H^+(a_{H^+}) = 2Fe^{3+}(a_{Fe^{3+}}) + 3H_2O(l)$$

它只与溶液的 pH 有关。在 A 线左侧的强酸性区是 Fe^{3+} 的稳定区，在 A 线右侧的弱酸性区直至强碱性区是 $Fe_2O_3(s)$ 的稳定区。

图 7.17 中的水平线 B 表示一个与 pH 无关的氧化还原反应，即

$$Fe^{3+}(a_{Fe^{3+}}) + e^- \rightleftharpoons Fe^{2+}(a_{Fe^{2+}})$$

在 B 线以上是高价氧化态 Fe^{3+} 的稳定区，在 B 线以下是低价氧化态 Fe^{2+} 的稳定区。

水平线 C 也表示一个与 pH 无关的氧化还原反应，即

$$Fe^{2+}(a_{Fe^{2+}}) + 2e^- \longrightarrow Fe(s)$$

在 C 线以上是氧化态 Fe^{2+} 的稳定区，在 C 线以下是金属铁 Fe(s) 的稳定区。

斜线 D 表示一个既与 pH 有关又是一个氧化还原反应，即

$$Fe_2O_3(s) + 6H^+(a_{H^+}) + 2e^- \longrightarrow 2Fe^{2+}(a_{Fe^{2+}}) + 3H_2O(l)$$

在斜线 D 的左侧是氧化态 Fe^{2+} 的稳定区，右侧是 $Fe_2O_3(s)$ 的稳定区。

当两个电极组成原电池时，处在高电势的极为正极（发生还原反应），处在低电势的极为负极（发生氧化反应）。从图 7.17 可以看出，铁在有 H_2O 、$O_2(g)$ 和 H^+ 存在时的被腐蚀情况。处在高电势时的氧化态可以氧化处在低电势时的还原态。例如，$O_2(g)$ 在酸性溶液中可以将 Fe(s) 氧化成 Fe^{2+} 和 Fe^{3+} ，在碱性溶液中可以氧化为 $Fe_2O_3(s)$ ，而 H^+ 只能在酸性溶液中将 Fe(s) 氧化成 Fe^{2+} ，酸度越大，反应趋势也越大（这就是常见的金属置换氢气的反应）。图 7.17 在 Fe(s) 的防腐中有重要参考价值（见本章第 7.9 节）。

7.8 电化学动力学及其应用

主要知识点

1. 极化作用

当电池中有电流通过时，电极就变得不可逆，其电极电势就会偏离可逆电势。电流密度越大，这种偏离就越明显。这种对可逆电极电势偏离的现象称为极化，偏差的绝对值称为超电势。分解电压等于可逆电池的反电动势、两个电极上的超电势和溶液中电阻带来的电位降等这几项的加和，即

$$E_{分解} = |E_R| + \eta_a + \eta_c + IR$$

产生极化的原因很多，主要有浓差极化和电化学极化两大类。

2. 极化曲线

描述电极电势随电流密度的变化曲线称为极化曲线。无论是在原电池还是电解池中，由于发生极化作用，阳极的不可逆电极电势随着电流密度的增大而升高，而阴极的不可逆电势反而下降，从而使得电解池的分解电压随之越变越大，而原电池的输出电压则越变越小，这在能量利用上都是不利的。但是，在电镀和金属的防腐等方面也要利用极化现象。

3. 电极上的反应

在电解含有若干种电解质的水溶液时，阴极上发生还原反应，实际析出电势最大的离子最先在阴极上还原析出。另外，始终要考虑有 H^+ 可能还原析出的竞争反应，而且在电解过程中，H^+ 的浓度随着阳极上 $O_2(g)$ 的析出而增加。阳极上发生氧化反应，实际析出电势最小的离子最先在阳极氧化析出。另外，还要考虑阳极本身有可能发生氧化。

前面章节讲的原电池都是可逆电池，电极上没有（或仅有无限小的）电流通过，所测得的电极电势为平衡时的电极电势。但在实际使用中，无论是原电池或电解池都是在非平衡（可逆）条件下进行放电（或充电），因而破坏了电极的平衡状态，使电极上进行的过程成为不可逆过程。此时作为原电池，其输出电压要小于平衡（可逆）条件下的电动势；作为电解池，要使电解过程连续不断进行，所需要外加最小电压要大于平衡（可逆）条件下的电动势（反抗电势）。产生这一现象的原因是存在着电极极化。所谓电极极化就是电极电势偏离平衡电势的现象。所以无论是原电池还是电解池，只要有电流通过，就有极化作用发生，极化是个不可逆过程，研究不可逆电极反应及其规律性有着十分重要的实际意义。

7.8.1 分解电压

将电能转变成化学能的装置称为电解池。在电池上若外加一个直流电源，并逐渐增加电压，使外加电压大于电池的电动势，致使电池中的物质在电极上发生化学反应，这就是电解过程。

（1）理论分解电压

所谓理论分解电压就是使某电解质溶液能连续不断地发生电解时所必须外加的最小电压，在数值上等于该电解池作为可逆电池时的可逆电动势。

$$E(\text{理论分解电压})=E(\text{可逆电动势})$$

然而，在电解过程中电路中有电流通过，由于电池内、外电阻，电极的极化等不可逆过程存在，实际分解电压总是大于理论分解电压。对于一特定的电解反应，其实际分解电压可通过实验测定。

（2）分解电压

例如用 Pt 电极电解 $0.5\text{mol}\cdot\text{dm}^{-3}$ HCl 的水溶液，如图 7.18 所示。图中 V 是伏特计，G 是安培计。将电解池接到由电源和可变电阻 R 所组成的分压器上，实验时逐渐增加外加电压（即触点逐渐向右移动），同时记录相应的电流，然后绘制电流-电压（I-V）曲线，如图 7.19 所示。根据电流随电压变化的特点，电流-电压曲线可分为如图 7.19 所示的 1、2、3 部分。在开始时，外加电压大大小于电池的反抗电势，几乎没有电流通过，即曲线的 1 部分。此后电压增加，电流略有增加，如曲线的 2 部分，但当电压增加到某一数值以后，继续增加电压，电流随电压直线上升，如图中曲线的 3 部分，此时，电极上有气泡逸出。按 I-V 曲线 3 部分的斜率，外推到 $I=0$，与横坐标相交于 D，D 点所示的电压就是使电解质在两极连续不断地进行分解时所需的最小外加电压，称为分解电压。

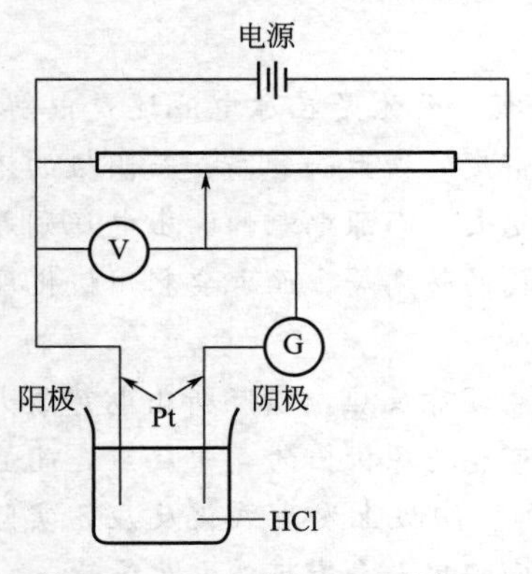

图 7.18 测定分解电压的装置

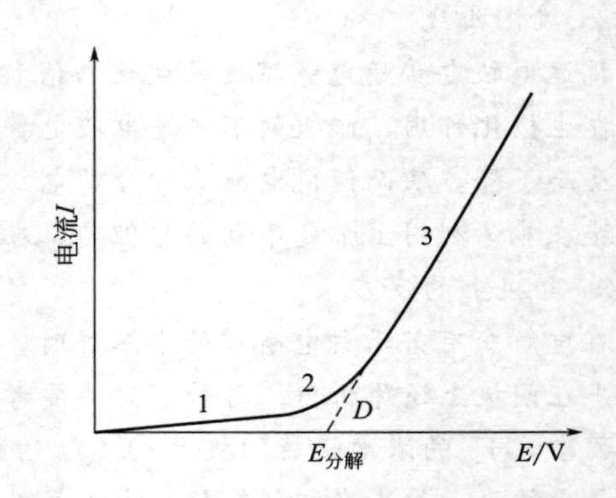

图 7.19 测定分解电压的电流-电压曲线

在外加电压的作用下，盐酸水溶液中的氢离子向阴极（负极）运动，并在阴极上取得电子被还原为氢气，同时，水分子在阳极失去电子，释放出氧气，即

$$\text{阴极：}\quad 2H^+ + 2e^- \longrightarrow H_2(g,\ p)$$

$$\text{阳极：}\quad H_2O(l) \longrightarrow \frac{1}{2}O_2(g,\ p) + 2H^+ + 2e^-$$

$$\text{电解反应：}H_2O(l) \longrightarrow H_2(g,\ p) + \frac{1}{2}O_2(g,\ p)$$

在上述电解过程中，电解产物与溶液中相应的离子在阴极和阳极上分别形成了氢电极和氧电极，且构成如下原电池：

$$Pt \mid H_2(g,\ p) \mid H_2SO_4(0.5mol \cdot dm^{-3}) \mid O_2(g,\ p) \mid Pt$$

这是一个自发原电池，电池的氢电极应为阳极（负极），氧电极为阴极（正极）。理论上，所形成电池的电动势正好与电解时的外加电压相反，称为反电动势 E_b。

在外加电压小于分解电压时，形成的反电动势理论上正好和外加电压相对抗（数值相等），I-V 曲线的 1、2 部分似乎不应该有电流通过。但是，尽管电极表面氢气和氧气的压力远远低于大气的压力，微量的气体不能离开电极而自由逸出，但可以向溶液本体扩散。电极上的气体产物的扩散，使得它们在两极的浓度下降，导致原电池产生的反电动势总是小于外加电压，因而在电极上仍有微小电流通过（I-V 曲线中 1、2 部分），使得电解产物得以补充。

在到达分解电压时，电极产物的浓度达到最大，氢气和氧气的压力达到大气压力而呈气泡逸出。此时反电动势达到极大值 $E_{b,max}$，此后如再增加外加电压 V，电流就直线上升。即此时的电流 I 与 $V - E_{b,max}$ 之间的关系服从欧姆定律，$I = (V - E_{b,max})/R$，R 为电解池的电阻。

当外加电压等于分解电压时，两极的电极电势分别为氢和氧的析出电势，记为 $E_{阴,析}$ 和 $E_{阳,析}$。

表 7.6 中列出一些实验数据。前面几个数据表明，如果用平滑的铂片作电极，则无论是在酸或碱的溶液中，分解电压差不多都是 1.7V，这是因为无论是酸还是碱的水溶液，在外加电压下都是水被分解，阴极上析出氢气，阳极上析出氧气。表中的 $E_{理论}$ 即相应的原电池的电动势，由能斯特方程计算得 1.229V。由此可见，即使在铂电极上，$E_{分解} \neq E$（可逆电动势），$H_2(g)$ 和 $O_2(g)$ 都有较大的极化作用发生。$E_{分解}$ 可写为

$$E_{分解} = E_{阳,析} - E_{阴,析} = E_{理论} + \Delta E_{不可逆} + IR \tag{7.49}$$

式中，IR 是电解池中电阻产生的电压；$\Delta E_{不可逆}$ 则是由于不可逆过程所产生的极化作用所导致的。

表 7.6　几种电解质水溶液的分解电压（室温，铂电极）

电解质	浓度 c/(mol·dm^{-3})	电解产物	$E_{分解}$/V	$E_{理论}$/V
HNO_3	1.0	H_2 和 O_2	1.69	1.23
H_2SO_4	0.5	H_2 和 O_2	1.67	1.23
NaOH	1.0	H_2 和 O_2	1.69	1.23
KOH	1.0	H_2 和 O_2	1.67	1.23
$NH_3 \cdot H_2O$	1.0	H_2 和 O_2	1.74	1.23
HCl	1.0	H_2 和 Cl_2	1.31	1.37

续表

电解质	浓度 $c/(\mathrm{mol \cdot dm^{-3}})$	电解产物	$E_{分解}/\mathrm{V}$	$E_{理论}/\mathrm{V}$
$CdSO_4$	0.5	Cd 和 O_2	2.03	1.26
$ZnSO_4$	0.5	Zn 和 O_2	2.55	1.60
$NiCl_2$	0.5	Ni 和 Cl_2	1.85	1.64

7.8.2 极化作用和极化曲线

(1) 电极的极化和超电势

当电极上无电流通过时，电极处于平衡状态，与之对应的电势为电极的平衡（可逆）电势。随着电极上电流密度的增加，电极反应的不可逆程度越来越大，电极极化作用越大，其析出电势偏离平衡电势也就越来越远。某一电流密度下的析出电势与其平衡电极电势之差的绝对值称为超电势（overpotential），以符号 η 表示。

$$\eta = |E_{\mathrm{Ox|Red,R}} - E_{\mathrm{Ox|Red,I}}| \tag{7.50}$$

显然，η 数值表示极化程度的大小。

根据极化产生的原因，可将极化分为两类，即浓差极化和电化学极化，并将与之相对应的超电势称为浓差超电势和活化超电势。除了上述两种主要原因之外，还有一种原因是电解过程中在电极表面上生成一层氧化物的薄膜或其他物质，从而对电流通过时产生阻力，有时也称为电阻超电势。若以 R_c 表示电极表面层的电阻，I 代表通过的电流，则由于氧化膜的电阻所需额外增加的电压，在数值上等于 IR_c。由于这种情况不具有普遍意义，因此本节主要讨论浓差极化和电化学极化。

① 浓差极化

在电解过程中因电极附近溶液的浓度和本体溶液的浓度差而产生的电极极化叫浓差极化。这里本体溶液是指离开电极较远、浓度均匀的溶液。例如当把两个铜电极插到质量摩尔浓度为 m_B 的 $CuSO_4$ 溶液中进行电解，在阴极附近的 Cu^{2+} 沉积到电极上去，即

$$Cu^{2+} + 2e^- \longrightarrow Cu(s)$$

使得阴极溶液中 Cu^{2+} 浓度不断降低。如果本体溶液中 Cu^{2+} 扩散到电极表面进行补充的速率跟不上 Cu^{2+} 的沉积速率，则在阴极表面 Cu^{2+} 浓度势必比本体浓度低。在一定电流密度下，达到稳定后，溶液中存在一定的浓度梯度，此时电极附近的浓度也有一个小于体相浓度的稳定值。显然，此时电极电势将低于其平衡值，其差值显然是由浓差的大小决定的。仍以 Cu 电极为例来分析浓差极化的影响。

电解前 $a_{Cu^{2+},体} = a_{Cu^{2+},表}$，电解时，当 Cu^{2+} 的扩散速率小于反应速率时，随着电流 I 增大，阴极表面 Cu^{2+} 浓度不断下降，$a_{Cu^{2+},体} > a_{Cu^{2+},表}$，从而导致

$$E_{表} = E^{\ominus}_{Cu^{2+}} - \frac{RT}{2F}\ln\frac{1}{a_{Cu^{2+},表}} < E_{平} = E^{\ominus}_{Cu^{2+}} - \frac{RT}{2F}\ln\frac{1}{a_{Cu^{2+},体}}$$

即由于浓差极化，导致阴极表面 Cu^{2+} 浓度下降，所以阴极需要更负的电势才能使 Cu^{2+} 继续在阴极上还原并析出 Cu。而且，电流密度越大，浓差极化越严重，阴极析出电势越负。反过来，浓差极化将导致阳极表面 Cu^{2+} 浓度升高，阳极需要更正（高）的电势才能使 Cu 在阳极氧化成 Cu^{2+}。总而言之，由于极化，阴极析出电势越极化越负，而阳极析出电势越极化越正。

浓差极化大小与搅拌情况、电流密度和温度有关。通常加快搅拌速度和升温可以降低浓

差极化，但是由于电极表面有扩散层的存在，所以不可能将浓差极化完全除去。不过，浓差极化现象并不总是坏事，例如极谱分析就是利用滴汞电极上所形成的浓差极化来进行离子种类的鉴别和离子浓度的定量分析。

② 电化学极化

电极反应总是分若干步进行的，若其中一步反应速率较慢，需要较高的活化能，为了使电极反应顺利进行而需要额外施加电压的现象称为电化学极化。所额外施加的电压称为电化学超电势（亦称为活化超电势）。

电化学极化的存在，使得电极反应速率跟不上电荷输送速率，导致负极积累越来越多的负电荷，电极电势较平衡时的电极电势更负；而阳极则积累越来越多的正电荷，电极电势较平衡时的电极电势更正。由此知道，与浓差极化一样，电化学极化使得阳极越极化越正，而阴极越极化越负。总而言之，无论是浓差极化，还是电化学极化，极化的结果总是导致阳极 $E_{析,a}$ 越极化越正，而阴极 $E_{析,c}$ 越极化越负。

实验表明，电解时，电极析出电势与电流密度有关。描述电极析出电势与电流密度间的关系曲线称为极化曲线。该曲线的形状和变化规律反映了电化学过程的动力学特征。

（2）极化曲线

以电流密度为纵坐标，电极电势为横坐标，描述电极电势随电流密度的变化曲线称为极化曲线。电极的极化曲线可通过实验测定得到。在一电解池中放入电解质溶液，插入两个电极，分别以阴极和阳极作为待测电极，通过标准方法（具体可参考相关专著）来测定极化曲线。图 7.20 的（a）和（b）分别是描述电解池和原电池中电极的极化曲线。

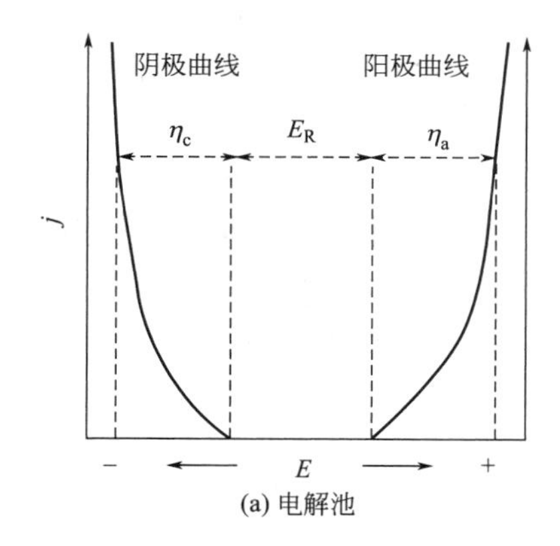

(a) 电解池

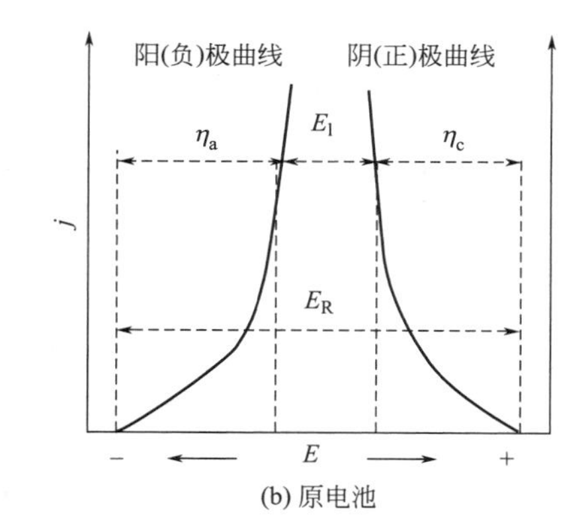

(b) 原电池

图 7.20 极化曲线

由图 7.20 可知，无论是在电解池还是在原电池中，由于极化的存在，阳极（anode，下标 a 表示阳极）的实际电极电势变大，而阴极（cathode，下标 c 表示阴极）的实际电极电势变小，所以

$$E_{a(Ox|Red,I)}=E_{a(Ox|Red,R)}+\eta_a \tag{7.51a}$$

$$E_{c(Ox|Red,I)}=E_{c(Ox|Red,R)}-\eta_c \tag{7.51b}$$

两张极化曲线图的相同点是：无论是在电解池还是原电池中，阳极（电解池的正极，原电池的负极）的不可逆电势随着电流密度的增大而不断增高；阴极（电解池的负极，原电池的正极）的不可逆电势随着电流密度的增大反而下降。两张极化曲线图的不同点是：对于电解池，由于极化的存在，电流密度越大，外加的分解电压也越大，消耗的电能就越多，这从能量的利用角度来看是不利的。但也有可利用的一面，在电解池中，可利用 $H_2(g)$ 在大多

数金属上有超电势，使得氢气在阴极上的析出电势变小，而让那些比氢气活泼的金属的离子先还原析出。这样才使得在水溶液中在阴极上镀 Zn(s)、Sn(s) 和 Ni(s) 等金属成为可能。

对于原电池，输出电流的密度越大，电池的工作电压越小，做功的能力越弱。这从能量的利用角度来看也是不利的。但也有可利用的一面，在原电池中，超电势的存在使电池的实际做功电压下降，两条极化曲线随着电流密度的增加越来越靠近。若两条极化曲线相交，则电动势等于零，电池就不再继续反应，这在防止金属的电化学腐蚀方面可以利用，人为地将发生电化学腐蚀的电池加以极化，使其电动势等于零，就可使反应停止，达到防止金属进一步被腐蚀的目的。

(3) 塔菲尔(Tafel)方程

实验研究表明，金属在电极上析出时，其超电势较小，在一般的计算中可忽略不计。但是，气体在电极上析出时，往往有较大的超电势，如图 7.21 所示。

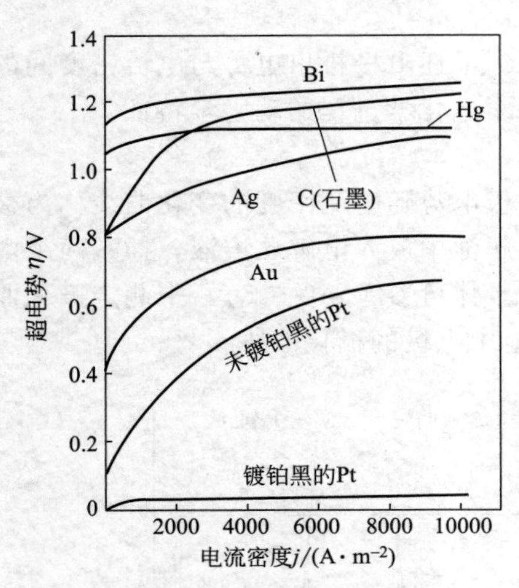

图 7.21　氢在几种阴极材料上的超电势

图 7.21 是 H^+ 在不同阴极上、不同电流密度下的析出超电势。从图中可以看出，在石墨和汞等电极材料上，超电势很大，而在金属 Pt，特别是镀了铂黑的铂电极上，超电势很小。正因为如此，标准氢电极中的铂电极要镀上铂黑。

影响超电势的因素很多，如电极材料、电极表面状态、电流密度、温度、电解质的性质、浓度及溶液中的杂质等。故超电势测量的重现性不是很好。

早在 1905 年，塔菲尔在研究 H^+ 在不同阴极材料上析出时发现，对于一些常见的电极反应，超电势与电流密度之间在一定范围内存在如下的定量关系：

$$\eta = a + b\ln j \tag{7.52}$$

式中，j 是电流密度；a 是单位电流密度时的超电势值，与电极材料、表面状态、溶液组成和温度等因素有关，a 是超电势值的决定因素；b 在常温下约等于 0.05V。值得注意的是，当 j 很小时，塔菲尔公式不适用，此时超电势与电流密度之间呈线性关系。

通常在电解水制备氢气时，总希望氢超电势尽可能小，电能消耗少，经济效益高，故一般选用 Pt 作电极材料最好。

值得指出的是，塔菲尔经验方程尽管是从 H_2 (g) 析出实验归纳出来的，其实，塔菲尔经验方程对其他气体析出同样具有重要的参考价值。

7.8.3　电极上的反应

电解质水溶液进行电解时，需要加多大的分解电压，以及在阳极、阴极各得到哪种电解产物，是电解首要解决的问题。

由于水溶液中总是存在着 H^+ 和 OH^-，所以即使是电解池中单一的电解质水溶液，除了该电解质的离子以外，还要考虑 H^+、OH^- 是否会发生电极反应。若是混合电解质水溶液，则可能发生的电极反应就更多了。

在电解含有若干种电解质的水溶液时，溶液中的阳离子（包括 H^+）趋向阴极，在阴极上发生还原反应。而阴离子（包括 OH^-）则趋向阳极，在阳极上发生氧化反应，有时阳极本身也会发生氧化。究竟在两个电极上首先发生哪种反应，下面分别按两种电极来讨论。

（1）阴极上的反应

电解质溶液通常用水作溶剂，在电解时，水中 H^+ 会在阴极与金属离子竞争还原。将能在电极上顺利发生反应的实际不可逆电势简称为析出电势，则在保持阳极电势不变的情况下，析出电势最大的物质最先在阴极上还原析出。从理论上讲，在金属活泼顺序表中出现在氢以前的金属是不能从电极上被还原析出的。但是，由于气体，特别是氢气和氧气，超电势值较大，利用氢在电极上的超电势，可以使比氢活泼的金属先在阴极析出，这在电镀工业上是很重要的。通常大多数金属在电极上析出时超电势很小，可忽略不计，所以金属离子的析出电势就等于它们的可逆还原电极电势。

而水溶液中的 H^+ 总是要与金属离子在阴极上竞争析出，一旦有 H^+ 还原析出 $H_2(g)$ 就会影响金属镀层的细密程度和与基质材料的黏附力，使镀层变得容易脱落。幸好 $H_2(g)$ 在大多数金属上都有超电势，在金属 Hg(l) 上则更大，使得 H^+ 还原为 $H_2(g)$ 的析出电势比 Zn^{2+} 、Sn^{2+} 和 Ni^{2+} 等还原为金属的析出电势都要小，从而使在阴极上电镀 Zn(s) 、Sn(s) 和 Ni(s) 等金属成为可能。在金属 Hg(l) 电极上，$H_2(g)$ 的析出电势甚至比活泼金属 Na(s) 、K(s) 的析出电势还要低，这样就可以用金属 Hg(l) 作为阴极，电解碱金属盐类的水溶液，在 Hg(l) 阴极上就能得到钠汞齐（金属钠的汞溶液）$Na(Hg)(a_{Na})$ 和钾汞齐 $K(Hg)(a_K)$ 等，将汞齐分离后就可以获得相应的碱金属。$H_2(g)$ 在镀了铂黑的金属铂电极上的超电势很小，因此标准氢电极总是用镀了铂黑的金属铂作为导电电极。

此外值得注意的是，电解水溶液时，若有 H_2 或 O_2 析出，会改变溶液中 H^+ 或 OH^- 的浓度，计算电极电势的析出电势时，别忘了把这个因素考虑进去。

现在用以下例子来说明，如何判断在电解时阴极上析出反应的次序以及计算溶液中剩余离子的浓度。

298K 时，用镀了铂黑的铂电极电解浓度为 $0.5mol\cdot kg^{-1}$ 的 $CuSO_4$ 中性水溶液。在阴极首先发生什么反应？当 $H_2(g)$ 开始析出时，溶液中残留的 Cu^{2+} 浓度为多少？设 $H_2(g)$ 在 Cu(s) 上的超电势为 0.23V。

因为溶液中只有 Cu^{2+} 和 H^+ 两种阳离子，有可能在阴极上析出的只有 Cu(s) 和 $H_2(g)$ 。哪种离子先析出要分别计算它们的实际析出电势，析出电势大的首先在阴极上还原析出。它们的还原电极电势分别为

$$E_{Cu^{2+}|Cu}=E^{\ominus}_{Cu^{2+}|Cu}-\frac{RT}{zF}\ln\frac{1}{a_{Cu^{2+}}}=0.34V-\frac{RT}{2F}\ln\frac{1}{0.5}=0.33V$$

$$E_{H^+|H_2}=E^{\ominus}_{H^+|H_2}-\frac{RT}{zF}\ln\frac{1}{a^2_{H^+}}=-\frac{RT}{2F}\ln\frac{1}{(10^{-7})^2}=-0.41V$$

金属的析出一般不考虑超电势，$H_2(g)$ 在镀有铂黑的铂电极上的超电势也可以忽略（如果考虑超电势的话，氢的析出电势会更小），所以还原电极电势就近似等于它们的析出电势，因为 $E_{Cu^{2+}|Cu}>E_{H^+|H_2}$ ，所以阴极上首先析出 Cu(s) 。当 Cu(s) 在阴极析出的同时，阳极上有 $O_2(g)$ 放出，溶液中 H^+ 的浓度会增加。假定 Cu^{2+} 几乎都析出时，溶液中 H^+ 的浓度近似等于 $1.0mol\cdot kg^{-1}$ 。而 $H_2(g)$ 在 Cu(s) 上是有超电势的［Cu(s) 已包裹在铂电极的外边］，当 $H_2(g)$ 开始析出时的实际电势为

$$E_{H^+|H_2}=E^{\ominus}_{H^+|H_2}-\frac{RT}{zF}\ln\frac{1}{a^2_{H^+}}-\eta_{H_2}=-\frac{RT}{2F}\ln\frac{1}{(1.0)^2}-0.23V=-0.23V$$

这时 $E_{Cu^{2+}|Cu}$ 与 $E_{H^+|H_2}$ 的析出电势相等，则 Cu^{2+} 的活度为

$$-0.23V = 0.34V - \frac{RT}{2F}\ln\frac{1}{a_{Cu^{2+}}}$$

解得

$$a_{Cu^{2+}} = 5.20 \times 10^{-20}$$

即 Cu^{2+} 的浓度约为 $5.20 \times 10^{-20}\,mol \cdot kg^{-1}$，可以认为当 $H_2(g)$ 开始析出时，Cu^{2+} 几乎已全部析出了。

（2）阳极上的反应

在阳极上，电价低的物质失去电子发生氧化反应。另外，也不可忽视非惰性电极［如 Cu(s) 和 Ag(s) 等］本身也有可能发生氧化反应。在保持阴极电势不变的情况下，析出电势最小的最先在阳极上发生氧化析出。将可能发生氧化析出的阴离子（如 OH^- 和 Cl^- 等）的析出电势计算出来，比较它们析出电势的大小，最小的首先在阳极发生氧化。

例如，298K 时，用 Cu(s) 电极电解浓度为 $0.5mol \cdot kg^{-1}$ 的 $CuSO_4$ 中性水溶液，试判断在阳极首先发生什么反应。暂不考虑超电势的影响。

这时有可能在阳极发生氧化的是 OH^- 、SO_4^{2-} 和 Cu(s) 电极本身。因 SO_4^{2-} 氧化析出的电势太大，一般不考虑它的氧化。则 OH^- 和 Cu(s) 的析出电势分别为

$$O_2(p^{\ominus}) + 2H_2O(l) + 4e^- \longrightarrow 4OH^-\ (a_{OH^-} = 10^{-7})$$

$$E_{O_2|OH^-} = E^{\ominus}_{O_2|OH^-} - \frac{RT}{zF}\ln a^4_{OH^-} = 0.40V - \frac{RT}{4F}\ln(10^{-7})^4 = 0.81V$$

$$E_{Cu^{2+}|Cu} = 0.33V\ (\text{由上面的例子得到})$$

因为 $E_{Cu^{2+}|Cu} < E_{O_2|OH^-}$，所以阳极上发生 Cu(s) 电极本身氧化溶解，而不是放出氧气。

如果用铂电极电解浓度为 $1.0mol \cdot kg^{-1}$ 的中性 NaCl 水溶液，在阳极上首先析出的是什么物质？

在阳极上有可能发生氧化的是 OH^- 和 Cl^- 。若不考虑超电势，它们的析出电势分别为

$$E_{O_2|OH^-} = 0.81V\ (\text{由上面计算所得})$$

$$Cl_2(p^{\ominus}) + 2e^- \longrightarrow 2Cl^-\ (a_{Cl^-} = 1.0)$$

$$E_{Cl_2|Cl^-} = E^{\ominus}_{Cl_2|Cl^-} - \frac{RT}{2F}\ln a^2_{Cl^-} = E^{\ominus}_{Cl_2|Cl^-} = 1.36V$$

显然，阳极上首先析出的是 $O_2(g)$ 而不是 $Cl_2(g)$ 。而在氯碱工业中，阳极产品是 $Cl_2(g)$ 而不是 $O_2(g)$ ，这是因为电解的是 NaCl 的浓溶液，并选用石墨作为阳极材料。$O_2(g)$ 在石墨上有很大的超电势，使得 $O_2(g)$ 在阳极上的析出电势大于 $Cl_2(g)$ 的电势，这样才能在阳极上获得工业价值比 $O_2(g)$ 高的 $Cl_2(g)$ 。

（3）金属离子的分离

如果溶液中含有多个析出电势不同的金属离子，可以通过控制外加电压的大小，使金属离子分步析出，从而达到分离的目的。

为了更有效地将两种离子分开，两种金属的析出电势至少应该相差多少才能使离子基本分离？可以通过下述计算说明：

$$M^{z+}(a_+) + ze^- \longrightarrow M(s)$$

$$E_{M^{z+}|M} = E^{\ominus}_{M^{z+}|M} - \frac{RT}{zF}\ln\frac{1}{a_{M^{z+}}}$$

假定在金属离子还原过程中阳极的电势不变，设金属离子的起始和终了活度分别为 $a_{M^{z+},1}$ 和 $a_{M^{z+},2}$，则两者的电势差为：

$$\Delta E_{M^{z+}|M}=\frac{RT}{zF}\ln\frac{a_{M^{z+},1}}{a_{M^{z+},2}}$$

当 $a_{M^{z+},1}/a_{M^{z+},2}=10^7$ 时，离子的浓度已降低到原浓度的千万分之一，可认为离子基本析出干净。

在 298K 时，对于一价金属离子如 Ag^+，$\Delta E_{M^{z+}|M}=0.414V$，对于二价金属离子如 Zn^{2+}，$\Delta E_{M^{z+}|M}=0.207V$，其余以此类推。当一种离子浓度下降到原浓度的 $\frac{1}{10^7}$ 时，可将沉积该金属的阴极电极取出，然后换成另一新的电极，再增加外加电压，使另一种金属离子继续沉积出来。

当 A、B 两种物质同时在阴极析出时，应满足 $E_{析,A}=E_{析,B}$，即

$$E_A^\ominus-\frac{RT}{z_yF}\ln\frac{a_A}{a_A^{y+}}-\eta_A=E_B^\ominus-\frac{RT}{z_xF}\ln\frac{a_B}{a_B^{x+}}-\eta_B$$

通常对金属而言，$a_A=1$、$a_B=1$、$\eta\approx0$；对气体而言，a_A 或 $a_B=p^\ominus$。

欲使两种离子同时在阴极上析出而形成合金，需调整两种离子的浓度，使其满足上式，即具有相等的析出电势。例如电镀黄铜合金，可在溶液中加入 CN^-，使其成为配合物 $[Cu(CN)_3]^-$、$[Zn(CN)_4]^{2-}$，然后调整 Cu^{2+} 与 Zn^{2+} 的浓度比，使两者的析出电势相等，此时在阴极上铜和锌同时析出而形成黄铜合金。

【例 7.19】 298K 时，某电解质溶液含有的阳离子为 Ag^+ ($a=0.05$)、Cd^{2+} ($a=0.001$)、Ni^{2+} ($a=0.1$) 和 H^+ ($a=0.001$)。若用 Pt 电极电解此溶液，则当外压从零开始逐渐增加时，分析在阴极上依次析出的物质。已知 $H_2(g)$ 在 Pt、Ag、Cd 及 Ni 上的超电势分别为 0.12V、0.20V、0.30V 及 0.24V。假设在 Pt 等金属上析出上述各种金属的超电势可忽略不计，H^+ 的活度不随电解的进行而变化，析出的 H_2 压力为 100kPa。

解 298K 时上述溶液中各离子的析出电极电势计算如下（$\eta_{金属}\approx0$）：

$$Ag^+\ (a=0.05)+e^-\longrightarrow Ag(s)$$

$$E_{Ag^+|Ag}=E^\ominus_{Ag^+|Ag}-\frac{RT}{F}\ln\frac{a_{Ag}}{a_{Ag^+}}=0.7994V-\frac{8.314\times298}{96485}\ln\frac{1}{0.05}V=0.7225V$$

$$Cd^{2+}\ (a=0.001)+2e^-\longrightarrow Cd(s)$$

$$E_{Cd^{2+}|Cd}=E^\ominus_{Cd^{2+}|Cd}-\frac{RT}{2F}\ln\frac{a_{Cd}}{a_{Cd^{2+}}}=-0.4028V-\frac{8.314\times298}{2\times96485}\ln\frac{1}{0.001}V=-0.4915V$$

$$Ni^{2+}\ (a=0.1)+2e^-\longrightarrow Ni(s)$$

$$E_{Ni^{2+}|Ni}=E^\ominus_{Ni^{2+}|Ni}-\frac{RT}{2F}\ln\frac{a_{Ni}}{a_{Ni^{2+}}}=-0.257V-\frac{8.314\times298}{2\times96485}\ln\frac{1}{0.1}V=-0.287V$$

$$2H^+\ (a=0.001)+2e^-\longrightarrow H_2(g)$$

$$E_{H^+|H_2}=E^\ominus_{H^+|H_2}-\frac{RT}{2F}\ln\frac{p_{H_2}/p^\ominus}{a_{H^+}^2}=-\frac{8.314\times298}{2\times96485}\ln\frac{1}{(0.001)^2}V=-0.1774V$$

H_2 在 Pt、Ag 和 Ni 上的析出电极电势分别为

$$E_{H^+|H_2,析出}=E_{H^+|H_2}-\eta_1=(-0.1774-0.12)V=-0.30V$$

$$E_{H^+|H_2,析出}=E_{H^+|H_2}-\eta_2=(-0.1774-0.20)V=-0.38V$$

$$E_{H^+|H_2,析出}=E_{H^+|H_2}-\eta_3=(-0.1774-0.24)V=-0.42V$$

在电解池的阴极上进行还原反应时电极电势越正的反应越易于进行。由计算所得的电极电势可知，当外加电压由零逐渐变大时，在阴极上析出物质的次序为 Ag $\longrightarrow$ Ni $\longrightarrow$ $H_2(g)$ $\longrightarrow$ Cd。

在例 7.19 中，若考虑电解过程中 H^+ 浓度变化，则阴极上析出物质的顺序可能不一样。因为在阴极析出金属的同时，阳极发生电解水放出 $O_2(g)$ 的反应：$H_2O(l) \longrightarrow \frac{1}{2}O_2(g)+2H^+ + 2e^-$，很显然，随着金属离子的不断析出，溶液的 pH 随之下降。例如，当上述题目中，当 $a=b=0.05mol \cdot kg^{-1}$ 的 Ag^+ 析出后，溶液中的 $a(H^+)$ 由 $0.001mol \cdot kg^{-1}$ 变为 $(0.001+0.05)mol \cdot kg^{-1}$，这时 H_2 电极的可逆电动势 $E_{可逆}$ 为

$$E_{H^+|H_2}=E^{\ominus}_{H^+|H_2}-\frac{RT}{2F}\ln\frac{p_{H_2}/p^{\ominus}}{a^2_{H^+}}=-\frac{8.314\times 298}{2\times 96485}\ln\frac{1}{(0.051)^2}V=-0.0764V$$

H_2 在 Ag 上的析出电极电势

$$E_{H^+|H_2,析出}=E_{H^+|H_2}-\eta_2=(-0.0764-0.20)V=-0.2764V$$

$$E_{H^+|H_2,析出}=-0.2764V>E_{Ni^{2+}|Ni,析出}=-0.287V$$

这样，在阴极上析出物质的次序为 Ag→ $H_2(g)$ → Ni →Cd。

【例 7.20】 已知溶液中 Cd^{2+} 和 Zn^{2+} 浓度均为 $0.1mol \cdot kg^{-1}$，H_2 在 Pt、Cd 和 Zn 上的超电势分别为 0.12V、0.48V 和 0.70V。问 298K 时能否用 Pt 作为电极以电解沉积的方法分离 Cd^{2+} 和 Zn^{2+}？已知 298K 时，$E^{\ominus}_{Zn^{2+}|Zn}=-0.763V$，$E^{\ominus}_{Cd^{2+}|Cd}=-0.4028V$。假设电解过程中保持溶液的 pH=7，析出的 H_2 压力为 100kPa。

解 要判断溶液中组分是否能分离，要看第二个组分析出时溶液中第一个组分的浓度值，通常第一个组分的浓度降低到原浓度的千万分之一时，可认为析出完全。

Cd 和 Zn 的析出电极电势分别为

$$E_{Cd^{2+}|Cd}=E^{\ominus}_{Cd^{2+}|Cd}-\frac{RT}{2F}\ln\frac{a_{Cd}}{a_{Cd^{2+}}}\approx E^{\ominus}_{Cd^{2+}|Cd}-\frac{RT}{2F}\ln\frac{1}{m_{Cd^{2+}}/m^{\ominus}}$$

$$=-0.4028V-\left(\frac{8.314\times 298}{2\times 96485}\ln\frac{1}{0.1}\right)V=-0.432V$$

$$E_{Zn^{2+}|Zn}=E^{\ominus}_{Zn^{2+}|Zn}-\frac{RT}{2F}\ln\frac{a_{Zn}}{a_{Zn^{2+}}}\approx E^{\ominus}_{Zn^{2+}|Zn}-\frac{RT}{2F}\ln\frac{1}{m_{Zn^{2+}}/m^{\ominus}}$$

$$=-0.763V-\left(\frac{8.314\times 298}{2\times 96485}\ln\frac{1}{0.1}\right)V=-0.793V$$

H_2 在 Pt 上的析出电势

$$E_{H^+|H_2,析}=E^{\ominus}_{H^+|H_2}-\frac{RT}{2F}\ln\frac{p_{H_2}/p^{\ominus}}{a^2_{H^+}}-\eta=\left(0-\frac{8.314\times 298}{2\times 96485}\ln\frac{1}{(10^{-7})^2}-0.12\right)V=-0.53V$$

比较 $E_{Cd^{2+}|Cd}$、$E_{Zn^{2+}|Zn}$ 和 $E_{H^+|H_2,析}$ 可知，Cd 先在阴极析出，因为 Cd 的析出，下面的电解过程相当于在 Cd 作为阴极的条件下进行。此时 H_2 的析出电极电势为

$$E_{H^+|H_2,析}=E_{H^+|H_2}-\eta=(-0.414-0.48)V=-0.894V$$

比较 $E_{Zn^{2+}|Zn}$ 和 $E_{H^+|H_2,析}$ 可知，Zn 先于 H_2 析出。

假设 Zn 开始析出时，溶液中残余的 Cd^{2+} 浓度为 $m'_{Cd^{2+}}$ 则应有

$$E_{Zn^{2+}|Zn}=E_{Cd^{2+}|Cd}=-0.793V$$

即 $$E_{Cd^{2+}|Cd}\approx E^{\ominus}_{Cd^{2+}|Cd}-\frac{RT}{2F}\ln\frac{1}{m'_{Cd^{2+}}/m^{\ominus}}=E_{Zn^{2+}|Zn}=-0.793V$$

$$\ln\frac{m'_{Cd^{2+}}}{m^{\ominus}}=\frac{2F(E_{Zn^{2+}|Zn}-E^{\ominus}_{Cd^{2+}|Cd})}{RT}=\frac{2\times96485\times[-0.793-(-0.4028)]}{8.314\times298}=-30.4$$

$$m'_{Cd^{2+}}=6\times10^{-14}\,mol\cdot kg^{-1}$$

溶液中残余的 Cd^{2+} 浓度与初始浓度之比为 $\frac{m'_{Cd^{2+}}}{m_{Cd^{2+}}}=\frac{6\times10^{-14}\,mol\cdot kg^{-1}}{0.1mol\cdot kg^{-1}}=6\times10^{-13}<10^{-7}$

计算表明可以用电解沉积的方法来分离溶液中的 Cd^{2+} 和 Zn^{2+}。

7.9 金属的腐蚀与防腐

主要知识点

1. 金属的腐蚀

金属和金属制品受环境中的 H_2O、$O_2(g)$ 和酸性氧化物的影响，发生缓慢氧化而遭到破坏，这类现象称为金属的腐蚀。如果金属与化学试剂发生反应而遭破坏，则称为化学腐蚀。如果金属遭微生物寄生而被破坏，称为生物化学腐蚀。如果金属与周围的介质形成微电池，金属作为阳极而被氧化腐蚀，则称为电化学腐蚀。

在电化学腐蚀中，金属作为阳极而被氧化，如果在阴极上放出氢气，则称为析氢腐蚀。如果阴极上有氧气参与，发生 $O_2(g)$ 还原成 H_2O 的反应，则称为耗氧腐蚀。耗氧腐蚀的微电池的电动势较大，比析氢腐蚀更为严重。

2. 金属的防腐

防腐主要考虑的是：阻止微电池的形成；使金属作阴极，处于低电势的安全区；使金属钝化；提高金属自身的抗蚀能力等。

防腐的常用手段有：①用金属或非金属的保护膜将金属与介质隔离；②用牺牲性阳极，将被保护金属作为阴极；③外加电源组成电解池，将被保护金属作阴极；④用化学或电化学方法，使金属表面生成钝化膜；⑤加缓蚀剂，降低阳极或阴极的反应速率；⑥制成合金，提高金属本身的耐蚀能力。

7.9.1 金属的腐蚀

金属和金属制品在使用和放置过程中，由于环境中的水汽、氧气和酸性物质的影响，金属会发生缓慢氧化，逐渐变成氧化物、氢氧化物和各种金属盐的混合物，如铜上长“铜绿”，铝制品上长“毛”和钢铁生锈等，使金属本身遭到破坏，这类现象称为金属的腐蚀。金属腐蚀一般分为化学腐蚀、生物化学腐蚀和电化学腐蚀等不同类型。化学腐蚀是金属与化学氧化剂直接发生反应而被破坏。生物化学腐蚀是金属被微生物寄生，被微生物的排泄物侵蚀而破坏，一定组成的污水、土壤都可能加速金属的腐蚀。电化学腐蚀是金属与其环境中其他物质形成微电池，金属作为阳极发生氧化而被破坏。

金属因腐蚀而遭受的经济损失是巨大的。据统计，世界上每年被腐蚀掉的钢铁占当年钢产量的1/3，其中的2/3可以通过回炉再生，而另1/3则被完全腐蚀，即每年被完全腐蚀的钢铁约占当年钢产量的10%，就中国而言，每年被完全腐蚀掉的钢铁达1000多万吨，相当于一个中大型钢厂的年产量。因此，研究金属腐蚀发生的原因并采取有效措施具有十分重要意义。

在化工过程中，设备通常在酸、碱、盐及潮湿的大气条件下使用，这些潮湿环境多为电解质溶液，所以金属发生的腐蚀主要表现为电化学腐蚀。

这种情况尤以钢铁的腐蚀最为严重，本节主要以Fe(s)的电化学腐蚀为例，阐明金属电化学腐蚀的基本原理，以便采取有效的手段进行防腐，从而减少金属腐蚀带来的经济损失。

裸露的Fe(s)制品，当周围有水气、空气和酸性氧化物溶于水所产生的H^+存在时，提供了电解质溶液，很容易与Fe(s)中的杂质形成微型原电池，Fe(s)作为阳极发生氧化而被腐蚀。当Fe(s)被氧化成Fe^{2+}时，按在阴极上发生的反应分为以下两类腐蚀过程。

（1）析氢腐蚀

阳极(负极)　　$Fe(s) \longrightarrow Fe^{2+}(a_{Fe^{2+}}) + 2e^-$

阴极(正极)　　$2H^+(a_{H^+}) + 2e^- \longrightarrow H_2(p_{H_2})$

$$E_{H^+|H_2} = E^{\ominus}_{H^+|H_2} - \frac{RT}{zF}\ln\frac{a_{H_2}}{a^2_{H^+}}$$

在阴极上，溶液中的H^+得到Fe(s)氧化时放出的电子而被还原，这在图7.17的电势-pH图中相当于在a线上下的情况。$H^+|H_2(g)$与$Fe^{2+}|Fe(s)$两个电极所组成的原电池的电动势不大，因此腐蚀不太严重。随着H^+浓度增加，电动势也变大，腐蚀倾向也会增加。这里Fe(s)既是阳极，又是氢气析出时所依附的阴极，故称为二重电极。如果Fe(s)中含有Cu(s)等比Fe(s)不活泼的金属，则组成微电池时，Fe(s)为阳极，Cu(s)为阴极，腐蚀会更严重，因此铜板上的铁铆钉是很容易被腐蚀生锈的。

（2）耗氧腐蚀

露置在空气中的铁板，一旦上面有积水或有水汽凝聚，空气中又有较多的酸性氧化物或盐雾溶于水中，还有$O_2(g)$存在，则铁板很快就会生锈，化工厂附近的铁制品特别容易被腐蚀就是这个原因。这样组成的微电池的电极反应分别为

阳极(负极)　　$Fe(s) \longrightarrow Fe^{2+}(a_{Fe^{2+}}) + 2e^-$

阴极(正极)　　$O_2(g) + 4H^+ + 4e^- \longrightarrow 2H_2O(l)$

$$E_{O_2|H^+,H_2O} = E^{\ominus}_{O_2|H^+,H_2O} - \frac{RT}{4F}\ln\frac{1}{a_{O_2}a^4_{H^+}}$$

因为在酸性气体中又有 $O_2(g)$ 存在时，$O_2(g)$ 在阴极上取得电子还原成 $H_2O(l)$ 。这在图 7.17 的电势-pH 图中相当于在 b 线与 C 线之间的情况。这个电池的电动势比析氢腐蚀的电动势大得多，组成电池的电动势越大，吉布斯自由能变化值就越负，腐蚀趋势就越严重。有 $O_2(g)$ 存在时不但可以将 Fe(s) 氧化成 Fe^{2+} ，还可以将 Fe^{2+} 氧化成 Fe^{3+}（这相当于图 7.17 中 b 线与 B 线之间的电势差）。Fe(s) 被腐蚀后最终形成的铁锈是 Fe^{2+} 、Fe^{3+} 及其氢氧化物和氧化物的疏松混合物。

7.9.2 金属的防腐

既然金属的电化学腐蚀是由于形成微电池时，金属作为阳极而发生氧化引起的，则防腐要从以下几方面考虑，即如何不让微电池形成，或一旦形成微电池要设法使被保护的金属作为阴极，或减小微电池的电动势使其几乎等于零，以及根据图 7.17 将 Fe(s) 置于安全区，远离腐蚀区等。

（1）用保护层防腐

保护层防腐是将被保护金属与 H_2O 、$O_2(g)$ 和 H^+ 等介质隔离，使其无法形成微电池。保护层有非金属保护层和金属保护层两类。常用的非金属保护层为涂料、搪瓷、陶瓷、玻璃和多种类型的高分子材料，将金属严密包裹好，使其无法与介质接触，这在化学工业的设备加工中是非常普遍的。金属保护层是用电镀的方法在 Fe(s) 的外面镀上一层耐蚀金属，如镀 Ni 、Cr 、Zn 和 Sn 等，使 Fe(s) 不能与其他介质接触。如果 Fe(s) 外面的镀层是完整的，则电镀任何一种金属都能起到相同的保护作用。但是，一旦镀层有破损，则有两种情况：如果镀层金属比 Fe(s) 活泼，如镀 Zn（镀锌铁俗称白铁），则一旦形成微电池，Zn 为阳极，Fe(s) 为阴极，Zn 仍有保护作用；如果镀层金属不如 Fe(s) 活泼，如镀 Sn（镀锡铁俗称马口铁），则一旦形成微电池，Fe(s) 为阳极，Sn 为阴板，Fe(s) 被腐蚀得更快。但是，Sn^{2+} 常与有机酸形成配离子，使其电势变得比 $E_{Fe^{2+}|Fe}$ 还低。因此，罐头食品的外壳常用镀锡铁制作，也有一定的防腐作用。

（2）牺牲性阳极保护法

将电极电势较低的金属与被保护金属紧密连接在一起，一旦形成微电池，电势较低的金属作为阳极而被氧化，被保护金属作阴极而避免了被腐蚀。例如，在海船底上镶嵌含有少量铝或镉的锌合金，在形成微电池时，Zn 作阳极而被氧化溶解，Fe(s) 的船体作阴极而免遭腐蚀。过一段时间再更换锌块，这里 Zn 就作了牺牲性阳极。由于这种防止船体腐蚀的方法要耗费大量的 Zn ，目前这种方法用得越来越少了。

（3）阴极电保护法

如图 7.17 所示，在电势低于 −0.7V 时，在所有 pH 范围内，Fe(s) 是稳定的。因此，用外加电源的方法，将被保护的金属 Fe(s) 与负极相接，让它作为阴极，使其电势维持在 −0.7V 以下而被保护。将正极接到一些无用的金属上，使其成为牺牲性阳极。这种用外加电源使被保护金属成为阴极而不被腐蚀的方法称为阴极电保护法。这种方法广泛用于化工厂中的金属储罐、各种输运管道、地下水管、输油管和闸门（或阀门）等的防腐。

（4）钝化保护法

从图 7.17 可知，当 Fe(s) 外面包裹了一层致密的氧化物后，也可以保护里面的金属不被继续腐蚀，这时金属处于钝化状态。使金属钝化大致有两种方法：一种是化学钝化，将被保护金属放在具有强氧化性的化学试剂（如浓 HNO_3、$HClO_3$、$K_2Cr_2O_7$、$KMnO_4$ 和 $AgNO_3$ 等）中，使其钝化。钝化后的金属的电极电势升高，甚至高到可以与贵金属（如

Au、Pt）近似。另一种是电化学钝化，将被保护金属作为电解池的阳极，插在一定的介质中使其氧化，并采用一定的设备不断使阳极电势升高，极化越来越严重。观察其电势随外加电流密度的变化曲线［图 7.20(a)中的阳极曲线］，当电流密度增加到一定程度时，电极电势突然下降到几乎等于零，这时金属已进入钝化区，这样的金属耐蚀性能很好。化肥厂中的碳化塔就是用这种方法进行防腐的。

(5) 加缓蚀剂保护

对于那些不得不与介质接触的金属，设法改变介质的性质，防止或延缓金属的腐蚀，就是在介质中加缓蚀剂。缓蚀剂相当于一种负催化剂，它的作用一般是降低阳极（或阴极）过程的速率，或者是覆盖在电极表面而达到防腐的目的。常用的缓蚀剂有无机盐类，如硅酸盐、正磷酸盐、亚硝酸盐、铬酸盐等。也有的是有机缓蚀剂，一般是含有 N、S、O 和三键的胺类或吡啶类化合物。由于缓蚀剂的用量少，方便且经济，故这是一种常用的防腐方法。

(6) 提高金属本身的抗腐能力

在金属的冶炼和加工过程中，适当加入一些其他元素，如在 Fe(s) 的冶炼中加入适量的 Cr、Ni 和 Mn 等物质制成耐蚀合金，俗称不锈钢。其实不锈钢也不是绝对不生锈，只是比一般 Fe(s) 更耐腐蚀而已。例如，在 Fe(s) 中加入 Cr 后，由于 Cr 的钝化电势很低，因此合金的钝化电势也变低。当 Cr 的质量分数为 0.12～0.18 时，这种铬钢的耐蚀性能与金属铬近似。

研究防腐是很有意义的，因为据不完全统计，世界上每年报废的金属制品绝大部分是腐蚀造成的，防腐相当于提高了金属的产量。当然，如能研制出性能与金属近似而又不会腐蚀的新材料，则意义更加重大。随着特种陶瓷和各种功能合成材料的出现，这已不再是梦想。

7.10 电化学的应用

主要知识点

1. 化学电源

将化学能转变为电能且具有实用价值的各种形式的电池统称为化学电源，大致可分为以下几种：

① 一次电池　电能基本耗尽或工作电压已降到不能再继续工作的状态随即报废的电池称为一次电池。

② 二次电池　也称为可充电电池，作为原电池放电到一定工作电压时，利用外部直流电源将其作为电解池进行充电，如此可反复多次使用。常用的二次电池有铅酸蓄电池和锂离子电池等。

③ 燃料电池　将可燃性气体［如 $H_2(g)$、$CH_4(g)$ 等］或液体［如 $CH_3OH(l)$ 等］与氧化剂反应，所产生的能量通过电池的方式直接转化为电能。将活泼金属（如 Li、Zn、Al 等）与氧气安排成电池，也属于燃料电池的范畴。这种能量的转化不受热机效率的限制，能量转化效率可高达 80% 以上。这种电池对环境友好，可以连续工作，便于移动，备受航天和汽车工业的青睐。

2. 电合成化学

用电化学的方法进行有机化合物合成的学科称为电合成化学。电合成化学有许多优点，如反应条件温和、副产品少、环境友好等，已成功地合成了许多重要的化工产品。

3. 电化学与环境保护

电化学在环境监测、环境保护和处理污染物等方面的应用越来越广泛，已逐步形成了一门新的学科——环境电化学。应用的实例很多，如：①用电解法处理废水；②用电吸附和电凝聚法除去废水中的污染物；③用电芬顿法代替传统的芬顿试剂法净化废水，既节省了药剂，又提高了效率。

7.10.1 化学电源

自发将化学反应的化学能转变成电能的装置称为原电池，简称电池。能用来对外做电功的电池，因为在放电时电路中有电流通过，就不再是可逆电池了。人们把这些具有实用价值的电池作为电能的来源，统称为化学电源。通常用电池的容量、质量能量密度（或体积能量密度）和寿命等来衡量电池的性能。电池的实际容量是指在一定的条件下，电池所能输出的电量，一般用 A•h（安培•小时）来表示。电池的质量能量密度（也称为质量比能量）是指电池输出的电能与电池的质量之比，单位为 $W \cdot h \cdot kg^{-1}$。理论能量密度是指 1kg 参与反应的活性物质所提供的能量，由于化学电源有极板架、外壳等附加质量，所含活性物质也不可能全部参加反应，因此实际的能量密度比理论能量密度小得多。电池的体积能量密度是指电池输出的电能与电池的体积之比，单位为 $W \cdot h \cdot m^{-3}$。一般固体或液体参与反应的电池，其体积能量密度都很大，只是在气体物质参与反应时，体积能量密度就会小一些。化学电源的寿命分为使用寿命和储存寿命，对二次电池还有充放电寿命，指电池可以有效充、放电的次数。

根据使用的次数、电池的结构材料和结构的不同，电池有许多不同的分类方式。有的按使用次数分，可分为一次电池或二次电池；有的按电解质的酸碱性分，可分为酸式电池或碱式电池；也有的按制备电极的材料分，可分为 Ag-Zn 电池、Ni-Cd 电池和燃料电池等。下面简要地介绍一些最常见的化学电源。

（1）一次电池

日常使用的干电池，如 1 号、5 号、7 号电池及大大小小的纽扣电池等都是一次电池，使用完后就被丢弃，这不仅造成资源的浪费，也严重污染了环境。一次电池的基本结构大致相同，需要正极、负极和电解质。例如，已有 100 多年历史的锌锰干电池，以锌皮外壳作为负极，发生氧化，中心以石墨制成的碳棒作为导电用正极，碳棒周围的 $MnO_2(s)$ 粉末在放电时发生还原作用。在正、负极之间充填着由淀粉糊固定的 $ZnCl_2$ 和 NH_4Cl 溶液作为电解质，所以称为干电池。电池表示式及所发生的反应可表示为

$$Zn(s) | ZnCl_2, NH_4Cl(糊状物) | MnO_2(s) | C(石墨)$$

负极（氧化）　$Zn(s) + 2NH_4Cl \longrightarrow Zn(NH_3)_2Cl_2 + 2H^+ + 2e^-$

正极（还原）　$2MnO_2(s) + 2H^+ + 2e^- \longrightarrow 2MnOOH$

净反应　$Zn(s) + 2NH_4Cl + 2MnO_2(s) \longrightarrow Zn(NH_3)_2Cl_2 + 2MnOOH$

锌锰干电池的开路电压是 1.5V，质量能量密度为 $20 \sim 80 W \cdot h \cdot kg^{-1}$。放置不用时电容量会自动下降，使用一定时间后，锌皮外壳可能会被烂穿，电解液外泄使电池报废。

锌-银电池也是常用且高效的一次电池，做成纽扣式的电池早已被广泛用于石英表、相机、微型用电器具以及航空航天事业。碱式锌-银电池的结构式和反应为

$$Zn(s) \mid ZnO(s) \mid KOH(w_B = 0.40) \mid Ag_2O(s) \mid Ag(s)$$

负极(氧化)　$Zn(s) + 2OH^- \longrightarrow Zn(OH)_2 + 2e^-$

正极(还原)　$Ag_2O(s) + H_2O + 2e^- \longrightarrow 2Ag(s) + 2OH^-$

净反应　$Zn(s) + Ag_2O(s) \longrightarrow ZnO(s) + 2Ag(s)$

锌-银电池的开路电压约为1.8V，质量能量密度可高达$400W \cdot h \cdot kg^{-1}$，是目前能量密度最高的一次电池。锌-银电池也可以制成二次电池的形式，但由于制作成本较高、循环寿命较低，因此它的应用受到一定限制。

一次电池使用十分方便，因此应用面很广。但必须设法不使用或极少使用有毒化学原料(如Cd、Hg等)，并要研制出切实可行的回收方法，以提高原材料的利用率，减少环境污染。

(2) 二次电池

二次电池又称为可充电电池，作为电池在放电到一定电压时，又利用外部的直流电源将其作为电解池加以充电，如此可反复多次使用。这种电池在充电和放电时的反应互为逆反应，原则上可使用无数次。其实不然，由于在充电和放电时都不可避免地在电极上产生极化，这种不可逆过程会使电池的工作电压变得越来越小，做功的能力也随之下降。因此，对可充电电池的保养十分重要，要尽量减少极化，以延长它的使用寿命。

常用的可充电电池有铅酸蓄电池、Cd-Ni电池、Ag-Zn电池、$Ni\text{-}H_2$电池和锂离子电池等。现以使用历史最长的铅酸蓄电池为例，讨论其工作情况。铅酸蓄电池的表示式为

$$Pb(s) \mid H_2SO_4(\text{相对密度 } d = 1.22 \sim 1.28) \mid PbO_2(s) \mid Pb(s)$$

在放电时，其电极反应为

负极(氧化)　$Pb(s) + HSO_4^-(aq) \longrightarrow PbSO_4(s) + H^+ + 2e^-$

正极(还原)　$PbO_2(s) + 3H^+ + HSO_4^-(aq) + 2e^- \longrightarrow PbSO_4(s) + 2H_2O(l)$

在充电时，电极反应刚好是放电时的逆反应，因此充、放电时的电池反应为

$$PbO_2(s) + Pb(s) + 2H_2SO_4(aq) \underset{\text{放电}}{\overset{\text{充电}}{\rightleftharpoons}} 2PbSO_4(s) + 2H_2O(l)$$

铅酸蓄电池的电动势约为2V，它的优点是可逆性好，性能较稳定，造价低廉，使用面很广。它的缺点是笨重，质量能量密度低，电解质溶液的腐蚀性强，保养要求严，反应中要消耗硫酸并生成水，因此要经常调整硫酸的浓度，这些使它的应用受到一定的限制。目前对铅酸蓄电池在电极材料和电解质溶液等方面做了较大的改进，在电解质溶液中加入纳米碳溶胶活化剂，大大改善了铅酸蓄电池的性能，能制成免维护、密封式的蓄电池，仍较多地用于汽车工业中。

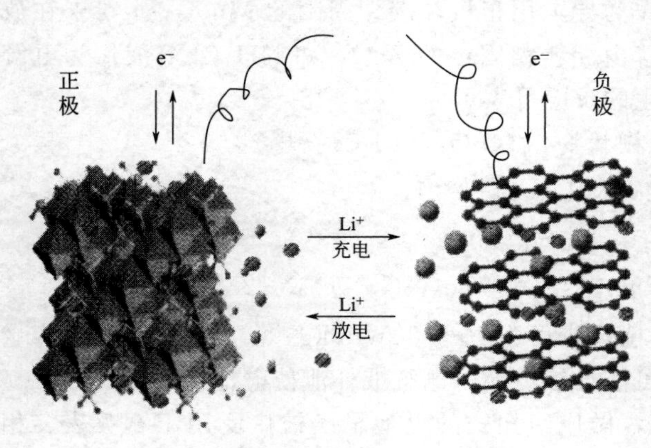

图7.22　锂离子电池示意图

锂离子电池是目前发展较快的一种可充电电池。常用的正极材料为层状结构或尖晶石结构的$LiCoO_2$、$LiNiO_2$或$LiMn_2O_4$等，负极通常用层状结构的石墨化碳素材料制备，电解质一般采用凝胶聚合物等固体电解质，或有机溶剂和无机电解质组成的复合系统。充、放电过程就是Li^+在正极材料中的嵌入与脱嵌过程，在负极材料中的插入与脱插过程，因此俗称为摇椅电池。图7.22是锂

离子电池的结构示意图。

以 $LiCoO_2$ 为正极、石墨为负极的锂离子电池为例，在充、放电时的电极反应分别为

$$\text{正极}\quad LiCoO_2 \underset{\text{放电}}{\overset{\text{充电}}{\rightleftharpoons}} Li_{1-x}CoO_2 + xLi^+ + xe^-$$

$$\text{负极}\quad 6C + xLi^+ + xe^- \underset{\text{放电}}{\overset{\text{充电}}{\rightleftharpoons}} Li_xC_6$$

$$\text{净反应}\quad LiCoO_2 + 6C \underset{\text{放电}}{\overset{\text{充电}}{\rightleftharpoons}} Li_{1-x}CoO_2 + Li_xC_6$$

由于锂离子电池比较轻，因此它的质量能量密度很高，并且污染小、无噪声，一般能重复使用1000次以上。锂离子电池被广泛用于手机、数码相机、笔记本电脑和人造器官中作为可移动电源。目前大容量的锂离子电池组已作为清洁能源广泛地用于汽车和电动自行车中，这样可以减少使用化石燃料所造成的环境污染，减少雾霾的形成。但是，目前锂离子电池的制作成本偏高，电容量偏小，汽车的续驶里程较短，充电速度偏慢等，这些都是限制其被大规模使用的难题。

（3）燃料电池

人类社会发展至今，绝大部分热能向机械能的转换都是通过热机过程来实现的。但这个过程受热机效率的限制，不但能量的转换率低（有的不到20%），而且使用的化石燃料如石油、煤和天然气等的燃烧废物如 $SO_2(g)$、$NO_x(g)$、烟尘和大量的温室气体 $CO_2(g)$ 等会造成严重的环境污染。发电过程要通过锅炉、汽轮机和发电机的联合工作，因此还伴有大量的噪声。而燃料电池是将可燃物质的化学能通过电池的方式直接转化为电能，它不受热机效率的限制，能量转换率可高达80%以上，工作时几乎不排放或很少排放氮氧化物和硫氧化物，就是 $CO_2(g)$ 的排放量也远低于热电厂，而且几乎无噪声，因此它被认为是21世纪首选的洁净、高效的绿色能源。可用于燃料电池的物质除氢气外，还有甲烷、甲醇、一氧化碳和石油重整气等可燃性气体或液体。

燃料电池不同于一次电池、二次电池，它是一个敞开系统，电容量不受限制，只要不断供给燃料和氧化剂，就可以连续工作。燃料电池可以进行积木式的组装，可以作为移动的发电装置。因此，航天事业中主要采用氢-氧燃料电池，其唯一的反应产物水还可以作为宇航员的生活用水。汽车工业中也开始采用燃料电池作为动力能源，制造飞机的波音公司已经制备出用燃料电池发动的飞机样机，并进行了实地的飞行演习。若能大规模推广使用燃料电池作为能源，将会大大降低燃油汽车和飞机的尾气对人类和地球造成的污染。

燃料电池中的最佳燃料是氢，氢-氧燃料电池的书面表达式和电池的净反应为

$$Pt \mid H_2(p_{H_2}) \mid H^+ \text{或} OH^-(pH = 1 \sim 14) \mid O_2(p_{O_2}) \mid Pt$$

$$\text{负极(氧化)}\quad H_2(p_{H_2}) + 2OH^- \longrightarrow 2H_2O(l) + 2e^-$$

$$\text{正极(还原)}\quad \frac{1}{2}O_2(p_{O_2}) + H_2O(l) + 2e^- \longrightarrow 2OH^-$$

$$\text{净反应}\quad H_2(p_{H_2}) + \frac{1}{2}O_2(p_{O_2}) \longrightarrow H_2O(l)$$

如果氢气和氧气都处于标准状态，当pH为0～14时，根据图7.16可知，该电池的电动势为1.23V。当然，电池的实际工作电压会低于这个数值。如果需要较高的工作电压，可将若干氢-氧电池组串联使用。例如，阿波罗（Apollo）登月飞船的电池组由31个单电池串联而成，工作电压为30V左右。氢-氧燃料电池的结构比较复杂，有多种形式，但基本部件是相同的，有两个电极，一般由在酸性或碱性溶液中比较稳定、气体超电势比较小的贵金属或过

渡金属制成，如 Pt、Au、Ag、Ni 等。要有合适的催化剂，用来加速电极反应。中间的电解质可以是碱性的（如 KOH、NaOH 等），也可以是酸性的（如磷酸型电池）。燃料 $H_2(p_{H_2})$ 和氧化剂 $O_2(p_{O_2})$ 分别装在外部的储罐中，当电池工作时，需要不间断地向电池内输入氢燃料和氧化剂，并同时排出反应产物 $H_2O(l)$。

将活泼金属（如 Li、Zn、Al 等）与氧气安排成电池，也属于燃料电池范畴。

7.10.2 电合成化学

用电化学的方法进行有机化合物合成的学科称为电合成化学。电合成化学有许多优点，如：①反应条件温和，产品纯净，副产品容易分离；②反应对环境友好，不使用会造成环境污染的氧化剂或还原剂，主要试剂是“电子”；③反应规模较小，操作条件易控制，与化学合成相比，可明显缩短合成路线，特别适用于高附加值的精细化学品（如医用药物、香料和农药等）的合成；④同一设备不同条件，可获得不同产品，可以充分利用平时用不了的风电、水电等，节约合成成本。已经实现工业化的电合成化学的实例很多，例如：

① 1963 年，美国孟山都（Monsanto）化学公司建立了用丙烯腈在电解池阴极上加氢还原成己二腈（尼龙 66 的原料）的工厂，在阴极上的化学反应为

$$2CH_2 = CHCN + 2H^+ (a_{H^+}) + 2e^- \longrightarrow CN(CH_2)_4CN$$

同期，美国纳尔科（Nalco）公司在混合醚溶剂中用铅阳极氧化的方法，电合成了四烷基铅，化学反应为

$$CH_3MgCl[C_2H_5MgCl] \xrightarrow{\text{Pb 阳极}} Pb(CH_3)_4[Pb(C_2H_5)_4]$$

硝基苯在不同电极、不同的电解质溶液中，可以获得不同的电合成产品，如

$$C_6H_5NO_2 \longrightarrow C_6H_5NO \longrightarrow C_6H_5NHOH \longrightarrow C_6H_5NH_2$$

② 两极同时利用的成对电解合成。用适当隔膜将阴、阳两个极区隔开，在两个电极上分别进行两种电解合成，用一份电量驱动两个目的反应，达到高效、节能的目的。以氨基丙醇和乙二酸为原料，电解合成，在阳极上获得氨基酸，在阴极上获得乙醛酸。

阳极反应 $$NH_2CH_2CH_2CH_2OH \xrightarrow[1.5\text{mol}\cdot\text{dm}^{-3}\ H_2SO_4]{-4e^-,\ PbO_2} NH_2CH_2CH_2COOH$$

阴极反应 $$\begin{matrix} COOH \\ | \\ COOH \end{matrix} \xrightarrow[H_2O]{+4e^-,\ Pb} \begin{matrix} CHO \\ | \\ COOH \end{matrix}$$

该工艺路线目前已实现工业化生产，工艺简单，污染很小，电流效率高达 80% 以上。

③ 生产高附加值的精细化学品。由于电费价格较高，因此要发展高附加值的产品，电合成可以用于：a. 药物合成过程的改良研究；b. 新药的探索研究；c. 药品代谢物的合成；d. 香料和农药的合成等。我国从毛发等畜产品中提取胱氨酸，通过电解还原，制得用途广泛的 L-半胱氨酸，这个方法已成为我国生产 L-半胱氨酸的主要方法。

④ 生产电能和电合成产品同时进行。许多有机物既可以在燃料电池中发生电池反应放出电能，其反应产物又是所需的有机产品，一举两得。乙烯氧化成乙醛是一个自发的氧化反应，设计成以下燃料电池：

阳极反应 $$CH_2 = CH_2(g) + H_2O(l) \longrightarrow CH_3CHO(l) + 2H^+(a_{H^+}) + 2e^-$$

阴极反应 $$2H^+(a_{H^+}) + \frac{1}{2}O_2(p) + 2e^- \longrightarrow H_2O(l)$$

净反应　　$CH_2=CH_2(g)+\frac{1}{2}O_2(g)\longrightarrow CH_3CHO(l)$

⑤ CO_2 的电催化反应。空气中 CO_2 浓度增加会导致温室效应，如何使大量 CO_2 转化为各种有机化合物或化学燃料，已成为当今科技工作者十分关注的问题。由于 CO_2 比较稳定，可以利用电化学的方法使 CO_2 还原成有用物质。兰州大学采用复合电镀法，制备出金属-氧化物复合电极和金属复合电极，选用有机溶剂和有机电解质为载体，用上述电极将 CO_2 还原为 CO 取得了较好的效果。

7.10.3 电化学与环境保护

电化学在环境监测、环境保护和处理污染物等方面的应用越来越广泛，已逐步形成了一门新的学科——环境电化学。由于应用实例太多，现仅用几个例子作简单介绍。

① 电解法处理废水　在废水中通入直流电源，在阳极将有机物氧化，使其转化成无害物质或直接变成二氧化碳和水。在阴极将有机物还原，使其转化成无害物质，如将有害的氯代烃脱氯。也可以将重金属离子还原成金属在阴极析出，降低废水中重金属的含量，这也称为电沉积法。或在废水中通入高压脉冲电流，将水电解产生活性氢和活性氧。活性氢有很强的还原作用，将废水中氧化态的染色物质还原脱色，活性氧可以对溶解的有机物进行氧化分解，使其变成二氧化碳和水。这个方法也适用于处理废气，第一步将废气用水吸收变成废水，再用电解法进行处理，如将 SO_2 氧化为 H_2SO_4 或还原为 S(s)，将 NO_x 还原为 NH_3，将 Cl_2 还原为 Cl^- 等。

② 电吸附和电凝聚法　在废水中通直流电，以电极表面作为吸附表面，两个电极分别吸附废水中低浓度的相应杂质，达到净化水的目的。或加入合适的催化剂，药剂在电流作用下形成初生态氢氧化物絮状体，有极强的吸附作用，能起到吸附、絮凝污染物的作用，达到净水效果。

③ 电芬顿法净化废水　传统的芬顿（Fenton）试剂法的原理是在废水中加入大量的 H_2O_2 和 Fe^{2+}，产生羟基自由基（$\cdot OH$），它几乎对所有的有机分子都有强度不等的氧化分解作用，常用于处理高浓度、难降解的有机废水。但这种方法有很多缺点：a. 需要现场加入 Fe^{2+} 和 H_2O_2，药剂消耗量大，处理成本高；b. 投加到反应器中的 H_2O_2 会分解为水和氧气，浪费了氧化剂；c. 由于 Fe^{2+} 和 H_2O_2 是在反应前一次性加入的，这样会导致反应过程中（$\cdot OH$）产生速率衰减很快，使降解速率也很快降低；d. 反应初期加入的 Fe^{2+} 转化为 Fe^{3+} 后，使整个氧化过程变得相当缓慢；e. 产生的污泥量很大，需要进一步处理，并可能引起二次污染。电芬顿法克服了传统芬顿法的缺点，其先进之处就是在电解过程中直接、持续地产生 Fe^{2+} 和 H_2O_2，生成后立即作用得到具有高活性的羟基自由基，使有机物得到降解。电芬顿技术对难降解的苯系物种（如苯、氯苯、硝基苯、苯胺、甲苯、二甲苯）以及醛、醇、醚、酚等有机毒物的降解具有独特优势。例如，用 SnO_2 为电极处理含酚废水，几乎可以将酚完全去除。

思考题

1. 分别说出正极、负极、阴极和阳极的含义，并标注在原电池和电解池的示意图上。
2. 怎样分别求强电解质和弱电解质的无限稀释摩尔电导率？为什么要用不同的方法？

3. 离子的摩尔电导率、离子的迁移速率、离子的电迁移率和离子迁移数之间有哪些定量关系式?

4. 电解质溶液的电导率和摩尔电导率随着溶液浓度的增加分别有什么变化?

5. 为什么要引进离子强度的概念?离子强度对电解质的平均活度因子有什么影响?

6. 用 Pt 电极电解一定浓度的 $CuSO_4$ 溶液,试分析阴极部、中部和阳极部溶液的颜色在电解过程中有何变化?若都改用 Cu 电极,三部分溶液颜色变化又将如何?

7. 在温度、浓度和电场梯度都相同的情况下,HCl、KCl、NaCl 三种溶液中,Cl^- 的移动速度是否相同?Cl^- 的迁移数是否相同?

8. 为什么 H^+ 和 OH^- 的电迁移率和摩尔电导率的数值比同类离子大得多?

9. 在溶液浓度不是太高的情况下,强电解质(如 $CuSO_4$、$MgCl_2$ 等)的摩尔电导率与它的离子摩尔电导率之间是什么关系?

10. 可逆电极主要有哪些类型?每种类型试举一例,并写出该电极的还原反应。对于气体电极和氧化还原电极在书写电极表示式时应注意什么问题?

11. 书面表示电池时有哪些通用的符号?用实验能测得负的电动势吗?

12. 有哪些求算标准电动势 $E^\ominus$ 的方法?在公式 $E^\ominus=\dfrac{RT}{zF}\ln K^\ominus$ 中,$E^\ominus$ 是否是电池反应达平衡时的电动势?$K^\ominus$ 是否是电池中各物质都处于标准状态时的平衡常数?

13. 当组成电极的气体为非理想气体,公式 $\Delta_r G_m=-zFE$ 是否成立?Nernst 公式能否使用?其电动势 E 应如何计算?

14. 什么是液接电势?它是怎样产生的?如何从液接电势的测定计算离子的迁移数?如何消除液接电势?用盐桥能否完全消除液接电势?

15. 标准电极电势是否就等于电极与周围活度为 1 的电解质溶液之间的电势差?

16. 为什么标准电极电势的值有正有负?

17. 某电池反应可以写成以下两种形式,则电池的电动势 E 、$\Delta_r G_m^\ominus$ 和 $K^\ominus$ 的数值是否相同?

(1) $H_2(p_{H_2})+Cl_2(p_{Cl_2}) = 2HCl(a)$

(2) $\frac{1}{2}H_2(p_{H_2})+\frac{1}{2}Cl_2(p_{Cl_2}) = HCl(a)$

18. 如果规定标准氢电极的电极电势为 1V,则各可逆电极的标准氢标还原电极电势的值有什么变化?电池的电动势有什么变化?

19. 如何用电化学的方法测定 $H_2O(l)$ 的标准摩尔生成吉布斯自由能 $\Delta_f G_m^\ominus(H_2O, l)$?

20. 设计合适的电池,计算 $HgSO_4(s)$ 的溶度(活度)积常数 $K_{ap}^\ominus$。

21. 什么叫分解电压?为什么实际分解电压总要比理论分解电压高?

22. 产生极化作用的原因主要有哪几种?

23. 什么叫超电势?它是怎样产生的?如何降低超电势的数值?

24. 析出电势与电极的平衡电势有何不同?超电势的存在,使电解池阴、阳极的析出电势如何变化?使原电池正、负极的电极电势如何变化?超电势的存在有何不利和有利之处?

25. 在电解时,阴、阳离子分别在阳、阴极上放电,其放电先后次序有何规律?欲使不同的金属离子用电解方法分离,需控制什么条件?

26. 在电解池和原电池中,极化曲线有何异同点?

27. 将一根铁棒插入水中,部分露出水面。若干时间后,哪一部分腐蚀最严重?为什么？

28. 以金属铂为电极，电解 Na_2SO_4 水溶液。在两极附近的溶液中，各滴加数滴石蕊试液，观察在电解过程中，两极区溶液颜色有何变化。为什么？

29. 为了防止铁板生锈，分别电镀上一层锌或锡，两者防腐的效果是否一样？

30. 在氯碱工业中，电解 NaCl 的浓溶液，以获得氢气、氯气和氢氧化钠等化工原料。为什么电解时要用石墨作阳极？

31. 氢氧燃料电池在酸碱性不同的介质中，它们的电池反应是否不同？在气体压力相同时，电池的电动势是否相同？

32. 金属防腐主要有哪些方法？这些防腐方法的原理有何不同？

33. 化学电源主要有哪几类？常用的蓄电池有哪几种？各有何优缺点？氢氧燃料电池有何优缺点？

34. 试述电解方法在工业上有哪些应用，并举例说明。

基本概念练习题

1. 按物质导电方式的不同而提出的离子型导体，下列对它特点的描述不正确的是（　　）。

(A) 电阻随温度的升高而增大　　(B) 电阻随温度的升高而减小

(C) 导电的原因是离子的存在　　(D) 当电流通过时在电极上有化学反应发生

2. 水溶液中氢离子和氢氧根离子的淌度特别大，究其原因，下述分析正确的是（　　）。

(A) 发生电子传导　　(B) 发生质子传导

(C) 离子荷质比大　　(D) 离子水化半径小

3. 使 2000 A 的电流通过一个铜电解器，在 1h 内，能得到铜的质量是（　　）。

(A) 10g　　(B) 100g　　(C) 500g　　(D) 2369g

4. 在相同温度和相同电场梯度的条件下，$0.1mol \cdot dm^{-3}$ 的 NaOH 中 Na^+ 的迁移数为 t_1，在相同浓度的 NaCl 溶液中 Na^+ 的迁移数 t_2，两个迁移数之间的关系为（　　）。

(A) $t_1=t_2$　　(B) $t_1>t_2$

(C) $t_1<t_2$　　(D) 大小无法比较

5. 298K 时，当 H_2SO_4 溶液的浓度从 $0.01mol \cdot kg^{-1}$ 增加到 $0.1mol \cdot kg^{-1}$ 时，其电导率 κ 和摩尔电导率 Λ_m 的变化分别为（　　）。

(A) κ 减小，Λ_m 增加　　(B) κ 增加，Λ_m 增加

(C) κ 减小，Λ_m 减小　　(D) κ 增加，Λ_m 减小

6. 在 $10cm^3$ 浓度为 $1mol \cdot dm^{-3}$ 的 KOH 溶液中加入 $10cm^3$ 水，其电导率将（　　）。

(A) 增加　　(B) 减小

(C) 不变　　(D) 不能确定

7. 用同一电导池，分别测定浓度为 (1) $0.01mol \cdot kg^{-1}$ 和 (2) $0.1mol \cdot kg^{-1}$ 的两个电解质溶液，其电阻分别为 1000Ω 和 500Ω，则 (1) 与 (2) 的摩尔电导率之比为（　　）。

(A) 1∶5　　(B) 5∶1　　(C) 10∶5　　(D) 5∶10

8. 按国标 (GB)，如下单位不正确的是（　　）。

(A) 摩尔电导率：$S \cdot m^{-1} \cdot mol^{-1}$

(B) 离子摩尔电导率：$S \cdot m^{2} \cdot mol^{-1}$

(C) 电导：S

(D) 电导率：$S \cdot m^{-1}$

9. 有下列四种电解质溶液，浓度均为 $0.01mol \cdot dm^{-3}$，现已按它们的摩尔电导率 Λ_m 的值，由大到小排序。请判定下列排序正确的是（　　）。

(A) NaCl > KCl > KOH > HCl　　(B) HCl > KOH > KCl > NaCl

(C) HCl > NaCl > KCl > KOH　　(D) HCl > KOH > NaCl > KCl

10. $0.1mol \cdot kg^{-1}$ 氯化钡水溶液的离子强度为（　　）。

(A) $0.1mol \cdot kg^{-1}$　　(B) $0.15mol \cdot kg^{-1}$

(C) $0.2mol \cdot kg^{-1}$　　(D) $0.3mol \cdot kg^{-1}$

11. $CaCl_2$ 的摩尔电导率与其离子的摩尔电导率之间的关系是（　　）。

(A) $\Lambda_m^{\infty}(CaCl_2) = \Lambda_m^{\infty}(Ca^{2+}) + \Lambda_m^{\infty}(Cl^-)$

(B) $\Lambda_m^{\infty}(CaCl_2) = \frac{1}{2}\Lambda_m^{\infty}(Ca^{2+}) + \Lambda_m^{\infty}(Cl^-)$

(C) $\Lambda_m^{\infty}(CaCl_2) = \Lambda_m^{\infty}(Ca^{2+}) + 2\Lambda_m^{\infty}(Cl^-)$

(D) $\Lambda_m^{\infty}(CaCl_2) = 2[\Lambda_m^{\infty}(Ca^{2+}) + \Lambda_m^{\infty}(Cl^-)]$

12. 在饱和 AgCl 溶液中加入 $NaNO_3$，AgCl 的饱和浓度将（　　）。

(A) 变大　　(B) 变小　　(C) 不变　　(D) 无法判定

13. 有 4 个浓度都是 $0.01mol \cdot kg^{-1}$ 的电解质溶液，其中离子平均活度因子最大的是（　　）。

(A) KCl　　(B) $CaCl_2$　　(C) Na_2SO_4　　(D) $AlCl_3$

14. 在一定温度下，浓度都为 $0.005mol \cdot kg^{-1}$ 的 KCl 和 NaAc 溶液的离子平均活度因子分别为 $\gamma_{\pm,1}$ 和 $\gamma_{\pm,2}$，则两者的大小关系为（　　）。

(A) $\gamma_{\pm,1} = \gamma_{\pm,2}$　　(B) $\gamma_{\pm,1} > \gamma_{\pm,2}$

(C) $\gamma_{\pm,1} < \gamma_{\pm,2}$　　(D) 无法比较

15. $Al_2(SO_4)_3$ 的化学势 μ 与 Al^{3+} 和硫酸根离子的化学势 μ_+，μ_- 的关系为（　　）。

(A) $\mu = \mu_+ + \mu_-$　　(B) $\mu = 3\mu_+ + 2\mu_-$

(C) $\mu = 2\mu_+ + 3\mu_-$　　(D) $\mu = \mu_+ \mu_-$

16. 下列电池中，电池的电动势与 Cl^- 的活度无关的是（　　）。

(A) $Zn(s) | ZnCl_2(aq) | Cl_2(g) | Pt$

(B) $Zn(s) | ZnCl_2(aq) || KCl(aq) | AgCl(s) | Ag(s)$

(C) $Ag(s) | AgCl(s) | KCl(aq) | Cl_2(g) | Pt$

(D) $Hg(l) | Hg_2Cl_2(s) | KCl(aq) || AgNO_3(aq) | Ag(s)$

17. 下列对原电池的描述不正确的是（　　）。

(A) 在阳极上发生氧化反应

(B) 电池内部由离子输送电荷

(C) 在电池外线路上电子从阴极流向阳极

(D) 当电动势为正值时电池反应是自发的

18. 用对消法（补偿法）测定可逆电池的电动势，主要是为了（　　）。

(A) 消除电极上的副反应　　(B) 减少标准电池的损耗

(C) 在可逆情况下测定电池电动势　　(D) 简便易行

19. 用对消法测定由电极 Ag(s) | $AgNO_3$(aq) 与电极 Ag | AgCl(s) | KCl(aq) 组成的电池的电动势，下列不能采用的是（　　）。

(A) 标准电池　　(B) 电位计

(C) 直流检流计　　(D) 饱和 KCl 盐桥

20. 若算得可逆电池的电动势为负值，表示此电池反应的方向是（　　）。

(A) 正向进行　　(B) 逆向进行　　(C) 不可能进行　　(D) 反应方向不确定

21. 某电池在等温、等压、可逆情况下放电，其热效应 Q_R 为（　　）。

(A) $Q_R=0$　　(B) $Q_R=\Delta H$　　(C) $Q_R=T\Delta S$　　(D) $Q_R=\Delta U$

22. 某电池的电池反应为 $2Hg(l)+O_2(g)+2H_2O(l) \xlongequal{} 2Hg^{2+}(a_{Hg^{2+}})+4OH^-(a_{OH^-})$，在等温、等压下，当电池反应达平衡时，电池的电动势 E 必然是（　　）。

(A) $E>0$　　(B) $E=E^{\ominus}$　　(C) $E<0$　　(D) $E=0$

23. 测定溶液 pH 的最常用的指示电极是玻璃电极，它属于（　　）。

(A) 第一类电极　　(B) 第二类电极

(C) 氧化还原电极　　(D) 氢离子选择性电极

24. 某电池在 298K、标准压力下可逆放电的同时，放出 100 J 的热，则该电池反应的焓变 $\Delta_r H$ 为（　　）。

(A) $\Delta_r H=100J$　　(B) $\Delta_r H>100J$

(C) $\Delta_r H<-100J$　　(D) $\Delta_r H=-100J$

25. 电动势测定求难溶盐的活度积，今欲求 AgCl 的活度积，应设计的电池为（　　）。

(A) Ag(s)|AgCl(s)|HCl(aq)||$Cl_2(p)$|Pt

(B) Pt|$Cl_2(p)$|HCl(aq)||$AgNO_3$(aq)|Ag(s)

(C) Ag(s)|$AgNO_3$(aq)||HCl(aq)|AgCl(s)|Ag(s)

(D) Ag(s)|AgCl(s)|HCl(aq)||AgCl(s)|Ag(s)

26. 在等温、等压下，电池以可逆方式对外做电功时的热效应 Q_R 等于（　　）。

(A) $\Delta_r H$　　(B) $zFT\left(\frac{\partial E}{\partial T}\right)_p$　　(C) $zFE\left(\frac{\partial E}{\partial T}\right)_p$　　(D) nFE

27. 对于公式 $E^{\ominus}=\frac{RT}{zF}\ln K^{\ominus}$，理解正确的是（　　）。

(A) 表示电池内各物都处于标准状态

(B) 表示电池反应已达平衡

(C) 表示电池内部各物都处于标准状态且反应已达平衡

(D) $E^{\ominus}$与 $K^{\ominus}$仅在数值上满足上述关系，两者所处状态并不相同

28. 有两个电池，电动势分别为 E_1 和 E_2

(1) Pt | $H_2(p^{\ominus})$ | KOH($0.1mol\cdot kg^{-1}$) | $O_2(p^{\ominus})$ | Pt　　E_1

(2) Pt | $H_2(p^{\ominus})$ | H_2SO_4($0.01mol\cdot kg^{-1}$) | $O_2(p^{\ominus})$ | Pt　　E_2

在相同温度下，两个电动势大小的关系为（　　）。

(A) $E_1<E_2$　　(B) $E_1>E_2$

(C) $E_1=E_2$　　(D) 不能确定

29. 有以下两个电池：

(1) $Cu(s)|Cu^{2+}(a_2)||Cu^{2+}(a_1)|Cu(s)$ E_1

(2) $Pt(s)|Cu^{2+}(a_2),Cu^{+}(a')||Cu^{2+}(a_1),Cu^{+}(a')|Pt(s)$ E_2

两个电池的电池反应都可以表示为 $Cu^{2+}(a_1) \longrightarrow Cu^{2+}(a_2)$，已知 $a_1 > a_2$，则两个电池电动势 E_1 与 E_2 之间的关系为（　　）。

(A) $E_1 = E_2$　　(B) $E_1 = 2E_2$　　(C) $E_1 = \frac{1}{2}E_2$　　(D) 无法比较

30. 298K 时有以下两个电池：

$$Cu(s)\ |Cu^{+}(a_1)\ ||Cu^{+}(a_1),\ Cu^{2+}(a_2)\ |\ Pt$$

$$Cu(s)\ |Cu^{2+}(a_2)\ ||Cu^{+}(a_1),\ Cu^{2+}(a_2)\ |\ Pt$$

两个电池的电池反应都可写成 $Cu(s) + Cu^{2+}(a_2) = 2Cu^{+}(a_1)$，则两个电池的 $\Delta_r G_m^{\ominus}$ 和 $E^{\ominus}$之间的关系为（　　）。

(A) $\Delta_r G_m^{\ominus}$ 和 $E^{\ominus}$都相同　　(B) $\Delta_r G_m^{\ominus}$ 相同，$E^{\ominus}$不同

(C) $\Delta_r G_m^{\ominus}$ 和 $E^{\ominus}$都不同　　(D) $\Delta_r G_m^{\ominus}$ 不同，$E^{\ominus}$相同

31. 当电池的电压小于它的开路电动势时，则表示电池在（　　）。

(A) 放电　　(B) 充电

(C) 没有工作　　(D) 交替地充放电

32. 当发生极化现象时，两电极的电极电势将发生如下变化（　　）。

(A) $E_{平,阳} > E_{阳}$，$E_{平,阴} > E_{阴}$　　(B) $E_{平,阳} < E_{阳}$，$E_{平,阴} > E_{阴}$

(C) $E_{平,阳} < E_{阳}$，$E_{平,阴} < E_{阴}$　　(D) $E_{平,阳} > E_{阳}$，$E_{平,阴} < E_{阴}$

33. 极谱分析仪中测定的阴极，属于如下哪一种电极？（　　）

(A) 浓差极化电极　　(B) 电化学极化电极

(C) 难极化电极　　(D) 理想可逆电极

34. 电解金属盐的水溶液时，在阴极上首先析出的物质的还原电极电势应该是（　　）。

(A) 最大的　　(B) 与其超电势之代数和最大的

(C) 最小的　　(D) 与其超电势之代数和最小的

35. 电解时，在阳极上首先发生氧化作用而放电析出的是（　　）。

(A) 可逆还原电势最大者

(B) 可逆还原电势最小者

(C) 考虑极化后，实际上的不可逆还原电势最大者

(D) 考虑极化后，实际上的不可逆还原电势最小者

36. 用铜电极电解 $CuCl_2$ 的水溶液，在阳极上首先发生的反应是（　　）。

(A) 析出氧气　　(B) 析出氯气

(C) 析出铜　　(D) 铜电极氧化溶解

37. 若不考虑超电势，通电于含有相同浓度的 Fe^{2+}、Ca^{2+}、Zn^{2+}、Cu^{2+} 的电解质溶液中，根据已知的还原电极电势，在电极上金属析出的次序是（　　）。

已知：$E^{\ominus}_{Fe^{2+}|Fe} = -0.440V$；　$E^{\ominus}_{Ca^{2+}|Ca} = -2.866V$；

$E^{\ominus}_{Zn^{2+}|Zn} = -0.7628V$；　$E^{\ominus}_{Cu^{2+}|Cu} = 0.337V$

(A) Cu → Fe → Zn → Ca　　(B) Cu → Zn → Fe → Ca

(C) Ca → Zn → Fe → Cu　　(D) Ca → Cu → Zn → Fe

38. 一储水铁箱上被腐蚀了一个洞，今用一金属片焊接在洞外面以堵漏，为了延长铁箱的寿命，理论上选用哪种金属片为好？（　　）。

（A）铜片　　（B）铁片　　（C）锡片　　（D）锌片

39. 在 298K 时，用铜作电极电解 $0.1mol \cdot dm^{-3}$ 的 HCl 溶液。已知氢电极的热力学电势为－0.06 V，氢在铜电极上的析出电势应该（　　）。

（A）大于－0.06V　　（B）等于－0.06V

（C）小于－0.06V　　（D）不能判定

40. 塔费尔公式 $\eta=a+b\lg j$ 的适用范围是（　　）。

（A）仅限于氢超电势

（B）仅限于电流密度近似等于零的情况

（C）仅限于阴极超电势，阴极上可以析出氢或其他产物

（D）可以是阴极超电势，也可以是阳极超电势

习　题

1. 在电路中串联两个电量计，一个银电量计，一个铜电量计。当有 1F 的电量通过电路时，两个电量计上析出银和铜的物质的量是多少？

2. 用惰性电极电解 $CuSO_4$ 的水溶液，通入 1930C 的电量，在阴极有 0.018mol 的 $\frac{1}{2}Cu(s)$ 沉积出来，计算同时在阴极上产生的 $\frac{1}{2}H_2(g)$ 的物质的量。

3. 在 25℃ 时 $0.05mol \cdot dm^{-3}$ CH_3COOH 溶液的电导率为 $3.68\times10^{-2}S \cdot m^{-1}$。计算 CH_3COOH 的解离度 α 及解离常数 $K^{\ominus}$。

4. 在 300K 和 100kPa 压力下，用惰性电极电解水以制备氢气。设所用直流电的强度为 5A，电流效率为 100%。如制备 $1m^3$ 的 $H_2(g)$，需通电多长时间？如制备 $1m^3$ 的 $O_2(g)$，需通电多长时间？已知在该温度下水的饱和蒸气压为 3565 Pa。

5. 同时含 $0.1mol \cdot kg^{-1}$ 的 NaCl 和 $0.01mol \cdot kg^{-1}$ $CaCl_2$ 的水溶液，其离子强度为多少？$m_{\pm}(NaCl)$ 和 $m_{\pm}(CaCl_2)$ 等于多少？

6. 用界面移动法测定 H^+ 的电迁移率（淌度），历时 750s，界面移动了 4.0cm。已知迁移管两极之间的距离为 9.6cm，电位差为 16.0V，设电场是均匀的。试求 H^+ 的电迁移率。

7. 在某电导池内装有两个直径为 0.04m 并相互平行的圆形银电极，电极之间的距离为 0.12m。若在电导池内盛满浓度为 $0.1mol \cdot dm^{-3}$ 的 $AgNO_3$ 溶液，施以 20V 的电压，则所得电流强度为 0.1976A。试计算该电导池的电导池常数、$AgNO_3$ 溶液的电导、电导率和摩尔电导率。

8. 298K 时，用同一电导池测得浓度为 $0.1mol \cdot dm^{-3}$ 的 KCl 水溶液的电阻为 24.69Ω，浓度为 $0.01mol \cdot dm^{-3}$ 的乙酸（HAc）水溶液的电阻为 1982Ω。试计算该 HAc 水溶液的解离平衡常数。已知 298K 时，$0.1mol \cdot dm^{-3}$ KCl 水溶液的电导率为 $1.289S \cdot m^{-1}$，$\Lambda_m^{\infty}(HAc)=3.907\times10^{-2}S \cdot m^2 \cdot mol^{-1}$。

9. 298K 时，测得 $BaSO_4$ 饱和水溶液的电导率为 $4.58\times10^{-4}S \cdot m^{-1}$，求 $BaSO_4$ 的活度积常数 $K_{ap}^{\ominus}$。已知所用溶剂纯水的电导率为 $1.52\times10^{-4}S \cdot m^{-1}$，离子的无限稀释摩尔电导率 $\Lambda_m^{\infty}\left(\frac{1}{2}Ba^{2+}\right)=6.36\times10^{-3}S \cdot m^2 \cdot mol^{-1}$，$\Lambda_m^{\infty}\left(\frac{1}{2}SO_4^{2-}\right)=7.98\times10^{-3}S \cdot m^2 \cdot mol^{-1}$。设所有

的活度因子均为1。

10. 在标准压力和298K时，已知纯水的电导率$\kappa_{H_2O}=5.50\times10^{-6}S\cdot m^{-1}$，水的密度$\rho_{H_2O}=997.09kg\cdot m^{-3}$，$\Lambda_m^{\infty}(H^+)=3.498\times10^{-2}S\cdot m^2\cdot mol^{-1}$，$\Lambda_m^{\infty}(OH^-)=1.980\times10^{-2}S\cdot m^2\cdot mol^{-1}$。计算纯水的解离度和离子活度积常数$K_w^{\ominus}$。

11. 分别计算下列各溶液的离子强度。设所有电解质的质量摩尔浓度均为$0.025mol\cdot kg^{-1}$，并假定这些电解质都能完全电离。(1) NaCl；(2) $MgCl_2$；(3) $CuSO_4$；(4) $LaCl_3$；(5) NaCl和$LaCl_3$的混合溶液，各自的质量摩尔浓度都为$0.025mol\cdot kg^{-1}$。

12. 298K时，某溶液含$CaCl_2$和$ZnSO_4$的浓度均为$0.002mol\cdot kg^{-1}$。试用德拜-休克尔极限定律计算$ZnSO_4$的离子平均活度因子。已知常数$A=0.509(mol\cdot kg^{-1})^{-1/2}$。

13. 298K时，$MgCl_2$和$CuSO_4$溶液的浓度都等于$0.025mol\cdot kg^{-1}$，并假定它们能完全解离。试分别计算这两种溶液的：(1) 离子强度I；(2) 离子平均质量摩尔浓度$m_{\pm}$；(3) 离子平均活度因子$\gamma_{\pm}$，已知$A=0.509(mol\cdot kg^{-1})^{-1/2}$；(4) 电解质的离子平均活度$a_{\pm}$和电解质的活度$a_B$。

14. 有下列电池，写出各电池的电极反应和电池反应。

(1) $Pt \mid H_2(p_{H_2}) \mid H^+(a_{H^+}) \| Ag^+(a_{Ag^+}) \mid Ag(s)$

(2) $Ag(s) \mid AgI(s) \mid I^-(a_{I^-}) \| Cl^-(a_{Cl^-}) \mid AgCl(s) \mid Ag(s)$

(3) $Pt \mid H_2(p_{H_2}) \mid NaOH(a) \mid HgO(s) \mid Hg(l)$

(4) $Pt \mid Fe^{3+}(a_1), Fe^{2+}(a_2) \| Ag^+(a_{Ag^+}) \mid Ag(s)$

15. 试将下列化学反应设计成合适的电池。

(1) $AgCl(s) = Ag^+(a_{Ag^+}) + Cl^-(a_{Cl^-})$

(2) $Fe^{2+}(a_{Fe^{2+}}) + Ag^+(a_{Ag^+}) = Fe^{3+}(a_{Fe^{3+}}) + Ag(s)$

(3) $2H_2(p_{H_2}) + O_2(p_{O_2}) = 2H_2O(l)$

(4) $H_2O(l) \rightleftharpoons H^+(a_{H^+}) + OH^-(a_{OH^-})$

(5) $Sn^{2+}(a_{Sn^{2+}}) + Ti^{3+}(a_{Ti^{3+}}) = Sn^{4+}(a_{Sn^{4+}}) + Ti^+(a_{Ti^+})$

16. 25℃时，电池

$$Ag(s) \mid AgCl(s) \mid HCl(a) \mid Cl_2(g, 100kPa) \mid Pt$$

的电动势$E=1.136V$，电动势的温度系数$(\partial E/\partial T)_p=-5.95\times10^{-4}V\cdot K^{-1}$。电池反应为

$$Ag(s) + \frac{1}{2}Cl_2(g, 100kPa) \longrightarrow AgCl(s)$$

试计算该反应的$\Delta_r G_m$、$\Delta_r S_m$、$\Delta_r H_m$及电池恒温可逆放电时过程的可逆热Q_R。

17. 电池$Ag(s) \mid AgCl(s) \mid KCl$溶液$\mid Hg_2Cl_2(s) \mid Hg(l)$在25℃通电1F时电池反应的$\Delta_r H_m=5.435kJ\cdot mol^{-1}$。电池反应中各物质的规定熵$S_m$ ($J\cdot mol^{-1}\cdot K^{-1}$) 分别为Ag(s) 42.55；AgCl(s) 96.2；Hg(l) 77.4；$Hg_2Cl_2(s)$ 195.8。试计算25℃时电池的电动势、电池的温度系数及电池的反应可逆过程热。

18. 试计算25℃时下列电池的电动势。

$$Zn(s) \mid ZnSO_4(0.001mol\cdot kg^{-1}) \| CuSO_4(1.0mol\cdot kg^{-1}) \mid Cu(s)$$

19. 用电动势法判断，在298.15K时下述反应能否自发进行。

$Fe^{2+}(a_{Fe^{2+}}=1.0) + Ag^+(a_{Ag^+}=1.0) \longrightarrow Ag + Fe^{3+}(a_{Fe^{3+}}=1.0)$

（所需数据自行查表）

20. 电池 $Pt|H_2(p)|NaOH(aq)|Bi_2O_3(s)|Bi(s)$在 18℃时，$E=384.6mV$，在 10～35℃之间，$(\partial E/\partial T)_p=-0.39mV\cdot K^{-1}$。已知 18℃时液态水的 $\Delta_f H_m^\ominus(291K)=-2.859\times 10^5 J\cdot mol^{-1}$，试求 Bi_2O_3（s）在 18℃时的摩尔生成焓。

21. 在 25℃时，电池 $Pt|H_2(p^\ominus)|HCl(0.1mol\cdot kg^{-1},\gamma_\pm=0.798)|AgCl(s)|Ag(s)$的电动势 $E=0.3522V$，试求：

（1）反应 $H_2(p^\ominus,g)+2AgCl(s)\longrightarrow Ag(s)+2HCl(0.1mol\cdot kg^{-1})$的标准平衡常数；

（2）金属银在 $\gamma_\pm=0.809$ 的 $0.1mol\cdot kg^{-1}$ HCl 中所能产生的 H_2 的平衡分压。

22. 已知 25℃时，AgBr 的浓度积 $K_{sp}=4.88\times 10^{-13}$，$E^\ominus_{Ag^+|Ag}=0.7994V$，$E^\ominus_{Br_2(l)|Br^-}=1.065V$，试计算 25℃时

（1）$Ag(s)|AgBr(s)$电极的标准电极电势 $E^\ominus_{AgBr(s)|Ag}$；

（2）AgBr(s) 的标准生成吉布斯自由能。

23. 分别写出下列两个电池在作为原电池和电解池时的电池反应，并判断是否有可能成为可逆电池。

（1）$Zn(s)\ |\ H_2SO_4(aq)\ |\ Cu(s)$

（2）$Pt\ |\ H_2(p)\ |\ HCl(aq)\ |\ AgCl(s)\ |\ Ag(s)$

24. 298K 时，有下列电池：

$$Ag(s)\ |\ AgBr(s)\ |Br^-\ (a_{Br^-}=0.01)\ ||Cl^-\ (a_{Cl^-}=0.01)\ |\ AgCl(s)\ |\ Ag(s)$$

试计算电池的电动势 E，并判断该电池反应能否自发进行。已知 $E^\ominus_{Cl^-|AgCl|Ag}=0.2223V$，$E^\ominus_{Br^-|AgBr|Ag}=0.0713V$。

25. 反应 $Zn(s)+CuSO_4(a=1)\longrightarrow Cu(s)+ZnSO_4(a=1)$ 在电池中进行，288K 时，测得电动势 $E=1.0934V$，已知电池的温度系数 $\left(\frac{\partial E}{\partial T}\right)_p=-4.29\times 10^{-4}V\cdot K^{-1}$。

（1）写出该反应所对应电池的书面表示式和电极反应。

（2）求电池反应的 $\Delta_r G_m^\ominus$、$\Delta_r S_m^\ominus$、$\Delta_r H_m^\ominus$ 和 Q_R。

26. 电池 $Zn(s)|ZnCl_2(0.05mol\cdot kg^{-1})|AgCl(s)|Ag(s)$的电动势与温度的关系为 $E/V=1.015-4.92\times 10^{-4}(T/K-298)$，试计算在 298K，电极反应的电子计量系数等于 2 时，电池反应的 $\Delta_r G_m$、$\Delta_r S_m$、$\Delta_r H_m$ 和可逆热效应 Q_R。

27. 电池（1）$Cu|Cu^+||Cu^+,\ Cu^{2+}|Pt$ 和电池（2）$Cu|Cu^{2+}||Cu^+,\ Cu^{2+}|Pt$ 的电池反应均可简写为 $Cu+Cu^{2+}=2Cu^+$，则这两个电池的 $\Delta_r G_m$ 和 $E^\ominus$的关系如何？

28. 有一个化学反应

$$H_2(g,p^\ominus)+I_2(s)\rightleftharpoons 2HI(aq,\ a=1)$$

（1）将反应设计成相应的电池，写出电池的书面表达式。

（2）计算上述反应在 298K 时的 E、$E^\ominus$、$\Delta_r G_m^\ominus$ 和 $K^\ominus$。

（3）若反应写成 $\frac{1}{2}H_2(g,p^\ominus)+\frac{1}{2}I_2(s)\rightleftharpoons HI(aq,\ a=1)$，则 E、$E^\ominus$、$\Delta_r G_m^\ominus$ 和 $K^\ominus$ 各为多少？已知 298K 时 I^-（aq）的标准摩尔生成吉布斯自由能 $\Delta_f G_m^\ominus(I^-)=-51.67kJ\cdot mol^{-1}$。

29. 氢-氧燃料电池的电池反应为 $H_2(g)+\frac{1}{2}O_2(g)\longrightarrow H_2O(l)$，已知 $E^\ominus_{O_2|H^+,H_2O}=$

1.229V 。

（1）写出对应电池的书面表示式和电极反应。

（2）当 $H_2(g)$ 和 $O_2(g)$ 的压力都等于标准压力 $p^{\ominus}$时，计算电池的标准电动势。

（3）计算电池反应的标准平衡常数 $K^{\ominus}$。

（4）计算 1mol $H_2(g)$ 所能做的最大电功。

30. 已知电极 $Tl^{3+},Tl^{+}|Pt$ 的还原电极电势 $E^{\ominus}_{Tl^{3+},Tl^{+}}=1.250V$，电极 $Tl^{+}|Tl(s)$ 的还原电极电势 $E^{\ominus}_{Tl^{+}|Tl}=-0.336V$。试计算电极$Tl^{3+}|Tl(s)$ 的还原电极电势 $E^{\ominus}_{Tl^{3+}|Tl}$ 的值。

31. 已知 $E^{\ominus}_{Fe^{3+}|Fe}=-0.036V$，$E^{\ominus}_{Fe^{3+}|Fe^{2+}}=0.771V$。试计算：（1）$E^{\ominus}_{Fe^{2+}|Fe}$ 的值；（2）反应 $Fe(s)+2Fe^{3+} \rightleftharpoons 3Fe^{2+}$ 的标准平衡常数。

32. （1）在含有 $FeCl_3(2.0mol \cdot kg^{-1})$ 和 $FeCl_2(1.0\times10^{-4}mol \cdot kg^{-1})$ 的烧杯中插入铂电极，当与标准氢电极组成电池时，计算该电池的电动势的值。已知 $E^{\ominus}_{Fe^{3+},\ Fe^{2+}}=0.771V$。

（2）在含有 $KBr(3.0mol \cdot kg^{-1})$ 和 $Br_2(1.0\times10^{-4}mol \cdot kg^{-1})$ 的烧杯中插入铂电极，与标准氢电极组成电池时的电动势为多少？已知 $E^{\ominus}_{Br_2|Br^-}=1.065V$。

（3）当将上面两个烧杯中的溶液混合时，根据上述反应，判断将发生什么反应（设活度因子均等于1）。

33. 298K 时，电极反应为 $Cu^{2+}(a_{Cu^{2+}})+I^-(a_{I^-})+e^- = CuI(s)$ 的标准还原电极电势为 0.860V，电极反应为 $Cu^{2+}(a_{Cu^{2+}})+e^- \longrightarrow Cu^+(a_{Cu^+})$ 的标准还原电极电势为 0.153V，计算 CuI(s) 的标准活度积常数 $K^{\ominus}_{ap}$。

34. 298K 时，已知电极 $Ag^+|Ag(s)$ 的还原电极电势 $E^{\ominus}_{Ag^+|Ag}=0.7991V$，电极 $Cl^-|AgCl(s)|Ag(s)$ 的电极电势 $E^{\ominus}_{Cl^-|AgCl|Ag}=0.2224V$。

（1）计算 AgCl(s) 在浓度为 $0.01mol \cdot dm^{-3}$ 的 KNO_3 溶液中的饱和溶液的浓度。已知在该溶液中，AgCl 的平均活度因子 $\gamma_{\pm}=0.889$。

（2）计算反应 $AgCl(s) \rightleftharpoons Ag^+(a_{Ag^+})+Cl^-(a_{Cl^-})$ 的标准摩尔反应吉布斯自由能 $\Delta_r G^{\ominus}_m$。

（3）根据计算结果说明反应 $AgCl(s) \rightleftharpoons Ag^+(a_{Ag^+})+Cl^-(a_{Cl^-})$ 自发进行的方向。写出这两个电极在 298K 和标准状态下，组成自发电池的表示式。

35. 试将化学反应 $Fe^{2+}(a_{Fe^{2+}})+Ag^+(a_{Ag^+}) \rightleftharpoons Ag(s)+Fe^{3+}(a_{Fe^{3+}})$ 设计成一个电池，已知 $E^{\ominus}_{Ag^+|Ag}=0.7991V$，$E^{\ominus}_{Fe^{3+}|Fe^{2+}}=0.771V$。

（1）写出电池的表达式。

（2）计算上述电池反应在 298K 时的标准平衡常数 $K^{\ominus}$。

（3）若将过量的磨成细粉的 Ag(s) 加入浓度为 $0.05mol \cdot kg^{-1}$ 的 $Fe(NO_3)_3$ 溶液中，当反应达平衡后，Ag^+ 的浓度为多少？设活度因子均等于 1。

36. 298K 时，测得下列电池的电动势 $E=1.136V$

$$Ag(s)|AgCl(s)|HCl(aq)|Cl_2(p^{\ominus})|Pt$$

在此温度下，已知 $E^{\ominus}_{Cl_2|Cl^-}=1.358V$，$E^{\ominus}_{Ag^+|Ag}=0.7991V$，请计算 AgCl(s) 的标准摩尔生成吉布斯自由能 $\Delta_f G^{\ominus}_m$ 和标准活度积常数 $K^{\ominus}_{ap}$。

37. 有电池 $Cu(s)|Cu(Ac)_2(0.1mol \cdot kg^{-1})|AgAc(s)|Ag(s)$，已知 298K 时该电池的电动势 $E(298K)=0.372V$，308K 时 $E(308K)=0.374V$，设电动势 E 随温度的变化是均匀

的。又知 298K 时，$E^{\ominus}_{Ag^+|Ag}=0.7991V$，$E^{\ominus}_{Cu^{2+}|Cu}=0.3370V$。

（1）写出电极反应和电池反应。

（2）当电池反应中电子的得失数为 2 时，求反应进度为 1mol 时的 $\Delta_r G_m$、$\Delta_r H_m$ 和 $\Delta_r S_m$。

（3）求乙酸银 AgAc(s) 的活度积常数 $K^{\ominus}_{ap}$（设活度因子均为 1）。

38. 在 298K 和标准压力下，Pt(s) 为阳极，Fe(s) 为阴极，电解浓度为 $1.0mol\cdot kg^{-1}$ 的 NaCl 水溶液（平均活度因子为 0.66）。设阴极表面有 $H_2(g)$ 不断逸出时的电流密度为 $0.10A\cdot cm^{-2}$，在 Pt 电极上逸出 $Cl_2(g)$ 的超电势可近似看作零。若塔费尔公式为 $\eta=a+b\lg\frac{j}{[j]}$，且已知塔费尔常数 $a=0.73V$，$b=0.11V$，$E^{\ominus}_{Cl_2|Cl^-}=1.36V$，试计算该电解池的实际分解电压（忽略电池中由电阻造成的电位降）。

39. 在 25℃，当电流密度为 $0.1A\cdot cm^{-2}$ 时，$H_2(g)$ 和 $O_2(g)$ 在 Ag(s) 电极上的超电势分别为 0.87V 和 0.98V。现将 Ag(s) 的电极插入浓度为 $0.01mol\cdot kg^{-1}$ 的 NaOH 溶液中进行电解。试问此条件下在两个 Ag(s) 电极上首先发生什么反应？此时外加电压是多少？（设活度因子为 1）。已知 $E^{\ominus}_{Ag_2O|Ag}=0.342V$，$E^{\ominus}_{Na^+|Na}=-2.71V$，$E^{\ominus}_{OH^-|O_2}=0.401V$。

40. 25℃时，某电解质溶液含有的阳离子为 Ag^+（$a=0.05$）、Cd^{2+}（$a=0.001$）、Ni^{2+}（$a=0.1$）和 H^+（$a=0.001$）。若用 Pt 电极电解此溶液，则当外压从零开始逐渐增加时，分析在阴极上依次析出的物质。已知 $H_2(g)$ 在 Pt、Ag、Cd 及 Ni 上的超电势分别为 0.12V、0.20V、0.30V 及 0.24V。假设在 Pt 等金属上析出上述各种金属的超电势可忽略不计，H^+ 的活度不随电解的进行而变化，析出的 H_2 压力为 100kPa。

41. 已知溶液中 Cd^{2+} 和 Zn^{2+} 的浓度均为 $0.1mol\cdot kg^{-1}$，H_2 在 Pt、Cd 和 Zn 上的超电势分别为 0.12V、0.48V 和 0.70V。问 25℃时能否用 Pt 作为电极以电解沉积的方法分离 Cd^{2+} 和 Zn^{2+}？已知 25℃时，$E^{\ominus}_{Zn^{2+}|Zn}=-0.763V$，$E^{\ominus}_{Cd^{2+}|Cd}=-0.4028V$。假设电解过程中保持溶液的 pH=7，析出的 $H_2(g)$压力为 100kPa。

第8章 表面物理化学

在多数条件下，自然界物质一般以固、液、气三种相态存在。这些不同相态（无论物质是否相同）的物质相互接触时，将形成不同的相界面，简称界面。三种相态相互接触将会产生气/液、气/固、液(α)/液(β)、液/固、固(α)/固(β)五种相界面。通常把与气相接触的界面称为表面。

值得注意的是，相互接触的两相界面不是一个如图 8.1(a) 所示的只有面积而没有厚度的数学上的几何面，而是如图 8.1(b) 所示从 aa' 到 bb' 约有几个分子层厚度的过渡区。图中水平虚线 aa' 和 bb' 分别表示界面相与 α 相和 β 相的边界线。在垂直于 aa' 和 bb' 平面的方向上，系统的物理性质不是均匀一致的，但在平行于 aa' 和 bb' 的界面相内任一平面上，其性质却是均匀一致的。界面相在垂直方向上的性质随着高度 h 从下往上，由 β 相特性逐渐过渡到 α 相特性。例如 β 相是液相，α 相是与液相呈平衡的气相，其中组分 i（溶剂）的浓度 c_i 在垂直于界面的方向上变化如图 8.2 中 MON 曲线所示，从 0 增加到 c_β。综上所述，所谓界面是指两相接触的、约几个分子层（1～10nm）厚度的过渡区，在这个过渡区内，其物理性质（包括化学性质）既不同于 α 相，也不同于 β 相。若其中一相为气体，这种界面习惯上又称为表面。

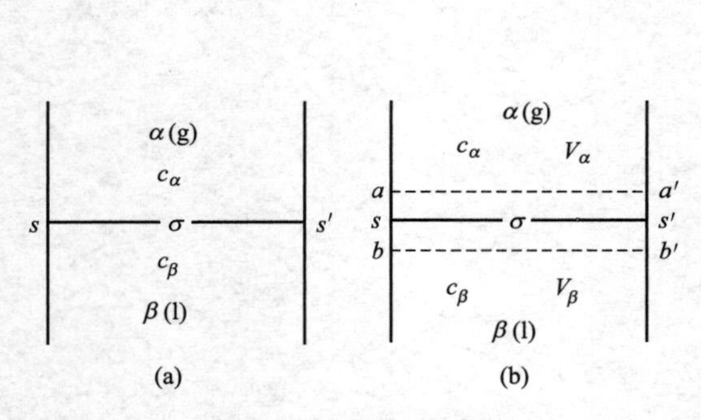

图 8.1　相界面示意图

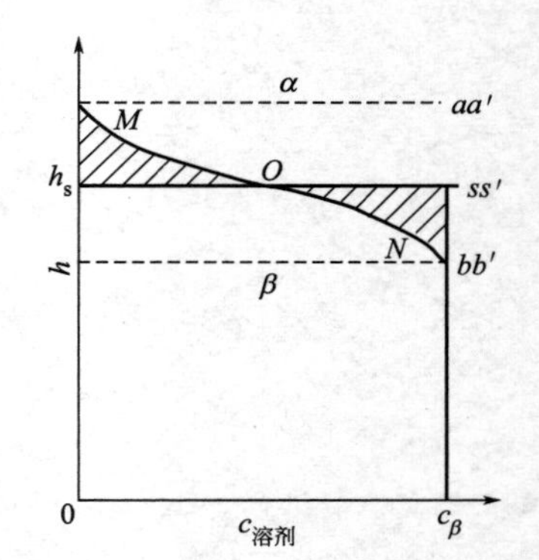

图 8.2　从液相到气相组分 i 的浓度变化示意图

界面的结构、组成和性质与相邻两侧的体相中不同，但又与其紧密相关。界面现象广泛存在于自然界中。在日常生活及科研和生产中，经常能观察到界面现象。例如荷叶上的水珠会自动形成球形，毛细管现象，微小液滴更容易挥发（小颗粒晶体易溶解），活性炭脱色，金属粉末可在空气中自燃，粉尘会发生爆炸，纳米材料呈现出强烈的表面效应等，以上现象皆与界面现象有关。

如此广泛地存在于自然界中的界面现象非常重要。但在前面章节中，并没有考虑相界面对系统物理化学性质的影响。这是因为在一般情况下，界面的质量和性质与体相相比可忽略不计。但是，当物质高度分散时，其表面积显著增加，界面效应会变得很明显，甚至起主要作用。例如，半径 1cm 的球形液滴，其表面积仅 $3.1416cm^2$，当将其分散为半径为 10nm 的球形小液滴时，其总表面积高达 $314.16m^2$，是原来的 10^6 倍。大量的分子或原子暴露在表面（界面）上。如图 8.3 所示，当物质粒径为 5nm 时，高达 30%以上的原子处在表面。这些处在表面（界面）相的原子或分子往往表现出独特的表面效应，这时如果再忽略界面效应，就会得出错误的结果，甚至会导致灾难性的后果。

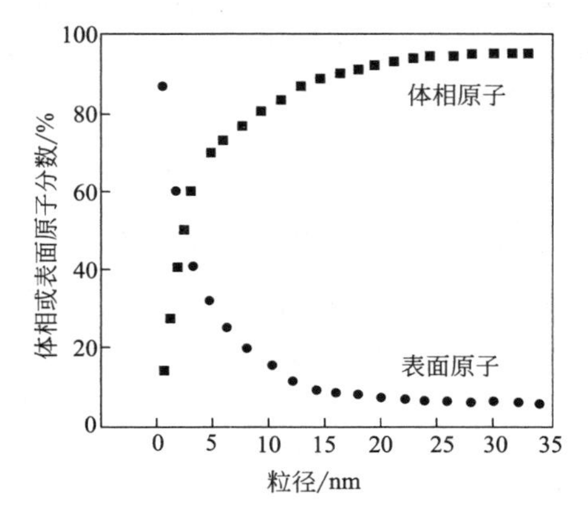

图 8.3 Fe 纳米粒子表面原子数与粒径之间的关系

物质系统的分散程度与其比表面（积）密切相关。通常用比表面来衡量体系的分散程度。很显然，一定量的物质的比表面积越大，其分散程度越高，反之亦然。

8.1 表面自由能和表面张力

主要知识点

1. 表面现象及其本质

凝聚态物质的表面是指凝聚态与其饱和蒸气达到平衡时，两相之间约有几个分子厚度的过渡区。界面是指物质三种状态彼此之间的过渡区，常见的界面有气-液、气-固、液-液、液-固和固-固等。所有的表面现象都是因为处于界面层的分子受力不平衡。对于单组分系统，这种力来自于该组分在两相中的密度不同，对于多组分系统，这种力来自于界面层的组成与任一相的组成均不同。通常用比表面 S_0 作为衡量吸附剂或固体催化剂的一个指标，它等于单位质量（或单位体积）固体的表面。

2. 表面自由能

在等温、等压条件下，组成恒定的封闭系统可逆地改变单位表面积所引起的吉布斯自由能的变化值称为表面吉布斯自由能，用符号 γ 表示，单位是 $J{\cdot}m^{-2}$。表面都有自动收缩以降低总的表面能、使系统更加稳定的趋势。因此，小液滴和气泡都呈球形，高比表面的多孔固体都有很强的吸附能力等。

3. 表面张力

在一定温度和压力下，垂直于单位长度的边界、与表面相切并指向液体方向的力称为表面张力，也用符号γ表示，单位是$N \cdot m^{-1}$。表面自由能和表面张力是从不同的角度反映表面上存在不对称力的事实，它们虽然表达方式、名称和单位各不相同，但数值、量纲和所用的符号是相同的。γ的数值主要取决于物质的本性，分子之间作用力大的物质，其表面张力也大。表面张力受温度、组成及与之共存的另一个相态性质的影响，温度升高，γ下降。

8.1.1 表(界)面现象及其本质

物质通常有气、液、固三种状态。人们把凝聚态（液态、固态）与其饱和蒸气达成平衡时，两相紧密接触的、约有几个分子厚度的过渡区称为该凝聚态的表面（surface）。在测定纯液体的饱和蒸气压时，不允许有空气存在，液体的表面是指纯液体与其蒸气达成平衡时的两相之间的过渡区。在研究固体催化剂的性质时，首先用真空脱附的方法驱除固体表面已吸附的空气、水汽等杂质，获得洁净的催化剂表面。通常将凝聚相与饱和了其蒸气的空气之间那几个分子厚度的过渡区也称为凝聚相的表面，严格地讲，那应该是凝聚相与空气之间的界面（interface）。界面就是指两个不同相态之间密切接触的那几个分子厚度的过渡区［如图8.1(b)所示］。根据接触物体相态的不同，显然会有气-液、气-固、液-液、液-固和固-固等界面。但不存在气-气界面，因为两种气体一旦接触，就会很快混合均匀，不会存在界面。本章所阐述的表面现象是广义的，包括了两相之间过渡区中所有的特殊现象。

研究表面现象无论是在理论上还是实践上都有十分重要的意义。在理论上，表面物理化学不仅是胶体化学、多相催化和纳米科学的重要理论基础之一，而且还渗透到生命科学、药物学、林学、农学等其他学科。在实践上，表面物理化学对催化剂的制备、洗涤剂的合成、纺织印染工业、农药的使用、锄地保墒和药物的制备使用等方面都有指导意义，而且与人们的日常生活、饮食起居、治病保健等都有密切的关系。表面物理化学的内容十分丰富，本章不可能面面俱到，只是着重介绍引起表面现象的本质以及在铺展、润湿、表面活性剂和气-固吸附等方面的一些基本应用。

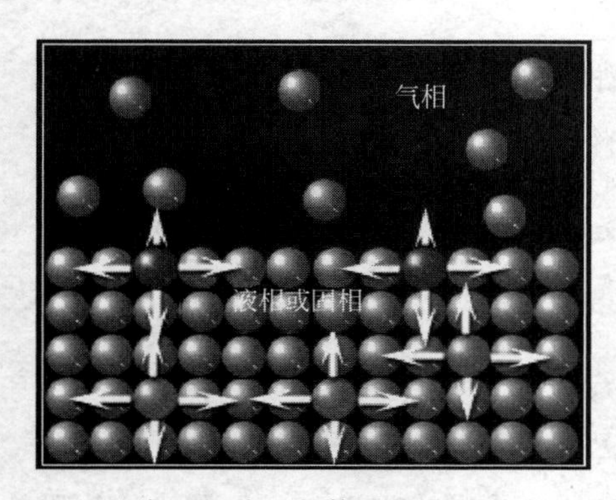

图8.4 表面相分子与体相内分子受力差异

系统比表面积大到一定程度就会呈现出独特的表面效应，究其原因，这是因为处在表面相的分子与内部分子相比，所处的环境不同，如图8.4所示。

体相内部的分子与近距离的前后、左右、上下的相邻分子之间相互作用的短程力（无论是吸引力还是排斥力）都是对称的，各个方向的力彼此抵消。因此，处于体相内部的分子可以自由移动，而不需要对它做功。然而，处在表面相的分子则不同，其受力情况如图8.4所示，它在水平方向和指向体相内部方向的受力情况类似于体相中任一分子，但在指向气相的方向，受到气相分子的作用力较小（因为气体密度低），所以表面分子受到向内（体相）的拉力。换句话说，在表面上，对单个分子而言，存在着配位不饱和现象，表面分子存在未被饱和的“悬空键”。对整个表面而言，存在一个未被饱和（平衡）的力场。对于单组分系统，这种不饱和力场的产生，缘于同一物质在不同相中的密度不同；对于多组分系统，则缘于界面相的组成与界面两边任一相的组成不同。这种由于表面分子“悬空键”所形成的未被平衡的力场倾向于吸附其他的物质，以求达到平衡。显然，对于不同的物质，这种力的大小也是不同的。正是表面有这种不平衡力的存在，导致了各种表面现象的产生。如活性炭表面通过吸附溶液中杂质使自己表面的力场平衡的同时，使溶液中的杂质得以除去；橘子皮表面通过吸附冰箱中有机分子使自己表面力场达到平衡的同时，也消除了冰箱中的异味。当一相为液相而一相为气相时，由于表面分子受到向体相的拉力而倾向于向体相运动，其结果使液相表面有自动收缩到最小的趋势（例如荷叶上的水珠总是力图成球形，肥皂泡要用力吹才会大），液体在毛细管中会自动上升（或下降），鸭子可以浮在水面而鸡却不能，过饱和度很高的云层却不一定能下雨，小液滴会自动凝聚成大液滴等。自然界中许多“新相难成”的过饱和现象、多孔的固体有吸附性能以及表面活性剂的各种作用等，都与这个界面上存在的不平衡力有关，并使表面相显示出一些独特的性质。也就是说，由表面相分子配位不饱和（或说悬空键）所形成的不平衡力场是导致所有表（界）面现象的根本原因。这些表（界）面现象包括表面张力、表面吸附、毛细现象、过饱和状态等。

凝聚态物体的表面积随着粒径的变小、分散度的增加而迅速增大，表面积越大，表面现象就越显著。通常，表面积大的多孔固体可以用来作为吸附剂或催化剂。为了便于比较不同物质的表面性质，引进了一个比表面的概念，比表面常作为衡量固体吸附剂或催化剂质量的一个指标。比表面就是指单位质量（或单位体积）的物质具有的表面积，用符号 S_0 表示，它的计算公式可表示为

$$S_0=\frac{A_S}{m} \quad 或 \quad S_0=\frac{A_S}{V} \tag{8.1}$$

式中，A_S 是质量为 m（或体积为 V）的固体的总表面积；S_0 的单位是 $m^2 \cdot g^{-1}$ 或 $m^2 \cdot m^{-3}$（或 m^{-1}）。如果凝聚态粒子是球形的，设粒子的半径为 r，则一个粒子的表面积为 $4\pi r^2$，体积为 $\frac{4}{3}\pi r^3$。相同质量的物质，分散度越高（分散成的粒子越小），总的表面积就越大，其比表面也越大，呈现的表面现象就越显著。纳米材料具有非常大的比表面，因而具有宏观物体所没有的一些独特性质，称之为表面效应。因此，表面现象在高分散系统中表现得尤为突出。

8.1.2 表面张力、表面功及表面吉布斯自由能

如前所述，微观上的理论分析认为处在表面相的分子受到一个指向体相的拉力，表现在宏观上可以觉察到表（界）面上处处存在一种张力，称之为界面张力或表面张力。可通过观察图 8.5(a)、(b) 和图 8.6 的实验现象加以证实。

在图 8.5 中有一金属环，环上系有一根丝线圈，将金属环同丝线圈一起浸入肥皂液中，然后取出，金属环中就形成一层液膜，由于以丝线圈为边界的两边作用于丝线圈上每一点的力大小相等，方向相反，所以丝线圈成任意形状在液膜上移动，如图 8.5(a) 所示。如果刺破丝线圈中央的液膜，丝线圈内侧的作用力消失，外侧作用于丝线圈上的力将丝线圈绷成一个圆形。图 8.5(b) 清楚地显示液膜对丝线圈存在着作用力。另一证实表（界）面存在表面张力的例子见图 8.6。将金属丝弯成 U 形框架，另一根金属丝作为框架的一边，可在 U 形框架上滑动。将这样一个含有一活动边的金属框架放在肥皂液中，然后取出悬挂，活动边在下面，由于金属框上的肥皂膜的表面张力作用，可滑动的边会被上拉，直至顶部。如果在

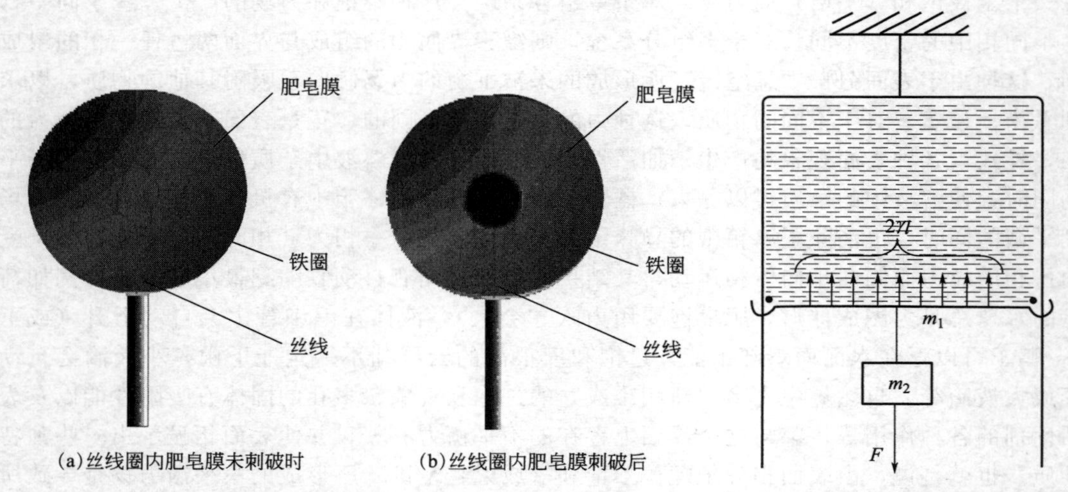

图 8.5 液体表面张力的实验观察

图 8.6 表面张力和表面功示意图

可滑动的金属丝下面吊一重物 m_2，当 m_2 与可滑动金属丝的质量 m_1 之和（即 m_2+m_1）与向上的表面张力平衡时，金属丝就保持不再滑动。有一定厚度的肥皂膜在金属丝框架前、后形成两个表面，所以表面张力在总长度 $2l$（l 为可滑动边的长度）的边界上作用于金属丝框架的滑动边。由于表面张力 γ 是垂直地作用于单位长度的表面边沿，并指向表面中心的力，所以肥皂沫将金属丝向上的拉力［即等于向下的重力(m_1+m_2)g］为

$$F=2\gamma l \tag{8.2a}$$

$$\gamma=F/2l \tag{8.2b}$$

式中，γ 称为表（界）面张力，单位为 $\mathrm{N\cdot m^{-1}}$。其物理意义可以理解为作用在单位长度表（界）面上，引起液体表（界）面收缩的力。因此，表面上处处都存在表面张力，就是固体表面也有张力存在，只是目前尚无合适的方法测定固体的表面张力。表面张力用力学的方法比较直观地解释了流体表面的力不平衡问题，并提出了多种测量液体表面张力的方法，如毛细管高度法、气泡最大压力法、滴体积法（滴重法）、吊片法和悬滴法等（具体装置和操作可参阅相关物理化学实验教材）。对于平面相界面，它作用在表面的边界上，垂直于表（界）面边界线指向表面的中心；若为曲面，则是垂直作用于表面任意单位长度上、指向切线方向的表面收缩力。

$$\gamma=f(T,\ p,\ \cdots) \tag{8.3}$$

表（界）面张力 γ 是 T、p，组成，物质特性，相接触的另一相的性质等的函数。纯液体表面张力通常是针对液体与饱和了本身蒸气的空气接触而言。

表面分子受到一个向体相的拉力，在没有其他作用力存在时，所有的液体都有自动减小其表面积而收缩的趋势。因此，若要扩展液体的表面，即将一部分分子从体相移到表面，则需要克服向内的拉力而做功，此功称为表面功，用 W_S 表示。所以，肥皂泡要用力吹才会长大。仍以图 8.6 为例，说明表面功与表面张力的关系。若要使图 8.6 中的液膜面积增大 $\mathrm{d}A_\mathrm{S}$，则需要克服由于表（界）面张力产生的向上拉力，在力 F 的作用下，使可滑动金属丝向下移动 $\mathrm{d}x$ 距离，忽略摩擦力的影响，这一过程所做的可逆非体积功为

$$\delta W_\mathrm{S}=F\mathrm{d}x=2\gamma l\mathrm{d}x=\gamma \mathrm{d}A_\mathrm{S}$$

式中，$\mathrm{d}A_\mathrm{S}=2l\mathrm{d}x$ 为增大的液体的表面积，整理上式得

$$\gamma = \frac{\delta W_S}{dA_S} \tag{8.4}$$

在上式中，γ 是比例系数。γ 亦表示为使系统增加单位面积所需要的可逆功，称为表面功，单位为 $J \cdot m^{-2}$。

表面扩展完成后，表面功转化为表面分子的能量，因此，表面上的分子比体相内部的分子具有较高的能量。若表面扩展过程可逆，在等温等压下，有 $\delta W_S = dG^S_{T,p}$，因此，对于组成 n_B 恒定的封闭系统，式(8.4) 又可以表示为

$$dG^S_{T,p,n_B,R} = \gamma dA_S \text{ 或 } \gamma = \left(\frac{\partial G^S}{\partial A_S}\right)_{T,p,n_B,R} \tag{8.5}$$

从式(8.5) 可知，γ 是组成恒定的封闭系统在等温、等压条件下，可逆改变单位表面积所引起的吉布斯自由能的变化值，故称为比表面吉布斯自由能，简称为表面自由能（surface free energy）或表面能，γ 的单位是 $J \cdot m^{-2}$，相当于构成单位表面积的分子比它们处于体相内部时高出的吉布斯自由能的数值，也就是单位表面积上的分子比相同数量的体相内部分子超额的吉布斯自由能。要扩大系统的表面积，环境必须对系统做功使系统的总的表面自由能增加。在等温、等压条件下，系统的吉布斯自由能会自发地向减小的方向变化，因此非刚性物体的表面都有自动收缩的趋势，以此来减小其表面积，从而降低表面自由能，使系统更加稳定，相同体积的物质构成球形时其表面积最小，因此液滴、气泡都尽可能收缩成球状。刚性固体由于结构所限，无法收缩，只能靠吸附来降低自身的表面自由能。因此，表面吉布斯自由能的概念是用热力学的原理和方法来处理表（界）面问题，不仅适用于液体表面，也适用于所有两相的界面，用得最多的是多孔固体的表面。

综上所述，表面张力、表面功、表面吉布斯自由能是从不同角度对同一现象的描述，即反映和衡量表面上存在的不对称力的大小。它们虽然名称不同，表达的方式不同，使用的单位不同，虽为三个不同物理量，有各自的单位，但它们的数值和量纲是相同的（因为 $1J = 1N \cdot m$，故 $1J \cdot m^{-2} = 1N \cdot m^{-1}$，三者的单位皆可化为 $N \cdot m^{-1}$）。所以采用同一个符号 γ 来表示（有的教材用 σ 表示），今后在使用上也不严格加以区分。

表面张力或表面吉布斯自由能皆为系统的强度性质。与液体表面类似，其他界面，如固(α)/固(β) 界面、液(α)/液(β) 界面、液/固界面等，其界面层分子同样受力不对称，因此都存在着界面张力。

8.1.3 热力学基本关系式及界(表)面的热力学分析

在第 3 章多组分系统热力学中，对于多相多组成敞开系统，在恒温恒压、$W_f = 0$ 的条件下，给出了其热力学基本方程。其中并没有考虑各相界面的变化，即没有考虑表面功的存在。当考虑表面功的存在时，为简单起见，先考虑系统内只有一个相界面，且两相的 T、p 相同，则相应的热力学基本方程应为

$$dU = TdS - pdV + \sum_{\alpha}\sum_{B}\mu_{B(\alpha)} dn_{B(\alpha)} + \gamma dA_s \tag{8.6}$$

$$dH = TdS + Vdp + \sum_{\alpha}\sum_{B}\mu_{B(\alpha)} dn_{B(\alpha)} + \gamma dA_s \tag{8.7}$$

$$dA = -SdT - pdV + \sum_{\alpha}\sum_{B}\mu_{B(\alpha)} dn_{B(\alpha)} + \gamma dA_s \tag{8.8}$$

$$dG = -SdT + Vdp + \sum_{\alpha}\sum_{B}\mu_{B(\alpha)} dn_{B(\alpha)} + \gamma dA_s \tag{8.9}$$

式中

$$\gamma=\left(\frac{\partial U}{\partial A_{S}}\right)_{S,V,n_{B(\alpha)}}=\left(\frac{\partial H}{\partial A_{S}}\right)_{S,p,n_{B(\alpha)}}=\left(\frac{\partial A}{\partial A_{S}}\right)_{T,V,n_{B(\alpha)}}=\left(\frac{\partial G}{\partial A_{S}}\right)_{T,p,n_{B(\alpha)}} \tag{8.10}$$

式(8.10) 表明，表面张力 γ 可用系统在恒熵恒容、系统各相组成及各物质量不变的条件下，增加单位面积所引起的热力学能改变值来定义，当然也可分别用 H、A 和 G 在各自相应的特征变量不变及系统各相和物质的量不变的条件下来定义。

在恒温、恒压下，各相中各物质的量不变时，由式(8.9) 得

$$\mathrm{d}G_{T,p}^{S}=\gamma\mathrm{d}A_{S}$$

在 γ 不变的条件下，积分上式，得

$$G^{S}=\gamma A_{S} \tag{8.11}$$

对式(8.11) 取全微分，有

$$\mathrm{d}G^{S}=\gamma\mathrm{d}A_{S}+A_{S}\mathrm{d}\gamma \tag{8.12}$$

由吉布斯自由能判据可知，在恒温、恒压条件下，系统表(界)面吉布斯函数减少的过程为自发过程。式(8.12) 表明，系统可通过两种途径来降低表(界)面吉布斯自由能：一是减少表(界)面面积；二是降低表(界)面张力。例如，小液滴（小颗粒）总是倾向于聚集成大液滴（大颗粒）[此为表(界)面张力不变时减小表(界)面面积]，多孔固体表面倾向于吸附气体或液体 [此为表(界)面面积不变减低表(界)面张力] 等等。从宏观上看，表(界)面吉布斯函数有自动减小的趋势，这是很多表(界)面现象产生的热力学原因。当然，最根本原因还是微观上表(界)面分子由于配位不饱和（或存在悬空键）所引起的未被平衡的力场所致。

8.1.4 影响表(界)面张力的因素

γ 是物质的特性，与系统所处的温度、压力、组成以及共同存在的另一个相的性质等因素有关。

(1) 温度对表(界)面张力的影响

表(界)面张力是温度的函数，表(界)面张力总是随着温度升高而下降，这可以从热力学基本公式中看出。对式(8.9) 应用全微分的性质，可得

$$\left(\frac{\partial S}{\partial A_{S}}\right)_{T,p,n_{B}}=-\left(\frac{\partial \gamma}{\partial T}\right)_{A_{S},p,n_{B}} \tag{8.13}$$

将式(8.13) 两边都乘以 T 得

$$T\left(\frac{\partial S}{\partial A_{S}}\right)_{T,p,n_{B}}=-T\left(\frac{\partial \gamma}{\partial T}\right)_{A_{S},p,n_{B}} \tag{8.14}$$

对于恒温可逆过程，$\delta Q_{R}=T\mathrm{d}S$，即式(8.14) 左边等于在温度不变时扩大单位表(界)面面积所吸收的热，其值大于零，所以 $\left(\frac{\partial \gamma}{\partial T}\right)_{A_{S},p,n_{B}}<0$，即 γ 的值随 T 的升高而下降。从而可推知，若以绝热的方式扩大表面积，系统的温度必然下降，而事实正是如此。表(界)面张力之所以随着温度的升高而下降是因为当温度升高时，物质的体积膨胀，分子间的作用力随着分子间距离增加而减弱。尤其液体的表(界)面张力受温度的影响较大，且表(界)面张力随温度的升高近似呈直线下降。当温度趋近于临界温度时，$V_{m(l)}=V_{m(g)}$，相界面不复存在。随着相界面的消失，液体的表(界)面张力当然亦不复存在而趋于零。纯液体的表(界)面张力随温度变化可用下列经验公式表示：

$$\gamma=\gamma_0(1-T/T_c)^n \tag{8.15}$$

式中，T_c 为液体的临界温度；γ_0、n 为经验常数，与液体的性质有关。对于绝大多数液体，$n>1$。

一些液体不同温度下的表面张力如表 8.1 所示。

表 8.1 一些液体不同温度下的表面张力（单位：$mN \cdot m^{-1}$）

液体	273K	293K	313K	333K	353K	373K
水	75.64	72.75	69.60	66.24	62.67	58.91
乙醇	24.40	22.30	21.00	19.20	17.30	15.50
甲醇	24.50	22.60	20.90	19.30	17.50	15.70
四氯化碳	29.50	26.90	24.50	22.10	19.70	17.30
丙酮	26.20	23.70	21.20	18.60	16.20	—
甲苯	30.92	28.53	26.15	23.94	21.80	19.60
苯	31.90	29.00	26.13	23.60	21.20	18.20

注：常见物质的表面张力请查有关手册。

（2）分子间的作用力对表面张力的影响

产生表(界)面张力的根本原因是表(界)面分子受到一个向体相的拉力。很显然，这个拉力与分子之间化学键力的大小密切相关。因此，对于纯液体和纯固体，表面张力的大小取决于构成该液体或固体分子的键能。化学键越强，其表面张力越大。一般存在下列顺序：

γ(金属键)$>\gamma$(离子键)$>\gamma$(极性共价键)$>\gamma$(非极性共价键)

此外，固体分子间的相互作用力远大于液体，因此固体物质具有比液体大得多的表面张力。固体表面不但表面张力大，而且由于其不均匀，固体表面的表面张力很难测定。

例如，熔融状态铁的表面张力高达 $1.88N \cdot m^{-1}$，金属汞的表面张力也有 $0.48N \cdot m^{-1}$。水因为有氢键存在，所以表面张力也比较大，在室温下约为 $0.072N \cdot m^{-1}$。而有机物特别是非极性有机物质的表面张力都比较小。表面张力最小的是液氦，在 2.5K 时液氦的表面张力只有 $3.08\times10^{-4}N \cdot m^{-1}$。

（3）压力对表(界)面张力的影响

对纯液体与其饱和蒸气系统，压力对表面张力的影响主要体现在压力对气相密度的影响。增加压力，饱和蒸气的密度增加，由此可减小液体表面分子受力不对称的程度，从而降低表面张力。

（4）构成界面的另一相物质对界面张力的影响

一种液体与不互溶的其他液体形成液/液界面时，界面张力因构成界面的另一相物质的性质不同而异。汞和水与不同的另一相液体构成界面时的界面张力见表 8.2。

表 8.2 293K 某些液-液界面张力

界面	$\gamma/(N \cdot m^{-1})$	界面	$\gamma/(N \cdot m^{-1})$
汞-水蒸气	0.4716	水-水蒸气	0.0728
汞-乙醇	0.3643	水-异戊烷	0.0496
汞-苯	0.3620	水-苯	0.0326
汞-水	0.3750	水-丁醇	0.0018
		水-乙酸乙酯	0.0068

【例 8.1】 常压下，水的表面吉布斯函数与温度的关系可表示为

$$\gamma = (7.564\times10^{-2} - 1.40\times10^{-4}t/℃)\,\mathrm{N\cdot m^{-2}}$$

若在10℃时，保持水的总体积不变而改变其表面，试求：

(1) 使水的表面积可逆增加1.00cm^2，必须做多少功？

(2) 上述过程中的ΔU、ΔH、ΔA、ΔG以及所吸收的热各为若干？

(3) 上述过程后，除去外力，水将自动收缩原来的表面积，此过程对外不做功，试计算此过程的Q、ΔU、ΔH、ΔA及ΔG。

解 (1) 当$t=10℃$

$$\gamma = (7.564\times10^{-2} - 1.40\times10^{-4}\times10)\,\mathrm{J\cdot m^{-2}} = 7.424\times10^{-2}\,\mathrm{J\cdot m^{-2}}$$

在$\mathrm{d}p=0$，$\mathrm{d}T=0$的可逆条件下，有$\delta W_\mathrm{S} = \gamma \mathrm{d}A_\mathrm{S} = \mathrm{d}G_{T,p}$，由此得

$$W_\mathrm{S} = \gamma\Delta A_\mathrm{S} = \Delta G_{T,p} = 7.424\times10^{-2}\times1\times10^{-4}\,\mathrm{J} = 7.42\times10^{-6}\,\mathrm{J}$$

$$\Delta G_{T,p} = 7.42\times10^{-6}\,\mathrm{J}$$

(2) 根据公式$\left(\dfrac{\partial\gamma}{\partial T}\right)_{A_\mathrm{S},p,n_\mathrm{B}} = -\left(\dfrac{\partial S}{\partial A_\mathrm{S}}\right)_{T,p,n_\mathrm{B}}$，有

$$\Delta S_2 = \left(\frac{\partial\gamma}{\partial T}\right)_{A_\mathrm{S},p,n_\mathrm{B}} \times \Delta A_\mathrm{S} = 1.401\times10^{-4}\times1.0\times10^{-4}\,\mathrm{J\cdot K^{-1}} = 1.4\times10^{-8}\,\mathrm{J\cdot K^{-1}}$$

$$Q_{\mathrm{R},2} = T\Delta S = 283\times1.4\times10^{-8}\,\mathrm{J} = 3.96\times10^{-6}\,\mathrm{J}$$

$$\Delta G_2 = 7.42\times10^{-6}\,\mathrm{J}$$

$$\Delta U_2 = Q_\mathrm{R} + W_\mathrm{S} = (3.96\times10^{-6} + 7.42\times10^{-6})\,\mathrm{J} = 1.14\times10^{-5}\,\mathrm{J}$$

$$\Delta H_2 = \Delta U_2 + \Delta(pV) = \Delta U = 1.14\times10^{-5}\,\mathrm{J}$$

$$\Delta A_2 = \Delta G_2 = 7.42\times10^{-6}\,\mathrm{J}$$

(3) 当外力为零时，系统恢复到始态，所以

$$\Delta U_3 = \Delta H_3 = -1.14\times10^{-5}\,\mathrm{J}$$

$$\Delta A_3 = \Delta G_3 = -7.42\times10^{-6}\,\mathrm{J}$$

因为 $W_\mathrm{S}=0$，所以 $Q_3 = \Delta U_3 = -1.14\times10^{-5}\,\mathrm{J}$

8.2 弯曲液面的附加压力

主要知识点

1. 弯曲液面上的力平衡

在弯曲液面上，作用在任一条线或任一个点上的表面张力都不在一个平面上，无法对消，因此会产生一个指向曲面圆心的合力p_s，称为附加压力。凸面液体上所受的总压等于p_0+p_s，凹面液体上所受的净压为p_0-p_s。

2. 拉普拉斯公式

该公式定量地表示了附加压力与液体表面张力和曲率半径之间的关系。对于球形曲面，拉普拉斯公式为 $p_s=\dfrac{2\gamma}{R'}$。附加压力的方向都指向曲面的圆心，其绝对值总是与曲率半径成反比。

3. 毛细现象

由于液体对固体的润湿程度不同，插在液体中的毛细管内的液面变成凸面或凹面，因而产生附加压力，使管中液面下降或上升。设毛细管内液面与管壁形成的接触角为 θ，液面的曲率半径为 R'，毛细管半径为 r，它们之间的关系为

$$R'=-\frac{r}{\cos\theta}$$

毛细管内液面下降或上升的高度与液体的密度、表面张力和曲面的曲率半径有关，它们之间的关系式为

$$\frac{2\gamma\cos\theta}{r}=(\rho_{内}-\rho_{外})gh$$

毛细现象与科学研究、生产和生活有着密切的联系。

由于表面张力的存在，不同形状液面下的液体所承受的压力不同。本节将以纯液体为例，分析不同曲面下液体的受力状况，从而引出由弯曲液面的附加压力所引起的如毛细管现象等一系列现象。不仅如此，由纯液体系统所得出的某些结论还可扩展到固体粒子。

8.2.1 弯曲液面上的力平衡

前节已介绍了处在液体表面的分子与体相分子不同，受力是不平衡的。如果是在水平的液面上，在任意指定边界的两侧，由于表面张力处在同一平面上，大小相等方向相反，可以相互抵消，因此在水平液面上没有附加压力。而在弯曲液面上则不同，在任意指定边界（这个边界不同于几何中的直线，而是有几个分子宽度的线，是组成曲面的一部分）的两侧，这个垂直于边界、与液面相切、使表面收缩的张力却不在同一平面上，不能相互抵消，会形成一种指向曲面圆心的合力，使分子在弯曲液面上和水平液面上受力有差异，这个差值就称为弯曲液面上的附加压力。附加压力的方向总是指向曲面的圆心，它的大小与液体的性质和曲面弯曲的程度等因素有关。例如，在吹肥皂泡时，只有将吹管的管口堵住，肥皂泡才能稳定存在，否则肥皂泡很快会收缩变小直至消失。显然，在肥皂泡膜的两侧压力是不等的，肥皂泡内的压力小于肥皂泡外的压力。曲面上附加压力产生的根源是表面分子受力不平衡，而这个附加压力又使得曲面与平面上的压力不等，因此相应的蒸气压也不等，从而导致了毛细（管）现象和“新相难成”等多种过饱和现象的产生。

设在液面上，从任意一小块面积 AB 来看，沿 AB 的四周，AB 以外的表面对 AB 有表面张力的作用，力的方向与周界垂直，而且沿周界处与表面相切。在图 8.7(a)（液面的剖面）中，平面液体的表面分子由于受力不平衡，产生了表面张力，在任意指定的某边界两侧或边界上的 AB 周围画出代表表面张力的切线。由于两侧的表面张力大小相等，方向相反，相互抵消，没有附加压力产生，因此在达平衡时，水平面上任意一点的压力都相等，等于其饱和蒸气压，用 p_0 表示。

如果液面是弯曲的，如在图 8.7(b) 中，一个液滴悬浮在它的饱和蒸气中，呈球状，液面为凸面。仍取 AB 小块面积为例，在其周围画出与表面相切的表示表面张力的箭头。由于液滴是球面，AB 是球面上的一斑，这些表示表面张力的切线不在一个平面上，无法对消，因而产生了一个指向球心的合力。球面上的每一小块面积都存在这种力，这种力就称为附加压力，用 p_s 表示。附加压力的方向指向曲面圆心，与蒸气压 p_0 的方向一致，因此球面上受到的总压为 p_0+p_s，显然，在其他条件相同的情况下，凸面上所受的压力大于平面上的压力。

在图 8.7(c) 中，是一个处于液体内部的该液体的蒸气泡，气泡的内表面（液面）是个凹面。也取 AB 小块面积为例，作表示表面张力的切线，这些切线同样不在一个平面上，无法对消，产生了一个指向曲面圆心的合力，即附加压力 p_s。由于 p_s 作用的方向与泡中蒸气压 p_0 对凹面的作用方向刚好相反，因此作用在蒸气泡内壁凹形液面上的净压为 p_0-p_s，显然，在其他条件相同的情况下，凹形液面上所受的压力小于平面上的压力。

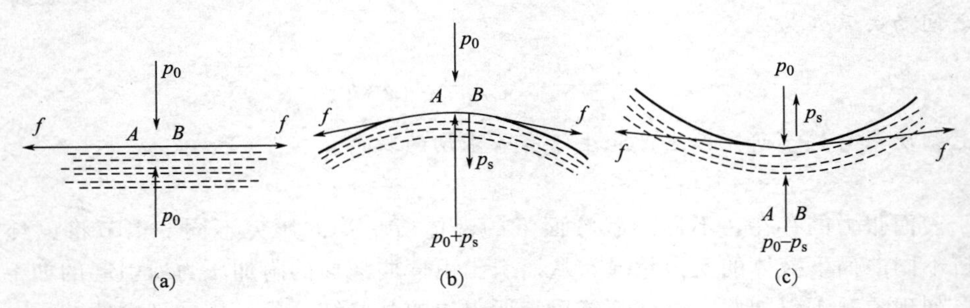

图 8.7　弯曲表面的附加压力

总之，由于表面张力的作用，在弯曲表面下的液体与平面不同，它受到一种附加的压力（p_s），附加压力的方向指向曲面的圆心。

8.2.2　拉普拉斯公式

附加压力的大小究竟与哪些因素有关？为了简便起见，只考虑特殊曲面，即球面，因为球面上曲率半径处处相等，都等于球的半径。

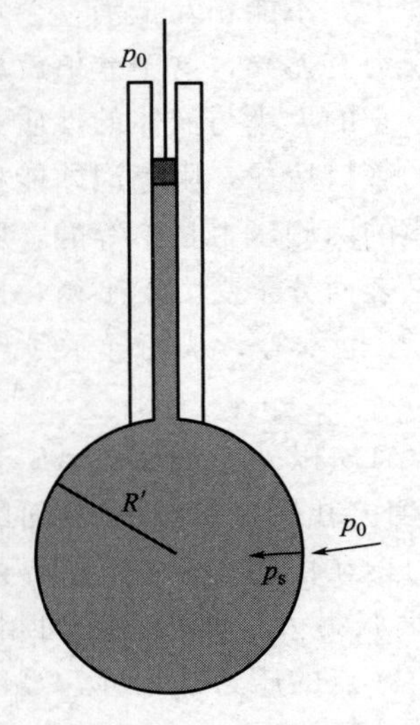

图 8.8　球面附加压力公式的推导

如图 8.8 所示，在毛细管的下端悬有一个半径为 R' 的球形液滴，毛细管内充满液体。在等温、等压的条件下达平衡时，液滴表面的蒸气压为 p_0，球面产生的附加压力为 p_s，液滴所受的总压为 p_0+p_s，对毛细管中的活塞稍稍向下施压（这时所要克服的压力仅为 p_s，因为活塞上也有 p_0 存在），将毛细管中的液体稍挤出一点，使液滴体积增加 dV，这样需做的体积功为 $p_s dV$，这个功就转换成液滴的表面能。因液滴的体积增加了 dV，其表面积则增加了 dA_s，表面能增加了 γdA_s。设想这个过程是在等温、等压下可逆进行的，则

$$p_s dV=\gamma dA_s \tag{8.16}$$

对于球面

$$V=\frac{4}{3}\pi R'^3 \qquad dV=4\pi R'^2 dR'$$

$$A_s = 4\pi R'^2 \qquad \mathrm{d}A_s = 8\pi R'\mathrm{d}R'$$

代入式(8.16)，整理得

$$p_s = \frac{2\gamma}{R'} \tag{8.17}$$

式(8.17) 称为杨-拉普拉斯（Young-Laplace）公式或拉普拉斯公式。这个公式只是拉普拉斯公式的特殊形式，只适用于曲率半径处处相等的球形液面。拉普拉斯公式给出了附加压力、表面张力与球形曲面半径之间的定量关系。由公式可见，附加压力 p_s 的数值与液体的表（界）面张力成正比，与曲面的曲率半径成反比，半径越小，附加压力越大。

为了体现附加压力的方向，通常将曲率半径用不同的正、负号表示。凸面（曲面圆心在液相内部）的附加压力与蒸气压的方向一致，将其曲率半径 R' 取正值，这样得到凸面上的总压为 $p_0 + p_s$。凹面（曲面圆心在气相内部）的附加压力与蒸气压的方向相反，将其曲率半径 R' 取负值（从数学角度看，曲率半径一般都是正值，这里的取号仅是为了表示力的方向而已），得到凹面上的总压为 $p_0 - p_s$。但是，就附加压力的数值而言，附加压力的绝对值总是与曲率半径的绝对值成反比。

8.2.3 毛细现象

将毛细管插入液体中，管中的液面就会发生上升或下降现象，这种现象就属于毛细现象。产生这类现象的实质是弯曲液面上有附加压力存在，使液体自发地从压力高的位置向压力低的位置流动。在毛细管中液体是上升还是下降以及上升或下降的高度主要取决于液体和毛细管材料的相对性质。为简单起见，使用的毛细管都是洁净的、内径相同的玻璃管，分别插入纯的 Hg(l) 和 H_2O(l) 中，毛细管内液面的升降现象如图 8.9 所示。

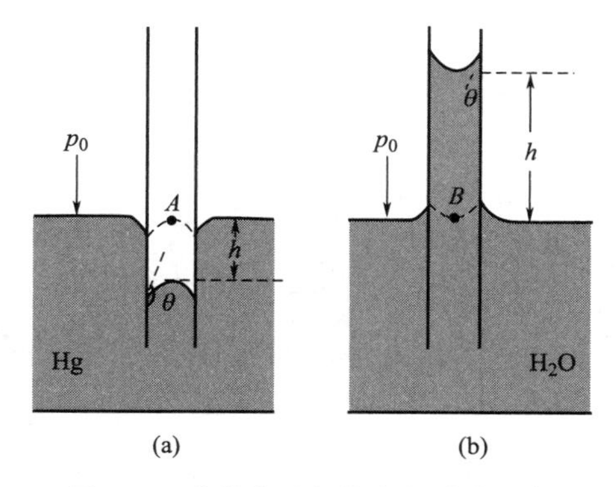

图 8.9　液体在毛细管中的升降现象

在图 8.9(a)中，由于汞的表面张力极大，不能润湿玻璃毛细管表面，因此汞在毛细管内呈凸面（原因见 8.6.2）。原来汞平面上的压力处处相等，都等于 p_0，但是当插入玻璃毛细管后，在管内 A 点处形成了凸面，产生了向下（指向曲面圆心）的附加压力 p_s。这样 A 点处的凸形液面所受的压力比管外同一水平面上所受的压力多了一个向下的附加压力 p_s，破坏了原来的平衡。为求新的平衡，管内液面下降，当汞的液面下降的高度为 h 时，下降汞柱所对应的净压力等于附加压力，又达到了新的平衡。附加压力与液体密度和下降高度的关系为

$$p_s = \frac{2\gamma}{R'} = -\rho_1 gh$$

在图 8.9(b)中，因为水能润湿玻璃毛细管表面，当毛细管插入后，在管内 B 点处形成凹形的弯月面，产生了向上（指向曲面圆心）的附加压力，使 B 点处的压力比管外同一水平面上的压力小，破坏了原来的平衡。同样为寻求新的平衡，管内液面上升，当管内水的液面到达 h 高度时，液柱所产生的净压力等于附加压力，又达成新的平衡。附加压力与液体密度和上升高度的关系为

$$p_s = \frac{2\gamma}{R'} = \Delta\rho g h$$

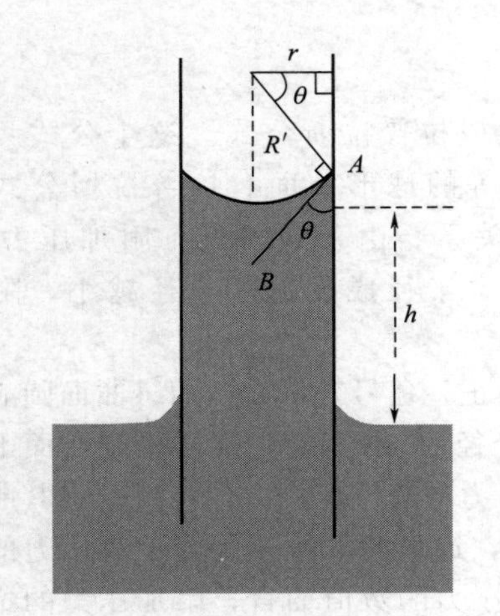

图 8.10 曲率半径与毛细管半径的关系

在毛细管中形成的曲面，最简单的情况是凸面或凹面都呈半个球面，则曲率半径就等于毛细管半径。但一般情况下，所形成的曲面不一定是球面，其曲率半径与毛细管半径之间的关系可用以下方法求得。如图 8.10 所示。设毛细管半径为 r（一般是已知的），设凹面的曲率半径为 R'，从气、液、固三相的交点 A 点作液-气界面的切线 AB，AB 就代表液体表面张力的方向。AB 线与固-液界面（毛细管内壁）之间的夹角 θ 称为接触角（见 8.6.2），接触角的大小是可以用实验测定的。r 表示毛细管的半径，根据平面几何的关系，可以证明毛细管半径 r 与曲率半径 R' 之间的夹角也等于 θ，所以有

$$\cos\theta = \frac{r}{R'} \text{ 或 } R' = \frac{r}{\cos\theta} \tag{8.18}$$

因为管内的液面是凹面，曲面圆心在气相，附加压力是负值。考虑到接触角可以在 0°～180°之间变动，为了体现附加压力的方向，则曲率半径与毛细管半径之间的一般关系式为

$$R' = -\frac{r}{\cos\theta} \tag{8.19}$$

将式(8.19) 代入式(8.17) 的拉普拉斯公式，得

$$p_s = \frac{2\gamma}{R'} = -\frac{2\gamma\cos\theta}{r} \tag{8.20}$$

当 $\theta < 90°$时，$\cos\theta > 0$，$p_s < 0$，即凹面下的压力比平面液体压力小 $\frac{2\gamma\cos\theta}{r}$，在毛细管中的液面必须上升高度 h，以满足如下关系式，系统才能达到新的平衡。

$$\frac{2\gamma\cos\theta}{r} = (\rho_{内} - \rho_{外}) g h \tag{8.21}$$

式中，g 是重力加速度；h 是管内液体上升的高度；$\rho_{内}$ 和 $\rho_{外}$ 分别表示管内和管外物质的密度。根据连通器原理，在同一水平面上的压力应该相等，则上升水柱所产生的净压力等于管内液柱与管外气柱的静压力之差。由于气体密度与液体密度相比可以忽略，因此 $(\rho_{内} - \rho_{外}) = (\rho_l - \rho_g) \approx \rho_l$，则式(8.21) 可近似表示为

$$\frac{2\gamma\cos\theta}{r} \approx \rho_l g h \tag{8.22}$$

如果毛细管插在两个不互溶液体（如苯和水）的界面之间，则不能忽略管外液体的密度，计算式应为

$$\frac{2\gamma\cos\theta}{r} = (\rho_{内} - \rho_{外}) g h = \Delta\rho g h \tag{8.23}$$

当毛细管插在 Hg(l) 中，$\theta > 90°$，$\cos\theta < 0$，$p_s > 0$，即凸面上的压力比平面上的压力大 $\frac{2\gamma\cos\theta}{r}$，在毛细管中的 Hg(l) 面将下降 h 高度，以达到新的平衡，这时计算式为

$$\frac{2\gamma\cos\theta}{r} = (\rho_{内} - \rho_{外}) g h \approx -\rho_{Hg} g h \tag{8.24}$$

式中，$\rho_{内}$和$\rho_{外}$分别代表管内汞蒸气 Hg(g) 和管外 Hg(l) 的密度。由于气体密度与液体密度相比可以忽略，一般不予考虑。

若将式(8.21) 改写为

$$hr=\frac{2\gamma\cos\theta}{(\rho_{内}-\rho_{外})g} \tag{8.25}$$

并设液体能完全润湿毛细管壁，接触角等于零，这时 $\cos\theta=1$，则得

$$hr=\frac{2\gamma}{(\rho_{内}-\rho_{外})g} \tag{8.26}$$

式中，hr 通常称为毛细常数，常用 a^2 表示。毛细常数是表面化学中常用的参数，其值取决于等式右边管中液体的性质。

利用在毛细管中附加压力的计算公式，可以用实验测定毛细管中液面上升（或下降）的高度，从而计算液体的表面张力，或者在已知表面张力的情况下，根据毛细管半径的大小来预测液面可能上升（或下降）的高度。例如，参天大树就是依靠树皮中的无数个毛细管将土壤中的水分和营养源源不断地输送到树冠（当然，渗透压也起了重要作用，由于树液中有盐分，地下水会因渗透压进入树内，通过毛细管上升）。人们也可以用加压的方法给珍稀树木打点滴，将营养液或药物通过树皮中的毛细管输入树内，以达到保护古树或杀灭树冠上害虫的目的。

地下水可以通过土壤中的毛细管源源不断地供给植物的根须吸收。大雨过后，土壤被压实，经太阳晒干后表面会发生板结，土壤中的毛细管将地下水与地表连通，这样地下水会通过毛细管不断蒸发，不久植物就会因缺水而枯萎。因此，大雨过后需要将地表板结的土壤锄松，切断地表与地下水相通的毛细管，保护地下水不被大量蒸发，留着供植物慢慢使用。而处于地表松土中的毛细管，在空气湿度较大时，可以使大气中的水汽在管中发生毛细凝聚，增加土壤水分，这就是“锄地保墒”的原理。

水在毛细管中由于形成凹形液面而产生的附加压力称为毛细压力，当毛细管的半径很小时，这种毛细压力将是十分可观的。例如，两片平板玻璃之间会产生很小的夹缝，一旦受潮，水在夹缝中会形成曲率半径很小的凹面，这样产生的附加压力会大到用人力都无法将玻璃板分开。毛细现象普遍存在，在粉尘之间、纤维之间、土壤的团粒结构之间、洁净的沙子之间和泡沫之间都有可能形成毛细管，都有可能产生毛细现象。当石油在地层中流动、血液在血管中流动等都有可能产生很大的毛细压力。当孔径较小的固体催化剂在吸附蒸气时也会出现毛细凝聚现象等。此外，硅胶作为干燥剂同样是利用毛细管现象，请读者自己理解并分析之。因此，毛细现象与人们的科学研究、生产和生活有着密切的联系。

【例 8.2】 298K 时，将水分散成半径为 100nm 的水珠，试计算水珠表面的附加压力。已知 298K 时，水的表面张力为 $0.07214\text{N}\cdot\text{m}^{-1}$。

解 根据拉普拉斯公式

$$p_s=\frac{2\gamma}{R'}=\frac{2\times0.07214\text{N}\cdot\text{m}^{-1}}{100\times10^{-9}\text{m}}=1440\text{kPa}$$

由计算可见，在纳米级的微小液滴上所受的附加压力是十分可观的。

【例 8.3】 298K 时，用玻璃管吹了一个半径为 0.5cm 的肥皂泡，试计算肥皂泡表面的附加压力。已知 298K 时，肥皂水的表面张力为 $0.040\text{N}\cdot\text{m}^{-1}$。

解 因为肥皂泡有内、外两个表面，附加压力都指向曲面的圆心，忽略肥皂泡膜的厚度，根据拉普拉斯公式，肥皂泡表面所受的附加压力为

$$p_s = 2 \times \frac{2\gamma}{R'} = 2 \times \frac{2 \times 0.040\text{N} \cdot \text{m}^{-1}}{5.0 \times 10^{-3}\text{m}} = 32\text{Pa}$$

如果是微型肥皂泡，其半径越小，则附加压力就越大。

【例 8.4】 298K 时，将半径 $r = 500\text{nm}$ 的洁净玻璃毛细管插入纯水中，求管中液面上升的高度。已知这时水的表面张力 $\gamma = 0.07214\text{N} \cdot \text{m}^{-1}$，密度 $\rho = 1000\text{kg} \cdot \text{m}^{-3}$，重力加速度 $g = 9.8\text{m} \cdot \text{s}^{-2}$。设接触角 $\theta = 0°$。

解 因为 $\cos\theta = \cos 0° = 1$，所以曲率半径 $R' = r = 500\text{nm}$，根据式(8.22)，有

$$p_s = \frac{2\gamma}{R'} = \rho_1 g h$$

$$h = \frac{2\gamma}{\rho_1 g R'} = \frac{2 \times 0.07214\text{N} \cdot \text{m}^{-1}}{1000\text{kg} \cdot \text{m}^{-3} \times 9.8\text{m} \cdot \text{s}^{-2} \times 500 \times 10^{-9}\text{m}} = 29.4\text{m}$$

解这类题时要注意单位换算，这里 $1\text{N} = 1\text{kg} \cdot \text{m} \cdot \text{s}^{-2}$。

8.3 弯曲液面的蒸气压

主要知识点

1. 开尔文公式

弯曲液面上有附加压力，因此曲面上的蒸气压与平面上的不同。在相同温度时，对同一液体，弯曲液面上的蒸气压主要与曲面的曲率半径有关，曲率半径越小，平面与曲面的蒸气压相差越大。凸(凹)面液体上的蒸气压大(小)于平面液体上的蒸气压。蒸气压差别的定量关系由开尔文公式表示为

$$RT\ln\frac{p_r}{p_0} = \pm\frac{2\gamma M(\text{B},1)}{\rho R'}$$

2. 开尔文公式的应用

对于小液滴和小颗粒等具有凸面的物质，其饱和蒸气压与曲率半径成反比，曲率半径越小，饱和蒸气压越大。对于蒸气泡的内壁和毛细管中具有凹面的液体，饱和蒸气压与曲率半径成正比，曲率半径越小，其饱和蒸气压越低。用开尔文公式可以解释自然界中多种处于亚稳状态的过饱和现象，如过饱和蒸气、过饱和溶液、过热液体和过冷液体等，可以阐明人工降雨的原理和在蒸馏时加沸石能防止暴沸的原因，以及在测定多孔固体比表面时出现毛细凝聚现象的原因和防止的方法。

弯曲液面的附加压力改变了物质的某些物理性质。例如，微小液滴的饱和蒸气压要大于平面液体的饱和蒸气压；微小晶粒有更大的溶解度等。以弯曲液面对饱和蒸气压的影响为例，常压下某单组分液体的饱和蒸气压仅是温度的函数，$p = f(T)$，这一结论对平面液体

而言是正确的。对高分散系统，由于弯曲液面附加压力的存在，纯液体的饱和蒸气压不但与温度有关，还与微小液滴的半径有关，即 $p=f(T,r)$。

8.3.1 开尔文公式

设在某温度 T 时，纯液体 B(l) 与其蒸气 B(g) 达成平衡，设 B(l) 为平面液体，对应的饱和蒸气压为 p_0。当两相达平衡时，B 在两相中的化学势相等，即

$$\mathrm{B}(\mathrm{l},p_0,T) \rightleftharpoons \mathrm{B}(\mathrm{g},p_0,T) \qquad \mu_\mathrm{B}(\mathrm{l},p_0)=\mu_\mathrm{B}(\mathrm{g},p_0)$$

现在将平面液体分散成半径为 R' 的小液滴，由于液滴表面有附加压力，这时液滴表面的压力为 $p_1(p_1=p_0+p_s)$。由于液滴表面的压力增加，与之对应的饱和蒸气压也增加（因为蒸气压与外压成正比），当液滴与其蒸气达平衡时，曲面上对应的蒸气压为 p_r，在达到新平衡时有以下关系：

$$\mathrm{B}(\mathrm{l},p_1,T) \rightleftharpoons \mathrm{B}(\mathrm{g},p_r,T) \qquad \mu_\mathrm{B}(\mathrm{l},p_1)=\mu_\mathrm{B}(\mathrm{g},p_r)$$

设气体为理想气体，则

$$\mu_\mathrm{B}(\mathrm{l},p_1)=\mu_\mathrm{B}(\mathrm{g},p_r)=\mu_\mathrm{B}^\ominus(\mathrm{g})+RT\ln\frac{p_r}{p^\ominus}$$

在等温情况下，将平面液体分散成小液滴所引起的压力改变而导致化学势的改变可表示为

$$\left[\frac{\partial\mu_\mathrm{B}(\mathrm{l},p_1)}{\partial p_1}\right]_T\mathrm{d}p_1=\left[\frac{\partial\mu_\mathrm{B}(\mathrm{g},p_r)}{\partial p_g}\right]_T\mathrm{d}p_g$$

式中，p_1 表示液体表面的压力；p_g 表示与液体平衡时的气体压力。因为 B(l) 为纯液体，B(l) 的化学势就等于其摩尔吉布斯自由能，即 $\mu(\mathrm{l},p_1)=G_\mathrm{m}(\mathrm{B},\mathrm{l},p_1)$，则在等温下，摩尔吉布斯自由能随压力的变化就等于纯液体 B(l) 的摩尔体积，所以等式左边可改写成

$$\left[\frac{\partial\mu_\mathrm{B}(\mathrm{l},p_1)}{\partial p_1}\right]_T\mathrm{d}p_1=\left[\frac{\partial G_\mathrm{m}(\mathrm{B},\mathrm{l},p_1)}{\partial p_1}\right]_T\mathrm{d}p_1=V_\mathrm{m}(\mathrm{B},\mathrm{l})\mathrm{d}p_1$$

在等式右边将气体（设为理想气体）的化学势表示式代入，得

$$\left[\frac{\partial\mu_\mathrm{B}(\mathrm{g},p_r)}{\partial p_g}\right]_T\mathrm{d}p_g=\frac{RT}{p_g}\mathrm{d}p_g$$

于是得到

$$V_\mathrm{m}(\mathrm{B},\mathrm{l})\mathrm{d}p_1=\frac{RT}{p_g}\mathrm{d}p_g$$

设液体的摩尔体积在平面液体分散为小液滴的过程中不发生改变，将上式积分。液体的压力从 p_0 到 p_1 积分，气体的压力从 p_0 到 p_r 积分，即

$$V_\mathrm{m}(\mathrm{B},\mathrm{l})\int_{p_0}^{p_1}\mathrm{d}p_1=RT\int_{p_0}^{p_r}\mathrm{d}\ln p_g$$

得

$$V_\mathrm{m}(\mathrm{B},\mathrm{l})(p_1-p_0)=RT\ln\frac{p_r}{p_0}$$

因为 $(p_1-p_0)=p_s=\dfrac{2\gamma}{R'}$，液体的摩尔体积等于摩尔质量除以密度，即 $V_\mathrm{m}(\mathrm{B},\mathrm{l})=\dfrac{M(\mathrm{B},\mathrm{l})}{\rho}$，代入上面的积分式，重排得

$$RT\ln\frac{p_r}{p_0}=\frac{2\gamma V_\mathrm{m}(\mathrm{B},\mathrm{l})}{R'}=\frac{2\gamma M(\mathrm{B},\mathrm{l})}{\rho R'} \tag{8.27}$$

式(8.27) 称为开尔文公式，它指出了弯曲液面上的饱和蒸气压 p_r 与水平液面上的饱和蒸气压 p_0 之间的关系主要取决于等式右边的几个参量。对于相同的液体 B，在同一温度下，影

响曲面蒸气压的关键因素是弯曲液面的曲率半径 R'，液滴半径越小，其蒸气压就越大。如果要比较同一种液体的不同大小液滴（不同曲率半径的弯曲液面）的蒸气压，则可从式(8.27) 延伸得到

$$RT\ln\frac{p_2}{p_1}=\frac{2\gamma M(\mathrm{B,l})}{\rho}\left(\frac{1}{R'_2}-\frac{1}{R'_1}\right) \tag{8.28}$$

式(8.28) 是开尔文公式的另一种表示式，使用更为普遍，它实际已包含了式(8.27)，因为平面的曲率半径趋向于无穷大，这时的蒸气压就是 p_0。

对于凹面液体（如液体中的蒸气泡、毛细管中的弯月面）上的蒸气压，由于凹面上也有附加压力存在，附加压力的方向与蒸气压的方向刚好相反，相当于附加压力为负值，这样使得凹面上的总压力小于平面液体上的压力，即

$$p_1-p_0=-p_s=-\frac{2\gamma}{R'}$$

则表示凹面液体与平面液体蒸气压定量关系的开尔文公式为

$$RT\ln\frac{p_r}{p_0}=-\frac{2\gamma V_m(\mathrm{B,l})}{R'}=-\frac{2\gamma M(\mathrm{B,l})}{\rho R'} \tag{8.29}$$

由式(8.29) 可见，蒸气泡的半径越小，或毛细管中弯月面的曲率半径越小，则凹面上的蒸气压就越低。也可以将式(8.29) 写成与式(8.27) 相同的形式，计算式中不引入负号，只是规定对于凹面，曲率半径取负值，显然所得的结果是一样的。

开尔文公式无疑是合理的，但目前还难以用实验来验证，因为蒸气压虽然与弯曲液面的曲率半径有关，但受温度的影响更大。当平面液体变为半径为 1mm 的液滴时，蒸气压仅改变 0.1%。而温度相差 0.1K 时，蒸气压可以改变 1.0%。要准确测定蒸气压变化范围在 0.1%左右，则温度必须长时间准确控制在 ±0.01K，这样的实验是不容易做到的。

【例 8.5】 293K 时，分别计算以下不同半径水滴的饱和蒸气压：(1) $R'_1=1.0\times10^{-6}\mathrm{m}$；(2) $R'_2=1.0\times10^{-8}\mathrm{m}$；(3) $R'_3=1.0\times10^{-9}\mathrm{m}$。已知 293K 时，$H_2O(l)$ 的饱和蒸气压 $p_0=2306\mathrm{Pa}$，表面张力 $\gamma=0.0729\mathrm{N\cdot m^{-1}}$，密度 $\rho=1000\mathrm{kg\cdot m^{-3}}$，摩尔质量 $M(H_2O)=0.018\mathrm{kg\cdot mol^{-1}}$。

解 利用开尔文公式 [式(8.27)]，代入相应的数据

(1) $$\ln\frac{p_r(1)}{p_0}=\frac{2\gamma M(\mathrm{B,l})}{RT\rho R'_1}$$

$$=\frac{2\times0.0729\mathrm{N\cdot m^{-1}}\times0.018\mathrm{kg\cdot mol^{-1}}}{8.314\mathrm{J\cdot K^{-1}\cdot mol^{-1}}\times293\mathrm{K}\times1000\mathrm{kg\cdot m^{-3}}\times1.0\times10^{-6}\mathrm{m}}=1.08\times10^{-3}$$

$$\frac{p_r(1)}{p_0}=1.001 \qquad p_r(1)=1.001\times2306\mathrm{Pa}=2308\mathrm{Pa}$$

同理

(2) $$\frac{p_r(2)}{p_0}=1.114 \qquad p_r(2)=1.114\times2306\mathrm{Pa}=2569\mathrm{Pa}$$

(3) $$\frac{p_r(3)}{p_0}=2.937 \qquad p_r(3)=2.937\times2306\mathrm{Pa}=6773\mathrm{Pa}$$

从本题计算可知，液滴半径越小，蒸气压越大，但是在半径从 $R'_1=1.0\times10^{-6}$ m 变化到 $R'_2=1.0\times10^{-8}$ m 时，蒸气压变化的幅度很小，而到 $R'_3=1.0\times10^{-9}$ m 时，蒸气压突然升高，一方面说明纳米级粒子的性质会发生突变，另一方面，对于纳米级粒子，开尔文公式是否适用还有待研究。另外，通过本题还可以了解，在解表面化学的习题时，最好所有的物理量都使用 SI 单位，这样才容易将单位相消，得到正确的结果。

【例 8.6】 270K 时，液体乙烷的饱和蒸气压 $p_0=22.1\times10^5$ Pa。今在液体乙烷中有一个半径为 3.6nm 的蒸气泡，当泡中全部是乙烷蒸气时，试计算泡中乙烷的饱和蒸气压。已知乙烷的摩尔质量 $M(C_2H_6)=0.030\text{kg·mol}^{-1}$，其表面张力 $\gamma=0.0035\text{N·m}^{-1}$，密度 $\rho=406.5\text{kg·m}^{-3}$。

解 因为蒸气泡的内部液面是曲面，根据开尔文公式

$$RT\ln\frac{p_r}{p_0}=-\frac{2\gamma M(\mathrm{B,l})}{\rho R'}$$

代入已知的数据，严格使用 SI 单位，这样单位可以对消，最后得

$$\ln\frac{p_r}{p_0}=-\frac{2\gamma M(\mathrm{B,l})}{RT\rho R'}=-\frac{2\times0.0035\text{N·m}^{-1}\times0.030\text{kg·mol}^{-1}}{8.314\text{J·K}^{-1}\text{·mol}^{-1}\times270\text{K}\times406.5\text{kg·m}^{-3}\times3.6\times10^{-9}\text{m}}$$

$$=-0.0639$$

$$\frac{p_r}{p_0}=0.938$$

$$p_r=0.938p_0=0.938\times22.1\times10^5\text{Pa}=20.7\times10^5\text{Pa}$$

显然，在这样小的蒸气泡中，蒸气压小于平面液体的饱和蒸气压，这种气泡实际上无法生成。

8.3.2 开尔文公式的应用

理论上，开尔文公式可用来解释许多由于表面效应所产生的日常现象。在科学研究或日常生活中，都会碰到许多处于亚稳状态的过饱和现象，如过饱和蒸气、过饱和溶液、过冷液体和过热液体等。为什么会出现这种过饱和现象而使新的相态难以形成呢？用开尔文公式可以对这些过饱和现象进行定性解释。

（1）过饱和蒸气

在凸形液面上，附加压力与蒸气压力的方向相同，总压力是两者的加和。因此，从式(8.27) 可知，在小液滴的凸面上，其蒸气压与曲率半径成反比，曲率半径越小，液滴的蒸气压越高。

如果将半径不等的液滴置于同一真空的玻璃钟罩内，若干时间后，就会发现小液滴首先消失。原因是根据开尔文公式，大液滴的半径大，但大液滴的饱和蒸气压比小液滴的小，对大液滴饱和了的蒸气对小液滴并未达到饱和，因此小液滴不断蒸发，蒸气在大液滴上不断凝聚。小液滴越变越小，而其蒸气压却越变越大，直至小液滴完全消失。

过饱和蒸气之所以可能存在，是因为新生成的极微小的液滴（新相）的蒸气压远大于平液面上的蒸气压。如图 8.11 所示，曲线 OC 和 $O'C'$ 分别表示通常液体和微小液滴的饱和蒸气压曲线。若将压力为 p_0 的蒸气恒压降温至 $t_0(A)$ 点，蒸气对通常液体已达到饱和

状态，但对微小液滴却未达到饱和状态，所以，蒸气在 A 点不可能凝结出微小的液滴。可以看出：若蒸气的过饱和程度不高，对微小液滴还未达到饱和状态时，微小液滴既不可能产生，也不可能存在。按照相平衡的条件，应当凝结而未凝结的蒸气，称为过饱和蒸气（super-saturated vapour）。当云层中有充沛的水蒸气，水的饱和蒸气压已是平面液体蒸气压的 4 倍以上（过饱和度已超过 4），可是水蒸气还没有凝聚成雨滴落下。这是因为最初生成的雨滴半径很小，它的蒸气压很高，对平面液体过饱和度达到 4 的水蒸气，对极小的水滴仍未达饱和，所以这个新的液相很难凝聚出来。而空气中的灰尘常会作为凝聚中心促使雨滴的形成。如果在这种水蒸气过饱和度已经超过 4 的云层中，用飞机或火箭把干冰、AgI(s)，甚至硅藻土粉末等物质撒进去，以提供凝聚中心，这时水蒸气会很快凝聚在固体粒子周围形成雨滴落下，这就是人工降雨（或称为人工增雨）（见图 8.12）。AgI(s) 常作为人工降雨的催化剂，干冰还可以降低云层温度，改变云层结构，提高水蒸气的过饱和程度。目前人工增雨的技术应用很广，可以用来局部影响天气。有时为了降低电耗，当大城市上空出现水分充沛的雨云时，及时进行人工降雨作业，可以降低气温，节约降温用的电能。这种技术也只能影响范围不大的局部气候，对于大自然中的灾害性天气，人工干预的能力还是十分有限的。

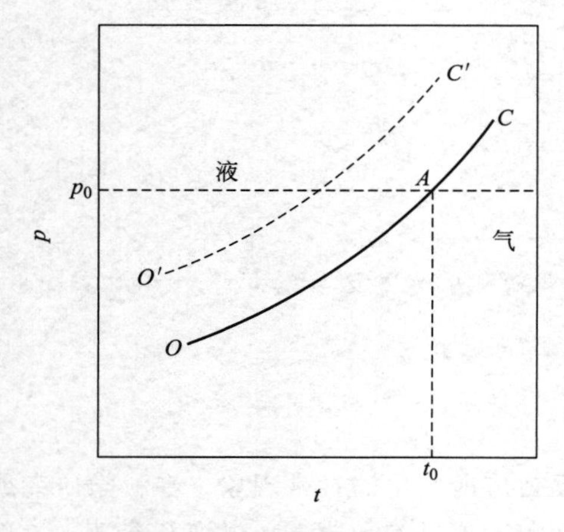

图 8.11　产生过饱和蒸气示意图

图 8.12　人工降雨

（2）过热液体

液体的正常沸点是指平面液体的蒸气压等于大气压时的温度。液体加热到沸点以上仍不沸腾的现象称为过热现象，此时的液体称为过热液体（super-heated liquid）。过热液体之所以可能存在，是因为开始沸腾时，液体中首先生成的是小气泡，而液体在小气泡内的蒸气压远小于平液面上的蒸气压。如图 8.13 所示，曲线 OC 和 $O'C'$ 分别表示通常液体和小气泡内液体的饱和蒸气压曲线。若外界压力为 p_0，则通常液体的沸点是 t_0(A) 点，生成小气泡时液体所对应的沸点是 t'(B) 点，可见生成小气泡时所对应的沸点高，因此只有继续升高温度达到生成小气泡时的沸点，液体才能沸腾，从而形成过热液体。在有机物蒸馏中，温度计显示温度已达到正常沸点，但却看不到沸腾的现象，于是继续加热。突然，液体夹着泡沫一起上冲，这就是暴沸现象（见图 8.14）。发生暴沸是很危险的，不但损失产品，还会造成烫伤甚至失火等严重后果。那么在烧开水时为什么看不到暴沸现象呢？这是因为水中溶解了不少空气，在加热过程中，溶解的空气慢慢变成气泡放出，水蒸气蒸发到气泡中。由于形成的气泡都比较大，附加压力不明显，气泡中的蒸气压与平面上的相差不大。气泡上升，搅动液体，使液体受热均匀，直到蒸气压等于外压时，水就沸腾，不会有暴沸现象。

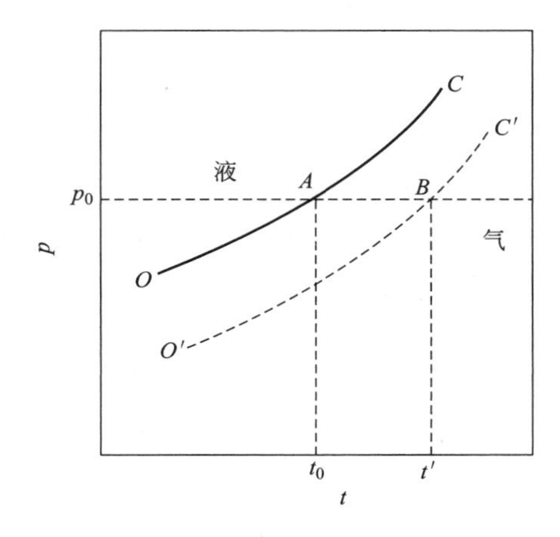

图 8.13　产生过热液体示意图

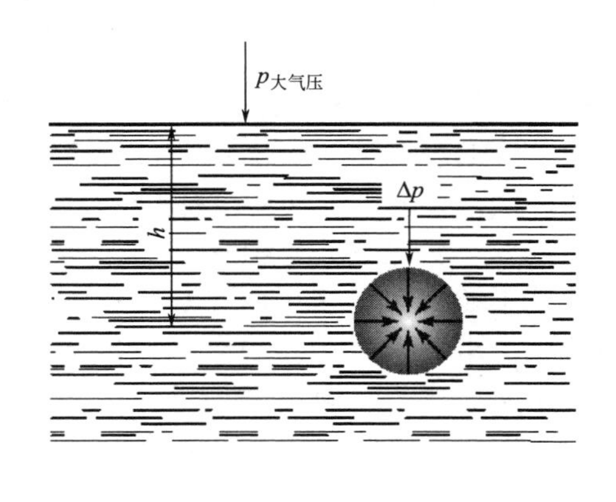

图 8.14　暴沸现象

然而，通常在液态有机物中溶解的空气很少，在蒸馏过程中，蒸气泡的形成有一个从无到有、从小到大的过程。在液体中形成的蒸气泡，其内壁就是一个凹形液面，在凹面上附加压力与蒸气压力的方向相反，根据式(8.29) 可知，凹面上的蒸气压与曲率半径成正比，曲率半径越小，小蒸气泡内的蒸气压就越低，再加上气泡又处在液体内部，既要承受曲面产生的附加压力，还要承受上面的液柱对它的静压力，因此当温度已达到正常沸点时，液体内部的小蒸气泡还无法形成，溶液也就不可能沸腾。于是继续加热，直到小气泡开始形成，气泡一旦形成后就会不断变大，随着气泡半径的变大，附加压力迅速变小，再加上气泡在上升过程中液柱的压力又不断减小，而这时的温度已超过液体的正常沸点，几种因素加在一起，所有液体都要在瞬间变成气体离开烧瓶，因此就产生暴沸现象。如果在蒸馏前加入适量的沸石（多孔硅铝酸盐），在加热时被吸附在沸石小孔中的空气不断释放，为蒸馏提供成泡中心，使有机液体开始生成的新相（气相）蒸发到空气泡中。这些开始生成的气泡的半径不是太小，内壁凹面上的附加压力不明显，在泡中的蒸气压与平面液体的蒸气压差别不大，这样达到沸点时，蒸气泡不断地徐徐上升，就可以避免发生暴沸现象。因此，在有机蒸馏时一定要预先加沸石，在没有沸石的情况下，一些干燥的素烧瓷片或若干一头封口的玻璃毛细管等也能起到与沸石相同的作用。

（3）过冷液体

在一定温度下，微小晶体的饱和蒸气压恒大于普通晶体的饱和蒸气压是液体产生过冷现象的主要原因。这可以通过图 8.15 来说明。图中 CO 线为平面液体的蒸气压曲线，AO 线为普通晶体的饱和蒸气压曲线。由于微小晶体的饱和蒸气压恒大于普通晶体的饱和蒸气压，故微小晶体的饱和蒸气压曲线 $A'O'$ 一定在线 AO 的上边，O 点和 O' 点对应的温度 t_f 和 t_f' 分别为普通晶体和

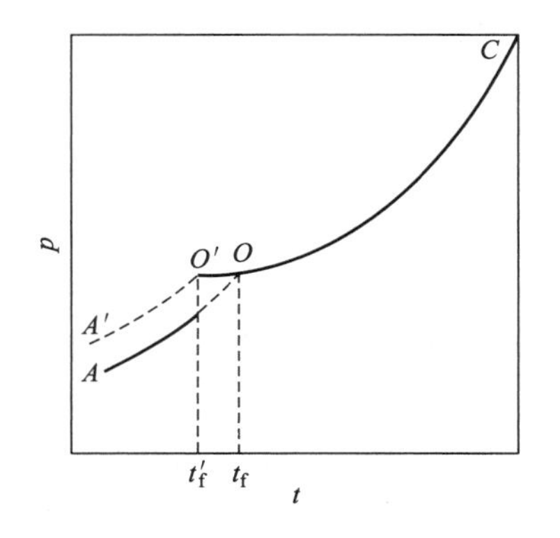

图 8.15　产生过冷液体示意图

微小晶体的熔点。

当液体冷却时，其饱和蒸气压沿 CO' 下降到 O 点，这时与普通晶体蒸气压相等，按照相平衡条件，应当有晶体析出，但由于新生成的晶粒（新相）极微小，其熔点较低，此时微小晶体的蒸气压尚未达到饱和状态，所以不会有微小晶体析出，温度必须继续下降到正常熔点以下，如 O' 点，液体才能达到微小晶体蒸气压的饱和状态而开始凝固。这种按照相平衡条件，应当凝固而未凝固的液体称为过冷液体（super-cooled liquid)。以常见的 $H_2O(l)$ 为例，它的正常凝固点是指在大气压力下，$H_2O(l)$ 与 $H_2O(s)$ 的蒸气压相等、两相平衡共存时的温度，即 0℃。但是，在大气压力下小心地将洁净的 $H_2O(l)$ 冷却，到达 0℃时，甚至达到－30℃以下，仍不见有 $H_2O(s)$ 生成，这时的水就称为过冷水。在 0℃以下的过冷水是处于亚稳状态，一旦有灰尘落入、受到振动或摩擦器壁，过冷水就会立即结成冰。为什么会出现这种过冷现象呢？因为从液相凝结成固相，开始形成的冰晶一定很小，根据开尔文公式，在同一温度下，小冰晶的饱和蒸气压要比大冰块的蒸气压高，所以小冰晶的凝固点要比 $H_2O(l)$ 的正常凝固温度低，到达 0℃甚至更低温度时小冰晶仍然有可能不析出。

（4）过饱和溶液

在一定温度下，溶液浓度已超过饱和浓度而仍未析出晶体的溶液称为过饱和溶液(super-saturated solution)。之所以会产生过饱和现象，是由于同样温度下小颗粒晶体的饱和蒸气压恒大于普通晶体的蒸气压，导致小颗粒晶体的溶解度大于普通晶体的溶解度。

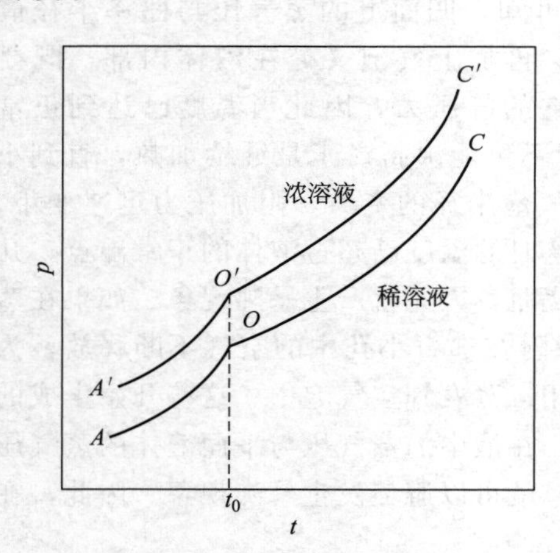

图 8.16　产生过饱和溶液示意图

如图 8.16 所示，AO 线和 $A'O'$ 线分别代表某物质普通晶体和微小晶体的饱和蒸气压曲线，因微小晶体的蒸气压大于同样温度下普通晶体的蒸气压，故 $A'O'$ 线在 AO 线上方；OC 线和 $O'C'$ 线分别代表稀溶液和浓溶液中该物质在气相中的蒸气分压，显然 $O'C'$ 线在 OC 线上方。在温度 t_0 时，稀溶液的 OC 线与普通晶体的蒸气压曲线相交，表明此稀溶液已达到饱和，本可析出晶体，但因微小晶体溶解度高，故不可能从溶液中析出微小晶粒。只有当溶液浓度达到某一定值，使 $O'C'$ 线与微小晶体的 $A'O'$ 线在 O' 点相交时，才能析出微小晶粒，进而长大。此时的溶液浓度大于该温度下普通晶体的饱和溶液，因而是过饱和溶液。

对于粒径很小的颗粒，其饱和溶液的浓度要比大颗粒的大，表示粒径与饱和溶液浓度之间关系的开尔文公式为

$$RT\ln\frac{c_2}{c_1}=\frac{2\gamma_{\text{l-s}}M(\text{B,s})}{\rho(\text{s})}\left(\frac{1}{R'_2}-\frac{1}{R'_1}\right) \tag{8.30}$$

式中，R'_1、R'_2 是小颗粒的半径；c_1、c_2 是其对应的饱和溶液的浓度；$\gamma_{\text{l-s}}$ 是液-固界面张力，摩尔质量和密度用固体的摩尔质量和密度。将固体的小颗粒按球形粒子处理，颗粒的半径越小，对应的饱和溶液的浓度越大。

在结晶操作中，若溶液的过饱和程度太大，将会生成很细小的晶粒，不利于过滤和洗涤，因而影响产品的质量。在生产中，常采用向结晶器中投入小晶体作为新相种子的方法，

防止溶液的过饱和程度过高，从而获得较大颗粒的晶体。当然，如果需要获得微米或纳米尺度的小晶粒物质满足科研生产需要，就要按要求适度调整溶液的过饱和程度。控制晶种的数量和种类，可以控制结晶的大小和形状。

在重量分析中得到新鲜沉淀后，不要急于过滤，要有一个陈化过程，即在微微加热的情况下，使溶解度大的小颗粒不断溶解直到消失，使大的颗粒变得更大，这样既利于过滤，结果也会更准确。

这种过饱和溶液是不稳定的，只要加入少量晶种或摩擦器壁，结晶会很快生成。因此，在工业生产中有时需加入晶种，在过滤前要有一个陈化过程，都是这个原因。

溶液的过饱和现象与过冷现象的原理是一样的，“新相难成”的原因都可以用开尔文公式来解释，归根结底是由于曲面上有附加压力，其饱和蒸气压与平面不同，凸面的饱和蒸气压比平面的大，凹面的饱和蒸气压比平面的小，因而产生了许多“新相难成”的现象。在工业生产上有时要设法避免这种现象，可以用加晶种、加沸石或强烈搅拌来破坏这种亚稳状态。

上述四种亚稳定状态从热力学角度看都不是热力学稳定状态，但有时这些状态却能维持相当长的时间不变。亚稳定状态之所以可能存在，皆与新相难生成有一定关系。在科研和生产中，有时需要破坏这种状态，如上述的结晶过程，但有时需要保持这种亚稳定状态长期存在，如金属的淬火，就是将金属加热到一定温度，保持一段时间后，将其在水、油或其他介质中迅速冷却，保持其在高温时的某种结构，这种结构的物质在室温下，虽属亚稳状态，却不易转变。所以通过淬火可以改变金属制品的性能，从而达到制品所要求的质量。

通过上面的讨论可以看出，通常情况下，系统的表面效应并不显著。但是，随着系统的分散度增加，即液滴或气泡或晶粒的不断减小以致达到纳米级时，系统会呈现出强烈的表面效应。尤其是在蒸汽冷凝、液体沸腾、液体凝固及溶液结晶等过程中，由于新相是从无到有，最初生成的新相（液滴或气泡或晶粒）极其微小，其比表面积和表面吉布斯自由能都很大。因此，在系统中产生新相是很困难的。由于新相难以生成，从而导致在日常科研和生产中经常碰到过饱和现象，例如过饱和蒸气、过冷或过热液体以及过饱和溶液。这些过饱和状态都不是热力学稳定状态，而是亚稳状态。一旦外界条件发生变化或有新相生成，亚稳状态将失去稳定而趋向热力学的稳定状态。

（5）毛细凝聚

固体吸附剂和催化剂都具有很大的表面积和大量的微孔或孔道，如果被吸附的物质能润湿固体，则这种液体在固体孔道中就形成凹面。凹面上就有附加压力，使得凹面上的蒸气压小于平面上的蒸气压。在相同温度下，蒸气在平面上尚未达到饱和，但在凹面上却已经达到饱和，蒸气就会首先在狭窄的孔道或微孔中凝聚成液体，这种现象就称为毛细凝聚。微孔或孔道的半径越小，凹面上的饱和蒸气压就越低，毛细凝聚现象就越严重。在用吸附蒸气法测定固体催化剂表面积的实验中，出现毛细凝聚现象会造成测定的气体铺满单分子层的饱和吸附量偏高，使比表面的计算不准确。因此，在用 BET 方法测定催化剂比表面时，要控制被吸附蒸气的比压（吸附时的实际蒸气压与同温下的饱和蒸气压之比）在 0.3 以下，以避免毛细凝聚现象的发生（详见后面章节内容）。

8.4 溶液的表面吸附

主要知识点

1. 表面活性物质与非表面活性物质

加入水中能使形成溶液的表面张力升高的物质称为非表面活性物质，如无机盐和非挥发性的酸碱等。加入水中能使形成溶液的表面张力降低的物质称为表面活性物质，一般都是有机化合物。加入少量就能使溶液的表面张力明显降低的物质称为表面活性剂，一般都是含 8 个碳以上、具有两亲基团的有机化合物，如烷基苯磺酸盐等。

2. 吉布斯吸附等温式

溶液可以通过表面收缩和调节表面层浓度两种途径来降低表面能。加入了非表面活性物质的溶液，表面层浓度低于本体浓度。加入了表面活性物质的溶液，表面层浓度高于本体浓度。这种表面层浓度与本体浓度发生偏差的现象称为溶液的表面吸附。吉布斯导出了在等温下，溶液浓度、表面张力和吸附量之间的定量关系式，称为吉布斯吸附等温式。

$$\Gamma_B = -\frac{a_B}{RT}\left(\frac{d\gamma}{da_B}\right)_T \quad 或 \quad \Gamma_B = -\frac{c_B}{RT}\left(\frac{d\gamma}{dc_B}\right)_T$$

$$\left(\frac{d\gamma}{da_B}\right)_T < 0,\ \Gamma_B > 0，正吸附；\left(\frac{d\gamma}{da_B}\right)_T > 0,\ \Gamma_B < 0，负吸附$$

3. 分子在界面上的定向排列

表面活性剂分子通常是两亲分子，在溶液与气相的界面上，以亲水基团插入溶液、亲油基团朝向空气的形式定向排列，这时表面超额 Γ_B 为正值。在表面超额 Γ_B 与表面活性剂浓度的关系图上，开始 Γ_B 值随浓度的增加而增加，当浓度达到一定值时，表面吸附达到饱和，饱和吸附量 Γ_m 不再随浓度的改变而改变。Γ_m 的值可以用来计算表面活性剂分子的截面积。

8.4.1 表面活性物质与非表面活性物质

水的表面张力会随着溶质的加入而改变。有些溶质加入后使形成溶液的表面张力比纯水的低，另一些溶质加入后却使溶液的表面张力比纯水的高。因此，水溶液的表面张力不但与温度有关，还与加入溶质的性质和浓度有关。

如果保持温度、压力恒定，画出表面张力 γ 随溶液浓度 c 变化的关系曲线，通常有三种类型，如图 8.17 所示，这些是在浓度不太高时的 γ-c 曲线。

如图 8.17 中曲线 1 所示，若溶质的加入使溶液的表面张力略有升高，这类溶质称为非表面活性物质，如无机盐、非挥发性的酸和碱、蔗糖和多羟基有机化合物等。因为这些物质的离子或基团对水分子有吸引力，发生水化作用，趋向于把表面水分子拉入溶液中，所以这种溶液的表面张力比纯水的大，要增加这种溶液的单位表面积所做的功比纯水多。因此，含矿物质丰富的泉水或井水，在干燥的杯子中形成的凸面能高出杯面；在泉水面上放硬币，硬币不会下沉，好像在水面上有一种无形的膜存在，原因是这类水中溶解的无机盐多，具有较大的表面张力。

若溶质的加入使溶液的表面张力有所下降，如图 8.17 曲线 2 所示。这类溶质称为表面活性物质，如碳链较短的脂肪酸、醇、酮、醛、胺等有机化合物。开始加入时，表面张力下降较快，随浓度增加，表面张力下降趋势变缓。

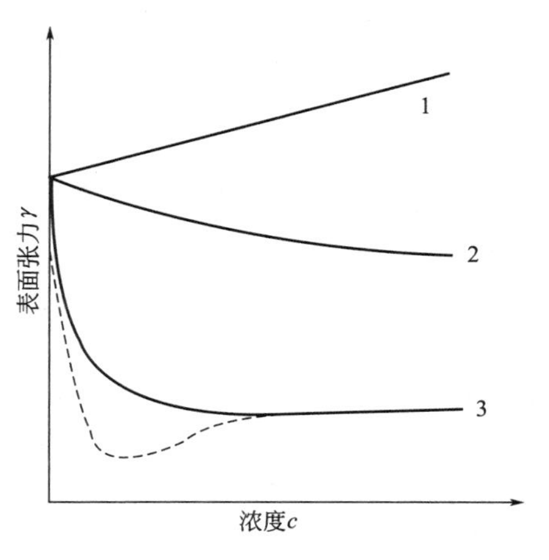

图 8.17 溶液表面张力与浓度的关系

还有一类如图 8.17 中曲线 3 所示的那样，加入少量的溶质就能使溶液的表面张力显著下降，到达一定浓度后，表面张力基本不变，在转折处由于杂质的影响有时会出现表面张力的极小值，如图中虚线所示。这类物质当然也是表面活性物质，为了与曲线 2 表示的物质有所区别，这类能使溶液的表面张力显著下降的物质称为表面活性剂。例如，肥皂、油酸钠和碳氢链（或碳环）中含有 8 个碳及以上有机酸的碱金属盐、磺酸盐、硫酸盐和烷基苯磺酸盐等都属于表面活性剂。这类物质的分子中都含有一个亲水基团（如—COO^-、—OH、—SO_3H 等）和一个疏水（亲油）基团（长度不同的碳氢链），这种分子称为两亲分子。当表面活性剂溶于水中后，因为水是极性分子，故亲水基团倾向于进入水中，而疏水的碳氢链试图逃离水面，所以表面活性剂的分子在浓度不太大时一般都定向排列在水面上，亲水基团在水中，疏水基团在空气中。这样处在表面层中的两亲分子受到溶液内部的拉力要比表面水分子受到的拉力小，增加这种溶液的单位表面积所需要做的功显然要比纯水的小，因此表面张力明显降低。

还有一类物质虽然不一定能降低水的表面张力，但是能明显改变两种物质形成的界面的性质，如润湿剂、乳化剂、破乳剂、起泡剂和洗涤剂等也都称为表面活性剂。

8.4.2 吉布斯吸附等温式

在等温、等压条件下，系统总的吉布斯自由能越低，系统越稳定。因此，纯液体会自动收缩以求降低表面积，少量纯液体会收缩成表面积最小的球形，使表面上总的表面能降到最低。而溶液为了降低系统的表面自由能，除表面自动收缩外，还可以调节表面层溶质的浓度，使表面层浓度与本体浓度不同，以达到使系统的表面能降到最低的目的。这种表面浓度与本体浓度不等的现象称为溶液的表面吸附。

若加入的溶质是非表面活性物质，溶质的离子会尽量留在溶液内部，尽可能少停留到溶液表面，因此这种物质在表面层的浓度会低于在本体溶液中的浓度。反之，如果加入的是表面活性物质，则溶质分子会尽可能地占据表面，使系统的表面自由能降低。这样，表面活性物质在表面层的浓度就会大于在本体溶液中的浓度。当然，随着物质性质的不同，这种表面层与本体溶液浓度的差异也有所不同。

19 世纪后期，吉布斯用热力学方法求得在一定温度下，溶液的浓度、表面张力与表面吸附量之间定量关系的微分方程，称为吉布斯吸附等温式，即

$$\Gamma_{\mathrm{B}}=-\frac{a_{\mathrm{B}}}{RT}\left(\frac{\mathrm{d}\gamma}{\mathrm{d}a_{\mathrm{B}}}\right)_T \quad 或 \quad \Gamma_{\mathrm{B}}=-\frac{c_{\mathrm{B}}}{RT}\left(\frac{\mathrm{d}\gamma}{\mathrm{d}c_{\mathrm{B}}}\right)_T \tag{8.31}$$

式中，a_{B}（或 c_{B}）表示溶质 B 的活度（或浓度）；γ 是溶液的表面张力；Γ_{B} 称为溶质 B

的表面超额（也有的称为表面超量或表面过剩），是指单位面积的表面层中的溶剂与本体溶液中相同数量的溶剂所含溶质物质的量的差值，其单位是 $mol \cdot m^{-2}$。Γ_B 是一个相对值，相对于水在表面层的超额等于零。Γ_B 的值可正可负。例如：

① $\left(\frac{d\gamma}{da_B}\right)_T < 0$，$\Gamma_B > 0$，称为正吸附，即在等温下加入表面活性剂 B，随着溶质活度（或浓度）的增加，溶液的表面张力下降，表面层中溶质的浓度大于本体溶液的浓度。

② $\left(\frac{d\gamma}{da_B}\right)_T > 0$，$\Gamma_B < 0$，称为负吸附，即在等温下加入非表面活性物质 B，随着溶质活度（或浓度）的增加，溶液的表面张力上升，表面层中溶质的浓度小于本体溶液的浓度。

吉布斯在推导式(8.31）时，除了假设溶剂的表面超额等于零以外，没有引进其他附加条件，因此原则上该吸附等温式适用于任何两相的系统。但是，固-气吸附系统一般不会出现负吸附的情况。

【例 8.7】 293K 时，计算浓度为 $5.0 mol \cdot m^{-3}$ 的丙酸（B）水溶液的表面超额 Γ_B。已知丙酸水溶液的表面张力随浓度的变化率 $\left(\frac{d\gamma}{dc_B}\right)_T = -8.3 \times 10^{-5} J \cdot m \cdot mol^{-1}$。

解 根据吉布斯吸附等温式

$$\Gamma_B = -\frac{c_B}{RT}\left(\frac{d\gamma}{dc_B}\right)_T = -\frac{5.0 mol \cdot m^{-3}}{8.314 J \cdot mol^{-1} \cdot K^{-1} \times 293K} \times (-8.3 \times 10^{-5} J \cdot m \cdot mol^{-1})$$

$$= 1.7 \times 10^{-7} mol \cdot m^{-2}$$

【例 8.8】 有一稀的油酸钠（B）水溶液，设其表面张力与溶质活度的线性关系为 $\gamma = \gamma^* - ba_B$，式中，γ^* 是纯水的表面张力。试计算在 298K 时该油酸溶液的表面张力 γ。已知 298K 时，$\gamma^* = 0.072 N \cdot m^{-1}$，$b$ 为常数，油酸的表面超额 $\Gamma_B = 4.33 \times 10^{-6} mol \cdot m^{-2}$。

解 已知 $\gamma = \gamma^* - ba_B$，则 $\left(\frac{d\gamma}{da_B}\right)_T = -b$，代入吉布斯吸附等温式，得

$$\Gamma_B = -\frac{a_B}{RT}\left(\frac{d\gamma}{da_B}\right)_T = -\frac{a_B}{RT} \times (-b) = \frac{ba_B}{RT}$$

将上式改写为 $ba_B = \Gamma_B RT$，再代入表面张力与溶质活度的线性关系式，计算得

$$\gamma = \gamma^* - ba_B = \gamma^* - \Gamma_B RT$$

$$= (0.072 - 4.33 \times 10^{-6} \times 8.314 \times 298) N \cdot m^{-1} = 0.061 N \cdot m^{-1}$$

8.4.3 分子在界面上的定向排列

表面活性剂分子通常是具有亲水和亲油基团的两亲分子，亲水基团趋向于进入溶液，而亲油基团倾向于逃离溶液。由于表面活性剂的加入能降低溶液的表面张力，因此表面活性剂分子开始几乎都定向排列在气-液界面上，这时的表面超额是正值。图 8.18 是脂肪酸分子在水-气界面上定向排列的示意图。在一定温度下，表面超额的数值会随着活性剂浓度的增加而增加，表面超额 Γ_B 随浓度 c 的变化曲线如图 8.19 所示，Γ_B-c 关系曲线也称为溶液表面吸附等温线。从图 8.19 可以看出，开始时，表面超额随溶质浓度的增加而增加。当加入的表

面活性剂浓度达到一定值时，溶剂表面已被活性剂分子挤满，表面吸附达到了饱和，表面超额的数值不再随表面活性剂浓度的增加而增加，表面超额达到了一个极大值 Γ_{m}， 如图 8.19 中曲线的后半段所示。

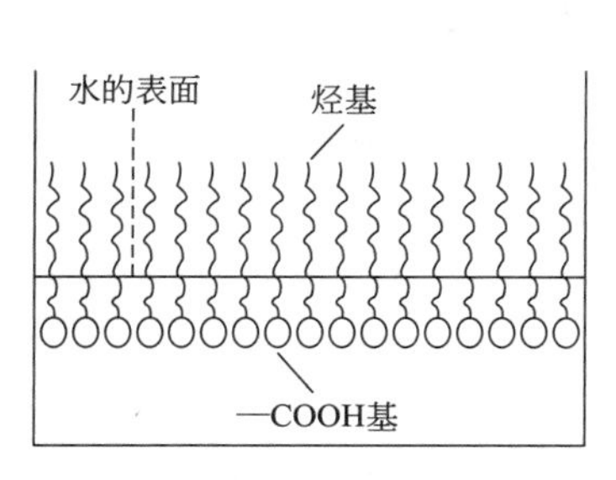

图 8.18　脂肪酸分子在水-气界面上的定向排列

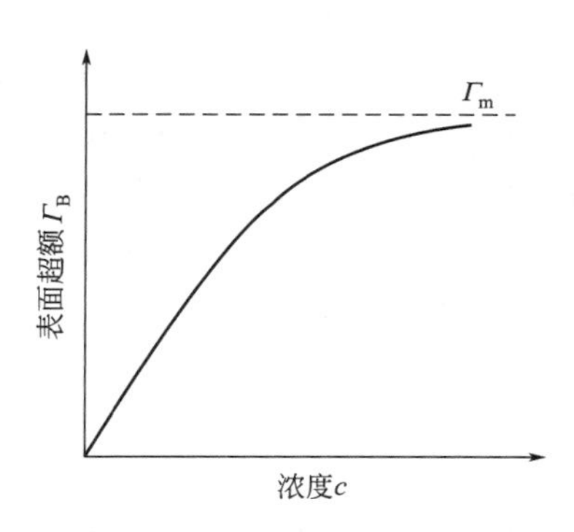

图 8.19　溶液表面吸附等温线

Γ_{m} 称为溶液表面的饱和吸附量，利用实验测定的 Γ_{m} 值，可以用来计算单个活性剂分子的截面积 A_{m}， 即

$$A_{\mathrm{m}}=\frac{1}{L\Gamma_{\mathrm{m}}} \tag{8.32}$$

式中，L 是阿伏伽德罗常数，通常取为 $6.02\times10^{23}\,\mathrm{mol}^{-1}$；$\Gamma_{\mathrm{m}}$ 是饱和吸附时的表面超额（表面超额的极大值），单位是 $\mathrm{mol\cdot m^{-2}}$，所以分子截面积 A_{m} 的单位是 m^2。如果亲油基团都是直的碳氢链，则这类表面活性剂的 Γ_{m} 值基本相同，A_{m} 值约为 $0.3\mathrm{nm}^2$， 与碳链的长短无关。可见这些表面活性剂分子几乎都是垂直地定向排列在溶液与空气的界面上。

8.5　表面膜

主要知识点

1. 表面压

在表面的二维空间中，作用于单位边界上的力称为表面压，用 π 表示，单位是 $\mathrm{N\cdot m^{-1}}$。表面压在数值上等于纯水与含有活性剂溶液的表面张力之差，即 $\pi=\gamma^{*}-\gamma$。二维理想气体的状态方程为 $\pi A=n^{\sigma}RT$， 生物化学中可通过测定表面压来计算蛋白质的摩尔质量。

2. 不溶性单分子膜

难溶于水的表面活性剂的两亲分子在溶液表面紧密排列成单分子层，亲水基团向下，疏水基团向上，表面层中疏水基团的密度几乎与液态烃类似，这种膜称为不溶性的单分子膜。将这种单分子膜从溶液的表面转移到固体基质表面，并进行不同类型的叠加，形成各种多分子层的膜，称为 L-B 膜。这种膜排列规整，具有各向异性的层状结构，可以制备成纳米级有实用功能的分子电子器件。

3. 生物双分子层膜

生物膜是由含双亲基团的类脂分子定向排列，形成双分子的膜，膜的中间是由两排碳氢键交织组成的疏水区，两侧全部是亲水基团，一层亲水基团对着细胞外，另一层对着细胞内，分别插在含电解质的溶液中。双分子膜上镶嵌有蛋白质，对通过膜层的物质加以选择，调控离子与小分子的运送，使离子在膜内外的浓度保持一定的梯度，从而保持一定的电势差，确保细胞的正常功能。

研究生物膜的结构与功能不但对生命科学有意义，还对具有各种功能的人工膜的合成具有指导作用。

8.5.1 表面压

先做两个小实验：①在纯水表面放置一根很细的木棍，木棍在水面静止不动，如果在木棍的一边滴少量肥皂水，木棍立即向另一边移动，好像木棍是被肥皂水推过去的；②在纯水表面平行放置两根很细的木棍，木棍之间留少许距离，开始木棍是静止的，当在两根木棍中间滴入少量肥皂水时，两根木棍迅速向相反方向移动，木棍之间的距离加大，好像木棍中间的肥皂水将它们向两边撑开。为什么会出现这种现象呢？这是因为在纯水表面上木棍的两侧都存在表面张力 γ^*，大小相等方向相反，所以木棍能静止不动。肥皂是最常见的表面活性剂，滴加了肥皂水部位的表面张力会迅速下降为 γ，因为 $\gamma^* > \gamma$，作用在木棍两边的表面张力不等，所以木棍会向表面张力大的纯水一边移动，看起来好像肥皂分子要在水面上铺开，将木棍推向纯水一边。同理，对于两根木棍的实验，滴加肥皂水后，木棍中间的表面张力 γ 小于外侧的 γ^*，使木棍分别向两侧移动，好像是表面活性剂分子将两根木棍撑开。人们把这种作用于单位边界上的力称为表面压，用符号 π 表示，它实际是纯水与溶液的表面张力之差，用公式表示为

$$\pi = \gamma^* - \gamma \tag{8.33}$$

纯水的表面张力 γ^* 比溶液的表面张力 γ 大得越多，表面压就越大，则推动木棍的力也越大。表面压的数值可以用朗格缪尔（Langmuir）膜天平测量（请参阅其表面化学专著）。

如果在纯水表面上所加的表面活性剂不是太多，表面活性剂分子在气-液界面上还可以自由移动，就像二维空间里的理想气体，则其状态方程可表示为

$$\pi A_m = k_B T \quad 或 \quad \pi A_s = n^\sigma RT \tag{8.34}$$

式中，A_m 是单个活性剂分子的截面积；k_B 是玻耳兹曼常量；A_s 是在界面上所有表面活性剂分子占据的总面积；n^σ 是在界面上定向排列的表面活性剂分子的物质的量。在三维空间中，压力是作用在单位面积上的力，而在二维空间中，表面压是作用在单位长度的边界上的力，它的单位与表面张力一样，为 $N \cdot m^{-1}$。

在生物化学中，常利用式(8.34) 计算蛋白质分子的摩尔质量。用极少量的质量为 $m(B)$ 的蛋白质，在表面积为 A_s 的范围内形成单分子膜，用朗格缪尔膜天平测定其表面压 π，就可计算蛋白质 B 的摩尔质量 M_B，即

$$\pi A_s = \frac{m(B)}{M_B} RT \quad 或 \quad M_B = \frac{m(B)}{\pi A_s} RT$$

这种方法的优点是所用的样品量少，其精确度不亚于测定物质摩尔质量的渗透压法和黏度法。

8.5.2 不溶性单分子膜

18世纪中叶，富兰克林（Franklin）等科学家观察了一些微溶或难溶于水的有机物，在水面上能自动展开，形成只有一个分子厚度的膜，这种膜称为不溶性的单分子膜。如图8.18所示的表面膜，分子与分子之间靠得很紧，极性基团之间的水分子也被挤出，表面活性剂分子几乎都垂直地定向排列在界面上，表面层中疏水基的密度几乎与液态烃近似，这种膜就可视为不溶性的单分子膜。

将这种不溶性的单分子膜覆盖在干旱地区的湖泊或水库表面，可以抑制水分的蒸发，能使水的蒸发量减少40%左右；也可以将膜覆盖在地表，减少土壤中水分的蒸发，对抗旱保苗和治理沙漠有一定的作用；还可以将这种膜覆盖在稻田中，既可以减少水分蒸发，又可以提高水温，提早插秧时间，增加水稻产量。另外，在不溶性表面膜中还可以进行一些特殊的反应。

20世纪20年代，朗格缪尔和他的学生布洛杰特（Blodgett）女士将这种不溶性的表面膜从溶液的表面转移到固体基质的表面，并进行不同类型的叠加，如平行地一层一层累加，即一层亲水基、一层疏水基；或亲水基对亲水基，疏水基对疏水基，如图8.20所示。这样从单分子膜制成了多分子膜，后来人们把这种固体基质上的单分子或多分子膜称为L-B膜，以纪念朗格缪尔和布洛杰特在膜化学方面的贡献。

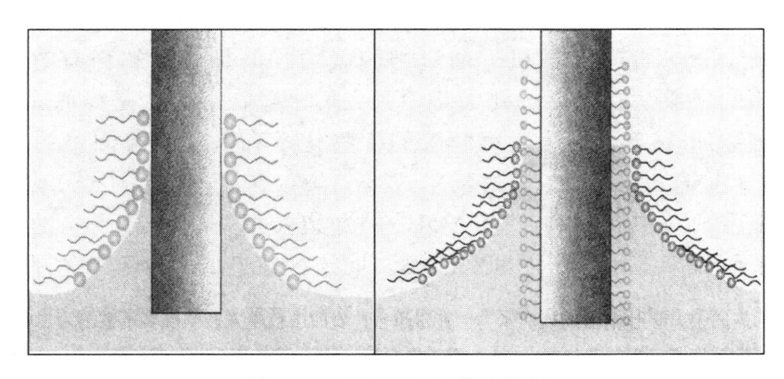

图8.20　各种L-B膜示意图

L-B膜具有分子排列比较规整、各向异性的层状结构和膜的厚度可以控制在纳米级的特点。目前L-B膜已在许多方面得到了应用。例如，制备化学模拟生物膜、仿生生物分子功能材料、光电转化器件、非线性的光学器件、生物和化学传感器等，这些在病理、药理和临床诊断的研究和制备抗肿瘤药物等医学领域有很好的应用前景和潜力。

8.5.3 生物双分子层膜

生物膜通常是指细胞的表面膜和内膜系统。细胞的表面膜将细胞的内、外隔开，厚度为6～10nm。内膜是指细胞核、线粒体等上面的一层膜。

目前较公认的生物膜的结构是双分子层膜的形式，其示意图如图8.21所示。

构成双分子层膜的基本单位是类脂分子，它有一个用小圆圈表示的极性端基和两条长长的碳氢尾链。这种类脂分子是典型的两亲分子，它们规整地排列，极性基团一致对外。如果是作为细胞表面膜，则一层的极性基团对着细胞膜外，另一层则对着细胞膜内，极性基团都处在细胞内外的电解质溶液中。而双分子层膜的中间是由两排碳氢链组成的疏水区，它对通过该膜层的物质有高度的选择性，使细胞能摄入所需的营养，排出代谢废物和毒素。构成双

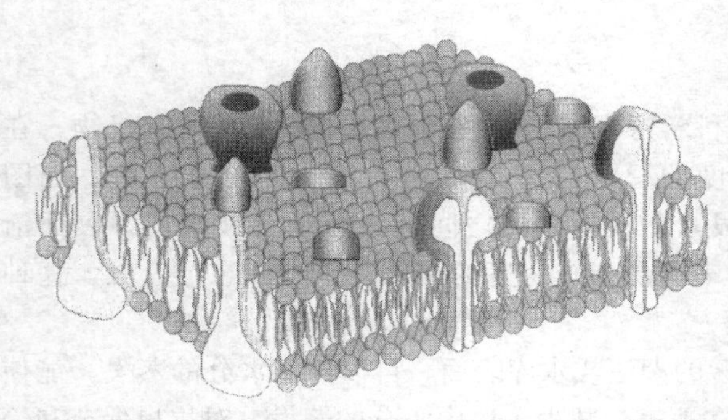
图 8.21　生物双分子层膜示意图

分子层膜的类脂分子有磷脂、胆固醇和糖脂等，其中以磷脂为主。

双分子层膜上的块状物是蛋白质。与双分子层膜之间靠静电引力松散结合的蛋白质称为外周蛋白，靠自身的疏水基与双分子层中的疏水部分相互作用。紧密结合的蛋白质称为内在蛋白，它们可以部分或全部嵌入膜的疏水区，也可以横跨整个层膜。这些内在蛋白可以将离子或小分子物质进行跨膜运送，而且功能非常专一，有选择性，故有时称为活性传输。以活性传输来维持细胞膜内、外离子浓度保持一定的梯度，维持一定的电势差（膜电势），以确保细胞在物质、能量的运送和信息识别与传递方面的正常功能，从而维持生命。

生物双分子层膜不是静态结构，它还具有一定的流动性，双分子层内的水、金属离子和少量糖类可以在膜内不断运动，内在蛋白也可以在膜上自由扩散，因此可以把这种双分子层膜视为类脂分子和蛋白质组成的定向排列的二维溶液。

水被称为生命的溶剂，因为人体中 75% 是水，肾脏每天处理水的量高达 150L 以上。在 1920 年以前，人们认为水是以扩散机理通过细胞膜的，但是难以解释有时水会以很快的速度大量通过细胞膜的现象。在以后的几十年中，人们一直在寻找水是如何大量快速通过细胞膜的答案。美国约翰斯-霍普金斯大学医学院的生物化学和医学教授阿格雷（P. Agre）经过多年的努力，在 20 世纪 90 年代终于找到了这个答案，因而获得了 2003 年诺贝尔化学奖。他的研究表明，在蛋白质中有一种称为 AQP1 的通道蛋白，使水分子中的氧原子与氨基酸基团形成氢键，从而破坏了水分子之间的氢键，而这种通道的孔壁是疏水的，水分子不能与孔壁形成氢键，这样就降低了水分子通过膜的能垒，使水分子可以快速地通过。在 AQP1 通道蛋白的中间会出现紧缩，两头分开，这样的结构提供了一个高的介电障碍层，使水中的离子难以通过，离子又不能利用氢键与水分子一起过去，因此中性的水分子可以大量通过，而水中的离子则不能通过，图 8.22 就是这种通道蛋白的示意图。

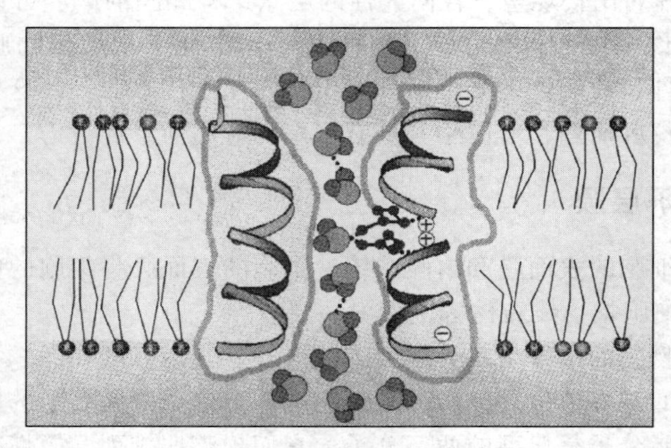
图 8.22　水分子通过细胞膜 AQP1 通道蛋白的示意图

细胞膜两边离子的浓度是不等的，如神经细胞内 K^+ 的浓度一般是细胞外的 30 倍，而细胞内 Na^+ 的浓度只是细胞外的 1/12。这些离子浓度的差异与人体中信息的传递和维持生命密切相关，早在1890年，人们就开始寻找高效和高选择性的离子通道。1998年，美国洛克菲勒大学分子生物学和生物物理学教授麦金农（R. MacKinnon）经过十几年的努力，终于将K^+通道的立体结构图呈现在大家面前，因而与阿格雷分享了2003年的诺贝尔化学奖。诺贝尔化学奖评选委员会的评论是，由于他的发现，人们可以得知离子如何通过由不同细胞信号控制开关的通道。

离子通道的示意图如图8.23所示。在通道露在细胞的外端有一个窄的选择性滤器，在里面有一个独立的门。在选择性滤器中，氧原子可能处于某个特定的位置，使具有合适离子半径的离子可以优先去溶剂化，进而通过滤器。麦金农教授成功地获得了链霉菌（KcsA）钾离子通道的分辨率为0.20nm的三维结构图，比图8.23更精细。麦金农三维图中的离子选择器是一段1.2nm的狭长孔，其骨架氨基酸中的羰基氧排列在孔中，形成一系列K^+的结合位点，模拟溶液中K^+的水合层结构以替代水分子的作用，使K^+得以脱掉水合层进入孔中。选择性滤器可以结合两个K^+，当一个K^+从一端进入选择性滤器，则有一个K^+从另一端出去，像电流传递一样，使K^+快速、高效地传导。比K^+小的Na^+由于能量的关系无法脱离水合层，因此无法通过K^+的离子通道。处在孔中的骨架氨基酸指纹序列中的特殊结构可以像“手铐”一样，并具有一定的松紧性，保证了通道中的孔只为合适尺寸的离子打开，这就很好地解释了离子通道的高选择性和高速传输速度。

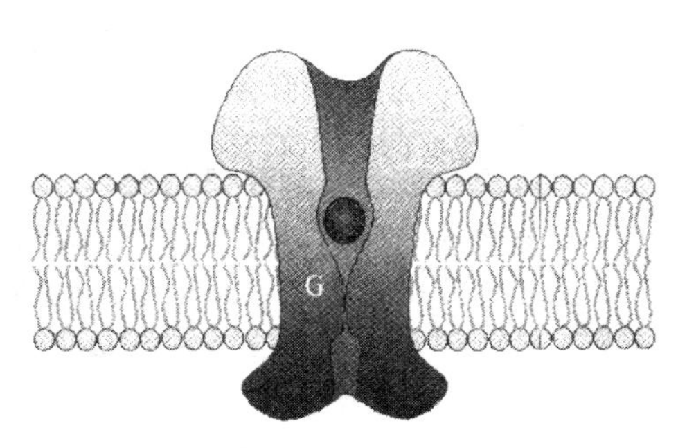

图8.23　细胞膜上的离子通道示意图

这类生物膜的研究不仅在生命科学中具有重要意义，而且对人工膜的合成有指导作用，以便开发出各种能够实际应用的人工膜，用于渗透、反渗透、超过滤、海水淡化、气体分离和废水处理等方面。如，国内某高校新近研制出一种具备自洁功能的电催化膜反应器，以具有导电性的管式碳膜为基膜，采用表面修饰、溶胶-凝胶等技术，将具有电催化功能的纳米氧化物（如二氧化钛）担载在基膜表面，制备成一种电催化膜材料。电催化膜可以诱导负载的纳米催化剂分解水，产生氢气和氧气微流以及羟基自由基等强氧化剂，使废水中难降解的有机物分解为无机小分子、水和二氧化碳，实现膜分离和膜材料自洁双重功能。

8.6　固（液）-液界面

主要知识点

1. 铺展

一种液体占领另一种与之不互溶的液体表面的过程称为铺展。铺展与否取决于两种液体本身的表面自由能和两液体之间的界面自由能的大小。若铺展后，总的表面自由能是下降的，则能铺展；反之，则不能。

2. 接触角

在气、液、固三相的交点，做代表液-气和液-固界面张力的切线 $\gamma_{l\text{-}g}$ 和 $\gamma_{l\text{-}s}$，$\gamma_{l\text{-}g}$ 与 $\gamma_{l\text{-}s}$ 之间的夹角称为接触角。接触角可以用实验测定，它可以在 0°～180°之间变化。接触角的大小与三种张力之间的关系为

$$\cos\theta=\frac{\gamma_{s\text{-}g}-\gamma_{s\text{-}l}}{\gamma_{l\text{-}g}}$$

3. 润湿作用

如果液体能自发占领固体表面，称为液体能润湿固体；反之，则不能。用接触角的大小来衡量润湿程度，若 $\theta<90°$，液体能润湿固体，若 $\theta>90°$，则液体不能润湿固体。利用表面活性剂可调变液体的表面张力，改变接触角的大小，以改变液体对固体的润湿程度。润湿作用在日常生产和生活中应用很广。

类似于液体表面，在洁净的固体表面，由于表面原子配位不饱和，存在着悬空键，因而存在不对称力场。当液体或气体与固体表面接触时，将产生吸附。关于气体在固体表面的吸附现象将在以后讨论。在本节，重点讨论液体与固体（液体）接触的情况。两种互不相溶的液体接触产生液-液界面，一种液体能否占领另一种液体的表面称为铺展；固体与液体接触，可产生固-液界面。固-液界面上发生的过程除了吸附之外，还有一种情况是润湿。所谓润湿就是固体与液体接触时，液体取代原来固体表面上的气体形成固-液界面的过程。

8.6.1 铺展

铺展通常是指液体 A 能否占领另一种与 A 不互溶的液体 B 的表面。若将液体 A 滴在液体 B 的表面，液体 A 能变成薄的液膜将液体 B 的表面覆盖起来，则称为液体 A 在液体 B 上能铺展。反之，当滴在液体 B 表面上的液体 A 凝聚成液滴，不能占领液体 B 的表面，则称为液体 A 在液体 B 上不能铺展。

一种液体能否在另一种液体上铺展，这主要取决于两种液体的表面自由能和两者之间的界面自由能的相对大小。在日常生活中我们知道，油在水面上是能铺展的，一滴油就能占领很大一块水面，在阳光下形成五颜六色的“油花”。运油的海轮一旦发生泄漏，就会污染很大的海面。这是因为水的表面自由能很大，而油的表面自由能较小，水与油之间的界面自由能比油的表面自由能略大，所以油在水面铺展以后，系统总的表面能是下降的，因此铺展过程是自发过程。

设液体 A 和 B 的表面自由能分别为 γ_A 和 γ_B，A 和 B 之间的界面自由能为 $\gamma_{A,B}$。当液体 A 在液体 B 的表面上铺展后，液体 B 的表面消失，产生了液体 A 的表面和液体 A 与 B 的界面。铺展前的表面自由能为 γ_B，铺展后的表面自由能为 $\gamma_A+\gamma_{A,B}$，总的表面自由能的变化为 $(\gamma_A+\gamma_{A,B})-\gamma_B$。液体 A 能否在液体 B 表面铺展，取决于铺展前后表面自由能的变化，如果表面自由能是下降的，则能铺展；反之，则不能。

$$(\gamma_A+\gamma_{A,B})-\gamma_B<0 \quad 即 \quad (\gamma_A+\gamma_{A,B})<\gamma_B \quad 能铺展$$

$$(\gamma_A+\gamma_{A,B})-\gamma_B>0 \quad 即 \quad (\gamma_A+\gamma_{A,B})>\gamma_B \quad 不能铺展$$

这就相当于表面自由能高的液体总希望有表面自由能低的液体把它覆盖起来，使总的表面自由能下降，系统就更稳定。因此，油可以在水面上铺展，水可以在汞面上铺展，而水不能在

四氯化碳液面上铺展。

8.6.2 接触角和杨氏（Young T）方程

液体在固体表面上分散的情况各不相同，有时会形成极薄的液膜覆盖在固体表面，如纯水在洁净的玻璃表面；有时会形成球状的液滴在固体表面几乎不分散，如金属汞在玻璃表面，或纯水在油污的玻璃表面。出现不同情况的原因是液体和固体自身的表面张力和固-液之间界面张力的相对大小不同。图 8.24 是两种比较典型的液滴在固体上的形状剖面图，不同的形状主要是由接触角决定的。

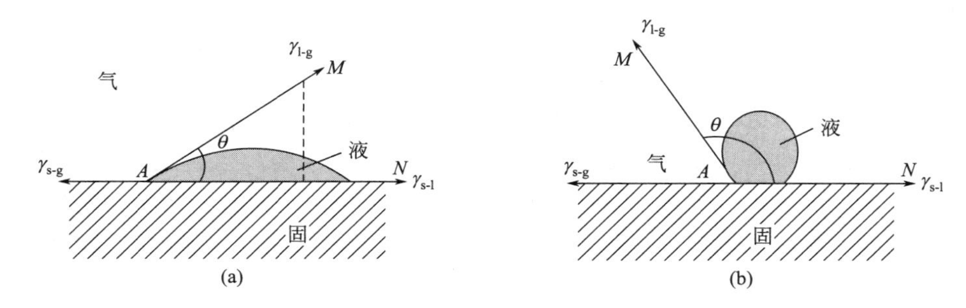

图 8.24 液滴形状与接触角

什么是接触角？如图 8.24 所示，在气、液、固三相的交界处 A 点，作代表液-气和液-固界面张力的切线 AM（代表 γ_{l-g}）和 AN（代表 γ_{s-l}），切线 AM 和 AN 之间的夹角 θ 就称为接触角。接触角可以在 0°～180°之间变化，它的大小可以用接触角仪进行测定。液体在固体表面的形状取决于 θ 的大小，θ 的大小取决于三种张力的相对数值。例如，在图 8.24(a)中，液体表面张力 γ_{l-g} 在水平方向的分量等于 $\gamma_{l-g}\cos\theta$，这个分量与固-液界面张力 γ_{s-l} 之和是方向向右的力，试图将液滴收缩。而固-气界面张力 γ_{s-g} 是向左的力，试图将液滴铺开。当向左的力与向右的合力相等时，液体在固体表面达平衡，三种张力和接触角之间有以下关系：

$$\gamma_{s-g}=\gamma_{s-l}+\gamma_{l-g}\cos\theta \quad \cos\theta=\frac{\gamma_{s-g}-\gamma_{s-l}}{\gamma_{l-g}} \tag{8.35}$$

式(8.35) 就称为杨氏方程。

图 8.24(a) 的情况是 $\theta<90°$，$\cos\theta>0$，则 $\gamma_{s-g}>\gamma_{s-l}$，液体将固体覆盖后，整个系统的表面自由能下降，是自发过程。

图 8.24(b) 中，$\theta>90°$，$\cos\theta<0$，则 $\gamma_{s-g}<\gamma_{s-l}$，液体不可能将这种固体表面覆盖，因为一旦覆盖，整个系统的表面自由能要升高，这是不自发过程。

值得注意的是，利用式(8.35) 计算 θ 值的前提是达到平衡，即合力为零。若三个表面张力同时作用于 A 点而无法达到平衡时，则杨氏方程不成立。

8.6.3 润湿作用

将液体滴于固体表面，该液体对固体是否润湿往往与固、液分子结构有无共性有关。经验表明，极性固体皆为亲水性的，对水是润湿的。常见的亲水性固体如石英、无机盐等；而非极性固体大多是憎水性的，对水是不润湿的，憎水性固体有石蜡、石墨、荷叶等。

从日常生活中我们知道，少量水在荷花叶子上是呈球形的；小草上的露水或雨水也是呈球形的，故称为露珠或水珠；鸭子可以浮在水面而鸡则不能；刚从田里采摘的棉花吸水很困难，而加工成药棉（俗称脱脂棉）后吸水就很容易；纯水在洁净的玻璃管里呈弯月形凹面，而汞在玻璃管中则呈球形凸面；在洁净的玻璃器皿上看不到水珠，只有薄薄的水膜，而在油污的玻璃器皿上就能看到水珠。凡此种种，都是润湿与不润湿的问题。

另一方面，即使是润湿的，即 $\theta<90°$，同一种液体对可润湿的固体其润湿程度是不同的，如将水滴在洁净、光滑的金属表面与普通玻璃表面其接触角尽管都小于 90°，但其大小是不同的。不过，要详细、精确地说明各种不同情况下某液体对不同固体是否润湿及润湿程度却不是那么容易。用接触角来判断液体对固体润湿与否，最大的好处是直观，但不能反映润湿过程的能量变化，也没有明确的热力学意义。

研究润湿作用在日常生产、生活中是很有用的。例如，在喷洒农药时为什么要在农药的水溶液里加表面活性剂？医药工业上为什么要用脱脂棉？为什么油漆有的是水溶性的，有的是油溶性的？有的笔可以在塑料薄膜上写字，而有的笔却写不上？这些都与润湿作用有关。植物有一种自身保护功能，在叶子上分泌一种蜡质物，使雨水不能润湿它，这样在下雨天，雨水在叶子上形成水珠而滚落，使叶子和茎不至于过重而折断。水溶性的农药不能润湿植物的叶子，药水成液滴淌下，起不到杀灭附在叶子上害虫的作用。在农药中加了表面活性剂后，可以降低农药水溶液的表面张力，使接触角变小，药水能很好地润湿叶子，在叶子表面铺展开来，当水分蒸发后，农药仍均匀地留在叶子上，可以杀灭害虫。或者农药可以润湿害虫，覆盖在害虫表面，起到使害虫窒息和毒杀的作用。目前，有的农药在生产时就制成表面张力较小的乳剂，或在出厂时预先加入一定量的表面活性剂。

天然的棉花纤维表面也有不被水润湿的脂，制药棉时必须把这种脂脱掉，才能使棉花吸收大量的医用酒精溶液用来作为消毒棉球等。棉花纤维在纺织、印染过程中也要经历脱脂过程，才能使染料很好地附在棉花纤维上，制成五彩缤纷的棉布。这种棉布容易被水润湿，若在这种布的表面涂上薄薄一层表面张力很小的有机物（俗称蜡），使水和布之间的接触角大于 90°，就可以用来做雨衣或其他防水布。

在喷漆或刷涂料时选什么样的漆和涂料合适，这要看被刷固体的表面性质，若能被水润湿的，则选用水溶性的漆或涂料，这样可以减少有机溶剂的用量，减少环境污染。若被刷固体的表面不能被水润湿，则只能选用油溶性的漆或涂料。在投影用的塑料薄膜上写字时，若薄膜能被水润湿，则可用水溶性的笔，否则，只能用油溶性的笔，因为水笔写上去只能看到星星点点的虚线，说明水不能润湿薄膜。再如工业生产中机械润滑问题，如果润滑剂对轴承金属表面不润湿，势必在其表面形成液珠，不能在轴承表面形成一层润滑油膜，起不到润滑作用，轴很容易磨损而报废。若在润滑油中加入乳化剂，使润滑油能在轴上润湿，形成一层油膜，就能很好地起到润滑作用，减小磨损，从而延长机器的寿命。而在防水材料制备方面，是通过憎水剂处理，希望防水材料能不被水润湿，从而达到防水的目的。注水采油也是利用水对石油的不润湿性，通过往油层下面注水将石油从岩缝隙中置换出来并浮于水的上面。除此之外，金属焊接、印染、洗涤、电镀和浮法选矿等许多工农业生产中都会涉及与润湿理论密切相关的技术，值得我们好好学习。

8.7 表面活性剂及其作用

主要知识点

1. 表面活性剂的分类

表面活性剂通常按其分子的结构进行分类，当表面活性剂溶于水后，根据其解离与否，分为离子型和非离子型。根据活性基团离子的性质，分为阴离子型、阳离子型和两性型表面活性剂。

2. 胶束和临界胶束浓度

加入水中的表面活性剂开始集中在表面层，当表面层达到饱和吸附后，形成紧密的单分子层，多余的分子在溶液中形成胶束。开始出现胶束的表面活性剂浓度称为临界胶束浓度。胶束的结构是疏水基聚集在一起，亲水基一致向外。胶束的形状与表面活性剂分子的结构有关，胶束的大小与加入活性剂的量有关。

3. 亲水-亲油平衡

这是一种比较粗糙的衡量表面活性剂的亲水基团与憎水基团相对性质的经验方法。以非离子型表面活性剂为例，用石蜡（HLB=0）和聚乙二醇（HLB=20）作为参考标准，其余活性剂的 HLB 值为 0～20，可作为选择表面活性剂时的参考。

4. 表面活性剂的作用

表面活性剂的应用非常广泛，几乎涉及工农业生产、食品和日常生活等各个领域，择要归纳为以下几个重要作用：润湿，起泡，增溶，乳化，洗涤和利用莲花效应制造出具有自我保洁能力的人造织物等，减少对环境的污染。

8.7.1 表面活性剂的分类

作为溶质能显著降低溶液表面张力的有机化合物称为表面活性剂，一个表面活性剂分子同时具有亲水和亲油基团。在液面上亲水基团插在溶液中，亲油基团露在空气中成定向排列，其表面超额为正，即活性剂的表面浓度大于本体浓度。这类表面活性剂在采矿、采油、纺织、制备农药、医药、食品和洗涤等各个领域均有广泛的用途。由于在工农业生产中主要应用于水溶液，改变水的表面张力，因此若不加说明，以后所述的有关表面活性剂的性能都是对水而言的。

表面活性剂的分类方法很多，常用的一种是按其分子的结构来分，即当表面活性剂溶于水后，凡是能解离生成离子的，称为离子型表面活性剂，不解离的称为非离子型表面活性剂。在离子型表面活性剂中，还可按离子的性质分，若活性基团是阴离子的，称为阴离子表面活性剂；若活性基团是阳离子的，则称为阳离子表面活性剂；若活性基团是两性型的，则称为两性型表面活性剂。例如

阴离子型（肥皂） $C_{15}H_{31}COONa \longrightarrow C_{15}H_{31}COO^- + Na^+$

阳离子型 $C_{16}H_{33}NH_3Cl \longrightarrow C_{16}H_{33}NH_3^+ + Cl^-$

两性型 $RN^+(CH_3)_2CH_2COONa \longrightarrow RN^+(CH_3)_2CH_2COO^- + Na^+$

非离子型　　　酯类和聚氧乙烯醚类等

阴离子型和阳离子型表面活性剂一般不能混合使用，否则可能会因两者相互作用而发生聚沉，使表面活性剂不能发挥应有的作用。

分子结构不同的表面活性剂其表面活性效率不同。表面活性剂的效率是指使水的表面张力明显降低所需要的表面活性剂的浓度。显然，所需浓度愈低，表面活性剂的性能愈好。

表面活性剂的有效值是指该表面活性剂能够把水的表面张力可能降低到的最小值。显然，能把水的表面张力降得愈低，该表面活性剂有效值愈低。

8.7.2 胶束和临界胶束浓度

少量表面活性剂加入水中后，由于其结构上的双亲特点，大多数表面活性剂分子定向排列在界面上，极少数散落在溶液中，如图 8.25(a) 所示。若继续加入表面活性剂，到一定浓度时，表面层已达到饱和吸附，成为紧密的单分子层，多余的分子在溶液中，三三两两地将疏水基团靠在一起，形成小型的胶束。开始出现胶束时的表面活性剂浓度称为临界胶束浓度（critical micelle concentration，CMC），如图 8.25(b) 所示，临界胶束浓度与在溶液表面形成饱和吸附所对应的浓度基本一致。再继续加入表面活性剂，表面层基本不发生变化，只是排得更紧密，加入的表面活性剂只能增加溶液中胶束的数量和大小，使小胶束变大，形成更多、结构更完整、更大的胶束，如图 8.25(c) 所示。

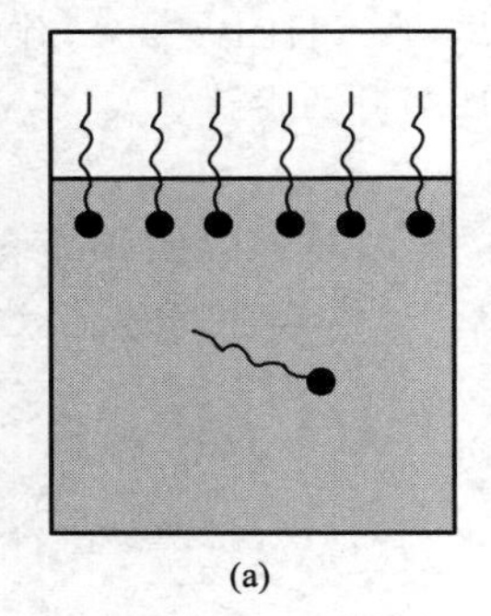
(a)

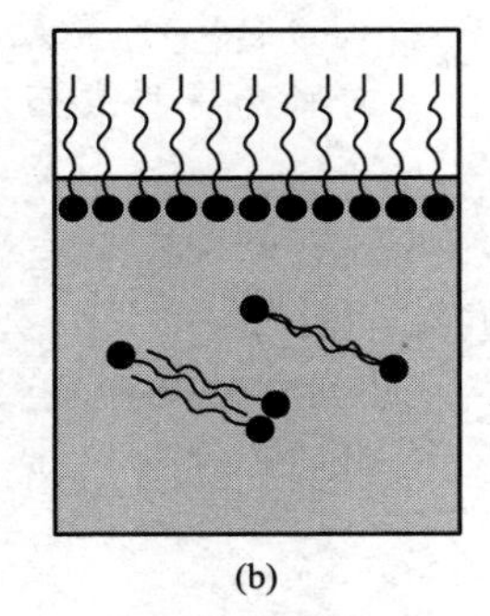
(b)

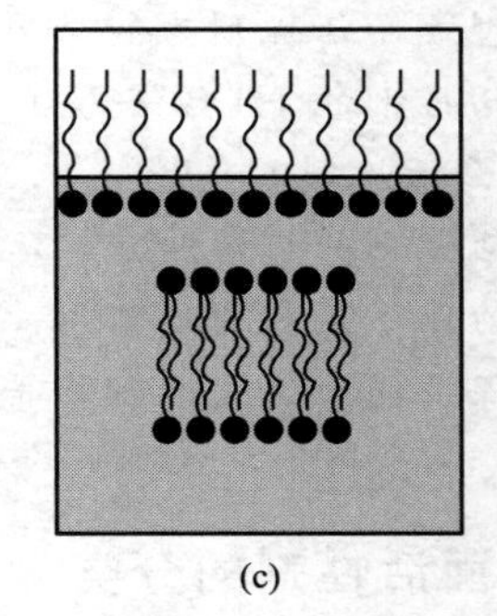
(c)

图 8.25　胶束和临界胶束浓度

胶束的结构是疏水基团聚集在一起，亲水基团一直朝向溶液，结构完整时其疏水部分几乎与水隔离。胶束的大小处于纳米级，与胶体粒子的大小相仿，故称为胶束。胶束的形状与表面活性剂分子的结构有关，常见的有球状、棒状、层状和六角形等各种形状，胶束的大小与加入的表面活性剂的数量有关。如图 8.26 所示，(a) 是球状胶束，(b) 是腊肠形胶束，(c) 是层状胶束。

排列紧密的层状胶束具有液晶的性质，如图 8.26(c) 右所示。液晶既具有液体的流动性，又有各向异性的特点，生物体中的某些器官、皮肤、肌肉等都具有液晶态的有序结构。液晶的大小、形状可以调控，可以作为合成纳米材料和中孔材料的模板剂和用于酶催化反应等。

值得注意的是，临界胶束浓度不是一精确的数值，而是一个浓度范围。在表面吸附达到饱和、溶液中开始出现胶束时，在到达临界胶束浓度前后，表面活性剂的一些与浓度有关的性质（如表面张力、渗透压、电导率和密度等）会发生明显的变化，都以临界胶束浓度为界出现明显转折（如图 8.27 所示）。

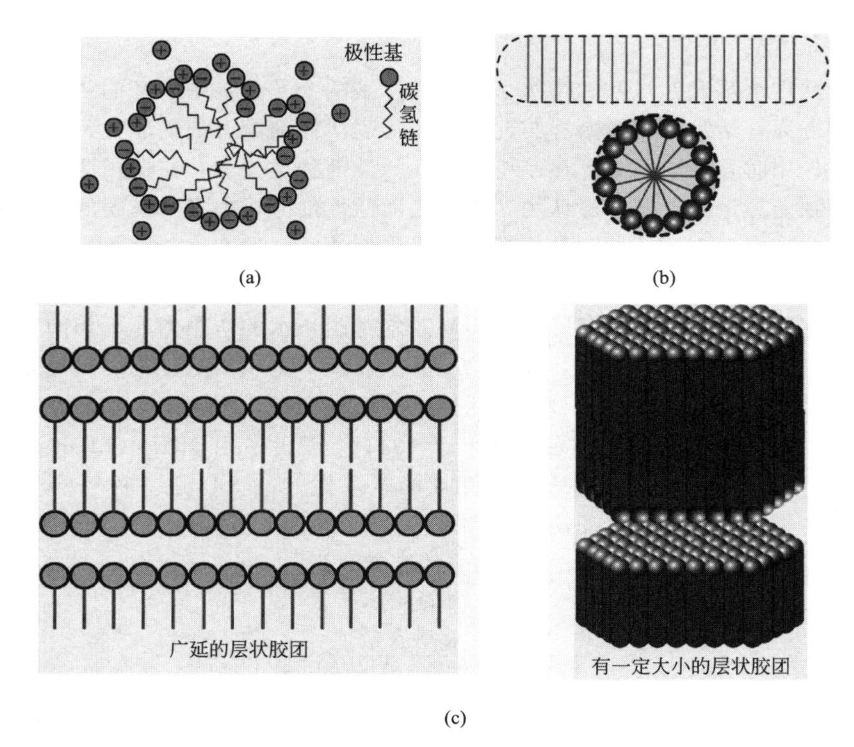

图 8.26　胶束的若干形状

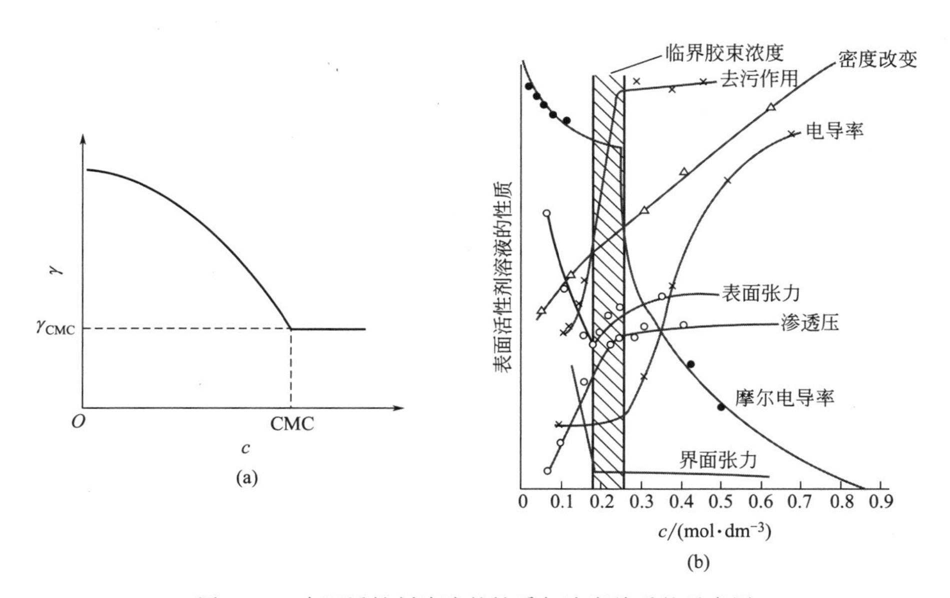

图 8.27　表面活性剂溶液的性质与浓度关系的示意图

可以通过这些性质随浓度变化规律的测量而得知临界胶束浓度数值的范围。表面活性剂的 CMC 值都很小，一般在 0.001～0.002mol·dm^{-3}。

例如，原来溶液的表面张力随活性剂浓度的增加而下降，而在到达临界胶束浓度后，增加活性剂浓度，表面张力基本不变，这时活性剂的去污能力也不再增加。

8.7.3 亲水-亲油平衡

每种表面活性剂都有亲水基和憎水（或亲油）基两个部分，亲水基的亲水性是指表面活性剂溶于水的能力，憎水基的憎水性与此相反，代表活性剂溶于油的能力，这两类基团在表面活性剂发生作用时互相联系又互相制约。表面活性剂种类繁多，在选用活性剂时究竟按什么标准目前尚缺乏理论指导。一般认为，比较表面活性剂分子中亲水基团的亲水性和憎水基团的亲油性是一项衡量表面活性剂的指标。如果表面活性剂的亲水基团相同，可以想象，憎水基团碳链愈长（摩尔质量越大），则憎水性愈强。因此憎水性可以用憎水基的摩尔质量来表示；但对亲水基，由于种类繁多，各种不同亲水基团与水的作用力亦不相同，故用摩尔质量来衡量亲水性不一定合理。但是，像聚乙二醇型非离子型表面活性剂确实是摩尔质量越大亲水性就越好，所以这一类非离子型表面活性剂的亲水性可以用其亲水基的摩尔质量大小来表示。基于上述的分析，格里芬（Griffin）于1945年提出了用HLB（hydrophile-lipophile balance，亲水亲油平衡）值来表示表面活性剂的亲水性，这也仅是一种经验方法，而且还要采用一些参考标准。例如，对非离子型表面活性剂，HLB值的计算式

$$\begin{aligned} \mathrm{HLB} &= \frac{\text{亲水基部分的摩尔质量}}{\text{表面活性剂的摩尔质量}} \times \frac{100}{5} \\ &= \frac{\text{亲水基质量}}{\text{憎水基质量} + \text{亲水基质量}} \times \frac{100}{5} \end{aligned} \tag{8.36}$$

采用的参考标准是，石蜡没有亲水基，HLB值等于零；聚乙二醇全部是亲水基，HLB值为20；其余非离子型表面活性剂的HLB值为0～20。表8.3中列出的是表面活性剂的HLB值与应用的对应关系。

需要指出的是，HLB值的计算或测定还都是经验性的，并且表面活性剂的种类不同时，没有统一计算公式和测定方法，正因为如此，单靠HLB值来确定最合适的表面活性剂是不够的，故在选择表面活性剂时HLB值仅作为参考，还需要做具体的实验，才能找到最适用的表面活性剂。

表8.3 表面活性剂的HLB值与应用的对应关系

表面活性剂加水后	HLB值	应用
不分散	0～4	油包水型乳化剂（W/O）（HLB 4～6）
分散得不好	4～6	
不稳定乳状分散	8	润湿剂（HLB 8～10）
稳定乳状分散	10	
半透明至透明分散	12	洗涤剂（HLB 12～14）；水包油型乳化剂（O/W）
透明分散	14～18	增溶剂（HLB 16～18）；水包油型乳化剂（O/W）

8.7.4 表面活性剂的作用

表面活性剂的应用非常广泛，几乎涉及工农业生产、食品、药品及日常生活等各个领

域，现择要归纳出以下几个重要作用。

（1）润湿作用

在生产和生活中，人们常需要改变某种液体对某种固体的润湿程度，有时要将不润湿的变为润湿的，有时则刚好相反。这些都可以借助表面活性剂，人为地改变接触角以达到预期的目的。前面在 8.6 节已讲述了表面活性剂在喷洒农药和制防雨布等方面的作用，这里再介绍其在浮游选矿、采油等方面的应用。

有用的矿石总是镶嵌在岩石之中，有的含量极低，因此采用泡沫浮选法来富集有用的矿砂，提高它的品位。在泡沫浮选过程中，首先将产出的粗矿石磨碎，倾入选矿用的水池中，加入捕集剂和起泡剂等表面活性剂，搅拌并在池底鼓气。捕集剂也是一种表面活性剂，有亲水基团和憎水基团，亲水基团可以选择性地只吸附在需要的矿砂表面。当矿砂的表面有 5%以上被捕集剂覆盖后，矿砂就从亲水向疏水过渡，与水的接触角变大，一旦遇上由表面活性剂组成的气泡，吸在矿砂上的憎水基立刻会粘在气泡表面，随着气泡上升到液面。在选矿池的表面收集气泡、灭泡，将矿砂浓缩后送冶炼厂，无用的岩石砂粒会沉在池底，需定期清池。泡沫浮选过程的关键是要选择合适的捕集剂，达到富集有用矿砂的目的（见图 8.28）。

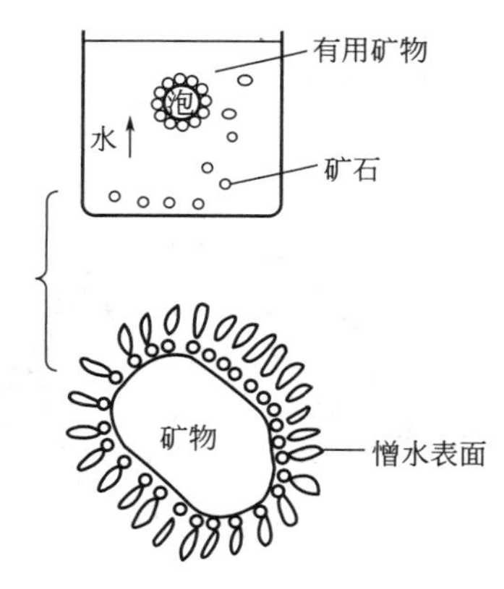

图 8.28　矿石浮选

石油开采一般分三个阶段，第一阶段是石油在地层压力的作用下自喷或自流；第二阶段是注水采油，利用水和油的相对密度不同用水将石油置换出来；第三阶段是用活性水驱油，将留在岩砂和石缝中的石油驱赶出来，以充分利用地下资源。不要小看这部分石油，这第三阶段的油的含量占整个油田储量的 60%。由于这部分石油长期与岩砂接触，石油本身含有的表面活性分子会吸附在岩砂表面，原来亲水的岩石表面变成亲油表面，油与岩石之间的接触角小于 90°，石油能很好地润湿岩砂的表面，使处于岩石或岩砂毛细管中的石油表面呈凹形弯月面，这种石油用简单灌水的方法是置换不出来的。如果灌入的是含有表面活性剂的水，如将石油磺酸盐加在采油的注水液中形成活性水，石油磺酸盐可以吸附在岩石、沙子的表面，使它们变成超低界面张力的表面，石油与岩石的接触角就大于 90°，这样处于毛细管中的石油表面变成凸形弯月面，容易将石油与岩砂表面剥离，将石油驱赶出来。也有的石油会增溶在表面活性剂形成的胶束中，因为相对密度小而上浮，将石油开采出来。当然，这种采油的成本较高。为了防止表面活性剂过多地被吸附，可以将活性水制成微乳液（见本节“乳化作用”部分），因为微乳液与水和油均能很好混溶，它的油-水界面张力极低，在毛细管中的附加压力接近于零，有很高的洗油能力，可以提高驱油效果。

另外，润湿剂和疏水剂在医药、输运、电焊和电镀等方面还有很多用处。例如，将放置液体药物的安瓿瓶以及针剂管的玻璃内壁进行疏水化，保证药物能全部流出被利用，否则有部分药物黏附在玻璃内壁上，既造成药物浪费，又可能造成剂量不准，还会造成药物引起的污染。在医药的外用软膏中加入能润湿带油脂皮肤的活性剂，既不污染织物、容易清洗，又能很好地润湿皮肤使药物铺展均匀。将输油管的内壁亲水化，使油和管壁的接触角大于 90°，以降低输运阻力，节约动力能源。将热交换器的内壁疏水化，使水与管壁的接触角大于 90°，既可以降低流动阻力，又可以提高热效率。在电焊、电镀、印刷和涂料中都要加一定的润湿剂，以保证界面之间结合得比较牢固。

蚊子和水黾等昆虫由于腿上有许多不被水润湿的绒毛，在水面上形成的接触角大于90°，因此它们可以凭借水的表面张力站立在水面上，并能快速地在水面上滑移，甚至连虫卵也产在水面上。要消灭这种昆虫非常容易，只要在水面上喷洒质量分数为0.1%～0.25%的肥皂水，就可以使它们遭受灭顶之灾。因为肥皂水减小了水的表面张力，同时也减小了接触角，使水可以润湿它们腿上的绒毛，所以它们就无法在水面上立足。

（2）起泡作用

这里说的泡主要是指气相分散在液相中的泡沫，这种泡是由含有表面活性剂的液相薄膜包裹着气体形成的，图8.29是一般气泡的结构示意图。

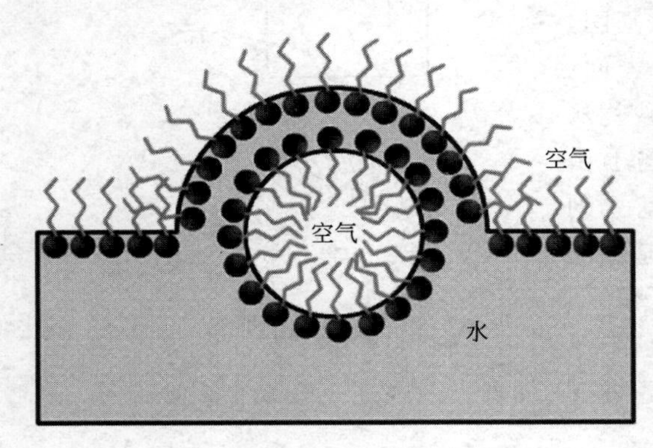

图8.29　气泡结构示意图

起泡剂是专门用来产生泡沫的表面活性剂，它也是两亲分子。起泡剂的作用一方面可降低水的表面张力，因为发泡时总的表面积会增加，降低表面张力后使系统的总表面积能不增加或增加很少，系统才能稳定；另一方面可使形成的气泡膜有一定的机械强度和弹性。因此，具有中等长度碳链的起泡剂分子作定向排列，憎水基团一部分朝向泡内空气，一部分朝向外面空气，而两排亲水基团都插在泡的膜内，如图8.29所示。膜内包含少量水分，使膜内有一定的黏度，这样水分就不会因重力作用而流走，否则会导致气泡膜变薄而破裂。在浮游选矿、泡沫灭火、洗涤等过程中都需要不同类型的起泡剂。

消泡剂的作用与起泡剂正好相反，它可使泡破灭。例如，制糖工业或熬制中药的过程中，如果泡沫太多会使液体溢出，轻则浪费原料，重则引发事故，必须及时将多余的泡沫消除。消泡剂也是表面活性剂，它主要是降低气泡膜的强度，使膜内的液体流失，造成气泡膜变薄或破裂，达到消泡的目的。

（3）增溶作用

根据相似相溶的原理，非极性的碳氢化合物几乎不溶于水。例如，苯在水中的溶解量是极少的，但如果在水中加入质量分数为0.1的油酸钠后，苯的溶解量就会大大增加。已知乙苯在1.0dm^3浓度为0.3$mol \cdot dm^{-3}$的十六烷酸钾的水溶液中的溶解量高达50g。这种溶解作用与以往所说的溶解不同，苯或乙苯并不是均匀地分散在水中，而是分散在由油酸钠等有机物溶质形成的胶束中。为区别通常所说的溶解，将这一类有机物溶解在胶束中的现象称为增溶作用。

增溶作用必须在表面活性剂的临界胶束浓度以上才能发生。有机物溶质进入胶束的疏水区，是化学势降低的热力学自发过程。增溶后的溶液仍然保持透明的均相状态，增溶后溶液的依数性变化很小，说明溶液中总的粒子数变化不大。用X射线衍射实验测定发现，胶束的体积变大了。

用X射线衍射、紫外光谱和核磁共振谱等研究胶束在增溶过程中的变化，发现对于不同的溶质和胶束，它们增溶的机理是不同的。例如，饱和脂肪烃和环烷烃等溶质是溶于胶束的内核之中，就像溶于非极性有机溶剂中一样，如图 8.30(a) 所示。部分在水和有机溶剂中都不易溶解的有机染料粒子是吸附在胶束表面，如图 8.30(b) 所示。部分溶质本身也是两亲分子，在增溶时是插在形成胶束的分子之中，就像在原始胶束的“篱笆”中打了几根“桩”。

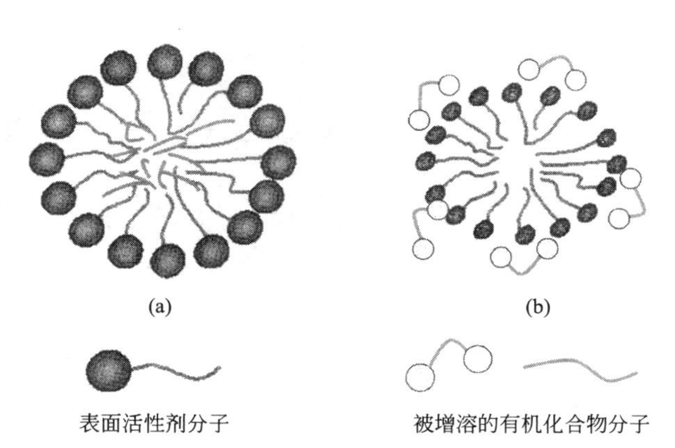

图 8.30　在胶束中增溶作用示意图

增溶作用在洗涤、分离蛋白质、染色、乳化聚合、医药和生理过程中有广泛的应用。例如，洗涤过程是多种表面活性剂的协同作用，其中增溶作用是很重要的，将污垢增溶在由表面活性剂形成的胶束或反胶束中，然后随着泡沫离开被清洗物表面，并设法防止污垢再沉积，以达到去污的最终目的。

增溶作用还可用于控制反应的温度和速率，使反应不至于过热或过快，以保证产品的质量。工业上合成丁苯橡胶，就是将原料增溶于肥皂形成的胶束中，然后进行聚合反应，这样可以控制反应的速率和聚合的程度。

在生物工程中可以选用合适的表面活性剂，利用增溶作用来分离和提纯蛋白质。例如，在天然蛋白质的水溶液中，加入少量脂肪酸阴离子可以使蛋白质沉淀，继续加入脂肪酸阴离子又可以使蛋白质溶解，其实是发生了增溶作用。这种现象为生物工程中提纯蛋白质提供了新的思路。

增溶作用在人的消化过程中也起到了重要作用。例如，人食用脂肪后，需要胆汁来帮助消化，胆汁中的胆盐是由胆固醇合成的，进入胆管后形成含有卵磷脂和胆固醇的混合胶束，脂肪在酸性胃液中乳化、消化，并在酶的作用下水解成脂肪酸，脂肪酸在胃液中溶解并增溶于混合胶束中，然后才能被小肠吸收。

（4）乳化作用

乳状液（emulsion）是由一种液体以微滴（大小在 1000nm 以上）的形式均匀地分散在另一种液体中构成的粗分散系统，显微镜可以观察到分散的微滴，因此乳状液通常是不透明的。在常见的乳状液中，一种液体是水或水溶液，另一种液体是与水不互溶的有机物，统称为“油”。乳状液可以是油分散在水中，油是分散相，水是连续相，称为水包油型乳状液，用 O/W（O 表示 oil，W 表示 water）表示。日常喝的牛奶、橡胶树上流下的乳浆是 O/W 型乳状液。乳状液也可以是水分散在油中，称为油包水型乳状液，用 W/O 表示，油井中的原油一般是油包水型乳状液。

如果将水和“油”共同振摇，会得到分散的乳白色液体，但静置后又很快分层。如何制备稳定的乳状液呢？这时必须加入称为乳化剂的第三组分。乳化剂的作用是使由机械分散所得的液体微滴不相互聚结。例如，将苯和水振摇的同时加入乳化剂，就可以得到较为稳定的乳白色液体。乳化剂大多是具有两亲基团的表面活性剂，它们在分散相周围定向排列，一方面降低总的表面自由能，另一方面增加界面的机械强度。图 8.31 是两种乳化剂对乳状液起稳定作用的示意图，（a）是水包油型乳状液，（b）是油包水型乳状液。

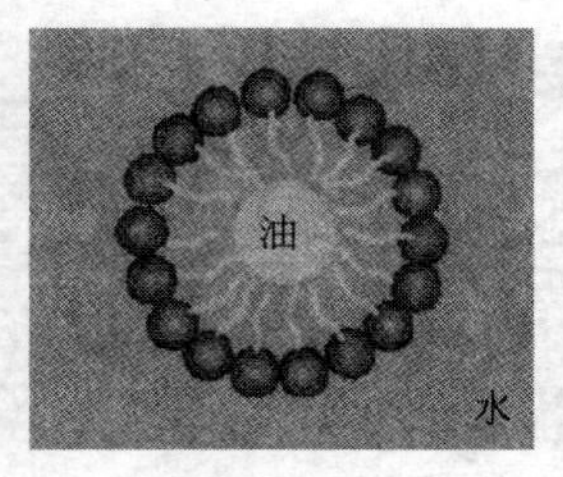

(a) 水包油型乳状液

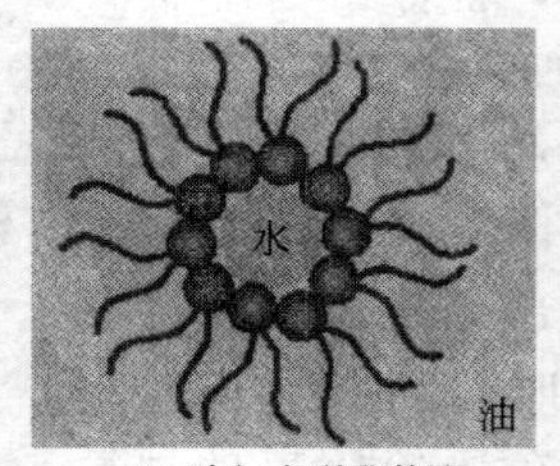

(b) 油包水型乳状液

图 8.31　乳化剂起稳定作用示意图

如何区分乳状液是 O/W 型还是 W/O 型？乳状液的连续相可以被与连续相相同的液体稀释。例如，牛奶是 O/W 型乳状液，水是连续相，可以用水稀释，而用牛奶则不行。另外可用加染料的方法识别，若在牛奶中加入水溶性的亚甲基蓝染料，整个溶液呈蓝色，说明水是连续相；若加油溶性的苏丹红Ⅲ染料，则只有星星点点的红色小液滴，说明油是分散相(见图 8.32)。如果将类似的方法用于 W/O 型乳状液，则看到的现象恰好相反。

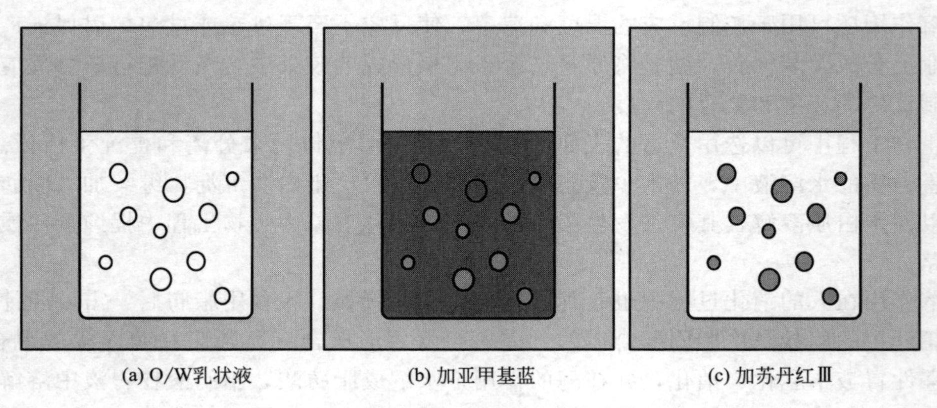
(a) O/W乳状液　(b) 加亚甲基蓝　(c) 加苏丹红Ⅲ

图 8.32　O/W 型和 W/O 型乳状液的区分

人们的需求是多种多样的，有的时候需要用乳化剂制备乳状液，有的时候需要将乳状液破坏。例如，石油原油是油包水型乳状液，若将含水的原油一起运输到炼油厂，显然是一种浪费。如果在开采时加入一定量的破乳剂，将天然的油包水型乳状液破坏，使水留在地下，只采出原油运送到炼油厂，可以节省运输成本。针对乳状液形成的原因，破乳的方法也是多种多样的。可以加入分子小而表面活性大的有机物（如戊醇），将原来的乳化剂从界面挤走，降低界面上膜的强度，使其破裂，达到使分散相聚合的目的。或者用机械方法破乳，如根据牛奶和水的密度差异用超速离心机从牛奶中提取黄油等。破乳还可以应用于废油回收和污水处理等方面。

乳化作用的应用非常广泛。例如，在高分子材料制备中的乳化聚合、感光材料的乳化分散、纺织印染和食品工业中都要用到乳化技术。如果分散相液滴的半径小到 100nm 以下，则乳状液呈透明和半透明状态，称为微乳液，已广泛用于农业、化妆品、机械切削液、润滑油、印染、上光蜡、药物微胶囊化和制备纳米材料等方面。以下再举几个乳状液应用的例子。

微乳液能增加润肤剂渗透皮肤的深度和速度，对头发和皮肤有更好的亲和力，保养效果好。将不同类型的表面活性剂制成混合型微乳全能清洁剂，可以同时清除水溶性和油溶性的污垢，提高去污效率。

用微乳液作为液压流体，既没有水压流体黏度低、不润滑的缺点，也没有碳氢油易燃的缺点，因此在金属加工中除了作为液压油外，还被广泛用作润滑剂和机械切削的冷却液等，这种含水量达50%以上的水基微乳液具有价廉、不易燃、不腐蚀金属和污染小等优点，有广阔的应用前景。

目前农药的用量较大，农药一般是有毒的有机化合物，制备乳剂用的溶剂也是有毒的苯及其衍生物。这样逐年积累，既污染空气，也污染水源，残留在作物中还会影响人体的健康，渗入土壤中会杀死土壤中的有益微生物，使土壤板结，失去肥力。若将农药制成水包油型的微乳液，可以节省大量有机溶剂，农药不易燃、易爆，便于运输和储存，还可以降低成本。微乳液有超低的界面张力，在植物和害虫的表面易于润湿和铺展，可以提高杀虫效果。

微乳液在药物制备中也很有用。由于微乳液既有水相又有油相，因此兼备增溶水和增溶油的能力。若将微乳液制成 W/O 型的微乳溶液，可以将油溶性药物溶解在连续相（介质）中，将水溶性药物溶解在其中的分散相（内相）中，这样将两类药物集于一剂，不仅服用方便，有的还可以提高药效。

尤为突出的是燃油中的乳化掺水技术。在油中掺水既不均匀又不稳定，如果加入乳化剂则可得到均匀的油包水型乳状液。例如，柴油中加入聚乙二醇十二烷基醚作为乳化剂，可制备成含水量高达25%左右的稳定 W/O 型微乳液，不但可提高柴油的燃烧热值，而且可减少氮氧化物废气的排放，既节能又环保，一举两得。

将微乳液作为反应介质在制备纳米材料时也非常有用。首先制备一定大小的 W/O 型微乳液，在油性介质中的水核大小均匀且彼此分隔，每个水核如同一个微反应器。将水溶性的反应物溶于微乳液中，在剧烈搅拌下，反应物可以在水核内进行沉淀、氧化还原和水解等各种化学反应，产物在水核内成核、生长。当产物粒子在水核内长到一定程度时，作为乳化剂的表面活性剂就会附在粒子的表面，使粒子稳定，不再继续长大，也可防止粒子间发生聚合。然后，通过离心分离或加入水或丙酮等溶剂，将附在粒子表面的油和多余的表面活性剂去掉，再将粒子干燥、焙烧，就能得到粒度比较均匀的纳米粒子。

（5）洗涤作用

洗涤是包括润湿、增溶、乳化、起泡和保护清洁表面等一连串的复杂过程，需要多种表面活性剂的协同作用，因此合成洗涤剂是含有多种表面活性剂的混合物。

最早使用的合成洗涤剂是肥皂，肥皂的英文是 sapo，是外来语，这个名称有一段来历：早年，部分欧洲人祭拜神明的方法是在沙婆（Sapo）山上将牛、羊架在树堆上烧，然后在山下的河里洗澡，因为那里的水特别能去污，相信这是神的力量。后来唯物主义的科学家发现河水能去污的原因是水中有可溶性的脂肪酸盐，那是动物油脂在高温下与草木灰中的 K_2CO_3 反应的产物，顺着雨水流到河里，这是最早的液体肥皂。后来人们用动、植物油脂与 NaOH 皂化而制得硬脂酸钠，制成了便于运输的固体肥皂，借用那座山的名字称为“sapo”。

在硬水中用肥皂洗涤，硬脂酸钠会与水中的 Ca^{2+}、Mg^{2+} 等离子生成不溶性的脂肪酸盐，不但降低了肥皂的去污能力，而且还会污染织物的表面。近几十年来，合成洗涤剂工业发展迅速，用烷基硫酸盐、长直链烷基苯磺酸盐和聚氧乙烯醚等表面活性剂为原料，制成片状、粉状或液体状的各种合成洗涤剂，克服了肥皂的部分缺点，广泛应用于机械、汽车和日常生活的洗涤过程中。

污垢一般由油脂和灰尘组成，因为织物表面有不平衡的力，表面自由能较高，固体用吸附气体或液体的方法来降低自身的表面自由能，所以织物在使用过程中，其表面总会沾染灰

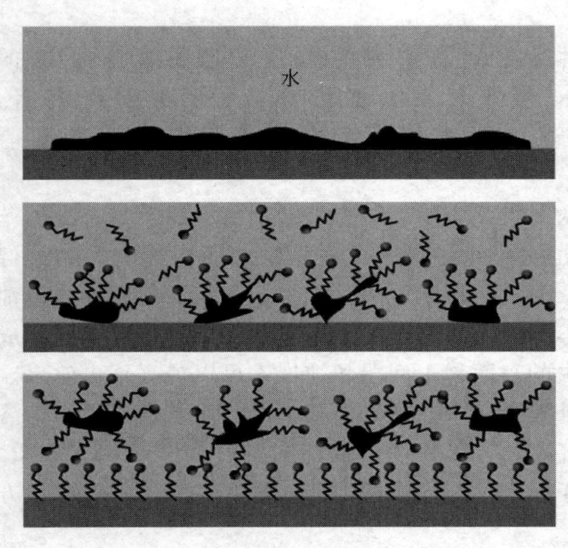

图 8.33 洗涤剂去污过程示意图

尘和油污。把带有污垢的衣服浸入水中，水不容易润湿污垢，因此很难将它去除。加入洗涤剂后，洗涤剂中的表面活性剂分子降低了水的表面张力，使水易于润湿织物和污垢。活性剂分子中的憎水基团很快与污垢结合，污垢在搓洗或机械搅拌中被分散成小块，于是被活性剂分子包围或溶解在由活性剂分子形成的胶束中，起到将油污乳化（O/W）或增溶的作用（见图 8.33）。这些溶解了油污的胶束会粘在由起泡剂形成的泡沫上，与织物脱离。表面活性剂中添加的助剂分子立即占领洁净织物的表面，降低其表面自由能，防止油污返回再次被吸附到织物表面。清洗时将织物与洗涤液分离，再经过漂洗、脱水，这样才完成洗涤过程。因此，在制备合成洗涤剂时，要考虑以下几个因素：①洗涤剂必须有良好的润湿性能，使它与被清洁表面能充分接触；②能有效降低被清洗固体与水、污垢与织物之间的界面张力，使污垢容易脱落；③有一定的增溶和起泡作用，及时把除下的污物分散，带离被清洁的表面；④能在洁净固体表面形成保护膜，防止污物重新沉积；⑤对环境友好，洗涤废水对环境污染较小，洗涤剂分子容易被降解。因此，合成洗涤剂中要有能起洗涤功能的主要成分，还要加入起泡剂、乳化剂，以及硅酸盐、聚磷酸盐等非表面活性物质作为助剂，才能达到良好的洗涤效果。常用的助剂有：磷酸盐类，用来与水中多价阳离子如 Ca^{2+}、Mg^{2+} 等配位，防止生成不溶性的脂肪酸盐；硫酸钠及其他无机盐，用来降低表面活性剂的临界胶束浓度；硅酸钠及碳酸钠，用来增加溶液碱性，加强油脂皂化，硅酸钠（水玻璃）还可以吸附污垢；羧甲基纤维素钠盐，它会吸附在基质和污垢表面，使基质与分散在溶液中的污垢隔离，保护基质表面不被再次污染。

由于洗涤废水中含有磷酸盐，排入江湖中会引起藻类疯长，破坏水质，危及鱼虾生命，因此国家已禁止使用含磷洗涤剂，目前采用硅酸盐等替代品，同样可以达到较好的洗涤效果。

（6）莲花效应

宋朝文人周敦颐曾在文中称赞莲花是花中君子，出淤泥而不染。其实不仅是莲花，大部分植物都有类似的自洁功能，只是莲花表现得更为突出而已。近些年来，随着纳米技术的飞速发展，人们才真正了解植物具有这种自洁能力的原因，并设法模仿，制造具有自我保洁功能的人造织物和建筑装饰材料。

荷叶表面呈超疏水状态，水与叶面的接触角几乎接近 180°，如图 8.34(a) 所示。当液滴在表面流动时，会将落在叶面上的灰尘带走，使叶面保持清洁，如图 8.34(b) 所示。荷叶之所以具有这种功能是由它的表面结构决定的。在电子显微镜下，荷叶的表面具有大小为 5～15μm 的细微突起的表皮细胞，表皮细胞上又覆盖着一层直径约 1nm 的蜡质结晶，如图 8.34(c) 所示。蜡质结晶本身的化学结构具有疏水性，当水与这类表面接触时，不平的表面与水之间会留有一薄层空气，使水与叶面的接触面积变小而接触角变大，因此加强了荷叶的疏水性，使原来的疏水表面成为超疏水表面，水与叶面的接触角接近 180°，形成球形的水珠，同时也降低了灰尘和污泥颗粒对叶面的附着力。研究表明，水滴在平滑表面流动时，不可能将表面上的灰尘全部带走，只有在这种略显凹凸的表面上流动时，才可能将表面上的灰尘全部带走。因此，即使有灰尘、污垢落在荷叶面上，雨后，荷叶又会洁净如初，称之为“莲花效应”。其实大部分植物都有这种功能，就连蝴蝶的翅膀和海豹的表皮都具有类似的超疏水表面和自洁功能。

(a) 荷叶的超疏水性

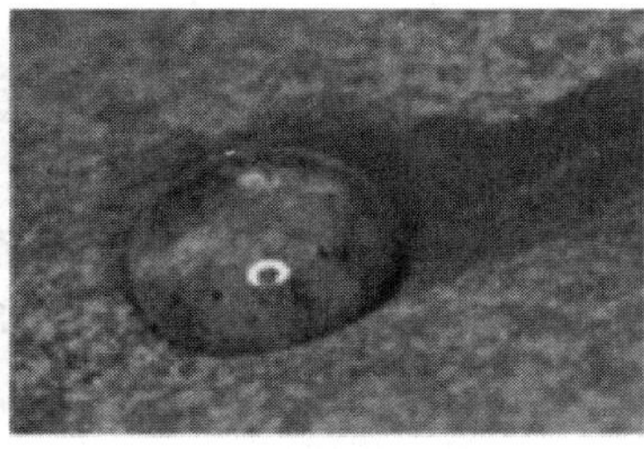
(b) 液滴流动时带走灰尘

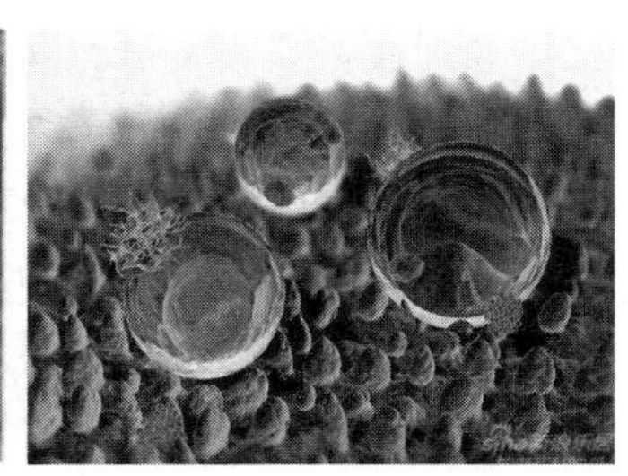
(c) 叶面的微观结构

图 8.34　莲花效应示意图

目前，莲花效应的概念主要应用在防污、防尘上，通过人工合成的方式，将特殊的化学成分加入涂料、建材和衣料内，使其具有一定的自洁功能，以实现疏水、防尘和免洗的目的。各种建筑和装饰用的石料也需要具有一定的自洁、疏水和防尘的功能，以保持建筑物的明亮洁净。

（7）超双疏、双亲性界面

在物体表面由下到上、由原子到分子、由分子到聚集体，外延生长形成纳米尺寸和几何形状互补的界面，使物体表面覆盖一层气体薄膜，起到疏水、疏油的目的，制成超双疏材料。如果将输油管的内壁、各种建材、包装材料、布匹等物体的表面做成超双疏表面，可以大大降低输油管内壁对输运的阻力，节省能耗，也可以使包装材料和布匹等具有防水、防油和一定的自洁功能，在一定程度上成为免洗材料，以节省洗涤剂的用量，减少环境污染。

如果在某些器材表面形成亲水和亲油的双亲性二元协同的界面结构，可以具有广泛的实际应用价值。例如，能使玻璃和瓷砖等建筑材料表面具有自洁和防雾效果；使血管和人造器官表面防止血栓的形成；使镜子、眼镜、橱窗、暖房薄膜、防毒面具和军用车辆的视窗增加透明度等。

8.8　固体表面的吸附

主要知识点

1. 吸附剂和吸附质

固体表面与液体表面一样也具有表面自由能，但固体表面各向异性，比液体表面复杂得多。固体表面会自发地吸附气体或液体分子以降低自身的表面能。被吸附的物质称为吸附质，起吸附作用的固体称为吸附剂。常用的吸附剂有活性炭、硅胶、分子筛和多孔材料等，它们的比表面积都比较大。吸附剂在使用前都需要进行活化，获得洁净的固体表面后才能用于吸附。

2. 物理吸附和化学吸附

按照吸附剂和吸附质之间的作用力不同将吸附分为物理吸附和化学吸附两类，两者之间虽有各自明显的特征，但它们之间又无严格区分，并可以相互转化，往往物理吸附是化学吸附的前奏。两者的主要特点如下。

物理吸附：吸附作用力是范德华力，吸附单分子层或多分子层，吸附热接近气体的凝聚热，吸附无选择性，不需要活化能，吸附量随温度的升高而下降，吸附的稳定性较差。

化学吸附：吸附作用力是化学键力，吸附单分子层，吸附热接近化学反应热，吸附有选择性，需要活化能，吸附量随温度的升高而增加，吸附比较稳定。

3. 吸附等温线

等温条件下，描述一定量吸附剂的吸附量 q 与吸附质比压 p/p_s 的关系曲线称为吸附等温线，它是可以用实验测量的。在同一吸附等温线上，吸附量随着比压增加的变化趋势是，开始增加迅速，然后趋缓，最后达饱和单分子层吸附时，吸附量基本保持不变。通常将比压控制在 0.3 以下，比压太高会导致毛细凝聚。在相同的比压下，吸附量随温度的升高而下降。通过一组吸附等温线可以绘制出吸附等压线和吸附等量线。

4. 吸附等温式

吸附等温式较多，适用于不同类型的吸附。这里介绍的朗格缪尔吸附等温式，在引入若干假定后与部分实验结果相符，可用于测定单分子层吸附的饱和吸附量 V_m。

$$\theta=\frac{ap}{1+ap} \qquad \frac{p}{V}=\frac{1}{V_m a}+\frac{p}{V_m}$$

BET 二常数公式适用于多分子层吸附，利用实验数据作图，可以获得饱和吸附量 V_m 的值，同样能计算吸附剂的比表面积。比表面积是衡量固体催化剂质量的重要参数之一。

8.8.1 吸附剂和吸附质

固体表面上的原子或分子与液体一样，受力也是不均匀的，但不像液体表面分子可以移动，通常它们是定位的。固体表面是不均匀的，即使从宏观上看似乎很光滑，但从原子水平上看是凹凸不平的。同种晶体由于制备、加工过程不同，会具有不同的表面性质，而且实际晶体的晶面是不完整的，会有晶格缺陷、空位和位错等，固体表面存在多种位置，如有附加原子（adatom)、台阶附加原子（step adatom)、单原子台阶（monatomic step)、平台(terrace)、平台空位（terrace vacancy)、折皱（kink）和扭结原子（kink atom）等。这些表面上原子的差异，主要表现在它们的配位数不同。这些不同类型的原子，它们的化学行为也不同，吸附热和催化活性差别很大。另外，表面态能级分布是不均匀的，不同于均匀的体相内电子态。固体表面具有不规整的特征，如图 8.35 所示。

有的分子（原子）处于表面晶格的棱、角或晶体的缺陷上，受力就更不平衡。固体表面又不能像液体一样收缩，因此为了降低表面自由能，只能利用其未饱和的剩余力自发地捕获表面张力比它低的气体或液体分子，使它们在其表面浓集，试图把自己的表面掩盖起来，使具有较大表面积的固体系统趋于稳定。正是由于固体表面原子受力不对称和表面结构不均匀

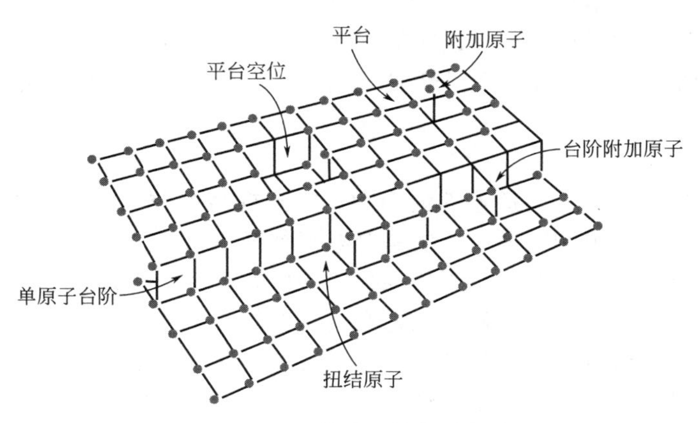

图 8.35 固体表面结构示意图

性，它可以吸附气体或液体分子，使表面自由能下降，而且不同的部位吸附和催化的活性不同。这种气体或液体分子在固体表面发生相对聚集现象称为气体或液体在固体表面上的吸附（adsorption）。被吸附的气体或液体称为吸附质（adsorbate），起吸附作用的固体称为吸附剂（adsorbent）。例如，通常用作干燥剂的硅胶，用它吸附空气中的水分，硅胶就是吸附剂，水蒸气就是吸附质。

固体表面可以对气体或液体进行吸附的现象很早就为人们所知，并在工业生产中被有效地利用。例如制糖工业中，用活性炭处理杂质，从而使红糖变为白糖，此种应用至少已有上百年的历史。湖南长沙马王堆一号汉墓中用木炭作为防腐层和吸潮剂，说明二千多年前人们就知道了木炭的吸附作用。近几十年来吸附的应用就更广泛了，例如利用吸附回收少量的稀有金属，对混合物进行分析、提纯，回收溶剂，处理污水，（高层建筑和潜水艇内）空气净化以及色谱分析等。分子筛富氧就是利用某些分子筛（4A、5A、13X 等）优先吸附氮的性质，从而提高空气中氧的浓度。防毒面具中的吸附剂可以吸附有害气体，从而阻止有害气体被吸入人体。各种类型的吸附剂广泛用于工业生产，使得吸附已成为重要的化工单元操作之一。由于气体或液体在催化剂表面的吸附是催化的必要步骤，故在催化领域中关于吸附的研究和应用尤为重要，具有特殊的意义。显然，如果没有对吸附的深入研究，很难想象会有今日催化工业的蓬勃发展。

虽然一般固体都有吸附能力，但吸附剂主要是指那些表面积大、吸附能力强的多孔固体物质。常用的吸附剂有以下几类。

（1）活性炭

活性炭按制备的原料不同，可分为植物型、动物型和矿物型三类。植物活性炭主要用于食品和药物的提纯和除杂，动物活性炭（如骨炭）主要用于高温吸附，矿物活性炭主要在化学和石化工业中作为吸附剂或催化剂。

植物活性炭的制备方法大致如下：将原料（如木条、竹屑和谷糠等）首先进行中高温炭化，为了增加炭粒的表面积和机械强度，可以在炭化前加入少量氧化硅或氧化锌等无机物作为炭粒在沉积时的多孔骨架，然后将得到的活性炭做成各种形状。活性炭在使用前必须活化，脱除它已吸附的空气或水蒸气等杂质，获得洁净的、表面分子全部处于活性状态的表面，这样才能充分施展它的除杂、除臭、脱色功能。

活性炭的性质与所用的原料、制备条件、活化条件和吸附环境都有密切关系。使用前首先要了解所用活性炭的比表面积约为多少，宜在什么温度时活化，要除去的杂质是否带电，在什么 pH 条件下除杂效果最好等，这些都要预先考虑或进行小型试验，才能充分发挥活性炭的吸附和除杂功能。活性炭本身是非极性吸附剂，它优先吸附非极性溶质或溶解度小、摩尔质量大的物质。

（2）硅胶

将硅酸钠（俗称水玻璃）与适量的酸中和，得到硅酸凝胶。凝胶经老化、洗涤、烘干、粉碎，就得到通常用作干燥剂的硅胶，它是含有多个硅羟基的二氧化硅的干凝胶。凝胶在烘干过程中，失去水分后留下许多大小不等的孔道，使硅胶具有很大的表面积，因此有较强的吸附功能。硅胶比表面积的大小与制备工艺有关。

硅胶是白色、多孔性的极性吸附剂，是一种被广泛使用的吸水干燥剂，也常用作催化剂的载体。为了目测硅胶是否具有吸水活性，在制备时加少量钴盐，使其在干燥时呈蓝色，表示它仍有吸水能力。当吸水达饱和后呈粉红色，必须活化后再用。

硅胶在使用前必须活化，活化温度一般在 120℃左右，如果温度太高，会使硅胶的骨架烧结，一旦它的结构被破坏，就会永远失去活性。

硅胶是极性吸附剂，在水溶液中优先吸附极性的、溶解度较小的大分子物质，在制药工业上也常用来提纯生物碱和甾体类药物。

（3）分子筛和多孔材料

分子筛也称为人造沸石，是人们模仿天然沸石的基本组成和结构，人工合成的多孔硅铝酸盐。它的基本单元是硅原子与 4 个氧原子形成的硅氧四面体和铝与氧原子形成的铝氧四面体，根据硅和铝的含量、合成的条件以及两种四面体排列方式的不同，形成了许多分布均匀但大小、形状不同的孔穴和孔道，从而得到了各种不同型号的分子筛（如 A 型、X 型、Y 型和 ZSM 型等）。因为在铝氧四面体中铝与氧的价态不平衡，于是在结构中又存在平衡价态的阳离子，如 H^+、Na^+、K^+、Ca^{2+}等，这样同一型号的分子筛又可以细分出若干不同的种类。对于同一型号的分子筛，其孔腔大小是均匀的，可以吸附与孔径匹配的或更小的分子，而直径大于孔径的分子就不可能被该分子筛吸附，因而可起到筛分分子的作用，故取名分子筛。例如，在石油炼制中，利用直链烃与支链烃或芳香烃的直径不同，选用适当孔径的分子筛，使其只能吸附直链烃，而不能吸附支链烃或芳烃，这样分子筛就将支链烃提取出来，称为分子筛脱蜡。

自 20 世纪 60 年代以来，人们合成的各种型号和功能的分子筛已多达数百种，骨架的组成元素也超过 30 种，分子筛的骨架原子被其他杂原子同晶取代后，又形成各种新型的多孔材料，因此分子筛的种类繁多，也有多种分类方法。若按孔径的大小来分类，可以粗分为三类：①微孔分子筛，孔径在 2nm 以下；②介孔材料，如 MCM 系列，孔径为 2～50nm；③大孔材料，如大孔的 TiO_2、SiO_2 和 ZrO_2 等，孔径为 50～2000nm。在合成分子筛时，通过选择尺寸大小不同的模板剂，就可以得到微孔、介孔和大孔分子筛，以符合不同吸附和反应过程对孔道尺寸的要求，也可通过控制合成条件得到微米晶粒和纳米晶粒的分子筛。

分子筛和多孔材料的共同特点和应用领域如下。

① 有高的比表面积，因此吸附能力强，是一种高效的吸附剂，用于各种工业和环境科学中的分离、净化和干燥领域。

② 孔道大小均匀，有筛分分子的作用，用于石油炼制和有机合成等方面。

③ 吸附强度较大，可以使被吸附的分子活化。吸附选择性好，有择形催化和分离功能，

因此是高活性、高选择性的优质催化剂，广泛应用于化学工业、石油炼制、煤化工和精细化工领域。

④ 分子筛表面的离子可以进行交换和改性，是优质的离子交换材料，大量应用于洗涤剂、矿产开发和放射性废料的处理等领域。

目前，有序介孔材料由于其孔道大小均匀、排列有序和孔径大小可调节等特性，不但在化工领域有广泛应用，而且其应用已扩展到生物技术、信息技术、新能源的开发和环境保护等领域。例如，在生物和医药领域，介孔材料可以用于酶、蛋白质的固定和分离；还可用于细胞、DNA 的分离和控释药物的合成，提高药效的持久性和导向功能。在环境保护领域，TiO_2、CuO、CeO_2 等介孔材料可以利用其光催化活性来降解有机物，制备自洁材料；可以去除空气中的有害气体和废液中的铅、汞等重金属离子；可以处理汽车的尾气，减少 NO_x 的排放；还可用于净化水质，既能杀菌，又可降低重金属离子的含量。在功能材料领域，可以用于制备新型的储能材料，利用介孔材料均匀的孔道和巨大的比表面积，将其作为微反应器，在介孔中组装出具有特殊光、电和磁性的纳米粒子和量子线，合成复合发光传感材料和发光功能材料等。

正因为分子筛和多孔材料的吸附能力很强，放置于空气中会吸附空气中的水分和其他气体使其达到吸附饱和，所以使用前必须在 350℃以上活化，必要时还需进行真空脱附，只有洁净、活化的分子筛表面才能显示出它的吸附和催化活性。

除了以上提及的吸附剂外，还有氧化铝、活性白土、葡聚糖凝胶和交换树脂等，也常用于制药和生物制品中的除杂和提纯，这里就不一一枚举了。

8.8.2 物理吸附和化学吸附

按照吸附剂与吸附质分子之间作用力的不同，将吸附分为物理吸附和化学吸附。物理吸附的作用力是范德华力，它存在于所有分子之间，吸附质以这种力在吸附剂表面凝聚，游离的吸附质又可在已吸附的分子上凝结，因此这种吸附无选择性，可以是单分子层，也可以是多分子层。吸附时的热效应相当于吸附质分子的凝聚热。这种吸附不需要活化能，温度升高，吸附量下降。物理吸附的稳定性较差，容易被解吸。H_2 分子在金属 Ni 表面的物理吸附状态如图 8.36 所示。

在相互作用的位能曲线上，随着 H_2 分子向 Ni 表面靠近，相互作用位能下降。到达 a 点，位能最低，这是物理吸附的稳定状态。这时氢没有解离，两原子核间距等于 Ni 和 H 的原子半径加上两者的范德华半径。放出的能量 ea 等于物理吸附热 Q_p，其数值相当于氢气的液化热。如果氢分子通过 a 点要进一步靠近 Ni 表面，由于核间的排斥作用，位能沿 ac 线升高。

化学吸附的作用力是吸附质与吸附剂分子之间的化学键力，吸附剂表面某一位置被吸附质分子占领后，就不再吸附其他分子，因此化学吸附一般是单分子层，吸附有选择性，有时还需要提供一定的活化能。吸附热的数值接近化学反应热，吸附量会随着温度的升高而增加。例如，金属镍是一种很好的加氢、脱氢催化剂，氢分子首先在金属镍表面发生物理吸附，稍微加热，提供少量活化能，氢分子就从物理吸附转化为化学吸附，氢分子解离为氢原子，活性很高的氢原子可以引发加氢（或脱氢）反应。H_2 分子在金属 Ni 表面的化学吸附状态如图 8.37 所示。

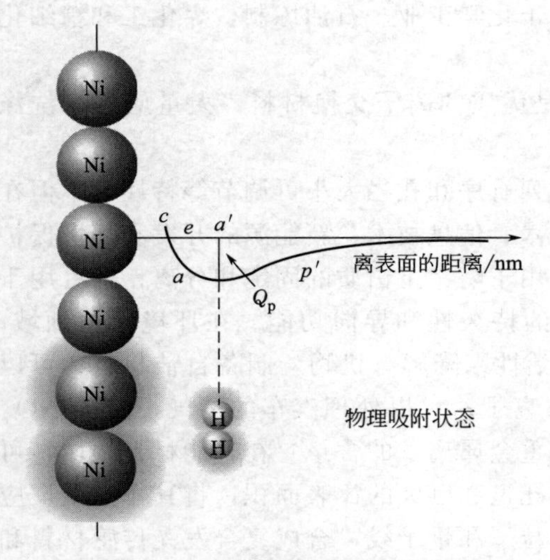

图 8.36　物理吸附状态示意图

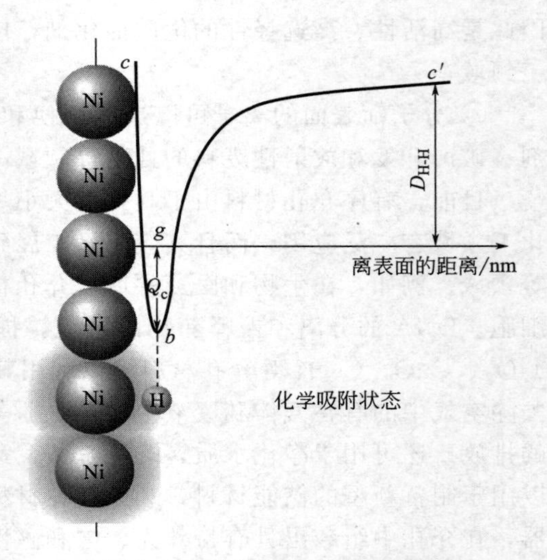

图 8.37　化学吸附状态示意图

在相互作用的位能线上，H_2 分子获得解离能 $D_{H\text{-}H}$，解离成 H 原子，处于 c'的位置。随着 H 原子向 Ni 表面靠近，位能不断下降，达到 b 点，这是化学吸附的稳定状态。Ni 和 H 之间的距离等于两者的原子半径之和。能量 gb 是放出的化学吸附热Q_c，这相当于两者之间形成化学键的键能。随着 H 原子进一步向 Ni 表面靠近，由于核间斥力，位能沿 bc 线迅速上升。

正因为物理吸附与化学吸附在分子间作用力上有本质的不同，所以表现出许多不同的吸附性质，物理吸附与化学吸附的特征比较见表 8.4。

表 8.4　物理吸附与化学吸附的特征比较

吸附特征	物理吸附	化学吸附
吸附力	范德华力	化学键力
吸附分子层	单分子层或多分子层	单分子层
吸附选择性	无选择性，任何固体皆能吸附任何气体，易液化者易被吸附	有选择性，指定的吸附剂只能对某些气体有吸附作用
吸附热	较小，与气体液化热相近，为 $2\times10^4\sim4\times10^4\,J\cdot mol^{-1}$	较大，接近化学反应热，为 $4\times10^4\sim4\times10^5\,J\cdot mol^{-1}$
吸附速率	较快，速率受温度影响较小	较慢，升温速率加快
吸附稳定性	不稳定，容易达平衡，较易脱附（物理吸附几乎不需要活化能）	不易达平衡，较难脱附
吸附平衡	易达到	不易达到
吸附活化能	几乎不需要	需要，较大

尽管物理吸附和化学吸附具有各自不同的特征，但物理吸附与化学吸附之间没有明显的分界线，有时在同一固体表面上两种吸附会同时发生，有时是连续进行的，在适当的条件下还可以相互转化，强的物理吸附与弱的化学吸附之间没有严格的界限。气体分子在固体表面由物理吸附转化为化学吸附是气-固相催化反应中的常见现象。例如，H_2 分子在金属 Ni 表

面由物理吸附转变为化学吸附过程如图 8.38 所示。

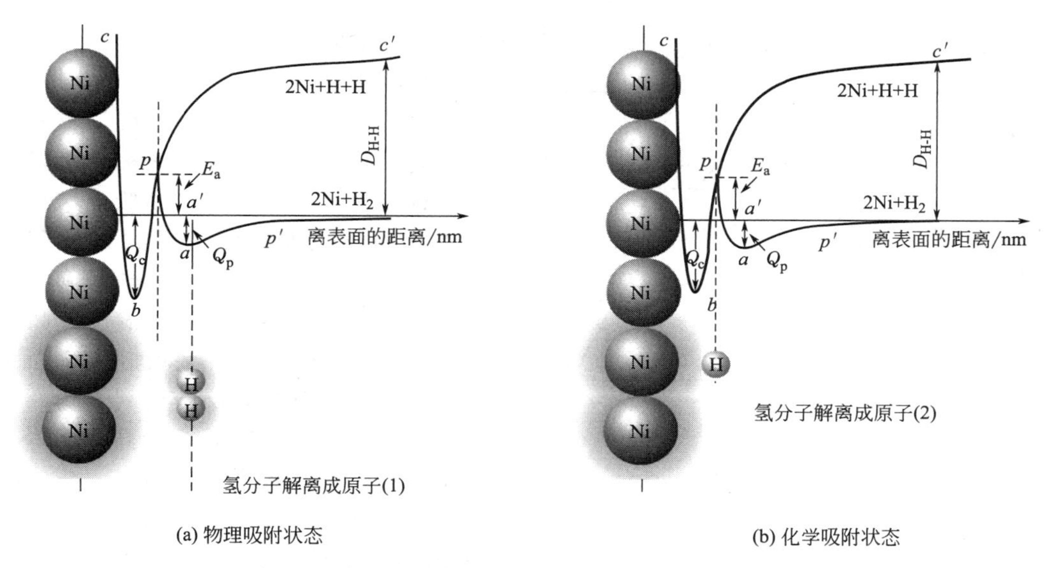

图 8.38　物理吸附转变为化学吸附的势能曲线示意图

H_2 分子在 Ni 表面的吸附是物理吸附过程，提供一点活化能，就可以转变成化学吸附。H_2 分子从 p'到达 a 点是物理吸附，放出物理吸附热 Q_p，这时提供活化能 E_a，使氢分子到达 p 点，就解离为氢原子，接下来发生化学吸附。活化能 E_a 远小于 H_2 分子的解离能，这就是 Ni 是一个好的加氢脱氢催化剂的原因。

脱氢作用沿化学吸附的逆过程进行，所提供的活化能等于 Q_c+E_a，使稳定吸附的氢原子越过这个能量达到 p 点，然后变成 H_2 分子沿 pap'线离开表面。

8.8.3　吸附式和吸附线

气体分子在固体表面发生吸附时，已被吸附的分子也可以脱附（或称解吸）而回到气相。在温度及压力一定的条件下，当吸附速率等于脱附速率，达到吸附平衡状态，此时吸附在固体表面上的气体量不再随时间变化。达到平衡时，单位质量吸附剂所能吸附的气体的物质的量或在标准状况下所占的体积称为吸附量，以 q 表示。即

$$q=n/m \qquad \text{或} \qquad q=V/m \tag{8.37}$$

式中，m 为吸附剂的质量。吸附量可用实验方法直接测定。

实验表明，对于一定的吸附剂和吸附质，达到平衡时的吸附量与温度及气体的压力有关。

$$q=f(T,p)$$

上式中共有三个变量，为了找出它们的规律性，常常固定一个变量，然后求出其他两个变量间的关系，例如：

T 一定，则 $q=f(p)$，称为吸附等温式(adsorption isotherm)

p 一定，则 $q=f(T)$，称为吸附等压式(adsorption isobar)

q 一定，则 $p=f(T)$，称为吸附等量式(adsorption isostere)

与上述吸附等温式、吸附等压式和吸附等量式所对应的曲线分别称为吸附等温线、吸附

等压线和吸附等量线。三种吸附曲线中最重要、最常用的是吸附等温线。其他两种也有其用途，例如，欲求吸附热效应，就要利用到吸附等量线。其实，三种吸附线是可以相互联系的，测定一组某一类型的吸附曲线可以作出其他两组吸附曲线。

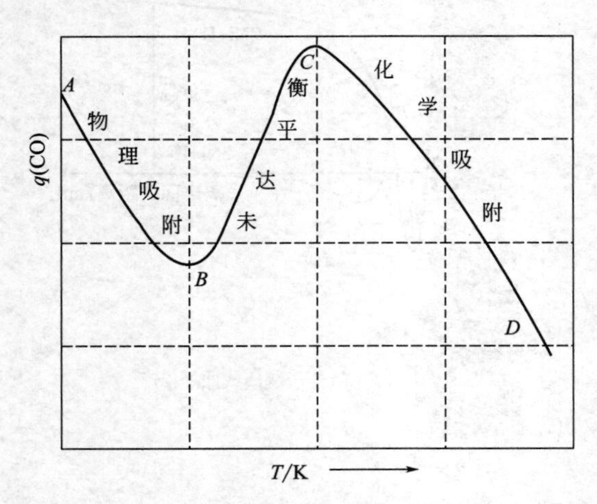

图 8.39　CO 在 Pt 上的吸附等压线

（1）吸附等压线

吸附质平衡分压一定时，反映吸附温度 T 与吸附量 q 之间的关系曲线称为吸附等压线。通过吸附等压线可以判断吸附类型。因为气体在固体表面的吸附是自发过程，故 $\Delta G<0$，可以证明，无论是物理吸附，还是化学所吸附都是放热的，所以温度升高时两类吸附的吸附量都应下降，如图 8.39 所示。

物理吸附速率快，较易达到平衡，所以实验中表现出吸附量随温度升高而下降。然而，化学吸附速率较慢，低温时，往往难以达到吸附平衡，但升温会加快吸附速率，出现吸附量随温度升高而增加的现象，直到达到平衡之后，吸附量才随温度升高而下降。因此，在吸附等压线上，若在相对较低温度范围内先出现吸附量随温度升高而增加，后又随温度升高而减小的现象，则可判定有化学吸附发生。图 9.39 是 CO 在 Pt 上的吸附等压线，其中吸附量 q 随温度变化过程如下：

$$\underset{\substack{\text{物理吸附}\\\text{达到平衡}}}{A}\xrightarrow[T\uparrow,\ q\downarrow]{\text{物理吸附}}\underset{\substack{\text{开始发生}\\\text{化学吸附}}}{B}\xrightarrow[T\uparrow,\ q\uparrow]{\substack{\text{化学吸附前期}\\\text{未达到平衡}}}\underset{\substack{\text{化学吸附}\\\text{达到平衡}}}{C}\xrightarrow{\text{化学吸附，}T\uparrow,\ q\downarrow}D$$

（2）吸附等量线

保持吸附量一定，反映吸附温度 T 与吸附质平衡分压 p 之间关系的曲线称为吸附等量线。在吸附等量线中，T 与 p 的关系类似于克劳修斯-克拉贝龙方程，可用来求吸附热 $\Delta_{\rm ads}H_{\rm m}$，即

$$\left(\frac{\partial \ln p}{\partial T}\right)_{q,\rm ads}=-\frac{\Delta_{\rm ads}H_{\rm m}}{RT^2} \tag{8.38}$$

$\Delta_{\rm ads}H_{\rm m}$ 一定为负值，是研究吸附现象的重要参数之一。

（3）吸附等温线的类型

尽管可将吸附分为物理吸附和化学吸附两大类，但由于不同的吸附剂和吸附质之间千差万别，所以不同的吸附质在不同的固体吸附剂上的吸附行为各有不同。随着实验数据的积累，人们从所测得的各种吸附等温线中总结出吸附等温线大致可归纳为如下五种类型，如图 8.40 所示。图中纵坐标为吸附量，横坐标 $p/p_{\rm s}$ 称为比压力，其中 $p_{\rm s}$ 是吸附质在实验温度下的饱和蒸气压，p 为吸附质的实验压力。

吸附等温线可以反映吸附剂的表面性质、孔径分布及吸附剂与吸附质之间的相互作用等有关信息。物理吸附一般包括三种现象：(a) 单分子层吸附；(b) 多分子层吸附；(c) 毛细管凝结。这三种现象通常是重叠发生的。

类型Ⅰ　吸附等温线（例如，氨在木炭或分子筛上的吸附）表现为吸附量随压力升高很

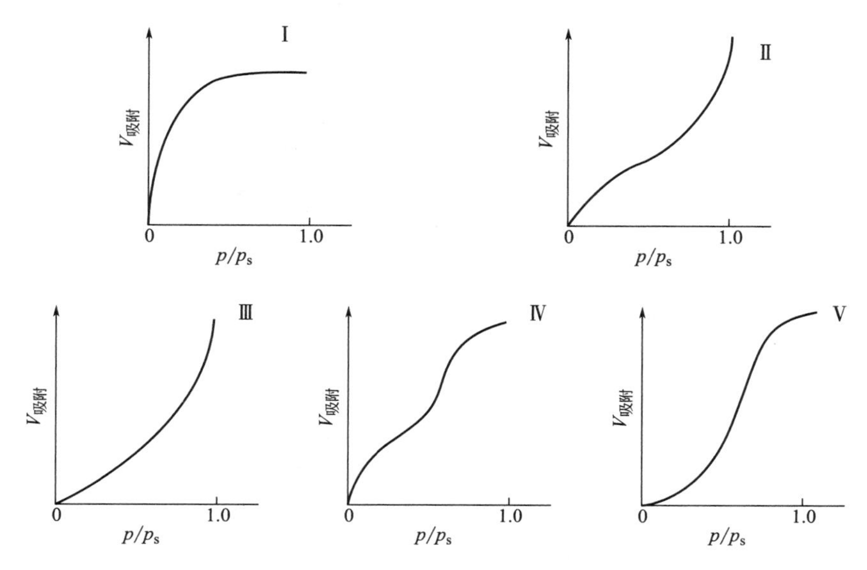

图 8.40　五种类型的吸附等温线

快达到饱和吸附量 V_m。具有这种类型的吸附等温线称为朗格缪尔（Langmuir）型等温线，吸附是单分子层的。化学吸附等温线一般属于类型Ⅰ。均匀细孔（2.5nm 以下）结构的固体（例如分子筛）上的气体物理吸附等温线也属于类型Ⅰ。

类型Ⅱ　吸附等温线常称为 S 形等温线（例如，77K 时氮在硅胶上的吸附）。吸附剂孔径大小不一，表现出固体表面上存在多分子层的物理吸附。在相对压力较大时有毛细凝结现象发生。

类型Ⅲ（例如，352K 时溴蒸气在硅胶上的吸附）和类型Ⅴ（例如，373K 时水蒸气在木炭上的吸附）两种吸附等温线未表现出低压时吸附量随比压力增大而迅速增加，表明单分子层的吸附力较弱，这两类吸附比较少见。

类型Ⅳ　吸附等温线（例如，320K 时苯蒸气在氧化铁凝胶上的吸附），多孔吸附剂发生多分子层吸附时会有这种等温线，这种类型的等温线表明在相对较小的压力（$p/p_s<0.5$）下有毛细凝结现象发生，吸附的上限主要取决于总孔体积及有效孔径。

这些等温线的形状差别反映了吸附剂与吸附质分子间作用的差异。譬如，在低压情况下，当第一层未达饱和吸附之前，吸附等温线的形状主要反映了催化剂与吸附分子作用力的影响。例如，催化剂与吸附分子间作用力较强、分子比较容易吸附时，曲线往下弯，如Ⅰ、Ⅱ、Ⅳ型吸附等温线的开始端所示；如果分子不太容易吸附，则往上弯，如Ⅲ、Ⅴ型吸附等温线的开始端情况所示。当压力增加时，等温线可能会出现一段斜陡上升的准直线，如Ⅱ、Ⅳ型，这一段反映了多层吸附建立的过程。若是压力继续增加，吸附等温线可以随之改变其斜率，甚至出现突跃的变化，此时说明固体多孔材料内的毛细管凝聚开始，如Ⅱ型。这部分等温线的形状与孔的大小和分布相关，故可以利用这部分吸附等温线（外加脱附等温线）来研究固体多孔材料孔径的大小和分布。

以上各种吸附等温线所具有的特征都是从实验结果归纳总结出来的，也可以通过随后介绍的 BET 公式对其进行理论解释。

（4）吸附等温线、等压线和等量线的实验测定

吸附等温线是可以用实验测定的，而等压线和等量线则是在一组吸附等温线的基础上绘制的。

现以分子筛为吸附剂，苯蒸气为吸附质，简单叙述用重量法绘制吸附等温线的过程。使用仪器不同，操作方法也有差异，但在实验中都必须采集以下实验数据。

① 将分子筛样品在400℃左右真空脱附2h后，精确测定洁净分子筛的质量 m。

② 选定第一个吸附温度（如253K），将洁净的吸附剂恒温在这个温度，然后放入一定量的苯蒸气，控制比压在0.05左右，测定平衡吸附量 q_1。比压是指吸附达平衡时，苯蒸气的实际压力与苯在该温度下的饱和蒸气压 p_s 之比，即 $p/p_s=0.05$。吸附量 q_1 可以用被吸附的苯蒸气的质量或体积表示。这样在 q-p/p_s 的图上获得了第一个实验点。

③ 控制不同的比压力，如 $p/p_s=0.10$，0.15，0.20，0.25，…，测定对应的吸附量 q_2，q_3，q_4，q_5，…，在图上标出相应的实验点。将这些点连成一条平滑的曲线，得到了一条在253K时的吸附等温线。

④ 改变不同的吸附温度，如分别设定温度为273K、303K和353K，重复①～③的步骤，可以分别得到在273K、303K和353K时的吸附等温线。所得不同温度下的吸附等温线如图8.41所示。

吸附等压线不是用实验直接测量的，而是在实验测定等温线的基础上画出来的。在实验测定的一组吸附等温线（图8.41）上，选定比压力为0.1，作垂线与各等温线相交。根据交点的吸附量和温度，作出一条 q-T 曲线，这就是比压力为0.1时的等压线，如图8.42所示。

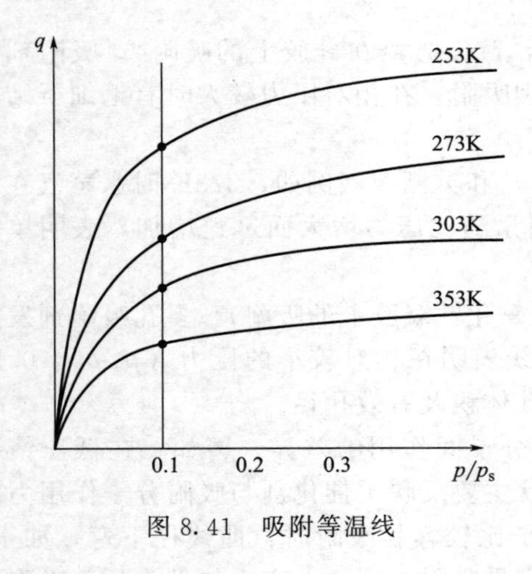

图8.41　吸附等温线

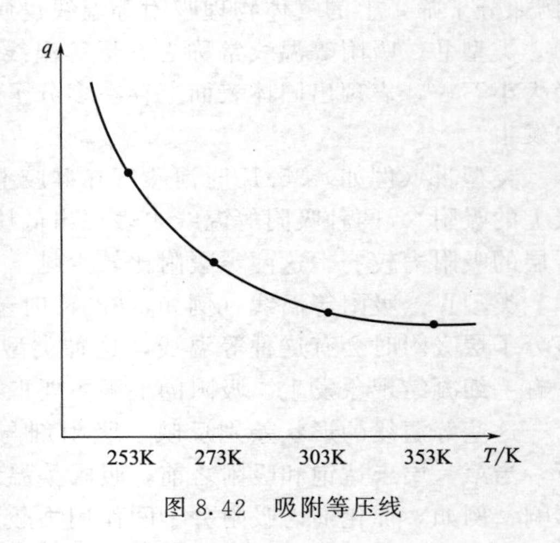

图8.42　吸附等压线

从图上可见，保持比压不变，吸附量随着温度的升高而下降。用相同的方法，选定不同的比压，可以画出一组吸附等压线。

同理，吸附等量线也不是用实验直接测量的，而是在实验测定等温线的基础上画出来的。在实验测定的一组吸附等温线（图8.43）上，选定吸附量为 q_1，作水平线与各等温线相交。根据交点的温度与压力，画出一条 p-T 线，这就是吸附量为 q_1 时的吸附等量线，如图8.44所示。

从图上可见，保持吸附量不变，当温度升高时，压力也要相应增高。从等量线上可以求出吸附热。选定不同的吸附量，可以画出一组吸附等量线。

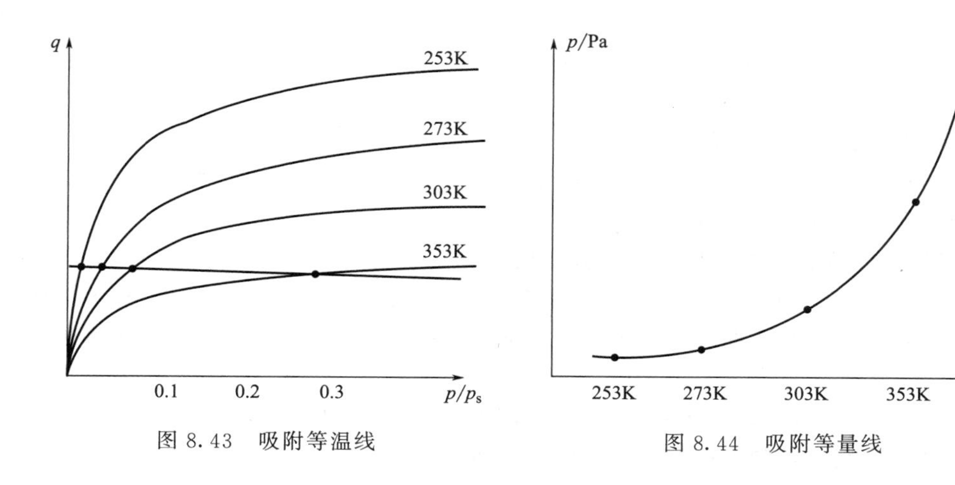

图 8.43　吸附等温线　　　　图 8.44　吸附等量线

测定吸附等温线的目的之一是要测量吸附剂的比表面，了解固体吸附剂的孔道结构和在高比压下是否有毛细凝聚现象等。如图 8.41 所示，在 253K 时的等温线，在比压开始增加时，吸附量上升很快，曲线很陡。然后，随着比压的增加，吸附量增加变缓，到一定比压时吸附量基本不变，说明分子筛的孔道分布很均匀，孔径基本相同，没有太细的毛细孔。这时的平衡吸附量就是饱和吸附量，是吸附质在吸附剂的表面铺满单分子层时的吸附量，将饱和吸附量换算成标准状态下苯蒸气的体积 V_m，因苯分子的截面积 A_m 是已知的，则所用分子筛样品的总表面积 A_s 为

$$A_s = A_m L \times \frac{V_m}{0.0224\text{m}^3\cdot\text{mol}^{-1}} \tag{8.39}$$

在第①步中测定的洁净分子筛样品的质量为 m，则分子筛的比表面积 S_0 为

$$S_0 = \frac{A_s}{m}$$

S_0 的单位是 $\text{m}^2\cdot\text{kg}^{-1}$，通常用 $\text{m}^2\cdot\text{g}^{-1}$ 表示。分子筛的比表面积是一个很大的数值，不同型号分子筛的比表面积差别也很大，一般是几百平方米每克，有的可高达一千平方米每克以上。

在测定吸附等温线时，一般将比压控制在 0.3 以下，若比压太高，有可能出现毛细凝聚现象。一般的吸附质液体都能润湿吸附剂，在比压超过 0.3 时，虽然对平面上的蒸气而言，它还远没有达到饱和，但是在吸附剂的毛细孔中，这种液体会呈凹形弯月面，凹面上的蒸气比平面上的低，特别是半径很小的毛细孔的凹面上，蒸气可能已达到了饱和，吸附质蒸气会在毛细孔中凝聚成液体，这就是毛细凝聚。一旦发生毛细凝聚，则吸附量会迅速增加，在吸附等温线上会出现“翘尾巴”现象，这种饱和吸附量数据就不能用来计算吸附剂的表面积，否则会使计算得到的表面积偏高。因此，在做吸附实验时，一定要将比压控制在 0.3 以下。

从图 8.41 还可以看到，随着温度的升高，吸附量是逐渐降低的。因此，测定固体比表面常采用低温氮吸附的方法，在有自动记录的 BET 吸附仪上进行，经过计算机终端的处理，可以同时得到固体的比表面积和孔径分布的数据。

8.8.4　吸附等温式

饱和吸附量 V_m 的数值还可以利用吸附等温式求算。吸附等温式的类型很多，对于物

理吸附、化学吸附、单分子层吸附、多分子层吸附所适用的吸附等温式一般都不相同，也有的一个吸附等温式可以适用于多种吸附类型。这里择要介绍几种比较常用的吸附等温式。

（1）朗格缪尔吸附等温式

在大量的实验事实基础上，1916 年，朗格缪尔提出了第一个气-固吸附理论，并导出了单分子层吸附等温式。其基本假定是：

① 气体在固体表面上的吸附是单分子层的。固体表面存在着未被饱和的力场，该力场的作用范围大约相当于分子直径的大小（即 0.2～0.3nm 之间）。因此，只有当气体分子碰撞到固体空白表面上时才能进入力场的作用范围而被吸附，如果碰撞到已被吸附的分子上则不能被吸附。

② 固体表面是均匀的。这一假设意味着固体表面上各吸附位置的吸附能力是等同的，摩尔吸附热是常数，不随表面覆盖度 θ 的变化而变化。

③ 吸附分子之间无相互作用力。因此，吸附分子从固体表面脱附不受其他吸附分子的影响。

④ 吸附平衡是动态平衡。气体分子碰撞在空白表面上可以被吸附，若被吸附的分子获得足够的能量，足以克服固体表面对其的吸附引力时，也可以脱附重新回到气相。当气相分子被吸附的速率与其从表面脱附速率相等时，吸、脱附达到平衡。

分别以 k_1 和 k_{-1} 代表吸附与脱附速率常数，A 表示气体分子，S 代表固体表面（原子），AS 代表气固吸附状态，则达到动态平衡的吸、脱附可表示如下

$$\mathrm{A(g)} + \mathrm{S(表面)} \underset{k_{-1}}{\overset{k_1}{\rightleftharpoons}} \mathrm{AS}$$

一定温度下，固体表面被吸附的气体分子所覆盖的面积占表面总面积的分数称为表面覆盖度，以 θ 表示。由此得固体表面未被吸附分子覆盖的分数为（$1-\theta$）。根据基本假设①，吸附速率 r_{ads} 正比于（$1-\theta$）和吸附质在气相中的分压 p，即

$$r_{\mathrm{ads}} = k_1(1-\theta)p$$

式中，k_1 为吸附速率常数。根据基本假定②和③，脱附速率 r_{d} 应与 θ 成正比，即

$$r_{\mathrm{d}} = k_{-1}\theta$$

式中，k_{-1} 为吸附速率常数。当达到吸附、脱附速率平衡时，应有 $r_{\mathrm{ads}} = r_{\mathrm{d}}$，即

$$k_1(1-\theta)p = k_{-1}\theta$$

$$\theta = \frac{k_1 p}{k_{-1} + k_1 p} = \frac{ap}{1+ap} \tag{8.40}$$

式(8.40) 称为朗格缪尔吸附等温式，它定量地描述了表面覆盖度与平衡压力 p 之间的关系。式中 $a = k_1/k_{-1}$ 为吸附平衡常数，其大小与吸附剂、吸附质的性质及温度有关。a 是与吸附热有关的常数，a 值越大，则表示吸附热效应越大，吸附剂对吸附质的吸附能力越强。

以 θ 对 p 作图，所得朗格缪尔吸附等温线如图 8.45 所示。从图中可以看出，朗格缪尔吸附等温式描述了第Ⅰ类等温吸附线。

现以标准状况（0℃，100kPa）下体积 V 和 V_{m} 分别代表覆盖度为 θ 时的平衡吸附量和满层（$\theta=1$）的饱和吸附量，根据基本假定①，应有

$$\theta = V/V_{\mathrm{m}}$$

因此，朗格缪尔方程可写成下列形式

$$V=V_m\frac{ap}{1+ap} \quad (8.41a)$$

或

$$\frac{1}{V}=\frac{1}{V_m}+\frac{1}{V_m a}\times\frac{1}{p} \quad (8.41b)$$

$$\frac{p}{V}=\frac{p}{V_m}+\frac{1}{V_m a} \quad (8.41c)$$

由式(8.41b) 可知，以 $1/V$ 对 $1/p$ 作图可得一直线，由直线的截距和斜率可求的 V_m 和 a。也可由式(8.41c)，从实验测定不同压力 p 时的吸附量 V，以 p/V 对 p 作图，可得一条直线，从直线的截距 $\frac{1}{V_m a}$ 和斜率 $\frac{1}{V_m}$ 可求得吸附系数 a 和饱和吸附量 V_m 的值。

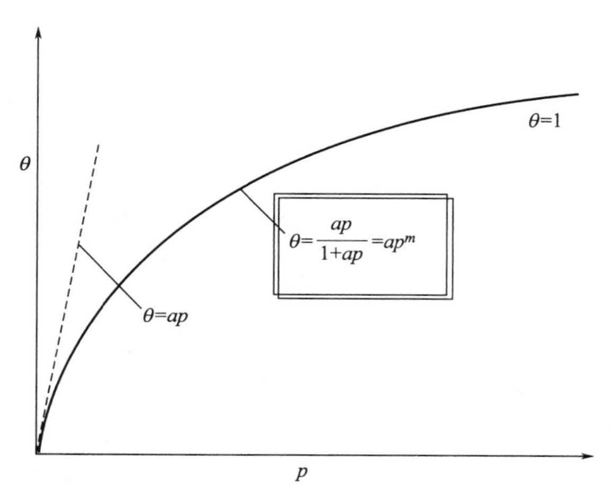

图 8.45　朗格缪尔吸附等温线

如果已知饱和吸附量 V_m 及每个被吸附分子的横截面积 A_m，便可以用下式来计算吸附剂的总表面积和比表面积：

$$S_0=\frac{V_m}{22.4}LA_m \quad (8.42a)$$

式中，S_0 表示总表面积；V_m 的单位为 dm^3。

朗格缪尔吸附等温式适用于单分子层吸附，它能较好地描述第Ⅰ类吸附等温线在不同压力范围内的吸附特征。

当压力很低或吸附较弱（a 很小）时，$ap \ll 1$，式(8.41a) 可简化为

$$V=V_m ap$$

即吸附量正比于吸附平衡压力，这与第Ⅰ类吸附等温线在低压时几乎是一直线的特征相符。

当压力足够大或吸附较强时，$ap \gg 1$，这时有

$$V=V_m$$

表明固体表面达到饱和吸附，第Ⅰ类吸附在较高压力下，吸附量确实不随压力变化。

在中等压力或中等吸附强度时，式(8.41a) 为一曲线，与第Ⅰ类吸附中压范围的曲线基本相符。

虽说朗格缪尔吸附等温式能很好地解释第Ⅰ类等温吸附线，但朗格缪尔的几个基本假定是不适合所有吸附情况的。首先，一般情况下的固体表面并不限于单层吸附，更多的情况下是多层吸附；其二，固体表面是不均匀的，即使是单晶，其不同的晶面的吸附性质也是不同的。通常情况是吸附热随着覆盖度的增加而减小；第三，吸附在表面的分子之间存在着相互作用，否则就不存在催化反应中的 L-H（Langkuir-Hinshelwood）机理。值得注意的是，尽管朗格缪尔的基本假定与实际情况有诸多不符，但是朗格缪尔的吸附等温式却是成功的，它解释了相当一部分气固吸附现象。它在吸附理论研究中的地位相当于理想气体的模型和方程在气体 p，T，V 行为研究中的地位，对后来的吸附理论的发展起到了重要的奠基作用。

（2）费伦德利希（Freundlich）**吸附等温式**

由于大多数系统都不能在比较宽的 θ 范围内符合 Langmuir 等温式，因此，许多研究者

在各自的模型下给出了相应的经验公式。其中费伦德利希等温式使用方便，用的也较多。费伦德利希等温式是一个含有二参数的指数方程。

$$V = kp^{1/n} \tag{8.42b}$$

式中，V 为吸附量；k 和 n 分别为与吸附剂、吸附质和温度有关的常数，一般 n 是大于 1 的常数，k 可视为单位压力时的吸附量。一般来说，k 随温度升高而下降。该式可用来描述第Ⅰ类吸附等温线，适用于中等压力范围。若对上式取对数可得

$$\ln V = \ln k + \frac{1}{n}\ln p \tag{8.42c}$$

上式表明，若以 $\ln V$ 对 $\ln p$ 作图，可得一直线，通过直线的斜率和截距可分别求出 n 和 k。费伦德利希经验公式形式简单，计算方便。使用的覆盖度 θ 范围较上面讲的朗格缪尔吸附等温式大，被广泛应用。但是，该式只是近似地概括了一部分实验事实，式中的常数并没有明确的物理意义，因而不能说明吸附作用的机理。如 NH_3 在活性炭上的吸附，若以 $\ln q$ 对 $\ln p$ 作图，就得不到很好的直线关系，特别是在高压部分偏离直线更大。

费伦德利希吸附等温式的特点是它没有饱和吸附值，它广泛地应用于物理吸附和化学吸附。

值得注意的是，费伦德利希等温式还能用于固体吸附剂从溶液中吸附溶质的情况，只需将其中的压力换成浓度即可，即

$$\ln q = \ln k + \frac{1}{n}\ln c \tag{8.43}$$

式中，q 为吸附量，以 $\ln q$ 对 $\ln c$ 作图可得一直线。

此外，费伦德利希等温式与朗格缪尔等温式均可用于固体吸附剂从溶液中吸附溶质的情况。

（3）多分子层吸附理论——BET 吸附等温式

朗格缪尔吸附等温式虽能较好地描述第Ⅰ类的吸附等温线，但对其余的类型则无法解释。布鲁诺尔（Brunauer）、埃米特（Emmett）和特勒（Teller）三位催化界元老在朗格缪尔等温式的基础上加以扩展，在 1938 年提出了多分子层吸附理论，并成功地推出了多分子层吸附的等温方程，又称 BET 公式。该理论除了将朗格缪尔基本假定的第Ⅰ点由固体表面只能进行单层吸附改为固体表面可进行多层吸附外，其余全盘接受了朗格缪尔的基本假定。该理论的吸附模型如图 8.46 所示。

他们认为已被吸附的分子依靠自身的范德华力与碰撞在它们上面的同类气体分子之间相互作用，发生吸附，即可以形成多分子层吸附。因此，导出了著名的 BET 公式

$$V = \frac{V_m C p}{(p^* - p)[1 - (C-1)p/p^*]} \tag{8.44a}$$

式中，V 和 V_m 分别是气体在分压为 p 时的平衡吸附量（标准状况下）体积和吸附剂表面被覆盖满一层时被吸附气体的（标准状况下）体积；p^* 是实验温度下吸附质的饱和蒸气压；C 是与吸附热有关的常数。BET 公式既能适用于单分子层吸附，又适用于多分子层吸附，能对Ⅰ、Ⅱ、Ⅲ类三种吸附等温线给予说明和解释。BET 公式的重要应用是测定和计算固体吸附剂的比表面积（单位质量吸附剂所具有的面积）。例如，将式(8.44a)重排为

$$\frac{p}{V(p^* - p)} = \frac{1}{V_m C} + \frac{C-1}{V_m C} \times \frac{p}{p^*} \tag{8.44b}$$

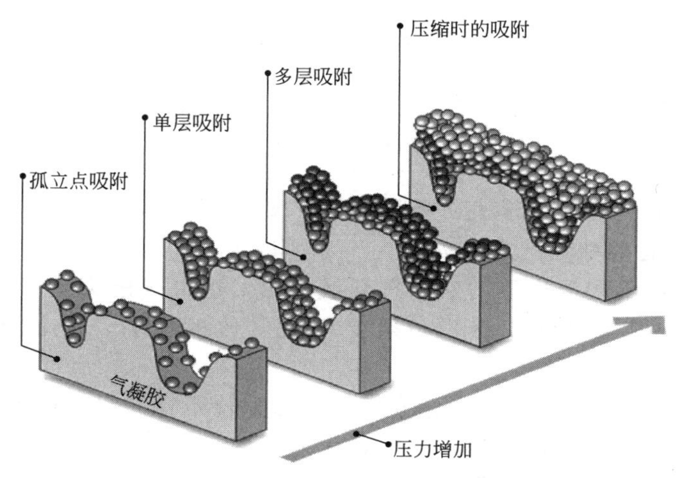

图 8.46 多分子层吸附模型

则以 $p/[V(p^*-p)]$ 对 p/p^* 作图可得一直线，斜率为 $(C-1)/(V_mC)$，截距为 $1/(V_mC)$，由此得

$$V_m=\frac{1}{斜率+截距} \tag{8.44c}$$

如果已知吸附质分子的截面积 A_m 和吸附剂的质量 m，就可以计算固体吸附剂的比表面积 S_0，若 V_m 以 cm^3 为单位，则

$$S_0=\frac{V_mL}{22400}\times\frac{A_m}{m} \tag{8.45}$$

实验表明，BET 两参数公式(8.44b) 只适用于 $p/p^*=0.05\sim0.35$ 范围，在更低或更高压力情况下，都会产生较大偏差。当 $p/p^*<0.05$ 时，建立不起多层物理吸附平衡，甚至不能满足满层吸附，固体表面的不均匀性将会引起较大误差；当 $p/p^*>0.35$ 时，分子间作用力和毛细冷凝现象将使实验结果大大地偏离实际比表面积。尽管如此，利用 BET 公式测定固体的比表面积的方法是目前被普遍公认最好的方法之一，其相对误差一般在 10% 左右。

8.8.5 吸附热

(1) 吸附热的定义

无论是液体表面还是固体表面，由于存在不对称的力场，故都希望通过吸附气体或液体来平衡不对称力场，从而降低自身的吉布斯自由能。因此，吸附是一自发过程，即在吸附过程发生前后，其 $\Delta G<0$。以气体在固体表面吸附为例，根据热力学公式，在恒温条件下，有 $\Delta G=\Delta H-T\Delta S$。在吸附过程中，气体分子由三维空间运动被吸附到二维表面，很显然是一个熵减过程。即 $\Delta S<0$，由此可推得吸附过程的 ΔH 必为负值，即 $\Delta H<0$。所以说吸附过程是一放热过程。

吸附过程的热效应可以直接用量热法测定，也可以通过吸附等量线用热力学方法来计算。其基本思路就是将恒温恒压下达到吸附平衡系统中的气体分子从气相变为固体表面的吸附态及其逆过程类比气-液平衡时饱和蒸气压 p 与温度 T 的关系，即直接用类似于克-克方程的式(8.38) 求吸附热，公式如下：

$$\left(\frac{\partial \ln p}{\partial T}\right)_{q,\mathrm{ads}}=-\frac{\Delta_{\mathrm{ads}}H_{\mathrm{m}}}{RT^2} \tag{8.46}$$

假设吸附热不随温度变化，积分上式得

$$\Delta_{\mathrm{ads}}H_{\mathrm{m}}=\frac{RT_2T_1}{T_2-T_1}\ln\frac{p_2}{p_1} \tag{8.47}$$

式(8.46) 和式(8.47) 为用于求表面吸附热的克-克方程，其推导思路和步骤类似于气液两相平衡时克-克方程的推导。式中 p_1 和 p_2 分别是 T_1 和 T_2 下达到某一相同吸附量时的平衡压力，它们可由不同温度下的吸附等温线得出，也可直接从吸附等量线得出。温度升高时要想保持吸附等量线不变，必须要增大气体的压力，即若 $T_2>T_1$，必然有 $p_2>p_1$。

气体在固体表面吸附时，首先吸附在固体表面配位不饱和程度最大的原子（或分子）上，即活性最大的位置上。很显然，活性越大的位置，对气体的吸附性能亦越强，因此放出的热亦更多。实验表明，吸附热一般会随着固体表面的覆盖度增大而下降，这说明固体表面是不均匀的。吸附热是研究吸附现象的重要参数之一，其数值大小常被看作是吸附强弱的一种标志。从吸附热的数据和吸附质的化学性质可以更多地了解固体表面的性质。

吸附热分为积分吸附热和微分吸附热。积分吸附热的含义是等温条件下，一定量的固体吸附一定量的气体所放出的热，用 Q 表示。积分吸附热实际上是各种不同覆盖度下吸附热的平均值，显然覆盖度低时的吸附热大。微分吸附热是指在吸附剂表面吸附一定量气体 q 后，再吸附少量气体 $\mathrm{d}q$ 时放出的热 δQ，用公式表示吸附量为 q 时的微分吸附热为：$\left(\frac{\partial Q}{\partial q}\right)_T$。

（2）从吸附热衡量催化剂的优劣

吸附热的大小反映了吸附强弱的程度。一种好的催化剂必须要吸附反应物，使它活化，这样吸附就不能太弱，否则达不到活化的效果。但也不能太强，否则反应物不易解吸，占领了活性位就变成毒物，使催化剂很快失去活性。好的催化剂吸附的强度应恰到好处，太强太弱都不好，并且吸附和解吸的速率都应该比较快。

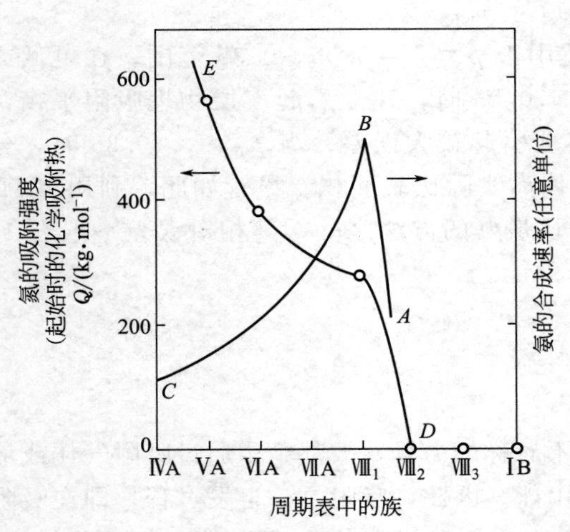

图 8.47 氨的合成速率以及氮的化学吸附强度与周期表中各族金属的关系

例如，合成氨反应，为什么选用铁作催化剂？因为合成氨是通过吸附的氮与氢起反应而生成氨的。这就需要催化剂对氮的吸附既不太强，又不太弱，恰好使 N_2 吸附后变成原子状态。而铁系元素作催化剂符合这种要求。如图 8.47 所示，横坐标是各族元素，左边坐标表示对氮的起始化学吸附热，右边坐标表示氨的合成速率。吸附热沿 DE 线上升，合成速率沿 AB 上升。速率达到最高点 B 后，吸附热继续上升，由于吸附太强，合成速率反而下降。对应 B 点的就是第ⅧA 族第一列铁系元素。

思考题

1. 比表面积有哪几种表示方法？表面吉布斯自由能与表面张力有哪些共同点和不同点？

2. 一个飘荡在空气中的肥皂泡上所受的附加压力为多少？

3. 在自然界中，为什么气泡、小液滴都呈球形？这种现象在实际生活中有什么应用？

4. 因系统的 Gibbs 自由能越低，系统越稳定，所以物体总有降低本身 Gibbs 自由能的趋势。请说明纯液体、溶液和固体分别以什么方式来降低自身的表面自由能，以达到最稳定的状态？

5. 为什么同一物质小晶粒的熔点比大块的固体的熔点略低，而溶解度却比大晶粒大？

6. 若用 $CaCO_3(s)$ 进行热分解，问细粒 $CaCO_3(s)$ 的分解压（p_1）与大块 $CaCO_3(s)$ 的分解压（p_2）相比，两者大小如何？试说明为什么？

7. 把大小不等的液滴（或萘粒）密封在一玻璃罩内，隔相当长时间后，估计会出现什么现象？

8. 为什么在相同的风力下，海面的浪会比湖面的大？用泡沫护海堤的原理是什么？

9. 煮开水时为什么不见暴沸现象，而在有机蒸馏时却会发生暴沸？如何防止暴沸的发生？

10. 喷洒农药时，为什么要在农药中加表面活性剂？

11. 用同一支滴管滴出相同体积的不同液体，如水、NaCl 稀溶液和乙醇溶液，所得到的液滴数是否相同？

12. 在两支水平放置的玻璃毛细管中，分别加入少量的纯水和汞。毛细管中液体两端的液面分别呈何种形状？如果分别在管外的右端液面处微微加热，管中的液体将向哪一方向移动？

13. 用一个三通活塞，在玻璃管的两端吹两个大小不等的肥皂泡（如图 8.48 所示），当将两个肥皂泡相通时，两个气泡的大小将如何变化？

14. 在一个干燥洁净的茶杯中放入优质山泉水，当水快注满时，小心地一颗一颗加入洁净的沙子，会看到杯面产生什么现象？若这时在液面上加一滴表面活性剂，情况又将如何？

15. 在一盆清水的表面平行放两根火柴棍。水面静止后，在火柴棍间滴一滴肥皂水，两棍之间的距离是加大还是缩小？

16. 在纯水的液面上放一纸船，纸船显然不会自动航行。若在船尾靠水部分涂抹一点肥皂，再放入水中，情况又将如何？

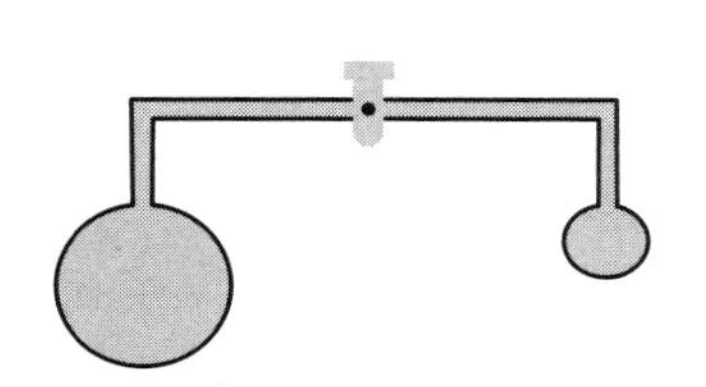

图 8.48　思考题 13 示意图

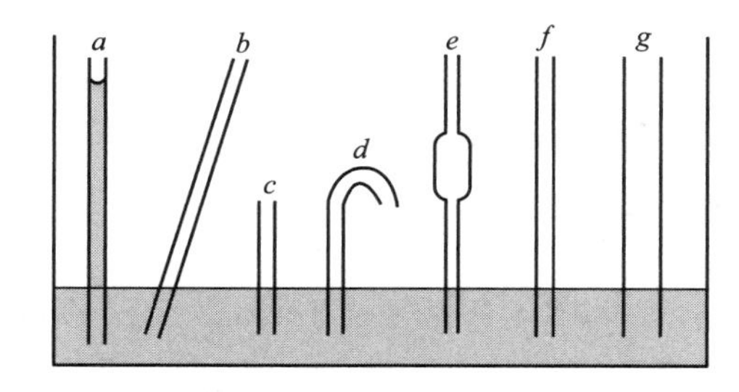

图 8.49　思考题 17 示意图

17. 设有内径相同的 a、b、c、d、e、f 玻璃毛细管和内径较大的 g 管一起插入水中（如图 8.49 所示），除 f 管内壁涂有石蜡外，其余全是洁净的玻璃管。若水在 a 管内液面上升的高度为h，试估计其余管内的水面高度。如果将水在各管内（c、d管除外）预先都灌到h的高度，再让其自动下降，结果又将如何？

18. 什么是表面压？如何测定？它与通常的气体压力有何不同？

19. 接触角的定义是什么？它的大小受哪些因素影响？如何用接触角的大小来判断液体对固体的润湿情况？

20. 什么是表面活性剂？表面活性剂的效率与能力有何不同？表面活性剂有哪些主要作用？试举例说明之。

21. 简述固体表面与液体表面的共同点和不同点。

22. 什么叫吸附作用？物理吸附和化学吸附有何异同点？两者的根本区别是什么？

23. 为什么气体吸附在固体表面一般总是放热的？而确有一些气-固吸附是吸热的［如$H_2(g)$在玻璃上的吸附］，如何解释这种现象？

24. 为什么用吸附法测定固体比表面积时，被吸附蒸气的比压要控制在0.05～0.35之间？BET吸附公式与Langmuir吸附公式有何不同？试证明BET公式在压力很小时（即$p \ll p_s$）可还原为Langmuir吸附等温式。

25. 如何从吸附的角度来衡量催化剂的好坏？为什么金属镍既是好的加氢催化剂，又是好的脱氢催化剂？

26. 有一柴油与水的混合物，水的质量分数为75%，柴油为25%，明显地分为两层。如果将混合物强力搅拌，得到一个均匀液体，但是静置后又会分层，这是为什么？如果在混合溶液中加入适量的表面活性剂（乳化剂），再强力搅拌后，得到的均匀液体就不再分层，这又是什么原因？

27. 常用的洗涤剂中为什么含有磷？有什么害处？

28. 锄地保墒是什么原理？

29. 简述纳米材料的特点。

30. 试说明同一个气固-相催化反应，为何在不同的压力下表现出不同的反应级数？请在符合Langmuir吸附假设的前提下，从反应物和产物分子的吸附性质，解释下列实验事实：(1) $NH_3(g)$在金属钨表面的分解呈零级反应的特点；(2) $N_2O(g)$在金表面的分解是一级反应；(3) H原子在金表面上的复合是二级反应；(4) $NH_3(g)$在金属钼上的分解速率由于$N_2(g)$的吸附而显著降低，尽管表面被$N_2(g)$所饱和，但速率不为零。

基本概念练习题

1. 液体的表面吉布斯自由能γ可以表示为（　　）。

(A) $\left(\frac{\partial H}{\partial A_s}\right)_{T,p,n_B}$　　(B) $\left(\frac{\partial A}{\partial A_s}\right)_{T,p,n_B}$

(C) $\left(\frac{\partial U}{\partial A_s}\right)_{S,V,n_B}$　　(D) $\left(\frac{\partial G}{\partial A_s}\right)_{T,V,n_B}$

2. 下列说法不正确的是（　　）。

(A) 生成的新鲜液面都有表面张力

(B) 平面液体没有附加压力

(C) 弯曲液面的表面张力的方向指向曲面的圆心

(D) 弯曲液面的附加压力的方向指向曲面的圆心

3. 对大多数纯液体，下面表面张力随温度变化率的表示正确的是（　　）。

(A) $(\partial\gamma/\partial T)_p > 0$　　(B) $(\partial\gamma/\partial T)_p < 0$

(C) $(\partial\gamma/\partial T)_p = 0$　　(D) 无一定变化规律

4. 液体在毛细管中上升（或下降）的高度与下列因素无关的是（　　）。

(A) 温度　　(B) 液体密度

(C) 重力加速度　　(D) 大气压力

5. 弯曲表面上附加压力的计算公式：$\Delta p = p' - p_0 = \dfrac{2\gamma}{R'}$ 中，R'的取号（　　）。

(A) 液面为凸面时为正，凹面为负

(B) 液面为凸面时为负，凹面为正

(C) 总为正

(D) 总为负

6. 把玻璃毛细管插入水中，凹面下液体所受的压力 p_r 与平面液体所受的压力 p_0 相比，两者的大小关系为（　　）。

(A) $p_r = p_0$　　(B) $p_r < p_0$　　(C) $p_r > p_0$　　(D) 不能确定

7. 在相同的外压和温度下，微小液滴的蒸气压比平面液体的蒸气压（　　）。

(A) 大　　(B) 一样　　(C) 小　　(D) 不定

8. 将一支毛细管插入水中，毛细管中水面上升了 5cm。若将毛细管继续往水中插，在液面只留 3cm 的长度，则水在毛细管上端的行为是（　　）。

(A) 水从毛细管上端溢出　　(B) 毛细管上端水面呈凸形弯月面

(C) 毛细管上端水面呈凹形弯月面　　(D) 毛细管上端水面呈水平面

9. 溶液及其溶剂的比表面吉布斯自由能分别用 γ 和 γ^* 表示，已知溶液的表面超额 $\Gamma_2 < 0$，则 γ 与 γ^* 之间大小的关系为（　　）。

(A) $\gamma > \gamma^*$　　(B) $\gamma = \gamma^*$

(C) $\gamma < \gamma^*$　　(D) 不能确定

10. 有一飘荡在空气中的肥皂泡，设其直径为 2×10^{-5}m，表面张力为 $0.05\text{N}\cdot\text{m}^{-1}$，则肥皂泡所受总的附加压力为（　　）。

(A) 2kPa　　(B) 5kPa　　(C) 10kPa　　(D) 20kPa

11. 在农药中通常都要加入一定量的表面活性物质，如烷基苯磺酸盐，其主要目的（　　）。

(A) 增加农药的杀虫药性

(B) 提高农药对植物表面的润湿能力

(C) 防止农药挥发

(D) 消除药液的泡沫

12. 在相同温度和压力下，凸面液体的饱和蒸气压 p_r 与水平面液体的饱和蒸气压 p_0 相比（同一种液体），两者大小的关系为（　　）。

(A) $p_r = p_0$　　(B) $p_r > p_0$　　(C) $p_r < p_0$　　(D) 不能确定

13. 把细长不渗水的两张白纸条互相靠近（距离为 d），平行地浮在水面上，用玻璃棒小心地在两纸中间滴一滴肥皂液，两纸间的距离将（　　）。

(A) 增大　　(B) 减小

(C) 不变　　(D) (A)、(B)、(C) 都有可能

14. 用同一滴管分别滴下 $1cm^3$ 以下三种液体：NaOH 水溶液、纯水和乙醇水溶液，判断下列所得液滴数的分布比较合理的是（　　）。

(A) 纯水 15 滴，NaOH 水溶液 18 滴，乙醇水溶液 25 滴

(B) 纯水 18 滴，NaOH 水溶液 25 滴，乙醇水溶液 15 滴

(C) 纯水 18 滴，NaOH 水溶液 15 滴，乙醇水溶液 25 滴

(D) 三者的液滴数均为 18 滴

15. 对于亲水性的固体表面，各界面张力之间关系是（　　）。

(A) $\gamma_{s\text{-}l} > \gamma_{s\text{-}g}$　　(B) $\gamma_{s\text{-}l} < \gamma_{s\text{-}g}$

(C) $\gamma_{s\text{-}l} = \gamma_{s\text{-}g}$　　(D) 不能确定

16. 下列说法不正确的是（　　）。

(A) 生成的新鲜液面都有表面张力　　(B) 平面液面上没有附加压力

(C) 液滴越小其饱和蒸气压越小　　(D) 液滴越小其饱和蒸气压越大

17. 同一种物质的固体，大块颗粒和粉状颗粒，溶解度大的是（　　）。

(A) 大块颗粒　　(B) 粉状颗粒　　(C) 两者一样大　　(D) 无法比较

18. 在一个真空的玻璃钟罩内，放置若干内径不等的洁净玻璃毛细管，然后将水蒸气不断通入钟罩内，可以观察到在哪种玻璃毛细管中最先凝聚出液体（　　）。

(A) 在内径最大的毛细管中　　(B) 在内径最小的毛细管中

(C) 在所有的毛细管中同时凝结　　(D) 无法判断

19. 在等温条件下，将表面活性剂 B 加入纯水中，产生的结果是（　　）。

(A) $\left(\frac{\partial \gamma}{\partial a_B}\right)_T < 0$，正吸附　　(B) $\left(\frac{\partial \gamma}{\partial a_B}\right)_T < 0$，负吸附

(C) $\left(\frac{\partial \gamma}{\partial a_B}\right)_T > 0$，正吸附　　(D) $\left(\frac{\partial \gamma}{\partial a_B}\right)_T > 0$，负吸附

20. 通常被称为表面活性剂的是指将其加入水中后（　　）。

(A) 能降低溶液的表面张力　　(B) 能增大溶液的表面张力

(C) 不影响溶液的表面张力　　(D) 能显著降低溶液的表面张力

21. 朗格缪尔吸附等温式所基于的一个假定是（　　）。

(A) 吸附热是一个常数　　(B) 平整的固体表面

(C) 理想的气体行为　　(D) 吸附和脱附的活化能均为零

22. 气相色谱法测定多孔固体的比表面，通常是在液氮温度下使样品吸附氮气，然后在室温下脱附，这种吸附属于下列哪一类吸附（　　）。

(A) 物理吸附　　(B) 化学吸附　　(C) 混合吸附　　(D) 无法确定

23. 在 298K 时，苯蒸气在石墨上的吸附符合朗格缪尔吸附等温式，苯蒸气的压力为 40Pa 时，石墨表面的覆盖度 $\theta=0.05$。如果要使覆盖度 $\theta=0.5$，则此时苯蒸气的压力应控制在（　　）。

(A) 200Pa　　(B) 400Pa　　(C) 760Pa　　(D) 1000Pa

24. 高压下，气体 A 在表面均匀的催化剂上进行催化转化，其机理如下（K 表示催化剂）$A+K \underset{k_{-1}}{\overset{k_1}{\rightleftharpoons}} AK \xrightarrow{k_2} B+K$ 表面反应为速率控制步骤，则反应的表观级数为（　　）。

(A) 零级　　(B) 一级　　(C) 二级　　(D) 无整数级数

25. 被称为催化剂毒物的物质，其主要行为是（　　）。

(A) 和反应物之一发生化学反应

(B) 增加逆反应的速率

(C) 使产物变得不活泼

(D) 永久性占据催化剂的活性中心

26. 气固相反应 $CaCO_3(s) \rightleftharpoons CaO(s) + CO_2(g)$ 已达平衡，平衡常数为 K_1。保持其他条件不变，将 $CaCO_3(s)$ 的颗粒变得极小，这时的平衡常数为 K_2，则两个平衡常数的大小关系为（　　）。

(A) $K_1 > K_2$　　　　(B) $K_1 < K_2$

(C) $K_1 = K_2$　　　　(D) 无法比较

27. 朗格缪尔吸附等温式 $\theta = ap/(1+ap)$ 中，常数 a 的物理意义是（　　）。

(A) 吸附作用平衡常数的倒数

(B) 吸附作用的平衡常数

(C) 吸附过程的速率系数

(D) 脱附过程的速率系数

28. 氨在钨催化剂表面的分解反应，根据动力学研究其反应级数通常是遵循（　　）。

(A) 零级反应　　(B) 一级反应　　(C) 二级反应　　(D) 三级反应

习　题

1. 常压下，水的表面吉布斯函数与温度的关系可表示为

$$\gamma = (7.564 \times 10^{-2} - 1.40 \times 10^{-4} t/℃)\ \mathrm{N \cdot m^{-2}}$$

若在 10℃时，保持水的总体积不变而改变其表面，试求：

(1) 使水的表面积可逆增加 $1.00\mathrm{cm^2}$，必须做多少功？

(2) 上述过程中的 ΔU、ΔH、ΔA、ΔG 以及所吸收的热各为若干？

(3) 上述过程后，除去外力，水将自动收缩原来的表面积，此过程对外不做功，试计算此过程的 Q、ΔU、ΔH、ΔA 及 ΔG。

2. 已知 20℃时水的表面张力为 $0.0728\mathrm{N \cdot m^{-1}}$，如果把水分散成小水珠，试计算当水珠半径分别为 $1.00 \times 10^{-3}\mathrm{cm}$、$1.00 \times 10^{-4}\mathrm{cm}$、$1.00 \times 10^{-5}\mathrm{cm}$ 时，曲面下的附加压力为多少？

3. 293.15K 时，水的饱和蒸气压为 2.337kPa，密度为 $998.3\mathrm{kg \cdot m^{-3}}$，表面张力为 $72.75 \times 10^{-3}\mathrm{N \cdot m^{-1}}$，试求半径为 $10^{-9}\mathrm{m}$ 的小水滴在 293.15K 时的饱和蒸气压为若干？

4. 已知 $CaCO_3$ 在 773.15K 时的密度为 $3900\mathrm{kg \cdot m^{-3}}$，表面张力为 $1210 \times 10^{3}\mathrm{N \cdot m^{-1}}$，分解压为 101.325kPa。若将 $CaCO_3$ 研磨成半径为 30nm 的粉末，求其在 773.15K 时的分解压。

5. 293K 时，若将一个半径为 0.5cm 的汞滴可逆地分散成半径为 $0.1\mu\mathrm{m}$ 的许多小汞珠，这个过程的表面吉布斯自由能增加多少？需做的最小功是多少？已知 293K 时，汞的表面自由能 $\gamma = 0.4865\mathrm{J \cdot m^{-2}}$。

6. 298K 时，将直径为 $1\mu\mathrm{m}$ 的毛细管插入水中，需要加多大压力才能防止水面上升？已知 298K 时，水的表面张力 $\gamma = 0.07214\mathrm{N \cdot m^{-1}}$。

7. 在一个封闭容器的底部钻一个小孔，将容器浸入水中至深度为 0.40m 处，恰可使水不渗入孔中，试计算孔的半径。已知 298K 时，水的表面张力 $\gamma = 0.07214\mathrm{N \cdot m^{-1}}$，密度 $\rho = 0.997 \times 10^{3}\mathrm{kg \cdot m^{-3}}$。

8. 293K 时，将直径为 1×10^{3} m 的毛细管插入汞液体中，则汞在毛细管中下降了多少？已知 293K 时，汞的表面张力 $\gamma=0.4865\text{N}\cdot\text{m}^{-1}$，与管壁的接触角为 150°，汞的密度 $\rho=1.35\times10^{4}\text{kg}\cdot\text{m}^{-3}$

9. 室温时，将半径为 1×10^{-4} m 的毛细管插入水-苯两层液体的中间，毛细管的上端没有露出苯的液面。这时水在毛细管内呈凹形液面，水柱在管中上升的高度为 4×10^{-2} m，玻璃-水-苯之间的接触角是 40°（$\cos\theta=0.76$），已知水和苯的密度分别约为 $1\times10^{3}\text{kg}\cdot\text{m}^{-3}$ 和 $0.8\times10^{3}\text{kg}\cdot\text{m}^{-3}$。试计算水与苯之间的界面张力。

10. 试计算在 293K 时，半径 $R'=1.0$nm 的小水滴上水的饱和蒸气压。已知水在 293K 时的表面张力 $\gamma=0.07288\text{N}\cdot\text{m}^{-1}$，密度 $\rho=0.998\times10^{3}\text{kg}\cdot\text{m}^{-3}$，摩尔质量 $M(H_2O, l)=0.018\text{kg}\cdot\text{mol}^{-1}$。273K 时，水的饱和蒸气压为 610.5Pa，在温度区间 273～293K，水的摩尔汽化焓 $\Delta_{vap}H_m(H_2O)=40.67\text{kJ}\cdot\text{mol}^{-1}$，并设摩尔汽化焓与温度无关。

11. 如果某肥皂水的表面张力为 $0.050\text{N}\cdot\text{m}^{-1}$，试计算下列肥皂泡上所受到的附加压力：(1) 肥皂泡的直径为 2mm；(2) 肥皂泡的直径为 2cm。

12. 已知 298K 时，水在平面上的饱和蒸气压为 3167Pa。请计算在相同温度下，半径为 2nm 的水滴表面的饱和蒸气压。已知水的摩尔质量 $M(H_2O,l)=0.018\text{kg}\cdot\text{mol}^{-1}$，密度 $\rho=0.997\times10^{3}\text{kg}\cdot\text{m}^{-3}$，水的表面张力 $\gamma=0.07214\text{N}\cdot\text{m}^{-1}$。

13. 298K 时，设在水中有一个半径为 0.9nm 的蒸气泡，试计算泡内的蒸气压。已知 298K 时，水的饱和蒸气压为 3167Pa，密度 $\rho=997\text{kg}\cdot\text{m}^{-3}$，水的摩尔质量 $M(H_2O,l)=0.018\text{kg}\cdot\text{mol}^{-1}$，水的表面张力 $\gamma=0.07214\text{N}\cdot\text{m}^{-1}$。

14. 将一根洁净的毛细管插在某液体中，液体在毛细管内上升了 0.015m。如果把这根毛细管插入表面张力为原液体的一半、密度也为原液体的一半的另一液体中，试计算液面在这样的毛细管内将上升的高度。设上述所用的两种液体能完全润湿该毛细管，接触角 θ 近似为零。

15. 一个用透气多孔耐火砖制成的盛钢液的容器，如果要在该容器中所盛钢液的高度为 2m，则在容器底部的毛细孔半径应控制为多少，才能使钢液不渗漏？已知钢液的表面张力 $\gamma=1.3\text{N}\cdot\text{m}^{-1}$，钢液的密度 $\rho=7000\text{kg}\cdot\text{m}^{-3}$，钢液与耐火材料之间的接触角为 150°。

16. 已知 300K 时纯水的饱和蒸气压 $p_s=3.529$kPa，密度 $\rho=997\text{kg}\cdot\text{m}^{-3}$，表面张力 $\gamma=0.07214\text{N}\cdot\text{m}^{-1}$，在该温度下，

(1) 将半径 $r_1=5.0\times10^{4}$ m 的洁净玻璃毛细管插入纯水中，管内液面上升的高度为 $h=2.8$cm，试计算水与玻璃之间的接触角。

(2) 若玻璃毛细管的半径为 $r_2=2.0$nm 时，求水蒸气在该毛细管中发生凝聚的最低蒸气压。

17. 假设稀油酸钠水溶液的表面张力 γ 与浓度呈线性关系：$\gamma=\gamma^{*}-ba$，式中，γ^{*} 是纯水的表面张力，b 是常数，a 是溶质油酸钠的活度。已知 298K 时，$\gamma^{*}=0.07214\text{N}\cdot\text{m}^{-1}$，实验测定该溶液表面吸附油酸钠的表面超额 $\Gamma_B=4.33\times10^{-6}\text{mol}\cdot\text{m}^{-2}$，试计算该溶液的表面张力 γ。

18. 293K 时，苯酚水溶液的质量摩尔浓度分别为 $0.05\text{kg}\cdot\text{mol}^{-1}$ 和 $0.127\text{kg}\cdot\text{mol}^{-1}$ 时，其对应的表面张力分别为 $0.0677\text{N}\cdot\text{m}^{-1}$ 和 $0.0601\text{N}\cdot\text{m}^{-1}$。请计算浓度区间分别为 0～$0.05\text{mol}\cdot\text{kg}^{-1}$ 和 0.05～$0.127\text{mol}\cdot\text{kg}^{-1}$ 的平均表面超额 Γ_B。已知水在该温度下的表面张力 $\gamma=0.07290\text{N}\cdot\text{m}^{-1}$，设苯酚水溶液的活度因子都等于 1，活度与浓度的数值相同。

19.298K 时，某表面活性剂 B 的稀水溶液，在浓度 $c_B < 0.050 \mathrm{mol \cdot dm^{-3}}$ 的范围内，其表面张力随浓度的增加而线性下降符合以下公式：

$$\gamma / \mathrm{N \cdot m^{-1}} = 0.07214 - 0.350(c_B / c^{\ominus})$$

（1）导出表面超额 Γ_B 与浓度的关系式。

（2）计算 $c_B = 0.010 \mathrm{mol \cdot dm^{-3}}$ 时的表面超额 Γ_B 。

20.293K 时，水-空气的表面张力为 $0.07288 \mathrm{N \cdot m^{-1}}$，汞-水的界面张力为 $0.375 \mathrm{N \cdot m^{-1}}$，汞-空气的表面张力为 $0.4865 \mathrm{N \cdot m^{-1}}$。判断水能否在汞的表面上铺展开。

*21. 今有 $2000 \mathrm{m^2}$ 的池塘，为了防止水分蒸发，将摩尔质量为 $0.30 \mathrm{kg \cdot mol^{-1}}$、密度 $\rho = 900 \mathrm{kg \cdot m^{-3}}$ 的脂肪酸放入池中，使整个水池表面恰好形成一层紧密的单分子膜。计算需要该脂肪酸的体积。已知此分子碳氢链的截面积为 $0.22 \mathrm{nm^2}$。

*22.273K 时，用实验测定不同分压下的气体 A 在固体 B 上的吸附量 V（单位用 $\mathrm{m^3}$），然后以 p/V 对 p 作图，得一直线。测得直线的斜率 $k = \dfrac{6.0 \times 10^3}{\mathrm{m^3 \cdot kg^{-1}}}$，截距 $M = \dfrac{1.2 \times 10^9}{\mathrm{Pa^{-1} \cdot m^3 \cdot kg^{-1}}}$。试计算气体 A 在固体 B 上的吸附系数 a。

23.19℃时，丁酸水溶液的表面张力与浓度关系可以用下式准确地表示：

$$\gamma = \gamma^* - A \ln(1 + Bc)$$

式中，γ^* 是纯水的表面张力，c 为丁酸浓度，A 和 B 是常数。

（1）导出此溶液表面吸附量 Γ 与浓度的关系；

（2）已知 $A = 0.0131 \mathrm{N \cdot m^{-1}}$，$B = 19.62 \mathrm{dm^3 \cdot mol^{-1}}$，求丁酸浓度为 $0.20 \mathrm{mol \cdot dm^{-3}}$ 时的吸附量 Γ；

（3）求丁酸在溶液表面的饱和吸附量 Γ_m；

（4）假定饱和吸附时表面全部被丁酸分子占据，计算每个丁酸分子的横截面积是多少？

24.273K 时，CO 在 3.022g 活性炭上的吸附有下列数据，其中体积已校正到标准状况。证明它符合朗格缪尔等温式，并求 a 和 V_m 之值。

$p/10^4 \mathrm{Pa}$	1.33	2.67	4.00	5.33	6.67	8.00	9.33
$V/\mathrm{cm^3}$	10.2	18.6	25.5	31.4	36.9	41.6	46.1

25.273K 时，丁烷蒸气在某催化剂上有如下吸附数据：

$p/10^4 \mathrm{Pa}$	0.752	1.193	1.669	2.088	2.350	2.499
$V/\mathrm{cm^3}$	17.09	20.62	23.74	26.09	27.77	28.30

p 和 V 是吸附平衡时气体的压力和被吸附气体在标准状况下的体积，273K 时丁烷饱和蒸气压 p^* 为 $1.032 \times 10^5 \mathrm{Pa}$，催化剂质量 1.876g，单个丁烷分子的截面积 A_m 为 $0.4460 \mathrm{nm^2}$，试用 BET 公式求该催化剂的总表面积和比表面积。

第9章

胶体分散系统

早在1861年，英国科学家格雷厄姆（T. Graham，1805－1869）在研究各种物质在水溶液中的扩散性质及能否通过半透膜时，首次提出“胶体（colloid）”概念并将物质分为晶体和胶体两大类，但他将物质分为胶体和晶体是不正确的。任何典型的晶体物质都可通过降低溶解度或选用适当的分散介质而制成溶胶（如将NaCl分散在苯溶液中就可以形成溶胶）。通过大量实验，人们认识到胶体只是物质以一定的分散程度存在的一种状态，而不是一种特殊类型的物质的固有状态。1903年，德国和奥地利科学家西登托夫（Siedentopf）与席格蒙迪（Zsigmondy）发明了超显微镜，第一次成功地观察到胶体体系中粒子的运动，证明了胶粒的存在，使胶体化学获得了较大发展。1907年德国化学家奥斯特瓦尔德（W. Ostwald）创办了第一个胶体化学的专门刊物《胶体化学和工业杂志》，标志着胶体化学正式成为一门独立的学科。同年胶体化学家学会成立，提出了分散系统的概念。

胶体作为物质存在的一种状态，普遍存在于自然界、工农业生产和人们日常生活中，人类赖以生存的衣食住行中各行业都与胶体有关。如纺织业的上浆、印染等工艺过程都需要胶体的基本原理作指导，在生产过程中产生的工业废水的净化、贵金属的提取，无不涉及胶体的形成和破坏。又如蔚蓝色天空中的大气层是由水滴和尘埃等物质分散在空气中的胶体构成的，对它的研究在环境保护、耕耘、人工降雨等方面具有重要的意义；近几十年来发展的纳米超微粒子研究十分活跃，这些系统表现出不平常的化学和物理特性，如超导性正在被人们开发和利用。胶体的性质及制备技术已被广泛应用于生物化学和分子生物学（电泳、电渗、膜平衡、血液学等）、环境科学（消除烟雾、雾霾、粉尘、泡沫，水质纯化与活性水处理，人工降雨等）、材料科学（溶胶-凝胶法制备各种纳米材料、粉末冶金、气溶胶制备等）、石油化工等科研和生产领域。因此，掌握胶体分散系统的知识，对于指导科学研究具有重要和现实的意义。

胶体化学作为物理化学的一个重要分支，其主要研究对象是高度分散的多相系统。

9.1 胶体分散系统概述

主要知识点

1. 分散系统的分类

分散系统有多种分类方法：①按分散相的粒径 r 分，有分子分散系统（$r<1nm$）、胶体分散系统（$1nm<r<100nm$）和粗分散系统（$r>1000nm$）三类；②按分散介质的物态分，有液溶胶、固溶胶和气溶胶三类；③按胶体分散系统的性质分，有憎液溶胶、亲液溶胶和缔合溶胶三类。

2. 憎液溶胶的制备

主要有分散法和凝聚法两种。分散法是借助胶体磨、喷射磨和电弧机械设备和热能，将粗分散物质分散成所要的粒径，并与介质和稳定剂一起形成溶胶。凝聚法有化学凝聚和物理凝聚两种。化学凝聚法是利用各种生成不溶性物质的反应，控制不溶性物质的粒度，使其落在胶粒范围，以某种过量的反应物为稳定剂，从而生成溶液。物理凝聚法是将物质的气态分子凝聚成胶粒，或将溶解态分子突然降低其溶解度，达到过饱和状态，使其凝聚为胶粒。

3. 胶团的结构

憎液溶胶的粒子结构分为胶核、胶粒和胶团三个部分。胶核由相当数量（n 个）的难溶化合物分子组成，仍保留难溶物的某些化学性质。胶粒由胶核和紧密吸附层构成，胶核优先吸附使自己不易溶解的离子，胶粒所带的电性与优先吸附离子的电性相同。胶粒是独立移动单位，是胶体的主要研究对象。胶团由胶粒和扩散层中的反号离子组成，胶团是电中性的。

4. 溶胶的净化

利用胶粒不能透过半透膜，而杂质离子或小分子可以透过半透膜的特点，用半透膜将多余的电解质和杂质除去，使制备的溶胶更纯净、稳定。主要的方法有渗析法和超过滤法两种。渗析法在海水淡化、废水处理、生命科学和医学上有广泛应用。超过滤法在测定生物分子的大小和精制中草药方面应用较多。

9.1.1 分散系统的分类

一种或几种物质分散在另一种物质中所形成的系统称为分散系统。被分散的物质为分散相（dispersed phase），分散相所处的另一种均匀物质称为分散介质（dispersing medium）。分散系统大致有以下三种分类方法。

（1）按分散相粒子的大小分类

按分散相粒子粒径的大小可将分散系统分为三类。

① 分子分散系统　分散相与分散介质以分子或离子（粒径 $r<1nm$）的形式混合，形成均匀的单相系统，俗称为真溶液，如 $CuSO_4$ 溶液、空气等。这种系统的粒子都可以透过滤纸和半透膜，用生物显微镜和超显微镜都无法观测到粒子的存在。

② 胶体分散系统　分散相的粒径 r 为 1～100nm，这样的系统目测是均匀的，但实际是一个多相不均匀系统，粒子与介质之间有相界面存在。虽然用普通显微镜无法观察到分散相的粒子，但用超显微镜或扫描电镜可以观察到分散相粒子的大小和运动。胶体粒子能透过普通滤纸，但不能透过半透膜。胶体仅是物质以一定分散程度存在的一种状态。现在人们将粒径为 1～100nm（也有的扩展到 1～1000nm）的分散相分散在介质中形成的特殊分散状态称为胶体。这一类粒子的大小处于宏观与微观之间，它们比宏观物体小得多，用肉眼甚至用普通显微镜都无法分辨，但它们不是原子或分子，而是由许多原子或分子聚集在一起形成的大小不完全相等的颗粒，它们仍保留着宏观物体的某些性质，是一种多相不均匀系统，这种分散系统属于介观系统。

③ 粗分散系统　分散相的粒径 $r > 10^{-6}$m，在普通显微镜下就可以观察到粒子的存在，甚至目测也是浑浊不均匀的，粒子无法透过滤纸和半透膜。粗分散系统不稳定，静置一段时间，分散相很快就会沉淀。常见的悬浊液、煤烟、浓雾和含有泥沙的水等属于粗分散系统。

当然，这种按粒子大小分类的方法也不是绝对的。有的乳状液，目测就是浑浊的，应列入粗分散系统，但由于它很多性质与胶体分散系统类似，故通常放在胶体分散系统中研究。

（2）按分散介质的物态分类

按分散介质的物态，分散系统可分为液溶胶、固溶胶和气溶胶。在液溶胶中，根据分散相的物态又可以细分为液-气溶胶、液-液溶胶和液-固溶胶。因为多种气体混合时一般都形成单一的均相系统，所以没有气-气溶胶。各种溶胶的名称和实例如表 9.1 所示。

表 9.1　按分散介质物态分类的溶胶

分散介质物态	溶胶名称	分散相物态	形成溶胶的名称和实例
液态	液溶胶	气态	液-气溶胶，如泡沫
		液态	液-液溶胶，如牛奶、石油原油
		固态	液-固溶胶，如涂料、金溶胶、AgI 溶胶
固态	固溶胶	气态	固-气溶胶，如泡沫塑料、沸石、馒头
		液态	固-液溶胶，如珍珠、某些宝石
		固态	固-固溶胶，如有色玻璃、某些合金
气态	气溶胶	气态	没有气-气溶胶，是均匀的气态混合物
		液态	气-液溶胶，如某些薄雾和云
		固态	气-固溶胶，如青烟、含小粒灰尘的空气

（3）按胶体分散系统的性质分类

按胶体分散系统的性质分类，通常分为憎液溶胶、亲液溶胶和缔合溶胶等。

① 憎液溶胶（lyophobic sol）　憎液溶胶是由如 AgI(s)、$Fe(OH)_3$(s) 等难溶物质分散在液体介质（通常是水）中形成的溶胶。粒径为 1～100nm 的固体微粒是由许多分子或原子组成的，在一定程度上保留了原来宏观物体的性质。因为微粒具有很大的相界面，总的表面能很高，所以它有自动聚结降低表面能的趋势，是热力学上的不稳定系统。一旦介质被蒸发，固体粒子聚结，即使再加入介质，也不可能再变成原来的溶胶状态，这是一个不可逆过

程。憎液溶胶也是胶体分散系统研究的主要对象。

② 亲液溶胶（lyophilic sol） 亲液溶胶是由分子大小已经达到胶体范围的大分子化合物（如蛋白质）溶解在合适的溶剂中形成的均匀溶液。从分散相与分散介质的形态上看，它们均匀地以分子形式混合，应属于分子分散系统。但由于分散相分子本身的大小已达到胶粒范围，它的扩散速率小、不能透过半透膜等性质与胶体系统相似，所以也称之为溶胶。它与憎液溶胶不同的是，将作为介质的溶剂蒸发，使大分子沉淀，若再加入介质，又会得到与原来一样的均匀溶液。分散相与分散介质之间不存在相界面，是热力学上稳定、可逆的系统，故称为亲液溶胶。

③ 缔合溶胶（association colliod） 由表面活性物质缔合形成的胶束分散在介质中得到的外观均匀的溶液，或由缔合表面活性物质保护的一种微小液滴均匀地分散在另一种液体介质中形成的微乳状液都称为缔合溶胶。胶束或微液滴的大小也为1～100nm，这种胶束溶液和微乳状液在热力学上属于稳定系统。

关于分散系统的分类及性质的表述，将其归纳为表9.2，以便相互比较。

表9.2 分散系统分类（按分散相线度分类）

<table>
<tr><th colspan="2">分散系统类型</th><th>分散相粒子线度</th><th>分散相</th><th>性质</th><th>实例</th></tr>
<tr><td>真溶液</td><td>分子、离子等溶液</td><td><1nm</td><td>分子、离子、原子等①</td><td>均相、热力学稳定系统，扩散快，能透过半透膜</td><td>NaCl或蔗糖水溶液、混合气体</td></tr>
<tr><td rowspan="3">胶体分散系统</td><td>溶胶</td><td>1～100nm</td><td>胶体粒子</td><td>多相、热力学不稳定系统，扩散慢，不能透过半透膜</td><td>金溶胶
$Fe(OH)_3$ 溶胶</td></tr>
<tr><td>大分子溶液</td><td>1～100nm</td><td>大(高)分子①</td><td>均相、热力学稳定系统，扩散慢，不能透过半透膜</td><td>聚乙二醇水溶液
蛋白质水溶液</td></tr>
<tr><td>缔合溶胶</td><td>1～100nm</td><td>胶束</td><td>多相、热力学稳定系统，胶束扩散慢，不能透过半透膜</td><td>表面活性剂水溶液
(c>CMC)</td></tr>
<tr><td>粗分散系统</td><td>乳状液、泡沫、悬浮液</td><td>>1000nm</td><td>液滴、气泡、固体粗颗粒</td><td>多相、热力学不稳定系统，扩散慢或不扩散，不能透过半透膜或滤纸</td><td>牛奶
泡沫
豆浆、泥浆</td></tr>
</table>

注：① 原子、分子、离子、大（高）分子溶液和混合气体均为均相系统，单个的分子、原子、离子无相而言，不能成为一相。这里仅是为了与其他分散系统作比较，借用“相”这一名称，故也将其列于分散相一栏。

对于分散相的粒径通常是这样规定的：对球形或类球形的颗粒是指其直径，俗称为纳米粒子或超细微粒；对片状物质是指其厚度，俗称纳米膜；对线形或管状的物质是指线径或管径，俗称纳米线或纳米管。当粒径为1～100nm时，这些物质就会显示胶体分散系统的某些特征。

胶体分散系统是物理化学的一个重要分支，也是物理、生物、医学、材料、食品、药物、土壤和环境等学科的重要研究对象，已逐渐发展为涉及几乎所有学科领域的纳米科学，因此掌握胶体分散系统的一些基本原理和性质是十分重要的。

9.1.2 憎液溶胶的制备

憎液溶胶（简称为溶胶）的粒径处于粗分散系统和分子分散系统之间，因此要制备直径为1～100nm的胶粒一般有两种方法：①将粗分散系统的粒子分散，称为分散法；②将分子或离子聚结为胶粒，称为凝聚法。由于憎液溶胶是热力学不稳定系统，因此在制备过程中必须加入合适的稳定剂。

所以要成功地制备出溶胶，需满足两个基本条件：①使分散相粒子的大小落在胶体分散系统的范围之内；②同时系统中需要有适当（种类和相应量）的稳定剂（即电解质）。

（1）分散法

分散法是用机械能、电能或热能等外加能量将难溶物的粗分散系统分散成胶粒，常用的设备有以下几种。

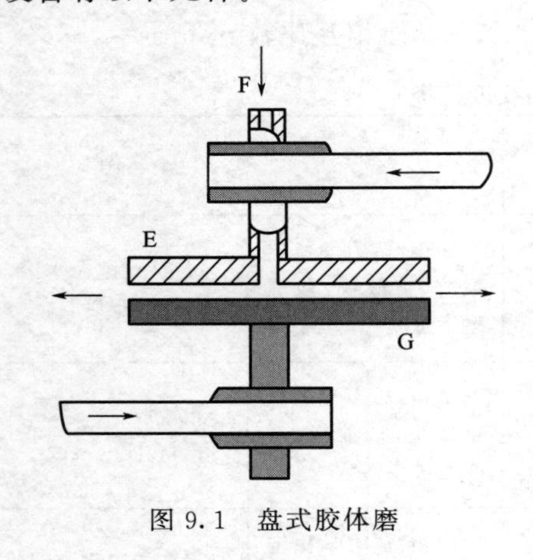

图 9.1 盘式胶体磨

① 胶体磨 这种磨的基本原理与普通的石磨类似，只是它的转速极快，高达 $10000r \cdot min^{-1}$ 以上，如图 9.1 所示。两个磨盘之间的距离极小，从顶部加入的粗分散粒子在强大的切应力下被粉碎。这种方法可分为干法与湿法两种，干法只加入粗分散的粒子，而湿法是将粗分散粒子和分散介质同时加入。用湿法所得粒子的分散度要比干法的更好。在研磨时最好将粗分散粒子、稳定剂和介质一起加入，这样得到的胶体系统比较稳定。胶体磨适用于脆而易碎的物质，柔韧性好的物质一般要先将其冷冻，使其变硬、变脆后再磨。用胶体磨通常只能得到粒径在1000nm左右的粒子。

② 喷射磨 在装有两个高压喷嘴的粉碎室中，一个喷高压空气，一个喷物料，两束几乎是超音速的物流以一定角度相交形成涡流，粒子在互碰、摩擦和剪切力作用下被粉碎，这样得到的粒径可小于1000nm。

③ 电弧法 通常用来制备贵金属（如金、银、铂等）的溶胶。制备时，将两根纯金属丝做电极，与外电源相接，同时浸在含有少量稳定剂的冷水中。调节外加的直流电压和两个电极之间的距离，直至在两个电极之间产生明亮的电弧。这时金属受热蒸发，金属蒸气在冷水中凝聚，在稳定剂（如 NaOH 等）的保护下，形成相应的金属水溶胶。

④ 胶溶法 亦称为解胶法，它不是使粗粒分散成溶胶，而是使暂时凝聚起来的分散相（例如金属氢氧化物）又重新分散。例如，$Ti(SO_4)_2$ 在沉淀剂 $NH_3 \cdot H_2O$ 的作用下生成新鲜的氢氧化钛 $Ti(OH)_4$ 沉淀，再使新鲜的氢氧化钛在胶溶剂 H^+ 的作用下，得到氢氧化钛溶胶，即

$$Ti(OH)_4(\text{新鲜沉淀}) \xrightarrow{\text{加}HNO_3} Ti(OH)_4(\text{溶胶})$$

此外，还有超声波分解法等制备溶胶的分散法，读者可进一步参考相关的溶胶制备的专著。

（2）凝聚法

与分散法相反，凝聚法是将分子（原子或离子）尺度上分散的物质凝聚成具有胶体尺度的分散相的方法。凝聚法又分为化学凝聚法和物理凝聚法两种。

① 化学凝聚法　利用生成不溶性物质的化学反应（如复分解反应、水解反应、氧化还原反应等），通过控制析晶过程，例如控制产物浓度的过饱和程度，使其主要处在成核阶段从而得到溶胶的方法称为化学凝聚法。一般采用较大的过饱和度，较低的操作温度以利于胶核的大量形成而减缓晶粒长大的速度。因为溶液中该物质的量有限，大量的晶核都无法成长为大晶体，而停留在胶粒大小的阶段。最常用的是复分解反应，制备硫化砷溶胶就是一个典型的例子。

为了制备 As_2S_3 溶胶，将 $H_2S(g)$ 缓慢通入 $As_2O_3(s)$ 的饱和水溶液中，使其生成 As_2S_3 沉淀，控制粒度的大小，可获得 As_2S_3(溶胶)。略过量的 $H_2S(g)$ 就是溶胶的稳定剂，因为 H_2S 在解离时会产生 HS^-，被胶粒吸附后可以防止胶粒凝聚。其化学反应式为

$$As_2O_3(s)+3H_2O(l)\longrightarrow 2H_3AsO_3(aq)$$

$$2H_3AsO_3(aq)+3H_2S(g)\longrightarrow As_2S_3(\text{溶胶})+6H_2O(l)$$

贵金属的溶胶可以通过还原反应来制备。例如金溶胶的制备反应如下

$$2HAuCl_4(\text{稀溶液})+3HCHO(\text{少量})+11KOH\xrightarrow{\triangle}2Au(\text{溶胶})+3HCOOK+8KCl+8H_2O$$

盐类水解是制备金属氢氧化物溶胶的常见方法。例如将几滴 $FeCl_3$ 溶液滴加到沸腾的蒸馏水中，则发生下述反应

$$FeCl_3+3H_2O(\text{沸水})\longrightarrow Fe(OH)_3(\text{溶胶})+3HCl$$

得到棕红色、透明的 $Fe(OH)_3$ 溶胶。

以上这些制备溶胶的例子中，都没有外加稳定剂。事实上胶粒的表面吸附了过量的具有溶剂化层的反应物离子，因而溶胶能稳定地存在。例如上述 $Fe(OH)_3$ 溶胶制备过程中，当 $FeCl_3$ 过量时，$Fe(OH)_3$ 的微小晶粒（胶核）选择性地吸附具有溶剂化层的相同离子 Fe^{3+}，形成带正电荷的胶体粒子，即过量反应物 $FeCl_3$ 起到了稳定剂作用。

② 物理凝聚法　将物质的气态分子或溶解状态的分子直接凝聚为胶粒，称为物理凝聚法，主要有蒸气凝聚法和更换溶剂法两种。

汞的水溶胶的制备可以作为蒸气凝聚法的例子。在密闭的状态下加热 Hg(l)，将生成的 Hg(g) 直接通入冷水中，就可以获得汞的水溶胶。制备汞蒸气时，少量同时生成的汞的氧化物可以作为该溶胶的稳定剂。

更换溶剂法实际上是把普通溶液突然变成过饱和溶液，使溶质凝聚成胶粒。例如，将松香的乙醇溶液滴入水中，松香在水中的溶解度很小，因而呈过饱和状态，松香便凝聚成胶粒，得到松香的水溶胶。类似的，也可以用突然降低温度的方法来降低溶解度，使溶质凝聚成胶粒。例如，用液氮冷却硫的乙醇溶液，可以得到硫的乙醇溶胶。

9.1.3 胶团的结构

以制备碘化银溶胶为例，若以硝酸银和碘化钾为反应物，制备碘化银的水溶胶，其化学反应式为

$$AgNO_3(aq)+KI(aq)\longrightarrow KNO_3(aq)+AgI(\text{溶胶})$$

若用略过量的碘化钾为稳定剂，所得的碘化银胶团的结构可以用图 9.2 表示。

图 9.2(a) 是胶团组成的化学表示式，(b) 是胶团结构的示意图。胶团由三部分组成，处在中心的是胶核，由 m 个 AgI 分子聚集在一起形成，m 的数值可以在一定范围内波动，因此胶核的大小和形状是不完全相同的。胶核的表面能很高，容易发生凝聚，因此要有一定的稳定剂存在。当过量的 KI 作为稳定剂时，胶核优先吸附稳定剂中的 I^-，利用同离子效应

降低胶核的溶解度。如果胶核表面吸附了 n 个 I^-，由于异性电荷相吸，在 I^- 的周围会有较多的 K^+[设为 $(n-x)$ 个] 围绕，n 个 I^- 与 $(n-x)$ 个 K^+ 组成了围绕胶核的紧密吸附层，这层净电荷为负值的紧密吸附层与胶核一起组成了胶粒，其粒径为 1～10nm。胶核移动时会带着紧密吸附层一起移动，因此胶粒是带电的，它所带电荷的符号与胶核首先吸附的离子符号一样，这个胶核首先吸附 I^-，所以胶粒净带 x 个负电荷。溶胶中胶粒是独立移动单位，也是本章研究的主要对象。由于扩散的原因，还有少量的 K^+ (x 个) 会与胶粒离得较远，在胶粒周围形成了一个扩散层，此扩散层不随胶粒一起移动。扩散层与胶粒合在一起称为胶团，因此胶团是电中性的，它没有固定的直径和质量。

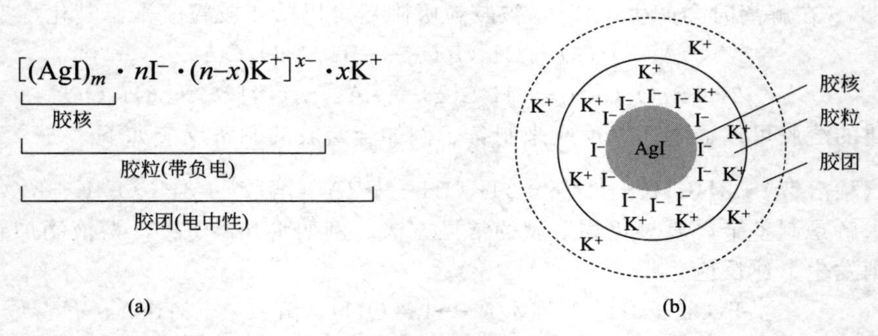

图 9.2　碘化银胶团构造示意图（KI 为稳定剂）

保持其他条件不变，仅使硝酸银略过量作为稳定剂，则胶核优先吸附 Ag^+，胶粒就带正电荷。稳定剂的作用是使每个胶粒都带相同的电荷，当两个胶粒靠近时，同性电荷相斥，促使两个胶粒分开，使得憎液溶胶具有一定的稳定性。

用化学凝聚法制得的胶粒，其大小和形状是不可能都相同的，因此这种溶胶是一个不均匀的多相系统。胶粒保持了 AgI(s) 原有的一些性质，与介质间有很大的相界面，因此胶粒具有很高的表面能。溶胶是一个热力学不稳定系统，胶粒有自发聚结以降低表面能的倾向。

9.1.4　溶胶的净化

用化学凝聚法制备的憎液溶胶中常含有一些多余的电解质，除了少部分可以作为稳定剂外，过多电解质的存在反而会降低溶胶的稳定性，应设法将它除去。常用的净化方法有渗析法和超过滤法两种。

（1）渗析法

胶粒不能透过半透膜，而分子和离子可以，利用这个区别用半透膜将多余的电解质除去，这种净化方法称为渗析法。半透膜有天然的（如动物膀胱和肠衣等）和人造的（如醋酸纤维等）两类，目前主要使用人造半透膜。现以制备 $Fe(OH)_3$(溶胶) 为例，介绍渗析法的净化作用。

将 $FeCl_3$ 的水溶液滴加在热水中使其水解，生成 $Fe(OH)_3$(溶胶)，化学反应式为

$$FeCl_3 + 3H_2O(\text{热}) \rightleftharpoons Fe(OH)_3(\text{溶胶}) + 3HCl$$

生成的少量 $Fe(OH)_3$(溶胶) 与 HCl 还会进一步发生以下反应：

$$Fe(OH)_3 + HCl \longrightarrow FeOCl + 2H_2O$$

$$FeOCl \rightleftharpoons FeO^+ + Cl^-$$

由于在水解过程中会产生少量的 FeO^+，胶核会优先吸附 FeO^+ 以防止胶核溶解，FeO^+ 成为 $Fe(OH)_3$(溶胶）的稳定剂，多余 HCl 的存在反而会导致溶胶被破坏，因此必须除去。具体的方法如图 9.3 所示，将水解产物放在由半透膜制成的容器中，并将容器置于大量的纯净水中。由于半透膜两边存在浓差，H^+ 和 Cl^- 会透过半透膜向外渗透，而溶胶粒子则不能。多次更换膜外的纯水（或用流动纯水），直至用硝酸银溶液检测膜外水中 Cl^- 的含量达到要求为止。这个过程比较缓慢，有时为了加快渗析速率，可以搅动膜外的纯水，或将溶胶 $Fe(OH)_3$ 放在可以旋转的半透膜制成的容器中，或适当提高水温（不能太高，以免溶胶聚沉）。也有的在膜两边加电极，用外电场来加速离子的定向移动，这就是电渗析法，如图 9.4 所示。渗析法在工业和医学上有广泛应用，如制照相底片用的无灰明胶的提纯，某些染料的脱水、提纯，海水淡化，废水处理和肾衰竭病人的血透等，都要用到渗析原理。

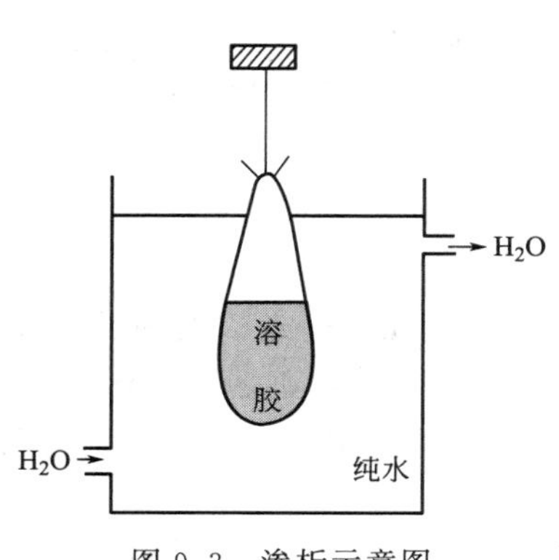

图 9.3　渗析示意图

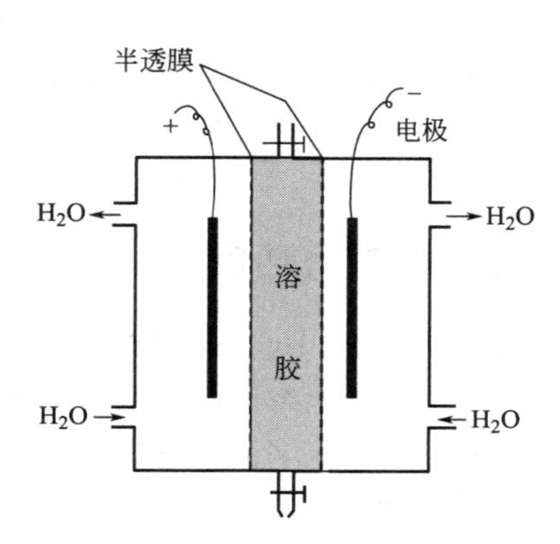

图 9.4　电渗析示意图

（2）超过滤法

由于胶粒太小，会透过通常用的滤纸，因此用半透膜来代替滤纸进行过滤，将胶粒与介质及多余的电解质分离，这种方法称为超过滤法。由于半透膜的孔太小，过滤速度极慢，通常用吸滤的方法或在加压的情况下进行。加压是将漏斗的上部密封，通入氮气进行加压以加快过滤速度。也有的在半透膜的两侧加一个电场，利用电场对离子的驱动力来加快超过滤的速度，这种方法就称为电超过滤。过滤完毕后，必须将膜上所得的新鲜胶粒立即分散到含有一定稳定剂的介质中，以免胶粒发生聚结而无法再形成溶胶。

生物化学中常用超过滤法测定蛋白质分子、酶分子、病毒和细菌分子的大小。医药工业上常用超过滤法除去中草药剂中的淀粉、多聚糖等高分子杂质，从而获得纯度高的有效成分来制成针剂等。

9.2　溶胶的动力性质和光学性质

主要知识点

1. 溶胶的动力性质

由于溶胶的热运动和高分散度，因此有布朗运动，其本质是胶粒受介质分子的推动力不平衡所造成的。由于胶粒不能透过半透膜，而介质分子及其他离子可以，因此在半透膜两边胶粒和离子的浓度不均衡，于是产生渗透压。胶粒在重力场中会发生沉降，当重力作用与扩散效应趋于相等时，达到沉降平衡，粒子随高度的分布与大气在地球表面随高度的分布相同。

2. 溶胶的光学性质

因胶粒直径远小于入射光的波长，所以对光发生散射，溶胶特有的丁铎尔效应可以用来区分溶胶与溶液。瑞利散射定律指出散射光的强度与入射光波长的4次方成反比，因此入射的白光中，短波长的蓝、紫色的光首先被胶粒散射，从溶胶中透过的主要是波长较长的红色和黄色的光。

用普通显微镜无法分辨粒径为1～100nm的胶粒，超显微镜比普通显微镜多加了一个特殊光源，利用丁铎尔效应观察胶粒由于散射而形成的比自身大得多的发光点。通过对发光点的研究，可以了解胶粒的均匀性、形状，甚至还可以估算胶粒的大小。

9.2.1 溶胶的动力性质

胶粒的粒径为1～100nm，这种特有分散程度的粒子无规则运动以及由此产生的扩散、渗透压以及在重力场中浓度随高度的分布平衡（沉降平衡）等性质都属于胶体系统的动力学性质。爱因斯坦（Einstein）根据分子运动论的观点解释了溶胶中粒子的无规则运动。

（1）布朗运动

用超显微镜观察溶胶，可以发现溶胶中粒子（实际上看到的是粒子发出的散射光）在介质中不停地做无规则运动，对于某一具体的粒子（光点），每隔一定的时间记录其位置，能够观察到胶粒像布朗观察到的花粉粉末一样，在不停地作不规则的“之”字运动，其运动轨迹如图9.5所示，还能看清粒子运动的路径，测定在一定时间内粒子的平均位移。这种无规则的运动称为溶胶粒子的布朗运动，这是因为粒子在介质中作无规则曲线运动首先是由英国植物学家布朗（1773—1858）在1827年用显微镜观察悬浮在液面上花粉粉末时发现的，后来人们发现许多其他物质如煤、化石、金属等的粉末也有类似现象，故称其为布朗运动。

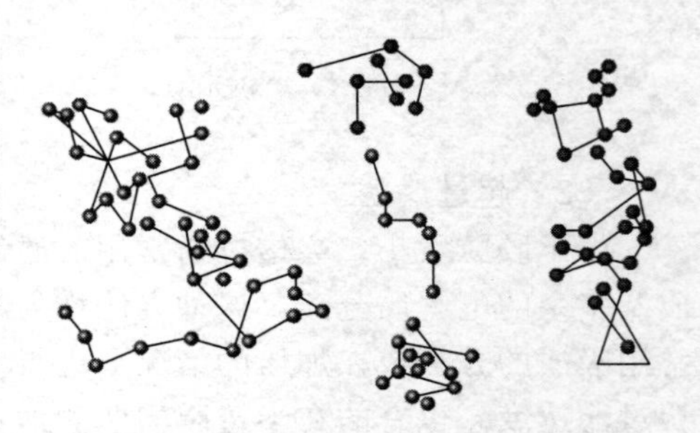

图9.5 布朗运动轨迹示意图

1903年超显微镜的发明为研究布朗运动提供了物质条件（普通显微镜的分辨率在200nm以上，看不到胶粒）。奥地利人席格蒙迪（Richard Zsigmondy，1865—1929）观察了一系列溶胶，发现粒子愈小，布朗运动越剧烈，其剧烈程度不随时间而改变，而是随着温度升高，粒子的布朗运动加剧。

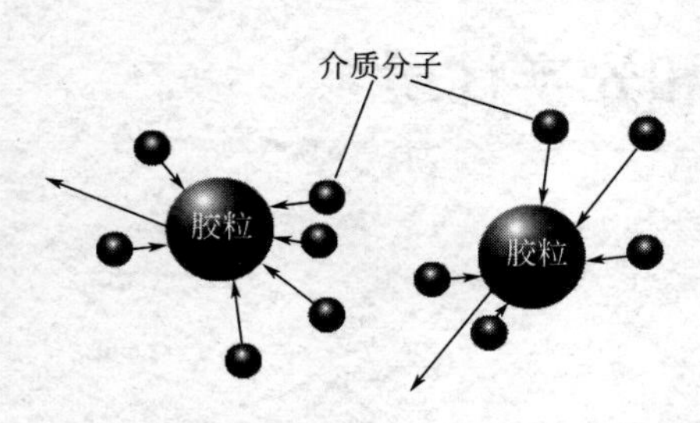

图9.6 介质分子对胶粒的冲击作用

1905年后，爱因斯坦和斯莫鲁霍夫斯基（Smoluchowski）等才阐明了布朗运动的本质，认为在溶胶中，每个粒子都在做热运动。处于纳米级的胶体粒子相对于介质分子来说已是很大，介质分子从不同角度、以不同速率对胶粒进行冲击，如图9.6所示。爱因斯坦关于布朗运动理论的基本假定认为：布朗运动和分子运动完全类似，溶胶中每个粒子的平均动能和液体（分散介质）分子一样，都等于 $3RT/2$。对于宏观很小但又远远大于液体介质分子的胶粒来说，由于不断受到来自不同方向、不同速度的介质分子的冲击，且受到的力不平衡，所以时时刻刻都在以不同的方向、不同的速度做无规则运动。尽管布朗运动看起来杂乱无章，但在一定条件下，在一定时间内，粒子所移动的平均位移却具有一定数值。爱因斯坦利用分子运动论的一些观点和概率的理论，并假设胶体粒子是球形的，推导出 Einstein-Brown 平均位移公式

$$\bar{x}=\left(\frac{RT}{L}\frac{t}{3\pi\eta r}\right)^{1/2} \tag{9.1}$$

式中，$\bar{x}$ 为在观察时间 t 内粒子沿 x 轴方向所产生的平均位移；r 为胶粒的半径；η 为介质的黏度；L 为阿伏伽德罗常数。

式(9.1) 将胶体粒子的位移与粒子的大小，介质的黏度、温度以及观察时间联系起来。

珀林（Perrin）和斯威德伯格（Svedberg）等用超显微镜把不同半径（27nm 和 57nm）的金溶胶摄影在感光胶片上，然后再测定其不同的曝光时间间隔 t 时的位移平均值 $\bar{x}$，结果如表 9.3 所示。

表 9.3　验证 Einstein-Brown 平均位移公式的实验结果

时间间隔 t/s	位移平均值 $\bar{x}$			
	r = 27nm		r = 52nm	
	测量值	计算值	测量值	计算值
1.48	3.1	3.2	1.4	1.7
2.96	4.5	4.4	2.3	2.4
4.44	5.3	5.4	2.9	2.9
5.92	6.4	6.2	3.6	3.4
7.4	7	6.9	4	3.8
8.8	7.8	7.6	4.5	4.2

表中数据表明，理论计算结果与实验值吻合的很好，这一方面说明了 Einstein-Brown 公式的正确性，同时通过分子运动论成功地解释了布朗运动的本质就是热运动，是不断热运动的液体（介质）分子对胶体粒子冲击的结果。因此，溶胶和稀溶液相比较，除了溶胶的粒子远大于真溶液中的分子或离子、浓度又远低于稀溶液外，其热运动并没有本质上的不同。在此之前，分子运动被认为只是一种想象或假设，表 9.3 的数据使分子运动论得到直接的实验证明，此后分子运动论就成为被普遍接受的理论，这在科学发展史上是具有重要意义的贡献。

（2）扩散和渗透压

既然溶胶和稀溶液一样也具有热运动，因此也应该具有扩散和渗透作用。例如，在一杯清水中放入一块泥土，不加搅拌，整杯水逐渐由下往上变浑浊，这就是泥土微粒在布朗运动下的扩散作用。显然，扩散速率与粒子的大小和在介质中的浓差有关，浓度梯度越大，扩散速率也越快。另外，升高温度可以加剧分子的热运动，也会加快扩散速率。1905 年，爱因斯坦对球形粒子导出了胶粒在时间 t 内的平均位移 $\bar{x}$ 与扩散系数 D 之间的定量关系，即

$$\bar{x}=(2Dt)^{1/2} \tag{9.2}$$

由式(9.1) 和式(9.2)，可得

$$D=\frac{RT}{L}\times\frac{1}{6\pi\eta\gamma} \tag{9.3}$$

扩散系数 D 的物理意义是，在单位时间内、单位浓度梯度下通过单位截面积的物质的质量。由实验数据，可以从式(9.2) 得到扩散系数 D，再从式(9.3) 求出胶粒的半径 r。从式(9.3) 也可以看出，扩散系数 D 与温度成正比，而与溶胶黏度 η 和粒子半径 r 成反比。

顺便指出，若能测得溶胶中胶粒的扩散系数 D，就可以求得胶粒的摩尔质量。例如，由式(9.3) 得 $r=RT/(6L\pi\eta D)$，由此可得单个粒子的质量为

$$m=\frac{4}{3}\pi r^3\rho=\frac{\rho}{162\pi^2}\left(\frac{RT}{L\eta D}\right)^3$$

式中，ρ 为粒子的密度。

由上式进而可求得溶胶粒子的摩尔质量为

$$M=mL=\frac{\rho}{162(\pi L)^2}\left(\frac{RT}{\eta D}\right)^3$$

当胶体粒子的分布不是单级，而是多级分散时，计算的结果 m 和 M 皆为平均值。

爱因斯坦首先指出扩散作用与渗透压之间有着密切的联系。他指出，如果用一只允许溶剂分子通过，而不允许溶质通过的半透膜将两个具有不同浓度的系统分开，则溶质分子的扩散力与使溶剂分子穿过半透膜的渗透力大小相等，方向相反。照此类推，溶胶中，胶粒作为溶质，分散介质作为溶剂，溶胶既然存在扩散现象，那么也应该有渗透压。所以，渗透压是溶胶扩散作用的结果，由于胶粒不能透过半透膜，而介质分子及其他离子可以，因此在半透膜的两边，胶粒和离子的浓度呈不均衡分布，于是产生渗透压。渗透压的计算可以借用稀溶液依数性中的渗透压计算公式，即

$$\Pi=\frac{n}{V}RT \text{ 或 } \Pi=cRT \tag{9.4}$$

对稀溶液而言，式中 n 为体积等于 V 的溶胶中所含胶粒的物质的量。以 273K、质量分数为 $w=7.46\times10^{-3}$ 的硫化砷溶胶为例，设粒子为球形，$r=1.0\times10^{-8}\,\text{m}$。已知硫化砷粒子的密度 $\rho=2.8\times10^3\,\text{kg}\cdot\text{m}^{-3}$，溶胶体积为 1dm^3，其质量近似等于溶剂水的质量 1kg，则所含胶粒的物质的量为

$$n=\left(\frac{7.46\times10^{-3}}{\frac{4}{3}\pi(1\times10^{-8})^3\times6.023\times10^{23}\times2.8\times10^{-3}}\right)\text{mol}=1.0566\times10^{-6}\,\text{mol}$$

该溶胶的渗透压为

$$\Pi=\frac{n}{V}RT=\left(\frac{1.0566\times10^{-6}}{1.0\times10^{-3}}\times8.314\times273\right)\text{Pa}=2.398\text{Pa}$$

显然，这个数值实际上很难测得出来。计算结果表明，溶胶虽然有渗透压，但由于其浓度太低（注意，憎液溶胶浓度一般都很低，若浓度大了，不稳定，容易聚集沉淀），以至于渗透压太小，无法测量，有时要采用外加中性盐的方法来提高测定的精确度（见 9.6 节）。但是，对于大（高）分子溶液或胶体电解质溶液，由于它们溶解度可以很大，可以配成相当高浓度的溶液，因此渗透压可以测定，而且渗透压法实际上也被广泛地用于测定大（高）分子物质的分子量。

（3）沉降与沉降平衡

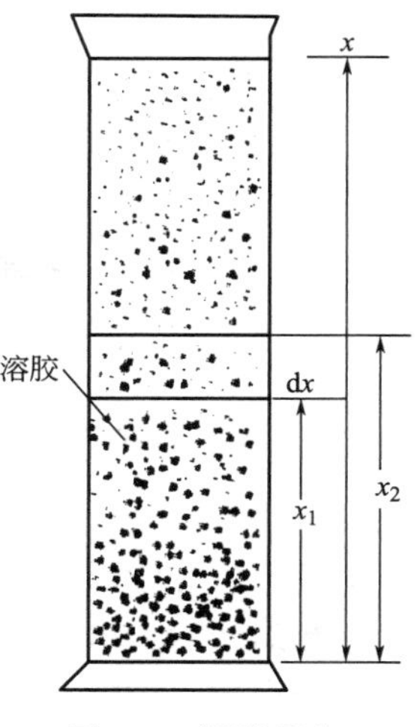

图 9.7　沉降平衡

多相分布系统中的粒子因受重力作用而下沉的过程称为沉降。真溶液中溶质分子的扩散作用远大于由重力产生的沉降作用，使得溶液中溶质的浓度总是均匀一致的；粗分散系统（例如泥浆的悬浮液）中的粒子由于重力作用最终会逐渐地全部沉降下来；而高度分散的胶体系统则不同，溶胶中胶体粒子由于同时受到大小相等而方向相反的两个力的作用，即促使其向下沉降的重力和由布朗运动产生的、促使其浓度均匀一致的扩散作用力，当这两种效果相反的力趋于相等时，从微观上看，粒子仍在不断下降、上升，而从宏观上看，粒子的浓度分布随高度呈一定的梯度，这个浓度梯度不再随时间而改变。这种粒子大小和浓度随高度分布形成平衡的状态称为沉降平衡，用超显微镜观察在不同高度粒子的数目，其分布如图 9.7 所示。

达沉降平衡时粒子的分布是不均匀的，在容器底部的粒子比较大而且也比较密，随着高度的增加，粒子逐渐变小、分布变稀，但这样的不均匀分布在相当一段时间内可维持不变。它相当于地球表面上大气层的分布，或像海洋中离子随深度的分布，因此达沉降平衡时的溶胶粒子随高度的分布公式与大气在地球表面随高度分布的公式是完全相同的。推导（推导过程略）出的高度分布公式如下

$$RT\ln\frac{N_2}{N_1}=-\frac{4}{3}\pi r^3(\rho_{粒子}-\rho_{介质})gL(x_2-x_1) \tag{9.5}$$

或

$$\ln\frac{c_2}{c_1}=-\frac{Mg}{RT}\left(1-\frac{\rho_{介质}}{\rho_{粒子}}\right)(x_2-x_1) \tag{9.6}$$

式中，$\rho_{粒子}$ 和 $\rho_{介质}$ 分别为胶体粒子与分散介质的密度；N_1 和 N_2 分别为图中 x_1 和 x_2 处单位体积溶胶内的粒子数；g 为重力加速度；c_1 和 c_2 分别为高度 x_1 和 x_2 处胶粒的浓度；$M[=(4/3)\pi r^3\rho_{粒子}\times L]$ 为粒子的摩尔质量。

9.2.2　溶胶的光学性质

可见光的波长一般为 400～760nm，小于 400nm 的紫外光和大于 760nm 的红外光用肉眼都观察不到。普通显微镜的分辨率在 200nm 以上，而胶粒的粒径在 100nm 以下，因此用普通显微镜也无法观察到胶粒。溶胶的光学性质是其高度分散性和不均匀特点的光学反映，由于粒径远小于入射光的波长，因此显示出一系列特有的光学性质。通过光学性质的研究，不仅可以解释溶胶系统的一些光学现象，而且还可观察胶体粒子的运动，同时还可以识别胶体。溶胶的光学性质在研究胶体粒子的大小、形状、浓度和运动规律等方面也有重要的应用。

（1）丁铎尔效应

在暗室里，让一束光线通过 $Fe(OH)_3$ 溶胶，则从侧面（与光束垂直的方向）可以观察到溶胶中呈现出一浑浊发亮的乳白色光锥，如图 9.8 所示。此现象是英国物理学家丁铎尔于 1869 年首次发现的，故称为丁铎尔效应。其他分散系统也会产生这种现象，但远不如溶胶显著，如 $CuSO_4$ 溶液，用肉眼几乎观察不到丁铎尔效应。因此，丁铎尔效应实际上就成为判别溶胶与真溶液的有效而又最简便的方法。

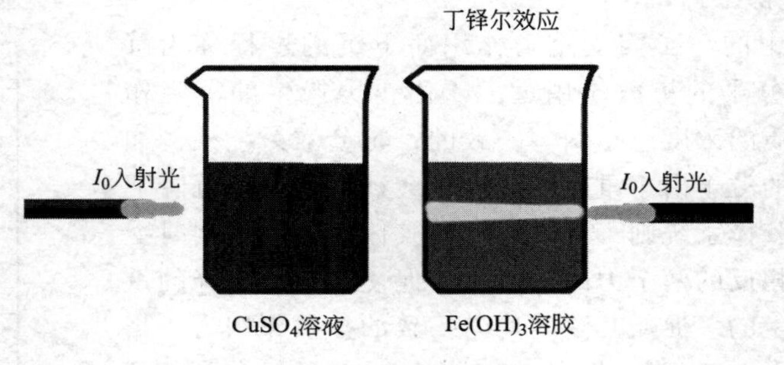

图 9.8 丁铎尔效应示意图

由经典的光学原理（不涉及量子态间的跃迁）可知，将一束光投射到一分散系统时，可以发生光的透射、散射、反射或折射现象。当入射光与系统不发生任何作用时，则发生透过现象；当入射光的波长小于分散相粒子的尺度时，则主要发生光的反射或折射现象，粗分散系统（悬浮液或乳状液）属于这种情况；当入射光波长大于分散相粒子的尺度时，则发生光的散射现象。可见光的波长在 400～760nm 范围，而小分子分散系统（粒子线度<1nm）和胶体溶液（粒子线度在 1～100nm 之间）中的分散相粒子，因线度小于可见光的波长，因此当可见光束投射于小分子分散系统和溶胶系统时，则发生光散射作用。光的散射现象其实质是入射光使构成胶粒分子（原子）中的电子与入射光作同频率的强迫振动，致使胶粒本身像一个新的光源一样向各个方向发出与入射光同频率的光波。对于小分子系统，由于溶液十分均匀，小分子发出的散射光相互干涉而抵消，几乎观察不到散射光；而对于胶体溶液，由于溶胶是多相不均匀系统，在胶粒和介质分子上产生的散射光不能完全抵消，因而可以观察到光散射现象，在侧面看到乳白色的散射光的光柱即胶体分散系统特有的光学现象——丁铎尔效应。丁铎尔效应的实质是光的散射现象，在一定的条件下，其散射强度可用瑞利（Rayleigh）公式计算。

（2）瑞利散射定律

1871 年，瑞利在下列假设条件下，导出了稀薄气溶胶散射光强度的计算公式，其假设条件如下：

① 溶胶中胶粒的线度远小于入射光的波长（一般认为不应大于 λ 的二十分之一）；

② 粒子（散射中心）是各向同性、不吸收光的电介质（不带电），可视为点光源；

③ 粒子间的距离较远，可不考虑各个粒子散射光之间的相互干涉；

④ 分散相的折射率不是太大。

在以上假设的前提下，当入射光为非偏振光时，溶胶的散射光强度 I（即单位体积散射出的光能总量）为

$$I=\frac{9\pi^2V^2C}{2\lambda^4l^2}\left(\frac{n^2-n_0^2}{n^2+2n_0^2}\right)^2(1+\cos^2\alpha)I_0 \tag{9.7}$$

式中，I_0 和 λ 分别为入射光的强度和波长；V 为每个分散相粒子的体积；C 为单位体积中的粒子数；n 和 n_0 分别为分散相和分散介质的折射率；α 为散射角，即观察的方向与入射光方向间的夹角；l 为观察者与散射中心的距离。若在与入射光垂直的方向上观察，即 $\alpha=90°$，$\cos\alpha=0$。

瑞利研究了大量的光散射现象，发现散射光的强度与诸多因素有关，其中最主要的因素有如下几点。

① 散射光的强度与入射光波长的 4 次方成反比，即入射光的波长越短，就越容易被散射。白色光由不同波长的七色光组成，其中短波长的蓝色和紫色光容易被散射，而波长较长的黄色和红色光不容易被散射。

② 分散相与分散介质的折射率相差越显著，散射作用也越显著，因此粒度相同的憎液溶胶的散射光要比亲液溶胶的强得多。

③ 散射光强度与单位体积中的粒子数成正比，粒子密度越大，散射越显著。

这些就是瑞利散射定律的主要内容。在分散相和分散介质等条件都相同的情况下，瑞利散射定律可用简化的公式表示为

$$I = K\frac{CV^2}{\lambda^4} \tag{9.8}$$

式中，K 是与折射率等有关的数值。

若分散相粒子的密度为 ρ，浓度为 c（以 $\mathrm{kg \cdot dm^{-3}}$ 表示），则 $C = c/(V\rho)$，若再假定粒子为球形，即 $V = \frac{4}{3}\pi r^3$，代入式(9.8) 得

$$I = K\frac{cV}{\lambda^4\rho} = \frac{Kc}{\lambda^4\rho} \times \frac{4}{3}\pi r^3 = K'cr^3$$

即在瑞利公式适用范围（$r \leqslant 47\mathrm{nm}$）之内，散射光强度与粒子的半径 r^3 及浓度 c 成正比。因此，若有两个浓度相同的溶胶，则有

$$\frac{I_1}{I_2} = \frac{r_1^3}{r_2^3}$$

如果溶胶粒子大小相同而浓度不同，则有

$$\frac{I_1}{I_2} = \frac{c_1}{c_2}$$

因此，当在上述条件下比较两份相同物质所形成溶胶的散射光强度，就可以得知其粒子的大小或浓度的相对值。如果其中一份溶胶粒子的大小或浓度为已知，则可以求得另一份溶胶粒子的大小或浓度。用于进行这类测定的仪器称为乳光计。

分散系统的光散射强度也常用浊度表示，浊度的定义为

$$\frac{I_t}{I_0} = \mathrm{e}^{-\tau l} \tag{9.9}$$

式中，I_t 和 I_0 表示透射光和入射光的强度；l 是样品池的长度；τ 就是浊度。浊度表示在光源波长、粒子大小相同情况下，通过不同浓度的分散系统，其透射光的强度将不同。当 $\frac{I_t}{I_0} = \frac{1}{\mathrm{e}}$，$\tau = \frac{1}{l}$，这就是浊度的物理意义。

根据瑞利散射公式可以解释以下现象。

① 为什么当一束白光照射某憎液溶胶时，从侧面（与入射光垂直的方向）看到的光以淡的蓝、紫色为主，而从与入射光成 180°的方向看到的光以红、黄色为主？因为从侧面看到的是散射光的颜色，蓝、紫色光的波长短，容易被散射。从与入射光成 180°的方向看到的是透射光，白光中短波长的蓝、紫色光被散射后，剩下的主要是波长较长的黄光和红光。

② 为什么危险信号采用红灯表示？汽车的雾灯常采用黄灯表示？因为红色、黄色光的波长比较长，不易被散射，在空气中能传得更远，可以让人们在远处就能看见。

③ 为什么旋光仪采用钠光灯作光源？因为钠光是波长单一的黄色光，不容易被散射，可以使检测到的信号更强。

散射现象还可以用来解释很多自然现象，如晴天的天空为什么是蓝的，朝霞、晚霞为什么绚丽多彩等。

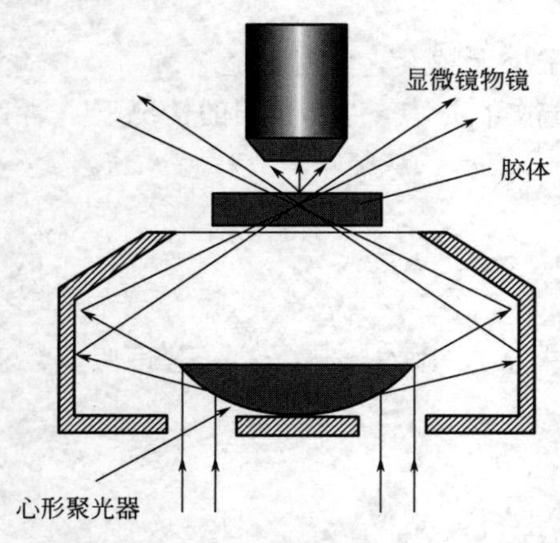

图 9.9　有心形聚光器的超显微镜示意图

（3）超显微镜的原理

人类肉眼的分辨极限约为 0.2mm，普通显微镜约为 200nm，而小于 100nm 的胶粒则要用超显微镜或扫描电子显微镜来观察。超显微镜是在普通显微镜的基础上再加一个特殊的强光源，光线不是直接进入物镜，而是照在盛有溶胶的玻璃盘上，形成一个暗视野显微镜。在目镜中观察到的不是胶粒本身，而是在黑色的背景上由胶粒发出的散射光所形成的发光点，一般要比胶粒大五倍以上。因此，超显微镜相当于普通显微镜加丁铎尔效应。超显微镜的种类很多，图 9.9 是有心形聚光器的超显微镜示意图。

图 9.9 中，开始在显微镜目镜中看到的只是一片漆黑。如果在下方射入若干束光线，经心形聚光器会聚后，照射到盛有胶体的玻璃皿上，就可以在显微镜中观察到胶粒散射所形成的发光点。根据发光点亮度的强弱可以估计胶粒大小是否均匀，根据有无闪光现象可以大体判断胶粒的形状。如果粒子形状不对称，当大的一面向光时，光点就亮，当小的一面向光时，光点变暗，这就是闪光现象。如果胶粒为球形、正四面体或正八面体，则无闪光现象。如果粒子为棒状，则静止时有闪光，而流动时则无闪光现象。如果粒子为片状，则无论静止还是流动都有闪光现象。引入适当的假定，用超显微镜可以近似计算胶粒的大小。超显微镜也常用来研究胶粒的聚沉过程、沉降速率和电泳现象等，其分辨率为 5～150nm。对于粒径小于 5nm 的微粒，则必须用电子显微镜观察研究。

9.3　溶胶的电学性质

主要知识点

1. 电泳

在外加电场作用下，带电胶粒向带异性电荷的电极做定向移动，这种现象称为电泳。胶粒带电的原因很多，主要有：①固体微粒选择性地吸附某种离子；②微粒中组成骨架的离子发生了电价不同的同晶置换；③离子型固体中正、负离子的溶解数量不等同。研究电泳的实验方法很多，对不同的溶胶可以采用不同的电泳仪，以便达到更好的效果。电泳受多种因素影响，其中外加电解质的影响较为显著，这与胶粒表面的电结构有关。

2. 双电层和动电电势

古依等认为，在带电固体的表面带异性电荷的离子呈双电层分布，与固体表面相距两个分子厚度的区域，异号离子较多，称为紧密层。另一部分异号离子由于扩散作用离固体表面较远，称为扩散层。双电层与固体表面总的电势差就是热力学电势，其绝对值无法测定。

斯特恩对古依等的双电层模型加以修正，认为胶粒移动时会带着紧密层及其离子的溶剂化层一起移动，水化层不规则的切动面至介质本体部分的电势差称为 ζ 电势。只有胶粒移动时才会显示切动面，才能测定 ζ 电势，因此称 ζ 电势为动电电势。

3. 电渗

在外加电场作用下，带电的介质向异性电极做定向移动称为电渗。外加电解质会降低电渗速率，甚至会改变电渗方向。

4. 流动电势和沉降电势

在外力作用下，迫使带电的介质流经毛细管或多孔膜时会产生电势差，称为流动电势。用泵输送易燃液体时，要将管道接地或加入有机电解质，防止流动电势过高而引发事故。

在重力场或离心力场作用下，带电的分散相粒子在介质中迅速沉降时所产生的电势差称为沉降电势。沉降电势太大也会引发事故，加有机电解质可增加电导，降低沉降电势。

胶团是电中性的，即整个胶体溶液是电中性的。胶粒是独立移动的单位，胶粒是带电的，因此介质也带电，所带电荷与胶粒相反。带电粒子在外加电场作用下作定向移动，由于胶粒与介质所带的电荷相反，胶粒与介质的移动方向也相反。胶粒在外电场作用下的定向移动称为电泳（electrophoresis），介质的定向移动就称为电渗（electroosmosis）。电泳和电渗是在外加电场作用下发生的定向移动，属于因电而动。带电粒子本身的移动也会产生电势差，胶粒在重力场中沉降时产生的电势差称为沉降电势，介质在流动时产生的电势差称为流动电势。这两种电势是因为带电粒子移动产生的，属于因动生电。电泳、电渗、沉降电势和流动电势都属于溶胶的电学性质，其中以电泳、电渗研究较多，应用也较广。

9.3.1 电泳

在外加电场的作用下，溶胶中的带电胶粒向带异性电荷的电极做定向移动，这种现象称为电泳。胶粒带电的原因是多种多样的，大致有以下几种。

① 吸附　固体微粒会选择性地吸附介质中的离子，从而使胶粒带电。例如制备 AgI 溶胶时，由 AgI 形成的胶核，在 KI 过量的情况下，优先吸附 I^-，而吸附层中 I^- 的量比围绕在它周围的 K^+ 多，因此胶粒带负电。又如，用 $FeCl_3$ 在热水中水解制备 $Fe(OH)_3$ 溶胶时，同时还有 FeO^+ 和 Cl^- 等生成。$Fe(OH)_3$ 胶核优先吸附 FeO^+ 使形成的胶粒带正电。胶核吸附离子时有一定的选择性，优先吸附与胶核本身结构或组成相似的离子，利用同离子效应保护胶核不被溶解。在没有相似离子时，优先吸附水化能力较弱的负离子，因此自然界中带负电的胶粒居多。

② 同晶置换　黏土矿物（如高岭土）是硅铝酸盐，主要由铝氧四面体和硅氧四面体组成，而在四面体中 Al^{3+} 与 4 个氧原子成键的电荷不平衡。要由 H^+ 或 Na^+ 等阳离子来平衡

电荷，这些正离子在介质中会发生解离并扩散，因此失去部分阳离子的黏土微粒就带负电。当骨架 Al^{3+} 被 Mg^{2+} 和 Ca^{2+} 同晶置换后，需要平衡电荷的阳离子更多，则黏土微粒带的负电也更多。

③ 解离　离子型固体物质（如 AgI）分散在介质水中时，由于正、负离子的溶解度不同，胶粒表面带电。例如，分散在水中的 AgI 微粒，由于 Ag^+ 较小，它的扩散速率比 I^- 快。AgI 一旦发生解离，生成的 Ag^+ 进入溶液，并通过扩散很快离开固体表面，因此 Ag^+ 的溶解量比 I^- 大，使 AgI 微粒带负电。

对于可能发生解离的高分子溶胶而言，胶粒带电的原因主要是其本身发生解离。例如，由蛋白质溶于水形成的高分子溶胶，蛋白质分子中的羧基发生解离时，留下带负电的羧酸根 $—COO^-$，氨基水解时形成带正电的 $—NH_3^+$。一个蛋白质分子含有许多的羧基和氨基，带何种电性取决于介质的 pH。当 pH 较小时，$—NH_3^+$ 比 $—COO^-$ 多，蛋白质分子带正电；反之，则带负电。在一个合适的 pH 下，两种基团一样多，蛋白质分子所带的净电荷等于零，这时介质的 pH 称为蛋白质的等电点。在等电点时的蛋白质是不稳定的，容易发生聚沉，并且无电泳现象。

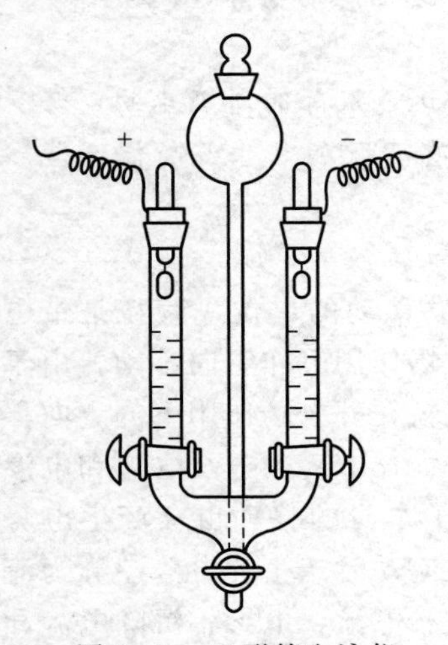

图 9.10　U 形管电泳仪

研究电泳的实验方法很多，根据溶胶的量和性质的不同，可以采用不同的电泳仪。例如，用化学凝聚法制备的 $Fe(OH)_3$ 溶胶在测定电泳时常用如图 9.10 所示的一类电泳仪。测定时先将溶胶放在中间的漏斗内，漏斗的下端有一个支管与 U 形管相连。打开 U 形管的两个活塞（活塞的内径与 U 形管内径相同），将溶胶放入 U 形管中，直至达到活塞的高度，然后关闭活塞，若活塞上部有多余的溶胶要用滴管吸掉。在活塞上放入合适的辅助溶液（等渗溶液，不致影响电泳的速率），将两个电极分别置于两管中的溶液。小心打开活塞，使溶胶与辅助溶液之间的界面清晰可见。用稳压直流电源通电一段时间后，就会发现 U 形管中两个界面的高度不等。若放负极的管内界面上升，说明胶粒是向负极做定向移动，胶粒带的是正电；反之，胶粒带的是负电。电泳速率与胶粒所带的电量、外加电场的电势梯度、介质的黏度和粒子的大小等因素有关。

对于生物胶体常采用区带电泳，包括纸上电泳、平板电泳和凝胶电泳等。纸上电泳是将一滴生物溶胶滴在事先用缓冲溶液润湿过的滤纸上，将滤纸水平放置于一个封闭的容器内，滤纸两端浸在含有缓冲溶液和电极的容器中。接通直流电源，胶粒开始做定向移动。由于生物胶体中各组分电泳的速率不同，通电一段时间后，各组分依电泳速率不等而依次分开。将该滤纸干燥后再浸入染料液中，由于不同组分对染料的选择吸附不同而显示不同的颜色，从而可以区分不同的组分，如图 9.11(a) 所示。纸上电泳的分离能力不是很强。例如，这种方法只能将人体血清或血浆分成 5 个组分：白蛋白、纤维蛋白和 α、β、γ 三种球蛋白。

近年来，用聚丙烯酰胺凝胶、淀粉凝胶和醋酸纤维等来代替以前用的滤纸进行电泳实验，称为凝胶电泳，实验的方法基本相同。如果将凝胶平铺在玻璃板上，称为平板电泳。如果将凝胶放在玻璃管中，经过电泳实验后，不同组分在管中形成一个个圆盘，故又称为圆盘电泳，如图 9.11(b) 所示。凝胶的分离能力比滤纸强得多。例如，用聚丙烯酰胺凝胶做血

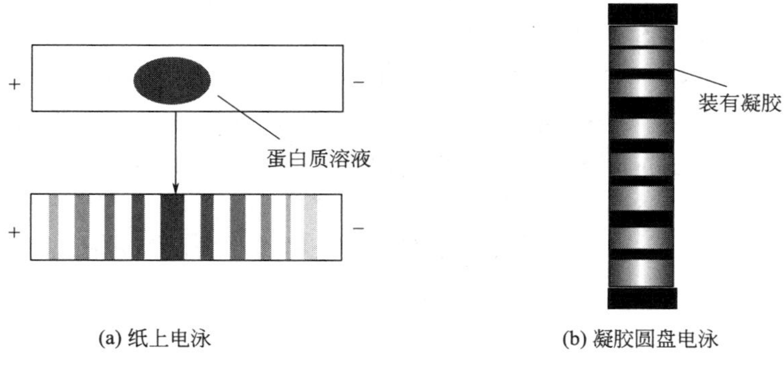

图 9.11　电泳示意图

清电泳实验，可以将血清分成 25 个不同组分。

如果做电泳的样品极少或要观察个别胶粒的电泳情况，可以采用显微电泳仪，如图 9.12 所示。

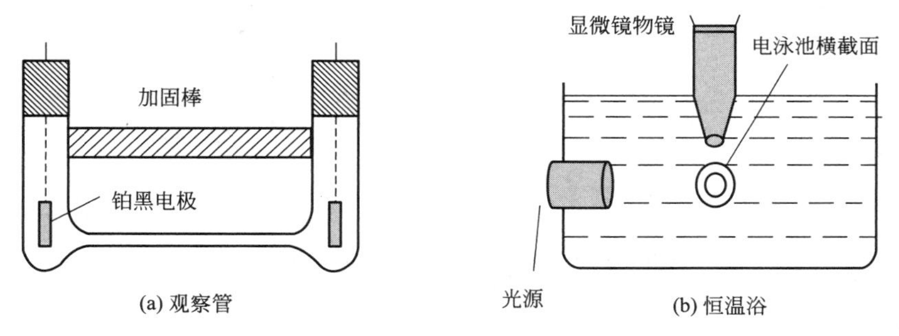

图 9.12　显微电泳仪

装置中用的是铂黑电极，样品置于很细的玻璃观察管中，用显微镜直接观察胶粒的电泳情况（一般生物胶粒都大于 200nm），右边是玻璃观察管的剖面图。

影响电泳的因素很多，包括胶粒的大小、形状和表面带电的数目等。介质中电解质的种类、离子强度以及 pH、电泳温度和所加电场强度等也都会影响电泳速率。在其他条件都保持相同的情况下，在介质中加入电解质会显著影响胶粒的电泳速率，使电泳速率降低至零，甚至还会改变胶粒电泳的方向，这主要是由胶粒表面特定的电荷分布所决定的。

研究电泳现象不仅可以了解溶胶粒子的结构及电化学性质，在生产和科研中也有许多应用。例如，生物化学中的一项重要的分离技术就是利用不同蛋白质、核酸分子的电泳速率的不同对其进行分离。又如利用电泳使橡胶电镀在模具上，可得到易于硫化、弹性及拉力皆好的产品，通常医用橡胶手套就是这样制成的。电泳涂漆工艺是电泳现象应用的又一实例，该工艺是将工件作为一个电极浸在水溶性涂料中并通以电流，带电胶粒便会沉积在工件表面。此外，陶器工业中高岭土的精炼，石油工业中天然石油乳状液中油水分离等都要用到电泳技术。

9.3.2　双电层和动电电势

从宏观角度看，胶粒是个小到看不见的粒子，但从微观角度看，胶粒仍是一个很大的固体，同样可以用讨论电极表面电荷分布的方法来讨论胶粒表面的电荷结构。自 19 世纪 80 年代起，有不少人提出了带电固体表面的电荷分布结构图，其中古依（Gouy）和查普曼（Chapman）在1910年左右提出的扩散双电层模型图被较多的人认同。如图9.13所示，假设固体带正电荷，则溶液中就有相同数量的负电荷，但是负电荷的分布是不均匀的，由于异性电荷相吸，负电荷较多地分布在固体附近，距固体表面约一两个离子的厚度，即集中在AB线以左。而另一部分负离子由于扩散作用离固体表面较远，按玻耳兹曼分布由浓到稀，直到离子浓度均匀的介质本体部分，即电势差等于零的地方。在这个扩散双电层的电荷分布模型中，AB线以左的部分称为紧密层，以右的部分称为扩散层。从固体表面至介质本体部分总的电势差就是热力学电势差，用φ_0表示，其绝对值是无法测定的。AB线以右整个扩散层的电势差用ζ表示。胶粒在移动时，通常只带紧密层一起迁移，而不带扩散层，因此AB所表示的面就是胶粒移动时的切动面，ζ就是胶粒的切动面与介质本体部分之间的电势差，称为动电电势或ζ电势（zeta potential）。显然，ζ电势总是小于热力学电势。

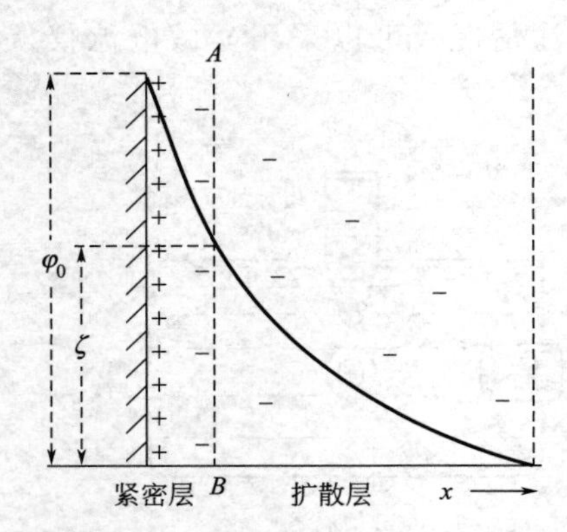

图9.13　古依-查普曼扩散双电层模型

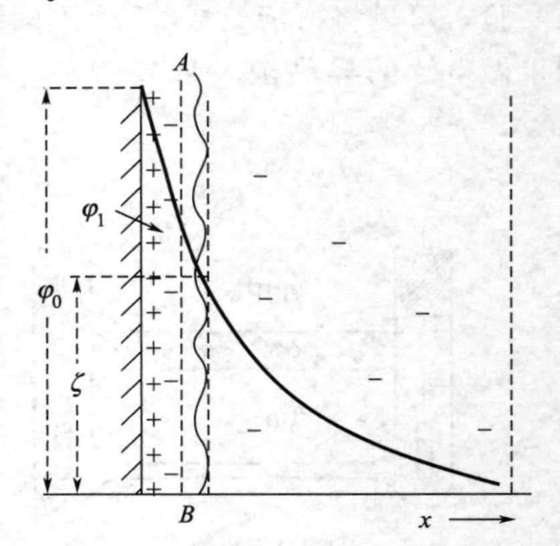

图9.14　斯特恩双电层模型

古依-查普曼双电层模型比前人已有所进步，但仍无法解释为什么ζ电势会受外加电解质的影响，甚至有时ζ电势还会改变符号等实验事实。

斯特恩（Stern）对此做了进一步的修正，他认为在紧密吸附于固体表面一两个分子厚度的紧密层中，电势的变化是呈直线下降的，从φ_0直线下降至φ_1，如图9.14所示。人们将AB面称为斯特恩平面，AB面以左部分称为斯特恩层。在斯特恩层中的离子会发生溶剂化作用，胶粒在移动时不但会带着斯特恩层中的离子移动，还会带着离子的溶剂化层一起移动，因此真正的切动面是在AB线右侧的不规则曲面，ζ电势就是这个不规则切动面与介质本体部分之间的电势差，ζ电势的值略低于φ_1的值。带电的胶粒只有在移动时才会显示切动面，才能测定ζ电势，因此称ζ电势为动电电势。

ζ电势与热力学电势φ_0不同，φ_0的数值主要取决于溶液中与固体呈平衡的离子浓度，而ζ电势会随着溶剂化层中离子浓度的改变而改变。当有外来电解质加入时，与固体所带电荷相反的离子（称为异电性离子）会进入溶剂化层，使整个双电层变薄。若有足够多的电解质加入，当双电层的厚度变薄到等于切动面以左部分的厚度时，ζ电势就等于零。如果外加电解质中的异电性离子的价数很高，或固体对它的吸附能力特别强，则溶剂化层中的异性电荷会过剩，ζ电势就会改变符号。

斯特恩双电层模型给了ζ电势较明确的物理意义，很好地解释了外加电解质对ζ电势的影响。显然，胶粒的ζ电势越大，表明胶粒带电越多，其电泳速率也越大，溶胶的稳定性也就越好。

由于影响电泳速率的因素太多，因此很难有一个统一的公式来进行计算。对于半径为 r 的球形胶粒，在 r 远小于双电层的厚度时，可以用休克尔公式计算电泳速率，即

$$u=\frac{\zeta\varepsilon E}{6\pi\eta} \tag{9.10}$$

式中，u 是电泳速率，单位是 $m\cdot s^{-1}$；ζ 是电动电势，单位是 V；ε 是介质的介电常数，单位是 $F\cdot m^{-1}$（F 为电容法拉，$F=C\cdot V^{-1}$）；E 是电场强度，实际是电势梯度，单位是 $V\cdot m^{-1}$；η 是溶液的黏度，单位是 $Pa\cdot s$。

9.3.3 电渗

在外加电场作用下，带电的介质向异性电极做定向移动称为电渗。图 9.15 是电渗管示意图，图中，3 为多孔膜，管 1、2 中盛介质。当在电极 5、6 上施以适当的直流电压时，从刻度毛细管 4 中弯月面的移动可以观察到管中介质的移动。实验表明，介质移动的方向与多孔膜的性质有关。例如，当用滤纸、玻璃纤维或棉花构成多孔膜时，显示液体向阴极移动，这表示多孔膜材料吸附了介质中的阴离子，使介质带正电。而当用氧化铝、碳酸钡等物质构成多孔膜时，介质向阳极移动，说明介质带负电。和电泳一样，外加电解质对电渗速率的影响也很显著，随着外加电解质浓度的增加，电渗速率会降低，甚至会改变介质流动的方向。

颜料、染料和泥炭中的水分一般不宜用加热的方法去除，而用电渗的方法可以达到干燥、脱水的目的。

9.3.4 流动电势和沉降电势

在外力作用（如加压）下，迫使液体流经毛细管或通过由粉末压成的多孔膜时，在毛细管的两端或多孔膜的两侧会产生电势差，这种电势差称为流动电势。显然，该过程可看作电渗的逆过程。以毛细管为例（多孔膜实际上可以看作是由许多半径极细的毛细管集合而成），毛细管壁与液体的界面也是双电层结构，在有外力作用时，吸附在毛细管壁上的紧密层及其溶剂化层不流动，处于扩散层中的与固体表面带相反电荷的离子随着介质做定向移动，这样产生的电势差称为流动电势。流动电势如图 9.16 所示。

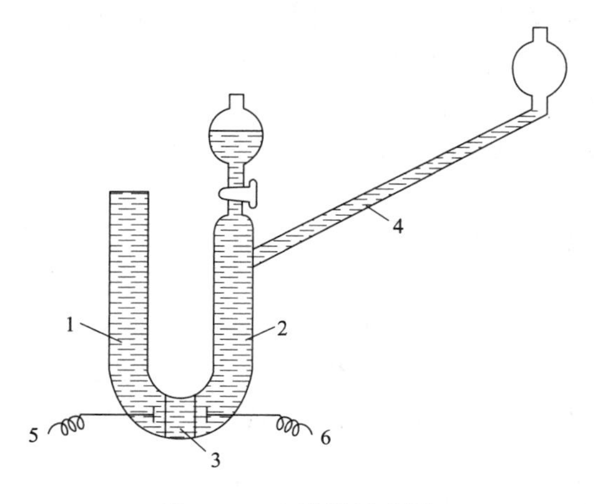

图 9.15　电渗管示意图

1，2—盛介质管；3—多孔膜；
4—刻度毛细管；5，6—电极

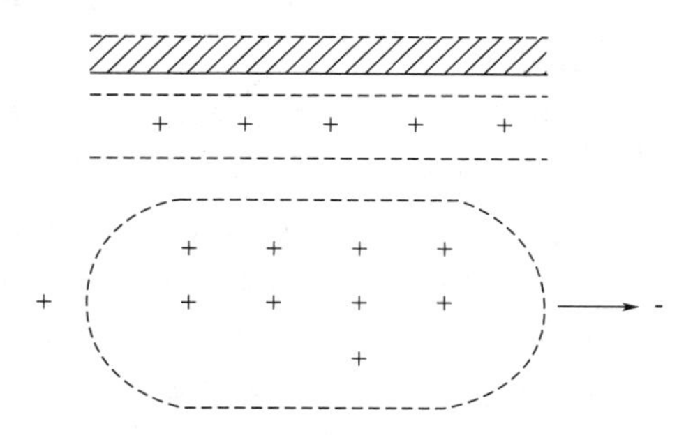

图 9.16　流动电势示意图

在化工或石化工业中，若要用泵输送易燃的碳氢化合物，一定要防止这类液体在流动过程中产生过高的流动电势，因为电势太高会产生电火花，容易引发事故。因此，常将这类输运易燃液体的管道接地，或在运送的有机液体中加入油溶性电解质，增加介质的电导，降低流动电势。

在外力场（重力场或离心力场）的作用下，带电的分散相粒子在分散介质中迅速沉降时，在液体不同高度的液面之间会产生电势差，这种电势差称为沉降电势。显然它是电泳现象的逆过程。例如，储油罐内的油中常含有部分呈分散状态的水滴，这种水滴的表面吸附了一定的电荷，在重力场的作用下带电的水滴发生沉降时，可能会产生很高的沉降电势，甚至引发事故。因此，通常在储油罐中加入一些有机电解质，增加介质的电导，以降低沉降电势。

9.4 溶胶的稳定性和聚沉作用

主要知识点

1. 溶胶的稳定性

憎液溶胶由于总的表面能太高，有自发聚结以降低表面能的倾向，是热力学上的不稳定系统。但由于胶粒特有的分散程度，有较强的布朗运动，有一定的抗沉降的动力稳定性。溶胶的稳定性主要是由于胶粒表面的双电层结构，其 ζ 电势使带相同电荷的胶粒之间有排斥作用，保持溶胶不易聚结。

2. 电解质对溶胶稳定性的影响

DLVO 理论提出了胶粒在不同情况下相互吸引能和双电层排斥能的计算方法，从理论上阐明了溶胶的稳定性及外加电解质的影响。

聚沉值是指使一定量的溶胶在一定时间内完全聚沉所需电解质的最小浓度。聚沉能力是判断电解质对溶胶影响的能力，与聚沉值的大小次序刚好相反，聚沉值越小，聚沉能力越强。

电解质的聚沉能力主要取决于与胶粒带相反电荷的离子的电价。异电性离子的电价越高，聚沉能力越强。聚沉值与异电性离子电价的 6 次方成反比，这就是舒尔茨-哈迪规则。当异电性离子的电价相同时，其聚沉能力也稍有差别。

通常是形成离子的金属（或非金属）越活泼，其离子的聚沉能力也越强，这称为感胶离子序。

电解质影响溶胶稳定性的本质是改变了胶粒的 ζ 电势。

3. 影响溶胶稳定性的其他因素

① 物理因素。增加溶胶的浓度或升高温度，会导致溶胶聚沉。

② 高分子化合物的影响。加入少量高分子溶液，会促使溶胶聚沉，这是敏化作用。加入足够量的高分子溶液，会使溶胶稳定，这是保护作用。通常用“金值”来比较不同高分子溶液对溶胶的保护能力。

③ 有机化合物由于具有吸附作用，也会导致溶胶聚沉。

④ 带不同电性的溶胶相互作用，也会引起溶胶凝聚。

9.4.1 溶胶的稳定性

憎液溶胶由于胶粒的比表面积很大，总的表面能很高，是热力学不稳定系统，其不稳定性是绝对的。但是，如果制备的条件合适，有些溶胶系统能暂时稳定地存在几天、几个月甚至几年、几十年而不聚沉。例如法拉第所制备的红色金溶胶，静置数十年后才聚沉。热力学上不稳定的溶胶系统之所以能暂时稳定存在，这是系统中不稳定因素（粒子间有相互聚集以降低其表面能趋势）和稳定因素（由布朗运动产生的动力学稳定性、带电胶粒间的静电斥力和粒子的溶剂化等）相互作用所达到的、暂时的平衡结果。溶胶暂时稳定存在（具有一定稳定性），要依赖于以下几个因素。

（1）动力学稳定性

由于溶胶的粒子小，布朗运动激烈，在重力场中不易沉降，使溶胶具有动力学稳定性。溶胶的动力学稳定性主要来源于其布朗运动。而事实上，根据爱因斯坦的观点，溶胶中胶粒的布朗运动其实质是介质分子的热运动，布朗运动的激烈程度是温度的函数，随着温度升高而增加。当温度太低时，布朗运动速度降低，由布朗运动产生的扩散作用不足以平衡胶粒的沉降，溶胶最终将失去动力学稳定性而聚沉；然而，由于布朗运动所产生的动力学稳定性也不是温度越高越好。因为布朗运动固然使溶胶具有动力学稳定性，但也促使粒子之间不断地相互碰撞。在一般的温度下，布朗运动不是非常剧烈，加之静电斥力和溶剂化作用，使得即将发生碰撞的粒子止于即将碰撞的一刻，或即使发生了碰撞，其碰撞的激烈程度也被大大降低，一经碰撞后马上被分开。但是，随着温度升高，布朗运动激烈程度增加，当温度高到粒子由于布朗运动所获得的动能大于静电斥力所产生的势垒时，胶粒会因为碰撞而聚集长大，溶胶失去动力学稳定性，进而发生沉淀。因此，针对不同的溶胶系统，维持合适的温度是保持溶胶动力学稳定性的重要条件。

（2）溶剂化稳定性

胶粒紧密层离子溶剂化（水化外壳）层就像是给胶粒穿上了一层弹性外衣，增加了胶粒聚合的机械阻力。当胶粒由于布朗运动发生碰撞时，由于碰撞而变形的溶剂化层能有效地将相互碰撞的胶粒隔离并使其弹开，从而避免了胶粒由于碰撞而聚集长大，进而发生沉淀。

（3）电学稳定性—— ζ 电势

在制备溶胶时要加入少量稳定剂，胶核选择性地吸附使其不易溶解的离子，在胶粒表面形成双电层结构。胶粒移动时表面存在 ζ 电势，因为胶粒带的电荷是相同的，同性电荷相斥，使胶粒不易相互靠近，两个胶粒要合并必须克服一个势能垒。ζ 电势的存在，导致两胶团之间产生静电斥力。随着胶粒靠近（重叠区的增大），这种斥力增加，从而体系势能也增加，阻止了胶粒进一步靠近而聚集长大。ζ 电势越大，需要克服的势能垒越高，溶胶就越不易凝聚，溶胶的电学稳定性是使溶胶系统稳定存在的重要原因，也是制备溶胶时必须加少量电解质作为稳定剂的原因。因此，处在等电态（$\zeta=0$）的溶胶系统是不稳定的。

（4）溶胶系统中粒子间作用能与稳定性的关系

在上面讨论溶胶的电学稳定性时，只定性地讨论了胶粒的带电性及其 ζ 电势与溶胶稳定性的关系。实际上，在讨论溶胶的稳定性时，必须同时考虑促使其相互聚集的粒子间相互吸引的能量（E_A）及阻止其聚集的相互排斥的能量（E_R）两方面的总效应。溶胶粒子间的吸引力在本质上和分子间的范德华力相同，但是此处是由许多分子组成的粒子之间的相互吸引，其吸引力是各个分子所贡献的总和，可以证明这种作用力不是与分子间距离的六次方成反比而是与距离的三次方成反比（分子间吸引力与距离是六次方的关系），因此这是一种远

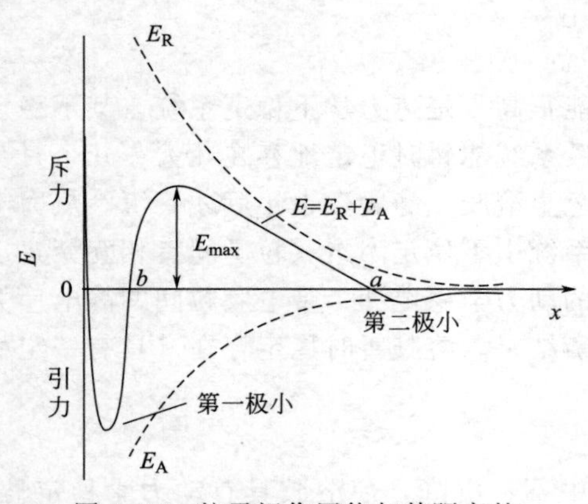

图 9.17 粒子间作用能与其距离的关系曲线（示意图）

程的作用力；溶胶粒子间的排斥力起源于胶粒表面双电层结构，这在前面电学稳定性中已有定性描述。粒子间距离（x）与 E_A、E_R 以及总作用能（E_A+E_R）之间的关系如图 9.17 所示。E_A 和 E_R 分别代表吸引力势能和斥力势能随距离（x）的变化，实线为总势能随距离 x 的变化。当距离较大时，双电层未重叠，吸引力起作用，因此总势能值为负。当粒子靠近到一定距离以致双电层发生重叠，则排斥力起主要作用，势能显著增加，但与此同时，粒子之间的吸引力也随距离缩短而增大。当两个粒子从远处逐渐接近时，粒子间的作用力由零逐渐增加，由于首先起作用的是引力势能，故 E_A+E_R 小于零，即在 a 点以前 E_A 起主导作用；随着距离减小，在 a 点到 b 点的距离范围内，斥力势能 E_R 起主导作用，此时 E_A+E_R 大于零，从而使得总势能曲线上出现一极小值，称为第二极小值。随着距离缩短，引力势能 E_A 在数值上迅速增加，使得总势能曲线上出现极大值 E_{max}。此后，当两粒子进一步靠近时，斥力势能急剧增大，由此在总势能曲线上形成又一个极小值，称为第一极小值。

总势能曲线上的极大值 E_{max} 为胶体粒子间净斥力势能数值。它是溶胶发生聚沉时必经克服的"势垒"，其大小约 $15kT$（k 为玻耳兹曼常数）。如果势垒足够高，超过 $15kT$，则一般胶体粒子无法克服它，此时溶胶处在相对稳定状态。值得注意的是，外加电解质的浓度和反离子的价态会影响 E_{max} 的大小。若由于外加电解质改变 ζ 电势，势垒远远小于 $15kT$，或由于布朗运动足够激烈，以至于迎面相碰的一对溶胶粒子所具有的相对平动能足以克服这一势垒，它们将会进一步靠拢，使两胶粒之间的势能落入第一极小值。总势能曲线上的第一极小值如同一个陷阱，落入此陷阱的粒子将形成结构紧密而又稳定的、不可逆的聚沉物，溶胶将不可能稳定地存在。在总势能曲线上较远而又很浅的第二极小值，并非所有的溶胶皆可出现，若溶胶粒子的线度小于 10nm，出现第二极小值也是很浅的。对于较大的粒子，特别是形状不对称的粒子，会明显出现第二极小值，其值仅几个 kT 的数量级。粒子落入第二极小值可形成较蓬松的沉积物，但不稳定。外界条件稍有变动，该蓬松沉积物可重新分离而形成溶胶。

9.4.2 电解质对溶胶稳定性的影响

（1） DLVO 理论

20 世纪 40 年代，苏联科学家捷亚金（Deijaguin）、兰多（Landau）和荷兰科学家维韦（Verwey）、欧弗比克（Overbeek）分别提出了相似的关于带电胶粒在不同情况下的相互吸引能和双电层排斥能的计算方法，从理论上阐明了溶胶的稳定性及外加电解质的影响，称为 DLVO 理论。他们认为，在两个带电胶粒相距较远时，主要以范德华引力为主，当双电层发生交盖或重叠时，由于粒子所带的电性相同，因此两个粒子互相排斥，要使两个粒子聚合必须克服一个势能垒。由于影响粒子间相互吸引力和排斥力的因素很多，数学计算较为复杂，这里仅介绍电解质对溶胶稳定性影响的一些定性结果。

（2）聚沉值和聚沉能力

为了比较不同外加电解质对溶胶稳定性影响的程度，引入聚沉值和聚沉能力这两个概念。聚沉值是指使一定量的溶胶在一定时间内完全聚沉所需外加电解质的最小浓度，通常以 $mmol \cdot dm^{-3}$ 为单位。一些溶胶的不同外加电解质的聚沉值列于表 9.4 中。

表 9.4　一些溶胶的不同外加电解质的聚沉值

As_2S_3（负溶胶）		AgI（负溶胶）		Al_2O_3（正溶胶）	
电解质	聚沉值 /($mmol \cdot dm^{-3}$)	电解质	聚沉值 /($mmol \cdot dm^{-3}$)	电解质	聚沉值 /($mmol \cdot dm^{-3}$)
LiCl	58.000	$LiNO_3$	165.000	NaCl	43.500
NaCl	51.000	$NaNO_3$	140.000	KCl	46.000
KCl	49.500	KNO_3	136.000	KNO_3	60.000
KNO_3	50.000	$RbNO_3$	126.000	KCNS	67.000
KAc	110.000				
$CaCl_2$	0.650	$Ca(NO_3)_2$	2.400	K_2SO_4	0.300
$MgCl_2$	0.720	$Cu(NO_3)_2$	2.600	$K_2Cr_2O_7$	0.630
$MgSO_4$	0.810	$Pb(NO_3)_2$	2.430	$K_2C_2O_4$	0.690
$AlCl_3$	0.093	$Al(NO_3)_3$	0.067	$K_3[Fe(CN)_6]$	0.080
$Al(NO_3)_3$	0.095	$La(NO_3)_3$	0.069	$K_4[Fe(CN)_6]$	0.050

聚沉能力只是用来定性地判断电解质对溶胶稳定性影响的能力，它与聚沉值大小的次序刚好相反。对于同一溶胶，若某电解质的聚沉值越大，则该电解质的聚沉能力越弱；反之，聚沉值越小，其聚沉能力越强。

（3）与胶粒带相反电荷离子的影响

外加电解质的聚沉能力主要取决于与胶粒带相反电荷离子（或称为异电性离子或反号离子）的荷电量，即离子的电价数，这也是外加电解质影响溶胶稳定性的主要因素。如表 9.4 所示，同是 AgI 负溶胶，外加电解质中影响溶胶稳定性的主要是正离子的电价数。当正离子为一价时，聚沉值都在 $100mmol \cdot dm^{-3}$ 以上；当正离子为二价时，聚沉值仅为 $2mmol \cdot dm^{-3}$ 左右；当正离子为三价时，聚沉值降到 $0.1mmol \cdot dm^{-3}$ 以下。可见，异电性离子的电价越高，聚沉值就越小，而聚沉能力越强。有一个经验规律称为舒尔茨-哈迪（Schulze-Hardy）规则：当外加电解质的异电性离子分别为一、二、三价时，它们聚沉值的比例大约为 100∶1.6∶0.14，相当于

$$\left(\frac{1}{1}\right)^6 : \left(\frac{1}{2}\right)^6 : \left(\frac{1}{3}\right)^6 \tag{9.11}$$

即聚沉值与异电性离子电价的 6 次方成反比，这个规则可以用 DLVO 理论计算予以说明。

（4）感胶离子序

当与胶粒带相反电荷的异电性离子的电价相同时，其聚沉值也会因离子的活泼性不同而存在一定的差别，但这个差别远小于因价数不同而引起的差异。若异电性离子是阳离子，则其聚沉能力通常随着金属活泼性的增加而增加（聚沉值的变化恰好相反）。若异电性离子是阴离子，则其聚沉能力随着形成该离子的元素的非金属活泼性的增加而增加。例如，对于胶粒带负电的溶胶，当外加电解质都是一价阳离子的硝酸盐时，它们聚沉能力的排列次序为

$$H^+ > Cs^+ > Rb^+ > NH_4^+ > K^+ > Na^+ > Li^+$$

对于胶粒带正电的溶胶，当外加电解质都是一价阴离子的钾盐时，其聚沉能力的次序为

$$F^- > Cl^- > Br^- > NO_3^- > I^-$$

同价离子聚沉能力的次序称为感胶离子序，它与离子水化半径由小到大的次序相同，离子水化半径越小，聚沉能力越强。

电解质的加入影响溶胶稳定性的根本原因是降低了胶粒的 ζ 电势，使双电层变薄，两个胶粒靠近时，由于相同电荷所产生的斥力的势能垒降低，因此容易发生凝聚。

【例 9.1】 将 $12.0dm^3$ $0.02mol·dm^{-3}$ 的 KCl 溶液与 $100dm^3$ $0.005mol·dm^{-3}$ 的 $AgNO_3$ 混合，制备得到 AgCl 溶胶。分别加入以下 4 种电解质：① $K_3[Fe(CN)_6]$；② $NaNO_3$；③ $MgSO_4$；④ $FeCl_3$，哪种电解质的聚沉能力最强？

解 首先要确定反应物中，哪个反应物过量作稳定剂，这样可确定胶核首先吸附哪种离子，胶粒带什么电荷，从而可判断哪种电解质聚能力最强。

KCl 的物质的量为

$$n(KCl) = 12.0dm^3 \times 0.02mol·dm^{-3} = 0.24mol$$

同理 $$n(AgNO_3) = 100dm^3 \times 0.005mol·dm^{-3} = 0.5mol$$

显然，$AgNO_3$ 过量，胶核首先吸附 Ag^+，胶粒带正电。

根据舒尔茨-哈迪规则，异性离子（这里是负离子）价数最高的电解质，聚沉能力最强。因此，应该是 $K_3[Fe(CN)_6]$ 的聚沉能力最强，其次是 SO_4^{2-}。

9.4.3 影响溶胶稳定性的其他因素

影响溶胶稳定性的因素很多，除了外加电解质是影响溶胶稳定性的主要因素外，还有其他一些因素，现分述如下。

（1）物理因素

物理因素主要是指改变浓度、改变温度和增加外力场等。如果增加溶胶的浓度，会使胶粒相互碰撞的机会增加；如果升高溶胶的温度，会使每次碰撞的强度增加，这都有可能促使溶胶聚沉。或者将溶胶放入高速离心机中，利用胶粒与介质的密度不同，所产生的离心力也不同，将胶粒与介质分开。

（2）大分子化合物的影响

大分子化合物的影响可分为两个方面。

① 敏化作用　大分子化合物对溶胶系统的作用具有两重性。一方面，若在溶胶中加入少量某种大分子溶液能明显破坏溶胶的稳定性，或者是使电解质的聚沉值显著减小，称为敏化作用；或者是大分子化合物上吸附了许多胶粒，局部密度变大，在重力作用下，直接导致溶胶聚集而沉淀，称为絮凝过程。絮凝过程所得沉淀称为絮凝物，促使溶胶发生沉淀的（大分子）物质称为絮凝剂。关于大分子对溶胶的絮凝作用，莱姆（Lamer）认为主要原因如下。

a. 搭桥效应。一个长碳链的大分子化合物，通过架桥的方式将两个或更多个胶粒连在一起，变成较大的聚集体，加之大分子的“痉挛”作用，导致凝絮，如图 9.18（a）所示。

b. 脱水效应。大分子化合物对水有更强的亲和力，由于它的溶解与水化作用，胶粒脱

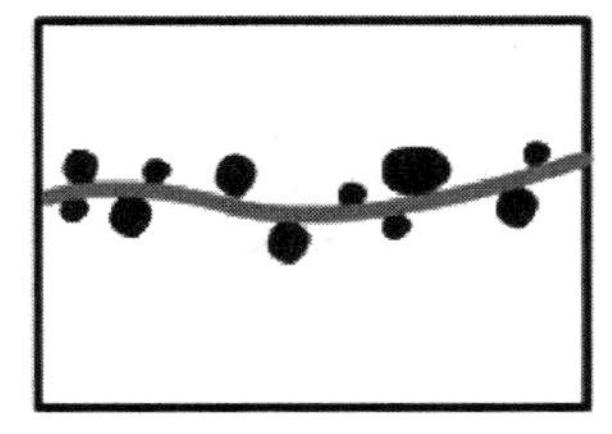

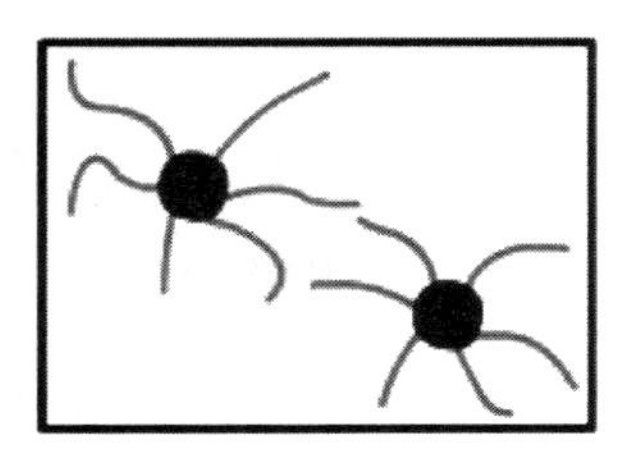

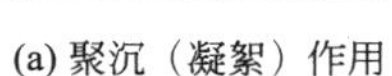

(a) 聚沉（凝絮）作用　　(b) 保护作用

图 9.18　大分子化合物对溶胶聚沉（凝絮）和保护作用示意图

水，失去水化外壳而聚沉。

c. 电中和效应。离子型的大分子化合物吸附在带电胶粒上，可以中和分散相粒子的表面电荷，使粒子间的斥力势能降低，即降低了胶粒的 ζ 电势，使其聚沉。

大分子化合物对溶胶凝絮作用的研究，自 20 世纪 60 年代以来发展很快，研究成果广泛应用于各工业部门的污水处理和净化，化工操作中的分离和沉淀。与无机聚沉剂相比，大分子絮凝过程有不少优点：如效率高，一般只需要加入质量分数约为 10^{-6} 的凝絮剂即可有明显的凝絮作用；有机絮凝剂生成的絮凝物沉淀迅速，通常可在数分钟至十几分钟完成，且沉淀物块大而疏松，便于过滤等。

目前，市售絮凝剂牌号最多的是聚丙烯酰胺类，约占絮凝剂总量的 70%。各种牌号标志着不同水解度和摩尔质量，适应各种不同的实际需要。其他的絮凝剂还有聚氯乙烯、聚乙烯醇、聚乙二醇、聚丙烯酸钠以及动物胶、蛋白质等。

② 保护作用　在溶胶中加入一定量的高分子溶液，使溶胶的稳定性增加，称为高分子溶液对溶胶的保护作用。这是由于每个胶粒周围吸附了若干个大分子，阻碍了胶粒之间的互相接触，相当于胶粒外面包上了一个高分子保护层，因而增加了溶胶的稳定性。大分子化合物对溶胶起稳定作用如图 9.18(b) 所示。胶粒被保护以后，原有的性质（如电泳速率、对电解质的敏感程度等）都会发生明显的改变，变得与保护它的大分子的性质相近。

通常用“金值”（或金数）来比较各种不同的高分子溶液对溶胶的保护能力。金值是指为了保护 $10cm^3$ 质量分数为 6×10^{-5} 的溶胶，在加入 $1cm^3$ 质量分数为 0.1 的 NaCl 溶液后，使其在 18h 之内不致凝结所必须加入的高分子物质的最少质量（用 mg 表示）。金值是一个人为规定的相对值，显然金值越小的高分子物质对溶胶的保护能力越强。例如，明胶的金值为 0.01mg，蛋白质的金值为 2.5mg，土豆淀粉的金值高达 20mg。相比之下，显然明胶对憎液溶胶的保护能力最强，因此经常被用作憎液溶胶的保护剂。

（3）有机化合物离子的影响

由于一些有机化合物的离子具有很强的吸附能力，因此对溶胶的聚沉能力也很强。例如，葡萄糖酸内酯可以使天然的豆浆负溶胶凝聚，制成内酯豆腐。

（4）带不同电荷胶粒的相互作用

将两种胶粒带不同电荷的溶胶互相混合也会发生聚沉。这与外加电解质的聚沉作用的不同之处在于，当两种溶胶的用量恰好使它们所带的电量相等时会使溶胶完全聚沉，否则可能聚沉不完全，甚至不聚沉。溶胶的相互聚沉作用有不少实际应用。例如，自来水厂或污水处理工程经常要用到 $Al_2(SO_4)_3$，因为 $Al_2(SO_4)_3$ 水解后所形成的 $Al(OH)_3$ 溶胶的胶粒带正电，而水中的悬浮粒子一般都带负电，两者相互作用能促使泥沙等悬浮粒子聚沉，并且 $Al(OH)_3$ 絮状物有吸附作用，所以能很快将水中的杂质清除，达到净化水的目的。

9.5 大分子溶液

主要知识点

1. 大分子的概念

一个分子的分子量在 10^4 以上的物质称为大分子化合物。天然大分子化合物有淀粉、蛋白质、纤维素等，人工合成的大分子有树脂、聚烯烃和合成纤维等。它们的共同特点是一个分子由几千个一种或几种单体按不同方式联结而成。近来各种光敏、导电和医用等功能高分子材料的出现，对科学研究和国民经济的发展起了一定的推动作用。

2. 大分子溶液的特点

大分子溶液在较多方面都像小分子溶液，如大分子与溶剂分子均匀混合，没有相界面，热力学稳定系统，对外加电解质不敏感，丁铎尔效应弱，溶解—凝聚—再溶解是可逆的；但也有一些方面像憎液溶胶，如一个分子的大小就落在胶体分散系统的粒径范围内，分子大小不均一，扩散慢，一般不能透过半透膜等。大分子溶液的自身特点是分子大，溶剂化作用较强，因此黏度较大。

3. 大分子物质的摩尔质量

大分子化合物中分子的大小一般是不相等的，因此只能给出它的平均摩尔质量。实验测定方法或计算方法不同，所得到的平均摩尔质量也不同。较常用的有数均摩尔质量、质均摩尔质量和黏均摩尔质量。研究其摩尔质量的分布更有实际意义。

9.5.1 大分子的概念

有机化合物的分子量通常在 500 以下，但也有些化合物的分子量却高达 10^6 以上，斯托丁格（Staudinger）最早将分子量在 10^4 以上的物质称为大分子（macromolecular）化合物。大分子化合物有天然的，如淀粉、蛋白质、纤维素和天然橡胶等，也有人工合成的，如 1909 年人工首次合成的酚醛树脂。至今，人工合成的聚合物如聚烯烃、树脂、合成橡胶和纤维等，品种之多已不胜枚举。合成的聚合物俗称高分子（polymolecular）化合物，它与天然大分子的共同特点是，一个分子由一种或几种简单化合物（称为单体，monomer）联结而成。例如，天然橡胶分子是由几千个异戊二烯分子联结而成，故也称为聚异戊二烯。人工合成的聚苯乙烯显然是由苯乙烯单体聚合而成，因此大分子与高分子两种说法没有太大区别。人工合成的聚合物不但可代替一些自然资源不足的天然大分子材料，而且具有一些天然材料所不具备的优点，特别是近年来一些功能高分子材料的出现，如光敏高分子、导电性高分子、医用高分子和高分子膜等，对科学研究和国民经济的发展起着一定的推动作用。高分子科学已逐渐发展成为一门独立的学科，主要有高分子化学和高分子物理两个分支。本节仅简介大分子溶液所具有的胶体分散系统的一些相关性质。

9.5.2 大分子溶液的特点

大分子化合物在合适的溶剂中所形成的溶液是两种分子彼此以分子状态均匀混合，没有相界面，热力学上稳定的系统，这一点与普通的小分子溶液相似。但由于一个分子本身的大小已落在胶体分散系统的范围之内（1～100nm 或更大），因此具有一些胶体分散系统的性质。正因为是这种特殊情况，大分子溶液具有一些自己的特点。

① 类似于小分子溶液的特点　溶解过程是大分子与溶剂分子混合的过程，是微观状态数增加的自发过程。分散相与分散介质之间没有相界面，形成的均相分散系统是热力学稳定系统。这种溶液的丁铎尔效应较弱，对外加电解质不敏感，如果加入大量的电解质只会影响大分子的溶剂化程度及其溶解度，而不影响它的热力学稳定性。如果将溶剂完全蒸发，大分子溶质就凝聚，若再加入溶剂，又能形成与原来一样的溶液，大分子与溶剂分子之间有一种亲和力，故将它称为亲液溶胶。

② 类似于憎液溶胶的特点　大分子与溶胶中胶粒的粒径都为 1～100nm（或更大），因此它们的扩散速率慢，一般都不能透过半透膜。大分子与胶粒的大小都是不均匀的，在同一批合成的大分子物质中，由于聚合度的不同，大分子的分子量 M 都不可能相同，就像胶粒中胶核所含的难溶物的分子数也不完全相同一样。

③ 大分子溶液自身的特点　大分子溶液的重要特点之一是黏度大，这也是它不同于小分子溶液和憎液溶胶的地方。大分子溶液具有高黏度的主要原因是，大分子本身所占的体积较大，又有较强的溶剂化作用，使得溶液的流变性下降。另外，大分子自身的不同链段之间可能有相互作用，这样就阻碍流动，也会使溶液的黏度增加。

9.5.3 大分子物质的摩尔质量

无论是天然的还是人工合成的大分子化合物，每个分子所含的单体数目（或称为聚合度）n 不可能完全相同，即分子大小是不一样的。因此，当提及大分子化合物的摩尔质量时，都是指它的平均值。在合成和生产大分子化合物或研究大分子的结构与性能的关系时，都需要了解它的平均摩尔质量及其分子大小的分布情况。由于实验测试的方法不同或平均计算的方法不同，大分子的平均摩尔质量的数值也会有差异，因此在查阅资料或比较不同物质的平均摩尔质量时要注意。这里介绍较常用的三种平均摩尔质量。

（1）数均摩尔质量 $\langle M_n \rangle$

设有一定量的某大分子溶液，含摩尔质量为 M_1，M_2，…，M_i 各组分的物质的量分别为 n_1，n_2，…，n_i，则数均摩尔质量的计算式为

$$\langle M_n \rangle = \frac{n_1 M_1 + n_2 M_2 + \cdots + n_i M_i}{n_1 + n_2 + \cdots n_i} = \frac{\sum_{\mathrm{B}} n_{\mathrm{B}} M_{\mathrm{B}}}{\sum_{\mathrm{B}} n_{\mathrm{B}}} \tag{9.12}$$

数均摩尔质量可以用测定溶液的依数性如凝固点降低、沸点升高和渗透压等方法得到。

如果已知大分子的化学结构，知道其分子链末端所带的基团（端基）性质，用化学分析法测定样品中所含端基的数目，这样计算得到的也是数均摩尔质量。

（2）质均摩尔质量 $\langle M_m \rangle$

设大分子物质的总质量为 m，含摩尔质量为 M_1，M_2，…，M_i，各组分的质量分别为 $m(1)$，$m(2)$，…，$m(i)$，则质均摩尔质量的计算式为

$$\langle M_m \rangle = \frac{m(1)M_1 + m(2)M_2 + \cdots + m(i)M_i}{m(1) + m(2) + \cdots + m(i)} = \frac{\sum_B m(B)M_B}{m} \tag{9.13}$$

用光散射法测得的是质均摩尔质量。在这个统计过程中，显然质量大的那部分分子对质均摩尔质量的贡献也大。

(3) 黏均摩尔质量 $\langle M_\nu \rangle$

用黏度（viscosity）法测定得到的是黏均摩尔质量。它的计算公式可表示为

$$\langle M_\nu \rangle = \left[\frac{\sum_B m(B)M_B^\alpha}{m}\right]^{1/\alpha} \tag{9.14}$$

式中，m 是大分子物质总的质量；m(B) 是摩尔质量为 M_B 的 B 组分的质量；α 是与分子形状有关的经验常数，常用大分子物质的 α 值有表可查，一般为 0.5～1.0。

【例 9.2】 取摩尔质量为 $100\text{kg}\cdot\text{mol}^{-1}$ 的某大分子溶液两份各 0.1kg，(1) 在一份中加入摩尔质量为 $1.0\text{kg}\cdot\text{mol}^{-1}$ 的同类大分子物质 0.001kg；(2) 在另一份中加入摩尔质量为 $1.0\times10^4\text{kg}\cdot\text{mol}^{-1}$ 的同类大分子物质也是 0.001kg。分别计算两种混合液体的数均摩尔质量和质均摩尔质量，并讨论加入不同聚合度的组分对数均摩尔质量和质均摩尔质量的影响。

解 (1) 原来大分子液体（组分 1）和加入大分子物质（组分 2）的物质的量分别为

$$m(1) = 0.1\text{kg}，M_1 = 100\text{kg}\cdot\text{mol}^{-1}，n_1 = \frac{m(1)}{M_1} = 1.0\times10^{-3}\text{mol}$$

$$m(2) = 0.001\text{kg}，M_2 = 1.0\text{kg}\cdot\text{mol}^{-1}，n_2 = \frac{m(2)}{M_2} = 1.0\times10^{-3}\text{mol}$$

$$\langle M_n \rangle = \frac{n_1M_1 + n_2M_2}{n_1 + n_2}，\text{代入以上数据得}\langle M_n \rangle = 50.5\text{kg}\cdot\text{mol}^{-1}$$

$$\langle M_m \rangle = \frac{m(1)M_1 + m(2)M_2}{m(1) + m(2)}，\text{代入以上数据得}\langle M_m \rangle = 99.9\text{kg}\cdot\text{mol}^{-1}$$

(2) $m(2) = 0.001\text{kg}，M_2 = 1.0\times10^4\text{kg}\cdot\text{mol}^{-1}，n_2 = \frac{m(2)}{M_2} = 1.0\times10^{-7}\text{mol}$

$$\langle M_n \rangle = \frac{n_1M_1 + n_2M_2}{n_1 + n_2}，\text{代入数据得}\langle M_n \rangle = 101\text{kg}\cdot\text{mol}^{-1}$$

$$\langle M_m \rangle = \frac{m(1)M_1 + m(2)M_2}{m(1) + m(2)}，\text{代入数据得}\langle M_m \rangle = 198\text{kg}\cdot\text{mol}^{-1}$$

由计算可见，对同一种大分子物质，用不同的计算方法，所得到的平均摩尔质量是不同的。不同聚合度的组分对各种平均摩尔质量的贡献也不同，加入少量摩尔质量较小（聚合度较低）的同类物质，使数均摩尔质量 $\langle M_n \rangle$ 降低很明显，但对质均摩尔质量 $\langle M_m \rangle$ 影响不大。加入相同质量的摩尔质量较高的同类物质，$\langle M_n \rangle$ 基本不变，而 $\langle M_m \rangle$ 却大大增加。

要深入了解大分子化合物的平均摩尔质量，最好要知道每种摩尔质量的大分子在试样中占的比例，即了解其摩尔质量的分布情况，这样对改进高分子材料的性能、控制聚合反应的程度都有实际意义。

9.6 乳状液

主要知识点

1. 乳化剂及其乳化作用

乳状液也是一种高度分散、热力学不稳定系统。将两种互不相溶液体混合并充分振荡，可得到瞬间的乳状液，但由于振荡使互不相溶的液体分散成小液滴后，系统内两液体之间的界面显著增大，界面吉布斯自由能增加，处于热力学不稳定状态，存在着自发减少吉布斯自由能的倾向，由此导致小液滴聚结长大，最终分成两相。因此乳化剂是使两种互不相溶的液体混合得到的乳状液稳定存在的第三种物质。它能形成保护膜，并能明显降低界面吉布斯自由能。乳化剂使乳状液稳定的作用称为乳化作用。

2. 影响乳状液类型的因素及乳状液类型的鉴别

乳状液中，通常一相为水（用 W 表示)，另一相为不溶于水的有机液体（统称为“油”，用 O 表示)。对于给定的水和油而言，可以是油作为分散相分散在水中，形成水包油（O/W）型乳状液；也可以是水作为分散相分散在油中，形成油包水（W/O）型乳状液。影响乳状液类型的因素可归纳为：①界面张力的影响；②乳化剂分子结构影响；③溶解度的影响；④润湿角影响；⑤油/水相体积比。对于一定的乳状液系统，究竟是 O/W 型，还是 W/O 型，往往很难直接通过肉眼辨认。乳状液的类型主要是通过稀释法、染色法和电导法进行鉴别。

3. 微乳液的特点和应用

微乳液与普通乳状液相比较，微乳液外观均匀透明，是热力学稳定系统。微乳液的主要应用包括：①使用微乳液能提高原油的采出率；②通过微乳液实现了非水相酶催化反应；③通过微乳液可制得高度分散、晶粒大小均匀的纳米粒子，微乳化技术的研究已在材料制备领域得到广泛的应用。

乳状液是由一种或几种液体分散在另一种与之不相溶的液体中构成的分散系统。其中分散相又称为内相，而分散介质则称为外相。乳状液中分散相的大小通常介于 0.1～0.5μm 之间，用普通显微镜可清楚地观察到。因此，从粒子的大小看，乳状液应属于粗分散系统，但由于它具有多相和聚结不稳定等特点，所以也是胶体化学研究的对象之一。

在日常生活和生产中，经常接触到乳状液，例如，母乳、牛奶、人造黄油；从油井中喷出的原油、炼油厂废水、橡胶类植物的乳浆、乳化农药等皆是典型的乳状液。

在实际的科研或生产中，为了达到分散的目的，需要设法使乳状液稳定，如牛奶、乳液涂料、乳化农药等；而有时为了达到分离的目的，则必须设法破坏乳状液，如原油脱水、炼油厂废水处理等。因此，乳状液研究的两大任务就是乳状液的稳定和破坏，即乳化和破乳。

9.6.1 乳化剂及其乳化作用

同胶体分散系统一样，乳状液也是一种高度分散、热力学不稳定系统。将两种互不相溶液体混合并充分振荡，可得到瞬间的乳状液，但静置后很快就会分为上、下两层。这是因为当振荡使互不相溶的液体分散成小液滴后，系统内两液体之间的界面显著增大，界面吉布斯自由能增加，处在热力学不稳定状态，存在自发减少吉布斯自由能的倾向，由此导致小液滴聚结长大，最终分成两相。换言之，仅有两种互不相溶的液体得不到稳定的乳状液，必须有第三种物质的存在，它能形成保护膜，并能明显降低界面吉布斯自由能，使乳状液能稳定存在。具备上述特性的第三种物质称为乳化剂。乳化剂使乳状液稳定的作用称为乳化作用。

乳化剂种类很多，可以是蛋白质、树胶、明胶、皂素、磷脂等天然产物，而使用更多更有效的乳化剂则是人工合成的表面活性剂。对于分散相液滴较大的乳状液，根据分散相是油还是水，对应的可以用具有亲水性的二氧化硅、蒙托土等固体粉末或憎水性的石墨、炭黑等固体粉末作乳化剂。

乳化剂乳化作用的主要机制如下。

① 降低界面张力　乳状液是一高度分散多相系统，具有很大的比表面，通常乳化剂在油/水界面上的定向排列，显著地降低了界面张力和表面吉布斯自由能，使其处于能量较低的稳定状态。

② 形成界面膜　乳化剂分子（或固体粉末）在油/水界面定向排列构成具有一定机械强度的界面膜，阻止了分散相因碰撞而聚结，从而保持乳状液的稳定。

③ 形成双电层　若乳化剂为离子型表面活性剂，在油/水界面定向排列后，则与溶胶粒子类似，液滴的表面也具有双电层结构，当分散相液滴相互靠近时因双电层产生的排斥作用而不易聚结。

视具体系统，乳化剂的乳化作用可以是上述因素的一种或几种同时作用的结果。

9.6.2 影响乳状液类型的因素

对于给定的水和油而言，可以是油作为分散相分散在水中，形成水包油型乳状液（O/W）；也可以是水作为分散相分散在油中，形成油包水型乳状液（W/O）。究竟形成何种类型的乳状液，与所用乳化剂的性质和结构相关。影响乳状液类型的因素可归纳为以下几点。

① 界面张力的影响　表面活性剂在油/水界面定向排列构成膜，比较膜与水相之间的界面张力 $\gamma_{膜/水}$ 和膜与油相之间的界面张力 $\gamma_{膜/油}$，若 $\gamma_{膜/水}>\gamma_{膜/油}$，为了尽可能降低表面吉布斯自由能，膜凹向水相，易形成 W/O 型乳状液；反之，膜凸向水相，凹向油相，易形成 O/W 型乳状液。

② 乳化剂分子结构的影响　乳化剂定向排列在油/水界面形成具有一定厚度的球壳形界面膜。乳化剂在进行定向排列时，总是倾向于使横截面积较大的一段处于壳形界面膜的外表面。当乳化剂是高级脂肪酸的钠盐（一价皂）时，朝向水的是 Na^+，朝向油的是碳氢链，离子一端容易水化，这就增大了这一端占有的空间，使得亲水基团处于壳形界面膜的外表面，凸向水相，因此这类乳化剂能稳定 O/W 型乳状液；若用高级脂肪酸锌盐、钙盐（二价皂），由于乳化剂分子的两个碳氢链在同一侧，占有空间较大，致使亲油基团处于壳形界面膜的外表面，凸向油相，因此能稳定 W/O 型乳状液。

③ 溶解度的影响　一定温度下，乳化剂在水相与油相中溶解度的比值 K（$c_{水}/c_{油}=K$）

称为分配系数。若 K 较大，易形成 O/W 型乳状液；反之，易形成 W/O 型乳状液。亲水性表面活性剂在水中溶解度大，适合作为 O/W 型乳状液的乳化剂，这类表面活性剂的 HLB 值为 8～18；亲油性表面活性剂在油相中溶解度大，适合作为 W/O 型乳状液的乳化剂，这类表面活性剂的 HLB 值为 3～8。

④ 润湿角影响　蛋白质类及固体粉末作为乳化剂，主要是形成具有一定结构及机械强度的表面膜，亲水性强（即接触角 $\theta<90°$）的粉末更倾向于同水结合，因此在油/水界面上的吸附膜是弯曲的，凸向水相，凹向油相，这样就使油成为不连续分散相而形成 O/W 型乳状液；亲油性的固体粉末则刚好相反，吸附膜凸向油相，凹向水相，使水成为不连续的分布而成为 W/O 型乳状液。

⑤ 油/水相体积比　一般而言，体积分数大的液体倾向于作分散介质（外相），体积分数小的倾向于作分散相（内相）。

9.6.3　微乳液的特点和应用

一般乳状液液滴粒径约为 0.1～0.5μm，属于粗分散系统，是热力学不稳定系统。若液滴粒径小于 0.1μm，称为微乳状液，简称微乳液。制备微乳液时，乳化剂用量特别大，占总体积的 20%～30%（常规乳状液为 1%～10%），并需加入一些极性有机物作助剂。

微乳液与普通乳状液相比有两点显著不同：其一，微乳液是热力学稳定系统。大量的表面活性剂在助剂的作用下，互相缔合于油/水界面形成界面层，使油/水的界面张力降低至 10^{-7}～$10^{-5}\,\mathrm{N\cdot m^{-1}}$（可以认为接近零），因而使整个混合吉布斯自由能（$\Delta_{\mathrm{mix}}G$）小于零。微乳液与一般的胶束溶液也不同，在微乳液中，由表面活性剂和助剂形成的缔合界面膜构成一明确的"小水池"，将水围在其中，好像油包水的乳状液，但尺寸要小得多，并且是稳定的。小水池的尺寸可以用胶体实验方法（如光散射、电子显微镜等）测定。微乳液与普通乳状液相比较另一不同点是微乳液外观均匀透明。液滴粒径大小不同，对光的吸收、反射和散射也不同，因而外观上有较大的差异。常规乳状液液滴的粒径为微米级，主要是对光的反射而呈乳白色，乳状液因此而得名。若液滴逐渐变小，散射光增强，呈现蓝色和半透明，当液滴小至微乳液时，系统则是均匀透明。表 9.5 给出了乳状液的外观与液滴尺寸的关系。

表 9.5　乳状液的外观与液滴尺寸的关系

液滴尺寸	外观
大液滴	可分辨出有二相系统
>1μm	乳白色
1～0.1μm	蓝白色
0.1～0.05μm	灰色半透明
<0.05μm	透明

微乳液引起特别关注是由于：一方面它在三次采油中能提高原油的采出率（10%以上）；另一方面，它是实现非水相酶催化的有效途径。通常酶仅能在水中稳定存在，而多数底物是有机物，这就限制了酶催化的应用。利用微乳液，使酶分子存在于水池内，底物则溶于油相分散介质中，在界面上反应后，产物仍溶于油相。除此之外，W/O 型微乳液中的小水池为制备无机纳米氧化物粉体提供了极佳的微观环境。设法让化学反应在小水池中进行并生成晶体，由于受水池大小的控制，晶体无法长大。同时，吸附在水/油界面的乳化剂对所生成的

纳米晶粒起到分散剂和保护剂的作用，避免了纳米晶粒聚集长大，从而制得高度分散、晶粒大小均匀的纳米粒子。近几十年来，微乳化技术的研究和应用发展很快，已在材料制备领域得到广泛的应用。

9.6.4 乳状液的去乳化

在工业生产中，为了分离的目的，有时需要去乳化，即破乳。例如，药物生产中往往会形成不必要的乳状液需要破除，原油脱水、除去污水中的油珠、从牛奶中提炼奶油等都需要破乳。乳状液的破坏一般要经过分层、转相和破乳等不同阶段。破乳的原理大致上是乳化作用的逆过程，归根结底是破坏乳化剂的保护作用，最终使油、水分离。通常使用的方法如下。

① 破坏乳化剂去乳化　加入能与乳化剂发生化学反应的试剂，使其与乳化剂生成新的物质而析出（沉淀）。例如，向用皂类作乳化剂的乳状液中加入无机酸，使乳化剂变成脂肪酸析出，从而达到去乳化的目的。

② 破坏保护膜去乳化　用表面活性更强，但碳氢链短，不能形成牢固保护膜的表面活性剂取代原乳化剂，从而破坏原乳化剂形成的保护膜，达到去乳化目的。常用的去乳化表面活性剂是低级醇或醚，例如异戊醇，它表面活性很强，但因碳氢链短且分叉，无法形成牢固的界面膜。

③ 加入类型相反的乳化剂去乳化　例如向由一价皂乳化形成的O/W乳状液中加入足够量的二价皂，可以使乳状液发生转相，利用从O/W型向W/O型转变过程中的不稳定性使之破坏。

④ 电解质去乳化　以双电层起稳定作用的稀乳状液可以通过加入电解质去乳化，这是工业上常用的方法。电解质的去乳化作用也符合舒尔茨-哈迪规则，即与液滴电性相反的离子价数越高，其去乳化能力越强。

除上述几种方法外，还有如加热去乳化，离子破乳等。

9.7 唐南平衡

主要知识点

1. 不解离大分子的渗透压

不解离大分子溶液的渗透压计算可以用范特霍夫渗透压公式。由于大分子溶液浓度低，渗透压小，所测大分子摩尔质量的实验误差大。

2. 解离大分子的渗透压

由于大分子离子不能透过半透膜，而小离子和水分子可以，但是为了保持电中性，离子也只能留在大分子离子一侧，这种小离子在膜两边浓度不等的平衡分布称为唐南平衡。因为带电粒子在膜两边的不均匀分布会产生膜电势，这会影响渗透压的数值，导致所计算的大分子的摩尔质量产生误差。膜电势在生理和维持生物的生命方面有重要作用。

3. 渗透压法测定解离大分子的摩尔质量

为了降低唐南效应的影响，在解离大分子溶液的另一侧加入足量的中性小分子盐，正、负离子成对地渗入大分子溶液一边，达到平衡时，几乎有一半的电解质渗透到了膜的另一边，这样可以忽略唐南效应的影响。在渗透平衡时，同一电解质在膜两边的化学势相等，即离子活度积相等，这样得到的渗透压计算公式与非解离大分子溶液的公式相同。

9.7.1 不解离大分子的渗透压

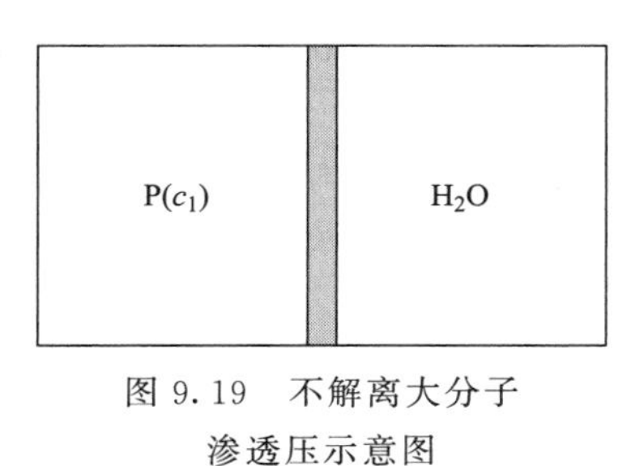

图 9.19 不解离大分子渗透压示意图

渗透压是稀溶液的一种依数性。只与溶质质点的多少有关，而与质点的大小、性质无关。质点可以是小分子、离子、大分子或胶粒，所用的半透膜只允许溶剂水分子通过，不允许溶质质点通过。由于在膜两边水的化学势不等，水分子有从纯水一边向溶液一边渗透的倾向，就产生了渗透压。在图 9.19 半透膜的左侧是不解离大分子 P（如在等电点时的蛋白质）的水溶液，浓度为 c_1，右侧是纯水。为了阻止纯水一边的水分子向溶液一边渗透，必须在溶液一边外加压力 Π，这就是渗透压，Π 与溶液浓度的关系符合范特霍夫渗透压公式，即

$$\Pi = c_1 RT \tag{9.15}$$

大分子溶液的浓度不能太高，否则容易引起凝聚。另外，处于等电点时的蛋白质溶液也不稳定，有时常使溶液的 pH 略偏离其等电点值。由于大分子溶液的浓度低，测得的渗透压很小，因此用这种方法计算不解离大分子物质的摩尔质量会引起较大的误差。

9.7.2 解离大分子的渗透压

将浓度为 c_1 的大分子电解质 RNa 的溶液置于半透膜左侧，RNa 可解离出大分子离子 R^- 和 Na^+，右侧为纯水，如图 9.20 所示，半透膜只允许 H_2O 分子和 Na^+ 通过，R^- 不能通过。Na^+ 虽然可以透过半透膜，但为了保持左侧溶液的电中性，Na^+ 不能到右侧去，Na^+ 必须与大分子离子 R^- 位于同一侧。这种小离子在半透膜两侧浓度呈不均匀分布的渗透平衡称为唐南（Donnan）膜平衡，简称为唐南平衡。因为唐南从热力学的角度研究了有离子存在时的膜平衡情况，并得到了一些有意义的结果，故用他的名字来命名这种平衡。

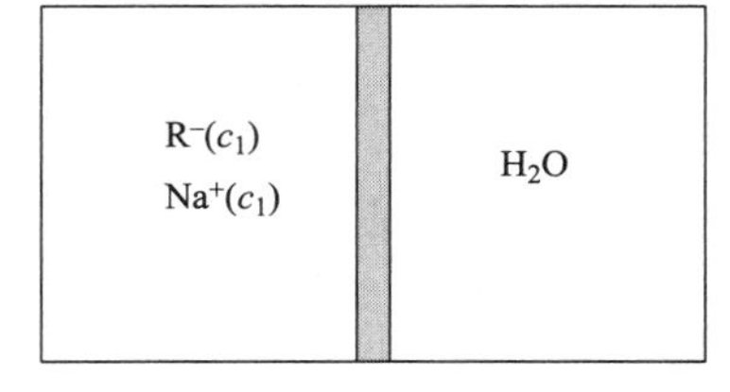

图 9.20 解离大分子渗透压示意图

在膜两边离子浓度不等的情况下，虽然仍可套用范特霍夫渗透压公式，但这样计算得到的大分子物质的摩尔质量是不正确的。因为在膜两边带电粒子的不均匀分布相当于组成了一个浓差电池，在膜两边有电势差，这就是膜电势，它的存在会影响渗透压的数值，所以在测定大分子电解质的摩尔质量时要设法减小膜电势的影响。

膜电势在生理上有重要作用，细胞膜相当于带有生理活性的半透膜，细胞膜两边的离子浓度是不等的。例如，红细胞中的 K^+、Mg^{2+} 的浓度比血浆中高，而 Na^+、Ca^{2+} 的浓度却比血浆中低。当细胞内的蛋白质和离子与细胞外的体液建立膜平衡时，会产生一定的电势

差，不同的细胞膜上的电势差也是不同的，维持一定的膜电势就维持了生命。

9.7.3 渗透压法测定解离大分子的摩尔质量

为了减少解离大分子中的小离子在膜两边分配不均匀所形成的唐南平衡对渗透压测定的影响，实验中常采取以下方法：在纯水一边加入足够数量的中性电解质（如 NaCl），设右侧所加 NaCl 的浓度为 c_2，NaCl 刚加进去的情况如图 9.21(a) 所示。Na^+、Cl^- 都能透过半透膜，但为了保持两侧溶液的电中性，若有一个 Na^+ 透过半透膜迁移到左边，必定同时带走一个 Cl^-，达到平衡时，离子浓度的分布如图 9.21(b) 所示。

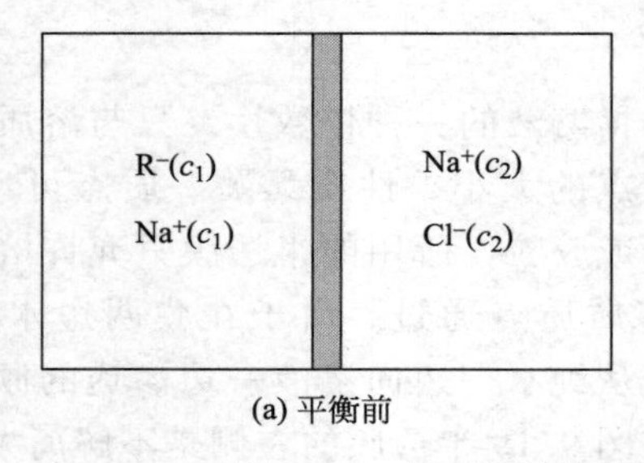

(a) 平衡前

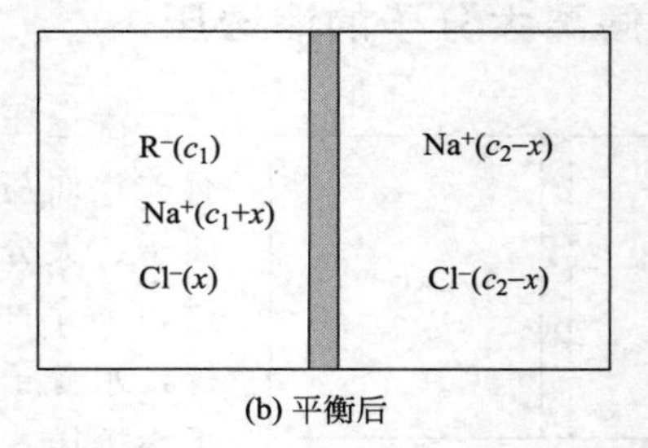

(b) 平衡后

图 9.21 加入中性盐及达到渗透平衡时的浓度分布

达到渗透平衡时，忽略膜电势的影响，则同一物质 NaCl 在膜的左（L）、右（R）两侧的化学势应该相等，即 $\mu_{NaCl,L}=\mu_{NaCl,R}$。因为是同一种物质，在半透膜的左、右两侧的标准态化学势相同，所以根据化学势的表示式，可得到

$$RT\ln a_{NaCl,L}=RT\ln a_{NaCl,R} \quad 即 \quad a_{NaCl,L}=a_{NaCl,R}$$

根据电解质活度与离子活度的关系式，可得

$$(a_{Na^+}a_{Cl^-})_L=(a_{Na^+}a_{Cl^-})_R$$

设所有离子的活度因子都等于 1，则有

$$[Na^+]_L[Cl^-]_L=[Na^+]_R[Cl^-]_R$$

代入平衡时离子的浓度，得

$$(c_1+x)x=(c_2-x)^2$$

解得 x 的表达式为

$$x=\frac{c_2^2}{c_1+2c_2} \tag{9.16}$$

由式(9.16) 可见，若在右侧水中的中性盐加得太少，$c_2 \ll c_1$，则 $x\approx 0$，即几乎无离子向左方渗透，中性盐加得太少等于不加，情况与图 9.20 类似。若在右侧纯水中加足够多的中性盐，使 $c_2 \gg c_1$，根据式(9.16)，得 $x\approx\frac{1}{2}c_2$，几乎有一半的中性盐渗透到了左边，使得 NaCl 在膜两边几乎呈均匀分布，这可有效地降低膜电势对渗透压的影响。

渗透压是由膜两边粒子数不等引起的，根据范特霍夫渗透压公式，得渗透压的计算式为

$$\Pi=\Delta cRT=[(c_1+c_2+x+x)_L-2(c_2-x)_R]RT=(2c_1-2c_2+4x)RT$$

将 x 的表示式［式(9.16)］代入，整理得

$$\Pi=\frac{2c_1^2+2c_1c_2}{c_1+2c_2}RT \tag{9.17}$$

当加入 NaCl 的浓度远大于原来解离大分子化合物的浓度时，即 $c_2 \gg c_1$，则式(9.17) 近似为

$$\Pi \approx c_1 RT$$

这与式(9.15)相同，即相当于不解离的大分子化合物的渗透压计算公式，但这里已经将膜电势对渗透压的影响降低到了可以忽略不计的程度。

由于大分子溶液的浓度不大，渗透压一般都比较小，因此用渗透压法测定大分子化合物（解离的或不解离的）的数均摩尔质量精确度不太高。对于较稳定的大分子，在用渗透压法测定其摩尔质量时，应尽可能将试液浓度配得较大，使渗透压更高，可以降低实验误差。这种方法一般适用于分子量小于 10^5 的大分子化合物。

大分子化合物的溶液一般是非理想的，最好使用非理想溶液的渗透压公式进行计算。对于普通大分子稀溶液可以用以下简化公式计算：

$$\Pi = RT\left(\frac{c}{\langle M_n \rangle} + A_2 c^2\right) \tag{9.18}$$

式中，$\langle M_n \rangle$ 是数均摩尔质量；c 是大分子溶液的物质的量浓度；A_2 是第二维里系数。若将式(9.18)改写为线性方程，得

$$\frac{\Pi}{c} = \frac{RT}{\langle M_n \rangle} + RTA_2 c \tag{9.19}$$

用实验测定渗透压 Π，以 $\frac{\Pi}{c}$ 对 c 作图，得到一条直线，将直线外推到 $c \to 0$，从所得截距可以计算数均摩尔质量 $\langle M_n \rangle$ 的值。

【例 9.3】 298K 时，半透膜两边体积相等，一边放浓度为 c_1 的有机物 RCl，设 RCl 能完全解离成 R^+（不能透过半透膜）和 Cl^-（能透过半透膜），另一边放浓度为 c_2 的 NaCl 溶液。若 $c_1 = 0.1\text{mol}\cdot\text{dm}^{-3}$，$c_2 = 0.5\text{mol}\cdot\text{dm}^{-3}$，试计算达到渗透平衡后，各种离子在膜两边的浓度和渗透压（设活度因子都等于 1）。

解 达到平衡后，设膜两边的离子浓度如下所示。x 为从膜右（R）边透过半透膜进入左（L）边的 Na^+ 或 Cl^- 的浓度。

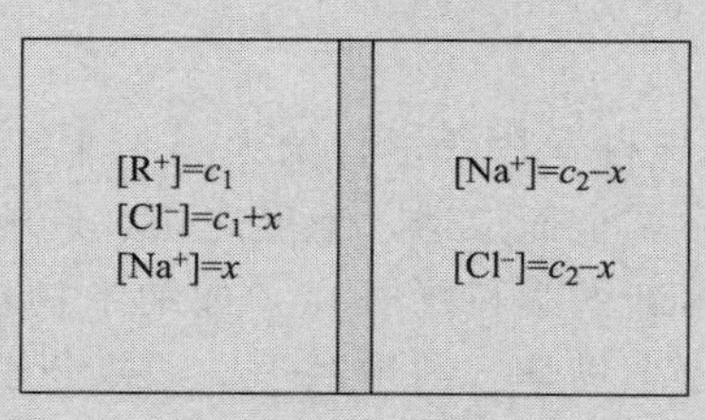

设达到渗透平衡后，膜两边 NaCl 的化学势相等，离子浓度之间的关系为

$$[Na^+]_L[Cl^-]_L = [Na^+]_R[Cl^-]_R \quad 即 \quad (c_1 + x)x = (c_2 - x)^2$$

代入 c_1 和 c_2 的数据，解得 $x = 0.227\text{mol}\cdot\text{dm}^{-3}$。因此，达到渗透平衡时各离子的浓度为

$$[Na^+]_L = 0.227\text{mol}\cdot\text{dm}^{-3}，[Cl^-]_L = 0.327\text{mol}\cdot\text{dm}^{-3}，$$

$$[Na^+]_R = [Cl^-]_R = 0.273\text{mol}\cdot\text{dm}^{-3}$$

$$\begin{aligned}\Pi &= \Delta c RT \\ &= (0.1 + 0.227 + 0.327 - 2\times 0.273)\text{mol}\cdot\text{dm}^{-3} \times RT \\ &= 268\text{kPa}\end{aligned}$$

上述分析和计算示例表明，若在测定大分子电解质渗透压时，在膜的另一边加入足够量的小分子电解质，可以用非电解质的渗透压公式计算其渗透压，进而计算大分子物质的分子量而不致引起较大的误差。这就是通过加入足够量小分子电解质消除唐南效应影响的方法。由上述小分子电解质浓度对唐南平衡的影响可知，唐南平衡最主要的功能是控制物质的渗透压，这对医学、生物学中研究细胞膜内外的渗透压有重要意义。

9.8 纳米技术与应用简介

主要知识点

1. 纳米材料的分类

凡是有三维、二维或一维纳米级的材料都可称为纳米材料，因而有纳米粒子、纳米膜、纳米丝和纳米管等。纳米材料还可以根据其化学属性分类，或根据其功能分类，因此可以分出许多类型。

2. 纳米材料的制备方法

原则上只有两种方法，即分散法和凝聚法。由于采取的工艺方法不同，因而有各种制备方法，如物理气相沉积法、化学气相沉积法、水热合成法、溶胶-凝胶法、微乳液和反相胶束法等。纳米膜和纳米丝（管）的制备一般要采取特殊的方法，有时需要模板支撑。

3. 纳米材料的特性

纳米粒子很小，比表面很大，表面能很高，表面原子所占的比例也很高。是热力学不稳定系统，具有小尺寸效应、表界面效应和量子尺寸效应等特性。

9.8.1 纳米技术概述

纳米技术作为21世纪的主导科学技术，将给人类带来一场前所未有的新工业革命。近年来，纳米技术正向各个学科领域全面渗透，速度之快、影响之广，出乎人们意料。纳米技术与传统学科相结合形成了许多新的学科增长点，如纳米物理学、纳米化学、纳米电子学、纳米机械学、纳米材料学、纳米生物学、纳米医学、纳米药学和纳米军事学等。这些新兴学科发展之迅速、潜力之强大和应用面之广，让人们不得不相信，21世纪将会是个纳米技术世纪。

纳米技术研究的颗粒粒径一般为0.1～100 nm，与胶体分散系统研究的范围相仿，但下限更小一点，也就是从由单个原子或数个原子组成的小分子到由几百个原子甚至上千个原子组成的蛋白质分子等。自然界中各种不同的植物和动物之所以能够具有各自的神奇特性，根本原因在于它们在原子和分子水平上具有独特的组合方式和因此而形成的结构特点。例如，跳蚤可以跃起的高度是它身高的几百倍；蚂蚁所能撼动物体的质量是它体重的几十倍；海洋中有那么多造型独特、色彩艳丽的鱼类和贝壳；候鸟、蜜蜂、鸽子等利用头部的纳米磁性材料导航不会迷失方向。虽然今天的科技已发展到了相当的高度，但人类所能创造的物质仍不及自然界的万分之一。

纳米技术的最终目标是要在原子、分子水平上，对自然界中物质的本质进行研究，期望人类能按照自己的意愿任意操纵单个原子和分子，在这个基础上设计和制造出全新的物质，给人类社会带来全新的变革。

在人类社会漫长的发展过程中，已经历了两次巨大的工业革命。第一次工业革命是在18世纪中叶，蒸汽机代替了手工劳动，结束了人类进化以来最漫长的以体力劳动为标志的时代，因此第一次工业革命是以毫米技术的应用为标志。20世纪以来，微米技术使人类进入了计算机和通信网络的新时代，大大缩短了人类的空间距离，极大地促进了生产力的发展，这是第二次工业革命，以微米技术的应用为标志。以纳米技术的应用为代表的第三次工业革命将在21世纪为人类创造许许多多新物质、新材料和新机器，彻底改变人类千百年来形成的生活习惯，将为生命科学、药学和医学带来极大的变革，为人类创造一个全新的世界。

纳米技术要以许多现代先进的科学技术为基础，是现代科学（如量子力学、分子生物学等）与现代技术（如微电子学技术、计算机技术，高分辨显微技术、核分析技术等）相互结合的产物，它代表人类今后科学技术发展的趋势，也将成为现代高科技和新兴学科发展的基础。由于纳米粒子太小，小到普通显微镜也无法分辨，在研究过程中必须使用扫描隧道显微镜（STM）、透射电子显微镜（TEM）和原子力显微镜（AFM），因此纳米电子学和电子器件的开发在纳米技术发展中占有重要地位。

9.8.2 纳米材料的分类

根据纳米材料的三维、二维还是一维处于纳米级，可将其分为纳米粒子、纳米膜和纳米丝或纳米管；根据纳米材料的化学属性可将其分为纳米金属、纳米氧化物、纳米硫（碳、氮、磷）化物、纳米含氧酸盐、纳米硅铝酸盐和纳米复合材料等；根据纳米材料的功能又可将其分为半导体型纳米材料（如硅的氧化物、过渡金属的氧化物和硫化物等）、光敏型纳米材料（如 TiO_2、W_2O_5 等，可作为紫外光屏蔽剂和光电化学催化剂）、增强型纳米材料和磁性纳米材料等。

9.8.3 纳米材料的制备方法

纳米材料的制备方法很多，对于纳米粒子，其制备方法基本上与憎液溶胶的制备方法相同，主要采取分散法或化学、物理凝聚法。对于纳米膜、纳米丝和纳米管等，则要采取比较特殊的制备方法。在制备纳米粒子的过程中，主要采用的工艺有等离子体法、激光法、蒸发法、燃烧法、水热合成法、溶胶-凝胶法、爆炸法、喷雾法、真空溅射法、沉淀法和冷冻干燥法等，现择要介绍几种方法。

① 物理气相沉积法（PVD） 在低压的惰性气体中，用电加热、高频感应、电子束或激光等热源，将要制备成纳米粒子的物料加热气化，气相分子或原子在惰性气体中按一定的规则共聚在一起形成纳米粒子，这种方法较多地用于制备金属纳米粒子。

② 化学气相沉积法（CVD） 将原材料（如金属氧化物、氢氧化物或金属醇盐等）用PVD中的相同方法加热气化，再通过化学反应，成核生长为纳米粒子。

③ 水热合成法 在一定的温度和压力下，在水溶液或蒸气流中，使反应物混合并发生反应，形成纳米级的沉淀。侧如分子筛的合成通常采用水热合成法，用水玻璃（硅酸钠）、硫酸铝和氢氧化钠等按一定的配比，在一定温度和压力下反应，结晶生成各种不同型号的分子筛，到目前为止，通过合成原料的调配、合成条件的优选、模板剂的选择，已合成出200

余种满足不同反应需要的各类微孔、介孔和大孔的分子筛。

④ 溶胶-凝胶法　将金属有机醇盐或无机盐的溶液，经水解使溶质聚合成溶胶，然后把溶胶转化成凝胶使其固化，在低温下干燥，粉碎再煅烧，可得到相应的纳米化合物粒子。

⑤ 微乳液和反相胶束法　这类方法是利用两种互不相溶的有机溶剂（统称“油”）和水，加入一定数量合适的表面活性剂，使形成乳状液的液滴直径处在纳米级。每个纳米液滴相当于一个微反应器，在其中发生化学反应。液滴之间通过相互碰撞发生物质交换。由于液滴本身处于纳米级，限制了产物粒子的大小，可得到纳米粒子。如果采用合适的表面活性剂作为稳定剂，使其吸附在纳米粒子的表面，对粒子起到稳定和保护作用，这样既可防止粒子的进一步生长，又可对纳米粒子起到表面改性的作用。如果在溶液中加入足量合适的表面活性剂和助剂。形成反相胶束，即疏水基向外，亲水基向内，这样可以控制水相微区的形状，起到模板的作用。利用胶束的各种形状，可以制备出相应的球状、棒状、碟状等纳米粒子。

⑥ 纳米膜的制备　最常见的纳米膜是用电镀方法制备的超薄镀层，控制镀液的组成，加入合适的助剂，控制沉积的速率，可以得到各种光亮致密的纳米级镀层。镀层的种类很多，有合金镀层、含有稀土化合物的复合硬质镀层以及含有防霉、杀菌剂的环保型镀层等。用L-B技术制备各种L-B膜，即将具有表面活性的两亲分子溶于挥发性溶剂中，然后铺在水面上，待溶剂挥发后，在水面上可得到二维有序排列的单分子膜，即朗格缪尔膜。用特殊机械将膜逐层转移到固相基底上，根据固相基底材料的不同，转移方法、转移次序和叠加方式的不同，可以制备出层数可控、排列有序、有一定方向性的超薄纳米膜，可用于制备仿生材料、电子器件和电化学分析材料等。

⑦ 纳米丝、纳米管的制备　以天然的或人工合成的含纳米孔的多孔材料（如沸石分子筛或多孔氧化铝等）为模板。让产物的成核和生长都在纳米孔道中进行，这样就可以获得相应的纳米丝或纳米管。例如，以多孔氧化铝为模板，通过高温气相反应，成功地合成出了氮化镓纳米丝。碳纳米管实际上是石墨中一层或若干层由碳原子卷曲而成的笼状结构，其中含一层石墨层的称为单壁碳纳米管，多于一层的称为多壁碳纳米管。碳纳米管的直径为0.4～20nm，长度可以从几十纳米到毫米级。

9.8.4　纳米材料的特性

由于纳米材料具有特殊的结构，在热力学上处于极不稳定的状态，因而表现出许多独特的效应。主要有以下几种。

① 小尺寸效应　由于纳米材料的粒径一般比入射光的波长、传导电子的德布罗意波长、超导态的相干长度等物理特征尺寸还小，因此在声、光、热和电磁等特征方面会出现小尺寸效应。例如，可见光照到纳米粒子上会发生散射而不是反射；纳米铜不但没有紫铜色的光泽，而且不导电；纳米银的熔点只有100℃左右等。

② 表（界）面效应　物质的比表面积会随着颗粒的变小而迅速增加，表面原子数占总原子数的比例也急剧增加。例如，粒径为5 nm物质的比表面积约为$180m^2 \cdot g^{-1}$，表面原子所占的比例约为50%，粒径为2 nm物质的比表面积约为$450m^2 \cdot g^{-1}$，表面原子所占的比例约为80% 。由于表面原子的受力不平衡，有未被饱和的力，因而显得十分活泼。这种高比表面积的纳米粒子具有很高的表面能，是热力学的不稳定状态，因此有明显的表面效应，主要表现在两个方面。

a. 纳米粒子具有极高的化学活性。如果将催化剂制备成纳米级粒子，就会显示出特有的高催化活性和稳定性。可燃物体的粉尘（如木屑、面粉、纤维和金属屑）小到纳米级时，一遇火种即发生热爆炸；纳米金属粒子一定要保存在惰性气氛中，在空气中纳米粒子的含量不能太高，否则就会迅速被氧化乃至发生爆炸。2014 年某市一个金属轮箍厂，由于抛光车间有积累的铝粉和空气中铝粉尘超标，铝粉遇水后发生反应放热，温度不断升高，导致铝粉自燃而引发铝粉尘爆炸，在车间工作的一百多人无一幸免。

b. 纳米系统是热力学不稳定系统，纳米粒子有自发聚结以降低表面能的倾向，要用特殊的方法加以保护以防止发生聚结。由于表面原子所占的比例太高，还会引起表面电子自旋、构象和电子能谱改变等特殊情况。

③ 量子尺寸效应　随着粒径的减小，电子能级由准连续能级变为离散能级。当粒径小到几个纳米时，由于所含电子数少，电子能级形成分离的能级，当电子能级的间隔大于热能、磁能、电能和光子能量等特征能量时，将引起能级改变、能隙变宽，使粒子的发射能量增加，光吸收向短波长方向移动，直观上表现为样品颜色的变化。例如，金属铂是银白色的金属，俗称白金，而纳米级的金属铂是黑色的，俗称铂黑。这种现象称为量子尺寸效应。纳米材料的特性很多，如宏观量子隧道效应等，可参阅有关专著。

9.8.5 纳米材料的应用

纳米材料由于具备以上的特殊效应，因此具有常规材料所没有的特性，使得它在许多方面具有广泛或潜在的应用，不仅仅局限于化学方面，在生物、医药、物理、材料甚至军事等方面都有广泛应用，已发展成多学科、多种研究方法的综合利用。

（1）纳米催化剂与环境保护

目前国际上已经把纳米催化剂作为新一代催化剂进行研究与开发，其中许多应用集中在保护环境方面，比较典型的是纳米二氧化钛（TiO_2），这是一种半导体光催化材料，在阳光照射下，会产生氧化能力很强的“空穴”，可以将吸附在上面的有机物、灰尘和细菌等氧化分解成二氧化碳和水。其次，光照还会导致二氧化钛具有超亲水性，使得水滴在其表面无法形成。如果将这种纳米二氧化钛掺杂在墙砖、玻璃等建筑材料中，就是“自洁型”的环保产品。用自洁墙砖、玻璃建造的高楼大厦就可以不用擦洗，而且能长期保持清洁、明亮。用自洁玻璃制备的汽车反光镜、挡风玻璃等，在雨天可不用雨刷。如果在制备冰箱、空调、洗衣机的材料中加入纳米级的杀菌、除臭剂，就可制备出纳米冰箱等一系列环保型家用电器。另外，用纳米级的铁、镍与 γ-Fe_2O_3 混合制成的催化剂可以代替贵金属作为汽车尾气的净化剂，使高速公路从高污染区变为环保型区。

如果将含有纳米二氧化钛的特殊材料喷涂在棉、毛、化纤等织物的表面，可以形成超常的疏水、疏油（双疏性）性质，从而制成免洗布，因为这种织物不沾油、不沾水，永远保持洁净。如果需要洗涤，在清水中漂洗即可，既节省了大量洗涤剂，又可防止环境污染。

最近合成出的“吸油不吸水”的新型高分子材料已进入商业生产，这种新型的纳米纤维完全不吸水，却可以吸收远超于自身质量的油污，且可以回收重复使用，由于其制造成本低廉，并可批量生产，因此可用来净化饮用水和清理海洋中泄漏的油污等。

（2）纳米材料与健康

阳光中波长为 300～400nm 的紫外线对人体健康十分有害，研究表明，氧化钛、氧化硅、氧化镁和氧化锌等纳米粒子对这种紫外线有强烈的吸收作用，用这类微粒作为添加剂制成的防晒霜等化妆品具有良好的防紫外线功能。另外，还可以用来制备防紫外线的伞、防晒漆、防晒塑料等。

在合成纤维中添加相应的纳米微粒，可以制成杀菌、防霉、除臭、抗紫外线辐射和抗电磁辐射的环保内衣和服装。如果在布料中加入少许金属纳米微粒，可以防止出现因摩擦而产生静电的现象。将对人体红外线有很强吸收功能的纳米材料加到布料中，可以制成保暖服装，还可以改善人体微循环，增加人体细胞活力，促进新陈代谢。

最近的科学研究发现，手机等移动通信设备产生的电磁场对人的脑电流有明显的干扰作用，还会导致人体血压升高，继而引发疲劳、眩晕等一系列其他疾病。香港科技大学用纳米材料制成的薄膜对900MHz辐射波的吸收率可达50%以上，对1800MHz辐射波的吸收率可达70%，这无疑给移动通信业和使用手机的人带来福音。

使用纳米技术制备的药品越来越精细，用数种纳米粒子组合成的智能药物在血液中可以自由活动（红细胞的粒径为6000～9000nm），自动搜索病灶、主动攻击染病细胞并修补受损组织，是具有靶向、释放可控、疗效好、副作用小的新型药物。

（3）纳米储氢材料与绿色汽车

汽车已是现代社会不可缺少的交通工具，但它消耗化石燃料太多，它的尾气既有害人体健康，又会破坏臭氧层，威胁人类的生存，因此要尽快改变汽车的动力来源，研制出绿色汽车。目前认为，用氢-氧燃料电池作动力源的汽车污染很小，因这种燃料电池几乎不排放废气，产物水还可以利用。而目前道路上行驶的汽车使用氢-氧燃料电池的最大困难是储氢问题，氢气放在钢瓶中，不仅不安全，而且可使用氢气的质量仅是钢瓶质量的1%左右，很不合算。使用液氢要高压、低温条件，汽车难以携带，而且也不安全。碳纳米管的问世给绿色汽车的研制带来了巨大的希望，碳纳米管能够大量吸附氢气，成为纳米钢瓶，它的储氢能力已达到5%左右，而且2/3的氢气能够在常温、常压下释放出来。尽管目前仍有不少问题需要解决，但随着碳纳米管、石墨烯等新材料的开发，这种清洁能源汽车的推广使用已指日可待。

（4）纳米陶瓷材料和倾斜功能材料

传统陶瓷材料的优点是坚硬、绝缘、耐高温、耐腐蚀，但是强度高而质地脆，不易加工。纳米陶瓷材料几乎保留了原来的所有优点，克服了所有缺点，变得细腻，具有高韧性和良好的延展性，成为广受欢迎的新材料。经过特殊加工，可以使它的表面保持常规陶瓷的硬度、耐高温特性和化学稳定性，而内部却具有如金属一般的延展性，成为航天工业上重要的新材料。例如，航天器中的氢氧发动机，燃烧室的内壁需要耐极高的温度，要用陶瓷制备，而外表面要与冷却剂接触，要用金属制备，但整块的陶瓷与金属无法黏合在一起，这就要用到纳米倾斜功能材料，即金属与纳米陶瓷颗粒的成分是一个渐变的过程，像一个倾斜的梯子，由纯金属慢慢增加纳米陶瓷颗粒的量，直至过渡到全部陶瓷，再烧结成型，这种纳米倾斜功能材料是制备各种发动机的理想材料。

思考题

1. 憎液溶胶有哪些特征？

2. 有稳定剂存在时胶粒优先吸附哪种离子？

3. 用As_2O_3与略过量的H_2S制成的As_2S_3溶胶，试写出其胶团的结构式。用$FeCl_3$在热水中水解来制备$Fe(OH)_3$溶胶，试写出$Fe(OH)_3$溶胶的胶团结构。

4. 在以 KI 和 $AgNO_3$ 为原料制备 AgI 溶胶时，或者使 KI 过量，或者使 $AgNO_3$ 过量，两种情况所制备的 AgI 溶胶的胶团结构有何不同？胶核吸附稳定离子时有何规律？

5. 胶粒发生 Brown 运动的本质是什么？这对溶胶的稳定性有何影响？

6. Tyndall 效应是由光的什么作用引起的？其强度与入射光的波长有什么关系？粒子大小落在什么范围内可以观察到此效应？

7. 把人工培育的珍珠长期收藏在干燥箱内，为什么会失去原有的光泽？能否再恢复？

8. 当一束会聚光通过憎液溶胶时，站在与入射光线垂直的方向看到光柱的颜色是淡蓝色；而站在入射光成 180°的方向看到的是橙红色，这是为什么？

9. 为什么有的烟囱冒出的是黑烟，有的却是青烟？

10. 为什么晴朗的天空呈蓝色？为什么日出日落时的彩霞特别艳丽？

11. 为什么表示危险的信号灯用红色？为什么车辆在雾天行驶时，装在车尾的雾灯一般采用黄色？

12. 为什么在做测定蔗糖水解速率的实验时，所用旋光仪的光源是钠光灯？

13. 什么是 ζ 电势？ζ 电势的正、负号是如何确定的？ζ 电势的大小与热力学电势有什么差别？ζ 电势与憎液溶胶的稳定性有什么关系？

14. 在一个 U 形玻璃管中间放一个用 AgCl 晶体组成的多孔塞，管中放浓度为 $0.001mol\cdot dm^{-3}$ 的 KCl 溶液。在多孔塞的两边放与直流电源相接的电极。接通电源后，管中的溶液将向哪一极方向移动？如果将 KCl 溶液的浓度增加 10 倍，则溶液迁移的速度是变慢还是变快？如果管中放的是浓度为 $0.001mol\cdot dm^{-3}$ $AgNO_3$ 溶液，电渗的方向会改变吗？

15. 为什么输油管和运送有机液体的管道都要接地？

16. 为什么明矾能使浑浊的水很快澄清？

17. 用电解质把豆浆点成豆腐，如果有三种电解质：NaCl、$MgCl_2$ 和 $CaSO_4\cdot 2H_2O$，哪种电解质的聚沉能力最强？

18. 在能见度很低的雾天飞机急于起飞，地勤人员搬来个很大的高音喇叭，喇叭一开，很长一段跑道上的雾就消失了，这是为什么？

19. 江河入海口为什么会形成三角洲？

20. 憎液溶胶是热力学不稳定系统，但它能在相当长的时间内稳定存在，试解释原因。

21. 大分子溶液和（憎液）溶胶有哪些异同点？对外加电解质的敏感程度有何不同？

22. 大分子化合物有哪几种常用的平均摩尔质量？这些量之间的大小关系如何？如何用渗透压法较准确地测定蛋白质（不在等电点时）的平均摩尔质量？

23. 试从胶体化学的观点解释在进行重量分析时为了使沉淀完全，通常要加入相当数量的电解质（非反应物）或将溶液适当加热。

24. 何谓乳状液？有哪些类型？乳化剂为何能使乳状液稳定存在？通常鉴别乳状液的类型有哪些方法？其根据是什么？何谓破乳？何谓破乳剂？有哪些常用的破乳方法？

基本概念练习题

1. 对于 AgI 水溶胶，当 KI 为稳定剂时其结构式可以写成 $[(AgI)_m\cdot nI^-\cdot(n-x)K^+]^{x-}\cdot xK^+$。如下结构中被称为胶粒的是（　　）。

(A) $(AgI)_m \cdot nI^-$

(B) $(AgI)_m$

(C) $[(AgI)_m \cdot nI^- \cdot (n-x)K^+]^{x-} \cdot xK^+$

(D) $[(AgI)_m \cdot nI^- \cdot (n-x)K^+]^{x-}$

2. 在稀的砷酸溶液中，通入 $H_2S(g)$ 以制备硫化砷 As_2S_3 溶胶，该溶胶的稳定剂是略过量的 $H_2S(g)$，则所形成胶团的结构式为（　　）。

(A) $[(As_2S_3)_m \cdot nH^+ \cdot (n-x)HS^-]^{x-} \cdot xHS^-$

(B) $[(As_2S_3)_m \cdot nHS^- \cdot (n-x)H^+]^{x-} \cdot xH^+$

(C) $[(As_2S_3)_m \cdot nH^+ \cdot (n-x)HS^-]^{x+} \cdot xHS^-$

(D) $[(As_2S_3)_m \cdot nHS^- \cdot (n-x)H^+]^{x+} \cdot xH^+$

3. 憎液溶胶在热力学上属于（　　）。

(A) 不稳定、可逆系统

(B) 不稳定、不可逆系统

(C) 稳定、可逆系统

(D) 稳定、不可逆系统

4. 将 $FeCl_3$ 在热水中水解，制成 $Fe(OH)_3$ 溶胶的反应如下：

$$FeCl_3 + 3H_2O(热) \longrightarrow Fe(OH)_3(溶胶) + 3HCl$$

溶胶中部分 $Fe(OH)_3$ 还会发生以下反应：

$$Fe(OH)_3 + HCl \longrightarrow FeOCl + 2H_2O \qquad FeOCl \rightleftharpoons FeO^+ + Cl^-$$

则 $Fe(OH)_3$ 溶胶的胶团结构式为（　　）。

(A) $\{[Fe(OH)_3]_m \cdot nFeO^+ \cdot (n-x)Cl^-\}^{x+}$

(B) $\{[Fe(OH)_3]_m \cdot nFeO^+ \cdot (n-x)Cl^-\}^{x+} \cdot xCl^-$

(C) $\{[Fe(OH)_3]_m \cdot nCl^- \cdot (n-x)FeO^+\}^{x-} \cdot xFeO^+$

(D) $\{[Fe(OH)_3]_m \cdot nCl^- \cdot (n-x)FeO^+\}^{x+}$

5. 下列物系中不属于胶体分散系统的是（　　）。

(A) 灭火泡沫　　(B) 珍珠　　(C) 雾　　(D) 空气

6. 溶胶的动力学性质是由于粒子的不规则运动产生的，在下列各种现象中，不属于溶胶动力学性质的是（　　）。

(A) 渗透压　　(B) 扩散　　(C) 沉降平衡　　(D) 电泳

7. 溶胶有三个最基本的特性，下列不属于这基本特性的是（　　）。

(A) 特有的分散程度　　(B) 多相不均匀性

(C) 动力学稳定性　　(D) 聚结不稳定性

8. 丁铎尔现象是发生了光的什么作用的结果（　　）。

(A) 散射　　(B) 反射　　(C) 折射　　(D) 透射

9. 日出和日落时太阳呈鲜红或橙黄色的原因是（　　）。

(A) 蓝光波长短，透射作用显著　　(B) 蓝光波长短，折射作用显著

(C) 红、黄光波长长，透射作用显著　　(D) 红、黄光波长长，散射作用显著

10. 在电泳实验中，观察到胶粒向阳极移动，表明（　　）。

(A) 胶粒带正电　　(B) 胶粒带负电

(C) ζ 电势为正　　(D) 介质带负电

11. 胶体粒子的 ζ 电势是指（　　）。

(A) 胶粒固体表面与本体溶液之间的电势差

(B) 双电层中紧密层与扩散层的分界处与本体溶液之间的电势差

(C) 扩散层与本体溶液之间的电势差

(D) 固体与溶液之间可以相对移动的界面与本体溶液之间的电势差

12. 溶胶的电学性质是由胶粒表面带电而产生的，下列不属于电学性质的是（　　）。

(A) 布朗运动　(B) 电泳　(C) 电渗　(D) 沉降电势

13. 均匀的牛奶是乳状液，下列方法可以从中沉淀出脂肪和蛋白质的是（　　）。

(A) 加入一些乙醇　(B) 将牛奶静置　(C) 过滤　(D) 加入酸

14. 在新生成的 $Fe(OH)_3$ 沉淀中，加入少量的稀的 $FeCl_3$ 溶液，可使沉淀溶解，这种现象是（　　）。

(A) 敏化作用　　(B) 乳化作用

(C) 增溶作用　　(D) 胶溶作用

15. 用半透膜将胶体溶液中的胶粒与介质分离的方法称为（　　）。

(A) 电泳　(B) 过滤　(C) 电渗　(D) 渗析

16. 如下对于动电电势的描述，不正确的是（　　）。

(A) 动电电势表示胶粒溶剂化界面与本体溶液之间的电势差

(B) 动电电势的绝对值总是大于热力学电势

(C) 动电电势的值极易因少量外加电解质而变化

(D) 当双电层被压缩到与溶剂化层（或紧密层）相合时，动电电势变为零

17. 各电解质对某溶胶的聚沉值分别为：$[KNO_3]=50mol\cdot dm^{-3}$，$[KAc]=110mol\cdot dm^{-3}$，$[MgSO_4]=0.81mol\cdot dm^{-3}$，$[Al(NO_3)_3]=0.095mol\cdot dm^{-3}$，该胶粒的带电情况为（　　）。

(A) 带负电　(B) 带正电　(C) 不带电　(D) 不能确定

18. 对于带正电的 $Fe(OH)_3$ 溶胶和带负电的 Sb_2S_3 溶胶系统的相互作用，下列说法正确的是（　　）。

(A) 混合后一定发生聚沉

(B) 混合后不可能聚沉

(C) 聚沉与否取决于 Fe 和 Sb 结构是否相似

(D) 聚沉与否取决于溶胶所带的正、负电量是否接近或相等

19. 在分析化学上，有两种利用光学性质测定胶体溶液浓度的仪器，一是比色计，另一个是比浊计，分别观察的是胶体溶液的（　　）。

(A) 透射光；折射光　　(B) 散射光；透射光

(C) 透射光；反射光　　(D) 透射光；散射光

20. 对于有略过量的 KI 存在的 AgI 溶胶，下列电解质中聚沉能力最强的是（　　）。

(A) NaCl　　(B) $K_3[Fe(CN)_6]$

(C) $MgSO_4$　　(D) $FeCl_3$

21. 混合等体积的浓度为 $0.08mol\cdot dm^{-3}$ 的 KI 溶液和浓度为 $0.10mol\cdot dm^{-3}$ 的 $AgNO_3$ 溶液，得到 AgI 的憎液溶胶。在此溶胶中分别加入浓度相同的：(1) $MgSO_4$；(2) $CaCl_2$；

(3) Na_2SO_4，它们聚沉能力大小的次序是（　　）。

(A) (1)>(2)>(3)　　(B) (2)>(1)>(3)

(C) (3)>(1)>(2)　　(D) (3)>(2)>(1)

22. 用渗透用法测定大分子化合物的摩尔质量，这样测得的摩尔质量属于（　　）。

(A) 质均摩尔质量　　(B) 数均摩尔质量

(C) Z 均摩尔质量　　(D) 黏均摩尔质量

23. 在大分子溶液中加入大量的电解质，使其发生聚沉的现象称为盐析，产生盐析的主要原因是（　　）。

(A) 电解质离子强烈的水化作用使大分子去水化

(B) 降低了动电电势

(C) 电解质的加入，使大分子溶液处于等电点

(D) (A) 和 (B) 两种因素的综合效应

24. 溶胶与大分子溶液的相同点是（　　）。

(A) 都是热力学稳定系统

(B) 都是热力学不稳定系统

(C) 都是动力学稳定系统

(D) 都是动力学不稳定系统

25. 只有典型的憎液溶胶才能全面地表现出胶体的三个基本特性，但有时把大分子溶液也作为胶体化学研究的内容，这是因为它们（　　）。

(A) 具有胶体所特有的分散性、不均匀（多相）性和聚结不稳定性

(B) 具有胶体所特有的分散性

(C) 具有胶体的不均匀（多相）性

(D) 具有胶体的聚结不稳定性

26. 乳状液由如下哪个分散系统形成（　　）。

(A) 两种互不相溶的液体　　(B) 固体加液体

(C) 两种互溶的液体　　(D) 多种互溶的液体

27. 溶胶的聚沉速度与动电电势有关，如下说法正确的是（　　）。

(A) 动电电势越大，聚沉越快　　(B) 动电电势越正，聚沉越快

(C) 动电电势为零，聚沉越快　　(D) 动电电势越负，聚沉越快

28. 将大分子电解质 Na_xR 的水溶液用半透膜与纯水隔开，大分子电解质中的 R^{x-} 不能透过半透膜，其余的小离子和水分子可以。当达到唐南平衡时，膜外水的 pH 将（　　）。

(A) 大于 7　　(B) 小于 7　　(C) 等于 7　　(D) 不能确定

29. 对于 $Fe(OH)_3$ 水溶胶，NaCl 的聚沉值为 $512.2mmol·dm^{-3}$，Na_2SO_4 的聚沉值为 $4.31mmol·dm^{-3}$ 若用 $ZnSO_4$ 将其聚沉，其聚沉值约为（　　）。

(A) $>512.2mmol·dm^{-3}$　　(B) $<4.31mmol·dm^{-3}$

(C) $=4.31mmol·dm^{-3}$　　(D) 略大于 $4.31mmol·dm^{-3}$

30. 对于 AgI 的水溶胶，下列几种电解质 $Al(NO_3)_2$，$Mg(NO_3)_2$ 和 $NaNO_3$ 的聚沉值分别为 $0.067mol·dm^{-3}$、$2.60mol·dm^{-3}$ 和 $140mol·dm^{-3}$，则 AgI 溶胶的胶粒所带的电荷是（　　）。

(A) 正的　　(B) 负的　　(C) 不带电　　(D) 无法判断

习 题

1. 将 $FeCl_3$ 在热水中水解，制得 $Fe(OH)_3$ 溶胶后，为什么要用半透膜进行渗析？

2. 用下列反应制备 $BaSO_4$ 溶胶

$$Ba(CNS)_2 + K_2SO_4 \longrightarrow BaSO_4(\text{溶胶}) + 2KCNS$$

用略过量的反应物 $Ba(CNS)_2$ 作稳定剂。请写出胶核、胶粒和胶团的结构式，并指出胶粒所带的电性。

3. 对于 AgI 的水溶胶，当以 $AgNO_3$ 为稳定剂时，如果 ζ 电势为 0，请写出在等电点时胶团的结构式。

*4. 某溶胶中，胶粒的平均半径为 2.1nm，溶胶的黏度 $\eta = 0.001Pa \cdot s$。试计算 (1) 298K 时，胶体扩散系数 D；(2) 在 1s 的时间内，由于布朗运动，粒子沿 x 轴方向的平均位移 $\bar{x}$。

5. 实验室中，用相同方法做成两份硫溶胶。测得两份硫溶胶的散射光强度之比 $I_1/I_2 = 10$。已知入射光的频率与强度都相同，第一份溶胶的浓度为 $0.10mol \cdot dm^{-3}$，试求第二份溶胶的浓度。

6. 在 298K 时，粒子半径为 $2.0 \times 10^{-8}m$ 的金溶胶，在地心力场中达到沉降平衡后，在高度相距 $1.0 \times 10^{-4}m$ 的某指定体积内粒子数分别为 280 和 140。试计算金溶胶粒子与分散介质的密度差。若介质的密度为 $1 \times 10^3 kg \cdot m^{-3}$，金的密度为若干？

7. 欲制备 AgI 负电性溶胶，应在 $20cm^3$ 的 $2.0 \times 10^{-2} mol \cdot dm^{-3}$ 的 KI 溶液中加入多少体积的 $5.0 \times 10^{-3} mol \cdot dm^{-3}$ $AgNO_3$ 溶液？并写出该溶胶系统胶团的结构式。

8. 在三个烧瓶中皆有盛 $0.02dm^3$ 的 $Fe(OH)_3$ 溶胶，分别加入 NaCl、Na_2SO_4 和 Na_3PO_4 使其聚沉，至少需要加入电解质的数量为 (1) $1mol \cdot dm^{-3}$ 的 NaCl $0.021dm^3$；(2) $0.005mol \cdot dm^{-3}$ 的 Na_2SO_4 $0.125dm^3$；(3) $0.0033mol \cdot dm^{-3}$ 的 Na_3PO_4 $7.4 \times 10^{-3}dm^3$。试计算各电解质的聚沉值和它们的聚沉能力之比，从而可判断胶粒带什么电荷。

9. 有人在不同的 pH 条件下，测定了牛的血清蛋白在水溶液中的电泳速率，结果如下：

pH	4.20	4.56	5.20	5.65	6.30	7.00
电泳速率/($\mu m^2 \cdot s^{-1} \cdot V^{-1}$)	0.50	0.18	−0.25	−0.65	−0.90	−1.25

根据上述实验数据，确定该血清蛋白等电点的 pH 范图。

*10. 298K 时，有一球形胶粒的溶胶，胶粒的平均半径为 $5.0 \times 10^{-7}m$，介质的介电常数 $\varepsilon = 8.89 \times 10^{-9} C \cdot V^{-1} \cdot m^{-1}$，溶胶的黏度 $\eta = 0.001Pa \cdot s$。当所用的电场强度 $E = 100V \cdot m^{-1}$ 时，胶粒与溶液之间的动电电势 $\zeta = 0.636V$，试计算胶粒的电泳速率。

11. 在充满 $0.001mol \cdot dm^{-3}$ $AgNO_3$ 溶液的 U 形电渗管中，中间放置一个 AgCl(s) 多孔塞，塞中的细孔中都充满溶液。在多孔塞的两侧分别放置电极，并通以直流电。通电一段时间后，在电渗管上方的刻度毛细管中，液面的变化表示介质向哪个电极移动？如果将管中的溶液换为 $0.01mol \cdot dm^{-3}$ $AgNO_3$ 溶液，并保持直流电的电压相同，则介质电渗的速度将如何改变？如果用 KCl 溶液代替 $AgNO_3$ 溶液，则电渗的方向有何变化？

12. $0.01dm^3$ $0.05mol \cdot kg^{-1}$ 的 KCl 溶液和 $0.1dm^3$ $0.002mol \cdot kg^{-1}$ 的 $AgNO_3$ 溶液混合，

生成 AgCl 溶胶。若用电解质 KCl、$AlCl_3$ 和 $ZnSO_4$ 将溶胶聚沉，请按照聚沉值由小到大排序。

13. 在 H_3AsO_3 的稀溶液中，通入略过量的 H_2S 气体，生成 A_2S_3 溶胶，若用电解质 $Al(NO_3)_3$、$MgSO_4$ 和 $K_3[Fe(CN)_6]$ 将溶胶聚沉，请按照聚沉能力由大到小排序。

14. 墨汁是一种胶体分散系统，在制作时往往要加入一定量的阿拉伯胶（一种大分子物质）作稳定剂，主要原因是什么？

15. 等体积的 $0.08mol \cdot dm^{-3}$ KI 溶液和 $0.1mol \cdot dm^{-3}$ $AgNO_3$ 溶液混合生成溶胶：

(1) 试写出胶团的结构式。

(2) 指明胶粒电泳的方向。

(3) 比较 $MgSO_4$、Na_2SO_4 和 $CaCl_2$ 电解质对溶胶聚沉能力的大小。

16. 在制备硅溶胶的过程中，存在下列反应

$$SiO_2 + H_2O \longrightarrow H_2SiO_3(\text{溶胶}) \qquad H_2SiO_3 \longrightarrow SiO_3^{2-} + 2H^+$$

(1) 试写出硅溶胶胶粒的结构式。

(2) 指明胶粒电泳的方向。

(3) 当溶胶中分别加入 NaCl、$MgCl_2$、K_3PO_4 时，哪种物质的聚沉值最小？

17. 浓度为 $0.01mol \cdot dm^{-3}$ 的胶体电解质（可表示为 $Na_{15}P$）水溶液，被置于渗析膜的一边，而膜的另一边是等体积的浓度为 $0.05mol \cdot dm^{-3}$ 的 NaCl 水溶液，达到 Donnan 平衡时，扩散进入含胶体电解质水溶液中氯化钠的净分数是多少？

18. 298K 时，在半透膜的一侧是 $0.1dm^3$ 水溶液，其中含 0.5g 某大分子化合物 Na_6P，设大分子能完全解离，溶液是理想的。膜的另一侧是浓度为 $1.0 \times 10^{-7} mol \cdot dm^{-3}$ 的 NaCl 稀溶液。测得渗透压为 6881Pa，求大分子化合物 Na_6P 的数均摩尔质量。

19. 298K 时，有半透膜一边放浓度为 $0.100mol \cdot dm^{-3}$ 的大分子有机物 RCl，设 RCl 能全部解离，但 R^+ 不能透过半透膜；另一边放浓度为 $0.500mol \cdot dm^{-3}$ 的 NaCl 溶液。试计算达渗透平衡时，膜两边各种离子的浓度和渗透压。

20. 25℃时，在半透膜做成的袋内装有 $0.1dm^3$ 很稀的盐酸水溶液，将 1.3g 一元大分子酸 RH 溶于其中，假设 RH 能完全解离。膜的外面是 $0.1dm^3$ 纯水。达到渗透平衡时，测得膜外溶液的 pH 为 3.26，膜电势为 34.9mV，假设溶液为理想溶液。试计算：(1) 半透膜袋内溶液的 pH；(2) 一元大分子酸 RH 的摩尔质量。

21. 半透膜两边离子的起始浓度（单位为 $mol \cdot dm^{-3}$）如下所示，设在膜两侧溶液的体积相等。

Na^+	P^-	⋮	K^+	Cl^-
0.01	0.01	⋮	0.1	0.1

其中 P^- 是不能透过膜的大分子离子。试求：(1) 达渗透平衡（膜平衡）的条件；(2) 达渗透平衡时，各小离子在膜两边的浓度。

基本概念练习题和习题参考答案

第1章

基本概念练习题

1.C　2.D　3.B　4.A　5.A　6.C　7.C　8.B　9.B　10.A

11.B　12.C　13.D　14.D　15.B　16.C　17.D　18.D　19.D　20.C

习题

1.$Q=0$，$W=0$，$\Delta U=0$；$Q<0$，$W=0$，$\Delta U<0$

2.$Q=W=\Delta U=\Delta H=0$

3.（1）$W=60\text{kJ}$；（2）$\Delta U=0$

4.（1）$W_1=-100\text{J}$；（2）$W_2=-22.45\text{kJ}$；（3）$W_3=-57.43\text{kJ}$

5.（1）$W_1=0$；（2）$W_2=-4.30\text{kJ}$；（3）$W_3=-2.33\text{kJ}$；（4）$W_4=-3.10\text{kJ}$

6.（1）0℃；（2）$m_{H_2O}=162.74\text{g}$

7.$\Delta U=5.726\text{kJ}$

8.（1）$T=345.9\text{K}$；（2）$m=4.35\text{kg}$

9.$T_2=241\text{K}$，$\Delta U=-4.23\text{kJ}$，$\Delta H=-5.923\text{kJ}$

10.$C_{V,m}=2.5R$，N_2

11.$\Delta U=\Delta H=0$，$W=-913.5\text{J}$，$Q=913.5\text{J}$

12.$\Delta H=0$，$W=-1.72\text{kJ}$，$Q=1.72\text{kJ}$

13.（1）$Q>0$，$W<0$，$\Delta U=0$，$\Delta H=0$；

（2）$Q=0$，$W=0$，$\Delta U=0$，$\Delta H=0$；

（3）$Q=0$，$W<0$，$\Delta U<0$，$\Delta H<0$

14.$Q=4.48\text{kJ}$，$W=-4.48\text{kJ}$，$\Delta U=0$，$\Delta H=0$

15.（1）$Q=228.6\text{J}$，$W=-228.6\text{J}$，$\Delta U=0$，$\Delta H=0$；

（2）$Q=149.7\text{J}$，$W=-149.7\text{J}$，$\Delta U=0$，$\Delta H=0$

16.（1）$Q=\Delta U$，$W=0\text{J}$，$\Delta U=75.1\text{kJ}$，$\Delta H=81.3\text{kJ}$；

（2）$Q_p=\Delta H=81.3\text{kJ}$，$W=-6.2\text{kJ}$，$\Delta U=75.1\text{kJ}$，$\Delta H=0$

17.$\Delta H_m=-5.621\text{kJ}\cdot\text{mol}^{-1}$

18.$Q=0$，$W=-4.30\text{kJ}$，$\Delta U=-4.30\text{kJ}$，$\Delta H=-7.17\text{kJ}$

19.（1）$T_2=228\text{K}$，$V_2=10.0\text{m}^3$，$W_1=-2302.7\text{kJ}$；

（2）$T_2=108.6\text{K}$，$V_2=3.98\text{m}^3$，$W_2=-903.3\text{kJ}$

20.（1）$Q=40.66\text{kJ}$，$W=-3101\text{J}$，$\Delta_{vap}U_m=37.56\text{kJ}\cdot\text{mol}^{-1}$；

（2）$\Delta_{vap}H_m>\Delta_{vap}U_m$，等压过程要对环境做功

21.在密封容器中反应放热多，多2494J

22.（1）$Q_1=2259\text{J}$，$W_1=-172.3\text{J}$，$\Delta U=2087\text{J}$，$\Delta H=2259\text{J}$

（2）$Q_2=2087J$，$W_2=0J$，$\Delta U=2087J$，$\Delta H=2259J$

23. $\Delta_r H_m^{\ominus}(298K)=104.8kJ\cdot mol^{-1}$

24. $\Delta_r H_m^{\ominus}(298K)=-488.3kJ\cdot mol^{-1}$

25. $\Delta_f H_m^{\ominus}(C_2H_5OH,l)=-277.4kJ\cdot mol^{-1}$

26. $\Delta_c H_m^{\ominus}(CH_4,g)=-890.3kJ\cdot mol^{-1}$

27. $\Delta_c H_m^{\ominus}=-4828kJ\cdot mol^{-1}$

28. （1）$\Delta_r H_m^{\ominus}(298K)=-241.82kJ\cdot mol^{-1}$，$\Delta_r U_m^{\ominus}(298K)=-240.58kJ\cdot mol^{-1}$；

（2）$\Delta_r H_m^{\ominus}(498K)=-243.80kJ\cdot mol^{-1}$

29. （1）$\Delta_c H_m^{\ominus}(C_2H_2,g,298K)=-1298kJ$

（2）需 3mol C(s)，$\Delta_r H_m(298K)=-1179kJ$

（3）为使反应（1）和（2）正常进行，需消耗（$179+464$）$\times 10^3$kJ 热量，即制取 1mol 乙炔需消耗（$179+464-63$）$\times 103$kJ $=580$kJ 能量。1mol 乙炔完全燃烧给出 1298kJ 热量，只比 3mol C 完全燃烧多给出 119kJ 热量，而制取 1mol 乙炔需消耗 580kJ 热量，故此法并不经济。

第2章

基本概念练习题

1. C　2. A　3. B　4. D　5. B　6. C　7. D　8. C　9. B　10. A

11. B　12. B　13. C　14. D　15. D　16. D　17. A　18. B　19. B　20. B

习题

1. $W_{R'}=30.63kJ$，$Q_{R'}=365kJ$

2. $T_h=733K$

3. （1）$\Delta S_1=-42.4J\cdot K^{-1}$；（2）$\Delta S_2=43.2J\cdot K^{-1}$

4. $\Delta_r S_m=90.67J\cdot K^{-1}\cdot mol^{-1}$

5. （1）$\Delta S_1=19.14J\cdot K^{-1}$；（2）$\Delta S_2=\Delta S_1$

6. $\Delta S=-5.54J\cdot K^{-1}$

7. $\Delta S_1=1.24J\cdot K^{-1}$

8. $W=-3.405kJ$，$\Delta U=17.02kJ$，$\Delta H=23.83kJ$，$Q=20.43kJ$，$\Delta S=34.56kJ$

9. $\Delta S_{iso}=\Delta S_{sys}=19.71J\cdot K^{-1}$

10. $\Delta_{vap}S=218J\cdot K^{-1}$，$\Delta S_{sur}=-16.05J\cdot K^{-1}$，$\Delta S_{iso}=201.95J\cdot K^{-1}>0$ 过程自发

11. （1）$\Delta U=0$，$\Delta H=0$，$V_2=0.244m^3$，$Q_R=-W_R=8.45kJ$；（2）$Q_1=-W_1=6.10kJ$；（3）$\Delta S_{sys}=28.17J\cdot K^{-1}$，$\Delta S_{sur}=-20.33J\cdot K^{-1}$，$\Delta S_{tot}=7.84J\cdot K^{-1}$

12. （1）$\Delta S=0.009J\cdot K^{-1}$；（2）$\Delta_{mix}S=11.53J\cdot K^{-1}$

13. $S_m^{\ominus}=282.56J\cdot K^{-1}\cdot mol^{-1}$

14. $\Delta U=26.02kJ$，$\Delta H=36.0kJ$，$\Delta S=83.2J\cdot K^{-1}$，$\Delta A=-31.46kJ$，$\Delta G=-21.48kJ$

15. $W_f=\Delta_r G_m^{\ominus}$（$C_6H_{12}O_6$）$=-2885kJ\cdot mol^{-1}$

16. （1）$\Delta_r S_m$(系统)$=13.42J\cdot K^{-1}\cdot mol^{-1}$；（2）$\Delta_r S_m$(环境)$=134.2J\cdot K^{-1}\cdot mol^{-1}$，

$\Delta_r S_m$(总)$=147.6\text{J}\cdot\text{K}^{-1}\cdot\text{mol}^{-1}$；(3) $W_{f,max}=-44.0\text{kJ}$

17. $\Delta U=0$，$\Delta H=0$，$W=-5.23\text{kJ}$，$Q=5.23\text{kJ}$，$\Delta_{vap}S=19.16\text{J}\cdot\text{K}^{-1}$，$\Delta G=\Delta A=-5.23\text{kJ}$
18. $\Delta U=0$，$\Delta H=0$，$W=5.74\text{kJ}$，$Q=-5.74\text{kJ}$，$\Delta_{vap}S=-19.1\text{J}\cdot\text{K}^{-1}$，$\Delta G=\Delta A=5.74\text{kJ}$
19. $Q=81.36\text{kJ}$，$W=-6.20\text{kJ}$，$\Delta U=75.16\text{kJ}$，$\Delta H=81.36\text{kJ}$，$\Delta S=218.1\text{J}\cdot\text{K}^{-1}$
20. $Q=37.58\text{kJ}$，$W=0$，$\Delta U=37.58\text{kJ}$，$\Delta H=40.68\text{kJ}$，$\Delta S=109.1\text{J}\cdot\text{K}^{-1}$，$\Delta A=-3.10\text{kJ}$，$\Delta G=0$，可以用 $\Delta A=-3.10\text{kJ}$ 或 $\Delta S_{iso}=8.4\text{J}\cdot\text{K}^{-1}>0$ 作判据
21. $\Delta G=-356.2\text{J}$，$\Delta S=-35.46\text{J}\cdot\text{K}^{-1}$
22. $\Delta_r H=\Delta_r U=-206\text{kJ}$，$\Delta_r S=-20.13\text{J}\cdot\text{K}^{-1}$，$\Delta_r A=\Delta_r G=-200\text{kJ}$
23. $Q=3.5\text{kJ}$，$W=-3.5\text{kJ}$，$\Delta U=0$，$\Delta H=0$，$\Delta S=38.3\text{J}\cdot\text{K}^{-1}$，$\Delta G=\Delta A=-11.41\text{kJ}$
24. $Q=-40.68\text{kJ}$，$W=3.10\text{kJ}$，$\Delta U=-37.58\text{kJ}$，$\Delta H=-40.68\text{kJ}$，$\Delta A=3.10\text{kJ}$，$\Delta G=0$，$\Delta_r S_m=-109.1\text{J}\cdot\text{K}^{-1}$
25. $\Delta_r S_m^{\ominus}=-80.95\text{J}\cdot\text{K}^{-1}\cdot\text{mol}^{-1}$
26. $Q=98.93\text{kJ}$，$W=-9.98\text{kJ}$，$\Delta_r U_m^{\ominus}=88.95\text{kJ}\cdot\text{mol}^{-1}$，$\Delta_r H_m^{\ominus}=98.93\text{kJ}\cdot\text{mol}^{-1}$，$\Delta_r S_m^{\ominus}=276.78\text{J}\cdot\text{K}^{-1}\cdot\text{mol}^{-1}$，$\Delta_r A_m^{\ominus}=-77.12\text{kJ}\cdot\text{mol}^{-1}$，$\Delta_r G_m^{\ominus}=-67.14\text{kJ}\cdot\text{mol}^{-1}$
27. (1) ①$Q=\Delta H=13.343\text{kJ}$，$W=-3.184\text{kJ}$，$\Delta U=10.159\text{kJ}$，$\Delta S_{sys}=34.84\text{J}\cdot\text{K}^{-1}$，$\Delta A=3.184\text{kJ}$，$\Delta G=0$；②$Q=\Delta U=10.159\text{kJ}$，$W=0$，所有状态函数变量同①；(2) $\Delta S_{sur}=-26.52\text{J}\cdot\text{K}^{-1}$，$\Delta S_{iso}=8.32\text{J}\cdot\text{K}^{-1}>0$，自发过程
28. $\Delta_r G_m=-2.07\text{J}\cdot\text{mol}^{-1}$，$\Delta_r G<0$，单斜硫稳定

第3章

基本概念练习题

1.C　2.A　3.C　4.D　5.B　6.C　7.A　8.B　9.C　10.B
11.D　12.B　13.B　14.B　15.D　16.C　17.A　18.A　19.C　20.D

习题

1. $V_{m,B}=18.404\ \text{cm}^3\cdot\text{mol}^{-1}$，$V_{m,C}=18.039\ \text{cm}^3\cdot\text{mol}^{-1}$
2. $m_B=1.067\text{mol}\cdot\text{kg}^{-1}$，$c_B=1.024\text{mol}\cdot\text{dm}^{-3}$，$x_B=0.0188$
3. $V_A=1.618\times10^{-5}\ \text{m}^3\cdot\text{mol}^{-1}$
4. $\Delta G=-3.99\text{kJ}\cdot\text{mol}^{-1}$
5. $\Delta G=-224.46\text{J}\cdot\text{mol}^{-1}$
6. $p_B=117.64\text{kPa}$
7. $m_B=1.843\text{g}$
8. (1) $p_A^*=91.19\text{kPa}$，$p_B^*=30.40\text{kPa}$；(2) $y_A=0.6$，$y_B=0.4$
9. (1) $p=11.199\text{kPa}$；(2) $y_A=0.9524$，$y_B=0.0476$；(3) $y'_A=0.9901$，$y'_B=0.0099$
10. (1) $x_A=0.667$，$x_B=0.333$，$p=66.667\text{kPa}$；(2) $y_A=0.1$，$y_B=0.9$
11. (1) $p=67.544\text{kPa}$；(2) $x_A=0.250$，$x_B=0.750$

12. $x_A=0.3$

13. $Q=0$，$W=0$，$\Delta_{mix}U=0$，$\Delta_{mix}H=0$，$\Delta_{mix}S=27.98J\cdot K^{-1}$，$\Delta_{mix}A=\Delta_{mix}G=-8.34kJ$

14. （1）$p_A^*=4.53\times10^4Pa$，$p_B^*=7.73\times10^4Pa$；（2）$y_B(Ⅰ)=0.36$；（3）$\Delta_{mix}G(Ⅰ)=-5984J$；（4）$p(Ⅲ)=66.6kPa$

15. （1）$x_B=0.0234$；（2）$\Pi=3221kPa$

16. $a_B=0.799$，$\gamma_B=1.480$；$a_A=0.739$，$\gamma_A=1.607$

17. $\Pi=7.73\times10^5Pa$，$m_B=0.054kg\cdot dm^{-3}$

18. $\Delta G_{T,p}=85.15J\cdot mol^{-1}$

19. $M_B=0.195kg\cdot mol^{-1}$

20. $\Delta_{vap}H_m(C_6H_6,l)=30.90kJ\cdot mol^{-1}$

21. $M_B=0.306kg\cdot mol^{-1}$

22. （1）$\Delta T_b=0.104K$；（2）$\Pi=489.6kPa$

23. （1）$k_b=2.578K\cdot mol^{-1}\cdot kg$；（2）$\Delta_{vap}H_m(A)=31.39kJ\cdot mol^{-1}$

24. $w_B=0.0492$，太浓会使血细胞萎缩，太稀使血细胞胀大，甚至破裂

25. $M_B(C_2H_5OH)=0.134kg\cdot mol^{-1}$，单分子；
    $M_B(C_6H_6)=0.264kg\cdot mol^{-1}$，双分子缔合

26. （1）$a_A=0.350$；（2）$T_b=405.63K$；（3）$\Delta\mu=-2514J\cdot mol^{-1}$

27. （1）$a_{x,A}=0.814$，$a_{x,B}=0.894$；（2）$\gamma_{x,A}=1.628$，$\gamma_{x,B}=1.788$；
    （3）$\Delta_{mix}G=-1585.5J$

第4章

基本概念练习题

1. C　2. B　3. C　4. B　5. C　6. B　7. C　8. A　9. C　10. A
11. A　12. D　13. C　14. C　15. B　16. C　17. D　18. C　19. B　20. C

习题

1. 不对，$\Delta_rG_m^{\ominus}$ 的值只能判断反应体系中各组分处于标准态时的反应方向，却不能判断任何条件下的反应方向。$\Delta_rG_m^{\ominus}$ 是标准摩尔反应吉布斯函数的变化，Δ_rG_m 反应瞬间的摩尔反应吉布斯函数的变化，可用来判断反应的进行方向。

2. （1）$\Delta_rG_m=-1.60\times10^5J\cdot mol^{-1}$，（2）$p_{H_2O}=1.24\times10^{-1}Pa$

3. $p=6.67\times10^4Pa$；$p=7.78\times10^4Pa$

4. $K^{\ominus}=11.93$

5. $K_p=3.338\times10^{-3}$

6. $x=4.45\times10^{-4}$

7. $p=1p^{\ominus}$，$\alpha=0.152$；$p=2p^{\ominus}$，$\alpha=0.251$
   $p=5p^{\ominus}$，$\alpha=0.418$；$p=10p^{\ominus}$，$\alpha=0.549$

8. 氨的产率为25%

9. （1）$Q_p>K_p^{\ominus}$，逆向自发反应；（2）$Q_p<K_p^{\ominus}$，正向自发反应

10. $T<1154K$

11. $n>57526mol$

12. $x\leqslant 0.063$

13. $p(O_2,g)=4.27\times 10^{-9}Pa$

14. (1) $(\Delta_r G_m)_{T,p}=2.154kJ\cdot mol^{-1}$，反应不自发；

(2) $(\Delta_r G_m)_{T,p}=-8.906kJ\cdot mol^{-1}$，反应自发

15. $K_4^{\ominus}=8.99\times 10^{-8}$

16. $\alpha=0.53$

17. $n(H_2O, l)=3.08\times 10^{-2}mol$

18. (1) $p=1.547\times 10^{-2}Pa$，$p_{NH_3}=p_{HCl}=7.73\times 10^{-3}Pa$；

(2) $\Delta_r G_m^{\ominus}=81.68kJ\cdot mol^{-1}$，$\Delta_r H_m^{\ominus}=174.76kJ\cdot mol^{-1}$，$\Delta_r S_m^{\ominus}=310.3J\cdot K^{-1}\cdot mol^{-1}$

19. (1) 81.5%；(2) $x_{AB}=0.688$，$x_A=x_B=0.156$

20. $\Delta_r G_m^{\ominus}=11.25kJ\cdot mol^{-1}$，$\Delta_r H_m^{\ominus}=90.21kJ\cdot mol^{-1}$，

$\Delta_r S_m^{\ominus}=175.5J\cdot K^{-1}\cdot mol^{-1}$，$K_p^{\ominus}=0.049$

21. $\Delta_r G_m^{\ominus}=21.01kJ\cdot mol^{-1}$

22. $K_p^{\ominus}=2.65\times 10^{12}$

23. (1) $K_p^{\ominus}=2.12\times 10^{-4}$；(2) $p=11.27kPa$；(3) $p_{Hg}=1.45kPa$

24. $\Delta_r H_m^{\ominus}=135.76kJ\cdot mol^{-1}$；$K_p^{\ominus}(1100K)=10.92$

25. (1) $\Delta_r H_m^{\ominus}=61.04kJ\cdot mol^{-1}$；(2) $\alpha=0.39$

26. $K_p^{\ominus}=1.1\times 10^{-8}$

27. (1) $\Delta_r H_m^{\ominus}=110.29kJ\cdot mol^{-1}$，$\Delta_r S_m^{\ominus}=103.82J\cdot K^{-1}\cdot mol^{-1}$，$\Delta_r G_m^{\ominus}=79.35kJ\cdot mol^{-1}$，$K_p^{\ominus}(298K)=1.23\times 10^{-14}$；(2) $K_p^{\ominus}(830K)=3.03\times 10^{-2}$；(3) $\alpha=0.39$

28. (1) $\alpha_1=0.62$，增加；(2) $\alpha_2=0.62$，增加；

(3) $\alpha_3=0.50$，不变；(4) $\alpha_4=0.20$，下降

第5章

基本概念练习题

1. A　2. C　3. B　4. D　5. C　6. A　7. C　8. D　9. D　10. B　11. C　12. C
13. B　14. C　15. D　16. C　17. A　18. A　19. B　20. C　21. B　22. B　23. D　24. D

习题

1. (1) $C=3$；(2) $C=2$；(3) $C=1$

2. (1) $S=2$，$C=2$，$\Phi=2$，$f=2$；(2) $S=3$，$C=2$，$\Phi=2$，$f=2$

3. (1) $f^*=1$，温度可变；(2) $f^*=0$，温度不可变

4. (1) $p_2=8.37\times 10^4Pa$；(2) $T_2=401.2K$

5. $T_2=272.84K$，即随着压力增大，水的熔点下降，低于273.2K，因此公路上的雪优先于草坪上的融化

6. (1) $p(303K)=15.91kPa$；(2) $\Delta_{sub}H_m=44.05kJ\cdot mol^{-1}$；

(3) $\Delta_{fus}H_m=9.88kJ\cdot mol^{-1}$

7. p(268.15K)=401.4Pa，霜会升华；p_{H_2O}>401.4Pa，霜可存在

8. T=357K

9. p>1408.3kPa

10.（1）T(三相点)=215.3K，p(三相点)=466.7kPa；

（2）$\Delta_{fus}H_m=9.31kJ\cdot mol^{-1}$，$\Delta_{fus}S_m=43.2J\cdot K^{-1}\cdot mol^{-1}$

11.（1）OA 是蒸气压曲线，OB 是升华曲线，OC 是CO_2(s) 与CO_2(l) 的两相平衡曲线，O 点是三相点，A 点是CO_2 的临界点；（2）气相；（3）气相，部分雪花状CO_2(s)；（4）常压下，CO_2(s) 直接升华，216.6～304K，压力为 518～7400kPa，CO_2(l) 才能存在

12.（1）见相图示意图；（2）(a) $n_g=n_l=5$mol；(b) 此图有恒沸点，且 $x_B(p)>x_{恒}$，所以单纯用精馏方法只能得到纯 B 及恒沸组成约为 $x_B=0.54$ 的混合物

13. $M_B=128g\cdot mol^{-1}$

14.（1）见相图；（2）略；（3）用于水蒸气蒸馏

15.（1）见相图；（2）略；（3）$m(l_1)$=367g，$m(l_2)$=133g

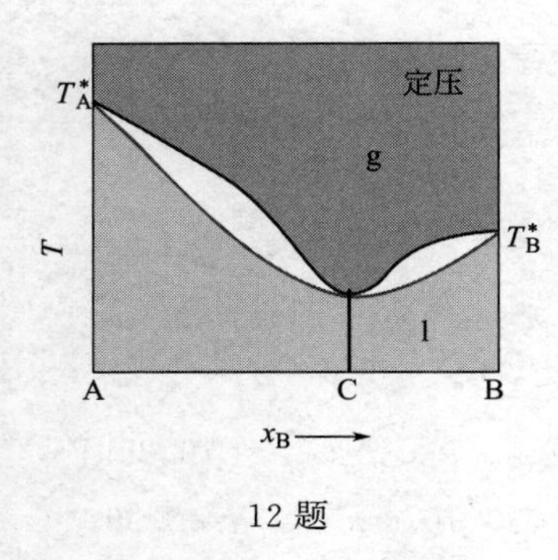

12 题

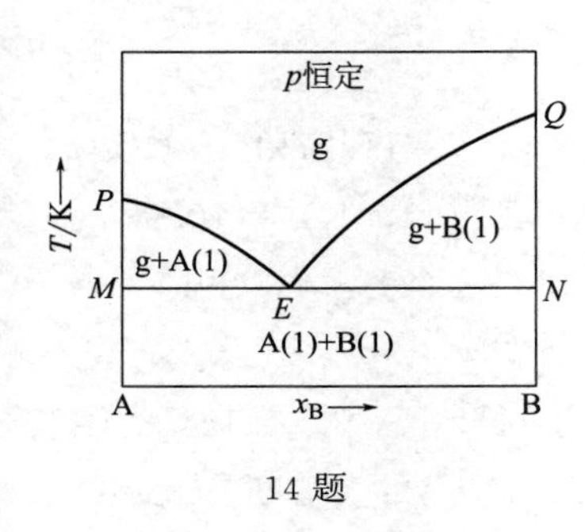

14 题

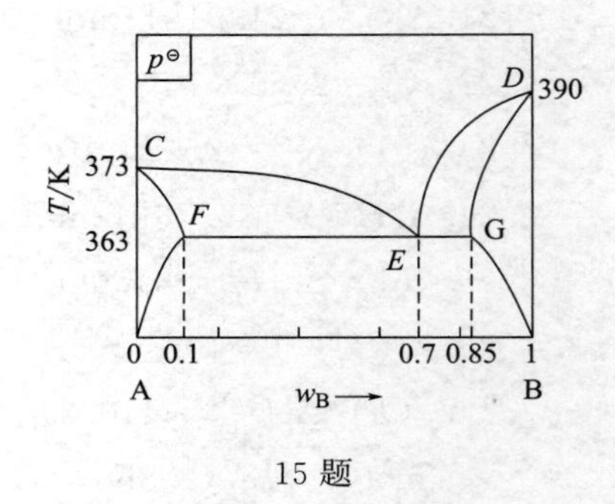

15 题

16. 略

17. 略

18. 略

19.（1）见相图；（2）（3）（4）均省略

20. 见相图

21.（1）见相图；（2）m(NaCl)=13.7g；（3）冷至接近 252K，得到最大数量的冰

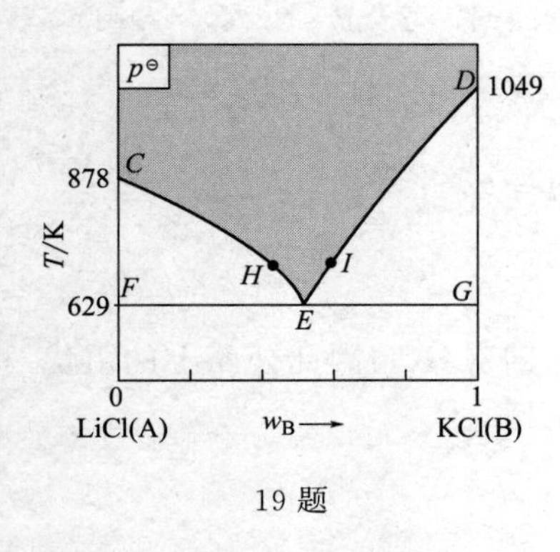

19 题

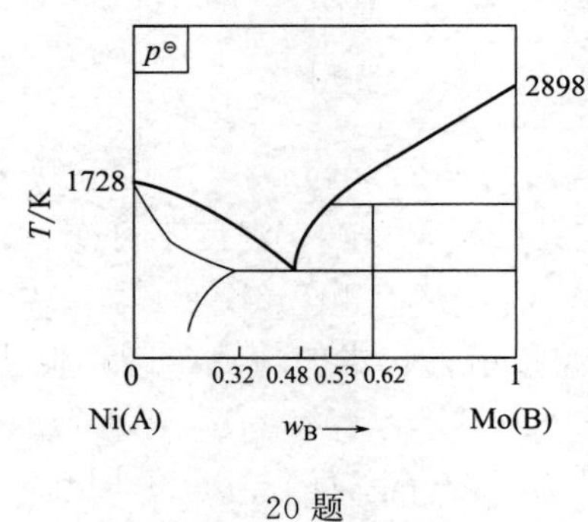

20 题

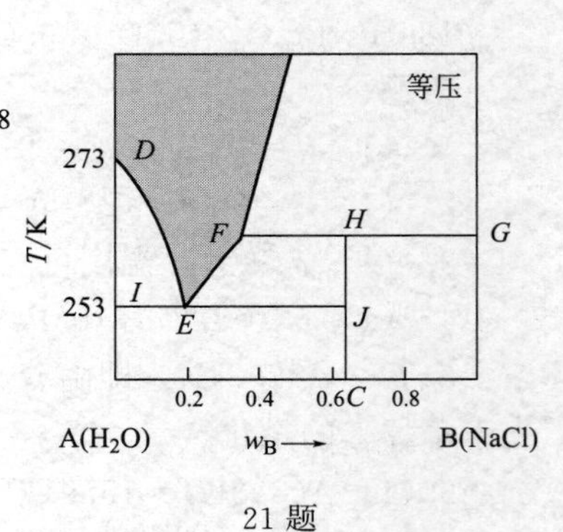

21 题

第6章

基本概念练习题

1. C　2. D　3. C　4. D　5. D　6. D　7. C　8. C　9. C　10. D

11. C　12. D　13. B　14. D　15. A　16. B　17. A　18. D　19. D　20. B

21. C　22. B　23. C　24. D　25. B　26. B　27. C　28. C　29. C　30. D

习题

1. $n=0$，$k_0=2.3\times10^3\,\text{Pa}\cdot\text{min}^{-1}$

2. $t=35.0\text{min}$

3. （1）$k=4.46\times10^{-3}\ \text{min}^{-1}$；（2）$t_{1/2}=155.4\text{min}$；（3）50min

4. （1）一级；（2）$\bar{k}=0.0964\text{h}^{-1}$；（3）$t_{1/2}=7.19\text{h}$；（4）$t=6.7\text{h}$

5. 4997a

6. （1）$\alpha=1$，$\beta=1$；（2）$k=1000\,(\text{mol}\cdot\text{dm}^{-3})^{-1}\cdot\text{min}^{-1}$；（3）$t=1.61\text{min}$

7. $y=0.56$

8. $k=0.0051\ \text{min}^{-1}$

9. $y'=0.76$

10. $k=0.0159\,(\text{mol}\cdot\text{dm}^{-3})^{-1}\cdot\text{min}^{-1}$

11. （1）$k=11.67\,(\text{mol}\cdot\text{dm}^{-3})^{-1}\cdot\text{min}^{-1}$；（2）$814.0\ \text{min}^{-1}$，$t_{1/2}=42.8\text{min}$

12. $\alpha=1$，$\beta=1$

13. $E_a=124.4\text{kJ}\cdot\text{mol}^{-1}$

14. $k(293\text{K})=4.71\times10^{-4}\text{h}^{-1}$，$t_{1/2}(343\text{K})=4.01\text{h}$，$E_a=98.70\text{kJ}\cdot\text{mol}^{-1}$

15. $t=8.18\text{d}$

16. $t_{1/2}(1573\text{K})=4.73\text{s}$

17. $t(298\text{K})=11.14\text{d}$，放两周已失效

18. $T_2=323\text{K}$

19. （1）$\alpha=1$，$\beta=1$；（2）$k(298\text{K})=69.3(\text{mol}\cdot\text{dm}^{-3})^{-1}\cdot\text{min}^{-1}$，$k(308\text{K})=138.6\,(\text{mol}\cdot\text{dm}^{-3})^{-1}\cdot\text{min}^{-1}$；（3）$E_a=52.89\text{kJ}\cdot\text{mol}^{-1}$

20. $c_B=0.413\text{mol}\cdot\text{dm}^{-3}$

21. $k_1/k_2=8.14\times10^{-3}$

22. （1）$t_m=1280\text{min}$，$x=97.5\%$；（2）降温

23. $r=\dfrac{dc_P}{dt}=kc_Ac_Bc_D$，$k=k_3K_1K_2$

24. （1）$r=\dfrac{k_1k_2c_{Hg_2^{2+}}c_{Tl^{3+}}}{k_{-1}c_{Hg^{2+}}}$，与实验速率方程吻合；（2）$r=\dfrac{k_2Kc_{Hg_2^{2+}}c_{Tl^{3+}}}{c_{Hg^{2+}}}$，与实验速率方程吻合

25. $-\dfrac{d[O_3]}{dt}=\dfrac{k_1k_2}{k_{-1}}\dfrac{[O_3]^2}{[O_2]}$

26. $\dfrac{k_{cat}}{k_0}=1.0\times10^{13}$

27. (1) $\frac{d[CH_4]}{dt}=k_2\left(\frac{k_1}{2k_4}\right)^{1/2}[CH_3CHO]^{3/2}$；(2) $E_a=E_{a,2}+1/2(E_{a,1}-E_{a,4})$

28. $E_a=E_{a,3}+1/2(E_{a,1}-E_{a,4})$

29. (1) $t_{1/2}=35s$；(2) $\Delta_r^{\neq}S_m^{\ominus}=68.3J\cdot K^{-1}\cdot mol^{-1}$

30. $\frac{k_{cat}}{k_0}=7.8$

31. $\Delta_r^{\neq}H_m^{\ominus}=124.6kJ\cdot mol^{-1}$，$\Delta_r^{\neq}S_m^{\ominus}=97.8J\cdot K^{-1}\cdot mol^{-1}$，$\Delta_r^{\neq}G_m^{\ominus}=89.05kJ\cdot mol^{-1}$

32. (1) $x_S=0.06$，$c_P=6.0\times10^{-7}mol\cdot dm^{-3}$，$c_S=0.94\times10^{-5}mol\cdot dm^{-3}$；

(2) $x_S=0.06$，$c_P=6.0\times10^{-8}mol\cdot dm^{-3}$，$c_S=0.94\times10^{-6}mol\cdot dm^{-3}$；

(3) $r_m=4.04\times10^{-5}mol\cdot dm^{-3}\cdot min^{-1}$

第7章

基本概念练习题

1. A　2. B　3. D　4. C　5. D　6. D　7. B　8. A　9. B　10. D
11. C　12. A　13. A　14. A　15. C　16. C　17. C　18. C　19. D　20. B
21. C　22. D　23. D　24. C　25. C　26. B　27. D　28. C　29. C　30. B
31. A　32. B　33. A　34. B　35. D　36. D　37. A　38. D　39. C　40. D

习题

1. $n_{Ag}=1.0mol$，$n_{Cu}=0.5mol$

2. $n(\frac{1}{2}H_2)=0.002mol$

3. $\alpha=0.01884$，$K^{\ominus}=1.809\times10^{-5}$

4. $t_{H_2}=414.5h$，$t_{O_2}=829.0h$

5. $m_{\pm}(NaCl)=0.11mol\cdot kg^{-1}$，$m_{\pm}(CaCl_2)=0.012mol\cdot kg^{-1}$

6. $u_{H^+}=3.20\times10^{-7}m^2\cdot V^{-1}\cdot s^{-1}$

7. $K_{cell}=95.54m^{-1}$，$G=9.88\times10^{-3}S$，$\kappa=0.944S\cdot m^{-1}$，$\Lambda_m=9.44\times10^{-3}S\cdot m^2\cdot mol^{-1}$

8. $K_c^{\ominus}=1.75\times10^{-5}$

9. $K_{ap}^{\ominus}(BaSO_4)=1.14\times10^{-10}$

10. $\alpha=1.814\times10^{-9}$，$K_w^{\ominus}=1.008\times10^{-14}$

11. (1) $I(NaCl)=0.025mol\cdot kg^{-1}$；(2) $I(MgCl_2)=0.075mol\cdot kg^{-1}$；

(3) $I(CuSO_4)=0.10mol\cdot kg^{-1}$；(4) $I(LaCl_3)=0.15mol\cdot kg^{-1}$；

(5) $I=0.175mol\cdot kg^{-1}$

12. $\gamma_{\pm}=0.574$

13. (1) $I(MgCl_2)=0.075mol\cdot kg^{-1}$，$I(CuSO_4)=0.10mol\cdot kg^{-1}$；

(2) $m_{\pm}(MgCl_2)=0.0397mol\cdot kg^{-1}$，$m_{\pm}(CuSO_4)=0.025mol\cdot kg^{-1}$；

(3) $\gamma_{\pm}(MgCl_2)=0.526$，$\gamma_{\pm}(CuSO_4)=0.227$；

(4) $a_{\pm}(MgCl_2)=9.129\times10^{-6}$，$a_{\pm}(CuSO_4)=5.675\times10^{-3}$，$a(CuSO_4)=3.221\times10^{-5}$

14. 略

15. (1) $Ag(s)|Ag^+(a_{Ag^+})||Cl^-(a_{Cl^-})|AgCl(s)|Ag(s)$

(2) $Pt|Fe^{3+}(a_{Fe^{3+}}), Fe^{2+}(a_{Fe^{2+}})||Ag^+(a_{Ag^+})|Ag(s)$

(3) $Pt|H_2(p_{H_2})|H^+$(或OH^-)(aq)$|O_2(p_{O_2})|Pt$

(4) $Pt|H_2(p)|H^+(a_{H^+})||OH^-(a_{OH^-})|H_2(p)|Pt$

(5) $Pt|Sn^{4+}(a_{Sn^{4+}}), Sn^{2+}(a_{Sn^{2+}})||Tl^{3+}(a_{Tl^{3+}}), Tl^+(a_{Tl^+})|Pt$

16. $\Delta_r G_m = -109.6 kJ \cdot mol^{-1}$，$\Delta_r S_m = -57.4 J \cdot K^{-1} \cdot mol^{-1}$，$\Delta_r H_m = -126.7 kJ \cdot mol^{-1}$，$Q_R = -17.1 kJ \cdot mol^{-1}$

17. $E = 0.04610V$，$(\partial E/\partial T)_p = 3.435 \times 10^{-4} V \cdot K^{-1}$，$Q_R = 9883.67 J \cdot mol^{-1}$

18. $E = 1.1564V$

19. $E > 0$，$\Delta_r G_m = -2.837 kJ \cdot mol^{-1} < 0$

20. $\Delta_f H_m[Bi_2O_3(s)] = -5.69 \times 10^3 J \cdot mol^{-1}$

21. (1) $K^\ominus = 3.304 \times 10^7$；(2) $p_{H_2} = 1.30 \times 10^{-3} Pa$

22. (1) $E^\ominus(AgBr|Ag) = 0.716V$；(2) $\Delta_f G_m^\ominus = -33.679 kJ \cdot mol^{-1}$

23. (1) 电池净反应 $Zn(s) + 2H^+(a_{H^+}) \longrightarrow Zn^{2+}(a_{Zn^{2+}}) + H_2(p_{H_2})$

电解池总反应 $Cu(s) + 2H^+(a_{H^+}) \longrightarrow Cu^{2+}(a_{Cu^{2+}}) + H_2(p_{H_2})$，不能成为可逆电池

(2) 电池净反应$\frac{1}{2}H_2(g) + AgCl(s) \longrightarrow Ag(s) + HCl$

电解池总反应 $Ag(s) + HCl \longrightarrow \frac{1}{2}H_2(g) + AgCl(s)$，有可能成为可逆电池

24. $E = 0.151V$，电池反应能自发进行

25. (1) $Zn(s)|ZnSO_4(a=1)||CuSO_4(a=1)|Cu(s)$；　(2) $\Delta_r G_m^\ominus = -211.03 kJ \cdot mol^{-1}$，$\Delta_r S_m^\ominus = -82.80 J \cdot K^{-1} \cdot mol^{-1}$，$\Delta_r H_m^\ominus = -234.88 kJ \cdot mol^{-1}$，$Q_R = -23.85 kJ \cdot mol^{-1}$

26. $\Delta_r G_m = -195.90 kJ \cdot mol^{-1}$，$\Delta_r S_m = -94.96 J \cdot K^{-1} \cdot mol^{-1}$，$\Delta_r H_m = -224.20 kJ \cdot mol^{-1}$，$Q_R = -28.30 kJ \cdot mol^{-1}$

27. $\Delta_r G_{m,1}^\ominus = \Delta_r G_{m,2}^\ominus$，$E_1^\ominus = 2E_2^\ominus$

28. (1) $Pt|H_2(p)|HI(aq, a=1)|I_2(s)|Pt$；

(2) $E = E^\ominus = 0.5354V$，$\Delta_r G_m^\ominus = -103.34 kJ \cdot mol^{-1}$，$K^\ominus = 1.30 \times 10^{18}$；

(3) E、$E^\ominus$不变，$\Delta_r G_m^\ominus(3) = -51.67 kJ \cdot mol^{-1}$，$K^\ominus(3) = 1.14 \times 10^9$

29. (1) $Pt|H_2(g)|H^+(aq)|O_2(g)|Pt$；(2) $E^\ominus = 1.229V$；(3) $K^\ominus = 3.787 \times 10^{41}$；

(4) $W_{f,max} = -237.2 kJ \cdot mol^{-1}$

30. $E_{Tl^{3+}|Tl}^\ominus = 0.721V$

31. (1) $E_{Fe^{2+}|Fe}^\ominus = -0.440V$；(2) $K^\ominus = 9.32 \times 10^{40}$

32. (1) $E = 1.025V$；(2) $E = 0.919V$；

(3) $Fe^{3+}(a_{Fe^{3+}}) + Br^-(a_{Br^-}) = Fe^{2+}(a_{Fe^{2+}}) + \frac{1}{2}Br_2(a_{Br_2})$

33. $K_{ap}^{\ominus}=1.10\times10^{-12}$

34. (1) $m(AgCl)=1.49\times10^{-5}mol\cdot kg^{-1}$；(2) $\Delta_rG_m^{\ominus}=55.65kJ\cdot mol^{-1}$；(3) 自发电池$Ag(s)|AgCl(s)|Cl^-(a_{Cl^-})||Ag^+(a_{Ag^+})|Ag(s)$

35. (1) $Pt(s)|Fe^{3+}(a_{Fe^{3+}}), Fe^{2+}(a_{Fe^{2+}})||Ag^+(a_{Ag^+})|Ag(s)$；(2)$K^{\ominus}=2.988$；(3)$[Ag^+]=0.0442mol\cdot kg^{-1}$

36. $\Delta_fG_m^{\ominus}$ (AgCl, s) $=-109.6kJ\cdot mol^{-1}$，$K_{ap}^{\ominus}=1.74\times10^{-10}$

37. (1) $Cu(s)+2AgAc(s)\longrightarrow 2Ag(s)+Cu^{2+}(a_{Cu^{2+}})+2Ac^-(a_{Ac^-})$；

(2) $\Delta_rG_m=-71.80kJ\cdot mol^{-1}$，$\Delta_rS_m=38.6J\cdot K^{-1}\cdot mol^{-1}$，$\Delta_rH_m=-60.29kJ\cdot mol^{-1}$；

(3) $K_{ap}^{\ominus}=1.89\times10^{-3}$

38. $E_{分解}=2.40V$

39. $E_{H^+|H_2}>E_{Na^+|Na}$，故阴极上首先是H^+还原成H_2；$E_{Ag_2O|Ag}<E_{OH^-|O_2}$，故阳极上首先是Ag(s)氧化成$Ag_2O(s)$；$E_{分解}=2.04V$

40. $Ag\longrightarrow H_2(g)\longrightarrow Ni\longrightarrow Cd$

41. $\dfrac{m'_{Cd^{2+}}}{m_{Cd^{2+}}}=\dfrac{6\times10^{-14}mol\cdot kg^{-1}}{0.1mol\cdot kg^{-1}}=6\times10^{-13}<10^{-7}$，可以分离溶液中的$Cd^{2+}$和$Zn^{2+}$

第8章

基本概念练习题

1. C　2. C　3. B　4. D　5. A　6. B　7. A　8. C　9. A　10. D
11. B　12. B　13. A　14. C　15. B　16. C　17. B　18. B　19. A　20. D
21. A　22. A　23. C　24. A　25. D　26. B　27. B　28. A

习题

1. (1) $W_S=7.42\times10^{-6}J$，$\Delta G_{T,p}=W_S=7.42\times10^{-6}J$；

(2) $Q_R=3.96\times10^{-6}J$，$\Delta G_2=7.42\times10^{-6}J$，$\Delta U_2=1.14\times10^{-5}J$，$\Delta H_2=\Delta U_2+\Delta(pV)=\Delta U=1.14\times10^{-5}J$，$\Delta A_2=\Delta G_2=7.42\times10^{-6}J$；

(3) $\Delta U_3=\Delta H_3=-1.14\times10^{-5}J$，$\Delta A_3=\Delta G_3=-7.42\times10^{-6}J$，$W_S=0$，$Q_3=\Delta U_3=-1.14\times10^{-5}J$

2. $\Delta p=1.46\times10^4Pa$、$1.46\times10^5Pa$、$1.46\times10^6Pa$

3. $p_r=6.857kPa$

4. $p_{分,r}=139.8Pa$

5. $\Delta G=7.64J$，$W_{表面}=\Delta G=7.64J$

6. $p_s=288kPa$

7. $r=3.69\times10^{-5}m$

8. 下降了0.013m

9. $\gamma_{苯-水}=5.16\times10^{-3}N\cdot m^{-1}$

10. $p(239K)=2074Pa$，$p_r=6101Pa$

11. (1) $p_s=200Pa$；(2) $p_s=20Pa$

12. $p_r = 5357\text{Pa}$

13. $p_r = 984.7\text{Pa}$

14. $h_2 = h_1 = 0.015\text{m}$

15. $r < 1.64 \times 10^{-5}\text{m}$

16. （1）$\theta = 17.7°$；（2）$p_r = 2.153\text{kPa}$

17. $\gamma = 0.0641\text{N}\cdot\text{m}^{-1}$

18. $\Gamma_B(1) = 1.05 \times 10^{-6}\text{mol}\cdot\text{m}^{-2}$，$\Gamma_B(2) = 3.526 \times 10^{-6}\text{mol}\cdot\text{m}^{-2}$

19. （1）$\Gamma_B = \dfrac{0.350\text{N}\cdot\text{m}^{-1}}{RT} \times \dfrac{c_B}{c}$；（2）$\Gamma_B = 1.412 \times 10^{-6}\text{mol}\cdot\text{m}^{-2}$

20. $\gamma_{\text{汞-空气}} > \gamma_{\text{汞-水}} + \gamma_{\text{水-空气}}$，能铺展

21. $V = 5.0 \times 10^{-6}\text{m}^3$

22. $a = 5.0 \times 10^{-6}\ \text{Pa}^{-1}$

23. （1）$\Gamma = -\dfrac{c}{RT} \times \dfrac{d\lambda}{dc} = \dfrac{ABc}{RT(1+Bc)}$；（2）$\Gamma = 4.30 \times 10^{-6}\text{mol}\cdot\text{m}^{-2}$；（3）$\Gamma = \Gamma_\infty = 5.40 \times 10^{-6}\text{mol}\cdot\text{m}^{-2}$；（4）$A_m = 0.307\ \text{nm}^2$

24. p/V 对 p 作图为一直线，证明符合朗格缪尔等温式。
    $V_m = 111\text{cm}^3$，$a = 7.5 \times 10^{-6}\text{Pa}^{-1}$

25. $p/[V(p^* - p)]$对 p/p^* 作图可得一直线。
    $V_m = 24.5\ \text{cm}^3$，$S_{\text{总}} = 294\text{m}^2$，$S_0 = 157\text{m}^2\cdot\text{g}^{-1}$

第 9 章

基本概念练习题

1. D　2. B　3. B　4. B　5. D　6. D　7. C　8. A　9. C　10. B
11. D　12. A　13. D　14. D　15. D　16. B　17. A　18. D　19. D　20. D
21. C　22. B　23. D　24. C　25. B　26. A　27. C　28. A　29. D　30. B

习题

1. 去除多余的 HCl

2. 胶核：$(BaSO_4)_m$；胶粒：$[(BaSO_4)_m \cdot nBa^{2+} \cdot 2(n-x)CNS^-]^{2x+}$，带正电；
   胶团：$[(BaSO_4)_m \cdot nBa^{2+} \cdot 2(n-x)CNS^-]^{2x+} \cdot 2x\ CNS^-$，电中性

3. $[(AgI)_m \cdot nAg^+ \cdot nNO_3^-]$

4. （1）$D = 1.04 \times 10^{-10}\text{m}^2\cdot\text{s}^{-1}$；（2）$\bar{x} = 1.44 \times 10^{-5}\text{m}$

5. $c_2 = 0.01\text{mol}\cdot\text{dm}^{-3}$

6. $\rho = 8.74 \times 10^{-4}\text{kg}\cdot\text{m}^{-3}$

7. $AgNO_3$ 的体积应小于 80cm^3，胶团结构：$\{[AgI]_m nI^- \cdot (n-x)K^+\}^{x-} \cdot xK^+$

8. 聚沉能力之比为 1∶119∶575，所以判断胶粒带正电

9. pH 为 4.56～5.20

10. $u = 3.0 \times 10^{-5}\text{m}\cdot\text{s}^{-1}$

11. 介质向正极移动；$AgNO_3$ 的浓度增加，电渗速度减慢；KCl 代替$AgNO_3$ 后，介质向负极移动

12. $AlCl_3 < ZnSO_4 < KCl$

13. $Al(NO_3)_3 > MgSO_4 > K_3Fe(CN)_6$

14. 对胶核起保护作用

15. (1) $[(AgI)_m \cdot n\,Ag^+ \cdot (n-x)NO_3^-]^{x+} \cdot x\,NO_3^-$；(2) 向负极移动；(3) $Na_2SO_4 > MgSO_4 > CaCl_2$

16. (1) $[(H_2SiO_3)_m \cdot n\,SiO_3^{2-} \cdot 2(n-x)H^+]^{2x+}$；(2) 向正极移动；(3) $MgCl_2$

17. 扩散进入膜内 NaCl 占 NaCl 浓度的分数为 0.01/0.05=0.2

18. $\langle M_n \rangle = 12.6kg \cdot mol^{-1}$

19. $[Cl^-]_L = 0.327mol \cdot dm^{-3}$，$[Na^+]_L = 0.227mol \cdot dm^{-3}$，$[Cl^-]_R = 0.273mol \cdot dm^{-3}$，$[Na^+]_R = 0.273mol \cdot dm^{-3}$，$\Pi = 2.676 \times 10^5 Pa$

20. (1) $pH_{内} = 2.67$；(2) $M_{RH} = 6.50kg \cdot mol^{-1}$

21. (1) $[Na^+]_{内}[Cl^-]_{内} = [Na^+]_{外}[Cl^-]_{外}$，$[K^+]_{内}[Cl^-]_{内} = [K^+]_{外}[Cl^-]_{外}$；
(2) $[Na^+]_{内} = 0.00524mol \cdot dm^{-3}$，$[Na^+]_{外} = 0.00476mol \cdot dm^{-3}$，$[K^+]_{内} = 0.0524mol \cdot dm^{-3}$，$[K^+]_{外} = 0.0476mol \cdot dm^{-3}$，$[Cl^-]_{内} = 0.0476mol \cdot dm^{-3}$，$[Cl^-]_{外} = 0.0524mol \cdot dm^{-3}$

附　录

附录Ⅰ　物理量符号表

1. 物理量符号名称（拉丁文）

A	亥姆霍兹自由能，指前因子，面积	M_r	物质的分子量
A_s	表面积	m	质量
a	范德华常数，相对活度	m_B	物质B的质量摩尔浓度
b	范德华常数，碰撞参数	N	系统中的分子数
B	任意物质，溶质	n	物质的量，反应级数
C	热容，组分数	Φ	相数，概率因子
C	库仑	p	压力，压强
c	物质的量浓度，光速	Q	热，电量
D	解离能，扩散系数	q	吸附量，有效碰撞因子
d	直径	R	摩尔气体常量，电阻，曲率半径
E	能量，电动势，电极电势	r	速率，距离
e^-	电子	S	熵，物种数
F	法拉第常量，力	T	热力学温度
f	自由度	U	热力学能
G	吉布斯自由能，电导	u	离子电迁移率
g	重力加速度	V	体积
H	焓	$V_m(B)$	物质B的摩尔体积
h	高度，普朗克常量	V_B	物质B的偏摩尔体积
I	电流强度，离子强度，光强度	v	速度
J	焦耳	W	功
j	电流密度	w_B	物质B的质量分数
K	平衡常数	x_B	物质B的摩尔分数
k	玻耳兹曼常量，反应速率系数	y_B	物质B在气相中的摩尔分数
L	阿伏伽德罗常量	Z	配位数，碰撞频率
l	长度，距离	z	离子价数，电荷数
M	摩尔质量		

2. 物理量符号名称（希腊文）

α	热胀系数,转化率,解离度	Γ	表面超额吸附
β	冷冻系数	Δ	状态函数的变化量
γ	$C_{p,\mathrm{m}}/C_{V,\mathrm{m}}$之值,活度因子,表面张力	δ	非状态函数的微小变化量,距离,厚度
ε	能量,介电常数	μ_{J}	焦耳系数
ζ	电动电势	$\mu_{\mathrm{J\text{-}T}}$	焦耳-汤姆孙系数
η	热机效率,超电势,黏度	ν_B	物质B的计量系数
θ	覆盖率,角度	ξ	反应进度
κ	电导率	Π	渗透压,表面压
λ	波长	ρ	电阻率,密度,体积质量
Λ_{m}	摩尔电导率	τ	弛豫时间,时间间隔
μ	化学势,折合质量	Ω	微观状态数

3. 单位符号和上下标

g	气态	vap	蒸发
l	液态	$\pm$	离子平均
s	固态,秒	$\neq$	活化络合物或过渡状态
mol	摩尔	id	理想
r	转动,化学反应	re	实际
sat	饱和	Π	连乘号
sln	溶液	Σ	加和号
sol	溶解	exp	指数函数
sub	升华	def	定义
trs	晶形转变	$\langle\ \rangle$	平均值
mix	混合		
dil	稀释		

附录Ⅱ　国际单位制

国际单位制是我国法定计量单位的基础，一切属于国际单位制的单位都是我国的法定单位。国际单位制的简称为SI。

国际单位制的构成：

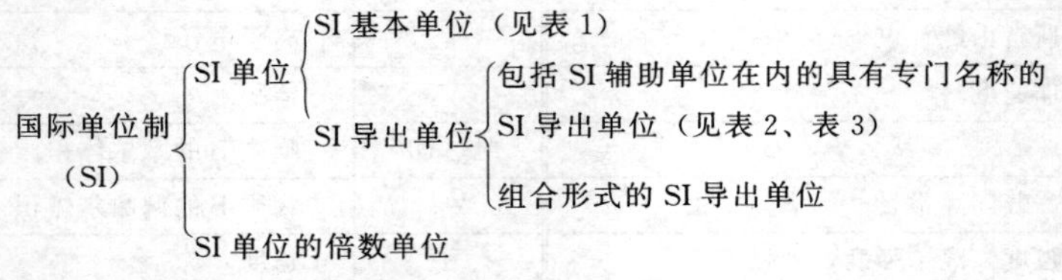

国际单位制以表1中的7个基本单位为基础。

表1　国际单位制基本单位

量的名称	单位名称	单位符号	单位定义
长度	米	m	1米是光在真空中1/299792458秒时间间隔内所行进路程的长度
质量	千克	kg	等于国际千克原子的质量
时间	秒	s	等于Cs133原子基态的两个超精细能级之间跃迁的辐射周期的9192631770倍的持续时间

续表

量的名称	单位名称	单位符号	单位定义
电流	安[培]	A	安培是一恒定电流，若保持在处于真空中相距 1m 的两无限长的圆截面极小的平行直导线间，每米长度上产生 2×10^{-7}N 的力
热力学温度	开[尔文]	K	等于水的三相点热力学温度的$\frac{1}{273.16}$
物质的量	摩[尔]	mol	等于物系的物质的量，该物系中所含基本单元数与 0.012kg 碳-12 的原子数相等
发光强度	坎[德拉]	cd	等于在 101325N·m^{-2} 压力下，处于铂凝固温度的黑体的 1/600000 平方米表面在垂直方向上的发光强度

注：1. 无方括号的量的名称与单位名称均为全称。方括号中的字，在不致引起混淆、误解的情况下，可以省略，去掉方括号中的字即为其名称的简称，下同。
2. 本标准所称的符号除特殊指明外，均指我国法定计量单位中所规定的符号以及国际符号，下同。
3. 日常生活贸易中，质量习惯称为重量。
4. 关于国家标准可以参看：国家监督技术，中华人民共和国国家标准，GB 3100～3102—93 量和单位，1993 12 27 发布．北京：中国标准出版社，1994。

表 2　国际单位制辅助单位

量的名称	单位名称	单位符号	单位定义
平面角	弧度	rad	等于一个圆内两条半径之间的平面角，这两条半径在圆周上截取的弧长与半径相等
立体角	球面度	sr	等于一个立体角，其顶点位于球心，而它在球面上所截取的面积等于以球半径为边长的正方形面积

表 3　具有专门名词的 SI 导出单位

量的名称	SI 导出单位		
	名称	符号	用 SI 基本单位和 SI 导出单位表示
力	牛[顿]	N	1N=1kg·m/s^2
压力，压强，应力	帕[斯卡]	Pa	1Pa=1N/m^2
能[量]，功，热量	焦[耳]	J	1J=1N·m
功率，辐[射能]通量	瓦[特]	W	1W=1J/s
电荷[量]	库[仑]	C	1C=1A·s
电压，电动势，电位，(电势)	伏[特]	V	1V=1W/A
电容	法[拉]	F	1F=1C/V
电阻	欧[姆]	Ω	1Ω=1V/A
电导	西[门子]	S	1S=1Ω^{-1}
磁通[量]	韦[伯]	Wb	1Wb=1V·s
磁通[量]密度，磁感应强度	特[斯拉]	T	1T=1Wb/m^2
电感	亨[利]	H	1H=1Wb/A
摄氏温度	摄[氏度]	℃	1℃=1K
光通量	流[明]	lm	1lm=1cd·sr
[光]照度	勒[克斯]	lx	1lx=1lm/m^2

表 4　由于人类健康安全防护需要而确定的具有专门名称的 SI 导出单位

量的名称	SI 导出单位		
	名称	符号	用 SI 基本单位和 SI 导出单位表示
[放射性]活度	贝可[勒尔]	Bq	$1Bq=1s^{-1}$
吸收剂量，比授[予]能，比释动能	戈[瑞]	Gy	1Gy=1J/kg
剂量当量	希[沃特]	Sv	1Sv=1J/kg

附录Ⅲ　希腊字母

名称	正体		斜体	
	大写	小写	大写	小写
alpha	Α	α	A	α
beta	Β	β	B	β
gamma	Γ	γ	$\mathit{\Gamma}$	γ
delta	Δ	δ	$\mathit{\Delta}$	δ
epsilon	Ε	ε	E	ε
zeta	Ζ	ζ	Z	ζ
eta	Η	η	H	η
theta	Θ	ϑ, θ	$\mathit{\Theta}$	θ, ϑ
iota	Ι	ι	I	ι
kappa	Κ	κ	K	κ
lambda	Λ	λ	$\mathit{\Lambda}$	λ
mu	Μ	μ	M	μ
nu	Ν	ν	N	ν
xi	Ξ	ξ	$\mathit{\Xi}$	ξ
omicron	Ο	ο	O	o
pi	Π	π	$\mathit{\Pi}$	π
rho	Ρ	ρ	P	ρ
sigma	Σ	σ	$\mathit{\Sigma}$	σ
tau	Τ	τ	T	τ
upsilon	Υ	υ	$\mathit{\Upsilon}$	υ
phi	Φ	ϕ, φ	$\mathit{\Phi}$	ϕ, φ
chi	Χ	χ	X	χ
psi	Ψ	ψ	$\mathit{\Psi}$	ψ
omega	Ω	ω	$\mathit{\Omega}$	ω

附录Ⅳ　基本常量

量的名称	符号	数值及单位
自由落体加速度或重力加速度	g	$9.80665 m \cdot s^{-2}$（准确值）
真空介电常数（真空电容率）	ε_0	$8.854188 \times 10^{-12} F \cdot m^{-1}$
电磁波在真空中的速度	c, c_0	$299792458 m \cdot s^{-1}$
阿伏伽德罗常量	L, N_A	$(6.0221367 \pm 0.0000036) \times 10^{23} mol^{-1}$
摩尔气体常量	R	$(8.314510 \pm 0.000070) J \cdot mol^{-1} \cdot K^{-1}$
玻耳兹曼常量	k, k_B	$(1.380658 \pm 0.000012) \times 10^{-23} J \cdot K^{-1}$
元电荷	e	$(1.60217733 \pm 0.00000049) \times 10^{-19} C$
法拉第常量	F	$(9.6485309 \pm 0.0000029) \times 10^4 C \cdot mol^{-1}$
普朗克常量	h	$(6.6260755 \pm 0.0000040) \times 10^{-34} J \cdot s$

附录Ⅴ　压力、体积和能量的单位及其换算

压力的定义是：体系作用于单位面积环境上的法向（即垂直方向）力的大小。即

$$p \xlongequal{\text{def}} F/A$$

国际单位制（SI）是在米制的基础上发展起来的。在 c•g•s 制中压强的单位是：达因每平方厘米（dyn/cm^2），在 SI 中，单位是牛顿每平方米（N/m^2），也叫帕斯卡（pascal），缩写为“帕”（Pa）。因为 $1N = 10^5 dyn$，故

$$1Pa \xlongequal{\text{def}} 1N/m^2 = 10^5 dyn/(10^2 cm)^2 = 10 dyn/cm^2$$

在过去的文献中，也常用毫米汞柱（mmHg）或托（torr）来表示压力（1 托 = 1mmHg），它是 0℃时当重力场的重力加速度具有标准值 $g = 980.665 cm/s^2$ 时，1mmHg 所施加的压力。当汞柱高度为 h，质量为 m，横截面积为 A，体积为 V 以及密度为 ρ 时，它所施加的压力 p 可按下式求出

$$p = mg/A = \rho Vg/A = \rho Ahg/A = \rho gh$$

在 0℃和 1atm 下汞的密度是 $13.5951 g \cdot cm^{-3}$，因此

$$1torr = (13.5951 g/cm^3) \times (980.665 cm/s^2) \times (10^{-1} cm) = 1333.22 dyn/cm^2 = 133.322 N/m^2$$

一大气压（atm）定义为 760torr。

$$\begin{aligned} 1atm &= 760torr = 1.01325 \times 10^6 dyn/cm^2 \\ &= 101325 N/m^2 \\ &= 101.325 kPa \end{aligned}$$

但也有一些科学家推荐压力的单位用巴（bar），因为 1bar 与 1atm 在数值上极为相近。

$$1bar = 10^6 dyn/cm^2 = 10^5 N/m^2 = 0.986923 atm = 10^5 Pa$$

常见的体积单位是立方厘米（cm^3）、立方分米（dm^3）、立方米（m^3）和升（L 或 l）。过去把升定义为 1000g 水在 3.98℃和 1atm 压力下的体积，这样定义的升等于 1000.028 cm^3，1964 年，国际计量大会重新定义升为 $1L = 1dm^3$。按这个新定义，原来的升就等于

1.000028dm^3。在两种定义内容易引起混淆，所以最好避免使用升，而用 dm^3 或 cm^3。按新定义：

$$1L=1dm^3=1000cm^3$$

附录Ⅵ　能量的单位及运算

单位	J	cal	erg	cm^3·atm	eV
1J	1	0.2390	10^7	9.869	6.242×10^{18}
1cal	4.184	1	4.184×10^7	41.29	2.612×10^{19}
1erg	10^{-7}	2.390×10^{-3}	1	9.869×10^{-7}	6.242×10^{11}
1cm^3·atm	0.1013	2.422×10^{-2}	1.013×10^5	1	6.325×10^{17}
1eV	1.602×10^{-19}	3.829×10^{-20}	1.602×10^{-12}	1.581×10^{-18}	1

附录Ⅶ　原子量表 [$A_r(^{12}C)=12$]

元素符号	元素名称	原子量	元素符号	元素名称	原子量
Ac	锕	227.02775(2)	Dy	镝	162.50(3)
Ag	银	107.8682(2)	Er	铒	167.26(3)
Al	铝	26.981538(2)	Es	锿	252.0830(3)
Am	镅	243.06138(2)	Eu	铕	151.964(1)
Ar	氩	39.948(1)	F	氟	18.9984032(5)
As	砷	74.92160(2)	Fe	铁	55.845(2)
At	砹	209.98715(5)	Fm	镄	257.09511(5)
Au	金	196.96655(2)	Fr	钫	223.01974(2)
B	硼	10.811(7)	Ga	镓	69.723(1)
Ba	钡	137.327(7)	Gd	钆	157.25(3)
Be	铍	9.012182(3)	Ge	锗	72.61(2)
Bh	𬭛	270.133(2)	H	氢	1.00794(7)
Bi	铋	208.98038(2)	He	氦	4.002602(2)
Bk	锫	247.07031(4)	Hf	铪	178.49(2)
Br	溴	79.904(1)	Hg	汞	200.59(2)
C	碳	12.0107(8)	Ho	钬	164.93032(2)
Ca	钙	40.078(4)	Hs	𬭶	270.134(2)
Cd	镉	112.411(8)	I	碘	126.90447(3)
Ce	铈	140.116(1)	In	铟	114.818(3)
Cf	锎	251.07959(3)	Ir	铱	192.217(30)
Cl	氯	35.4527(9)	K	钾	39.0983(1)
Cm	锔	247.07035(3)	Kr	氪	83.80(1)
Co	钴	58.93320(9)	La	镧	138.9055(2)
Cr	铬	51.9961(6)	Li	锂	6.941(2)
Cs	铯	132.90543(2)	Lr	铹	262.110(2)
Cu	铜	63.546(3)	Lu	镥	174.967(1)
Db	𬭊	270.131(4)	Md	钔	258.09843(3)

续表

元素符号	元素名称	原子量	元素符号	元素名称	原子量
Mg	镁	24.3050(6)	Rn	氡	222.01758(2)
Mn	锰	54.938049(9)	Ru	钌	101.07(2)
Mo	钼	95.94(1)	S	硫	32.066(6)
Mt	铸	278.156(5)	Sb	锑	121.760(1)
N	氮	14.00674(7)	Sc	钪	44.955910(8)
Na	钠	22.989770(2)	Se	硒	78.96(3)
Nb	铌	92.90638(2)	Sg	𬭳	269.129(3)
Nd	钕	144.24(3)	Si	硅	28.0855(3)
Ne	氖	20.1797(6)	Sm	钐	150.36(3)
Ni	镍	58.6934(2)	Sn	锡	118.710(7)
No	锘	259.1010(7)	Sr	锶	87.62(1)
Np	镎	237.04817(2)	Ta	钽	180.9479(1)
O	氧	15.9994(3)	Tb	铽	158.92534(2)
Os	锇	190.23(3)	Tc	锝	97.90721(3)
P	磷	30.973761(2)	Te	碲	127.60(3)
Pa	镤	231.03588(2)	Th	钍	232.0381(1)
Pb	铅	207.2(1)	Ti	钛	47.867(1)
Pd	钯	106.42(1)	Tl	铊	204.3833(2)
Pm	钷	144.91276(2)	Tm	铥	168.93421(2)
Po	钋	208.98243(2)	U	铀	238.0289(1)
Pr	镨	140.90765(2)	V	钒	50.9415(1)
Pt	铂	195.078(2)	W	钨	183.84(1)
Pu	钚	244.06421(1)	Xe	氙	131.29(2)
Ra	镭	226.02541(2)	Y	钇	88.90585(2)
Rb	铷	85.4678(3)	Yb	镱	173.04(3)
Re	铼	186.207(1)	Zn	锌	65.39(2)
Rf	𬬻	267.122(4)	Zr	锆	91.224(2)
Rh	铑	102.90550(2)			

注：原子量后面括号中的数字表示末位数的误差范围。

附录Ⅷ　一些气体的摩尔定压热容与温度的关系

$(C_{p,m}=a+bT+cT^2)$

物质		$a/(J\cdot mol^{-1}\cdot K^{-1})$	$10^3b/(J\cdot mol^{-1}\cdot K^{-2})$	$10^6c/(J\cdot mol^{-1}\cdot K^{-3})$	温度范围/K
H_2	氢	29.09	0.836	−0.3265	273～3800
Cl_2	氯	31.696	10.144	−4.038	300～1500
Br_2	溴	35.241	4.075	−1.487	300～1500
O_2	氧	36.16	0.845	−0.7494	273～3800
N_2	氮	27.32	6.226	−0.9502	273～3800
HCl	氯化氢	28.17	1.810	1.547	300～1500
H_2O	水	30.00	10.7	−2.022	273～3800
CO	一氧化碳	26.537	7.6831	−1.172	300～1500

续表

物质		$a/(J\cdot mol^{-1}\cdot K^{-1})$	$10^3 b/(J\cdot mol^{-1}\cdot K^{-2})$	$10^6 c/(J\cdot mol^{-1}\cdot K^{-3})$	温度范围/K
CO_2	二氧化碳	26.75	42.258	−14.25	300～1500
CH_4	甲烷	14.15	75.496	−17.99	298～1500
C_2H_6	乙烷	9.401	159.83	−46.229	298～1500
C_2H_4	乙烯	11.84	119.67	−36.51	298～1500
C_3H_6	丙烯	9.427	188.77	−57.488	298～1500
C_2H_2	乙炔	30.67	52.810	−16.27	298～1500
C_3H_4	丙炔	26.50	120.66	−39.57	298～1500
C_6H_6	苯	−1.71	324.77	−110.58	298～1500
$C_6H_5CH_3$	甲苯	2.41	391.17	−130.65	298～1500
CH_3OH	甲醇	18.40	101.56	−28.68	273～1000
C_2H_5OH	乙醇	29.25	166.28	−48.898	298～1500
$(C_2H_5)_2O$	乙醚	−103.9	1417	−248	300～400
$HCHO$	甲醛	18.82	58.379	−15.61	291～1500
CH_3CHO	乙醛	31.05	121.46	−36.58	298～1500
$(CH_3)_2CO$	丙酮	22.47	205.97	−63.521	298～1500
$HCOOH$	甲酸	30.7	89.20	−34.54	300～700
$CHCl_3$	氯仿	29.51	148.94	−90.734	273～773

附录Ⅸ　一些有机化合物的标准摩尔燃烧焓

（$p^{\ominus}$＝100kPa，T＝298K）

物质		$-\Delta_c H_m^{\ominus}/(kJ\cdot mol^{-1})$	物质		$-\Delta_c H_m^{\ominus}/(kJ\cdot mol^{-1})$
$C_{10}H_8(s)$	萘	5153.9	$C_5H_{12}(l)$	正戊烷	3509.5
$C_{12}H_{12}O_{11}(s)$	蔗糖	5640.9	$C_5H_5N(l)$	吡啶	2782.4
$C_2H_2(g)$	乙炔	1299.6	$C_6H_{12}(l)$	环己烷	3919.9
$C_2H_4(g)$	乙烯	1411.0	$C_6H_{14}(l)$	正己烷	4163.1
$C_2H_5CHO(l)$	丙醛	1816.3	$C_6H_4(COOH)_2(s)$	邻苯二甲酸	3223.5
$C_2H_5COOH(l)$	丙酸	1527.3	$C_6H_5CHO(l)$	苯甲醛	3527.9
$C_6H_5COOH(s)$	苯甲酸	3226.9	$C_6H_5COCH_3(l)$	苯乙酮	4148.9
$C_2H_5NH_2(l)$	乙胺	1713.3	$C_6H_5COOCH_3(l)$	苯甲酸甲酯	3957.6
$C_2H_5OH(l)$	乙醇	1366.8	$C_6H_5OH(s)$	苯酚	3053.5
$C_2H_6(g)$	乙烷	1559.8	$C_6H_6(l)$	苯	3267.5
$C_3H_6(g)$	环丙烷	2091.5	$CH_2(COOH)_2(s)$	丙二酸	861.15
$C_3H_7COOH(l)$	正丁酸	2183.5	$CH_3CHO(l)$	乙醛	1166.4
$C_3H_7OH(l)$	正丙醇	2019.8	$CH_3COC_2H_5(l)$	甲乙酮	2444.2
$C_3H_8(g)$	丙烷	2219.9	$CH_3COOH(l)$	乙酸	874.54
$C_4H_8(g)$	环丁烷	2720.5	$CH_3NH_2(l)$	甲胺	1060.6
$C_4H_9OH(l)$	正丁醇	2675.8	$CH_3OC_2H_5(g)$	甲乙醚	2107.4
$C_5H_{10}(l)$	环戊烷	3290.9	$CH_3OH(l)$	甲醇	726.51
$C_5H_{12}(g)$	正戊烷	3536.1	$CH_4(g)$	甲烷	890.31

续表

物质		$-\Delta_c H_m^\ominus/(kJ\cdot mol^{-1})$	物质		$-\Delta_c H_m^\ominus/(kJ\cdot mol^{-1})$
$(C_2H_5)_2O(l)$	乙醚	2751.1	$HCHO(g)$	甲醛	570.78
$(CH_3)_2CO(l)$	丙酮	1790.4	$HCOOCH_3(l)$	甲酸甲酯	979.5
$(CH_3CO)_2O(l)$	乙酸酐	1806.2	$HCOOH(l)$	甲酸	254.6
$(CH_2COOH)_2(s)$	丁二酸	1491.0	$(NH_2)_2CO(s)$	尿素	631.66

附录X 一些物质的热力学数据

物质的标准摩尔生成焓、标准摩尔熵、标准摩尔生成吉布函数及标准摩尔定压热容（$p^\ominus=100kPa$）

物质	$\Delta_f H_m^\ominus$ (298K) /(kJ·mol^{-1})	$S_m^\ominus$ (298K) /(J·K^{-1}·mol^{-1})	$\Delta_f G_m^\ominus$ (298K) /(kJ·mol^{-1})	$C_{p,m}^\ominus/(J\cdot K^{-1}\cdot mol^{-1})$								
				298K	300K	400K	500K	600K	700K	800K	900K	1000K
$Ag(s)$	0	42.55	0	25.351								
$AgBr(s)$	−100.37	107.1	−96.90	52.38								
$AgCl(s)$	−127.068	96.2	−109.789	50.79								
$AgI(s)$	−61.84	115.5	−66.19	56.82								
$AgNO_3(s)$	−124.39	140.92	−33.41	93.05								
$Ag_2CO_3(s)$	−505.8	167.4	−436.8	112.26								
$Ag_2O(s)$	−31.05	121.3	−11.20	65.86								
Al_2O_3(s,刚玉)	−1675.7	50.92	−1582.3	79.04								
$Br_2(l)$	0	152.231	0	75.689	75.63							
$Br_2(g)$	30.907	245.463	3.110	36.02		36.71	37.06	37.27	37.42	37.53	37.62	37.70
C(s,石墨)	0	5.740	0	8.527	8.72	11.93	14.63	16.86	18.54	19.87	20.84	21.51
C(s,金刚石)	1.895	2.377	2.900	6.113								
$CO(g)$	−110.525	197.674	−137.168	29.142	29.16	29.33	29.79	30.46	31.17	31.88	32.59	33.18
$CO_2(g)$	−393.509	213.74	−394.359	37.11	37.20	41.30	44.60	47.32	49.54	51.42	52.97	54.27
$CS_2(g)$	117.36	237.84	67.12	45.40	45.61	49.45	52.22	54.27	55.86	57.07	57.99	58.70
$CaC_2(s)$	−59.8	69.96	−64.9	62.72								
$CaCO_3$(s,方解石)	−1206.92	92.9	−1128.79	81.88								
$CaCl_2(s)$	−795.8	104.6	−748.1	72.59								
$CaO(s)$	−635.09	39.75	−604.03	42.80								
$Cl_2(g)$	0	223.066	0	33.907	33.97	35.30	36.08	36.57	36.91	37.15	37.33	37.47
$CuO(s)$	−157.3	42.63	−129.7	42.30								
$CuSO_4(s)$	−771.36	109.0	−661.8	100.0								

续表

物质	$\Delta_f H_m^{\ominus}$ (298K) /(kJ·mol^{-1})	$S_m^{\ominus}$ (298K) /(J·K^{-1}·mol^{-1})	$\Delta_f G_m^{\ominus}$ (298K) /(kJ·mol^{-1})	$C_{p,m}^{\ominus}$/(J·K^{-1}·mol^{-1})								
				298K	300K	400K	500K	600K	700K	800K	900K	1000K
$Cu_2O(s)$	−168.6	93.14	−146.0	63.64								
$F_2(g)$	0	202.78	0	31.30	31.37	33.05	34.34	35.27	35.94	36.46	36.85	37.17
$Fe_{0.974}O$ (s,方铁矿)	−266.27	57.49	245.12	48.12								
$FeO(s)$	−272.0											
$FeS_2(g)$	−178.2	52.93	−166.9	62.17								
$Fe_2O_3(s)$	−824.2	87.40	−742.2	103.85								
$Fe_3O_4(s)$	−1118.4	146.4	−1015.4	143.43								
$H_2(g)$	0	130.684	0	28.824	28.85	29.18	29.26	29.32	29.43	29.61	29.87	30.02
$HBr(g)$	−36.40	198.695	−53.45	29.142	29.16	29.20	29.41	29.79	30.29	30.88	31.51	32.13
$HCl(g)$	−92.307	186.908	−95.299	29.12	29.12	29.16	29.29	29.58	30.00	30.50	31.05	31.63
$HF(g)$	−271.1	173.779	−273.2	29.12	29.12	29.16	29.16	29.25	29.37	29.54	29.83	30.17
$HI(g)$	26.48	206.594	1.70	29.158	29.16	29.33	29.75	30.33	31.05	31.08	32.51	33.14
$HCN(g)$	135.1	201.78	124.7	35.86	36.02	39.41	42.01	44.18	46.15	47.91	49.50	50.96
$HNO_3(l)$	−174.10	155.60	−80.71	109.87								
$HNO_3(g)$	−135.06	266.38	−74.72	53.35	53.85	63.64	71.50	77.70	82.47	86.36	89.41	91.84
$H_2O(l)$	−285.830	69.91	−237.129	75.291								
$H_2O(g)$	−241.818	188.825	−228.572	33.577	33.60	34.27	35.23	36.32	37.45	38.70	39.96	41.21
$H_2O_2(l)$	−187.78	109.6	−120.35	89.1								
$H_2O_2(g)$	−136.31	232.7	−105.57	43.1	43.22	48.45	52.55	55.69	57.99	59.83	61.46	62.84
$H_2S(g)$	−20.63	205.79	−33.56	34.23	34.23	35.61	37.24	38.99	40.79	42.59	44.31	45.90
$H_2SO_4(l)$	−813.989	156.904	−690.003	138.91	139.33	153.55	161.92	167.36	171.96			
$HgCl_2(l)$	−224.3	146.0	−178.6									
HgO(s,正交)	−90.83	70.29	−58.539	44.06								
$Hg_2Cl_2(s)$	−265.22	192.5	−210.745									
$Hg_2SO_4(s)$	−743.12	200.66	−625.815	131.96								
$I_2(s)$	0	116.135	0	54.438	54.51							
$I_2(g)$	62.438	260.69	19.327	36.90			37.44	37.57	37.68	37.76	37.84	37.91
$KCl(s)$	−436.747	82.59	−409.14	51.30								
$KI(s)$	−327.900	106.32	−324.892	52.93								
$KNO_3(s)$	−494.63	133.05	−394.86	96.40								
$K_2SO_4(s)$	−1437.79	175.56	−1321.37	130.46								
$KHSO_4(s)$	−1160.6	138.1	−1031.3									
$N_2(g)$	0	191.61	0	29.12	29.12	29.25	29.58	30.11	30.76	31.43	32.10	32.70

续表

物质	$\Delta_f H_m^\ominus$ (298K) /(kJ·mol^{-1})	$S_m^\ominus$ (298K) /(J·K^{-1}·mol^{-1})	$\Delta_f G_m^\ominus$ (298K) /(kJ·mol^{-1})	$C_{p,m}^\ominus$/(J·K^{-1}·mol^{-1})								
				298K	300K	400K	500K	600K	700K	800K	900K	1000K
NH_3(g)	−46.11	192.45	−16.45	35.06	35.69	38.66	42.01	45.23	48.28	51.17	53.85	56.36
NH_4Cl(s)	−314.43	94.6	−202.87	84.1								
$(NH_4)_2SO_4$(s)	−1180.85	220.1	−901.67	187.49								
NO(g)	90.25	210.761	86.55	29.83	29.83	29.96	30.50	31.25	32.05	32.76	33.43	33.97
NO_2(g)	33.18	240.16	51.31	37.07	37.11	40.33	43.43	46.11	48.37	50.21	51.67	52.84
N_2O(g)	82.05	219.85	104.20	38.45	38.70	42.68	45.81	48.37	50.46	52.22	53.64	54.85
N_2O_4(g)	9.16	304.29	97.89	77.28								
N_2O_5(g)	11.3	355.7	115.1	84.5								
NaCl(s)	−411.153	72.13	−384.138	50.50								
$NaNO_3$(s)	−467.85	116.52	−367.00	92.88								
NaOH(s)	−425.609	64.455	−379.494	59.54								
Na_2CO_3(s)	−1130.68	134.98	−1044.44	112.30								
$NaHCO_3$(s)	−950.81	101.7	−851.0	87.61								
Na_2SO_4(s,正交)	−1387.08	149.58	−1270.16	128.20								
O_2(g)	0	205.138	0	29.355	29.37	30.10	31.08	32.09	32.99	33.74	34.36	34.87
O_3(g)	142.7	238.93	163.2	39.20	39.29	43.64	47.11	49.66	51.46	52.80	53.81	54.56
PCl_3(g)	−287.0	311.78	−267.8	71.84								
PCl_5(g)	−374.9	364.58	−305.0	112.80								
S(s,正交)	0	31.80	0	22.64	22.64							
SO_2(g)	−296.830	248.22	−300.194	39.87	39.96	43.47	46.57	49.04	50.96	52.43	53.60	54.48
SO_3(g)	−395.72	256.76	−371.06	50.67	50.75	58.83	65.52	70.71	74.73	78.86	80.46	82.68
SiO_2(s,α-石英)	−910.94	41.84	−856.64	44.43								
NO_2(g)	33.18	240.16	51.31	37.07	37.11	40.33	43.43	46.11	48.37	50.21	51.67	52.84
N_2O(g)	82.05	219.85	104.20	38.45	38.70	42.68	45.81	48.37	50.46	52.22	53.64	54.85
N_2O_4(g)	9.16	304.29	97.89	77.28								
N_2O_5(g)	11.3	355.7	115.1	84.5								
NaCl(s)	−411.153	72.13	−384.138	50.50								
$NaNO_3$(s)	−467.85	116.52	−367.00	92.88								
NaOH(s)	−425.609	64.455	−379.494	59.54								
Na_2CO_3(s)	−1130.68	134.98	−1044.44	112.30								
$NaHCO_3$(s)	−950.81	101.7	−851.0	87.61								
Na_2SO_4(s,正交)	−1387.08	149.58	−1270.16	128.20								

续表

物质	$\Delta_f H_m^\ominus$(298K)/(kJ·mol^{-1})	$S_m^\ominus$(298K)/(J·K^{-1}·mol^{-1})	$\Delta_f G_m^\ominus$(298K)/(kJ·mol^{-1})	$C_{p,m}^\ominus$/(J·K^{-1}·mol^{-1})								
				298K	300K	400K	500K	600K	700K	800K	900K	1000K
O_2(g)	0	205.138	0	29.355	29.37	30.10	31.08	32.09	32.99	33.74	34.36	34.87
O_3(g)	142.7	238.93	163.2	39.20	39.29	43.64	47.11	49.66	51.46	52.80	53.81	54.56
PCl_3(g)	−287.0	311.78	−267.8	71.84								
PCl_5(g)	−374.9	364.58	−305.0	112.80								
S(s,正交)	0	31.80	0	22.64	22.64							
SO_2(g)	−296.830	248.22	−300.194	39.87	39.96	43.47	46.57	49.04	50.96	52.43	53.60	54.48
SO_3(g)	−395.72	256.76	−371.06	50.67	50.75	58.83	65.52	70.71	74.73	78.86	80.46	82.68
ZnO(s)	−348.28	43.64	−318.30	40.25								
CH_4(g)甲烷	−74.81	186.264	−50.72	35.309	35.77	40.63	46.53	52.51	58.20	63.51	68.37	72.80
C_2H_6(g)乙烷	−84.68	229.60	−32.82	52.63	52.89	65.61	78.07	89.33	99.24	108.07	115.85	122.72
C_3H_8(g)丙烷	−103.85	270.02	−23.37	73.51	73.89	94.31	113.05	129.12	143.09	155.14	165.73	175.02
C_4H_{10}(g)正丁烷	−126.15	310.23	−17.02	97.45	97.91	123.85	147.86	168.62	186.40	201.79	215.22	226.86
C_4H_{10}(g)异丁烷	−134.52	294.75	−20.75	96.82	97.28	124.56	149.03	169.95	187.65	202.88	216.10	227.61
C_5H_{12}(g)正戊烷	−146.44	349.06	−8.21	120.21	120.79	152.84	183.47	207.69	229.41	248.11	264.35	278.45
C_5H_{12}(g)异戊烷	−154.47	343.20	−14.65	118.78	119.41	152.67	182.88	208.74	230.91	249.83	266.35	280.83
C_6H_{14}(g)正己烷	−167.19	388.51	−0.05	143.09	143.80	181.88	216.86	246.81	272.38	294.39	313.51	330.08
C_7H_{16}(g)庚烷	−187.78	428.01	8.22	165.98	166.77	210.96	251.33	285.89	315.39	340.70	362.67	381.58
C_8H_{18}(g)辛烷	−208.45	466.84	16.66	188.87	189.74	239.99	285.85	324.97	358.40	387.02	411.83	433.46
C_2H_4(g)乙烯	52.26	219.56	68.15	43.56	43.72	53.97	63.43	71.55	73.49	84.52	89.79	94.43
C_3H_6(g)丙烯	20.42	267.05	62.79	63.89	64.18	79.91	94.64	107.53	118.70	128.37	136.82	144.18
C_4H_8(g)1-丁烯	−0.13	305.71	71.40	85.65	86.06	108.95	129.41	147.03	161.96	174.89	186.15	195.89
C_4H_6(g)1,3-丁二烯	110.16	278.85	150.74	79.54	79.96	101.63	119.33	133.22	144.56	154.14	162.38	159.54
C_2H_2(g)乙炔	226.73	200.94	209.20	43.93	44.06	50.08	54.27	57.45	60.12	62.47	64.64	66.61
C_3H_4(g)丙炔	185.43	248.22	194.46	60.67	60.88	72.51	82.59	91.21	98.66	105.19	110.92	115.94
C_3H_6(g)环丙烷	53.30	237.55	104.46	55.94	56.23	76.61	94.77	109.41	121.42	131.59	140.46	148.07

续表

物质	$\Delta_f H_m^\ominus$ (298K) /(kJ·mol^{-1})	$S_m^\ominus$ (298K) /(J·K^{-1}·mol^{-1})	$\Delta_f G_m^\ominus$ (298K) /(kJ·mol^{-1})	$C_{p,m}^\ominus$/(J·K^{-1}·mol^{-1})								
				298K	300K	400K	500K	600K	700K	800K	900K	1000K
$C_6H_{12}(g)$ 环己烷	−123.14	298.35	31.92	106.27	107.03	149.87	190.25	225.22	254.68	279.32	299.91	317.15
$C_6H_{10}(g)$ 环己烯	−5.36	310.86	106.99	105.02	105.77	144.93	178.99	206.90	229.79	248.91	265.01	278.74
$C_6H_6(l)$苯	49.04	173.26	124.45									
$C_6H_6(g)$苯	82.93	269.31	129.73	81.67	82.22	111.88	137.24	157.90	174.68	188.53	200.12	209.87
$C_7H_8(g)$甲苯	50.00	320.77	122.11	103.64	104.35	140.08	171.46	197.48	218.95	236.86	252.00	264.93
$C_8H_{10}(l)$乙苯	−12.47	255.18	119.86									
$C_8H_{10}(g)$乙苯	29.79	360.56	130.71	128.41	129.20	170.54	206.48	236.14	260.58	280.96	298.19	312.84
$C_8H_{10}(l)$ 间二甲苯	−25.40	252.17	107.81									
$C_8H_{10}(g)$ 间二甲苯	17.24	357.80	119.00	127.57	128.28	167.49	202.63	232.25	257.02	277.86	295.52	310.58
$C_8H_{10}(l)$ 邻二甲苯	−24.43	246.02	110.62									
$C_8H_{10}(g)$ 邻二甲苯	19.00	352.86	122.22	133.26	133.97	171.67	205.48	234.22	258.40	278.82	296.23	311.08
$C_8H_{10}(l)$ 对二甲苯	−24.43	247.69	110.12									
$C_8H_{10}(g)$ 对二甲苯	17.95	352.53	121.26	126.86	127.57	166.10	201.08	230.79	255.73	276.73	294.51	309.70
$C_8H_8(l)$ 苯乙烯	103.89	237.57	202.51									
$C_8H_8(g)$ 苯乙烯	147.36	345.21	213.90	122.09	122.80	160.33	192.21	218.15	239.37	256.90	271.67	284.18
$C_{10}H_8(l)$萘	78.07	166.90	201.17									
$C_{10}H_8(g)$萘	150.96	335.75	223.69	132.55	133.43	179.20	218.11	249.66	275.18	296.10	313.42	327.94
$C_2H_6O(g)$ 甲醚	−184.05	266.38	−112.59	64.39	66.07	79.58	93.01	105.27	116.15	125.69	134.06	141.38
$C_3H_8O(g)$ 甲乙醚	−216.44	310.73	−117.54	89.75	90.08	109.12	127.74	144.68	159.45	172.34	183.55	193.22
$C_4H_{10}O(l)$ 乙醚	−279.5	253.1	−122.75									
$C_4H_{10}O(g)$ 乙醚	−252.21	342.78	−112.19	122.51	112.97	138.11	162.21	183.76	202.46	218.66	232.67	244.81

续表

物质	$\Delta_f H_m^\ominus$ (298K) /(kJ·mol^{-1})	$S_m^\ominus$ (298K) /(J·K^{-1}·mol^{-1})	$\Delta_f G_m^\ominus$ (298K) /(kJ·mol^{-1})	$C_{p,m}^\ominus$/(J·K^{-1}·mol^{-1})								
				298K	300K	400K	500K	600K	700K	800K	900K	1000K
C_2H_4O(g) 环氧乙烷	−52.63	242.53	−13.01	47.91	48.53	62.55	75.44	86.27	95.31	102.93	109.41	114.93
C_3H_6O(g) 环氧丙烷	−92.76	286.84	−25.69	72.34	72.72	92.72	110.71	125.81	138.53	149.29	158.53	166.48
CH_4O(l) 甲醇	−238.66	126.8	−166.27	81.6								
CH_4O(g) 甲醇	−200.66	239.81	−161.96	43.89	44.02	51.42	59.50	67.03	73.72	79.66	84.89	89.45
C_2H_6O(l)乙醇	−277.69	160.7	−174.78	111.46								
C_2H_6O(g)乙醇	−235.10	282.70	−168.49	65.44	65.73	81.00	95.27	107.49	117.95	126.90	134.68	141.54
C_3H_8O(l)丙醇	−304.55	192.9	−170.52									
C_3H_8O(g)丙醇	−257.53	324.91	−162.86	87.11	87.49	108.20	127.65	144.60	59.12	171.71	182.63	192.17
C_3H_8O(l) 异丙醇	−318.0	180.58	−180.26									
C_3H_8O(g) 异丙醇	−272.59	310.02	−173.48	88.74	89.16	112.05	133.43	149.62	164.05	176.27	186.73	195.89
$C_4H_{10}O$(l) 丁醇	−325.81	225.73	−160.00									
$C_4H_{10}O$(g) 丁醇	−274.42	363.28	−150.52	110.50	111.67	137.24	162.17	183.68	202.13	218.03	231.79	243.76
$C_2H_5O_2$(l) 乙二醇	−454.80	166.9	−323.08	149.8								
$C_2H_5O_2$(g) 乙二醇	—	—	—	—	97.40	113.22	125.94	136.90	146.44	154.39	158.99	166.86
CH_2O(g)甲醛	−108.57	218.77	−102.53	35.40	35.44	39.25	43.76	48.20	52.26	56.36	59.25	61.97
C_2H_4O(l)乙醛	−192.30	160.2	−128.12									
C_2H_4O(g)乙醛	−166.19	250.3	−128.86	54.64	54.85	65.81	76.44	85.86	94.14	101.25	107.45	112.80
C_3H_6O(l)丙酮	−248.1	200.4	−133.28									
C_3H_6O(g)丙酮	−217.57	295.04	−152.97	74.89	75.19	92.05	108.32	122.76	135.31	146.15	155.60	163.80
CH_2O_2(l)甲酸	−424.72	128.95	−361.35	99.04								
CH_2O_2(g)甲酸	−378.57	—	—	—	45.35	53.76	61.17	67.03	72.47	76.78	80.37	83.47
$C_2H_4O_2$(l) 乙酸	−484.5	159.8	−389.9	124.3								
$C_2H_4O_2$(g) 乙酸	−432.25	282.5	−374.0	66.53	66.82	81.67	94.56	105.23	114.43	121.67	128.03	133.85

续表

物质	$\Delta_f H_m^\ominus$ (298K) /(kJ·mol^{-1})	$S_m^\ominus$ (298K) /(J·K^{-1}·mol^{-1})	$\Delta_f G_m^\ominus$ (298K) /(kJ·mol^{-1})	$C_{p,m}^\ominus$/(J·K^{-1}·mol^{-1})								
				298K	300K	400K	500K	600K	700K	800K	900K	1000K
$C_4H_6O_3$(l) 乙酐	−624.00	268.61	−488.67									
$C_4H_6O_3$(g) 乙酐	−575.72	390.06	−476.57	99.50	100.04	129.12	153.89	174.14	191.38	204.64	216.06	226.40
$C_3H_4O_2$(l) 丙烯酸	−384.1											
$C_3H_4O_2$(g) 丙烯酸	−336.23	315.12	−285.99	77.78	78.12	95.98	111.13	123.43	133.89	141.96	148.99	155.31
$C_7H_6O_2$(s) 苯甲酸	−385.14	167.57	−245.14									
$C_7H_6O_2$(g) 苯甲酸	−290.20	369.10	−210.31	103.47	104.01	138.36	170.54	196.73	217.82	234.89	248.95	260.66
$C_2H_4O_2$(l) 甲酸甲酯	−379.07	—	—	121								
$C_2H_4O_2$(g) 甲酸甲酯	−350.2	—	—		66.94	81.59	94.56	105.44	114.64	121.75	128.87	133.89
$C_2H_4O_2$(l) 乙酸乙酯	−479.03	259.4	−332.55									
$C_4H_8O_2$(g) 乙酸乙酯	−442.92	362.86	−327.27	113.64	113.97	137.40	161.92	182.63	199.53	213.43	224.89	234.51
C_6H_6O(s) 苯酚	−165.02	144.01	−50.31									
C_6H_6O(g) 苯酚	−96.36	315.71	−32.81	103.55	104.18	135.77	161.67	182.17	198.49	211.79	222.84	232.17
C_7H_8O(l) 间甲酚	−193.26											
C_7H_8O(g) 间甲酚	−132.34	356.88	−40.43	122.47	125.14	162.09	198.80	218.66	239.28	256.35	271.67	286.60
C_7H_8O(s) 邻甲酚	−204.35											
C_7H_8O(g) 邻甲酚	−128.62	357.72	−36.96	130.33	131.00	166.27	196.27	220.79	240.83	257.53	273.01	287.94
C_7H_8O(s) 对甲酚	−199.20											

续表

物质	$\Delta_f H_m^{\ominus}$ (298K) /(kJ·mol^{-1})	$S_m^{\ominus}$ (298K) /(J·K^{-1}·mol^{-1})	$\Delta_f G_m^{\ominus}$ (298K) /(kJ·mol^{-1})	$C_{p,m}^{\ominus}$/(J·K^{-1}·mol^{-1})								
				298K	300K	400K	500K	600K	700K	800K	900K	1000K
C_7H_8O(g) 对甲酚	−125.39	347.76	−30.77	124.47	125.14	161.71	192.76	217.99	238.61	255.68	271.33	286.19
CH_5N(l)甲胺	−47.3	150.21	35.7									
CH_5N(g)甲胺	−22.97	243.41	32.16	53.1	50.25	60.17	70.00	78.91	86.86	93.89	100.16	105.69
C_2H_7N(l)乙胺	−74.1	—	—	130								
C_2H_7N(g)乙胺	−47.15	—	—	69.9	72.97	90.58	106.44	120.00	131.67	141.80	150.71	158.49
C_5H_5N(l)吡啶	100.0	177.90	181.43									
C_5H_5N(g)吡啶	140.16	282.91	190.27	78.12	78.66	106.36	130.16	149.45	165.02	177.78	188.45	197.36
C_6H_7N(l)苯胺	31.09	191.29	149.21									
C_6H_7N(g)苯胺	86.86	319.27	166.79	108.41	109.08	142.97	162.84	170.75	210.54	225.06	237.27	247.61
C_2H_3N(l) 乙腈	31.38	149.62	77.22	91.46								
C_2H_3N(g) 乙腈	65.23	245.12	82.58	52.22	52.38	61.17	69.41	76.78	83.26	88.95	93.93	98.32
C_3H_3N(l) 丙烯腈	150.2											
C_3H_3N(g) 丙烯腈	184.93	274.04	195.34	63.76	64.02	76.82	87.65	96.69	104.18	110.58	116.11	120.83
CH_3NO_2(l) 硝基甲烷	−113.09	171.75	−14.42	105.98								
CH_3NO_2(g) 硝基甲烷	−74.73	274.96	−6.84	57.32	57.57	70.29	81.84	91.71	100.00	106.94	112.84	117.86
$C_6H_5NO_2$(l) 硝基苯	12.5			185.8								
CH_3F(g) 一氟甲烷		222.91		37.49	37.61	44.18	51.30	57.86	63.72	68.83	73.26	77.15
CH_2F_2(g) 二氟甲烷	−446.9	246.71	−419.2	42.89	43.01	51.13	58.99	65.77	71.46	76.23	80.21	83.60
CHF_3(g) 三氟甲烷	−688.3	259.68	−653.9	51.04	51.21	62.26	69.25	75.86	81.00	85.06	87.82	90.96
CF_4(g) 四氟化碳	−925	261.61	−879	61.09	61.63	72.84	81.30	87.49	92.01	95.56	97.99	100.04
C_2F_6(g) 六氟乙烷	−1297	332.3	−1213	106.7	106.82	125.48	139.16	148.70	155.44	160.33	163.89	166.44

续表

物质	$\Delta_f H_m^\ominus$ (298K) /(kJ·mol^{-1})	$S_m^\ominus$ (298K) /(J·K^{-1}·mol^{-1})	$\Delta_f G_m^\ominus$ (298K) /(kJ·mol^{-1})	$C_{p,m}^\ominus$/(J·K^{-1}·mol^{-1})								
				298K	300K	400K	500K	600K	700K	800K	900K	1000K
$CH_3Cl(g)$ 一氯甲烷	−80.83	234.58	−57.37	40.75	40.88	48.20	55.19	61.34	66.65	71.30	75.35	78.91
$CH_2Cl_2(l)$ 二氯甲烷	−121.46	177.8	−67.26	100.0								
$CH_2Cl_2(g)$ 二氯甲烷	−92.47	270.23	−65.87	50.96	51.30	61.46	66.40	72.63	77.28	81.09	84.31	87.03
$CHCl_3(g)$ 氯仿	−103.14	295.71	−70.34	65.69	65.94	74.60	80.92	85.52	88.99	91.67	93.85	95.65
$CCl_4(l)$ 四氯化碳	−135.44	216.40	−65.21	131.75								
$CCl_4(g)$ 四氯化碳	−102.9	309.85	−60.59	83.30	84.01	92.22	97.40	100.71	102.97	104.60	105.81	106.78
$C_2H_5Cl(l)$ 氯乙烷	−136.52	190.79	−59.31	104.35								
$C_2H_5Cl(g)$ 氯乙烷	−112.17	276.00	−60.39	62.80	62.97	77.66	90.71	101.71	111.00	118.91	125.77	131.71
$C_2H_4Cl_2(l)$ 1,2-二氯乙烷	−165.23	208.53	−79.52	129.3								
$C_2H_4Cl_2(g)$ 1,2-二氯乙烷	−129.79	308.39	−73.78	78.7	79.50	92.05	103.34	112.55	120.50	127.19	133.05	138.07
$C_2H_3Cl(g)$ 氯乙烯	35.6	263.99	51.9	53.72	53.93	65.10	74.48	82.05	88.28	93.51	98.11	101.88
$C_6H_5Cl(l)$ 氯苯	10.79	209.2	89.30									
$C_6H_5Cl(g)$ 氯苯	51.84	313.58	99.23	98.03	98.62	128.11	152.67	172.21	187.69	200.37	210.87	219.58
$CH_3Br(g)$ 溴甲烷	−35.1	246.38	−25.9	42.43	42.55	49.92	56.74	62.63	67.74	72.71	76.11	79.50
$CH_3I(g)$ 碘甲烷	13.0	254.12	14.7	44.10	44.27	51.71	58.37	64.06	68.95	73.26	76.99	80.33
$CH_4S(g)$ 甲硫醇	−22.34	255.17	−9.30	50.25	50.42	58.74	66.57	73.51	79.62	85.02	89.79	94.06
$C_2H_6S(l)$ 乙硫醇	−73.35	207.02	−5.26	117.86								

附录Ⅺ　一些物质的自由能函数

($p^{\ominus}=101.325\text{kPa}$)

物质	$-[G_m^{\ominus}(T)-H_m^{\ominus}(0\text{K})]/T$ /$(\text{J}\cdot\text{K}^{-1}\cdot\text{mol}^{-1})$					$\Delta H_m^{\ominus}(298.15\text{K})$ /$(\text{kJ}\cdot\text{mol}^{-1})$	$\Delta H_m^{\ominus}(298.15\text{K})-H_m^{\ominus}(0\text{K})$ /$(\text{kJ}\cdot\text{mol}^{-1})$	$H_m^{\ominus}(0\text{K})$ /$(\text{kJ}\cdot\text{mol}^{-1})$
	298K	500K	1000K	1500K	2000K			
Br(g)	154.14	164.89	179.28	187.82	193.97	—	6.197	112.93
Br_2(g)	212.76	230.08	254.39	269.07	279.62	—	9.728	35.02
Br_2(g)	104.6						13.556	0
C(石墨)	2.22	4.85	11.63	17.53	22.51	—	1.050	0
Cl(g)	144.06	155.06	170.25	179.20	185.52	—	6.272	119.41
Cl_2(g)	192.17	208.57	231.92	246.23	256.65	—	9.180	0
F(g)	136.77	148.16	163.43	172.21	178.41	—	6.519	77.0±4
F_2(g)	173.09	188.70	211.01	224.85	235.02	—	8.828	0
H(g)	93.81	104.56	118.99	127.40	133.39	—	6.197	215.98
H_2(g)	102.17	117.13	136.98	148.91	157.61		8.468	0
I(g)	159.91	170.62	185.06	193.47	199.49	—	6.197	107.15
I_2(g)	226.69	244.60	269.45	284.34	295.06	—	8.987	65.52
I_2(g)	71.88						13.196	0
N_2(g)	162.42	177.49	197.95	210.37	219.58	—	8.669	0
O_2(g)	175.98	191.13	212.13	225.14	234.72	—	8.660	0
S(斜方)	17.11	27.11					4.406	0
CO(g)	168.41	183.51	204.05	216.65	225.93	−110.525	8.673	−113.81
CO_2(g)	182.26	199.45	226.40	244.68	258.80	−393.514	9.364	−393.17
CS_2(g)	202.00	221.92	253.17	273.80	289.11	115.269	10.669	114.60±8
CH_4(g)	152.55	170.50	199.37	221.08	238.91	−74.852	10.029	−66.90
CH_3Cl(g)	198.53	217.82	250.12	274.22	—	−82.0	10.414	−74.1
$CHCl_3$(g)	248.07	275.35	321.25	352.96	—	−100.42	14.184	−96
CCl_4(g)	251.67	285.01	340.62	376.39	—	−106.7	17.200	−104
$COCl_2$(g)	240.58	264.97	304.55	331.08	351.12	−219.53	12.866	−217.82
CH_3OH(g)	201.38	222.34	257.65	—	—	−201.17	11.427	−190.25
CH_2O(g)	185.14	203.09	230.58	250.25	266.02	−115.9	10.012	−112.13
HCOOH(g)	212.21	232.63	267.73	293.59	314.39	−378.19	10.883	−370.91
HCN(g)	170.79	187.65	213.43	230.75	243.97	130.5	9.25	130.1
C_2H_2(g)	167.28	186.23	217.61	239.45	256.60	226.73	10.008	227.32

续表

物质	$-[G_m^\ominus(T)-H_m^\ominus(0K)]/T$ /$(J \cdot K^{-1} \cdot mol^{-1})$					$\Delta H_m^\ominus(298.15K)$ /$(kJ \cdot mol^{-1})$	$\Delta H_m^\ominus(298.15K)$ $-H_m^\ominus(0K)$ /$(kJ \cdot mol^{-1})$	$H_m^\ominus(0K)$ /$(kJ \cdot mol^{-1})$
	298K	500K	1000K	1500K	2000K			
$C_2H_4(g)$	184.01	203.93	239.70	267.52	290.62	52.30	10.565	60.75
$C_2H_6(g)$	189.41	212.42	255.68	290.62	—	−84.68	11.950	−69.12
$C_2H_5OH(g)$	235.14	262.84	314.97	356.27	—	−236.92	14.18	−219.28
$CH_3CHO(g)$	221.12	245.48	288.82	—	—	−165.98	12.845	−155.44
$CH_3COOH(g)$	236.40	264.60	317.65	357.10	—	−434.3	13.81	−420.5
$C_3H_6(g)$	221.54	248.19	299.45	340.70	—	20.42	13.544	35.44
$C_3H_8(g)$	220.62	250.25	310.03	359.24	—	−103.85	14.694	−81.50
$(CH_3)_2CO(g)$	240.37	272.09	331.46	378.82	—	−216.40	16.272	−199.74
n-$C_4H_{10}(g)$	244.93	284.14	362.33	426.56	—	−126.15	19.435	−99.04
i-$C_4H_{10}(g)$	234.64	271.94	348.86	412.71	—	−134.52	17.891	−105.86
n-$C_5H_{12}(g)$	269.95	317.73	413.67	492.54	—	−146.44	13.162	−113.93
i-$C_5H_{12}(g)$	269.28	314.97	409.86	488.61	—	−154.47	12.083	−120.54
$C_6H_6(g)$	221.46	252.04	320.37	378.44	—	82.93	14.230	100.42
环己烷(g)	238.78	277.78	371.29	455.2	—	−123.14	17.728	−83.72
$Cl_2O(g)$	228.11	248.91	280.50	300.87	—	75.7	11.380	77.86
$ClO_2(g)$	215.10	234.72	264.72	284.30	—	104.6	10.782	107.70
$HF(g)$	144.85	159.79	179.91	191.92	200.62	−268.6	8.598	−268.6
$HCl(g)$	157.82	172.84	193.13	205.35	214.35	−92.312	8.640	−92.127
$HBr(g)$	169.58	184.60	204.97	217.41	226.53	−36.24	8.650	−33.9
$HI(g)$	177.44	192.51	213.02	225.57	234.82	25.9	8.659	28.0
$HClO(g)$	201.84	220.05	246.92	264.20	269.5	—	10.220	—
$PCl_3(g)$	258.05	288.22	335.09	—	—	−278.7	16.07	−275.8
$H_2O(g)$	155.56	172.80	196.74	211.76	223.14	−241.885	9.910	−238.993
$H_2O_2(g)$	196.49	216.45	247.54	269.01	—	−136.14	10.84	−129.90
$H_2S(g)$	172.30	189.75	214.65	230.84	243.1	−20.151	9.981	16.36
$NH_3(g)$	158.99	176.94	203.52	221.93	236.70	−46.20	9.92	−39.21
$NO(g)$	179.87	195.69	217.03	230.01	239.55	90.40	9.182	89.89
$N_2O(g)$	187.86	205.53	233.36	252.23	—	81.57	9.588	85.00
$NO_2(g)$	205.86	224.32	252.06	270.27	284.08	33.861	10.316	36.33
$SO_2(g)$	212.68	231.77	260.64	279.64	293.8	−296.97	10.542	−294.46
$SO_3(g)$	217.16	239.13	276.54	302.99	322.7	−395.27	11.59	−389.46

附录Ⅻ　水溶液中某些离子的热力学数据

（$p^{\ominus}=100kPa$，$T=298.15K$）

物质	$\Delta_f H_m^{\ominus}$ /(kJ·mol^{-1})	$\Delta_f G_m^{\ominus}$ /(kJ·mol^{-1})	$S_m^{\ominus}$ /(J·mol^{-1}·K^{-1})	$C_{p,m}$ /(J·mol^{-1}·K^{-1})
H^+	−0	0	0	0
Li^+	−278.49	−293.31	13.4	68.6
Na^+	−240.12	−261.905	59.0	46.4
K^+	−252.38	−283.27	102.5	21.8
NH_4^+	−132.51	−79.31	113.4	79.9
Tl^+	5.36	−32.40	125.5	—
Ag^+	105.579	77.107	72.68	21.8
Cu^+	71.67	49.98	40.6	—
Hg_2^{2+}	172.4	153.52	84.5	—
Mg^{2+}	−466.85	−454.8	−138.1	—
Ca^{2+}	−542.83	−553.58	−53.1	—
Ba^{2+}	−537.64	−560.77	9.6	—
Zn^{2+}	−153.89	−147.06	−112.1	46
Cd^{2+}	−75.90	−77.612	−73.2	—
Pb^{2+}	−1.7	−24.43	10.5	—
Hg^{2+}	171.1	164.40	−32.2	—
Cu^{2+}	64.77	65.49	−99.6	—
Fe^{2+}	−89.1	−78.90	−137.7	—
Ni^{2+}	−54.0	−45.6	−128.9	—
Co^{2+}	−58.2	−54.4	−113	—
Mn^{2+}	−220.75	−228.1	−73.6	50
Al^{3+}	−531	−485	−321.7	—
Fe^{3+}	−48.5	−4.7	−315.9	—
La^{3+}	−707.1	−683.7	−217.6	−13
Ce^{3+}	−696.2	−672.0	−205	—
Ce^{4+}	−537.2	−503.8	−301	—
Th^{4+}	−769.0	−705.1	−422.6	—
VO^{2+}	−486.6	−446.4	−133.9	—
$[Ag(NH_3)_2]^+$	−111.29	−17.12	245.2	—
$[Co(NH_3)]^{2+}$	−145.2	−92.4	13	—
$[Co(NH_3)_6]^{3+}$	−584.9	−157.0	14.6	—
$[Cu(NH_3)]^{2+}$	−38.9	15.60	12.1	—
$[Cu(NH_3)_2]^{2+}$	−142.3	−30.36	111.3	—

续表

物质	$\Delta_f H_m^\ominus$ /(kJ·mol^{-1})	$\Delta_f G_m^\ominus$ /(kJ·mol^{-1})	$S_m^\ominus$ /(J·mol^{-1}·K^{-1})	$C_{p,m}$ /(J·mol^{-1}·K^{-1})
$[Cu(NH_3)_3]^{2+}$	−245.6	−72.97	199.6	—
$[Cu(NH_3)_4]^{2+}$	−348.5	−111.07	273.6	—
F^-	−332.63	−278.79	−13.8	−106.7
Cl^-	−167.159	−131.228	56.5	−136.4
Br^-	−121.55	−103.96	82.4	−141.8
I^-	−55.19	−51.57	111.3	−142.3
S^{2-}	33.1	85.8	−14.6	—
OH^-	−229.994	−157.244	−10.75	−148.5
ClO^-	−107.1	−36.8	42	—
ClO_2^-	−66.5	17.2	101.3	—
ClO_3^-	−103.97	−7.95	162.3	—
ClO_4^-	−129.33	−8.25	182.0	—
SO_3^{2-}	−635.5	−486.5	−29	—
SO_4^{2-}	−909.27	−744.53	20.1	−293
$S_2O_3^{2-}$	−648.5	−522.5	67	—
HS^-	−17.6	12.08	62.8	—
HSO_3^-	−626.22	−527.73	139.7	—
NO_2^-	−104.6	−32.2	123.0	−97.5
NO_3^-	−205.0	−108.74	146.4	−86.6
PO_4^{3-}	−1277.4	−1018.7	−222	—
CO_3^{2-}	−677.14	−527.81	−56.9	—
HCO_3^-	−691.99	−586.77	91.2	—
CN^-	150.6	172.4	94.1	—
SCN^-	76.44	92.71	144.3	−40.2
$HC_2O_4^-$	−818.4	−698.34	149.4	—
$C_2O_4^{2-}$	−825.1	−673.9	45.6	—
HCO_2^-	−425.55	−351.0	92	−87.9
CH_3COO^-	−486.01	−369.31	85.6	−6.3

参考文献

[1] 傅献彩，沈文霞，姚天扬，等．物理化学 [M]．5 版．北京：高等教育出版社，2005.
[2] 沈文霞，王喜章，许连波．物理化学核心教程 [M]．3 版．北京：科学出版社，2016.
[3] 印永嘉，奚正楷，张树永．物理化学简明教程 [M]．4 版．北京：高等教育出版社，2008.
[4] 胡英．物理化学 [M]．5 版．北京：高等教育出版社，2007.
[5] Atkins P W，de Paula J. Physical Chemistry [M]. 8th ed. Oxford：Oxford University Press，2006.
[6] 傅鹰．化学热力学导论 [M]．北京：科学出版社，1963.
[7] 韩德刚，高执棣．化学热力学 [M]．北京：高等教育出版社，1997.
[8] 范康年，陆靖，等．物理化学 [M]．2 版．北京：高等教育出版社，2005.
[9] 登比 K G. 化学平衡原理 [M]．4 版．戴冈夫，谭曾振，韩德刚，译．北京：化学工业出版社，1985.
[10] 艾林 H，林 S H，林 S M. 基础化学动力学 [M]．王作新，潘强余，译．北京：科学出版社，1984.
[11] 韩德刚，高盘良．化学动力学基础 [M]．北京：化学工业出版社，1987.
[12] 朱步耀，赵振国．界面化学基础 [M]．北京：化学工业出版社，1996.
[13] Morrison S R. 表面化学物理 [M]．赵璧英，刘英骏，等，译．北京：北京大学出版社，1984.
[14] Satterfield C N. 实用多相催化 [M]．庞礼，等，译．北京：北京大学出版社，1990.
[15] 王文兴．工业催化 [M]．北京：化学工业出版社，1978.